T0200334

SpringerWienNewYork

Robert Ebermann
Ibrahim Elmadfa

# Lehrbuch
# Lebensmittelchemie
# und Ernährung

Zweite, korrigierte und erweiterte Auflage

SpringerWienNewYork

Univ.-Prof. Dr. Robert Ebermann
Univ.-Prof. Dr. Ibrahim Elmadfa
Institut für Ernährungswissenschaften,
Universität Wien, Österreich

© 2008 und 2011 Springer-Verlag/Wien
Printed in Germany

SpringerWienNewYork ist ein Unternehmen von
Springer Science + Business Media
springer.at

Satz: SatzLabor Institut für Textverarbeitung, 6020 Innsbruck, Österreich
Umbruch: Jung Crossmedia Publishing GmbH, 35633 Lahnau, Deutschland
Druck und Bindung: Strauss GmbH, 69509 Mörlenbach, Deutschland

Gedruckt auf säurefreiem, chlorfrei gebleichtem Papier
SPIN: 12808298

## Mit 362 Abbildungen

Bibliografische Information der Deutschen Nationalbibliothek
Die Deutsche Nationalbibliothek verzeichnet diese Publikation in der Deutschen
Nationalbibliografie; detaillierte bibliografische Daten sind im Internet
über http://dnb.d-nb.de abrufbar.

ISBN 978-3-211-48649-8  1. Aufl.  SpringerWienNewYork
ISBN 978-3-7091-0210-7  2. Aufl.  SpringerWienNewYork

# Vorwort zur 2. Auflage

Die Lebensmittelchemie präsentiert sich heute als ein multidisziplinäres Fach, seine Ausrichtung in Lehre und Forschung ist auch außerhalb der Chemie fächerübergreifend. Hauptziel von „Lebensmittelchemie und Ernährung" ist es, einen integrierenden Rahmen der chemischen und ernährungsphysiologischen Aspekte der Lebensmittel anzubieten. Diesen interdisziplinären Anspruch führt die zweite, korrigierte und erweiterte Auflage dieses Lehrbuches fort: Die Inhalte der bewährten ersten Auflage werden um Kapitel zu funktionellen (Pro- und Präbiotika) sowie angereicherten Lebensmitteln ergänzt, und die Palette der besprochenen Lebensmittel sowie deren physiologisch und chemisch interessanten Inhaltsstoffe wird erweitert. Besonderes Augenmerk liegt auf der Verwendung von Lebensmitteln als Nahrungsergänzungsmittel. Eine prägnante Darstellung des Einsatzes der Gentechnologie bei Lebensmitteln sowie Nanotechnologie in der Lebensmittelverarbeitung rundet diese neue Auflage ab. Damit gibt dieses Lehrbuch Studierenden der Ernährungswissenschaften, der Lebensmittelwissenschaften und verwandten Disziplinen einen umfassenden Überblick über diese relevanten Themengebiete.

Auch bei dieser Auflage bedanken sich die Autoren bei den Kolleginnen Frau Dr. Elisabeth Fabian und Frau Dr. Alexa L. Meyer für ihre wertvolle technische Unterstützung.

Wien, März 2011

Robert Ebermann
Ibrahim Elmadfa

# Vorwort zur 1. Auflage

Der Grund, ein neues Buch über Lebensmittelchemie zu schreiben, obwohl es schon mehrere gute gibt, ist es, die Inhaltsstoffe von Nahrungspflanzen als Schwerpunkt in den Mittelpunkt zu stellen. Die pflanzlichen Inhaltsstoffe in ihrer chemischen Vielfalt haben eine zentrale Bedeutung in einer gesunden Ernährung, da viele dieser Inhaltsstoffe natürlich vorkommende Antioxidanzien sind. Das Buch versucht, ausgehend von allgemeinen chemischen Grundlagen, deren Verwirklichung in Lebensmitteln darzustellen, wobei das Milieu (lipophil oder hydrophil) eine wichtige Rolle spielt. Dadurch können spezielle Strukturen in ihrer voraussichtlichen Wirkung besser eingeordnet und besser verstanden werden und damit ins Gedächtnis eingehen. Querverbindungen zu Physiologie, Biochemie, Botanik und anderen für das Verständnis wichtigen Wissenschaften werden dem Sachverhalt entsprechend hergestellt. Ein weiterer Fokus von „Lebensmittelchemie und Ernährung" ist es, die Grundzüge der „Chemie freier Radikale" und damit verbunden die Aktivierung des molekularen Sauerstoffs auf möglichst viele Lebensmittelinhaltsstoffe anzuwenden. Damit soll ihr physiologisches Verhalten als Generator (vorwiegend lipophile Substanzen) oder Zerstörer (vorwiegend Antioxidanzien) von „freien Radikalen" besser verständlich werden. Insgesamt soll durch diese Art der Darstellung erreicht werden, dass die Vielfalt chemischer Strukturen in einem größeren Rahmen gesehen und geordnet werden kann und man dadurch die immer größer werdende molekulare Vielfalt wie von einem Aussichtsturm leichter überblickt und entsprechend den Gemeinsamkeiten registriert.

Das Buch beinhaltet den für Vorlesungen relevanten Stoff vollständig, kann aber darüber hinaus auch als Nachschlagewerk in der Praxis verwendet werden. Ziel des Buches ist es, aufbauend auf chemischen Grundlagen ein besseres Verständnis möglicher Wechselwirkungen und Zusammenhänge innerhalb des molekularen „Dschungels" in Lebensmitteln zu erreichen. Damit soll das Buch neben dem rein Faktischen einen Beitrag zur Ordnung dieser Fakten leisten. Dies soll durch die Beschreibung allgemeiner molekularer Bau- und Verhaltensweisen in einer speziellen Umgebung im Sinne einer „molekularen Ökologie" erreicht werden. Ob die beabsichtigten Ziele erreicht worden sind, hat der Leser zu entscheiden.

Die Autoren danken der Kollegin Frau Dr. Elisabeth Fabian für ihre wertvolle technische Unterstützung bei der Gestaltung des Manuskripts. Wir danken auch dem Bundesministerium für Wissenschaft und Forschung für die finanzielle Unterstützung der Drucklegung.

Wien, Februar 2008                                    Robert Ebermann
                                                      Ibrahim Elmadfa

# Inhaltsverzeichnis

Abbildungsverzeichnis ................................................................................ XIX

Tabellenverzeichnis .................................................................................... XXIX

| | | |
|---|---|---|
| **1** | **Einführung in die dynamische Lebensmittelchemie** ...................... | 1 |
| 1.1 | Einleitung ...................................................................................... | 1 |
| 1.2 | Strukturprobleme zwischen Konsument und Lebensmittelproduzent ................................................................... | 4 |
| 1.3 | Lebensmittelanalytik .................................................................... | 6 |
| 1.4 | Grundzüge des Lebensmittelrechts ............................................. | 7 |
| **2** | **Grundzüge des stofflichen Aufbaus von Lebensmitteln** .............. | 9 |
| 2.1 | Einleitung ...................................................................................... | 9 |
| 2.2 | Proteine und Enzyme ................................................................... | 10 |
| 2.2.1 | Enzyme als Biokatalysatoren in biologischen Systemen ................... | 10 |
| 2.3 | Kohlenhydrate ............................................................................... | 13 |
| 2.4 | Fette / Lipide ................................................................................. | 14 |
| 2.5 | Wasser als Medium in biologischen Systemen ............................ | 16 |
| 2.6 | Lebensmittelreifung und Verderb – die Rolle des Sauerstoffes ........ | 18 |
| **3** | **Kohlenhydrate: Struktur, Vorkommen und physiologische Bedeutung** ..................................................................................... | 21 |
| 3.1 | Chemie der Kohlenhydrate .......................................................... | 21 |
| 3.1.1 | Optische Aktivität von Kohlenhydraten ..................................... | 21 |
| 3.1.2 | Aldosen .......................................................................................... | 25 |
| 3.1.3 | Ketosen .......................................................................................... | 25 |
| 3.1.4 | Zuckersäuren ................................................................................. | 26 |
| 3.1.5 | Zuckeralkohole ............................................................................. | 28 |
| 3.2 | Molekulare Struktur von Mono-, Oligo- und Polysacchariden ........ | 30 |
| 3.2.1 | Monosaccharide ............................................................................ | 30 |
| 3.2.2 | Disaccharide ................................................................................. | 35 |
| 3.2.3 | Trisaccharide, Tetrasaccharide, Pentasaccharide ...................... | 40 |
| | Trisaccharide ................................................................................ | 40 |
| | Tetrasaccharide ............................................................................ | 43 |
| | Pentasaccharide ........................................................................... | 43 |
| 3.2.4 | Polysaccharide .............................................................................. | 43 |
| 3.3 | Grundzüge der Kohlenhydratanalytik ........................................ | 51 |

| | | |
|---|---|---:|
| 3.3.1 | Oxidimetrische Verfahren | 51 |
| 3.3.2 | Kolorimetrische und fotometrische Verfahren | 52 |
| 3.3.3 | Polarimetrische Verfahren | 53 |
| 3.3.4 | Chromatografische Verfahren | 53 |
| 3.3.5 | Enzymatische Verfahren | 54 |
| **4** | **Proteine** | **57** |
| 4.1 | Proteinverdauung | 57 |
| 4.2 | Aminosäuren | 59 |
| 4.3 | Einteilung der Aminosäuren | 61 |
| 4.3.1 | Saure, basische und neutrale Aminosäuren | 61 |
| 4.3.2 | Essenzielle und nichtessenzielle Aminosäuren | 62 |
| 4.4 | Proteinsynthese | 63 |
| 4.5 | Transaminierung und Desaminierung von Aminosäuren | 63 |
| 4.6 | Peptide und Proteine | 65 |
| 4.6.1 | Einteilung der Proteine | 66 |
| 4.7 | Proteine in der Ernährung | 71 |
| 4.8 | Grundzüge der Protein- und Aminosäureanalytik | 75 |
| **5** | **Fette, der nicht wasserlösliche Anteil der Lebensmittel** | **79** |
| 5.1 | Fettsäuren und Triglyceride | 79 |
| 5.2 | Phospholipide, Wachse, Terpene und Steroide | 88 |
| 5.3 | Lipidperoxidation | 96 |
| 5.4 | Technologische Gewinnung von Fetten | 102 |
| 5.4.1 | Herstellung von Speisefetten und Ölen | 105 |
| 5.5 | Ernährungsphysiologische Aspekte | 106 |
| 5.6 | Grundzüge der Fettanalytik | 112 |
| **6** | **Die anorganischen Bestandteile von Lebensmitteln** | **117** |
| 6.1 | Vorkommen und physiologische Bedeutung | 117 |
| 6.2 | Mineralstoffe (Makroelemente) | 118 |
| 6.3 | Spurenelemente (Mikroelemente) | 123 |
| **7** | **Vitamine: Struktur und physiologische Bedeutung** | **143** |
| | Einteilung der Vitamine | 144 |
| 7.1 | Fettlösliche Vitamine | 144 |
| 7.1.1 | Retinol – Vitamin A | 144 |
| 7.1.1.1 | Chemie und Struktur von Vitamin A | 144 |
| 7.1.1.2 | Biologische Funktion von Vitamin A | 146 |
| 7.1.1.3 | Bedarf und Toxizität von Vitamin A | 147 |
| 7.1.1.4 | Analyse von Vitamin A | 148 |
| 7.1.2 | Calciferol – Vitamin D | 149 |
| 7.1.2.1 | Chemie und Struktur von Vitamin D | 149 |
| 7.1.2.2 | Biologische Funktion von Vitamin D | 150 |
| 7.1.2.3 | Bedarf und Toxizität von Vitamin D | 151 |
| 7.1.2.4 | Analyse von Vitamin D | 152 |
| 7.1.3 | Tocopherol – Vitamin E | 152 |
| 7.1.3.1 | Chemie und Struktur von Vitamin E | 152 |

7.1.3.2 Biologische Funktion von Vitamin E ................................................. 153
7.1.3.3 Analyse von Vitamin E ...................................................................... 156
7.1.4 Phyllochinon – Vitamin K ................................................................. 156
7.1.4.1 Chemie und Struktur von Vitamin K ................................................ 157
7.1.4.2 Biologische Funktion von Vitamin K ............................................... 158
7.1.4.3 Analyse von Vitamin K ..................................................................... 159
7.2 Die Gruppe der B-Vitamine ............................................................. 159
7.2.1 Thiamin – Vitamin $B_1$ ...................................................................... 159
7.2.1.1 Chemie und Struktur von Thiamin .................................................. 160
7.2.1.2 Biologische Funktion von Thiamin .................................................. 160
7.2.1.3 Analyse von Thiamin ......................................................................... 162
7.2.2 Liponsäure ......................................................................................... 162
7.2.3 Nicotinsäure ...................................................................................... 164
7.2.3.1 Chemie und Struktur von Nicotinsäure .......................................... 164
7.2.3.2 Biologische Funktion von Nicotinsäure ......................................... 165
7.2.3.3 Analyse von Nicotinsäure ................................................................ 166
7.2.4 Riboflavin – Vitamin $B_2$ ................................................................... 166
7.2.4.1 Chemie und Struktur von Riboflavin .............................................. 166
7.2.4.2 Biologische Funktion von Riboflavin ............................................. 167
7.2.4.3 Analyse von Riboflavin ..................................................................... 169
7.2.5 Pyridoxin – Vitamin $B_6$ .................................................................... 169
7.2.5.1 Biologische Funktion von Vitamin $B_6$ ............................................ 169
7.2.5.2 Analyse von Vitamin $B_6$ ................................................................... 172
7.2.6 Pantothensäure .................................................................................. 172
7.2.6.1 Chemie und Struktur der Pantothensäure ...................................... 173
7.2.6.2 Biologische Funktion der Pantothensäure ..................................... 173
7.2.6.3 Analyse von Pantothensäure ........................................................... 174
7.2.7 Biotin .................................................................................................. 174
7.2.7.1 Biologische Funktion von Biotin ..................................................... 174
7.2.7.2 Analyse von Biotin ............................................................................ 175
7.2.8 Inosit .................................................................................................. 175
7.2.9 Para-Aminobenzoesäure ................................................................... 176
7.2.10 Folsäure .............................................................................................. 177
7.2.10.1 Chemie und Struktur der Folsäure ................................................. 177
7.2.10.2 Biologische Funktion der Folsäure ................................................. 178
7.2.10.3 Analyse von Folsäure ....................................................................... 180
7.2.11 Cobalamin – Vitamin $B_{12}$ ................................................................ 180
7.2.11.1 Chemie und Struktur von Vitamin $B_{12}$ ......................................... 180
7.2.11.2 Biologische Funktion von Vitamin $B_{12}$ ........................................ 182
7.2.11.3 Analyse von Vitamin $B_{12}$ ................................................................ 183
7.2.12 L-Ascorbinsäure – Vitamin C ........................................................... 183
7.2.12.1 Chemie und Struktur von Vitamin C .............................................. 184
7.2.12.2 Biologische Funktion von Vitamin C .............................................. 184
7.2.12.3 Analyse von Vitamin C ..................................................................... 188
7.3 Halbvitamine ..................................................................................... 188
7.3.1 Cholin ................................................................................................. 188

7.3.2     Ubichinon ............................................................................ 189
7.3.3     Carnitin ............................................................................... 189

**8         Phenolische Verbindungen als Bestandteile von Lebensmitteln ..  191**
8.1       Chemie und Struktur von phenolischen Verbindungen ................... 191
8.2       Phenolsäuren ....................................................................... 195
8.3       Hydroxybenzoesäuren ........................................................... 197
8.4       Lignane .............................................................................. 198
8.5       Stilbene .............................................................................. 201
8.6       Cumarine ............................................................................ 203
8.7       Flavonoide .......................................................................... 206
8.7.1     Physiologische Wirkung der Flavonoide ................................... 212
8.7.2     Flavonoide in der Lebensmittelverarbeitung .............................. 213

**9         Natürlich vorkommende Farbstoffe in Lebensmitteln ................... 215**
9.1       Carotinoide ......................................................................... 216
9.1.1     Chemie und Struktur der Carotinoide ...................................... 216
9.1.2     Carotinoide mit geschlossenem β-Ionon-Ring ........................... 218
9.1.3     Carotinoide mit offenem β-Ionon-Ring .................................... 221
9.1.4     Oxidativ abgebaute Carotinoide ............................................. 224
9.2       Chinone .............................................................................. 225
9.2.1     Chemie und Struktur der Chinone ........................................... 225
9.2.2     Biologische Funktion der Chinone ........................................... 226
9.2.3     Perylenchinone .................................................................... 232
9.2.4     Dianthrone ......................................................................... 232
9.3       Anthocyane ......................................................................... 233
9.4       Betalaine ............................................................................ 235
9.5       Chlorophylle ....................................................................... 236

**10        Gewürze – Aromastoffe in Lebensmitteln ................................. 239**
10.1      Einleitung ........................................................................... 239
10.2      Lipide als Aromastoffe .......................................................... 241
10.2.1    Terpene .............................................................................. 241
10.2.2    Aromen aus oxidativen Abbauprozessen ................................... 247
10.2.3    Aromen aus Fermentationsprozessen ....................................... 247
10.3      Phenolische Aromastoffe ....................................................... 249
10.4      Schwefelhaltige Substanzen als Aromastoffe ............................. 252
10.5      Maillard-Reaktion als Quelle für Aromastoffe: Pyrazine, Furane
          und andere .......................................................................... 252
10.6      Synthetische „naturidente" Aromastoffe ................................... 255
10.6.1    Gewinnung von Aromen ........................................................ 256
10.7      Gewürze ............................................................................. 256
10.7.1    Rhizomgewürze ................................................................... 257
10.7.2    Blatt- und Krautgewürze ....................................................... 260
10.7.3    Rindengewürze .................................................................... 265
10.7.4    Blütengewürze ..................................................................... 266
10.7.5    Fruchtgewürze ..................................................................... 268
10.7.6    Samengewürze .................................................................... 275

| | | |
|---|---|---|
| 10.7.7 | Pilze | 277 |
| 10.7.8 | Gewürzessenzen | 277 |
| **11** | **Tierische Lebensmittel** | 279 |
| 11.1 | Fleisch | 279 |
| 11.1.1 | Zusammensetzung von Fleisch | 279 |
| 11.1.1.1 | Muskelaufbau | 280 |
| 11.1.1.2 | Muskelproteine | 281 |
| 11.1.1.3 | Bindegewebeproteine | 283 |
| 11.1.1.4 | Mineralstoffe | 289 |
| 11.1.1.5 | Vitamine | 290 |
| 11.1.2 | Post-mortem-Vorgänge | 290 |
| 11.1.3 | Fleischreifung | 291 |
| 11.1.4 | Fleischaroma und -geschmack | 294 |
| 11.1.5 | Fleischfarbe | 296 |
| 11.1.6 | Wasserbindungsvermögen (water holding capacity) | 298 |
| 11.1.7 | Schlachtabgänge | 299 |
| 11.1.8 | Fleischkonservierung | 300 |
| 11.1.9 | Fleischwaren – Würste | 300 |
| 11.1.10 | Grundzüge der Fleischanalytik | 304 |
| 11.2 | Fische, Robben, Krebse, Muscheln | 307 |
| 11.2.1 | Einteilung der Fische | 307 |
| 11.2.2 | Allgemeines zur Beurteilung der Fischqualität und ernährungsphysiologische Aspekte | 309 |
| 11.2.3 | Toxine | 310 |
| 11.2.4 | Konservierung von Fisch | 316 |
| 11.3 | Milch und Milchprodukte | 316 |
| 11.3.1 | Zusammensetzung der Milch | 318 |
| 11.3.2 | Milchkonservierung | 323 |
| 11.3.3 | Milchprodukte | 323 |
| 11.3.3.1 | Nicht fermentierte Milchprodukte | 324 |
| 11.3.3.2 | Fermentierte Milchprodukte | 326 |
| 11.4 | Eier | 332 |
| 11.4.1 | Aufbau des Eies | 333 |
| 11.4.1.1 | Eiklar | 333 |
| 11.4.1.2 | Eidotter | 333 |
| 11.4.1.3 | Eischale | 334 |
| 11.4.2 | Konservierung und Verarbeitung von Eiern | 334 |
| **12** | **Pflanzliche Lebensmittel** | 337 |
| 12.1 | Getreide und Getreideprodukte (Zerealien) | 337 |
| 12.1.1 | Inhaltsstoffe des Getreides | 339 |
| 12.1.2 | Getreidearten | 342 |
| 12.1.3 | Verarbeitung des Getreides | 349 |
| 12.1.4 | Brot und Backwaren | 354 |
| 12.1.5 | Teigwaren | 356 |
| 12.2 | Gemüse | 357 |

12.2.1    Zusammensetzung des Gemüses ........................................................ 358
12.2.2    Wurzelgemüse ................................................................................ 360
12.2.3    Blattgemüse .................................................................................... 367
12.2.4    Salatgemüse .................................................................................... 372
12.2.4.1  Salatgemüse der *Asteraceae* ........................................................ 372
12.2.4.2  Salatgemüse der *Cichorioideae* .................................................... 372
12.2.4.3  Salatgemüse der *Brassicaceae* ...................................................... 374
12.2.4.4  Salatgemüse der *Valerianaceae* .................................................... 374
12.2.5    Stängel- und Sprossgemüse ............................................................ 375
12.2.6    Blütengemüse ................................................................................ 377
12.2.7    Samen- und Fruchtgemüse ............................................................ 379
12.2.7.1  Fruchtgemüse der *Cucurbitaceae* ................................................ 379
12.2.7.2  Fruchtgemüse der *Solanaceae* ...................................................... 382
12.2.8    Samengemüse ................................................................................ 387
12.2.9    Zwiebelgemüse ................................................................................ 399
12.2.10   Pilze .............................................................................................. 405
12.3      Obst .............................................................................................. 409
12.3.1    Lagerung von Obst und Gemüse .................................................... 414
12.3.2    Kernobst ........................................................................................ 414
12.3.3    Steinobst ........................................................................................ 418
12.3.4    Beerenobst ...................................................................................... 421
12.3.5    Schalenobst .................................................................................... 431
12.3.6    Südfrüchte ...................................................................................... 441
12.4      Obstprodukte ................................................................................ 475
12.5      Pflanzen als Basis für Genussmittel .............................................. 477
12.5.1    Alkoholische Getränke .................................................................. 477
12.5.2    Alkaloidhaltige Genussmittel ........................................................ 500
12.5.3    Zucker und Honig .......................................................................... 538
12.5.4    Süßwaren ........................................................................................ 545

**13**    **Pflanzenfette** ............................................................................ 551
13.1      Fruchtfleischfette .......................................................................... 552
13.2      Samenfette .................................................................................... 553
13.2.1    Feste und halbfeste Samenfette (laurin- und myristinsäurereiche
          Pflanzenfette) ................................................................................ 553
13.2.2    Butterähnliche Pflanzenfette (palmitin- und stearinsäurereiche
          Samenfette) .................................................................................... 555
13.3      Pflanzensamenöle .......................................................................... 556
13.3.1    Palmitinsäurereiche Pflanzenöle .................................................... 556
13.3.2    Palmitinsäurearme, öl- und linolsäurereiche Pflanzenöle .............. 563
13.3.3    α-Linolensäure-haltige Samenfette ................................................ 568
13.3.4    Erucasäure-haltige Samenfette ...................................................... 572
13.3.5    γ-Linolensäure-(GLA)-haltige Pflanzenöle .................................... 573
13.4      Nicht-Speiseöle .............................................................................. 575

**14**    **Tierfette und -öle** ...................................................................... 581
14.1      Körperfette der Landtiere .............................................................. 581

14.2       Körperfette der Seetiere ........................................................................... 584
14.3       Technisch veränderte Fette ...................................................................... 585

**15        Lebensmittelkonservierung** ................................................................ 591
15.1       Physikalische Konservierungsverfahren ............................................. 591
15.1.1     Konservierung durch Kühlverfahren ..................................................... 591
15.1.2     Konservierung durch Erhitzen
           (Sterilisieren und Pasteurisieren) .......................................................... 594
15.1.3     Konservierung durch Trocknen ............................................................... 597
15.1.4     Entkeimung durch Filtration .................................................................... 599
15.1.5     Konservierung durch Strahlung .............................................................. 600
15.1.6     Konservierung mittels Schutzschichten ............................................... 602
15.2       Chemische Konservierungsverfahren ................................................... 602

**16        Lebensmittelzusatzstoffe** ..................................................................... 609
16.1       Zusatzstoffe zur Verlängerung der Haltbarkeit ................................. 610
16.1.1     Konservierungsmittel ................................................................................ 611
16.1.2     Konservierungsmittel zur Oberflächenkonservierung ..................... 615
16.1.3     Konservierungsmittel in der Europäischen Union (EU) ................... 616
16.1.4     Nicht zugelassene Konservierungsmittel ............................................. 619
16.1.5     Antioxidanzien ........................................................................................... 622
16.1.5.1   Zusätzlich in der Europäischen Union zugelassene
           Antioxidanzien ........................................................................................... 624
16.1.5.2   Nicht zugelassene Antioxidanzien ........................................................ 625
16.2       Süßstoffe ...................................................................................................... 626
16.2.1     In der EU zugelassene Süßstoffe ............................................................ 629
16.2.2     In der EU nicht zugelassene Süßstoffe ................................................. 634
16.3       Geschmacksmodifikatoren ...................................................................... 639
16.4       Geschmacksverstärker ............................................................................. 641
16.4.1     In der EU als Geschmacksverstärker zugelassene Substanzen ......... 642
16.4.2     In der Europäischen Union nicht zugelassene, aber im INS-
           Nummern-Verzeichnis (International Numbering System)
           vertretene Geschmacksverstärker ......................................................... 643
16.4.3     Bitterstoffe .................................................................................................. 644
16.5       Verdickungsmittel und Emulgatoren .................................................... 648
16.5.1     Verdickungsmittel ...................................................................................... 648
16.5.2     Weitere Verdickungsmittel und Emulgatoren, die in der EU
           keine Zulassung haben ............................................................................. 668
16.5.3     Emulgatoren ................................................................................................ 672
16.6       Lebensmittelfarbstoffe ............................................................................. 679
16.6.1     Natürlich in Tieren und Pflanzen vorkommende Farbstoffe ........... 679
16.6.2     Synthetische Farbstoffe ............................................................................ 684
16.6.3     Sonstige Zusatzstoffe ................................................................................ 697

**17        Nichtenzymatische Bräunungsreaktionen** ......................................... 699

| | | |
|---|---|---|
| **18** | **Toxische Inhaltsstoffe in Lebensmitteln** | 709 |
| 18.1 | Natürlich in Tieren und Pflanzen vorkommende Toxine | 709 |
| 18.2 | Toxische Stoffe durch Schadorganismen in Lebensmitteln | 710 |
| 18.2.1 | Toxine in Fischen und Muscheln | 710 |
| 18.2.2 | Bakterientoxine | 710 |
| 18.2.3 | Mykotoxine | 715 |
| 18.2.4 | Gifte höherer Pilze | 725 |
| 18.3 | Toxische Stoffe aus der landwirtschaftlichen Produktion | 726 |
| 18.3.1 | Pestizide | 727 |
| 18.3.1.1 | Insektizide | 728 |
| 18.3.1.2 | Fungizide | 730 |
| 18.3.1.3 | Herbizide | 732 |
| | | |
| **19** | **Neue Aspekte der Lebensmittelchemie** | 735 |
| 19.1 | Funktionelle Lebensmittel | 735 |
| 19.1.1 | Das Konzept der funktionellen Lebensmittel, rechtliche Aspekte | 735 |
| 19.1.2 | Beispiele funktioneller Lebensmittel | 736 |
| 19.1.2.1 | Probiotika | 736 |
| 19.1.2.2 | Mit Phytosterinen angereicherte Lebensmittel | 737 |
| 19.1.2.3 | Mit ω-3-Fettsäuren angereicherte Lebensmittel | 737 |
| 19.1.3 | Sinnhaftigkeit funktioneller Lebensmittel | 739 |
| 19.2 | Lebensmittelanreicherung | 739 |
| 19.2.1 | Gründe für die Anreicherung von Lebensmitteln | 739 |
| 19.2.2 | Technologische Aspekte, Wahl der Matrix | 740 |
| 19.2.2.1 | Eisen | 741 |
| 19.2.2.2 | Iod | 742 |
| 19.2.2.3 | Folsäure | 742 |
| 19.2.3 | Auswirkungen | 743 |
| 19.3 | Gentechnisch veränderte Lebensmittel | 744 |
| 19.3.1 | Hintergründe | 745 |
| 19.3.2 | Methoden des Gentransfers | 746 |
| 19.3.2.1 | Übertragung durch Agrobacterium tumefaciens | 746 |
| 19.3.2.2 | Biolistischer Gentransfer | 746 |
| 19.3.2.3 | Transformation von Protoplasten | 747 |
| 19.3.2.4 | Markergene | 747 |
| 19.3.3 | Gentechnisch veränderte Lebensmittel auf dem Markt | 747 |
| 19.3.4 | Nachweis gentechnisch veränderter Lebensmittel | 748 |
| 19.3.5 | Mögliche Risiken gentechnisch veränderter Lebensmittel | 749 |
| 19.4 | Nanotechnologie im Lebensmittelbereich | 750 |
| 19.4.1 | Einleitung und Definition | 750 |
| 19.4.2 | Natürliche Nanostrukturen in Lebensmitteln | 750 |
| 19.4.3 | Technologische Aspekte | 751 |
| 19.4.3.1 | Herstellung synthetischer Nanostrukturen | 751 |
| 19.4.4 | Einsatz der Nanotechnologie im Lebensmittelbereich | 751 |
| 19.4.4.1 | Carriersysteme: Nanoverkapselung von Lebensmittelinhalts- und -zusatzstoffen | 752 |
| 19.4.4.2 | Nanoemulsionen | 753 |

19.4.4.3 Nanomaterialien in Lebensmittelverpackungen ................................. 753
19.4.5 Mögliche Risiken ...................................................................... 754

Weiterführende und ergänzende Literatur ........................................................ 755

Stichwortverzeichnis ...................................................................................... 767

Über die Autoren ........................................................................................... 805

# Abbildungsverzeichnis

| | | |
|---|---|---|
| Abb. 2.1. | Bildung eines Holoenzyms aus Apo- und Coenzym | 11 |
| Abb. 2.2. | Chemische Struktur von Wasser | 16 |
| Abb. 3.1. | Zuckerstammbaum der Aldosen | 22 |
| Abb. 3.2. | Zuckerstammbaum der Ketosen | 23 |
| Abb. 3.3. | Chemische Struktur verschiedener Zuckersäuren | 27 |
| Abb. 3.4. | Chemische Struktur verschiedener Zuckeralkohole | 28 |
| Abb. 3.5. | Stoffwechsel der Fructose | 32 |
| Abb. 3.6. | Galaktosemetabolismus | 33 |
| Abb. 3.7. | Chemische Struktur verschiedener 6-Desoxyzucker | 34 |
| Abb. 3.8. | Chemische Struktur von Aminozuckern | 35 |
| Abb. 3.9. | Chemische Struktur ausgewählter Disaccharide (I) | 36 |
| Abb. 3.10. | Chemische Struktur ausgewählter Disaccharide (II) | 38 |
| Abb. 3.11. | Chemische Struktur der Gentiobiose und der Cellobiose | 39 |
| Abb. 3.12. | Chemische Struktur ausgewählter Trisaccharide (I) | 40 |
| Abb. 3.13. | Chemische Struktur ausgewählter Trisaccharide (II) | 41 |
| Abb. 3.14. | Chemische Struktur von Theanderose und Verbascose | 42 |
| Abb. 3.15. | Chemische Struktur von Amylose und Amylopektin | 44 |
| Abb. 3.16. | Chemische Struktur der Cellulose | 47 |
| Abb. 3.17. | Chemische Struktur von Xylan als Bestandteil von Hemicellulosen | 48 |
| Abb. 3.18. | Chemische Struktur von 1,2-Fructan = Inulin | 49 |
| Abb. 3.19. | Chemische Struktur von Chitin und Chitosan (GlcNAc = N-Acetylglucosamin) | 50 |
| Abb. 4.1. | Chemische Struktur von Aminosäuren | 58 |
| Abb. 4.2. | Titrationskurve des Glycins | 59 |
| Abb. 4.3. | Chemische Struktur von β-Alanin | 60 |
| Abb. 4.4. | Chemische Struktur nichtproteinogener Aminosäuren | 61 |
| Abb. 4.5. | Chemische Struktur von Canavanin und Mimosin | 62 |
| Abb. 4.6. | Peptidsynthese | 63 |
| Abb. 4.7. | Bildung und Abbau biogener Amine | 64 |
| Abb. 4.8. | Chemische Struktur primärer Amine | 65 |
| Abb. 4.9. | Quervernetzungsreaktion zwischen Aminosäuren und Dehydroaminosäuren | 71 |
| Abb. 5.1. | Chemische Struktur ausgewählter gesättigter Fettsäuren | 82 |
| Abb. 5.2. | Chemische Struktur ausgewählter ungesättigter Fettsäuren (I) | 83 |
| Abb. 5.3. | Chemische Struktur ausgewählter cis-ω-6-Fettsäuren (II) | 84 |
| Abb. 5.4. | Chemische Struktur ausgewählter cis-ω-3-Fettsäuren | 85 |

**Abb. 5.5.**    Chemische Struktur der Eläostearinsäure ...................................... 86
**Abb. 5.6.**    Chemische Struktur ausgewählter Prostaglandine ...................... 86
**Abb. 5.7.**    Chemische Struktur von Thromboxanen und Leukotrienen ...... 87
**Abb. 5.8.**    Chemische Struktur ausgewählter Phospholipide ....................... 89
**Abb. 5.9.**    Chemische Struktur von Sphingosin, Ceramin,
                 Sphingomyelin und Cardiolipin ................................................. 90
**Abb. 5.10.**   Chemische Struktur von Glycerin-Ether-(Phospho-)Lipiden ...... 91
**Abb. 5.11.**   Chemische Struktur von Isopren und
                 Isopentenylpyrophosphat ........................................................... 92
**Abb. 5.12.**   Chemische Struktur von Phytol und Phytansäure ...................... 93
**Abb. 5.13.**   Chemische Struktur von Cholesterin und $\beta$-Sitosterin ............... 94
**Abb. 5.14.**   Chemische Struktur von Squalen ............................................... 94
**Abb. 5.15.**   Biosynthetische Vorstufen von Zoosterinen und
                 Phytosterinen ............................................................................ 95
**Abb. 5.16.**   Reaktionsschema der Lipidperoxidation .................................... 97
**Abb. 5.17.**   Chemische Struktur von Malondialdehyd und
                 4-Hydroxynonenal ..................................................................... 100
**Abb. 5.18.**   Lipid- und Proteinanteil (g/g) in den Lipoproteinen des
                 Plasmas ..................................................................................... 109
**Abb. 6.1.**    Chemische Struktur von Glutathion ......................................... 132
**Abb. 6.2.**    Chemische Struktur von Thyroxin und Triiodthyronin .............. 134
**Abb. 7.1.**    Chemische Struktur ausgewählter Retinoide .............................. 145
**Abb. 7.2.**    Physiologische Funktionen von Vitamin A ................................ 147
**Abb. 7.3.**    Hydroxylierung von Cholecalciferol .......................................... 150
**Abb. 7.4.**    Chemische Struktur der Tocopherole ........................................ 154
**Abb. 7.5.**    Chemische Struktur von Vitamin $K_1$ ........................................ 157
**Abb. 7.6.**    Chemische Struktur von Thiamin (Vitamin $B_1$) ...................... 160
**Abb. 7.7.**    Reaktion der Acetohydroxysynthase .......................................... 161
**Abb. 7.8.**    Chemische Struktur der (Dihydro-)Liponsäure .......................... 162
**Abb. 7.9.**    Chemische Struktur von Niacin und seiner oxidierten wie
                 reduzierten Form ...................................................................... 164
**Abb. 7.10.**   Chemische Struktur von Nicotin-adenin-dinucleotid ($NAD^+$)
                 und Nicotin-adenin-dinucleotid-phosphat ($NADP^+$) ................. 164
**Abb. 7.11.**   Chemische Struktur von Riboflavin ........................................... 167
**Abb. 7.12.**   Chemische Struktur von Pyridoxin (Vitamin $B_6$) ...................... 169
**Abb. 7.13.**   Chemische Struktur der Xanthurensäure (4,8-Dihydroxy-
                 2-chinolincarbonsäure) ............................................................. 172
**Abb. 7.14.**   Chemische Struktur der Pantothensäure .................................... 173
**Abb. 7.15.**   Chemische Struktur von Biotin ................................................. 174
**Abb. 7.16.**   Chemische Struktur von myo-Inosit ......................................... 176
**Abb. 7.17.**   Chemische Struktur der Folsäure (Pteroylglutaminsäure) ......... 178
**Abb. 7.18.**   Homocystein-Metabolismus ..................................................... 179
**Abb. 7.19.**   Chemische Struktur von Cyanocobalamin ................................ 181
**Abb. 7.20.**   Chemische Struktur der (Dehydro-)L-Ascorbinsäure ................ 184
**Abb. 7.21.**   Synergismus zwischen Vitamin E und Vitamin C ...................... 184
**Abb. 7.22.**   Chemische Struktur von Cholin ................................................ 189
**Abb. 7.23.**   Bildung und Transport von Acylcarnitin .................................... 190
**Abb. 8.1.**    Biosynthese von phenolischen Verbindungen ........................... 192

| | | |
|---|---|---|
| **Abb. 8.2.** | Synthese von Cumarin aus ortho-Hydroxyzimtsäure | 193 |
| **Abb. 8.3.** | Biosynthese von Flavonoiden und Auronen | 194 |
| **Abb. 8.4.** | Biosynthese von Phenanthren | 194 |
| **Abb. 8.5.** | Chemische Struktur der Chlorogensäuren | 195 |
| **Abb. 8.6.** | Chemische Struktur ausgewählter Phenol- und Hydroxybenzoesäuren | 196 |
| **Abb. 8.7.** | Chemische Struktur von (Di-)Gallussäure und deren oxidierten Formen | 198 |
| **Abb. 8.8.** | Chemische Struktur ausgewählter Lignane | 199 |
| **Abb. 8.9.** | Chemische Struktur von Gomisinen und Schisandrinen | 200 |
| **Abb. 8.10.** | Chemische Struktur von Resveratrol | 202 |
| **Abb. 8.11.** | Chemische Struktur von Oxyresveratrol | 203 |
| **Abb. 8.12.** | Chemische Struktur ausgewählter Cumarine | 204 |
| **Abb. 8.13.** | Chemische Struktur ausgewählter Psoralene | 205 |
| **Abb. 8.14.** | Chemische Strukturvarianten der Flavonoide | 208 |
| **Abb. 8.15.** | Chemische Struktur ausgewählter Isoflavonoide und deren physiologische Umwandlungsprodukte | 209 |
| **Abb. 8.16.** | Chemische Struktur ausgewählter Flavanone = Dihydroflavone | 210 |
| **Abb. 8.17.** | Chemische Struktur von Catechin und Epicatechin (3-Flavanole) und Flavan-3,4-diolen (Leukocyanidin und Leukodelphinidin) | 211 |
| **Abb. 8.18.** | Chemische Struktur ausgewählter Flavonole | 212 |
| **Abb. 8.19.** | Chemische Struktur ausgewählter Flavone | 212 |
| **Abb. 9.1.** | Chemische Struktur ausgewählter Carotinoide | 217 |
| **Abb. 9.2.** | Chemische Struktur von Auro-, Luteo- und Neoxanthin | 220 |
| **Abb. 9.3.** | Chemische Struktur von Capsanthin, Capsorubin, α- und β-Cryptoxanthin | 220 |
| **Abb. 9.4.** | Chemische Struktur von Lycopin, Phytoen und Phytofluen | 221 |
| **Abb. 9.5.** | Chemische Struktur ausgewählter Apocarotinoide | 225 |
| **Abb. 9.6.** | Chemische Reaktionen von Chinonen zu Semi- und Hydrochinonen | 226 |
| **Abb. 9.7.** | Chemische Struktur von Ubi- und Plastochinon | 227 |
| **Abb. 9.8.** | Chemische Struktur ausgewählter Benzochinone | 227 |
| **Abb. 9.9.** | Chemische Struktur ausgewählter Naphthochinone (I) | 229 |
| **Abb. 9.10.** | Chemische Struktur ausgewählter Naphthochinone (II) | 229 |
| **Abb. 9.11.** | Chemische Struktur ausgewählter Anthrachinone (I) | 230 |
| **Abb. 9.12.** | Chemische Strukturen ausgewählter Anthrachinone (II) | 231 |
| **Abb. 9.13.** | Chemische Struktur von Cercosporin und Hypericin | 232 |
| **Abb. 9.14.** | Chemische Struktur ausgewählter Anthocyane und 3-Deoxyanthocyane | 234 |
| **Abb. 9.15.** | Chemische Struktur ausgewählter Betalaine und Betaxanthine | 235 |
| **Abb. 9.16.** | Chemische Struktur von Chlorophyll | 236 |
| **Abb. 10.1.** | Chemische Struktur aliphatischer, offenkettiger Monoterpene | 242 |
| **Abb. 10.2.** | Chemische Struktur alizyklischer Monoterpene (I) | 243 |
| **Abb. 10.3.** | Chemische Struktur alizyklischer Monoterpene (II) | 244 |
| **Abb. 10.4.** | Chemische Struktur ausgewählter Sesquiterpene | 245 |

**Abb. 10.5.**    Chemische Struktur von Ionornen, Damascenon und Safranal ...   246
**Abb. 10.6.**    Chemische Struktur ausgewählter geruchsaktiver Aldehyde ....   246
**Abb. 10.7.**    Chemische Struktur ausgewählter geruchsaktiver Ester ...........   248
**Abb. 10.8.**    Chemische Struktur ausgewählter aromaaktiver Ketone ...........   249
**Abb. 10.9.**    Chemische Struktur ausgewählter phenolischer
                  Aromastoffe (I) .................................................................   250
**Abb. 10.10.**   Chemische Struktur ausgewählter phenolischer
                  Aromastoffe (II) ................................................................   251
**Abb. 10.11.**   Chemische Struktur ausgewählter schwefelhaltiger
                  Aromastoffe ......................................................................   253
**Abb. 10.12.**   Chemische Struktur ausgewählter Pyrazine ..................................   254
**Abb. 10.13.**   Chemische Struktur ausgewählter Furane ...............................   255
**Abb. 10.14.**   Chemische Struktur ausgewählter Inhaltsstoffe des Ingwer .......   258
**Abb. 10.15.**   Chemische Struktur von Curcumin ...................................   259
**Abb. 10.16.**   Chemische Strukturen von Asaron ...................................   259
**Abb. 10.17.**   Chemische Strukturen von aromatisierten Terpenen .................   262
**Abb. 10.18.**   Chemische Struktur von Carnosol und Rosmanol .....................   263
**Abb. 10.19.**   Chemische Struktur von Apiin ........................................   264
**Abb. 10.20.**   Chemische Struktur ausgewählter Phthalide ..........................   265
**Abb. 10.21.**   Synthese von Safranal aus Picrocrocin ...............................   267
**Abb. 10.22.**   Chemische Struktur von Caryophyllen ................................   267
**Abb. 10.23.**   Chemische Struktur von Piperin ......................................   269
**Abb. 10.24.**   Chemische Struktur von Piperylin und Piperlongumin .............   269
**Abb. 10.25.**   Chemische Struktur von Capsaicin ...................................   270
**Abb. 10.26.**   Chemische Struktur von Dihydrocapsaicin und
                  Nordihydrocapsaicin ..........................................................   272
**Abb. 10.27.**   Chemische Struktur ausgewählter Anisinhaltsstoffe ...............   272
**Abb. 10.28.**   Chemische Struktur von Perill(a)-Aldehyd, Perill-Aldehyd
                  Oxim, Perillaketon ...........................................................   274
**Abb. 10.29.**   Chemische Struktur von Thymochinon ...............................   277
**Abb. 11.1.**    Chemische Struktur methylierter Aminosäuren des Myosins ......   282
**Abb. 11.2.**    Chemische Struktur von δ-Hydroxylysin und
                  4-Hydroxyprolin ..............................................................   284
**Abb. 11.3.**    Reaktion des Lysins bei der Bindegewebsvernetzung ...............   285
**Abb. 11.4.**    Bildung von Dityrosin durch UV-Strahlung .........................   286
**Abb. 11.5.**    Chemische Struktur von β-Aminopropionitril .......................   286
**Abb. 11.6.**    Chemische Struktur von Desmosin ...................................   287
**Abb. 11.7.**    Chemische Struktur von β-Alanin, Carnosin und Anserin .........   288
**Abb. 11.8.**    Reaktion von Kreatin zu Kreatinin ..................................   288
**Abb. 11.9.**    Chemische Struktur ausgewählter Purine und Nucleotide ........   289
**Abb. 11.10.**   Schematische Darstellung der Fleischreifung .......................   290
**Abb. 11.11.**   Chemische Struktur verschiedener Substanzen des
                  Fleischaromas .................................................................   295
**Abb. 11.12.**   Protoporphyrin IX, Häm und Oxyhäm ..............................   297
**Abb. 11.13.**   Fließschema der Wurstherstellung ...................................   301
**Abb. 11.14.**   Chemische Struktur ausgewählter Anabolika .......................   308
**Abb. 11.15.**   Reduktion von Trimethylamin-N-oxid ..............................   309
**Abb. 11.16.**   Chemische Struktur von Okadainsäure ..............................   311

| | | |
|---|---|---|
| Abb. 11.17. | Chemische Struktur von Brevetoxin | 312 |
| Abb. 11.18. | Chemische Struktur von Ciguatoxin | 313 |
| Abb. 11.19. | Chemische Struktur von Toxinen aus Algen, Muscheln und Fischen | 315 |
| Abb. 11.20. | Oxidation von Methionin | 318 |
| Abb. 11.21. | Chemische Struktur der Orotsäure | 318 |
| Abb. 11.22. | Milchproduktpalette | 324 |
| Abb. 11.23. | Reaktionsprodukte von Lactose und Lysin | 326 |
| Abb. 11.24. | Eiproduktpalette | 335 |
| Abb. 12.1. | Die Verwandtschaft der verschiedenen Getreidearten | 337 |
| Abb. 12.2. | Chemische Struktur von myo-Inosit und Phytin | 341 |
| Abb. 12.3. | Chemische Struktur von Hordenin | 344 |
| Abb. 12.4. | Chemische Struktur von C-Glycosiden der Flavone Apigenin und Luteolin | 346 |
| Abb. 12.5. | Chemische Struktur von Dhurrin | 347 |
| Abb. 12.6. | Chemische Struktur von Fagopyrin | 348 |
| Abb. 12.7. | Umwandlung von Glutaminsäure in 2-Pyrrolidon-5-carbonsäure | 359 |
| Abb. 12.8. | Chemische Struktur von Solanin und Chaconin | 361 |
| Abb. 12.9. | Chemische Struktur ausgewählter Polyacetylenverbindungen | 364 |
| Abb. 12.10. | Chemische Struktur von 3-Methyl-6-methoxy-8-hydroxy-3,4-dihydroisocumarin und Isocumarin | 364 |
| Abb. 12.11. | Chemische Struktur ausgewählter Rettichinhaltsstoffe | 366 |
| Abb. 12.12. | Chemische Struktur von Senfölen ausgewählter Kohl- und Krautvarietäten | 368 |
| Abb. 12.13. | Chemische Struktur von Indolylmethylsenföl-Abbauprodukten | 369 |
| Abb. 12.14. | Synthese von Goitrin aus Progoitrin | 369 |
| Abb. 12.15. | Chemische Struktur von Spinasterin und Brassinon | 370 |
| Abb. 12.16. | Chemische Struktur von Salat-Bitterstoffen | 373 |
| Abb. 12.17. | Chemische Struktur von Sarsasapogenin und Diosgenin | 376 |
| Abb. 12.18. | Synthese von Oxalsäure aus Glycin | 377 |
| Abb. 12.19. | Chemische Struktur von Brassinoliden | 377 |
| Abb. 12.20. | Chemische Struktur von Gramin | 378 |
| Abb. 12.21. | Chemische Struktur von Cynarin | 378 |
| Abb. 12.22. | Chemische Struktur von Cucurbitacin B und E | 379 |
| Abb. 12.23. | Chemische Struktur von L-β-(Pyrazol-1-yl)-alanin | 382 |
| Abb. 12.24. | Chemische Struktur von Tomatin | 383 |
| Abb. 12.25. | Ixocarpalacton A und ausgewählte Withanolide | 385 |
| Abb. 12.26. | Chemische Struktur von Nasunin | 386 |
| Abb. 12.27. | Chemische Struktur von Solasodin | 386 |
| Abb. 12.28. | Chemische Struktur von Trigonellin und γ-Methylenglutamin | 389 |
| Abb. 12.29. | Bildung von Divicin und Isouramil aus Vicin und Convicin | 390 |
| Abb. 12.30. | Chemische Struktur von Linamarin (Phaseolunatin) und Lotaustralin | 391 |
| Abb. 12.31. | Chemische Struktur ausgewählter Lathyrogene und nicht proteinogener Aminosäuren | 393 |
| Abb. 12.32. | Chemische Struktur von Canavanin | 394 |

**Abb. 12.33.** Chemische Struktur von Sojasapogenolen ..................................... 397
**Abb. 12.34.** Chemische Struktur ausgewählter Chinolizidin- und
Indolalkaloide ................................................................... 399
**Abb. 12.35.** Chemische Struktur ausgewählter Knoblauchinhaltsstoffe ........ 401
**Abb. 12.36.** Chemische Struktur ausgewählter Zwiebelinhaltsstoffe ............. 403
**Abb. 12.37.** Chemische Struktur von L-Piperidin-2-carbonsäure ................... 404
**Abb. 12.38.** Chemische Struktur von Agaritin und Gyromitrin und
Linatin ............................................................................. 406
**Abb. 12.39.** Chemische Struktur von Amanitin .............................................. 408
**Abb. 12.40.** Chemische Struktur ausgewählter Pilzgifte ................................. 408
**Abb. 12.41.** Chemische Struktur von Oleanol- und Ursolsäure ...................... 410
**Abb. 12.42.** Chemische Struktur ausgewählter organischer Säuren im Obst ... 411
**Abb. 12.43.** Chemische Struktur von 1-Amino-1-carboxycyclopropan ......... 413
**Abb. 12.44.** Chemische Struktur von Phloridzin ............................................ 416
**Abb. 12.45.** Chemische Struktur von Arbutin ................................................ 417
**Abb. 12.46.** Chemische Struktur von 3-Hydroxy-β-Ionol, Theaspiran und
Theaspiron ....................................................................... 418
**Abb. 12.47.** Chemische Struktur von Proanthocyanidinen vom Typ A ........ 427
**Abb. 12.48.** Chemische Struktur von Sambunigrin und Vicianin ................... 429
**Abb. 12.49.** Chemische Struktur von Myosmin ............................................. 434
**Abb. 12.50.** Chemische Struktur von Amygdalin und Prunasin ..................... 434
**Abb. 12.51.** Chemische Struktur der Inhaltsstoffe des Schalenöls der
Cashewnuss ..................................................................... 437
**Abb. 12.52.** Chemische Struktur von Sarkosin und 4-Methylen-prolin ......... 440
**Abb. 12.53.** Chemische Struktur von Limonin ............................................... 443
**Abb. 12.54.** Chemische Struktur von Synephrin und Octopamin .................. 443
**Abb. 12.55.** Chemische Struktur von 1,2,3,4-Tetrahydro-β-carbolin-
3-carbonsäure und deren Methylderivat ............................ 444
**Abb. 12.56.** Chemische Struktur O-methylierter Flavonoide aus Schalen
von *Citrus* sp. .................................................................. 446
**Abb. 12.57.** Chemische Struktur von Xanthyletin .......................................... 450
**Abb. 12.58.** Chemische Struktur ausgewählter Terpene der Grapefruit ........ 451
**Abb. 12.59.** Chemische Struktur von Guanidinobuttersäure .......................... 453
**Abb. 12.60.** Chemische Struktur methylierter Xylosederivate ....................... 455
**Abb. 12.61.** Chemische Struktur nichtproteinogener Aminosäuren der
Dattel ............................................................................... 456
**Abb. 12.62.** Chemische Struktur charakteristischer Kohlenhydrate der
Avocadofrucht .................................................................. 458
**Abb. 12.63.** Chemische Struktur von Squalen ............................................... 458
**Abb. 12.64.** Chemische Struktur von Maslinsäure ......................................... 459
**Abb. 12.65.** Chemische Struktur von Oleuropein und Elenolid ..................... 460
**Abb. 12.66.** Chemische Struktur von Pelletierin, Pseudopelletierin und
R-1-Tropanol ................................................................... 462
**Abb. 12.67.** Chemische Struktur der Punicinsäure ......................................... 462
**Abb. 12.68.** Chemische Struktur von Mangiferin .......................................... 463
**Abb. 12.69.** Chemische Struktur von Furano- und Pyrano-linalooloxid ........ 465
**Abb. 12.70.** Chemische Struktur nichtproteinogener Aminosäuren der
Litschi .............................................................................. 465

**Abb. 12.71.** Chemische Struktur von Ascorbigen A und B .............................. 467
**Abb. 12.72.** Chemische Struktur von Meconsäure ............................................ 467
**Abb. 12.73.** Chemische Struktur von Copaen ................................................... 468
**Abb. 12.74.** Chemische Struktur von Retikulin ............................................... 468
**Abb. 12.75.** Chemische Struktur von Acetogeninen der Cherimoya ............. 469
**Abb. 12.76.** Chemische Struktur der Piscidinsäure ........................................ 470
**Abb. 12.77.** Chemische Struktur von Passiflorin ............................................ 471
**Abb. 12.78.** Chemische Struktur ausgewählter Alkaloide der
Passionsfrucht ................................................................................. 471
**Abb. 12.79.** Schematische Darstellung der Bierherstellung ........................... 481
**Abb. 12.80.** Chemische Struktur der Bitterstoffe des Hopfens ...................... 482
**Abb. 12.81.** Chemische Struktur ausgewählter phenolischer Inhaltsstoffe
des Hopfens ..................................................................................... 483
**Abb. 12.82.** Schema der Weiß- und Rotweinherstellung ................................ 485
**Abb. 12.83.** Chemische Struktur ausgewählter aromaaktiver
Verbindungen im Most .................................................................... 489
**Abb. 12.84.** Chemische Struktur von 1,1,6-Trimethyl-
1,2-dihydronaphthalin .................................................................... 491
**Abb. 12.85.** Technologie der Kaffeeverarbeitung ............................................ 501
**Abb. 12.86.** Chemische Strukturen von Cafestol und Kahweol ..................... 502
**Abb. 12.87.** Chemische Struktur ausgewählter Alkylphenole des Kaffees .... 503
**Abb. 12.88.** Chemische Struktur ausgewählter Purinalkaloide der
Kaffeebohne ..................................................................................... 504
**Abb. 12.89.** Chemische Strukturen ausgewählter Diketopiperazine der
gerösteten Kaffeebohne .................................................................. 506
**Abb. 12.90.** Haupttechnologien der Teebereitung ........................................... 510
**Abb. 12.91.** Chemische Struktur von Strictinin im Teeblatt .......................... 512
**Abb. 12.92.** Chemische Struktur ausgewählter Theasinensine (dimere
Flavanole) ........................................................................................ 513
**Abb. 12.93.** Chemische Struktur ausgewählter Oolonghomobisflavane
fermentierter Teeblätter .................................................................. 514
**Abb. 12.94.** Chemische Struktur von Theaflavin und Isotheaflavin .............. 515
**Abb. 12.95.** Chemische Struktur ausgewählter Proanthocyanidine des
Teeblattes (I) ................................................................................... 516
**Abb. 12.96.** Chemische Struktur ausgewählter Proanthocyanidine des
Teeblattes (II) .................................................................................. 517
**Abb. 12.97.** Chemische Struktur von Aminen und Amiden im Teeblatt ....... 519
**Abb. 12.98.** Chemische Struktur ausgewählter Aromastoffe des Teeblattes ... 521
**Abb. 12.99.** Chemische Struktur von 2,4-Dihydroxy-
3-methylenbutyronitril .................................................................... 523
**Abb. 12.100.** Technologie der Kakaoverarbeitung ............................................ 526
**Abb. 12.101.** Chemische Struktur von Salsolinol, Salsolin und Anadamid ..... 527
**Abb. 12.102.** Chemische Struktur von Thunbergan und Labdan ...................... 529
**Abb. 12.103.** Technologie der Tabakverarbeitung ............................................. 530
**Abb. 12.104.** Chemische Struktur ausgewählter Alkaloide der Tabakblätter .... 532
**Abb. 12.105.** Synthese von Nitrosaminen aus sekundären Aminosäuren
und salpetriger Säure ...................................................................... 533

**Abb. 12.106.** Chemische Struktur alkylierter Iononderivate des
Tabakblattes ......................................................................... 535
**Abb. 12.107.** Chemische Struktur ausgewählter Drimane des Tabakblattes ...... 536
**Abb. 12.108.** Chemische Struktur ausgewählter Diterpene des Tabakblattes .... 536
**Abb. 12.109.** Chemische Struktur von Grayanotoxin und Tutin ....................... 542
**Abb. 13.1.** Chemische Struktur von Gossypol ................................................. 557
**Abb. 13.2.** Chemische Struktur der Cyclopropenfettsäuren des
Baumwollsaatöls ................................................................... 557
**Abb. 13.3.** Chemische Struktur von Oryzanolen ............................................. 559
**Abb. 13.4.** Chemische Struktur von Phytosterinen des Haferöls ................. 561
**Abb. 13.5.** Chemische Struktur von Phytosterinen des Kürbiskernöls ........ 561
**Abb. 13.6.** Chemische Struktur von Cucurbitin
(3-Amino-3-carboxypyrrolidin) ......................................... 562
**Abb. 13.7.** Chemische Struktur von Carthamin ............................................. 564
**Abb. 13.8.** Chemische Struktur der Lignane des Sesamöls ........................... 565
**Abb. 13.9.** Chemische Struktur von Cholesterinderivaten und
Campesterin .......................................................................... 566
**Abb. 13.10.** Chemische Struktur von Amyrin .................................................. 567
**Abb. 13.11.** Chemische Struktur von Schottenol und Cyclolaudenol ............ 567
**Abb. 13.12.** Chemische Struktur von Tetrahydrocannabinol ......................... 571
**Abb. 13.13.** Chemische Struktur von Cyaniden aus *Crambe abyssinica* .......... 572
**Abb. 13.14.** Chemische Struktur von Pyrrolizidin-Alkaloiden ...................... 574
**Abb. 13.15.** Chemische Struktur der Ricinolsäure .......................................... 576
**Abb. 13.16.** Chemische Struktur von Ricinin .................................................. 576
**Abb. 13.17.** Chemische Struktur von Phorbol ................................................. 577
**Abb. 13.18.** Chemische Struktur von Inhaltsstoffen des Niemöls ................. 578
**Abb. 13.19.** Chemische Struktur von Simmondsin ......................................... 579
**Abb. 14.1.** Chemische Struktur ausgewählter Fettsäuren in Landtieren
und Fischen .......................................................................... 582
**Abb. 15.1.** Chemische Struktur von Monomeren der Epoxyharze .............. 597
**Abb. 15.2.** Luminol und Abbauprodukte von Nucleinsäuren, die durch
Bestrahlung von Lebensmitteln mit ionisierenden Strahlen
entstehen ............................................................................... 601
**Abb. 15.3.** Chemische Struktur von Syringol (R = H) und
4-Methylsyringol  (R = CH$_3$) ............................................ 605
**Abb. 16.1.** Chemische Struktur ausgewählter Konservierungsmittel .......... 612
**Abb. 16.2.** Chemische Struktur der Hippursäure ........................................... 613
**Abb. 16.3.** Chemische Struktur ausgewählter
Oberflächenkonservierungsmittel ..................................... 615
**Abb. 16.4.** Chemische Struktur nicht proteinogener Aminosäuren der
Bakteriozine .......................................................................... 616
**Abb. 16.5.** Chemische Struktur ausgewählter chemischer
Konservierungsmittel .......................................................... 618
**Abb. 16.6.** Chemische Struktur von Ascorbylpalmitat,
*t*-Butylhydroxytoluol, *t*-Butylhydrochinon und
*t*-Butylhydroxyanisol ........................................................ 624
**Abb. 16.7.** Chemische Struktur von Gallussäureestern ................................. 625
**Abb. 16.8.** Chemische Struktur der Nordihydroguajaretsäure .................... 626

**Abb. 16.9.** Chemische Struktur ausgewählter Süßstoffe .............................. 627
**Abb. 16.10.** Chemische Struktur von Neohesperidindihydrochalcon und Sucralose ................................................................. 629
**Abb. 16.11.** Synthese von Isomalt (Palatinit®) ..................................... 631
**Abb. 16.12.** Chemische Struktur von Steviosid und Rebaudiosid A ............. 635
**Abb. 16.13.** Chemische Struktur von Glycyrrhizin, Licopyranocumarin und Isoliquiritigenin ........................................................ 636
**Abb. 16.14.** Chemische Struktur von Alitam und Neotam ....................... 637
**Abb. 16.15.** Chemische Struktur von Gymnemagenin und Jujubogenin ....... 640
**Abb. 16.16.** Chemische Struktur ausgewählter Geschmacksverstärker ........ 642
**Abb. 16.17.** Chemische Struktur von Amarogentin und Gentiopikrin .......... 645
**Abb. 16.18.** Chemische Struktur von Absinthin .................................... 645
**Abb. 16.19.** Chemische Struktur von Chinin ....................................... 646
**Abb. 16.20.** Chemische Struktur von Quassin und Neoquassin .................. 647
**Abb. 16.21.** Grundstruktur von Santonin und Artemisin ......................... 647
**Abb. 16.22.** Chemische Struktureinheit von Pektin ............................... 649
**Abb. 16.23.** Chemische Struktureinheit von Alginaten ........................... 651
**Abb. 16.24.** Chemische Struktur von Carrageenbausteinen ...................... 651
**Abb. 16.25.** Chemische Struktureinheit von Carrageenen ........................ 653
**Abb. 16.26.** Chemische Struktureinheit von neutraler und saurer Agarose .... 654
**Abb. 16.27.** Chemische Struktur der 4,6-O-1-Carboxyethyliden-D-galaktopyranose ........................................................ 655
**Abb. 16.28.** Chemische Struktureinheit von Konjak-Gummi ..................... 656
**Abb. 16.29.** Chemische Struktureinheit von Guar- und Johannisbrotkernmehl ..................................................... 657
**Abb. 16.30.** Chemische Struktureinheit von Tragantin ........................... 659
**Abb. 16.31.** Chemische Struktureinheit von Gummi arabicum ................... 660
**Abb. 16.32.** Chemische Struktur von Xanthan ..................................... 662
**Abb. 16.33.** Chemische Struktureinheit von Gellan ............................... 663
**Abb. 16.34.** Chemische Struktureinheit von Polyvinylpyrrolidon ............... 668
**Abb. 16.35.** Chemische Struktureinheit von Dextran ............................. 669
**Abb. 16.36.** Chemische Struktureinheit von Scleroglucan ....................... 670
**Abb. 16.37.** Chemische Struktureinheit von Chitosan ............................ 671
**Abb. 16.38.** Chemische Struktur von Aucubin und Catalpin ..................... 672
**Abb. 16.39.** Chemische Struktur natürlich vorkommender Emulgatoren ...... 674
**Abb. 16.40.** Chemische Struktur synthetischer Emulgatoren .................... 675
**Abb. 16.41.** Chemische Struktur der Monascus-Farbpigmente .................. 683
**Abb. 16.42.** Chemische Struktur ausgewählter synthetischer Farbstoffe (I) .... 685
**Abb. 16.43.** Chemische Struktur ausgewählter synthetischer Farbstoffe (II) ................................................................ 686
**Abb. 16.44.** Chemische Struktur ausgewählter synthetischer Farbstoffe (III) ............................................................... 687
**Abb. 16.45.** Chemische Struktur von Grün S und Patentblau V ................. 688
**Abb. 16.46.** Chemische Struktur von Erythrosin .................................. 689
**Abb. 16.47.** Synthese von Indigo aus Indican ..................................... 689
**Abb. 16.48.** Chemische Struktur von Schellol- und Aleuritinsäure ............. 696
**Abb. 16.49.** Chemische Struktur von EDTA ....................................... 697
**Abb. 16.50.** Chemische Struktur von Dimethylpolysiloxan ...................... 698

**Abb. 17.1.**   Reaktionsschema der Initiation der Maillard-Reaktion ............... 700

**Abb. 17.2.**   Reaktionsschema der Amadori-Umlagerung mit
                 N-Protonierung ...................................................................... 702

**Abb. 17.3.**   Reaktionsschema der Amadori-Umlagerung mit
                 3-O-Protonierung ................................................................... 703

**Abb. 17.4.**   Reaktionsschema des Strecker-Abbaus ......................................... 704

**Abb. 17.5.**   Reaktionsschema der Pyrazinbildung ........................................... 705

**Abb. 17.6.**   Chemische Struktur von Pentosidin ............................................. 705

**Abb. 17.7.**   Bildung von ε-N-Carboxymethyllysin ......................................... 706

**Abb. 17.8.**   Bildung von Acrylamid aus Asparagin oder Methionin ............ 707

**Abb. 18.1.**   Chemische Struktur ausgewählter Aflatoxine ............................. 717

**Abb. 18.2.**   Chemische Struktur von Ochratoxin A ....................................... 718

**Abb. 18.3.**   Chemische Struktur ausgewählter Schimmelpilztoxine (I) ........ 719

**Abb. 18.4.**   Chemische Struktur von Alterporriol B ....................................... 721

**Abb. 18.5.**   Chemische Struktur ausgewählter Schimmelpilztoxine (II) ....... 722

**Abb. 18.6.**   Chemische Struktur ausgewählter Schimmelpilztoxine (III) ...... 724

**Abb. 18.7.**   Chemische Struktur von Enniatin B ............................................. 725

**Abb. 18.8.**   Chemische Struktur von Ergotalkaloiden .................................... 727

**Abb. 18.9.**   Chemische Struktur von ausgewählten Insektiziden ................... 729

**Abb. 18.10.**  Chemische Struktur von ausgewählten Fungiziden .................... 731

**Abb. 18.11.**  Chemische Struktur ausgewählter Herbizide ............................... 732

# Tabellenverzeichnis

Tabelle 2.1.  Wachstumsgrenzen einiger Verderbserreger .............................. 18

Tabelle 4.1.  Biologische Wertigkeit des Proteins aus verschiedenen
Lebensmitteln und günstigere Mischungen zweier
Lebensmittel ................................................................................ 74

Tabelle 5.1.  Fettsäurezusammensetzung pflanzlicher und tierischer Fette ..... 80

Tabelle 7.1.  Tocopherol- und Tocotrienolgehalte ausgewählter Speisefette ... 155

Tabelle 7.2.  Vitamin-$B_2$-Gehalte ausgewählter Lebensmittel ....................... 168

Tabelle 8.1.  Phenolische Verbindungen in pflanzlichen Lebensmitteln ....... 197

Tabelle 8.2.  Lignane in pflanzlichen Lebensmitteln ..................................... 200

Tabelle 8.3.  Furanocumarine in pflanzlichen Lebensmitteln ....................... 205

Tabelle 8.4.  Flavonoide in pflanzlichen Lebensmitteln ................................ 206

Tabelle 9.1.  Carotinoide in pflanzlichen Lebensmitteln [µg/100 g] .............. 222

Tabelle 10.1.  Terpene in pflanzlichen Lebensmitteln (mg/kg = ppm) ........... 241

Tabelle 11.1.  Zusammensetzung ausgewählter Brätwürste ............................ 303

Tabelle 11.2.  Ausgewählte Parameter der chemischen Fleischanalyse .......... 305

Tabelle 11.3.  Durchschnittliche Zusammensetzung des Milchfettes .............. 322

Tabelle 11.4.  Durchschnittliche Fettsäurezusammensetzung des Butterfettes  331

Tabelle 11.5.  Durchschnittliche Gehalte an Vitaminen, Mineral- und
Aromastoffen der Butter ............................................................ 332

Tabelle 12.1.  Proteingehalt und hydrophobe Aminosäuren in Getreidearten
und *Leguminosae = Fabaceae* ...................................................... 349

Tabelle 12.2.  Durchschnittliche Zusammensetzung von Sommer- und
Winterkürbis ............................................................................... 381

Tabelle 12.3.  Durchschnittliche Zusammensetzung von Kürbiskernen ......... 381

Tabelle 12.4.  Durchschnittliche Gehalte an Mineralstoffen,
Spurenelementen und Vitaminen in der Sojabohne ................... 395

Tabelle 12.5.  Durchschnittliche Nährstoffzusammensetzung von Obst- und
Gemüsebananen ......................................................................... 453

Tabelle 13.1.  Phytosterine in Pflanzenfetten ................................................ 551

Tabelle 14.1.  Durchschnittliche Zusammensetzung von Hart- und
Weichmargarine ......................................................................... 587

Tabelle 14.2.  Durchschnittliche Fettsäurezusammensetzung ausgewählter
Shortenings ................................................................................ 588

Tabelle 19.1.  Beurteilung des Risikos einer Überdosierung von
Mikronährstoffen ....................................................................... 744

# 1 Einführung in die dynamische Lebensmittelchemie

## 1.1 Einleitung

Lebensmittel sind Mittel zur Erhaltung des menschlichen Lebens, darüber hinaus dienen sie zur Befriedigung der verschiedensten menschlichen Bedürfnisse. Mit nur ganz wenigen Ausnahmen (z. B. Wasser, Kochsalz) entstammen Lebensmittel lebenden Organismen (Tieren, Pflanzen). Der Mensch, an höchster Stelle der Nahrungskette positioniert, entnimmt diesen Organismen die für sein Leben notwendigen Stoffe (Lebensmittel).

Dies ist vielfach mit der Tötung des Organismus verbunden, in manchen Fällen ist aber auch die Gewinnung von Lebensmitteln möglich, ohne die Existenz des das Lebensmittel liefernden Organismus zu zerstören (z. B. Milch, Obst u. a.). Das Aussehen und vor allem die chemische Zusammensetzung von Lebensmitteln sind primär bestimmt durch die Art und Herkunft des biologischen Organismus, dem dieses Lebensmittel entstammt. Man kann also erwarten, dass auch in jedem Lebensmittel artspezifische Strukturen vorhanden sind, die z. B. auch in der Analytik verwendet werden können, um Herkunft und Identität des Lebensmittels zu bestimmen. Charakteristisch für diese artspezifischen Strukturen sind vor allem die arteigenen Proteine und Nucleinsäuren, prinzipiell sind aber auch andere Inhaltsstoffe in Qualität und Quantität artspezifisch und damit für jeden Organismus (jedes biologische System) charakteristisch.

Wenn ein biologisches System nun dem anderen als Lebensmittel dienen soll, müssen Inhaltsstoffe, wie Proteine, Polysaccharide, Nucleinsäuren, zu den für alle Organismen gleichen Grundbausteinen abgebaut werden können (z. B. Aminosäuren, Monosaccharide u. a.). Aus diesen Grundbausteinen, die für alle Organismen gleich sind, kann der konsumierende Organismus die für seine eigene Art spezifischen Strukturen aufbauen, indem er sie für seine Art charakteristisch neu verknüpft. Dadurch ergeben sich auch neue Wechselwirkungen auf molekularer Ebene, die ebenfalls für die Art charakteristisch sind und deren Analyse in Zukunft sehr viel zur näheren Charakterisierung von biologischen Systemen beitragen wird. Teilweise werden die resorbierten Grundbausteine auch direkt zur Deckung des Bedarfs an Energie verwendet.

Biologische Systeme existieren fern vom thermodynamischen Gleichgewicht (so genannte offene Systeme) und bedürfen, um diesen an sich instabilen Zustand erhalten zu können, einer dauernden Energiezufuhr (siehe Kapitel 2).

Da Lebensmittel Bestandteile anderer lebendiger Organismen sind, sind sie keine Reinstoffe, sondern enthalten prinzipiell alle Substanzen, die ein Organismus zur Aufrechterhaltung seiner Lebensfunktionen braucht. Daher sind Lebensmittel generell komplexe Gemische von chemischen Verbindungen, wobei je nach Herkunft die Zusammensetzung in weiten Bereichen variieren kann.

Ein weiterer Punkt, der auch in der Lebensmittelchemie große Bedeutung hat, ist die Veränderung der Lebensmittelzusammensetzung durch technologische Verfahren. Der Einsatz technologischer Verfahren bei Lebensmitteln ist fast so alt wie die Menschheit selbst. Mit der Entdeckung des Feuers wurde es möglich, durch Aufschluss die Verwertbarkeit der Lebensmittelinhaltsstoffe durch den menschlichen Organismus zu verbessern. Außerdem ist es sicher ein uraltes Bestreben der Menschen gewesen, Nahrungsmittel, die zur Zeit der Ernte im Überfluss anfallen, über längere Zeit haltbar zu machen. Dafür wurden schon sehr früh technologische Verfahren, wie z. B. Trocknen, Säuern, Erhitzen, Fermentieren und das Überführen von Lebensmitteln in länger haltbare Formen, wie z. B. die Bereitung von Käse, entwickelt.

Heute gibt es im Bereich der Lebensmittel mit Hilfe moderner technologischer Verfahren ein weites Feld von Zubereitungen. Dadurch kann heute die durch die landwirtschaftliche Produktion ursprünglich vorgegebene Zusammensetzung eines Lebensmittels in weiten Grenzen verändert werden. Die Kenntnis solcher Verfahren ist auch für den Lebensmittelwissenschaftler wichtig, da damit die Lebensmittelbeurteilung in engem Zusammenhang steht.

Die Lebensmittelbeurteilung hat eine sehr lange Tradition, zumindest seit es Handel mit Lebensmitteln in größerem Umfang gibt. Alle höher organisierten Gesellschaftssysteme haben als Folge der Organisation eine weitgehende Spezialisierung aufzuweisen. Daraus ergibt sich notwendigerweise ein Austausch von Gütern, der heute globale Ausmaße angenommen hat. Da jede Art von Güteraustausch die Möglichkeit von Betrug eröffnet, sind auch schon in den Marktordnungen der Antike und des Mittelalters Gesetze über den Handel mit Lebensmitteln und Strafen für deren Übertretungen enthalten, z. B. Reinheitsgebot bei der Bierherstellung, „Bäckerschupfen" für zu leichtes Brot u. a.

Technologische und wissenschaftliche Fortschritte eröffnen auch immer neue Möglichkeiten der Lebensmittelverfälschung, andererseits nehmen mit steigendem Wissensstand die Möglichkeiten der Lebensmittelkontrolle zu. Schon Mitte des 19. Jahrhunderts erschien in Deutschland ein Lexikon der Verfälschungen. Das Gebiet der Lebensmitteluntersuchung hat mit der rasanten Entwicklung der Naturwissenschaften und damit auch der Chemie einen steilen Aufschwung genommen, der sich auch in diesem Jahrhundert weiter fortgesetzt hat. Besonders das sich entwickelnde Rüstzeug der analytischen Chemie hat die Grenzen der Lebensmittelbeurteilung enorm erweitert. Daneben haben Untersuchungen über die stoffliche Zusammensetzung und die physiologischen Abläufe in Lebensmitteln das Gesamtbild stark vergrößert und intensiviert. Schon 1878 erschien die erste Auflage des Buches von J. König „Die Chemie der menschlichen Nahrungs- und Genussmittel", das auch aus heutiger Sicht eine sehr umfangreiche Sammlung analytischer Daten darstellt und selbst in der Gegenwart mehr als nur historisches Interesse erweckt. Seit dieser Zeit etwa hat sich die Lebensmittelchemie als selbstständiger Zweig der Naturwissenschaft etabliert. Am Beginn dieses neuen Zweiges der Chemie stand vor allem der Problemkreis Gesundheit und Lebensmittel. Daher wurden Lebensmitteluntersuchungsanstalten vielfach medizinischen Instituten, wie beispielsweise Hygieneinstituten, angegliedert. Daneben trat die eigentliche Ernährungsphysiologie immer mehr in den Vordergrund. Im Laufe der Zeit gewann das große Gebiet der Verfälschung von Lebensmitteln (Entzug wertbestimmender Stoffe oder Zusatz von wertmindernden Stoffen) an Bedeutung.

Die heutige Lebensmittelchemie präsentiert sich als ein multidisziplinäres Fach, sowohl übergreifend auf Fächer außerhalb der Chemie (z. B. Mikrobiologie, Hygiene) als auch innerhalb der chemischen Fachgebiete (Analytik, Naturstoffchemie, Biochemie). Medizin und Ernährungsphysiologie werfen oft in Bezug auf gesunde Lebensmittel und optimale Ernährung Fragen auf, die dann zumindest teilweise durch die Lebensmittelchemie beantwortet werden können. Innerhalb der chemischen Fachgebiete haben die analytische Chemie, die Naturstoffchemie und die Biochemie die größte Bedeutung. Die ersten beiden Fachgebiete vermitteln einen statischen Überblick über Zusammensetzung und Inhaltsstoffe zum Zeitpunkt der Untersuchung, die Biochemie vermittelt ein dynamisches Bild des Lebensmittels. Abläufe wie Reifung, Fermentation und Verderb können mit Hilfe der Biochemie besser verstanden und auch besser beurteilt werden.

Weitere Fächer, die für die Lebensmittelchemie von Bedeutung sind, sind Botanik und Veterinärmedizin: die Botanik vor allem wegen des leichteren Überblicks über mögliche Inhaltsstoffe, deren Vorkommen oft sehr eng mit bestimmten Pflanzenfamilien verknüpft ist, und die Veterinärmedizin in Bezug auf die mögliche Toxizität tierischer Lebensmittel – Erreger von Tierseuchen, Zusätze zu Tierfutter u. a.

Lebensmittel stammen von lebenden Organismen. In den Zellen dieser Organismen laufen zur Aufrechterhaltung der Lebensfunktionen fortwährend chemische Reaktionen ab. Ohne die Gegenwart von Katalysatoren – im biologischen System bezeichnet man sie als Enzyme – würden die chemischen Reaktionen viel zu langsam für die Aufrechterhaltung der Lebensfunktionen ablaufen (siehe Kapitel 2). Nach dem Tod oder der Abtrennung vom Mutterorganismus behalten viele dieser Enzyme weiter ihre Wirkung bei. Es laufen also auch weiterhin enzymatisch katalysierte chemische Reaktionen im Lebensmittel ab. Bedingt durch die vor allem auch energetisch veränderte Gesamtsituation des Organismus, z. B. die veränderte Versorgung mit Sauerstoff, kommt es zu vom lebenden Organismus unterschiedlichen Ergebnissen der Katalyse. Reifungsprozesse können initiiert werden, die Membranstruktur der Zellen wird oxidativ gelockert, typische Aromen werden gebildet und vieles mehr. In weiterer Folge kann es zu einem so weitgehenden Abbau und Umbau der Inhaltsstoffe kommen, dass das Lebensmittel vollkommen untauglich für den menschlichen Genuss wird.

Zusätzlich zu den arteigenen Enzymen der Lebensmittel treten oft noch Enzyme hinzu, die durch mikrobielle Infektion in das Lebensmittel gebracht, die dort vorhandenen Inhaltsstoffe abbauen und damit chemisch verändern. Mikroorganismen, meistens unerwünscht, manchmal auch erwünscht (z. B. bei Fermentationen), können Inhaltsstoffe des Lebensmittels verwenden, um wieder ihre arteigenen Inhaltsstoffe aufzubauen, die dann in vielen Fällen toxisch für den Menschen sind (z. B. Mykotoxine). Allgemein kann man sagen, dass durch die mikrobielle Infektion die chemisch synthetischen Möglichkeiten im Lebensmittel größer werden, da neue Biokatalysatoren durch Mikroorganismen dazu kommen. Grundsätzlich gilt dies auch für andere Schadorganismen (Insekten, Protozoen, Würmer, Spinnen, Milben u. a.). Ähnlich wie lebende Organismen wehren sich auch Lebensmittel gegen Schädlingsbefall, und oxidative Prozesse, die Bräunungen zur Folge haben, sind z. B. eine häufig auch makroskopisch beobachtbare Abwehrreaktion, besonders bei pflanzlichen Produkten.

## 1.2 Strukturprobleme zwischen Konsument und Lebensmittelproduzent

In der heutigen Gesellschaft, die zu einem großen Teil in Ballungszentren konzentriert ist, sind Lebensmittelproduktion und Verbrauch örtlich getrennt. Mit dem Anwachsen der Großstädte und der immer engeren Verknüpfung der Wirtschaft weltweit sind die Wege zwischen den Produzenten und den Konsumenten immer länger geworden. Bei der begrenzten Haltbarkeit der Lebensmittel bedeutete dies die Notwendigkeit, neue Verfahren zur Verlängerung der Haltbarkeit zu entwickeln und einzuführen. Durch die Anwendung der verschiedensten Konservierungsverfahren ist es in den allermeisten Fällen gelungen, den Zeitraum, in dem ein Produkt noch den Anforderungen des Konsumenten entspricht, ausreichend zu verlängern. So wurde es möglich, Lebensmittel genusstauglich um die Welt zu transportieren – Fleisch aus Südamerika und Neuseeland, Bananen aus Mittelamerika nach Europa und Frischmilchtransporte quer durch Europa. Neben der besser ausgebauten Infrastruktur und den schnelleren Verkehrsmitteln sind dafür aber die verbesserten Methoden zur Haltbarmachung von Lebensmitteln verantwortlich. Schon in der zweiten Hälfte des 19. Jahrhunderts konnte Fleisch aus Südamerika mit Hilfe der damals neu entwickelten Kühlschiffe nach Europa transportiert werden. Nach der Entdeckung des pflanzlichen Reifungshormons

Ethylen konnten Bananen im Ursprungsland unreif geerntet und im Verbraucherland durch Begasen mit Ethylen nachträglich gereift und somit genusstauglich gemacht werden.

Auch durch vermehrten Einsatz chemischer Konservierungsmittel kann die Haltbarkeit beträchtlich erstreckt werden. Grundsätzlich muss man sich aber darüber im Klaren sein, dass alle angewandten Behandlungsmethoden ihre Spuren im Lebensmittel hinterlassen, wenn auch in vielen Fällen nur sehr geringfügig.

Das Lebensmittel als biologisches System reagiert prinzipiell auf alle einwirkenden Zusätze und Behandlungen mit Stoffwechseländerungen, die makroskopisch und auch durch chemisch-analytische Methoden in manchen Fällen nicht feststellbar sein müssen und auch keine offensichtlichen Spuren in der Physiologie des Verbrauchers hinterlassen. Viele Konservierungsmethoden werden schon über Jahrhunderte verwendet, auch der Einsatz chemischer Konservierungsmittel wird schon über Hunderte von Jahren durchgeführt. Dabei sind einige von ihnen schon denselben Zeitraum ununterbrochen in Verwendung, da Mikroorganismen praktisch keine Resistenz gegen diese Mittel entwickeln. Über diese schon sehr lang verwendeten Stoffe konnte ein umfangreiches toxikologisches Datenmaterial gesammelt werden, das Risiken und unbedenkliche Konzentrationen sehr genau beschreibt. Trotzdem werden alle neu erarbeiteten experimentellen Befunde von den zuständigen Stellen hinsichtlich einer weiteren Verwendbarkeit eines bestimmten Konservierungsmittels kritisch bewertet.

Lebensmittel unterliegen als Bestandteile der Natur genetischen und umweltbedingten Einflüssen. Während die Ersteren für einen bestimmten Organismus weitgehend konstant sind, sind die Letzteren variabel. Allerdings bestehen immer auch starke Wechselwirkungen zwischen Genetik und Umwelt. Dies kann z. B. so verstanden werden, dass die in der Genetik begründeten Möglichkeiten eines Organismus zu ihrer praktischen Verwirklichung immer eine passende Umwelt benötigen. Der Begriff Umwelt ist ebenfalls sehr komplex und besteht selbst aus vielen Faktoren, wie Klima, Ernährung, Fremdorganismen, Fremdstoffen, um nur einige zu nennen. Grundsätzlich beeinflussen sich diese Faktoren untereinander und sind damit voneinander nicht vollkommen unabhängig. Ähnliches gilt auch in der Genetik, wo die einzelnen Gene zwar spezifische Aufgaben und Funktionen haben, aber darüber hinaus sich mehr oder weniger stark beeinflussen – Genwechselwirkung (Geninteraktion). Auch das Gen übt seine Funktion in einer „genetischen Umwelt" aus, und durch die daraus resultierenden Wechselwirkungen ergibt sich umgekehrt sein quantitativer Einfluss auf einen bestimmten Organismus. Genwechselwirkung und Umwelteinflüsse bewirken die Feinabstimmung einer speziellen Genfunktion, wie sie sich dann gleichsam als Resultierende aller Einflüsse im Phänotyp des Organismus äußert. Die DNS als Träger der gesamten Information (Hardware) eines Organismus kann nur dann praktisch in einen Organismus eingreifen, wenn Möglichkeiten zur Übertragung dieser Information in Form geeigneter RNS (Software) vorhanden sind. In der Regel wird nur ein kleiner Teil der gesamten in der DNS gespeicherten Information von einem Organismus verwendet. Der größere Teil, anscheinend für den Organismus nutzlos oder auch vielleicht eine gewisse Informationsreserve für außergewöhnliche Fälle, wird fortwährend bei jeder Zellteilung kopiert. Unerwartete Effekte, wie sie nach der Einsetzung eines fremden Gens in einen Organismus gelegentlich auftreten, werden durch die Genwechselwirkung plausibler und leichter verständlich.

## 1.3    Lebensmittelanalytik

Die Lebensmittelanalytik zeichnet ein **statisches Bild des stofflichen Aufbaus** eines Lebensmittels zum Zeitpunkt der Analyse. In Lebensmitteln, die sich mit wenigen Ausnahmen von lebenden Organismen ableiten lassen, laufen aber grundsätzlich auch nach der Trennung vom Mutterorganismus oder nach der Tötung des Organismus weitere chemische Prozesse ab. Dadurch kann die analytisch bestimmte stoffliche Zusammensetzung des Lebensmittels zu einem anderen Untersuchungszeitpunkt andere Ergebnisse liefern. Man kann auch sagen, das Lebensmittel ist ein dynamisches System, von dem die chemische Analyse ein Bild seiner Zusammensetzung zum Zeitpunkt der Untersuchung liefert. Trotz dieser einschränkenden Randbedingung ist die analytische Untersuchung von Lebensmitteln das wichtigste Werkzeug der Lebensmittelkontrolle. Seit dem Beginn des 19. Jahrhunderts werden in zunehmenden Maße Methoden der allgemeinen analytischen Chemie auch zur Untersuchung von Lebensmitteln eingesetzt. Am Anfang dieser Entwicklung wurden fast ausschließlich nasschemische Methoden (Fällungs- und Titrationsverfahren) zur Untersuchung herangezogen, während heute die automatisierte instrumentelle Analytik dominiert. Diese hat zwar den Nachteil hoher Investitions- und Wartungskosten, bietet aber den großen Vorteil des Durchsatzes großer Probenmengen in kurzer Zeit. Daneben sind viele neue Analysenverfahren entstanden, die es in der Vergangenheit nicht gab und die es erlauben, Lebensmittelanalytik unter ganz neuen Aspekten zu betreiben, z. B. alle chromatografischen Verfahren, zu denen letzten Endes auch die elektrophoretischen zu zählen sind. Ein Anliegen der Analytik ist es, Lebensmittel aufgrund der bei den Untersuchungen gewonnenen Daten zu definieren und durch die analytisch bestimmten, charakteristischen Werte von anderen zu unterscheiden. Ein weiteres Ziel war und ist es bis heute geblieben, die Qualität eines Lebensmittels durch analytische Daten festzulegen. Dieser Weg führt notwendigerweise zur Festlegung von Grenzwerten für charakteristische und auch analytisch bestimmbare Parameter, durch deren Unterschreitung oder auch Überschreitung eine gute von einer minderen Qualität unterschieden werden kann. Die Festlegung von Grenzwerten setzt in der Regel einen Kompromiss zwischen verschiedenen Interessen voraus und kann daher keinen Anspruch auf absolut im Sinne einer Naturkonstante erheben. Grundsätzlich ist es problematisch, aber praktisch notwendig, eine qualitative

Eigenschaft, wie es Qualität eben ist, durch quantitative Parameter zu beschreiben und zu definieren. Alle Wechselwirkungen zwischen den Inhaltsstoffen des Lebensmittels, die unsere Sinne wahrnehmen, aber sich nicht in Zahlen ausdrücken lassen, werden durch die chemische Analyse nicht erfasst. Daher muss in vielen Fällen, ergänzend zu der objektive Daten liefernden Analyse, eine Verkostung des Lebensmittels durchgeführt werden. Da jeder Koster durch seine Sinne etwas andere Eindrücke von demselben Lebensmittel erhält und damit auch anders beurteilt, müssen mehrere Personen die Verkostung durchführen, deren Sinneseindrücke dann statistisch zu einem Gesamturteil ausgewertet werden. Zusammenfassend kann man sagen, dass es das **Ziel der analytischen Untersuchung** von Lebensmitteln ist, einerseits **durch Bestimmung charakteristischer Bestandteile die Identität des Lebensmittels zu bestimmen** und auch etwas über etwaige Beimengungen zu erfahren, andererseits aber durch die quantitative Analyse **wertbestimmender Bestandteile die Qualität des Lebensmittels festzulegen.**

## 1.4 Grundzüge des Lebensmittelrechts

Der Beginn jeder rechtlichen Beurteilung ist die Definition des Normalzustandes, wie man ihn zum betreffenden Zeitpunkt versteht. Auch Lebensmittel unterliegen dem gleichen Prinzip. Wurden in frühen Zeiten nur Gewicht, äußere Beschaffenheit, Geruch und Geschmack zur Definition des Normalzustandes des Lebensmittels herangezogen, so wuchs mit der Entwicklung der Naturwissenschaften auch die Anzahl der Parameter, die zur Definition des Normalzustandes verwendet werden können. Durch die Zunahme der Kenntnisse über die stoffliche Zusammensetzung wuchsen allerdings auch die Möglichkeiten der Täuschung. Die Notwendigkeit der Definition von Lebensmitteln auf chemisch-naturwissenschaftlicher Grundlage wurde schon in der zweiten Hälfte des 19. Jahrhunderts erkannt, und zu Beginn des 20. Jahrhunderts erschienen die ersten **Lebensmittelbücher (Codices alimentarii)**, in denen der Normalzustand eines Lebensmittels meist durch seine wertbestimmenden Bestandteile oder durch seine Hauptbestandteile festgelegt ist. Eines der weltweit ersten Lebensmittelbücher war der Codex alimentarius Austriacus. Derartige Definitionen bedingen nicht nur Kenntnisse über die stoffliche Zusammensetzung allein, sondern auch über die natur- oder technologiebedingten Schwankungsbreiten dieser Zusammensetzung. Damit ergeben sich die tolerierbaren Abweichungen vom festgelegten Durchschnitt. Es liegt auf der Hand, dass zur Abfassung der Lebensmittel-Codices sehr viel Fachwissen aus den verschiedensten Teilgebieten der Lebensmittelwissenschaften erforderlich ist. Da dieses Wissen kaum in einer Person konzentriert ist, wurden zu diesem Zweck Kommissionen eingesetzt. Jede dieser Codexkommissionen, national oder international, setzt dann für die einzelnen Teilgebiete zuständige Unterkommissionen ein. Mitglieder der Kommission sind dann Vertreter der Lebensmittelwissenschaften (Lebensmittelchemiker, Ernährungsphysiologen, Ärzte, Tierärzte), Vertreter der staatlichen Lebensmitteluntersuchungsanstalten und die Interessensvertreter (Industrie und Gewerbe, Landwirtschaft, Konsumenten). Diese Vertreter vereinbaren, wie die Lebensmittel zu definieren sind: z. B. was unter Extrawurst, Leberpastete, Whisky, Aprikosenmarmelade usw. analytisch zu verstehen ist. Die Codices alimentarii sind daher eine Sammlung von Expertenmeinungen bezüglich der normalen Beschaffenheit von Lebensmitteln. Sie sind kein Gesetz, aber Gerichte verwenden in Streitfällen die Normen des Lebensmittelcodex in der Regel als Entscheidungsgrundlage. Darüber hinaus enthält der Codex auch noch Vorschriften über die Bezeichnung von Lebensmitteln. Sind Lebensmittel in ihrer durchschnittlichen Beschaffenheit erst einmal definiert, kann der Gesetzgeber auch detailliertere Gesetze über den Verkehr und die Behandlung von Lebensmitteln erlassen.

Dies kommt zum Ausdruck im eigentlichen Lebensmittelgesetz, das den allgemeinen Rahmen absteckt und in speziellen Verordnungen für bestimmte Teilaspekte die Behandlung von Lebensmitteln (z. B. verschiedene Verordnungen über Zusatzstoffe, Geschirre, Kosmetika usw.) regelt. Entsprechend dem Lebensmittelgesetz gibt es grundsätzlich drei Arten der Beanstandung von Lebensmitteln:

a) das Lebensmittel kann verdorben und damit eventuell auch gesundheitsschädlich sein,
b) es kann verfälscht und
c) es kann falsch bezeichnet sein.

Unter der Verfälschung von Lebensmitteln versteht man die Entnahme oder Verdünnung wertbestimmender Inhaltsstoffe oder auch den Ersatz wertbestimmender Stoffe durch Zusätze von geringerem Wert. Ein fast klassisches Beispiel für eine Verfälschung ist der Zusatz von pflanzlichem Eiweiß, Milch- oder Bluteiweiß zu Fleischwaren ohne Deklaration. Fleischeiweiß ist wesentlich teurer als die oben zuletzt genannten Eiweißarten. Daher liegt in diesem Fall der Tatbestand einer Verfälschung vor. Verfälschung und falsche Bezeichnung hängen sehr mit der so genannten „Verbrauchererwartung" zusammen. Dies ist die vom Konsumenten aufgrund der Angaben des Produzenten angenommene Zusammensetzung des Lebensmittels. Der Verbrauchererwartung kann der Produzent unter Umständen durch eine ausführlichere Deklaration der Inhaltsstoffe und eine das Produkt charakterisierende Bezeichnung entgegenkommen. In der Gegenwart sind die Beanstandungen wegen Verdorbenheit und Gesundheitsschädlichkeit die häufigsten Beanstandungen von Lebensmitteln, während vor etwa fünfzehn Jahren die Beanstandungen wegen Verfälschung und falscher Bezeichnung im Vordergrund standen. An diesem Beispiel ist ersichtlich, dass auch das Lebensmittelrecht einer starken Dynamik unterworfen ist und andauernd an neue Gegebenheiten angepasst werden muss. Dies betrifft die eigentliche Gesetzgebung genauso wie den Codex alimentarius.

# 2 Grundzüge des stofflichen Aufbaus von Lebensmitteln

## 2.1 Einleitung

In der Regel entstammen Lebensmittel lebenden Organismen. Sie enthalten also alle Moleküle, die der betreffende Organismus zum Leben benötigt. Art und Anzahl dieser molekularen Bausteine sind über die gesamte Lebenszeit nicht völlig konstant, sondern unterliegen einem für jeden Organismus im Rahmen seines Stoffwechsels charakteristischen Wandel. Während der ganzen Lebenszeit werden aus der Umgebung molekulare Bausteine aufgenommen und andere an die Umgebung wieder abgegeben. Thermodynamisch sind lebende Organismen daher als **offene Systeme** oder Nichtgleichgewichtssysteme **(steady state)** einzustufen, zum Unterschied zu den geschlossenen oder Gleichgewichtssystemen, bei denen während den Reaktionen keine neuen Startsubstanzen hinzugefügt oder Reaktionsprodukte entnommen werden. Der lebende Organismus existiert daher fern vom thermodynamischen Gleichgewicht und erreicht den Gleichgewichtszustand erst lange nach seinem Tod. Jeder Organismus enthält die für das Leben notwendige Information niedergelegt in der DNS, dem Betriebssystem, aufgebaut aus Ribonucleinsäuren und enzymatisch wirksamen Proteinen und den für die praktische Funktion und Struktur notwendigen Stoffen aus Proteinen, Fetten, Kohlenhydraten, Nucleotiden, Mineralstoffen, Vitaminen und Hormonen.

Die DNS ist in den Zellkernen und in den Mitochondrien lokalisiert, wobei ihre Struktur in den beiden Organellen verschieden ist. Damit enthalten Zellkerne und Mitochondrien andere Informationen und haben auch verschiedene Wege der Vererbung (Mitochondrien werden allein von der Mutter vererbt). Ribonucleinsäuren kommen in den verschiedensten Zellorganellen vor und dienen hauptsächlich der Übersetzung von DNS-Strukturen in Proteinstrukturen; selten haben sie auch selbst enzymatische Aktivität (z. B. Ribozym P). An den sehr komplexen Reaktionen, die letzten Endes zur Biosynthese von Proteinen führen, sind mindestens hundert verschiedene Reaktionspartner beteiligt und auch notwendig, damit die für den Organismus charakteristischen Proteine aufgebaut werden können.

## 2.2    Proteine und Enzyme

Proteine sind in allen Teilen eines Lebewesens enthalten. Allerdings sind Proteine, zumindest teilweise, in den einzelnen Organen strukturell verschieden. Man kann die Proteine grob einteilen in solche, die als Biokatalysatoren wirken, also Enzyme sind, und solche, die für die Struktur eines Organismus wichtig sind. Z. B. bauen sie bestimmte Gewebe auf, sind Bestandteile von Blutgefäßen, der Haut oder ganz allgemein auch von Zellmembranen. Tierische Organismen verfügen über keine eigentlichen Reserveproteine. Letztere sind in den Samen der Pflanzen enthalten. Ihre physiologische Aufgabe ist es, eine Stickstoffreserve im ruhenden Samen zu bilden, die dann bei der Keimung zur Synthese metabolisch notwendiger Proteine, z. B. Enzyme, herangezogen werden kann. Die Reserveproteine der Pflanzen stellen wichtige Lebensmittel in der menschlichen und tierischen Ernährung dar (z. B. die Getreideproteine). Der Mensch und die Tiere können keine speziellen Reserveproteine aufbauen. Sie können nur den Proteingehalt insgesamt erhöhen, wobei diese Erhöhung nicht auf alle Organe gleichmäßig verteilt ist. Erhöhte Proteinzufuhr äußert sich bei Mensch und Tier vor allem in einem verstärkten Muskelansatz, umgekehrt sind es auch die Muskeln, die bei Proteinmangel relativ schnell abgebaut werden. Auch die verschiedensten Enzyme, aber auch Blutproteine, werden in höheren Konzentrationen gebildet.

### 2.2.1    *Enzyme als Biokatalysatoren in biologischen Systemen*

Wie oben erwähnt, sind Enzyme Katalysatoren für die in biologischen Systemen ablaufenden chemischen Reaktionen. Ohne Katalyse würden diese Reaktionen bei den in den Organismen vorherrschenden Temperaturen für die physiologischen Bedürfnisse zu langsam ablaufen. Enzyme sind daher für den Betrieb des Organismus unbedingt erforderlich. Die enzymatische Katalyse kann die Geschwindigkeit der im Organismus ablaufenden Reaktionen bis zu etwa 22 Zehnerpotenzen steigern. Die durchschnittliche Erhöhung der Reaktionsgeschwindigkeit liegt bei etwa 8 Zehnerpotenzen. Alle Enzyme sind grundsätzlich Proteine. Sie können aber weitere, für die Katalyse der speziellen Reaktion notwendige Gruppen enthalten, die so genannten **Coenzyme**. Coenzyme sind z. B. die Hämgruppe – es gibt eine große Anzahl von enzymatisch wirksamen Hämproteinen – oder Vertreter der Gruppe der B-Vitamine, die als Coenzyme in allen Organismen in Verwendung sind. Auch Metallionen, wie z. B. Kupfer, Eisen, Mangan oder Nickel, fungieren auf dazu geeigneten Proteinen als Coenzyme. Das Coenzym ist für die Durchführung der chemischen Reaktion notwendig, das **Apoenzym** (der Proteinrest) schafft dafür die optimalen Reaktionsbedingungen. Coenzym und Apoenzym müssen nicht durch kovalente Bindungen miteinander verbunden sein. Viele Enzyme **(Holoenzyme)** können durch geeignete chemische Reaktionen in Coenzym und Apoenzym gespalten werden (Abb. 2.1).

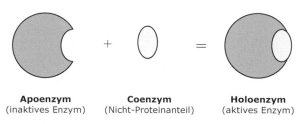

| **Apoenzym** | **Coenzym** | **Holoenzym** |
| (inaktives Enzym) | (Nicht-Proteinanteil) | (aktives Enzym) |

**Abb. 2.1.** Bildung eines Holoenzyms aus Apo- und Coenzym

Die enzymatische Aktivität eines Moleküls wird durch die Endsilbe „-ase" angezeigt. Ein eiweißspaltendes Enzym wird daher als Protease bezeichnet, ein stärkespaltendes als Amylase (lat. amylum = Stärke). Früher glaubte man, dass in den Organismen nur jeweils eine Enzymart mit einer ganz bestimmten chemischen Struktur für die Katalyse einer speziellen chemischen Reaktion verantwortlich ist. Heute weiß man, dass in ein und demselben Organismus Enzyme qualitativ gleicher Aktivität, aber verschiedener chemischer Struktur vorkommen können. So hat beispielsweise die Speichelamylase im menschlichen Organismus eine andere chemische Struktur als die Amylase, die von der Bauchspeicheldrüse (Pankreas) sezerniert wird. Intrazelluläre Enzyme haben oft eine andere Struktur als extrazelluläre Enzyme gleicher Funktion. Dies kann in der Praxis der Lebensmittelanalyse zur Unterscheidung von Lebensmitteln mit intakten Zellen und Lebensmitteln mit weitgehend zerstörten Zellen (z. B. tiefgefrorene und wieder aufgetaute Lebensmittel) herangezogen werden.

Enzyme mit qualitativ gleicher Funktion, aber unterschiedlicher chemischer Struktur werden als Isoenzyme oder auch **Isozyme** bezeichnet.

Die Enzyme werden, entsprechend ihrer Hauptaktivität, in sechs Gruppen eingeteilt:

| Gruppe | Klassifikation | Katalytische Funktion |
| --- | --- | --- |
| Gruppe 1 | Oxidoreduktasen | Katalysieren Elektronentransfer |
| Gruppe 2 | Transferasen | Katalysieren die Übertragung von Molekülgruppierungen (nicht von Wasserstoff!) |
| Gruppe 3 | Hydrolasen | Katalysieren hydrolytische Spaltungen |
| Gruppe 4 | Lyasen | Übertragen auf oder entfernen Gruppen von Doppelbindungen |
| Gruppe 5 | Isomerasen | Katalysieren die intramolekulare Umwandlung isomerer Verbindungen |
| Gruppe 6 | Ligasen | Katalysieren die Kondensation zweier Moleküle unter Spaltung von Adenosintriphosphat – ATP |

Eine andere Einteilung wäre jene nach der Anzahl der Substrate, die ein Enzym für die von ihm katalysierte Reaktion benötigt. Man unterscheidet solche, die zwei Substrate umsetzen: Dazu gehören vor allem die Oxidoreduktasen (transferieren Elektronen), dann die Transferasen und die Ligasen. Alle anderen Enzyme kommen mit einem Substrat aus. Enzyme sind wie die meisten Proteine bei Erwärmung auf höhere Temperaturen (beginnend bei etwa 40 °C) nicht beständig – sie verlieren ihre katalytische Aktivität. Über diese so genannte Denaturierung siehe Kapitel 4. Eine Ausnahme von dieser Thermolabilität der Enzyme bilden diejenigen, die in hitzestabilen Organismen vorkommen, z. B. thermophile Bakterien, die in heißen Quellen leben. Die aus diesen Organismen isolierbaren, thermisch stabilen Enzyme finden heute zunehmend Anwendung in der Lebensmitteltechnologie.

Die Lokalisation der Enzyme in Zellorganellen und auch im Gewebe kann histochemisch mit Hilfe von farbgebenden Substraten erfolgen. Farbgebende Substrate sind solche, bei denen nach der enzymatischen Reaktion entweder Farbstoffe direkt freigesetzt werden oder aber Moleküle entstehen, die mit geeigneten Reagenzien Farbstoffe bilden können. Beispielsweise geben Ester von phenolischen Verbindungen nach der Spaltung durch Esterasen freie Phenole, die wieder nach Zugabe von Diazoniumsalzen Azofarbstoffe bilden. Der Farbstoff entsteht an der Stelle, an der das Enzym lokalisiert ist.

Strukturproteine sind bei Tieren vor allem die verschiedenen Bindegewebsproteine, wie z. B. Collagen und Elastin, die in der Haut, der Lunge, den Sehnen, den Blutgefäßen, aber auch in der glatten und quergestreiften Muskulatur vorkommen. Auch das Keratin in Haaren und Nägeln ist ein typisches tierisches Strukturprotein. Strukturproteine quellen zwar in wässrigen Systemen, sind aber nicht löslich. Muskelproteine haben eine Zwischenstellung zwischen reinem Strukturprotein und enzymatisch aktiven Proteinen, da die Muskelproteine auch über enzymatische Aktivität verfügen, die für die Muskelbewegung wichtig ist. Bei Pflanzen entspricht das Extensin, das am Aufbau der primären pflanzlichen Zellwand beteiligt ist, etwa dem tierischen Collagen. Pflanzen können, wie oben erwähnt, große Mengen an Proteinen vor allem in Samen speichern. Strukturproteine und auch Speicherproteine zeigen eine relativ geringe Varianz an Aminosäuren. Einige Aminosäuren kommen in diesen Proteinen in sehr hoher Konzentration vor: z. B. Glycin im Collagen etwa 30 %, Glutamin im Weizenklebereiweiß etwa 35 %. Solche Hauptmengen an Aminosäuren sind in enzymatisch aktiven Proteinen nie aufgefunden worden. Auf der anderen Seite sind einige metabolisch wichtige Aminosäuren in Strukturproteinen nur in sehr geringer Konzentration enthalten. So kann z. B. Collagen als alleinige Proteinquelle keine ausreichende Eiweißversorgung für den Menschen gewährleisten. Enzymatisch aktive Proteine unterscheiden sich von Struktur- und Speicherproteinen in ihrem Aufbau aus den Bausteinen, den Aminosäuren, vor allem durch quantitative Unterschiede in ihrer Zusammensetzung. Während in den Speicher-

und Strukturproteinen hohe Konzentrationen einzelner Aminosäuren
vorkommen und die Anzahl der das Protein aufbauenden Aminosäurear-
ten überhaupt eingeschränkt ist, findet man in enzymatisch aktiven Proteinen das Umgekehrte: eine große Anzahl verschiedener Aminosäuren,
aber keine Hauptmengen.

## 2.3  Kohlenhydrate

Kohlenhydrate enthalten viele Hydroxylgruppen (OH-Gruppen). Ihr
Name kommt daher, dass sich die Summenformel vieler Kohlenhydrate
als $C(H_2O)_n$ darstellen lässt, also als Hydrat des Kohlenstoffs erscheint.
Durch die vielen Hydroxylgruppen haben die Kohlenhydrate eine starke
Affinität zu Wasser. Über Wasserstoffbrückenbindungen können viele
Wassermoleküle an die diversen Kohlenhydratstrukturen gebunden wer-
den. Dies hat zur Folge, dass niedermolekulare Kohlenhydrate in Wasser
gut löslich, höhermolekulare zumindest in Wasser quellbar sind. Wie die
Proteine nehmen auch die Kohlenhydrate eine Mittlerstellung zwischen
dem rein wässrigen hydrophilen Milieu und dem hydrophoben fetten
Milieu ein. Beide Stoffgruppen haben die Fähigkeit, das Unvermögen der
Fette (Lipide), sich mit Wassermolekülen zu assoziieren, dadurch zu mildern, dass sowohl Proteine als auch Kohlenhydrate mit Lipiden Komplexe bilden können.

Monosaccharide enthalten eine Carbonylgruppe pro Molekül, bei den
aus vielen Monosaccharid-Einheiten aufgebauten, höher molekularen
Kohlenhydraten sind es entsprechend weniger. Dies führt dazu, dass niedermolekulare Kohlenhydrate in höherer Konzentration Redoxgleichge-
wichte im Organismus empfindlich stören können. Deshalb werden niedermolekulare Kohlenhydrate, wie sie mit der Nahrung aufgenommen
und durch die Verdauung bereitgestellt werden, sehr schnell im Organismus polymerisiert und damit in hochmolekulare Verbindungen mit
wenigen reduzierenden Gruppen pro Molekül umgewandelt. Die wichtigsten Polymere sind **Glykogen** bei Tieren, **Stärke** und **Zellulose** bei
Pflanzen. Glykogen bildet den Kohlenhydratspeicher bei Tieren, Stärke
stellt das wichtigste pflanzliche Gegenstück dar, und Zellulose, wahrscheinlich das häufigste organische Molekül in der Natur überhaupt, ist
für den Aufbau der Zellwand der Pflanzen wichtig. Glykogen ist für den
tierischen Organismus ein wichtiger Energiespeicher und kommt vor allem in der Leber und in den Muskeln vor. Durch den Abbau des Moleküls
wird Glucose freigesetzt, umgekehrt werden, wie oben erwähnt, Glucose-
überschüsse sehr schnell in Glykogen oder in weiterer Folge in Fett umgewandelt. Störungen in diesen Prozessen führen zu Krankheiten, wovon
die Zuckerkrankheit (Diabetes mellitus) der prominenteste Vertreter ist.
Stärke als pflanzliches Reservekohlenhydrat wird in Speicherorganen
(z. B. Samen oder Rhizomen) in größeren Mengen abgelagert, die dann als
Kohlenhydratlieferanten in der menschlichen und tierischen Ernährung
dienen können. Auch in Blättern kommen geringe Mengen an Stärke vor.
Diese durch Fotosynthese gebildete Stärke **(transitorische Stärke)** wird

von der Pflanze in den Blättern zwischengelagert, bevor sie zu den eigentlichen Speicherorganen abtransportiert wird.

Speicher- und Strukturkohlenhydrate sind Polymere von niederen Zuckern, meistens Glucose, besitzen also ebenfalls einen sehr konformen Aufbau (Homopolysaccharide). Polymere Kohlenhydrate, aus verschiedenen Monosacchariden aufgebaut (Heteropolysaccharide), findet man z. B. bei den Kohlenhydrat-Seitenketten von Glykoproteinen, zu denen u. a. die Immunglobuline, aber auch als Allergene wirkende Substanzen gehören. Bei Pflanzen sind viele Heteropolysaccharide bekannt, die eine sehr starke Affinität zu Wasser haben und daher in der Lebensmitteltechnologie als Verdickungsmittel verwendet werden. Auch bei den Kohlenhydraten kommt deutlich zum Ausdruck, dass eine Variation in den monomeren Zuckern zu größerer metabolischer Aktivität führt. Daher sind Speicher- und Strukturpolysaccharide immer nur aus einem Zuckermonomer aufgebaut. Der in der menschlichen Ernährung bei Weitem wichtigste Zucker ist die Glucose. Lediglich der Glucosestoffwechsel wird hormonell reguliert und damit quantitativ überwacht. Alle anderen monomeren Kohlenhydrate können nur metabolisiert werden, indem sie entweder in Glucose oder in ein Abbauprodukt des Glucosestoffwechsels umgewandelt werden.

Im Gewebe kann die Gegenwart von Stärke durch die Reaktion mit Iod festgestellt werden. Es kommt zu einer Blaufärbung. Reduzierende Zucker können z. B. durch die Reduktion von Tetrazoliumsalzen zu Formazanfarbstoffen oder spezifisch durch geeignete Enzyme nachgewiesen werden. Details zu diesen Nachweisreaktionen werden in Kapitel 3 besprochen.

## 2.4    Fette / Lipide

Fette oder auch Lipide sind zum Unterschied von Kohlenhydraten und Eiweiß in Wasser praktisch unlöslich. Reine Lipide quellen auch nicht in Wasser, stattdessen haben sie die Eigenschaft, mit sich selbst lose Aggregate zu bilden (hydrophobe Wechselwirkung). Dadurch, dass sie mit Wasser nicht mischbar und spezifisch leichter sind, schwimmen Fette auf dem Wasser (Fettaugen) und bilden damit eine neue Phase inmitten des wässrigen Systems. Unter geeigneten Bedingungen und Zusätzen können solche Phasen in fein verteilter Form stabil erhalten werden (Liposome). Liposome werden in der Kosmetik, aber auch in der Pharmazie, als Vehikel für den Transport von Substanzen durch physiologische Barrieren, wie die Haut, verwendet.

Eine wichtige Eigenschaft der Fette ist, dass sie imstande sind, etwa zehnmal so viel Sauerstoff zu lösen als Wasser. Dies ist ein Grund dafür, warum sie besonders empfindlich gegenüber Oxidation sind. Man erkennt oxidierte Lipide an einem typischen ranzigen Aroma, das durch flüchtige Oxidationsprodukte gebildet wird. Oxidation von Lipiden läuft nicht nur in gelagerten Speisefetten ab, sie tritt auch bei den körpereigenen Fetten, bei Krankheiten, physischer Belastung oder bei Entwicklungs-

und Alterungsprozessen stärker in Erscheinung. Wie oben erwähnt, können Lipide auch mit Proteinen und Kohlenhydraten komplexieren. Solche Komplexe sind von Bedeutung für den Transport von Lipiden in wässrigem Milieu (z. B. Lipoproteine) und für den Aufbau von Zellwänden. Zellwände sind Aggregate verschiedener molekularer Bausteine mit vorherrschendem hydrophobem Charakter. In einem hydrophilen wässrigen Medium kann eine „Wand" oder Barriere nur hydrophob oder eben wasserunlöslich sein.

Fette bestehen überwiegend aus Wasserstoff- und Kohlenstoffatomen – sie enthalten im Verhältnis sehr viel weniger Sauerstoffatome als Kohlenhydrate und Proteine. Daher kann der Organismus mittels der metabolischen Abbauwege aus Fetten etwa doppelt so viel Energie gewinnen wie aus Kohlenhydraten oder Eiweiß (im Durchschnitt etwa 9 kcal/g gegenüber 4,2 kcal/g bei den Kohlenhydraten und Proteinen). Lipide sind daher die energiereichsten Lebensmittel, die dem Organismus zur Verfügung stehen. Auf der anderen Seite hat der Organismus die Möglichkeit, in Form von Lipiden Energiespeicher, in denen ein Maximum an Energie auf kleinstem Raum gespeichert werden kann, anzulegen. Von dieser Möglichkeit wird in den Fettspeichergeweben Gebrauch gemacht, wo in einer hauptsächlich aus Bindegewebe (Collagen) bestehenden Matrix Lipide eingelagert werden. Auch manche Pflanzen speichern die durch Fotosynthese gewonnene Energie fast vollständig in Form von Fett (z. B. Olive, Ölpalme, Avocado). Bei Bedarf können diese Fettspeicher wieder abgebaut werden.

Die Lipide sind eine sehr heterogen zusammengesetzte Gruppe von Lebensmittelinhaltsstoffen. Ihre Gemeinsamkeit ist ihre Löslichkeit in organischen Lösungsmitteln wie Ether oder Chloroform. Fett wird in Lebensmitteln dadurch bestimmt, dass der Ether oder das Chloroform-Extrakt nach Trocknung bei 105 °C bis zur Gewichtskonstanz gewogen und, bezogen auf die Einwaage, dann in Prozent Fett angegeben wird. Das so bestimmte Rohfett enthält aber auch Vertreter von chemisch sehr unterschiedlichen Substanzklassen. Über die genaue Einteilung der Lipide siehe Kapitel 4. An dieser Stelle sei nur so viel erwähnt, dass neben einer Hauptmenge von Glycerinfettsäureestern (Triglyceriden) Wachse, fettlösliche Vitamine, Steroide, Phospholipide, Kohlenwasserstoffe, Fettalkohole, fettlösliche Farbstoffe (Carotinoide) u. a. im Rohfett vorhanden sind. Viele dieser Bestandteile des Rohfettes sind von großer physiologischer Bedeutung, wie die fettlöslichen Vitamine (A, D, E, K), die mehrfach ungesättigten Fettsäuren (essenzielle Fettsäuren) u. a. Für die Verdaulichkeit von Fetten ist auch ihr Schmelzpunkt wichtig. Da Fette sich nicht in Wasser lösen, müssen sie zumindest in der wässrigen Phase emulgiert sein, damit die Verdauungsenzyme angreifen können. Dies ist nur möglich, wenn die Fette bei Körpertemperatur im Darm geschmolzen vorliegen (etwa 40 °C). Fette mit deutlich höherem Schmelzpunkt werden nur sehr unvollständig metabolisiert. Der Schmelzpunkt der Fette hängt mit der Fettsäurezusammensetzung eng zusammen: je höher der Gehalt an ungesättigten Fettsäuren, desto niedriger der Schmelzpunkt. Flüssige Fette (Öle) weisen immer einen hohen Gehalt an ungesättigten Fettsäuren auf. Die Fettsäurezusammensetzung ist für ein bestimmtes Fett charakteristisch und variiert nur in relativ engen Grenzen.

## 2.5     Wasser als Medium in biologischen Systemen

Wasser ist ein Hauptbestandteil aller Lebewesen und stellt daher in allen, nicht weiteren Technologien unterworfenen Lebensmitteln auch einen hohen Anteil. Es ist Lösungs- und Quellmittel, ist Bestandteil chemischer Strukturen – besonders der der Proteine, Nucleinsäuren, Kohlenhydrate und Salze – und ist Reaktionspartner bei chemischen Reaktionen. Wasser ist für alle Hydrolyseprozesse notwendig und wird als Produkt aerober Prozesse beim oxidativen Abbau von Lebensmittelinhaltsstoffen, z. B. im Stoffwechsel, gebildet. Der Wassergehalt von Lebensmitteln ist von Faktoren wie Art, Herkunft, Alter, Reifezustand, eingesetzten technologischen Verfahren u. a. abhängig. Bei tierischen Lebensmitteln ist der Wassergehalt zwischen 75 % und 50 % (je nach Fettgehalt), bei pflanzlichen Lebensmitteln zwischen 20 % (Getreidekorn) und über 90 % (Gurke, Kürbis, Melone) anzusiedeln. Bei technologisch verarbeiteten Lebensmitteln kann der Wassergehalt auch praktisch gegen null Prozent gehen (z. B. Fette und Öle, reine Saccharose). Wasser selbst ist als Trinkwasser ein Lebensmittel und hat als Hilfsstoff bei technologischen Verfahren im Lebensmittelbereich eine enorm große Bedeutung.

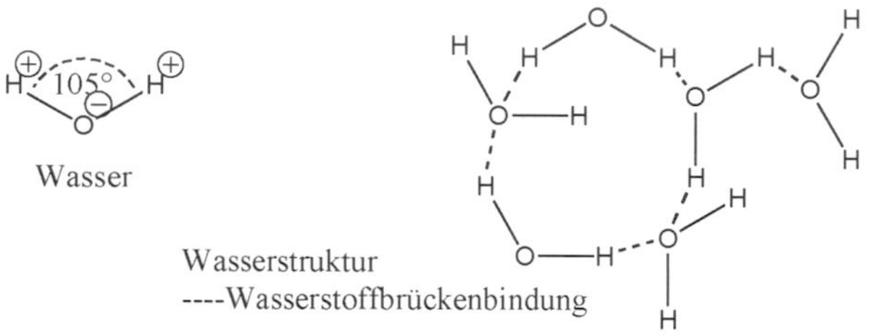

**Abb. 2.2.**       Chemische Struktur von Wasser

   Die chemisch-physikalischen Eigenschaften von Wasser sind durch den hohen Grad der Polarisierung der Bindungen zwischen Wasserstoff und Sauerstoff (40 % ionisiert) und den beiden freien Elektronenpaaren am Sauerstoff begründet (Abb. 2.2). Durch die gegenseitige Abstoßung der partiell positiv geladenen Wasserstoffe ergibt sich eine Dreiecksstruktur (Bindungswinkel 105°). Diese Polarisierung der Bindungen eröffnet viele Möglichkeiten zur Bildung von Nebenvalenzen – Wasserstoffbrückenbindungen – und damit zur Ausbildung polymerer molekularer Wasserstrukturen (Organisationsformen), deren Art durch die so genannten Randbedingungen bestimmt ist (Temperatur, Druck, Konzentration und Art der gelösten Stoffe). Die vielen Möglichkeiten der Organisation der Wassermoleküle werden vielleicht am besten durch die vielen geometrischen Formen von Schneeflocken, durch das Auftreten von Schlieren oder auch von regelmäßigen sechseckigen Strukturen im Rayleigh-Benard-Experiment veranschaulicht. (Wird Wasser in einem Gefäß vorsichtig erwärmt, so werden bei einem bestimmten Temperaturgradienten Sechsecke sichtbar, die sich von der erwärmten Fläche zur kälteren bewegen.) Die Varianten der Organisation der Wassermoleküle sind auch für die Dichteanomalie des Wassers (Abnahme der Dichte zwischen 4 und 0 °C) verantwortlich.

Die polymere Struktur der Wassermoleküle erklärt auch den im Verhältnis zum Molekulargewicht hohen Schmelz- und Siedepunkt. Trotz des doppelt so hohen Molekulargewichts ist Schwefelwasserstoff bei Raumtemperatur noch ein Gas, was durch die wesentlich geringere Polarisierung der Schwefel-Wasserstoff-Bindung erklärlich ist. Noch stärker polarisiert als die Sauerstoff-Wasserstoff-Bindung wäre nur noch die Fluor-Wasserstoff-Bindung, durch die „Einarmigkeit" des Fluorwasserstoffs sind aber die Möglichkeiten zur Ausbildung eines molekularen Netzwerkes wie beim Wasser begrenzt. Immerhin ist auch der Fluorwasserstoff trotz seines niedrigen Molekulargewichts noch bei Raumtemperatur flüssig (Kp 19,5 °C).

Die polymere Struktur ist auch für die hohe spezifische Wärme und die hohe Dielektrizitätskonstante des Wassers verantwortlich. Allerdings braucht die Organisation des Wassers entsprechende räumliche Randbedingungen. Werden diese Mindesterfordernisse unterschritten, z. B. Wasser in dünnen Kapillaren, ändern sich auch die physikalischen Konstanten (Siedepunkt, Gefrierpunkt) als makroskopischer Ausdruck der veränderten Organisation. Z. B. kann Wasser in dünnen Kapillaren einen Gefrierpunkt von −20 °C und auch darunter haben, entsprechend höher als 100 °C ist dann der Siedepunkt. Seit Langem bekannt ist die Änderung der physikalischen Konstanten (Siedepunkt, Schmelzpunkt, Dampfdruck) mit der Konzentration (Aktivität) der gelösten Stoffe. Es ist eine bekannte Tatsache, dass Lösungen einen niedrigeren Dampfdruck und Gefrierpunkt, aber einen höheren Siedepunkt haben als das reine Lösungsmittel.

Die Wasserbindung in Lebensmitteln ist komplex, das heißt, sie kann mechanistisch sehr verschieden sein (z. B. rein adsorptiv gebundenes Wasser, stöchiometrisch gebundenes Kristallwasser, Strukturwasser, in Kapillaren gebundenes Wasser). Die gemeinsame Folge dieser Mechanismen ist eine Erniedrigung des Dampfdruckes über dem Lebensmittel gegenüber dem Dampfdruck über reinem Wasser. Reines Wasser kann am einfachsten durch die Messung der elektrischen Leitfähigkeit definiert werden: Mit steigender Reinheit nimmt die elektrische Leitfähigkeit ab. In der Praxis können für reines Wasser Leitfähigkeiten von etwa einem Mikro-Siemens ($\mu$s) (reziprok Mikro-Ohm, $\mu\Omega^{-1}$) erreicht werden.

Das Verhältnis zwischen dem Dampfdruck über dem Lebensmittel und dem Dampfdruck über reinem Wasser wird in der Lebensmittelchemie als **Wasseraktivität** definiert.

$$aw = p/po = RGF/100$$

aw = Wasseraktivität, p = Dampfdruck über dem Lebensmittel,
po = Dampfdruck über reinem Wasser,
RGF = relative Gleichgewichtsfeuchtigkeit bei gegebener Temperatur

Wie aus der Gleichung leicht abgelesen werden kann, geht bei hohem Wassergehalt der aw-Wert gegen 1.

Die Gleichung ist entsprechend ihrer thermodynamischen Ableitung nicht linear, daher wirken sich Änderungen im Wassergehalt des Lebensmittels im mittleren Bereich (50 %) auf die Wasseraktivität besonders stark aus. Das heißt, eine Veränderung wirkt sich im mittleren Bereich stärker auf die Wasseraktivität aus als im höheren Bereich. Die Wasseraktivität ist in der Praxis zu einer wichtigen Größe in Bezug auf die Beurteilung der Haltbarkeit eines Lebensmittels geworden. Durch die Erniedrigung der Wasseraktivität wird sowohl das Wachstum von Mikroorganismen als auch die Geschwindigkeit enzymkatalysierter Reaktionen vermindert. Die Wachstumsgrenzen für Mikroorganismen liegen im Bereich von 0,65–0,95 (Tab. 2.1). Die Haltbarkeit eines Lebensmittels kann also durch Absenken der Wasseraktivität beträchtlich verlängert werden.

**Tabelle 2.1.** Wachstumsgrenzen einiger Verderbserreger

| aw-Wert | Art der Mikroorganismen |
| --- | --- |
| 0,91–0,95 | Die meisten Bakterien |
| 0,88 | Die meisten Hefen |
| 0,80 | Die meisten Schimmelpilze |
| 0,75 | Halophile Bakterien |
| 0,70 | Osmophile Bakterien |
| 0,65 | Xerophile Bakterien |

Die konservierende Wirkung, die von der Erhöhung der Konzentration der im Lebensmittel gelösten Stoffe ausgeht (z. B. Zusatz von Salz oder Zucker), kann zumindest zum Teil durch ein Absenken der Wasseraktivität erklärt werden. Umgekehrt kann zu starkes Absenken der Wasseraktivität dazu führen, dass Strukturwasser, vor allem der Proteine, entfernt wird und eine nachträgliche Quellbarkeit des Lebensmittels infolge von Protein-Denaturierung nicht mehr stattfindet.

## 2.6    Lebensmittelreifung und Verderb – die Rolle des Sauerstoffes

Alle aeroben Organismen sind auf Sauerstoff als Akzeptor der bei den Stoffwechselprozessen zur Energiegewinnung frei werdenden Elektronen angewiesen.

$$O_2 + 4e^- + 4H^+ = 2\,H_2O$$

Dabei wird molekularer Sauerstoff durch Aufnahme von vier Elektronen zu Wasser als stabilem Endprodukt reduziert. Die Reduktion erfolgt durch stufenweise Aufnahme von einem oder manchmal auch zwei Elektronen, in keinem Fall werden vier Elektronen gleichzeitig an molekularen Sauerstoff angelagert. Dies bedingt das Entstehen von Zwischenprodukten während der Reduktion zu Wasser, die instabil und sehr reaktionsfähig sind, den so genannten Sauerstoffradikalen (Superoxid-, Hydroxylradikal) und Wasserstoffperoxid. Molekularer Sauerstoff kann auch durch Spinumkehr energiereicher und damit reaktionsfähiger gemacht werden. Es entsteht aus normalem paramagnetischem Sauerstoff (Triplettsauerstoff) diamagnetischer Singletsauerstoff (Singulett-Sauerstoff), ein Prozess, der auch in aeroben Organismen und damit in Lebensmitteln stattfinden kann. Primär betrifft die Einwirkung von Sauerstoff die Lipide, siehe Kapitel 4. Zellstrukturen wie Zellwände werden dadurch hydrophiler und damit durchlässiger für Moleküle unterschiedlichster Größe und Polarität. Dadurch wird die im intakten Organismus vorhandene Trennung der Zellkompartimente gelockert – die Folge ist eine bessere Durchmischung von Enzymen und Substraten. Es ergeben sich neue metabolische Möglichkeiten, die für die Qualität des Lebensmittels positive und negative Konsequenzen haben können. Positiv wären vor allem Reifungsprozesse, die Ausbildung erwünschter Aromen und eine meistens mittelfristig verbesserte Haltbarkeit des Lebensmittels zu nennen. Die gelockerten Zellstrukturen sind auch von den Enzymen des humanen Metabolismus leichter aufschließbar.

Die antibiotische Wirkung der bei der Oxidation entstandenen Peroxide wird durch im Lebensmittel vorhandene Enzyme, vor allem Peroxidasen, weiter verstärkt. Solche Peroxidasen reduzieren vor allem Wasserstoffperoxid, aber auch organische Peroxide (Fettsäureperoxide) zu Wasser oder den entsprechenden Alkoholen.

$$ROOH + 2e^- + 2H^+ = ROH + H_2O \quad R = H\,(H_2O_2)$$
$$R = \text{organisches Peroxid}$$

Die für die Reduktion notwendigen Elektronen liefern Elektronendonatoren (phenolische Verbindungen, Thiole wie Glutathion, Ascorbat u. a.), die dabei selbst oxidiert werden. Im Reaktionszyklus des Enzyms entstehen stark oxidierende reaktive Zwischenprodukte, die keimtötend wirken. Peroxidasen kommen vorwiegend in pflanzlichen Lebensmitteln, aber auch in tierischen vor. Z. B. sind größere Mengen an Lactoperoxidase in der Milch enthalten. Aus diesen Gründen wird heute auch der Zusatz von Peroxidase zu Lebensmitteln anstelle anderer Konservierungsmittel erprobt.

Unter der Einwirkung des Sauerstoffs kommt es also im Lebensmittel zu Reifungsprozessen, die es für den Genuss in vieler Hinsicht geeigneter und auch schmackhafter machen können. Dabei werden aber auch Inhaltsstoffe, die als Antioxidanzien (Phenole, Thiole, Ascorbat u. a.) wirken können, im Laufe der Lagerung zunehmend verbraucht. Die dem Lebensmittel eigenen, selbst konservierenden Aktivitäten nehmen ab.

Bei den jetzt vorhandenen gelockerten Zellstrukturen finden Mikroorganismen, Insekten und Milben leichten Zugang. Sie finden nur mehr geringe Abwehr und gute Vermehrungsbedingungen vor, der Verderb des Lebensmittels hat begonnen. Durch die Fremdorganismen werden auch neue Enzyme in das Lebensmittel gebracht und damit neue metabolische Konstellationen geschaffen. Dadurch entstehen neue Inhaltsstoffe, auch geschmacks- und aromaaktive Verbindungen, die dann oft als charakteristisch für den Verderb angesehen werden (z. B. biogene Amine, manche davon als Leichengifte bezeichnet). Auch toxische Syntheseprodukte können sich bilden (Mykotoxine von Schimmelpilzen, toxische Proteine von Bakterien). In nur relativ wenigen Fällen führt der mikrobielle Befall wieder zu einem stabilen und genusstauglichen Produkt. Wichtige Beispiele sind die alkoholische Gärung und Fermentationsprozesse, bei denen es zu einer Senkung des pH-Wertes kommt: z. B. Joghurt, Käse, Sauerkraut, Rohwürste.

Zusammenfassend kann man sagen, dass beim Angriff von molekularem Sauerstoff die Abwehrmöglichkeiten des Lebensmittels im Vergleich zum lebenden Organismus eher begrenzt sind. Die Wege zur Zufuhr neuer Energie sind abgeschnitten, es stehen nur mehr die vorhandenen Reserven zur Verfügung. Dadurch sind die metabolischen Möglichkeiten des Lebensmittels im Gegensatz zum lebenden Organismus eingeschränkt.

# 3 Kohlenhydrate: Struktur, Vorkommen und physiologische Bedeutung

## 3.1 Chemie der Kohlenhydrate

Wie schon bei der allgemeinen Besprechung in Kapitel 2 erwähnt, sind Kohlenhydrate, auch Zucker genannt, ein Sammelbegriff für chemische Verbindungen mit vielen Hydroxylgruppen und einer Carbonylfunktion (Aldehyd- oder Ketogruppe) pro Monosaccharideinheit. Die meisten in der Natur vorkommenden Zucker leiten sich vom D-Glycerinaldehyd (Aldosen) oder 1,3-Dihydroxyaceton (Ketosen) ab und können daher in „Zuckerstammbäumen" zusammengefasst werden (Abb. 3.1, Abb. 3.2).

Daneben werden auch **Polyhydroxysäuren** (Zuckersäuren) und **Zuckeralkohole** zu den Kohlenhydraten gerechnet.

Kohlenhydrate werden durch fotosynthetisierende Organismen durch Reduktion von atmosphärischem Kohlendioxid gebildet oder aus geeigneten Vorstufen biosynthetisch aufgebaut.

Die Kohlenhydrate können weiter in **Monosaccharide, Disaccharide, Oligosaccharide** und **Polysaccharide** eingeteilt werden. Die Monosaccharide sind dabei die Grundbausteine, durch deren Verknüpfung mit weiteren Monosacchariden die anderen Saccharide aufgebaut werden. Beim Abbau werden die Bindungen unter Anlagerung von Wasser wieder gespalten und die Grundbausteine zurückerhalten. Die Bindung zwischen den Monosacchariden erfolgt immer zwischen der Carbonylfunktion (Aldehyd- oder Ketogruppe) und einer Hydroxylgruppe unter Wasserabspaltung. Man nennt diese Art der Bindung zwischen der Carbonylgruppe und einer alkoholischen Gruppe auch glykosidische Bindung. Formal ist die glykosidische Bindung eine Acetalbindung. Sie ist labil gegenüber Säuren und auch durch diese spaltbar, während sie im neutralen und alkalischen Bereich stabil ist. Enzyme, die Saccharide spalten, können wahrscheinlich lokal an der glykosidischen Bindung den pH-Wert absenken und damit eine Hydrolyse der Bindung katalysieren.

### 3.1.1 Optische Aktivität von Kohlenhydraten

Eine weitere charakteristische Eigenschaft der Kohlenhydrate ist ihre optische Aktivität, das heißt die Fähigkeit der Kohlenhydrate, die Ebene eines linear polarisierten Lichtstrahls um einen bestimmten, für jeden Zucker charakteristischen Winkel zu drehen. Diese so genannte optische Asymmetrie des Kohlenstoffatoms, die mit der räumlichen Anordnung seiner vier Valenzen in Richtung der Ecken eines Tetraeders zusammenhängt, kommt auch bei vielen anderen Naturstoffen vor (Eiweiß und Triglyceride), nirgends kommen aber so viele asymmetrische Kohlenstoffatome in einem Molekül vor, wie bei den Kohlenhydraten. Dies ist auch der Grund dafür, dass trotz gleicher Summenformel so viele verschiedene Monosaccharidmoleküle mit verschiedenen chemischen und physiologischen Eigenschaften existieren.

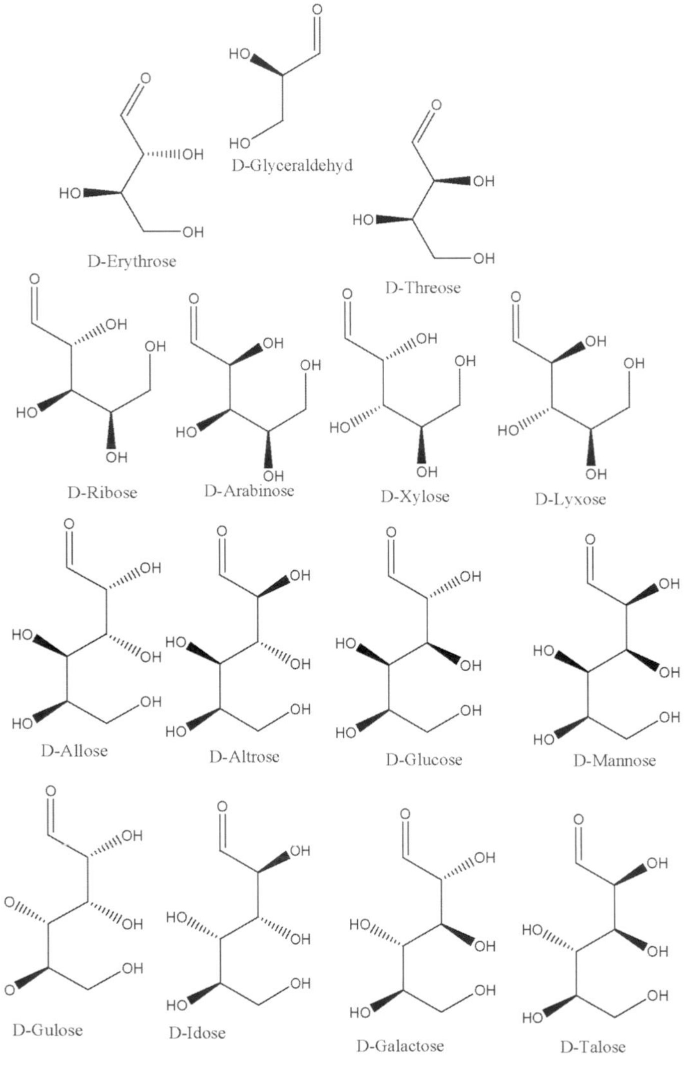

**Abb. 3.1.**      Zuckerstammbaum der Aldosen

Um dies besser verstehen zu können, ist es vielleicht notwendig, einen kleinen Ausflug in die chemisch-physikalischen Grundlagen optisch aktiver organischer Verbindungen zu machen. Entdeckt wurde das Phänomen, dass manche organisch-chemischen Verbindungen in Lösung die Ebene eines linear polarisierten Lichtes drehen können, von Pasteur und theoretisch von van't Hoff kurz darauf erklärt. Wenn ein Kohlenstoffatom mit vier verschiedenen Resten substituiert ist und diese vier Substituenten räumlich nach den Ecken eines Tetraeders gerichtet sind, so lassen sich zwei Strukturen aufzeichnen, die sich durch einfaches Drehen in der Ebene nicht zur Deckung bringen lassen. Betrachtet man diese Strukturen näher, verhalten sie sich wie Bild und Spiegelbild. Die einfachen optisch aktiven Kohlenstoffatome, eingebaut in chemische Verbindungen, können die Ebene des linear polarisierten Lichtes um denselben Winkel in die eine Richtung verdrehen, wie das Spiegelbild es in die andere Richtung verdreht.

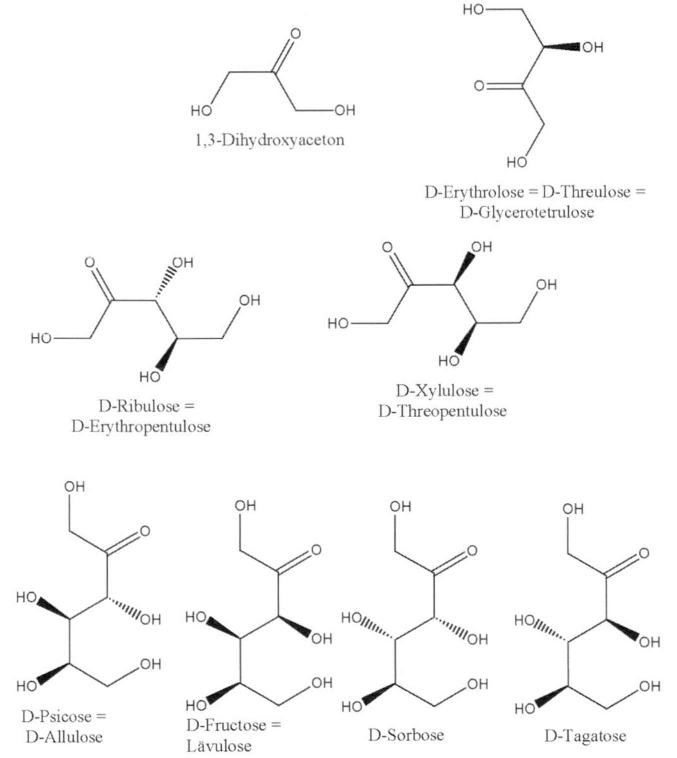

**Abb. 3.2.** Zuckerstammbaum der Ketosen

Man nennt diese einfachen optischen Isomere einer organischen Verbindung auch **Spiegelbildisomere oder Enantiomere**. Enantiomere unterscheiden sich nur durch den Drehsinn, in ihren anderen physikalischen Konstanten (Schmelzpunkt, Siedepunkt u. a.) sind sie gleich.

In zahlreichen biologischen Systemen und damit auch in Lebensmitteln gibt es viele Beispiele für organische Verbindungen, welche ein optisch aktives Kohlenstoffatom besitzen. Dazu gehören die meisten Aminosäuren, die meisten Hydroxysäuren, wie die Milchsäure oder die Apfelsäure, und auch optisch aktive Aldehyde, wie z. B. Glycerinaldehyd. Quantitativ ist die optische Drehung abhängig von:

- der gesamten Struktur der Verbindung,
- deren Konzentration in der Lösung,
- der Temperatur der Lösung und der Wellenlänge des eingestrahlten linear polarisierten Lichtes.

Die optischen Isomere oder Antipoden werden mit + oder −, rechts- oder linksdrehend, R oder S (früher d oder l) bezeichnet. Die absolute sterische Konfiguration am asymmetrischen Kohlenstoffatom wird durch die Großbuchstaben D und L gekennzeichnet. Eine mit D bezeichnete Verbindung hat dann dieselbe Konfiguration am asymmetrischen Kohlenstoffatom wie das rechtsdrehende Glycerinaldehyd, und umgekehrt sind die L-Verbindungen in der Konfiguration vergleichbar mit dem linksdrehenden Isomer des Glycerinaldehyds. Äquimolekulare Gemische der optischen Antipoden sind optisch inaktiv, das heißt, makroskopisch ist keine optische Aktivität festzustellen. Man bezeichnet diese Gemische als **Racemate.** Die in den biologischen Systemen vorkommenden Kohlenhydrate gehören überwiegend der D-Reihe an, während die Amino- und Hydroxysäuren der L-Reihe angehören.

Wie oben angedeutet, können chemische Verbindungen nicht nur ein optisch aktives Kohlenstoffatom enthalten, sondern auch zwei oder mehr optisch aktive Atome sind möglich. Diese Situation liegt vor allem bei den Kohlenhydraten vor. Zwei optisch aktive Kohlenstoffatome in einem Molekül verdoppeln die Anzahl der möglichen optischen Isomere. Bezeichnet man die beiden aktiven Zentren mit A und B, so kann jedes unabhängig vom anderen rechts- oder linksdrehend sein. Dabei ergeben sich die folgenden Kombinationen von optischen Antipoden: A+B+, A−B−, A+B−, A−B+. Nur die beiden zuerst und die beiden zuletzt genannten sind Spiegelbildisomere **(Enantiomere)**, die erste und zweite Verbindung ist kein Spiegelbild der dritten und vierten. Die optischen Isomere, die sich nicht wie Bild und Spiegelbild zueinander verhalten, bezeichnet man als **Diastereomere.** Sie unterscheiden sich nicht nur durch den Drehsinn, sondern auch durch ihre anderen physikalischen Konstanten (Schmelzpunkt, Siedepunkt, Löslichkeit u. a.). Sie sind tatsächlich verschiedene Moleküle, die sich auch in ihrem chemischen Reaktionsverhalten und nicht nur im Drehsinn unterscheiden. Dadurch wird auch verständlich, dass viele Zucker trotz gleicher Summenformel sich chemisch und physiologisch wie völlig verschiedene Moleküle verhalten. Bei Anwesenheit von $n$ optisch aktiven Kohlenstoffatomen ergeben sich $2^n$ optische Isomere. Aus dieser

Beziehung leiten sich die so genannten Zuckerstammbäume der Aldosen und Ketosen ab (Abb. 3.1 und 3.2).

### 3.1.2 Aldosen

Zucker werden übereinkunftsgemäß immer mit der Endung „-ose" bezeichnet. Die Nomenklatur der Zucker folgt der Anzahl der Kohlenstoffatome im Molekül: Triosen, Tetraosen, Pentosen, Hexosen usw. Es gibt zwei optische Isomere des Glycerinaldehyds (Triosen), vier Tetraosen, acht Pentosen und sechzehn Hexosen. Jeweils die Hälfte der Isomere gehört der D- bzw. der L-Reihe an. Bestimmend für die Zuordnung zu einer sterischen Reihe ist bei den Zuckern die Konfiguration an dem der $CH_2OH$-Gruppe benachbarten Kohlenstoffatom. Manche dieser Zucker sind sehr selten und kommen in Lebensmitteln fast gar nicht vor. In freier Form werden nur die Monosaccharide Glucose und Fructose in Lebensmitteln gefunden – viele andere Zucker kommen gebunden in Di-, Oligo- oder Polysacchariden vor. Sowohl in Lösung als auch in kristallisierter Form liegen Hexosen und auch die Pentosen vorwiegend als **intramolekulare Halbacetale** vor. Die Halbacetale entstehen durch Reaktion der Aldehyd- oder Ketogruppe mit einer Hydroxylgruppe des Zuckers. Dabei bilden sich einerseits fünf- und sechsgliedrige Ringe, die als Furanose bzw. Pyranose bezeichnet werden, z. B. Glucofuranose bzw. Glucopyranose. Die Zucker sind wesentlich häufiger Pyranosen als Furanosen. Die Ringe sind nicht eben, sondern liegen meistens in der energetisch günstigeren **Sesselform** vor. Alternativ dazu wäre die „Wannenform" möglich.

Durch die Ringbildung entsteht ein neues asymmetrisches Kohlenstoffatom, und damit entstehen zwei zusätzliche optische Isomere, oft **Anomere** genannt, die mit α und β bezeichnet werden – z. B. α- und β-Glucose. Als α-Anomer wird immer das stärker rechtsdrehende bezeichnet, das weniger stark rechtsdrehende ist dann das β-Anomer. α- und β-Anomere sind Spiegelbildisomere und sind über den offenkettigen Zucker leicht ineinander umwandelbar bzw. stehen in Lösung im Gleichgewicht zueinander. Aus der Lösung kristallisiert meist eines der beiden Anomere leichter, sodass in kristalliner Form eines der Anomere leichter erhältlich ist – z. B. ist die im Handel erhältliche Glucose fast ausschließlich β-Glucose. Löst man das kristalline Isomer wieder in Wasser, so stellt sich ein Gleichgewicht zwischen den beiden Formen ein. Gleichzeitig ändert sich die optische Drehung der Lösung, bis bei Erreichen des Gleichgewichtes zwischen den Anomeren die Drehung wieder einen konstanten Wert annimmt. Den eben beschriebenen Vorgang nennt man **Mutarotation**.

### 3.1.3 Ketosen

Bei den Ketosen gibt es zwei isomere Tetrulosen, vier Pentulosen und acht Hexulosen. Wie die Aldosen bilden Ketosen Halbacetale mit furanoider oder pyranoider Ringstruktur. Die Nomenklatur der Ketosen ist nicht einheitlich. Diejenigen, die weniger oder mehr als sechs Kohlenstoffatome haben, tragen die Endung -ulose, wie Ribulose, Xylulose oder Sedoheptulose, solche mit sechs Kohlenstoffatomen enden wie die Aldosen mit -ose, wie Fructose, Sorbose u. a. Die natürlich vorkommenden Ketosen gehören vorwiegend der sterischen Reihe D an. Die wichtigste Ketose in Lebensmitteln ist die Fructose, die in vielen Früchten frei und in der Saccharose sowie in Polysacchariden (Fructanen) gebunden vorkommt. Sie schmeckt etwa doppelt so süß wie die Glucose, bezogen auf die Gewichtseinheit. Fructose wurde früher wegen ihrer starken Linksdrehung auch als Lävulose bezeichnet, entsprechend die Glucose wegen ihrer Rechtsdrehung als Dextrose, Namen die im täglichen Leben immer noch verwendet werden. Geringe Mengen an Ketosen (Ribulose, Sedoheptulose) treten, verestert mit Phosphat, bei Stoffwechselprozessen (z. B. Pentosephosphatzyklus, Calvin-Zyklus) als Zwischenprodukte auf.

Wie oben erwähnt, werden Reaktionsprodukte zwischen Alkoholen und Aldehyden als Acetale, mit Ketonen als Ketale bezeichnet. Jeweils zwei Moleküle Alkohol können mit einem Molekül Aldehyd oder Keton reagieren. Die Reaktionsprodukte zwischen nur einem Molekül Alkohol mit einem Molekül Aldehyd oder Keton werden als Halbacetale oder Halbketale bezeichnet. Als Halbacetale liegen die Zucker, wie oben erwähnt, in Lösung oder in kristallisierter Form vor. Reagieren dann diese Halbacetale mit einem weiteren Molekül Alkohol oder der Hydroxylgruppe eines weiteren Zuckers, so entstehen Vollacetale, die im ersteren Fall Glykoside, im letzteren Di-, Oligo-, oder Polysaccharide genannt werden. Bei Vollacetalen ist die Konfiguration am glykosidischen Kohlenstoffatom nicht mehr reversibel, sondern als α- oder β-glykosidische Bindung fixiert. Die Bindung kann mit verdünnten Säuren gespalten werden oder mittels für die Spaltung der α- oder β-Bindung spezifischer Enzyme. Die genannten Naturstoffgruppen sind in Lebensmitteln sehr verbreitet und erfüllen in der Ernährung wichtige Aufgaben.

### 3.1.4   Zuckersäuren

Durch Oxidation von Zuckern entstehen Zuckersäuren (Abb. 3.3). In Zuckermolekülen können die Aldehydgruppe, die $CH_2OH$-Gruppe oder auch beide Gruppen durch dafür spezifische Enzyme oder durch rein chemische Methoden zur Carboxylgruppe oxidiert werden. In Abhängigkeit davon, welche Gruppe des Zuckermoleküls oxidiert wird, entstehen:

|             | Reaktion                        | Beispiel                                  |
| ----------- | ------------------------------- | ----------------------------------------- |
| „ON" Säuren | Oxidation der Aldehydgruppe     | Z. B. Gluconsäure                         |
| „URON" Säuren | Oxidation der $CH_2OH$-Gruppe | Z. B. Galakturonsäure, Glucuronsäure      |

Die Dicarbonsäuren der Monosaccharide tragen die Endung „AR", Galaktarsäure oder Glucarsäure, oder sie sind mit Trivialnamen bezeichnet, wie z. B. Schleimsäure für die Galaktarsäure oder Saccharinsäure für die Glucarsäure. Die Säuren liegen meist nicht frei vor, sondern bilden innere Ester. Diese sind ringförmige Verbindungen, die Lactone genannt werden. Z. B. bildet sich aus Gluconsäure in saurer Lösung schnell das Gluconolacton. In alkalischer Lösung werden die Lactone gespalten, und es bilden sich Salze der Zuckersäuren. Auch Isomerie zwischen den Lactonen ist möglich (z. B. Glucono-γ-lacton und Glucono-δ-lacton).

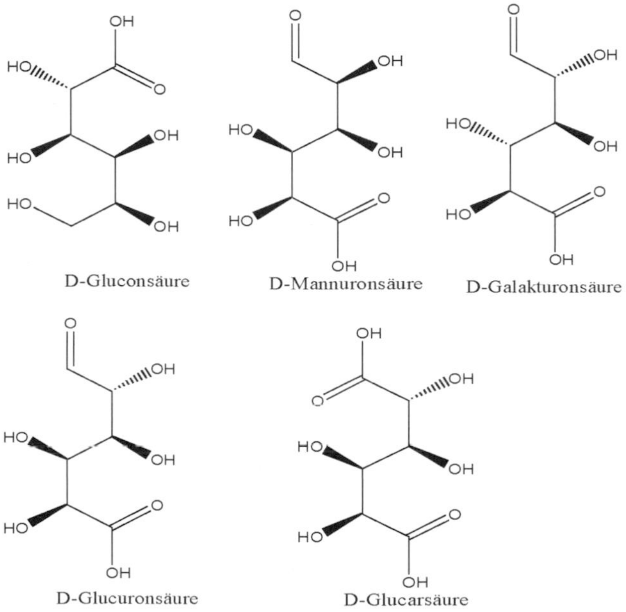

**Abb. 3.3.**     Chemische Struktur verschiedener Zuckersäuren

Glucuronsäure spielt eine wichtige Rolle bei der Entgiftung des Organismus. Dazu wird Glucuronsäure über die Carboxylgruppe mit Aminen, Aminosäuren, aromatischen Alkoholen u. a. als Amid oder als Ester verbunden (konjugiert). Durch die vielen Hydroxylgruppen der Glucuronsäure sind diese Konjugate wasserlöslicher als die nicht konjugierten Verbindungen und können durch die Niere leichter ausgeschieden werden. Uronsäuren sind wichtige Bausteine von Polysacchariden und auch Glykoproteinen. Galakturonsäure ist z. B. ein Hauptbestandteil von Pektin, das als Verdickungs- und Geliermittel in Lebensmitteln eingesetzt wird (Marmeladen). Mannuronsäure kommt in den Alginsäuren vor, die ebenfalls als Verdickungsmittel und als Mittel zur Verhinderung der Bildung größerer Eiskristalle bei der Speiseeisproduktion, aber auch bei vielen anderen Lebensmitteln als Zusatzstoff verwendet wird. Glucuronsäure wird ebenfalls als Bestandteil von tierischen (z. B. Hyaluronsäure, Heparin, Chondroitinsulfat) und pflanzlichen Polysacchariden (z. B. Gummi arabicum und Hemicellulosen) in der Natur aufgefunden. Auch komplexer aufgebaute Oxidationsprodukte von Zuckern, wie z. B. die Ascorbinsäure (Vitamin C), werden in der Natur gefunden – Ascorbinsäure wird biosynthetisch aus der Glucose von den diversen tierischen und pflanzlichen Organismen hergestellt.

### 3.1.5   Zuckeralkohole

Durch die Reduktion der Aldosen werden die entsprechenden Zuckeralkohole erhalten (Abb. 3.4). Zuckeralkohole werden mit der Endung „-it", engl. „-itol" bezeichnet.

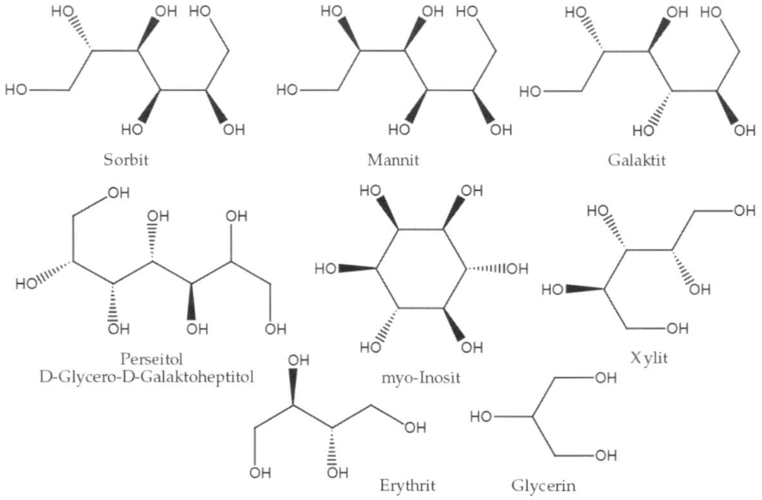

**Abb. 3.4.**     Chemische Struktur verschiedener Zuckeralkohole

Durch Reduktion der Mannose entsteht der Mannit (engl. Mannitol), aus der Galaktose der Galaktit (Galaktitol, ein weiterer Name dafür ist Dulcit) und aus der Glucose der Sorbit (engl. Sorbitol). Wichtigster Zuckeralkohol ist das Glycerin (engl. Glycerol), das als Bestandteil der Triglyceride als Metabolit bei Fermentationsprozessen von den Organismen in großen Mengen gebildet wird. Auch der Mannit wird von einigen Pflanzen ausgeschieden (Exsudat), z. B. von der Manna-Esche. Dieses essbare Exsudat (Eschenmanna), ein eingetrockneter Saft aus dem Stamm der Manna-Esche *(Fraxinus ornus)*, besteht hauptsächlich aus Mannit (bis zu 90 %). Das Manna der Bibel hat allerdings mit dem Mannit nichts zu tun – es dürfte sich hierbei um Inhaltsstoffe einer Flechtenart gehandelt haben *(Lecanora esculenta)*. Galaktit wurde ebenfalls in der Natur aufgefunden, im „Manna von Madagaskar", dem Spindelbaum *(Evonymus europaea)*. Sorbit kommt natürlich in Mitgliedern der Pflanzenfamilie der Rosazeen vor. Den Namen hat der Sorbit von der Vogelbeere *(Sorbus au-*

*cuparia)*, er kommt aber auch in Apfel, Birne, Pflaume, Kirsche u. a. vor. Lebensmittelanalytisch wird der meist enzymatisch (Sorbit-Dehydrogenase) durchgeführte Nachweis des Sorbits verwendet, um z. B. Apfelsaft von Traubensaft zu unterscheiden.

Technisch werden Zuckeralkohole durch Reduktion der entsprechenden Zucker mit katalytisch aktiviertem Wasserstoff hergestellt, z. B. Sorbit durch Reduktion der Glucose oder Xylit durch Reduktion der Xylose. Auch biotechnologische Verfahren sind im Einsatz. Zuckeralkohole werden in verschiedenen Ländern als Zuckeraustauschstoffe bei Diabetikern oder auch bei „Light-Getränken" eingesetzt. Vor allem der Xylit und in zweiter Linie der Sorbit werden für diesen Zweck verwendet. Sie werden nur teilweise metabolisiert, ein Grund, warum Zuckeralkohole häufig Durchfall verursachen. Im Stoffwechsel werden die Zuckeralkohole zu den entsprechenden Ketozuckern oxidiert, z. B. der Sorbit zur Fructose, der Xylit zur Xylulose, die dann nach Phosphorylierung in die Abbauwege der Glucose eingespeist werden. Sorbit und seine Derivate werden auch in Lebensmitteln und in der Kosmetik in großem Umfang als Feuchthaltemittel und als Emulgatoren eingesetzt. Die Zuckeralkohole schmecken süß, allerdings in sehr unterschiedlichem Ausmaß. Xylit schmeckt etwa so süß wie Saccharose, während Sorbit und Galaktit nur etwa den halben Süßgeschmack, bezogen auf das Gewicht, empfinden lassen. Im Unterschied zu den Zuckern verursachen die Zuckeralkohole keine Karies. Dies hängt mit der langsameren und insgesamt schlechteren Metabolisierbarkeit der Zuckeralkohole durch kariesverursachende Bakterien *(Streptococcus mutans)* zusammen.

Zu den Kohlenhydraten werden auch die **Inosite** gerechnet, die sich chemisch vom Hexahydroxycyclohexan ableiten. Wie die Zucker kommen die Inosite sterisch vorwiegend in der Sesselform und weniger in der Wannenform vor. Bei den Inositen sind acht Isomere möglich. In tierischen und pflanzlichen Organismen kommt ausschließlich der meso-(myo-)Inosit vor, der optisch inaktiv ist. Biosynthetisch wird der Inosit vor allem durch Mikrorganismen und in Pflanzen enzymatisch aus Glucose gebildet. Auch der menschliche Organismus kann den Inosit synthetisieren (4 g/d) und ist daher auf die Zufuhr mit der Nahrung nicht angewiesen. Inosit ist für den Menschen bedingt essenziell; er ist als Triphosphorsäureester für die Regulation des Calcium-Stoffwechsels mit verantwortlich.

**Phytin**, ein Hexaphosphorsäureester des meso-Inosits kommt in Weizen, Hülsenfrüchten und in vielen anderen Pflanzensamen vor und hat lange Zeit in der Ernährung als unerwünschter eisenionenkomplexierender Inhaltsstoff gegolten. Eisenionen werden durch die Phosphorsäurereste des Phytins in einer für die Verdauung nicht aufschließbaren Form gebunden. Durch das bessere Verständnis der physiologischen Rolle des Inosits und das Auffinden einer antioxidativen, leberprotektiven Wirkung des Phytins (Eisenkomplexierung) sind diese Bedenken in letzter Zeit relativiert worden. In Mikrorganismen und einigen Pflanzen (z. B. Hülsenfrüchten) kommen Phytasen vor, Enzyme, die die Phosphatesterbindung im Phytin spalten können. Mikrobielle Phytasen werden in einigen Ländern dem Mehl bei der Teigbereitung zugesetzt.

Der Monomethylether des D-(−)-Inosits heißt auch Pinit und ist als Inhaltsstoff ebenfalls in vielen Pflanzen enthalten. Seine Kristalle schmecken sehr süß. Das Hauptvorkommen ist in der Konifere *Pinus lambertiana* (Zuckerföhre), aus der das kalifornische Manna gewonnen wird.

D-(−)-Quercit, ein Pentahydroxycyclohexan, kommt in den Früchten verschiedener Eichenarten vor und ist hauptsächlich für den Süßgeschmack der Eicheln verantworlich. Zuckeralkohole haben allgemein eine Schutzfunktion gegenüber der toxischen Wirkung des Singulett-Sauerstoffs.

## 3.2    Molekulare Struktur von Mono-, Oligo- und Polysacchariden

### 3.2.1    Monosaccharide

**Glucose** ist das physiologisch wichtigste Monosaccharid. Sie kommt in höheren Konzentrationen frei vor allem in reifen Früchten und im Honig vor. Im Handel ist in kristallisierter Form fast ausschließlich die β-Glucose erhältlich. Der tierische und auch menschliche Organismus ist fast ausschließlich auf den Metabolismus der Glucose spezialisiert. Nur für die Glucose sind metabolische Abbauwege im Organismus vorgezeichnet, andere Monosaccharide müssen entweder zu Glucose isomerisiert oder zu gemeinsamen Metaboliten des Glucosestoffwechsels abgebaut werden. Regulationsmechanismen existieren ebenfalls nur für den Stoffwechsel der Glucose. Auch das menschliche Gehirn deckt seinen Energiebedarf fast ausschließlich aus Glucose. Warum gerade die Glucose trotz ihres stark negativen Redoxpotenzials (− 0,4 V bei pH 7, ähnlich wie schweflige Säure) eine so zentrale Stellung im Kohlenhydratstoffwechsel einnimmt, ist weitgehend unbekannt. Eine Theorie sieht den Grund darin, dass Glucose von allen Monosacchariden dasjenige ist, das in Lösung fast vollständig in der Ringform vorliegt und dadurch wenig chemische Reaktivität zeigt. Glucose kann bei physiologischen Temperaturen keine Schwermetallsalze (erst bei etwa 100 °C), Hämproteine oder andere Oxidoreduktasen reduzieren. Dadurch kommt, mangels Reaktionspartnern, bei normalen Glucosekonzentrationen das negative Redoxpotenzial nicht zur Wirkung. Trotzdem spielen die Kohlenhydrate im Allgemeinen und die Glucose im Besonderen eine bis heute wenig untersuchte Rolle bei der Entgiftung freier Radikale. Die Glucose ist als Baustein in vielen Di-, Oligo- und Polysacchariden enthalten. Manche dieser Polysaccharide dienen dem Organismus als Glucosespeicher, z. B. das Glykogen bei den Tieren, die Stärke bei den Pflanzen. Höhere Glucosekonzentrationen wirken auf den Organismus toxisch, sodass der Glykogenbiosynthese auch eine Entgiftungswirkung zukommt. Die Gleichgewichte zwischen monomerer und im Glykogen polymerisierter Glucose sind hormonell gesteuert, wobei die Pankreashormone Insulin (den Blutzuckerspiegel senkend) und Glucagon (den Blutzuckerspiegel steigernd) antagonistisch wirken und neben anderen Faktoren die Glucosekonzentration im Grundzustand regeln. Bei physischer oder psychischer Belastung wird der Blutzuckerspiegel vor allem durch das Nebennierenhormon Epinephrin (Adrenalin) weiter gesteigert. Insulin wirkt also über eine Kette von Reaktionen steigernd auf die Glykogenbiosynthese, während Glucagon und Adrenalin, ebenfalls über eine Folge von Reaktionen, den Glykogenabbau in der Leber beschleunigen und so dem Organismus mehr Glucose zur Verfügung stellen. Neben den genannten Hormonen spielen auch Glucocorticosteroidhormone aus der Nebenniere bei der Neusynthese der Glucose (Gluconeogenese) aus anderen Metaboliten, vor allem der Brenztraubensäure, eine Rolle.

**Fructose** (Lävulose, Fruchtzucker) kommt in reifen Früchten und im Honig in höheren Konzentrationen frei vor. Reine Fructose ist auch als Süßstoff und Zuckeraustauschstoff vor allem für Diabetiker im Handel kristallin erhältlich. Weiters sind fructosehaltige Sirupe und süß schmeckende Hydrolysate von Fructanen (Neosugar) in verschiedenen Ländern als Süßstoffe zugelassen.

Das wichtigste Disaccharid mit Fructose ist die Saccharose. Oligomere Zucker mit Fructose, Glucose und Galaktose sind Raffinose, Stachyose und Verbascose. Polymere der Fructose, Fructane, kommen in der Natur in den verschiedensten Pflanzenfamilien (z. B. *Compositae*, *Liliaceae* und auch *Gramineae*) als Reservekohlenhydrat vor. Trotz ihres gegenüber der Glucose positiveren Redoxpotentials ($-0,27$ V) ist die Fructose wesentlich reaktionsfreudiger als die Glucose. Fructose reduziert schon bei wesentlich niedrigeren Temperaturen Schwermetallsalze (etwa 55 °C) oder Tetrazoliumsalze zu Farbstoffen. Der Grund hierfür ist wahrscheinlich, dass Fructose zu einem höheren Prozentsatz in der reaktiven offenkettigen Form vorliegt als die Glucose. Fructose ist der am süßesten schmeckende Zucker. Im Vergleich zur Glucose schmeckt er etwa doppelt so süß, bezogen auf die Gewichtseinheit. Gaben von 1–2 g Fructose per os/kg Körpergewicht beschleunigen beim Menschen den Abbau von Alkohol. Fructose ist auch für die Ernährung des männlichen Samens wichtig. Im Stoffwechsel wird die Fructose zwar etwas langsamer resorbiert als die Glucose, aber sehr viel schneller metabolisiert. Dabei muss die Fructose durch eine spezielle Fructokinase zu Fructose-1-phosphat unter Verbrauch von ATP phosphoryliert werden. Da Fructose-1-phosphat mangels eines passenden Enzyms nicht in Fructose-6-phosphat umgewandelt werden kann, wird Fructose-1-phosphat durch eine spezielle Aldolase (Fructose-1-phosphat-Aldolase) in Dihydroxyacetonphosphat und freien Gycerinaldehyd gespalten. Nach Phosphorylierung des Glycerinaldehyds können dann beide Metabolite in den Abbauweg der Glucose (Emden-Meyerhof) eingespeist werden (Abb. 3.5).

Der Organismus verfügt über keine speziellen Abbauwege und Regulationsmechanismen für Fructose. Der schnelle metabolische Abbau kann

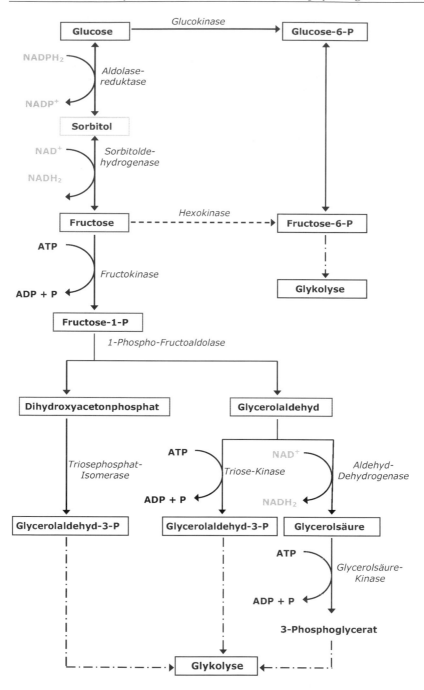

**Abb. 3.5.**      Stoffwechsel der Fructose

zu einer Verarmung des Organismus an ATP führen, was in weiterer Folge zu einer verstärkten Harnsäurebildung führt. Eine verstärkte Milchsäurebildung, die zu einer metabolischen Acidose führen kann, wurde vielfach als Folge des Fructoseabbaus beobachtet. Muskelzellen fehlt das für die Phosphorylierung der Fructose notwendige Enzym Fructokinase. Daher ist Fructose als direkter Energielieferant für den Muskel ungeeignet. Möglicherweise erfolgt die Energiebereitstellung für den Muskel durch Fructose über den Umweg der Stimulierung der Glucosebiosynthese (Gluconeogenese). Auch die Biosynthese von Triglyceriden wird durch Fructose stimuliert. Mit Proteinen reagiert Fructose zu glykosylierten Proteinen etwa fünfmal so schnell wie Glucose. Wegen der genannten metabolischen Effekte scheint bei einer einseitigen Ernährung mit Fructose Vorsicht geboten zu sein. Das gilt auch für die parenterale Ernährung. Auch angeborene Fructose-Intoleranzen sind bekannt.

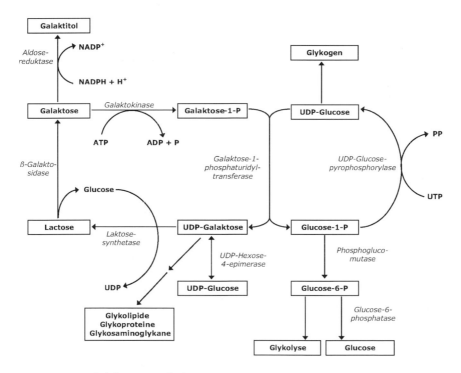

**Abb. 3.6.**  Galaktosemetabolismus

**Galaktose** kommt in der Natur in vielen Di-, Oligo- und Polysacchariden vor. Das wahrscheinlich wichtigste Vorkommen in Lebensmitteln ist das im Milchzucker (Lactose). Daneben ist Galaktose Bestandteil von vielen anderen Oligosacchariden (Raffinose, Stachyose, Verbascose u. a.) und von vielen tierischen und pflanzlichen Polysacchariden (Pflanzengummi, siehe Verdickungsmittel). Galaktose ist im Zuckerrest vieler Glykoproteine enthalten, wie z. B. in den Immunglobulinen, weiters in Mucopolysac-cariden, Cerebrosiden und Gangliosiden, ist also ein wichtiger Bestandteil der das Zentralnervensystem aufbauenden Gewebe. In Pflanzen ist Galaktose auch in Zellwänden vorhanden.

Galaktose wird im Stoffwechsel durch Galaktokinase zu Galaktose-1-phosphat phosphoryliert, das dann durch das Enzym Galaktose-1-phosphat-Uridyltransferase an Uridindiphosphat gebunden und durch das Enzym Epimerase zu Glucose-1-phosphat isomerisiert wird und damit in den Emden-Meyerhof-Abbauweg der Glucose eingespeist werden kann (Abb. 3.6).

Angeborene Defekte dieser Enzyme führen zu Galaktose-Intoleranzen (Galaktosämien), die einen Rückstau an Galaktose verursachen und, wenn sie nicht erkannt werden, zur Schädigung der Leber, des Zentralnervensystems und auch zu Linsentrübung führen können. Höhere Konzentrationen an Galaktose führen zu Blähungen im Darm und zu Durchfällen. Der Galaktose wird auch eine das Immunsystem unterstützende Wirkung zugesprochen.

**Mannose** kommt vor allem bei Tieren und beim Menschen in Mukopolysacchariden vor. Bei Pflanzen und Mikroorganismen ist Mannose ein Baustein der Mannane, die als Reservekohlenhydrate und als Bestandteile von Zellwänden eine gewisse Bedeutung haben. Mannose kommt auch in pflanzlichen Polysacchariden vor, die als Verdickungsmittel lebensmitteltechnologische Bedeutung erlangt haben. Im Stoffwechsel wird Mannose durch eine Kinase in Mannose-6-phosphat umgewandelt, die zu Fructose-6-phosphat isomerisiert und in den Abbauweg der Glucose einmündet.

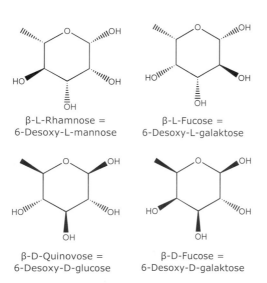

β-L-Rhamnose =
6-Desoxy-L-mannose

β-L-Fucose =
6-Desoxy-L-galaktose

β-D-Quinovose =
6-Desoxy-D-glucose

β-D-Fucose =
6-Desoxy-D-galaktose

**Abb. 3.7.**    Chemische Struktur verschiedener 6-Desoxyzucker

Von den **Desoxyzuckern**, die in tierischen und pflanzlichen Organismen vorkommen, sind neben der in der DNS enthaltenen D-2-Desoxyribose die 6-Desoxyzucker **L-Rhamnose** und **L-Fucose** die häufigsten (Abb. 3.7).

Desoxyzucker sind Bausteine von Glykoproteinen und pflanzlichen Oligosacchariden, wie z. B. Rutinose oder Neohesperidose. Sie sind relativ selten, und über ihren Stoffwechsel ist nicht sehr viel bekannt.

**2-Desoxy-2-Aminozucker** werden in tierischen und pflanzlichen Lebensmitteln gefunden (Abb. 3.8).

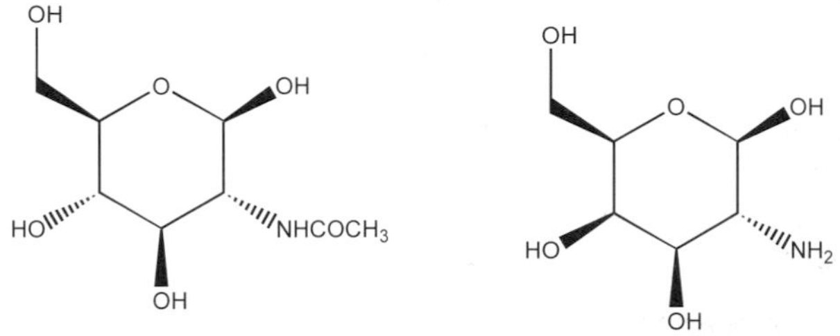

β-D-N-Acetylglucosamin =
2-N-Acetylamino-2-desoxyglucose

Galaktosamin =
β-D-2-Amino-2-desoxygalaktose

**Abb. 3.8.**    Chemische Struktur von Aminozuckern

Der wichtigste ist das N-Acetyl-Derivat der 2-Amino-2-desoxy-D-glucose (meist kurz N-Acetylglucosamin genannt). N-Acetylglucosamin ist Baustein des Polysaccharids Chitin und tierischer Mukopolysaccharide, wie z. B. Hyaluronsäure (ein Polymer, bestehend aus N-Acetylglucosamin und Glucuronsäure). Chitin, ein Polysaccharid, bestehend aus miteinander β(1-4)-verknüpften N-Acetylglucosamin-Einheiten, bildet den Panzer von Insekten und Krustentieren. Chitin ist die Gerüstsubstanz bei Pilzen anstelle von Cellulose, wie bei den meisten anderen Pflanzen. Das Produkt, das man erhält, wenn die Acetylgruppen vom Chitin abgespalten werden, heißt Chitosan. Chitosan, das in der Natur nicht vorkommt, wird als Emulgator und auch als Ballaststoff verschiedenen Lebensmitteln zugesetzt.

2-Amino-2-desoxy-D-galaktose kommt in tierischen Mukopolysacchariden gebunden vor, z. B. Chondroitinsulfat, das ein Bestandteil der Knorpelsubstanz ist. Freies Galaktosamin ist in höherer Konzentration stark lebertoxisch. Bei Versuchstieren kann damit eine Hepatitis, die in einer Leberzirrhose enden kann, hervorgerufen werden.

### 3.2.2   Disaccharide

Von den Disacchariden, die in Lebensmitteln vorkommen, sind die **Saccharose**, die **Lactose** und die **Maltose** die wichtigsten (Abb. 3.9).

Andere Disaccharide, wie die **Trehalose** in Pilzen (Abb. 3.9) oder die **Rutinose** (Abb. 3.10) in Glykosiden der Zitrusfrüchte sind nur in ganz speziellen Lebensmitteln und auch da nur in geringer Konzentration enthalten. Die Disaccharide können chemisch in zwei Gruppen eingeteilt werden, reduzierende (wie z. B. Maltose und Lactose) und nichtreduzierende (wie z. B. Saccharose und Trehalose). Nichtreduzierende Disaccharide werden in manchen Pflanzen als Energiespeicher (z. B. Rüben, Zuckerrohr, Pilze) verwendet.

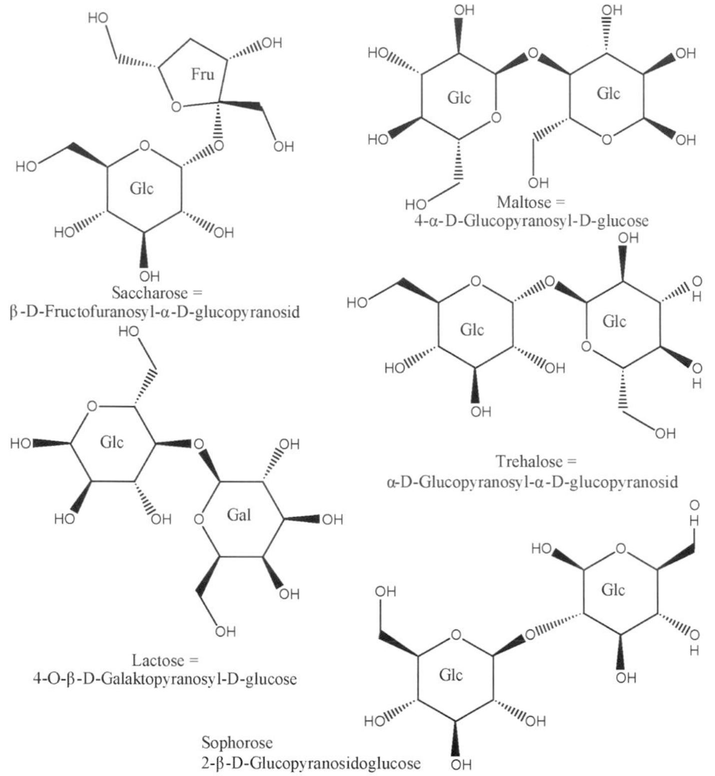

**Abb. 3.9.**    Chemische Struktur ausgewählter Disaccharide (I)

**Saccharose** (engl. Sucrose, auch Rohrzucker genannt) ist gegenwärtig der wichtigste Süßstoff. Weltweit wird Saccharose in reiner Form aus dem Saft von Zuckerrohr oder Zuckerrüben in riesigen Mengen hergestellt. Diese Pflanzen speichern die durch Fotosynthese gewonnene Energie fast ausschließlich in Form der Saccharose, ein nicht reduzierendes Disaccharid und daher den pflanzlichen Redoxsystemen gegenüber neutral. Saccharose ist auch im Ahornsirup enthalten, der aus dem im Spätwinter aus den angebohrten Stämmen des Zuckerahorns abfließenden Saft durch Eindicken gewonnen wird. Der Saft des Zuckerahorns *(Acer saccharum)* enthält etwa 2 % Saccharose. Saccharose kommt zusammen mit Glucose und Fructose auch im reifen Obst vor und ist weiters in vielen Gemüsen (z. B. in Rüben, Tomaten und Zwiebeln) enthalten. Daher kann Saccharose auch in nicht gesüßten Fruchtsäften enthalten sein. Saccharose besteht chemisch aus einem Mol Glucose, das mit einem Mol Fructose über ihre glykosidischen Kohlenstoffatome verbunden ist. Die glykosidische Bindung kann durch Säuren oder durch das Enzym Invertase gespalten werden. Es entsteht ein äquimolekulares Gemisch von Glucose und Fructose. Dabei kommt es zu einer starken Änderung der Drehung des linear polarisierten Lichtes (+66,5° für Saccharose, −20,5° für das Gemisch von Glucose und Fructose). Man nennt diesen Vorgang Inversion, daher die Bezeichnungen Invertzucker und Invertase oder auch der Ausdruck Inversion für die Säurespaltung. Über die technische Darstellung der Saccharose siehe Abschnitt „Zucker, Honig, Süßwaren"). Zuckerrohr wie auch die Zuckerrübe enthalten jeweils etwa 20 % Saccharose.

Bei Saccharose besteht der seltene Fall, dass ein Lebensmittel ein Reinstoff ist und praktisch keine Begleitstoffe, wie Mineralstoffe oder Vitamine, enthält. Eine Ernährung mit Saccharose allein kann daher nicht das Leben über längere Zeit erhalten. Im Stoffwechsel wird die Saccharose durch Invertase (= Saccharase) in Glucose und Fructose gespalten. Durch ungenügende Aktivität der Saccharase kann es gelegentlich zu Saccharose-Intoleranzen kommen. Die Probleme einer hohen Fructose-Ernährung wurden bei der Besprechung der Fructose aufgeführt. Dasselbe gilt vollinhaltlich auch für die Saccharose, weil bei ihrer Metabolisierung ebenfalls Fructose gebildet wird. Saccharose wird als Standard bei der Beurteilung des Süßgeschmacks von Kohlenhydraten verwendet und ihr Süßgeschmack willkürlich mit 100 festgesetzt.

**Lactose** (Milchzucker, *β-D-Galaktopyranosyl-(1–4)-α-D-glucopyranose*) ist ein reduzierendes Disaccharid (eine glykosidische Hydroxylgruppe ist an der Glucose noch frei) und das Hauptkohlenhydrat der Milch aller Säugetiere. Der Gehalt der Milch an Lactose beträgt zwischen 3–6 %. Für die Spaltung der β-glykosidischen Bindung zwischen Galaktose und Glucose ist eine spezielle β-Glykosidase erforderlich: die Lactase. Bei Säuglingen, deren wesentlichste Kohlenhydratquelle die Lactose ist, ist dieses Enzym besonders aktiv. Die Aktivität nimmt dann mit steigendem Alter ab. Ohne die metabolische Möglichkeit, den Milchzucker in seine Bausteine zu zerlegen, bleibt er unverdaulich. Das vollständige Fehlen oder die zu geringe Aktivität der Lactase hat in den meisten Fällen genetische Ursachen. Die Unverträglichkeit der Lactose äußert sich in Flatulenz und Durchfall. Über weitere mögliche Schwierigkeiten bei der Verwertung des Spaltprodukts Galaktose der Lactose wurde schon bei der Beschreibung der Galaktose berichtet. Lactose übt einen positiven Einfluss auf die Resorption von Calcium aus dem Darm aus. Auch für die Ausbildung einer optimalen Darmflora bei Kleinkindern ist die Lactose wichtig. Technisch wird die Lactose aus Molke hergestellt.

Ein meist durch alkalische Isomerisierung der Lactose hergestelltes Disaccharid ist die **Lactulose** *(4-β-D-Galaktopyranosyl-D-fructofuranose)*. Sie wird als relativ mildes Abführmittel verwendet.

**Maltose** *(α-D-Glucopyranosyl-(1–4)-α-D-glucopyranose)* ist, da die glykosidische Hydroxylgruppe einer Glucose noch frei ist, ein reduzierendes Disaccharid. Maltose ist ein Zwischenprodukt des physiologischen Stärkeabbaus durch Amylasen und kommt in Lebensmitteln vor, die einer Fermentation unterworfen wurden (Malz, Malzprodukte, Bier, u. a.). Generell entsteht beim Abbau der Stärke oder des Glykogens durch Amylasen als niedermolekulares Spaltprodukt die Maltose. Durch maltosespaltende Enzyme (Maltasen, α-Glykosidasen) wird die Maltose zu Glucose abgebaut. Im menschlichen Organismus wurden bisher fünf Isoenzyme der Maltase gefunden, von denen zwei auch Isomaltase- bzw. Saccharaseaktivität haben dürften.

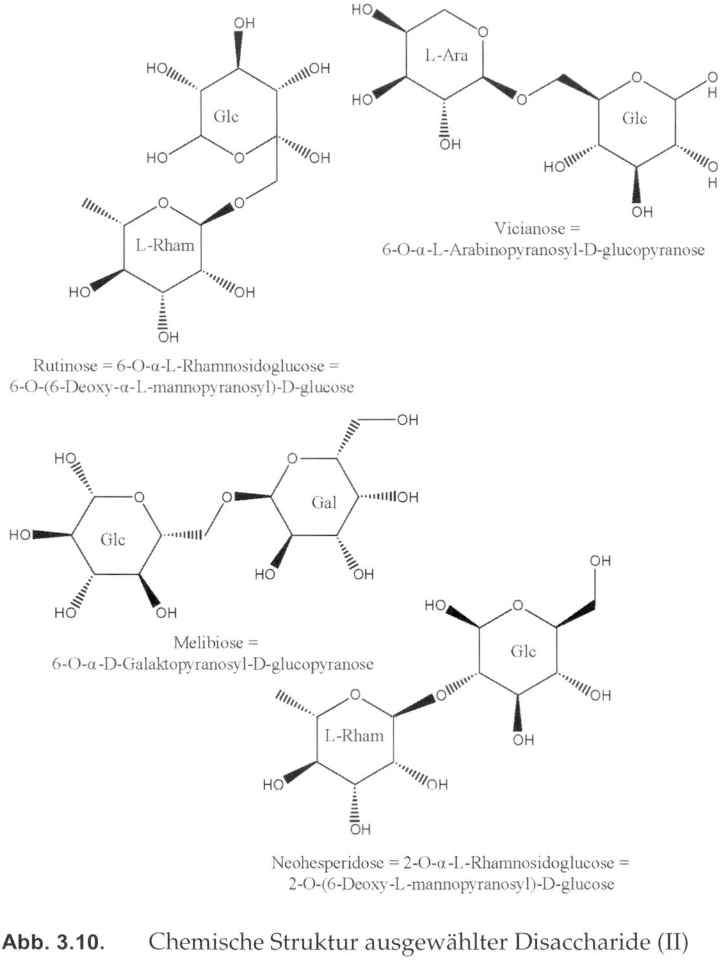
Glc
L-Rham
Rutinose = 6-O-α-L-Rhamnosidoglucose =
6-O-(6-Deoxy-α-L-mannopyranosyl)-D-glucose
L-Ara
Glc
Vicianose =
6-O-α-L-Arabinopyranosyl-D-glucopyranose
Glc
Gal
Melibiose =
6-O-α-D-Galaktopyranosyl-D-glucopyranose
Glc
L-Rham
Neohesperidose = 2-O-α-L-Rhamnosidoglucose =
2-O-(6-Deoxy-L-mannopyranosyl)-D-glucose

**Abb. 3.10.** Chemische Struktur ausgewählter Disaccharide (II)

**Isomaltose** *(α-D-Glucopyranosyl-(1–6)-α-D-glucopyranose)*, ein reduzierendes Disaccharid, kommt in geringer Menge als Spaltprodukt der Stärkepolysaccharide oder auch des Glykogens vor. Für die Spaltung des Disaccharids zu Glucose ist ein spezielles Enzym (Isomaltase) notwendig. Ist dies nicht in ausreichender Menge vorhanden, kann es zu Isomaltose-Intoleranzen kommen.

**Trehalose** *(α-D-Glucopyranosyl-(1–1)-α-D-glucopyranosid)* ist ein nichtreduzierendes Disaccharid, das vor allem in Pilzen gefunden wird. Trehalose stellt offensichtlich den Energiespeicher für die Pilze dar. Trehalose wird durch ein eigenes Enzym (Trehalase) in Glucose gespalten.

Andere Disaccharide, die in Lebensmitteln vorkommen können, sind die **Rutinose** *(α-L-Rhamnopyranosyl-(1–6)-D-glucopyranose)* und die **Neohesperidose** *(α-L-Rhamnopyranosyl-(1–2)-D-glucopyranose)*, die, β-glykosidisch gebunden in bitter schmeckenden Flavonoid-Glykosiden, unter anderem in Zitrusfrüchten vorkommen (Abb. 3.10). Technisch werden heute diese Glykoside (Rutin und Hesperidin) in Süßstoffe umgewandelt, die kürzlich als künstliche Süßstoffe (Zusatzstoffe) in der Europäischen Union zugelassen wurden. Siehe Kapitel „Künstliche Süßstoffe".

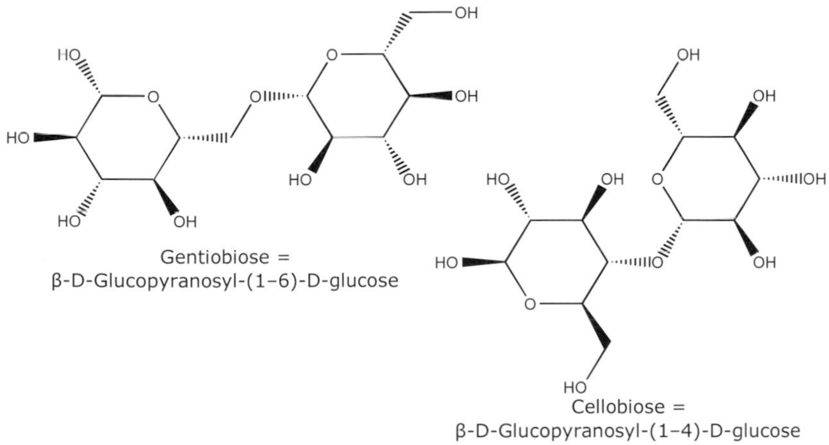

Gentiobiose =
β-D-Glucopyranosyl-(1–6)-D-glucose

Cellobiose =
β-D-Glucopyranosyl-(1–4)-D-glucose

**Abb. 3.11.**      Chemische Struktur der Gentiobiose und der Cellobiose

Ein anderes relativ seltenes Disaccharid ist die **Gentiobiose** *(β-D-Glucopyranosyl-(1–6)-D-glucopyranose)*. Gentiobiose kommt als Bestandteil von Glykosiden (z. B. Amygdalin) in bitteren Mandeln vor oder verestert mit dem Carotinoid-Abbauprodukt Crocetin und bildet den Farbstoff Crocin des Safrans.

**Cellobiose**, ein Baustein der Cellulose, besteht aus zwei Glucosemolekülen, die zum Unterschied zur Maltose miteinander β(1–4)-verknüpft sind (Abb. 3.11).

### 3.2.3    *Trisaccharide, Tetrasaccharide, Pentasaccharide*

Definitionsgemäß sind hier drei bis fünf Monosaccharide durch zwei bis vier glykosidische Bindungen miteinander verknüpft.

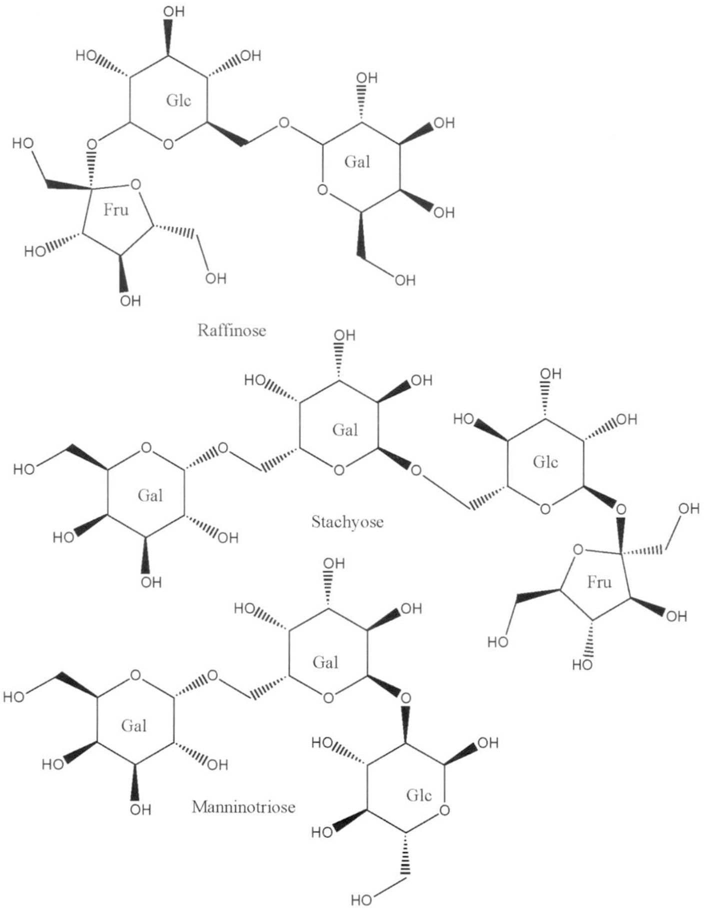

**Abb. 3.12.**    Chemische Struktur ausgewählter Trisaccharide (I)

*Trisaccharide*

**Raffinose** kommt in verschiedenen pflanzlichen Lebensmitteln, vor allem in Wurzeln, Rhizomen und Samen, vor. Raffinose ist ein Bestandteil der Rübenzuckermelasse, ist in der Rohrzuckermelasse aber nicht enthalten (hier wird Theanderose gefunden, Abb. 3.14). Das Trisaccharid wird z. B. auch in den Samen der Gerste gefunden. Von praktischem Interesse ist das Vorkommen der Raffinose in den Samen der Leguminosen, besonders reichhaltig in Soja. Auch unter Einwirkung von Stress wird Raffinose in Pflanzen verstärkt gebildet. Chemisch ist Raffinose *(α-D-Galaktopyranosyl-*

*(1–6)-α-D-glucopyranosyl-(1–2)-β-D-fructofuranosid)* ein nichtreduzierendes Trisaccharid (Abb. 3.12). Im Stoffwechsel wird Raffinose unter Mithilfe der Darmflora zu den entsprechenden Monosacchariden abgebaut.

Andere Trisaccharide, die in Lebensmitteln vorkommen können, sind die **Kestose** *(α-D-Glucopyranosyl-(1–2)-β-D-fructofuranosyl-(6–2)-β-D-fructofuranosid)* und die **Isokestose** *(α-D-Glucopyranosyl-(1–2)-β-D-fructofuranosyl-(1–2)-fructofuranosid)* (Abb. 3.13). Beide Trisaccharide sind nichtreduzierend und bestehen aus Saccharose, mit deren Fructose-Ende eine weitere Fructose glykosidisch verknüpft ist. Kestose und Isokestose sind Stellungsisomere und unterscheiden sich durch den Ort der Verknüpfung der zweiten Fructose-Kestose β(2–6) und Isokestose β(2–1). Kestose und Isokestose bilden sich bei der Einwirkung von Invertase auf konzentrierte Saccharose-Lösungen und bei deren Fermentation. Kestose kommt auch im Bienenhonig vor.

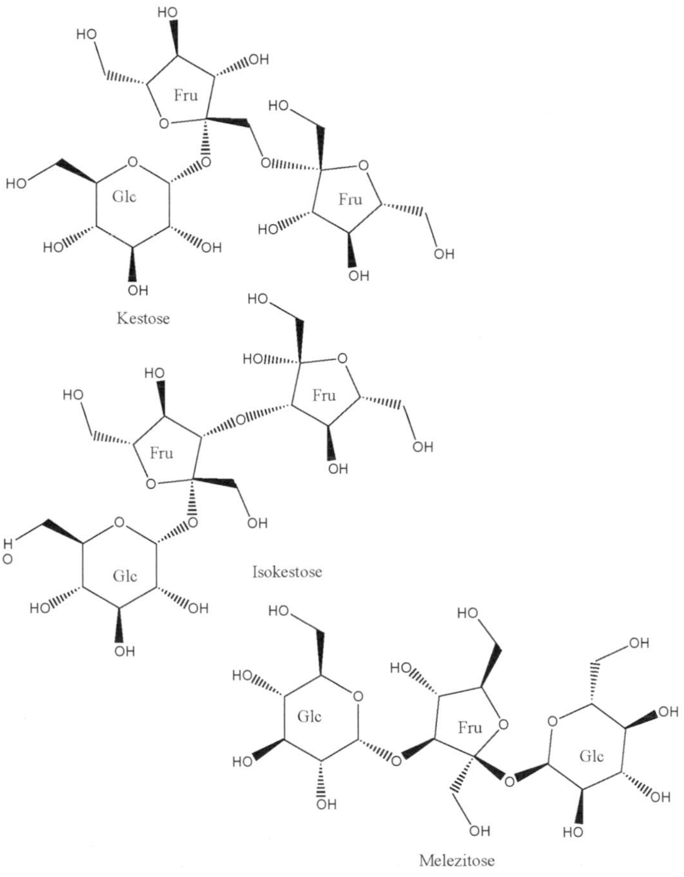

**Abb. 3.13.** Chemische Struktur ausgewählter Trisaccharide (II)

**Neokestose** *(β-D-Fructofuranosyl-(2–6)-α-D-glucopyranosyl-(1–2)-β-D-fructofuranosid)* ist in den Rhizomen von Topinambur (Jerusalem-Artischocke) enthalten. Wird die Fructose der Saccharose mit einer weiteren Glucose verbunden (1–3), kommt man zu dem Trisaccharid **Melezitose** *(α-D-Glucopyranosyl-(1–3)-β-D-fructofuranosyl-(2–1)-α-D-glucopyranosid)* (Abb. 3.13), das im „Honigtau" von Pappel und Linde sowie im Manna verschiedener Koniferen vorkommt (bei Trockenheit steigt die Konzentration der Melezitose im Manna). Von dort kann es in den Bienenhonig gelangen, der bei zu hoher Melezitose-Konzentration als Bienenfutter ungeeignet wird.

**Maltotriose** *(α-D-Glucopyranosyl-(1–4)-α-D-glucopyranosyl-(1–4)-α-D-glucose)* ist ein reduzierendes Trisaccharid und Zwischenprodukt des Stärkeabbaus. Drei Glucoseeinheiten sind miteinander α(1–4)-verbunden.

**Theanderose** *(α-D-Glucopyranosyl-(1–6)-α-D-glucopyranosyl-(1–2)-β-D-fructofuranosid)* ist ein nichtreduzierendes Trisaccharid, das in Saccharose aus Zuckerrohr, aber nicht in Saccharose aus Zuckerrüben enthalten ist (Abb. 3.14). In den Letzteren ist Raffinose enthalten. Der Unterschied in den Trisacchariden kann analytisch zur Herkunftsbestimmung der Saccharose verwendet werden. Die Biosynthese von Theanderose erhöht bei vielen Pflanzen die Frosttoleranz.

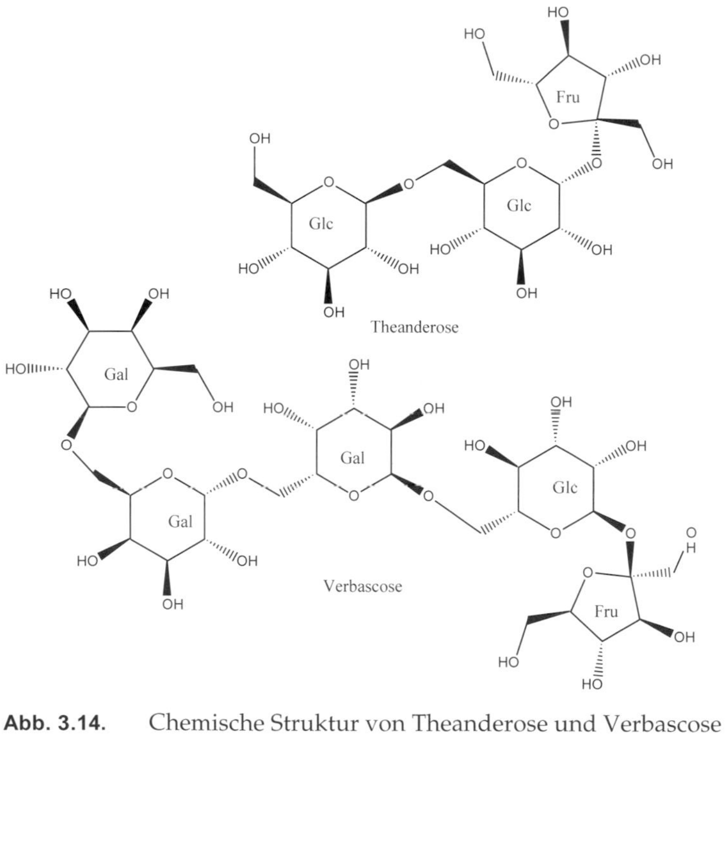

**Abb. 3.14.**      Chemische Struktur von Theanderose und Verbascose

*Tetrasaccharide*

Erwähnenswert in Lebensmitteln ist die **Stachyose** *(Lupeose, α-D-Galak-topyranosyl-(1–6)-α-D-galaktopyranosyl-(1–6)-α-D-glucopyranosyl-(1–2)-β-D-fruc-tofuranosid)*, eine um eine Galaktoseeinheit am Galaktoseende verlängerte Raffinose. Das Tetrasaccharid ist nichtreduzierend. Die Stachyose kommt wie die Raffinose in den Samen vieler Pflanzen vor, besonders in den Leguminosae und hier in der Sojabohne, wo Stachyose ein Hauptbestandteil des Kohlenhydratanteils ist. Desgleichen wird sie auch in der japanischen Artischocke aufgefunden. Galaktosehaltige Oligosaccharide sind für die Darmflora und auch für die Krankheitsresistenz interessant. Galaktose-haltige Oligosaccharide kommen auch in der Muttermilch vor und sind für die Ausbildung der Darmflora des Säuglings wichtig.

**Maltotetraose** *(α-D-Glucopyranosyl-(1–4)-α-D-glucopyranosyl-(1–4)-α-D-glu-copyranosyl-(1–4)-α-D-glucose)* ist ein reduzierendes Tetrasaccharid und wird als Zwischenprodukt des amylolytischen Stärkeabbaus und damit z. B. im Stärkesirup gefunden.

*Pentasaccharide*

**Verbascose** *(α-D-Galaktopyranosyl-(1–6)-α-D-galaktopyranosyl-(1–6)-α-D-ga-laktopyranosyl-(1–6)-glucopyranosyl-(1–2)-β-D-fructofuranosid)* ist die um eine Galaktose verlängerte Stachyose (Abb. 3.14). Das Pentasaccharid ist nichtreduzierend. Verbascose kommt, wie der Name sagt, in größeren Mengen in den Wurzeln der Königskerze *(Verbascum thapsus)* vor. Desgleichen ist Verbascose auch im Wiesensalbei enthalten.

### 3.2.4  Polysaccharide

Polysaccharide sind Polymere von Monosacchariden, die durch glykosidische Bindungen (α oder β) miteinander verknüpft sind. Die Polymere haben unterschiedliche Kettenlängen, die um einen für die Herkunft charakteristischen Durchschnitt statistisch verteilt sind. Polysaccharide können nur aus einem einzigen Monosaccharid aufgebaut sein **(Homopolysaccharide)** oder aus verschiedenen Monosacchariden bestehen **(Heteropolysaccharide)**. Wie oben erwähnt, sind Homopolysaccharide als Speicher und Gerüstsubstanzen in Pflanzen und Tieren enthalten, während Heteropolysaccharide eher metabolische Signifikanz aufweisen. Wichtige Homopolysaccharide bei Tieren und Pflanzen sind das Glykogen, die Stärke und die Cellulose. Polysaccharide werden durch Endung „-an", angefügt an den Zuckerstamm, gekennzeichnet (Glucan, Fructan usw.).

Viele Pflanzen speichern die durch Fotosynthese gewonnene Energie in Form von **Stärke**. Chemisch ist die Stärke aus Glucose-Monomeren aufgebaut, die durch glykosidische Bindungen α(1–4) und α(1–6) miteinander verbunden sind. Fast alle Stärken enthalten daher weitgehend unverzweigte molekulare Strukturen, in denen fast nur durch α(1–4) verkettete Glucoseeinheiten vorkommen, die als **Amylose** bezeichnet werden. Außerdem findet man Stärkepolysaccharide, die zusätzlich Verzweigungen α(1–6) enthalten. Diese werden als **Amylopektin** bezeichnet (Abb. 3.15).

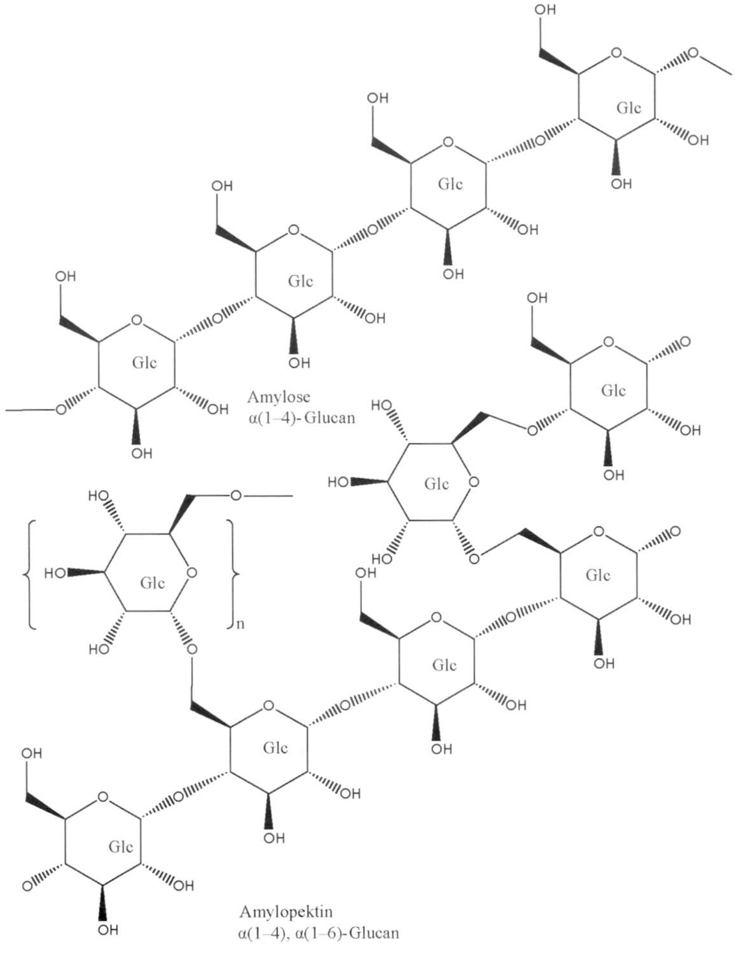

**Abb. 3.15.**        Chemische Struktur von Amylose und Amylopektin

Im Normalfall bestehen Stärken immer aus diesen zwei Hauptbestand-
teilen Amylose und Amylopektin, die mengenmäßig im Durchschnitt im
Verhältnis 1:3 bis 1:4 zueinander stehen (20–25 % Amylose und 75–80 %
Amylopektin). Die Glucoseketten sind zu einer Spirale (Helix) verdreht.
Eine Windung besteht aus 6–8 Glucosemolekülen. Die Spirale wird durch
die Bindung 1–6 unterbrochen und beginnt danach wieder neu. In die
Spiralen kann Iod, wahrscheinlich in atomarer Form, eingelagert werden.
Die Wechselwirkung mit dem Kohlenhydrat erzeugt eine rotviolette bis
kornblumenblaue Färbung (Iod-Stärke-Reaktion). Die Art der Farbe, defi-
niert durch ihr Absorptionsmaximum, hängt von der Länge der nicht

durch Bindungen 1–6 unterbrochenen Helix ab. Amylose absorbiert längerwelliges Licht und erscheint daher mit Iod rein blau, während das verzweigte Amylopektin kürzerwelliges Licht absorbiert und dadurch rot bis violett erscheint. Außer Iod können auch andere Moleküle, wie z. B. hydrophobe Alkohole (z. B. N-Butanol, Thymol), in die Helix eingelagert werden. Solche Verbindungen sind oft schwer löslich und können zur Trennung von Amylose von Amylopektin verwendet werden.

Die Stärken, die aus den verschiedenen Pflanzenarten isoliert werden, unterscheiden sich vor allem durch ihre durchschnittlichen Polymerisationsgrade bzw. durch die daraus resultierenden Molekulargewichtsverteilungen. Als Faustregel kann gelten, dass Fruchtstärken, wie Bananenstärke, niedermolekular sind, während hochmolekulare Stärken in Knollen und Rhizomen gefunden werden (z. B. Kartoffelstärke). Samenstärken, wie z. B. die Getreidestärken, liegen mit ihren durchschnittlichen Polymerisationsgraden in einem mittleren Bereich.

Speziell gezüchtete Maisstärken enthalten einerseits über 90 % Amylopektin (so genannter Waxy Mais), auf der anderen Seite gibt es Maissorten, die mehr als 80 % Amylose enthalten. Auch Erbsenstärke hat einen hohen Amylosegehalt. Amylose und Amylopektin unterscheiden sich auch durch ihre Löslichkeit in Wasser. Amylopektin ist, trotz des durchschnittlich viel höheren Molekulargewichts, in Wasser leichter löslich als Amylose. Der Grund ist die größere Anzahl von endständigen Glucoseeinheiten, bedingt durch die vielen Verzweigungen 1–6 des Amylopektins. Gelöste niedermolekulare Amylose hat eine sehr starke Tendenz, sich mit anderen Amylosemolekülen zu aggregieren. Die Aggregate haben dann eine geringe Löslichkeit in Wasser und fallen aus der Lösung aus. Man nennt dieses Bestreben der Amylose-Moleküle, sich mit anderen zu aggregieren, „**Retrogradation**". In der Praxis hat die Retrogradation eine große Bedeutung, z. B. beim Altbackenwerden von Brot und Gebäck. Durch feuchtes Erhitzen können die Aggregate der Amylose zumindest teilweise wieder gespalten werden, was z. B. beim Gebäck zu einer besseren Genussfähigkeit führt. Amylose hat ein relativ geringes Wasserbindevermögen im Vergleich zu Amylopektin, das in Wasser sehr stark quillt. In dieser Hinsicht hat die Amylose Ähnlichkeit mit der Cellulose. Das Quellverhalten der einzelnen Stärken hat große technologische Bedeutung z. B. bei der Herstellung von Gelen (Pudding), bei der Verwendung als Verdickungsmittel usw. Über diese Anwendungen der Stärken wird detaillierter bei den Verdickungsmitteln eingegangen. Stärken können durch verdünnte Säuren teilweise oder vollkommen zu Glucose abgebaut werden, da die glykosidische Bindung, wie oben erwähnt, labil gegenüber Säuren ist.

Die höhermolekularen Abbauprodukte nennt man **Dextrine**, die auch technologisch Verwendung finden. Bei vollkommener Hydrolyse entsteht Glucosesirup, der als Süßstoff oder zur Herstellung reiner kristallisierter Glucose verwendet werden kann. Alternativ oder kombiniert mit dem Säureabbau kann Stärke auch mit Enzymen (Amylasen) total oder partiell abgebaut werden. Beim enzymatischen Abbau der Stärke entstehen weniger Nebenprodukte.

Stärke liegt dicht gepackt eingebettet in einer Eiweißmatrix, quasi kristallin, im Stärkekorn vor. Nach dem Quellen des Stärkekorns bei etwa 50 °C diffundieren niedermolekulare Stärkebestandteile vom Amylosetyp in die Lösung. Wird die Temperatur weiter gesteigert, kommt es meist bei Temperaturen um 60 °C zum Zerplatzen des Stärkekorns, verbunden mit einem starken Anstieg der Viskosität der Lösung. Man spricht von der **Verkleisterung der Stärke**. Dabei geht die Stärke von einem teilweise kristallinen in einen amorphen Zustand über, gleichzeitig werden große Mengen an Wasser gebunden, was sich makroskopisch in einem starken Anstieg der Viskosität äußert. Jede Art von Stärke hat eine charakteristische Verkleisterungstemperatur. Maisstärke hat also eine andere Verkleisterungstemperatur als Kartoffelstärke. Verkleisterte Stärke wird leichter enzymatisch abgebaut als native Stärke, erhitzte stärkehaltige Lebensmittel werden daher auch leichter verdaut als nicht erhitzte.

Im Organismus wird Stärke mit Hilfe von Amylasen und Maltasen fast vollständig zu Glucose abgebaut. Die Organe, in denen die hauptsächliche Verdauung der Stärke stattfindet, sind der Mund, wo die Speichelamylase sezerniert wird, und der Dünndarm, in den die Bauchspeicheldrüse (Pankreas) eine Amylase mit einer anderen Struktur, als im Speichel vorhanden, abgibt. In der Darmwand sind weitere maltosespaltende Isoenzyme lokalisiert, die dann letzten Endes die Glucose freisetzen. Glucose wird dann durch ein natriumionenabhängiges Transportsystem sehr schnell durch die Darmwand befördert. Hochmolekulare Stärken, wie z. B. die Kartoffelstärke, werden nicht vollständig zu Glucose abgebaut. Teilweise abgebaute Stärke (**„resistente Stärke"**) gelangt unverändert bis in den Dickdarm, wo sie von Darmbakterien metabolisiert wird. Dabei produzieren die Darmbakterien niedrige Fettsäuren, wie Buttersäure, die für einen sauren pH-Wert in Teilen des Dickdarms sorgt. Dadurch wird das Risiko für die Entstehung von Dickdarmkrebs gesenkt. Stärke ist das wichtigste Nahrungskohlenhydrat, da sie die Hauptquelle darstellt, aus der sich der Organismus effizient und in ausreichendem Maße mit Glucose versorgen kann.

**Glykogen** ist das Reservekohlenhydrat im tierischen Organismus und beim Menschen. Es besteht aus Glucosemolekülen, die miteinander α(1–4) und α(1–6) verbunden sind. Glykogen ähnelt in seiner Struktur dem Amylopektin, es ist nur durch eine größere Anzahl von Bindungen α(1–6) im Molekül stärker verzweigt. Im Organismus ist es hauptsächlich, wie schon erwähnt, in der Leber und in den Muskeln lokalisiert und stellt für diese Organe eine Möglichkeit dar, Energie zu speichern. Durch Amylasen, Maltasen und Isomaltasen kann Glykogen in der Verdauung zu Glucose abgebaut werden. Die Glucose wird nach der Resorption vorwiegend zu Glucose-6-phosphat umgewandelt, das einen zentralen Metaboliten im Glucosestoffwechsel darstellt. Aktiviert in Form der Uridindiphosphatglucose (UDP-Glucose), verwendet sie der Organismus zur Glykogenbiosynthese (Glykogensynthase). Durch das Enzym Phosphorylase wird Glykogen bei Bedarf wieder abgebaut, wobei primär Glucose-1-phosphat entsteht, das dann, in Glucose-6-phosphat umgewandelt, in der Glykolyse oder im Pentosephosphatstoffwechsel weiter metabolisiert wird.

**Cellulose** ist ein unverzweigtes Polysaccharid, das nur aus Glucose aufgebaut ist. Sie kommt in großen Mengen in Pflanzen vor. Der Unterschied zu den Stärkepolysacchariden besteht darin, dass die Glucoseeinheiten durch glykosidische Bindungen β(1–4) miteinander verknüpft sind (Abb. 3.16).

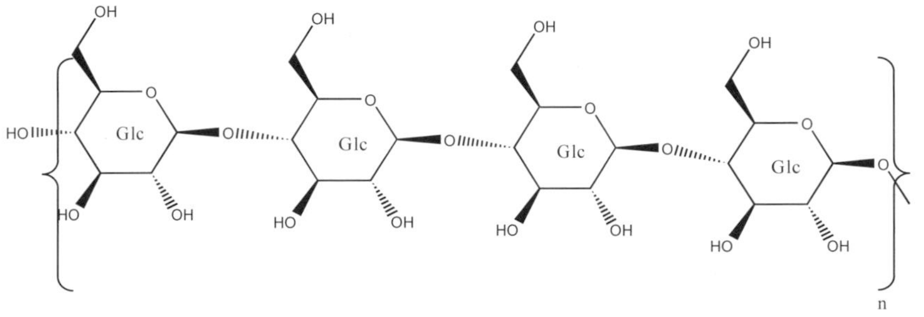

**Abb. 3.16.**     Chemische Struktur der Cellulose

Enzyme, die die Bindung β(1–4) spalten können, kommen hauptsächlich in Mikroorganismen vor, sodass in vielen Organismen die Cellulose eine faktisch unangreifbare Struktur besitzt. Der pflanzliche Organismus verwendet die Cellulose daher zum Aufbau von Zellwänden, von Stützgeweben u. a., wobei die faserförmige Struktur der Cellulose den statischen Anforderungen der Organismen sehr entgegenkommt. Cellulose ist praktisch unlöslich, quillt auch sehr wenig in Wasser und verkleistert nicht in heißem Wasser. Sie ist teilweise kristallin, hat keine helikale Struktur, gibt daher auch keine Färbung mit Iod und ist auch thermisch weitgehend stabil. Technologisch wird Zellulose wegen dieser Eigenschaften aus dafür geeigneten Pflanzen als Spinnfaser und zur Papiererzeugung gewonnen. Auch Cellulosederivate werden teilweise in Lebensmitteln als Verdickungsmittel, Emulgatoren oder Ionenaustauscher verwendet. Auf diese Produkte wird in Kapitel 16 „Zusatzstoffe" näher eingegangen. Sehr reine Cellulose kommt in der Baumwolle vor, ansonsten ist Cellulose meist mit anderen Polysacchariden (Hemicellulosen), geringen Mengen an Stärke und mit Lignin vergesellschaftet. Bei der technischen Erzeugung der Cellulose werden diese Beimengungen abgetrennt.

Wie oben erwähnt, ist die Bindung β(1–4) in der Cellulose durch den Enzymapparat der allermeisten Tiere und des Menschen nicht spaltbar. Die Cellulose ist daher für die höheren Tiere unverdaulich, außer sie verfügen über entsprechende intestinale Mikroorganismen, die mit den dazu notwendigen Enzymen ausgestattet sind. Vor allem die wiederkäuenden Tiere haben im Pansen und auch im Darm Mikroorganismen, die den

Abbau der Cellulose ermöglichen. Desgleichen besitzen andere typische Pflanzenfresser, wie z. B. das Pferd, einen für den Celluloseabbau geeignet besetzten Darm. Der Mensch kann mit seiner Darmflora nur geringe Mengen an Cellulose abbauen (etwa 5 %). Man bezeichnet diese unverdaulichen Bestandteile der Nahrung auch als Ballaststoffe. Physiologisch bewirken die Ballaststoffe, dass der Darm auch nach der Resorption metabolisierbarer Komponenten weiter gefüllt bleibt. Dies ist sowohl für die Darmperistaltik als auch für die Regeneration der Darmoberfläche wichtig. Neuere Untersuchungen unterstreichen die Wichtigkeit der Ballaststoffe für die Verminderung des Dickdarmkrebsrisikos.

**Hemicellulosen** sind Heteropolysaccharide, die in Pflanzen als Begleitstoffe von Cellulose und Lignin vorkommen, und Bestandteile der primären und sekundären Pflanzenzellwand. Sie enthalten neben Hexosen auch große Mengen an Pentosen. Hexosen, die in Hemicellulosen vorkommen, sind Glucose, Galaktose, Mannose und verschiedene Uronsäuren dieser Monosaccharide, vor allem Glucuronsäure. Auch 6-Desoxyzucker, wie Rhamnose und Fucose, sind bisweilen enthalten. Bei den Pentosen sind die L-Arabinose und die D-Xylose vorherrschend. Die chemische Zusammensetzung der Hemicellulosen ist sehr variabel und hängt auch von den Reife- und Umweltbedingungen der Pflanze ab. Durch den Gehalt an Uronsäuren sind sie zum Unterschied zu Cellulose in verdünnter Lauge löslich.

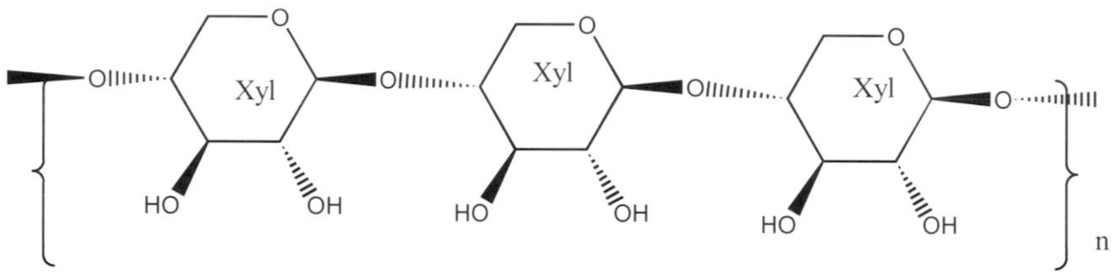

**Abb. 3.17.**      Chemische Struktur von Xylan als Bestandteil von Hemicellulosen

Sehr häufig anzutreffende Hemicellulosen sind die **Xylane**, Homopolysaccharide, die aus $\beta(1\text{--}4)$-verknüpften Xylosemolekülen aufgebaut sind (Abb. 3.17). Xylane sind im Holz und Stroh enthalten, aber auch in vielen Lebensmitteln, wie z. B. in den Randschichten der Getreidekörner. Technologisch sind die Xylane interessant geworden, weil nach Hydrolyse des Xylans und anschließender Reduktion der entstandenen Xylose der entsprechende Zuckeralkohol Xylit gewonnen werden kann. Xylit wird in verschiedenen Ländern als Zuckeraustauschstoff verwendet. Er schmeckt, bezogen auf das Gewicht, etwa so süß wie Saccharose, aber etwa doppelt so süß wie Xylose. Hemicellulosen sind für den menschlichen Organismus unverdaulich und zählen damit zu den Ballaststoffen.

**Fructane** sind Polysaccharide, die in verschiedenen Pflanzenfamilien anstelle von Stärke als Energiespeicher verwendet werden. In großen Mengen werden sie von den Korbblütlern *(Compositae)* – Zichorie, Topinambur, Artischocke usw. – gebildet. Daneben kommen sie auch in den *Liliaceae* (Zwiebel, Knoblauch, Spargel usw.) und in den Gräsern *(Gramineae)* und damit auch in geringen Mengen im Getreide vor. Vor allem Roggen enthält neben Stärke etwa 2 % Fructan, Weizen bis zu 1 %. Fructane bestehen aus einem Molekül Saccharose, an dessen Fructoseseite weitere Fructosen durch Bindungen β(1–2) oder β(2–6) anpolymerisiert sind (Abb. 3.18).

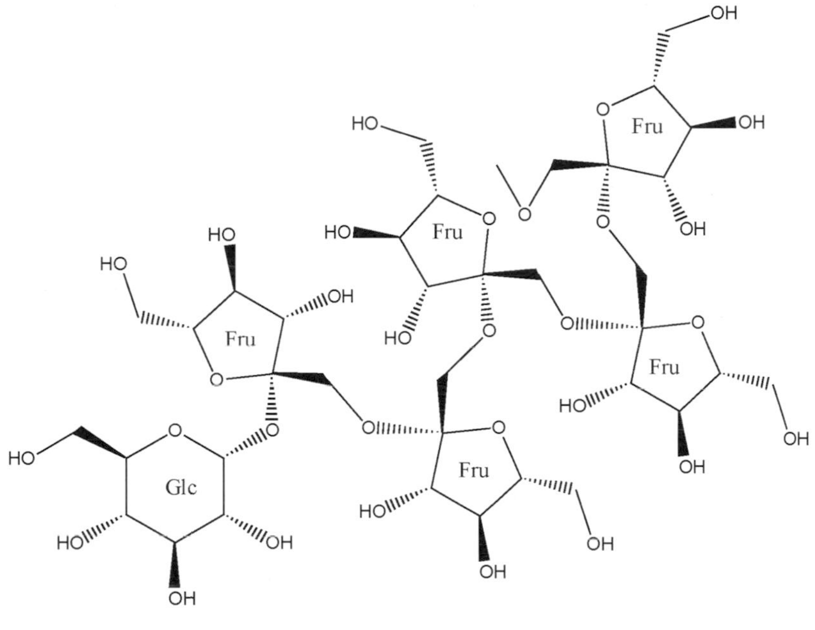

**Abb. 3.18.**     Chemische Struktur von 1,2-Fructan = Inulin

Fructane können linear oder verzweigt sein. Die Verzweigung kann entweder 1–2 oder 2–6 sein. Fructane sind nicht so hochmolekular wie Stärken und haben ein durchschnittliches Molekulargewicht von etwa 5000. Ein β(1–2)-lineares Fructan ist das Inulin, das z. B. in Topinambur und Zichorie vorkommt. Phlein, ein β(2–6)-verknüpftes Fructan, kommt in Alfalfa und als Secalin im Roggen vor. Inulin, (2–6)-verzweigt, wird im Roggen gefunden und als Graminin bezeichnet. Ein verzweigtes Fructan vom Phlein-Typ ((2–6) linear und (1–2) verzweigt) ist ein Inhaltsstoff des Weizens. Fructane haben für die Herstellung von Fructose durch enzymatische Hydrolyse (Inulinase) oder Säurehydrolyse technische Bedeutung. Eine andere Anwendung ist die Herstellung von Fructose-Sirup als Süßstoff. Geröstete Fructane aus Topinambur und Zichorie oder Löwenzahnwurzel eignen sich auch zur Herstellung von kaffeeähnlichen Aufgussgetränken. Fructane können vom enzymatischen Apparat der menschlichen Verdauung nicht hydrolysiert werden und sind daher ebenfalls Ballaststoffe.

**Chitin**, ein Homopolysaccharid, aus β(1–4)-verknüpften N-Acetylglucosaminmolekülen aufgebaut, bildet die Gerüstsubstanz der Pilze, der Krustentieren und der Insekten (Abb. 3.19).

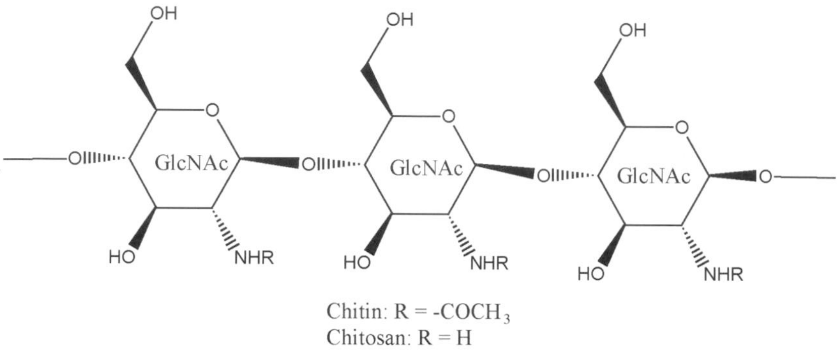

Chitin: R = -COCH₃
Chitosan: R = H

**Abb. 3.19.**    Chemische Struktur von Chitin und Chitosan (GlcNAc = N-Acetylglucosamin)

Das Polysaccharid kann im menschlichen Verdauungstrakt nicht abgebaut werden. Durch Abspaltung des Acetylrestes erhält man ein Polyglucosamin, das so in der Natur nicht vorkommt und als Chitosan bezeichnet wird. Chitosan wird medizinisch zum Verkleben von Wunden und in Lebensmitteln als Emulgator und Ballaststoff verwendet.

**Lichenin** ist ein Homopolysaccharid, das ähnlich der Cellulose aus miteinander β(1–4)-verbundenen Glucosemolekülen, die zusätzlich durch β(1–3)-verknüpfte Glucoseeinheiten verzweigt sind, aufgebaut ist. Lichenin kommt im Hafer und in der Gerste in der Größenordnung von 6–8 % vor, geringere Mengen bis 2 % sind auch in Weizen und Roggen enthalten. Lichenin kommt in größeren Mengen in einer Algenart, die als „Irish Moss" oder „Carrageen" bezeichnet wird, vor. Carrageen wird als Verdickungsmittel in Lebensmitteln eingesetzt und daher in Kapitel 16 „Zusatzstoffe" näher besprochen. Lichenin ist ebenfalls unverdaulich.

Viele Polysaccharide, die als Gelier- und Verdickungsmittel verwendet werden, werden ebenfalls in Kapitel 16 „Zusatzstoffe" besprochen. Dazu gehören meist pflanzliche Polysaccharide, die entweder Homopolysaccharide sind, die sich aus Galakturonsäure (Pektine) oder Mannuronsäure (Alginate) aufbauen, oder Heteropolysaccharide, die auch als „Pflanzengummi" bezeichnet werden (z. B. Carrageen, Agar, Johannisbrotkernmehl u. a.).

## 3.3 Grundzüge der Kohlenhydratanalytik

Trotz ihrer langen Geschichte (Fehling 1848) gibt es neue Entwicklungen in der Analytik der Kohlenhydrate bis in die jüngste Zeit. Die große Anzahl der in der Praxis verwendeten Verfahren lässt sich schematisch in die folgenden Kategorien unterteilen:

a) **Oxidimetrische Verfahren** (hier wird das Reduktionsvermögen der Aldehydgruppe zur Bestimmung verwendet). Eine Mittelstellung zwischen dieser und der nachstehenden Gruppe ist die Reduktion von Tetrazoliumsalzen zu Formazanen, die photometrisch ausgewertet wird.

b) **Kolorimetrische Verfahren** (hier werden meist mittels eines phenolischen Farbreagenz in konzentrierter Schwefelsäure mit dem Kohlenhydrat gefärbte Pigmente erzeugt, die dann quantitativ ausgewertet werden).

c) **Polarimetrische Verfahren** (die optische Aktivität wird zur Bestimmung benützt).

d) **Chromatografische Verfahren** (werden zur Trennung von Zuckergemischen in großem Umfang verwendet, vor allem durch Gaschromatografie und Hochdruckflüssigkeitschromatografie (HPLC – High Performance Liquid Chromatography), gestützte Analysenmethoden).

e) **Enzymatische Verfahren** (Enzyme ermöglichen durch ihre Substratspezifität die Bestimmung einzelner Monosaccharide im Gemisch mit anderen ohne vorherige Trennung).

Alle Analyseverfahren für Kohlenhydrate haben Nachteile, sodass es von der Art und Herkunft der Analysenprobe sowie von der gewünschten Aussage der Analyse abhängt, welches Analyseverfahren im gegenständlichen Fall verwendet wird.

### 3.3.1 Oxidimetrische Verfahren

Reduzierende Zucker werden durch Metallionen (Cu, Fe) bei Temperaturen von über 90 °C oder durch Iod in alkalischer Lösung (Hypoiodid) in der Kälte oxidiert. Dabei werden die Metallionen in die niedrigere Wertigkeitsstufe reduziert ($Cu^{2+}$ zu $Cu^{+}$, $Fe^{3+}$ zu $Fe^{2+}$), Iod wird zu Iodid reduziert. Die Zucker werden hauptsächlich zu den entsprechenden Zuckersäuren (ON-Säuren) oxidiert. Daneben entstehen aber auch verschiedene Nebenprodukte (URON-Säuren, Keto- oder Diketozucker), sodass die Redoxreaktion nicht stöchiometrisch abläuft. Die Kupferionenreduktion wird mit Zuckerstandards verglichen oder unter standardisierten Bedingungen durchgeführt, was es dann ermöglicht, durch Vergleich mit Ergebnissen, die unter den gleichen Bedingungen erhalten wurden, die eigenen Ergebnisse quantitativ auszuwerten **(Konventionsmethoden)**.

   Die Fehlingsche Lösung besteht aus einer Kupfersulfatlösung (Fehling I) und aus einer alkalischen Seignette-Salz-Lösung (Kalium-Natriumtartrat-Lösung, Fehling II), einem Kupfer-(II)-Ionen-Komplexierer, der es verhindert, dass die Kupfer(II)-Ionen bei einem pH-Wert von 12 als Hydroxid ausfallen. Kupfer(I)-Ionen werden nicht durch alkalische Tartratlösung komplexiert und fallen als rotes Kupfer(I)-Oxid aus.

Zu der **Fehlingschen Zuckerbestimmung** gibt es eine große Anzahl von Varianten, die sich durch die Art des Kupfer-Komplexierers (z. B. Citrat statt Tartrat) und durch die Art des verwendeten Alkalis unterscheiden (KOH oder $Na_2CO_3$). Desgleichen gibt es viele Varianten, wie das ausgefällte Kupfer(I)-Oxid bestimmt werden kann. Fructose ist als Ketozucker nicht reduzierend und sollte daher nicht mit Fehlingscher Lösung reagieren. Tatsächlich reduziert Fructose schon bei Temperaturen zwischen 50 und 60 °C Kupfer(II)- zu Kupfer(I)-Ionen. Der Grund ist, dass Fructose in alkalischer Lösung zu reduzierenden Zuckern isomerisiert, deren offenkettige Form leichter oxidiert wird. Diese unterschiedliche Reaktivität von Fructose kann zur Bestimmung von Glucose und Fructose nebeneinander herangezogen werden (**Methode nach Nyns**).

Die **Methode nach Hagedorn-Jensen** verwendet Kaliumferricyanid ($K_3Fe(CN)_6$) als Oxidationsmittel für die Kohlenhydrate. Bei geringen Mengen an Kohlenhydrat kann auch eine fotometrische Auswertung vorgenommen werden, indem durch Zugabe von Eisen(III)-Ionen Berlinerblau gebildet wird. Solange die Konzentration des blauen Farbstoffes seine Löslichkeit in Wasser nicht übersteigt, kann die Farbe fotometrisch ausgewertet werden.

Bei der **Methode nach Willstädter-Schudl** erfolgt die Oxidation des Zuckers mit Iod in alkalischer Lösung, in der das Iod als Hypoiodid vorliegt ($I_2 + OH^- \rightarrow OI^- + H^+I^-$). Durch die Oxidation des Zuckers wird Hypoiodid zu Iodid reduziert, und das nicht reduzierte Hypoiodid kann nach Ansäuern iodometrisch bestimmt werden.

### 3.3.2   Kolorimetrische und fotometrische Verfahren

Wie oben erwähnt, werden kolorimetrische oder fotometrische Bestimmungen der Zucker meistens in konzentrierter Schwefelsäure durchgeführt. Dabei wird das Kohlenhydrat nicht stöchiometrisch, sondern durch Abspaltung von Wasser (Dehydratisierung) in reaktive Aldehyde, wie Furfurol (aus Pentosen) oder Hydroxymethylfurfurol (aus Hexosen), umgewandelt und mit einer farbgebenden Komponente (in den meisten Fällen ein Phenol oder aromatisches Amin) unter weiterer Wasserabspaltung kondensiert. Es bilden sich gefärbte Reaktionsprodukte, die dann mit Hilfe einer Eichkurve quantitativ ausgewertet werden können. Phenolische Verbindungen, die häufig als farbgebende Komponenten verwendet werden, sind z. B. 1-Naphthol, Resorcin, Orcin, Anthron, Carbazol.

Eine andere Möglichkeit, reduzierende Kohlenhydrate fotometrisch zu bestimmen, ist jene durch Reduktion von Tetrazoliumsalzen zu gefärbten Formazanen. Auch in diesem Fall reagiert die Fructose, obwohl nicht reduzierend, schon bei niedrigerer Temperatur als z. B. die Glucose.

### 3.3.3    Polarimetrische Verfahren

Polarimetrie zur Analyse der Kohlenhydrate wird hauptsächlich in der Zuckerindustrie zur Bestimmung der Saccharose und ihrer Spaltprodukte (Glucose, Fructose) sowie auch zur Bestimmung der Raffinose in Melasse verwendet. Der Zusammenhang zwischen optischer Drehung und Konzentration wird durch die Gleichung

$$a = (a) \times L \times C / 100$$

a gemessene Drehung, (a) spezifische Drehung, L Länge der
Polarimeterküvette in dm, C Konzentration

beschrieben. Die optische Drehung ist abhängig von der Wellenlänge des die Küvette durchstrahlenden Lichtes (normalerweise wird hierfür eine Natriumdampflampe verwendet) und von der Temperatur, die während der Messung konstant gehalten werden muss. Die spezifische Drehung stellt für jede optisch aktive Substanz bei einer bestimmten Wellenlänge und Temperatur eine charakteristische Konstante dar. Mit Hilfe der Polarimetrie können auch Zuckergemische, wie sie beispielsweise in der Melasse vorliegen, analysiert werden. Z. B. kann in der Melasse durch Messung der Polarisation vor und nach der Einwirkung von Invertase der Gehalt an Saccharose, Glucose und Fructose angegeben werden (Clerget-Formel). Wird durch das Enzym Melibiase auch noch die Fructose von der Raffinose abgespalten, so entsteht einerseits das Disaccharid Melibiose *(α-D-6-Galaktopyranosyl-D-Glucose)* und ein neuer Wert der Polarisation. Damit kann zusätzlich zu den genannten Zuckern auch der Gehalt an Raffinose in der Melasse angegeben werden. Die Ergebnisse der Polarimetrie werden in Kreisgraden, Soleil-Graden oder Ventzke-Graden angegeben.

$$1° \text{ Soleil} = 0{,}2167 \text{ Kreisgrade}$$
$$1 \text{ Kreisgrad} = 2{,}888 \text{ Ventzke-Grade}$$

### 3.3.4    Chromatografische Verfahren

Chromatografische Verfahren werden zur Trennung von Zuckergemischen eingesetzt. Die Gaschromatografie der Zucker setzt eine Derivatisierung der Hydroxylgruppen der Zucker voraus, da beim Erhitzen Kohlenhydrate dehydratisieren (Wasser wird abgespalten, es entstehen Doppelbindungen in den Molekülen, die leicht polymerisieren, das Ergebnis sind Harze). Sind die Hydroxylgruppen durch Schutzgruppen derivatisiert, gebräuchlich sind Ether oder Ester, wird das Kohlenhydrat thermisch wesentlich stabiler. In der Praxis werden zur Derivatisierung Trimethylsilylchlorid (durch Reaktion mit den freien Hydroxylgruppen entstehen die Trimethylsilylether) und Trifluoressigsäureanhydrid (man erhält die Trifluoressigsäureester der Zucker) verwendet, oder es werden durch Reaktion mit Methyliodid in stark alkalischer Dimethylsulfoxidlösung die Methylether der Zucker gebildet. Diese Zuckerderivate sind dann bei Monosacchariden und auch Disacchariden genügend flüchtig, dass sie gaschromatografisch getrennt werden können. Ein weiteres Problem der **Gaschromatografie** der Kohlenhydrate ist, dass auch die verschiedenen stereoisomeren Formen eines Monosaccharids aufgetrennt werden. Man kann daher von einem einzelnen Zucker, wie Glucose oder Fructose, jeweils bis zu fünf gaschromatografische Peaks erhalten: Pyranose- und Furanose-Formen, jeweils α- und β-, und die offenkettige Form. Um dies zu verhindern, wird die Aldehydgruppe des Zuckers zum entsprechenden Zuckeralkohol meist mit Natriumborhydrid (NaBH$_4$) reduziert. Die Gaschromatografie des Zuckeralkohols ergibt dann, mangels der Isomeriemöglichkeiten der Aldehydgruppen, nur einen einzelnen Peak. Die Gaschromatografie ist geeignet, auch noch sehr geringe Mengen eines Kohlenhydrates aufzuspüren, bei unbekannten Kohlenhydraten ist auch eine apparative Kombination mit einem Massenspektrometer (GC-MS) vorteilhaft.

Die **High Performance Liquid Chromatography (HPLC – Hochdruckflüssigkeitschromatografie)** hat gegenüber der Gaschromatografie den Vorteil, dass keine Derivatisierung der Kohlenhydrate notwendig ist. Der Nachteil ist, dass die Empfindlichkeit der Detektion der Peaks zumindest mit den herkömmlichen Refraktionsdetektoren sehr viel geringer ist. Verbessert werden kann die Empfindlichkeit durch Verwendung eines Massenspektrometers als Detektor. Die Trennung der Kohlenhydrate erfolgt meist auf Trennsäulen, mit Ionenaustauschern gefüllt, und Laufmitteln, die Borsäure enthalten. Borsäure bildet mit Zuckern polare Komplexe, die Anionencharakter haben und dadurch auf Ionenaustauschern durch Chromatografie getrennt werden können.

Polymere Kohlenhydrate, wie z. B. Stärke (hier vor allem der Amyloseanteil), oder auch die Fructane können durch Säulenchromatografie bei normalem oder auch erhöhtem Druck, z. B. auf Agarose in Fraktionen mit unterschiedlichem Polymerisationsgrad, aufgetrennt werden. Dadurch können die Polymerverteilung von Polysacchariden dargestellt und Rückschlüsse über Herkunft, technologische Prozessierung und eventuelle makroskopische Eigenschaften getroffen werden.

### 3.3.5   Enzymatische Verfahren

Die enzymatische Analytik der Zucker basiert auf der Eigenschaft von Enzymen, sehr spezifisch den Ablauf bestimmter Reaktionen katalysieren zu können. Bei der enzymatischen Kohlenhydratanalytik werden meistens Oxidoreduktasen verwendet, die die Oxidation spezieller Zucker katalysieren. Im Verlauf der enzymatischen Analyseverfahren sind aber auch Enzyme notwendig, die die Zucker in für die Oxidoreduktasen geeignete Zwischenprodukte umwandeln: Kinasen, Hydrolasen, Isomerasen. Z. B. kann ein Gemisch von Fructose und Glucose dadurch enzymatisch analysiert werden, dass zuerst sowohl Glucose als auch Fructose

durch das Enzym Hexokinase in die entsprechenden 6-Phosphate umgewandelt werden. Glucose-6-phosphat wird dann durch das Enzym Glu-
cose-6-phosphatdehydrogenase und NADP zu 6-Phosphogluconolacton
oxidiert. NADP wird dabei zu NADPH reduziert und kann durch Messung der Extinktion bei 340 nm bestimmt werden. Fructose-6-phosphat
wird durch die Phosphoglucoisomerase in Glucose-6-phosphat umgewandelt und kann wie oben bestimmt werden. Ist Saccharose im Zucker-
gemisch, so kann sie durch Zusatz von Invertase in Glucose und Fructose
gespalten und durch enzymatische Analyse eines der Monosaccharide
quantitativ bestimmt werden. Ähnliche Methoden gibt es auch für die
Bestimmung der Mannose.

Eine Alternative zu den NAD- oder NADP-abhängigen Oxidoreduktasen oder Dehydrogenasen sind die Oxidasen. Die diversen Oxidasen oxidieren spezifisch einen bestimmten Zucker zur Zuckersäure. Als zweites
Substrat (Elektronenakzeptor) dient dabei nicht NAD(P), sondern molekularer Sauerstoff, der über das Superoxid-Radikal zu Wasserstoffperoxid
reduziert wird. Beispiele hierfür sind die Glucoseoxidase und die Galak-
toseoxidase. Glucose wird zu Gluconolacton oxidiert, pro Mol Glucose
wird ein Mol Wasserstoffperoxid gebildet. Wasserstoffperoxid wird am
besten mit Hilfe eines weiteren Enzyms (Peroxidase) bestimmt. Peroxidase reduziert Wasserstoffperoxid zu Wasser, die hierfür notwendigen zwei
Elektronen werden durch die Oxidation des zweiten Substrats, meistens
ein Phenol (z. B. $o$-Dianisidin), geliefert. Wenn das zweite Substrat so gewählt wird, dass bei der Oxidation ein Farbstoff gebildet wird, kann
durch eine fotometrische Messung Wasserstoffperoxid quantitativ bestimmt werden. Ein Mol Wasserstoffperoxid entspricht dann einem Mol
Glucose. Ganz ähnlich wird auch die Galaktose durch die Galaktoseoxi-
dase bestimmt. Dabei bildet sich die Uronsäure der Galaktose. Als Zwischenprodukt bildet sich der Galaktose-6-aldehyd. Pro Mol Galaktose
werden in diesem Fall zwei Mol Wasserstoffperoxid gebildet, weil die
$CH_2OH$-Gruppe der Galaktose zur Säure oxidiert wird (hierbei werden
insgesamt vier Elektronen freigesetzt) und nicht die Aldehydgruppe in
der 1-Position. Die Bestimmung des Wasserstoffperoxids erfolgt wie oben.

Ein Nachteil enzymatischer Analyseverfahren ist der, dass immer nur
das Beabsichtigte und Erwünschte bestimmt wird, etwaige vorhandene
sonstige Komponenten aber vollkommen verborgen bleiben. Dadurch
können illegal zugesetzte Stoffe übersehen werden, die bei Verwendung
von chromatografischen Trennverfahren als Peak evident würden.

# 4 Proteine

Protein-(Eiweiß-)Moleküle in Lebensmitteln haben die vordergründige Aufgabe, den Organismus mit den notwendigen Bausteinen, den Aminosäuren, zum Aufbau seiner eigenen Proteine zu versorgen. Sekundär ist die Rolle des Eiweißes die Versorgung des Organismus mit Energie. Jedes biologische System baut seine spezifischen Proteine aus den gleichen Aminosäure-Bausteinen auf. Durch die jeweils verschiedenen Kombinationen dieser Bausteine werden die entstandenen Proteine für einen bestimmten Organismus typisch.

## 4.1 Proteinverdauung

Obwohl alle Proteine aus denselben Aminosäuren aufgebaut sind (etwa bis zu 20 verschiedene Aminosäuren können in einem Protein enthalten sein), ergeben sich durch deren zahllose Kombinationsmöglichkeiten die unterschiedlichsten Strukturen und Funktionen von Eiweißmolekülen.

Ein proteinkonsumierender Organismus muss, um die Proteinquelle für seinen Organismus verwenden zu können, diese artspezifischen Strukturen aufgenommener Proteine beseitigen. Dies geschieht durch Aufspaltung der aufgenommenen Proteine in die Aminosäuren, die für die Proteine aller Organismen dieselben sind. Diese Aufspaltung erfolgt während der Verdauung und teilweise auch noch nach der Resorption kleiner Bruchstücke (Dipeptide, Tripeptide). Sie findet hauptsächlich im Magen (durch Pepsin), wo auch die Säure- Denaturierung der Proteine erfolgt, und im Dünndarm statt. Viele Enzyme (Trypsin, Chymotrypsin, Aminopeptidase und Carboxypeptidase), die für den Proteinabbau notwendig sind, werden von der Bauchspeicheldrüse (Pankreas) bereitgestellt, andere werden von den Zotten der Darmwand sezerniert. Nicht abgebaute Proteine werden vom Darm nicht in signifikanten Mengen resorbiert, obwohl Beispiele für die Resorption ganzer Proteine in kleinen Mengen beschrieben sind (z. B. Xanthinoxidase). Werden artfremde Proteine unter Umgehung des Magen-Traktes z. B. direkt dem Blut (parenteral) zugeführt, so erkennt das Immunsystem diese Proteine als nicht arteigen und bildet Antikörper. Bei abermaliger parenteraler Zufuhr kann es dann zu heftigen immunologischen, schockähnlichen Reaktionen **(anaphylaktischer Schock)** kommen, die unter Umständen zu einem

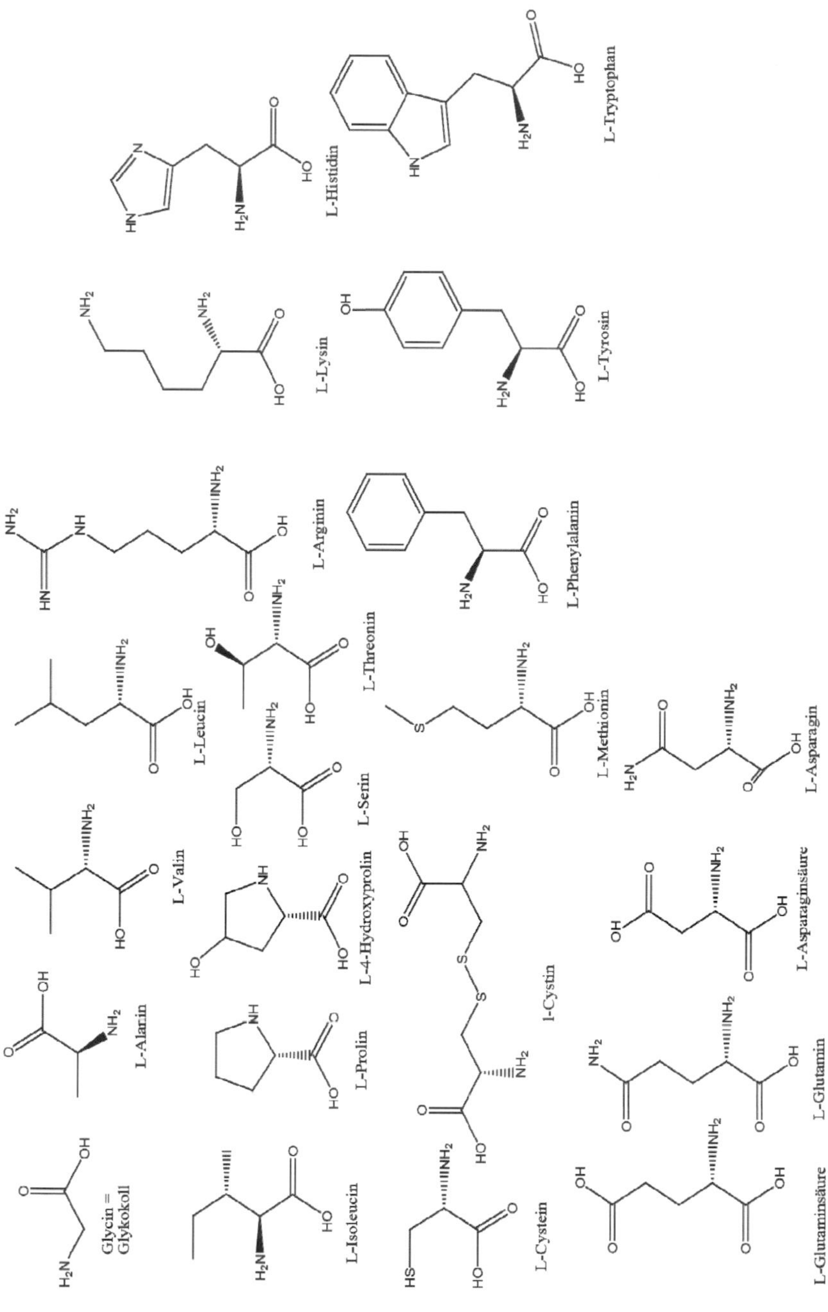

**Abb. 4.1.**    Chemische Struktur von Aminosäuren

schnellen Tod führen können. Große Mengen an freien Aminosäuren, wie sie nach der Verdauung eiweißreicher Mahlzeiten im Blut auftreten, sind für den Organismus toxisch und werden schnell durch Biosynthese artspezifischer Proteine entgiftet. Proteinbiosynthese findet in den verschiedenen Zellen statt. Eiweiß-Überschüsse werden in tierischen Organismen teilweise in Form von Muskelproteinen abgelagert.

## 4.2 Aminosäuren

Aminosäuren sind chemische Verbindungen, die im Molekül sowohl eine Aminogruppe ($-NH_2$) als auch eine Säuregruppe, auch Carboxylgruppe ($-COOH$) genannt, enthalten (Abb. 4.1).

Die Aminogruppe stellt als Derivat des Ammoniaks eine basische Funktion dar, sodass Aminosäuren saure und basische Gruppen in demselben Molekül aufweisen und daher **bipolare** oder **amphotere** Substanzen darstellen. Demnach gibt es für jede Aminosäure eine saure und eine basische Dissoziationskonstante, sowohl ein pKs bzw. $pK_1$ als auch ein pKb bzw. $pK_2$ können gemessen werden. Aminosäuren bilden mit starken Säuren und Laugen Salze, welche in Wasser leicht löslich sind. Als amphotere Moleküle können die Aminosäuren allerdings auch intramolekulare Salze bilden, so genannte **Zwitterionen**, bei denen die Aminogruppe zu einer $NH_3^+$-(Ammonium)-Gruppe und die Carboxylgruppe zu einer $COO$-(Carboxylat)-Gruppe wird. Der pH-Wert der Lösung, bei dem eine bestimmte Aminosäure eine maximale Konzentration an Zwitterionen bildet, wird als **isoelektrischer Punkt (pI)** bezeichnet (Abb. 4.2).

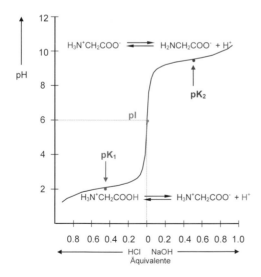

**Abb. 4.2.**      Titrationskurve des Glycins

Beim isoelektrischen Punkt sind die Ladungen maximal ausgeglichen, und daher erreicht die Wanderungsgeschwindigkeit der Aminosäure in einem elektrischen Feld ein Minimum. Gleichzeitig erreicht auch die Löslichkeit der Aminosäure in Wasser bei ihrem isoelektrischen Punkt ein Minimum. Jede Aminosäure hat ihren spezifischen isoelektrischen Punkt. Analog kann man auch für Proteine isoelektrische Punkte messen, die aus ihrem Wanderungsverhalten im elektrischen Feld abgeleitet werden können. Ein Verfahren, mit dem die isoelektrischen Punkte bestimmt werden können, ist die **isoelektrische Fokussierung**. Auf dieses Verfahren wird später eingegangen werden. Rechnerisch ergibt sich der isoelektrische Punkt der Aminosäuren aus ihren Säure- und Base-Dissoziationskonstanten:

$$pI = 0.5 \, (pKs + pKb)$$

pI = negativer dekadischer Logarithmus des isoelektrischen Punktes

Die in Proteinen vorkommenden Aminosäuren sind praktisch ausschließlich α-Aminosäuren, d. h., die Aminogruppe ist auf dem der Carboxylgruppe benachbarten Kohlenstoffatom lokalisiert. Ihre allgemeine Formel ist: $RCH(NH_2)COOH$, wobei der Rest (R) variabel ist (siehe oben) und den Unterschied zwischen den einzelnen Aminosäuren repräsentiert. Bei α-Aminosäuren ist die Aminogruppe weniger reaktionsfähig als bei β-, γ-, … -Aminosäuren, bei denen die Aminogruppe durch weitere Kohlenstoffatome von der Carboxylgruppe getrennt ist (Abb. 4.3). β- und γ-Aminosäuren kommen in Proteinen nicht vor und sind nur in einigen Peptiden und z. B. im Coenzym A enthalten.

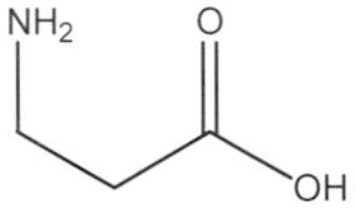

**Abb. 4.3.**     Chemische Struktur von β-Alanin

Die α-Aminosäuren besitzen, mit Ausnahme des Glycins, alle ein asymmetrisches Kohlenstoffatom, sind also optisch aktive Verbindungen. Die in Proteinen vorkommenden Aminosäuren gehören, vor allem bei höheren Tieren und Pflanzen, der sterischen Reihe „L" an, zum Unterschied zu den Kohlenhydraten, wo „D" vorherrschend ist. D-Aminosäuren kommen zu einem kleinen Prozentsatz in den Proteinen von Mikroorganismen vor.

In den natürlich vorkommenden Aminosäuren kann nicht nur eine Aminogruppe einer Carboxylgruppe gegenüberstehen, es gibt auch Aminosäuren, wo zwei Carboxylgruppen durch nur eine Aminogruppe oder umgekehrt zwei Aminogruppen durch eine Carboxylgruppe kompensiert werden. In der ersteren Gruppe überwiegen die sauren Funktionen, in der letzteren die basischen.

## 4.3      Einteilung der Aminosäuren

### 4.3.1    Saure, basische und neutrale Aminosäuren

Man kann die Aminosäuren in saure, basische und neutral reagierende einteilen. Saure Aminosäuren sind die Glutaminsäure und die Asparaginsäure, basische das Lysin und das Arginin. Alle anderen im Eiweiß vorkommenden Aminosäuren sind neutral. Eine andere Möglichkeit, die Aminosäuren einzuteilen, ist, sie nach ihrem hydrophoben oder hydrophilen Charakter zu gruppieren. Hydrophobe Aminosäuren sind solche, deren Seitenketten längere Kohlenwasserstoffreste „R" sind, wie z. B. Valin, Leucin, Isoleucin und Phenylalanin. Ausgesprochen hydrophile Aminosäuren wären Glycin und Alanin sowie alle sauren und basischen Vertreter der Gruppe. Neben diesen etwa zwanzig so genannten proteinogenen Aminosäuren gibt es auch einige, die nicht in Eiweißmoleküle eingebaut werden, sondern vom Organismus für spezielle Aufgaben gebraucht werden: z. B. Kreatin für die Energiespeicherung, Carnitin für den Fettsäuretransport durch die Zellmembran, Dihydroxyphenylalanin (DOPA) für die Tätigkeit des Gehirns oder die Biosynthese von Hautpigmenten (Abb. 4.4).

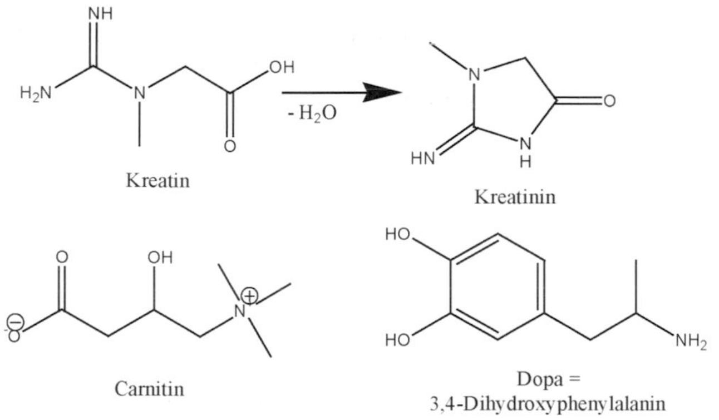

**Abb. 4.4.**     Chemische Struktur nichtproteinogener Aminosäuren

Pflanzen produzieren vereinzelt seltene Aminosäuren, die für den tierischen Organismus toxisch sein können, wie z. B. Canavanin in der Schwertbohne *(Canavalia ensiformis)* oder Mimosin in *Leucaena leucocephala*, beide aus der Familie der *Fabaceae* (Leguminosen).

Beide der zuletzt genannten Aminosäuren sind zwar den proteinogenen strukturell ähnlich, Canavanin dem Arginin und Mimosin dem Tyrosin, und können daher den Proteinsyntheseapparat über ihre Identität täuschen, führen aber nach dem Einbau in Proteine zu funktionellen Problemen.

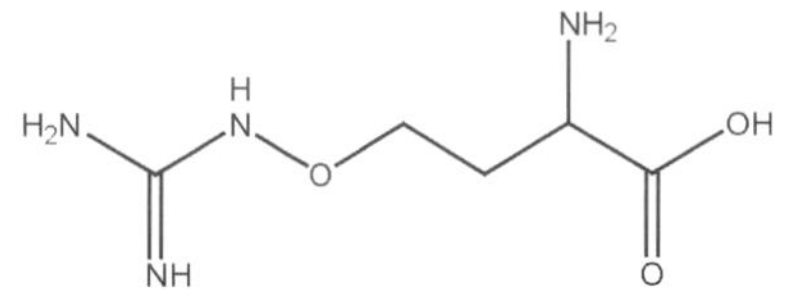

Canavanin =
2-Amino-4-guanidinoxy-Buttersäure

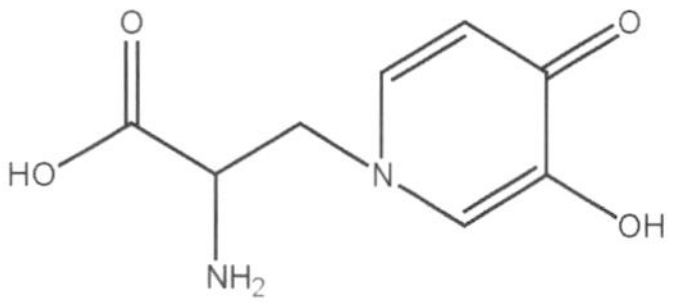

Mimosin
α-Amino-3-hydroxy-4-oxo-(4H)-pyridinpropionsäure

**Abb. 4.5.**     Chemische Struktur von Canavanin und Mimosin

## 4.3.2   *Essenzielle und nichtessenzielle Aminosäuren*

Eine weitere Einteilung der Aminosäuren ist in so genannte essenzielle und nichtessenzielle Aminosäuren. Eigentlich sind nur die korrespondierenden Ketosäuren (siehe unten) essenziell, aus denen die Aminosäuren biosynthetisch erzeugt werden können, aber der oben genannte Begriff hat sich in der Praxis fest verwurzelt. Essenzielle Aminosäuren sind solche, die vom Organismus nicht selbst biosynthetisch aus anderen Bausteinen hergestellt werden können, wie das bei den nichtessenziellen Aminosäuren der Fall ist. Je nach Organismus und eventuell auch abhängig von dessen Entwicklungsstatus kann die Essenzialität von Aminosäuren verschieden sein. Erfahrungsgemäß bestehen aber große Ähnlichkeiten zwischen den tierischen Organismen. Eine große Ausnahme sind die Wiederkäuer, denen wegen ihrer leistungsfähigen Bakterienflora im Pansen fast alle Aminosäuren in ausreichendem Maß zur Verfügung stehen. Es reicht oft aus, die für die Biosynthese notwendigen Stickstoff-Atome, z. B. in Form von Harnstoff, im Futter zur Verfügung zu stellen. Die für Tiere essenziellen Aminosäuren werden von Pflanzen biosynthetisch hergestellt, daher existiert der Begriff „essenzielle Aminosäuren" für Pflanzen nicht. Essenziell für den Menschen sind die hydrophoben Aminosäuren Valin, Leucin, Isoleucin, Phenylalanin, dann die basische Aminosäure Lysin, weiters Methionin, Tryptophan, Threonin und teilweise Histidin. Histidin dürfte für den Erwachsenen nicht mehr essenziell sein. Methionin kann zum großen Teil (80–90 %) durch Cystein ersetzt werden, Phenylalanin teilweise durch Tyrosin. Bei Fehlen von nur einer essenziellen Aminosäure kommt es zu Mangelzuständen, da viele Proteine nicht fehlerfrei vom Organismus synthetisiert werden können. Dies äußert sich bei jungen Tieren unter anderem durch ein verzögertes Wachstum, das in drastischen Fällen auch zu Gewichtsverlust führen kann. Manche Aminosäuren haben eine wachstumsbeschleunigende Wirkung, dazu zählen Arginin, Cystin, Prolin, Tyrosin, Serin und Glutaminsäure.

## 4.4 Proteinsynthese

Die wichtigste chemische Reaktion der Aminosäuren ist ihre Polymerisation zu Peptiden und Proteinen. Dies geschieht durch Kondensation der α-Aminogruppe mit einer Carboxylgruppe unter Wasserabspaltung. Die entstehende Säureamidbindung nennt man Peptidbindung, CO–NH– (Abb. 4.6).

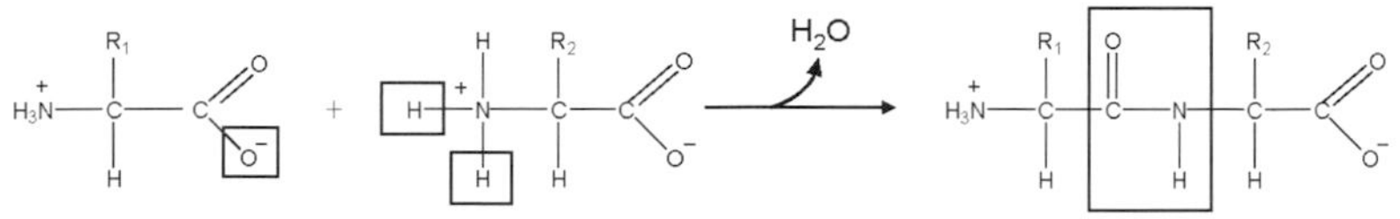

**Abb. 4.6.** Peptidsynthese

Die freie Drehbarkeit um die Peptidbindung ist eingeschränkt, weil die Doppelbindung C=O unter Verschiebung des Wasserstoffs zum Sauerstoff teilweise (40–60 %) zu einer Bindung C=N isomerisiert. Man verwendet für diesen Fall auch die Bezeichnung **tautomerisiert**. Der Austausch des Wasserstoffs zwischen dem Stickstoff und dem Sauerstoff ist in einem dynamischen Gleichgewichtszustand. Bei chemischen Peptidsynthesen müssen sowohl Schutzgruppen für die funktionellen Gruppen, die nicht reagieren sollen, als auch Derivate, die die Reaktionsfreudigkeit der Carboxylgruppen steigern, hergestellt werden. Auch bei der Proteinbiosynthese muss die Carboxylgruppe durch ATP aktiviert werden. Es bildet sich ein gemischtes Anhydrid, das über ein Ester-Intermediat der spezifischen Transferribonucleinsäure auf die endständige Aminogruppe der wachsenden Peptidkette übertragen wird. Andererseits sind die Transferribonucleinsäuren mit ihrer so genannten „Kleeblattstruktur" in der „Messenger"-Ribonucleinsäure (mRNS) verankert, die durch ihre Basensequenz die Reihenfolge der Aminosäuren im Protein bestimmt. Die Proteinbiosynthese findet in den Ribosomen (auf Proteinbiosynthese spezialisierte Zellorganellen) statt, die Messenger-Ribonucleinsäuren erhalten ihre Information aus der im Zellkern lokalisierten Desoxynucleinsäure und transportieren sie dann zu den Ribosomen, wo die Transferribonucleinsäuren andocken und die Proteinbiosynthese stattfindet. Etwa 100 Komponenten müssen gleichzeitig in den Ribosomen versammelt sein, damit die Biosynthese der Proteine ablaufen kann.

## 4.5 Transaminierung und Desaminierung von Aminosäuren

Eine andere wichtige Reaktion der Aminosäuren ist die **Transaminierung**, bei der Ketosäuren in Aminosäuren und umgekehrt umgewandelt (transaminiert) werden können. Die Transaminierung läuft in großem Umfang während des Stoffwechsels der Aminosäuren ab, sie ist auch wichtig für die Umwandlung von D- in L-Aminosäuren und ermöglicht die Verwertung der D-Aminosäuren, da die Ketosäuren nicht optisch aktiv sind. Auch die **Decarboxylierung** der Aminosäuren ist physiologisch eine sehr wichtige Reaktion. Es entstehen dabei primäre Amine, so genannte **biogene Amine** (Abb. 4.7).

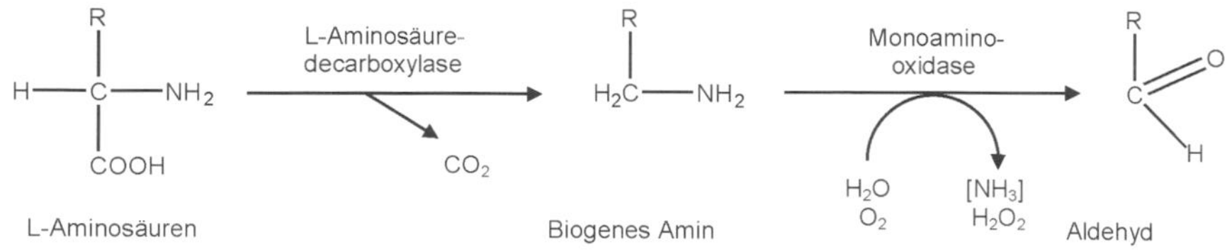

**Abb. 4.7.**    Bildung und Abbau biogener Amine

Primäre Amine sind, wie auch β-Aminosäuren oder Diaminosäuren (z. B. Lysin), sehr viel reaktionsfähiger als α-Aminosäuren (Abb. 4.8). Sie entstehen durch Decarboxylierung von Aminosäuren und sind in geringen Mengen im lebenden Organismus, z. B. als Neurotransmitter, wichtig. Dazu gehören Tryptamin, Serotonin, Dopamin und γ-Aminobuttersäure. Teilweise können sie auch Allergien auslösen (z. B. Histamin). In Lebensmitteln kommen biogene Amine in höherer Konzentration in Fischen, Schalen- und Muscheltieren und in allen fermentierten Lebensmitteln, z. B. in Hartkäse und Sauerkraut, vor. Im Fleisch sind sie nur nach intensivem Eiweißabbau in höherer Konzentration enthalten (so genannte Leichengifte), nicht im gereiften Fleisch. Natürlich ist auch in fermentierten Fleischprodukten, wie Rohwürsten, ein höherer Gehalt an biogenen Aminen zu erwarten. Derivate von Aminosäuren, vor allem der schwefelhaltigen Aminosäuren, spielen bei der Aromabildung in Lebensmitteln, besonders in Fleisch und Fleischprodukten sowie Kohlgemüsen, eine große Rolle.

Viele Pflanzeninhaltsstoffe, wie Alkaloide, Senföle, cyanogene Glykoside, Inhaltsstoffe von Zwiebel und Knoblauch u. a., entstehen biosynthetisch aus Aminosäuren. Weiters spielen Aminosäuren bei der Maillard-Reaktion (nichtenzymatische Bräunungsreaktion) eine wichtige Rolle (siehe Kapitel 17).

Aminosäuren werden auch synthetisch hergestellt, meist handelt es sich dabei um racemische Gemische, die in manchen Ländern zur Supplementierung von Lebensmitteln verwendet werden. Es können aber auch sterisch reine L-Aminosäuren durch chemische Synthese produziert werden. In medizinischen Anwendungen (z. B. in Infusionen) werden Aminosäuregemische häufig verwendet. Gemische von hydrophoben und verzweigten Aminosäuren werden teilweise im Sport supplementiert, da sie im Muskel neben Fetten und Kohlenhydraten zur zusätzlichen Energiegewinnung metabolisiert werden.

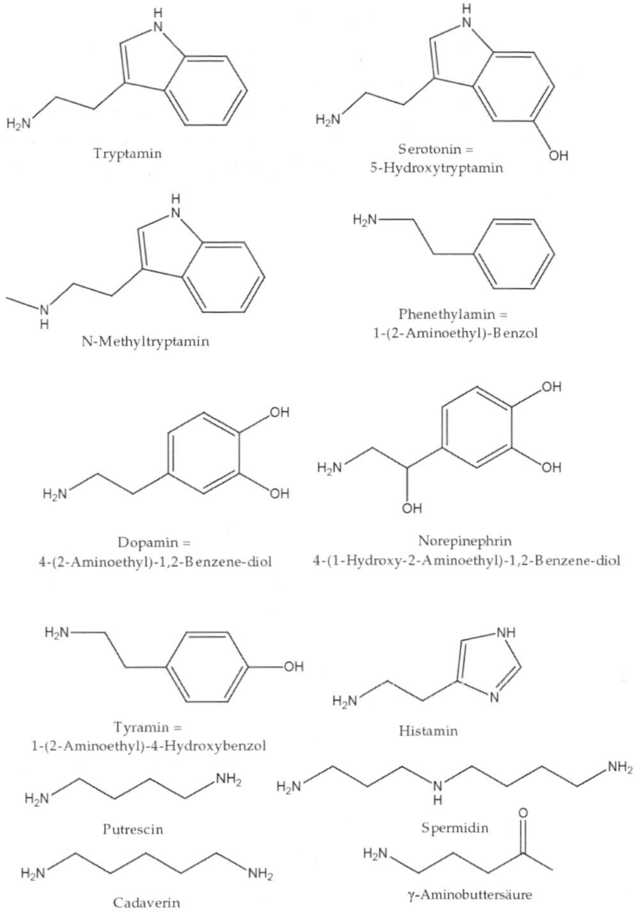

**Abb. 4.8.** Chemische Struktur primärer Amine

## 4.6 Peptide und Proteine

Peptide und Proteine entstehen biosynthetisch aus der durch die diversen Nucleinsäuren vorprogrammierten Polymerisation der verschiedenen Aminosäuren. Wie oben besprochen, sind die Aminosäuren durch eine Säureamidbindung („Peptidbindung") miteinander verknüpft. Aus der Reihenfolge der verknüpften Aminosäuren ergibt sich die **Aminosäuresequenz oder „Primärstruktur"** der Peptide und Proteine. Als Peptide bezeichnet man Polymerisate, bei denen nur wenige Aminosäuren miteinander verknüpft sind (auch Di-, Tri-, Tetra-Peptide usw.). Die eigentlichen Proteine enthalten durchwegs eine größere Anzahl an Aminosäuren. Schon aus den unzähligen Kombinationsmöglichkeiten der Aminosäuren, die wegen des zugrunde liegenden Programms nicht statistischen Gesetzen folgen, ergibt sich die Vielfältigkeit der Proteine. Rechnet man die unterschiedlichen Beiträge der Aminosäuren (sauer, basisch, hydrophob, hydrophil u. a.) zur Gesamtchemie des Proteins noch dazu, so lässt sich die große Vielfalt, die durch Proteine darstellbar ist, leichter verstehen. Hauptsächlich bedingt durch die Primärstruktur, aber auch durch die Umgebung, in der sich das Protein befindet, ergeben sich bestimmte räumliche Anordnungen der Proteine (Wendel, die als α-Helix bezeichnet werden, Faltblattstrukturen u. a.). Helikale Strukturen werden durch Aminosäuren mit keinen oder kleinen Seitenketten begünstigt (Glycin, Prolin), während Aminosäuren mit längeren und voluminöseren Seitenketten die Ausbildung der Faltblattstruktur bevorzugen. Diese räumlichen Anordnungen werden auch als **„Sekundärstruktur"** bezeichnet. Die Folge der Wechselwirkungen zwischen räumlich entfernten Teilen des Proteinmoleküls, die sich dann in einer typischen Verknäuelung des Moleküls äußert, wird **„Tertiärstruktur"** genannt. Die **„Quartärstruktur"** beschreibt die zeitlich beständigen Komplexbildungen zwischen einzelnen Proteinketten bzw. Protein-Untereinheiten. Die Komplexe werden stabilisiert durch Wasserstoffbrückenbindungen, durch Salzbrücken zweiwertiger Kationen (Calcium, Magnesium u. a.) und durch hydrophob-hydrophobe Wechselwirkungen (der hydrophobe Rest ist in Wasser nicht löslich und sucht daher eine Assoziation mit einem gleichartigen hydrophoben Partner). Hydrophobe Aminosäuren, in Proteinen abschnittsweise oft in hohen Prozentsätzen eingebaut, sind die Ursache dafür. In Lösung können Proteine in den verschiedensten strukturellen Varianten vorliegen – man nennt sie **Konformationen**. In welcher Konformation ein Protein in Lösung überwiegend vorliegt, hängt vor allem von den so genannten Randbedingungen ab (Temperatur, pH-Wert, Ionenstärke der Lösung, Druck, Reaktion mit einem Substrat u. a.). Die Übergänge von einer Konformation in die andere sind meistens sehr schnell (im Bereich von Picosekunden) und dadurch auch sehr schwierig zu messen.

### 4.6.1   Einteilung der Proteine

Wegen der großen Verschiedenheit der Proteine untereinander ist eine Systematisierung schwierig. Es besteht die Möglichkeit, die Proteine entweder nach ihrer Löslichkeit oder nach strukturellen Gemeinsamkeiten einzuteilen. Im ersteren Fall unterscheidet man Albumine, Globuline, Prolamine, Gluteline und Histone. Diese Einteilung geht auf den englischen Chemiker Osborne zurück, der zu Beginn des 20. Jahrhunderts erstmalig die Weizenproteine durch Ausfällen mit Ammoniumsulfatlösungen unterschiedlicher Konzentration fraktionieren konnte. Albumine werden z. B. nur durch gesättigte Ammoniumsulfatlösung ausgefällt, weil sie von den genannten Proteinen in Wasser am leichtesten löslich sind. Durch Ammoniumsulfat werden Proteine in den allermeisten Fällen in einer Form gefällt, die es gestattet, die Proteine nach Entfernen des Salzes durch Diffusion wieder in nativer Form zu erhalten. Ein Grund, warum gerade Ammoniumsulfat zum Unterschied von anderen Salzen hierfür geeignet ist, ist der, dass das Ammoniumion eine räumliche Ähnlichkeit (Isosterie) mit dem Hydroniumion aufweist. Es kommt zu einer Verringerung der Löslichkeit, wenn Hydroniumionen durch Ammoniumionen ausgetauscht werden.

**Albumine** kommen in vielen Lebensmitteln, fast immer begleitet von anderen Proteinen, vor. Albumin ist mengenmäßig das Hauptprotein des Blutserums. Albumine sind auch im Muskel, im Ei, in der Milch, im Getreide und in vielen anderen Pflanzen enthalten. Sie sind selbst beim pH-Wert ihres isoelektrischen Punktes noch wasserlöslich.

**Globuline** sind in verdünnten Salzlösungen löslich (z. B. etwa 10%iges Natriumchlorid). Globuline stellen die Hauptmenge der vorkommenden Proteine dar und sind deswegen in Pflanzen und Tieren weit verbreitet.

Die Hauptbestandteile der für die Bewegung des Muskels notwendigen Proteine z. B. sind Globuline. Sie sind nicht wasserlöslich, lösen sich aber in verdünnten Salzlösungen; desgleichen die Immunglobuline, die Lactoglobuline, Weizenglobuline und viele andere.

**Prolamine** sind eher selten. Das bekannteste Vorkommen ist im Weizenkleber, der eine Proteinfraktion enthält (Gliadin), die sich in bis zu 70%igem Alkohol löst. Der Grund ist der hohe Glutamingehalt (bis etwa 40 %) des Gliadins (Glutamin ist das Halbamid der Glutaminsäure). Prolamine kommen auch in anderen Getreidearten vor. Gluteline sind die andere, in Alkohol nicht lösliche Hauptfraktion des Weizenklebers. Sie haben ein wesentlich höheres durchschnittliches Molekulargewicht als die Gliadine und lösen sich daher wegen ihres gleichfalls hohen Glutaminsäuregehalts nur in verdünnten Säuren. Gluteline kommen ebenfalls in anderen Pflanzen, vor allem in den Getreidearten, vor.

**Histone** kommen in Zellkernen als Bestandteile der Chromosomen vor. Sie enthalten größere Anteile an basischen Aminosäuren (Arginin, Lysin) und sind deshalb in verdünnten Säuren löslich.

Die Einteilung der Proteine nach strukturellen Gemeinsamkeiten ist sehr allgemein, und ihre physiologische Bedeutung ist gering. Unter **Sphäroproteinen** fasst man eine Gruppe von meist globulären Proteinen zusammen, bei denen α-helikale Strukturen vorherrschend sind. Sie sind meist annähernd kugelförmig verknäuelt. Konformationen dieser Proteine sind besonders empfindlich auf Änderungen des pH-Wertes und sind in der Nähe ihres isoelektrischen Punktes besonders schwer löslich. Diese Eigenschaft wird auch zur Trennung dieser Proteine z. B. durch Säurefraktionierung oder durch isoelektrische Fokussierung verwendet.

Im Gegensatz zu Sphäroproteinen besitzen **Skleroproteine** eine Faserstruktur und können sowohl als Faltblatt als auch als α-Helix vorliegen. Ein Beispiel ist das Collagen, das eine Tripelhelix besitzt. Dabei sind drei helikale Proteinketten ineinander verdreht. Diese Strukturen sind dann mechanisch belastbarer, wie es für viele Bindegewebsproteine notwendig ist, z. B. Sehnen, Knorpelsubstanzen der Gelenke, u. a. Ein Beispiel für eine Faltblattstruktur ist die Seidenfaser, während das Keratin der Wolle

und auch anderer tierischer Haare ebenfalls tripelhelikale Strukturen
aufweist.

**Proteide (zusammengesetzte Proteine)** sind eine Kombination eines Proteins mit Substanzen, die nicht Proteine sind (z. B. Apoenzym und Coenzym = Enzym, Apoprotein und Lipid = Lipoprotein). Die Bindung zwischen dem Protein und der so genannten „prosthetischen Gruppe" kann
kovalent oder nicht kovalent, d. h. nur durch zwischenmolekulare Kräfte
zustandegekommen sein. Diese zwischenmolekularen Kräfte (Van-der-
Waals-Kräfte) können Wasserstoffbrückenbindungen sein, Komplexe
zwischen Metallionen und meist aromatischen Aminosäuregruppen (z. B.
Histidin) des Proteins oder hydrophob-hydrophobe Wechselwirkungen,
wie z. B. bei den Lipoproteinen. Wird die prosthetische Gruppe durch
eine geeignete chemische Reaktion von dem Protein abgespalten, so bezeichnet man das verbleibende Protein als „Apoprotein". Bei Enzymen
bezeichnet man die prosthetische Gruppe als Coenzym, den nach der
Spaltung verbleibenden Proteinrest als Apoenzym. Die Proteide haben
die unterschiedlichsten physiologischen Funktionen, wie z. B. Transport-
funktionen: der Sauerstofftransport durch Myoglobin und Hämoglobin,
der Transport von Eisenionen im Blut durch Transferrin, von Kupferionen
durch Caeruloplasmin, von Fetten im Blut durch Lipoproteine. Fast alle
Oxidoreduktasen gehören zu den Proteiden, sowohl die Flavoenzyme als
auch die einschlägigen Metallproteine (Hämproteine, Eisenschwefelprote-
ine, kupfer-, mangan- und molybdänhaltige Proteine u. a.) und letzten
Endes auch alle NAD(P)-abhängigen Enzyme (Dehydrogenasen). Auch
Proteine, die mit Kohlenhydratresten, Phosphorsäure oder Nucleinsäuren
konjugiert sind, sind in dieser Gruppe zu finden. Sie werden auch als
Glyko-, Phospho- und Nucleoproteine bezeichnet und haben im Organismus verschiedenste Funktionen. Es kann u. a. durch Phosphorylierung
eines Proteins dessen Polarität und Löslichkeit sehr stark verändert werden (wichtig z. B. für die Übertragung von Signalen). Nucleoproteine
kommen in den Zellkernen vor, Glykoproteine sind allgemein immer
hydrophiler als die nicht mit Kohlenhydratresten konjugierten Apoproteine, in der Regel sind sie auch thermisch stabiler. Durch die Glykosylierung haben die Organismen die Möglichkeit, eine Feinabstimmung der
Polarität von Proteinen vorzunehmen und damit auch ihre biologische
Funktionalität zu optimieren.

Entsprechend dem komplexen Aufbau von Proteinen ist auch ihre
chemische Reaktivität sehr vielfältig. Alle Proteine haben an einem Ende
der Kette eine endständige Aminogruppe, am anderen Ende befindet sich
eine freie Carboxylgruppe. Dies ist eine Folge der Verknüpfung der Aminosäuren durch Peptidbindung. Der Einbau von sauren oder basischen
Aminosäuren variabler Anzahl bringt zusätzliche Carboxyl- oder Aminogruppen in das Molekül, die dann entscheidenden Einfluss auf den
isoelektrischen Punkt des Proteins haben. Man kann sich die Aminosäuresequenz eines Proteins auch als das Ergebnis eines nach einem Pro-
gramm ablaufenden Kartenspiels mit 20 verschiedenen Karten vorstellen,

wobei jede dieser Karten aber in vielen Exemplaren vorhanden ist. Das Resultat der gezielten Vermischung dieser Karten ist dann ein spezielles Protein oder Peptid.

Neben der Acididät (veränderbar z. B. durch Phosphorylierung) und der Polarität von Eiweißmolekülen ist auch deren Redoxstatus wichtig. Für den Redoxstatus wichtige Aminosäurekomponenten sind vor allem das Cystein und das Methionin, des Weiteren auch Lysin, Tryptophan, Tyrosin und Phenylalanin. Durch die Oxidation der genannten Aminosäuren kann es zu Modifikationen des Proteins kommen, die Quervernetzungen mit anderen Proteinen (vor allem durch Cystein, Lysin und Tyrosin), den physiologischen Abbau des Proteins oder den Verlust der enzymatischen Aktivität beinhalten können. Die Oxidation der Proteine kann auch durch Umwelteinflüsse erfolgen (UV-Strahlung, Ozon, toxische Inhaltsstoffe der Nahrung, Rauchen), durch Krankheiten und deren Abwehr und durch andere körpereigene Prozesse. Durch die Modifikation sollen die Proteine für bestimmte Zwecke funktionsfähiger gemacht werden. Ein Beispiel hierfür ist das Collagen, das durch stärkere Vernetzung mechanisch belastbarere Sehnen- oder Knorpelsubstanz liefert.

Eiweißmoleküle sind zur Aufrechterhaltung ihrer Struktur auf die Einhaltung bestimmter Randbedingungen angewiesen. Werden die Randbedingungen grob verändert, so bricht vor allem die Sekundär- und Tertiärstruktur der Proteine zusammen, was sich makroskopisch in einer verringerten Löslichkeit und einem Ausfallen der Proteine bemerkbar macht. Die Aminosäuresequenz (Primärstruktur) ist davon nur wenig betroffen. Die Veränderungen in der Proteinstruktur lassen sich auf molekularer Ebene z. B. durch eine veränderte Tryptophanfluoreszenz als Indikator einer Konformationsänderung oft schon lange vor dem Präzipitieren aufspüren. Sowohl das Ausfallen des Proteins als auch nur der Aktivitätsverlust eines Enzyms werden als Denaturierung des Proteins bezeichnet. Die Denaturierung kann umkehrbar (reversibel) oder nicht umkehrbar (irreversibel) sein. Eine Renaturierung in größerem Umfang ist meistens unmöglich. In kleinerem Umfang ist sie manchmal mit wasserstoffbrückenspaltenden Reagenzien, wie z. B. Harnstoff oder Natriumdodecylsulfat, erreichbar.

Bedingt durch die vielen verschiedenen Randbedingungen einer Lösung gibt es auch viele Arten der Proteindenaturierung. Neben der schon erwähnten, meist reversiblen Fällung mit Ammoniumsulfat fällen die meisten Schwermetallsalze Eiweiß irreversibel. Z. B. ist der so genannte Bleiessig, eine essigsaure Lösung von Bleiacetat in Wasser, früher ein sehr beliebtes Reagenz in der Lebensmittelanalytik zur Entfernung von Eiweiß gewesen. Bleiionen bilden mit den SH-Gruppen des Cysteins schwerlösliche Sulfide. Auch die Änderung des pH-Wertes bewirkt eine reversible oder irreversible Denaturierung von Eiweiß. Ein Beispiel für eine reversible Denaturierung ist die Fraktionierung der Serumproteine durch Salzsäure (Cohn-Fraktionierung). Stärkere Säuren denaturieren irreversibel. Ein wichtiges physiologisches Beispiel ist der Magen, in dem durch etwa ein Zehntel normale Salzsäure (3,65 g HCl/Liter) die Nahrungsproteine denaturiert werden. Denaturierte Proteine können viel leichter durch ei-weißabbauende Enzyme (proteolytische Enzyme) angegriffen werden. Auch beim Sauerwerden der Milch kommt es zu einer massiven Ausfäl-lung von Milcheiweiß. In der Analytik von Lebensmitteln wird heute sehr häufig Trichloressigsäure zum Ausfällen von Eiweiß verwendet.

In der Praxis ist die Denaturierung von Proteinen durch eine Steige-rung der Temperatur sehr wichtig. Dabei kommt es zu einer immer stär-keren Bewegung der Proteinketten. Dadurch können für die native Kon-formation wichtige Bindungen (Wasserstoffbrückenbindungen, hydro-phob-hydrophobe Wechselwirkungen) nicht mehr aufrechterhalten wer-den, und andere, die unter den neuen Bedingungen günstiger sind, bilden sich. Besonders treten neue hydrophob-hydrophobe Wechselwirkungen auf, die die Konformation irreversibel verändern. Wassermoleküle, die für die Aufrechterhaltung der Konformation notwendig sind, werden aus dem Proteinknäuel irreversibel verdrängt. Der nun stärker hydrophobe Charakter des Proteins verhindert den Wiedereintritt des Wassers, die ursprüngliche Konformation kann nicht mehr ausgebildet werden. Auch das chemische Verhalten der SH-Gruppen in den Eiweißmolekülen ist bei der Denaturierung wichtig. Teilweise werden sie zu Disulfid-(S-S)-Brücken oxidiert, teilweise bilden sich andere Disulfide (z. B. zwischen einzelnen Molekülen, was zur Bildung größerer Aggregate führt). Die Denaturierung der Proteine beginnt schon knapp über 40 °C, also etwas über Körpertemperatur. Die Temperatur, bei der Proteine denaturieren, ist abhängig von der Struktur des speziellen Proteins. Die meisten tieri-schen und pflanzlichen Proteine denaturieren zwischen 55 und 70 °C, manche behalten noch bei 100 °C und darüber ihre native Konformation. Beispiele hierfür sind das Casein der Milch, der Trypsininhibitor aus So-jabohnen, die hochtoxischen Proteine aus dem Bakterium *Clostridium bo-tulinum*, einem sehr gefährlichen Fleischvergifter. Fleischkonserven müs-sen bei über 120 °C eine Stunde lang erhitzt werden, um das toxische Eiweiß sicher zu denaturieren. Sehr hitzestabil sind Proteine von ther-mophilen Bakterien, die z. B. in heißen Quellen leben. Diese Organismen enthalten Proteine, deren Konformationen durch Kohlenhydratreste und Salzbrücken stabilisiert werden. Wegen ihrer thermischen Beständigkeit werden aus diesen Organismen gewonnene Enzyme häufig in der Bio-technologie und auch in der Lebensmitteltechnologie verwendet.

Die Temperatur, bei der ein bestimmtes Protein denaturiert, ist auch abhängig vom Milieu. Isoliert in verdünnter wässriger Lösung kommt es leichter zu einer Denaturierung als in der natürlichen Umgebung des Zellsaftes. Kohlenhydrate, Fette, Salze von Fettsäuren und hoher Druck verlangsamen oder hemmen die Denaturierung des Eiweißes durch ihre die Konformation stabilisierende Wirkung. Lang andauernde Hitzeein-wirkung führt zum Zerbrechen der Proteinketten unter Bildung von kür-zerkettigen Peptiden und Aggregaten mit anderen Inhaltsstoffen (z. B. Kohlenhydraten) des Lebensmittels. Die so entstandenen Aggregate kön-nen auch zu Bräunungsreaktionen führen (siehe Kapitel 10.5). Weiters kommt es bei entsprechender Hitzeeinwirkung zu Umamidierungen, zur

Bildung von Pyrrolidon-2-carbonsäure aus Glutaminsäure und zur Zerstörung von Salzbrücken. Die Bildung der Pyrrolidoncarbonsäure wird analytisch manchmal zum Nachweis der Erhitzung verwendet. Thermische Behandlung in alkalischem Milieu führt zur Bildung von Dehydroaminosäuren (z. B. Dehydroalanin, Methyldehydroalanin) vor allem aus Cystein und Serin, die dann mit freien Aminogruppen des Proteins reagieren und damit Quervernetzungen ergeben. Man findet dann z. B. Lysinoalanin, Methyllysinoalanin, Lanthionin, Histidinoalanin u. a. (Abb. 4.9).

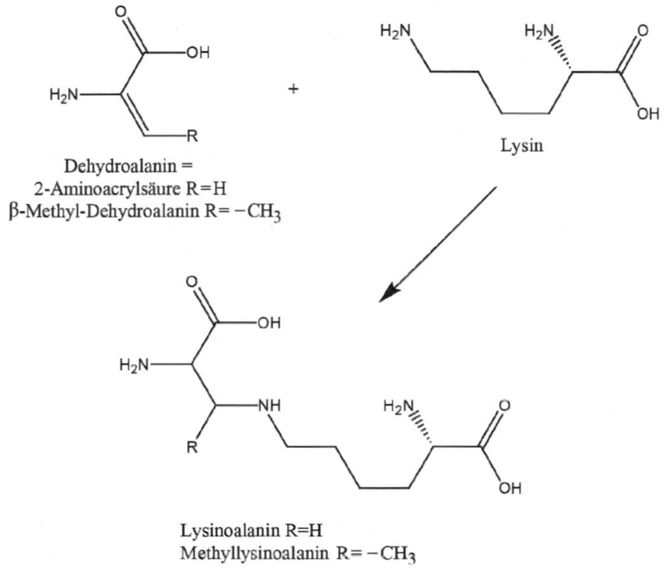

Dehydroalanin =
2-Aminoacrylsäure R=H
β-Methyl-Dehydroalanin R= −CH$_3$

Lysin

Lysinoalanin R=H
Methyllysinoalanin R= −CH$_3$

**Abb. 4.9.**     Quervernetzungsreaktion zwischen Aminosäuren und Dehydroaminosäuren

Lysinoalanin und andere durch Quervernetzung gebildete Aminosäuren findet man vor allem in erhitzten Lebensmitteln mit cystein- und serinreichen Proteinen, wie z. B. Milch- und Sojaprodukten. Lysinoalanin kann vor allem den Kupferstoffwechsel stören und steht im Verdacht, die Tumor-Bildung zu begünstigen.

Kurzkettige Peptide sind überwiegend hitzestabil und unterliegen keinem Denaturierungsprozess. Dadurch können auch Peptidgifte, zu denen z. B. die toxischen Inhaltsstoffe der Knollenblätterpilze gehören, durch Kochen nicht entgiftet werden, sie behalten annähernd ihre Giftigkeit.

## 4.7     Proteine in der Ernährung

Der Proteingehalt eines ungeborenen Embryos beträgt 8,5 %, eines Säuglings bei der Geburt etwa 11 %, erreicht beim Erwachsenen ein Maximum von etwa 17,5 % und nimmt mit steigendem Alter wieder ab. Die Proteine des Organismus sind während des ganzen Lebens einem dauernden Abbau und Neuaufbau unterworfen. Dieser Metabolismus der Gewebe und Blutproteine ist bei Kindern wesentlich rascher als bei Erwachsenen. Z. B. werden bei Kindern durchschnittlich 27 g/kg Körpergewicht täglich aufgebaut und 24 g/kg Körpergewicht wieder abgebaut. Bei Erwachsenen sind die entsprechenden Zahlen 3,9 und 3,8 g/kg Körpergewicht und Tag. Mindestens die Differenz muss mit der Nahrung zugeführt werden. Tatsächlich rechnet man in der Praxis bei Kindern mit einem Aminosäurefluss von 32 g/kg Körpergewicht/Tag und bei Erwachsenen von 4,6 g/kg Körpergewicht/Tag.

Unter Ausnutzung des Nahrungsproteins versteht man den Anteil (%), der zur Resorption gelangt. Dieser kann aus der Differenz zwischen der Proteinaufnahme aus der Nahrung und dem Proteingehalt des Kots minus des Proteinanteils der mit ausgeschiedenen Verdauungsenzyme berechnet werden.

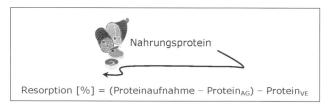

$$\text{Resorption [\%]} = (\text{Proteinaufnahme} - \text{Protein}_{AG}) - \text{Protein}_{VE}$$

Protein$_{AG}$ = ausgeschiedenes Protein; Protein$_{VE}$ = Protein der Verdauungsenzyme

Der Gehalt an Verdauungsenzymen steigt proportional mit dem Rohfasergehalt der Nahrung an. Auch bei vollkommen eiweißfreier Ernährung werden aus dem Eiweißabbau stammende stickstoffhaltige Verbindungen ausgeschieden. Die Ausscheidung geht zwar bei eiweißfreier Ernährung zurück, nimmt aber nach etwa zwei Wochen einen annähernd konstanten Wert (etwa 15 g Eiweiß/Tag/Erwachsenem) an, den man als Stickstoff-(N)-Minimum bezeichnet. Es bedarf daher einer dauernden Zufuhr von Nahrungsprotein, um den Eiweißverlust zumindest auszugleichen. Die Differenz zwischen Stickstoffaufnahme und Stickstoffausscheidung bezeichnet man als **Stickstoffbilanz**. Sie kann positiv oder aber auch negativ sein und wird maßgeblich durch den hormonellen Status beeinflusst. Es kommt bei eiweißfreier Ernährung langfristig zu einem Eiweißmangel, der lebensbedrohend werden kann, da abgebautes Körpereiweiß nicht mehr ausreichend ersetzt wird. Eiweißmangelzustände bei gleichzeitig ausreichender Energiezufuhr (z. B. in Form von Kohlenhydraten oder Fett) nennt man **Kwashiorkor**. Ist die gleichzeitige Energiezufuhr nicht gewährleistet, spricht man von **Marasmus**. Die Proteinbiosynthese erfolgt im Rhythmus der Nahrungsaufnahme, da die Konzentration an freien Aminosäuren, wie sie bei der Eiweißverdauung freigesetzt werden, in bestimmten Grenzen konstant gehalten werden muss. Daher müssen Überschüsse an freien Aminosäuren entweder schnell in körpereigene Proteine umgewandelt oder metabolisiert und ausgeschieden werden. Auch der Stoffwechsel der Ribonucleinsäuren läuft mit der Proteinbiosynthese synchron.

Nahrungsproteine sind artspezifische Proteine anderer tierischer oder pflanzlicher Organismen, deren Artspezifität während des Verdauungsprozesses verloren gehen muss, damit die Bruchstücke resorbiert und zum Aufbau eigener Proteine verwendet werden können. Damit ergibt sich aber, dass die Ausbeute an Bruchstücken, die zur Neusynthese von eigenem Eiweiß geeignet sind, von Nahrungsproteinquelle zu Nahrungsproteinquelle verschieden ist. Nicht jedes Nahrungseiweiß ist gleich geeignet, den Eiweißbedarf des konsumierenden Organismus zu decken. Von einer Quelle wird mengenmäßig dazu mehr notwendig sein, von der anderen weniger. Man nennt diese Tatsache die **„biologische Wertigkeit"** der Proteine, die in engem Zusammenhang mit dem Gehalt dieser Proteine an essenziellen Aminosäuren steht. Darüber hinaus spielt aber auch die Aminosäurezusammensetzung insgesamt eine große Rolle. Je ähnlicher diese der durchschnittlichen Aminosäurezusammensetzung des konsumierenden Organismus ist, desto höher wird auch die biologische Wertigkeit sein, unter der Voraussetzung, dass alle essenziellen Aminosäuren ebenfalls vorhanden sind. Mathematisch wird die biologische Wertigkeit der Proteine wie folgt ausgedrückt:

$$BV = IN - UN - FN/IN - FN$$

BV = biologische Wertigkeit (biological value),
IN = Stickstoffzufuhr (nitrogen intake),
UN = Stickstoffausscheidung durch den Harn (urinary nitrogen),
FN = Stickstoffausscheidung durch den Kot (fecal nitrogen)

Die biologische Wertigkeit von Proteinen wird hauptsächlich durch das Wachstum von Versuchstieren oder beim Menschen durch Messung der Stickstoffbilanz bestimmt. Die Ergebnisse, die man dabei erhält, sind teilweise von der verwendeten Methode abhängig, da Wachstum und Aufrechterhaltung der Stickstoffbilanz physiologisch nicht unbedingt konform sind. Die Messung der Stickstoffbilanz zur Bestimmung der biologischen Wertigkeit ist langwierig und auch sehr aufwändig, sodass die biologische Wertigkeit bei Tieren, meist Ratten, durch das Wachstum bestimmt wird, obwohl die Methode für die menschliche Ernährung relevantere Werte liefert.

Ein Verfahren, das sehr häufig angewandt wird, ist der **PER-Test** (PER = Protein Efficiency Ratio). Er wird mathematisch ausgedrückt durch die Formel:

$$PER = W2 - W1/MPI$$

W2 = Gewicht nach dem Versuch, W1 = Gewicht vor dem Versuch,
MPI = Menge des aufgenommenen Proteins (mass protein intake)

Für den Versuch wird eine Gruppe einer bestimmten Rattenrasse (z. B. Sprague Dawley), 21–25 Tage alt, mit einem Einstellgewicht von 45–55 g, 28 Tage lang mit dem zu testenden Protein ernährt. Gleichzeitig wird eine Kontrollgruppe mit der gleichen Menge eines Proteins bekannter Wertigkeit gleich lang gefüttert. Durch Vergleich der Ergebnisse kann die biologische Wertigkeit des Proteins angegeben werden.

PER ist eine Relativmethode, bei der, außer den verschiedenen Proteinen, alle anderen Parameter der Ernährung und der Versuchstiere konstant sein müssen, da sonst keine vergleichbaren Ergebnisse zu erwarten sind. Die Bestimmung des PER ist verhältnismäßig billig und wird deswegen oft durchgeführt.

Eine andere Methode, die Qualität von Proteinen abzuschätzen, ist der **„Chemical Score"**. Er bezieht sich allein auf den Gehalt an essenziellen Aminosäuren und wird immer nur für eine von ihnen angegeben. Er wird durch die mathematische Beziehung beschrieben:

$$\text{Chemical Score} = \frac{\text{mg of essential amino acid per g of test}}{\text{mg of essential amino acid per g of reference}}$$

Die biologische Wertigkeit von Proteinen scheint für den wachsenden Organismus wichtiger zu sein als für den Erwachsenen, da der Bedarf des Erwachsenen an essenziellen Aminosäuren geringer ist. Bei der numerischen Angabe der biologischen Wertigkeit wird Eiprotein willkürlich mit 100 festgesetzt. Die biologische Wertigkeit der Proteine aus anderen Quellen wird dann durch Vergleich mit dem Eiprotein festgelegt. Weil tierische Proteine (Fleisch) in ihrer Zusammensetzung den Anforderungen des menschlichen Organismus näher kommen, haben sie eine durchwegs höhere biologische Wertigkeit als Eiweiß aus pflanzlichen Quellen. Allerdings können Gemische pflanzlicher Proteine aus verschiedenen Quellen oder Gemische pflanzlichen Eiweißes mit tierischem eine hohe biologische Wertigkeit erreichen (Tab. 4.1). Aminosäuren, die in der einen Proteinquelle in zu geringer Konzentration vorkommen, sind in der anderen in so hoher Konzentration vorhanden, dass das Gemisch insgesamt eine für den menschlichen Stoffwechselbedarf günstigere Zusammensetzung hat als jede der Komponenten allein. Man nennt dieses Phänomen die **Ergänzungswirkung von Proteinen**.

**Tabelle 4.1.**   Biologische Wertigkeit des Proteins aus verschiedenen Lebensmitteln und günstigere Mischungen zweier Lebensmittel

| Lebensmittel | Biologische Wertigkeit |
|---|---|
| Milcheiweiß | 88 |
| Weizeneiweiß | 54 |
| Milcheiweiß + Weizeneiweiß (75 % + 25 %) | 109 |
| Bohnen | 79 |
| Mais | 72 |
| Mais + Bohnen (48 % + 52 %) | 100 |
| Rindfleisch | 74 |
| Gelatine | 0 |
| Rindfleisch + Gelatine (83 % + 17 %) | 99 |

Eine Verbesserung der biologischen Wertigkeit von Proteinen kann auch durch Supplementierung der im Minimum vorhandenen Aminosäuren erfolgen, z. B. durch Zusatz von Lysin zu Zerealien, bei denen ein Defizit dieser Aminosäure besteht. Die Supplementierung von Aminosäuren sollte immer auf ihre Sinnhaftigkeit unter den technologischen Gegebenheiten geprüft werden. Z. B. kann gerade das Lysin bei Backprozessen sehr schnell in Reaktionsprodukte umgewandelt werden, aus denen es dann für den Organismus nicht mehr zugänglich ist. Der Eiweißbedarf ist für den wachsenden Organismus wesentlich höher als für den erwachsenen und nimmt im Alter wieder leicht zu.

## 4.8 Grundzüge der Protein- und Aminosäureanalytik

Wie oben erwähnt, wird die Peptidbindung in den Proteinen physiologisch durch proteolytische Enzyme (Proteasen) gespalten. Chemisch wird diese hydrolytische Spaltung in die Aminosäurebestandteile meist mit Säuren, selten mit Basen, erreicht. In der Regel wird die Hydrolyse der Peptidbindung mit halbkonzentrierter Salzsäure bei 110 °C während 12 Stunden durchgeführt. Mit Hilfe von **HPLC-Methoden (Aminosäureanalysator)** können die im Hydrolysat enthaltenen Aminosäuren qualitativ und quantitativ bestimmt werden. Die Detektion der Aminosäuren erfolgt dabei fotometrisch meist nach Reaktion mit Ninhydrin (1,2,3-Indantrionhydrat).

Auch heute noch wird der Proteingehalt eines Lebensmittels meistens nach der **Methode von Kjeldahl** bestimmt (1883). Dabei wird das Lebensmittel mit konzentrierter Schwefelsäure und einem Katalysator bis zur Entfärbung der Lösung erhitzt. Dabei wird der Kohlenstoff und der Wasserstoff der organischen Substanz zu Kohlendioxid und Wasser oxidiert. Der im Eiweiß, den Nucleinsäuren und niedermolekularen Substanzen gebundene Stickstoff wird als Ammoniumion freigesetzt. Nach dem Neutralisieren der Säure wird der Testansatz mit Lauge alkalisch gemacht, der entstandene Ammoniak in gestellte Säure überdestilliert, die dann zurücktitriert wird. Nitrat, Nitrit, organische Nitroverbindungen, Azoverbindungen u. a. werden mit der normalen Kjeldahlbestimmung nicht erfasst. Ein Nachteil der Kjeldahlmethode aus heutiger Sicht ist, dass sie schwer zu automatisieren ist. Daher geht man teilweise zur leichter automatisierbaren **Stickstoffbestimmung nach Dumas** über. Diese ist ebenfalls in ihrem Prinzip schon eine sehr alte Methode: Die stickstoffhaltige organische Substanz wird im Kohlendioxidstrom mit Kupferoxid als Oxidationsmittel verbrannt. Es entsteht molekularer Stickstoff, der über Lauge (zum Binden des Kohlendioxids), ursprünglich volumetrisch, gemessen wird. Heute wird der molekulare Stickstoff über seine Dreifachbindung mittels Infrarotspektroskopie bestimmt. Das Messprinzip der Dumasbestimmung lässt sich leichter in einem Analysenautomaten zusammenfassen als das der Kjeldahlbestimmung. Die primäre Aminogruppe, wie sie in den Aminosäuren und den „biogenen Aminen" vorliegt, kann durch Reaktion der $NH_2$-Gruppen mit Nitrit in saurer Lösung bestimmt werden **(Van-Slyke-Bestimmung)**. Als Reaktionsprodukt entsteht wieder molekularer Stickstoff, der volumetrisch oder mit Infrarot gemessen wird.

Um vom Stickstoffgehalt auf den Proteingehalt schließen zu können, ist die Kenntnis des durchschnittlichen Stickstoffgehaltes der Proteine erforderlich. Dieser wurde mit etwa 16 % ermittelt, sodass durch Multiplikation des Stickstoffgehaltes mit 6,25 der Proteingehalt berechnet werden kann. Genau genommen ist dieser Faktor entsprechend der unterschiedlichen Aminosäurezusammensetzung für jede Art von Eiweißmolekül etwas anders. Besteht das Eiweiß zu einem großen Teil aus der seitenkettenfreien Aminosäure Glycin, so ist der Faktor kleiner (Collagen z. B. 5,55), bei Proteinen, in denen viele Aminosäuren mit langen Seitenketten vorkommen, ist der Faktor größer als 6,25 (z. B. Casein 6,37, Eigelb 6,67). Der Wert, den man bei dieser Art der Auswertung erhält, ist das so genannte Rohprotein. In Lebensmitteln ist in diesem Wert nicht nur der Proteinstickstoff enthalten, sondern auch der Stickstoffanteil niedermolekularer stickstoffhaltiger Verbindungen, wie Amine, Amide, Harnstoff, Kreatin, Harnsäure, Aminosäuren, Peptide, Nucleinsäuren u. a. Um den Stickstoffanteil angeben zu können, der vom Protein stammt, ist es notwendig, Protein und niedermolekulare Stickstoffsubstanzen zu trennen. Dies kann beispielsweise durch Säurefällung des Eiweißanteils oder die Trennung durch Membranfilter, die nach dem Molekulargewicht fraktionieren, geschehen. Peptide, Aminosäuren und die anderen niedermolekularen stickstoffhaltigen Substanzen werden durch Säuren nicht gefällt und durch Membranfilter mit Ausnahme der Nucleinsäuren nicht zurückgehalten. Danach wird Stickstoff im Überstand oder im Niederschlag bzw. im Rückstand oder im Filtrat bestimmt. Das Ergebnis ist entweder der Gehalt an Proteinstickstoff (Reinstickstoff = Niederschlag) oder der Gehalt an Reststickstoff (Überstand).

> Rohstickstoff = Reinstickstoff + Reststickstoff

Bei der Bestimmung des „verdaulichen Eiweißes" versucht man, den Proteinabbau im Magen zu imitieren. Die proteinhaltige Probe wird mit normaler Salzsäure und dem proteolytischen Enzym Pepsin 48 Stunden lang bei 37 °C inkubiert. Dabei werden Proteine zu Peptiden und Aminosäuren abgebaut. Nach Ende der Inkubation wird das Ungelöste abfiltriert und der darin enthaltene Stickstoff z. B. nach Kjeldahl bestimmt. Dann ist das verdauliche Protein die Differenz zwischen Rohprotein und Protein im Rückstand.

Von den **Farbreaktionen der Proteine** ist wohl die so genannte **Xanthoproteinreaktion** auch für den Laien die auffälligste: Proteine geben mit Salpetersäure eine Gelbfärbung. Der Grund ist der, dass die aromatischen Aminosäuren, vor allem das Tyrosin, nitriert werden. Mit Nitrogruppen substituierte Tyrosinreste im Eiweiß sind die Ursache der Gelbfärbung. Im alkalischen Milieu wechselt die Farbe ins Rötliche. Man kennt diese Reaktion seit vielen Jahrzehnten aus der Laborpraxis. Vor einigen Jahren hat man herausgefunden, dass diese Reaktion auch *in vivo* unter physiologischen Bedingungen stattfinden kann (Bildung von Nitrotyrosin in Proteinen). Für die quantitative fotometrische Bestimmung hat die **Biuretreaktion** Bedeutung: In alkalischer Lösung geben Proteine mit Biuret und Kupferionen eine rotviolette Färbung. Die **Folinreaktion** wird ebenfalls zur fotometrischen Bestimmung von Proteinen häufig verwendet. Dabei wird die Reduktion von Heteropolysäuren, wie Phosphorwolframsäure, Phosphormolybdänsäure, Vanadinsäure, und deren Gemische durch Proteine in alkalischer Lösung ausgenutzt. Auch bei der Folinreaktion sind die Proteinbestandteile Tyrosin und Tryptophan für die Reduktion der Heteropolysäuren hauptverantwortlich.

Kleine Mengen an Protein (Mikrogrammbereich) können nach der „**Bradford-Methode**" bestimmt werden. Dabei wird die Farbänderung des roten kationischen Farbstoffes „Coomassie" zu einem anionischen blauen Farbstoff gemessen. Coomassie bindet an Proteine und ändert dabei Farbe und Ladung. Die anionische Form ist die an Protein gebundene Form (Absorptionsmaximum 595 nm).

Proteingemische können durch **chromatografische Methoden** getrennt werden. Für präparative Zwecke wird meistens die **Säulenchromatografie** verwendet. Im Fall der Trennung von Proteingemischen zum Zweck der Analyse haben elektrophoretische Methoden die größte Bedeutung. **Elektrophorese** ist eine chromatografische Methode, bei der anstatt von Gravitation und Druck ein elektrisches Feld angewandt wird, dessen Feldstärke die Kraft ist, die die geladenen Moleküle bewegt. Elektrophorese ist ganz allgemein zur Trennung von geladenen Molekülen, wie es z. B. Eiweiß und auch Nucleinsäuren sind, geeignet. Die einzelnen Arten der Elektrophorese unterscheiden sich durch das Medium (Trägerschicht), in dem die Auftrennung durchgeführt wird, und im Spannungsbereich, der für den Aufbau des Feldes verwendet wird. Bei kleinen Molekülen, wie Aminosäuren und Peptiden, die rasch nach allen Richtungen diffundieren können, werden hohe Spannungen angewandt (Hochspannungselektrophorese), bei großen Molekülen, die wegen ihrer großen Reibung im Trennmedium mit geringer Geschwindigkeit diffundieren, kommt man mit niedrigeren Spannungen aus. Wichtige Medien, in denen Elektrophorese durchgeführt wird, sind Polyacrylamidgel, Stärkegel, Agarose, Celluloseacetat, oder auch Papier. Heute sind Polyacrylamidgel für Proteine und Agarose für hochmolekulare Nucleinsäuren die am meisten verwendeten Medien für Elektrophoresen. Daneben wird auch Kapillarelektrophorese immer mehr verwendet. In der Lebensmittelanalyse hat die elektrophoretische Trennung von Proteingemischen große Bedeutung für die Bestimmung der Herkunft **(Identitätsbestimmung)** und für die Zumischung von artfremdem Eiweiß. Auf der Grundlage der artspezifischen Proteinstrukturen können diese Fragestellungen entschieden werden. Dieselben Probleme können auch auf der Basis der Elektrophorese von Nucleinsäuren gelöst werden. Das Ergebnis der Elektrophorese ist nach der Sichtbarmachung der Komponenten durch geeignete Farbstoffe ein für das Produkt charakteristisches Muster, vergleichbar mit einem Strichcode in einem Supermarkt. Durch Vergleich mit Referenzmustern kann ein Produkt identifiziert oder der Zusatz eines anderen Produktes erkannt werden. Daher spielen elektrophoretische Methoden in der Lebensmittelkontrolle eine wichtige Rolle. Spezielle elektrophoretische Methoden für tierische und pflanzliche Lebensmittel werden in den Kapiteln 11 und 12 angeführt.

# 5 Fette, der nicht wasserlösliche Anteil der Lebensmittel

Fette sind zum Unterschied zu Eiweiß und Kohlenhydraten in organischen Lösungsmitteln, wie Ether, Chloroform, Benzol, Petrolether u. a., löslich und können durch Extraktion mit diesen Lösungsmitteln isoliert werden. Entsprechend sind die Fette lebensmittelchemisch definiert: **Fett (Rohfett) ist alles, was durch organische Lösungsmittel extrahierbar und bei 105 °C nicht flüchtig ist.**

Tatsächlich ist der auf diese Weise erhaltene Extrakt ein Gemisch von chemischen Verbindungen verschiedenster Klassen und Strukturen, die man oft auch als **Lipoide** (fettähnliche Substanzen) bezeichnet. Im englischen Sprachgebrauch wird sehr oft die ganze Gruppe zu den Lipiden gerechnet, während im Deutschen die Bezeichnung Lipide dem Hauptanteil der Fette, den Triglyceriden, vorbehalten ist. Die Gruppe der Fette besteht durchwegs aus niedermolekularen Verbindungen, hochmolekulare Vertreter sind eine sehr seltene Ausnahme. Ein Beispiel hierfür wäre das Suberin, der Hauptbestandteil der Korksubstanz. Wie schon oben erwähnt, sind der Hauptanteil in den apolaren Extrakten des Lebensmittels die Triglyceride. Daneben sind fettlösliche Vitamine, Steroide, Kohlenwasserstoffe, fettlösliche Farbstoffe, fettlösliche Pestizide, Wachse, Phospholipide, fettlösliche Aroma- und Geschmacksstoffe, freie Fettsäuren, Glycerin, Mono- und Diester u. a. in geringerer Konzentration enthalten. Als wasserunlösliche Moleküle sind Fette auch immer Hauptbestandteile von Zellwänden. Daneben dienen Fette dem Organismus als Hormone, Energiespeicher und Stoßdämpfer.

## 5.1 Fettsäuren und Triglyceride

**Triglyceride** sind Triester des dreiwertigen Alkohols Glycerin, mit meist längerkettigen, organischen Säuren, die man auch als Fettsäuren bezeichnet. Wie alle anderen Ester können die Triglyceride durch Erhitzen mit Alkalilaugen oder Soda in die Salze der freien Fettsäuren und Glycerin gespalten (hydrolysiert) werden. Man nennt diese Spaltung (Hydrolyse) auch **Verseifung**, weil die als Reaktionsprodukte entstehenden Alkalisalze der Fettsäuren Lipide emulgieren und daher als Waschmittel (Seifen) verwendet werden. Im Organismus ist die Fettspaltung enzymatisch katalysiert, die Enzyme, die diese Fähigkeit besitzen, heißen Lipasen. Sie sind eine spezielle Gruppe unter den Esterasen, die wieder eine Untergruppe der Hydrolasen sind.

Triglyceride sind optisch aktiv, wenn die beiden primären alkoholischen Gruppen des Glycerins mit verschiedenen Fettsäuren verestert sind. Bei der Reaktion mit Enzymen, z. B. Lipasen, ist es nicht gleich, welches optische Isomer vorliegt. Daher hat man das „stereospecific numbering" (abgekürzt sn) eingeführt, um die optischen Isomere genauer definieren zu können.

In den Fetten kommen immer mehrere Fettsäuren gleichzeitig vor, die mit Glycerin, je nach der Frequenz ihres Vorkommens und der Position ihrer Verknüpfung mit Glycerin, die verschiedensten Triglyceride bilden können. Auch aus diesem Grund enthalten die Fette keine einheitlich aufgebauten Triglyceride, sondern sind ein Gemisch verschiedener Strukturen, keine einheitlichen Substanzen. Dies gilt sowohl für tierische als auch pflanzliche Fette. Fette haben als Substanzgemische ein **Schmelzintervall** und keinen scharfen Schmelzpunkt wie reine Substanzen und eutektische Gemische. Trotzdem ist das Schmelzverhalten für ein bestimmtes Fett charakteristisch und wurde früher auch zu analytischen Zwecken herangezogen. Fette mit einem hohen Anteil an ungesättigten Fettsäuren sind bei normaler Temperatur meistens flüssig und werden daher auch als Öle bezeichnet (Tab. 5.1).

**Tabelle 5.1.**    Fettsäurezusammensetzung pflanzlicher und tierischer Fette

| Fettsäuren (%) | 6:0 | 8:0 | 10:0 | 12:0 | 14:0 | 16:0 | 18:0 | 18:1 | 18:2 | 18:3 | 20:1 | G18:3 | 22:1 |
|---|---|---|---|---|---|---|---|---|---|---|---|---|---|
| Rapsöl neu | | | | | | 4 | 2 | 56 | 20 | 9 | | | |
| Rapsöl alt | | | | | | | | 20 | 15 | 8 | 4 | | 50 |
| Senföl | | | | | | 4 | 1 | 12 | 15 | 6 | 6 | | 41 |
| Hanföl | | | | | | | | 57 | 28 | | | 2 | |
| Crambeöl | | | | | | 2 | | 17 | 5 | | 4 | | 55 |
| Nachtkerzenöl | | | | | | 5 | | 5 | 72 | | | 10 | |
| Borretschöl | | | | | | 10 | | 18 | 35 | | | 24 | |
| Olivenöl | | | | | | 10 | | 80 | 4–7 | | | | |
| Palmöl | | | | | | 43 | | 37 | 9 | | | | |
| Avocadoöl | | | | | | 13 | | 63 | 11 | | | | |
| Kokosfett | 7 | 8 | | 46 | 18 | | 3 | 6 | | | | | |
| Palmkernfett | | | | 47 | 15 | 7 | | 16 | | | | | |
| Babassufett | | | | 45 | 16 | 14 | | | | | | | |
| Kakaobutter | | | | | | 18 | 35 | 37 | | | | | |
| Borneotalg | | | | | | 18 | 43 | 37 | | | | | |
| Mohwrahbutter | | | | | | 24 | 19 | 43 | 13 | | | | |
| Sheabutter | | | | | | 6 | 40 | 50 | 4 | | | | |
| Baumwollsaatöl | | | | | | 25 | | 20 | 50 | | | | |

**Tabelle 5.1** (Fortsetzung)

| Fettsäuren (%) | 6:0 | 8:0 | 10:0 | 12:0 | 14:0 | 16:0 | 18:0 | 18:1 | 18:2 | 18:3 | 20:1 | G18:3 | 22:1 |
|---|---|---|---|---|---|---|---|---|---|---|---|---|---|
| Maiskeimöl | | | | | | 11 | | 25 | 58 | | | | |
| Weizenkeimöl | | | | | | 17 | | 20 | 55 | | | | |
| Haferöl | | | | | | 16 | | 45 | 37 | | | | |
| Gerstenkeimöl | | | | | | 14 | | 27 | 57 | | | | |
| Roggenöl | | | | | | 25 | | 18 | 48 | | | | |
| Kürbiskernöl | | | | | | 16 | | 24 | 54 | | | | |
| Mandelöl | | | | | | 6 | | 70 | 17 | | | | |
| Haselnussöl | | | | | | 5 | | 78 | 10 | | | | |
| Erdnussöl | | | | | | 10 | 2 | 45 | 23 | | | | |
| Safloröl | | | | | | 6 | | 13 | 78 | | | | |
| Sonnenblumenöl | | | | | | | | 40 | 50 | | | | |
| Mohnöl | | | | | | 11 | | 20 | 62 | | | | |
| Traubenkernöl | | | | | | 7 | | 16 | 70 | | | | |
| Walnussöl | | | | | | 7 | | 22 | 53 | 10 | | | |
| Sojaöl | | | | | | 10 | 4 | 23 | 50 | 7 | | | |
| Leinöl | | | | | | 4 | | 18 | 14 | 58 | | | |
| Rindertalg | | | | | 14 | 25 | 19 | 36 | 3 | | | | |
| Butterfett* | 2,3 | 1,4 | 3,2 | 3,6 | 11 | 31 | 9 | 18 | 3 | | 0,4 | | |
| Schmalz | | | | | | 24 | 14 | 41 | 10 | | | | |
| Fischöl** | | | | | | 12 | 4 | 12 | 1 | 0,6 | | 14 | 20 |

\* 4 % Buttersäure
\*\* Hering: 10 % Palmitoleinsäure, 6 % Eicosapentaensäure, 4 % Docosahexaensäure

Die in den Triglyceriden vorkommenden Fettsäuren weisen in der Regel eine gerade Anzahl von Kohlenstoffatomen auf (C4, C6, C8 usw.) (Abb. 5.1).

Generell sind in den Fetten am häufigsten Fettsäuren mit 16 und 18 Kohlenstoffatomen vertreten, die Häufigkeit des Vorkommens nimmt nach kürzer- und längerkettig hin ab. Kurzkettige Fettsäuren enthalten bis zu 7, mittelkettige 8–13 und sehr langkettige mehr als 22 Kohlenstoffatome. Die Geradzahligkeit ist durch die Biosynthese erklärlich, die formal als eine Polykondensation von Essigsäure unter Abspaltung von Wasser verstanden werden kann. Ausgehend von Malonyl-Coenzym A wird die Kette durch Anlagerung von Acetyl-Coenzym A immer um zwei Kohlenstoffatome verlängert. Die eine Carboxylgruppe der Malonsäure wird dabei durch Decarboxylierung entfernt. Ähnlich werden auch beim Abbau immer $C_2$-Kohlenstofffragmente in Form von Acetyl-Coenzym A abgespalten (β-Oxidation). Ungeradzahlige Fettsäuren werden in biologischen Systemen viel schwerer abgebaut (nur nach Aufbau zu geradzahligen Metaboliten) und haben daher auch antibiotische Wirkung. So wird z. B. die Propionsäure in vielen Ländern als Konservierungsmittel in Lebensmitteln eingesetzt.

GESÄTTIGTE FETTSÄUREN

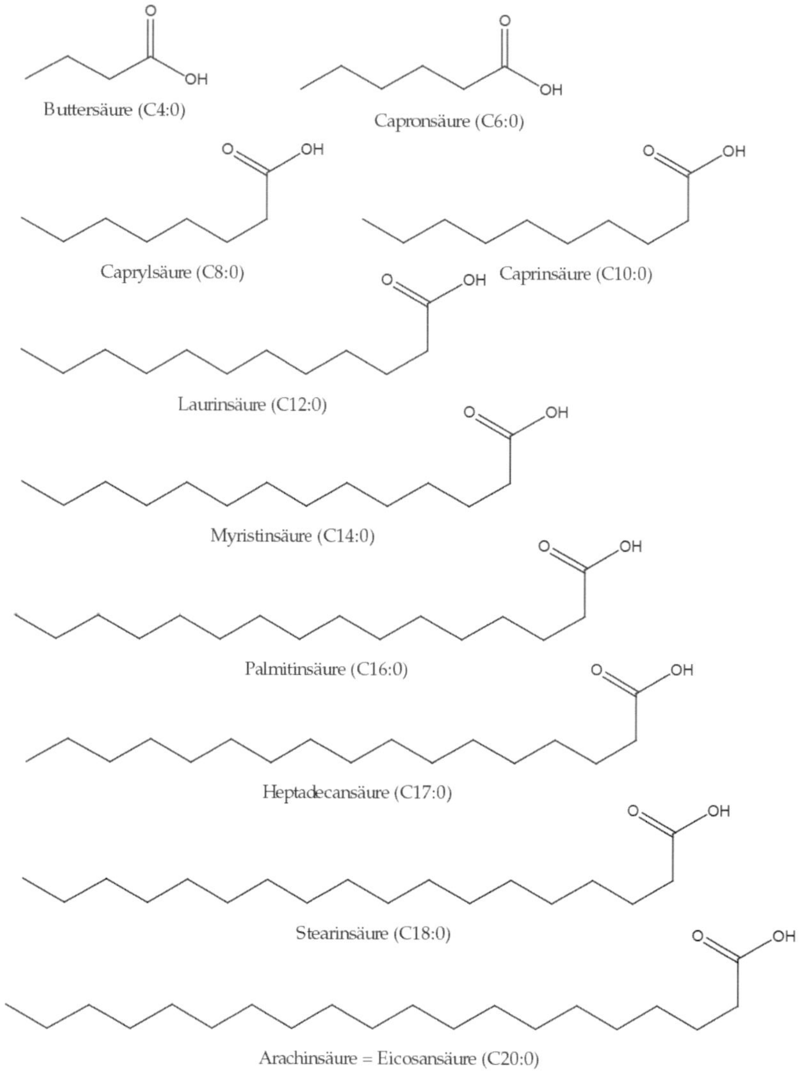

Buttersäure (C4:0)

Capronsäure (C6:0)

Caprylsäure (C8:0)

Caprinsäure (C10:0)

Laurinsäure (C12:0)

Myristinsäure (C14:0)

Palmitinsäure (C16:0)

Heptadecansäure (C17:0)

Stearinsäure (C18:0)

Arachinsäure = Eicosansäure (C20:0)

**Abb. 5.1.**     Chemische Struktur ausgewählter gesättigter Fettsäuren

Die Kohlenstoffkette in den Fettsäuren der Nahrungsfette ist unverzweigt. Seitenketten kommen in den Fettsäuren praktisch nicht vor, geringe Mengen an ungeradzahligen, verzweigten und auch kurzkettigen Fettsäuren werden in Hautfetten gefunden. Höhere Konzentrationen erreichen sie in Hautfetten von im Wasser lebenden Tieren (Enten etc.), wobei die antibiotische Wirkung dieser Fettsäuren zum Schutz der Haut vor Algenbewuchs und Bakterienbefall ausgenutzt wird.

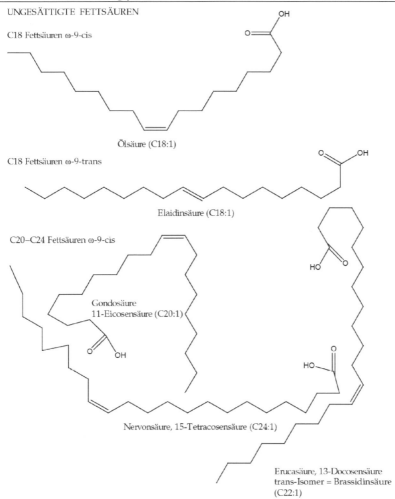

UNGESÄTTIGTE FETTSÄUREN

C18 Fettsäuren ω-9-cis

Ölsäure (C18:1)

C18 Fettsäuren ω-9-trans

Elaidinsäure (C18:1)

C20–C24 Fettsäuren ω-9-cis

Gondosäure
11-Eicosensäure (C20:1)

Nervonsäure, 15-Tetracosensäure (C24:1)

Erucasäure, 13-Docosensäure
trans-Isomer = Brassidinsäure
(C22:1)

**Abb. 5.2.** Chemische Struktur ausgewählter ungesättigter Fettsäuren (I)

Wie schon oben erwähnt, enthalten die Fette Fettsäuren, die eine oder mehrere Doppelbindungen enthalten (Abb. 5.2, Abb. 5.3). Am häufigsten sind in tierischen und pflanzlichen Fetten die ungesättigten Fettsäuren mit einer Kettenlänge von 18 Kohlenstoffatomen: Ölsäure (C18:1), Linolsäure (C18:2) und α-Linolensäure (C18:3). Dabei bedeutet die erste Zahl die Anzahl der Kohlenstoffatome und die zweite die Anzahl der Doppelbindungen. Die Lage der Doppelbindung in den ungesättigten Fettsäuren wird entweder durch Zählen, ausgehend von der Carboxylgruppe, oder von der endständigen CH$_3$-Gruppe her angegeben. Die letztere Zählweise wird durch Voranstellung eines „Omega" angezeigt. Z. B. wäre Linolsäure eine 9,12-Octadecadiensäure oder nach der Omega-Nomenklatur eine ω-6-Octadecadiensäure.

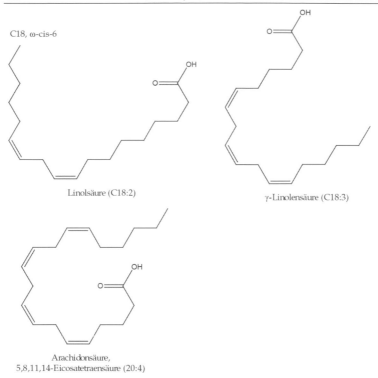

Linolsäure (C18:2)

γ-Linolensäure (C18:3)

Arachidonsäure,
5,8,11,14-Eicosatetraensäure (20:4)

**Abb. 5.3.**      Chemische Struktur ausgewählter cis-ω-6-Fettsäuren (II)

Die mehrfach ungesättigten Fettsäuren können nicht vom menschlichen Organismus durch Biosynthese hergestellt werden und werden daher auch als „essenzielle Fettsäuren" bezeichnet. Streng genommen trifft die Essenzialität nur für die Linolsäure und auch die α-Linolensäure zu, die anderen mehrfach ungesättigten Fettsäuren können vom Organismus aus den genannten im Stoffwechsel erzeugt werden. Ungesättigte Fettsäuren kommen vor allem in Pflanzenfetten vor, während das Fett von Landtieren mehr gesättigte Fettsäuren enthält. Große Mengen an langkettigen, mehrfach ungesättigten Fettsäuren findet man in den Fetten von Fischen und anderen Seetieren (Abb. 5.4).

Mit steigender Anzahl der Doppelbindungen nimmt die chemische Reaktionsfähigkeit, vor allem die Sauerstoff- und Strahlungsempfindlichkeit, stark zu. Die Folge ist meist die Peroxidation der Fette, was sich auch in Form des **„Ranzigwerdens"** organoleptisch bemerkbar macht. Die Oxidationsgeschwindigkeit der gesättigten Stearinsäure und der dreifach ungesättigten α-Linolensäure unterscheidet sich um mehr als drei Zehnerpotenzen. In dünner Schicht ausgestrichen, polymerisieren Fette, die große Mengen an mehrfach ungesättigten Fettsäuren enthalten, in einigen Tagen zu einem grifffesten Film **(trocknende Öle)**. Wegen dieser Eigenschaft werden sie bei der Herstellung von Anstrichmitteln als Bindemittel verwendet.

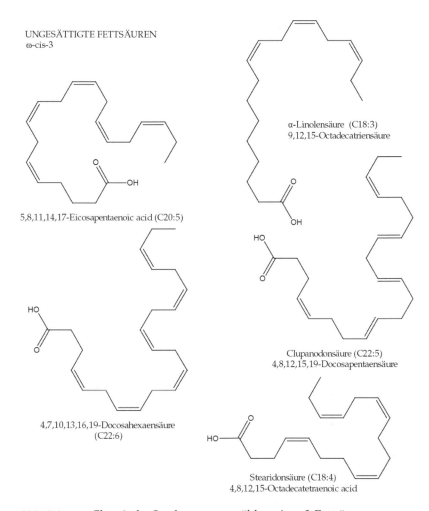

UNGESÄTTIGTE FETTSÄUREN
ω-cis-3

α-Linolensäure (C18:3)
9,12,15-Octadecatriensäure

5,8,11,14,17-Eicosapentaenoic acid (C20:5)

Clupanodonsäure (C22:5)
4,8,12,15,19-Docosapentaensäure

4,7,10,13,16,19-Docosahexaensäure
(C22:6)

Stearidonsäure (C18:4)
4,8,12,15-Octadecatetraenoic acid

**Abb. 5.4.**       Chemische Struktur ausgewählter cis-ω-3-Fettsäuren

Im Wasser sind die Organismen viel weniger der Einwirkung von Strahlung und Sauerstoff ausgesetzt, sodass in diesem Milieu ihr Fett wesentlich beständiger ist. Für die Wassertiere bieten die ungesättigten Fettsäuren eine bessere Isolierung gegen Kälte und eine größere Fluidität der Membranen. Auch Pflanzen bilden bei Kältestress größere Mengen an mehrfach ungesättigten Fettsäuren. Die Doppelbindungen in den mehrfach ungesättigten Fettsäuren sind immer durch eine $CH_2$-Gruppe voneinander getrennt. Fettsäuren mit konjugierten Doppelbindungen sind in nativen Fetten sehr selten. Es gibt nur wenige Beispiele von Fetten, in denen

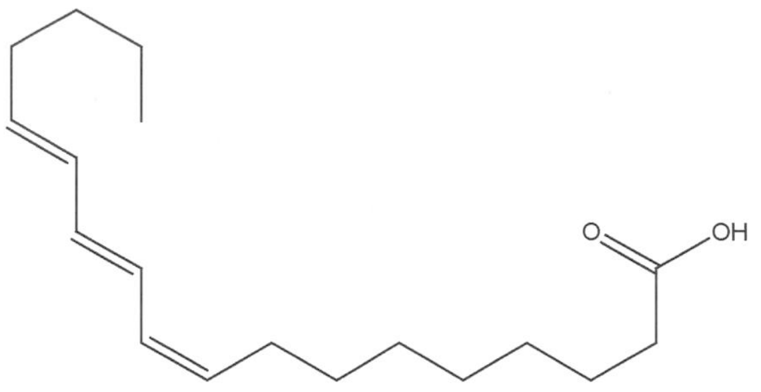

**Abb. 5.5.**        Chemische Struktur der Eläostearinsäure

Fettsäuren mit konjugierten Doppelbindungen in größerer Konzentration vorkommen (Eläostearinsäure = 9,11,13-Octadecatriensäure, Abb. 5.5, im chinesischen Holzöl (Tungöl)). Diese Fette werden aber als Speisefette praktisch nicht verwendet. Bei den in der Natur vorkommenden

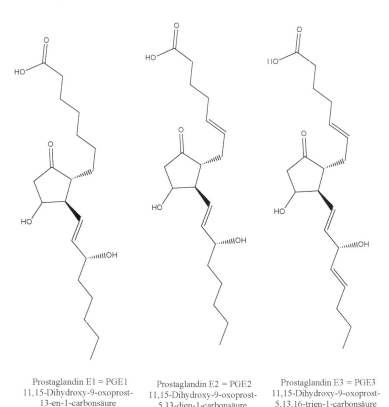

Prostaglandin E1 = PGE1
11,15-Dihydroxy-9-oxoprost-
13-en-1-carbonsäure

Prostaglandin E2 = PGE2
11,15-Dihydroxy-9-oxoprost-
5,13-dien-1-carbonsäure

Prostaglandin E3 = PGE3
11,15-Dihydroxy-9-oxoprost-
5,13,16-trien-1-carbonsäure

**Abb. 5.6.**        Chemische Struktur ausgewählter Prostaglandine

ungesättigten Fettsäuren stehen die Wasserstoffe auf der gleichen Seite der Doppelbindung **(cis-Konfiguration)**. Nur Fettsäuren mit dieser Konfiguration sind auch essenzielle Fettsäuren. Fettsäuren mit den Wasserstoffatomen auf gegenüberliegenden Seiten **(trans-Konfiguration)** können metabolisch nur als Energieträger verwertet werden. Die essenziellen Fettsäuren sind die Vorstufen für die Biosynthese der **Lipidhormone: Prostaglandine, Leukotriene** und **Thromboxane.**

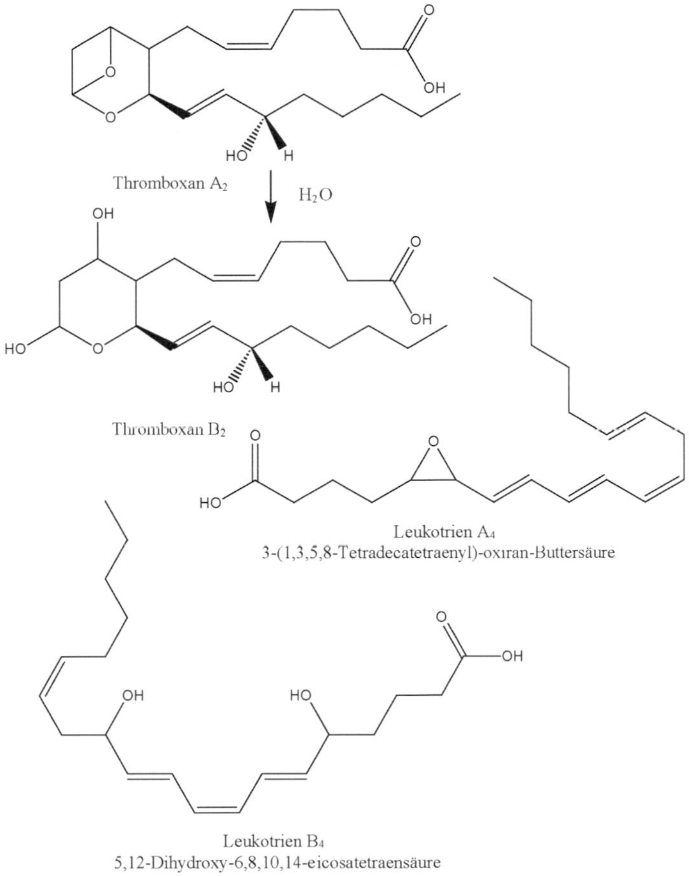

Thromboxan A$_2$

H$_2$O

Thromboxan B$_2$

Leukotrien A$_4$
3-(1,3,5,8-Tetradecatetraenyl)-oxiran-Buttersäure

Leukotrien B$_4$
5,12-Dihydroxy-6,8,10,14-eicosatetraensäure

**Abb. 5.7.** Chemische Struktur von Thromboxanen und Leukotrienen

Zu deren Biosynthese wird die Kette der mehrfach ungesättigten C18-Fettsäuren um zwei Kohlenstoffatome zu C20-Fettsäuren verlängert, z. B. γ-Linolensäure (6,9,12-Octadecatriensäure) zur γ-Homolinolensäure (6,9,12-Eicosatriensäure). Aus den C20-Säuren werden dann durch enzymatisch katalysierte Oxidation (Cyclooxygenase, abgekürzt COX) die oben genannten Lipidhormone synthetisiert. Eine (C20:4)-Fettsäure, die vor allem in tierischen Fetten in geringen Konzentrationen gefunden wird, ist die Arachidonsäure. Arachidonsäure kann vom Organismus direkt mit Hilfe der COX umgewandelt werden, z. B. in Prostaglandine. Bei der Biosynthese der Prostaglandine verschwinden zwei der ursprünglichen Doppelbindungen der zugrundeliegenden C20-Fettsäure, sodass aus der γ-Homolinolensäure Prostaglandine mit einer Doppelbindung (PGE$_1$), aus der Arachidonsäure solche mit zwei Doppelbindungen (PGE$_2$) und aus der in Fischen vorwiegend vorkommenden Eicosapentaensäure Prostaglandine mit drei Doppelbindungen (PGE$_3$) entstehen (Abb. 5.6).

Die Prostaglandine der Reihen 1–3 haben unterschiedliche physiologische Wirkungen. Sie wirken einerseits erweiternd auf die Blutgefäße (Vasodilatation) und erniedrigen die Viskosität des Blutes, andererseits beeinflussen sie die Sezernierung von Hormonen, wie Oxytocin, und wirken auch auf den Serotoninspiegel.

**Thromboxane** sind Endoperoxidderivate der Prostaglandine, wirken verengend auf die Arterien und bewirken neben anderen biologischen Effekten auch eine Aggregierung der Thrombozyten (Blutplättchen). Leukotriene werden aus Arachidonsäure in polymorphen Leukozyten durch 5-Lipoxygenase katalysierte Oxidation gebildet. Drei der vier Doppelbindungen der Arachidonsäure sind in den Leukotrienen konjugiert (Abb. 5.7). Sie haben Bedeutung als Mediatoren bei entzündlichen Prozessen und wirken auch als sehr potente Bronchokonstriktoren. Große Bedeutung haben die mehrfach ungesättigten Fettsäuren in der Ernährung im Zusammenhang mit den Herz-Kreislauf-Krankheiten und dem Cholesterin gewonnen. Darauf wird bei der Besprechung des Cholesterins näher eingegangen werden.

## 5.2    Phospholipide, Wachse, Terpene und Steroide

**Phospholipide** sind in biologischen Systemen vorwiegend Bestandteile von Membranen und kommen dort gemeinsam mit Triglyceriden vor (Abb. 5.8).

Die Bestandteile der Phospholipide sind Phosphorsäure, Fettsäuren und Komponenten mit alkoholischen Gruppen. Die Phosphorsäure ist dabei meist mit zwei ihrer Hydroxylgruppen mit alkoholischen Gruppen verestert, wobei eine dieser oft noch zusätzlich eine basische Funktion in Form einer Aminogruppe hat. Die dritte OH-Gruppe bleibt unverestert und hat die Funktion einer mittelstarken Säure. Da die freie OH-Gruppe naturgemäß hydrophil und im Wasser verankert ist, der Fettsäurerest aber hydrophobe Eigenschaften hat und sich dabei möglichst so orientiert, dass er weit aus dem Wasser heraussteht, kommt den Phospholipiden eine phasenvermittelnde, d. h. **emulgierende Wirkung** zu.

PHOSPHOLIPIDE

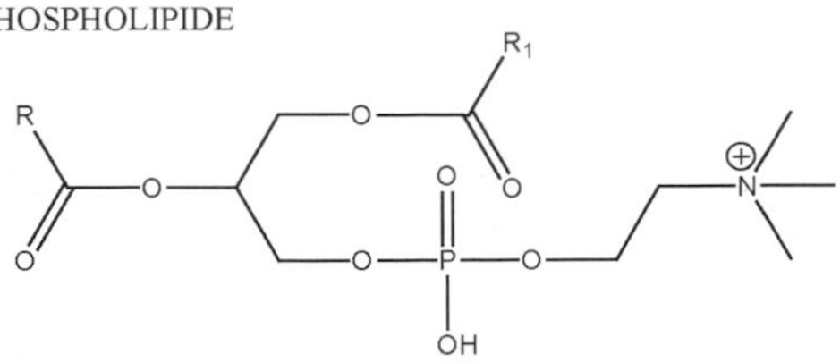

Lecithin =
Phosphatidylcholin

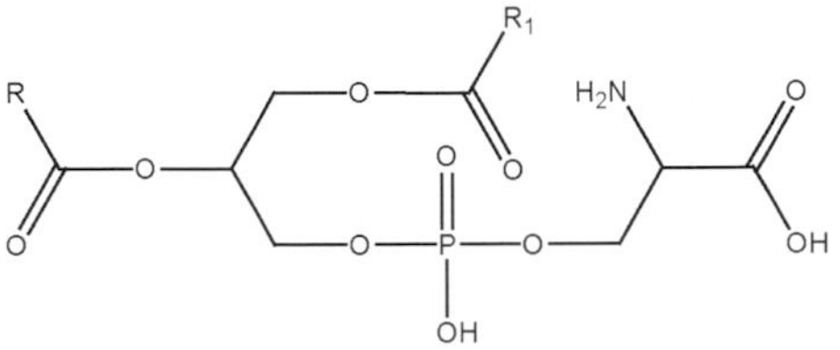

Phosphatidylserin

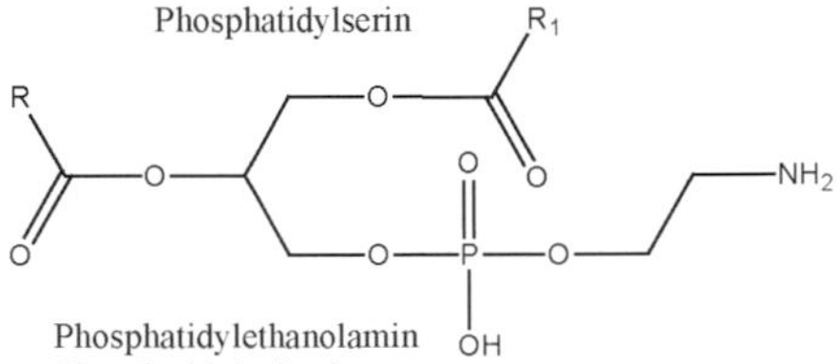

Phosphatidylethanolamin
Phosphatidylcolamin
Kephalin

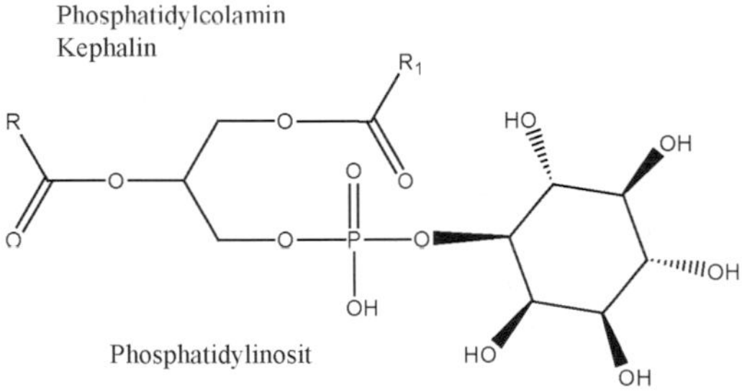

Phosphatidylinosit

**Abb. 5.8.**     Chemische Struktur ausgewählter Phospholipide

Die Fettsäuren, die in den Phospholipiden vorkommen, sind oft lang-kettig und enthalten meist mehrere Doppelbindungen. Zahlreiche lebensmitteltechnologische Prozesse benötigen Phospholipide als Mediatoren zwischen fetter und wässriger Phase. Zu den alkoholischen Komponenten der Phospholipide zählen v. a. Glycerin, Inosit, Sphingosin und Galaktose sowie Alkohole mit einer basischen Funktion: Cholin (N,N,N-Trimethylammoniumethanolamin), Ethanolamin = Colamin und Serin. Wenn die Kohlenstoffatome C1 und C2 des Glycerins mit Fettsäuren verestert sind und C3 mit Phosphorsäure, wird die Verbindung Phosphatidylsäure oder auch Phosphatid genannt. Ist dann die zweite OH-Gruppe der Phosphorsäure mit Cholin verestert, heißt die entstandene Verbindung Phosphatidylcholin oder Lecithin, mit Colamin Phosphatidylcolamin oder Kephalin usw.

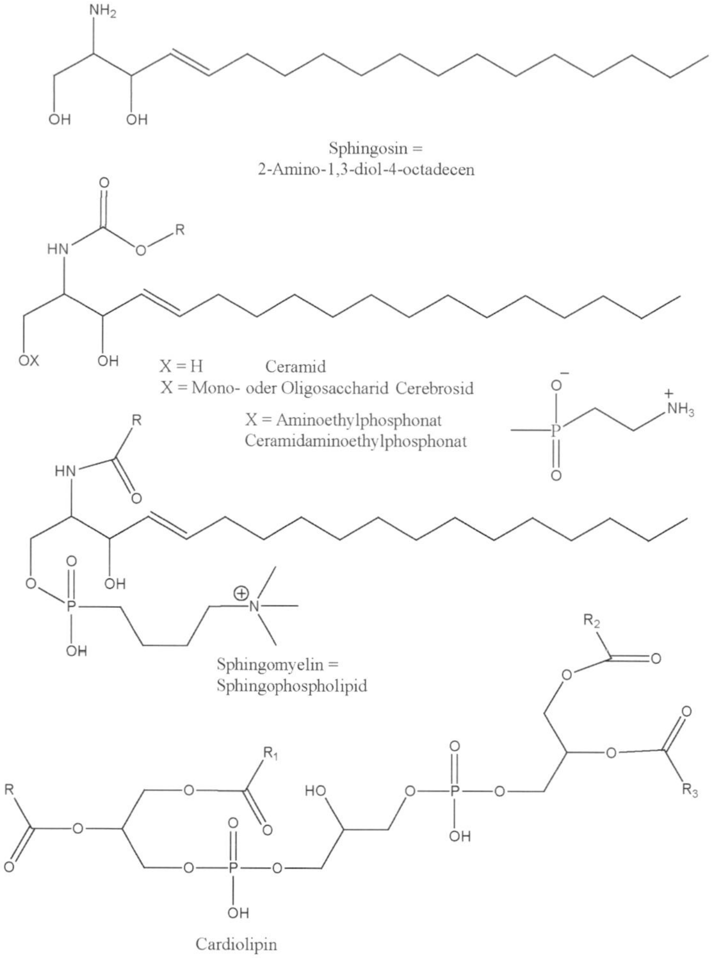

Sphingosin =
2-Amino-1,3-diol-4-octadecen

X = H        Ceramid
X = Mono- oder Oligosaccharid  Cerebrosid

X = Aminoethylphosphonat
Ceramidaminoethylphosphonat

Sphingomyelin =
Sphingophospholipid

Cardiolipin

**Abb. 5.9.** Chemische Struktur von Sphingosin, Ceramin, Sphingomyelin und Cardiolipin

Zwei Phosphatidylsäuren können auch mit der 1- und 3-Position eines weiteren Glycerins verestert sein. Die entstandene Verbindung wird dann als „**Cardiolipin**" bezeichnet, weil sie primär im Rinderherz, später allgemein in Mitochondrien und damit auch in grünen Pflanzen aufgefunden wurde.

Bei dem langkettigen Aminodiol **Sphingosin** (D-Erythro-1,3-dihydroxy-2-amino-4-transoctadecen) ist die Aminogruppe mit einer Fettsäure als Säureamid verbunden. Man bezeichnet diese Amide als **Ceramide** (Abb. 5.9). Die primäre Hydroxylgruppe ist dann mit Phosphorsäure verestert, die ihrerseits wieder mit Cholin (Sphingomyelin) verestert oder als Aminoethylphosphonat vorliegen kann. Alternativ können an die primäre

Hydroxylgruppe auch Zucker, vorwiegend Galaktose und daneben Glucose, glykosidisch gebunden sein (Cerebroside, Ganglioside). In Pflanzen kommen auch Sphingosine mit mehr als zwei Hydroxylgruppen vor. Sphingomyelin ist ein Bestandteil der Nervenscheiden, Cerebroside sind Bestandteil des Zentralnervensystems und anderer Organe. Auch Monoether und Dietherderivate des Glycerins werden in geringer Konzentration in tierischen Fetten, vor allem in denen von Fischen, gefunden.

Glycerin-Ether-Phospholipide

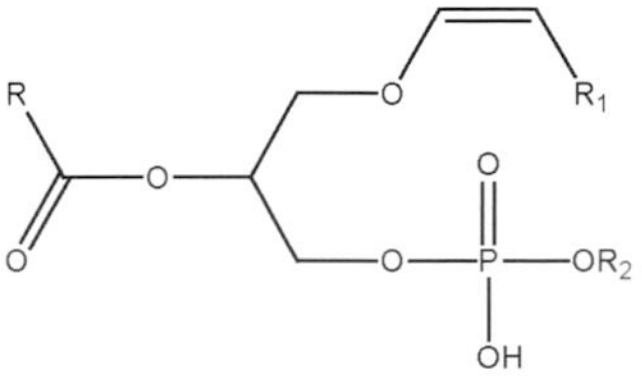

Plasmalogen R = Alkylrest einer Fettsäure
$R_1$ = Alkyl, z. B. -$C_6H_{11}$
$R_2$ = Ethanolamin -O-$CH_2$-$CH_2$-$NH_2$
$R_2$ = Cholin -O-$CH_2$-$CH_2$-N($CH_3$)$_3$+

Glycerin-Ether-Lipide (Alkoxylipide)

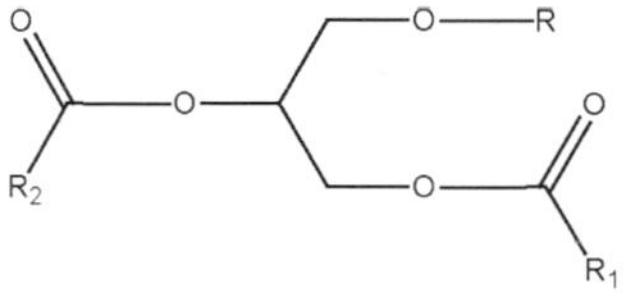

Ether-Lipid des Glycerins
R, $R_1$, $R_2$ sind Alkylreste

**Abb. 5.10.**    Chemische Struktur von Glycerin-Ether-(Phospho-)Lipiden

**Plasmalogene** entstehen in tierischen Geweben und auch in der Milch dadurch, dass die Position 1 des Glycerins mit der Enolform eines Fettaldehyds durch eine Etherbindung verbunden ist (Plasmenyl-Typ, Doppelbindung cis). Auch der Plasmanyl-Typ (ohne Doppelbindung) kommt vor. Die dritte Position des Glycerins ist mit Phosphorsäure und diese mit Ethanolamin oder Cholin verestert, während die zweite Position mit einer Fettsäure verestert ist. Plasmalogene sind wichtige Bestandteile des Zentralnervensystens (rund 23 % der Phospholipide), des Myelins, des Herzens und der Nieren.

Aus den Fettalkoholen und Glycerin entstehen unter Wasserabspaltung **Mono- und  Dietherverbindungen (Alkoxylipide)**, die in tierischen und pflanzlichen Organismen vorkommen (Abb. 5.10). Bekannt ist der hohe Gehalt an Alkoxylipiden im Rinderfett.

Phospholipide können mit Alkalilauge gespalten werden, wobei die Glycerin-Phosphorsäurebindung leichter gespalten wird als die Phosphorsäurebindung zum basischen Alkohol, z. B. Cholin.

**Wachse** sind Begleitstoffe der Fette und kommen auch in vielen Speisefetten vor. Chemisch bestehen sie aus langkettigen, meist gesättigten Fettsäuren, die mit langkettigen, primären Alkoholen verestert sind, z. B. Melissylmelissat ((C30:0)-Säure verestert mit dem (C30:0)-Alkohol) oder Cerylcerotat ((C24:0)-Säure verestert mit dem (C24:0)-Alkohol). Cerylcerotat kommt beispielsweise in den Schalen der Sonnenblumenkerne vor. Bienenwachs ist ein Gemisch von Estern langkettiger Fettsäuren (bis C36) mit langkettigen primären Alkoholen (C24–C36). Außerdem sind im Bienenwachs etwa 20 % Kohlenwasserstoffe mit einer ungeraden Anzahl von Kohlenstoffatomen enthalten (C21–C33). Wachse finden sich auch in Fischölen. Langkettige Fettalkohole sind in der Kopfhöhle von Spermwalen vorhanden. Sie machen den so genannten Walrat aus, der lange Zeit in der Kosmetik als Emulgator für diverse Cremen verwendet wurde.

Erwähnt wurde schon das **Suberin** in Pflanzen, oft auch als Cutin bezeichnet, das zum Großteil aus Polyestern von ω-Hydroxyfettsäuren (z. B. Phellonsäure: 22-Hydroxydocosasäure) besteht. Auch Wachse sind durch Alkalilauge verseifbar.

Eine besondere Klasse von Lipoiden sind die fettlöslichen Begleitstoffe der Fette, die durch Polymerisation von aktivem Isopren (Isopentenylpyrophosphat) entstehen. Hiezu gehört eine große Gruppe von aliphatischen oder zyklischen organischen Verbindungen, die durch Aneinanderfügen von Isoprenbausteinen biosynthetisch entstanden sind.

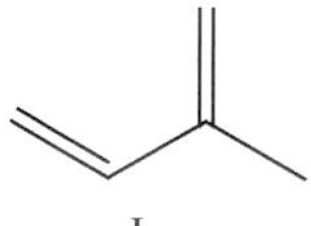

Isopren 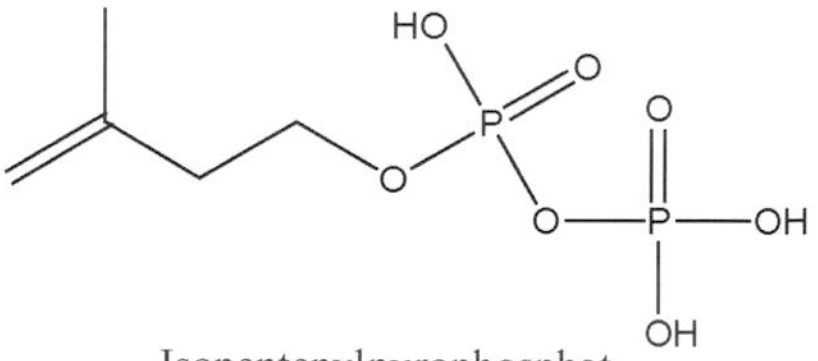                     Isopentenylpyrophosphat

**Abb. 5.11.**    Chemische Struktur von Isopren und Isopentenylpyrophosphat

Isopren, $C_5H_8$, ein verzweigter Kohlenwasserstoff mit zwei zueinander konjugierten Doppelbindungen (Abb. 5.11) kommt selbst in der Natur vor. Er ist z. B. der vorwiegende Kohlenwasserstoff im menschlichen Atem. Eine große Gruppe von aus aktivem Isopren entstandenen Verbindungen sind die **Terpene**. Zu den Terpenen, die nur aus zwei oder drei Isopreneinheiten aufgebaut sind (Mono- und Sesquiterpene), gehören viele wichtige Aromastoffe, auf die in Kapitel 9 näher eingegangen wird.

Zu den Diterpenen, die aus vier Isopreneinheiten aufgebaut sind, gehören z. B. die Gibberellinsäure, ein Phytohormon, das das Längenwachstum bei Pflanzen beeinflusst, Süßstoffe, wie das Steviosid, Komponenten der Koniferenharze, wie die Abietinsäure u. a.

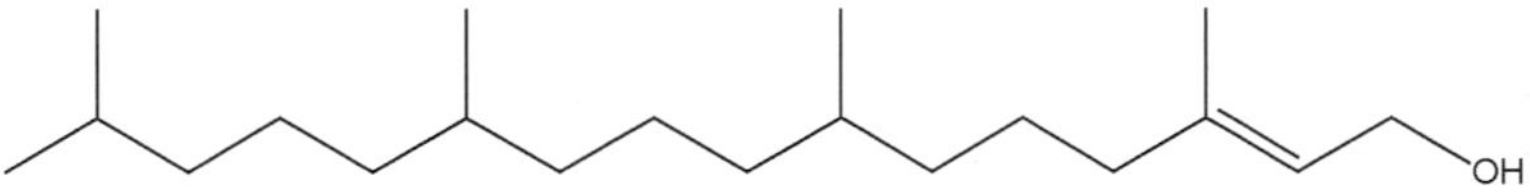

Phytol = 3,7,11,15-Tetramethyl-2-hexadecen-1-ol

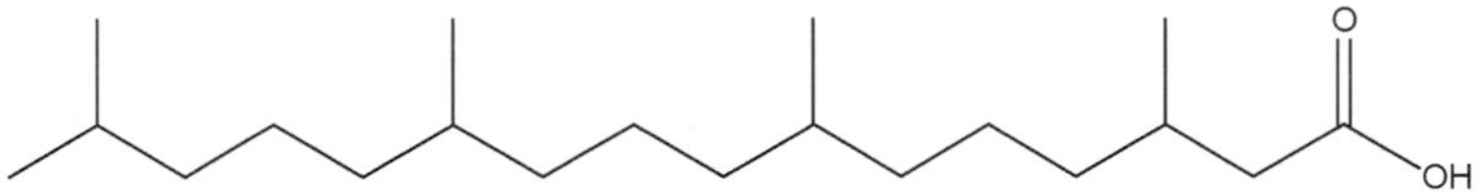

Phytansäure = 3,7,11,15-Hexadecansäure

**Abb. 5.12.** Chemische Struktur von Phytol und Phytansäure

Eine Diterpenstruktur hat auch der Alkohol Phytol, der als Bestandteil in den Vitaminen E und $K_1$ sowie im Chlorophyll vorkommt (Abb. 5.12).

Triterpene bestehen aus sechs Isopreneinheiten. Zu dieser Gruppe gehören die Saponine, ubiquitär vorkommende Pflanzeninhaltsstoffe. Sie haben fast immer einen bitteren Geschmack und wirken hämolytisch. Aus den Steroidsaponinen (C30), wie z. B. Lanosterin (Abb. 5.15), entstehen durch Abbau von drei Methylgruppen zu $CO_2$ die (C27)-Steroide, zu denen auch das Cholesterin gehört. Triterpene sind daher auch Zwischenprodukte bei der Biosynthese der Steroide. Ein anderes Triterpen ist der Kohlenwasserstoff Squalen (Abb. 5.14), ebenfalls ein Zwischenprodukt der Steroidbiosynthese, der in pflanzlichen Fetten, in größerer Menge im Olivenöl, gefunden wird.

Squalen spielt in der Analytik von Olivenöl eine große Rolle. Zu den Triterpenen gehören auch die Limonoide, wichtige Bitterstoffe in Zitrusfrüchten.

Tetraterpene bestehen aus acht Isopreneinheiten (C40). Zu ihnen gehört die als Pflanzenfarbstoffe und Provitamin A wichtige Verbindungsklasse der Carotinoide. Die Biosynthese der isoprenoiden Verbindungen kann durch Medikamente ("Statine", z. B. Lovastatin) gehemmt werden, die manchmal bei zu hohem Blutcholesterinspiegel angewandt werden.

**Steroide** sind immer in pflanzlichen und tierischen Fetten enthalten. Die pflanzlichen Steroide werden als **Phytosterine**, die tierischen als **Zoosterine** bezeichnet.

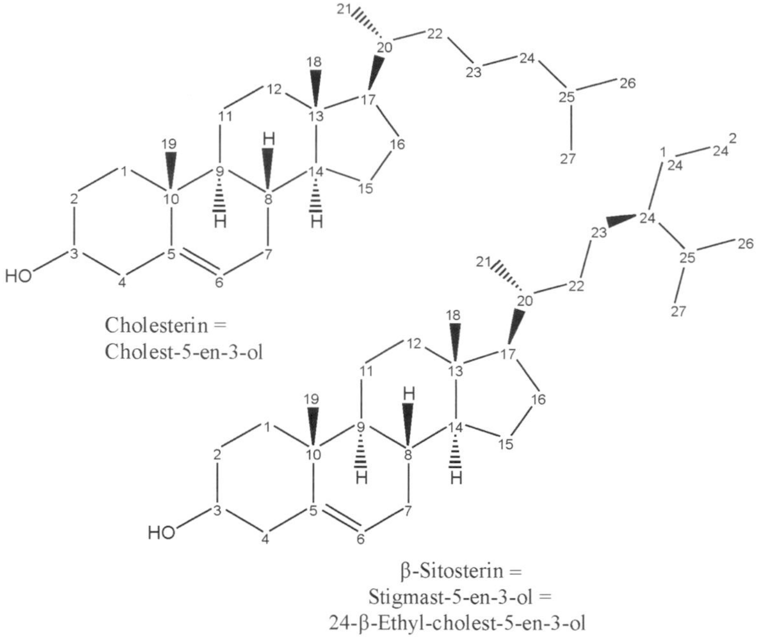

**Abb. 5.13.**    Chemische Struktur von Cholesterin und β-Sitosterin

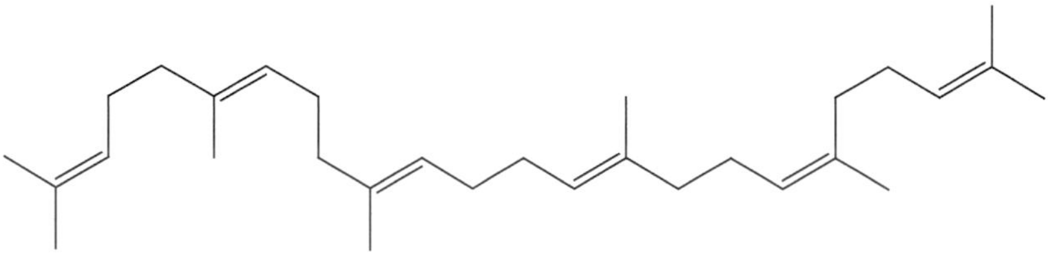

**Abb. 5.14.**    Chemische Struktur von Squalen

Das wichtigste Steroid in tierischen Nahrungsfetten ist das **Choleste-rin** (Abb. 5.13), in pflanzlichen das β-Sitosterin. Der analytische Nachweis von Cholesterin, der aus dem „unverseifbaren Anteil" des Fettes durchge-führt wird, dient der Identifizierung von tierischen Fetten in Lebensmit-teln. Die biosynthetische Vorstufe des Cholesterins ist Lanosterin, das der Phytosterine ist Cycloartenol (Abb. 5.15).

Steroide untereinander und Steroide mit Saponinen bilden sehr leicht durch hydrophob-hydrophobe Wechselwirkungen zusammengehaltene Komplexe. Wegen dieser Wechselwirkungen behindern pflanzliche Steroide oder Saponine, die selbst praktisch nicht resorbiert werden, die Resorption von Cholesterin aus dem Darm und haben dadurch eine cholesterinspiegelsenkende Wirkung im Blut. Cholesterin ist am Aufbau von Zellwänden beteiligt und dient als Ausgangssubstanz für die Biosynthese von Steroidhormonen (Cortison, Sexualhormone, usw.) und von Gallensäuren.

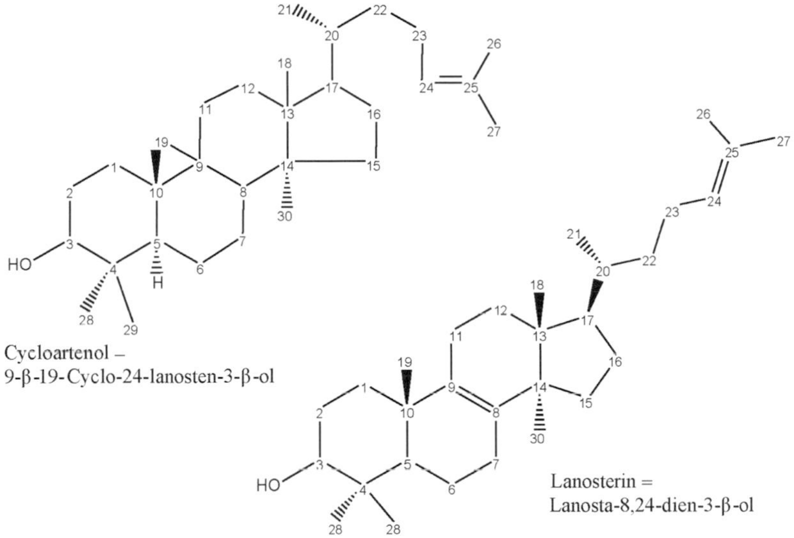

Cycloartenol –
9-β-19-Cyclo-24-lanosten-3-β-ol

Lanosterin =
Lanosta-8,24-dien-3-β-ol

**Abb. 5.15.**     Biosynthetische Vorstufen von Zoosterinen und Phytosterinen

7-Dehydrocholesterin ist die Ausgangssubstanz für die UV-Licht-abhängige Vitamin-$D_3$-Synthese im Organismus. Cholesterin wird daher im tierischen Organismus in Gramm-Mengen (1–2 g/Tag) vor allem in der Leber synthetisiert und zum kleineren Teil durch die Nahrung zugeführt (durchschnittlich etwa 0,5 g/Tag). Wichtige Quellen für die Cholesterinzufuhr sind tierische Fette oder fettreiche tierische Lebensmittel, wie fettes Fleisch, Würste, fetter Käse, Eier usw.

Fette enthalten in der Regel auch geringe Mengen an phenolischen Verbindungen, z. B. Tocopherole, damit also auch Vitamin-E-aktive Substanzen. Andere phenolische Verbindungen in Fetten sind „Lignane", wie z. B. Sesaminol im Sesamöl oder Lariciresinol im Leinöl, die einerseits antioxidative Wirkung haben, andererseits aber analytisch wertvolle Hilfsmittel zur Identifikation der Fette darstellen. Die phenolischen Begleitstoffe werden bei den einzelnen Fetten näher besprochen, ebenso für spezielle Fette charakteristische Begleitstoffe, wie z. B. die Isothiocyanate, die in den Ölen der *Brassicaceae = Cruciferae* vorkommen.

Unter den chemischen Reaktionen der Fette ist deren Reaktion mit Sauerstoff und die damit verbundene Peroxidation, die letzten Endes zum Fettverderb führt, die auffälligste.

## 5.3    Lipidperoxidation

Lipidperoxidation wurde schon vor über 200 Jahren von dem französischen Chemiker Lavoisier am Beispiel des Olivenöls studiert. Er beobachtete die Sauerstoffaufnahme einer Probe von Olivenöl drei Jahre lang. Zu Beginn wurde fast kein Sauerstoff absorbiert, aber mit der Zeit stieg die Aufnahme exponentiell an. Auch heute werden jährlich noch immer viele wissenschaftliche Artikel zu diesem Thema publiziert. Warum gerade Fett besonders empfindlich gegenüber Sauerstoff ist, hängt mit seiner großen Löslichkeit in Lipiden (etwa eine Zehnerpotenz größer als in Wasser) und in organischen Lösungsmitteln zusammen. Die Lipidperoxidation ist eine radikalische Kettenreaktion, die durch Licht und Schwermetallionen stark beschleunigt wird. Die Geschwindigkeit, mit der Fette oxidiert werden, hängt sehr stark von ihrer Fettsäurezusammensetzung ab. Ein hoher Anteil an mehrfach ungesättigten Fettsäuren erhöht die Geschwindigkeit der Lipidperoxidation, verglichen mit einem Fett, das fast nur aus gesättigten Fettsäuren besteht, oft um mehrere Zehnerpotenzen. Die Oxidation der Lipide besteht aus vielen Teilreaktionen, die sehr unterschiedliche Reaktionsprodukte liefern können (Abb. 5.16).

Die Gesamtreaktion ist zumindest biphasisch und besteht aus einer Initiationsphase, während der sich Abbauprodukte nur langsam bilden (auch Lag-Phase genannt), und aus einer exponentiellen Phase, in der die radikalischen Abbauprodukte schon eine so hohe Konzentration erreicht haben, dass neue, Radikale produzierende Abbaureaktionen massiv in den Reaktionsablauf eingreifen. Die hohe Konzentration radikalischer Zwischenprodukte führt dazu, dass das Ausgangsmaterial durch die große Menge der gebildeten Radikale mit immer größerer Geschwindigkeit angegriffen und durch Reaktion mit molekularem Sauerstoff peroxidiert wird. „Radikale" sind dadurch definiert, dass sie chemische Elemente, Ionen oder Verbindungen sind, die ungepaarte Elektronen enthalten. Ungepaarte Elektronen bedingen gleichzeitig ein magnetisches Moment, sodass Radikale auch durch ihren Magnetismus nachgewiesen und charakterisiert werden können (z. B. durch Elektronenspinresonanz).

Der uns umgebende Sauerstoff ist selbst ein Biradikal, d. h., das Sauerstoffmolekül hat zwei ungepaarte Elektronen. Da jede bewegte, ungepaarte elektrische Ladung auch ein magnetisches Moment bedingt, ist der uns umgebende Sauerstoff ein magnetisches Gas **(paramagnetisch)**. Er wird auch als **Triplettsauerstoff** bezeichnet, da seine Spektren im Magnetfeld

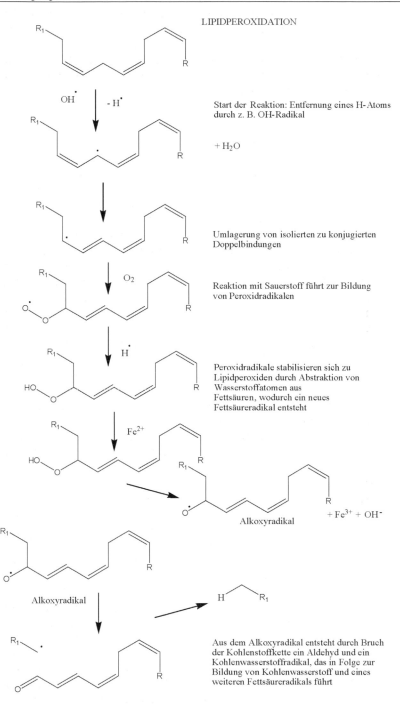

LIPIDPEROXIDATION

Start der Reaktion: Entfernung eines H-Atoms durch z. B. OH-Radikal

Umlagerung von isolierten zu konjugierten Doppelbindungen

Reaktion mit Sauerstoff führt zur Bildung von Peroxidradikalen

Peroxidradikale stabilisieren sich zu Lipidperoxiden durch Abstraktion von Wasserstoffatomen aus Fettsäuren, wodurch ein neues Fettsäureradikal entsteht

Alkoxyradikal

Alkoxyradikal

Aus dem Alkoxyradikal entsteht durch Bruch der Kohlenstoffkette ein Aldehyd und ein Kohlenwasserstoffradikal, das in Folge zur Bildung von Kohlenwasserstoff und eines weiteren Fettsäureradikals führt

**Abb. 5.16.**     Reaktionsschema der Lipidperoxidation

in drei Linien aufspalten. Der Magnetismus des Sauerstoffs wurde schon vor über hundert Jahren durch den englischen Physiker **Faraday** erstmals beschrieben. Wird dem Sauerstoffmolekül Energie zugeführt (rund 93 kJ/Mol), so entsteht der nichtmagnetische (**diamagnetische**), aber um rund vier Zehnerpotenzen reaktionsfähigere **Singlett- oder Singulettsauerstoff**. Der Singlettsauerstoff hat eine sehr kurze Lebensdauer, abhängig vom Milieu (etwa $10^{-6}$ Sekunden), und hat eine chemische Reaktionsfähigkeit etwa wie Chlorgas. Mit Fettsäuren, v. a. mehrfach ungesättigten, reagiert er um etwa vier Zehnerpotenzen schneller als der magnetische Triplettsauerstoff. Singlettsauerstoff ist v. a. bei der Initiation der Lipidperoxidation wichtig, da er in Gegenwart von durch Licht aktivierbaren Molekülen (**Sensitizer**) fotochemisch aus Triplettsauerstoff gebildet werden kann. Solche Sensitizer können auch in Lebensmitteln vorkommen. Wichtig, weil sehr häufig, sind hierbei die Porphyrine. Andere Radikale, die die Initiation der Lipidperoxidation beschleunigen, sind das **Hydroxylradikal**, die **Stickoxide, Halogene, halogenierte Kohlenwasserstoffe**, wie z. B. der Tetrachlorkohlenstoff, und auch das **Ozon (O$_3$)**, das sich an Doppelbindungen C=C addieren kann und über instabile Zwischenprodukte zu einer Spaltung der Kohlenstoffkette führt. Als Spaltprodukte entstehen primär Aldehyde, die durch nachfolgende Reaktionen weiter umgewandelt werden können. Hydroxylradikale und auch Stickoxide, wie z. B. das NO$_2$, entfernen ein Wasserstoffatom von einer aktivierten Methylen-($-$CH$_2-$)-Gruppe. Am leichtesten werden solche Methylengruppen angegriffen, die sich zwischen zwei Doppelbindungen der Fettsäure befinden und von der Carboxylgruppe möglichst weit entfernt sind. Das nach Abstraktion des Wasserstoffatoms entstehende Kohlenstoffradikal reagiert dann sehr leicht mit molekularem Sauerstoff, wodurch das so genannte Peroxyradikal entsteht, das durch Abstraktion eines Wasserstoffatoms von einer aktivierten CH$_2$-Gruppe einer Fettsäure das relativ stabile Hydroperoxid bildet. Zurück bleibt ein neues Kohlenstoffradikal, das nach dem eben beschriebenen Modus in ein neues Molekül Hydroperoxid umgewandelt wird. Auf diese Weise kommt es zu einer Kettenreaktion. Als Folge der Abstraktion eines Wasserstoffatoms einer aktivierten Methylengruppe kommt es zu einer Isomerisierung der durch CH$_2$-Gruppen getrennten (isolierten) Doppelbindungen zu konjugierten Doppelbindungen. Die Bildung konjugierter Doppelbindungen im Fett kann durch Messung der Absorption im UV-Bereich (Maximum 234 nm bei zwei konjugierten Doppelbindungen) nachgewiesen werden. Nicht oxidierte Fette haben keine Absorption im UV-Bereich des Spektrums. Mit steigender Anzahl der konjugierten Doppelbindungen verschiebt sich das Absorptionsmaximum in den längerwelligen Bereich (drei konjugierte Doppelbindungen 268 nm, vier 403 nm). Lipidperoxidation kann auch durch Metallenzyme (Lipoxygenasen oder Lipoxydasen) katalysiert werden. Diese Enzyme sind sehr häufig in fettliefernden Pflanzen nachgewiesen worden, sie sind aber auch in tierischen Geweben enthalten. Als Metallion enthalten sie meist dreiwertiges Eisen, das über Histidin an das Protein gebunden ist. Mit zweiwertigem Eisen ist die Lipoxydase inaktiv. **Fettsäurehydroperoxide** bilden sich nicht nur in Speisefetten, sondern bei vermehrter physikalischer Belastung, Stress und Krankheit auch in lebenden Organismen. Weiters scheint die Lipidperoxidation auch eine zentrale Rolle bei der Zellentwicklung und Differenzierung sowie dem Alterungsprozess zu spielen.

**Lipidhydroperoxide** sind metastabile Zwischenprodukte der Lipidperoxidation, die meist durch schwermetallkatalysierte Folgereaktionen weiter umgesetzt werden. Dabei werden neue radikalische Zwischenprodukte gebildet, die zu Verzweigungen der Kettenreaktion und zu einer Reihe von Abbauprodukten führen, die zum Teil für das typische ranzige Aroma oxidierter Fette verantwortlich sind. Umgekehrt spielen durch Lipidperoxidation gebildete Aromastoffe auch eine wesentliche Rolle bei der Aromatisierung von Lebensmitteln und in der Parfümerie. Sie sind chemisch gesehen meist ungesättigte Aldehyde mit einer Kohlenstoffanzahl bis etwa zehn. Ein Beispiel wäre der den Geruch von Heu vermittelnde Blätteraldehyd (Hexen-2-al-1).

**Hydroperoxide** der Fettsäuren werden meist reduktiv durch niedervalente Schwermetallionen ($Fe^{2+}$, $Cu^+$, $Mn^{2+}$) oder auch reduzierte Hämproteine (Ferrocytochrom C, Myoglobin etc.) bzw. andere geeignete Metallkomplexe heterolytisch gespalten. Dabei bildet sich ein Hydroxylion ($OH^-$) und ein so genanntes **Alkoxyradikal** ($RO^{\cdot}$):

$$\boxed{ROOH + Fe^{2+} \rightarrow RO^{\cdot} + OH^- + Fe^{3+}.}$$

Das Alkoxyradikal kann dann wieder mit einer aktivierten $CH_2$-Gruppe der Fettsäure reagieren,

$$\boxed{RO^{\cdot} + -CH_2- \rightarrow ROH + -CH'-,}$$

und damit die Kettenreaktion beschleunigen. Alternativ können sich Alkoxyradikale auch in einen Aldehyd umlagern, unter gleichzeitiger Spaltung der Kohlenstoffkette und Bildung eines neuen Kohlenwasserstoffradikals:

$$\boxed{R\text{-}CHO^{\cdot}\text{-}R \rightarrow RCHO + R^{\cdot}, \quad R^{\cdot} + -CH_2- \rightarrow RH + -CH^{\cdot}.}$$

Die während der Lipidperoxidation gebildeten Kohlenwasserstoffe stammen hauptsächlich aus der Oxidation der Linol- und der α-Linolensäure. Linolsäure liefert Pentan und Linolensäure Ethan. Die Messung der gebildeten Kohlenwasserstoffe durch einen Gaschromatografen ermöglicht auch die Bestimmung der Lipidperoxidation in lebenden tierischen und pflanzlichen Organismen.

| Malondialdehyd = 1,3-Propandialdehyd | 4-Hydroxynonenal |

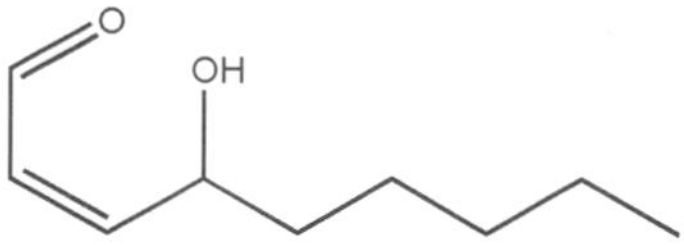

**Abb. 5.17.**    Chemische Struktur von Malondialdehyd und 4-Hydroxynonenal

Ein weiteres wichtiges Abbauprodukt ist der **Malondialdehyd**. Er bildet sich in höheren Konzentrationen bei der Oxidation von hoch ungesättigten Fettsäuren und wird als Maß für die Bildung von Abbauprodukten der Fettsäuren analytisch in Lebensmitteln, aber auch im klinischen Labor, durch die Reaktion mit Thiobarbitursäure bestimmt. Ein physiologisch interessantes Abbauprodukt der Lipidperoxidation ist auch das **4-Hydroxynonenal**, das ähnlich wie der Malondialdehyd leicht mit freien Aminogruppen der Proteine reagiert und dadurch Störungen im Stoffwechsel verursachen kann (Abb. 5.17). Die Lipidperoxidation kann eine Umlagerung der cis-Stellung der Wasserstoffatome an der Doppelbindung in die trans-Stellung verursachen. Essenzielle Fettsäuren verlieren dadurch ihre spezielle Funktion im Stoffwechsel und werden zu gewöhnlichen Fettsäuren. In Tieren und Pflanzen können Lipidperoxide auch enzymatisch zu den entsprechenden Alkoholen reduziert werden. Wichtigstes Enzym im tierischen Organismus hierfür ist die Glutathionperoxidase. Hierbei ist Glutathion das Reduktionsmittel, das zum Disulfid oxidiert wird.

$$2 \text{ R-SH-} \rightarrow \text{R-S-S-R} + 2e\text{-} + 2H^+ \quad ROOH + 2e\text{-} + 2H^+ \rightarrow ROH + H_2O.$$

Auch Hämproteine, wie Katalase, Peroxidase und Cytochrom c, verwerten Lipidperoxide als Substrate und können sie in Gegenwart von meist phenolischen Reduktionsmitteln zumindest teilweise zu den entsprechenden Alkoholen reduzieren. Allerdings ist der Porphyrinring dieser Hämproteine selbst durch Lipidperoxide oxidierbar, was zur Zerstörung der Porphyrine, zur Inaktivierung der betreffenden Hämproteine, zur Freisetzung von Eisenionen und damit zu einer beschleunigten Fettoxidation führt.

Die Lipidperoxidation in Lebensmitteln ist auch durch deren Wassergehalt beeinflusst und erreicht ein Minimum bei einer Wasseraktivität von 0,3. Darunter und über diesem Wert ist die Geschwindigkeit der Lipidperoxidation höher und findet auch in getrockneten Lebensmitteln statt. Die Oxidationsgeschwindigkeit steigt mit der Temperatur, daher bietet das kühle Lagern von Lebensmitteln einen gewissen Schutz. Auch der Ausschluss von Licht, v. a. von UV-Licht, verbessert die Haltbarkeit der Fette. Eine weitere Verbesserung der Haltbarkeit wird durch die Überführung von Schwermetallspuren in nicht Sauerstoff aktivierende Komplexe erreicht (z. B. Komplexierung von Eisen durch Citronensäure).

Auch die Verdrängung des Sauerstoffs durch Stickstoff ist zielführend, allerdings ist es praktisch unmöglich, den Sauerstoff quantitativ zu entfernen.

Das Erhitzen der Fette auf hohe Temperaturen, wie es beim Braten oder Frittieren erfolgt, führt auch bei Ausschluss von Sauerstoff zum Ablauf vielfältiger radikalischer Reaktionen. Sofern Peroxide gebildet werden, zerfallen sie bei diesen hohen Temperaturen äußerst rasch, wobei wieder radikalische Strukturen gebildet werden, die miteinander in Reaktion treten und zur Bildung von oligomeren oder polymeren Fetten führen. Die Viskosität der Fette steigt dabei sehr stark durch die Bildung größerer Aggregate an. Die Verknüpfung der Triglyceride kann durch Bindungen –C–C– oder durch Bindungen –C–O–C– erfolgen. Das „**Eindicken" von Ölen** wird technisch zur Erzeugung von druckfesten Hydraulikölen angewandt. Physiologisch werden die durch Erhitzen gebildeten Triglyceridaggregate nicht resorbiert und stören meistens nur die Darmflora. Sie sind nicht als weniger toxisch zu betrachten, als die Lipidperoxide.

Ein anderer Weg des Fettverderbs ist die enzymatisch (Lipasen-)katalysierte Hydrolyse der Triglyceride. Pflanzen, Tiere und Mikroorganismen enthalten Lipasen, die auch bei Gegenwart von geringsten Mengen von Wasser enzymatische Aktivität ausüben können. Sie hydrolysieren emulgierte Fette und sind in der Grenzschicht Wasser-Fett lokalisiert. Reaktionsprodukte der Fettspaltung sind Glycerin, freie Fettsäuren und teilweise mit Fettsäuren verestertes Glycerin (Mono- und Diester). Die Mono- und Diester des Glycerins wirken neben den Gallensäuren als Emulgatoren für die Triglyceride und begünstigen damit wieder deren Spaltung. Durch die Abspaltung von Fettsäuren werden die Lipide insgesamt hydrophiler. Die Aktivität der Lipasen wird durch Calciumionen gesteigert. Manche Lipasen, wie z. B. die Milchlipase, können auch durch mechanische Operationen (Umrühren, Homogenisieren) oder thermisch, durch Abkühlen oder Erwärmen, aktiviert werden. In Ölsaaten sind Lipasen im ruhenden Samen inaktiv, werden aber beim Zerkleinern des Samens aktiviert. Lipasen aus Mikroorganismen sind oft hitzestabil. Neben der Abspaltung von Fettsäuren können Lipasen auch die Umesterung von Fettsäureglycerinestern katalysieren (siehe auch den nachfolgenden Abschnitt). Die Abspaltung von niederen und mittleren Fettsäuren aus den Glycerinestern ist der Grund für ranzigen Geruch und Geschmack, wobei freie Buttersäure (C4:0), Capronsäure (C6:0) und Caprinsäure (C8:0) die sensorisch aktivsten Komponenten sind. So werden bereits etwa 30 mg Capronsäure pro kg Fett sensorisch als ranzig wahrgenommen.

Beim tierischen Organismus ist die Bauchspeicheldrüse das wichtigste Organ, das die für die Fettverdauung notwendigen Lipasen produziert, die durch Gallensäuren aktiviert werden. Auch im Mund tritt Fettspaltung durch eine von der Zunge sezernierte Lipase auf. Eine spezielle Gruppe von Lipasen sind die Lipoproteinlipasen, die an Lipoproteine gebundene Triglyceride spalten, die Cholesterinesterase, die für die Spaltung der Cholesterinester notwendig ist, und die Phospholipasen, die auf den Abbau von polaren Lipiden, wie es die Phospholipide sind, spezialisiert sind.

Die **Ketonranzigkeit** entsteht beim mikrobiellen Abbau der Fettsäuren gemäß dem Schema der β-Oxidation. Als Zwischenprodukte entstehen dabei die β-Ketosäuren, aus denen durch enzymatisch katalysierte Decarboxylierung die Methylketone entstehen:

$$RCOCH_2COOH \rightarrow RCOCH_3 + CO_2.$$

Neurospora-, Aspergillus- und Rhizopusarten gehören zu den Mikroorganismen, die Methylketone bilden. Das Methylpentyl- und das Methylheptylketon sind wichtige Aromastoffe, die das Aroma von Gorgonzola, Blauschimmel- und Roquefortkäse vermitteln.

## 5.4    Technologische Gewinnung von Fetten

Die **Umesterung** von Fetten ist katalysiert durch Basen, Säuren und Lewissäuren und ist heute ein wichtiger technischer Prozess geworden, der es erlaubt, die Fettsäuremuster von Fetten zu verschieben. Auch durch Lipasen können Umesterungen, wie oben erwähnt, katalysiert werden. Mit diesem Verfahren kann die Stellung der Fettsäuren am Glycerin verändert werden, z. B. der Schmelzpunkt des Fettes, bei praktisch gleich bleibendem Fettsäuremuster. In manchen Ländern hat das Verfahren bei der Margarineproduktion Bedeutung. Für Speisefette ist die Umesterung in vielen Ländern verboten.

Allerdings hat in neuerer Zeit die Umesterung der Triglyceride zu Methylestern in Europa größere Bedeutung zur Herstellung von Dieselkraftstoffen, so genanntem „Biodiesel" aus Ölsaaten, meist Rapsöl, gewonnen. Hier werden, meist mit Natriummethylat als Katalysator, aus den Triglyceriden durch Zugabe von Methanol die Methylester der Fettsäuren erzeugt. Dabei entsteht freies Glycerin, das wasserlöslich ist und leicht abgetrennt werden kann. Die Fettsäuremethylester werden dann als biogener Dieseltreibstoff verwendet. Die Triglyceride selbst sind wegen ihres hohen Siedepunktes und der Verharzung des Glycerins bei den hohen Verbrennungstemperaturen für diese Anwendung weniger geeignet. Die Umwandlung der Triglyceride in Fettsäuremethylester spielt bei der gaschromatografischen Analyse der Fettsäurezusammensetzung eines Fettes eine entscheidende Rolle (siehe den analytischen Teil des Abschnitts).

Die **Fetthärtung (Fetthydrierung)** hat das Ziel, den Schmelzpunkt der Fette anzuheben. Da bei Zimmertemperatur flüssige Fette immer einen hohen Gehalt an ungesättigten Fettsäuren haben, ist es naheliegend, dass man den Schmelzpunkt erhöhen kann, wenn der Gehalt an ungesättigten Fettsäuren vermindert wird. Dies erreicht man dadurch, dass man die Anzahl der enthaltenen Doppelbindungen durch Anlagerung von Wasserstoff vermindert. Das technische Verfahren, das zu diesem Zweck verwendet wird, ist die katalytische Hydrierung. Molekularer Wasserstoff wird durch Metallkatalysatoren dadurch aktiviert, dass intermediär atomarer Wasserstoff generiert wird, der sehr viel reaktionsfähiger ist und leichter mit der Doppelbindung HC=CH reagiert. In mehrfach ungesättigten Fettsäuren haben die Doppelbindungen nicht die gleiche Reaktionsfähigkeit. In der Regel ist die von der Carboxylgruppe am weitesten entfernte Doppelbindung die reaktionsfähigste. Linolensäure (C 18:3) wird also zuerst zur Linolsäure (C 18:2) und in weiterer Folge zur Ölsäure (18:1) hydriert, bevor letzten Endes die Stearinsäure gebildet wird. Allerdings kann es dabei auch zu Umlagerungen an der Doppelbindung kommen: Die natürlich vorkommenden, cis-ungesättigten Fettsäuren können teilweise zu trans-Fettsäuren umgelagert werden, die dann keine essenziellen Fettsäuren mehr sind. trans-Fettsäuren haben durchwegs einen höheren Schmelzpunkt als die entsprechenden cis-Isomere. Manche trans-Fettsäuren, wie die Isolinolsäure, werden leichter oxidiert als die Linolsäure selbst. Das Abbauprodukt 6-trans-Nonenal ist geschmacksaktiv und verursacht den so genannten Härtungsgeschmack. Bei der Fetthydrierung kommt es in geringem Ausmaß zu Verschiebungen von Doppelbindungen – aus isolierten werden konjugierte Doppelbindungen –, deren Bildung am Anstieg der UV-Absorption (234 nm und 270 nm) erkannt werden kann. Auch im Pansen von Wiederkäuern findet eine, durch dort angesiedelte Mikroorganismen verursachte, enzymatische Fetthydrierung (Transhydrogenase) statt. Auch bei der enzymatischen Wasserstoffanlagerung entstehen teilweise trans-Fettsäuren, die dann in das Körperfett oder in das Milchfett der Tiere eingelagert werden. Desgleichen entstehen auch geringe Mengen an Fettsäuren mit konjugierten Doppelbindungen.

Die Metallkatalysatoren, die zur Hydrierung verwendet werden, sind durchwegs Nebengruppenelemente des Periodensystems. Am aktivsten sind Elemente der achten Nebengruppe, wie Palladium oder Platin. Aus Kostengründen werden diese Metalle bei technischen Prozessen nicht verwendet, sondern das ebenso der achten Nebengruppe angehörende Nickel. Auch Verbindungen des Nickels mit Schwefel ($Ni_3S_2$) sowie mit Silber oder Kupfer, beides Elemente der ersten Nebengruppe, werden verwendet. Der Zusatz von Elementen der ersten Nebengruppe verringert die Bildung von trans-Fettsäuren, da sie einen stabilisierenden Einfluss auf die cis-Doppelbindungen ausüben. Um den molekularen Wasserstoff aktivieren zu können, müssen die Katalysatoren in möglichst fein verteilter Form vorliegen, da sich der katalytische Vorgang an der Oberfläche abspielt. Je größer die Oberfläche, desto aktiver auch der Katalysator. Zu diesem Zweck werden die Metalle auf Trägermaterialien mit großen Oberflächen (Silicat, Aluminiumoxid, Aktivkohle) ausgefällt. Nach der Hydrierung werden die Katalysatoren durch Filtration aus dem Fett entfernt und können mehrmals wieder verwendet werden, bevor sie für die weitere Verwendung zu inaktiv sind.

Die Fetthärtung, die als technisches Verfahren seit 1905 in Verwendung ist, hat große Bedeutung bei der Herstellung der Ausgangsmaterialien für die Erzeugung von Margarine und einer Vielzahl von Back-, Brat- und Frittierfetten. Das Spektrum möglicher Ausgangsstoffe für solche Anwendungen wird dadurch sehr erweitert. Der Schmelzpunkt flüssiger Fette (Öle) kann durch Hydrierung so weit erhöht werden, dass die Konsistenz für die verschiedenen Anwendungen optimal wird. Öle, die durch ihren hohen Gehalt an mehrfach ungesättigten Fettsäuren chemisch sehr instabil sind, wie z. B. linolensäurereiche Pflanzenfette oder Fischöle, können durch Hydrierung haltbarer, d. h. gegen Oxidation beständiger gemacht werden. Fettbegleitstoffe, die Doppelbindungen C=C enthalten, können im Verlauf der Fetthydrierung ebenfalls Wasserstoff anlagern, wodurch in den meisten Fällen ihre physiologische Funktion verloren geht. Davon betroffen sind v. a. die Carotinoide, aber auch Steroide. Cholesterin z. B. würde zu Dihydrocholesterin hydriert. Die Doppelbindungen in phenolischen Verbindungen werden durch die Fetthydrierung wenig angegriffen. Die Fetthydrierung ist ein exothermer Vorgang, d. h. pro abgesättigter Doppelbindung wird eine bestimmte Wärmemenge an die Umgebung abgegeben. Dieser Umstand kann auch zur kalorimetrischen Messung der Anzahl der hydrierten Doppelbindungen verwendet werden. Eine andere Möglichkeit ist die quantitative Messung der Anlagerung von Iod an die Doppelbindungen. trans-Fettsäuren können durch Infrarot-Spektroskopie bestimmt werden.

Die **Fettraffination** ist ein wichtiges technisches Verfahren, das zum Entfernen unerwünschter Fettbegleitstoffe dient, die einerseits aus den Gewinnungsverfahren der Fette stammen oder andererseits bei deren Lagerung entstehen. Besonders die durch Extraktions- und Schmelzverfahren oder durch Pressen bei erhöhter Temperatur gewonnenen Rohfette bedürfen einer Nachbehandlung durch Raffination. Das Rohfett enthält oft geringe Mengen an Trübstoffen (Kohlenhydrate, Eiweiß oder Addukte davon), auch Schleimstoffe genannt, freie Fettsäuren, Kohlenwasserstoffe, Reste von Lösungsmitteln aus der Extraktion, Farbstoffe, phenolische Verbindungen, Rückstände von Pestiziden, Phospholipide u. a. Die Fettraffination besteht aus den folgenden Schritten: Abtrennung der Phospholipide, Entfernung der Schleimstoffe durch Behandlung mit verdünnter Phosphorsäure oder Schwefelsäure, Abtrennung der freien Fettsäuren durch Wasserdampfdestillation oder durch Behandlung mit kalter, meist 15%iger Natronlauge, Bleichen des Fettes durch Zugabe von Adsorptionsmitteln und Desodorierung (Dämpfung) zur Entfernung von unerwünschten Aromastoffen.

Die Abtrennung der Hauptmenge der Phospholipide erfolgt bei Temperaturen zwischen 80 und 95 °C durch Zugabe von geringen Mengen Wasser (etwa 3 %). Die Hauptmenge der Phospholipide reichert sich in der Grenzschicht Fett/Wasser an und kann mit Hilfe von Separatoren abgetrennt werden. Danach werden im gleichen Temperaturbereich, meist durch Behandlung mit 0,1 % Phosphorsäure, die Schleimstoffe gefällt und nach Zusatz von Filterhilfsmitteln (Aluminosilicaten) abfiltriert. Langkettige Fettsäuren werden durch Umwandlung in Natriumseifen und anschließende Extraktion mit Wasser entfernt, kurzkettige (bis C10:0) sind wasserdampfflüchtig und können durch Einblasen von Dampf oft leichter entfernt werden, da die Seifen mit dem Fett sehr leicht Emulsionen bilden. Desgleichen lassen sich durch Wasserdampf auch flüchtige Kohlenwasserstoffe und Reste von Lösungsmitteln aus der Extraktion entfernen. Um die überschüssigen Farbstoffe abzuscheiden und das Fett damit aufzuhellen, werden die gefärbten Substanzen durch Zugabe von Filtererden (Aluminosilicate oder Tierkohle) gebunden. Gefärbte Substanzen enthalten im Allgemeinen eine große Anzahl von $\pi$-Elektronen, die mit den $\pi$-Elektronen des Kohlenstoffs bevorzugt in Wechselwirkung treten und damit aus dem Fett abgeschieden werden. Auch polyzyklische aromatische Kohlenwasserstoffe werden durch dieses Verfahren entfernt. Die Doppelbindungen in mehrfach ungesättigten Fettsäuren können während dieses Schrittes zu einem geringen Prozentsatz zu konjugierten isomerisiert werden. Dadurch steigt auch die UV-Absorption des Fettes, was zum Nachweis der Raffination verwendet werden kann.

Desodorieren geschieht durch Erhitzen auf etwa 200 °C unter vermindertem Druck (1–6 mbar) über längere oder kürzere Zeiträume (von wenigen Minuten bis zu mehreren Stunden). Dabei wird wieder Wasserdampf durch das geschmolzene Fett geleitet, um die flüchtigen Stoffe zu entfernen. Die Vorgänge während der Fettraffination beeinflussen das Fett ernährungsphysiologisch nicht nachteilig, mit Ausnahme des Verlustes der im Fett enthaltenen natürlichen Antioxidanzien, besonders der Tocopherole. Daher müssen raffinierten Ölen Antioxidanzien nachträglich wieder zugesetzt werden, um ihre Haltbarkeit zu verbessern.

### 5.4.1 Herstellung von Speisefetten und Ölen

Die verwendeten technischen Verfahren haben im Laufe der Zeit viele Änderungen erfahren, sodass heute alte und neue Technologien parallel im Einsatz sind. Früher war das Pressen des fetthaltigen Pflanzenmaterials die Hauptgewinnungsmethode pflanzlicher Fette, wie sie es im Prinzip heute noch immer ist (z. B. **hydraulisches Pressen** von Olivenöl). Besondere Qualität haben die kalt gepressten Öle, während die warm gepressten zum menschlichen Genuss vorher einer Raffination unterzogen werden müssen.

Die Hauptmenge der Pflanzenfette wird heute durch **Lösungsmittelextraktion** gewonnen. Das Verfahren wurde schon Mitte des 19. Jahrhunderts vorgeschlagen und etwa 50 Jahre später in der technischen Praxis eingeführt. Das fetthaltige Pflanzenmaterial, meist Samen, wird zwischen heißen Walzen gemaischt, wobei die darin enthaltenen Proteine denaturiert werden, was die nachfolgende Fettextraktion erleichtert. Die Extraktion wird mit organischen Lösungsmitteln im Gegenstromverfahren durchgeführt: Das frische Extraktionsgut trifft auf das schon ölreiche Extraktionsmittel, während das frische Lösungsmittel auf die schon fast ausgelaugte Maische trifft. Das Lösungsmittel wird durch Destillation vom Rohfett getrennt und in den Prozess zurückgeführt. Die Rückstände der Extraktion und auch der Pressung werden als proteinreiches Tierfutter verwendet.

Tierische Fette werden meist durch **Ausschmelzen** des Fettes aus der Proteinmatrix hergestellt. Die Proteinmatrix, in die die Triglyceride eingelagert sind, ist eine spezielle Art von Bindegewebsprotein, das beim Schmelzprozess denaturiert wird. Das fetthaltige Gewebe wird leicht von Mikroorganismen befallen, was zu geschmacklichen Veränderungen im Fett führen kann und sich analytisch in einem Anstieg der freien Fettsäuren äußert. Diese Art der Fettgewinnung sollte daher möglichst rasch erfolgen.

Im Prinzip gibt es zwei Verfahren zum Ausschmelzen des Fettes. Beim **Trockenschmelzverfahren** wird das Fett in direkt befeuerten oder mit Wasserdampf beheizten Schmelzkesseln ausgeschmolzen. Beim **Nassschmelzverfahren** wird das zerkleinerte Fettgewebe direkt mit heißem Wasser oder Wasserdampf in geschlossenen oder offenen Kesseln behandelt. Das im Wasser emulgierte Fett wird durch Pressen oder Zentrifugieren abgetrennt.

Das Nassschmelzverfahren ist schonender als das Trockenverfahren, da die Temperatur des Wassers oder des Wasserdampfes nur wenig über der Schmelztemperatur des Fettes liegen muss und der Temperaturgradient zwischen außen und innen gering ist. Das nach dem Nassschmelzverfahren gewonnene Fett hat andere Eigenschaften (Geschmack, Aroma) als das nach dem Trockenschmelzverfahren gewonnene. Heute wird technisch fast nur mehr mit dem Nassschmelzverfahren produziert.

Knochenfett kann aus zerkleinerten Knochen durch bewegtes Wasser in der Kälte gewonnen werden. Es darf zu Speisezwecken nicht verwendet werden.

## 5.5    Ernährungsphysiologische Aspekte

Ernährungsphysiologisch stellen die Fette die energiereichste Form der Ernährung dar.

| Nährstoff | Energiegehalt [kcal/Mol] |
|---|---|
| Pflanzenfett gesättigt | 9,48 |
| Pflanzenfett ungesättigt | 9,33 |
| Glucose | 3,76 |
| Saccharose | 3,96 |

Der Energieinhalt der Kohlenhydrate ist ähnlich dem der Proteine. Fette mit ungesättigten Fettsäuren weisen einen geringeren Energieinhalt auf, weil sie weniger oxidierbaren Wasserstoff enthalten. Ein Organ, das seinen Energiebedarf vorwiegend aus Fetten deckt, ist der Herzmuskel. Theoretisch wird dies dadurch begründet, dass das Herz seinen Betrieb auch dann aufrechterhalten muss, wenn dem Organismus keine energieliefernde Nahrung zugeführt wird. Fette haben neben ihrer Funktion als Energieversorger und Energiespeicher für den Organismus aufgrund ih-

rer hydrophoben Eigenschaften auch sehr große Bedeutung als Bestandteile von Membranen und Zellwänden. Lipide bilden durch ihre Hydrophobizität mit der wässrigen Phase kein homogenes System und können
dadurch eine „Wand" aufbauen. Fettreiche Gewebe übernehmen für den
Organismus auch die Funktion von Stoßdämpfern. Essenzielle Fettsäuren
haben darüber hinaus eine „Precursor"-Funktion für die Biosynthese von
Gewebshormonen (Prostaglandine, Leukotriene, Thromboxane).

Auch die Fette haben eine artspezifische chemische Zusammensetzung. Das Milchfett der Kuh hat eine andere Fettsäure-Zusammensetzung
als das der Ziege, usw. Während der Verdauung verschwinden diese artspezifischen Unterschiede dadurch, dass Lipasen die Triglyceride der
Nahrung zu Glycerin und Fettsäuren hydrolysieren. Die Fettverdauung
findet hauptsächlich im Darm statt, die wichtigste Lipase ist die Pankreaslipase. Daneben ist vor allem bei Kindern Lipaseaktivität auch im Magen
vorhanden. Während der Fettverdauung bilden sich zum Teil, als Zwischenprodukte des Abbaus, Mono- und Diglyceride aus den Triglyceriden. Die nur teilweise veresterten Glycerinderivate wirken, weil sie
hydrophiler sind, emulgierend auf die Triglyceride und erleichtern so den
Abbau durch die Lipase. Weitere Emulgatoren sind die Gallensäuren, die,
wie der Name sagt, von der Galle sezerniert werden und chemisch Oxidationsprodukte des Cholesterins, konjugiert mit Abbauprodukten von
Aminosäuren, darstellen (z. B. Taurocholsäure oder Glykocholsäure, Tau-
rodeoxycholsäure und Glykodeoxycholsäure – Strukturformeln siehe bei
den Emulgatoren, Abb. 16.40). Gallensäuren bestehen aus einem hydrophilen Aminosäureanteil und einem hydrophoben Molekülteil (Steroidan-
teil) und haben, bedingt durch diesen Aufbau, emulgierende Wirkung.
Der in den Zwölffingerdarm eintretende Nahrungsbrei induziert die Sekretion verschiedener Hormone des Darmtraktes (Cholezystokinin, Sekre-
tin, Pankreozymin), die die Kontraktion der Galle bewirken und damit
die Sekretion der Gallenflüssigkeit in den Darm. Gallensäuren können
teilweise aus dem Darm resorbiert und über die Leber wieder an die Galle
abgegeben werden. Auch die Bauchspeicheldrüse (Pankreas) wird angeregt und die Sekretion der Pankreaslipase dadurch stimuliert. Durch ihre
emulgierende Wirkung und durch Steigerung des pH-Wertes auf 6–7 in
den Bereich des pH-Optimums des Enzyms erhöhen die Gallensäuren die
Aktivität der Pankreaslipase um bis zu vier Zehnerpotenzen. Pankreaslipase spaltet die Triglyceride in den Positionen 1 und 3. Als Hauptreakti-
onsprodukt entstehen Glycerin-2-Monofettsäureester. Verschiedene Esterasen spalten Cholesterinester zu freiem Cholesterin und Phospholipide, wie Lecithin, zu **Lysolecithin**, einem Phospholipid, an dessen
C2-Position die Fettsäure abgespalten ist. Fettsäuren werden dadurch
freigesetzt. Sie bilden mit Lysophosphoglyceriden, Cholesterin, Monogly-
ceriden und den Gallensäuren **Micellen**, die an den Mikrovilli der Darmschleimhaut wieder dissoziieren und freie Fettsäuren, Monoglyceride,
Lysophosphatide und Cholesterin zur Diffusion durch die Darmwand
freigeben. Die langkettigen freien Fettsäuren werden in der Darmwand
aktiviert und an Coenzym A gebunden. In dieser aktivierten Form wer-

den sie durch 2-Glycerinmonoesterase gespalten, und es bilden sich erneut Triglyceride (katalysiert durch Transacylasen und Acyltransferasen). Ein alternativer Biosyntheseweg der Triglyceride führt über den Glycerin-1-Phosphorsäureester, dessen freie Hydroxylgruppen dann mit aktivierten Fettsäuren zu Phosphatidylsäure verestert werden. Durch Abspaltung der Phosphorsäure und Übertragung von aktivierter Fettsäure auf die freie Hydroxylgruppe bilden sich Triglyceride oder aber Phospholipide, z. B. bei Übertragung von Colamin oder Cholin.

Im Blut oder in der Lymphe werden Triglyceride und Phospholipide transportiert, gebunden an Proteine (Lipoproteine): **Chylomikronen**, Very-low-Density-Lipoprotein **(VLDL)**, Low-Density-Lipoprotein **(LDL)** und High-Density-Lipoprotein **(HDL)**. Der Anteil der Phospholipide in diesen Lipoproteinen liegt um die 20 % (19–24 %), wobei die Konzentration von „Low-Density" zu „High-Density" steigt.

**Lipoproteine** sind komplexe Lipid-Protein-Aggregate, die den Transport wasserunlöslicher Lipide in den wässrigen Körperflüssigkeiten möglich machen. Lipoproteine werden nach ihrer Dichte, bestimmt durch Zentrifugation in einem Dichtegradienten in der Ultrazentrifuge, eingeteilt. Eine andere Einteilung ergibt sich durch ihre elektrophoretische Beweglichkeit in Agarose-Gel, entsprechend werden sie in α- (HDL), pre-β- (VLDL) und β-Lipoprotein (LDL) eingeteilt. Die Lipid-Protein-Aggregate bestehen aus unterschiedlichen Anteilen an Proteinen **(Apolipoproteine)**, Triglyceriden, Phospholipiden, Cholesterinestern und freiem Cholesterin. In den Aggregaten sind die lipophileren Bestandteile (Triglyceride, Cholesterinester) im Inneren, die hydrophileren (Apoproteine, Phospholipide, Cholesterin) an der Oberfläche lokalisiert. Jede Art von Lipoprotein (VLDL, LDL, HDL) enthält artspezifische Apolipoproteine, die sich durch ihre elektrophoretische Wanderung und durch ihr Molekulargewicht unterscheiden. Besonders komplex ist dabei das HDL aufgebaut, das neben mehreren Apolipoproteinen und dem „Platelet Activating Factor" (PAF) auch Enzyme enthält, z. B. Lecithin-Cholesterinacyltransferase (LCAT), Paraoxonase u. a. LCAT katalysiert die Synthese von Cholesterinestern aus Cholesterin und lecithingebundenen Fettsäuren. Dabei wird Cholesterin und Lecithin aus Chylomikronen, VLDL, nach Abgabe ihres Triglyceridanteils an die Leber („Remnants"), aufgenommen. Mithilfe eines Phospholipidtransferproteins (PLTP) kann HDL Phospholipide und Cholesterin auch von LDL aufnehmen.

Paraoxonasen (PON), bisher sind drei Isoenzyme bekannt, spalten Phosphosäureester und innere Ester (Lactone). Das wichtigste Isoenzym (PON-1) ist eine mit HDL vergesellschaftete Esterase, die oxydierte Fettsäuren vorwiegend aus Phospholipiden entfernt und damit dem Entstehen von Läsionen an der Wand von Blutgefäßen vorbeugt. Das Enzym stellt auch einen antioxidativen Schutz für LDL-gebundene Lipide dar. Außerdem hydrolysiert Paraoxonase das Thiolacton des Homocysteins, eine andere Ursache für das Entstehen von Atherothrombosen, und verbessert dadurch die Metabolisierbarkeit von Homocystein. Kürzlich wurde berichtet, dass bei Mäusen die Produktion von PON-1 durch Resveratrol vermindert und die Plasmakonzentration von Homocystein entsprechend erhöht wird. PON-2 inhibiert die durch Zellen (z. B. Monozyten) verursachte Lipidperoxidation. Über phydiologische Wirkungen von PON-3 ist wenig bekannt.

Das Enzym Lipoproteinlipase, lokalisiert an den Zellwänden im extrazellulären Bereich, katalysiert die Spaltung des Triglyceridanteils der Chylomikronen und des VLDL in Glycerin und freie Fettsäuren. Es ist damit wichtig für den Transfer der Lipide von den Chylomikronen oder VLDL in das Muskel- oder Bindegewebe.

Die „Density" der Lipoproteine bezieht sich auf ihren Gehalt an Protein. Je höher die Dichte (Density), desto höher ist auch ihr Gehalt an Protein. So haben Chylomikronen einen Proteingehalt von 2 %, VLDL 10 %, LDL 23 % und HDL 55 % (Abb. 5.18).

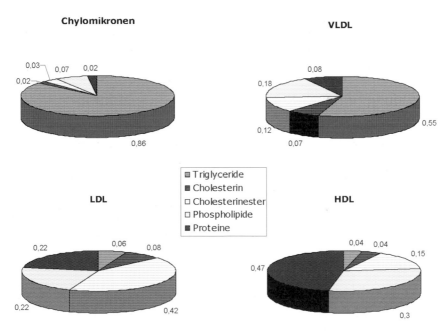

**Abb. 5.18.** Lipid- und Proteinanteil (g/g) in den Lipoproteinen des Plasmas

Fette können auch in geringerem Ausmaß als freie Fettsäuren, hauptsächlich Ölsäure, im Blut tranportiert werden. Freie Fettsäuren entstehen vorwiegend durch lipolytische Spaltung aus Triglyceriden des Bindegewebes. Auch hormonelle Störungen (Mangel an Insulin, Epinephrin oder Schilddrüsenhormonen) können die Ursache für einen erhöhten Gehalt an freien Fettsäuren im Blut sein. Umgekehrt vermindern Prostaglandine den Gehalt an freien Fettsäuren. Fettsäuren werden im tierischen Gewebe fast ausschließlich entsprechend dem Schema der **β-Oxidation** metabolisiert oder im dafür vorgesehenen Bindegewebe (Adipose tissue) gespeichert. **α-Oxidation** kommt v. a. in Pflanzen, in nur sehr geringem Ausmaß auch in tierischem Gewebe und hier besonders im Gehirn, vor. α-Oxidation ist zum Abbau von verzweigten Kohlenwasserstoffen, wie sie in den isoprenoiden Verbindungen (z. B. Phytansäure, Abb. 5.12) vorliegen, wichtig. Eine Erbkrankheit, der ein Defekt in der α-Oxidation zugrunde liegt, ist die **Refsum-Krankheit** (isoprenoide Verbindungen können nur schlecht metabolisiert werden). Praktisch äußert sie sich in einer Unverträglichkeit von grünem Gemüse, da das Diterpen Phytansäure beim Abbau von Chlorophyll gebildet wird.

Quantitativ ist das Ausmaß der Energiegewinnung aus Fett von Organ zu Organ sehr verschieden. Wie schon erwähnt, deckt vor allem der Herzmuskel seinen Energiebedarf vorwiegend durch Oxidation von Fett, während die erste Wahl normaler Muskel Kohlenhydrate und erst in zweiter Linie Fett ist.

β-Oxidation findet in den Mitochondrien der Zellen statt: Die Fettsäuren werden, durch Esterbindung an die Aminosäure Carnitin (3-Carboxy-2-hydroxy-1-trimethylammoniumpropan, Abb. 4.4) gekoppelt, in die Mitochondrien transportiert. In der Sporternährung wird aus diesem Grund bisweilen Carnitin supplementiert, um durch eine verbesserte Bereitstellung von Fettsäuren in den Mitochondrien die Energieversorgung des Muskels zu verbessern.

Von den **Sterinen** der Nahrung wird vorwiegend Cholesterin (Cholesten-5-en-3-ol, engl. cholesterol) aus dem Darm resorbiert. Phytosterine, die sich strukturmäßig durch andere Seitenketten vom Cholesterin unterscheiden, werden nur wenig resorbiert. Sterine, auch als Steroide bezeichnet, können durch hydrophob-hydrophobe Wechselwirkung Aggregate bilden, die sich dann der Resorption im Darm entziehen. Dies ist auch der Grund für die den Cholesterinspiegel senkende Wirkung der Phytosterine. Auch in der Analytik wird diese Eigenschaft der Sterine zu ihrer Ausfällung und Anreicherung verwendet. Cholesterin ist eine Schlüsselsubstanz für die Biosynthese weiterer Sterine im Organismus. Dazu gehören die Steroidsexualhormone, das Cortison, Mineral-, Gluco- und Corticosteroide. Cholesterin ist auch am Aufbau der Zellwände tierischer Zellen beteiligt und dürfte eine gewisse Schutzfunktion gegen das Entstehen von Tumoren haben. Für die Resorption des Cholesterins sind Gallensäuren unabdingbar. Der Abtransport des resorbierten Sterins erfolgt vorwiegend auf dem Lymphweg. Nicht das gesamte zugeführte Cholesterin wird resorbiert (um 60 %), die Resorptionsrate fällt mit steigender Zufuhr. Ungefähr 8 % des gesamten Cholesterins befinden sich im Blut. Im Blut kommt Cholesterin sowohl frei (30–40 %) als auch verestert mit Fettsäuren vor (60–70 %). Beide werden im Blut, gebunden an Lipoproteine, transportiert. Die Hauptmengen von verestertem und freiem Cholesterin sind an LDL- und HDL-Partikel gebunden; so enthalten Chylomikronen durchschnittlich 1 % Cholesterin und 2 % Cholesterinester, während für

LDL Werte von 8 % und 37 % und für HDL 2 % und 15 % angegeben werden. LDL-gebundenes Cholesterin wird vorwiegend von den Zellen resorbiert und ist daher auch metabolisch aktiver. Im Gegensatz dazu ist das an HDL gekoppelte zum Abtransport aus dem Blut und zur oxidativen Umwandlung in Gallensäuren bestimmt. Das hohe Interesse, das dem Cholesterinstoffwechsel entgegengebracht wird, beruht auf einem durch viele Studien wahrscheinlich gemachten Zusammenhang zwischen Herz-Kreislauf-Krankheiten und dem Cholesterinspiegel im Blut. Cholesterin ist einer der Risikofaktoren für das Auftreten dieser häufigsten Zivilisationskrankheit. Neuere Untersuchungen zeigen, dass Oxidationsprodukte des Cholesterins (Cholesterinperoxide und Epoxide) für das eigentliche Risiko verantwortlich gemacht werden müssen. Damit gehören die Herz-Kreislauf-Krankheiten zu einer Gruppe von Krankheiten, die mit dem Auftreten von „freien Radikalen" in Verbindung stehen. Schon Ende der 1950er-Jahre wurde eine negative Korrelation zwischen der Anzahl der mehrfachen Doppelbindungen in Fettsäuren und dem Cholesterinspiegel gefunden. Nicht nur, dass pflanzliche Fette selbst kein Cholesterin enthalten, haben viele von ihnen darüber hinaus noch eine den Cholesterinspiegel senkende Wirkung im Blut, bedingt durch ihren Gehalt an mehrfach ungesättigten Fettsäuren. Das beste Beispiel für diese Wirkung liefern das Maiskeimöl, daneben Sonnenblumenöl, Sesamöl, Rapsöl, Distelöl u. a. Pflanzliche Fette mit vorwiegend kurzkettigen Fettsäuren, wie das Kokosfett oder das Palmkernfett, wirken erhöhend auf das Blut-Cholesterin. Auch bei linolsäurereichen Ölen, wie dem Erdnussöl, ist, verglichen mit dem Maiskeimöl, kaum eine den Cholesterinspiegel senkende Wirkung vorhanden. Grund dafür sind langkettige gesättigte Fettsäuren, wie Arachinsäure (C20:0), Behensäure (C22:0) und Lignocerinsäure (C24:0), die mit einem Anteil von 4–6 % im Erdnussöl vorwiegend in der C3-Position der Triglyceride vorkommen und den senkenden Effekt der Linolsäure aufheben.

Auch trans-Fettsäuren verschieben das Verhältnis zwischen LDL- und HDL-gebundenem Cholesterin oder Cholesterinestern zugunsten des ungünstigeren LDL. trans-Fettsäuren kommen vorwiegend in ranzigen Fetten, in Backfetten und in Margarine vor. Auch andere Nahrungsmittelkomponenten beeinflussen den Cholesterinspiegel, und zwar Proteine durch Herkunft und Menge, Art der Kohlenhydrate, Ballaststoffe und Spurenelemente. Pflanzliche Proteine wirken durchwegs senkend auf den Cholesterinspiegel, während es bei tierischen Proteinen umgekehrt ist. Auch niedere Prozentsätze von Protein in der Diät wirken in derselben Richtung. Vegetarier haben im Allgemeinen einen niedrigeren Cholesterinspiegel als Nichtvegetarier. Stärke, daher auch Lebensmittel wie Brot, Kartoffel und Gemüse, wirkt senkend auf den Cholesterinspiegel und auch auf die Triglyceride, während Fructose und Saccharose eine erhöhende Aktivität zugeschrieben wird. Auch der Milch, obwohl sie selbst Cholesterin enthält, wird eine hypocholesterämische Wirkung nachgesagt. Gut untersucht ist auch die senkende Wirkung der Ballaststoffe. Neben Medikamenten, die zur Absenkung des Cholesterinspiegels verwendet werden, indem sie die Cholesterinbiosynthese hemmen, hat vor allem die hypocholesterämische Wirkung der Vanadinsäure und ihrer Derivate Aufmerksamkeit erregt. Vanadium kommt als Spurenelement durch Abrieb von Edelstahlgeschirr in die Nahrung, aber ist auch in pflanzlichen Lebensmitteln (Getreide, Nüssen) in sehr geringer Konzentration enthalten. Besonders ausgeprägt ist die hypocholesterämische Wirkung bei Hühnern und Kaninchen, der Effekt beim Menschen ist allerdings umstritten.

## 5.6    Grundzüge der Fettanalytik

Wie schon eingangs besprochen, ist der Aufbau der in der Praxis vorkommenden Fette sehr komplex. Strukturell oft sehr verschieden aufgebaute Triglyceride und unterschiedliche Fettbegleitstoffe ergeben Stoffgemische mit sehr verschiedenen physikalischen und chemischen Eigenschaften. Daher ist es auch nicht verwunderlich, dass die Fettanalytik aus einer großen Anzahl von Methoden besteht, die alle zum Ziel haben, die verschiedenen Aspekte des komplexen Substanzgemisches Fett zu durchleuchten. Lebensmittelchemisch wird Fett, wie bereits erwähnt, als der Rückstand definiert, der nach der Extraktion des getrockneten Lebensmittels mit organischem Lösungsmittel zurückbleibt und bei 105 °C nicht flüchtig ist. In der Praxis wird das Fett z. B. in einer **Soxhlet**-Apparatur (Fest-Flüssig-Extraktor) diskontinuierlich mit organischem Lösungsmittel aus dem trockenem Lebensmittel extrahiert. Ist der Proteingehalt im Lebensmittel hoch (über 10 %), so kann auch Fett an Protein gebunden sein und sich so der Extraktion entziehen. Man erhält für den Fettgehalt dann zu niedrige Werte. In diesem Fall muss das proteinreiche Lebensmittel vorher mit Salzsäure aufgeschlossen werden, bevor es nach Trocknung extrahiert werden kann.

Geruch, Geschmack und Farbe des Fettes, welche möglichst hell oder arteigen sein sollte (z. B. grün für gute Qualitäten von Oliven- oder Kürbiskernöl), werden **sensorisch** und **visuell** beurteilt.

Auf Verdorbenheit des Fettes wird vor allem durch Bestimmung des Peroxidgehaltes und des Gehaltes an Carbonylverbindungen geprüft. Der Peroxidgehalt wird meistens als Peroxidzahl (POZ) angegeben:

$$POZ = mg \text{ Äquivalent Sauerstoff}/\text{kg Fett}$$

In der Praxis werden die vorhandenen Lipidperoxide mit Iodid in saurer Lösung reduziert, wobei das Iodid zu Iod oxidiert und Letzteres mit Thiosulfat bestimmt wird. Die Methode ist zur Bestimmung sehr geringer Mengen an Peroxid nicht geeignet, für diesen Fall müssen andere Verfahren angewendet werden (z. B. die Messung der Absorption bei 234 nm). Beim Zerfall der Lipidperoxide werden auch **Kohlenwasserstoffe** freigesetzt, die **gaschromatografisch** bestimmt werden können (z. B entsteht beim Abbau des 13-Peroxids der Linolsäure Pentan, beim 16-Peroxid der

Linolensäure Ethan). **Carbonylverbindungen** werden am einfachsten durch den **Thiobarbitursäuretest** bestimmt. Dieser beruht darauf, dass der beim Zerfall der Peroxide enstehende Malondialdehyd mit Thiobarbitursäure eine rot gefärbte (max. 532 nm) Verbindung ergibt, die fotometrisch gemessen werden kann. Man hat später gefunden, dass nicht nur der Malondialdehyd diese Farbreaktion auslöst, sondern auch andere Aldehyde, die im Zuge der Lipidperoxidation gebildet werden. Man drückt sich heute daher etwas vorsichtiger aus und spricht nicht mehr vom Malondialdehyd allein, sondern von „Thiobarbituric Acid Reactive Substances" (TBARS). Die Bestimmung wird auch im biochemisch-physiologischen Bereich häufig verwendet, um Lipidperoxidation im biologischen System zu erfassen. Manche flüchtige Aldehyde, wie Nonenal oder Hexenal, die für den ranzigen Geruch von Fett verantwortlich sind, können auch gaschromatografisch bestimmt werden. Ketone werden ebenfalls gaschromatografisch oder durch einen Farbtest mit Salicylaldehyd in saurer Lösung bestimmt.

Die **Lagerfähigkeit** eines Fettes oder fetten Öles wird durch Lagerung bei erhöhter Temperatur (70 °C), durch Durchleiten von Luft bei 100 °C durch das geschmolzene Fett, bis eine Peroxidzahl von 100 Milli-Äquivalent erreicht ist, oder durch die Ermittlung des zeitlichen Verlaufs der Absorption von Sauerstoff unter erhöhtem Druck (2,8–3,5 Bar) gemessen. Im letzteren Fall ist der Druckabfall des Sauerstoffs pro Zeiteinheit ein Maß für die Stabilität des Fettes.

**Rauch-, Flamm- und Brennpunkt** sind ein Maß für die thermische Stabilität von Fetten. Besonders der Rauchpunkt von Fetten wird zur Beurteilung von Frittierfetten herangezogen.

| | |
|---|---|
| **Rauchpunkt** | Ist die Temperatur, bei der sich das Fett in Gegenwart von Luft unter Rauchbildung zersetzt. |
| **Flammpunkt** | Zersetzungsprodukte erreichen eine kritische Konzentration. Sie können mit einer Flamme entzündet werden, ohne dass das Fett selbst zu brennen beginnt. |
| **Brennpunkt** | Ist diejenige Temperatur, bei der das Fett nach dem Zünden zu Brennen beginnt. |

Der Rauchpunkt liegt bei Frittierfetten zwischen 200 und 230 °C. Sinkt er unter 170 °C, ist das Fett für diese Anwendung ungeeignet.

Die **Kältebeständigkeit** eines Öles wird dadurch geprüft, dass es 5½ Stunden bei 0 °C gehalten wird. Es darf dabei kein Niederschlag auftreten, wenn das Öl als kältebeständig bezeichnet werden soll.

Zahlreiche chemische Untersuchungsmethoden haben zum Ziel, Aufschluss über die Fettsäure-Zusammensetzung des Fettes zu erhalten. Die Ergebnisse werden in den so genannten „**Kennzahlen**" ausgedrückt. Zur

Ermittlung dieser „Kennzahlen" werden die an Wasser, Lauge, und Mineralsäure freien Proben der Fette und Öle verwendet:

| Säurezahl | Ist ein Maß für den Gehalt an freien (unveresterten) Fettsäuren im Fett (mg KOH, die notwendig sind, um 1 g Fett gegen Phenolphthalein zu neutralisieren). Durch Lipasen, die im Fett enthalten sind, kann die Säurezahl oft sehr schnell ansteigen. |
|---|---|
| Verseifungszahl | Ist ein Maß für die veresterten Fettsäuren (mg KOH, die notwendig sind, um 1 g Fett zu verseifen). Die Verseifungszahl ist für viele Fette eine charakteristische Größe, da das durchschnittliche Molekulargewicht der Fettsäuren in ihr enthalten ist. |
| Esterzahl | Ergibt sich aus der Differenz zwischen Verseifungszahl und Säurezahl (mg KOH, die notwendig sind, um die in 1 g Fett enthaltenen Ester zu verseifen). |
| Iodzahl | Erfasst die Menge der ungesättigten Fettsäuren im vorliegenden Fett. Sie ist ein Maß für den Gehalt eines Fettes an ungesättigten Fettsäuren allgemein. (Teile Halogen, berechnet als Iod, die 100 Teile Fett unter bestimmten Bedingungen zu binden vermögen). Iod oder häufiger gemischte Halogenide des Iods mit Brom oder Chlor (IBr, ICl) werden an die Doppelbindungen der ungesättigten Fettsäuren addiert. Der nicht an das Fett gebundene Halogenüberschuss wird nach Zusatz von Iodid in saurer Lösung mit Thiosulfat als Iod bestimmt. Die erhaltenen Iodzahlen korrelieren mit der Anzahl der vorhandenen Doppelbindungen im Fett. Z. B. Butterfett 26–38, Kokosfett 7–10, Olivenöl 71–95, Sonnenblumenöl 118–144, Leinöl 176–205. |
| Rhodanzahl | Das Pseudohalogen Rhodan $(SCN)_2$ addiert sich zum Unterschied von Iod nur an mehrfach ungesättigte Fettsäuren. Die von der Carboxylgruppe am weitesten entfernte Doppelbindung ist immer reaktionsfähiger gegenüber Additionen als die näher stehenden. Rhodan addiert sich an die von der Carboxylgruppe entfernteren Doppelbindungen der Linolsäure, der Linolensäure, u. a. |

Aus der Differenz zwischen Iodzahl und Rhodanzahl (diese gibt die Teile Rhodan, berechnet auf die äquivalente Menge Iod, an, die von 100 Teilen Fett unter bestimmten Bedingungen gebunden werden) kann der Gehalt an Linolsäure und auch Linolensäure anhand von entsprechenden Formeln errechnet werden. Nicht addiertes Rhodan oxidiert in saurer Lösung Iodid zu Iod, das dann mit Thiosulfat bestimmt werden kann.

Einen großen Teil der Fettanalytik nehmen Kennzahlen ein, die den Anteil an niederen (kurzkettigen) Fettsäuren in der Fettprobe festlegen sollen. Die Fettsäuren sind bis zu einer Anzahl von etwa zehn Kohlenstoffatomen im Molekül wasserdampfflüchtig und können dadurch vom restlichen Fett getrennt werden. Sie dienen zur Identifizierung des Zusatzes von Fetten, die größere Mengen an kurzkettigen Fettsäuren enthalten, wie Butterfett, Palmkernfett und Kokosfett. Diese Methoden sind heute zum größten Teil durch gaschromatografische Methoden ersetzt. Routinemäßig wird heute die Fettsäurezusammensetzung eines Fettes durch **Gaschromatografie** der Fettsäuremethylester ermittelt. Die Fettsäuremethylester werden durch Umesterung mit einem Überschuss an Methanol aus den Triglyceriden hergestellt. Die Reaktion wird basisch mit Natriummethylat oder sauer mit Bortrifluorid katalysiert. Für die Gaschromatografie werden Polyestersäulen oder siliconbeschichtete Säulen verwendet. Die Verweilzeiten der Fettsäuremethylester in der Säule sind proportional zur Kettenlänge der Fettsäuren. Ungesättigte Fettsäuren werden in der Trennsäule stärker zurückgehalten als gesättigte Fettsäuren. Triglyceride werden am besten durch **HPLC** oder durch Gaschromatografie auf speziellen Säulen (müssen mindesten 400 °C aushalten) getrennt, um die Triglycerid-Zusammensetzung eines Fettes zu ermitteln.

Einen wichtigen Teil der Fettanalyse stellt die **Analyse des „unverseifbaren Anteils"** dar. Nach der alkalischen Verseifung der Trigyceride und anderer Ester werden die Seifenlösung wieder mit Ether oder Petrolether extrahiert, das Lösungsmittel abdestilliert und der Rückstand bei 100 °C getrocknet. Bei den meisten Fetten liegt der unverseifbare Anteil bei 1–1,5 %. Einige wenige Fette haben unverseifbare Inhaltsstoffe, deren Prozentanteil deutlich darüber liegt. Dies gilt vor allem für Seetieröle und für manche Pflanzenfette, wie Sheabutter (bis 10 %) und Erdnussöl (bis 4,4 %). Im unverseifbaren Anteil sind vor allem die Steroide, Kohlenwasserstoffe (Squalen, Mineralöle, polyzyklische Kohlenwasserstoffe), Fettalkohole, Terpene, fettlösliche Vitamine, fettlösliche Farbstoffe, Pestizidrückstände, Rückstände von der Fettextraktion und für spezielle Fette charakteristische Inhaltsstoffe enthalten. Die analytische Bestimmung der genannten Stoffe wird aus dem unverseifbaren Anteil vorgenommen. Cholesterin und Phytosterine werden meist nach Anreicherung und Acetylierung gaschromatografisch bestimmt. Früher wurden sie nach der Kristallform und dem Schmelzpunkt der Sterinacetate identifiziert. Cholesterin kann auch enzymatisch mit Hilfe der Cholesterinoxidase bestimmt werden. Dieses Enzym oxidiert spezifisch die alkoholische Gruppe am Cholesterin zur Ketogruppe. Die zwei frei werdenden Elektronen überträgt dann das Enzym auf den molekularen Sauerstoff, wodurch Wasserstoffperoxid entsteht, das mit Hilfe einer Peroxidase und eines phenolischen Elektronendonators zu Wasser reduziert wird. Die phenolische Verbindung wird dabei zu einem Farbstoff oxidiert, dessen Intensität fotometrisch bestimmt werden kann. Anhand einer Eichkurve kann die Konzentration des gebildeten Wasserstoffperoxids und damit die Menge des Cholesterins angegeben werden. Da die Analytik der anderen aufgezählten Bestandteile des unverseifbaren Anteils die unterschiedlichsten Verfahren umfasst, Gaschromatografie und HPLC spielen dabei eine große Rolle, wird auf die spezielle Literatur verwiesen.

# 6    Die anorganischen Bestandteile von Lebensmitteln

## 6.1    Vorkommen und physiologische Bedeutung

Die anorganischen Bestandteile (Mineralstoffe) sind in der Regel Anionen und Kationen, die in tierischen und pflanzlichen Geweben und auch in allen Körperflüssigkeiten vorkommen. Mit der Ausnahme von Iod sind sie nicht flüchtig und finden sich nach der Verbrennung des Lebensmittels in der Asche. Der pH-Wert der Asche hängt davon ab, ob Kationen oder Anionen in der Asche überwiegen. In Pflanzen überwiegen in der Regel die Kationen, da viele Anionen organische Säuren und deshalb in der Asche nicht mehr vorhanden sind. In der pflanzlichen Asche liegen die Kationen zum Teil als Oxide, Hydroxide oder Carbonate vor und verursachen die alkalische Reaktion der Asche. Bei tierischer Asche ist es meistens umgekehrt – sie zeigt eine saure Reaktion, da hier meistens Anionen (Phosphate) im Überschuss vorliegen. Bezug nehmend auf ihre Asche spricht man deshalb auch vielfach von basen- oder säureüberschüssigen Lebensmitteln. Ausnahmen sind z. B. das leicht säureüberschüssige Getreide und Milch, welche als tierisches Lebensmittel einen leichten Basenüberschuss aufweist.

Mineralstoffe dienen zur Aufrechterhaltung der Elektroneutralität und des osmotischen Druckes. Sie sind Bestandteile von Puffersystemen in den Organismen, sie sind wichtig für den Signaltransfer (z. B. Nervenreizleitung), und sie beeinflussen den Stoffwechsel durch Aktivierung oder Passivierung von Enzymsystemen. Weiters sind Mineralstoffe Bausteine von Organbestandteilen, wie Knochen und Zähnen, die neben ihren rein mechanischen statischen Funktionen auch eine dynamische Mineralstoffreserve darstellen, aus der regulierend auf den Mineralstoffhaushalt eingegriffen werden kann, um die Ionen-Zusammensetzung der Körperflüssigkeiten in engen Grenzen konstant zu halten. Wegen ihrer vielfältigen und wichtigen Aufgaben zählen Mineralstoffe ebenfalls zu den essenziellen Nahrungsmittelbestandteilen. Die Mineralstoffe werden eingeteilt in **Makroelemente**, die in größerer Menge im Organismus vorkommen (Natrium, Chlorid, Kalium, Phosphat, Calcium, Magnesium), und in **Spurenelemente**, die in wesentlich kleinerer Konzentration benötigt werden (z. B. Eisen, Kupfer, Molybdän, Zink, Selen, Iod, Chrom, Silicium, Cobalt,

Nickel, Mangan, Zinn und vielleicht viele andere). Der Beweis für eine Essenzialität bestimmter Elemente ist nicht einfach, weil manche in äußerst geringer Konzentration ihre physiologische Wirkung ausüben und die Gegenwart minimaler Konzentrationen von Elementen niemals auszuschließen ist.

## 6.2    Mineralstoffe (Makroelemente)

**Natrium** (engl. sodium) liegt im Organismus hauptsächlich extrazellulär als Natriumchlorid vor. Das Natrium/Kalium-Verhältnis liegt im Blut bzw. im gesamten extrazellulären Raum bei 35–36 : 1, während das Verhältnis intrazellulär 1 : 16 ist. Eine Ausnahme bilden die Erythrozyten, in denen Natrium das vorherrschende Kation ist. Hauptaufgabe des Natriums und seines Gegenions Chlorid ist die Aufrechterhaltung des osmotischen Druckes im extrazellulären Raum des tierischen Organismus. Konzentrationsänderungen des Natriums sind immer mit Wasserverschiebungen im Organismus verbunden. Intrazellulär jedoch sind Phosphat und Proteinanionen die wichtigsten Gegenionen des Natriums. Der Anstieg des osmotischen Drucks wird vom Organismus durch das Durstgefühl angezeigt und über die Salzkonzentration des durch die Niere ausgeschiedenen Harns, durch das „antidiuretische Hormon" Vasopressin, hormonell gesteuert. Natrium kommt vorwiegend in tierischen Lebensmitteln vor, nicht technologisch veränderte pflanzliche Lebensmittel enthalten in der Regel nur kleine Mengen an Natrium (das Na/K-Verhältnis liegt im Durchschnitt bei 1 : 10), das vorherrschende Kation ist hier das Kalium. In Pflanzen nimmt das Kalium die dem Natrium bei Tieren entsprechende Rolle ein. Natriumchlorid-Konsum steht mit Bluthochdruck in Verbindung und dadurch mit der Entstehung von Herz-Kreislauf-Krankheiten. Aber auch gegenteilige Meinungen finden sich in der Literatur. Weiters soll auch die Entstehung von Magengeschwüren durch hohen Salz-Verzehr begünstigt werden. Natrium wird hauptsächlich mittels Atomabsorption analytisch bestimmt.

**Kalium** (engl. potassium) ist im tierischen Organismus, wie schon oben erwähnt, hauptsächlich intrazellulär lokalisiert und sorgt dort für die Aufrechterhaltung des osmotischen Druckes. Zusätzlich ist Kalium, zusammen mit Natrium, für die Nervenreizleitung verantwortlich. Gleichzeitig fungiert es als Aktivator verschiedener Enzyme, besonders solchen der Glykolyse, des Nucleinsäure- und des Energiestoffwechsels (Na, K-ATPase). Kaliumüberschüsse werden über die Niere, kaum jedoch über die Haut ausgeschieden. Da große Kaliummengen (über 5,5 Millimol) vor allem auf den Herzmuskel stark toxisch wirken, kommt der Nierenfunktion für den Kaliumstoffwechsel eine große Bedeutung zu. Auch Kaliumgehalte von unter 3,5 Millimol führen zu Veränderungen im EKG. Neben der Bedeutung des Kaliumstoffwechsels für das Herz spielt er auch für die Leber und die Muskulatur eine wichtige Rolle. Kalium wird wie Natrium durch Atomabsorption oder Flammen-Fotometrie bestimmt.

**Calcium** kommt in großen Mengen als mineralischer Bestandteil (Apatit $Ca(3Ca_3(PO_4)_2^{++}OH^-,Cl^-,F^-)$) des Skeletts im tierischen Organismus vor. Von den essenziellen Mineralstoffen ist Calcium derjenige, dem wegen seiner metabolischen Wirkungen die größte Beachtung geschenkt wird (fast jeder dritte biochemische Artikel befasst sich mit Calcium). Der lokale Calciumspiegel und auch dessen Veränderung in der Zeit („Calcium Spikes") sind wichtige Signale zur Optimierung des Stoffwechsels in einer bestimmten Situation. Durch Aufnahme von Calcium in die Zellen oder durch Abgabe aus den Zellen, gesteuert durch verschiedene für das Calcium spezifische Kanäle, deren Öffnen und Schließen vielfach wieder vom Redoxzustand der Zelle abhängt, werden die unterschiedlichsten Stoffwechselvorgänge eingeleitet. Daher spielt der Calciumspiegel der verschiedenen Zellen und dessen Veränderung in der Zeit auch eine zentrale Rolle im physiologischen Signaltransfer (Signaltransduktion). Darüber hinaus sind Calciumionen wichtige Cofaktoren für viele Enzyme, z. B. auch für die $\alpha$-Amylase oder verschiedene Kinasen (phosphatübertragende Enzyme), Phosphatasen und viele mehr. Calcium ist notwendig für die Kontraktion der Muskeln, wie das Gegenkation Magnesium für deren Entspannung. Bei Calciummangel, auch Tetanie genannt, verliert die Muskulatur ihre Spannung. Wird sie bei Calciummangel z. B. mit dem Finger eingedrückt, bleiben die entstandenen Dellen länger bestehen (Chvostek-Zeichen für Tetanie). Auch für die Blutgerinnung ist das Vorhandensein von Calciumionen essenziell. Calciumionen sind weiters wichtige Elemente für die Struktur vieler Proteine (z. B. Salzbrücken). Gegenanionen des Calciums sind Phosphationen, die Ausscheidung des Calciums ist daher immer mit der des Phosphats gekoppelt.

Der extrazelluläre Calciumstoffwechsel ist durch viele Hormone, Enzyme und externe Faktoren, die mit der Nahrung zusammenhängen, reguliert. Die wichtigsten sind das Parathyroidhormon (Parathormon), das Calcitonin und das vom Vitamin D abgeleitete Calcitriol. Calcitonin und Parathyroidhormon sind Antagonisten und werden in der Schilddrüse (Thyrea, Calcitonin) und in der Nebenschilddrüse (Parathyrea) gebildet. Das Parathyreotrope Hormon steigert den Calciumspiegel des Blutes, indem es Calcium und Phosphat aus dem Knochen mobilisiert und die Rückresorptionsrate von Calcium durch die Niere vergrößert. Zusätzlich bewirkt es auch eine vermehrte Synthese von Calcitriol in der Niere (siehe Vitamin D). Calcitonin bewirkt umgekehrt eine Absenkung des Blut-Calciums durch eine vermehrte Einlagerung von Calciumphosphat als Apatit in das Skelett.

Von den Hormonen, die für den Calciumstoffwechsel wichtig sind, sind vor allem die Estrogene, das Somatropin und das Insulin zu erwähnen. Auch die Aktivitäten der alkalischen und sauren Phosphatasen sind für den Calciumstoffwechsel des Knochens von großer Bedeutung. Bei proteinarmer Ernährung scheint die Resorption von Calcium herabgesetzt, umgekehrt fördert die Aminosäure Lysin die Aufnahme von Calcium aus dem Darm. Eine ähnliche Rolle kommt der Lactose zu. Erhöhte

Zufuhr von Phosphat bewirkt eine verstärkte Calcium-Ausscheidung durch die Niere. Viele zweiwertige Elemente, wie Blei, Quecksilber, Cadmium, Zink, Strontium und Barium, wirken auf den Organismus toxisch, da sie einerseits physiologische Wirkungen des Calciums simulieren können, andererseits aber auch andere Signale dem Metabolismus übermitteln, die dem Calcium fremd sind. Dadurch, dass sie auch anstelle von Calcium im Apatit des Knochens gebunden und aus diesem allerdings nur langsam wieder freigesetzt werden können, entstehen chronische Vergiftungen. Anionen, die in verdünnten Säuren schwer lösliche Calciumsalze bilden (z. B. Oxalsäure), vermindern die Calciumresorption.

Besonders hohe Calciumgehalte weisen die Kuhmilch und weiße Bohnen auf (120 und 106 mg/100 g). Daneben sind das Trinkwasser (etwa 4–12 mg/100 ml), Mineralwasser, viele pflanzliche Lebensmittel, aber auch Fleisch und Eier wichtige Quellen.

Calcium wird meistens routinemäßig mit Atomabsorption bestimmt. Um die Änderungen des Calciumgehaltes intrazellulär bestimmen zu können, werden Komplexbildner, die mit Calcium fluoreszierende Chelate geben, eingesetzt (z. B. Fura-2, u. a.).

**Magnesium** ist als Kation der physiologische Antagonist des Calciums. Vom gesamten Magnesium des erwachsenen Menschen (um 18 g) sind etwa zwei Drittel im Skelett und etwa ein Drittel im Muskel lokalisiert. Magnesiumionen sind Coenzyme vieler Enzyme, v. a. solcher, die für den Kohlenhydratstoffwechsel (Hexokinase, Phosphoenolpyruvatkinase, Creatin-Phosphokinase u. a.) notwendig sind. Magnesiumionen sind wichtige Strukturelemente vieler Proteine und Nucleinsäuren, besonders der Transferribonucleinsäuren (tRNS). Sie bewirken auch das Erschlaffen kontrahierter Muskeln und die Neusynthese von ATP. Hierbei ist der Calcium-Magnesium-Antagonismus besonders ausgeprägt. Magnesiumionen sind wichtige Bestandteile von Proteinen der physiologischen Signaltransduktion. Magnesiummangelzustände können daher lebensbedrohend sein – sie betreffen die Muskulatur (Krämpfe), das Zentralnervensystem (Delirium) u. a. Hohe Konzentrationen an Magnesiumionen haben allerdings eine laxierende Wirkung. Magnesiumüberschüsse werden durch funktionierende Nieren schnell eliminiert, anderenfalls können sie narkotisierend (curareähnlich) und insgesamt toxisch auf den Organismus wirken.

Quellen für Magnesium sind die Milch, Nüsse, Gewürze, Fisch und Fleisch, weiße Bohnen, Gemüse und das Trink- und Mineralwasser. Neuere Studien zeigen, dass ein höherer Gehalt an Magnesium im Trinkwasser die Wahrscheinlichkeit des Auftretens von Herz-Kreislauf-Krankheiten verringert. Studien, die an Tieren durchgeführt wurden, zeigten eine cholesterinspiegelsenkende Wirkung des Magnesiums.

Magnesium wird routinemäßig durch Atomabsorption bestimmt.

**Phosphorsäure** kommt in Form ihrer Salze und als Bestandteil organischer Verbindungen in biologischen Systemen nicht nur in großer Menge vor, sondern hat auch im Stoffwechsel eine überragende Bedeutung. Die größte Menge des Phosphats ist in die Bindegewebsmatrix der Knochen in Form von winzigen Hydroxylapatit-Kristallen $Ca[3Ca_3(PO_4)_2](OH)_2$ eingelagert, wodurch die große Oberfläche der Knochen zustande kommt. Die beiden Hydroxylionen im Apatit sind leicht durch andere Ionen, wie z. B. Fluorid, Chlorid, Hydrogencarbonat und Carbonat, ersetzbar. Anstelle des Calciums können in den Knochen auch geringe Mengen an anderen zweiwertigen Kationen, wie Strontium, Magnesium, Blei, Cadmium, Quecksilber u. a., eingebaut werden. Den Knochen kommt daher auch eine Funktion als Ionenaustauscher, sowohl für Kationen als auch für Anionen, zu. Die Möglichkeit der Knochen, Ionen toxischer Elemente zu binden und langsam wieder abzugeben, stellt die Ursache vieler chronischer Vergiftungen dar. Der Abbau und die Neubildung der Knochensubstanz erfolgt während des ganzen Lebens. Basierend auf diesen dynamischen Eigenschaften können die Knochen die Funktion eines Mineralstoffspeichers für den Organismus ausüben.

Eine weitere wichtige Rolle der Phosphorsäure ist die als Phosphorsäureester in den Nucleotiden. Nucleotide sind einerseits als Phosphorsäurediester am Aufbau der Nucleinsäuren und anderseits als Coenzyme von vielen enzymatisch aktiven Proteinen beteiligt (z. B. $NAD^+$, FAD), drittens haben sie als zyklische Nucleotide (cAMP, cGMP u. a.) bei der physiologischen Signaltransduktion und anderen metabolischen Prozessen große Bedeutung. Chemische Energie wird im Organismus in Form von energiereichen Phosphaten gespeichert, z. B. Adenosintriphosphat (ATP), Creatinphosphat. Damit ist auch die eminente Bedeutung der Phosphorsäure im Energiestoffwechsel gegeben.

Proteine, Kohlenhydrate und Fette werden im Stoffwechsel aus den unterschiedlichsten Gründen phosphoryliert, d. h. in Monoester der Phosphorsäure umgewandelt. Enzyme, die solche Phosphorylierungen katalysieren, werden durchwegs als Kinasen bezeichnet. Phosphorylierte Moleküle sind immer hydrophiler als nicht mit Phosphorsäure veresterte. Dies hat bei Proteinen auch mit ihrer Funktion zur Signalübertragung zu tun. Dabei sind immer auch Beziehungen zur aktuellen Calciumkonzentration festzustellen, da Calcium das wichtigste Gegenion der Phosphorsäure ist. Lipide, die wasserunlöslich sind, werden durch die Phosphorylierung biphasisch und dienen dann sowohl physiologisch, aber auch technisch als Emulgatoren (Lecithin, Kephalin). Kohlenhydrate werden im Stoffwechsel aus den verschiedensten Gründen phosphoryliert (Aktivierung bei der Glykolyse, der Glykogen-Biosynthese und ähnlichen Prozessen).

Phosphorsäure wird als anorganisches Phosphat resorbiert. Der Phosphatstoffwechsel ist an den des Calciums und umgekehrt gekoppelt. Die hormonale Regulation ist weitgehend dieselbe, und auch die Phosphatresorption wird durch Vitamin D beeinflusst. Allerdings wird die Resorption durch Kationen, mit denen Phosphat gefällt wird, durchwegs verschlechtert. Das Calcium-Phosphat-Verhältnis kann in einem größeren

Bereich variieren, da primäres Ca-Phosphat, aber auch sekundäres gebildet werden kann. Prinzipiell sollte es aber zwischen 1 : 1 und 1 : 2 liegen.

Phosphate sind in allen Lebensmitteln enthalten, da Phosphat für alle Lebewesen essenziell ist. Höhere Gehalte sind in Fleisch, Milchprodukten und Getreide festzustellen. Phosphorsäure selbst wird auch bei der Herstellung von Limonaden verwendet.

Kondensierte (polymerisierte) Phosphate sind in Hefen und anderen Mikroorganismen enthalten. Sie dienen diesen Organismen vermutlich als Energiespeicher. *Saccharomyces* enthält z. B. bis 1,5 % Polyphosphate, von denen nur etwa 20 % niedermolekulares Triphosphat sind. Nur niedere, nicht ringförmige Polyphosphate können vom tierischen Organismus gespalten und resorbiert werden. Polyphosphate bilden mit Calcium wasserlösliche Komplexe, die auch zur Wasserenthärtung in Waschmitteln enthalten sind. Polyphosphate werden Lebensmitteln bei der Bratwurst- und Schmelzkäseerzeugung zugesetzt.

Phosphat wird routinemäßig meist mit Molybdat in schwefelsaurer Lösung bestimmt. Das gebildete Phosphormolybdat wird mit Ascorbinsäure oder Sulfit zu Molybdänblau (Molybdänoxidhydraten verschiedener Wertigkeiten) reduziert, und die Farbintensität wird durch Messung der Extinktion meist bei 720 nm bestimmt. Silicate in höherer Konzentration stören die Bestimmung, da sie ebenfalls mit Molybdänsäure Silicomolybdat bilden. Die Bildung von Silicomolybdat kann durch Citrat gehemmt werden.

**Chlorid** ist ein essenzielles Makroelement (Mineralstoff) im tierischen Organismus. Chlorid ist das wichtigste Gegenion zu Natrium und damit mit verantwortlich für die Aufrechterhaltung des osmotischen Drucks in der extrazellulären Flüssigkeit. Im Blut ist die Chloridionenkonzentration umgekehrt proportional zu der Hydrogencarbonat-Konzentration. Hydrogencarbonat ist als Bestandteil des Kohlensäure/Hydrogencarbonat-Puffers sehr wichtig für die Konstanthaltung des pH-Wertes des Blutes. Eine zu hohe Chloridionen-Konzentration bewirkt aus Gründen der Elektroneutralität eine Abnahme der Hydrogencarbonat-Konzentration und damit eine Acidose und umgekehrt.

Chlorid hat auch eine wichtige Funktion bei der Bildung der Salzsäure des Magens: Salzsäure wird im Organismus entsprechend der Summengleichung

$$Cl^- + H_2CO_3 \rightarrow HCO_3^- + HCl$$

gebildet. Die Reaktion läuft in dieser Richtung nur unter Aufwand von Energie ab, die aus dem zellulären Stoffwechsel bereitgestellt werden muss. Der exakte Bildungsmechanismus ist bis jetzt nicht genau bekannt, Wasserstoff-Kalium-ATPase und Histamin sind daran maßgeblich beteiligt. Die Biosynthese der Salzsäure erfolgt in Stufen in den Zellen der Magenschleimhaut. Es kommt dabei zu einer Konzentrierung der $H^+$-Ionen um etwa sechs Zehnerpotenzen (Blut-pH 7,32, Magen-pH um 1). Über diesen Mechanismus kann der Mensch Salzsäure bis zu maximal 0,16 N aufkonzentrieren. Auch an der Aktivierung verschiedener Enzyme, z. B. der α-Amylase, ist Chlorid beteiligt.

## 6.3  Spurenelemente (Mikroelemente)

Spurenelemente sind, wie der Name sagt, Elemente, die in geringerer Konzentration als Makroelemente im Organismus enthalten sind (bis 50 mg/kg Körpergewicht) und von denen viele für den Betrieb des biologischen Systems und damit für die Erhaltung des Lebens essenziell sind. Sie sind oft Bestandteile von Enzymen, Hormonen und auch Vitaminen, Strukturelemente von Nucleinsäuren und Proteinen. Da diese Elemente ihre physiologische Aktivitäten schon in äußerst geringen Konzentrationen ausüben, ist ihre Essenzialität oft nicht leicht zu beweisen, besonders in Zeiten der weltweiten Vermischung der Materie. Ein sicherer Beweis für die Wichtigkeit eines Elements im biologischen System ist der Nachweis einer physiologischen Funktion, etwa dadurch, dass das Spurenelement Bestandteil eines wichtigen Biomoleküls ist. Essenzielle Elemente nach heutigem Wissensstand sind: Fe, Cu, Mo, Mn, Zn, Cr, Co, Ni, Sn, V, Si, Se, S, I und eventuell F, Ge. Die Essenzialität von Al, As, Au, B, Ti ist bisher beim tierischen Organismus nicht nachgewiesen worden. Bor ist z. B. für Pflanzen essenziell. Toxische Elemente sind Be, Ba, Br, Cd, Cs, Hg, Li, Pb, Pu, Ra, Rb, U, radioaktive Isotope aller Elemente und in größerer Konzentration auch Deuterium. Viele der zuletzt genannten Elemente sind normalerweise in Spuren im Organismus enthalten. Zahlreiche der essenziellen Elemente sind in höherer Konzentration für den Organismus toxisch (z. B. Se, Cr, Zn, Mo, aber auch Fe und Cu).

**Eisen** kommt im Organismus in mittleren Mengen von 3–5 g beim Erwachsenen bzw. von 200–300 mg beim Neugeborenen vor, trotzdem wird es zu den Spurenelementen gezählt. Eisenhaltige Proteine haben große Bedeutung beim Stoffwechsel des Sauerstoffs (Reduktion des molekularen Sauerstoffs in der Atmungskette) und beim Sauerstofftransport. In den meisten Eisenproteinen ist Eisen als Zentralatom in einen Prophyrinring (genannt Häm) eingebaut. Beispiele für Eisenproteine sind der rote Blutfarbstoff Hämoglobin, der rote Muskelfarbstoff Myoglobin, die Cytochrome, die Katalase, Cyclooxigenase und viele Peroxidasen. Nicht Häm-gebundenes Eisen enthalten die Lipoxigenasen und Eisentransport- und Speicherproteine, wie Transferrin und Ferritin. Etwa 65 % des gesamten Eisens sind im Hämoglobin gebunden, etwa 18 % im Ferritin und etwa 8,5 % im Myoglobin, der Rest verteilt sich auf die diversen Hämproteine und das Transferrin. Die Sauerstofftransportfunktion des Hämoglobins und des Myoglobins ist an die Zweiwertigkeit des Häm-Eisens gebunden.

Eisen wird aus tierischen Lebensmitteln besser resorbiert (mehr als 10 %) als aus pflanzlichen (weniger als 5 %). Zweiwertiges Eisen ($Fe^{2+}$) wird besser resorbiert als dreiwertiges ($Fe^{3+}$), daher können reduzierende Substanzen, wie Ascorbinsäure, reduzierende Zucker und Aminosäuren

(z. B. Cystein) die Eisenresorption verbessern. Während manche eisen-komplexierenden Substanzen (Porphyrine oder Citronensäure) die Resorption des Spurenelements zu verbessern vermögen, verschlechtern andere Komplexbildner (Phosphat, Oxalat, Phytate, EDTA, Lactoferrin, viele phenolische Pflanzeninhaltsstoffe), aber auch ein alkalischer pH-Wert die Eisenresorption. Die Eisenresorption wird durch das Ferritin der Darmwand reguliert. Der Eisenumsatz im Organismus liegt bei 25–30 mg/Tag, täglich wird etwa ein Milligramm Eisen ausgeschieden, etwa 95 % des Eisens werden rezykliert.

Allgemein werden Eisenmangelzustände als **Anämie** bezeichnet. Eine vermehrte Eisenspeicherung ohne Funktionsstörung wird als **Hämosiderose-**, bei Störung von Organfunktionen als **Hämochromatose** bezeichnet, z. B. bei übermäßiger Einlagerung von Eisen in Leber und Herz. Eine Eisenüberversorgung wird mit verstärkter Lipidperoxidation und daraus resultierend mit Herz-Kreislauf-Krankheiten und Leberzirrhose in Zusammenhang gebracht. Auch die höhere Lebenserwartung bei Frauen wird zum Teil durch die vermehrte Ausscheidung von Eisen während des Menstruationszyklus erklärt.

Da alle Organismen Eisen zum Leben benötigen, ist es auch in allen Lebensmitteln enthalten. Besonders reich an Eisen sind Eigelb (etwa 7 mg/100 g), besonders arm an Eisen ist die Kuhmilch (etwa 0,05 mg/100 g). Die meisten tierischen und pflanzlichen Lebensmittel enthalten 0,5–5 mg/100 g.

Eisen wird meist durch Atomabsorption bestimmt. Daneben sind zahlreiche Farbreaktionen für die fotometrische Eisenbestimmung in Verwendung. Zu erwähnen wären die Methoden mit Phenanthrolin oder seinen Derivaten (Ferrozin) oder dem $\alpha,\alpha'$-Dipyridyl. Beide Methoden bestimmen das zweiwertige Eisen.

**Kupfer**. Die physiologische Funktion des Kupfers steht in engem Zusammenhang mit der des Eisens. Beide Elemente sind notwendig für die Atmung und sind daher auch in der für die Reduktion des Sauerstoffs in der Atmungskette verantwortlichen Cytochromoxidase vorhanden (zwei Kupferionen und zwei hämgebundene Eisenionen). Kupfer ist ein edleres Element als Eisen, hat daher auch ein positiveres Redoxpotenzial und wird leichter als Hämeisen durch Cyanid komplexiert, wodurch die Atmung gehemmt wird. Kupfer ist auch für die physiologische Verwertung des Eisens notwendig, z. B. für die Bildung des Häms. Der erwachsene Mensch enthält etwa 100–150 mg Kupfer, davon fast die Hälfte in der Muskulatur. Größere Mengen befinden sich auch in der Leber und im Skelett. Im Blut ist Kupfer (80–130 µg/100 ml) hauptsächlich im Caeruloplasmin, einem blauen Kupfer-Protein-Komplex, gebunden (etwa 96 % des dort vorhandenen Kupfers). Caeruloplasmin zerfällt und setzt Kupferionen frei, wenn Blut im Kühlschrank bei 4 °C gelagert wird. Kupfer ist ein Bestandteil oxidierender Enzyme (z. B. Tyrosinase, Polyphenoloxidase, Laccase, Caeruloplasmin, Ascorbinsäureoxidase, Uratoxidase, Lysyloxidase) und der für den Radikalstoffwechsel wichtigen Cu,Zn-Superoxiddismutase.

Kupfermangel äußert sich oft durch herabgesetzte Bluteisenwerte (hypochrome Anämie, Leukopenie). Die Organismen können zwar Eisen speichern, nicht aber über das Depot verfügen. Es kann auch wegen eines Mangels an Tyrosinase zu Störungen in der Pigmentbildung und wegen der geringen Superoxiddismutaseaktivität zu Schwierigkeiten im Radikalstoffwechsel kommen. Darüber hinaus spielt Kupfer eine Rolle im Bindegewebsstoffwechsel (Lysyloxidase). Durch sein positiveres Redoxpotenzial wirkt Kupfer stärker oxidierend als Eisen und daher auch stärker katalytisch auf die Lipidperoxidation, was unerwünschte Folgen, sowohl physiologischer als auch technologischer Art, nach sich ziehen kann. Eine genetisch bedingte exzessive Kupferspeicherung im Organismus findet man bei **Morbus Wilson (syn. Hepatolentikuläre Degeneration).** Beginnend mit einer vermehrten Kupfer-Ablagerung in der Leber und dem Entstehen einer Leberzirrhose kommt es auch zur Deponierung von Kupfer in anderen Organen (sichtbar in der Haut und in den Augen). Die Kupferakkumulierung kann durch Supplementierung von Zink-Verbindungen gemildert werden.

Ascorbinsäure dürfte antagonistisch auf die Kupferresorption wirken, die im Dünndarm stattfindet. Desgleichen wird die Kupferausscheidung durch Penicillamin ($\beta,\beta'$-Dimethylcystein) beschleunigt.

Kupfer ist ubiquitär in Lebensmitteln enthalten. Besonders reich an Kupfer sind tierische Lebensmittel (Austern 137 µg/g, Leber 11 µg/g, Fleisch 3–4 µg/g, etwa dieselbe durchschnittliche Menge wie in Fisch). Pflanzliche Lebensmittel enthalten sehr unterschiedliche Mengen an Kupfer. Z. B. sind in Vollkornweizen etwa 10 µg/g enthalten (im weißen Mehl etwa 60 % davon), 13 µg/g im Roggen, 4,8 µg/g im Reis und etwa 2 µg/g in Tomaten, 3,4 µg/g in Karotten. Kupferreich sind auch Walnüsse (12 µg/g).

Kupfer wird routinemäßig meist mit Atomabsorption bestimmt. Fotometrisch kann Kupfer als Dithiocarbamatkomplex erfasst werden.

**Zink** ist ein essenzielles Element, das im Organismus in Mengen von 2–4 g vorkommt. Es ist ein Nebengruppenelement mit abgeschlossener d-Schale (d10) und ist daher auch immer zweiwertig. Wenn auch die Elektronenkonfiguration des Zink(II)-Ions sehr stabil ist, so können die d-Elektronen doch energetisch angeregt werden, sodass bei manchen Zinkverbindungen Fluoreszenz auch im sichtbaren Bereich beobachtet werden kann (z. B. ZnS, das als Indikator für energiereiche Strahlung verwendet wird). Zinkverbindungen zeigen in vielen Fällen eine fotodynamische Wirkung, was auch für physiologische Vorgänge von Bedeutung sein kann (z. B. Rolle der Zinkverbindungen bei der Wundheilung). Zink ist als Strukturfaktor für Proteine und Nucleinsäuren von essenzieller Bedeutung. Viele Enzyme benötigen Zink für ihre Struktur, prominente Beispiele sind: Cu,Zn-Superoxiddismutase, Carboanhydratase, Alkoholdehydrogenase, Carboxypeptidase, Laktatdehydrogenase, DNA- und

RNA-Polymerasen u. a. Etwa 60 zinkhaltige Enzyme sind derzeit bekannt. Für die Strukturierung der DNA ist Zink von großer Bedeutung (zinc finger). Das für die Regulierung des Blutzuckers wichtige Hormon Insulin ist ein zinkhaltiges Peptid (0,15–3 %). Mit zinkkomplexierenden Substanzen kann experimentell Diabetes erzeugt werden. Zink kommt in allen Geweben vor. Besonders zinkreiche Gewebe sind Prostata, Pankreas, Retina, Muskeln, Leber, Niere, Knochen und Erythrozyten. Zinkmangelerscheinungen sind mit Appetitverlust, Geschmacksverlust, Haarausfall, Akrodermatitis enteropathica, Ulcus cruris u. a. verbunden. Auch Stress verursacht teils beträchtliche Zinkverluste. Insgesamt kommt dem Zink eine wichtige antioxidative Wirkung zu. Vor allem als Bestandteil der Cu,Zn-Superoxiddismutase spielt es eine wichtige Rolle bei der Dismutation von Superoxid-Radikalen zu Wasserstoffperoxid und molekularem Sauerstoff. Weiters ist Zink für die Immunabwehr von immenser Bedeutung. Dennoch kann Zink in höheren Konzentrationen auch toxisch wirken. Aus diesem Grund darf verzinktes Eisenblech zur Verpackung von Lebensmitteln nicht verwendet werden. Verzinktes Eisenblech ist nur für Warmwasserboiler bei annähernd neutralem Wasser zulässig.

Zink-Komplexbildner in Lebensmitteln verschlechtern die Resorption des Zinkions. Praktisch von Bedeutung ist z. B. das Phytin (myo-Inosithexaphosphat) in Getreideprodukten. Im Verlauf von Hefegärungen treten Phosphatasen (Phytasen) auf, die Phytin spalten können.

Zink kommt in Lebensmitteln ubiquitär vor, da alle Organismen Zink zur Aufrechterhaltung der Lebensfunktionen benötigen. Besonders hohen Zinkgehalt haben tierische Lebensmittel wie Fleisch und Fisch (2,5–6,4 mg/100 g), Getreideprodukte befinden sich im Mittelbereich (0,5–1,3 mg/100 g), und Obst und Gemüse sind besonders arm an Zink (0,1–0,3 mg/100 g).

Analytisch wird Zink durch Atomabsorption nachgewiesen und bestimmt. Fotometrisch kann es durch einen Farbkomplex mit Dithiocarbamat bestimmt werden.

**Mangan** ist als zweiwertiges Ion Bestandteil von Enzymen, wie der Mn-Superoxiddismutase, die in den Mitochondrien vorkommt, der Arginase, die eine wichtige Rolle bei der Biosynthese des Harnstoffs spielt, und auch der Pyruvatcarboxylase, die neben Biotin als Coenzym auch Mangan enthält. Zusammen mit Vitamin K ist es wichtig für die Biosynthese der γ-Carboxyglutaminsäure, die wieder als Baustein für die Biosynthese von diversen Blutgerinnungsfaktoren und des Osteocalcins notwendig ist (siehe Vitamin K). Zusammen mit Chrom und Insulin spielt Mangan eine Rolle bei der Glucosetoleranz und ist auch für die Biosynthese von Mucopolysacchariden wichtig. Weiters greift Mangan, indem es Bestandteil des Enzyms Farnesylpyrophosphatsynthetase ist (katalysiert die Reaktion Geranylpyrophosphat + Isopentenylpyrophosphat = Farnesylpyrophosphat + Pyrophosphat), in den Cholesterinstoffwechsel ein. Da aus Cholesterin Steroidhormone im Organismus gebildet werden, ist schwerer Manganmangel mit einer Atrophie der Testes bei männlichen Tieren verbunden. Generell äußert sich ein Mangel an diesem Spurenelement besonders in Abnormitäten des Skeletts. Vögel, v. a. Hühner, reagieren auf Manganmangel empfindlicher als Säugetiere, es kommt zu einer Verkürzung von Flügel- und Beinknochen.

Der Manganstoffwechsel steht mit dem Kupferstoffwechsel in Zusammenhang. In höheren Konzentrationen wirkt Mangan toxisch.

Mangan ist vorwiegend in pflanzlichen Lebensmitteln enthalten. Eine besonders reichhaltige Quelle sind Nüsse (17 µg/g), Vollkorngetreide (7 µg/g) und Gemüse (im Durchschnitt 2,5 µg/g). Auch Fette und Öle enthalten beträchtliche Mengen an Mangan (etwa 1,8 µg/g). Tierische Lebensmittel, wie Fleisch (0,21 µg/g), Milchprodukte (0,7 µg/g) und Fisch (0,05 µg/g), beinhalten nur geringe Mengen an Mangan. In Abhängigkeit von der Herkunft des Wassers können auch im Trinkwasser beträchtliche Mengen an Mangan vorkommen.

Routinemäßig wird Mangan mit Atomabsorption bestimmt. Fotometrisch kann es nach Oxidation zu Permanganat mittels Persulfat bei 525–545 nm erfasst werden.

**Molybdän** kommt in sehr geringen Konzentrationen im menschlichen Organismus vor (etwa 5 mg). In Organismen liegt es als Molybdatanion bzw. häufiger als Pterinkomplex (z. B. Molybdopterin), eingebaut in zahlreichen Enzymen, vor. Wichtige molybdänhaltige Enzyme sind die Xanthinoxidase (oxidiert Xanthin mit molekularem Sauerstoff zu Harnsäure und Wasserstoffperoxid) und eng verwandt mit dieser die Xanthindehydrogenase (überträgt Elektronen auf NAD$^+$). Beide Enzyme sind für die Harnsäurebiosynthese und damit für den Purinstoffwechsel von essenzieller Bedeutung. Weitere Molybdän-Enzyme sind die Aldehydoxidase, die Stickoxidsynthase, die Sulfitoxidase, Nitrogenase und Enzyme des Thiolstoffwechsels. Auch die pflanzlichen und bakteriellen Nitratreduktasen sind molydänhaltige Enzyme, die z. B. beim Pökelprozess Bedeutung haben. Viele dieser Enzyme enthalten zusätzlich zu Molydän noch weitere Reaktionszentren (z. B. FAD, NADP$^+$, Eisen-Schwefel-Gruppen, Hämeisen).

Molybdän ist in höheren Konzentrationen für den Organismus sehr toxisch. Manche Gegenden von England, USA und Neuseeland haben molybdatreiche Böden (20–100 µg/kg), deren Pflanzen dann für das Weidevieh toxisch sind. Die aus dem Futter resultierende Krankheit heißt **Teart** und ist eine Art von Kachexie. Molybdän steht im Zusammenhang mit dem Kupferstoffwechsel. Gesteigerte Molybdänzufuhr bedingt eine Abnahme des Kupfers in der Leber. Umgekehrt mildert Kupfer oder auch Methionin die Toxizität des Molybdäns.

Molybdän kommt vorwiegend in pflanzlichen Lebensmitteln als Molybdat vor; tierische Produkte enthalten durchwegs geringere Mengen. Molydän ist Bestandteil verschiedener Edelstähle, deren Abrieb ebenfalls eine Molydänquelle ist.

Molydän wird routinemäßig durch Atomabsorption bestimmt. Eine wichtige Farbreaktion ist die Reduktion von Molybdat (Molydän ist im

Molybdat sechswertig) zu Gemischen niedrigerer Wertigkeitsstufen. Es entstehen Charge-Transfer-Komplexe, die blau gefärbt sind und bei Wellenlängen zwischen 470 und 720 nm fotometrisch erfasst werden können.

**Cobalt.** Derzeit kennt man außer dem Vorkommen von Cobalt im Vitamin $B_{12}$ keine physiologische Funktion für dieses Element. Mengenmäßig kommt Cobalt im Organismus in der Größenordnung des Molydäns vor (ungefähr 3 mg). Es wird auch leicht resorbiert, hat aber nach heutigem Wissensstand keine physiologische Funktion, wenn es nicht, komplexiert im Vitamin $B_{12}$, aufgenommen wird. Cobaltmangelzustände kommen bei Weidevieh auf cobaltarmen Böden vor. Mittels der Mikroorganismen der Darm- und Pansenflora der Wiederkäuer kann das peroral aufgenommene Cobalt in $B_{12}$ eingebaut werden. Die physiologische Rolle von Vitamin $B_{12}$ wird in Kapitel 7 ausführlicher beschrieben. Eine Cobaltsupplementierung im Bereich von 10 mg hat eine stimulierende Wirkung auf das für die Blutbildung wichtige Hormon Erythropoetin. Synthetisches Cobaltporphyrin hat nach Injektion in das Gehirn von Mäusen eine drei Monate andauernde Verringerung der Fresslust zur Folge.

Cobaltverbindungen wurden früher häufig dem Bier zugesetzt, um den Schaum zu stabilisieren. Wegen der toxischen Wirkung größerer Mengen aufgenommenen Cobalts, was bei starken Biertrinkern der Fall ist, wird diese Technologie in den Brauereien etwa seit den 1960er-Jahren nicht mehr angewandt.

Cobalt wird als zweiwertiges Ion aus den Böden in die Pflanzen aufgenommen. Die Mikroorganismen im Weidevieh wandeln es zumindest teilweise in Vitamin $B_{12}$ um, das dann über den Fleischkonsum in den menschlichen Organismus gelangt.

Analytisch wird Cobalt durch Atomabsorption bestimmt. Eine Farbreaktion, die fotometrisch ausgewertet werden kann, ist die Reaktion mit α-Nitroso-β-naphthol (415–425 nm).

**Nickel** ist ein Nebengruppenelement, mit dem der menschliche Organismus in den letzten Jahrzehnten zunehmend in Berührung kommt. Das Spurenelement ist ein wichtiger Bestandteil aller Edelstähle (bis zu 30 % Nickel), aus denen durch mechanischen Abrieb oder durch chemische Einwirkung Nickel in die Lebensmittel gelangt. So werden beispielsweise in elektrischen Wasserkochern während des Erhitzungsvorgangs bis zu 50 µg Ni/Liter aus den Heizschlangen freigesetzt, was in Deutschland dem derzeitigen Grenzwert für Nickel im Trinkwasser entspricht. Auch durch nickelhaltige Gegenstände, die mit der Haut in Berührung sind, werden geringe Mengen des Metalls über die Haut resorbiert.

Bei Versuchstieren (Ratte, Huhn, Schwein) verursacht Nickelmangel eine schlechtere Funktion der Leber, Abnormalitäten im Haarwuchs und eine verringerte Fertilität. Nickel kommt als Zentralatom in der Urease vor, einem Enzym, das in Pflanzen und niederen Tieren, nicht aber beim Menschen zu finden ist. Dennoch ist Nickel auch ein aktiver Bestandteil verschiedener menschlicher Enzyme (z. B. Arginase, Tyrosinase, Desoxyribonuclease, Acetyl-CoA-Synthetase, Phosphoglucomutase). Ein Nachweis, dass die Aktivierung dieser Enzyme spezifisch für Nickel ist, wurde bisher allerdings nicht erbracht.

Hemmend wirkt Nickel auf Enzyme, wie Katalase und Glutathionperoxidase, und auch auf die Biosynthese von Glutathion. Die Reparatur der Desoxyribonucleinsäure wird durch Nickel verlangsamt, und es ist ein kompetitiver Inhibitor für den Calciumtransport in die Mitochondrien. In vieler Hinsicht wirkt Nickel auf den Organismus toxisch, wobei die Toxizität durch UV-Licht noch verstärkt wird. Nickel begünstigt das Entstehen von Sauerstoffradikalen, während gleichzeitig antioxidative Enzyme gehemmt werden (siehe oben). Dadurch werden Strangbrüche bei Nucleinsäuren sowie die oxidative Spaltung oder Vernetzung von Proteinen, in der Sequenz vor allem nach der Aminosäure Glycin, erleichtert. Durch diese physiologischen Eigenschaften des Nickels werden auch die sehr verbreiteten Nickelallergien (Dermatitis), die in einer Häufigkeit von bis zu 13 % in der Bevölkerung auftreten, verständlicher.

In Lebensmitteln kommt Nickel vor allem in Zerealien vor; besonders reich an Nickel sind Buchweizen, Roggen und Hafer.

In der Praxis wird Nickel meistens durch Atomabsorption bestimmt. Es gibt mit Dimethylglyoxim einen rot gefärbten Komplex, der entweder gravimetrisch bestimmt oder nach dem Lösen in organischen Lösungsmitteln auch fotometrisch erfasst und ausgewertet werden kann.

**Chrom.** In den 1960er-Jahren stellte sich heraus, dass der Zusatz von 5 ppm Chrom(III)-Acetat zum Futter von Ratten das Wachstum dieser Tiere beschleunigt. Umgekehrt führt der Mangel an Chrom(III)-Ionen im Futter zu einem langsameren Absinken des Blutglucosespiegels nach Glucosegaben und zu einer verminderten Reaktion des Organismus auf Insulin. Starker Mangel an Chrom(III) führt zu diabetesähnlichen Zuständen (Hyperglykämie und Glykosurie). Zusatz von Verbindungen des dreiwertigen Chroms verbessert die physiologische Wirkung von Insulin, die Aufnahme und Oxidation der Glucose und deren Umwandlung in Fett. Der im Organismus gebildete Komplex des dreiwertigen Chroms mit zwei Molekülen Nicotinsäure und den Aminosäuren Glutaminsäure, Cystein und Glycin wird als **Glucosetoleranzfaktor** bezeichnet. Chrom ist angereichert in der männlichen Aorta. Die höchsten Chromkonzentrationen und gleichzeitig die niedrigsten Inzidenzen von Herz-Kreislauf-Krankheiten werden bei der Bevölkerung des Nahen und Fernen Ostens gefunden. Verglichen mit der amerikanischen Bevölkerung liegt das Risiko dieser Menschen für eine Herz-Kreislauf-Erkrankung etwa siebenmal niedriger. Chrom ist, wie auch Molydän, ein Element der 6. Nebengruppe des Periodensystems und kann die Wertigkeitsstufen 2–6 annehmen. Physiologisch interessant ist, wie schon erwähnt, aber nur das dreiwertige Chrom. Vor allem das Chromat, eine stabile Verbindung mit sechswertigem Chrom, ist stark toxisch und auch cancerogen. Chrom(VI)-Verbindungen werden in Mikrosomen, stimuliert durch Eisen, mittels Flavoenzymen zu Chrom(III)-Verbindungen reduziert. Während der Reduktion wird der labile Chrom(IV)-Zustand durchlaufen, der, stabilisiert durch Glutathion, durch Reaktion mit molekularem Sauerstoff oder auch Wasserstoffperoxid das stark cancerogene OH-Radikal oder auch direkt Kohlenstoffradikale liefert.

Chrom kommt in höherer Konzentration in einigen Gewürzen (z. B. schwarzem Pfeffer 3,7 µg/g, Thymian 10 µg/g) vor. Fleisch enthält lediglich sehr geringe Mengen an Chrom (0,1 µg/g), in Obst und Gemüse ist es kaum vorhanden (weniger als 0,02–0,5 µg/g). Chrom ist mitunter auch in Fetten (Maiskeimöl 0,4 µg/g) vorhanden, in Getreideprodukten allerdings nur in Spuren enthalten (0,02–0,05 µg/g). Quellen für Chrom sind auch Edelstahlgeschirre (Edelstahl enthält etwa 10 % Chrom) oder auch Klärschlamm, wenn er als Dünge- oder Futtermittel verwendet wird.

Chrom wird mit Hilfe der Atomabsorption bestimmt. Eine Farbreaktion mit Diphenylcarbazid kann zur fotometrischen Bestimmung dienen. Wegen der Flüchtigkeit des Chromylchlorids sollte eine Veraschung der Probe in stark saurem Milieu vermieden werden.

**Vanadium** wurde als essenzielles Element zu Beginn der 1970er-Jahre als Wachstumsfaktor für Hühner und Ratten entdeckt, auf der anderen Seite wird bei Ratten die Reproduktion und die Mortalität der Nachkommenschaft durch Vanadium negativ beeinflusst. Schon während der 1950er-Jahre war gefunden worden, dass Vanadylsulfat bei Ratten die Cholesterinbiosynthese hemmen kann. Auch bei Hühnern war bei Vanadiummangel ein Ansteigen des Cholesterinspiegels zu beobachten. Beim Menschen ist die Wirkung des Vanadiums auf den Serumcholesterinspiegel nicht eindeutig nachgewiesen. Widersprüchliche Befunde sind diesbezüglich in der Literatur zu finden. Dies dürfte vielleicht damit zusammenhängen, dass linolsäurereiche Fette, deren cholesterinspiegelsenkende Wirkung bekannt ist, gleichzeitig auch größere Mengen an Vanadium enthalten (5–40 µg/g). Vielleicht ist es aber auch die Vielfältigkeit der Chemie der Vanadiums, die dann, je nach der überwiegend vorliegenden Vanadiumverbindung, unterschiedliche physiologische Antworten des Organismus liefert.

Vanadium ist ein Element der fünften Nebengruppe des Periodensystems, es kann 2- bis 5-wertig sein. Der häufigste Wertigkeitszustand ist der 5-wertige, in dem Vanadium als ortho-Vanadat (z. B. $Na_3VO_4$), meist aber nach Wasserabspaltung und Polymerisation als meta-Vanadat (z. B. $NaVO_3$), vorliegt. In den chemischen Reaktionen ist das Vanadat dem Phosphat und dem Arsenat sehr ähnlich. Der Unterschied zum Phosphat besteht vor allem darin, dass sich die Wertigkeit des Vanadiums in biologischen Systemen wesentlich leichter ändert als die des Phosphats. Darüber hinaus bildet Vanadat auch sehr leicht Komplexe mit Wasserstoffperoxid und geht damit in Pervanadate über, die ebenfalls physiologisch aktiv sind. Vanadate wirken antagonistisch zu den Phosphaten und können damit in vielfältiger Weise in Phosphorylierungsreaktionen im Organismus eingreifen. Da den Phosphorylierungsreaktionen im Organismus große Bedeutung bei der Übertragung von Signalen zur Regulierung von

Stoffwechselvorgängen zukommt, können auch Vanadate wegen ihrer chemischen Ähnlichkeit zu den Phosphaten in solche Prozesse eingreifen. In höheren Konzentrationen wirken Vanadate ebenso wie die Arsenate toxisch.

Sehr intensiv wurde die Funktion der Vanadate als Inhibitoren der Tyrosinphosphatasen untersucht. Gleichzeitig aktivieren sie die Insulinrezeptorkinase, ein Enzym in der Signalkette, durch die Insulin in den Glucosestoffwechsel eingreift. Damit kommt dem Vanadat eine dem Insulin ähnliche Wirkung (Insulinmimese) zu bzw. kann es die Wirkung von Insulin synergistisch steigern. Allerdings dürfte die Wirkung beider Verbindungen auf den Lactatspiegel im Blut unterschiedlich sein. Bei Ratten verzögert Vanadat die Metabolisierung des Lactates. Mehrere Untersuchungen befassten sich bereits mit der Rolle oral zugeführten Vanadylsulfats (VOSO$_4$). Neben der antidiabetischen Wirkung wurde auch eine, ebenfalls durch eine vanadatabhängige Stimulierung der Tyrosinphosphorylierung verursachte, antihypertensive Wirkung bei gleichzeitiger Stimulierung der Aortakontraktion, gefunden.

In Hepatocyten wird die Glykogenphosphorylase durch eine über Vanadat initiierte Phosphorylierung aktiviert, während die Glykogensynthase inhibiert wird. Vanadat dürfte also, verglichen mit der Muskulatur und dem Fettgewebe, wo die Wirkung dem Insulin ähnlich ist, in Leberzellen gegenteilige physiologische Effekte auslösen.

Vanadium wird mit der Nahrung in Mengen von etwa 4 mg täglich aufgenommen. Es kommt hauptsächlich in Getreide, Gemüse und Nüssen (bis 1,5 µg/g) und vor allem auch in Fetten vor, die einen hohen Gehalt an mehrfach ungesättigten Fettsäuren aufweisen.

Vanadium wird meistens durch Atomabsorption bestimmt. Die sich aus Vanadium und 8-Hydroxychinolin bildenden Niederschläge können in Chloroform gelöst und fotometrisch ausgewertet werden.

**Selen.** Die Toxizität von Selenverbindungen ($> 5 \times 10\text{--}5\,\%$) sind schon seit fast 150 Jahren bekannt. Die physiologische Bedeutung kleiner Mengen von Selen wurde allerdings erst etwa 100 Jahre später erkannt. Geringe Mengen an Selen verhinderten Lebernekrosen bei Ratten, die einen Vitamin-E-Mangel aufwiesen. Dies deutete auf eine Ähnlichkeit zwischen den physiologischen Funktionen von Selen und Vitamin E hin. Neben der Lebernekrose bei der Ratte wurden später die exsudative Diathese bei Hühnern, die Muskeldystrophie bei Schaf und Rind sowie Infertilität beim Schaf als Selenmangel erkannt. Auch die in Teilen Chinas beim Menschen auftretende Keshan-Krankheit (eine Erkrankung des Herzmuskels) konnte, verursacht durch besonders selenarme Böden in diesem Teil Chinas, mit Selenmangel in Verbindung gebracht werden.

Die Entdeckung der Glutathionperoxidase, eines Enzyms mit Selen im aktiven Zentrum (Peroxidasen sind Enzyme, die die Reduktion von Wasserstoffperoxid zu Wasser mit Hilfe eines Elektronendonators katalysieren), in tierischen Organismen und auch beim Menschen lieferte den Beweis für die Essenzialität von Selen auf molekularer Ebene. Glutathionperoxidase enthält im aktiven Zentrum vier Selenatome in Form von proteingebundenen Selenocysteinen und katalysiert damit nicht nur die Reduktion von Wasserstoffperoxid, sondern auch von organischen Peroxiden, wie Lipidperoxiden.

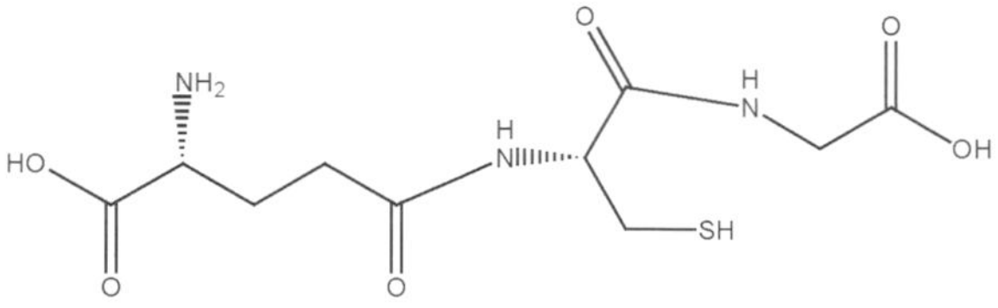

**Abb. 6.1.**      Chemische Struktur von Glutathion

Die für die Reduktion notwendigen Elektronen stammen bei dieser Peroxidase aus Glutathion (Tripeptid aus Glutaminsäure, Cystein und mittelständigem Cystein, Abb. 6.1). Organische Peroxide werden zu den entsprechenden Alkoholen reduziert, Glutathion wird zum Disulfid oxidiert. Glutathionperoxidase ist für den oxidativen Schutz des Organismus von großer Bedeutung, die physiologische Funktion des Enzyms hat Parallelen zu der antioxidativen Wirkung von Vitamin E. Z. B. tritt die durch Selenmangel hervorgerufene exsudative Diathese bei ausreichender Zufuhr an Vitamin E beim Huhn nicht auf.

Ein anderes Enzym, in dessen aktivem Zentrum Selenocystein nachgewiesen wurde, ist die Iodthyronindeiodase (Typ-I-5'-Deiodinase), ein Enzym, das die Umwandlung des Schilddrüsenhormons Thyroxin in das aktive Hormon Triiodthyronin katalysiert. Damit wurde die Bedeutung des Selens für die Funktion der Schilddrüse auf molekularer Ebene gefunden. Selenocystein wurde auch in der Thioredoxinreduktase, einem Flavoprotein, nachgewiesen. Ein anderes Selenoprotein im tierischen Organismus ist das Selenoprotein P, das zwei Drittel des im Plasma vorhandenen Selens gebunden hat. Es hat eine antioxidative Schutzfunktion für Proteine und Lipide, z. B. schützt es das Serum-LDL vor Oxidation. Die Menge an Selenoprotein P im Serum ist abhängig vom Selenstatus. Ein anderes selenhaltiges Protein, Selenoprotein W, wurde in Skelett-Muskeln von Ratten und Schafen sowie in Herzmuskeln von Schafen aufgefunden. Es dürfte auch im humanen Herzmuskel vorhanden sein. Die physiologische Bedeutung dieses Proteins liegt wahrscheinlich in einer antioxidaten Schutzfunktion der Muskeln. Selenhaltige Enzyme werden auch in Mikroorganismen gefunden: z. B. Formatdehydrogenase in *Escherichia coli*, *Methanococcus vannielii* u. a. Clostridien enthalten oft eine Glycinreduktase oder Selenoprotein A. In *Methanococcus vannielii* und anderen Bakterien kommen Hydrogenasen mit Selen vor, und es wird auch in Transferribonucleinsäuren von Mikroorganismen gefunden.

Selenverbindungen haben auch die physiologische Funktion, die Toxizität von Schwermetallionen, wie Quecksilber, Blei, Cadmium und Arsen, zu verringern. Umgekehrt versucht der Organismus, die Toxizität von Selenverbindungen durch deren Methylierung zu Dimethylselen zu vermindern. Selen ist in höherer Konzentration in Fisch und Fleisch enthalten. In pflanzlichen Lebensmitteln ist Selen im Getreide, in Zwiebelgewächsen, davon besonders im Knoblauch, und in Hefe enthalten. Durch entsprechende Düngung mit Selenverbindungen kann der Selengehalt in Lebensmitteln erhöht werden. Z. B. ist mit Selen angereicherte Hefe in den USA ein Handelspräparat, das zur Verbesserung des Selenstatus verwendet wird. Ebselen ist eine heterozyklische selenhaltige chemische Verbindung, die ähnliche Eigenschaften hat wie Glutathionperoxidase.

Analytisch wird Selen meist nach Reduktion zu Selenwasserstoff mit Atomabsorption bestimmt. Selenige Säure gibt ein schwer lösliches Reaktionsprodukt mit 2,2'-Diaminobenzidin.

**Silicium** ist in der vierten Hauptgruppe des Periodensystems das auf den Kohlenstoff folgende schwerere Element. Es ist nach dem Sauerstoff das häufigste Element in der Erdkruste. Es kommt in der unbelebten Natur vorwiegend in Form von Silicaten (Salzen der Kieselsäure) in unterschiedlichsten Strukturen vor, aber auch das Vorkommen von Silicaten in Pflanzen ist schon lange Zeit bekannt. Geringe Mengen an Silicaten werden auch im menschlichen und tierischen Bindegewebe gefunden, sodass eine physiologische Rolle für dieses Element plausibel schien. Anfang der 70er-Jahre des vorigen Jahrhunderts wurde dann auch die physiologische Funktion des Silicats für den tierischen Organismus erkannt. Silicat verbessert die Mineralisierung des Knochengewebes bei Ratten und Hühnern. Weiters ist sowohl die Bildung von Knorpeln als auch jene von Bindegewebe insgesamt bei Silicatmangel gestört. Auf molekularer Ebene zeigte sich, dass die den Silicaten zugrunde liegende tetravalente Kieselsäure esterartig in Mucopolysacchariden gebunden wird und dadurch (durch Vernetzung) größere molekulare Strukturen entstehen. Z. B. enthält Hyaluronsäure aus humaner Nabelschnur etwa 1900 µg/g Silicat, davon über 90 % gebunden. Im Knorpelgewebe von Ratten werden im Chondroitinsulfat etwa 360 µg/g mit einem ähnlichen Grad an Bindung gefunden. Auch in anderen Mucopolysacchariden, wie Dermatansulfat und Keratansulfat, wurde ein Gehalt an gebundener und freier Kieselsäure festgestellt, z. B. in der Glaskörperflüssigkeit und der Hornhaut. Silicat dürfte als Kieselsäure resorbiert und auf dem Blutweg zu den Organen transportiert werden. Im Humanblut werden durchschnittlich 2 µg/g Silicat gefunden, in Muskeln ist dann die Kieselsäure bis zum Zehnfachen angereichert und in Bindegewebsstrukturen noch viel höher konzentriert (siehe oben). Im Alter ist wahrscheinlich durch verminderte Resorption der Gehalt an Kieselsäure in den Arterien, der Haut und anderen Organen vermindert. Es gibt auch Studien, denenzufolge ein Silicatmangel negativ mit der Häufigkeit von Herzinfarkten korreliert. Kieselsäure ist aber auch für die Festigkeit der

Zähne und für die Beschaffenheit des Zahnfleisches von großer Bedeutung. Kieselsäure wird über die Niere ausgeschieden (5–30 mg/Tag).

Silicat kommt vor allem in pflanzlichen Lebensmitteln, besonders in den äußeren Schichten des Getreidekorns (Kleie), vor. Reich an Silicat sind ganz allgemein Ballaststoffe.

Silicate bilden mit Molybdänsäure in saurer Lösung gelbe Heteropolysäuren (Silicomolybdate), die nach Reduktion mit Sulfit oder Ascorbinsäure Molybdänblau ergeben und fotometrisch ausgewertet werden können. Störendes Phosphomolybdat wird durch Zugabe von Oxalsäure zerstört.

**Iod.** Die physiologische Bedeutung von Iod für die Funktion der Schilddrüse (Thyrea) und sein Einfluss auf die Bildung von Kropf ist schon sehr lange bekannt. Fast das ganze im Organismus vorhandene Iod ist in Form organischer Iodverbindungen in der Schilddrüse lokalisiert. Die phenolische Aminosäure Tyrosin reagiert ortho-ständig zur phenolischen Hydroxylgruppe besonders leicht mit Iod zu 2'-Iod- oder 2',6'-Diiod-tyrosin. Primär werden Tyrosinreste in einem tyrosinreichen hochmolekularen Protein (Thyroglobulin) iodiert. An dieser Iodierungsreaktion sind eine Peroxidase und Wasserstoffperoxid beteiligt. Ein weiteres, wahrscheinlich peroxidaseähnliches Enzym ist notwendig, um die Koppelung von zwei Monoiod- oder Diiodtyrosinresten über eine Diphenyletherbrücke zu den Schilddrüsenhormonen **Thyroxin** und **Triiodthyronin** durchzuführen (Abb. 6.2).

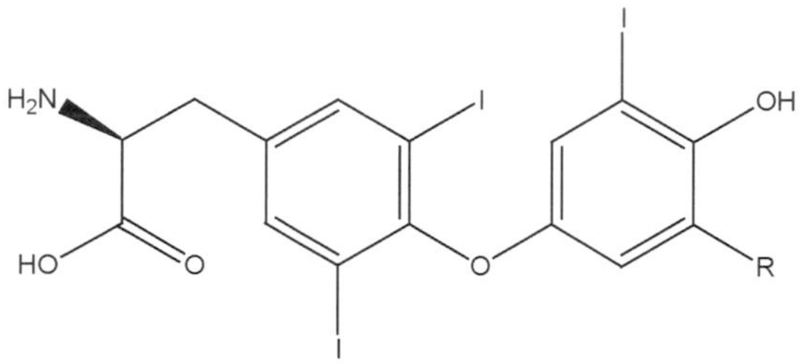

Thyroxin R = J
Triiodthyronin R = H

**Abb. 6.2.**    Chemische Struktur von Thyroxin und Triiodthyronin

Dabei wird der eine Aminosäurerest durch Seitenketteneliminierung abgespalten. Diese Reaktion ist pyridoxalphosphatabhängig (Vitamin $B_6$). Die fertigen Schilddrüsenhormone werden aus dem Thyroglobulin durch proteolytische Enzyme, deren Aktivität durch das Hypophysenhormon THS (Thyroid-Stimulating-Hormon) reguliert wird, freigesetzt. Die Hauptfunktion der Schilddrüsenhormone ist es, den Energiestoffwechsel in anderen Geweben zu beschleunigen. Hauptziel sind dabei die Mitochondrien. Der Transport auf dem Blutweg erfolgt gebunden an spezielle Transportproteine (Thyroid-Binding-Globulin). Auf Triiodthyronin erfolgt eine schnellere physiologische Reaktion als auf Thyroxin. Das Enzym, das Thyroxin in Triiodthyronin umwandeln kann, ist das selenocysteinhaltige Protein Typ-I-5'-Deiodinase, womit auch ein Zusammenhang zwischen dem Iod- und dem Selenstoffwechsel gegeben ist. Die Schilddrüsenhormone beeinflussen die Zellteilung und damit auch das Wachstum.

Iod wird als anorganisches Iodid aufgenommen, sehr schnell resorbiert und aus dem Blut durch das Schilddrüsengewebe als Iodid wieder entnommen, das dadurch Iodid anreichert. Iodmangel führt zu einer Vergrößerung der Schilddrüse (Kropf). Durch eine Iodperoxidase wird Iodid, wie oben beschrieben, zu Iod oxidiert, das dann Tyrosinreste iodiert. Auf der Stufe der Oxidation von Iodid zu Iod greifen natürliche und auch synthetische Thyreostatika durch Hemmung der Iodperoxidase ein. Thyreostatika sind Rhodanid, Thioharnstoff, 2-Thiouracil, Abbauprodukte diverser Glucosinolate, die in der Pflanzenfamilie der *Brassicaceae (Cruciferae)* vorkommen (z. B. Vinylthiooxazolidon oder Dimethylthiooxazolidon aus Raps und Kohlgewächsen). Die Aktivität der Iodperoxidase kann aber auch durch Fluorid inhibiert werden.

Iod kommt in Seefischen, Eiern, Milch und im Trinkwasser vor. In Gegenden, in denen der Kropf sehr häufig auftritt, ist oft der Iodgehalt des Trinkwassers sehr niedrig (unter 2 µg/Liter). Liegt der Iodidgehalt des Trinkwassers über diesem Wert (2–15 µg/Liter), tritt ein Kropf nur selten auf. Um die Iodversorgung der Bevölkerung zu verbessern, wird in manchen Ländern dem Kochsalz Iodid als Kalium- oder Natriumiodid zugesetzt (etwa 200 µg Iodid in 10 g Natriumchlorid).

Iodid wird meistens, nach Oxidation zu Iod mit Brom, durch Titration mit Natriumthiosulfat und Stärke als Indikator bestimmt.

**Fluorid**. Die Erhöhung der Fluoridzufuhr bei Ratten und Mäusen führt zu einer gesteigerten Wachstumsrate. Allerdings ist eine niedrige Zufuhr nicht schädlich für die Entwicklung und die Gesundheit dieser Tiere. Die Essenzialität von Fluor für den Menschen ist nicht erwiesen. Es besteht ein Zusammenhang zwischen der Gesundheit der Zähne und dem Fluoridgehalt in der Ernährung. Amerikanische Ärzte entdeckten diese Beziehung bei der Untersuchung der Ursachen des „gefleckten Zahnschmelzes" in Teilen der USA. Als Ursache stellte sich eine stark erhöhte Fluoridkonzentration im Trinkwasser heraus, dabei war gleichzeitig die Inzidenz von Karies signifikant verringert. Begründet liegt dies darin, dass das für den Abbau von Glucose wichtige Enzym Enolase, das zu seiner Aktivierung Magnesium benötigt, durch Fluorid inhibiert wird. Dadurch können die für Karies verantwortlichen säurebildenden Mikroorganismen Glucose schlechter verwerten und somit weniger Brenztraubensäure oder Milchsäure, die Hauptsäuren des Glucoseabbaus, bilden. Diese Säuren sind hauptverantwortlich dafür, dass in der Umgebung des Zahnes der pH-Wert absinkt und die Calciumphosphate (Apatite) des Zahnschmelzes und des Dentins löslich werden. Die Proteinmatrix der Zähne wird durch Mikroorganismen proteolytisch abgebaut, was das

„Faulen" der Zähne zur Folge hat. In manchen Ländern wird zur Verringerung der Karieshäufigkeit dem Trinkwasser, den Zahnpasten oder auch dem Speisesalz Fluorid (meist als Natriumfluorid) zugesetzt. Weiters wird auch eine günstige Wirkung des Fluorids, welches in Form von Fluorapatit in Knochen und Zähnen gebunden ist, auf die Knochenbildung diskutiert.

Fluorid wirkt allgemein stark antibiotisch und wurde um 1900 für die Konservierung von Lebensmitteln eingesetzt. Der Zusatz von Fluorid wurde in fast allen Ländern verboten, da Fluorid in höherer Konzentration auch für den Menschen stark toxisch ist (Fluorose). Es greift in den Calciumstoffwechsel ein (Calciumfluorid ist sehr schwer löslich) und bewirkt als Folge einer Trinkwasserfluorierung vermehrtes Auftreten des Downsyndroms bei Neugeborenen. Im Organismus ist Fluorid vorwiegend in calcifizierten Geweben enthalten (Zähnen, Knochen).

Fluoride kommen vorwiegend in pflanzlichen Lebensmitteln, z. B. in Getreideprodukten, im Tee, Gemüse, aber auch in Fisch vor. Im Meerwasser liegt der Fluoridgehalt durchschnittlich bei 1,4 mg/Liter und damit sehr knapp am zulässigen Grenzwert von 1,5 mg/Liter.

Fluorid wird im Trinkwasser mit fluoridsensitiven Elektroden bestimmt. Eine andere Möglichkeit ist durch HPLC-Ionenchromatografie. Fluorid kann auch in stark saurer Lösung durch Destillation abgetrennt werden. Da die entstehende Flusssäure normales Glas angreift, müssen Spezialgläser verwendet werden. Die Abnahme der Fluoreszenz des Aluminiumkomplexes mit 8-Hydroxychinolin in Gegenwart von Fluorid kann zur quantitativen Bestimmung verwendet werden.

**Aluminium** kommt gebunden in Aluminosilicaten in großer Menge in der Erdkruste vor. Seltener sind die mineralischen Vorkommen von Aluminiumoxid (Bauxit) und Hexafluoraluminaten (Kryolith). Die Löslichkeit von Aluminiumverbindungen in Wasser wird vom pH-Wert des Wassers bestimmt. Wegen der Schwerlöslichkeit der Aluminiumionen in annähernd neutralem Wasser ist der Aluminiumgehalt in Trinkwasser in der Regel sehr gering. Auch die Löslichkeit von Aluminiummetall in Koch- und anderen Geschirren ist, solange der Inhalt annähernd neutral ist, gering, da die Oberfläche des Metalls mit einer zusammenhängenden Oxidschicht überzogen ist. Säuren oder Laugen lösen diese Oxidschicht auf. Besonders das längere Kochen von pflanzlichen Lebensmitteln, wie Obst und Gemüse, kann größere Mengen des Metalls lösen. Dies wurde früher kaum beachtet, weil die akute Toxizität des Aluminiums gering ist. Große Mengen an Aluminiumsalzen werden bei der Behandlung von übersäuertem Magen mit Aluminiumoxid und bei der Nierendialyse aufgenommen, wo Aluminiumhydroxid zur Inhibierung der Aufnahme von Phosphat eingesetzt wird. Das gelegentliche Auftreten von zwei Syndromen (Dialyse-Dementia und renale Osteodystrophie) bei langfristigen Dialysepatienten, bei gleichzeitig erhöhtem Aluminiumspiegel im Blut, waren die ersten Verdachtsmomente für eine chronische Toxizität von Aluminiumionen. Eine größere Aufnahme von Aluminiumsalzen über längere Perioden führte zu Schäden am Skelett und am Zentralnervensystem. Für die Resorption und für den Transport bedient sich das Aluminium derselben Vehikel wie das Eisen. So wird Aluminium im Blut, an Transferrin gebunden, transportiert und wahrscheinlich mit Hilfe desselben Rezeptorsystems wie das des Eisens in das Zentralnervensystem geschleust. Weitere Unterstützung für eine chronische Toxizität des Elements lieferte der Befund, dass im Gehirn von Alzheimer-Patienten immer ein erhöhter Gehalt an Aluminium festgestellt werden kann. Ungeklärt ist allerdings, ob die erhöhte Aluminiumaufnahme im Gehirn eine Ursache oder eine Folge der Alzheimerkrankheit ist. Eine biochemische Wirkung des Aluminiums besteht darin, dass es als ein die Aktivität verstärkender Cofaktor für viele eisenhaltige Enzyme wirkt. Dadurch könnten neue Relationen zwischen Aktivitäten von Oxidoreduktasen geschaffen werden, und somit könnte es über eine verstärkte Lipidperoxidation zu den bekannten Organschäden kommen. Auch Phospholipidmembranen können durch das polyvalente Kation vernetzt werden und dadurch ein für die enzymatische Oxidation zugänglicheres Substrat werden.

Aluminium kommt vor allem in pflanzlichen Lebensmitteln vor. Besonders hoch ist der Gehalt an diesem Element im schwarzen Tee, bezogen auf die Trockensubstanz (rund $900\,\mu g/g$), etwa die Hälfte dieser Menge findet man in Kräutertees (Pfefferminztee $477\,\mu g/g$, Fruchtschalentee $292\,\mu g/g$), im gemahlenen Kaffee sind etwa $19\,\mu g/g$ enthalten. Aluminiumionen werden auch am besten aus schwarzem Tee extrahiert. Etwa 30 % der Gesamtmenge gelangen in den Aufguss, sodass dieser durchschnittlich 4 mg Al/Liter enthält. Hingegen wird aus Kräutertees nur etwa 5 % des darin enthaltenen Aluminiums extrahiert. Ähnliches wird auch für Kaffee gefunden. Man schätzt, dass nur 5 % der täglichen Aluminiumaufnahme aus Tee und Kaffee stammen.

Aluminium kann durch Atomabsorption bestimmt werden. Sehr geringe Mengen werden durch Neutronenaktivierungsanalyse quantifiziert. Fluorimetrisch kann Aluminium mit Morin bestimmt werden. Mit Alizarin S gibt es einen roten Niederschlag.

**Zinn**, ein Element der vierten Hauptgruppe, wurde in den 1970er-Jahren als ein das Wachstum von Ratten fördernder Faktor gefunden. 1–2 ppm Zinn in einer Diät aus gereinigten Aminosäuren brachten Wachstumssteigerungen von fast 60 %. Das im Magen vorkommende Hormon Gastrin ist ein zinnhaltiges Protein. In den Mikrosomen von Rattennieren wird durch Zinnsalze Hämoxygenaseaktivität induziert. Damit ist ein inhibierender Effekt auf zelluläre Hämproteine bzw. deren Funktionen verbunden. Ansonsten ist über die physiologische Funktion von Zinn wenig bekannt. Zinnsalze werden nur in sehr geringem Ausmaß resorbiert.

Zinn kommt durch das mit Zinn beschichtete Weißblech, aus dem in großem Umfang Konservendosen hergestellt werden, in die Nahrung. Durch Säuren des Doseninhalts werden Zinnionen aus der Beschichtung herausgelöst und gelangen in das Lebensmittel.

Zinn wird vorwiegend durch Atomabsorption bestimmt. Nach Fällung als Zinn(II)-Sulfid und Lösen in Säure kann es auch durch Titration mit Iod erfasst werden.

**Cadmium** ist das nach dem Zink schwerste Element in der zweiten Nebengruppe des Periodensystems (Zn, Cd, Hg). Die Toxizität dieser Elemente steigt mit deren Atomgewicht. Cadmium gelangt vorwiegend durch seine Verwendung in Rostschutzmitteln in die Umwelt und damit auch in die Nahrung. Durch eine dünne Cadmiumschicht werden rostende Metalle wie Eisen vor Korrosion geschützt. Früher sind große Mengen an Cadmium auch durch Abwässer aus Galvanisierungsanstalten in die Umwelt gelangt.

Eine biologische Funktion im Sinne von Essenzialität ist bis heute für Cadmium nicht feststellbar gewesen. Cadmium greift in den Calciumstoffwechsel ein, es bewirkt eine Mobilisierung des Calciums und verhält sich somit antagonistisch zu Zink. Es verstärkt die durch Eisen katalysierte Lipidperoxidation und kann auch zusammen mit Nickel DNS-Strangbrüche verursachen, wodurch dem Cadmium zusätzlich eine mutagene Wirkung zukommt. Cadmium wirkt, wie andere Schwermetalle (Hg, Pb), inhibierend auf die Proteinbiosynthese und auch auf verschiedene Enzyme (z. B. 3-Hydroxy-butyrat-dehydrogenase, Glutamatdehydrogenase). Gleichzeitig steigt die Konzentration an Ketonkörpern im Harn an. Die Toxizität von Cadmium wird durch Zink und Selen vermindert, was einen weiteren Beweis dafür darstellt, dass es aktivierend in den Redoxstoffwechsel eingreift.

In den 1960er-Jahren ist in Japan als Folge cadmiumkontaminierter Nahrung die so genannte **Itai-Itai**-Krankheit aufgetreten. Diese Krankheit führt unter anderem zu Knochenentkalkung und in vielen Fällen zum Tod. Cadmium wird auch mit Bluthochdruck und einem erhöhten Risiko für Arteriosklerose und Herzinfarkt in Verbindung gebracht. Weiters schädigt es die Nierentubuli. Eine gute Versorgung mit Zink vermag allerdings, die Toxizität des Cadmiums zu vermindern.

Cadmium kommt in Lebensmitteln vor, die aus Organismen stammen, die ihren Wasserkonsum aus mit diesem Metall kontaminiertem Wasser bestreiten. Cadmium wird besonders in Austern angereichert (bis 7 µg/g), ist aber auch reichlich in Zigaretten zu finden (etwa 1 µg/Zigarette). Da Cadmium im Organismus akkumuliert wird, kann es im Laufe der Jahre zu einem wichtigen Faktor für Bluthochdruck werden.

Cadmium wird meistens mit Atomabsorption analysiert.

**Quecksilber** ist das schwerste Element der zweiten Nebengruppe des Periodensystems. Zum Unterschied zu Zn und Cd kann Quecksilber auch als einwertiges Ion vorkommen. Die Toxizität des Quecksilbers war schon in der Antike bekannt, umgekehrt erregte dieses bei normaler Temperatur flüssige Metall bezüglich seiner physiologischen Eigenschaften immer das Interesse der Ärzte, Techniker und Chemiker. Quecksilberpräparate wurden immer als Heilmittel sowie wegen ihrer antibiotischen Eigenschaften auch als Desinfektionsmittel eingesetzt. Auch zum Beizen von Saatgut wurden Quecksilberverbindungen lange Zeit verwendet. Ein großes, auch heute umstrittenes Verwendungsgebiet ist der Quecksilbereinsatz bei Zahnplomben. Quecksilber wird in großen Mengen in verschiedenen Technikbereichen verwendet und kann dadurch in das Wasser und letzten Endes ins Meer (durchschnittlicher Gehalt 0,02 mg/1000 Liter, im Sediment allerdings das Zehntausendfache) gelangen.

Bakterien können anorganische Quecksilberverbindungen in fettlösliche und daher wesentlich giftigere organische Derivate, wie Methylquecksilber und Dimethylquecksilber, umwandeln. Reines Dimethylquecksilber ist eine in Alkohol und Ether lösliche Flüssigkeit (Kp 92 °C), die wegen ihrer Flüchtigkeit auch neurotoxisch ist. Die Biosynthese der organischen Quecksilberverbindungen erfolgt im Sediment, sie gelangen dann in Fische und Vögel, wo sie im Fettgewebe gespeichert und angereichert werden. Über die Nahrungskette können sie dann auch vom Menschen aufgenommen werden. Zwischen 1950 und 1960 traten in der japanischen Stadt **Minamata** schwere Vergiftungen durch Methylquecksilber-Verbindungen bei Menschen und bei Katzen auf. Über 50 Menschen starben, Hunderte wurden lebenslang geistig und körperlich geschädigt.

Auf biochemischer Ebene greifen Quecksilberverbindungen in den Calciumstoffwechsel ein. Als meist zweiwertiges Kation kann Quecksilber anscheinend Bindungsstellen des Calciums besetzten, das dann zu einer veränderten Abstimmung der Aktivitäten zwischen den Enzymen führt. Manche Enzyme werden stimuliert, andere inhibiert, was in Folge zu Veränderungen der Stoffwechseleinstellungen mit ungünstigen Auswirkungen auf den Gesamtorganismus führt. Z. B. werden in Mitochondrien durch Zugabe von Quecksilberchlorid freie Calciumionen in das Cytosol abgegeben, auch in Hepatocyten von Ratten wird das freie Calcium im Cytosol durch Quecksilber um das Drei- bis Vierfache gesteigert. Dies hat einen Kollaps der Elektronentransportkette mit Verarmung an ATP und Zelltod zur Folge. Zweiwertige Quecksilberionen können anstelle von Calcium in den Apatit der Knochen eingebaut werden, deren langsame Freisetzung die Ursache chronischer Quecksilbervergiftungen ist. Quecksilber reagiert auch mit den Cysteinresten von Proteinen, gibt mit den SH-Gruppen unlösliche Sulfide und inhibiert dadurch Enzyme oder denaturiert Proteine.

In Lebensmitteln wird Quecksilber hauptsächlich in Meerestieren gefunden. Der durchschnittliche Gehalt liegt bei etwa 0,5 mg/kg. Obwohl die toxische Konzentration beim Menschen gerade beim Quecksilber sehr starken individuellen Einflüssen unterliegt, dürfte die genannte Konzentration für die allermeisten Menschen ungefährlich sein.

Quecksilber wird vorwiegend durch Atomabsorption bestimmt, wobei die Flüchtigkeit des Metalls hier besondere Vorsichtsmaßnahmen erfordert.

**Blei** ist als toxisches Element schon sehr lange bekannt. Das Element der vierten Hauptgruppe des Periodensystems, das schwerere Analogon zum

Zinn, ist in seinen Verbindungen zwei- bis vierwertig. Die häufigste Wertigkeitsstufe ist die zweiwertige, woraus durch Oxidation die instabileren Verbindungen mit höherwertigem Blei gebildet werden können. Zweiwertiges Blei kann ähnlich wie Calcium in den Apatit des Knochens eingebaut und dort gespeichert werden. Im Verlauf des Knochenstoffwechsels werden kleine Mengen an Bleiionen fortwährend aus den Knochen an das Blut abgegeben, was zu chronischen Bleivergiftungen führt.

Auf biochemischer Ebene hemmen oder aktivieren Bleiionen verschiedenste Enzyme. So wird beispielsweise die δ-Aminolävulinsäure-dehydratase durch Blei gehemmt. Dieses Enzym ist für die Biosynthese der Porphyrine und damit auch für die Bildung von Hämproteinen von entscheidender Bedeutung. Umgekehrt aktiviert Blei die Proteinkinase C (calcium/phospholipid-dependent Kinase C) im Rattengehirn und inhibiert die Astroglia-induzierte Differenzierung des Endothels im Gehirn. Besonders junge Tiere reagieren sensibel auf Blei. 0,01 % Bleiacetat im Futter von Ratten, über drei Monate zugeführt, verursachte eine Erhöhung des mittleren Blutdrucks gegenüber der Kontrolle, außerdem war die Lipidperoxidation in der Bleigruppe signifikant erhöht. Zugleich erhöhte sich die Aktivität der induzierbaren Stickoxid-(NO)-Synthase. Allgemein verändert Blei die Calciumhomöostase. Betroffen von Bleiintoxikationen sind vorwiegend das Zentralnervensystem, die Niere und die Knochen. Bleiionen bilden mit SH-Gruppen von Proteinen wasserunlösliche Verbindungen. In der Lebensmitteluntersuchung wurde früher Bleiacetat („Bleiessig") zur Fällung von Eiweiß verwendet.

Blei kommt durch diverse Umwelteinflüsse in die Nahrungsmittel. Wichtigste Quellen sind verbleites Benzin, bleihaltige Legierungen wie Lote, die zur Herstellung von Konservendosen verwendet werden, und mit Bleioxidfarben bemalte Geschirre, die schlecht glasiert sind und aus denen die in Lebensmitteln enthaltenen Säuren Bleiionen herauslösen können (so genannte Bleilässigkeit von Geschirren). Eine weitere wichtige Bleiquelle stellen Bleiwasserleitungen, durch die mit Oxidationsmitteln konserviertes Wasser (Chlor, Ozon) geleitet wird, dar.

Routinemäßig wird Blei durch Atomabsorption bestimmt. In Knochen und Böden kann es auch direkt durch Röntgenfluoreszenz quantifiziert werden.

**Arsen** kommt vorwiegend anionisch als Arsenit oder Arsenat vor. Das Element ist das schwerere Analog zum Phosphor (5. Hauptgruppe des Periodensystems). Auch in vielen chemischen Reaktionen reagiert z. B. Arsenat As(V) analog zum Phosphat. Die As(III)-Verbindungen sind in der Regel toxischer als die As(V)-Verbindungen, weil vermutlich bei der Oxidation von Arsen sehr leicht Sauerstoffradikale gebildet werden können. Dafür spricht, dass Selen die Toxizität des Arsens vermindern kann und umgekehrt. Arsen(III)-Oxid (Arsenik) ist auch der Allgemeinheit als traditionelles Gift bekannt. Eine essenzielle Funktion im Organismus ist für das Arsen nicht eindeutig nachgewiesen. Bei Tieren wurde bisweilen eine wachstumsfördernde Wirkung beschrieben. Arsenat kann sich wegen seiner Ähnlichkeit zu Phosphat wahrscheinlich am Energiestoffwechsel beteiligen. Daraus ergibt sich auch ein größeres Risiko für Herzkrankheiten, wobei sich zusätzlich zeigte, dass der systolische Blutdruck bei Personen, die einen chronisch erhöhten Arsenspiegel aufweisen, erhöht ist. Verbunden mit der Wirkung auf den Energiestoffwechsel nimmt Arsen auch einen entscheidenden Einfluss auf den Kohlenhydratstoffwechsel. So findet sich nach erhöhter Aufnahme an Arsen, ähnlich wie bei der Zuckerkrankheit, eine höhere Glykosylierungsrate des Hämoglobins.

Arsen ist in vielen Metalllegierungen und in Abgasen von Verbrennungsanlagen (Hüttenwerken) in Spuren enthalten. Es kommt auch in geringen Mengen in tierischen und pflanzlichen Lebensmitteln vor. Besonders hohe Gehalte werden in Meerestieren, aber auch in Vollkornprodukten gefunden. Arsenverbindungen wurden früher in der Schädlingsbekämpfung und auch als Wandfarbe (Schweinfurter Grün) eingesetzt. Durch mikrobiellen Abbau kann aus dem Schweinfurter Grün toxischer Arsenwasserstoff ($AsH_3$) gebildet werden, der durch die Atemluft von den im Raum befindlichen Menschen und Tieren aufgenommen wird.

Arsen wird heute, nach Reduktion zu Arsenwasserstoff, durch Atomabsorption bestimmt. Die Marsh-Probe auf Arsen beruht auf der thermischen Zersetzung von flüchtigem Arsenwasserstoff und Abscheidung eines Arsenspiegels in einer speziellen Apparatur, in der auch der Arsenwasserstoff durch Reduktion von Arsenverbindungen mit Zink gleichzeitig gebildet wird.

**Germanium** ist ein Element der vierten Hauptgruppe des Periodensystems mit Halbleitereigenschaften und daher auch bekannt aus dem Transistorbau. Es ist das schwerere Analog zum Silicium. Germanium hat ähnlich dem Selen antioxidative Eigenschaften, weshalb ihm auch eine gewisse Rolle in der Krebsprävention zugeschrieben wird.

Germaniumverbindungen werden in Zwiebelgewächsen, vor allem im Knoblauch, gefunden.

**Radioaktive Isotope** wirken generell durch ihre energiereichen Strahlen auf den Organismus toxisch, manche dieser Elemente, wie z. B. das Plutonium, sind auch als Element akut sehr giftig und cancerogen. Die Hauptwirkung der radioaktiven Strahlung ist die Spaltung von Wasser. Dadurch wird eine Reihe von radikalischen Bruchstücken, unter ihnen das Hydroxylradikal, ein durch seine Reaktivität besonders starkes Oxidationsmittel, gebildet. Durch die Einwirkung des OH-Radikals kommt es bei der DNS zu Strangbrüchen und auch zu Hydroxylierungen der DNS- und RNS-Basen, was zu Mutationen im Erbgut bzw. zur Entstehung von Tumoren führen kann. Daneben wird durch die direkte und indirekte Wirkung radioaktiver Isotopen der enzymatische Apparat des Organismus verändert: Die Aktivität mancher Enzyme wird stimuliert, die anderer inhibiert, wodurch die für das Funktionieren des Stoffwechsels notwendige Abstimmung der Aktivitäten zerstört wird. Es wurde früher immer argumentiert, dass physiologisch essenzielle Elemente nicht unter den Zerfallsprodukten radioaktiver Prozesse vorkommen. Während der 60er-Jahre des vorigen Jahrhunderts stellte sich aber heraus, dass das radioaktive Isotop Strontium-90, wegen seiner chemischen Ähnlichkeit zu Calcium, statt Calcium in das Skelett eingebaut werden kann. Auch wird durch starke Strahlung in der Atmosphäre Stickstoff in das radioaktive Kohlenstoff-Isotop 14 umgewandelt. Über Atmung und Fotosynthese könnte dann radioaktiver Kohlenstoff in den Nahrungskreislauf gelangen. Diese Befunde führten in der Folge zu einem weltweiten Verbot von oberirdischen Atomwaffenversuchen.

# 7  Vitamine: Struktur und physiologische Bedeutung

Vitamine sind organische Verbindungen, die in kleinen Konzentrationen unerlässlich für das Funktionieren des Stoffwechsels sind. Sie sind daher ebenfalls essenzielle Nahrungsmittelbestandteile. Die Notwendigkeit von Lebensmitteln, die solche Stoffe enthalten, war im Prinzip schon im alten Ägypten bekannt (Papyrus Ebers). Schon damals wurde auf die Wichtigkeit von Pflanzen in der Ernährung hingewiesen, die man heute als Vitamin-C-reich bezeichnet. Zwischendurch ging dieses Wissen der alten Ägypter wieder verloren, bis im 18. Jahrhundert in Europa erneut die Wichtigkeit von frischem Obst und Gemüse bei der Verproviantierung von Schiffen erkannt wurde, um dem gefürchteten Skorbut vorzubeugen. Der Skorbut ist eine Bindegewebskrankheit, die bei längerer Dauer zum Tode führt. Während der langen Entdeckungsreisen der Renaissancezeit und später sind ein großer Teil der Schiffsbesatzungen dem Skorbut zum Opfer gefallen.

Durch die Fortschritte, die im 19. Jahrhundert auf dem Gebiet der organischen Chemie, insbesondere der Naturstoffchemie, gemacht werden konnten, wurde es im 20. Jahrhundert möglich, diese in pflanzlichen und tierischen Lebensmitteln enthaltenen Substanzen zu isolieren, in reiner Form darzustellen und auch zu synthetisieren. Man bezeichnete diese Substanzen als **Vitamine (Amine des Lebens)**, da manche von ihnen, nicht alle, Stickstoff enthalten. Es stellte sich heraus, dass es sich bei den Vitaminen um eine Gruppe von chemisch sehr verschiedenen Verbindungen handelt, die auch im Organismus die unterschiedlichsten Funktionen ausüben können. Gemeinsam ist ihnen, dass sie vom menschlichen Organismus nicht durch Biosynthese hergestellt werden können, sondern mit der Nahrung aus dafür geeigneten Lebensmitteln oder auch als Produkte chemischer Synthese zugeführt werden müssen. Ein Vitamin muss nicht für alle tierischen Organismen essenziell sein. Z. B. ist das Vitamin C nur für den Menschen, den Menschenaffen und das Meerschweinchen essenziell, alle anderen Organismen können das für sie notwendige Vitamin C selbst aus Glucose herstellen. Auch der individuelle Vitaminbedarf variiert innerhalb bestimmter Grenzen und wird entschieden von den sonstigen Rahmenbedingungen des Lebens beeinflusst.

Die historische Einteilung in fettlösliche und wasserlösliche Vitamine und in das Vitamin C erklärt sich aus den Methodiken, die zu ihrer Isolierung verwendet wurden. Manche dieser lebensnotwendigen Faktoren befanden sich im wässrigen Extrakt eines Lebensmittels, andere wieder waren in einem mit organischen Lösungsmitteln gewonnenen Extrakt nachweisbar.

*Einteilung der Vitamine*

Fettlöslich sind die Vitamine A, D, E, K, wasserlöslich die große Gruppe der B-Vitamine und das Vitamin C. Heute versucht man, die Vitamine nach ihrer physiologischen Funktion zu gliedern: Vitamine, die hormonartige Wirkung haben (Vitamin A und D), Vitamine, die der Organismus als Coenzyme für den Betrieb seines Stoffwechsels benötigt (hierher gehören vor allem die meisten Mitglieder der B-Gruppe und Vitamin K), und Vitamine, die dem Organismus vorwiegend als Schutz vor oxidativer Schädigung zur Verfügung gestellt werden müssen (Vitamin E, C, u. a.). Bei dieser Einteilung wird die physiologische Hauptfunktion als Parameter herangezogen. Schwierigkeiten, wie bei den meisten Einteilungen, bestehen darin, dass ein Vitamin oft mehrere Funktionen aus verschiedenen Bereichen besitzt. Z. B. ist Vitamin-A-Säure eine Substanz mit durchaus hormonartiger Wirkung, hat aber gleichzeitig auch antioxidative Eigenschaften. Vitamin K ist für das Enzym, das die $\gamma$-Carboxylierung der Glutaminsäure katalysiert, notwendig. Die reduzierte Form hat ebenfalls antioxidative Wirkung.

Der gesamte Vitamingehalt von Lebensmitteln wird durch technologische Prozessen meist negativ beeinflusst. Der Gehalt an Vitaminen sinkt bei thermischen Prozessen im Durchschnitt um 20–40 %. Sterilisation bedingt meistens höhere Vitaminverluste als Kühlverfahren. Viele Vitamine sind lichtempfindlich und werden vor allem durch kurzwellige Strahlung (UV-Licht) schnell abgebaut. Umgekehrt verbessern technologische Aufschlussverfahren die physiologische Verwertbarkeit von Vitaminen.

## 7.1    Fettlösliche Vitamine

### 7.1.1    *Retinol – Vitamin A*

#### 7.1.1.1    Chemie und Struktur von Vitamin A

Vitamin A und seine Derivate gehören chemisch zu der Naturstoffgruppe, die sich vom aktiven Isopren ableitet (Abb. 7.1). Vorläufersubstanzen (Provitamine) für Vitamin-A-aktive Verbindungen sind manche Carotinoide, besonders das $\beta$-Carotin. Ganz allgemein sind Carotinoide aus acht Isopreneinheiten aufgebaut. Durch symmetrische Spaltung des $\beta$-Carotins und anderer durch molekularen Sauerstoff, katalysiert durch eine Dioxygenase, entsteht der Vitamin-A-Aldehyd (Retinal). Aus $\beta$-Carotin entstehen zwei Moleküle Retinal, aus $\alpha$- und $\gamma$-Carotin sowie $\beta$-Cryptoxanthin nur eines. Andere Carotinoide sind keine so genannten Provitamine für

Vitamin A, weil aus deren Struktur kein Retinal durch symmetrische Spaltung gebildet werden kann. Retinal kann im Stoffwechsel zum entsprechenden Alkohol, dem Retinol, reduziert werden. Verestert mit langkettigen Fettsäuren (z. B. Palmitin- oder Stearinsäure) wird Retinol vor allem in der Leber gespeichert. Vitamin A ist chemisch gesehen all-trans-Retinol. Durch enzymkatalysierte Oxidation des Aldehyds entsteht die Vitamin-A-Säure (retinoic acid).

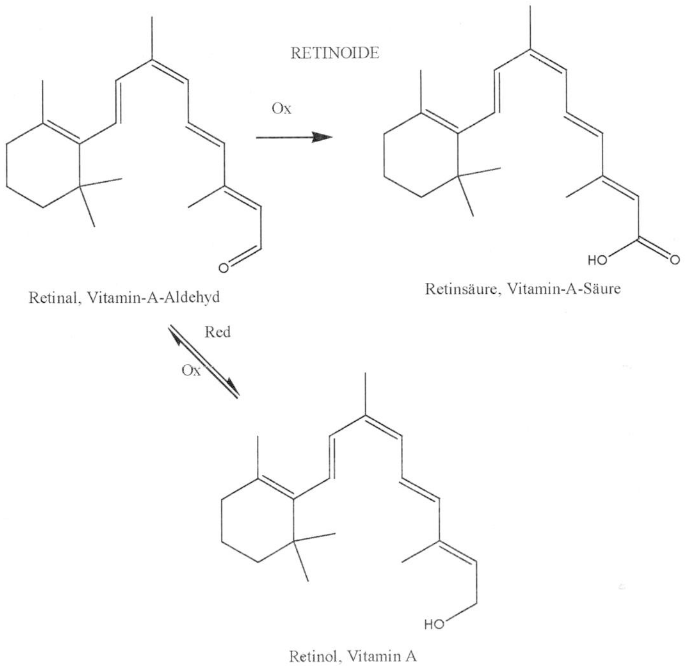

**Abb. 7.1.**    Chemische Struktur ausgewählter Retinoide

Diese als Retinoide zusammengefassten Verbindungen haben durch ihre unterschiedlichen Polaritäten unterschiedliche physiologische Funktionen. Neben dem Retinol, auch Vitamin $A_1$, gibt es noch ein Vitamin $A_2$ (3-Dehydroretinol), das eine zusätzliche Doppelbindung aufweist. Zum Unterschied zu den essenziellen Fettsäuren sind die konjugierten Doppelbindungen in den Carotinoiden fast immer trans-konfiguriert. Die Vitaminwirkung ist an die ununterbrochene Abfolge konjugierter Doppelbindungen gebunden. Retinoide unterliegen wie andere Lipide mit Doppelbindungen leicht der Lipidperoxidation. Sie müssen vor Licht und der katalytischen Oxidationswirkung von Schwermetallspuren geschützt werden.

## 7.1.1.2 Biologische Funktion von Vitamin A

Vitamin A ist das erste Vitamin, das entdeckt wurde und das auch sehr verschiedene physiologische Funktionen hat. Am bekanntesten ist seine Bedeutung für den Sehvorgang, daher ist auch sein lateinischer Name von Retina (= Netzhaut) abgeleitet. Gut untersucht ist die Rolle des 11-cis-Retinals als Bestandteil des Sehpurpurs Rhodopsin. Bei Belichtung zerfällt das Rhodopsin in das Protein Opsin und in all-trans-Retinal. Dabei entsteht ein Signal, das nach einer Abfolge chemischer Reaktionen, wobei das zyklische Guanosinmonophosphat eine entscheidende Rolle spielt, in einen elektrischen Impuls für den Sehnerv umgesetzt wird. Aus unzähligen solcher Impulse konstruiert das Zentralnervensystem dann ein Bild. Im Auge von Fischen und auch Kröten wird Vitamin A$_2$ bei längerer Dunkelheit aus 11-cis-Retinal synthetisiert. Unter diesen Umständen wird Rhodopsin in Porphyropsin umgelagert und bei Belichtung daraus all-trans-3-Dehydroretinal freigesetzt.

Der Zusammenhang zwischen Vitamin A und der Nachtblindheit (Xerophthalmie) war schon den alten Ägyptern bekannt, wo in medizinischen Papyri (z. B. Papyrus Ebers, 1520 v. Chr.) das Auspressen gekochter Rinderleber und Beträufeln der Augen mit der daraus gewonnenen Flüssigkeit zur Behandlung dieses Zustandes empfohlen wird. Xerophthalmie kann in schweren Fällen tödlich sein. Sicher ist, dass Vitamin A auch für das Tagessehen wichtig ist. Das hierfür notwendige Pigment Iodopsin enthält ebenfalls Retinal und unterscheidet sich vom Rhodopsin durch die Struktur des Proteinanteils.

Eine andere sehr wichtige physiologische Funktion des Retinols ist sein Einfluss auf den Bindegewebsstoffwechsel. Es war schon sehr lange bekannt, dass Vitamin-A-Mangel zu einer Verhornung (Keratinisierung) des Bindegewebes und damit auch zu einer Degeneration der Schleimhäute führt. Umgekehrt können durch Gaben von Vitamin A und seinen Derivaten (Fettsäureester des Retinols) das Bindegewebe und somit auch die Haut weicher und elastischer gemacht werden. Diese Wirkung findet auch in der Kosmetik breite Anwendung (z. B. beim Glätten von kleinen Falten usw.).

Tierisches Bindegewebe – Collagen – ist ein Glykoprotein, d. h. die Eiweißstränge sind an bestimmten Stellen mit Kohlenhydratseitenketten verbunden. Die Kohlenhydratseitenketten machen die Gesamtstruktur der Bindegewebsproteine hydrophiler und damit besser in Wasser quellbar. Retinol katalysiert die Glykosidierung der Collagen-Grundstruktur. Retinol ist also einer der Faktoren, die einer Alterung des Bindegewebes bzw. seiner Keratinisierung entgegenwirken. Retinol bzw. Vitamin-A-Säure wirkt auch einer UV-Licht-induzierten, oxidativen Vernetzung der Bindegewebsproteine (Bildung von Diphenylbrücken zwischen Tyrosinresten) entgegen. Die Vernetzung des Bindegewebes führt ebenfalls zu einer verringerten Quellbarkeit der gesamten Bindegewebsmatrix mit Faltenbildung als Folge.

Eine hormonartig wirkende Substanz ist die Vitamin-A-Säure (retinoic acid). Genauer muss man hier von einer Gruppe von Substanzen sprechen, da die verschiedensten Stereoisomere nicht nur theoretisch möglich sind, sondern auch im physiologischen System vorkommen. Vitamin-A-Säuren haben ganz allgemein eine große Bedeutung für die Zelldifferenzierung, z. B. für die der Leukozyten und Monozyten. Diese wird durch Vitamin-A-Säure gesteuert. Hinsichtlich der Zelldifferenzierung im Immunsystem wirkt Vitamin-A-Säure antagonistisch zu den Phorbolestern (aus *Euphorbiaceae*, z. B. *Croton tiglium*, isolierte Diterpene). Verschiedene Viren können durch Vitamin-A-Säure in ihrer Vermehrung gehemmt werden. Ein Beispiel hierfür ist die Inhibierung der Entwicklung des Epstein-Barr-Virus (Erreger der Mononucleose) durch Vitamin-A-Säure. Ein anderes ist die Verringerung der Sterblichkeitsrate bei Masern durch Retinoide. Die Wirkung der Vitamin-A-Säure ist in verschiedenen Bereichen auch von passenden Rezeptoren abhängig, die spezifisch mit den einzelnen Isomeren binden (zwei Gruppen: retinoic acid receptor und retinoic X receptor). Diese Rezeptoren stehen in enger physiologischer Beziehung zu den Rezeptoren für Vitamin D und den Schilddrüsenhormonen, sodass auf der Ebene des Rezeptors eine Wechselwirkung zwischen diesen Hormonen und hormonartigen Substanzen erfolgen kann. Auch das für die Gluconeogenese wichtige Enzym Phosphoenolpyruvat-Carboxykinase (PEPCK, GTP-abhängig) wird durch all-trans-Vitamin-A-Säure aktiviert. Infolge der starken Beeinflussung der Zelldifferenzierung können Vitamin-A-Derivate, insbesondere die Vitamin-A-Säuren, teratogen und auch carcinogen wirken.

Retinoide haben neben ihren Rollen beim Sehvorgang und der Zelldifferenzierung auch zahlreiche weitere physiologische Bedeutungen (Abb. 7.2).

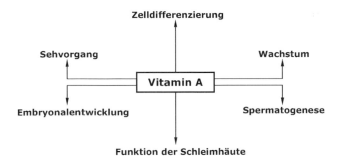

**Abb. 7.2.**    Physiologische Funktionen von Vitamin A

### 7.1.1.3   Bedarf und Toxizität von Vitamin A

In hohen Dosen wirken Vitamin A und die Retinoide toxisch auf den Organismus. Die Toxizität betrifft vor allem das Skelett und das Bindegewebe. Eine leichtere Ausbildung von Hämorrhagien und auch teratogene

Auswirkungen werden berichtet. Bei Knochen kann die Aufnahme von erhöhten Vitamin-A-Mengen zu einer höheren Inzidenz von Frakturen führen; das Längenwachstum der Knochen ist vermindert, während das Breitenwachstum verstärkt ist. Sowohl vom Vitamin-A-Mangel als auch von der Überdosierung dieses Vitamins sind hauptsächlich junge Organismen betroffen. Schon im 16. Jahrhundert, lange vor der Entdeckung der Vitamin-A- und -D-aktiven Substanzen, war die Giftigkeit der an Vitamin A besonders reichen Eisbärenleber bekannt.

Die Dosierung von Vitamin A wird oft in „internationalen Einheiten" (IE = international units = IU) angegeben. Dies stammt aus einer Zeit, in der die Reinstoffe noch nicht bekannt waren und die Dosis mit Referenzpräparaten immer verglichen werden musste.

| 1 IU Vitamin A = 0,3 µg all-trans-Retinol = 0,344 µg Retinylpalmitat |
| --- |

Die empfohlene tägliche Dosis liegt bei 3000 IU bzw. 1 mg Retinol-Äquivalent (RÄ).

| 1 mg RÄ | = 1 mg all-trans-Retinol |
| --- | --- |
| | = 6 mg all-trans-$\beta$-Carotin |
| | = 12 mg andere Provitamin-A-Carotinoide |

Hypervitaminosen wurden bei Dosen von 25.000–50.000 IU täglich, frühestens nach etwa einem Monat, beobachtet. Der Organismus speichert in einem gewissen Ausmaß Retinol in der Leber, vorwiegend als Palmitinsäureester, während die Vitamin-A-Säure sehr schnell, verestert mit Glucuronsäure, im Harn ausgeschieden wird. Fettreiche Lebensmittel verbessern die Resorption der Retinoide aus den im Darm aufbereiteten Lebensmitteln.

Vitamin A selbst kommt fast ausschließlich in tierischen Lebensmitteln vor: in Milch und Milchprodukten (Käse, besonders Weichkäse), in Eiern, in Fleisch und in höheren Konzentrationen vor allem in der Leber. Pflanzliche Lebensmittel enthalten Vitamin A in der Regel nicht, wohl aber verschiedene Carotinoide ($\alpha$-, $\beta$-, $\gamma$-), aus denen der tierische Organismus Retinoide herstellen kann. Carotinoide kommen in allen grünen und anders gefärbten pflanzlichen Lebensmitteln vor.

### 7.1.1.4  Analyse von Vitamin A

Als fettlösliches Vitamin wird Vitamin A mit organischen Lösungsmitteln aus dem Lebensmittel extrahiert und angereichert. Während der Extraktion muss die Apparatur vor Licht und möglichst auch vor Sauerstoff geschützt sein. Der Extrakt wird weiter durch Säulenchromatografie gereinigt und Vitamin A durch Messung der Extinktion bestimmt (326 nm). Vitamin A kann auch nach Reaktion mit wasserfreiem Antimontrichlorid durch Messung der Extinktion des gebildeten Farbkomplexes bei 610–

620 nm erfasst werden (Carr-Price-Reaktion). Die Reaktion mit Antimontrichlorid kann allgemein zur Bestimmung von Substanzen mit mehreren konjugierten Doppelbindungen verwendet werden. Das Antimon-Ion reagiert mit den Doppelbindungselektronen des mehrfach konjugierten Moleküls und daraus resultiert ein Farbkomplex, dessen Extinktionsmaximum umso längerwelliger ist, je größer die Anzahl der konjugierten Doppelbindungen ist. Eine weitere Bestimmungsmöglichkeit ist die Überführung des Retinols in das so genannte Anhydrovitamin A mit $p$-Toluolsulfonsäure und Messung der Extinktion bei 399 nm. Retinoide werden auch mittels HPLC analysiert.

## 7.1.2 Calciferol – Vitamin D

Vor etwa 90 Jahren wurde der Zusammenhang zwischen einem in der Nahrung enthaltenen Faktor und dem Auftreten der Mineralstoffwechselkrankheit Rachitis zum ersten Mal beschrieben. Man nannte diesen fettlöslichen Faktor Vitamin D, das antirachitische Vitamin. Die Krankheit grassierte vor allem in den lichtarmen nordischen Ländern und wurde epidemisch im 19. Jahrhundert, während der so genannten industriellen Revolution. Besonders Kinder waren von dieser Erkrankung betroffen. Allerdings konnte allein schon durch Bestrahlung der Kranken mit UV-Licht die Krankheit gebessert werden. Der antirachitische Faktor konnte also durch Licht in eine aktive Form gebracht werden. Moleküle, die diesen Anforderungen entsprachen, und die Vorstufen, aus denen sie durch Belichtung entstehen, konnten in den 30er-Jahren des vorigen Jahrhunderts isoliert und durch Aufklärung ihrer chemischen Struktur charakterisiert werden. Es dauerte weitere dreißig Jahre, bis die im Körper stattfindenden Aktivierungsschritte der Vitamin-D-aktiven Substanzen (Calciferole) entschlüsselt werden konnten.

### 7.1.2.1 Chemie und Struktur von Vitamin D

Die Chemie der Vitamin-D-aktiven Vorläufersubstanzen führt in die Chemie der Steroide. Steroide gehören zu den Substanzen, die aus aktivem Isopren biosynthetisch aufgebaut werden. Sie entstehen aus Triterpenen durch Abbau von mindestens drei Kohlenstoffatomen. Ein weiteres wichtiges Strukturmerkmal ist, dass der B-Ring des Steroidgerüstes zwei zueinander konjugierte Doppelbindungen enthält. So ist Cholesterin selbst kein Provitamin D, wohl aber das 7-Dehydrocholesterin, das im B-Ring eine zusätzliche Doppelbindung hat. Erst mit zwei Doppelbindungen im B-Ring sind die Steroide durch UV-Licht so weit aktivierbar, dass es über zumindest zwei Zwischenstufen (Lumisterin und Tachysterin) zu einer Bildung der entsprechenden Calciferole kommt.

Die Calciferole werden dann durch zwei enzymatisch katalysierte Hydroxylierungen weiter aktiviert. Eine Hydroxylierung findet in der Leber an Position 25, die andere in der Niere an Position 1 statt, sodass die Vitamin-D-hochaktiven 1,25-Dihydroxy-calciferole entstehen (Abb. 7.3). Je nach Seitenkette unterscheidet man die Provitamine $D_2$ und $D_3$. Das Erste-

re ist das Ergosterol, das Letztere das 7-Dehydrocholesterol. Die beiden
Steroide unterscheiden sich nur in der Struktur der Seitenkette. Entsprechend gibt es, nach UV-Bestrahlung der Provitamine, auf der Ebene der
Calciferole Ergocalciferol und Cholecalciferol. Während 7-Dehydro-
cholesterol fast ausschließlich in der Haut höherer Tiere zu finden ist,
kommt Ergosterol auch in Pflanzen vor. Ausnahmen von dieser Regel
werden in der Natur durchaus gefunden.

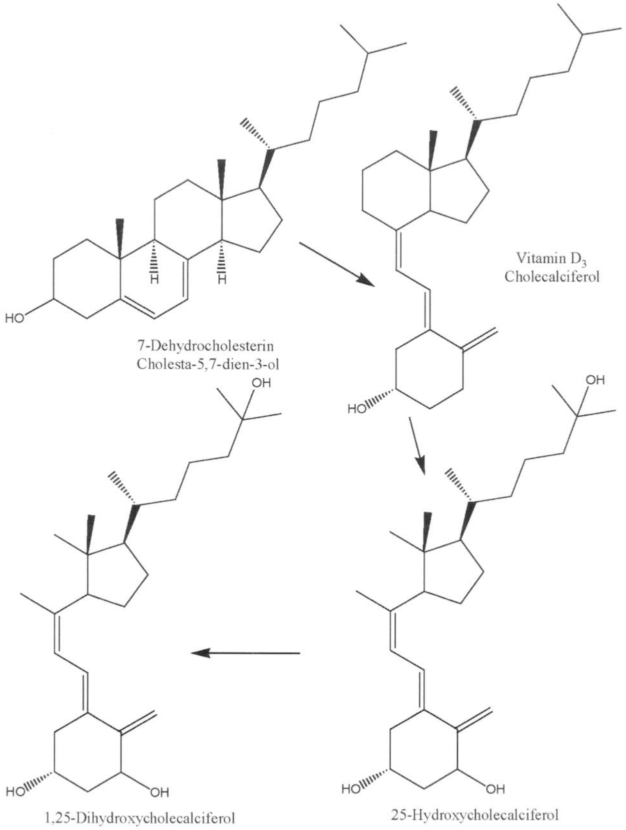

**Abb. 7.3.**　　　Hydroxylierung von Cholecalciferol

## 7.1.2.2　Biologische Funktion von Vitamin D

Calciferole werden in der Haut durch UV-Strahlung (Höhensonne) produziert und auch mit der Nahrung aufgenommen, wobei sie aus dem
Dünndarm resorbiert werden. Das aus dem Darm aufgenommene Vitamin wird dann mit Hilfe der Chylomikronen zur Leber transportiert, wo,
nach Aufnahme in das Lebergewebe, die Hydroxylierung des Calciferols
in Position 25, katalysiert durch eine Magnesium- und NADPH-ab-
hängige Monooxygenase, stattfindet. Gebunden an ein dafür spezifisches

globuläres Protein, wird 25-Hydroxycalciferol zur Niere transportiert, wo weitere Hydroxylierungen in Position 1 oder 24 durchgeführt werden. Für die Katalyse der Hydroxylierung in Position 1 ist ein Enzym aus der Gruppe der Cytochrom-P450-Monooxygenasen nachgewiesen worden. Bei Calcium- und Phosphatmangel wird in der Niere die 1-Hydroxylierung von 25-Hydroxycalciferolen verstärkt durchgeführt, bei ausreichender Versorgung ist die Hydroxylierung in Position 24 bevorzugt. Auch das wenig aktive 1,24,25-Trihydroxycalciferol wird gebildet. Die physiologische Funktion dieser zuletzt genannten Hydroxylierungsprodukte ist derzeit weitgehend unklar, sie werden aber auch im Menschen gefunden.

Der Vitamin-D-Stoffwechsel wird durch Calcium, Phosphat, das Parathyroidhormon, durch die Monooxygenasen der Leber und der Nieren sowie durch Steroidhormone reguliert. Alle diese Moleküle tragen zur gesamten Vitamin-D-Aktivität bei, die eine Resultierende aus diesen Faktoren ist. Vitamin D in seiner aktiven Form (1,25-Dihydroxycalciferol) übt seine physiologische Funktion über einen speziellen Rezeptor aus, der in seiner Struktur mit anderen Steroidhormonrezeptoren und mit denen für Vitamin-A-Säure und die Schilddrüsenhormone verwandt ist. Der Rezeptor induziert die Synthese verschiedener Proteine, die für die Calcium- und Phosphatresorption wie für die Knochenbildung und viele andere physiologische Wirkungen des aktiven Vitamin D notwendig sind (Wirkungen auf das Immunsystem, Autoimmunkrankheiten, rheumatoide Arthritis und Multiple Sklerose). Z. B. wird die Biosynthese des Osteocalcins, neben dem Collagen am Aufbau der Bindegewebsmatrix der Knochen entscheidend beteiligt, durch Vitamin D stark beschleunigt. Auch ein verstärkender Einfluss auf die Vitamin-K-abhängige Biosynthese $\gamma$-carboxyglutaminsäurehaltiger Proteine konnte festgestellt werden. Diese Proteine sind sowohl für die Knochenbildung als auch für die Blutgerinnung essenziell. Das Wachstum von verschiedenen Tumorarten soll durch 1,25-Dihydroxycalciferol verlangsamt werden, während die Vermehrung von HIV-Viren durch dieselbe Substanz beschleunigt wird.

### 7.1.2.3  Bedarf und Toxizität von Vitamin D

Vitamin D ist in höherer Konzentration toxisch. Schon 2000 IU können, über längere Zeit genommen, zu Schäden führen ($LD_{50}$ = 5 mg/kg Körpergewicht).

$$1 \text{ IU} = 0{,}025 \text{ mg Provitamin } D_3$$

Die Toxizität äußert sich unspezifisch durch Appetitlosigkeit, Jucken der Haut, Nieren- und Herzbeschwerden. Es kommt zu einer Calcium- und Phosphatfreisetzung aus den Knochen und zur teilweisen Ablagerung von Calciumphosphat in den Blutgefäßen. Dadurch können feine Blutgefäße vor allem im Nierenbereich verstopft werden, als Folge ist ein vollständiges Nierenversagen möglich. Überdosierung von Vitamin D, vor allem nach Verabreichen von unverdünnten Vitaminkonzentraten, kann damit auch zum Tod durch Nierenversagen oder Herzversagen führen. Die empfohlene tägliche Dosis liegt derzeit bei 200 IU bzw. 5 μg.

Vitamin D kommt in tierischen und pflanzlichen Lebensmitteln vor: Besonders Vitamin-D-reich sind Fischleberöle. Geringere Mengen kommen auch im Fleisch selbst vor. In pflanzlichen Lebensmitteln werden Provitamine D vor allem in Pilzen in größerer Menge gefunden. 1,25-Dihydroxycalciferol kommt interessanterweise in manchen Nachtschattengewächsen, wie beispielsweise in *Solanum malacoxylon*, einem in Südamerika als Futterpflanze genutzten Nachtschattengewächs, das bei Rindern die Symptome einer Vitamin-D-Hypervitaminose erzeugt, vor. Der Grund für deren Toxizität ist eine hohe Konzentration an 1,25-Dihydroxycholecalciferol. Eine andere *Solanaceae* mit ähnlichen Eigenschaften ist *Cestrum diurnum*.

### 7.1.2.4 Analyse von Vitamin D

Als fettlösliches Vitamin findet man Vitamin-D-aktive Substanzen im Lösungsmittelextrakt (z. B. Chloroform) des Lebensmittels. Der Extrakt muss dann durch Säulenchromatografie, heute meist HPLC, gereinigt werden, damit Vitamin-D-aktive Substanzen bestimmt werden können. Vitamin-D-aktive Substanzen enthalten konjugierte Doppelbindungen und können auch nach Komplexierung mit wasserfreiem Antimontrichlorid (Maximum 500 nm) fotometrisch bestimmt werden.

## 7.1.3   Tocopherol – Vitamin E

Vitamin E wurde zu Beginn der 1920er-Jahre als essenzieller Faktor für die Reproduktion von Ratten entdeckt. Die Fruchtbarkeit weiblicher Ratten war vermindert, wenn sie mit einer Diät, die ranziges Schweineschmalz enthielt, gefüttert wurden. Enthielt die Diät aber gleichzeitig auch Weizen oder diverse andere pflanzliche Lebensmittel, so konnte dieser Effekt nicht beobachtet werden. Später wurde der für diesen Effekt verantwortliche Faktor isoliert, seine chemische Struktur aufgeklärt und als α-Tocopherol bezeichnet.

Die Verbindung wurde synthetisiert, und es konnte bewiesen werden, dass ihre physiologische Aktivität der in vielen pflanzlichen Lebensmitteln vorkommenden Substanz entsprach. Im Laufe der Jahre wurden mindestens zehn chemische Verbindungen ähnlicher Struktur mit Vitamin-E-Aktivität aus pflanzlichen Lebensmitteln isoliert. Ab 1970 traten die Aktivitäten der Tocopherole als Antioxidanzien in den Vordergrund des wissenschaftlichen Interesses, neue pathologische Folgen eines Vitamin-E-Mangels bei Versuchstieren wurden entdeckt: z. B. die Muskeldystrophie oder die exsudative Diathese und Encephalomalazie bei Hühnern.

### 7.1.3.1   Chemie und Struktur von Vitamin E

Vitamin-E-aktive Verbindungen werden als Tocopherole bezeichnet, zur Unterscheidung von α-Tocopherol mit anderen griechischen Buchstaben. Alle diese Verbindungen enthalten einen 6-Chromanol-Ring. Die Unterschiede zwischen den einzelnen Tocopherolen betreffen die Anzahl und Stellung der Methylgruppen am aromatischen Ring und die Anzahl der Doppelbindungen in der isoprenoiden Seitenkette. Für die antioxidative Wirkung des Vitamins ist die phenolische Hydroxylgruppe in Stellung 6 des Chromanolrings essenziell. Ist die Hydroxylgruppe in anderer Position oder fehlt sie, kann sich nicht das chinoide Oxidationsprodukt der Zwei-Elektronen-Oxidation, das Tocochinon, bilden. (Als Tocole bezeichnet man 6-Hydroxychromanstrukturen, die eine isoprenoide Seitenkette, wie sie bei den Tocopherolen vorkommen, tragen.) Als Zwischenprodukt nach der Übertragung des ersten Elektrons entsteht ein Tocopherylradikal, das sich nach der Übertragung des zweiten Elektrons zum Tocochinon stabilisiert. Durch die Einelektronenreduktion des Chinons entsteht als instabiles Zwischenprodukt Tocopherylradikal, durch Zufuhr eines zweiten Elektrons entsteht wieder Tocopherol. Die isoprenoide Seitenkette verstärkt den hydrophoben Charakter des Moleküls und verankert es im hydrophoben Milieu. Wichtigster physiologischer Partner für die Reduktion von oxidiertem Tocopherol ist die Ascorbinsäure, die in den meisten Fällen die Elektronen beisteuert, die für die Regeneration von Tocopherol notwendig sind. Ascorbinsäure geht dabei auch über einen radikalischen Zwischenzustand in Dehydroascorbinsäure über.

Die Tocopherole sind wichtige antioxidative Stoffe, die vor allem Lipide und lipophile Substanzen vor Oxidation schützen können. Tocopherole werden in der Lebensmitteltechnologie auch als antioxidativ wirkende Zusatzstoffe eingesetzt. In dieser Hinsicht sind die anderen Tocopherole meist wirksamer als das α-Tocopherol, das eigentliche Vitamin E. Vitamin E und die anderen Tocopherole sind Komponenten des antioxidativen Abwehrsystems des Organismus. Sie wirken oft parallel zu anderen antioxidativen Komponenten der Organismen, wie z. B. der selenhaltigen Glutathionperoxidase. Tocopherole enthalten bis zu drei asymmetrische Kohlenstoffatome (in der Position 2 des Ringes, in der Position 4' und 8' der Seitenkette), sodass viele optische Isomere der Tocopherole möglich sind. Neben Tocopherolen und Tocotrienolen kommt in Pflanzen bisweilen α-Tocomonoenol und in Fischen, besonders in Fischeiern (Lachs), das isomere „Marine Derived Tocopherol" (MDT) vor.

### 7.1.3.2 Biologische Funktion von Vitamin E

Die Notwendigkeit der Zufuhr von α-Tocopherol zur Aufrechterhaltung der weiblichen Fruchtbarkeit bei Ratten konnte beim Menschen, im Gegensatz zur Ratte, bisher nicht nachgewiesen werden. Die Wichtigkeit von Vitamin E für den Menschen wird heute im Wesentlichen in seiner antioxidativen Funktion gesehen. Dadurch, dass es die Oxidation mehrfach ungesättigter Lipide verhindern kann, greift es in verschiedenste Stoffwechselprozesse ein. Diese reichen von Tocopherolen als Schutzstoffe vor den Folgen der Luftverschmutzung bis zum Einsatz von Vitamin E zur Verlangsamung des Alterns. Z. B. ist die Lebensdauer von Erythrozyten bei Vitamin-E-Mangel verkürzt und gleichzeitig die Hämolyserate erhöht. Dadurch, dass viele Krankheiten mit verstärkter Lipidperoxidation und dem Auftreten von „freien Radikalen" in Zusammenhang gebracht werden, darunter die wichtigsten Todesursachen, wie Herz-Kreislauf-Krankheiten und Krebs, ist die Bedeutung von Vitamin E als einem physiologischen Antioxidans gewachsen. α-Tocopherol selbst verlangsamt die Blutgerinnung nur geringfügig, während sein Oxidationsprodukt, das α-Tocochinon, ein potenter Inhibitor der Blutgerinnung ist. Vitamin E wirkt auch als Schutz vor UVB-Licht-induzierter Fotocancerogenese. Bei Ratten, denen in der Nahrung große Mengen an Fructose verabreicht wurden, verbesserte α-Tocopherol das antioxidative Abwehrsystem und hob gleichzeitig die durch die hohen Fructosekonzentrationen verursachte Insulinresistenz auf.

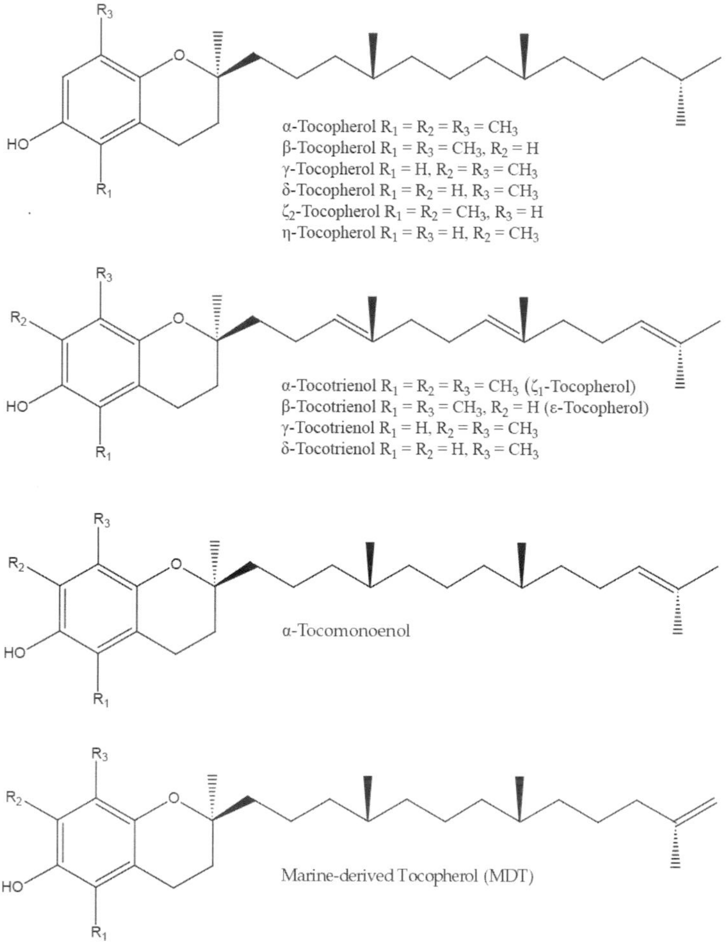

α-Tocopherol $R_1 = R_2 = R_3 = CH_3$
β-Tocopherol $R_1 = R_3 = CH_3, R_2 = H$
γ-Tocopherol $R_1 = H, R_2 = R_3 = CH_3$
δ-Tocopherol $R_1 = R_2 = H, R_3 = CH_3$
$ζ_2$-Tocopherol $R_1 = R_2 = CH_3, R_3 = H$
η-Tocopherol $R_1 = R_3 = H, R_2 = CH_3$

α-Tocotrienol $R_1 = R_2 = R_3 = CH_3$ ($ζ_1$-Tocopherol)
β-Tocotrienol $R_1 = R_3 = CH_3, R_2 = H$ (ε-Tocopherol)
γ-Tocotrienol $R_1 = H, R_2 = R_3 = CH_3$
δ-Tocotrienol $R_1 = R_2 = H, R_3 = CH_3$

α-Tocomonoenol

Marine-derived Tocopherol (MDT)

**Abb. 7.4.**    Chemische Struktur der Tocopherole

Oxidierte Tocopherole werden, wie oben erwähnt, meist durch Ascorbinsäure wieder reduziert. Eine physiologische Alternative dazu ist reduziertes Ubichinon. Wenn das Tocopherylradikal mit molekularem Sauerstoff reagiert, so entstehen Peroxidradikale oder Hydroperoxide des Tocopherols als reaktionsfreudige, prooxidative Zwischenprodukte. Diese Verbindungen haben ihren antioxidativen Charakter verloren und können umgekehrt selbst Lipidperoxidation induzieren. Unter welchen Bedingungen Prooxidanzien aus Tocopherolen gebildet werden, hängt von der aktuellen Tocopherol-, Ascorbinsäure- und Sauerstoffkonzentration sowie anderen so genannten Randbedingungen ab.

Trolox ist ein wasserlösliches Derivat des α-Tocopherols, das anstelle der isoprenoiden Seitenkette eine Carboxylgruppe aufweist. Der Ersatz der hydrophoben Seitenkette durch eine hydrophile Säuregruppe ist der Grund für seine bessere Wasserlöslichkeit.

Von den Tocopherolen wird das α-Tocopherol am schnellsten und am vollständigsten resorbiert und hat daher auch als physiologisches Antioxidans die größte Bedeutung. Für das α-Tocopherol sind keine internationalen Einheiten definiert. Die empfohlene tägliche Aufnahme (recommended daily allowances) liegt bei 12 mg des rechtsdrehenden (R)-α-Tocopherols.

**Tabelle 7.1.** Tocopherol- und Tocotrienolgehalte ausgewählter Speisefette

|  | Tocopherole mg/100 g | | | | Tocotrienol mg/100 g | | |
|---|---|---|---|---|---|---|---|
|  | α- | β- | γ- | δ- | α- | γ- | δ- |
| Olivenöl | 15–18 |  |  |  |  |  |  |
| Palmöl | 20 |  |  |  |  | 22–36 | 7–9 |
| Baumwollsaatöl | 39 |  |  |  |  |  |  |
| Maiskeimöl | 25 |  | 75 |  |  |  |  |
| Weizenkeimöl | 120 | 40 | 50 | 27 |  | 16 |  |
| Reiskeimöl |  |  |  |  | 24 | 25 |  |
| Haferöl | 18 |  |  |  | 18 |  |  |
| Gerstenkeimöl | 35 | 5 | 5 |  | 67 | 12 | 12 |
| Kürbiskernöl | 8 |  | 34 |  |  |  |  |
| Haselnussöl | 50 |  |  |  |  |  |  |
| Erdnussöl | 19 |  | 21 | 2 |  |  |  |
| Saflöröl | 40 |  | 17 | 24 |  |  |  |
| Sesamöl |  |  | 34 |  |  |  |  |
| Sonnenblumenöl | 60 |  |  |  |  |  |  |
| Mohnöl | 20 |  |  |  |  |  |  |
| Sojaöl | 12 |  | 67 | 21 |  |  |  |
| Leinöl |  |  | 50 |  |  |  |  |
| Rapsöl | 20 |  | 50 |  |  |  |  |
| Traubenkernöl | 3 |  |  |  |  |  |  |
| Hanföl | 1 |  | 6 | 1 |  |  |  |
| Butter | 2 |  |  |  |  |  |  |
| Rindertalg | 3 |  |  |  |  |  |  |
| Schweineschmalz | 1 |  |  |  |  |  |  |

Die Tocopherole kommen in pflanzlichen Ölen vor. Die Art der vorkommenden Verbindungen sowie deren Mengenverhältnisse zueinander sind im weiteren Sinn genetisch festgelegt und daher von Pflanzenart zu Pflanzenart verschieden. Durch Analyse der Zusammensetzung der im Öl vorkommenden Tocopherole kann in vielen Fällen die Identität des Fettes festgelegt werden (Tab. 7.1). Bei der Fettraffination gehen die Tocopherole bei der Alkalibehandlung verloren und reichern sich im Raffinationsschlamm an. Raffinierte Öle enthalten nur unbedeutende Mengen an diesen Verbindungen, sofern sie nicht nachträglich wieder zugesetzt wurden. Den höchsten Gehalt an $\alpha$-Tocopherol findet man im Weizenkeimöl (1194 µg/g), neben $\beta$-Tocopherol (710 µg/g) und geringeren Mengen an $\gamma$- und $\delta$-Tocopherol sowie $\alpha$-Tocotrienol. Palmöl enthält neben $\alpha$- und $\gamma$-Tocopherol größere Mengen an $\alpha$- und $\gamma$-Tocotrienolen. Tierische Fette enthalten wesentlich geringere Mengen an Tocopherolen, da keine tierische Eigenproduktion stattfindet und sie nur, durch die pflanzliche Ernährung zugeführt, im tierischen Fett eingelagert werden. Relativ reich an $\alpha$-Tokopherol ist die Butter (24 µg/g), Schmalz und Ei haben etwa den halben Gehalt. Der Gehalt der übrigen tierischen Fette liegt bei 6–9 µg/g.

### 7.1.3.3 Analyse von Vitamin E

Analytisch werden die Tocopherole am einfachsten durch ihr Reduktionsvermögen bestimmt. Sie reduzieren dreiwertige Eisenionen zu zweiwertigen, die dann z. B. mit $\alpha,\alpha'$-Dipyridyl eine Farbreaktion geben, die fotometrisch ausgewertet werden kann. Stellt sich die Frage, welche Tocopherole in einem Öl enthalten sind, so müssen sie zuerst chromatografisch getrennt werden. Heute werden vielfach gaschromatische und auch HPLC-Methoden zur Trennung, Identifizierung und quantitativen Bestimmung der Tocopherole verwendet. Dabei können die Tocopherole als Acetylester oder auch als freie Tocopherole getrennt werden.

## 7.1.4 Phyllochinon – Vitamin K

1929 wurde ein antihämorrhagischer Faktor, der auch in Pflanzen vorkommt und fettlöslich ist, erstmals entdeckt. Bei Fehlen dieses Faktors in der Ernährung wurde zuerst bei Hühnern eine Störung der Blutgerinnung beobachtet. Dieser Faktor wurde als Vitamin $K_1$ bezeichnet und später als chemischer Reinstoff aus Pflanzen isoliert. Im Lauf der Zeit konnte eine weitere Verbindung ähnlicher Struktur mit etwa der gleichen physiologischen Aktivität isoliert werden, die dann als Vitamin $K_2$ benannt wurde. Vitamin-K-aktive Substanzen wurden auch synthetisch hergestellt, wobei eine strukturell einfachere chemische Verbindung, das Menadion (2-Methyl-1,4-naphthochinon) oder Vitamin $K_3$, gefunden wurde. Vitamin

$K_3$ hat, bezogen auf das Gewicht, etwa die doppelte physiologische Aktivität als die natürlich vorkommenden Substanzen.

### 7.1.4.1 Chemie und Struktur von Vitamin K

Chemisch enthalten alle Vitamin-K-aktiven Substanzen einen 2-Methylnaphthochinon-(1,4)-Ring (Abb. 7.5). Bei den natürlich vorkommenden Vitaminen $K_1$ und $K_2$ ist in der Position 3 des Chinonringes noch eine isoprenoide Seitenkette mit dem Ring verbunden. Die Vitamine $K_1$ und $K_2$ unterscheiden sich durch die Struktur dieser Seitenkette. Bei dem Ersteren ist es ein Phytylrest, bei dem Letzteren ein höherpolymerer Isoprenrest. Die beiden Substanzen werden auch als Phyllochinone bezeichnet, da sie in Pflanzen vorkommen. Beim synthetischen Vitamin $K_3$ fehlt die Seitenkette. Neuere Untersuchungen zeigen, dass die isoprenoide Seitenkette für die Resorption des Vitamins von Bedeutung ist. Menadion oder Vitamin $K_3$ wird nur in sehr geringem Umfang durch den Darm resorbiert. Chinone allgemein und so auch die Naphthochinone können *in vitro* oder im Organismus zu den entsprechenden Hydrochinonen reduziert werden. Dafür sind, wie schon erwähnt, zwei Elektronen notwendig. Im Falle der Ein-Elektronen-Reduktion entstehen reaktive Semichinone, die ein ungepaartes Elektron aufweisen und damit radikalischen Charakter haben und sehr reaktionsfähig sind. Bei der Reoxidation der Semichinone und Hydrochinone zu Chinonen durch Sauerstoff können Sauerstoffradikale entstehen, die dann die Ursache für die Cytotoxizität und Mutagenität von Vitamin-K-Derivaten, wie Menadion (Vitamin $K_3$), sind, das aus diesem Grund heute nicht mehr verwendet wird. Die Phyllochinone wirken, basierend auf In-vitro-Tests, sehr viel weniger mutagen.

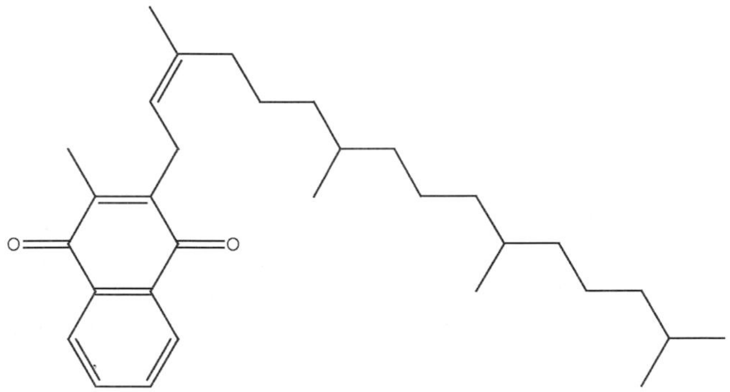

**Abb. 7.5.**    Chemische Struktur von Vitamin $K_1$

## 7.1.4.2  Biologische Funktion von Vitamin K

Biochemisch ist Vitamin K notwendig für die posttranslationale Biosynthese einer seltenen Aminosäure, der γ-Carboxyglutaminsäure. Das Enzym, das diese Carboxylierung der Glutaminsäure katalysiert, benötigt Vitamin K als Cofactor. γ-Carboxyglutaminsäure ist in verschiedenen Proteinen eingebaut, denen eine starke Affinität zu Calciumionen gemeinsam ist. Etwa 10–12 solcher γ-Carboxyglutaminsäurereste sind in einem Protein eingebaut. Diese Proteine treten im Organismus als Faktor II (Prothrombin), VII (Proconvertin), IX und X der proteolytischen Kaskade der Blutgerinnung auf. Dies erkärt die Verlangsamung der Blutgerinnung bei Vitamin-K-Mangel. Tiere, bei denen experimentell leicht ein Vitaminmangel erzeugt werden kann, sind Hühner. Sie eignen sich auch als Testorganismen für die biologische Vitaminbestimmung. Antagonistisch zu Vitamin K und damit gerinnungshemmend wirkt die Verbindung Dicumarol (Abb. 8.12), zuerst aus dem verdorbenen Heu des Süßklees (*Melilotus* sp.) isoliert. Dicumarol wurde für die hämorrhagische Süßkleekrankheit des Rindes, eine Hypoprothrombinämie, verantwortlich gemacht. Ähnlich wie Dicumarol wirkt Warfarin, eine synthetische Verbindung, die als Gerinnungshemmer klinisch eingesetzt wurde. Beide Verbindungen finden auch als Rattengift Verwendung.

Γ-Carboxyglutaminsäure ist in den antithrombotischen Plasmaproteinen C und S enthalten, im Calcium-Transportprotein Calbindin sowie in dem für die Mineralisierung des Skeletts wichtigen Osteocalcin. Osteocalcin dürfte für die kristalline Abscheidung des Calciumphosphats als Apatit im Knochengewebe zumindest mitverantwortlich sein. Auch in menschlichen Nierensteinen (Phosphat- und Oxalatsteinen) wurde ein γ-carboxyglutamathaltiges Protein gefunden.

Vitamin-K-Mangel ist experimentell nur bei Vögeln erzeugbar. Säugetiere und der Mensch können Vitamin K enteral durch die Darmflora in großen Mengen produzieren. Säuglinge kommen mit einem sterilen Darm zur Welt und erhalten oft eine Einzeldosis an Phyllochinon von etwa 1 mg. In Fällen von Osteoporose wird eine Supplementierung von Vitamin K oft empfohlen.

$$1 \text{ IE} = 1 \text{ mg Menadion}$$

In Lebensmitteln ist Vitamin K vor allem in pflanzlichen Quellen vorhanden. Besonders reichhaltig sind der Grüne Tee (712 µg/100 g), allgemein die Gemüsearten der *Brassicaceae* (syn. *Cruciferae*), wie z. B. Broccoli (200 µg/100 g), Kohl (130 µg/100 g), Salat, Spinat (90 µg/100 g) u. a. In Fetten und Ölen ist Vitamin K in geringen Konzentrationen enthalten. Ähnliches gilt für tierische Lebensmittel, in denen Vitamin K hauptsächlich in Leber (90 µg/100 g), aber auch im Schweinespeck (46 µg/100 g) enthalten ist.

### 7.1.4.3   Analyse von Vitamin K

Analytisch sind Vitamin-K-aktive Substanzen im organischen Lösungsmittelextrakt (Ether, Chloroform) des Lebensmittels enthalten. Aus dem Extrakt werden sie, meist durch HPLC, chromatografisch getrennt und dann fotometrisch bestimmt, wobei das längerwelligste Extinktionsmaximum das charakteristischste ist. Vitamin-K-Verbindungen geben blaue Farbreaktionen mit Diethyldithiocarbamat oder besser mit Cyanessigsäureethylester (Craven-Reaktion).

## 7.2   Die Gruppe der B-Vitamine

Die Gruppe der B-Vitamine enthält eine Reihe von essenziellen Nahrungsmittelbestandteilen, deren auffällige Gemeinsamkeit ihre Löslichkeit in Wasser ist. Sie sind in einem hohen Ausmaß an Proteine gebunden, was sich als funktioneller Zusammenhang herausstellte: Vitamine der B-Gruppe sind als Coenzyme reaktive Zentren in den Enzymen, während das Enzymprotein (Apoenzym) das Milieu, in dem die chemische Reaktion stattfindet, optimiert. Die B-Vitamine haben trotz ihrer sehr unterschiedlichen chemischen Strukturen vorwiegend die Funktion, als Coenzyme Katalysatoren für Redoxreaktionen zu sein. Viele der physiologischen Redoxreaktionen sind untereinander gekoppelt, wodurch wechselseitige Abhängigkeiten zwischen den einzelnen Faktoren der B-Gruppe entstehen. Dieser Umstand hat zur Folge, dass Mangelzustände sehr oft keine charakteristischen Symptome aufweisen. Die eigentliche Ursache äußert sich oft nur sehr verschwommen. Durch die Wasserlöslichkeit der B-Vitamine kommt es sehr viel weniger zu Hypervitaminosen. Die chemische Stabilität ist bei den Molekülen der B-Gruppe durchwegs unterschiedlich.

### 7.2.1   Thiamin – Vitamin B₁

Thiamin bzw. Vitamin $B_1$ wurde früher auch als Aneurin bezeichnet, ein Name, der auf die Bedeutung des Vitamins für die Funktion des Nervensystems hindeutet. Tatsächlich ist eine Polyneuritis, die **Beriberi-Krankheit**, die vor allem in Ostasien nach fortgesetzter einseitiger Ernährung mit geschältem Reis aufgetreten war, zumindest zum Teil auf Thiaminmangel zurückzuführen und durch Zufuhr des Vitamins ebenso teilweise heilbar.

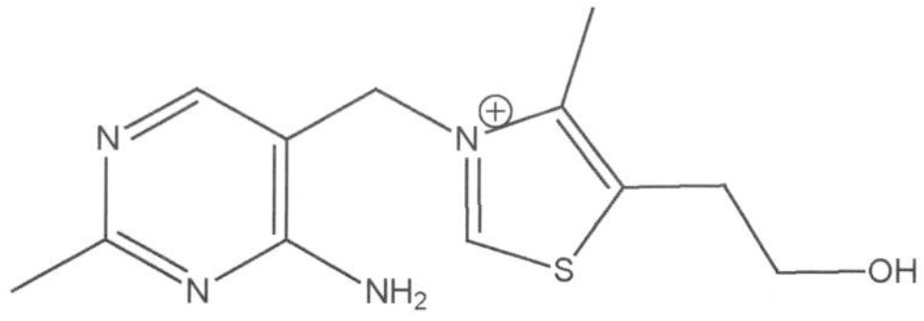

**Abb. 7.6.**    Chemische Struktur von Thiamin (Vitamin $B_1$)

## 7.2.1.1  Chemie und Struktur von Thiamin

Chemisch ist Thiamin eine heterozyklische Verbindung, bestehend aus einem Pyrimidin- und einem Thiazolring, die durch eine $CH_2$-Gruppe verknüpft sind (Abb. 7.6). Die verschiedenen Substituenten im Ringsystem sind für seine Funktion als Coenzym essenziell. Schon der Ersatz der Methylgruppe am Pyrimidinring durch eine Butylgruppe macht aus dem Vitamin ein Antivitamin. Das eigentliche Coenzym Thiaminpyrophosphat entsteht durch enzymatische Veresterung der Hydroxyethylgruppe am Thiazolring mit Pyrophosphat. In verschiedenen Lebensmitteln finden sich auch Vorstufen des Thiamins, aus denen dann der Organismus Thiamin selbst synthetisieren kann. Ein Beispiel hierfür ist Allithiamin, das im Knoblauch und anderen Zwiebelgewächsen vorkommt. Vorstufen, wie Allithiamin, sind oft leichter resorbierbar als Thiamin selbst. Thiaminasen sind Enzyme, die Thiamin zwischen der $CH_2$-Gruppe und dem quaternären N-Atom spalten und damit physiologisch inaktivieren. Unter den gebräuchlicheren Lebensmitteln findet sich Thiaminase oft in rohen Fischen, besonders im Karpfen. Thiamin wird chemisch beim quaternären Stickstoff durch Sulfit gespalten. Dabei entsteht 2-Methyl-4-amino-5-sulfomethylpyrimidin. Das bedeutet, dass in mit Sulfit oder Schwefeldioxyd konservierten Lebensmitteln der Thiamingehalt fast Null ist.

## 7.2.1.2  Biologische Funktion von Thiamin

Für die katalytischen Funktionen des Thiaminpyrophosphats ist die sich zwischen quaternärem Stickstoff und Schwefel befindliche CH-Gruppe im Thiazolring wichtig. Das Wasserstoffatom an dieser Gruppe ist genügend beweglich, sodass es sich an eine Carbonylfunktion (C=O) eines Reaktionspartners addieren kann. Nach dieser Addition und nach Verschiebungen von Ladungen kann die α-ständige Carboxylgruppe leichter abgespalten werden, und es entstehen Aldehyde in reaktiver Form. Die Aldehyde werden dann entweder mit Hilfe anderer Faktoren der B-Gruppe (Liponsäure, Coenzym A) zu biochemisch aktivierten Säuren oxidiert oder auf andere Reaktionspartner übertragen, ähnlich der aus der organischen Chemie bekannten Acyloinkondensation. Die wichtigsten Beispiele hierfür sind im menschlichen und tierischen Organismus die Katalyse der Decarboxylierung der Brenztraubensäure

(Komponente des Multienzymkomplexes der Pyruvatdehydrogenase) und die Umwandlung der Zucker im Verlauf des Pentosephosphatzyklus (Transketolase).

Da Brenztraubensäure (Pyruvat) beim Glucoseabbau nach Embden-Meyerhof in großen Mengen gebildet wird, ist Thiamin als Bestandteil des pyruvatdecarboxylierenden und oxidierenden Enzymkomplexes für das Funktionieren des Kohlenhydratstoffwechsels wichtig. Thiamin selbst ist das Coenzym der Pyruvatdecarboxylase. Neben Pyruvat decarboxyliert das Enzym auch andere $\alpha$-Ketosäuren, z. B. $\alpha$-Ketoglutarsäure, die im Tricarbonsäurezyklus ein Zwischenprodukt ist. Da das Zentralnervensystem seinen Energieaufwand vorwiegend aus Glucose deckt, ist es erklärlich, dass ein Thiaminmangel zu Störungen führt (Beriberi). Transketolase, deren aktives Zentrum ebenfalls aus Thiamin besteht, ist ein zentrales Enzym des Pentosephosphatstoffwechsels, der wichtigsten Alternative und Ergänzung des Glucoseabbaues nach dem Embden-Meyerhof-Schema. Glucose kann dabei über Glucose-6-phosphat in Aldosen und Ketosen unterschiedlicher Kohlenstoffanzahl umgewandelt werden. Durch diese Reaktion können verschiedenste, für den Organismus wichtige Zucker aufgebaut werden.

Ein drittes thiaminabhängiges Enzym, das unter anderem auch für die Biosynthese der verzweigten Aminosäuren (Isoleucin, Leucin, Valin) von Bedeutung ist, ist die Acetohydroxysynthase.

| Pyruvat | Acetaldehyd | | Acetolact | $-CO_2$ Ox | Diacetyl = 2,3-Diketobutan |

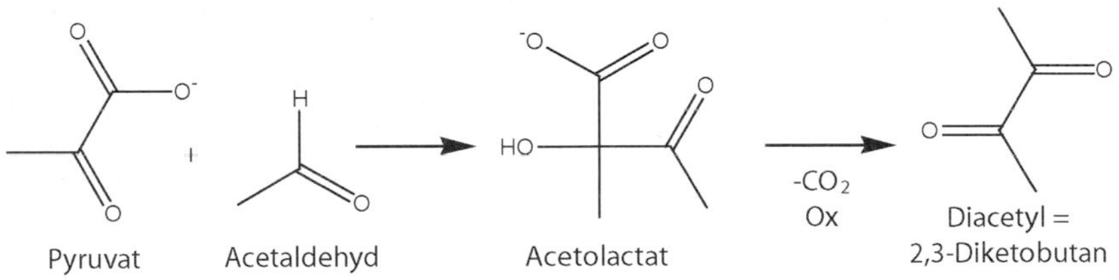

**Abb. 7.7.**     Reaktion der Acetohydroxysynthase

In einer ersten Reaktion wird dabei der aktive Acetaldehyd wieder auf Pyruvat übertragen. Es entsteht dabei Acetolactat (Abb. 7.7). Diese Reaktion ist in der Lebensmittelchemie wichtig für die Biosynthese des Diacetyls und des Acetoins, Aromastoffe der Butter und auch des Brotes.

Thiaminmangel äußert sich in neurologischen Störungen, und zwar degenerativen Veränderungen im zentralen und peripheren Nervensystem (z. B. Korsakow-Wernicke-Syndrom), Störungen der Herzmuskeltätigkeit bis zur Herzinsuffizienz. Das klassische Versuchstier zur Untersuchung des Thiaminmangels ist die Taube. In einem gewissen Bereich steht die Thiaminkonzentration im Futter in einem linearen

Zusammenhang mit der Herzfrequenz des Tieres, der auch zur quantitativen Bestimmung des Vitamins benutzt werden kann. Für das Nervengewebe dürfte Thiamin eine spezielle Bedeutung haben, die wahrscheinlich in einer Erleichterung des Transports von Natriumionen im Nervengewebe liegt.

Thiamin kommt in größerer Menge in den äußeren Schichten und im Keimling von Getreidekörnern vor. Der Gehalt des Vitamins in Mehlen mit hohem Ausmahlungsgrad ist gering. Z. B. liegt der Thiamingehalt im Weizenkorn bei 480 µg/100 g, im Keimling bei 2000 µg/100 g, in Mehlen mit einem Ausmahlungsgrad von 72 % nur noch bei 60 µg/100 g. Ähnlich ist der Thiamingehalt auch in Hafer und Erbsen. Große Mengen an Thiamin sind in Bäckerhefe (950–1500 µg/100 g) sowie im Eidotter enthalten (300 µg/100 g). In Fleisch und Fisch ist der Thiamingehalt gering, höher ist er in den Innereien der Tiere. Auch Obst enthält nur geringe Mengen an Thiamin. Eine tägliche Zufuhr von 1,5 mg des Vitamins wird empfohlen.

### 7.2.1.3  Analyse von Thiamin

Analytisch wird Thiamin aus sauren Extrakten des Lebensmittels isoliert. Nach einer zur Vorreinigung und Konzentrierung des Vitamins meist auf Kationenaustauschern durchgeführten Chromatografie wird es mittels HPLC bestimmt. Die empfindliche Bestimmung beruht auf der Oxidation des Thiamins zum Thiochrom durch Kaliumferricyanid oder Bromcyan. Thiochrom ist löslich in organischen Lösungsmitteln (z. B. Isobutanol) und kann durch seine Extinktion (375 nm) oder durch seine Fluoreszenz bestimmt werden.

## 7.2.2  *Liponsäure*

Im Zusammenhang mit der Decarboxylierung des Pyruvats und der Bildung von Acetat wurde ein weiterer, für manche Mikroorganismen essenzieller, Nahrungsfaktor gefunden, die Liponsäure (D-(+)-Thioctansäure). Coenzyme sind Amide der Liponsäure.

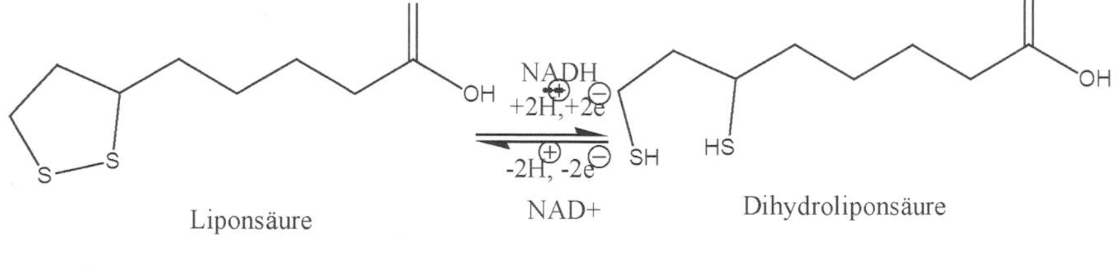

**Abb. 7.8.**     Chemische Struktur der (Dihydro-)Liponsäure

Für den Menschen ist, nach heutiger Ansicht, Liponsäure nicht essenziell. Im Multienzymkomplex der Pyruvatdehydrogenase ist Liponsäure der Redoxfaktor, der die beiden Elektronen aufnimmt, die bei der Oxidation des „aktiven" Acetaldehyds zur „aktiven" Essigsäure freigesetzt werden:

$$RCHO + O \rightarrow RCOOH + 2e^-,$$
$$2 -SH + 2e^- \rightarrow -S-S- + 2H^+.$$

Bei dieser Reaktion ist aktive Liponsäure über einen Lysinrest mittels einer Amidbindung an ein Protein gebunden. Seiner chemischen Struktur nach ist Liponsäure ein zyklisches Disulfid, das durch Anlagerung von zwei Elektronen und zwei Wasserstoffatomen zu einem offenkettigen Dithiol (Dihydroliponsäure) reduziert wird (Abb. 7.8). Im Multienzymkomplex wird bei der Oxidation des Acetaldehyds zur Essigsäure primär das Intermediat S-Acetyl-dihydroliponsäure gebildet. Die Auffindung dieses Metaboliten diente als Beweis für die beschriebene Funktion der Liponsäure. Letzten Endes wird die Acetylgruppe durch das liponsäurehaltige Enzym Dihydrolipoyl-transacetylase auf Coenzym A übertragen.

Die Reoxidation des Dithiols wird durch ein Flavin-adenin-dinucleotid-(FAD)-haltiges Enzym, auch Diaphorase genannt, katalysiert, wobei in diesem Fall NAD$^+$ (Nicotinamid-adenin-dinucleotid) der Elektronenakzeptor ist, der zu NADH reduziert wird. Schon aus diesem Beispiel geht anschaulich hervor, wie eng die Aktivitäten der Vitamine der B-Gruppe miteinander verbunden und voneinander abhängig sind.

Liponsäure ist ein sehr starkes Antioxidans mit sehr negativem Redoxpotenzial (– 0,3 V). Dihydroliponsäure ist daher auch sehr empfindlich gegenüber molekularem Sauerstoff, der in Anwesenheit von Enzymen mit Peroxidaseaktivität leicht zu Superoxid-Radikal und Wasserstoffperoxid reduziert wird. Diese Reaktion führt dann zu einer prooxidativen Wirkung der Liponsäure. Liponsäure kann auch andere Disulfide reduzieren und reagiert mit Blausäure zu Isothiocyanaten.

Manche Autoren empfehlen heute die Supplementierung der Liponsäure in der Nahrung. Wegen der oben erwähnten Sauerstoffempfindlichkeit und der damit verbundenen prooxidativen Wirkung sind diese Empfehlungen mit großer Vorsicht zu betrachten. Liponsäure wird gelegentlich bei der Behandlung von Leberkrankheiten und Amanitin-Pilzvergiftungen (Knollenblätterpilz, Fliegenpilz) eingesetzt. Liponsäure ist in tierischen und pflanzlichen Lebensmitteln enthalten und kommt auch in Hefe vor.

Nach enzymatischer Freisetzung aus der Bindung an Proteine und säulenchromatografischer Anreicherung kann Liponsäure durch HPLC bestimmt werden, wobei zweckmäßigerweise ein elektrochemischer Detektor zur empfindlichen Bestimmung verwendet wird.

## 7.2.3　Nicotinsäure

### 7.2.3.1　Chemie und Struktur von Nicotinsäure

Nicotinsäure (Pyridin-3-carbonsäure) ist in Form des Amids (Niacin) ein Bestandteil von Coenzymen, die Komponenten vieler Oxidoreduktasen (Dehydrogenasen, wasserstoffübertragender Enzyme) sind (Abb. 7.9).

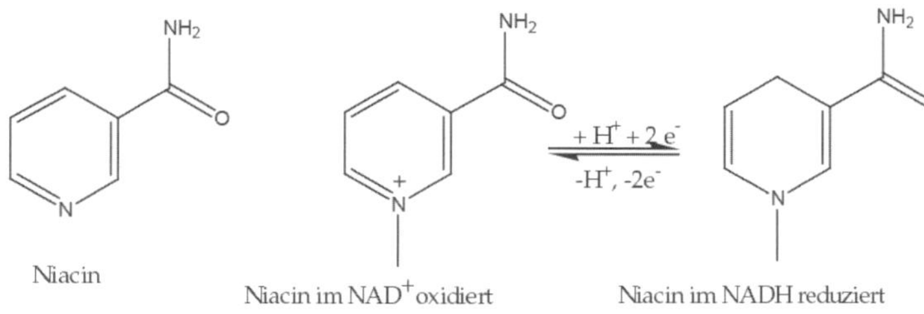

Niacin　　　　　　Niacin im $NAD^+$ oxidiert　　　　Niacin im NADH reduziert

**Abb. 7.9.**　　Chemische Struktur von Niacin und seiner oxidierten wie reduzierten Form

Der Name Nicotinsäure stammt aus einer Zeit, in der man über ihre Funktion als Coenzym nichts wusste. Man kannte die Verbindung nur als Produkt des oxidativen Abbaus des Tabakalkaloids Nicotin. Nicotin wurde schon sehr früh im 19. Jahrhundert intensiv untersucht.

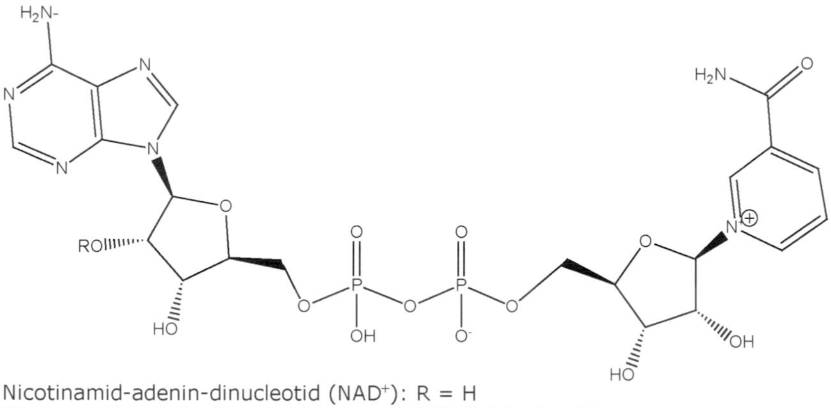

Nicotinamid-adenin-dinucleotid (NAD+): R = H
Nicotinamid-adenin-dinucleotid-phosphat (NADP+): R = PO$_3$H$_2$

**Abb. 7.10.**　　Chemische Struktur von Nicotin-adenin-dinucleotid (NAD+) und Nicotin-adenin-dinucleotid-phosphat (NADP+)

Die Coenzyme, die sich von Nicotinsäureamid ableiten, sind NAD+ und NADP+ (Nicotinamid-adenin-dinucleotid und Nicotinamid-adenin-dinucleotid-phosphat, Abb. 7.10). Das polarere NADP+ entsteht durch Phosphorylierung der 2-OH-Gruppe des Ribose-Restes des NAD+ mit ATP. Die reduzierten Formen sind NADH und NADPH. Chemisch werden dabei zwei Elektronen und ein Wasserstoffion an den Pyridinring addiert, es entsteht eine chinoide Struktur (siehe Abb. 7.9). Chemisch ist für diese Reaktion ein hydrophobes Milieu notwendig, das im wässrigen physiologischen System durch die Proteinstruktur des Apoenzyms geschaffen wird. Gegenüber dem reinen Coenzym vergrößert sich die Geschwindigkeit der enzymatisch katalysierten Reaktion im Durchschnitt um mehr als 20 Zehnerpotenzen. Die Einelektronen-Reduktion der Coenzyme führt zu radikalischen Zwischenprodukten. Inwieweit solche auch bei physiologischen Prozessen vorkommen, wurde jahrzehntelang ohne endgültige Entscheidung diskutiert. Die sicher häufiger vorkommende Zweielektronenreduktion beinhaltet den Transfer eines Hydridions ($H^-$). $NAD^+$ als Coenzym findet man häufiger bei Enzymen, die an katabolischen (abbauenden) Prozessen teilnehmen, während $NADP^+$ umgekehrt öfter als Coenzym bei anabolischen (aufbauenden) Stoffwechselreaktionen zu finden ist. $NAD^+$ ist chemisch stabiler als $NADP^+$, die reduzierten Coenzyme sind wesentlich instabiler als die oxidierten (Möglichkeit der direkten Reaktion von NAD(P)H mit molekularem Sauerstoff, Redoxpotenzial $-0{,}324$ V).

### 7.2.3.2  Biologische Funktion von Nicotinsäure

Die Funktion der Nicotinsäure als essenzieller Nahrungsmittelbestandteil konnte erst Mitte des vorigen Jahrhunderts bestätigt werden. Eine lange Zeit unerklärbare Hautkrankheit, die mit einer einseitigen Maisernährung im Zusammenhang stand, **Pellagra**, eine Dermatitis, konnte eindeutig als Nicotinsäuremangel identifiziert werden. Hauptsächlich an Stellen der Haut, die dem Licht ausgesetzt sind, bilden sich nach zuerst auftretenden roten Erythemen braune Pigment-Flecken (pélla ágra = Haut-Gicht). Es kommt auch zu Entzündungen der Schleimhäute des Mundes und der Zunge sowie des gesamten Verdauungstraktes, bis zur Entwicklung einer Fettleber sowie zu Störungen im Zentralnervensystem. Pellagra kann letzten Endes den Tod zur Folge haben, die Symptome sind aber durch Gaben von Nicotinsäure weitgehend behebbar. Nicotinsäure ist in der Regel für den Magen-Darm-Trakt besser verträglich als Nicotinsäureamid. Ein Mangel an Coenzymen ($NAD^+$, $NADP^+$) kann im Zusammenhang mit Stress und Krankheit auftreten. Poly-ADP-Ribose, auch bei Gesunden ein Bestandteil von Zellkernen, wird im Fall von Krankheit vermehrt gebildet. Wahrscheinlich wird, induziert durch OH-Radikale und dadurch verursachte Strangbrüche der DNS, das Enzym Poly-ADP-Ribose-Synthetase stimuliert. Dieses Enzym katalysiert die Bildung von Poly-ADP-Ribose aus $NAD^+$. Bei der Reaktion wird Nicotinsäureamid aus dem Coenzym abgespalten und freigesetzt, und die verbleibenden Adenosin-Diphosphorylreste werden miteinander $NAD^+$ und in letzter Konsequenz zum Zelltod.

In Lebensmitteln liegen $NAD^+$ und $NADP^+$, gebunden an Enzyme, vorwiegend in oxidierter Form vor. Im Stoffwechsel kann Nicotinsäure auch aus der Aminosäure Tryptophan biochemisch synthetisiert werden. Tryptophan ist daher auch als Provitamin der Nicotinsäure zu betrachten. Die Rolle der Nicotinsäure als dialysierbarer Bestandteil von Enzymen mit einem Extinktionsmaximum von 250 nm wurde um 1900 im Laufe von Untersuchungen des Glucoseabbaus durch Hefe entdeckt.

Wegen seiner zentralen Bedeutung im Redoxsystem aller Organismen ist Nicotinsäure in allen Lebensmitteln enthalten. Die reichste Quelle (32 mg/100 g) ist theoretisch gerösteter Kaffee, wo während des Röstvorganges das vorhandene Trigonellin (N-Methyl-3-carboxypyridiniumchlorid) nach thermischer Abspaltung von Methylchlorid in Nicotinsäure übergeführt wird. Nicotinsäure kommt auch im Fleisch (5 mg/100 g), in Erbsen (3 mg/100 g), vor allem in den äußeren Schichten von Getreide und in der Hefe vor. Aus Mais kann die Nicotinsäure nur sehr schlecht resorbiert werden, da wahrscheinlich der hohe Gehalt an hydrophoben aliphatischen Aminosäuren des Maiseiweißes antagonistisch auf die Nicotinsäureresorption wirkt.

### 7.2.3.3  Analyse von Nicotinsäure

Analytisch wird Nicotinsäure nach enzymatischer Spaltung der Coenzyme und chromatografischer Anreicherung gaschromatografisch bestimmt. Als Farbreaktion kommt nach Spaltung des Pyridinringes mit Bromcyan (Von-Braun-Abbau) die Kopplung des entstandenen organischen Halogenids mit aromatischen Aminen, wie Sulfanilsäure oder Procain, in Frage. Nicotinsäureamid kann nach Reaktion mit Acetophenon fluorimetrisch bestimmt werden.

## 7.2.4    Riboflavin – Vitamin B$_2$

Riboflavin oder Vitamin B$_2$ (älterer Name Lactoflavin) wurde zu Beginn der 30er-Jahre erstmals in Form des Coenzyms Riboflavin-5-phosphat (Flavin-Mononucleotid → FMN) im gelben Atmungsferment als Redoxfaktor entdeckt. Ein weiteres riboflavinhaltiges Coenzym ist das Flavinadenin-dinucleotid (FAD), das ebenfalls Bestandteil vieler Enzyme ist. Nicht phosphoryliert kommt Riboflavin nur in der Milch vor.

### 7.2.4.1  Chemie und Struktur von Riboflavin

Riboflavin und die beiden Coenzyme sind Redoxsysteme, die durch Anlagerung von zwei Elektronen und zwei Wasserstoffionen in ihre reduzierten Formen übergehen (Abb. 7.11). Bei der Anlagerung von nur einem Elektron und einem Wasserstoffion entstehen Riboflavin- bzw. Coenzymradikale. Die Redoxpotenziale von Riboflavin und Coenzymen sind positiver (bei pH 7: – 0,208 V für Riboflavin, – 0,219 V für FAD und FMN) als die von NAD$^+$ und NADP$^+$ (jeweils – 0,324 V), sodass die reduzierten Formen dieser Coenzyme von NAD$^+$ und NADP$^+$ reoxidiert werden können. Dies ermöglicht die Entstehung von Elektronentransportketten, wie sie im Prinzip auch von den biologischen Systemen verwendet werden. Reduziertes Riboflavin oder dessen Coenzymderivate können auch direkt mit Sauerstoff reagieren, wodurch Flavinhydroperoxide gebildet werden. Riboflavin (Extinktionsmaxima 266, 371, 444, 475 nm) und die von ihm abgeleiteten Coenzyme sind besonders gegen UVA lichtempfindlich, aktivieren dabei Sauerstoff (v. a. Singulett-$O_2$, Superoxid-Radikal und $H_2O_2$ werden gebildet) und zerstören sich selbst. Unter Abspaltung des Ribitrestes entstehen Lumichrom und Lumiflavin, die sich als hydrophobe Verbindungen leicht in Chloroform lösen.

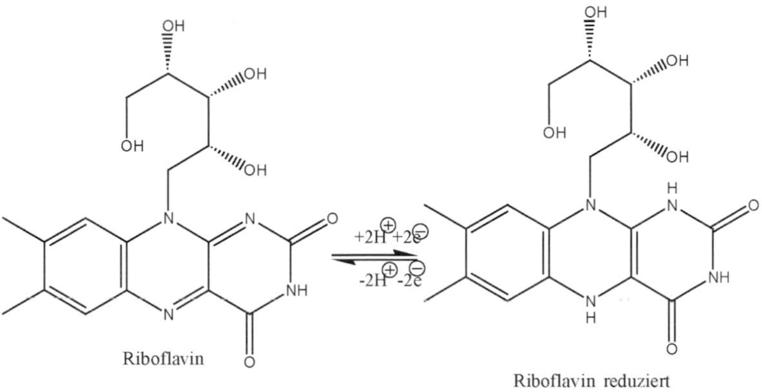

**Abb. 7.11.** Chemische Struktur von Riboflavin

## 7.2.4.2 Biologische Funktion von Riboflavin

FAD und FMN kommen als Coenzyme im aktiven Zentrum vieler Oxidoreduktasen vor. Diese Enzyme werden auch Flavoenzyme genannt. Bedingt durch die Proteinstruktur der Apoenzyme kann man verschiedene katalytische Aktivitäten solcher Enzyme unterscheiden: Dehydrogenasen, Oxygenasen (Mono- und Dioxygenasen), Oxidasen, aber auch Flavoperoxidasen kommen vor. Die wichtigen Flavin-Coenzyme enthaltenden Dehydrogenasen können noch zusätzlich Metallionen in verschiedenen Bindungsformen enthalten: z. B. die Succinat-Dehydrogenase und die NADH-Dehydrogenase, die neben FAD noch zwei bzw. vier Eisen-Schwefel-Zentren in ihrer Struktur enthalten. Beide Enzyme haben für die Funktion der Elektronentransportkette große Bedeutung. Ein anderes Beispiel ist die Xanthindehydrogenase, die zusätzlich zu den FAD-Coenzymen Molybdän und proteingebundene Eisen-Schwefel-Zentren zu ihrer Funktion benötigt. Durch geringfügige Änderungen der Proteinstruktur des Enzyms geht die Xanthindehydrogenase in eine Xanthinoxidase über und reduziert dann nicht mehr $NAD^+$, sondern Sauerstoff zu Wasserstoffperoxid. Zu der Umwandlung der Dehydrogenase in eine Oxidase kommt es z. B. während einer Ischämie im hypoxischen Gewebe.

Ein anderes wichtiges molybdänhaltiges Flavoprotein ist die Stickoxid(NO)-Synthase, die die Bildung von Stickoxid aus Arginin katalysiert.

Keine Metalle enthalten z. B. die physiologisch wichtigen Flavoenzyme Glutathionreduktase ($NADP^+$), Dihydrolipoamid-Dehydrogenase ($NAD^+$), auch Diaphorase genannt, Cytochrom-P450-Reduktase und Cytochrom-b3-Reduktase. DNS-spaltende und reparierende Flavoenzyme sind die in letzter Zeit entdeckten Fotolyasen, bei denen die Anregbarkeit der Flavinnucleotide mit Licht in den entsprechenden Organismen für die genannten Zwecke ausgenützt wird. Riboflavin selbst spaltet bei Belichtung Nucleinsäuren und kann geeignete phenolische Substanzen in ligninähnliche Polymere umwandeln.

Aus diesen wenigen Beispielen ist klar ersichtlich, welch zentrale Bedeutung dem Riboflavin in Form seiner Coenzyme für den gesamten Stoffwechsel zukommt. Dadurch wird es auch verständlicher, dass Riboflavinmangel den Organismus insgesamt betrifft und sich nicht so sehr in spezifischen Mangelsymptomen äußert. Riboflavinmangel macht sich unspezifisch durch eine Beeinträchtigung des Bindegewebsstoffwechsels bemerkbar (Cheilose, Glossitis, Dystrophie der Fingernägel, Fotophobie, Vascularisierung der Hornhaut u. a.). Eine tägliche Zufuhr von 1,7 mg wird empfohlen.

Riboflavin kommt in Lebensmitteln überwiegend in Form der Coenzyme, teils auch in freier Form, vor (Tab. 7.2).

**Tabelle 7.2.** Vitamin-$B_2$-Gehalte ausgewählter Lebensmittel

|  | Riboflavin als FAD und FMN [mg/100 g] |
|---|---|
| Leber und Niere | 2–3 |
| Fleisch | 0,2 |
| Vollkorngetreide | 0,14 |
| Gemüse | 0,1 |
| Spinat | 0,2 |
| Kopfsalat | 0,08 |
| Obst | geringe Mengen |
|  | Vitamin $B_2$ als freies Riboflavin [mg/100 g] |
| Kuhmilch | 1,2–1,8 |
| Muttermilch | 0,2–0,7 |

Da Riboflavin sehr lichtempfindlich ist, kommt den Lichtschutz-Eigenschaften der Verpackung besondere Bedeutung zu. Belichtetes Riboflavin kann durch die damit verbundene Bildung von Singulettsauerstoff und Sauerstoffradikalen andere Lebensmittelinhaltsstoffe oxidieren (z. B. Vitamin D, Carotinoide, Lipide, Nucleinsäuren u. a.).

### 7.2.4.3 Analyse von Riboflavin

Analytisch wird Riboflavin, nach Extraktion mit verdünnter Säure und Reinigung durch Ionenaustausch-Chromatografie, durch Messung der gelbgrünen Fluoreszenz bei 530 nm bestimmt. Andere Möglichkeiten sind die fotometrische Bestimmung bei 371 nm oder die fluorimetrische Messung des nach UV-Bestrahlung des Riboflavins in alkalischer Lösung gebildeten Lumiflavins (445 nm). Auch HPLC-Verfahren werden hierfür angewandt.

### 7.2.5 Pyridoxin – Vitamin $B_6$

Die essenzielle Rolle von Pyridoxin (5-Hydroxy-6-methyl-3,4-dihydroxy-methylpyridin; älterer Name Adermin, Abb. 7.12) wurde dadurch entdeckt, dass sein Oxidationsprodukt Pyridoxal (3-Hydroxy-2-methyl-5-hydroxymethyl-pyridinaldehyd-4) und auch Pyridoxamin, das Produkt der reduktiven Aminierung des Aldehyds (3-Hydroxy-2-methyl-3-hydroxymethyl-4-aminomethyl-pyridin), zusammen mit Gaben an ATP das Wachstum von *Lactobacillus casei* und *Streptococcus faecalis* stark beschleunigen konnten.

Später konnte gezeigt werden, dass nach chemischer Phosphorylierung der 5-Hydroxymethylgruppen die Stimulierung des Wachstums der Mikroorganismen auch ohne ATP-Gaben erfolgte. Dies führte zu der Erkenntnis, dass es die katalytisch wirksamen Coenzyme Pyridoxaminphosphat und Pyridoxalphosphat sind, die aus Pyridoxin durch Oxidation oder reduktiver Aminierung bei gleichzeitiger Phosphorylierung gebildet werden können.

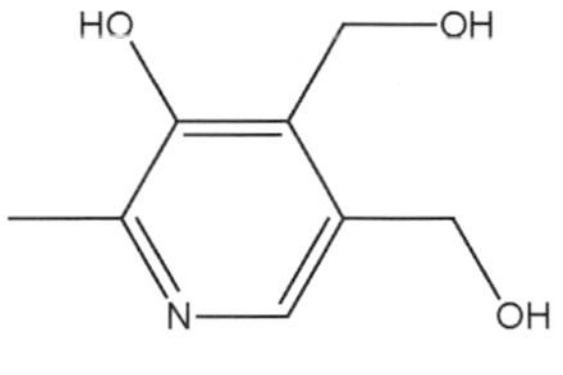

**Abb. 7.12.** Chemische Struktur von Pyridoxin (Vitamin $B_6$)

### 7.2.5.1 Biologische Funktion von Vitamin $B_6$

Die wichtigste physiologische Bedeutung dieser Coenzyme liegt im Stoffwechsel der Aminosäuren. Pyridoxaminphosphat und Pyridoxalphosphat sind ineinander umwandelbare Coenzyme, die bei den verschiedensten Enzymen des Aminosäurestoffwechsels Verwendung finden. Im Zuge der durch die Enzyme katalysierten Reaktionen entstehen aus den vom Pyridoxamin abgeleiteten Coenzymen chinoide Zwischenprodukte, durch deren Redoxverhalten nicht nur Elektronen und Wasserstoffionen, sondern auch Kohlenstoffatome abgetrennt und ausge-

tauscht werden können. Chemisch wirkt der Pyridinring elektronen-
anziehend und damit quasi als intermediärer Elektronenspeicher für die
Reaktionsabläufe der mit dem Ringsystem verbundenen Aminosäuren.

Im Folgenden seien die wichtigsten Reaktionen des Aminosäurestoffwechsels aufgezählt, bei denen die vom Pyridoxin abgeleiteten Coenzyme, gebunden an die entsprechenden Proteine (Apoenzyme), katalytische
Funktionen haben:

**Decarboxylierung von Aminosäuren:** Dabei wird ein Elektronenpaar von
der Carboxylgruppe abgezogen und Kohlendioxyd gebildet. Das im reduzierten Pyridinring zwischendurch gespeicherte Elektronenpaar reduziert das α-Kohlenstoffatom der Aminosäure, das nach der Decarboxylierung formal der Oxidationsstufe eines Aldehyds entsprechen würde, zur
Stufe eines Amins. Es entstehen so genannte biogene Amine.

**Transaminierung von Aminosäuren:** Das proteingebundene Pyridoxalphosphat reagiert mit der Aminogruppe einer Aminosäure. Unter Abspaltung von Wasser bildet sich eine Schiffsche Base. Ein Elektronenpaar wird
in Richtung Aldehydgruppe des Pyridinringes verschoben und das am
α-Kohlenstoffatom gebundene Wasserstoffatom der Aminosäure als Wasserstoffion abgespalten. Dadurch kommt es zu einer Verschiebung der
Doppelbindung zum α-Kohlenstoff der Aminosäure. Bei hydrolytischer
Spaltung des Kondensationsproduktes entstehen Pyridoxaminphosphat
und eine der Aminosäure analoge α-Ketosäure. Pyridoxaminphosphat
kann nun in einem in umgekehrter Reihenfolge ablaufenden Reaktionsschema mit einer anderen α-Ketosäure zu einer Aminosäure und Pyridoxalphosphat reagieren. Durch die Transaminierungsreaktionen können
Aminosäuren wechselseitig ineinander umgewandelt werden. Der Begriff
essenzielle Aminosäure kann dadurch auf den Begriff essenzielle Keto-
säure reduziert werden.

**Racemisierung von Aminosäuren:** Der Wasserstoff am α-Kohlenstoffatom wird entfernt und im Reaktionskomplex bei gleichzeitiger Änderung der sterischen Konformation wieder an das α-Kohlenstoffatom angelagert. Formal wird als Zwischenprodukt eine optisch inaktive α-Ketosäure gebildet, die bei der Redoxreaktion intermediär frei werdenden
Elektronen werden im reduzierten Pyridinring gespeichert und dem Reaktionsprodukt wieder zugeführt. Durch diese Pyridoxalphosphat-kata-
lysierte Reaktion können D-Aminosäuren in die physiologisch wichtigen
L-Stereoisomere umgewandelt werden.

**Spaltung der Seitenkette von Aminosäuren:** Die Seitenkette der an das
Pyridoxalphosphat ankondensierten Aminosäure kann durch „Aldolspal-
tung" entfernt werden, wenn die Seitenkette eine Sauerstofffunktion aufweist. Auch hier kann der Pyridinring den Elektronenaustausch zwischen
den Reaktionsprodukten zeitlich und räumlich koordinieren. Das bekannteste Beispiel für eine Reaktion dieser Art ist die Spaltung von Serin in

Glycin und Formaldehyd, der nicht freigesetzt, sondern an Tetrahydrofolsäure gebunden wird (Serin-Transhydroxymethylase). Ein Beispiel für die
Synthese einer neuen Seitenkette ist die Biosynthese der δ-Aminolävulinsäure aus Pyridoxalphosphat-gebundenem Glycin und Succinyl-
Coenzym A (δ-Aminolävulinsäuresynthase). Dabei wird aus dem Glycin
die Carboxylgruppe abgespalten. δ-Aminolävulinsäure ist ein essenzielles
Zwischenprodukt bei der Biosynthese der Porphyrine, aus denen z. B.
Häm gebildet wird. Eine ähnliche Reaktion kommt bei der Biosynthese
von Sphingosin vor (Glycin- und Palmitoyl-Coenzym A).

**β-Eliminierung oder -Austausch:** Sind in der an Pyridoxalphosphat gebundenen Aminosäure elektronenanziehende Gruppen vorhanden (z. B.
Indol-, Phenyl-, OH-, u. a.), kann es zur Eliminierung dieser Gruppen in
der β-Position kommen (z. B. spalten Serin- und Threonin-Dehydratasen
die Hydroxylgruppe aus dem Threonin oder dem Serin ab). Bei gleichzeitiger Bildung von Pyridoxaminphosphat entstehen aus Serin Pyruvat und
aus Threonin α-Ketobutyrat. Das wichtigste Beispiel für eine Austausch-
reaktion ist wahrscheinlich die Biosynthese von Cystein und Homocystein
aus Serin und Homoserin, katalysiert durch die Cystathionin-β-Synthase).

**Austausch oder Eliminierung des Substituenten am γ-Kohlenstoffatom
der Aminosäure:** Beispiele hierfür sind die Cystathionin-γ-Synthase und
ein Enzym, das O-Phosphohomoserin in Threonin umwandeln kann.

Diese Beispiele zeigen, dass die vom Pyridoxin abgeleiteten Coenzyme
sehr eng mit dem Aminosäurestoffwechsel verbunden sind. Umso er-
staunlicher ist es, dass Pyridoxalphosphat ein essenzieller Faktor auch für
die Glykogenphosphorylase ist. Damit ist es auch für den intermediären
Kohlenhydratstoffwechsel von Bedeutung.

Pyridoxin und die Coenzyme sind lichtempfindlich und werden durch
UV-Licht zerstört. Auch bei der Zubereitung (Erhitzen) von Lebensmitteln treten Verluste bis zu 60 % auf. Pyridoxin (auch manchmal Pyridoxolol genannt) kommt hauptsächlich in Pflanzen vor, während Pyridoxalphosphat und Pyridoxaminphosphat vorwiegend in Tieren und in
Hefe gefunden werden. Getreide enthält im Durchschnitt 23 μg/g Pyridoxin = 100 % der Vitamin-$B_6$-aktiven Stoffe, während im Schweinefleisch
bei einer Gesamtmenge von 6,3 μg/g $B_6$-aktiver Substanzen kein Pyridoxin gefunden wird. Ähnliche Mengen und eine ähnliche Verteilung an
Vitamin-$B_6$-aktiven Stoffen wird auch in Milch gefunden.

Mangelsymptome sind wenig charakteristisch, was nicht erstaunlich
ist, da Vitamin $B_6$ an so vielen Orten in den Stoffwechsel eingreift. Unspe-
zifische Symptome sind Hautausschläge, bei der Ratte so genannte Rat-
tenpellagra, und wurden beim Menschen nicht gefunden. Andere Mangelsymptome sind, basierend auf einer verminderten Aktivität der Cystathionin-β-Synthase, die Akkumulierung von Homocystein bzw. Homo-
cysteinurie, Arteriosklerose, Osteoporose, Anämie und Schäden am Zent-

ralnervensystem. Dabei kann das so genannte „Chinarestaurant-Syndrom", ein Überschuss an Glutaminsäure in der zugeführten Nahrung, durch Vitamin $B_6$ positiv beeinflusst werden. Inadäquate Versorgung mit Vitamin $B_6$ führt auch zu Störungen im Tryptophanabbau: 3-Hydroxykynurenin kann nicht mehr zur 3-Hydroxyanthranilsäure abgebaut werden, sondern wird als Xanthurensäure im Harn ausgeschieden.

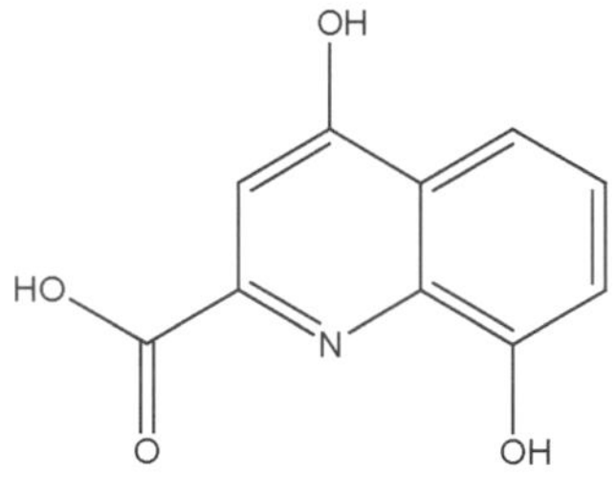

**Abb. 7.13.**    Chemische Struktur der Xanthurensäure (4,8-Dihydroxy-2-chinolincarbonsäure)

Der Nachweis von Xanthurensäure (Abb. 7.13) im Harn nach Tryptophangaben kann als Anzeichen für einen Vitamin-$B_6$-Mangel dienen. Eine tägliche Aufnahme von 2 mg Pyridoxin wird empfohlen. Bei Einnahme von Kontrazeptiva ist der Bedarf erhöht.

### 7.2.5.2    Analyse von Vitamin $B_6$

Analytisch wird Pyridoxin meist gaschromatografisch bestimmt. Dabei müssen vorher der Phosphatrest enzymatisch abgespalten, die Aldehydgruppe reduziert und die Hydroxylgruppen durch Veresterung mit Essigsäureanhydrid geschützt werden. Pyridoxin wird auch synthetisch hergestellt.

## 7.2.6    Pantothensäure

Pantothensäure (2,4-Dihydroxy-3,3-dimethylbutyl-$\beta$-alanin) ist ein Bestandteil des Coenzym A. Sie wurde als dialysierbarer Faktor in ATP-abhängigen Systemen entdeckt. Ein erstes Anzeichen für eine physiologische Bedeutung war ihre präventive und kurative Wirkung bei Hautkrankheiten von Hühnern. Später fand man auf der biochemischen Ebene, dass Pantothensäure wichtig für Acetylierungsreaktionen und für die Synthese von Acetoacetat und Citrat ist. Letzten Endes mündeten diese Befunde in die durch geeignete Experimente unterstützte Erkenntnis, dass Pantothensäure essenziell für den biosynthetischen Aufbau des Coenzym A und Überträger der „aktiven Essigsäure" sein muss.

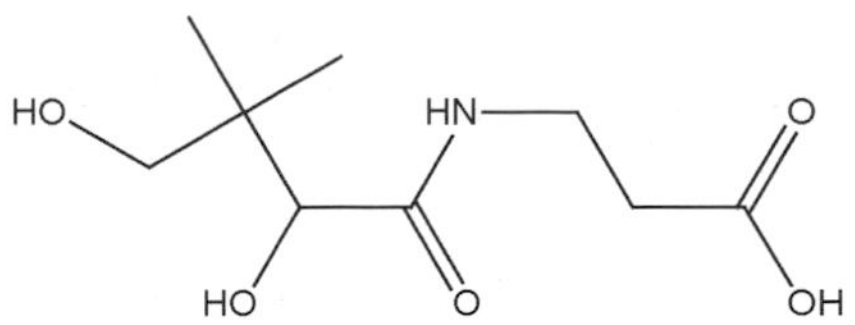

**Abb. 7.14.** Chemische Struktur der Pantothensäure

## 7.2.6.1 Chemie und Struktur der Pantothensäure

Chemisch ist Pantothensäure ein Derivat der 2,4-Dihydroxy-3,3-dimethyl-buttersäure, die im Coenzym A in Position 4 mit 3'-O-Phosphoryl-adenosin-diphosphat verestert ist (Abb. 7.14). Die Carboxylgruppe ist durch eine Amidbindung mit der seltenen Aminosäure β-Alanin verbunden, deren Carboxylgruppe wieder durch Amidbindung mit Cysteamin verknüpft ist. Dabei entsteht endständig eine Thiol-(SH)-Gruppe. Durch Reaktion dieser SH-Gruppe mit Acetat bildet sich Acetyl-Coenzym A, das den Acetylrest als Thioester, also in aktivierter Form, enthält. Auch andere Carbonsäuren können auf diese Art durch Coenzym A in eine reaktive Form gebracht werden.

## 7.2.6.2 Biologische Funktion der Pantothensäure

Biochemisch katalysiert Coenzym A zwei Arten von Reaktionen:

a) Die **Übertragung eines Acylrestes auf nucleophil aktivierte Kohlenstoffatome** eines Reaktionspartners, z. B. auf die Methylgruppe eines zweiten Coenzym-A-aktivierten Acetylrestes. Dabei wird ein Wasserstoff als Wasserstoffion abgespalten. Die Reaktionsprodukte sind Coenzym A und Acetoacetyl-Coenzym A.

b) Die **Aktivierung eines Wasserstoffs, benachbart zur Carbonylfunktion des Thioesters**: z. B. die Reaktion von Acetyl-Coenzym A mit Oxalacetat. Es entsteht dabei Citrat. Aus Acetoacetyl-Coenzym A bildet sich durch Addition von Acetyl-Coenzym A an die Ketogruppe 3-Hydroxy-3-methylglutaryl-Coenzym A. Aus Letzterem entsteht nach reduktiver Spaltung Mevalonsäure, die Muttersubstanz aller isoprenoiden Verbindungen im Organismus (Terpene, Steroide, Carotinoide).

Über die oben angeführte Biosynthese des Citrats werden Kohlenhydrate, Fette und Aminosäuren in den Tricarbonsäurezyklus (Krebszyklus) eingeführt. Bei allen erwähnten Reaktionen ist Coenzym A immer an spezielle Proteine (Apoenzyme) gebunden.

Ausfallserscheinungen, die auf einen Mangel an Pantothensäure zurückzuführen sind, sind beim Menschen nicht bekannt. Bei manchen Tieren wirkt sie als Wachtumsfaktor und auch als Antipellagra- und Antidermatitis-Faktor. Pantothensäure ist in allen tierischen und pflanzlichen Lebensmitteln enthalten, da alle Organismen Coenzym A für ihre biochemischen Funktionen benötigen. Für den Menschen wird eine tägliche Zufuhr von etwa 150 mg von manchen Autoren empfohlen.

### 7.2.6.3   Analyse von Pantothensäure

Analytisch wird Pantothensäure meist gaschromatografisch z. B. in Vitamintabletten bestimmt. Dazu müssen vorher die freien Hydroxylgruppen z. B. durch Veresterung mit Trifluoressigsäure geschützt werden. Früher wurde Pantothensäure in die entsprechende Hydroxamsäure umgewandelt und diese nach Reaktion mit dreiwertigem Eisen fotometrisch bestimmt. Auch mikrobielle Verfahren kommen zur Erfassung von Pantothensäure in Lebensmitteln zum Einsatz.

## 7.2.7   Biotin

Biotin, früher Vitamin H, ist ein zur B-Gruppe gehörender Faktor, der als Coenzym für die Funktion $CO_2$-übertragender Enzyme wichtig ist (Abb. 7.15).

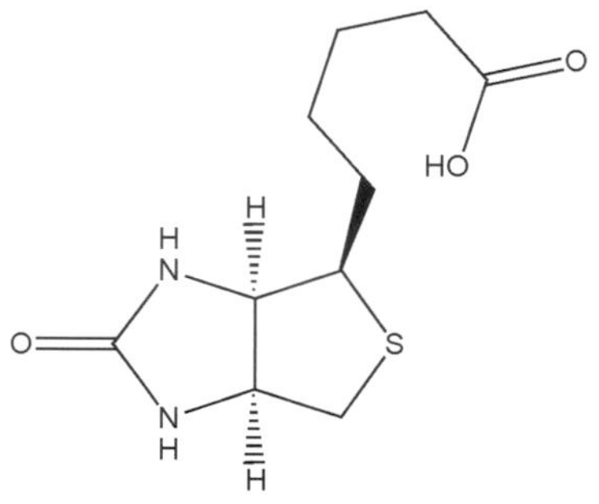

**Abb. 7.15.**   Chemische Struktur von Biotin

### 7.2.7.1   Biologische Funktion von Biotin

Das z. B. in Hydrogencarbonat enthaltene Kohlendioxid wird, aktiviert durch ATP, auf eine Stickstoffgruppe im Biotinmolekül übertragen. In dieser aktiven Form können Wasserstoffatome in strukturell dafür geeigneten Molekülen durch $CO_2$ substituiert werden. Es werden dabei Carbonsäuren gebildet:

Biotinyl-Enzym + ATP + $HCO_3^-$ → Carboxybiotinyl-Enzym + ADP + P
Carboxybiotinylenzym  +  RH → Biotinylenzym + RCOOH

Z. B. kann das „aktive $CO_2$" auf Acetyl-Coenzym A übertragen werden. Es bildet sich Malonyl-Coenzym A, das Startmolekül bei der Biosynthese der Fettsäuren. Aus dem Pyruvat bildet sich durch Carboxylierung Oxalacetat, das ein Intermediat bei der Biosynthese der Citronensäure ist.

Eine andere durch Biotinylenzyme katalysierte Reaktion ist die Carboxylierung von Propionyl-Coenzym A zu Methylmalonyl-Coenzym A, einem wichtigen Zwischenprodukt beim physiologischen Abbau der Propionsäure. Umgekehrt ist Methylmalonyl-Coenzym A der Metabolit, aus dem verschiedene Mikroorganismen Propionsäure produzieren. Es kommen auch Biotin-haltige Enzyme vor, die Transcarboxylase- und Decarboxylase-Aktivität aufweisen. Biotin ist mit seiner Carboxylgruppe mittels Amidbindung mit einem Lysinrest des Apoenzyms kovalent verbunden.

Rohe Eier und Hühnereiweiß enthalten Avidin, ein Protein, das mit Biotin metabolisch nicht aufspaltbare Komplexe bildet. Durch Erhitzen verliert Avidin diese Eigenschaft. Mit größeren Mengen an Avidin können Biotinmangelzustände erzeugt werden, die sich in Appetitlosigkeit, Hautausschlägen und Haarausfall äußern.

Bei normaler Ernährung werden keine Mangelerscheinungen an Biotin beobachtet, da die Darmflora ausreichende Mengen an diesem Vitamin selbst produziert. Biotin ist in tierischen und pflanzlichen Lebensmitteln enthalten. Höhere Konzentrationen finden sich im Eigelb (30 µg/g), in der Kalbsleber (80 µg/g), in Weizenkleie (40 µg/g), in Zichorie und Endiviensalat (jeweils 50 µg/100 g).

### 7.2.7.2  Analyse von Biotin

Biotin wird analytisch meist mittels Radioimmunoassay (RIA) oder ELISA (= enzyme-linked immunosorbent assay) bestimmt. Dabei wird die Biotin-komplexierende Wirkung des Avidins ausgenützt. Für RIA wird Avidin mit radioakiven Iodisotopen markiert. Besonders leicht werden die Wasserstoffatome der Tyrosinreste des Proteins durch Iod substituiert. Die Radioaktivität des gebildeten Komplexes wird gemessen. Beim ELISA-Verfahren wird der Antikörper, hier das Avidin, mit einem Enzym (z. B. Peroxidase) oder auch einem fluoreszierenden Farbstoff gekoppelt. Anschließend wird die enzymatische Aktivität oder die Intensität der Fluoreszenz gemessen.

## 7.2.8    Inosit

In der Natur kommt ausschließlich der meso-(myo-)Inosit vor, ein spezielles Isomer des Hexahydroxycyclohexans (Abb. 7.16).

Die sterische Anordnung der Hydroxylgruppen erklärt sich aus seiner Biosynthese aus Glucose-(1)-phosphat in pflanzlichen Organismen. myo-Inosit wurde zuerst als Wachstumsfaktor für Mikroorganismen entdeckt, später konnten auch Mangelzustände (Haarausfall, Leberverfettung) bei Mäusen und Ratten experimentell erzeugt werden.

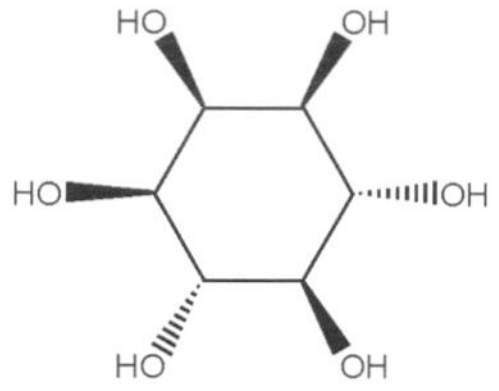

**Abb. 7.16.**    Chemische Struktur von myo-Inosit

Auf molekularer Ebene ist Inosit Bestandteil von Phosphatidylinosit und damit eine Komponente verschiedener Membranen. Phosphorsäure-ester des Inosits, besonders das Inosit-1,4,5-Triphosphat, sind im tieri-schen Organismus an der Calcium-abhängigen Signaltransduktion und damit auch am Calciumstoffwechsel wesentlich beteiligt. Weiters wird den Phosphorsäureestern des Inosits eine antioxidative Wirkung zuge-schrieben. In Pflanzen, besonders im Getreide, kommt Phytin (meso-Inosithexaphosphat) vor. Phytin kann durch Phytinasen abgebaut wer-den. Ernährungsphysiologisch gibt es große Bedenken gegen Phytin, da es mit verschiedenen dreiwertigen Schwermetallionen, wie z. B. Eisen, auch in Säuren schwer lösliche Komplexe gibt. Dadurch kann Phytin zu einem Eisenmangel beitragen. Dieser negativen Wirkung des Phytins in Bezug auf die Fixierung von Spurenelementen wird heute zunehmend die als positiv betrachtete Wirkung als Antioxidans gegenübergestellt. Wer-den die Hydroxylgruppen des meso-Inosits durch Chlor ersetzt, kommt man zum Hexachlorcyclohexan oder Lindan, einer als „Antivitamin" ge-genüber dem Inosit wirkenden Substanz, die als Insektizid verwendet wird. Lindan blockiert die Calcium-abhängige Signaltransduktion.

Inosit wird im Körper synthetisiert. Es ist in tierischen und pflanzli-chen Lebensmitteln durchwegs enthalten, Mangelzustände sind beim Menschen nicht bekannt.

Analytisch wird Inosit nach dem Abspalten der Phosphatreste und dem Schützen der Hydroxylgruppen als Trifluoracetylester oder Tri-methylsilylether gaschromatografisch bestimmt.

## 7.2.9    Para-Aminobenzoesäure

Bislang wurde der Vitamincharakter dieser Verbindung nur für Mikroor-ganismen bewiesen. Para-Aminobenzoesäure ist ein Bestandteil der Fol-säure. Ersetzt man die Carboxylgruppe durch eine Aminosulfonsäu-regruppe, kommt man zu den stark antibiotisch wirkenden und als Arzneimittel wichtigen Sulfonamiden. Sulfonamide wirken bei Mikroor-ganismen als „Antivitamine" zur $p$-Aminobenzoesäure. Ihre Essenzialität für den Menschen ist durch ihr Vorkommen in der Folsäure begründet.

Para-Aminobenzoesäure wird auch als Lichtschutzfaktor in Sonnencremes verwendet.

Analytisch wird $p$-Aminobenzoesäure gaschromatografisch bestimmt.

## 7.2.10 Folsäure

Die Folsäure (Pteroylglutaminsäure) wurde als essenzieller Faktor entdeckt, der für die physiologische Übertragung von Bruchstücken, die nur aus einem einzelnen Kohlenstoffatom bestehen (C1-Fragmente), wichtig ist und damit auch das Wachstum von Mikroorganismen beeinflusst.

### 7.2.10.1 Chemie und Struktur der Folsäure

Die physiologisch aktive Form der Folsäure ist ihr Reduktionsprodukt Tetrahydrofolsäure. Tetrahydrofolsäure ist gegenüber Oxidation sehr empfindlich, daher instabil und kann in der Zelle aus Folsäure, über Dihydrofolsäure als Zwischenprodukt, gebildet werden. Bei der aeroben Oxidation der Tetrahydrofolsäure werden Sauerstoffradikale gebildet. Außerdem ist Folsäure und besonders Tetrahydrofolsäure empfindlich gegenüber Licht und erhöhter Temperatur.

Folsäureabhängige Enzyme kooperieren sehr eng mit dem später zu besprechenden Vitamin $B_{12}$ und mit Vitamin $B_6$. Folsäure kommt in der Zelle, an Eiweiß gebunden, vor. In langwierigen Untersuchungen konnte bewiesen werden, dass Tetrahydrofolsäure an der Übertragung von C1-Fragmenten beteiligt ist. (Sie überträgt in aktiver Form: Formyl -CHO, Hydroxymethyl -$CH_2OH$, Methylen -$CH_2$, Methyl -$CH_3$.) Das Formylderivat der Tetrahydrofolsäure wird auch als Folinsäure (5-Formyl-5,6,7,8-tetrahydrofolsäure) bezeichnet und konnte aus verschiedenen Tierarten, darunter auch Stubenfliegen, isoliert werden.

Chemisch besteht die Folsäure aus drei Teilen: einem Pteringerüst, der $p$-Aminobenzoesäure und der Glutaminsäure (Abb. 7.17). Das Pterin, bestehend aus zwei stickstoffhaltigen aneinander kondensierten Ringen, einem Pyrimidin- und einem Pyrazinring, kommt im Organismus außer in Folsäure auch als Bestandteil von verschiedenen Oxidoreduktasen vor (z. B. Molybdopterin, ein molybdänbindendes Pterin). Darüber hinaus kommen auch Neopterin und Biopterin im menschlichen Organismus vor. Ihre Ausscheidung im Harn ist bei schweren Krankheiten (z. B. Aids, Melanom) erhöht.

Ursprünglich sind die Pterine als Schmetterlingsfarbstoffe beschrieben worden. Die Glutaminsäure ist für die Funktion der Folsäure wichtig und kann nicht durch die nur um eine $CH_2$-Gruppe unterschiedliche Asparaginsäure ersetzt werden. Die Pteroylasparaginsäure wirkt als Folsäureantagonist. In tierischen und pflanzlichen Organismen sowie in Mikroorganismen kommen Folsäuren vor, die mehrere Glutaminsäurereste, mittels Peptidbindung aneinander gekoppelt, enthalten. Beim Menschen ist 9 die häufigste Anzahl gebundener Glutaminsäuren. Die Ausscheidung erfolgt hauptsächlich als Xanthopterin.

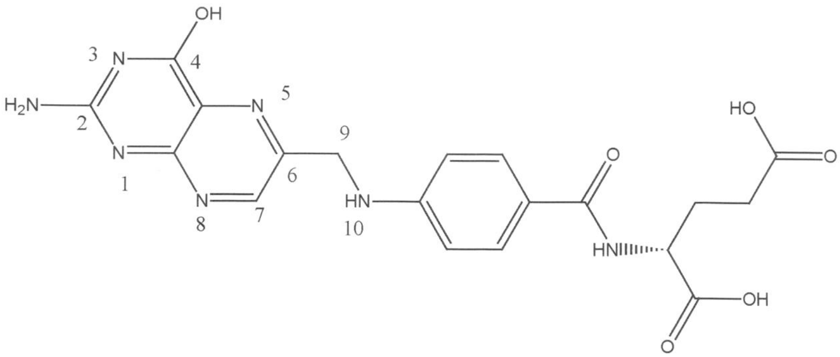

**Abb. 7.17.**　Chemische Struktur der Folsäure (Pteroylglutaminsäure)

Die zu übertragenden C1-Fragmente werden an die Stickstoffatome in den Positionen 9 oder 10 der Folsäure oder an beide gleichzeitig, wie im Fall der Methylentetrahydrofolsäure, gebunden.

### 7.2.10.2 Biologische Funktion der Folsäure

Formyl-Tetrahydrofolsäure wird physiologisch aus Formiat und ATP, katalysiert durch die N10-Formyl-Tetrahydrofolsäuresynthetase, gebildet. Unter Mitwirkung von Vitamin $B_6$ (Pyridoxalphosphat) können die Aminosäuren Serin und Glycin ineinander umgewandelt werden, wobei die Hydroxymethylgruppe des Serins auf Tetrahydrofolsäure übertragen wird. Es entsteht Methylentetrahydrofolsäure. Katalysiert wird die Reaktion durch Serinhydroxymethyltransferase.

Auch am Abbau von Glycin ist Tetrahydrofolsäure, gemeinsam mit Liponsäure und $NAD^+$, beteiligt. Als Abbauprodukte entstehen Ammoniak, Kohlendioxid, NADH und Methylentetrahydrofolsäure. Wichtig ist Folsäure für die Biosynthese von Porphyrinen und von Pyrimidin- und Purinbasen der Nucleinsäuren. Ein Beispiel ist die Biosynthese von Thymindesoxyribonucleotiden durch Übertragung einer Methylgruppe auf Uridindesoxyribonucleotide.

Großes allgemeines Interesse hat in letzter Zeit die Rolle der Folsäure bei der Biosynthese von Methionin aus Homocystein gefunden (Abb. 7.18). Begründet liegt dieses in einer Assoziation zwischen erhöhten Homocysteinspiegeln im Blut und dem Auftreten von Herz-Kreislauf-Krankheiten. Die Bildung von Methionin ist demnach auch ein Entgiftungsvorgang für Homocystein. An dieser Methylierung sind die Methyltetrahydrofolsäure und Vitamin $B_{12}$ beteiligt. Dabei wird die Methylgruppe von der Tetrahydrofolsäure auf das Cobalt-Zentralatom des Vitamin $B_{12}$ übertragen und von dort auf Homoserin. Das katalysierende Enzym

N-5-Methyl-Tetrahydrofolsäure-Homocysteintransferase enthält Vitamin B₁₂, an Protein gebunden.

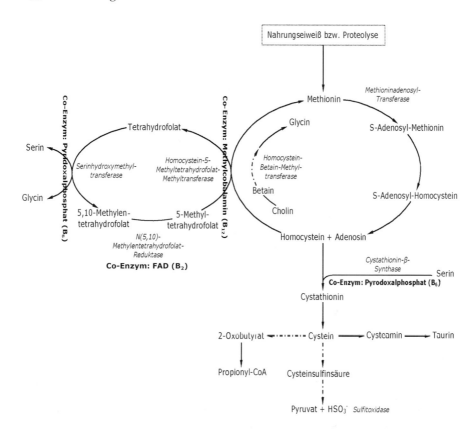

**Abb. 7.18.** Homocystein-Metabolismus

Erhöhte Konzentrationen an Homocystein, meistens im Blut bestimmt, werden mit verschiedenen Krankheiten in Verbindung gebracht: Arteriosklerose, Störungen im Nervensystem, Depressionen, Entstehen von Tumoren, Schäden an Neugeborenen bis zu Totgeburten und Fertilitätsproblemen. Folsäure schützt vor der toxischen Wirkung des Homocysteins, aber auch gegen andere Toxine. Z. B. wurde im Tierversuch eine Schutzwirkung gegen die Steroidalkaloide der Kartoffel nachgewiesen. Die Dosierung der Supplementierung der aktiven Form N-5-Methyl-Tetrahydrofolsäure ist schwierig, da Folsäure in höherer Konzentration auch die Entstehung von Tumoren begünstigen kann. Tumorzellen haben eine um etwa eine Zehnerpotenz höhere Folsäurekonzentration als normale Zellen. Der Grund ist die oben erwähnte, durch folsäurehaltige Enzyme katalysierte, vermehrte Methylierung von Nucleinsäuren, die in

Tumorzellen stattfindet. Wie wichtig Folsäure für Tumorzellen ist, wird auch durch die Tatsache unterstrichen, dass „Methotrexat" (= 4-Amino-10-methyl-Folsäure), eine der Folsäure sehr ähnliche Verbindung, in großem Umfang zur Behandlung von Tumoren, besonders auch zur Behandlung der Leukämie, eingesetzt wird. Methotrexat unterscheidet sich von Folsäure nur durch den Ersatz der Hydroxylgruppe in Position 4 durch eine Aminogruppe und durch eine zusätzliche Methylgruppe am N-10. Die Hauptwirkung dieser der Folsäure sehr ähnlichen Verbindung ist die Hemmung der Umwandlung der Folsäure in ihre aktive reduzierte Form Tetrahydrofolsäure. Die Wirkung von Folsäureantagonisten kann durch Folinsäure (5-Formyl-5,6,7,8-Tetrahydrofolsäure) aufgehoben werden.

Folsäuremangel äußert sich in einer verringerten Hämoglobin- und Nucleinsäurebiosynthese. Auch die Neubildung der Thrombozyten ist gestört. Veränderungen in den Schleimhäuten, eine Herabsetzung der Bildung von Antikörpern und die Störung der Fortpflanzung sind weitere Folgen. Schwerer Folsäuremangel ist beim Menschen selten.

Folsäure ist in tierischen und pflanzlichen Lebensmitteln enthalten. Größere Mengen kommen in Hefe (Bäckerhefe gepresst 1000 μg/100 g), in Weizenkleie (400–500 μg/100 g) und im Weizenkeimling vor. Auch die rote Rübe enthält größere Mengen an Folsäure. Bei tierischen Lebensmitteln kommen größere Mengen an Folsäure in der Leber (Schweineleber: 220 μg/100 g) und auch im fettarmen Weichkäse vor (Camembert: 66 μg/100 g). Eine tägliche Zufuhr von 400 μg Folsäure wird empfohlen.

### 7.2.10.3 Analyse von Folsäure

Folsäure wird nach chromatografischer Reinigung fotometrisch bestimmt oder mikrobiologisch durch Messung des Wachstums von *Lactobacillus casei*. Eine andere Möglichkeit ist die Bestimmung durch Radioimmunoassay (RIA).

## 7.2.11 Cobalamin – Vitamin B₁₂

Vitamin $B_{12}$ wurde als Faktor, der für die Bildung von reifen Erythrozyten notwendig ist, entdeckt.

### 7.2.11.1 Chemie und Struktur von Vitamin B₁₂

Vitamin-$B_{12}$-aktive Verbindungen werden auch als Cobalamine bezeichnet, da sie dreiwertiges Cobalt mit der Koordinationszahl 6 als Zentralatom enthalten. Das Cobaltion ist in einem speziellen Ringsystem, dem Corrinring, gebunden (Abb. 7.19). Corrin unterscheidet sich von dem sehr ähnlichem Porphyrin durch das Fehlen einer der vier CH-Gruppen, die die vier Pyrrolringe des Porphyrins miteinander verbinden. Im Corrin sind daher zwei Pyrrolringe direkt miteinander kovalent verknüpft. Vier Koordinationsstellen des Cobalts sind auf die Stickstoffatome der Pyrrole gerichtet, die fünfte auf ein Stickstoffatom eines 5,6-Dimethylbenzimidazol-1-α-D-3'-phosphoryl-ribofuranosid-Moleküls, das wieder über den Phosphorylrest mit 2-Hydroxypropylamin verestert ist. Die Aminogruppe des Propylaminrestes ist über eine Peptidbindung mit einer Carboxylgruppe des Corrins verbunden. Die sechste Koordinationsstelle des Cobaltions ist in der Lage, verschiedene Liganden zu binden. Diese Liganden sind Cyanid, Methyl, Hydroxyl, 5'-Adenosyl, 5'-Desoxyadenosyl, weshalb auch der Name Cyanocobalmin für Vitamin $B_{12}$ sehr gebräuchlich ist. In den chemischen Reaktionen, an denen $B_{12}$ als Cofaktor verschiedener Enzyme beteiligt ist, wirkt es als Redoxsystem. Dabei kann die Wertigkeit des Cobalts einwertig, zweiwertig und dreiwertig sein. Es entstehen auch radikalische Zwischenprodukte.

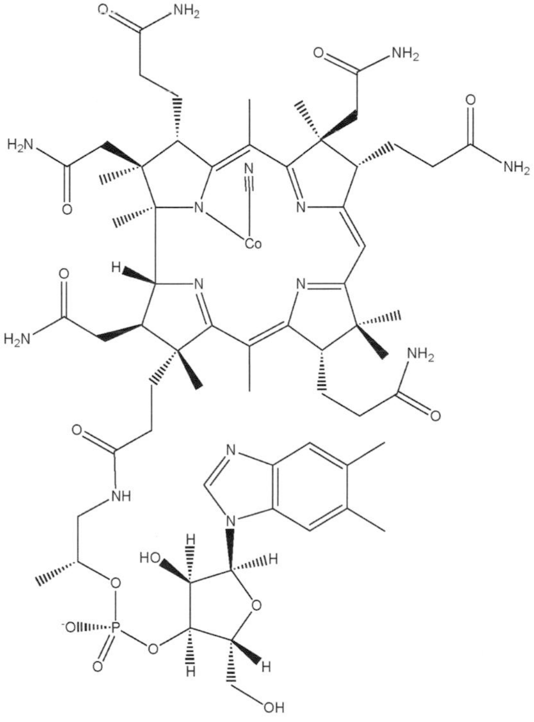

**Abb. 7.19.** Chemische Struktur von Cyanocobalamin

### 7.2.11.2 Biologische Funktion von Vitamin B$_{12}$

Das wahrscheinlich am besten untersuchte Beispiel der Beteiligung von B$_{12}$ an einer enzymatischen Reaktion ist die **Methylierung von Homocystein** zu Methionin, katalysiert durch das Enzym Methionin-Synthase. In diesem Enzym, das im aktiven Zustand 5-N-Methyltetrahydrofolsäure, Homocystein und reduziertes B$_{12}$, gebunden an verschiedenen Stellen, enthält, wird die Methylgruppe von der Tetrahydrofolsäure zuerst auf das Cobalt des B$_{12}$ übertragen und es entsteht Methylcobalamin mit dreiwertigem Cobalt und Tetrahydrofolsäure. In einem zweiten Schritt wird die aktivierte Methylgruppe auf Homocystein übertragen. Es entsteht Methionin und reduziertes Cobalamin.

Eine weitere Rolle bei der Übertragung von Methylgruppen spielt Vitamin B$_{12}$ bei der Methansynthese unter anaeroben Bedingungen durch verschiedene Bakterien.

Eine zweite katalytische Funktion, die durch B$_{12}$ ausgeübt wird, betrifft **Umlagerungsreaktionen von Kohlenstoffverbindungen**. Z. B. kann, wie schon erwähnt, Propionyl-Coenzym A über Methylmalonyl-CoA zu Succinyl-CoA umgelagert werden. Das dafür zuständige Enzym ist die Methylmalonyl-CoA-Mutase. Das Enzym kommt in Propionsäure-Bakterien, aber auch in Humanleber vor. Diese Umlagerungsreaktionen benötigen 5'-Deoxyadenosylcobalamin als Coenzym. Ein anderes Beispiel wäre die Umwandlung von Glutamat in Methylaspartat. Auch bei der Dehydration von Diolen ist 5'-Deoxyadenosylcobalamin beteiligt: Z. B. wird Ethylenglykol unter Wasserabspaltung in Acetaldehyd umgewandelt oder 1,2-Propylenglykol in Propionaldehyd. Ein ähnliches Enzym ist die Ethanolamindeaminase, durch die die Abspaltung von Ammoniak aus Ethanolamin und die Bildung von Acetaldehyd katalysiert wird. Als Intermediat wird ein 5'-Adenosylradikal gebildet.

Eine andere wichtige Funktion kommt Deoxyadenosylcobalamin bei der Biosynthese der Desoxyribonucleotide aus den entsprechenden Ribonucleotiden zu. Das katalysierende Enzym ist die 5'-Desoxyadenosylreduktase. Die für die Reduktion notwendigen Elektronen werden durch Proteine geliefert, die Thiolgruppen enthalten, wie beispielsweise Thioredoxin. Die Ribonucleotide müssen vorher durch ATP in ihre Triphosphate übergeführt und damit aktiviert werden. Während der Reaktion werden Thiolgruppen zu Disulfiden oxidiert, die durch ein NADPH-haltiges Enzym wieder reduziert werden. Dabei wird NADP$^+$ gebildet.

Vitamin B$_{12}$ ist das einzige Vitamin, das nur von Mikroorganismen biosynthetisch gebildet werden kann. Tiere und auch Pflanzen bilden B$_{12}$ nicht. Durch geeignete Antibiotika (z. B. Chlortetracyclin) kann die Biosynthese durch die Darmflora gesteigert werden. Dies wird teilweise in der Schweinemast ausgenützt.

Für die effiziente Resorption aus dem Darm ist ein spezielles Transportprotein, ein Glykoprotein, erforderlich, der so genannte **„Intrinsic Factor"**. Der Intrinsic Factor wird im Magen gebildet, daher kann es zu

Mangelerscheinungen nach dem operativen Entfernen des Magens kommen. Auch Vegetarier können mitunter einen verminderten Plasmaspiegel an Vitamin $B_{12}$ aufweisen. Eine andere Ursache für einen Mangel an Vitamin $B_{12}$ kann das Vorkommen des Bandwurms *(Bothriocephalus latus)* im Darm sein, der einen sehr großen $B_{12}$-Bedarf hat. Die Folge des $B_{12}$-Mangels ist die **perniziöse Anämie**. Die Mitose und Differenzierung der Stammzellen des Knochenmarks ist gestört, es kommt zur Bildung von Megaloblasten, d. h. nicht ausdifferenzierter Erythrozyten. In der Folge kommt es zu einer irreversiblen Degeneration des Rückenmarks, die, wenn sie nicht behandelt wird, zum Tod führt. Biochemische Anzeichen für einen $B_{12}$-Mangel sind ein verminderter Spiegel im Serum (weniger als 0,04 µg/100 ml) und das Ansteigen der Methylmalonsäure-Konzentration im Harn – ein Anzeichen für einen gestörten Propionsäurestoffwechsel.

Vitamin $B_{12}$ kommt nicht in Pflanzen, sondern nur in Mikroorganismen vor. Reichhaltige Quellen sind Milchprodukte (z. B. Emmentaler 2,2 µg/100 g), Eigelb (2 µg/100 g), Leber (z. B. Kalbsleber 60 µg/100 g) und Fisch. Vitamin $B_{12}$ kann in der Leber in einem Ausmaß von bis zu etwa 1 mg gespeichert werden, daher ist die Leber von Tieren reich an diesem Vitamin.

### 7.2.11.3 Analyse von Vitamin $B_{12}$

Vitamin $B_{12}$ kann mikrobiologisch am Wachstum von *Lactobacillus leichmannii* bestimmt werden. Andere Möglichkeiten zur Erfassung von Vitamin $B_{12}$ bieten, nach Reinigung durch Ionenaustauschchchromatografie, spektralfotometrische (548 nm) Methoden oder Radioimmunoassays.

### *7.2.12 L-Ascorbinsäure – Vitamin C*

Die Bedeutung von Obst und Gemüse für die Gesunderhaltung des Bindegewebes war schon dem alten Ägypten bekannt. In Europa wurde der Vitamin-C-Mangel und die daraus resultierende Mangelkrankheit Skorbut während der langen Seereisen im 15. und 16. Jahrhundert evident, als viele Seeleute an dieser Krankheit starben. Erst im 18. Jahrhundert wurde Skorbut in Europa systematischer untersucht und der Mangel an frischem Obst und Gemüse als Ursache festgestellt. Aber erst etwa hundert Jahre nach den ersten Hinweisen auf einen solchen Zusammenhang wurde begonnen, Schiffe zwingend mit frischem Obst und Gemüse zu verproviantieren. Im 20. Jahrhundert wurde Vitamin C isoliert, seine chemische Struktur aufgeklärt und durch Synthese bewiesen. Schon um 1940 konnte reine Ascorbinsäure in großen Mengen industriell hergestellt werden.

### 7.2.12.1 Chemie und Struktur von Vitamin C

Vitamin C wird von Pflanzen, Mikroorganismen und auch von den meisten Tieren aus Glucose oder Galaktose biosynthetisch hergestellt, hat also für diese Organismen keinen Vitamincharakter. Nur dem Menschen, einigen Affenarten und dem Meerschweinchen fehlen ein oder mehrere Enzyme (L-Gulono-γ-lactonoxidase) zu seiner Biosynthese. Diese sind daher auf die Zufuhr durch die Nahrung angewiesen.

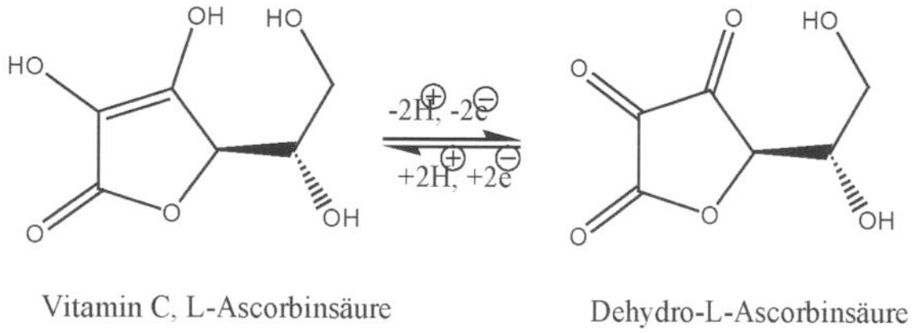

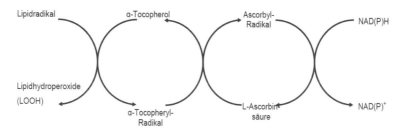

Vitamin C, L-Ascorbinsäure          Dehydro-L-Ascorbinsäure

**Abb. 7.20.**     Chemische Struktur der (Dehydro-)L-Ascorbinsäure

Ascorbinsäure wirkt in den meisten Fällen als **Antioxidans**, d. h. sie kann molekularen Sauerstoff oder radikalische Verbindungen zu Wasser reduzieren. Das Redoxpotenzial der Ascorbinsäure bei pH 7 ist + 0,059 V und ist daher negativer als das der phenolischen Verbindungen, wie z. B. der Tocopherole, und positiver als das der schwefelhaltigen Antioxidanzien, wie Glutathion (– 0,23 V) und Cystein (– 0,31 V) sowie auch von $NAD^+$ oder $NADP^+$ (jeweils – 0,031 V) (Abb. 7.20).

### 7.2.12.2 Biologische Funktion von Vitamin C

Physiologisch ist Vitamin C Bestandteil einer Kette von Elektronentransfers. Ascorbinsäure kann z. B. oxidiertes Tocopherol regenerieren (Abb. 7.21). Die dabei gebildete oxidierte Form (Dehydroascorbinsäure) wird durch Glutathion reduziert, dessen Oxidationsprodukt Glutathiondisulfid wieder durch NADPH zu Glutathion regeneriert wird.

| Lipidradikal | α-Tocopherol | Ascorbyl-Radikal | NAD(P)H |
|---|---|---|---|
| Lipidhydroperoxide (LOOH) | α-Tocopheryl-Radikal | L-Ascorbinsäure | NAD(P)⁺ |

**Abb. 7.21.**     Synergismus zwischen Vitamin E und Vitamin C

Bei der Oxidation der Ascorbinsäure werden zwei Elektronen freigesetzt, bei der Einelektronenoxidation entsteht das Ascorbatradikal. Zwei

Moleküle Ascorbatradikal dismutieren zu je einem Molekül Ascorbinsäure und Dehydroascorbinsäure. Bei Fehlen dieser Koppelung mit anderen Redoxpartnern kann Ascorbinsäure auch direkt mit molekularem Sauerstoff reagieren und dabei prooxidativ wirken. Diese prooxidative Wirkung wird durch gleichzeitig anwesende Spuren von Schwermetallen katalytisch begünstigt. Durch die Reduktion des molekularen Sauerstoffs werden Sauerstoffradikale und Wasserstoffperoxid produziert, Verbindungen, die durch die Ascorbinsäure in der gekoppelten Reaktion zu Wasser reduziert und damit entgiftet werden. Harnsäure, ein anderes wichtiges wasserlösliches Antioxidans des menschlichen und tierischen Organismus, schützt die Ascorbinsäure vor der direkten Oxidation durch Sauerstoff, da sie Schwermetallionen komplexiert und damit ihre katalytische Wirkung eliminieren kann.

Dehydroascorbinsäure ist im Vergleich zur Ascorbinsäure eine chemisch instabile Substanz. Unter dem katalytischen Einfluss von Hydrogencarbonat (z. B. als Puffersubstanz im Blutplasma enthalten) wird der Lactonring der Dehydroascorbinsäure auch bei physiologischen Temperaturen in wenigen Minuten gespalten, und es entsteht die 2,3-Diketo-Gulonsäure, die sich unter Decarboxylierung leicht zu Furfural umlagern kann. Furfural-Bildung ist die Hauptursache für das durch Ascorbinsäure verursachte Entstehen von braunen Pigmenten in Lebensmitteln. Andere Abbauprodukte der Dehydroascorbinsäure sind Xylose, Threonsäure, Oxalsäure, u. a. Besonders die Bildung von Oxalsäure und die damit verbundene Möglichkeit des Entstehens von Calciumoxalatsteinen in der Niere sind Hauptargumente gegen eine Hochdosierung von Ascorbinsäure. Die Oxalatausscheidung ist individuell sehr verschieden und kann bis zu 16 % der Dehydroascorbinsäure betragen. Dehydroascorbinsäure kann auch mit Proteinen in einer Art Maillard-Reaktion nichtenzymatisch reagieren. Proteindenaturierung und Pentosidinbildung (siehe Maillard-Reaktion) sind die Folgen. Auch L-Ascorbinsäure ist beim längeren Erhitzen auf Temperaturen über 100 °C unbeständig, als Abbauprodukte werden ebenfalls Furfural (anaerob) und 2-Furansäure (aerob) gefunden.

Auf physiologischer Ebene ist L-Ascorbinsäure, wie schon oben erwähnt, ein sehr wichtiges wasserlösliches Antioxidans. Zusammen mit dem Ubichinon ist sie für die Regeneration von Tocopherol verantwortlich und stellt damit indirekt einen Schutz vor Lipidperoxidation und ihren Folgen (z. B. Herz-Kreislauf-Krankheiten) dar. Vitamin C schützt auch den „Endothelial Relaxing Factor" NO vor Oxidation und gewährleistet dadurch indirekt die Vasodilatation.

Auch für das Auge, besonders für die Linse, hat Vitamin C eine Schutzfunktion. Es schützt die Kristallin-Proteine der Linse, die einen hohen Gehalt an Methionin haben, vor Oxidation durch die auftreffende Strahlung. Eine Folge der oxidativen Schädigung der Linsenproteine ist die Katarakt, der graue Star. Auch für andere Proteine, wie z.B. die der

Haut, wirkt Ascorbinsäure als antioxidativer Schutzfaktor. Die Haut ist dadurch auch besser vor Strahlung geschützt.

Als Cofaktor von Enzymen ist L-Ascorbinsäure an vielen Hydroxylierungsreaktionen im Organismus beteiligt. Dazu gehören die $\alpha$-Ketoglutarat- und $Fe^{2+}$-abhängigen Monooxygenasen. Diese Enzyme katalysieren die Einführung einer Hydroxylgruppe in diverse Substrate durch molekularen Sauerstoff. Reaktionsprodukte sind das hydroxylierte Substrat, Bernsteinsäure, $Fe^{3+}$ und $CO_2$. Um das Enzym wieder in einen katalytisch aktiven Zustand überzuführen, muss $Fe^{3+}$ zu $Fe^{2+}$ reduziert werden. Dafür ist Ascorbinsäure als Cofaktor notwendig. Beispiele für solche Enzyme sind die 4-Prolinhydroxylase, die Prolinreste im Procollagen, der Vorstufe des Collagens, zu 4-Hydroxyprolinresten hydroxyliert.

Bei Vitamin-C-Mangel kann zweiwertiges Eisen aus dem dreiwertigen nicht regeneriert werden und damit Prolin nicht hydroxyliert und reifes Collagen nicht aufgebaut werden. **Skorbut** ist die Folge. Nach einem analogen Mechanismus wird Lysin im Procollagen zu 5-Hydroxylysin enzymatisch hydroxyliert. Auch diese Reaktion ist für die Biosynthese von reifem Bindegewebe wichtig. Auf der anderen Seite scheint die Biosynthese von Elastin-Bindegewebe durch Ascorbinsäure inhibiert zu werden. Ein weiteres Beispiel ist die Hydroxylierung der Phenylbrenztraubensäure mit anschließender Decarboxylierung und Umlagerung zur Homogentisinsäure. Die Reaktion ist physiologisch wichtig beim Abbau des Phenylalanins. Nach einem analogen enzymatischen Reaktionsschema verläuft die Hydroxylierung des $\gamma$-Trimethylammoniumbutyrats zu Carnitin ($\gamma$-Trimethylammonium-$\beta$-hydroxybutyrat), einem Halbvitamin, das für den Fettsäuretransport in die Zellen wichtig ist.

Auch für die **Hydroxylierung des Dopamins** zu Norepinephrin (Noradrenalin) ist Ascorbinsäure ein Cofaktor. Das katalysierende Enzym Dopamin-$\beta$-Hydroxylase enthält Kupfer als prosthetische Gruppe, das in der aktiven Form einwertig sein muss. Für die Reduktion des Kupferions ist Vitamin C verantwortlich. Die Nebennieren enthalten daher hohe Konzentrationen an Ascorbinsäure. Auch für die Biosynthese amidierter Peptide, wie sie in Schmerzpeptiden (Endorphinen) vorkommen, ist eine kupferenthaltende Monooxygenase verantwortlich, die als zweites Substrat Vitamin C benötigt, um das Kupfer in der einwertigen Stufe zu halten.

Große Bedeutung hat Ascorbinsäure für das **Immunsystem**. Polymorphe Leukozyten oder Neutrophile und auch Monozyten enthalten hohe Konzentrationen (im millimolaren Bereich), die während ihrer Aktivierung noch weiter gesteigert werden (etwa um eine Zehnerpotenz). Die physiologische Rolle der Ascorbinsäure ist in diesem Zusammenhang noch weitgehend unklar. Erste Berichte sprechen von einem Einfluss von Vitamin C auf die redoxgesteuerte Differenzierung dieser Zellen. Vitamin C verhindert auch die durch Zigarettenrauch induzierte Leukozyten-Aggregation und Adhäsion an das Endothelium.

Ascorbinsäure ist für die **Resorption**, den **Transport** und den **Stoffwechsel von Schwermetallen**, wie Eisen und Kupfer, wichtig. Beide

Elemente werden fast ausschließlich in der niedrigeren Wertigkeitsstufe ($Fe^{2+}$, $Cu^+$) resorbiert. Eisen wird dann dreiwertig im Eisenspeicherprotein Ferritin gespeichert, daraus wieder zweiwertig freigesetzt, aber in dreiwertiger Form, an Transferrin gebunden, transportiert. Kupfer wird im Caeruloplasmin, einem blauen Protein des Serums, gespeichert und transportiert. Ascorbinsäure lockert die Bindung des Kupfers zum Protein und erleichtert so den Übergang in die Zellen.

Ascorbinsäure wirkt **antagonistisch zur Glucose**. Aufgrund der strukturellen Ähnlichkeit beider Substanzen konkurrieren sie um das Glucose-Transportprotein 4 (GLUT4). In den β-Zellen der Langerhans-Inseln beeinflussen sie auch antagonistisch die Insulin-Sekretion. Glucose stimuliert die Ausschüttung von Insulin, Ascorbinsäure hat den gegenteiligen Effekt.

Vitamin C, Eisen-, Kupfer- oder Mangansalze und molekularer Sauerstoff wirken prooxidativ, d. h. sie können Sauerstoffradikale produzieren. In dieser Kombination kann Ascorbinsäure vor allem Proteine modifizieren, teilweise auch vernetzen und Nucleinsäuren oxidativ spalten bzw. deren Basen oxidativ verändern. In solchen Kombinationen wurde Ascorbinsäure auch zur Bekämpfung von Tumoren und Viren (z. B. Aids) meistens in Tierexperimenten verwendet.

In pflanzlichen Lebensmitteln kommt das Enzym Ascorbinsäureoxidase, ein kupferhaltiges Protein, vor, das in Gegenwart von Sauerstoff Ascorbinsäure schnell abbauen kann. Ascorbatoxidase muss durch Erhitzen inaktiviert werden (Blanchieren), soll der Ascorbinsäuregehalt erhalten bleiben. In der Technologie von Lebensmitteln wird Ascorbinsäure zur **Vermeidung der Nitrosaminbildung in gepökelten Fleischwaren** verwendet. Nitrosamine können sich aus sekundären Aminen (z. B. Prolin, Sarkosin) und Nitrit bilden und wirken durch ihre Reaktion mit den Basen der DNS mutagen. Ascorbinsäure wird auch in der Bäckerei zur Verbesserung der Backfähigkeit von Mehlen verwendet, sie fördert hier mit Hilfe des Sauerstoffs die Vernetzung der Kleberproteine und damit das Gashaltevermögen des Teiges. Ein Derivat der Ascorbinsäure, der 6-O-Palmitoylester (Ascorbinsäurepalmitat), wird als fettlösliches Antioxidans verschiedentlich Speisefetten zugesetzt. Vitamin-C-Präparate mit Langzeitwirkung sind am C2 verestert (z. B. mit Phosphorsäure). Derivate der Ascorbinsäure wurden auch als Inhibitoren der α-Amylase versuchsweise eingesetzt.

In den Pflanzen liegt die Ascorbinsäure meist zu über 90 % in reduzierter Form und nicht als Dehydroascorbinsäure vor. Beste Quellen für Vitamin C sind Gemüse und Obst. In tierischen Lebensmitteln ist Vitamin C vor allem in Innereien, z. B. Leber, enthalten: Schweineleber (25 mg/100 g).

Unter den Pflanzen sind Hagebutten (300 mg/100 g) und grüner Pfeffer (120 mg/100 g) besonders Vitamin-C-haltig. Größere Mengen sind in den Kohlgewächsen (*Brassicaceae* = *Cruciferae*) enthalten. Hier ist

Ascorbinsäure als Cofaktor für die Myrosinase, das Enzym, das für die Bildung der scharf schmeckenden Senföle verantwortlich ist, notwendig. Broccoli enthält 100 mg/100 g, Kohl 50–70 mg/100 g, um nur einige Beispiele zu nennen. Vitamin C ist auch in Kartoffeln, Tomaten, Paprika, Spargel und Spinat in beträchtlichen Mengen enthalten. Getreidearten enthalten praktisch kein Vitamin C. Vitamin C ist vorwiegend im Beerenobst enthalten, z. B. in schwarzen Johannisbeeren 150 mg/100 g, Erdbeeren 50 mg/100 g, und in Citrusfrüchten, z. B. Orangen etwa 50 mg/100 g. Besonders hohen Vitamin-C-Gehalt haben die gelbe und die weiße Schale der Orangen 100–300 mg/100 g.

### 7.2.12.3 Analyse von Vitamin C

Analytisch werden größere Mengen an Vitamin C in Lebensmitteln durch Titration mit Dichlorphenolindophenol bestimmt (Tillmans-Reagenz). Mit dieser Methode wird nur der reduzierte Anteil des Vitamins erfasst. Nach Extraktion mit einem Gemisch von Essigsäure und Metaphosphorsäure zur Stabilisierung des Vitamins und zur Denaturierung von Eiweiß wird mit dem violett gefärbten Dichlorphenolindophenol bis zum Bestehenbleiben der Farbe titriert. Die gesamte Ascorbinsäure wird nach Oxidation mit Brom oder $HgCl_2$ und Reaktion der Dehydroascorbinsäure mit 2,4-Dinitrophenylhydrazin fotometrisch oder nach Reaktion mit o-Phenylendiamin fluorimetrisch bestimmt. Ascorbinsäure kann nach Reinigung auch mit HPLC elektrometrisch bestimmt werden.

## 7.3      Halbvitamine

Halbvitamine sind Substanzen, deren vermehrte Zuführung durch die Nahrung unter bestimmten Bedingungen wünschenswert ist.

### 7.3.1    Cholin

Cholin (β-Hydroxyethyltrimethylammonium, Abb. 7.22) kommt in Lebensmitteln vorwiegend als Bestandteil von Phospholipiden und damit als Komponente von Zellmembranen vor. Die cholinhaltigen Phospholipide werden als **Lecithine** bezeichnet. Sie haben wegen ihres hydrophilen Bestandteils Emulgatorwirkung. Auch im Organismus werden Lecithine als Emulgatoren benützt. Bei ungenügender Biosynthese und Cholinmangel kann es zur vermehrten Ablagerung von Fett und in der Folge zu einer Leberverfettung kommen. Cholin enthält „labile" Methylgruppen und ist somit neben Methionin ein wichtiger Methylgruppendonator. Verestert mit Essigsäure (Acetylcholin), ist es auch für die Reizleitung in den Nervenbahnen von großer Bedeutung.

In der Lebensmitteltechnologie werden Lecithine als Emulgatoren in großem Umfang verwendet. Wichtige Quellen sind Soja und Ei.

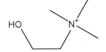

**Abb. 7.22.**    Chemische Struktur von Cholin

## 7.3.2  Ubichinon

Ubichinon wird auch als Co-Enzym Q (z. B. Co-$Q_{10}$) bezeichnet. Chemisch ist es ein Derivat des para-Benzochinons und enthält unter anderem als Substituent einen langkettigen isoprenoiden Rest (chemische Struktur siehe Abb. 9.7).

Im Co-$Q_{10}$ ist ein Oligomer von 10 Isoprenresten mit dem Ubichinon verbunden. Die Kettenlänge in Ubichinon variiert je nach Nahrungsquelle zwischen 6 und 10 Isopreneinheiten. Der menschliche Organismus bevorzugt Ubichinon mit 10 Isoprenresten, also $Q_{10}$. Als Chinon ist auch Ubichinon ein Elektronenakzeptor. Nach der Aufnahme eines Elektrons bildet sich ein Ubichinonradikal, die Zweielektronen-Reduktion führt zum Ubihydrochinon. Diese Reaktion ist reversibel; beide Substanzen, Ubihydrochinon und Ubichinonradikal, sind daher auch **Antioxidanzien**. Ubihydrochinon kann z. B. oxidiertes Tocopherol wieder reduzieren und damit regenerieren. Das Redoxpotenzial des Ubichinons liegt bei + 0,1 mV, ist also positiver als das der Ascorbinsäure, die umgekehrt Ubichinon wieder reduzieren kann.

Die wichtigste physiologische Bedeutung des Ubichinons ist seine Rolle als **Bestandteil der mitochondrialen Elektronentransportkette** (Atmungskette). Hier akzeptiert Ubichinon Elektronen von NADH (NADH-Dehydrogenase) und überträgt sie auf Metallenzyme, wie Eisen-Schwefelprotein, Cytochrom b und Cytochrom c. Bei der Regenerierung von $NAD^+$ aus NADH kommt daher dem Ubichinon eine Schlüsselfunktion zu. Reichert sich NADH an, verschiebt sich der $NAD^+/NADH$-Quotient und damit das elektrochemische Potenzial im Organismus. Der Organismus verarmt an $NAD^+$, und viele $NAD^+$-abhängige Stoffwechselprozesse können nicht mehr stattfinden. Unter anderem ist dadurch auch die wichtige Decarboxylierung der Brenztraubensäure blockiert, Milchsäure und andere Metaboliten reichern sich an. Da das Herz viele Mitochondrien enthält, wird Ubichinon von manchen Autoren zur Verbesserung der Herzfunktion empfohlen.

## 7.3.3  Carnitin

Carnitin wurde zuerst als essenzieller Nahrungsfaktor für den Mehlwurm (*Tenebrio molitor*) entdeckt und chemisch als γ-Trimethylammonium-β-hydroxybuttersäure identifiziert.

Im Laufe der Zeit wurde Carnitin in praktisch allen Organismen gefunden, vor allem in tierischen Geweben. Im Muskel macht Carnitin etwa
0,1 % der Trockensubstanz aus. Später wurde seine physiologische Bedeutung für den Fettstoffwechsel gefunden. Fettsäuren werden zum Transport durch die mitochondrialen Membranen mit Carnitin verestert
(Abb. 7.23). Damit hat es eine Kontrollfunktion für die Geschwindigkeit
des Fettsäuremetabolismus.

Bei der Ernährung von Sportlern wird Carnitin oft supplementiert, um
die Energieversorgung der Muskeln zu verbessern.

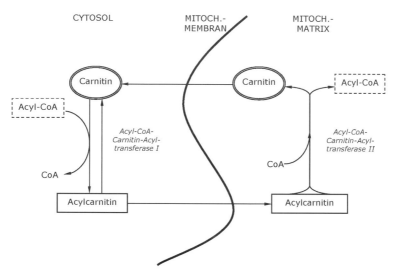

**Abb. 7.23.**    Bildung und Transport von Acylcarnitin

# 8 Phenolische Verbindungen als Bestandteile von Lebensmitteln

## 8.1 Chemie und Struktur von phenolischen Verbindungen

Phenolische Verbindungen kommen sowohl in tierischen als auch in pflanzlichen Lebensmitteln vor. Ausgangssubstanz für die Biosynthese von phenolischen Verbindungen ist das Phenylalanin, das in pflanzlichen Organismen und in Mikroorganismen über den **Shikimisäureweg** aus 5-Phosphoryl-D-erythrose und 2-Phosphoenolpyruvat synthetisiert wird. Durch enzymatisch katalysierte Oxidation des Phenylalanins (Monooxygenasen) baut der tierische Organismus eigene phenolische Verbindungen auf (z. B. Tyrosin, Kaffeesäure, Dopa, Dopamin, Melanin, Gerbstoffe, Lignin). Als Komponenten von Proteinen (Tyrosin), als Neurotransmitter (Dopa, Dopamin) und als durch Tyrosinase polymerisierte Phenolverbindungen (Monomer-Dopamin), die wichtig für die Pigmentierung von Haut und Haaren sind, haben sie große physiologische Bedeutung. In pflanzlichen Lebensmitteln kommen monomere und polymere phenolische Verbindungen in großen Mengen vor. Sie sind als Aromastoffe, Farbstoffe, Gerbstoffe und Lignin seit langer Zeit bekannt. Schon seit etwa 150 Jahren wurden Pflanzen vor allem auf monomere phenolische Verbindungen mit den oben genannten Eigenschaften systematisch untersucht, und es wurden ihre chemischen Strukturen festgelegt (Abb. 8.1).

In jüngster Zeit sind früher wenig beachtete Eigenschaften der Phenole in den Blickpunkt des Interesses gerückt, ihre **antioxidativen Eigenschaften**. Phenole wirken gegenüber Oxidationsmitteln (Sauerstoff, Schwermetallionen) als Reduktionsmittel und werden dabei selbst über die instabile Zwischenstufe der Phenoxyradikalen zu chinoiden oder zu polymeren Verbindungen oxidiert. Viele Krankheiten, aber auch Prozesse der Zelldifferenzierung, werden heute mit Oxidationsvorgängen in Zusammenhang gebracht. Darauf beruht die Bedeutung der antagonistisch dazu wirkenden „Antioxidanzien", zu denen auch die phenolischen Verbindungen zählen. Bei pH 7 weisen phenolische Antioxidanzien durchwegs ein Redoxpotenzial von > 0 auf, im Durchschnitt etwa + 0,2–0,3 Volt, also ein deutlich geringeres als das des molekularen Sauerstoffs (+ 0,816 V) und positiver als das der Ascorbinsäure (+ 0,058 V).

Im pflanzlichen Metabolismus wird Phenylalanin durch enzymatisch katalysierte Abspaltung von Ammoniak in Zimtsäure umgewandelt (Phenylalanin-Ammoniak-Lyase).

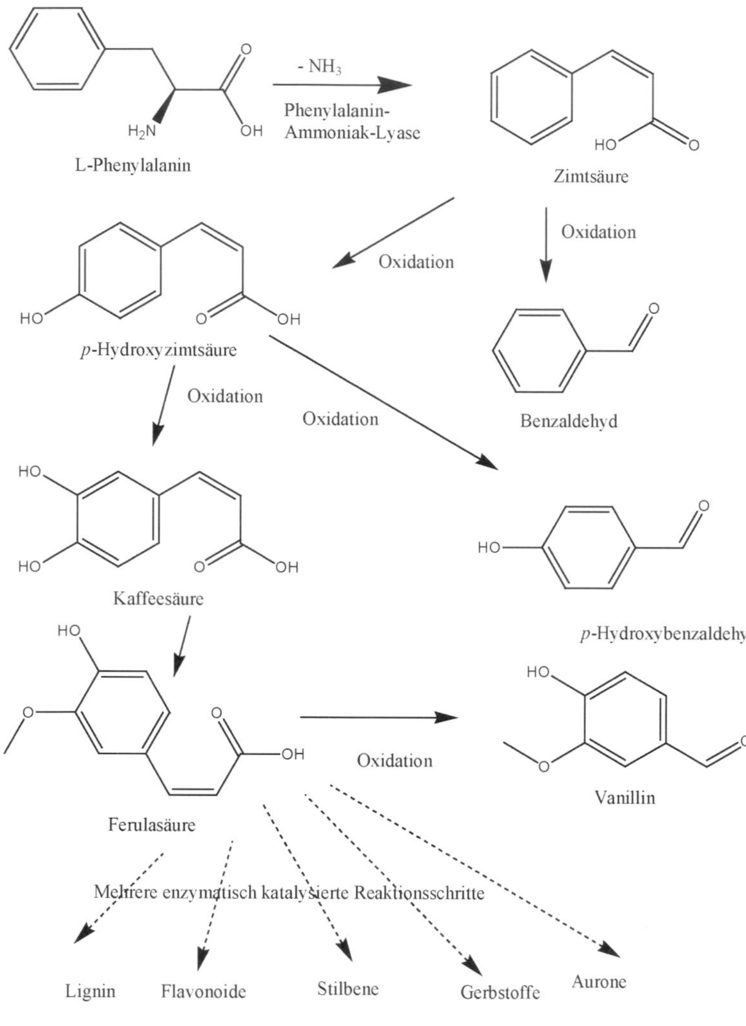

**Abb. 8.1.**    Biosynthese von phenolischen Verbindungen

Durch oxidative Einführung von Hydroxylgruppen, katalysiert durch diverse Monooxygenasen, entstehen Hydroxyzimtsäuren, wie z. B. die para-Cumarsäure (*p*-Hydroxyzimtsäure) oder die Kaffeesäure (3,4-Di-hydroxyzimtsäure).

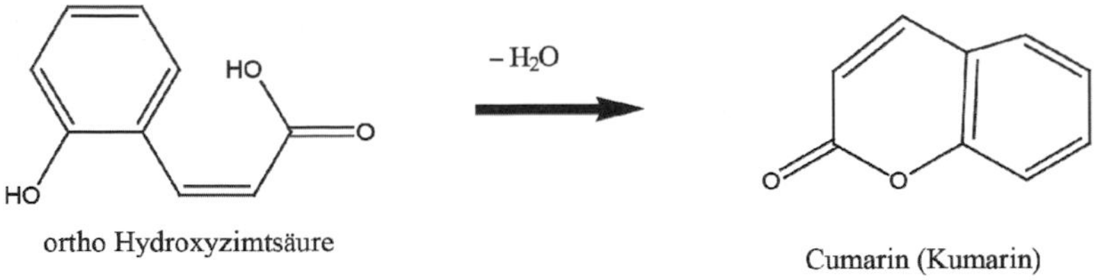

ortho Hydroxyzimtsäure

Cumarin (Kumarin)

**Abb. 8.2.**    Synthese von Cumarin aus ortho-Hydroxyzimtsäure

Von den ortho-Hydroxyzimtsäuren leiten sich durch Bildung eines inneren Esters (Lacton) die **Cumarine** ab (Abb. 8.2). Methyltransferasen können den Wasserstoff der Hydroxylgruppen durch Methylgruppen substituieren, sodass Methoxygruppen entstehen. Z. B. kann Kaffeesäure dadurch in Ferulasäure umgewandelt werden. Nach Aktivierung der Carboxylgruppe durch Coenzym A kann auch die Seitenkette C3 der Hydroxyzimtsäuren enzymatisch modifiziert werden. Z. B. kann die Carboxylgruppe stufenweise über die Zwischenprodukte Aldehyd und Alkohol bis zur Methylgruppe reduziert werden. Die meisten dieser Zwischenprodukte werden in der Natur als solche oder derivatisiert, z. B. als Glykosid, gefunden.

Zum Teil werden die Hydroxyzimtsäuren oder deren Derivate weiter biosynthetisch zu **Flavonoiden**, **Stilbenen** oder **Auronen** usw. modifiziert, aber auch zu **Oligomeren** oder **Polymeren** (Lignane, Lignin, Gerbstoffe) mit Hilfe von Enzymen oxidativ umgesetzt oder durch Abbau der Seitenkette in Phenyl-C1-Verbindungen (z. B. Vanillin, Gallussäure usw.) umgewandelt.

Die **Biosynthese der Flavonoide, Aurone und Stilbene** hat zur Grundlage:

a) Den vom Phenylalanin abgeleiteten Phenolstoffwechsel.

b) Den aus dem Fettstoffwechsel, abgeleiteten Polyketidstoffwechsel. Polyketide sind formal Kondensationsprodukte von Coenzym-A-aktivierten Acetatresten. Die durch Coenzym A aktivierte Carboxylgruppe der Zimtsäuren wird durch drei Coenzym-A-aktivierte Malonsäurereste verlängert. Je nach Art des Ringschlusses des entstandenen Polyketon-Zwischenproduktes entstehen Stilbene (formal analog einer Aldolkondensation) oder Chalkone (formal analog einer Claisen-Kondensation). Je nach der Art des Ringschlusses der Chalkone entstehen daraus Aurone (Derivate des Benzofurans) oder Flavonoide (Derivate des Benzopyrans), wobei Auronbildung selten und Flavonoidbildung sehr häufig in der Natur beobachtet wird (Abb. 8.1).

**Aurone** und **Flavonoide** sind vor allem als Farbpigmente in Blüten und Früchten enthalten. Daneben werden in Stresssituationen, so bei Krankheit und Umweltstress, Flavonoide und die isomeren Isoflavonoide vermehrt durch die Pflanze gebildet. Auch Stilbene sind Stressmetaboliten.

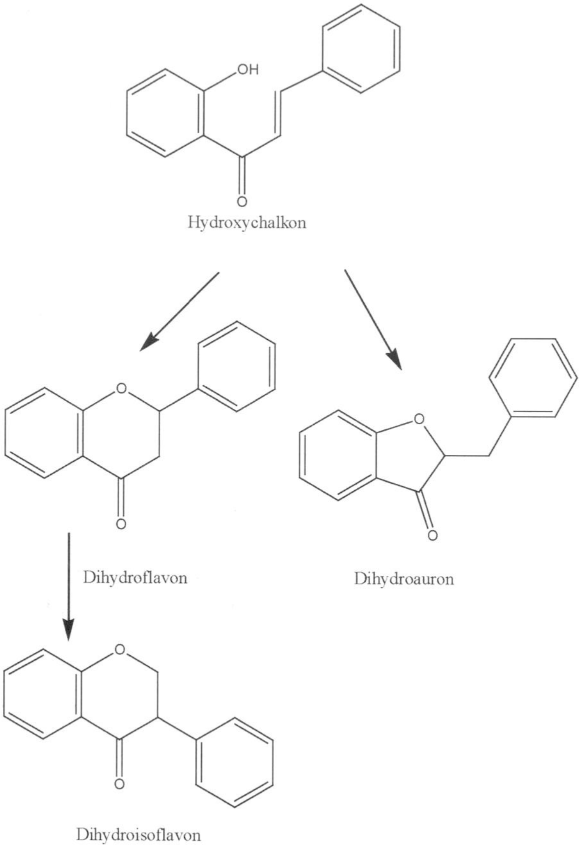

**Abb. 8.3.**     Biosynthese von Flavonoiden und Auronen

Sie können daneben auch oxidativ verändert werden und Phenanthrenderivate (Abb. 8.4) bilden (bei manchen Orchideen, z. B. *Phalaenopsis*, *Vanda*) oder in Oligomere umgewandelt werden, wie z. B. Viniferin aus dem Resveratrol in Weintrauben.

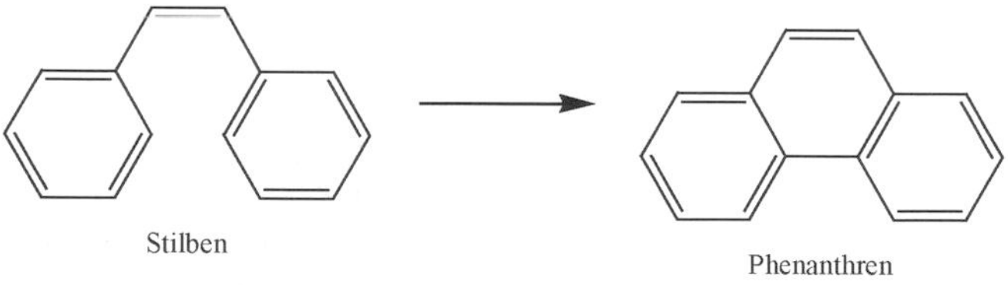

**Abb. 8.4.**     Biosynthese von Phenanthren

Manche phenolische Verbindungen, wie z. B. Salicylsäure, Salicylalde-hyd oder Cumarinderivate (Scopoletin = 6-Methoxy-7-hydroxycumarin), haben für die Pflanze Bedeutung als Phytohormone (Blüh- und Wachs-tumshormone). Einige dieser Phenole, besonders bei den Isoflavonoiden liegen detaillierte Untersuchungen dafür vor, haben beim Menschen Estrogenwirkung und werden daher auch als **Phytoestrogene** bezeichnet.

Viele der phenolischen Naturstoffe kommen als **Glykoside** vor. Durch die glykosidische Bindung an Kohlenhydrate steigt die Wasserlöslichkeit dieser im Allgemeinen hydrophoben Verbindungen. Bei der Gruppe der Flavonoide ist das Vorkommen als Glykosid besonders häufig. In der Re-gel sind es β-O-Glykoside. Sie können durch β-Glykosidasen enzymatisch oder durch verdünnte Säuren chemisch gespalten werden. Seltener kom-men C-Glykoside vor, bei denen das glykosidische Kohlenstoffatom des Zuckerrestes direkt mit einem Kohlenstoffatom des Flavonoidgerüstes kovalent verbunden ist.

## 8.2  Phenolsäuren

Phenolsäuren, wie die Hydroxyzimtsäuren, sind sehr oft mit Chinasäure (1,3,4,5-Tetrahydroxycyclohexancarbonsäure) verestert, es entstehen Cin-namoylchinasäuren.

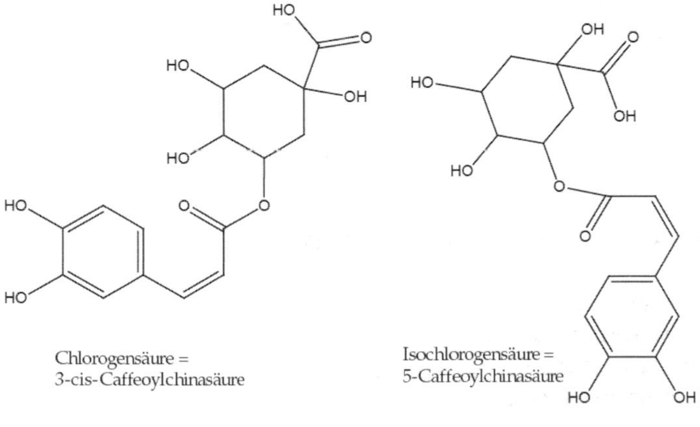

Chlorogensäure =
3-cis-Caffeoylchinasäure

Isochlorogensäure =
5-Caffeoylchinasäure

Neochlorogensäure =
3-trans-Caffeoylchinasäure

**Abb. 8.5.**     Chemische Struktur der Chlorogensäuren

Die 3-Caffeoylchinasäure wird als Chlorogensäure, die 5-Caffeoyl-chinasäure als Isochlorogensäure bezeichnet (Abb. 8.5). Auch 3-Feruloyl-chinasäure (3'-Methyl-3-caffeoylchinasäure) ist ein verbreiteter Naturstoff in Nahrungspflanzen. Chlorogensäure ist in vielen pflanzlichen Lebens-mitteln enthalten (Tab. 8.1) und wird bei Verletzung des Pflanzengewebes enzymatisch zu braunen Pigmenten oxidiert (enzymatische Bräunungsreaktion). Cynarin (1,5-Dicaffeoylchinasäure) kommt in der Artischocke (*Cynara* sp.) vor und ist vor allem für seine cholesterinspiegelsenkende Wirkung bekannt.

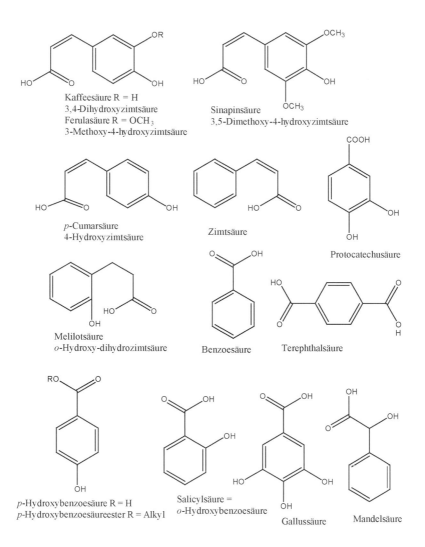

**Abb. 8.6.**      Chemische Struktur ausgewählter Phenol- und Hydroxybenzoesäuren

**Tabelle 8.1.** Phenolische Verbindungen in pflanzlichen Lebensmitteln

| mg/kg = ppm | Kaffee-säure | p-Cumar-säure | Ferulasäure | Chlorogen-säure | Tyrosin |
|---|---|---|---|---|---|
| Apfel | 85–1270 | 15–460 | 4–95 | | |
| Birne | 43–19.700 | | | | |
| Orange | | 5–17 | 10–19 | | |
| Zitrone | 21–35 | | 14–40 | | |
| Grapefruit | 40–51 | 0–53 | 30–34 | | |
| Kartoffel | 280 | | 28 | 22–71 | |
| Tomate | 6 | | | 18 | |
| Erdnuss | 11 | 5–17 | 45 | 12 | |
| Weizen | | 17–25 | 15–32 | | |
| Mais | | 4–46 | 6–27 | | |
| Kohl | 0–77 | | 4–20 | | |
| Spinat | | 133 | 16 | | 12.826 |
| Rettich | 91 | 91 | 16 | | |
| Knoblauch | 20 | 58 | 27 | | 811–941 |
| Karfiol | | 34 | 13 | | |
| Kaffeebohne | | | | 50.000–100.000 | |
| Sonnenblume | | | | 1900–28.000 | |
| Erdbeere | 15–34 | | | | |
| Heidelbeere | | | | 3000 | |

## 8.3 Hydroxybenzoesäuren

Auch Hydroxybenzoesäuren, wie Gallussäure und Protocatechusäure, sind als Ester der Glucose in Pflanzen enthalten. Dabei können bis zu 5 Gallussäuremoleküle mit einem Glucosemolekül verestert sein. Solche Gallussäureester der Glucose haben eiweißdenaturierende Wirkung und werden daher auch als **„verseifbare Gerbstoffe"** oder **„Tannine"** bezeichnet, da die Esterbindungen durch Verseifung gespalten werden können.

Als Oxidationsprodukt der Gallussäure oder Digallussäure kommt auch Ellagsäure vor, die zumindest *in vitro* die mutagene Wirkung der aktiven Metabolite (Epoxide) polyzyklischer aromatischer Kohlenwasserstoffe, wie z. B. Benzpyren, inhibieren kann (Abb. 8.7).

Die **Salicylsäure** (ortho-Hydroxybenzoesäure) ist ubiquitär in Pflanzen, besonders reichlich in Beerenobst (Himbeeren, Heidelbeeren, Weintrauben u. a.) enthalten. Ursprünglich aus Weidenrinde (*Salix* sp.) isoliert, ist ihre pharmakologische Bedeutung heute grundlegend dokumentiert. Man kann ihre fiebersenkende Wirkung und ihren positiven Einfluss auf rheumatische und Herz-Kreislauf-Krankheiten auf ihre antioxidative und ihre Scavenger-Funktion für OH-Radikale zurückführen.

Viele einfache Phenole sind Bestandteil von Gewürzpflanzen. Bezog sich früher das Hauptinteresse an den phenolischen Verbindungen auf ihre Aktivität als Aroma- oder Geschmacksstoffe, so ist heute ihre Bedeutung für die Prävention von Krankheiten oder ihre antibiotische Wirkung hinzugekommen.

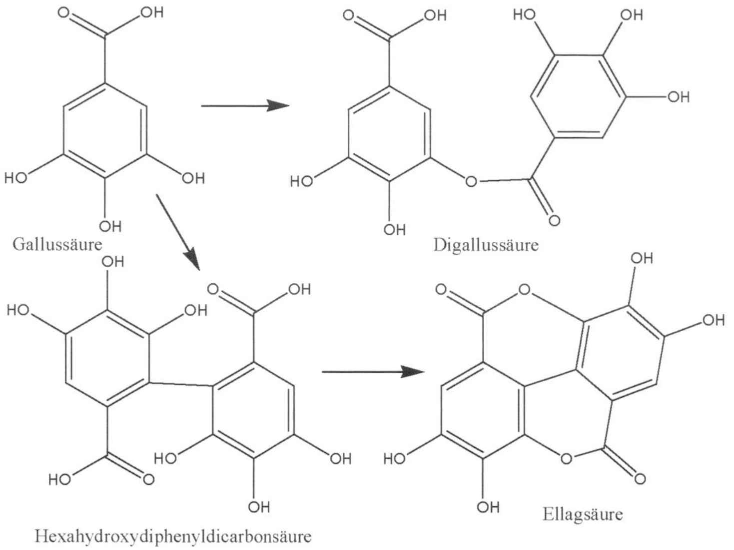

Gallussäure        Digallussäure

Hexahydroxydiphenyldicarbonsäure        Ellagsäure

**Abb. 8.7.**        Chemische Struktur von (Di-)Gallussäure und deren oxidierten Formen

## 8.4    Lignane

Lignane sind, wie schon oben erwähnt, Dimere oder Oligomere von Phenyl-C3-Verbindungen, z. B. des Coniferylalkohols (3-Methoxy-4-hydroxyphenyl-1-propenol) oder des 3,4-Dihydroxy-1-propenylbenzols. Lignane kommen oft als β-Glykoside vor (Abb. 8.8).

Durch die Glykosylierung werden die an sich lipophilen Lignane hydrophiler. Sie sind vorwiegend Pflanzeninhaltsstoffe, kommen aber auch im Harn von Tieren und Menschen, meist verestert mit Glucuronsäure, vor. Tierische Lignane mit den Hauptvertretern Enterodiol und Enterolacton sind strukturell verschieden von den pflanzlichen. Es ist ungewiss, ob die tierischen Lignane biosynthetisch veränderte pflanzliche Lignane sind oder von Darmbakterien hergestellt werden. Als potente Antioxidanzien, Scavenger von Hydroxylradikalen und Verbindungen mit cytotoxischen Eigenschaften werden Lignane mit der Prävention von Darmkrebs, dem Sexualhormonstoffwechsel und dem Energiestoffwechsel in Zusammenhang gebracht.

Ein pflanzliches Lignan ist die Nordihydroguajaretsäure (Abb. 16.9), Inhaltsstoff verschiedener Pflanzen, besonders von *Larrea divaricata*. Als Antioxidans wurde sie sehr lange Zeit Speisefetten zum Schutz vor oxidativem Verderb zugesetzt. Ein anderes wichtiges pflanzliches Lignan ist das Secoisolariciresinol, das als Diglucosid in Leinsamen *(Linum usitatissimum)* vorkommt (Abb. 8.9).

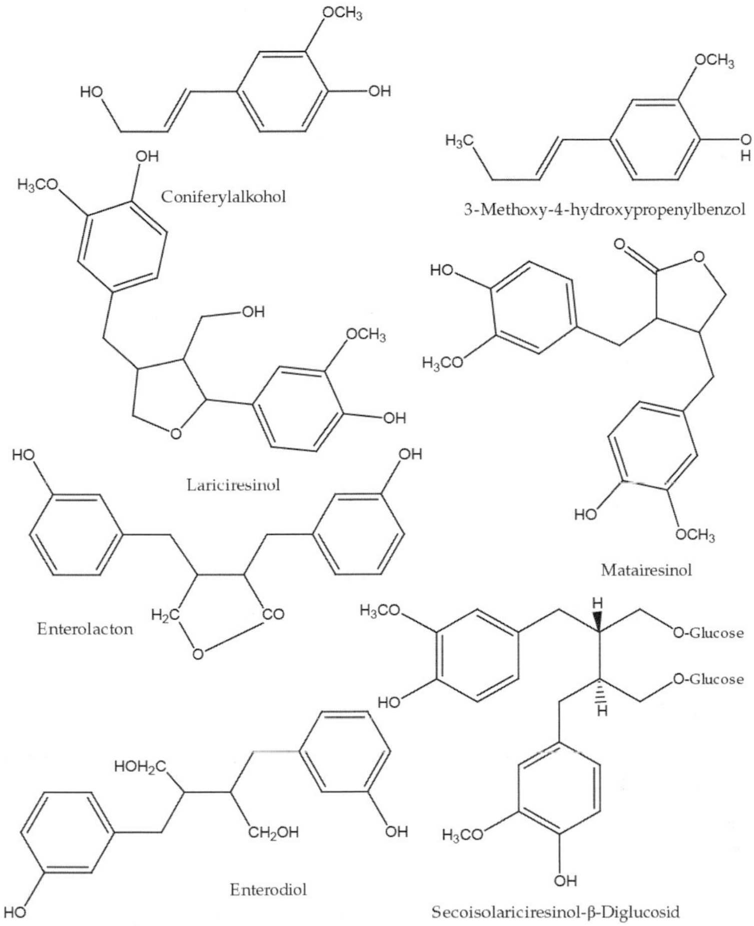

**Abb. 8.8.** Chemische Struktur ausgewählter Lignane

Chemisch unterscheidet es sich durch Methylierung in Stellung 3 und 3' und durch zwei $CH_2OH$-Gruppen anstelle der Methylgruppen von der Nordihydroguajaretsäure. Secoisolariciresinol kommt in Konzentrationen von 1 bis etwa 3 µg/g in Leinsamen vor. Leinsamen haben wegen ihres Lignangehaltes antiestrogene Aktivität, ähnlich dem synthetisch hergestellten Tamoxifen. Bei weiblichen Ratten wurde dadurch die Periode verlängert oder ganz unterdrückt, ohne feststellbare toxische Nebenwirkung. Wegen des Lignangehaltes und des Gehaltes an α-Linolensäure werden Leinsamen heute verschiedenen Lebensmitteln zugesetzt: z. B. Brot, Frühstückszerealien, Obstprodukten u. a. Die Lignane Secoisolariciresinol und das strukturell ähnliche Matairesinol kommen auch in Tee und Kaffee vor und sind zumindest teilweise verantwortlich für die protektive Wirkung dieser Getränke auf Herz und Kreislauf.

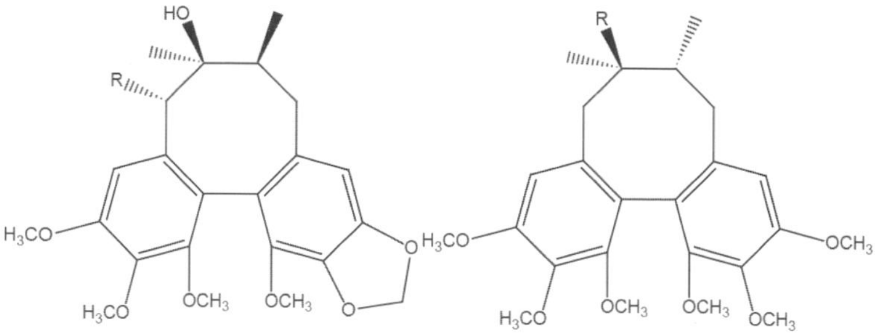

Gomisin A   R = H
Gomisin C   R = OH

Schisandrin        R = OH
Deoxyschisandrin  R = H

**Abb. 8.9.**     Chemische Struktur von Gomisinen und Schisandrinen

Gomisine (A und C, Abb. 8.9) sind Lignane, die in den Früchten von Schisandra vorkommen. Sie wirken im Organismus als Antioxidanzien mit teilweise spezifischen Funktionen, z. B. schützt im Tierversuch Gomisin A die Leber, Gomisin C wirkt als Immunmodulator und inhibiert die Phagozytose. Wegen der antioxidativen Wirkung der Früchte von *Schisandra chinensis* werden Produkte daraus zur Nahrungsergänzung heute auch in Europa angeboten.

Sesamsamen *(Sesamum indicum)* sind eine weitere wichtige Quelle von Lignanen in Lebensmitteln (Tab. 8.2). Sesamin und Sesamolin sind die Hauptvertreter dieser Naturstoffgruppe in Sesamkörnern. Ihre Struktur siehe bei Sesamöl. Durch ihre antioxidativen Eigenschaften schützen sie Sesamöl vor oxidativem Verderb. Sie wirken synergistisch zu den Tocopherolen. Z. B. haben mit Sesamöl gefütterte Ratten einen höheren $\alpha$-Tocopherolspiegel im Serum als die Kontrollgruppe, der nur $\alpha$-Tocopherol zugeführt wurde. Den Lignanen des Sesams wird auch eine insektizide Wirkung zugeschrieben. Sesamöl wurde deshalb früher gegen Kopfläuse eingesetzt. Bekannt ist auch die synergistische Wirkung der Sesamlignane gegenüber Pyrethroiden.

**Tabelle 8.2.** Lignane in pflanzlichen Lebensmitteln

| µg/100 g | Secoisolarici-resinol | Larici-resinol | Pino-resinol | Matai-resinol | Sesamin | Sesamolin |
|---|---|---|---|---|---|---|
| Leinsamen | 294.210 | 3041 | 3324 | 553 | | |
| Sesamsamen | 66 | 9470 | 481 | 481 | 390.000 | 260.000 |
| Erdnuss | 53 | | 41 | | | |
| Kraut 89 % | 8 | 212 | 568 | | | |

**Tabelle 8.2** (Fortsetzung)

| µg/100 g | Secoiso-lariciresinol | Larici-resinol | Pino-resinol | Matai-resinol | Sesamin | Sesamolin |
|---|---|---|---|---|---|---|
| Broccoli 87 % $H_2O$ | 38 | 972 | 315 | | | Broccoli 87 % $H_2O$ |
| Kohlsprosse 83 % $H_2O$ | 34 | 493 | 220 | | | Kohlsprosse 83 % $H_2O$ |
| Rotkraut 91 % $H_2O$ | 4 | 124 | 58 | | | Rotkraut 91 % $H_2O$ |
| Knoblauch 62 % $H_2O$ | 50 | 286 | 200 | | | |
| Spinat 94 % $H_2O$ | 2 | 68 | 12 | | | |
| Karotte 92 % $H_2O$ | 93 | 60 | 19 | | | |
| Kohl 84 % $H_2O$ | 19 | 599 | 1691 | | | |
| Marille 86 % $H_2O$ | 31 | 105 | 314 | | | |
| Erdbeere 91 % $H_2O$ | 5 | 117 | 212 | | | |
| Birne 84 % $H_2O$ | 4 | 155 | 34 | | | |
| Apfel 85 % $H_2O$ | | 1 | | | | |
| Pfirsich 89 % $H_2O$ | 27 | 80 | 186 | | | |
| Rosinen | 9 | 153 | | 19 | | |
| Grapefruit 88 % $H_2O$ | 9 | 95 | 45 | 2 | | |
| Mandarine 86 % $H_2O$ | 3 | 57 | 21 | 1 | | |
| Orange 86 % $H_2O$ | 5 | 47 | 24 | 2 | | |
| Kirschen 79 % $H_2O$ | 6 | 41 | 100 | | | |
| Pflaume 86 % $H_2O$ | 3 | 57 | 21 | 1 | | |
| Olive schw. 65 % $H_2O$ | 7 | 36 | 37 | | | |
| Olive grün 77 % $H_2O$ | 26 | 5 | 13 | | | |

* Quelle: Hollman PC (2005) B J Nutrition 93:393–402

## 8.5    Stilbene

Stilbene werden in verschiedenen Pflanzen als Stressmetaboliten (Phyto-alexine) bei Schädlingsbefall produziert.

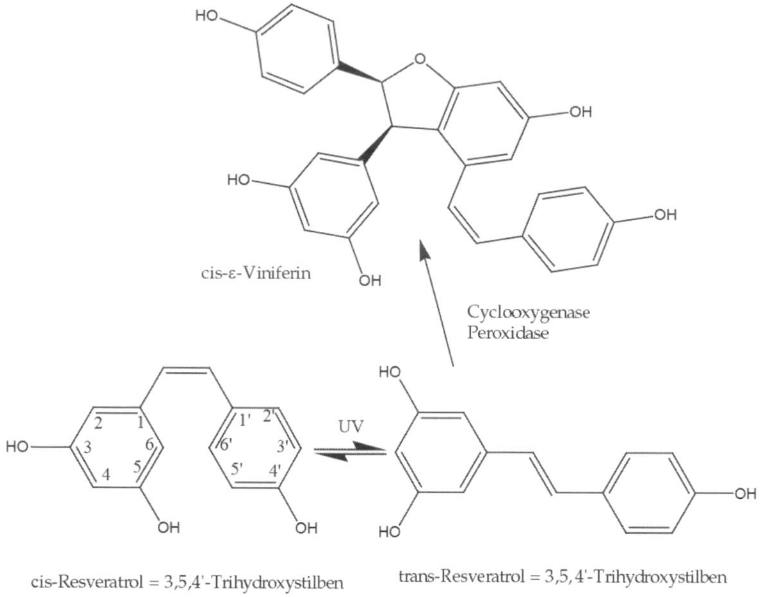

cis-ε-Viniferin

Cyclooxygenase
Peroxidase

UV

cis-Resveratrol = 3,5,4'-Trihydroxystilben          trans-Resveratrol = 3,5,4'-Trihydroxystilben

**Abb. 8.10.**     Chemische Struktur von Resveratrol

Das in Lebensmitteln bisher am meisten untersuchte Stilben ist Resveratrol (3,4',5-Trihydroxystilben, Abb. 8.10), das in Weintrauben und daher auch im Wein enthalten ist. Vorherrschend ist dabei das trans-Isomer. Rotweine enthalten mehr (durchschnittlich 4,4 mg/Liter) von diesem Inhaltsstoff als Weißweine (durchschnittlich 0,7 mg/Liter). Piceid ist das 3-β-Glucopyranosid des Resveratrols. Viniferine sind oxidativ gebildete Dimere von Resveratrol, neben dem ε-cis-Viniferin (Abb. 8.10) kommen das trans-ε-Viniferin und höhere Oligomere vor. Die Substanzen bieten Weinrauben einen gewissen Schutz vor Mehltau (Phytoalexine, heute oft als „Salvestrole" bezeichnet, wegen ihrer krebszellenhemmenden Wirkung *in vitro*). Resveratrol wird auch in Johannisbeeren, Pflaumen, Tomaten u. a. gefunden.

Resveratrol ist ein Inhibitor der Ribonucleotidreduktase und damit der DNS-Synthese in Säugetierzellen. Damit wird die tumorpräventive Wirkung des Resveratrols erkärt. Die Verbindung wird auch mit der niedrigen Inzidenz von Herz-Kreislauf-Krankheiten in den südlichen Provinzen von Frankreich, in denen relativ viel Rotwein getrunken wird, in Verbindung gebracht **(Französisches Paradoxon)**. Allerdings wird für diesen Effekt das im Rotwein vorkommende Catechin verantwortlich gemacht, während Resveratrol im Tierversuch die Produktion der Paraoxonase-1, die für die Verhinderung von Herz-Kreislauf-Krankheiten als maßgeblich erachtet wird, in der Leber vermindert. Resveratrol hemmt in dreierlei Weise die Lipidperoxidation von LDL-gebundenen Fetten: Es komplexiert Schwermetallionen, die die Lipidperoxidation und die Proteinoxidation im LDL katalytisch beschleunigen, und es wirkt auch als phenolisches Antioxidans; zusätzlich ist wahrscheinlich die Gegenwart von Alkohol als Radikalfänger (Scavenger) wichtig. Weiters hemmt Resveratrol den oxidativen Angriff polymorpher Leukozyten (Neutrophile) und Monozyten auf schon geschädigtes Gewebe und wirkt dadurch entzündungshemmend.

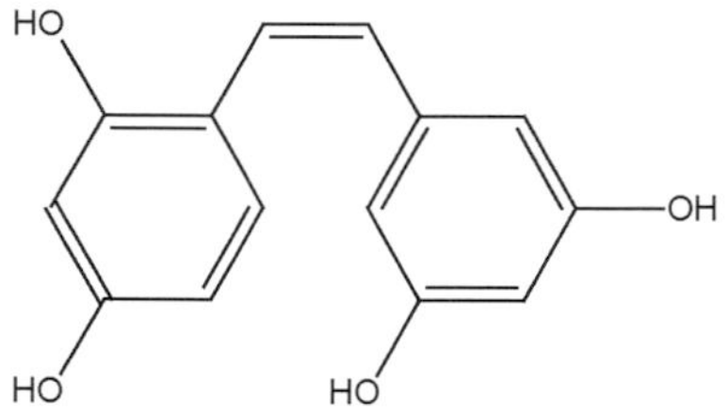

**Abb. 8.11.** Chemische Struktur von Oxyresveratrol

Oxyresveratrol (2,3',4,5'-Tetrahydroxystilben, Abb. 8.11) kommt in Maulbeeren (*Morus alba*) vor und ist ein potenter Inhibitor der Dopa-Oxidase-Aktivität der Tyrosinase. Es ist als Inhibitor ungefähr 150-mal wirksamer als Resveratrol. Damit verlangsamt es unter anderem die Bildung des Hautpigmentes Melanin.

## 8.6 Cumarine

Cumarine (engl. coumarins) sind, wie oben angeführt, Derivate des α-Pyrons und entstehen synthetisch und biosynthetisch durch Ringschluss aus der ortho-Hydroxyzimtsäure. Der α-Pyronring enthält eine Ethergruppe, und daher haben Cumarine in unterschiedlichem Ausmaß sauerstoffaktivierende Wirkung. Eine stärkere hydrophobe Struktur vergrößert diese Wirkung, hydrophile Substituenten, wie Hydroxylgruppen, verringern sie. Cumarine können daher sowohl antioxidative als auch prooxidative Wirkung haben. Sie liegen in Pflanzen vielfach als β-Glycoside vor. Cumarin selbst ist eine aromaaktive Substanz, die in vielen als Lebensmittel genutzten Pflanzenteilen vorkommt. Besonders bekannt sind die Vorkommen im Waldmeister *(Asperula odorata)*, in der Wurzel von Liebstöckel *(Levisticum officinale)* und in der Tonkabohne *(Coumarouna odorata)*, von der die Substanzklasse ihren Namen hat. Cumarin kommt im Lavendelöl *(Lavandula officinalis)* und in vielen Steinkleearten *(Melilotus sp.)* vor. Es ist als Geruchsstoff Bestandteil vieler Aromen, kosmetischer Artikel und Parfums und wird auch durch die Haut aufgenommen. Cumarin und seine Abbauprodukte, wie der ortho-Hydroxyzimtaldehyd, sind bei Nagetieren lebertoxisch. Daher ist auch die Aromatisierung von Lebensmitteln mit Cumarin und cumarinhaltigen Aromen in der EU verboten.

Umbelliferon (7-Hydroxycumarin) kommt z. B. in der Schale von Grapefruit und in Karotten vor. Aurapten (7-Geranyloxycumarin) ist im Schalenöl verschiedener Zitrusarten vorhanden. Es hemmt bei Mäusen die Entwicklung von Hauttumoren. Esculetin (6,7-Dihydroxycumarin), ursprünglich in der Rinde der Rosskastanie gefunden, ist als 7-Glucosid in der Zichorie enthalten *(Cichorium intybus)*. Esculetin inhibiert die lebertoxische Wirkung von Tetrachlorkohlenstoff und Paracetamol. Scopoletin (6-Methoxy-7-hydroxycumarin) ist ein Inhaltsstoff vieler Pflanzen. Es wird in Obst und Gemüse in geringer Konzentration gefunden und hat vorwiegend antioxidative Wirkung. Limettin (syn. Citropten, 5,7-Dimethoxycumarin) ist ein Cumarinderivat, das in *Citrus limetta* und anderen Zitrusarten vorkommt (Abb. 8.12).

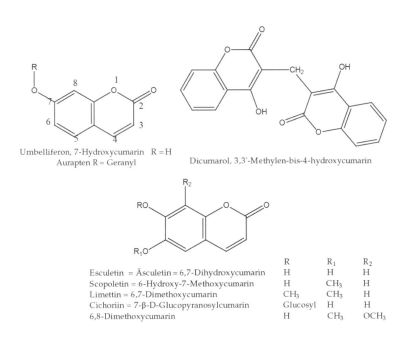

Umbelliferon, 7-Hydroxycumarin  R = H
Aurapten R = Geranyl

Dicumarol, 3,3'-Methylen-bis-4-hydroxycumarin

| | R | R$_1$ | R$_2$ |
|---|---|---|---|
| Esculetin = Äsculetin = 6,7-Dihydroxycumarin | H | H | H |
| Scopoletin = 6-Hydroxy-7-Methoxycumarin | H | CH$_3$ | H |
| Limettin = 6,7-Dimethoxycumarin | CH$_3$ | CH$_3$ | H |
| Cichoriin = 7-β-D-Glucopyranosylcumarin | Glucosyl | H | H |
| 6,8-Dimethoxycumarin | H | CH$_3$ | OCH$_3$ |

**Abb. 8.12.**    Chemische Struktur ausgewählter Cumarine

Dicumarol (3,3'-Methylen-bis-4-hydroxycumarin) wird im Steinklee *(Melilotus* sp.) gefunden. Es ist ein Antogonist zu Vitamin K und hemmt die Blutgerinnung. Zu diesem Zweck wurde es zeitweise auch klinisch verwendet.

Werden an den Benzolring des Cumarins ein oder mehrere Furanringe ankondensiert, so entstehen Furanocumarine, manchmal auch als **Psoralene** bezeichnet (Abb. 8.13).

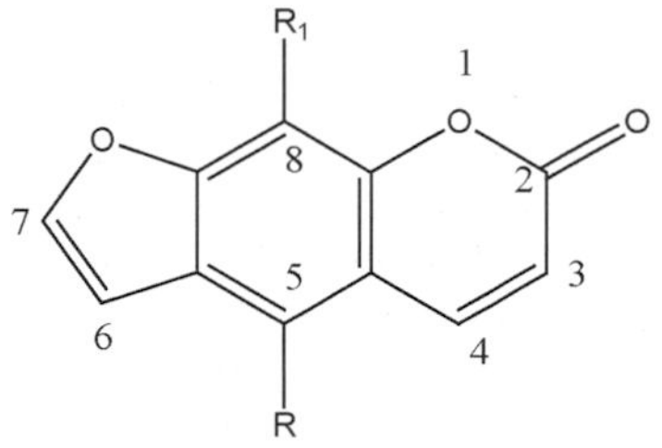

Imperatorin: R = H,
$R_1$ = -OCH$_2$-CH = C(CH$_3$)$_2$
Isoimperatorin:
R = -OCH$_2$ CH = C(CH$_3$)$_2$, $R_1$ = H
Oxypeucedanin:

$R_1$ =
R = H

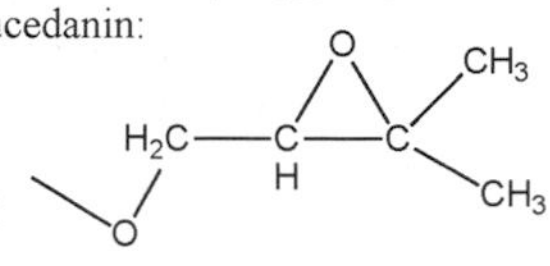

Psoralen: R = H, $R_1$ = H
Bergapten: (5-Methoxypsoralen), R = OCH$_3$, $R_1$ = H
Bergaptol: R = OH, $R_1$ = H
Xanthotoxin (9-Methoxypsoralen): R = H, $R_1$ = OCH$_3$
Isopimpinellin (5,9-Dimethoxypsoralen): R = $R_1$ = OCH$_3$
Bergamottin (5-Geranyloxypsoralen): $R_1$ = H
R = O-CH$_2$ -CH = C(CH$_3$)-CH$_2$ -CH$_2$ -CH = C(CH$_3$)$_2$

**Abb. 8.13.**      Chemische Struktur ausgewählter Psoralene

Furanocumarine kommen sowohl in Pflanzen als auch in Mikroorganismen vor. Beide Quellen sind für die Ernährung und Lebensmittelchemie von Bedeutung. Das Vorkommen verteilt sich in für die Ernährung wichtigen Pflanzen auf mehrere Familien, wie *Apiaceae* (syn. *Umbelliferae*), z. B. Petersilie, Sellerie, sowie *Citrus* und *Fabaceae* = *Leguminosae* (verschiedene Kleearten) (Tab. 8.3). Verschiedene Mykotoxine diverser Schimmelpilze sind ebenfalls Furanocumarine (z. B. Aflatoxine).

**Tabelle 8.3.**      Furanocumarine in pflanzlichen Lebensmitteln

| µg/g | Bergapten | Xantho-toxin | Isopim-pinellin | Isoimpe-ratorin | Impera-torin | Psoralen |
|---|---|---|---|---|---|---|
| Pastinak Frucht | 403 | 682 | 205 | | 355 | |
| Pastinak Rübe | 3,2–3800 | 26–1000 | | | 1700 | 7–10 |
| Petersilie Frucht* | 9 | 5 | | 3 | | 10 |
| Petersilie Pflanze | 21–2000 | 3–289 | 0,3–79 | 0–6 | 0,5 | |
| Sellerie Frucht | 2,3–7 | 6–183 | | | 13 | |
| Sellerie Knolle | 1–520 | | 4–122 | | | |
| Liebstöckel | 6 | 0,5 | 0,5 | | 3 | 3 |
| Karotte | 0,3 | 0,3 | | | | 0,8 |
| Zitrone Schale | 10 | | | | 60 | |
| Feige Blatt | | | | | | 4100 |
| Grapefruit** | | | | | | |

* Petersilie: Oxypeucedanin 7–103 µg/g
** Grapefruit-Bergamottin = 6',7'-Dihydroxybergamottin 0,2–7,6 µg/g

Durch die Einführung einer zweiten und dritten Ethergruppe mit Furanringen in das Molekül werden die Möglichkeiten zur Aktivierung von Sauerstoff nach Zufuhr von Energie stark erhöht. Die Psoralene sind durch UV-Licht aktivierbar und produzieren dabei hauptsächlich energiereichen und reaktionsfreudigen Singulettsauerstoff. Dieser kann in weiterer Folge Anlass zum Auftreten von Fotodermatosen geben. Umgekehrt wirken dadurch Furanocumarine cytotoxisch und damit ebenso toxisch für Mikroorganismen. Sie können aber auch im intermediären Stoffwechsel aktiviert werden, wie die Lebertoxizität von **Aflatoxinen** beweist.

Auf der anderen Seite werden Psoralene auch zur Behandlung der verbreiteten Krankheit Psoriasis verwendet. Viele Psoralene sind in Heilkräutern enthalten (z. B. *Angelica, Imperatoria, Heracleum*). Die Furanocumarine verschiedener Kleearten (z. B. *Trifolium repens* = Weißklee, *Medicago sativa* = Luzerne) wirken auch als Estrogene (z. B. Cumestrol, Struktur siehe Isoflavone) und werden zu der heute viel untersuchten Gruppe der Phytoestrogene gezählt.

## 8.7 Flavonoide

Flavonoide sind Derivate des Benz-γ-Pyrons oder Chromons und kommen in den verschiedensten chemischen Strukturvarianten, wie schon oben erwähnt, ubiquitär in Pflanzen vor (Tab. 8.4). Variabel sind die Anzahl und die Stellung der Hydroxylgruppen, der Redoxstatus des γ-Pyronrings sowie die Struktur, Stellung und Art der Verknüpfung des Zuckerrestes mit dem Flavonoidringgerüst. Entsprechend dem Redoxstatus des γ-Pyronringes (Ring C) gibt es fünf Klassen von Flavonoiden (Abb. 8.14):

* **Flavanone**
* **Flavone**
* **Flavonole**
* **Flavane** (Catechine = Flavanole, Leukoanthocyanidine = Flavandiole) und
* **Anthocyanidine**.

**Tabelle 8.4.**    Flavonoide in pflanzlichen Lebensmitteln

| mg/kg = ppm | Quercetin | Kämp-ferol | Catechin Epicatechin | Naringin | Neohes-peridin | Tannin |
|---|---|---|---|---|---|---|
| Apfel | 58–263 | | | | | |
| Apfelschale | 10.000 | | | | | |
| Preiselbeere | 100–250 | | | | | |

**Tabelle 8.4** (Fortsetzung)

| mg/kg = ppm | Quercetin | Kämp-ferol | Catechin Epicatechin | Naringin | Neohes-peridin | Tannin |
|---|---|---|---|---|---|---|
| Birne | 28 | | | | | |
| Ribisel schwarz | | | 5500–13.800 | | | 85.000 |
| Ribisel rot | | | 3500 | | | |
| Zwiebel | 0–48.100 | | | | | |
| Knoblauch | 200 | | | | | |
| Rotkohl | 2–100 | 100–300 | | | | |
| Karfiol | 6 | 30 | | | | |
| Kohlrabi | 20 | 80 | | | | |
| Kohlsprosse | 25 | | | | | |
| Spinat | 19–100 | | | | | |
| Pfirsich | | | | | | 8000 |
| Marille | | | | | | 1000 |
| Orange süß | | | | | 28.000 | |
| Grapefruit | | | | 245 | | |
| Grapefruit Schale | | | | 4500–14.000 | | |
| Tee | 10.000 | | 1000–50.000 | | | 200.000 |
| Walnuss | | | | | | 122.300 |
| Kiwi | | | | | | 9500 |

Flavonoide können vom tierischen und menschlichen Organismus nicht biosynthetisch hergestellt werden. Hinzu kommen die **Isoflavonoide** (Abb. 8.15), bei denen die Bindungsstelle des Ringes B an den Ring C von der Stellung 2 in die Stellung 3 verschoben wurde. Isoflavonoide kommen vorwiegend in der Pflanzenfamilie der *Fabaceae* vor. Sie bilden sich dort vermehrt bei Schädlingsbefall und sind daher auch Phytoalexine (Abwehrstoffe der Pflanze bei Schädlingsbefall). Dies gilt vor allem für die Umwandlungsprodukte, wie Cumestrol, Pterocarpan oder Pisatin. Die beiden Ersteren wurden in Sojabohnen gefunden, das Letztere in Erbsen. Isoflavonoide haben wegen ihrer estrogenen Wirkung bei Mensch und Tier (sog. Phytoestrogene) in letzter Zeit große Aufmerksamkeit erregt. Über die physiologische Wirkung der Umwandlungsprodukte ist wenig bekannt. Cumestrol hat ebenfalls estrogene Wirkung.

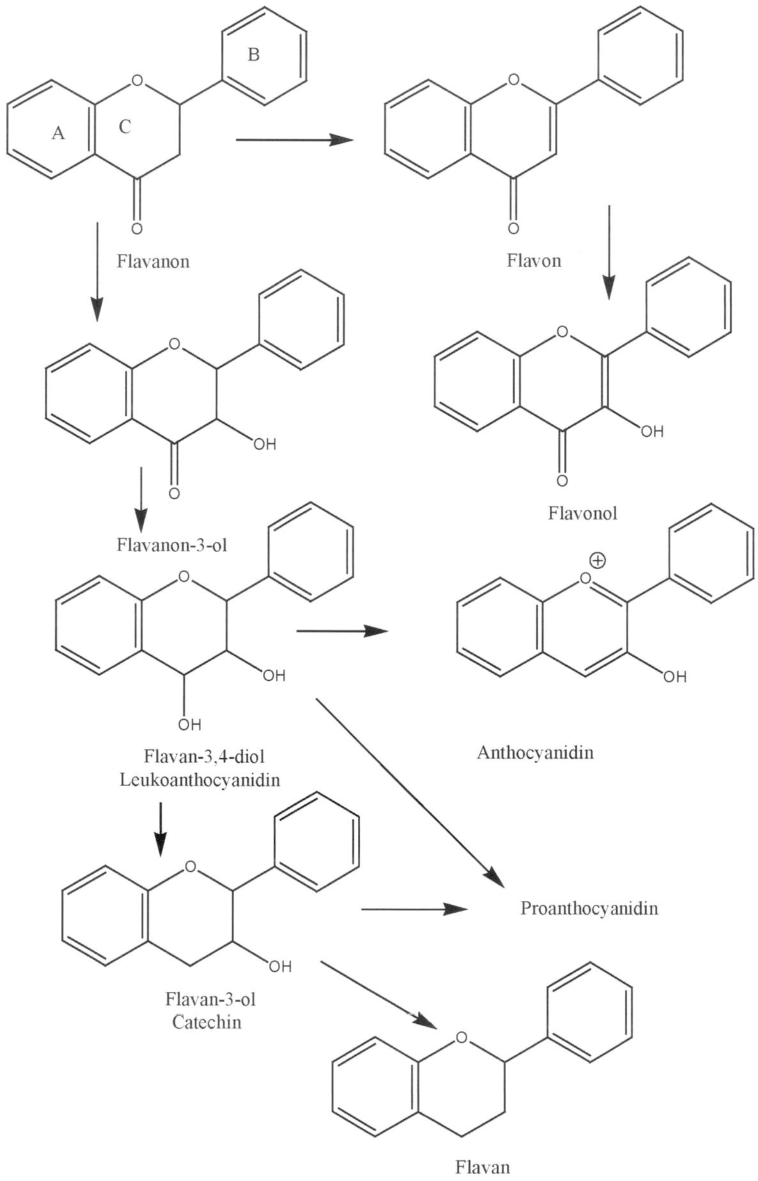

**Abb. 8.14.**     Chemische Strukturvarianten der Flavonoide

**Flavanone** (Dihydroflavone, wie Eriodictyol, Naringenin, Hesperetin und Isosakuranetin, Abb. 8.16) kommen häufig in Zitrusfrüchten vor, Isoflavonoide in Fabaceae (siehe auch Sojabohne, Kapitel 12.2.8), Anthocyanidine in Obst und Gemüse sowie in vielen Blüten (siehe auch Kapitel 9).

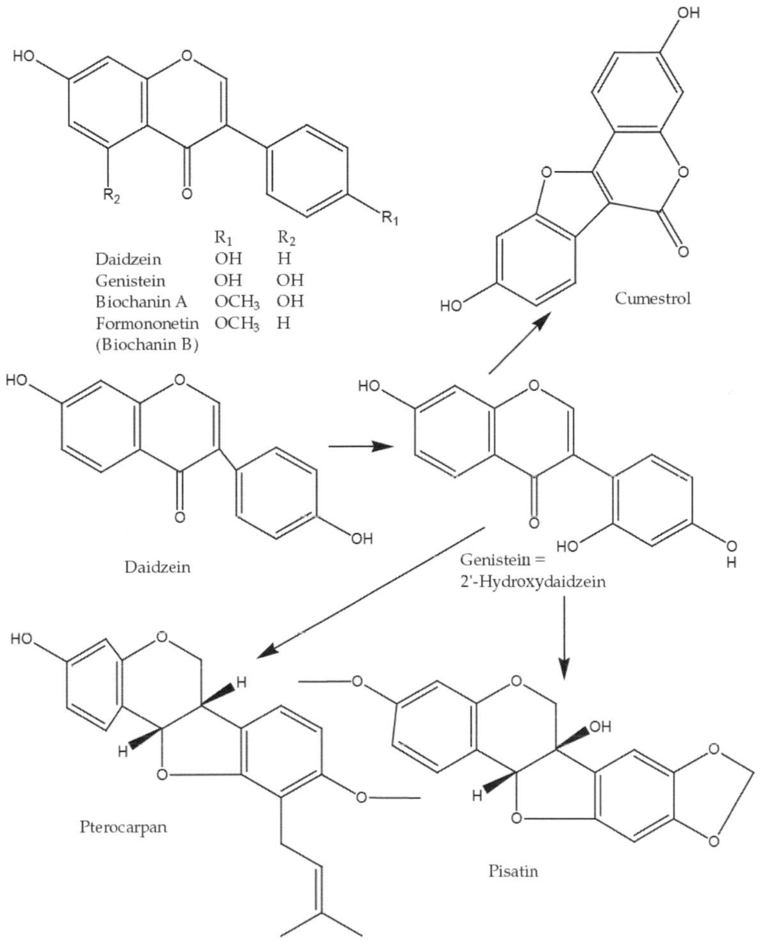

| | $R_1$ | $R_2$ |
|---|---|---|
| Daidzein | OH | H |
| Genistein | OH | OH |
| Biochanin A | $OCH_3$ | OH |
| Formononetin | $OCH_3$ | H |
| (Biochanin B) | | |

Cumestrol

Daidzein

Genistein = 2'-Hydroxydaidzein

Pterocarpan

Pisatin

**Abb. 8.15.** Chemische Struktur ausgewählter Isoflavonoide und deren physiologische Umwandlungsprodukte

**Flavanole** = Catechine sind vorwiegend in Blättern enthalten. Da Flavanole zwei asymmetrische Kohlenstoffatome enthalten, gibt es zwei diastereomere Verbindungen, Catechin und Epicatechin. Ist eine dritte Hydroxylgruppe im Ring B enthalten, spricht man von Gallocatechin und

Epigallocatechin. Weitere Catechine finden sich in Abb. 8.17 (siehe auch Kapitel 12.5.2).

**Flavonole** sind in allen Pflanzenorganen verbreitet (Abb. 8.18).

**Flavone** sind oftmals Komponenten von weißen Blüten und in der Familie der *Apiaceae* häufig anzutreffen (Abb. 8.19).

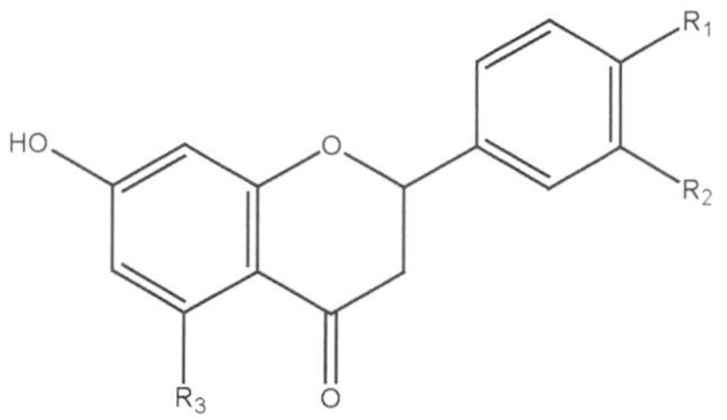

|             | $R_1$   | $R_2$   | $R_3$ |
|-------------|---------|---------|-------|
| Naringenin  | OH      | H       | OH    |
| Isosakuranetin | OCH$_3$ | H    | OH    |
| Eriodictyol | OH      | OH      | OH    |
| Hesperetin  | OH      | OCH$_3$ | OH    |
| Liquiritigenin | OH   | H       | H     |

**Abb. 8.16.**   Chemische Struktur ausgewählter Flavanone = Dihydroflavone

Biosynthetische Vorstufen der Flavonoide sind die **Chalkone**, die als solche bisweilen auch in der Natur vorkommen. Ein bekanntes Beispiel ist das Carthamin, der rötliche Farbstoff der Färberdistel (*Carthamus tinctorius*, Saflor), aus deren Samen das Distelöl gewonnen wird. Chalkone können synthetisch aus Flavonoiden in technischem Maßstab gewonnen werden. Z. B. werden die Dihydrochalkone von Naringin und Hesperidin aus Schalen von Zitrusfrüchten gewonnen und als künstliche Süßstoffe (Abb. 16.11) verwendet. In Pflanzen sowie in pflanzlichen Lebensmitteln kommen immer Gemische verschiedener Flavonoide vor, die synergistisch oder antagonistisch wirken können.

**Leukoanthocyanidine** entstehen bei der enzymatischen Reduktion der Dihydroflavone. Sie sind Vorstufen einerseits für die Bildung von Anthocyanen und andererseits von Gerbstoffen (nicht verseifbare Gerbstoffe siehe Abb. 8.17 und Kapitel 12).

Flavonoide haben als phenolische Verbindungen **antioxidative** und Metallionen **komplexierende Aktivitäten**. Da Schwermetallionen Oxidationsreaktionen katalytisch beschleunigen können, gleicht ihre Komplexierung in vielen Fällen einer Inhibierung der Oxidation, also einer antioxidativen Aktivität. Leider gilt diese Regel nicht in allen Fällen, denn es gibt auch Beispiele für Metallionenkomplexe, die die Oxidation verstärken, also prooxidativen Charakter haben. So ist z. B. bekannt, dass Flavonoide die Korrosion in Konservendosen beschleunigen können. Ob antioxidative oder prooxidative Aktivität eines bestimmten Flavonoids vorwiegend ist, ist von seiner Struktur, der Konzentration und dem Reaktionsmilieu abhängig. Ein Überwiegen prooxidativer Aktivität ist bei Flavonoiden mit drei Hydroxylgruppen im Ring A oder B zu erwarten, z. B. Quercetagetin (Ring A) oder Myricetin (Ring B). Höhere Konzentrationen an molekularem Sauerstoff oder Stickoxid verstärken die prooxidative Wirkung. Während der Oxidation der Flavonoide entstehen radikalische Zwischenprodukte, die dann mit Sauerstoff Peroxyradikale und dann Flavonoidperoxide geben, die sehr starke Oxidationsmittel sind. Flavonoidperoxide werden aber auch durch enzymatische Katalyse gebildet, z. B. durch das kupferhaltige Enzym Quercetinase, das in Pflanzen vorkommt.

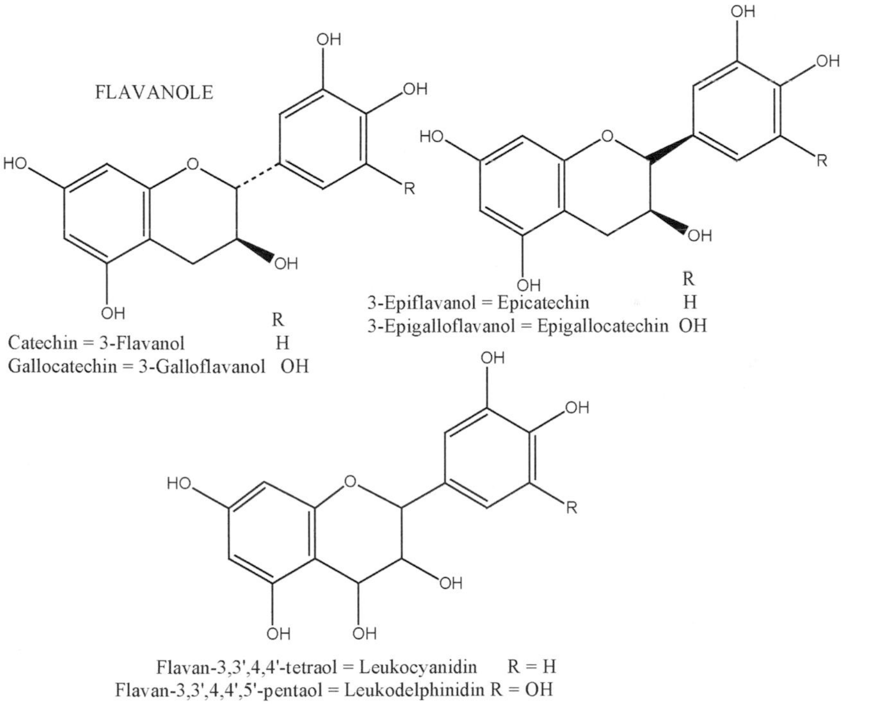

**Abb. 8.17.**    Chemische Struktur von Catechin und Epicatechin (3-Flavanole) und Flavan-3,4-diolen (Leukocyanidin und Leukodelphinidin)

FLAVONOLE

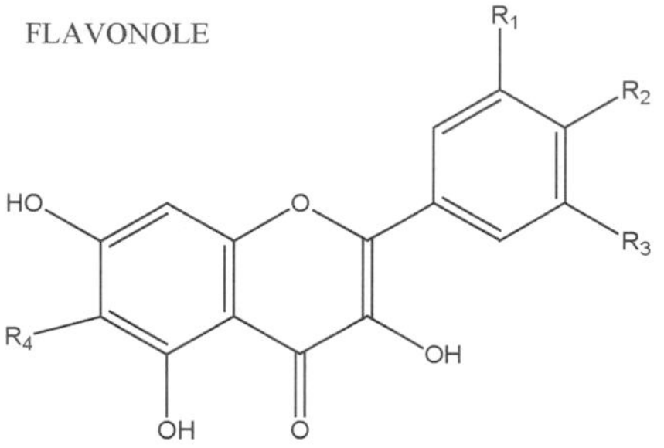

| | $R_1$ | $R_2$ | $R_3$ | $R_4$ |
|---|---|---|---|---|
| Galangin | H | H | H | H |
| Kämpferol | H | OH | H | H |
| Kämpferid | H | OCH$_3$ | H | H |
| Quercetin | OH | OH | H | H |
| Isorhamnetin | OCH$_3$ | OH | H | H |
| Myricetin | OH | OH | OH | H |
| Quercetagetin | OH | OH | H | OH |

**Abb. 8.18.**    Chemische Struktur ausgewählter Flavonole

FLAVONE

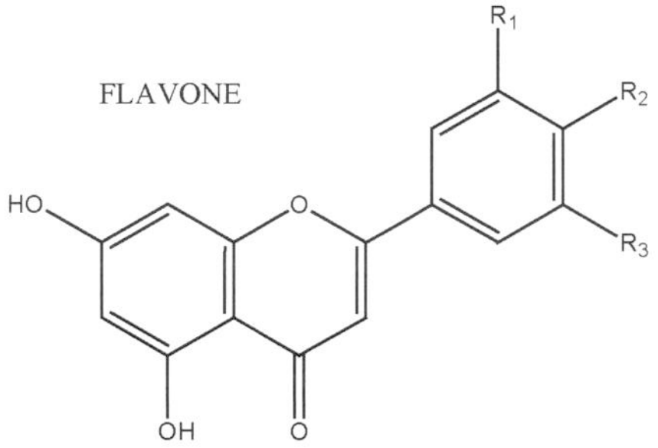

| | $R_1$ | $R_2$ | $R_3$ |
|---|---|---|---|
| Chrysin | H | H | H |
| Apigenin | H | OH | H |
| Luteolin | OH | OH | H |
| Chrysoeriol | OCH$_3$ | OH | H |
| Diosmetin | OH | OCH$_3$ | H |
| Tricin | OCH$_3$ | OH | OCH$_3$ |

**Abb. 8.19.**    Chemische Struktur ausgewählter Flavone

## 8.7.1    *Physiologische Wirkung der Flavonoide*

Da viele Krankheiten durch Oxidationsreaktionen zumindest initiiert werden, kommt der antioxidativen Aktivität der Flavonoide besondere ernährungsphysiologische Bedeutung in Hinblick auf die Krankheitsprävention zu. Im Mittelpunkt des Interesses stehen hierbei chronische Krankheiten, wie Herz-Kreislauf-Krankheiten oder rheumatische Erkrankungen, und die Tumorprävention. Schon seit Beginn des vorigen Jahrhunderts ist bekannt, dass Flavonoide gefäßerweiternde Wirkung haben.

Dies führte zeitweilig dazu, dass sie in die Liste der Vitamine aufgenommen wurden (Vitamin P). Da diese Wirkung aber nur mit relativ hohen Dosen zu erreichen war, wurden sie aus dieser Liste wieder gestrichen. Heute weiß man, dass viele oxidierende Enzyme durch Flavonoide gehemmt werden. Dies betrifft vor allem die Cyclooxygenasen (COX) und damit den Prostaglandinstoffwechsel, Cytochrom-P450-(CYP)-abhängige Oxygenasen und tierische Lipoxygenasen. Durch die Hemmung dieser Enzyme kann zumindest teilweise die physiologische Wirkung von Flavonoiden auf Zell- und Gewebsebene erklärt werden. Durch Hemmung der COX haben Flavonoide eine entzündungshemmende Wirkung, sie wirken einer Aggregation der Thrombozyten entgegen und damit auch dem Entstehen von Herzinfarkten. Flavonoide hemmen die Neubildung und das Wachstum von Blutgefäßen (Angiogenese), welche Vorbedingungen für die Tumorproliferation sind. Auch die Lipidperoxidation, vor allem der an Lipoproteine gebundenen Fette, die ein Risikofaktor für Arteriosklerose sind, wird durch Flavonoide inhibiert. Dasselbe gilt auch für die durch Lipidperoxid mediierte Zerstörung von Hämproteinen (oxidative Spaltung des Porphyrinringes und die damit verbundene Freisetzung von Eisenionen, die dann die Entstehung von weiteren Lipidperoxiden katalysieren).

Flavonoide werden während der Verdauung sowohl als Glykoside als auch nicht glykosidiert teilweise resorbiert und meistens nach Konjugation mit Glucuronsäure durch die Niere wieder ausgeschieden. Sie werden aber auch teilweise durch die Darmflora abgebaut, die entstandenen Bruchstücke (vorwiegend Phenolcarbonsäuren) werden im Anschluss zumindest zum Teil resorbiert. Es ist daher nicht unwahrscheinlich, dass ein Substanzgemisch für die beobachtbaren physiologischen Wirkungen der Flavonoide verantwortlich ist.

## 8.7.2 Flavonoide in der Lebensmittelverarbeitung

Während der Lebensmittelverarbeitung kommt es immer auch zu Verlusten an Flavonoiden. Ein wichtiger Grund hierfür sind enzymkatalysierte „Bräunungsreaktionen", für die phenolische Verbindungen und damit auch Flavonoide Substrate sind. Metallenzyme, wie Polyphenoloxidasen (das zentrale Metallion ist in diesem Fall $Cu^{2+}$) und Peroxidasen (im aktiven Zentrum der pflanzlichen Enzyme ist meist dreiwertiges hämgebundenes Eisen), gehören zu den Oxidoreduktasen, die immer zwei Substrate haben, und zwar eines, das reduziert, und eines, das oxidiert wird: Elektronenakzeptor und Elektronendonator. Der Elektronenakzeptor ist im Fall der Polyphenoloxidasen molekularer Sauerstoff und im Fall der Peroxidasen Wasserstoffperoxid oder Sauerstoff. Welcher der beiden Elektronenakzeptoren im Konkreten aktiv ist, hängt vorwiegend vom Redoxpotenzial der elektronenliefernden Phenole (Elektronendonatoren) ab. Phenolische Verbindungen sind immer die Elektronendonatoren in diesen Bräunungsreaktionen und werden dabei selber oxidiert. Freie Metallionen beschleunigen die Bildung der braunen Pigmente. Wichtige phenolische Substrate sind auch **Gallussäure, Kaffeesäure, Ferulasäure** und die **Chlorogensäuren.** Als Zwischenprodukte bei der Bräunung bilden sich chinoide Verbindungen.

Die enzymatische Bräunungsreaktion ist pH-abhängig. Polyphenoloxidasen und Peroxidasen haben ein Optimum bei etwa pH 5. Die Verschiebung des pH-Wertes zu niedrigeren Werten (Zusatz von Säuren) verlangsamt oder hemmt das Auftreten brauner Pigmente. Der Zusatz von schwermetallkomplexierenden Säuren, wie z. B. Zitronensäure, ist zu diesem Zweck besonders wirksam. Auch Sulfit wirkt hemmend auf die Enzyme der enzymatischen Bräunungsreaktion. Die Denaturierung der katalysierenden Enzyme durch Erhitzen des Lebensmittels (Blanchieren) in Wasser oder Wasserdampf wird in großem Umfang zur Verhinderung des Entstehens brauner Pigmente technisch verwendet. Beim Erhitzen in Wasser bleiben bis zu 50 % der phenolischen Verbindungen im Kochwasser.

# 9 Natürlich vorkommende Farbstoffe in Lebensmitteln

Farbstoffe sind anorganische und organische Verbindungen, die Anteile des für das menschliche Auge sichtbaren Teils des Spektrums (400–800 nm) absorbieren können. Die sichtbare Farbe ist dann komplementär zu der absorbierten Wellenlänge des Lichts – das heißt, absorbiert eine Verbindung im blauen Bereich des Spektrums, erscheint sie gelb, absorbiert sie rotes Licht, erscheint sie grün und umgekehrt. In Lebensmitteln können sowohl lebensmitteleigene (natürliche) oder zugesetzte Farbstoffe (synthetische, künstliche, naturident-synthetische, natürliche) vorkommen. In diesem Kapitel sollen nur die lebensmitteleigenen Farbstoffe beschrieben werden, die zugesetzten Farbstoffe werden im Kapitel 16 über Lebensmittelzusatzstoffe behandelt.

Die natürlich in Pflanzen und auch Tieren vorkommenden Farbstoffe können in fünf Verbindungsklassen zusammengefasst werden:

- **Carotinoide**
- **Chinone**
- **Flavonoide und andere Phenole**
- **Betalaine**
- **Metallporphyrine**

Chemisch ist all diesen Verbindungen gemeinsam, dass sie **konjugierte Doppelbindungen** und damit bewegliche π-Elektronen enthalten. Je größer die Anzahl der konjugierten Doppelbindungen im Molekül ist, desto geringer ist die für die Anregung notwendige Energie und desto längerwellig ist daher auch das Maximum der Licht-Absorption. Die konjugierten Doppelbindungen können sowohl in aliphatischen (Carotinoide) als auch in Form von aromatischen Verbindungen (Benzolringe enthaltend, z. B. Flavonoide) vorkommen. Obwohl in der Natur immer mehrere verschiedene Pigmente gleichzeitig vorkommen, die Gesamtfarbe daher immer aus einer Überlagerung mehrerer Pigmente resultiert, ist der für den Farbton maßgebliche Verbindungstyp oft charakteristisch für eine Pflanzenfamilie.

# 9.1    Carotinoide

## 9.1.1  Chemie und Struktur der Carotinoide

Carotinoide sind eine Gruppe von sehr weit verbreiteten Pflanzenfarbstoffen, die auch in allen grünen Pflanzenteilen als Co-Pigmente neben dem Chlorophyll immer vorhanden sind. Sie sind lipophile Verbindungen, löslich nur in organischen Lösungsmitteln und daher praktisch unlöslich in Wasser. Chemisch gehören die Carotinoide zu der großen Naturstoffgruppe der isoprenoiden Verbindungen, das heißt, sie entstehen biosynthetisch durch Verknüpfung von aktivierten Isoprenmolekülen.

Carotinoide bestehen aus acht Isopreneinheiten. Sie haben, da Isopren die Formel $C_5H_8$ hat, vierzig Kohlenstoffatome. Wegen ihres Aufbaus aus acht Isopreneinheiten bezeichnet man sie daher auch als **Tetraterpene**. Carotinoide enthalten meist 9–11 zueinander **konjugierte Doppelbindungen**. Sie sind Polyene; die Wasserstoffatome an den Doppelbindungen haben, im Gegensatz zu den ungesättigten Fettsäuren, meist trans-Konfiguration (Abb. 9.1). Je größer die Anzahl der konjugierten Doppelbindungen ist, desto längerwelliger ist das Absorptionsmaximum, gleichzeitig ändert sich der Farbton von gelb nach rot. Viele Carotinoide haben am Anfang und am Ende der Kette Cyclohexanringe, die als Ionon-Ringe bezeichnet werden. Die Art und Stellung der Sauerstofffunktionen (OH-, Carbonyl- und Carboxylgruppen, Epoxide) sorgen für eine weitere Differenzierung der einzelnen Carotinoide. In Pflanzen können die Hydroxylgruppen der Carotinoide auch mit Fettsäuren verestert sein (Carotenole).

Die Carotinoide mit Sauerstoffgruppen im Molekül werden auch als **Xanthophylle** bezeichnet. Sie sind in grünen Blättern immer enthalten und werden im Herbst nach Abbau des Chlorophylls sichtbar. Wie die mehrfach ungesättigten Fettsäuren sind auch die Carotinoide empfindlich gegenüber Sauerstoff und werden oxidativ, enzymatisch durch Dioxygenasen (z. B. Lipoxygenasen, Carotindioxygenase, etc.) oder nichtenzymatisch leicht abgebaut. Der oxidative Abbau wird durch das Ausbleichen der Carotinoidfarbe sichtbar. Es können auch einheitliche Abbauprodukte gebildet werden, wie z. B. bei der symmetrischen Spaltung von β-Carotin in zwei Moleküle Vitamin-A-Aldehyd (Retinal) durch eine Dioxygenase. Meistens entstehen aber verschiedene Abbauprodukte, die in Lebensmitteln oft als wichtige Komponenten von Aromen Bedeutung haben (z. B. α-, β-Ionone u. a.).

Der Umstand, dass Carotinoide selbst leicht oxidierbar sind, macht sie umgekehrt zu physiologisch wichtigen **Antioxidanzien**. Die mobilen π-Elektronen der vielen konjugierten Doppelbindungen dieser Moleküle ermöglichen auch die Transformation chemischer Energie in Wärmeenergie. Eine solche Eigenschaft ist z. B. für das β-Carotin beschrieben: Energiereicher Singulettsauerstoff wird durch β-Carotin in energiearmen Triplettsauerstoff und Wärme umgewandelt. Es kommt dabei auch bei

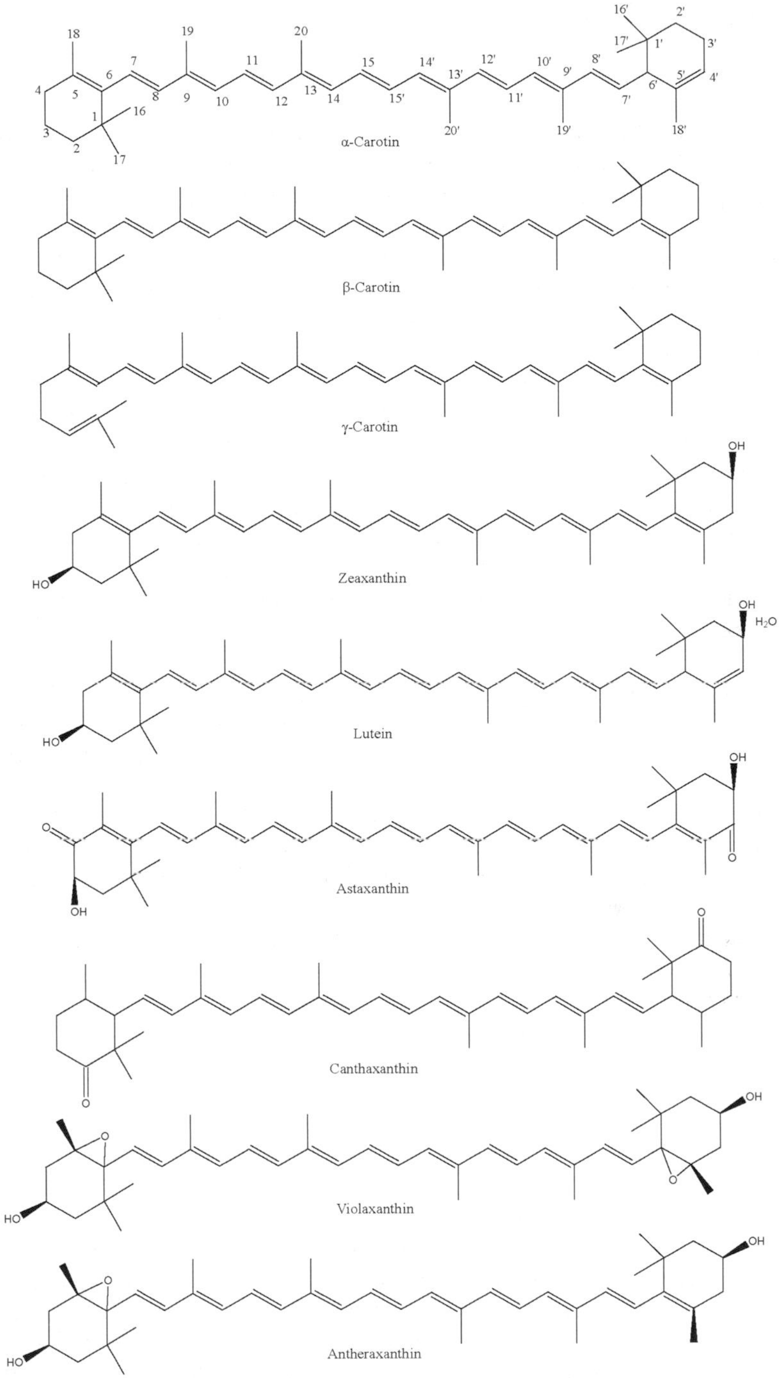

**Abb. 9.1.** Chemische Struktur ausgewählter Carotinoide

mehreren Zusammenstößen der Reaktionspartner zu keiner chemischen Reaktion. Auch Peroxid-Radikale werden abgefangen und können in nichtradikalische Reaktionsprodukte umgewandelt werden. Bilden sich bei der Oxidation Carotinoidperoxide, so entstehen Verbindungen mit prooxidativer Wirkung.

### 9.1.2   Carotinoide mit geschlossenem β-Ionon-Ring

Aus der Vielzahl der in der Natur vorkommenden Carotinoide fokussiert sich das Interesse vor allem auf das **β-Carotin**, zu dessen bisher erwähnten physiologischen Wirkungen noch seine Rolle bei der Übermittlung der Information zwischen den Zellen (Gap-Junctions) zu nennen wäre. Erst wenn dieser Kontakt zwischen Zellen unterbrochen wird, z. B. neben anderen Faktoren auch durch Mangel an β-Carotin, kann sich die eine oder andere Zelle eigenständig differenzieren und zu einer Tumorzelle werden. Für die Informationsübertragung sind das π-Elektronensystem und die beiden Iononringe des β-Carotins wichtig. Carotinoide mit endständigen Fünferringen sind in dieser Hinsicht viel weniger aktiv und offenkettige überhaupt nicht. β-Carotin und α-Tocopherol wirken als Antioxidanzien synergistisch. 9-cis-β-Carotin (das Isomer ist z. B. in 75 % der Carotinoide im Öl der Alge *Dunaliella bardawil* enthalten) hat als Antioxidans etwa die gleiche Aktivität wie das all-trans-Isomer, hat aber darüber hinaus eine Schutzfunktion für die Lebervorräte an Provitamin A. Die Bioverfügbarkeit von β-Carotin wird durch gleichzeitig anwesende andere Carotinoide beeinflusst (Tab. 9.1).

**Canthaxanthin** ist ein Carotinoid-Pigment des Eierschwamms *(Cantharellus cibarius)*, kommt aber auch im Phytoplankton vor und ist über die Nahrung in Schalentieren, im Lachs und in Flamingofedern enthalten. Canthaxanthin enthält in den beiden Iononringen jeweils eine Ketogruppe. Es wird durch den Darm gut resorbiert und in der Haut, aber auch im gelben Fleck der Netzhaut (Makula), abgelagert. Es wird daher nicht nur als Bräunungsmittel für die Haut, sondern auch als Lebensmittelfarbe verwendet. In der Leber von Mäusen beschleunigt es durch Induktion von Cytochrom P450 den Abbau von polyzyklischen aromatischen Kohlenwasserstoffen. Es induziert Apoptose in humanen Melanom-Zellkulturen und hemmt die Makrophagen-induzierte Oxidation von LDL.

**Astaxanthin** kommt in Algen, Hefen und Protozoen vor und ist vor allem in den Panzern von Schalentieren (Krebsen, Langusten u. a.), gebunden an Proteine, und in Fischen (z. B. Lachs) vorhanden. Auch in den Eiern von Langusten ist Astaxanthin enthalten. Diese Tiere können Astaxanthin biosynthetisch aus Lutein durch eine zweistufige Oxidation (Hydroxylierung, Oxidation der OH-Gruppe zur Ketogruppe) herstellen. Die gesamte Carotinoid-Biosynthese durchzuführen, reichen auch die Möglichkeiten des Stoffwechsels dieser Tiere nicht aus. Astaxanthin wird als Lebensmittelfarbe aus dafür geeigneten Hefestämmen hergestellt, es ist auch im Aufzuchtfutter von Lachsen enthalten.

**Lutein**, im Englischen auch als Xanthophyll bezeichnet, leitet sich chemisch vom α-Carotin durch Einführung von jeweils einer Hydroxylgruppe in die beiden Iononringe ab. Es kommt in grünen Blättern und Früchten vor und ist damit auch in vielen Gemüsen enthalten. Es ist z. B. im Spinat, in der Brennnessel und in Algen in größeren Mengen enthalten. In Früchten (Banane, Marille, Orange, Melone, Kürbis, Ananas u. a.) ist es reichlich vertreten. Bei Vögeln ist Lutein ein Farbstoff des Federkleides und des Fettes, es ist aber auch das wichtigste Pigment des Eidotters. Beim Menschen ist Lutein neben Zeaxanthin ein Bestandteil des gelben Fleckes (Makula) der Netzhaut, es kommt in der Leber und auch im Körperfett des Menschen vor.

**Zeaxanthin** entsteht durch die Einführung von jeweils einer Hydroxylgruppe in die beiden Iononringe des β-Carotins. Wie β-Carotin enthält das Molekül elf konjugierte Doppelbindungen. Die Hydroxylgruppen des Zeaxanthins sind in manchen Pflanzen mit Fettsäuren, meistens Palmitinsäure, verestert. Das bekannteste Vorkommen ist als gelber Farbstoff in Maiskernen. In größeren Konzentrationen ist es in *Physalis*-Arten, Blüten und Früchten, z. B. *Physalis peruviana* (Ananaskirsche), in Samen des Spindelbaums (*Euonymus europaea*) und in Beeren von *Lycium barbarum* (Bocksdorn) enthalten. Als Nebenpigment ist Zeaxanthin in vielen Blüten, z. B. Rosen, Krokus und Veilchen sowie in verschiedenen Früchten, z. B. Orange, Tomate, Marille, Kakipflaume *(Diospyros kaki)*, *Capsicum*-Arten (z. B. Paprika) vorhanden. Es kommt im Fettgewebe und in der Leber des Menschen vor und dürfte eine besondere Bedeutung als Bestandteil der Makula haben. (Bei Ausbleichen des gelben Fleckes der Retina kommt es zum Verlust der Fähigkeit des Farbsehens, bei älteren Menschen relativ häufig.)

**Violaxanthin** ist als Oxidationsprodukt des Zeaxanthins zu betrachten. Die Doppelbindungen in den Iononringen des Zeaxanthins sind zu je einem Epoxid oxidiert. Violaxanthin ist in grünen Blättern, in vielen Blüten und in Früchten enthalten. Es wurde zuerst aus gelben Stiefmütterchen *(Viola tricolor)* isoliert und später als Farbstoff in vielen Blüten gefunden: gelbe Tulpe, Löwenzahn, Ringelblume, Senfblüte, um nur einige zu nennen. Es kommt in Orangen, in der Papaya, im Kürbis u. a. vor. Wegen seiner reaktionsfähigen Epoxidringe ist Violaxanthin in höherer Konzentration toxisch. Es wirkt reizend auf Haut und Schleimhäute, bei Versuchstieren wirkt es toxisch auf die Leber, und es hat eine narkotisierende Wirkung auf das Zentralnervensystem.

**Antheraxanthin** ist ein Oxidationsprodukt des Zeaxanthins, bei dem nur einer der Iononringe eine Epoxidgruppe aufweist, der andere hat noch die Doppelbindung des Zeaxanthins. Antheraxanthin kommt in der Orange vor und ist, daher der Name, in Staubgefäßen von Pflanzen (z. B. *Lilium tigrinum*) enthalten.

Auch **Luteoxanthin** und **Auroxanthin**, die Hauptcarotinoide der Orange, sind als weitere Oxidationsprodukte des Zeaxanthins zu betrachten. Beim Luteoxanthin ist anstelle der Doppelbindung in einem Iononring des Zeaxanthins eine Epoxygruppe vorhanden, im anderen Iononring ist Sauerstoff über eine Etherbrücke, die einen fünfgliedrigen Ring (furanoider Ring) ergibt, wieder mit der Isoprenkette verbunden. Auroxanthin enthält zwei furanoide Ringe und keine Epoxid-Funktion mehr (Abb. 9.2). Das Carotinoid ist Hauptbestandteil der Schale der Orange und kommt auch in der Blüte des gelben Stiefmütterchen *(Viola tricolor)* als charakteristisches Pigment vor.

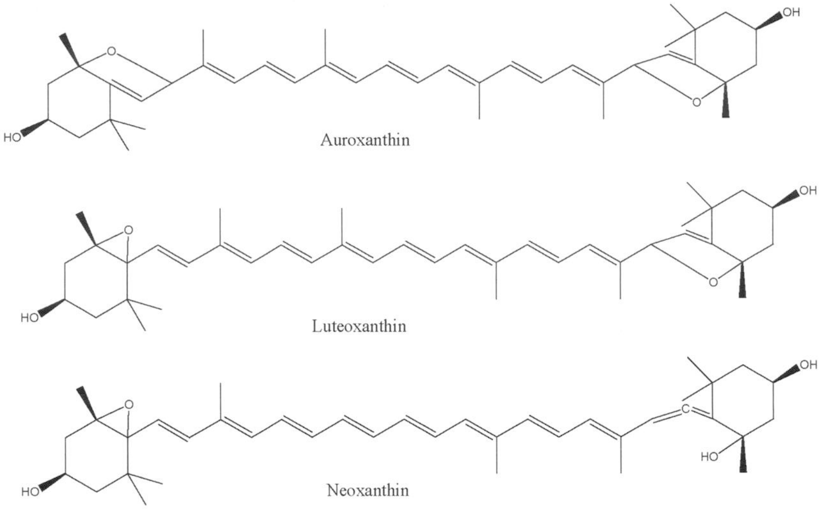

**Abb. 9.2.** Chemische Struktur von Auro-, Luteo- und Neoxanthin

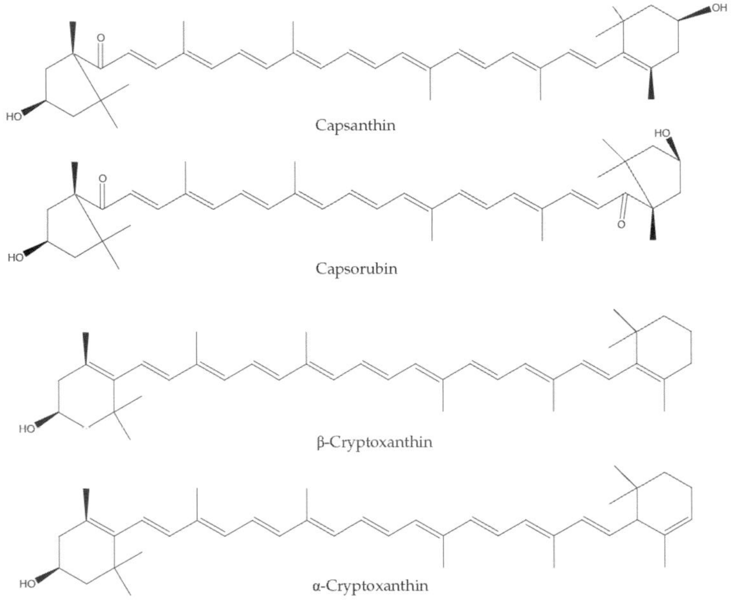

**Abb. 9.3.** Chemische Struktur von Capsanthin, Capsorubin, α- und β-Cryptoxanthin

**Capsanthin** ist das wichtigste Pigment der roten Frucht des Paprikas *(Capsicum annuum)*. Es ist ein bizyklisches Carotinoid, das endständig einen hydroxylierten Iononring, wie beim Zeaxanthin, und einen ebenfalls hydroxylierten Fünfring enthält. Das sechste C-Atom des Iononrings ist als Ketogruppe in die isoprenoide Hauptkette integriert (Abb. 9.3). Die Biosynthese des Capsanthins kann man sich durch Umlagerung und Oxidation aus Zeaxanthin vorstellen. Dem Capsanthin und seinen Estern werden gute antioxidative Eigenschaften zugeschrieben.

Beim **Cryptoxanthin** unterscheidet man α- und β-Cryptoxanthin, je nachdem, ob es sich von α- oder β-Carotin durch Einführung einer Hydroxylgruppe in einen Iononring ableiten lässt. Der Unterschied zu Zeaxanthin und Lutein besteht darin, dass nur eine Hydroxylgruppe im Carotinoidmolekül vorhanden ist (Abb. 9.3). β-Cryptoxanthin ist ein Provitamin A, allerdings kann nur ein Molekül Vitamin A pro Molekül β-Cryptoxanthin gebildet werden. Zusammen mit Zink soll es präventiv gegen rheumatoide Arthritis wirken. Beide Cryptoxanthine kommen im Orangensaft vor, der wahrscheinlich die größte Vielfalt von allen Lebensmitteln an Carotinoiden enthält (α-, β-Carotin, Lutein, α-, β-Cryptoxanthin, Violaxanthin und viele andere). Cryptoxanthine kommen auch in der Papaya und im Kürbis, in der Butter und im Eidotter vor. Sie sind als gelbes Pigment in der Blüte der Sonnenblume *(Helianthus annuus)* enthalten. α- und β-Cryptoxanthin sind in Form von Estern neben Lutein und Zeaxanthin in der menschlichen Haut enthalten.

## 9.1.3  Carotinoide mit offenem β-Ionon-Ring

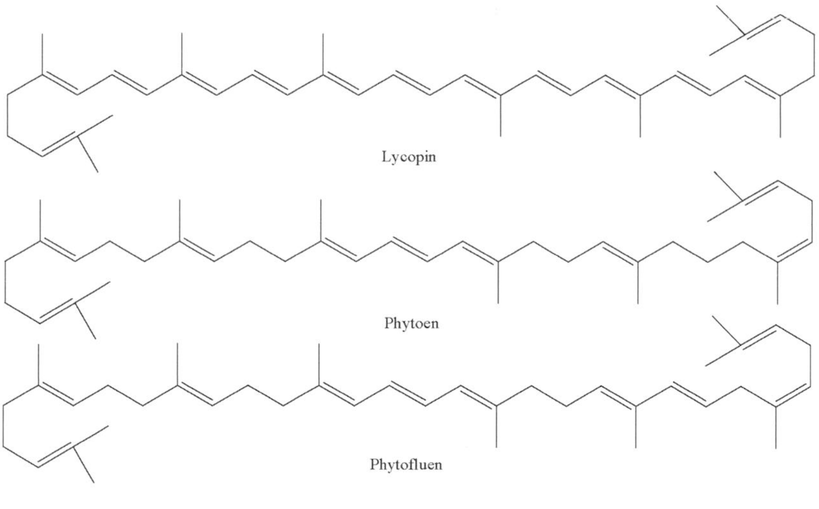

Lycopin

Phytoen

Phytofluen

**Abb. 9.4.**     Chemische Struktur von Lycopin, Phytoen und Phytofluen

Offenkettige Carotinoide ($C_{40}$-isoprenoide Kohlenwasserstoffe) können als biosynthetische Vorstufen der bizyklischen Carotinoide angesehen werden. Ausgehend vom $C_{40}$-isoprenoiden Kohlenwasserstoff Phytoen wird durch Dehydrierung (Desaturation) **Lycopin** gebildet (Abb. 9.4). Lycopin kann wieder als biosynthetischer Vorläufer für die mono- und bizyklischen Carotinoide gelten. Namensgebend für Lycopin ist die Tomate *(Lycopersicum esculentum)*, die zugleich auch das wichtigste Vorkommen dieses Pigmentes darstellt. Lycopin hat, ähnlich wie viele andere Carotinoide, 11 konjugierte und 2 nichtkonjugierte Doppelbindungen. Es absorbiert im grünen Bereich des Spektrums (505 nm) und erscheint daher rot.

**Tabelle 9.1.**    Carotinoide in pflanzlichen Lebensmitteln [µg/100 g]

| | β-Carotin | α-Carotin | β-Cryptoxanthin | Lycopin | Zeaxanthin/ Lutein |
|---|---|---|---|---|---|
| Ananas | 34 | | | | |
| Apfel | 27 | | 11 | | 29 |
| Artischocke | 106 | | | | 464 |
| Avocado | 62 | 24 | 28 | | 271 |
| Banane | 26 | 25 | | | 22 |
| Birne | 13 | | 2 | | 45 |
| Brokkoli | 361 | 25 | | | 310 |
| Cashew-Nuss | | | | | 22 |
| Dattel med. | 89 | | | | 23 |
| Dattel deglet | 6 | | | | 75 |
| Erbse | 449 | 21 | | | 247 |
| Feige | 85 | | | | 9 |
| Garten-Bohne | 379 | 69 | | | 640 |
| Garten-Kürbis | 3100 | 515 | 2145 | | 1500 |
| Gerste | 13 | | | | 160 |
| Granatapfel | 40 | 50 | | | |
| Grapefruit weiß | 14 | 8 | 3 | | 10 |
| Grapefruit rot | 686 | 3 | 6 | 1419 | 5 |
| Grünkohl = Kale | 9226 | | | | 39.550 |
| Guave | 374 | | | 5204 | |
| Gurke ungeschält | 45 | 11 | 26 | | 23 |
| Gurke geschält | 31 | 8 | 18 | | 16 |
| Haselnuss | 11 | 3 | | | 92 |
| Karfiol | 8 | | | | 33 |
| Karotte | 8285 | 3477 | 125 | 1 | 256 |
| Kartoffel gelb | | | | | 5 |
| Kartoffel rot | 4 | | | | 21 |
| Knoblauch | | | | | 26 |
| Kohlsprossen | 450 | 6 | | | 1390 |
| Kichererbse | 40 | | | | |
| Limabohne | 182 | | | | |
| Mandel | 3 | | | | 1 |
| Mango | 445 | 17 | 11 | | |
| Mangold | 3647 | 45 | | | 11.000 |

**Tabelle 9.1**    (Fortsetzung)

| | β-Carotin | α-Carotin | β-Cryptoxanthin | Lyco-pin | Zea-xanthin/Lutein |
|---|---|---|---|---|---|
| Marille | 1094 | 19 | 104 | | 89 |
| Melanzani | 16 | | | | |
| Mungbohne | 68 | | | | |
| Mais gelb | 97 | 63 | | | 1355 |
| Mandarine | 155 | 101 | 407 | | 138 |
| Orange | 71 | 11 | 116 | | 129 |
| Papaya | 276 | | 761 | | 75 |
| Paprika rot | 1624 | 20 | 490 | 308 | 51 |
| Paprika gelb | 120 | | | | |
| Paprika grün | 208 | 21 | 7 | | 341 |
| Pfirsich | 162 | | 67 | | 91 |
| Pflaume | 190 | | 35 | | 73 |
| Pekannuss | 29 | | | | 19 |
| Pferdebohne | 196 | | 9 | | |
| Pistazie | 332 | | | | 1 |
| Porree | 1000 | | | | 1900 |
| Radicchio | 16 | | | | 8832 |
| Roggen | 7 | | | | 160 |
| Rotkraut | 90 | 25 | | | 310 |
| Rübe rot | 20 | | | | |
| Rhabarber | 61 | | | | 170 |
| Spargel | 449 | 9 | | | 710 |
| Spinat | 5626 | | | | 12.198 |
| Sellerie | 270 | | | | 283 |
| Tomate rot | 449 | 101 | | 2573 | 123 |
| Tomate grün | 346 | 78 | | | |
| Walnuss | 12 | | | | 9 |
| Wassermelone | 303 | | 78 | 4532 | 8 |
| Weintraube | 59 | 1 | | | 72 |
| Weizen hart | 5 | | | | 220 |
| Wirsingkohl | 600 | | | | 77 |
| Zitrone | 3 | 8 | 20 | | 11 |
| Zwiebel | 1 | | | | 5 |

Neben dem Vorkommen des Lycopins in der Tomate (0,02 g/kg) ist es auch aus der Marille, aus dem roten Palmöl, aus der Kakifrucht, aus *Solanum dulcamara*, aus den Früchten des Maiglöckchens, den Früchten der *Passiflora coerulea*, der Preiselbeere, der Eibe u. a. isoliert worden. Lycopin kommt auch im menschlichen Blut vor (etwa 0,5 µmol/Liter) und in unterschiedlichen Konzentrationen im Gewebe (z. B. 1 nmol/g im Bindegewebe). Ein Lycopin-Radikal wird durch α-Tocopherol reduziert, nicht aber durch β-, γ- oder δ-Tocopherol. Im ersteren Fall bildet sich α-Tocopherylradikal, im letzteren entstehen Gleichgewichte verschiedener Radikalspezies. Lycopin ist auch ein wirksamer Unterdrücker von Singulett-Sauerstoff. Ähnlich, wie beim β-Carotin beschrieben, hat auch Lyco-pin Bedeutung für die Kommunikation und Wachstumskontrolle der Zel-len. Lycopin hat daher eine anticancerogene Wirkung. Sein hemmender Effekt bei der Ausbildung von Cervix-Karzinomen bei Frauen und von Lungenkrebs bei Mäusen ist beschrieben. Lycopin wird aus Tomatensau-ce besser resorbiert als aus frischen Tomaten. Allerdings sind in prozes-sierten Tomaten auch immer Oxidationsprodukte des Lycopins enthalten, die noch im Blutserum nachweisbar sind.

### 9.1.4  Oxidativ abgebaute Carotinoide

Durch oxidativen Abbau der Carotinoide entstehen zum Teil wieder sta-bile Produkte, die in manchen Pflanzen als Farbstoffe angereichert wer-den. Dadurch sind Carotinoid-Abbauprodukte auch in den verschiedens-ten Lebensmitteln enthalten. Zum Teil werden sie auch zum Färben von Lebensmitteln verwendet.

Zu erwähnen sind $C_{30}$-Abbauprodukte, so genannte **Apocarotinoide**, wie **β-apo-8'-Carotenal** und **β-Citaurin**, beides Farbstoffe in der Orangen-schale *(Citrus aurantium)*. Beide Verbindungen enthalten endständige Al-dehydgruppen (Abb. 9.5). Über physiologische Aktivitäten dieser Pig-mente ist wenig bekannt. Theoretisch könnte β-apo-8'-Carotenal als Provitamin A fungieren.

**Crocin** ist eine isoprenoide Dicarbonsäure, bestehend aus vier Isopren-einheiten mit zwei endständigen Carboxylgruppen (Abb. 9.5). Verestert mit je einem Molekül Gentiobiose (β-(1–6)-Glucosidoglucose), kommt die Verbindung im Safran *(Crocus sativus)* und anderen Krokusarten vor. Durch die Veresterung mit Gentiobiose wird die Verbindung wasserlösli-cher. Crocin kann zum Färben von Getränken, aber auch von Backwaren, verwendet werden. Durch Abspaltung der Gentiobiosereste kommt man zum Crocetin, dem Aglykon des Crocins.

**Bixin** ist eine $C_{25}$-isoprenoide Dicarbonsäure, deren eine Carboxylgruppe mit Methanol verestert ist (Abb. 9.5). Bixin wird aus den Samen des Ruku oder Orleanstrauches *(Bixa orellana)* gewonnen und kommt in Mittel- und Südamerika vor. Bixin ist ein roter Farbstoff, der als Lebensmittelfarbe (z. B. Margarine), aber auch zum Färben von Textilien (Orleanrot) ver-wendet wird.

Werden die Carotinoide weiter abgebaut, so sinkt die Wellenlänge des Absorptionsmaximums zu kürzeren Wellenlängen, sodass die Abbaupro-dukte dem menschlichen Auge nicht mehr farbig erscheinen. Verschiede-ne dieser Abbauprodukte haben aber in Lebensmitteln und in der Parfü-merie Bedeutung als Aroma- und Geschmacksstoffe, z. B. α- und β-Ionon für Veilchenaroma oder die strukturell sehr ähnlichen Damascenone im Rosenöl. Diese geruchsaktiven Abbauprodukte der Carotinoide werden bei den Aromastoffen weiter besprochen.

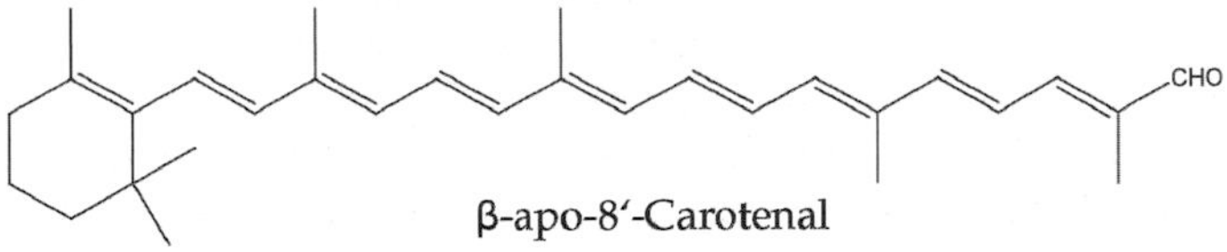

β-apo-8′-Carotenal

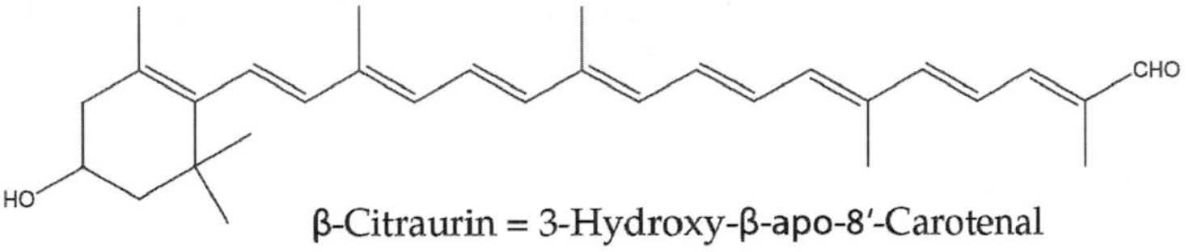

β-Citraurin = 3-Hydroxy-β-apo-8′-Carotenal

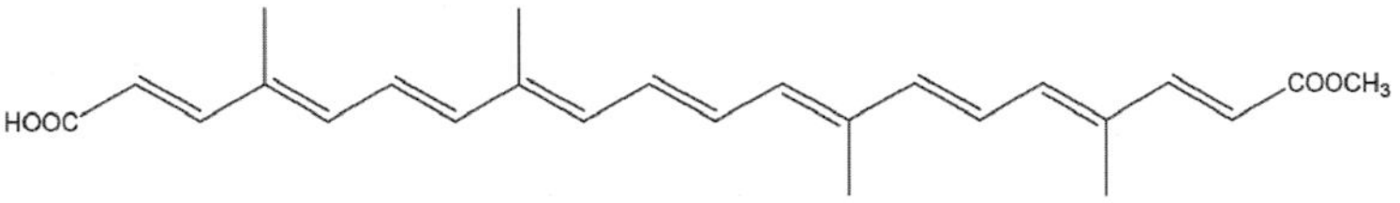

Bixin = 6,6′-Di-apo-carotindicarbonsäure-monomethylester

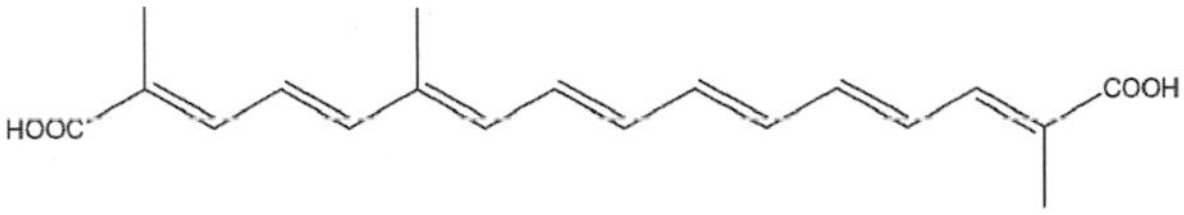

Crocetin

**Abb. 9.5.** Chemische Struktur ausgewählter Apocarotinoide

# 9.2 Chinone

## 9.2.1 Chemie und Struktur der Chinone

Chinone sind von aromatischen Kohlenwasserstoffen durch Oxidation abgeleitete Verbindungen, die mobile π-Elektronen enthalten (Abb. 9.6).

Sie entstehen chemisch vor allem durch Oxidation von ortho- und para-Dihydroxyaromaten. Während die Dihydroxyverbindungen (Hydrochinone) farblos sind, sind ihre Oxidationsprodukte, die Chinone, gefärbt, absorbieren also Licht im sichtbaren Bereich des Spektrums. Die Farben der Chinone reichen von gelb bis rot. Die Oxidation des Hydrochinons zum Chinon ist bei geeigneten Reaktionsbedingungen reversibel, zwei Wasserstoff-Ionen und zwei Elektronen werden dabei abgegeben oder aufgenommen. Die Ein-Elektronen-Oxidation oder Reduktion, wie sie unter physiologischen Bedingungen sehr häufig vorkommt, führt zu radikalischen, kurzlebigen Intermediaten, die als Semichinone bezeichnet werden. Semichinone sind wegen der Mobilität des ungepaarten Elektrons blau oder grün gefärbt, haben also langwellige Absorptionsmaxima.

Die Menge an Energie, die mit jedem Elektronentransfer übertragen wird, ist durch das Redoxpotenzial definiert, das meist in Millivolt angegeben wird. Es ist auch vom pH-Wert des Milieus abhängig, da ja ein Co-Transfer von Elektronen und Wasserstoffionen stattfindet. Entsprechend der „Nernst-Gleichung" ist auch eine Temperaturabhängigkeit gegeben. Chinone sind neben ihrer Rolle als Farbstoffe auch Vehikel, um Elektronen zu transferieren.

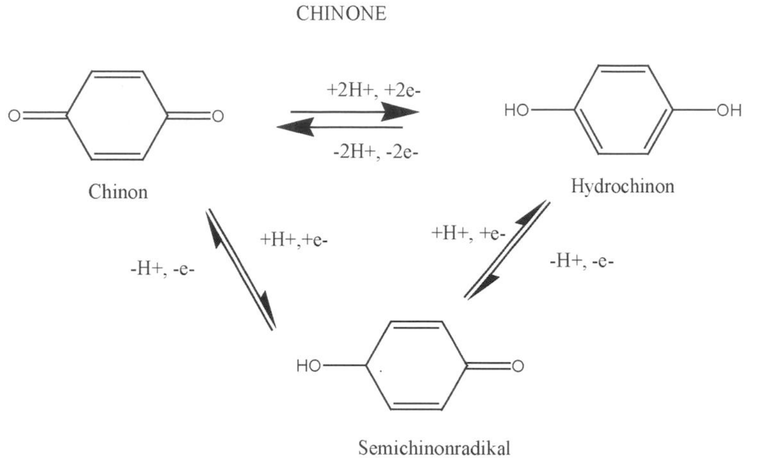

CHINONE

**Abb. 9.6.**      Chemische Reaktionen von Chinonen zu Semi- und Hydrochinonen

## 9.2.2  Biologische Funktion der Chinone

Diese Funktion wird sowohl im tierischen als auch im pflanzlichen und mikrobiellen Stoffwechsel von den Organismen benützt. In allen „Electron Transfer Chains" (Atmungsketten) sind Chinone als Komponenten enthalten: z. B. **Ubichinon** (Abb. 9.7) in tierischen Organismen und in verschiedenen Mikroorganismen; das strukturell ähnliche Plastochinon ist für die pflanzliche Fotosynthese unerlässlich.

Chinone als Farbpigmente kommen in Pflanzen, Mikroorganismen und in niederen Tieren vor. Manche dieser Chinone haben physiologische Wirkungen, die antibiotisch, cytostatisch, abführend oder in Lebensmitteln auch die Wirkung von Mykotoxinen (z. B. *Alternaria*-Toxine) haben. Die physiologischen Wirkungen entstehen durch Wechselwirkungen mit den Redoxsystemen des Organismus.

Ein Beispiel für einen Pilzfarbstoff ist die braunviolette Polyporsäure, die unter anderem in Parasolpilzen und im Lärchenschwamm *(Polyporus officinalis)* gefunden wird.

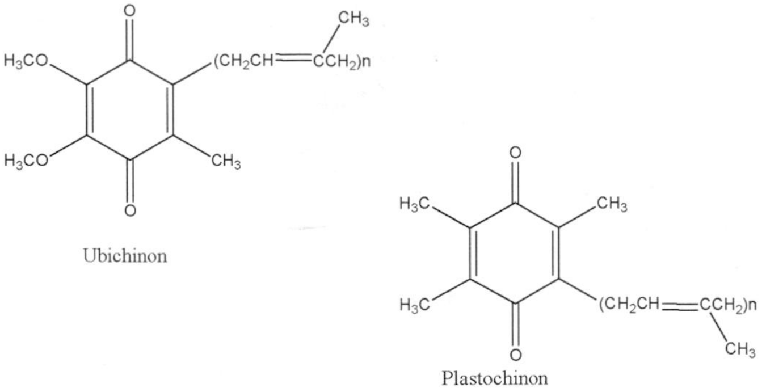

Abb. 9.7. Chemische Struktur von Ubi- und Plastochinon

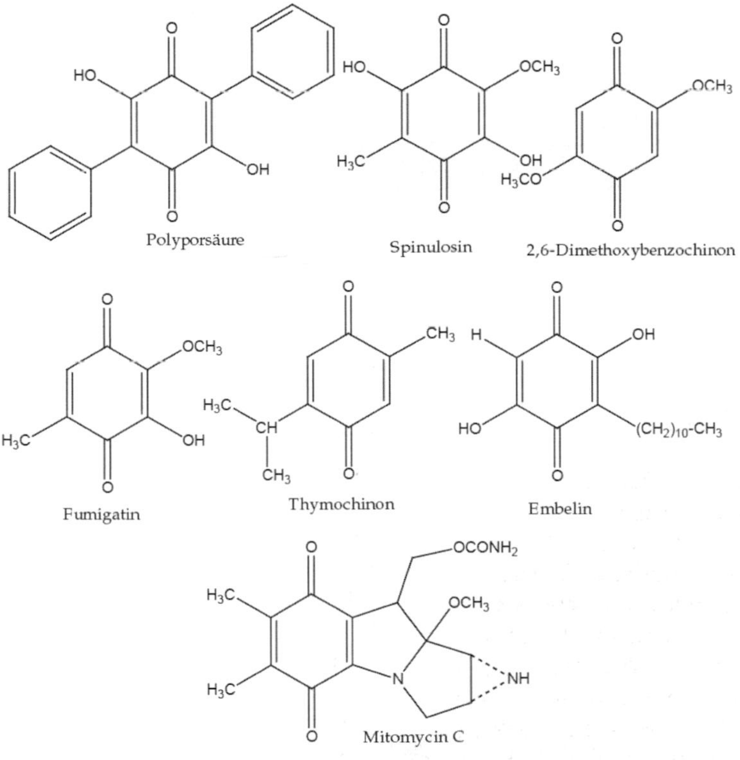

Abb. 9.8. Chemische Struktur ausgewählter Benzochinone

2,6-Dimethoxybenzochinon kommt in der Heilpflanze *Adonis vernalis* (Frühlingsadonisröschen) vor, der eine kardiotone Wirkung zugeschrieben wird. Fumigatin ist in *Aspergillus fumigatus* enthalten, gemeinsam mit Spinulosin, das auch in *Penicillium spinulosum* gefunden wird. Thymochinon wird in den etherischen Ölen verschiedener Pflanzen gefunden, es entsteht durch Oxidation von Thymol. Embelin aus *Lysimachia punctata (Primulaceae)* ist als „XIAP" (X-linked Inhibitor of Apoptosis Protein) ein Hoffnungsträger in der Tumorbehandlung. Stickstoffhaltige Benzochinone sind die Mitomycine, isoliert aus *Streptomyces*-Arten, besonders *Streptomyces caespitosus*, die in großem Umfang bei der chemotherapeutischen Behandlung von Tumoren Verwendung finden (Abb. 9.8).

**Naphthochinone** sind in vielen Pflanzen und Mikroorganismen nachweisbar. Neben den Vitamin-K-aktiven Verbindungen, die schon bei den Vitaminen besprochen wurden, haben manche Naphthochinone aus Mikroorganismen auch als Antibiotika medizinische Bedeutung.

**Juglon** (5-Hydroxynaphthochinon, Abb. 9.9), ein gelbrotes Pigment, das in allen grünen Teilen des Walnussbaums und anderer *Juglandaceae* enthalten ist, z. B. in der Pekannuss *(Carya illinoensis)*. Der dunkle Farbstoff entsteht durch enzymatische Polymerisation aus den Monomeren. In reifen Nüssen ist Juglon praktisch nicht mehr vorhanden. Eine sedative Wirkung des Juglons in Fischen und Säugetieren wird beschrieben, es soll auch die Blutgerinnung beschleunigen und antimikrobiell wirken.

**Lawson** ist das 2-Hydroxynaphthochinon (Abb. 9.9), ebenfalls ein oranger Farbstoff, der in *Lawsonia inermis* und *alba* (Henna) vorkommt. Henna wird in der dekorativen Kosmetik und auch als Sonnenschutzmittel verwendet.

**Plumbagin** (2-Methyl-5-hydroxy-1,4-naphthochinon, Abb. 9.9) kommt in den Wurzeln von Plumbagoarten vor, z. B. *Plumbago europaea* in Südfrankreich. Es hat das aktive Prinzip von „Chita", einem indischen Volksheilmittel, und hat eine hohe akute Toxizität (15 mg/kg). Aufgrund seiner sauerstoffaktivierenden Eigenschaften kann es je nach Konzentration cancerogen oder tumorpräventiv wirken. Aufgrund seiner cytostatischen Wirkung hat es auch antibiotische Aktivität.

**Lapachol** (2-Hydroxy-3-isopentenyl-1,4-naphthochinon, Abb. 9.9) kommt in den Hölzern verschiedener tropischer *Bignoniaceae* vor, z. B. Lapacho, Taigu, Surinam Greenhart, *Stereospermum suaveolens*, u. a. Lapachol wirkt als Anti-Vitamin K und hat antibiotische und tumorpräventive Wirkung. Seine cytotoxische Aktivität wurde zeitweise in Phase I klinisch getestet. Durch Wasser-Extraktion des zerkleinerten Holzes oder der Rinde wird der so genannte „Lapacho"-Tee gewonnen. *Chimaphila umbellata*, eine in Europa und Nordamerika heimische Pflanze *(Pyrolaceae)* liefert das 2,7-Dimethylnaphthochinon (Chimaphilin), das als Antiseptikum für die Harnblase verwendet werden kann. Chimaphilin kommt auch in *Chimaphila carymbosa* und *Pyrola incarnata (Pyrolaceae)* vor.

**Fusarubin** ist ein von *Fusarium solani* produziertes Naphthochinon. Es hat antibiotische Aktivität. Infolge seiner Struktur (Abb. 9.10) kann es alkylierend auf die DNS wirken.

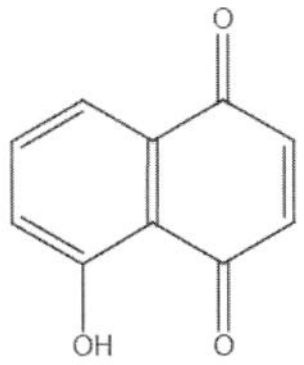

Juglon, 5-Hydroxy-1,4-naphtochinon

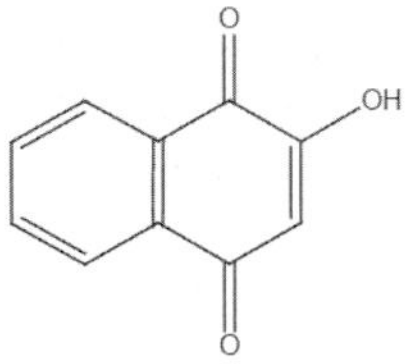

Lawson, Henna, 2-Hydroxy-1,4-naphtochinon

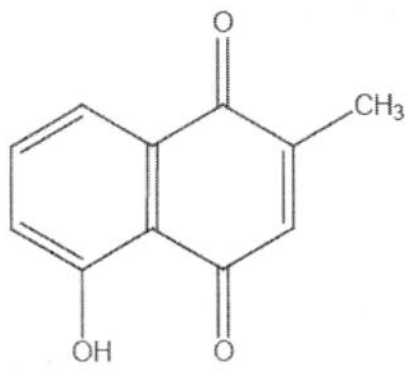

Plumbagin,
2-Methyl-5-hydroxy-1,4-naphtochinon

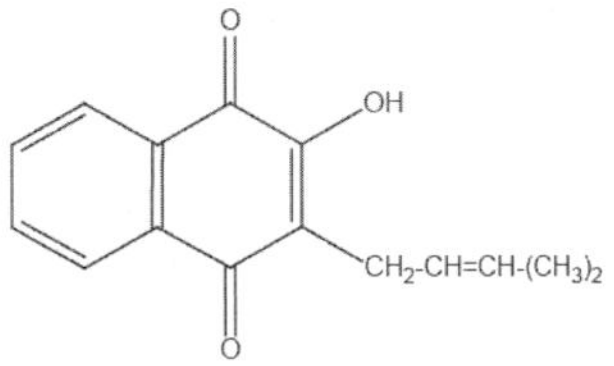

Lapachol,
2-Hydroxy-3-isopentenyl-1,4-naphtochinon

**Abb. 9.9.**      Chemische Struktur ausgewählter Naphthochinone (I)

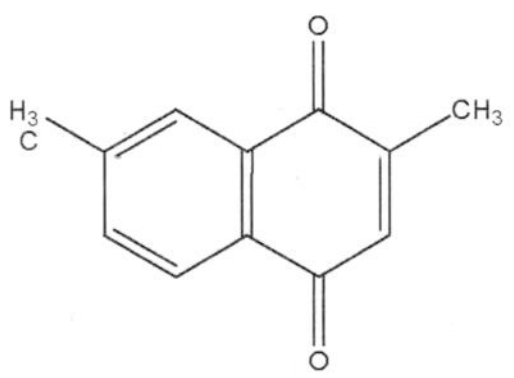

Chimaphilin
2,7-Dimethyl-1,4-naphthochinon

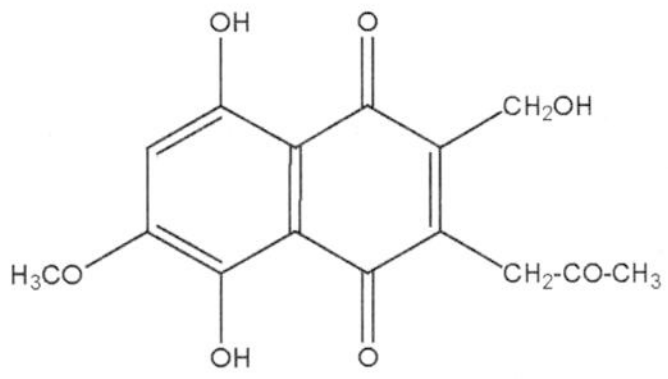

Fusarubin,
5,8-Dihydroxy-2-hydroxymethyl-3-acetonyl-6-methoxy-1,4-naphthochinon

**Abb. 9.10.**      Chemische Struktur ausgewählter Naphthochinone (II)

**Anthrachinone** kommen als Farbstoffe in verschiedenen Pflanzen in Mikroorganismen und auch in niederen Tieren (z. B. Cochenille) vor. Entsprechend dem durch einen Benzolring erweiterten Resonanzsystem ist das Absorptionsmaximum gegenüber den Naphthochinonen nach längerwellig verschoben, sie absorbieren schon im grünen Bereich des Spektrums und sind daher rot. Für Lebensmittel interessant ist das im Rhabarber (*Rheum* sp., *Polygonaceae*) vorkommende **Rhein** (1,8-Dihydroxy-anthrachinon-3-carbonsäure = 4,5-Dihydroxy-anthrachinon-2-carbonsäure, Abb. 9.11). Es kommt auch in *Cassia* sp. und in Sennesblättern vor. Das 1,8-Diacetat des Rheins wirkt entzündungshemmend und wird zur Behandlung von Polyarthritis eingesetzt. Ganz allgemein haben Anthrachinone eine laxierende Wirkung, einige davon haben daher als Abführmittel praktische Verwendung. Beispiele sind **Emodin** (1,3,8-Trihydroxy-6-methyl-anthrachinon, Abb. 9.11) und **Aloe-Emodin** (1,8-Dihydroxy-3-hydroxymethyl-anthrachinon, Abb. 9.11). Emodin kommt als Rhamnosid oder als Apiosid in der Faulbaumrinde *(Cortex frangulae)* vor. Von den monomeren Anthrachinonen Rhein und Emodin leiten sich die dimeren Sennoside ab (dimere Anthronylglykoside). Sie sind gelb gefärbt. **Sennoside** (Abb. 9.12) kommen in Blättern und Früchten von Cassia-Arten und auch in Rhabarberwurzeln zum Teil als Oxalylderivate vor. Sennoside bilden sich großteils erst beim Trocknen der Sennesblätter aus den entsprechenden Dianthronylglykosiden. Sie werden als Abführmittel verwendet. Bei zu häufigem Gebrauch können sich unter Umständen Darmtumore entwickeln.

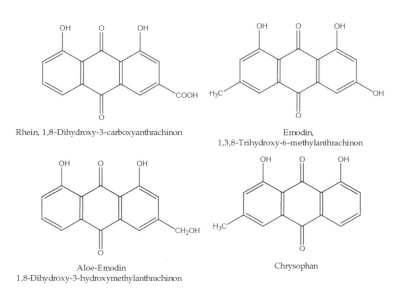

Rhein, 1,8-Dihydroxy-3-carboxyanthrachinon

Emodin,
1,3,8-Trihydroxy-6-methylanthrachinon

Aloe-Emodin
1,8-Dihydroxy-3-hydroxymethylanthrachinon

Chrysophan

**Abb. 9.11.**     Chemische Struktur ausgewählter Anthrachinone (I)

Mikrobielle Anthrachinone wirken meistens stark zelltoxisch. Manche von ihnen werden wegen dieser Aktivität in der Chemotherapie von Tumoren verwendet. Ein Beispiel hierfür ist das aus Streptomyces-Arten gewonnene **Doxorubicin**, das wegen seiner cytostatischen Wirkung in großem Umfang bei der Chemotherapie von Tumoren verwendet wird.

In Lebensmitteln wichtige **tierische Anthrachinonpigmente** sind die
**Carminsäure** und die **Kermessäure** (Abb. 9.12). Beide Farbstoffe stammen
aus getrockneten Schildläusen. Ersterer aus *Coccus cacti*, Letzterer aus
*Coccus ilicis*, und beide Farbstoffe sind Polyhydroxy-methyl-anthrachinon-
carbonsäuren. Neben der Verwendung der Carminsäure, die als Glucosid
besser wasserlöslich ist als die Kermessäure, als Lebensmittelfarbe können
die Farbstoffe als Redox-Indikatoren und als Komplexierer von Aluminiumionen verwendet werden. Durch das Komplexieren von Aluminiumionen und anderen mehrwertigen Kationen entstehen Farblacke. Aus der
Schildlaus *Coccus lacca* wird durch Extraktion mit verdünnter Sodalösung
und anschließender Trocknung der Schellack gewonnen.

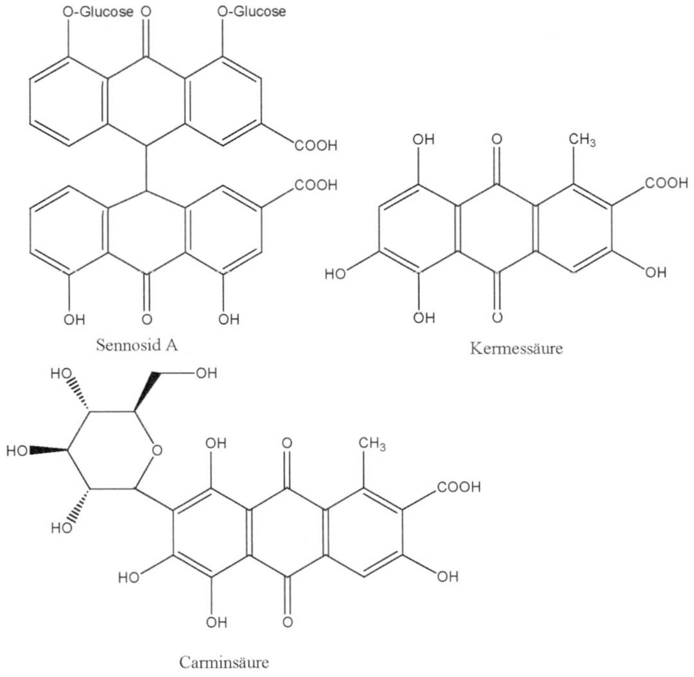

Sennosid A                                Kermessäure

Carminsäure

**Abb. 9.12.**     Chemische Strukturen ausgewählter Anthrachinone (II)

Durch Kondensation der Chinone mit entsprechenden Anthronen
kann man sich den Aufbau von Dinaphthochinonen und Dianthrachino-
nen vorstellen. Solche Verbindungen kommen in der Natur und damit
auch in Lebensmitteln und Heilpflanzen, in Mikroorganismen und Insekten vor. Kondensierte Dinaphthochinone werden auch **Perylenchinone**,
kondensierte Dianthrachinone **Dianthrone** genannt. Diese hoch kondensierten, aromatischen Verbindungen verfügen über viele, energetisch

leicht anregbare π-Elektronen. Diese können durch sichtbares Licht aktiviert, und die aufgenommene Energie kann auf Sauerstoff oder andere chemische Verbindungen übertragen werden. Es entstehen Singulett-Sauerstoff und „freie Radikale". Man bezeichnet derartige Moleküle daher auch als **fotodynamisch** wirksam. Sie wirken antibiotisch und cytostatisch und werden auch bei der Sterilisation von Blutkonserven und bei der Tumorbekämpfung verwendet.

### 9.2.3  Perylenchinone

Beispiele für pilzliche Perylenchinone sind **Cercosporin** (Abb. 9.13) und **Hypocrellin**. Ersteres ist ein Inhaltsstoff von *Cercospora kiguchi*, einem Schadpilz der Sojabohne, Letzteres kommt in einem Schädling des Bambus *(Hypocrella bambusae)* vor.

Auch in *Alternaria* sp. und *Stemphylium* sp., die als Infektionen in Lebensmitteln häufig vorhanden sind, kommen Perylenchinone als Toxine vor. Tierische Perylenchinone sind **Elsinochrome**, die als Schmetterlingsfarbstoffe in der Natur vorkommen, und **Aphine**, z. B. Erythroaphin (enthält ethergebundenen Sauerstoff), die in Spinnen enthalten sind.

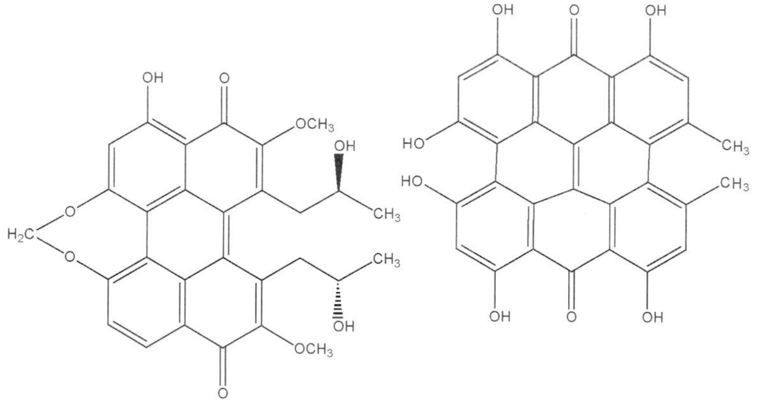

Cercosporin
Perylenchinon

Hypericin
Dianthron

**Abb. 9.13.**    Chemische Struktur von Cercosporin und Hypericin

### 9.2.4  Dianthrone

Dianthrone sind Inhaltsstoffe, die primär in Pflanzen produziert und in der Folge von Tieren aufgenommen werden und von diesen auch als spezielle Pigmente benutzt werden können. Wichtige Beispiele für Dianthrone sind **Hypericin** (Abb. 9.13), **Pseudohypericin** und **Fagopyrin**. Hypericin, ein fotodynamisches Pigment, kommt im Johanniskraut vor. Johanniskraut ist ein altes Heilkraut, dessen Olivenöl-Extrakt vor allem wegen seiner wundheilenden und entzündungshemmenden Wirkung in der Volksmedizin verwendet wird. Durch seine fotodynamischen Eigenschaften wirkt es cytostatisch, antiviral und auch gegen Retroviren und ist daher als Mittel gegen Tumore und Aids vorgeschlagen worden. Hypericin überwindet die Blut-Hirn-Schranke und hemmt die Monoaminoxidase sowie die L-Aminosäureoxidase, beide von der Struktur Flavoenzyme. Da viele biogene Amine eine Neurotransmitterfunktion haben, greift Johanniskraut bzw. Hypericin in deren Stoffwechsel ein und liefert so eine Erklärung für die antidepressive Wirkung von Johanniskraut. Hypericin beschleunigt auch die Lipidperoxidation und baut in Gegenwart von Lipiden und Licht Nucleinsäuren ab. Das hydrophilere Pseudohypericin (eine Hydroxylgruppe mehr im Molekül), ebenfalls ein Inhaltsstoff des Johanniskrauts, hat eine viel geringere fotodynamische Aktivität. Ähnlich wie Hypericin wirkt das strukturell sehr ähnliche Fagopyrin, ein Inhaltsstoff des Buchweizens (*Fagopyrum esculentum*). Fagopyrin, das vor allem in der Blüte des Buchweizens vorkommt, enthält Stickstoff im Molekül (Struktur siehe Buchweizen).

## 9.3    Anthocyane

Anthocyane sind die am intensivsten gefärbten Mitglieder der großen Naturstoffgruppe der Flavonoide. Zum Unterschied zu anderen Flavonoiden enthält bei den Anthocyanen der sauerstoffhaltige C-Ring drei konjugierte Doppelbindungen. Dadurch wird der Sauerstoff im Ring dreiwertig und hat eine positive Ladung.

Biosynthetisch werden die Anthocyane aus den Dihydroflavanonen durch Reduktion der Ketogruppe, katalysiert durch Dihydroflavanonreduktase, gebildet. Es entstehen als Zwischenprodukte die sehr instabilen Leukoanthocyane, die durch nachfolgende Wasserabspaltung in Deoxyanthocyane und durch Oxidation in die Anthocyane übergehen. Ähnlich wie bei Indikator-Farbstoffen ist die Farbe bzw. das Absorptionsmaximum der Anthocyane pH-abhängig. Durch strukturelle Umlagerungen und verändertem Dissoziationsgrad können rote, blaue und gelbe Farbstoffe entstehen.

In der Natur findet man sechs strukturell verschiedene Anthocyane:

* Pelargonidin
* Cyanidin
* Delphinidin
* Malvidin
* Petunidin
* Päonidin.

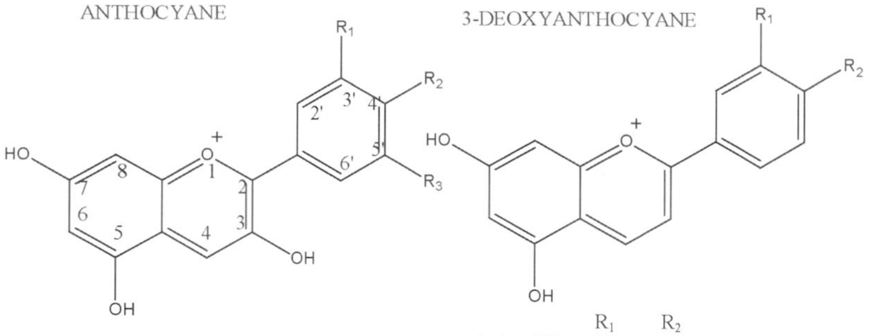


| | $R_1$ | $R_2$ | $R_3$ |
|---|---|---|---|
| Pelargonidin | H | OH | H |
| Cyanidin | OH | OH | H |
| Delphinidin | OH | OH | OH |
| Päonidin | $OCH_3$ | OH | H |
| Petunidin | $OCH_3$ | OH | OH |
| Malvidin | $OCH_3$ | OH | $OCH_3$ |

| | $R_1$ | $R_2$ |
|---|---|---|
| Apigenidin | H | OH |
| Luteolidin | OH | OH |

**Abb. 9.14.** Chemische Struktur ausgewählter Anthocyane und 3-Deoxyanthocyane

Die ersten drei unterscheiden sich durch die Anzahl der Hydroxylgruppen im B-Ring (eins bis drei), die letzteren drei durch die Anzahl der methylierten Hydroxylgruppen (Methoxygruppen) im B-Ring, wobei mindestens eine der OH-Gruppen als solche erhalten bleibt, das heißt, es gibt kein Methyl-Derivat des Pelargonidins, erst beim Cyanidin kann durch die Methylierung einer OH-Gruppe Päonidin gebildet werden. Beim Delphinidin können dann eine oder zwei OH-Gruppen methyliert sein – Petunidin und Malvidin (Abb. 9.14). Das Absorptionsmaximum der Verbindung korreliert mit dem Substitutionsgrad im B-Ring (Pelargonidin 506 nm – Malvidin 535 nm). Anthocyane kommen in der Natur nicht frei vor, sondern sind mit Kohlenhydratresten meist β-O-glykosidisch verbunden. Dadurch ergeben sich weitere Möglichkeiten der strukturellen Variation zwischen den Farbstoffen. Die Kohlenhydratreste können Monosaccharide, sehr häufig aber auch Disaccharide, wie Rutinose, Sambubiose oder Sophorose, sein. Auch zwei Zuckerreste pro Molekül kommen gelegentlich vor, z. B. Malvidin-3-glucosid in Rotwein aus Edelsorten, Malvidin-3,5-diglucosid in Direktträger-Rotweinen. Eine weitere Differenzierung der Farbstoffe erfolgt in einigen Fällen durch die Veresterung des Zuckerrestes mit Hydroxyzimtsäuren, wie Kaffeesäure oder *p*-Cumarsäure. Außerdem kommt in der Praxis immer ein Gemisch verschiedener Anthocyane in einem speziellen Organismus (z. B. Obstsorte) vor, wenn auch eine molekulare Spezies meistens vorherrschend ist. Anthocyane sind thermisch instabil, werden durch schweflige Säure durch Adduktbildung oft entfärbt und sind empfindlich gegenüber Sauerstoff. Dabei werden Oligomere und Polymere mit Anthocyanen oder anderen Flavonoiden gebildet, die oft farbstabiler sind als die Monomere.

Komplexe der Anthocyane mit Schwermetallionen geben intensivere Farbtöne.

## 9.4 Betalaine

Betalaine sind stickstoffhaltige rote **(Betacyane)** oder gelbe Farbstoffe **(Betaxanthine)**, die als Glykoside vor allem in der Pflanzenfamilie der *Centrospermae* vorkommen.

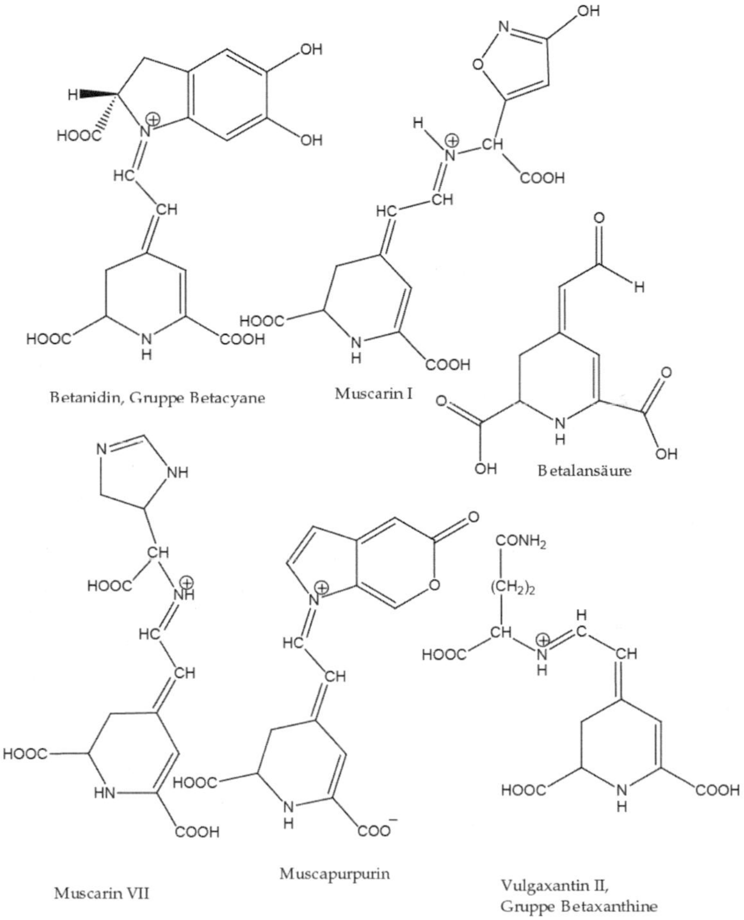

**Abb. 9.15.** Chemische Struktur ausgewählter Betalaine und Betaxanthine

Biosynthetisch werden die Betalaine aus 3',4'-Dihydroxyphenylalanin (DOPA) aufgebaut. Durch enzymatische Ringspaltung (als Zwischenprodukt bildet sich ein Derivat des cis-Muconsäuresemialdehyds) und darauf folgender Cyclisierung bildet sich die Betalaminsäure (ein Piperidin-Derivat), die dann durch Kondensation mit einem zweiten Molekül DOPA in das rote Betacyan oder auch Betanin übergeht. Betaxanthine entstehen durch Kondensation der Betalaminsäure mit Aminosäuren, z. B. Asparaginsäure, zum gelben Vulgaxanthin (Abb. 9.15).

Das bekannteste Betalain ist das **Betanin**, das rote Pigment der roten Rübe *(Beta vulgaris)*. Es enthält β-glykosidisch gebundene Glucose, ist wasserlöslich, relativ stabil in einem pH-Bereich von 3–7 und wird auch als Lebensmittelfarbe verwendet. Betanin hat antioxidative Wirkung und ist zeitweise als wirksames Mittel zur Tumor-Prävention in Betracht gezogen worden. Betalaine kommen auch in Amaranthus-Arten vor und sind als Farbpigmente in vielen Kakteen sowie in Pilzen, z. B. dem Fliegenpilz *(Amanita muscaria)*, enthalten.

## 9.5  Chlorophylle

In grünen Pflanzenorganen kommt das fettlösliche Pigment Chlorophyll vor. Es ist für die Wasserspaltung in Wasserstoff und Sauerstoff während der Fotosynthese der Pflanze wichtig.

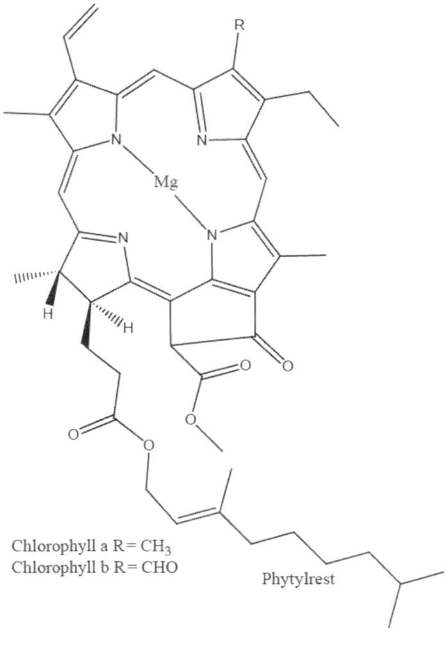

Chlorophyll a R = CH$_3$
Chlorophyll b R = CHO

Phytylrest

**Abb. 9.16.**     Chemische Struktur von Chlorophyll

Chlorophyll kann auch Lichtenergie auf molekularen Sauerstoff übertragen und damit energiereichen Singulett-Sauerstoff produzieren. Diese Eigenschaft wurde früher zum Bleichen von Textilien verwendet (Rasenbleiche).

Die zwei Pigmente Chlorophyll a und b unterscheiden sich durch die Oxidation einer Methylgruppe im Chlorophyll a zu einer Aldehydgruppe im Chlorophyll b. Der der Struktur der Chlorophylle zugrunde liegende Chlorin-Ring enthält eine Doppelbindung weniger als der Porphyrinring. Zentralatom im Chlorophyll ist ein Magnesiumion. Eine der Carboxylgruppen ist mit dem isoprenioden Alkohol-Phytol verestert (Abb. 9.16), das durch in Pflanzen vorkommende Chlorophyllase abgespalten werden kann. Durch die Entfernung des lipophilen Phytolrestes wird Chlorophyll in Wasser etwas löslicher. Phytol (3,7,11,15-Tetramethyl-2-hexendecen-1-ol) wird im Organismus in die Phytansäure (3,7,11,15-Tetramethylhexadecansäure) umgewandelt und kann von manchen Personen, genetisch bedingt, nicht metabolisiert werden **(Refsum-Syndrom)**. Schwere neurologische Störungen sind die Folge. Phytansäure ist auch im Milchfett enthalten. Personen, die an Refsum-Syndrom leiden, können keine größeren Mengen an chlorophyllhaltigen Lebensmitteln und Milchprodukten verzehren. Aus dem Chlorophyll wird der Lebensmittelfarbstoff Chlorophyllin durch Abspaltung des Phytolrestes und Ersatz des Magnesiums durch Kupfer als Zentralatom hergestellt.

# 10 Gewürze – Aromastoffe in Lebensmitteln

## 10.1 Einleitung

Aromastoffe vermitteln neben Geschmacksstoffen sensorische Eindrücke. Zwischen Aroma- und Geschmacksstoffen kommt es zu Wechselwirkungen, daher wird im englischen Sprachgebrauch der Gesamteindruck als **„Flavour"** zusammengefasst. Aromaaktive Stoffe sind in Lebensmitteln als solche enthalten, oder sie werden erst während Lagerungs- oder Zubereitungsprozessen gebildet. Bei den Zubereitungsprozessen kann man zwischen enzymatisch oder thermisch gebildeten Aromastoffen unterscheiden. Sehr ähnlich wie die Geschmacksstoffe treten die Aromastoffe in Wechselwirkung mit geeigneten Rezeptoren der Nase, worauf durch Nervenreizleitung Impulse an das Gehirn übertragen werden, welches diese Impulse in einen entsprechenden Geruchseindruck übersetzt. An der Signalübertragung sind zyklische Nucleotide (vor allem cAMP) zusammen mit den entsprechenden Cyclasen und Phosphodiesterasen beteiligt, die auf eine Veränderung des Calcium- und vielleicht auch des Kaliumspiegels in den betroffenen Zellen hinwirken.

Die Grenzkonzentration der geruchlichen Wahrnehmbarkeit eines Stoffes wird durch seinen **Geruchsschwellenwert** definiert und in Milligramm/Liter angegeben. Der Geruchsschwellenwert einer Substanz ist einerseits durch ihren Siedepunkt bestimmt und damit durch die aktuelle Konzentration von Molekülen in der Gasphase und andererseits durch ihre chemische Struktur. Obwohl Moleküle mit unterschiedlichster Struktur geruchsaktiv sind, so sind doch einige strukturelle Grundvoraussetzungen dafür zu beobachten. Eine wichtige strukturelle Vorbedingung für aromaaktive Stoffe ist die Gegenwart von polaren und unpolaren Gruppen in einem Molekül. Daraus ergibt sich allgemein, dass diese Verbindungen intramolekular beträchtliche Unterschiede in ihrer Dipolmoment-Verteilung aufweisen. Diese Unterschiede erreichen bei besonders aromaaktiven Molekülen ein Optimum – sowohl zu große als auch zu kleine Differenzen in den Polaritäten vermindern ihre physiologische Aktivität. Z. B. sind Verbindungen mit polaren Carboxylgruppen weniger geruchsaktiv als die entsprechenden Alkohole und diese wieder weniger als die entsprechenden Aldehyde. Erst durch Veresterung der Carboxylgruppe (Verringerung der Polarität) steigt die Aroma-Aktivität der Säuren. Z. B. ist Anthranilsäure praktisch geruchlos, Anthranilsäure-Methylester jedoch vermittelt einen sehr starken Geruchseindruck. Moleküle mit dem gegenüber Sauerstoff elektropositiveren Schwefel als Bestandteil sind oft um Zehnerpotenzen stärker riechend als die analogen Sauerstoff-Verbindungen.

Die **Qualität des Geruchs** einer chemischen Verbindung entzieht sich bis zum heutigen Tag einer objektiven Messmethode und kann nur durch die Erlebniswerte von Versuchspersonen beschrieben werden. Gebräuchliche Bezeichnungen für Gerüche sind: stechend, ätherisch, moschusartig, fruchtig, würzig, erdig, faulig, blumig, harzig, animalisch u. a. Die Empfindlichkeit menschlicher Sinnesorgane auf Geruchseindrücke unterliegt, abgesehen von genetisch bedingten Unterschieden, großen physiologisch bedingten Schwankungen. Unter anderem kann sich das Riechorgan an Gerüche adaptieren, sodass der individuelle Geruchsschwellenwert stark ansteigt **(olfaktorische Adaption)**. Zur Wahrnehmung des Geruchs mancher Substanzen fehlen, genetisch bedingt, die dafür notwendigen Rezeptoren in der Nase. Man kennt über 60 Substanzen, die von manchen Menschen nicht durch ihr Geruchsorgan wahrgenommen werden können: z. B. Blausäure, Moschus, Butylmercaptan, Isovaleriansäure (3-Methylbuttersäure). Man bezeichnet die Geruchseindrücke solcher Verbindungen auch als **Primärgerüche**.

Die praktisch vorkommenden Aromen sind meistens komplexe Gemische vieler chemischer Verbindungen, von denen jede einen mehr oder minder großen Beitrag zum gesamten Geruchseindruck liefert.

---

**Aromawert:**
der Beitrag einer Verbindung zum Gesamtaroma
$$A = c/a$$

---

c = Konzentration der Verbindung im Gemisch,
a = Geruchsschwellenwert der Verbindung

Je höher der Aromawert ist, desto größer ist der Beitrag zum Gesamtaroma, wenn von den Wechselwirkungen mit den anderen Aromakomponenten, wodurch die Linearität der Gleichung verloren gehen würde, abgesehen wird. In seltenen Fällen wird ein bestimmtes Aroma nur durch eine chemische Verbindung repräsentiert, wie z. B. Zimt durch Zimtaldehyd, Vanille durch Vanillin, Gewürznelkenaroma durch Eugenol. Man bezeichnet solche Verbindungen auch als **„Impact Character Components"**.

Es ist schwierig, die Mannigfaltigkeit aromaaktiver Verbindungen chemischen Verbindungsklassen zuzuordnen, da unterschiedlichste chemische Strukturtypen in dieser Hinsicht physiologisch wirksam sein können. Unter Vernachlässigung vieler „Ausnahmen" kann man Gruppen von Geruchsstoffen erkennen. Diese lassen sich ableiten von:

• Lipiden,
• Phenolen,

- Aminosäuren,
- meist Stickstoff oder Sauerstoff enthaltenden heterozyklischen Verbindungen,
- Estern und
- schwefelhaltigen Substanzen.

## 10.2 Lipide als Aromastoffe

Die größte Gruppe sind wahrscheinlich die Aromastoffe, die aus dem Lipidstoffwechsel stammen. Diese lassen sich wieder in zwei große Gruppen trennen: solche, die aus dem Isoprenstoffwechsel kommen und auch als Terpene bezeichnet werden, und solche, die durch meist oxidative Prozesse, oft auch enzymatisch katalysiert, aus Fettsäuren gebildet werden oder aus Carotinoiden durch Abbau entstehen.

### 10.2.1 Terpene

Für Aromen sind vor allem die Mono- und Sesquiterpene (zwei bzw. drei Isopreneinheiten) wichtig, da durch deren niedrigeren Siedepunkt noch genügend Moleküle in der Gasphase vorhanden sind, die der Geruchssinn feststellen kann. Die Natur verwirklicht fast alle strukturellen Möglichkeiten, die zehn oder fünfzehn Kohlenstoffatome der Mono- und Sesquiterpene miteinander zu verknüpfen, wodurch die große Vielfalt der in Pflanzen aufgefundenen Verbindungen erklärt ist (Tab. 10.1). Stellungs-, geometrische und optische Isomerien vergrößern die Zahl der natürlich vorkommenden Terpene weiter. Es gibt aliphatische, alizyklische und, wenn auch selten, Terpene mit Benzolring.

**Tabelle 10.1.** Terpene in pflanzlichen Lebensmitteln (mg/kg = ppm)

| | Limonen | α-Pinen | β-Pinen | Geraniol | Linalool | α-Terpineol | Nerol |
|---|---|---|---|---|---|---|---|
| Zitrone Schalenöl | 512.000– 774.000 | 5.000– 14.000 | 40–1.270 | | 7.000– 110.000 | 4.000– 73.000 | |
| Zitronenöl | 3.000– 8.000 | 40–500 | 40–1.270 | | 8–30 | 6–50 | |
| Zitrone Blatt | 17.000– 81.000 E.Öl* | 500–2.000 E.Öl* | | | 17.000– 81.000 E.Öl* | 11.000– 123.000 E.Öl* | 18.000– 76.000 E.Öl* |
| Orange süß Frucht | 8.300– 9.700 | 10–60 | | 50 | 30–530 | 10–50 | |
| Mandarine Frucht | 6.500– 9.400 | 30–393 | 90–210 | 1–4 | 3–610 | 1–110 | 1–5 |
| Orange bitter Blatt | 70–110 | 1 | 70–170 | 200–350 | 1.990– 2.795 | 460–760 | 100–150 |
| Sellerie Wurzel | 117.000 E.Öl* | 179.000 E.Öl* | 5–15.000 E.Öl* | | | 69.000 E.Öl* | |
| Fenchel Frucht | 200–9.420 | 200–8.820 | 1–780 | | 1–2.050 | 1–6 | |

**Tabelle 10.1**　(Fortsetzung)

| | Limonen | α-Pinen | β-Pinen | Geraniol | Linalool | α-Terpineol | Nerol |
|---|---|---|---|---|---|---|---|
| Muskat-nuss | 720–5.760 | 5.200–6.400 | 3.000–64.000 | | | 120–9.600 | |
| Thymian | 15–5.200 | 15–1.600 | 15–420 | 10.660 | 20–17.420 | 36–6.500 | |
| Basilikum Blatt | 2–934 | 2–180 | 3–160 | 1–1.000 | 5–8.370 | 36–239 | 3–300 |
| Karotte Wurzel | 150 | 48 | 4 | 10–8.120 | 32 | 28 | |
| Koriander Frucht | 34–1.238 | 819–13.780 | 69–83 | | 4.060–16.900 | 36–44 | |

\* E.Öl = Gehalt im ätherischen Öl

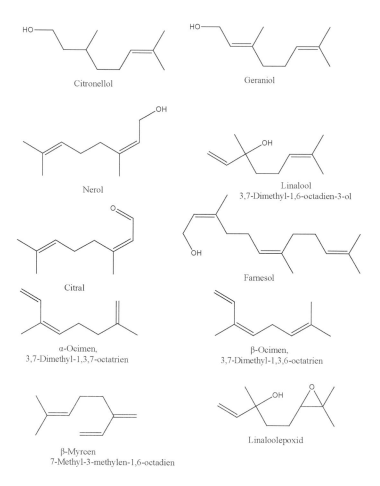

Citronellol

Geraniol

Nerol

Linalool
3,7-Dimethyl-1,6-octadien-3-ol

Citral

Farnesol

α-Ocimen,
3,7-Dimethyl-1,3,7-octatrien

β-Ocimen,
3,7-Dimethyl-1,3,6-octatrien

β-Myrcen
7-Methyl-3-methylen-1,6-octadien

Linaloolepoxid

**Abb. 10.1.**　　Chemische Struktur aliphatischer, offenkettiger Monoterpene

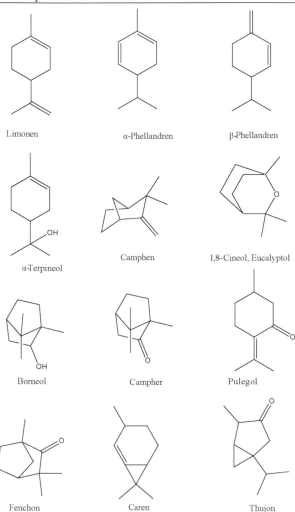

Limonen    α-Phellandren    β-Phellandren

α-Terpineol    Camphen    1,8-Cineol, Eucalyptol

Borneol    Campher    Pulegol

Fenchon    Caren    Thujon

**Abb. 10.2.**    Chemische Struktur alizyklischer Monoterpene (I)

Auch Terpene unterliegen Oxidationsvorgängen, wodurch sich die von ihnen vermittelte Geruchsnote prinzipiell ändert. Derartige Prozesse finden sowohl als Folge von Änderungen im Stoffwechsel der Mutterpflanze als auch bei der Lagerung von Aromen statt, z. B. kann Menthol zu Menthon, Geraniol zu Citral oxidiert werden. Wird Citral zu der entsprechenden Carbonsäure weiter oxidiert, ändert sich nicht nur die Geruchsnote, sondern auch die Intensität des Geruchs nimmt stark ab. Heute werden viele als Aromastoffe wichtige Terpene synthetisch gewonnen. Dabei werden auch neue, nicht in der Natur vorkommende Aromastoffe mit neuen oder intensiveren Duftnoten erhalten. Als Ausgangsstoffe dienen in vielen Fällen aus natürlichen Quellen gewonnene Terpene, die synthetisch modifiziert werden. Beispiele für häufig vorkommende Terpene sind:

- aliphatisch: Citronellol, Geraniol, Nerol, Citral, Linalool, Farnesol (Abb. 10.1),
- alizyklisch: Menthol, Sabinen, α-Pinen, β-Pinen, Carvon, Thujon, *d*-Limonen, *l*-Limonen, α-, β-, γ-Terpinen, Terpineol, α-, β-, γ-Phellan-

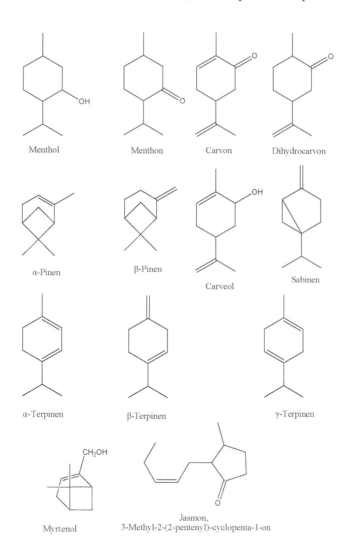

**Abb. 10.3.**     Chemische Struktur alizyklischer Monoterpene (II)

dren, 1,8-Cineol, Borneol, Campher, Camphen, Myrtenol, Pulegol, Bisabolen, Cadinen, Eudesmol, Selinen und viele andere (Abb. 10.2, 10.3, 10.4).

- Terpene mit Benzolring: Thymol und Carvacrol.

Das Vorkommen dieser Terpene wird bei den Inhaltsstoffen der Gewürzpflanzen besprochen.

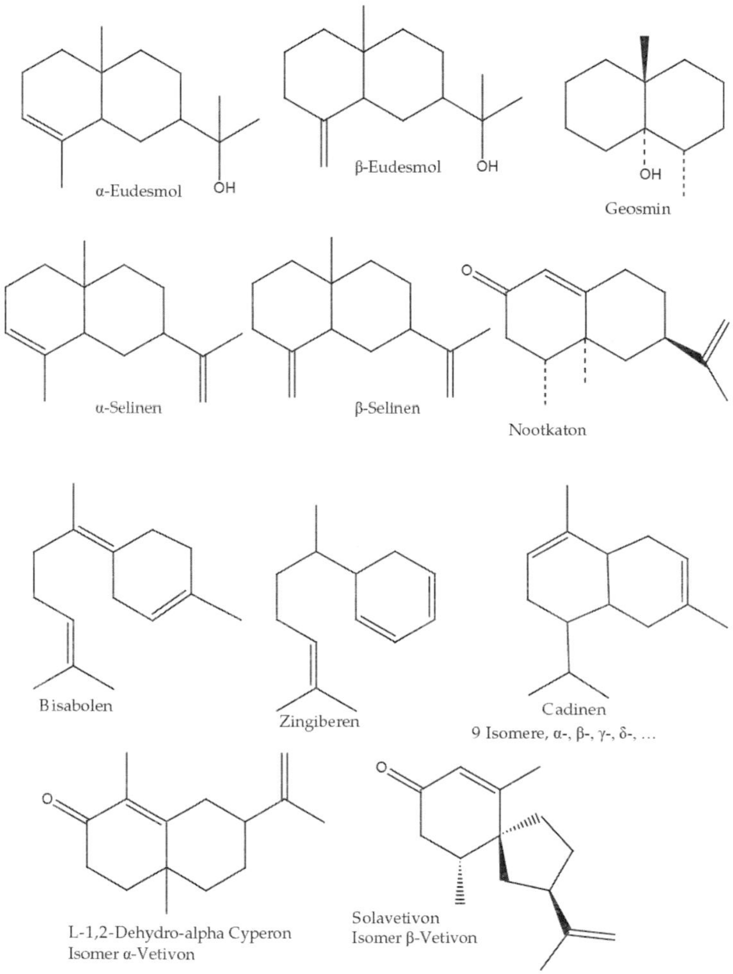

**Abb. 10.4.** Chemische Struktur ausgewählter Sesquiterpene

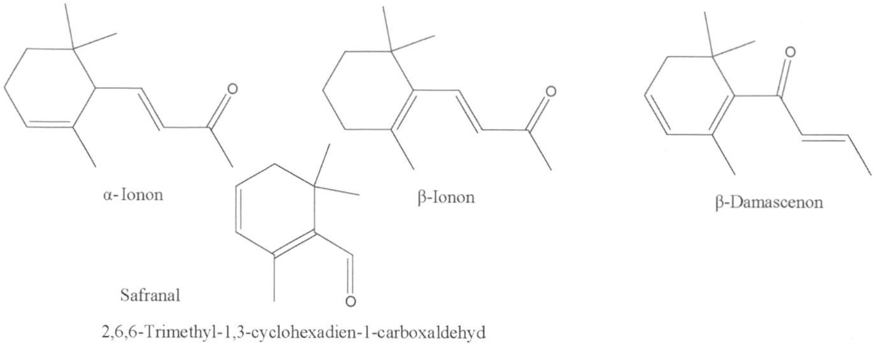

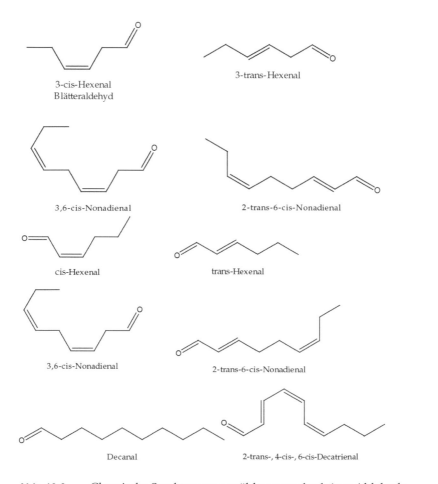

α-Ionon

β-Ionon

β-Damascenon

Safranal

2,6,6-Trimethyl-1,3-cyclohexadien-1-carboxaldehyd

**Abb. 10.5.**     Chemische Struktur von Iononen, Damascenon und Safranal

3-cis-Hexenal
Blätteraldehyd

3-trans-Hexenal

3,6-cis-Nonadienal

2-trans-6-cis-Nonadienal

cis-Hexenal

trans-Hexenal

3,6-cis-Nonadienal

2-trans-6-cis-Nonadienal

Decanal

2-trans-, 4-cis-, 6-cis-Decatrienal

**Abb. 10.6.**     Chemische Struktur ausgewählter geruchsaktiver Aldehyde

Diese Aldehyde sind meist Produkte einer überwiegend enzymatisch katalysierten **Peroxidation mehrfach ungesättigter Fettsäuren**, vor allem der α-Linolensäure, katalysiert durch verschiedene Lipoxygenasen. Unter der Katalyse von Hydroperoxid-Isomerasen entstehen an verschiedenen Positionen peroxidierte Fettsäuren. Der Abbau der gebildeten Peroxide zu den genannten Aldehyden und entsprechenden Alkoholen wird durch Schwermetallionen, wie z. B. $Fe^{2+}$, katalysiert und ist daher überwiegend nichtenzymatisch. In verschiedenen Pflanzen, wie Tabak, Gurken, Tomaten und anderen, wurden Enzyme gefunden, die den Abbau der Hydroperoxide katalysieren. Man bezeichnet sie als Hydroperoxid-Lyasen.

### 10.2.2 Aromen aus oxidativen Abbauprozessen

Bei Reifungsvorgängen und in größerem Umfang in der Folge von technologischen Prozessen, bei denen die Struktur des Pflanzengewebes zerstört wird, tritt vorwiegend ein enzymatisch katalysierter Abbau von Lipiden, wie Carotinoiden und ungesättigten Fettsäuren, ein. Dadurch werden neue aromaaktive Substanzen gebildet. Als wichtige **Abbauprodukte der Carotinoide** entstehen unter anderem **α-, β-Ionon** und **Damascenon** (Abb. 10.5).

Bei der Verletzung von pflanzlichem Gewebe bilden sich geruchsaktive Aldehyde, wie vor allem 3-cis-Hexenal (Blätteraldehyd, Geruch nach geschnittenem Gras), 3-trans-Hexenal, 3,6-all-cis-Nonadienal und 2-trans-6-cis-Nonadienal (Abb. 10.6).

Durch weitere Oxidation sowohl der Doppelbindung als auch der Aldehyde zu Säuren entstehen niedere Carbonsäuren, wie Buttersäure, Valeriansäure etc. Durch Veresterung der Säuren entsteht die für Aromen wichtige Verbindungsgruppe der Ester. Auch Hydroxyfettsäuren können gebildet werden, die dann nach Umwandlung in intramolekulare Ester aromaaktiv werden, z. B. δ-Decalacton (Abb. 10.7).

### 10.2.3 Aromen aus Fermentationsprozessen

Verzweigtkettige aromaaktive Alkohole und Aldehyde werden meist aus den entsprechenden Aminosäuren, wie Valin, Leucin und Isoleucin, durch Desaminierung und Decarboxylierung gebildet.

Außer durch oxidative Reaktionen werden niedere Fettsäuren unter dem katalytischen Einfluss von Lipasen auch durch Abspaltung aus Triglyceriden freigesetzt. Dies geschieht sehr häufig in Gegenwart von Mikroorganismen, z. B. in fermentierten Lebensmitteln. Diese Säuren und auch ihre Ester haben für das Aroma von Lebensmitteln (z. B. Käse) ebenfalls große Bedeutung.

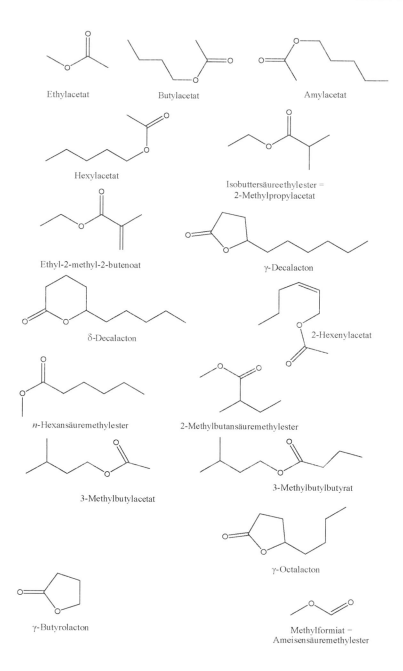

**Abb. 10.7.**    Chemische Struktur ausgewählter geruchsaktiver Ester

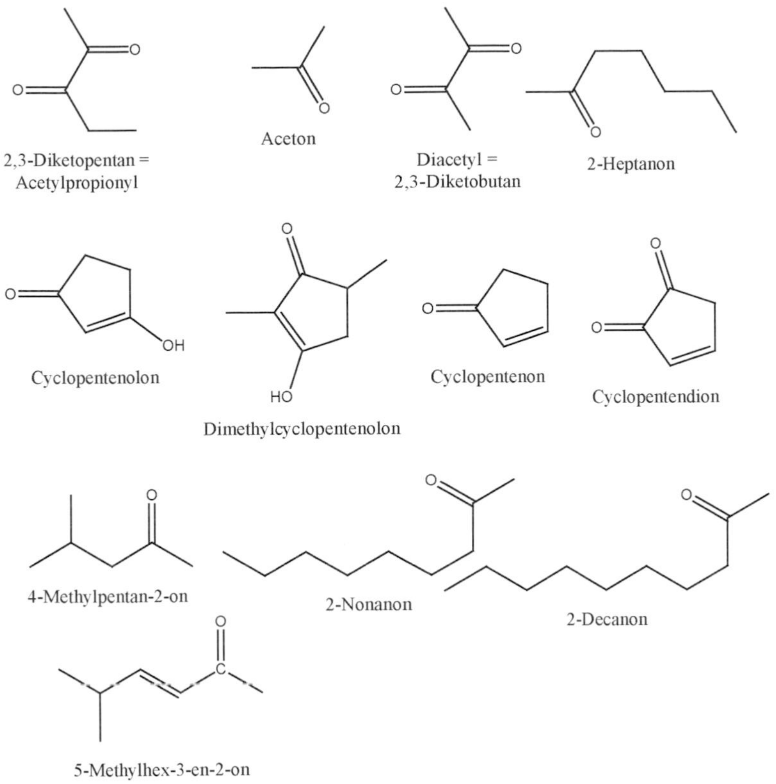

**Abb. 10.8.**     Chemische Struktur ausgewählter aromaaktiver Ketone

Methylketone, wie das Methylpentylketon (2-Heptanon) oder das Methylheptylketon (2-Nonanon) sind vor allem für das Aroma von Käsen (z. B. Gorgonzola, Blauschimmelkäse, produziert durch *Penicillium roqueforti*) wichtig. Diese Ketone entstehen biosynthetisch durch Decarboxylierung der entsprechenden β-Ketosäuren, Zwischenprodukte der β-Oxidation (Abb. 10.8).

## 10.3 Phenolische Aromastoffe

Eine sehr große Anzahl von Aromastoffen sind phenolische Substanzen, wie Vanillin, Eugenol und Salicylaldehyd, und andere Benzolderivate, wie z. B. Zimtaldehyd, Benzaldehyd, Phenethylalkohol u. a. Biosynthetisch entstammen diese Aromastoffe dem Stoffwechsel der Aminosäure Phenylalanin und nicht dem Lipidstoffwechsel. Wie schon erwähnt, wird der Benzolring in Pflanzen mit wenigen Ausnahmen (z. B. Ring A in Fla-

vonoiden, Stilbenen und der aromatisierten Terpene) über den so genannten Shikimisäureweg, ausgehend von Erythrose-4-Phosphat und 2-Phos-
phoenolpyruvat, aufgebaut. Durch Eliminierung der Aminogruppe des
Phenylalanins als Ammoniak entsteht Zimtsäure, die Ausgangssubstanz
für die Biosynthese der vielen aromaaktiven Phenylpropane (Phenyl-C$_3$-
Verbindungen), wie Eugenol oder Anethol, Cumarin und vielen anderen.
Durch oxidative Abspaltung von zwei Kohlenstoffatomen der Seitenkette
entstehen die Phenyl-C$_1$-Verbindungen, zu denen auch wichtige Aromastoffe, wie der Benzaldehyd, der Salicylaldehyd sowie der Methylester
der Salicylsäure und der Anthranilsäure, gehören. Phenolische Aromastoffe können auch durch thermische Zersetzung von Lignin (einem
pflanzlichen phenolischen Polymer = „Holzsubstanz") entstehen, z. B.
beim Räuchern von Lebensmitteln. Die dabei gebildeten phenolischen
Zersetzungsprodukte sind hauptsächlich Methylphenole, auch Kresole
genannt.

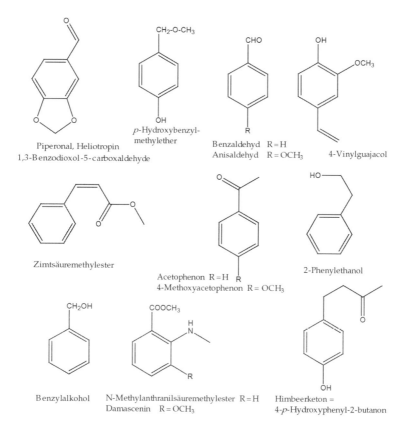

**Abb. 10.9.**    Chemische Struktur ausgewählter phenolischer Aromastoffe (I)

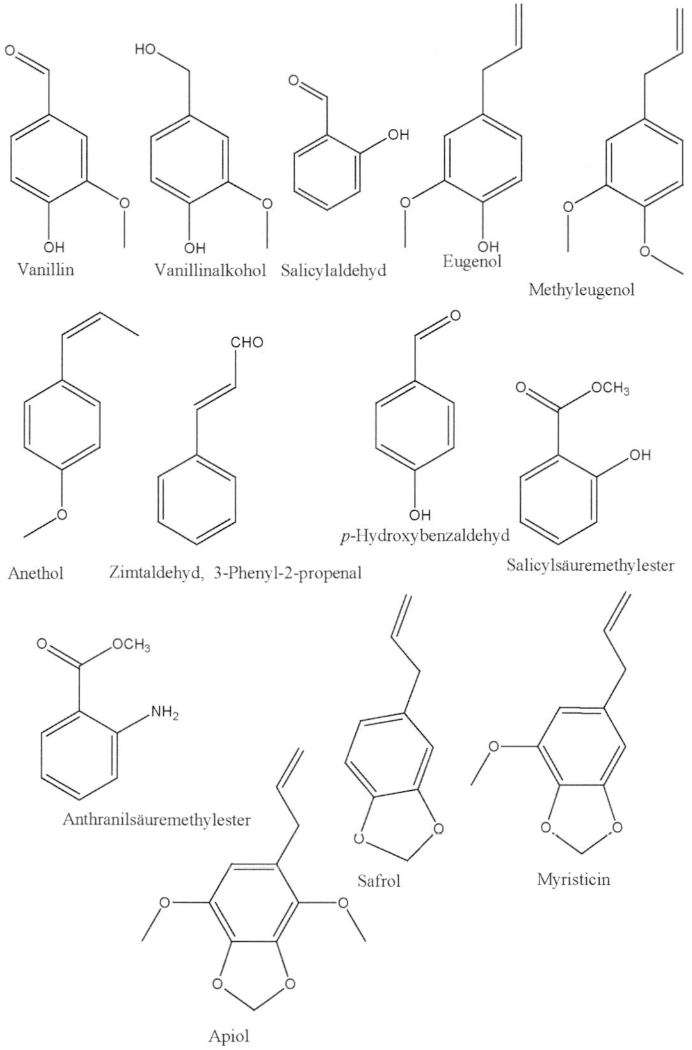

**Abb. 10.10.** Chemische Struktur ausgewählter phenolischer Aromastoffe (II)

Die Vielfalt der in Pflanzen natürlich vorkommenden Phenole beruht auf:

- der Anzahl und Stellung der Hydroxylgruppen im Ring,
- der Art der Veretherung der Hydroxylgruppen (Methylether oder Methylendioxyether),
- der Stellung der Doppelbindung in der $C_3$-Seitenkette (Allyl- oder Propenyl-) und
- der Stellung der Wasserstoffatome an der Doppelbindung (cis- oder trans-).

Phenolische Verbindungen mit „Methylendioxy"-Gruppierung wirken sauerstoffaktivierend und sind oft lebertoxisch und psychoaktiv. Beispiele hierfür sind **Safrol** und **Myristicin**. Die erstere Verbindung kommt in *Sassafras officinale*, die letztere in der Muskatnuss, der Petersilie u. a. vor (Abb. 10.9, 10.10).

## 10.4 Schwefelhaltige Substanzen als Aromastoffe

Schwefelhaltige aromaaktive Substanzen kommen sowohl in pflanzlichen als auch in tierischen Lebensmitteln vor (Abb. 10.11). In Pflanzen sind sie vorwiegend in bestimmten Familien, wie *Brassicaceae = Cruciferae* (Kohlgewächse) und *Allium*-Arten (*Liliaceae*, Zwiebelgewächse), enthalten. Bei den tierischen Lebensmitteln ist das Fleischaroma durch schwefelhaltige Substanzen am stärksten beeinflusst. Sie entstehen beim Abbau schwefelhaltiger Aminosäuren und können schon im lebenden Organismus, meist in der Form von Vorläufersubstanzen (Precursor), enthalten sein, oder sie werden erst bei Reifungs-, Belichtungs- oder Zersetzungsvorgängen im Lebensmittel gebildet. Bei Pflanzen und Mikroorganismen können schwefelhaltige Substanzen durch enzymatische Reduktion von Sulfat oder Sulfit gebildet werden. Da viele schwefelhaltige Substanzen einen relativ hohen Siedepunkt haben, beeinflussen sie neben dem Aroma auch den Geschmack. Wegen der geringeren Elektronegativität des Schwefels im Vergleich zum Sauerstoff haben schwefelhaltige Aromastoffe sehr oft wesentlich geringere Geruchsschwellen-Werte als vergleichbare Sauerstoffverbindungen. Die in Kohlgemüse, Senf und Zwiebelgewächsen vorkommenden Schwefelverbindungen werden bei diesen Gemüsesorten genauer besprochen.

Nicht nur Phenylalanin und die schwefelhaltigen Aminosäuren sind für die Bildung von geruchsaktiven Verbindungen wichtig. Besonders die **verzweigten Aminosäuren**, wie Leucin, Valin und Isoleucin, geben nach Desaminierung und Decarboxylierung für das Aroma wichtige **Aldehyde**. Auch nach Reduktion der Aldehyde zu den entsprechenden Alkoholen und deren Veresterung entsteht eine Vielfalt verschiedenster Geruchsstoffe. Diese sind vor allem für das Aroma von Obst, mit Ausnahme von Zitrusfrüchten, wichtig. Für das Aroma aller übrigen Obstsorten sind aliphatische und intramolekulare Ester **(Lactone)** von großer Bedeutung.

## 10.5 Maillard-Reaktion als Quelle für Aromastoffe: Pyrazine, Furane und andere

Wird die Aminogruppe der Aminosäure oder des Amins nicht eliminiert (Desaminierung), so kann die Aminogruppe mit den Carbonylgruppen von Aldehyden oder Ketonen unter Wasserabspaltung kondensieren. Es bilden sich Iminoverbindungen (Schiffsche Basen), aus denen sich in der Folge **stickstoffhaltige heterozyklische Substanzen**, die oft aromaaktiv sind, bilden können. Z. B. ist das 3-Isopropyl-2-methoxypyrazin vorwiegend für den Geruch roher Kartoffeln verantwortlich. Im Paprika, einer anderen Pflanze aus der Familie der *Solanaceae*, wurde das 3-Isobutyl-2-methoxypyrazin gefunden (Abb. 10.12).

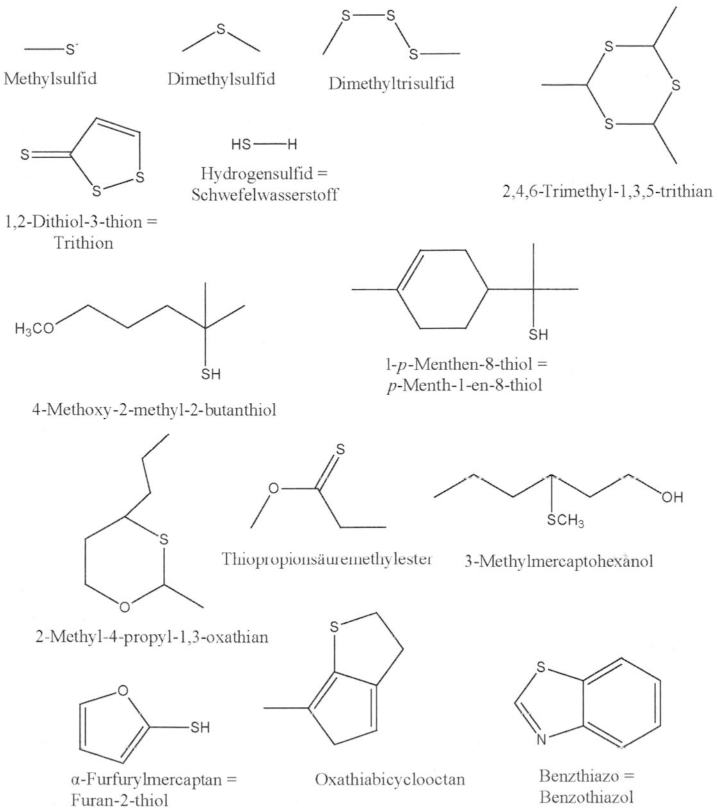

Methylsulfid          Dimethylsulfid       Dimethyltrisulfid

1,2-Dithiol-3-thion =
Trithion

HS——H
Hydrogensulfid =
Schwefelwasserstoff

2,4,6-Trimethyl-1,3,5-trithian

H₃CO

SH
4-Methoxy-2-methyl-2-butanthiol

1-*p*-Menthen-8-thiol =
*p*-Menth-1-en-8-thiol

Thiopropionsäuremethylester

SCH₃
3-Methylmercaptohexanol

2-Methyl-4-propyl-1,3-oxathian

α-Furfurylmercaptan =
Furan-2-thiol

Oxathiabicyclooctan

Benzthiazo =
Benzothiazol

**Abb. 10.11.**    Chemische Struktur ausgewählter schwefelhaltiger Aromastoffe

   In den meisten Fällen ist die Kondensation von Aminen mit Aldehyden oder Ketonen aber mit Erhitzungsprozessen verbunden. Diese Reaktion ist unter der Bezeichnung **„Maillard-Reaktion"** (nichtenzymatische Bräunungsreaktion) in die Lebensmitteltechnologie eingegangen (siehe Kapitel 17). Neben hochmolekularen braunen Pigmenten entstehen bei dieser Reaktion unter anderem auch **„reaktive Aldehyde"**, die mit Aminosäuren und deren Bruchstücken zu aromaaktiven heterozyklischen Substanzen reagieren. Darunter sind auch viele **Pyrazine** unterschiedlichster Substitution. Eine wichtige Verbindung, die in vielen Aromen gefunden wurde, ist das 2-Acetylpyrazin (Fleisch, Popcorn, Brot, Kaffee, u. a.). 2,5-Dimethyl-3-ethylpyrazin ist für den Geruch gebackener Kartoffeln von Bedeutung. Andere Pyrazine, wie 2-Acetyl-3-methylpyrazin (geröstetes Getreide), *n*-Propylpyrazin (Gemüse), Vinylpyrazin (Fleisch, Kaffee) u. a., sind Bestandteile der verschiedensten Aromen. Dutzende verschiedene Pyrazinverbindungen wurden bisher in Lebensmitteln nachgewiesen (Abb. 10.12).

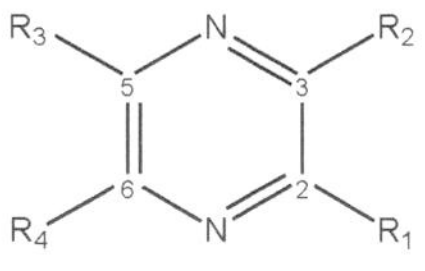

|  | $R_1$ | $R_2$ | $R_3$ | $R_4$ |
|---|---|---|---|---|
| Pyrazin | H | H | H | H |
| 2-Methoxy-3-ethylpyrazin | $OCH_3$ | $C_2H_5$ | H | H |
| 2,5-Dimethylpyrazin | $CH_3$ | H | $CH_3$ | H |
| 2-Methoxy-3-isobutylpyrazin | $OCH_3$ | $C(CH_3)_3$ | H | H |
| 2,3,5-Trimethylpyrazin | $CH_3$ | $CH_3$ | $CH_3$ | H |
| 2-Methyl-6-ethylpyrazin | $CH_3$ | H | H | $C_2H_5$ |
| 2-Methylpyrazin | $CH_3$ | H | H | H |
| 2,6-Dimethylpyrazin | $CH_3$ | H | H | $CH_3$ |
| 2,3-Dimethylpyrazin | $CH_3$ | $CH_3$ | H | H |

**Abb. 10.12.** Chemische Struktur ausgewählter Pyrazine

Bei hohen Temperaturen von über 150 °C entstehen aus dem Kohlenhydratanteil des Lebensmittels durch Wasserabspaltung „reaktive Aldehyde", auch ohne Beteiligung von Aminosäuren oder Katalyse durch Säuren. Dabei bilden sich Geruchs- und Geschmacksstoffe, deren chemische Struktur durch sauerstoffhaltige fünf- oder sechsgliedrige Ringe (Furan- oder Pyranringe) gekennzeichnet ist (Abb. 10.13). Da Kohlenhydrate in Halbacetalform vorliegen und damit schon in der Grundstruktur eine sauerstoffhaltige Ringstruktur aufweisen (Furanoid oder Pyranoid), ist nach Abspaltung von Wasser die Bildung von Heterozyklen mit Sauerstoff im Ring verständlich.

Allerdings kann in Gegenwart geeigneter Schwefel- oder Stickstoffverbindungen, wie z. B. $H_2S$ oder $NH_3$, der Ringsauerstoff durch diese anderen Heteroatome ersetzt oder aber auch zusätzlich in den Ring eingefügt werden. Es entstehen verschiedenste aromaaktive chemische Substanzen mit heterozyklischen Ringen als charakteristischem Strukturmerkmal, wie **Pyrrole, Thiazole, Thiophene, Oxazole, Imidazole, Pyridine und auch Reaktionsprodukte dieser Heterozyklen**, entweder untereinander oder mit anderen Ringsystemen. Da sich solche Verbindungen, wie oben erwähnt, erst bei höherer Temperatur bilden, sind sie Komponenten von Back- und Röstaromen. Z. B. sind Thiophene Bestandteil des Aromas gerösteter Zwiebeln oder von gebratenem Fleisch, sie sind aber ebenso in der Kruste des Brotes enthalten. Auch Pyrrol- und Pyridinverbindungen bilden sich vermehrt bei starkem Erhitzen und sind z. B.

ebenfalls in der Kruste von Brot und in gebratenem Fleisch anzutreffen. Auch toxische und mutagene Erhitzungsprodukte werden in der Regel gebildet.

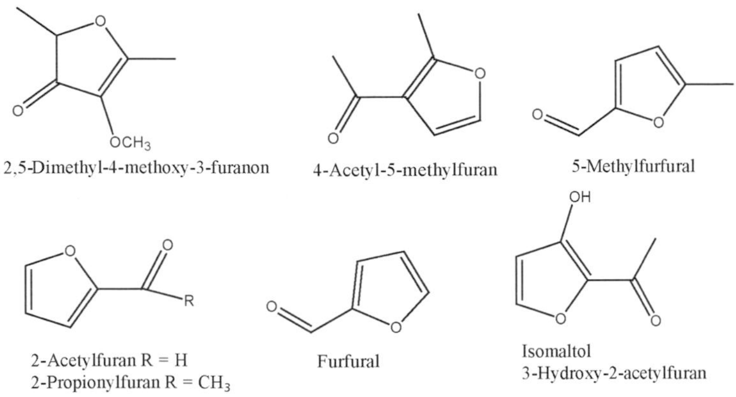

2,5-Dimethyl-4-methoxy-3-furanon     4-Acetyl-5-methylfuran     5-Methylfurfural

2-Acetylfuran R = H
2-Propionylfuran R = CH₃          Furfural          Isomaltol
3-Hydroxy-2-acetylfuran

**Abb. 10.13.**    Chemische Struktur ausgewählter Furane

## 10.6 Synthetische „naturidente" Aromastoffe

Darunter versteht man Aromastoffe, die mit den Methoden der organischen Chemie entweder „total" synthetisiert oder aber durch Umwandlung von in der Natur reichlich vorkommenden Ausgangsstoffen gewonnen werden. Beispiele hierfür sind die Synthese von Vanillin durch Oxidation von Lignin aus Ablaugen der Celluloseherstellung oder durch Oxidation von Eugenol, des Hauptinhaltsstoffes der Gewürznelke. Benzaldehyd wird z. B. durch Oxidation von Toluol gewonnen, Zimtaldehyd, der wesentlichste Bestandteil des Zimtaromas, durch Kondensation von Benzaldehyd mit Acetaldehyd. Racemisches Menthol wird überwiegend aus *m*-Kresol durch Alkylierung mit Propen und anschließender Hydrierung hergestellt. Die optischen Isomere müssen allerdings aufwändig getrennt werden, um reines *S*-Menthol zu gewinnen. Auch Spuren des nach der Alkylierung als Zwischenprodukt entstandenen Thymols müssen abgetrennt werden, um einen phenolischen **„Off-Flavour"** des Produktes zu vermeiden. Campher wird z. B. aus dem im Terpentinöl vorkommenden β-Pinen hergestellt. Da die Aromatisierung von Lebensmitteln und Gebrauchsgegenständen immer noch stark zunimmt, reichen oft die natürlichen Quellen für Aromastoffe nicht aus, sodass auf die chemische Synthese, teilweise auch aus Kostengründen, zurückgegriffen wird.

Mikrobielle, auf biotechnologischem Weg erzeugte Aromen gewinnen heute an Bedeutung, da sie im Unterschied zu synthetisierten Aromastoffen lebensmittelrechtlich als „natürlich" einzustufen sind. Ein Beispiel hierfür ist die Synthese von Methylpentyl- und Methylheptylketon aus Kokosfett durch *Penicillium roqueforti*.

### 10.6.1  Gewinnung von Aromen

Aromen werden traditionell durch Wasserdampf-Destillation in Kupferbehältern gewonnen. Da die aromawirksamen Substanzen ihrer chemischen Natur nach hydrophob und sehr wenig wasserlöslich sind, ist die **Wasserdampfdestillation** ein sehr geeignetes Verfahren zur Gewinnung der Aromastoffe. Das Verfahren ermöglicht die Trennung sowohl von den nicht flüchtigen, aber hydrophoben Fetten als auch von den wasserlöslichen und daher nichtwasserdampfflüchtigen Begleitstoffen. Auch bei der Konzentrierung von aromahaltigen Flüssigkeiten, wie z. B. Fruchtsäften, sind die aromagebenden Substanzen in den ersten Fraktionen des Destillats enthalten. Darauf beruht die Technologie der Aroma-Rückgewinnung bei der Herstellung von Fruchtsaftkonzentraten: Die aromahaltigen ersten Fraktionen werden gesondert gesammelt und nach dem Erreichen des gewünschten Eindickungsgrades dem Konzentrat wieder zugeführt.

Aromen können auch durch **Lösungsmittel** oder **Fettextraktion** gewonnen werden. Diese Methode wird heute aus Kostengründen viel verwendet. Bei den so gewonnenen Extrakten ist die Konzentration der aromagebenden Substanzen nicht so hoch wie bei den durch Wasserdampfdestillation gewonnenen. Der Grund ist der, dass auch die anderen hydrophoben Inhaltsstoffe im Extrakt vorhanden sind und als Lösungsmittel für die Aromastoffe fungieren. Dadurch werden die Aromastoffe einerseits verdünnt, andererseits ist ihr Dampfdruck in der Lösung höher und damit ihre Konzentration in der Gasphase niedriger. Die Fette wirken als „Fixateur" für das Aroma. Die so gewonnenen Aromen werden in der Praxis meist zu **„Essenzen"** vermischt, die dann zur Aromatisierung von Lebensmitteln verwendet werden. Aromastoffe sind genügend flüchtig, sodass sie durchwegs gaschromatografisch identifiziert und quantitativ bestimmt werden können.

## 10.7  Gewürze

Gewürze sind im engeren Sinn getrocknete pflanzliche Produkte mit einem Gehalt an aromawirksamen und/oder scharf schmeckenden Substanzen. Gewürze werden in den meisten Fällen durch Trocknen und Mahlen der betreffenden Pflanzen oder Pflanzenteile gewonnen. Sie werden zur Verbesserung des Geschmacks von Speisen verwendet. Ernährungsphysiologisch war früher wenig über die Wirkung der Gewürze bekannt, mit Ausnahme vielleicht ihrer sekretionsfördernden Wirkung (z. B. Speichel, Magensaft). Heute stehen die antioxidative Wirkung vieler Inhaltsstoffe der Gewürze im Vordergrund sowie deren bakterizide und fungizide Eigenschaften und ihre Bedeutung bei der Prävention von wichtigen Krankheiten.

Gewürzaktive Substanzen sind vielfach in verschiedenen Teilen der Pflanze enthalten, aus denen sie dann auch gewonnen werden. Daher basiert die herkömmliche Einteilung der Gewürze auf dem Teil der Pflanze, der als Gewürz verwendet wird. Man unterscheidet:

- Rhizomgewürze: z. B. Ingwer, Curcuma, Kalmus, Galgant, Meerrettich etc.
- Blatt- und Krautgewürze: z. B. Majoran, Dill, Thymian, Petersilie etc.
- Rindengewürz: z. B. Zimt.
- Blütengewürze: z. B. Safran, Gewürznelken, Kapern.
- Frucht- und Samengewürze: z. B. Pfeffer, Cayennepfeffer, Paprika, Muskatnuss, Piment, Kardamom, Anis, Vanille, Koriander, Kümmel, Fenchel, Senfkörner, Wacholderbeeren.
- Zwiebelgewächse (sie werden vielfach auch zu den Gemüsen gezählt): z. B. Zwiebel, Knoblauch, Schalotten, Porree etc.
- Pilze.

Die wichtigsten Inhaltsstoffe der Gewürze sind ätherische Öle (Terpene, Phenole, Aldehyde, langkettige Alkohole, Ketone, Ester), darunter auch kristallisierende Duftstoffe mit hohem Siedepunkt, wie Vanillin (Kp 285 °C) und Cumarin (Kp 297–299 °C), sowie scharf schmeckende Substanzen, wie Piperin (Pfeffer) und Capsaicin (Paprika, Cayennepfeffer). Analytisch werden die Gewürze auf den Gehalt an charakteristischen Inhaltsstoffen (Gaschromatografie oder HPLC) untersucht, und es wird der Gehalt an Asche und Rohfasern bestimmt. Auch eine mikroskopische Beurteilung der verwendeten Pflanzenteile wird oft angeschlossen.

## 10.7.1 Rhizomgewürze

**Ingwer** (*Zingiber officinale, Zingiberaceae*, engl. ginger) enthält 1–4 % ätherisches Öl. Hauptbestandteile sind das phenolische Keton Zingiberenon und das Sesquiterpen Zingiberen (Abb. 10.14).

Der stechend scharfe Geschmack des Ingwers wird vorwiegend durch das 6-Gingerol, ein Hydroxyphenolketon, verursacht. Zingiberenon wird, wegen seiner Funktion als Antioxidans, krebspräventive Wirkung zugeschrieben. Das Rhizom ist von einer Schicht aus gerunzeltem Kork bedeckt und wird vor dem Trocknen oft gebrüht. Geschälter Ingwer wird zuweilen gebleicht. Ingwer wird als Gewürz sowohl für Fleischspeisen als auch für Süßspeisen verwendet. Er wird auch bei der Herstellung von Likören und als Gewürz für die Limonade „Ginger Ale" gebraucht und ist ein Bestandteil des „Curry"-Gewürzes (Mischung aus Kardamom, Cayennepfeffer, Koriander, Curcuma, Ingwer, Kümmel, Muskatblüte, Gewürznelke, Pfeffer und Zimt). Die „Worcestersoße", zum Würzen von Fleisch- und Fischgerichten verwendet, wird aus Curry durch Kochen mit Essig hergestellt. Ingwer wird mit Zuckerlösung auch kandiert.

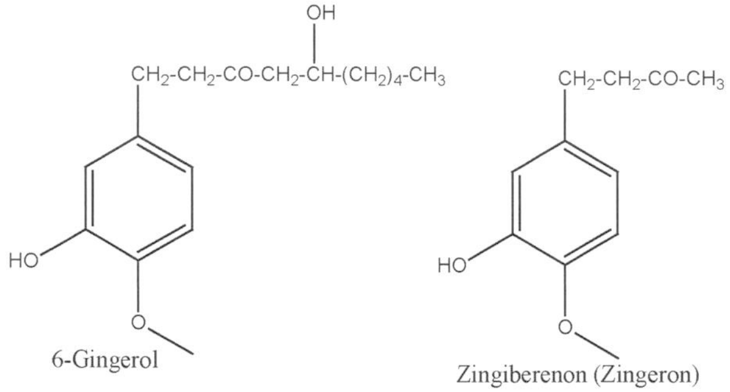

**Abb. 10.14.**    Chemische Struktur ausgewählter Inhaltsstoffe des Ingwer

**Curcuma** (*Curcuma longa, Zingiberaceae*, Gelbwurzel, engl. turmeric root) ist heimisch in Indien und Südostasien. Curcuma enthält 1,3–5,5 % ätherisches Öl. Verwendet wird die getrocknete Wurzel, vermahlen zu einem gelben Pulver. Der darin enthaltene gelbe Farbstoff, das Curcumin, ist ein phenolisches Diketon mit derzeit sehr beachteten antioxidativen Eigenschaften (Abb. 10.15).

Dem Curcumin wird nicht nur eine wachstumshemmende Wirkung auf Tumorzellen zugeschrieben, sondern es hemmt *in vitro* auch die Aggregation von Thrombozyten, wirkt dadurch blutverdünnend und hemmt die Stickoxid-Synthase. Es übt daher einen positiven Einfluss auf das Herz-Kreislauf-System aus. Curcumin wird auch als gelber Farbstoff zum Färben von Lebensmitteln verwendet. Mit Curcuminlösung getränktes Papier gibt mit Borsäure bei pH 9 eine blaue Farbreaktion, die zum Nachweis von Borsäure verwendet werden kann.

**Kalmus** (*Acorus calamus, Araceae, Asarum europaeum, Aristolochiaceae*, engl. acorus root). *Acorus calamus* ist eine auf dem indischen Subkontinent und in Europa vorkommende Pflanze und enthält 1,4–5,8 % ätherisches Öl. Das getrocknete und zerkleinerte Rhizom wird in Gewürzmischungen in manchen Ländern verwendet. In anderen ist es wegen des neurotoxischen Inhaltsstoffes trans-Asaron (α-Asaron, 2,4,5-Trimethoxypropenylbenzol) verboten.

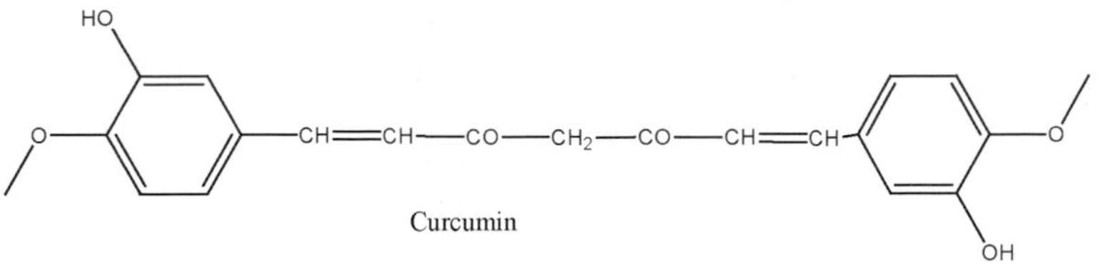

Curcumin

**Abb. 10.15.**   Chemische Struktur von Curcumin

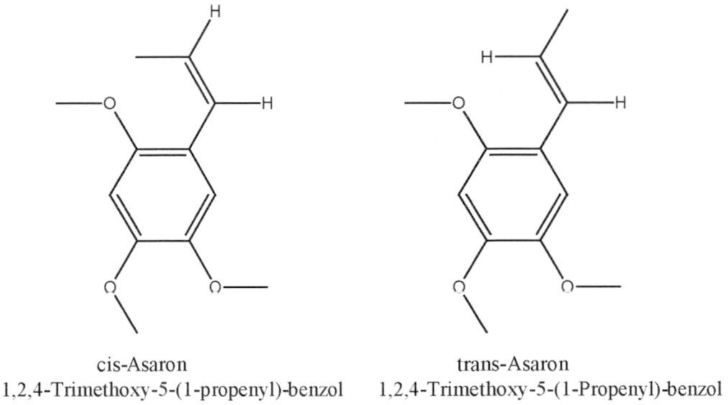

cis-Asaron
1,2,4-Trimethoxy-5-(1-propenyl)-benzol

trans-Asaron
1,2,4-Trimethoxy-5-(1-Propenyl)-benzol

**Abb. 10.16.**   Chemische Strukturen von Asaron

Trans-Asaron wirkt sterilisierend auf Insekten. *Asarum europaeum* enthält als Hauptbestandteil cis-Asaron oder β-Asaron sowie verschiedene Terpene. Es wird vorwiegend als Likörgewürz verwendet (Abb. 10.16).

**Galgant** (*Alpinia officinarum, Zingiberaceae,* großer Galgant, chinesischer Ingwer, engl. galingale) kommt in Indien und Südostasien vor. Das scharf schmeckende, getrocknete und zerkleinerte Rhizom wird als Gewürz für Soßen und Fleischspeisen verwendet. Die Inhaltsstoffe sind ätherisches Öl sowie selten vorkommende Flavonoide, wie Galangin und Kämpferid (Kämpferol-4'-monomethylether).

Galangin ist ein Flavonol, das im B-Ring keine Hydroxylgruppe aufweist, eine für Flavonole sehr seltene Struktur (Abb. 8.18). Große Beachtung hat das Galangin in letzter Zeit wegen seines Einflusses auf den Leberstoffwechsel gefunden. Nach bisherigen Befunden verringert Galangin die Toxizität und Mutagenität von polyzyklischen Kohlenwasserstoffen: Es wirkt einerseits hemmend auf Cytochrom P450 und vermindert dadurch die Oxidation der polyzyklischen Kohlenwasserstoffe zu Chinonen und verbessert aber gleichzeitig deren Ausscheidung, indem es die DT-Diaphorase aktiviert. Neben dem großen Galgant *(Alpinia)* wird in Asien noch der kleine Galgant *(Kaempferia galanga)* als ingwerähnliches Gewürz verwendet. Die weitgehend unbekannten Inhaltsstoffe sollen stimulierend auf das Zentralnervensystem wirken.

**Meerrettich/Kren** *(Armoracia rusticana, Brassicaceae = Cruciferae,* engl. horseradish) kommt in Europa, Asien und Amerika vor. Die Wurzel wird meist in rohem Zustand als Gewürz für Fleischspeisen verwendet. Der Kren enthält, wie alle *Cruciferae,* Senföle (vorwiegend Isothiocyanate), die verantwortlich für seinen scharfen Geschmack sind. Im Kren kommt hauptsächlich Allylisothiocyanat (85 %) und Phenylethylisothiocyanat (15 %) vor (Abb. 12.12).

**Wasabi** (Japanischer Meerrettich, *Wasabia japonica, Chochlearia wasabi, Eutrema japonica, Brassicaceae = Cruciferae,* engl. japanese horseradish) wächst wild auf den nördlichen Inseln Japans und ist schwer zu kultivieren, da die Pflanze nur in kaltem fließendem Wasser gut gedeiht. Die grüne Wurzel wird frisch oder als Pulver getrocknet zum Würzen (vor allem Sushi) verwendet und schmeckt schärfer als der europäische Kren. Die Hauptmenge der scharf schmeckenden Inhaltsstoffe ist wie beim Kren Allylisothiocyanat. In geringeren Konzentrationen kommen die Methylthioderivate der Isothiocyanate, sowie deren Sulfinyl-(= Sulfoxy)-Oxidationsprodukte vor: 5-Thiomethylisothiocyant, 6-Thiomethylhexyl-NCS, 7-Thiomethylheptyl-NCS sowie deren Sulfoxide, z. B. 5-Sulfinylmethylpentyl-NCS oder 6-Sulfinylmethylhexyl-NCS, also längerkettigere Isomere des Sulforaphans (Abb. 12.11). Weiters kommen Isothiocyanate wie 4-Pentenyl-NCS und 5-Hexenyl-NCS vor. Das im Kren enthaltene Phenethylisothiocyanat wurde in Wasabi nicht gefunden. Die antibiotischen, die Cyclooxygenase und die Thrombozytenaggregation hemmenden Wirkungen von Wasabi werden auf die schwefelhaltigen Inhaltsstoffe zurückgeführt.

### 10.7.2   Blatt- und Krautgewürze

Nur ein Teil dieser Gruppe gehört zu den eigentlichen Gewürzen, da viele Gewürzpflanzen dieser Sparte in frischem und nicht getrocknetem Zustand in den Verkehr gelangen (z. B. Petersilie, Dill, Schnittlauch u. a.).

**Majoran**: Zum Begriff Majoran gehören verschiedene Gewürzpflanzen der *Lamiaceae*, die entweder frisch oder in getrocknetem Zustand verwendet werden. Sie stammen ursprünglich aus Kleinasien und werden in Süd- und Mitteleuropa kultiviert. *Majorana hortensis* (engl. marjoram) enthält vorwiegend Terpene und praktisch keine Phenole im ätherischen Öl. Hauptbestandteil ist das cis-Sabinen, daneben kommen α-Terpinen, 4-Terpineol und 1,8-Cineol vor (Abb. 10.2, 10.3). Das verwandte *Origanum vulgare* oder *Origanum majorana* (engl. sweet marjoram) kommt im Mittelmeerraum vor und enthält in seinem ätherischen Öl (etwa 4 %) phenolische Bestandteile, vorwiegend Thymol und Carvacrol (Abb. 10.17). Daneben kommen auch Terpene, wie Ocimen, Limonen, Linalool und Terpineol (Abb. 10.1, 10.2), vor. Das blühende oder knapp vor der Blüte stehende Kraut wird für Soßen und als Gewürz für Fleischwaren und Fisch verwendet. Als weitere Majoran-Pflanze wäre *Majorana creticum* zu nennen (*Majorana onites*, Dost, kretischer Majoran, engl. pot marjoram), dessen Verwendung ähnlich ist.

**Thymian** (*Thymus vulgaris, Lamiaceae = Labiatae*, engl. thyme) kommt in Süd- und Südosteuropa sowie in den USA vor. Die Blätter oder auch ganze Pflanzen werden getrocknet und zerkleinert als Gewürz verkauft. Wichtigste Inhaltsstoffe sind Thymol (40 %) und Carvacrol (15 %, Abb. 10.17), Thymolmethylether, daneben sind auch Terpene, wie 1,8-Cineol, Borneol und α-Pinen (Abb. 10.2, 10.3), im ätherischen Öl enthalten. Thymian wird vorwiegend als Gewürz für Fleisch- und Wurstwaren verwendet. Ähnlich dem Thymian ist das Bohnenkraut *(Satureja hortensis)*, das einen höheren Anteil an Carvacrol im ätherischen Öl aufweist (bis 45 %). Daneben kommen größere Mengen an para-Cymol (30 %) und geringere an Terpenen (α-Pinen, Borneol, S-Linalool, S-Carvon) vor. Die Verwendung als Gewürz ist ähnlich dem Thymian.

**Basilikum** (*Ocimum basilicum, Lamiaceae = Labiatae*, Basilienkraut, engl. basil): Die frischen Blätter sind ein wichtiges Gewürz der mediterranen Küche. Sie werden für Salate, Soßen und viele andere Gerichte benützt. Inhaltsstoffe des ätherischen Öles sind: Linalool (40 %) und Methyl-Chavicol (Synonym Estragol = para-Methoxy-allylbenzol) (25 %), daneben kleinere Mengen an Ocimen. Beim Kochen geht ein großer Teil des Aromas verloren. Die rot-violett gefärbten Sorten enthalten Anthocyan-Pigmente auf der Basis von Cyanidin und Peonidin, wobei die Mengen der Farbintensität der Blätter entsprechen.

**Lorbeer** (*Laurus nobilis, Lauraceae*, engl. bay) kommt im Mittelmeergebiet vor. Als Gewürz werden fast ausschließlich die Blätter verwendet. Seltener werden die Früchte, vor allem für die Herstellung von Gewürzextrakten, benützt. Lorbeerblätter werden in der Küche für viele Speisen verwendet, z. B. Suppen, Soßen, Fleisch- und Fischgerichte. Auch bei der Herstellung von Gewürzessig werden sie benützt. Ihr Aroma ist beim

Kochen annähernd stabil. Wichtigster Inhaltsstoff des ätherischen Öls (1–3 %) ist 1,8-Cineol (50 %), Nebenkomponenten sind Eugenol, Methyleugenol, α- und β-Pinen.

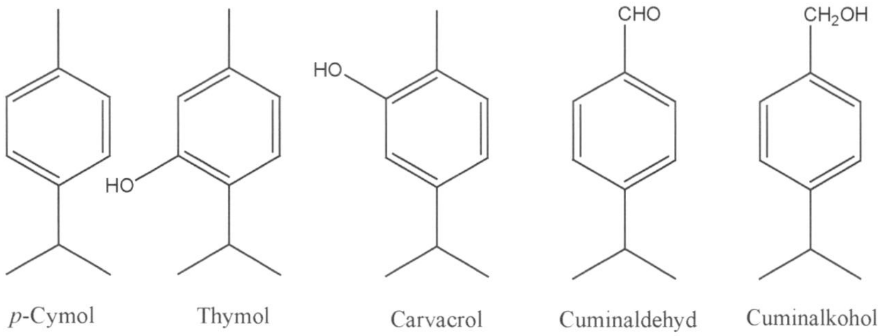

p-Cymol        Thymol        Carvacrol        Cuminaldehyd        Cuminalkohol

**Abb. 10.17.**  Chemische Strukturen von aromatisierten Terpenen

**Estragon** (Artemisia dracunculus, Asteraceae, engl. tarragon) kommt in Mittel- und Nordeuropa vor. Meist werden die frischen Blätter verwendet, da das Aroma beim Trocknen und Erhitzen weitgehend verloren geht. Estragon wird zum Würzen von Senf, Essig, Salaten, Mayonnaisen und Fleischgerichten benützt.

Hauptinhaltsstoff (60 %) ist das Estragol (Methyl-Chavicol, para-Methoxy-allylbenzol) (siehe Abb. 10.26). Nebenbestandteile des Aromas sind Anethol (p-Methoxypropenylbenzol, Abb. 10.10), Pinene (Abb. 10.3) und Ocimen.

**Wermut** (*Artemisia absinthium, Artemisia abrotanum, Asteraceae,* engl. absinthe, wormwood) kommt in Europa, Asien und Amerika vor. Die Blätter haben stark bitteren Geschmack und zitronenähnlichen Geruch. Wermut wird vor allem als Gewürz für alkoholische Getränke verwendet, besonders für versetzte Weine (Wermut, Absinth). Zusätzlich ist der Wermut auch als Fleischgewürz in Verwendung. Der bittere Geschmack wird hauptsächlich durch Absinthin, ein Triterpen, verursacht, das noch bei einer Verdünnung von 1:70.000 als bitter wahrgenommen wird, daneben kommt auch Rutin im Wermut vor. Absinthin wirkt appetitanregend und magenstärkend. Das ätherische Öl (etwa 0,2 %) enthält als Hauptbestandteil das toxische, bizyklische Terpenketon Thujon (im Gleichgewicht etwa 33 % α-Thujon und 67 % β-Thujon, α- und β-Thujon sind durch die Stereochemie der Methylgruppe 4 unterschieden), Nebenkomponente ist 1,8-Cineol (Abb. 10.2). Thujon ist vor allem neurotoxisch ($LD_{50}$ bei Ratten 240 mg/kg). Wermut ist auch für Insekten toxisch und wurde deshalb in Kleiderschränken als Schutz vor Ungeziefer verwendet.

Thujon kommt in großen Mengen im ätherischen Öl der Thuja (*Thuja occidentalis*) vor. Es ist auch im **Beifuß** (*Artemisia vulgaris*), einer Gewürzpflanze, die ähnlich dem Wermut als Fleischgewürz verwendet wird, und im **Salbei** (*Salvia officinalis, Lamiaceae*, engl. sage) enthalten. Salbeiblätter werden ebenfalls als Fleischgewürz benützt und enthalten vorwiegend Thujon und 1,8-Cineol als aromagebende Verbindungen im ätherischen Öl. Der bittere Geschmack des Salbeis wird durch die Diterpenphenole Carnosolsäure und Carnosol (Lakton der Carnosolsäure) verursacht (Abb. 10.18).

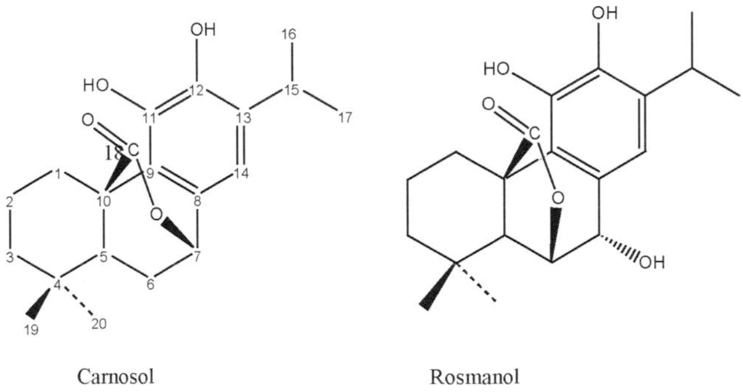

Carnosol                                    Rosmanol

**Abb. 10.18.**    Chemische Struktur von Carnosol und Rosmanol

Die gleichen Verbindungen kommen neben Rosmarinsäure auch im **Rosmarin** (*Rosmarinus officinalis, Lamiaceae*, engl. rosemary) vor (ätherische Öle: Citral, Geraniol, Citronellal, Citronellol, Pinene, Linalool u. a.) und werden heute wegen ihrer Rolle als natürliche Antioxidanzien sehr geschätzt. Die genannten Inhaltsstoffe sind auch in der Gewürzpflanze **Ysop** (*Hyssopus officinalis, Lamiaceae*, engl. hyssop), ebenfalls ein Fleischgewürz, enthalten.

**Petersilie** (*Petroselinum crispum, Apiaceae = Umbelliferae*, engl. parsley). Die Blätter werden als Gewürz, die Wurzel als Gemüse verwendet. Petersilie kommt in nördlichen Ländern vor. Das ätherische Öl der Blätter enthält Terpene, wie Sabinen, Thujon, Pinene (Abb. 10.3) und Phenole, wie Myristicin (3,4-Methylendioxy-5-methoxy-allylbenzol) und Apiol (3,4-Methylendioxy-2,5-dimethoxy-allylbenzol, Abb. 10.10). Das ätherische Öl der Wurzel hat etwa die gleiche Zusammensetzung. In größeren Mengen sind Myristicin und Apiol in den Früchten der Petersilie enthalten. In der Wurzel kommen auch fotosensibilisierende Furanocumarine, vor allem

Bergapten (5-Methoxypsoralen, 5 mg/kg), vor. Myristicin ist für seine psychotrope und schwach sauerstoffaktivierende Wirkung bekannt. Wie auch Apiol verstärkt es die Wirkung von Insektiziden. Auch Polyacetylene, wie Falcarinol (Abb. 12.9), und Phthalide, z. B. Butylphthalid (Abb. 10.20), und Flavonoide, wie Apiin, sind enthalten (Abb. 10.19).

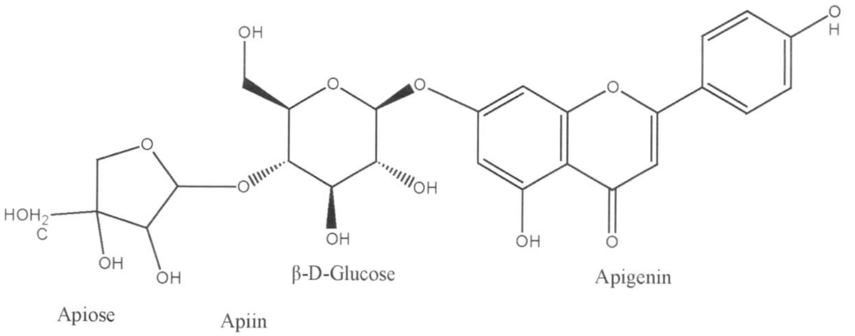

**Abb. 10.19.**  Chemische Struktur von Apiin

Petersilie wird als Gewürz für Soßen und Salate verwendet, das Aroma ist wenig hitzestabil.

**Dill** (*Anethum graveolens, Apiaceae*, engl. dill): Sowohl die grünen Blätter als auch die Samen werden als Gewürz verwendet. Dill wird im Mittelmeerraum und vorwiegend in Indien gewonnen. Die Inhaltsstoffe der ätherischen Öle von Blättern und Samen sind qualitativ ähnlich, quantitativ sind größere Mengen in den Samen zu erwarten. Hauptbestandteile der ätherischen Öle sind Carvon (30–40 %, Abb. 10.3) und Limonen (40 %), im Blattöl kommen noch 10–20 % Phellandrene (Abb. 10.2) vor. Das Samenöl enthält Dill-Apiol (2,3-Dimethoxy-4,5-methylendioxyallylbenzol) als phenolische Komponente. Dill wird als Gewürz für Gurken, Brot, Fischspeisen, Gewürzessig u. a. verwendet.

**Sellerie** (*Apium graveolens, Apiaceae = Umbelliferae*, engl. celery). Die Blätter und die Wurzel werden als Gewürz verwendet. Die Pflanze ist im Mittelmeerraum heimisch und wird in nördlichen Ländern kultiviert. Die Inhaltsstoffe in den Blättern und in der Wurzel sind in ihrer Zusammensetzung ähnlich und enthalten als Hauptmenge Limonen (70–90 %) sowie die Sesquiterpene β-Selinen (10 %) und α-Humulen (Caryophyllen, Abb. 10.22). Das typische Selleriearoma wird vorwiegend durch Phthalide, wie 3-*n*-Butylphthalid und sein Dihydroderivat Sedanolid, bestimmt (Abb. 10.20).

Phthalide sollen blutdrucksenkende Wirkung aufweisen. Sie kommen auch im Liebstöckel vor. Die Wurzel enthält das fotosensibilisierende Bergapten. Sellerieblätter werden oft als Alternative zu Petersilie als Gewürz verwendet, die Wurzel wird als Gemüse konsumiert.

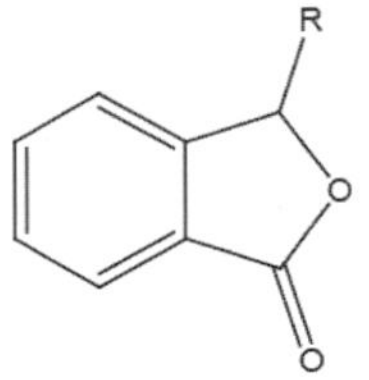

n-Butylphtalid  R = CH$_2$-CH$_2$-CH$_2$-CH$_3$
n-Butylenphtalid = Ligusticumlacton          Sedanolid
        R = CH-CH$_2$-CH$_2$-CH$_3$

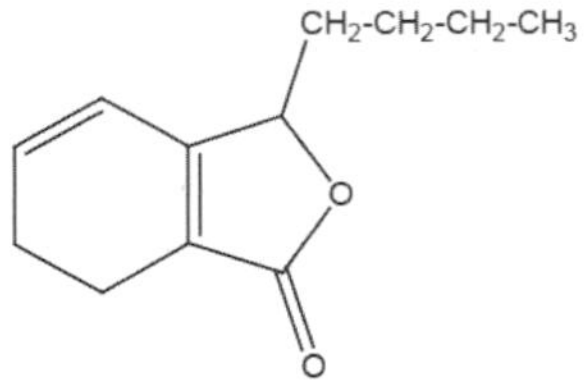

**Abb. 10.20.**    Chemische Struktur ausgewählter Phthalide

**Liebstöckel** (*Levisticum officinale, Apiaceae*, engl. lovage) ist im Mittelmeerraum heimisch und wird im nördlichen Europa kultiviert. Die getrocknete Wurzel wird in der Pharmazie als Diuretikum angewendet, die Bätter werden vor allem in der italienischen Küche als Gewürz benutzt. Inhaltsstoffe des ätherischen Öls der Blätter sind hauptsächlich Phthalide (3-*n*-Butylphthalid, *n*-Butylidenphthalid, Sedanolid), als Nebenkomponenten kommen Terpene (Terpineol und Carvacrol) und Eugenol vor. Über die physiologische Bedeutung der Phthalide siehe Sellerie. Liebstöckel wird für Soßen, für Suppen und für Gewürzessig verwendet.

**Schnittlauch.** Da die Inhaltsstoffe des Schnittlauchs denen der Zwiebelgemüse ähnlich sind, werden sie an dieser Stelle besprochen.

**Schabzigerklee** (*Trigonella caerulea, Fabaceae, Trigonella melilotus-coerulea*, engl. blue-white clover) wird vor allem in der Alpenregion (Südtirol, Schweiz) als Brot- und Käsegewürz und für Aufstriche verwendet. Er kommt meist getrocknet in den Handel. Über Inhaltsstoffe ist bisher wenig bekannt.

### 10.7.3 Rindengewürze

**Zimt** (engl. cinnamon) ist ein Gewürz, das aus der Rinde der jungen Stämme, Äste oder Wurzelschösslinge (meist von den äußeren Schichten befreit) verschiedener *Cinnamomum*-Arten Süd- und Ostasiens gewonnen wird und getrocknet in den Handel gelangt. Die verwendeten *Cinnamomum*-Arten gehören alle zur Pflanzenfamilie der *Lauraceae*, es bestehen aber große Unterschiede in der Zusammensetzung und Qualität, abhängig von der verwendeten botanischen Spezies und damit auch ihrer Herkunft. Als beste Qualität gilt der **Zimt aus *Cinnamomum verum*** (syn. *Cinnamomum ceylanicum*), der in Sri Lanka, früher Ceylon, heimisch ist und in verschiedenen Ländern, auf den Seychellen, in Südostasien und Südamerika kultiviert wird. Wichtigster Inhaltsstoff ist der Zimtaldehyd, durchschnittlich 70 %, daneben kommen Eugenol (5–10 %), Zimtalkohol und sein Essigsäureester, 2-Methoxyzimtaldehyd, Benzylbenzoat, Safrol, Limonen und Caryophyllen (Formel siehe Gewürznelke), sowie etwa 4 % Gerbstoffe vor. Besonders die erwähnten Ester, 2-Methoxyzimtaldehyd, Cumarin und δ-Cadinen (Abb. 10.4) werden zur gaschromatografischen Unterscheidung der einzelnen Zimtarten herangezogen. Cumarin kommt im ätherischen Öl aus *Cinnamomum verum* nur in Spuren vor. Der **Chinesische Zimt**, aus *Cinnamomum cassia* gewonnen, gilt als qualitativ minderwertiger. Ähnliches gilt für den **Padangzimt** aus *Cassia vera* oder *Cinnamomum burmanni*, die heute die Hauptmenge des im Handel befindlichen Zimts darstellen. Cassiazimt enthält ebenfalls Zimtaldehyd als Hauptmenge (bis zu 90 % im ätherischen Öl), etwa 0,2 % Cumarin, Zimtsäure, Benzoesäure, Salicylsäure, Limonen, *p*-Cymol und δ-Cadinen. Im Cassiazimt sind etwa 11 % Gerbstoffe enthalten. Der Wert eines Zimts sinkt mit steigendem Gerbstoffgehalt. Der Cumaringehalt des Zimts hat toxikologische Bedenken gegen die Verwendung des Zimtgewürzes erregt. Cumarin ist lebertoxisch und in höheren Dosen bei Ratten und Mäusen auch cancerogen. Die toxische Wirkung von Substanzen wie Cumarin beruht auf ihrer Eigenschaft, die Entstehung von Sauerstoff-Radikalen zu erleichtern. Umgekehrt können dieselben Sauerstoff-Radikale auch Tumorzellen schädigen, sodass widersprüchliche physiologische Befunde über diese Substanz, die in der Literatur vorhanden sind, durch die Cumarin-abhängige Sauerstoffaktivierung erklärt werden können. Konzentration, Zeit und Milieu sind dann für die Art der Wirkung entscheidend. Zimt ist ein Gewürz für viele Süßspeisen, für Spirituosen, für Kaugummi und Kräutertees und ist eine Komponente des Curry-Gewürzes. **Zimtblätteröl** wird aus den Blättern von *Cinnamomum ceylanicum* gewonnen, es hat einen nelkenartigen Geruch, sein Hauptinhaltsstoff ist Safrol (Abb. 10.10).

### 10.7.4  Blütengewürze

Wie der Name sagt, werden bei dieser Gruppe von Gewürzpflanzen die Blüten als Gewürz benützt.

**Safran** (*Crocus sativus, Iridaceae*, engl. saffron) wird heute vorwiegend in Südeuropa, Iran und dem mittleren Osten kultiviert. Er wurde in früherer Zeit auch in Mitteleuropa angebaut. Safran ist ein sehr teures Gewürz, da für ein Kilogramm des Gewürzes, bei guter Qualität, ungefähr 150.000 weibliche Blütenteile notwendig sind.

Der bittere Geschmack des Safrans wird durch das β-Glucosid Picrocrocin verursacht. Durch enzymatische Abspaltung von Glucose und Wasser entsteht daraus Safranal, ein Terpenaldehyd (2,6,6-Trimethyl-1,3-cyclohexadien-1-carboxaldehyd), die wichtigste Komponente des ätherischen Öls der Blüte (Abb. 10.21). Daneben kommen Limonen und Pinene vor. Die gelbe Farbe des Safrans wird durch den Diterpendicarbonsäuregentiobiosediester Crocin (siehe Kapitel 9 über natürliche Farbstoffe) sowie Lycopin und Zeaxanthin bestimmt. Crocin und Picrocrocin sind wasserlösliche Inhaltsstoffe. Safran wird in der modernen Küche nicht mehr allzu oft verwendet. Reis kann durch Safran fast homogen gelb gefärbt werden, auch für Süßspeisen wird Safran verwendet. Große Mengen an Safran können toxisch sein.

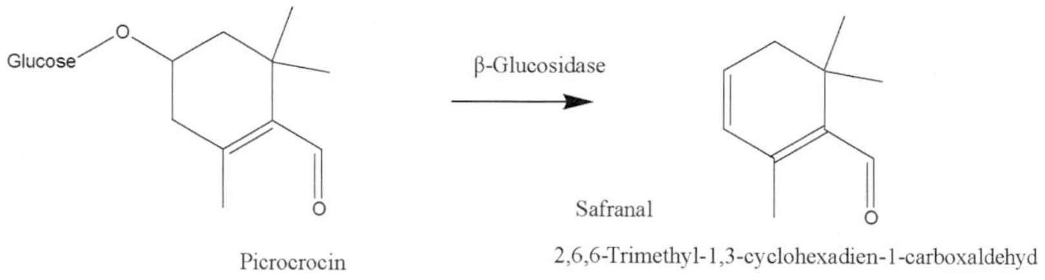

β-Glucosidase

Safranal

Picrocrocin

2,6,6-Trimethyl-1,3-cyclohexadien-1-carboxaldehyd

**Abb. 10.21.**    Synthese von Safranal aus Picrocrocin

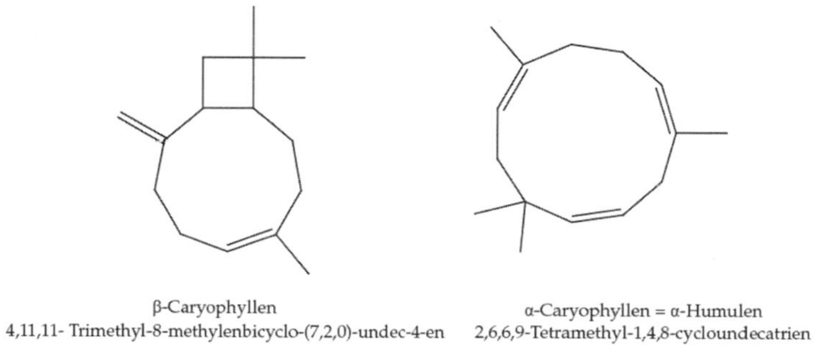

β-Caryophyllen
4,11,11- Trimethyl-8-methylenbicyclo-(7,2,0)-undec-4-en

α-Caryophyllen = α-Humulen
2,6,6,9-Tetramethyl-1,4,8-cycloundecatrien

**Abb. 10.22.**    Chemische Struktur von Caryophyllen

**Gewürznelke** (*Syzygium aromaticum = Eugenia caryophyllata = Caryophyllus aromaticus, Myrtaceae,* engl. clove): Als Gewürz wird die voll entwickelte, nicht aufgeblühte Knospe von den Stielen befreit und getrocknet verwendet. Je nach Art der Trocknung ist die Farbe braun bis tiefbraun. Heimisch ist die Gewürznelke auf den Nordmolukken (Indonesien), kultiviert wird sie auf Sansibar, Madagaskar und in Brasilien. Inhaltsstoffe des ätherischen Öls sind: Eugenol (bis 85 %), Eugenolacetat (bis 15 %) und das Sesquiterpen Caryophyllen (10 %) (Abb. 10.22).

Die Nelke ist ein Bestandteil des Currys und anderer Gewürzmischungen. Sie wird in großem Umfang bei der Herstellung von Backwaren (Konditorei), Fleischwaren, Spirituosen, Kompotten und als Küchengewürz angewendet.

**Kaper** (*Capparis spinosa, Capparidaceae*, engl. caper). Als Gewürz werden die nicht aufgeblühten Knospen des Kapernstrauches, eingelegt in Essig oder Salzwasser, verwendet, wodurch sie gleichzeitig konserviert werden. Der Kapernstrauch ist im ganzen Mittelmeergebiet heimisch und wird auch dort kultiviert. Für den scharfen Geschmack der Kapern sind Senföle verantwortlich, an erster Stelle das flüchtige Methylsenföl (Methylisothiocyanat, bp: 119 °C). Methylisothiocyanat ist toxisch ($LD_{50}$ in Ratten 305 mg/kg). Es wird aus dem Methylglucosinolat (Glucocapparin) durch Myrosinase bei Beschädigung des Pflanzengewebes freigesetzt (siehe Senf, Kapitel 10.7.5). Kapern werden als Gewürz bei Fleisch- und Fischgerichten, bei Salaten, kalten Platten sowie auch als Auflage bei Pizzen verwendet.

## *10.7.5 Fruchtgewürze*

Eine große Anzahl von Früchten wird auch zum Würzen von Speisen verwendet.

**Kardamom** (*Elettaria cardamomum, Zingiberaceae*, engl. cardamom). Träger des Aromas und süßlichen Geschmacks sind die Samen. Herkunftsländer sind das südliche Indien und Sri Lanka. Kultiviert wird Kardamom auch in Südamerika, hauptsächlich in Guatemala, das heute der größte Produzent ist. Kardamom enthält etwa 4 % ätherisches Öl, das aus einer Vielzahl von Monoterpenen zusammengesetzt ist. Wichtigste Inhaltsstoffe sind Terpineol (etwa 45 %), Myrcen (27 %), Limonen (8 %), daneben 1,8-Cineol, Sabinen, β-Phellandren, Borneol und Menthon. Kardamom wird als Gewürz für Liköre, Backwaren, Lebkuchen, als Fleischgewürz und als Bestandteil des Curry-Gewürzes benützt. In den arabischen Ländern wird Kardamom zum Würzen von Kaffee verwendet.

**Pfeffer** (*Piper nigrum, Piperaceae*, engl. pepper) ist das wichtigste Fleischgewürz. Er wird ähnlich wie Hopfen an Stangen gezogen. An einer Ähre hängen 20–30 rote bis gelbbraune beerenartige Früchte. Herkunftsländer sind Indonesien, Sri Lanka und die Westküste Südindiens (Malabarküste). Als Gewürz werden die getrockneten Früchte verwendet. **Schwarzer Pfeffer** sind unreif geerntete (**grün**), durch Sonne oder mäßige Temperaturen getrocknete Pfefferkörner. Durch unter diesen Bedingungen stattfindende enzymatische Bräunungsreaktionen färbt sich die Frucht dunkel. Durch schnelles Erhitzen bei höheren Temperaturen, z. B. über dem Feuer, werden die für die Bräunung verantwortlichen Enzyme (Polyphenoloxidasen) denaturiert, und die grüne Farbe des Pfeffers bleibt erhalten. **Weißer Pfeffer** wird aus reifen **(roten)** Pfefferkörnern gewonnen, von der äußeren Schale befreit und getrocknet. Der Pfeffer enthält etwa 3 % ätherisches Öl, das hauptsächlich aus Monoterpenen und Sesquiterpenen (etwa 20 %) besteht. Phenole sind nur in Spuren enthalten. Wichtige Monoterpene sind: Sabinen, α- und β-Pinen, Myrcen, Limonen und 3-Caren (Abb. 10.2), Carvacrol, Carvon, Borneol, 1,8-Cineol und Linalool; Sesquiterpene: Caryophyllen (Abb. 10.22), Humulen und β-Bisabolen. Der scharf schmeckende Inhaltsstoff des Pfeffers ist das Alkaloid Piperin (5–7 % im Pfefferkorn, Abb. 10.23).

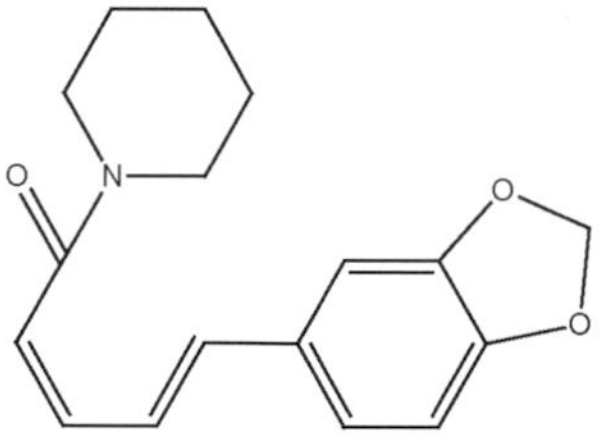

Piperin =
5-(3,4-Methylendioxyphenyl)-pentadiensäurepiperidinamid

**Abb. 10.23.**    Chemische Struktur von Piperin

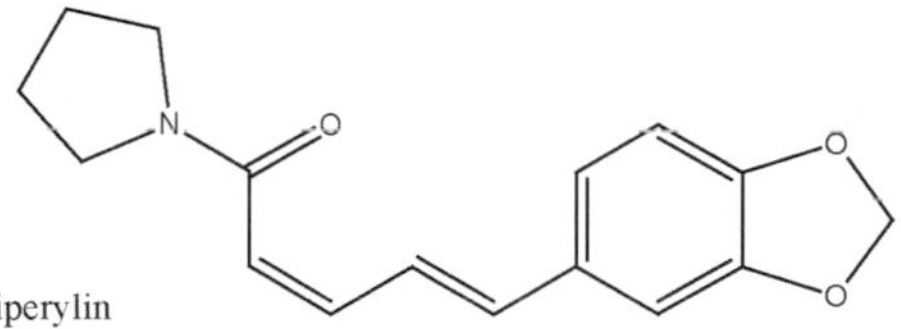

Piperylin

1-(5-(1,3-Benzodioxol-5-yl)-1-oxo-2,4-pentadienyl)-pyrrolidin

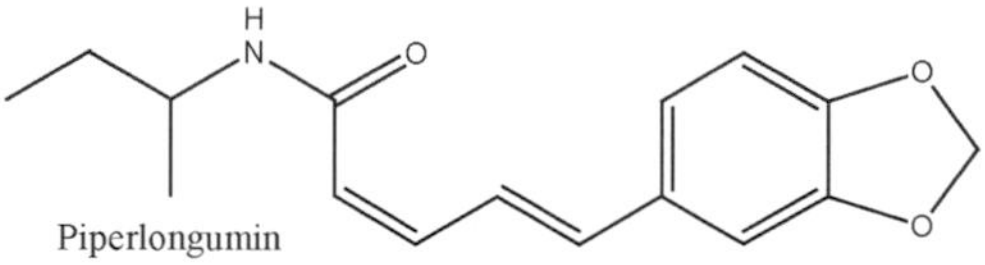

Piperlongumin

1-(5-(1,3-Benzodioxol-5-yl)-1-oxo-2,4-pentadienyl)-isobutylamin

**Abb. 10.24.**    Chemische Struktur von Piperylin und Piperlongumin

Das Piperin-Molekül besteht aus Piperinsäure (5-(3,4-Methylendioxyphenyl)-pentadiensäure), die durch eine Säureamidbindung mit Piperidin verbunden ist. Freies Piperidin wird in kleinen Mengen ebenfalls in *Piper nigrum* gefunden. Das all-trans-Isomer des Piperins ist für die Schärfe des

Pfeffers hauptverantwortlich. Auch das Capsaicin, der scharf schmeckende Inhaltsstoff des Paprikas, ist ein Säureamid. Allgemein kann man feststellen, dass Säureamide sehr oft scharfen Geschmack besitzen.

Weitere Säureamide kommen auch in kleinen Mengen im Pfeffer vor:
z. B. Piperlongumin, bestehend aus Piperinsäure und Isobutylamin, Piperylin, bestehend aus Piperinsäure und Pyrrolidin (Abb. 10.24).

Pfeffer wird als Gewürz in großem Umfang für Fleisch- und Fischgerichte, Wurst, Marinaden, Soßen, Spirituosen u. a. verwendet. Pfeffer
kommt in vielen Mischgewürzen vor, unter anderem auch im Curry.

**Piment** (*Pimenta officinalis, Myrtaceae,* Jamaikapfeffer, Neugewürz, Nel-
kenpfeffer, engl. pimento): Verwendet werden die unreif geernteten und
getrockneten Früchte. In den Ursprungsländern werden auch die Blätter
direkt als Gewürz oder zur Herstellung von Gewürzextrakten verwendet.
Der Pimentbaum ist auf den Antillen heimisch und wird in Mexiko kultiviert. Jamaika ist heute der größte Produzent des Gewürzes. Hauptsächli-
cher Inhaltsstoff ist Eugenol (70 %), daneben kommt auch Methyleugenol
und α-Phellandren, 1,8-Cineol und Caryophyllen vor. Piment wird als
Gewürz für Fleischprodukte, Käse und Backwaren verwendet.

**Paprika** (*Capsicum annuum, Solanaceae,* Spanischer Pfeffer, Türkischer Pfeffer, engl. paprika) ist heimisch in Mittel- und Südamerika und wird in der
Türkei, Ostafrika, Süd- und Südosteuropa kultiviert. Die Früchte sind
durch Scheidewände geteilt, an denen sich die hellgelben Samen, die Träger des scharfen Geschmacks, befinden. Alle Sorten von Paprikapulver
sind Gemische von getrocknetem Fruchtfleisch und Samen, durch verschiedene Mischungsverhältnisse entstehen Paprikagewürze unterschiedlicher Schärfe. Wichtigster Inhaltsstoff des Paprikas ist das für den scharfen Geschmack verantwortliche Capsaicin (trans-N-(4-Hydroxy-3-metho-
xyphenylmethyl)-8-methyl-6-nonenamid, Abb. 10.25).

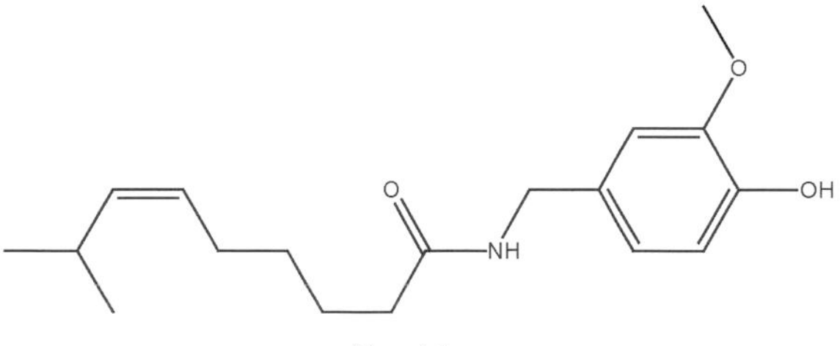

Capsaicin =
N-(4-Hydroxy-3-methoxyphenylmethyl)-8-methyl-6-nonenamid

**Abb. 10.25.**    Chemische Struktur von Capsaicin

Capsaicin ist in den einzelnen Paprikasorten in Konzentrationen von
0,001–0,1 % enthalten. Paprika enthält weniger als 1 % ätherisches Öl,

vorwiegend aus Kohlenwasserstoffen und Methylestern niederer Fettsäuren bestehend. Die rote Farbe der reifen Frucht besteht vorwiegend aus den Carotinoiden Capsanthin und Capsorubin. Weiters enthält die Frucht 6–7 % Zucker, hauptsächlich Saccharose und Glucose, 200 mg/kg Ascorbinsäure, Tocopherole, China- und Shikimisäure sowie Säuren des Citratzyklus. Capsaicin hat zumindest im Tierversuch (Schwimmtest bei Mäusen) eine leistungssteigernde Wirkung. Zusätzlich besitzt es psychotrope Aktivität und wirkt präventiv gegen das Auftreten von Magengeschwüren. Dabei soll es eine Schutzfunktion für die Magenschleimhaut ausüben. Wegen seiner antibiotischen Eigenschaften wurde es auch zur Konservierung von Lebensmitteln verwendet.

Capsaicin wird gegen Wildverbiss als „animal repellent" eingesetzt. Paprika wird als Gewürz für Fleisch, Geflügel, Wurstwaren, Käse (Pepperoncino) und Spirituosen eingesetzt. Die Frucht wird als Salat oder Gemüse roh oder gekocht konsumiert.

**Chili** (*Cayennepfeffer, Guineapfeffer,* engl. capsicum) umfasst verschiedene *Capsicum*-Arten, die einen höheren Capsaicin-Gehalt aufweisen als *Capsicum annuum. Capsicum frutescens* (Capsaicin-Gehalt etwa 1 %) ist heute die Hauptquelle für das Chili-Gewürz. Noch schärferen Geschmack hat *Capsicum chinense* (Capsaicin-Gehalt um 2 %). Neben Capsaicin kommen noch andere strukturell ähnliche Verbindungen in den *Capsicum*-Arten vor (Capsaicinoide), Dihydrocapsaicin und Nordihydrocapsaicin (Abb. 10.26).

Letztere Inhaltsstoffe haben einen deutlich geringeren Scharfgeschmack, sind analytisch aber oft im gesamten Capsaicin-Gehalt inkludiert. Chili wird als Pulver wie Paprika, oder aber als ganze Frucht, eingelegt in Essig oder Salzlösung, zum Würzen von Soßen, Fleischgerichten oder Salaten verwendet.

**Anis** (*Pimpinella anisum, Apiaceae,* engl. anise, aniseed), heimisch im mediterranen Raum, wird in Südosteuropa, der Türkei und Spanien kultiviert. Anis enthält 2–3 % ätherisches Öl. Dominierende Inhaltsstoffe sind das Anethol (80–90 %, trans-4-Methoxypropenylbenzol) sowie geringe Mengen an Anisaldehyd, para-Methoxyacetophenon, Methylchavicol, Limonen, Pinene und 4-Methoxy-1-propenyl-phenol-(2-methyl)-butyrat (Abb. 10.27).

Der letztere Inhaltsstoff ist charakteristisch für Anis, und seine Bestimmung dient zur Identifizierung von Anisöl. Anis wird als Gewürz für die Bäckerei, für Kompotte und für Spirituosen, z. B. Pernod®, verwendet. Botanisch verschieden, aber in der Zusammensetzung sehr ähnlich, ist **Sternanis** *(Illicium verum, Illiaceae)* und wird vor allem in Ostasien (China, Japan) anstelle von Anis verwendet. Auch beim Sternanis ist der Hauptinhaltsstoff Anethol, daneben wird aber auch Safrol gefunden, das im Anis nicht vorkommt. In der Verwendung ist Sternanis sehr ähnlich dem Anis.

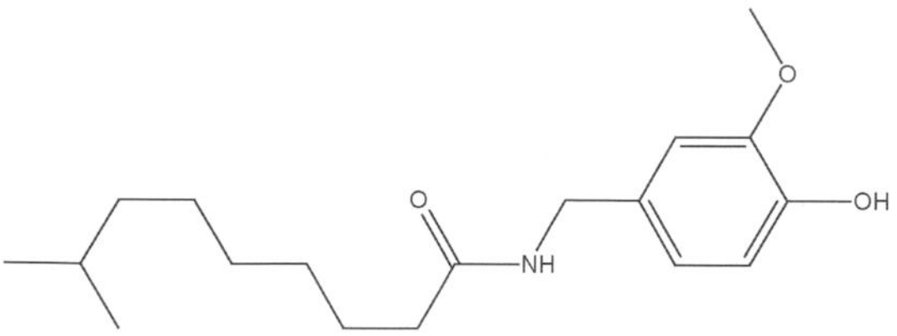

Dihydrocapsaicin =
N-(4-Hydroxy-3-methoxyphenylmethyl)-8-methyl-nonanamid

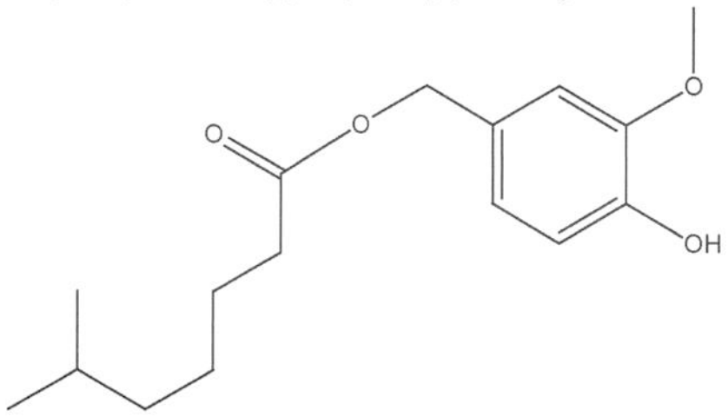

Nordihydrocapsaicin =
4-Hydroxy-3-methoxybenzyl-7-methyl-octanoat

**Abb. 10.26.**    Chemische Struktur von Dihydrocapsaicin und Nordihydrocapsaicin

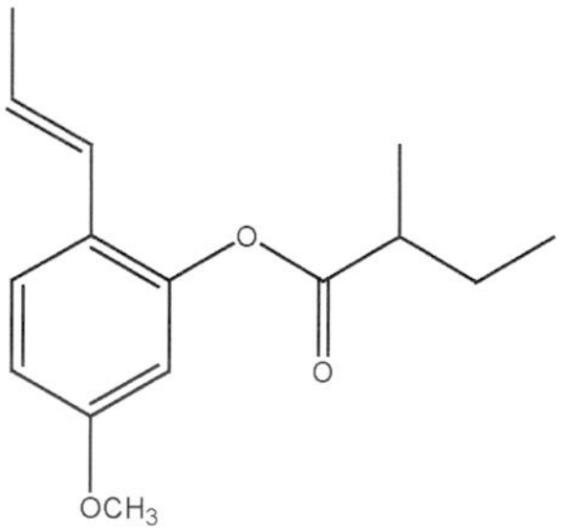

4-Methoxy-1-propenyl-phenol-(2-Methyl)-butyrat 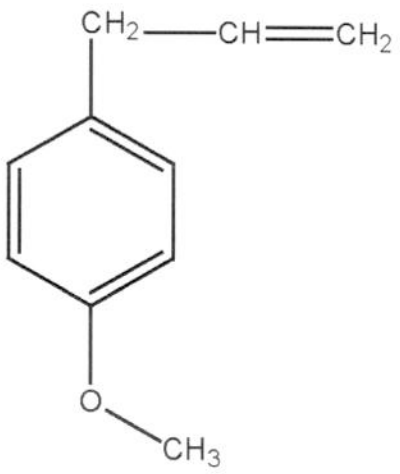         Estragol = Methylchavicol

**Abb. 10.27.**    Chemische Struktur ausgewählter Anisinhaltsstoffe

**Fenchel** (*Foeniculum vulgare, Apiaceae,* engl. fennel), heimisch im Mittelmeerraum, wird heute in vielen Ländern kultiviert. Fenchel kommt in
zwei, vom Geschmack her verschiedenen, Varietäten vor, dem bitteren

Fenchel mit einem Gehalt an ätherischem Öl von 5–6 % und einer süßen Varietät (Ölgehalt etwa 3 %), der vorwiegend als Gewürz verwendet wird. Bitterer Fenchel, mit einem höheren Gehalt an dem bitter schmeckenden Terpen Fenchon (bis 20 % im Öl, Abb. 10.2), wird für pharmazeutische Anwendungen bevorzugt. Fenchelöl wirkt stark bakterizid. Hauptkomponente im Fenchelöl ist trans-Anethol (50–75 %), daneben Fenchon (5 % im süßen Fenchel und 12–22 % im bitteren Fenchel), Limonen (5 %), α- und β-Pinen, Methylchavicol (Estragol), Safrol, Foeniculin, Camphen, Myrcen, para-Cymol. Fenchel enthält Spuren von Cumarinen und auch Furanocumarine, wie Bergapten und Psoralen. Fenchel wird als Gewürz für Backwaren, Fleisch- und Fischgerichte, für Spirituosen und für die Aromatisierung von Salaten und Essig verwendet.

**Koriander** (*Coriandrum sativum, Apiaceae,* engl. coriander, Chinese parsley, cilantro), heimisch wahrscheinlich in Kleinasien, wird hauptsächlich in Russland und Europa kultiviert. Die Früchte enthalten etwa 1 % ätherisches Öl, bestehend vorwiegend aus R-Linalool (50–60 %). Andere Terpene machen etwa 20 % des ätherischen Öls aus (Pinene, Phellandrene, Terpinene, Limonen, Camphen, Cymol, Myrcen, Abb. 10.1, 10.2, 10.3). Der Geruch des frischen Krautes stammt von aliphatischen Aldehyden (Produkte der Lipidperoxidation), wie Decanal und Decatrienal (Abb. 10.6). Koriander ist ein Bestandteil des Curry und wird als Gewürz für Fleischspeisen und Wurst, aber auch als Brotgewürz verwendet.

**Kümmel** (*Carum carvi, Apiaceae,* engl. caraway) ist heimisch in Mittel- und Osteuropa und wird kultiviert von Russland bis zu den Niederlanden. Die Früchte enthalten 2–6 % ätherisches Öl mit den Hauptkomponenten Carvon (50–80 %, Abb. 10.3) und Limonen (20–45 %). Als Nebenbestandteile sind Carveol, Dihydrocarveol, Pinene, Perillalkohol und Sabinen zu finden. Kümmel wird als Gewürz für „schwere Speisen" verwendet, z. B. Kartoffeln und Kohl, weiters als Gewürz für dunkles Brot, für Wurst und Fleisch und auch als Käsegewürz. Kümmel wird in Spirituosen verwendet, z. B. Allasch, und ist eine Komponente des Curry-Gewürzes.

**Weißer Kreuzkümmel** (*Cuminum cyminum, Apiaceae = Umbelliferae,* Römischer Kümmel, Mutterkümmel, engl. cumin): Ist heimisch in Westasien und wird im Iran, Indien und Indonesien kultiviert. Die Frucht enthält 2–4 % ätherisches Öl. Hauptbestandteil ist der Cumin-Aldehyd (25–35 %, para-Isopropylbenzaldehyd), der auch bestimmend für das Aroma ist. Nebenbestandteile sind Cumin-Alkohol, α- und β-Pinen (etwa 20 %, Abb. 10.3), para-Cymol (*p*-Isopropyltoluol, Abb. 10.17), β-Phellandren (Abb. 10.2) und Perilla-Aldehyd (Abb. 10.28). Das synthetische Oxim des Perilla-Aldehyds, Perill-Aldoxim, wird in Japan als Süßstoff (2000-mal süßer als Saccharose) verwendet. Siehe auch Kapitel 13.3.3.

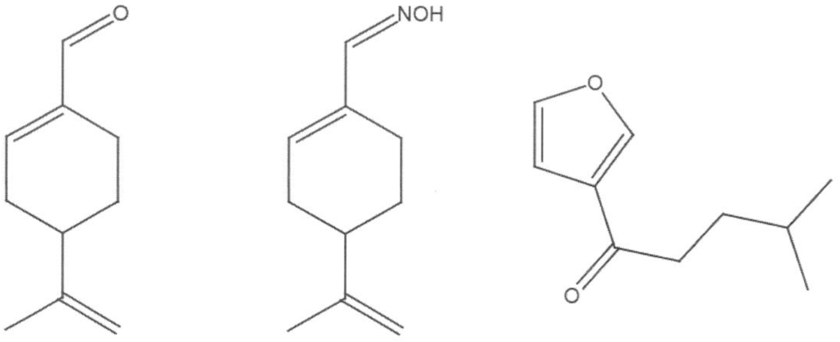

Perill-Aldehyd              Perill-Aldehyd Oxim          Perillaketon
                                                         1-(Furanyl-4-methyl-pentanon-1)

**Abb. 10.28.**   Chemische Struktur von Perill(a)-Aldehyd, Perill-Aldehyd Oxim,
Perillaketon

Kreuzkümmel wird in Holland und anderen Ländern als Käsegewürz
verwendet und findet auch in der Spirituosenfabrikation Anwendung.
Der **Schwarze Kreuzkümmel** ist eine Wildform, die im mittleren Osten
gefunden wird (Iran).

**Vanille** (*Vanilla planifolia, Orchidaceae*, engl. vanilla), eine Schlingpflanze,
ursprünglich in Mexiko heimisch, wird heute vorwiegend auf Inseln des
indischen Ozeans kultiviert (Reunion, Madagaskar, Seychellen, Java, Sri
Lanka). Die auf den Inseln des indischen Ozeans gewonnene „Bourbon-
Vanille" unterscheidet sich in den Inhaltsstoffen und damit auch im Aroma von der Südsee-Vanille, die z. B. in Tahiti kultiviert wird. Die schoten-
ähnlichen Kapselfrüchte enthalten im Fruchtfleisch eingebettete Samen.
Die Früchte werden unreif geerntet, künstlich gereift und fermentiert. Bei
der Fermentation wird Vanillin und Vanillin-Alkohol aus dem Glucosid
enzymatisch freigesetzt. Vanillin und Vanillin-Alkohol sind in der unreifen Frucht glucosidisch gebunden. Durch enzymatische Bräunungsreaktionen wird die Frucht nach der Fermentation dunkelbraun gefärbt. Anschließend werden die Enzyme durch Erhitzen denaturiert und die
Vanilleschoten getrocknet. Aus etwa 3,5 kg Früchten erhält man 1 kg ge-
trocknetes Vanillegewürz. Dominierender Inhaltsstoff ist das Vanillin
(4-Hydroxy-3-methoxybenzaldehyd), in der Frucht zu etwa 2 % enthalten.
Nebenbestandteile sind 4-Hydroxybenzaldehyd, 4-Hydroxybenzylme-
thylether, Vanille-Alkohol, Phenole, Diacetyl und mehrere Hundert andere, in kleinen Mengen vorkommende Substanzen. Südseevanille enthält
zusätzlich zu Vanillin Piperonal (3,4-Methylendioxybenzaldehyd = 1,3-
Benzodioxol = Heliotropin), das das Aroma abartig beeinflusst und damit
eine andere Qualität von Vanille darstellt. Zusätzlich sind in der Vanille
Kohlenhydrate, wie Saccharose, Glucose, Fructose und Zellulose enthalten. Vanille wird als Gewürz in der Bäckerei, für Süßspeisen, Speiseeis,
Schokolade, Spirituosen und in der Parfümerie verwendet.

## 10.7.6 Samengewürze

**Muskatnuss** (*Myristica fragrans, Myristicaceae,* engl. nutmeg): Ist heimisch auf den südlichen Molukken (Banda, Indonesien) und wird vor allem auf der Karibikinsel Grenada kultiviert. Indonesien und Grenada sind heute die bedeutendsten Produzenten. Die Produkte unterscheiden sich in ihren Inhaltsstoffen, wobei die indonesische Provenienz als bessere Qualität gilt. Die Muskatnuss ist der Same, der, umgeben von einem Samenmantel (*Arillus*), im Fruchtfleisch einer aprikosenähnlichen Frucht eingebettet ist. Der Same wird vom Fruchtfleisch, dem roten Samenmantel und einer Steinschale abgelöst, getrocknet und zur Konservierung oft gekalkt. Die Muskatnuss enthält 7–16 % ätherisches Öl und auch fettes Öl, vorwiegend aus Glycerintrimyristat bestehend. Das ätherische Öl besteht vorwiegend aus Terpen-Kohlenwasserstoffen (60–90 %) und oxidierten Terpenen (5–15 %). Zusätzlich werden geringere Mengen an phenolischen Substanzen gefunden (2–20 %). Terpenkohlenwasserstoffe sind α- und β-Pinen-, α- und γ-Terpinen, α- und β-Phellandren, Sabinen, Camphen, δ-3-Caren und *p*-Cymol (Abb. 10.2, 10.3). An oxidierten Terpenen werden gefunden: Linalool, Geraniol, α- und β-Terpineol, 1,8-Cineol, Citronellol, Borneol (Abb. 10.1, 10.2). Phenolische Inhaltsstoffe sind Myristicin (3,4-Methylendioxy-5-methoxy-allylbenzol), Elemicin (3,4,5-Trimethoxy-allylbenzol), Safrol (3,4-Methylendioxy-allylbenzol), Eugenol (Abb. 10.10), Isomyristicin (3,4-Methylendioxy-5-methoxy-1-propenylbenzol). Myristicin, das für die psychotrope (halluzinogene) Wirkung größerer Mengen an Muskatnuss verantwortlich gemacht wird, ist praktisch nur in der indonesischen Provenienz enthalten.

Muskatnuss wird als Gewürz für Fleischspeisen, in der Wursterzeugung, für Gemüse, in Suppen, in der Bäckerei und als Bestandteil des Currygewürzes verwendet. Der getrocknete Samenmantel (*Arillus*) wird ebenfalls als Gewürz benützt: **Macis** ist frisch karmesinrot und nach dem Trocknen gelb-bräunlich. Macis enthält dieselben Inhaltsstoffe in etwas anderen Konzentrationen als die Muskatnuss, hat ein feineres Aroma und wird vorwiegend für Kompotte, Backwaren und in der Wursterzeugung angewandt.

**Senf** wird aus den Samen verschiedener *Brassica-* und *Sinapis*-Arten hergestellt (*Brassica nigra, Brassica juncea, Sinapis alba, Brassicaceae = Cruciferae*). Sämtliche Senfarten enthalten für die gesamte Familie der *Cruciferae* charakteristische Inhaltsstoffe (Glucosinolate – Thioglucoside), aus denen bei Verletzung des Gewebes vorwiegend Isothiocyanate, katalysiert durch das Enzym Myrosinase, freigesetzt werden. Daneben entstehen beim Zerfall der Glucosinolate auch kleine Mengen an Thiocyanaten (Rhodaniden), organischen Cyaniden (Nitrilen) und Epithiosulfiden (siehe Kohlgemüse). Die *Brassicaceae* (*Cruciferae*) erzeugen in ihren Samen Glucosinolate biosynthetisch aus den entsprechenden Aminosäuren. Entsprechend der dem Glucosinolat zugrunde liegenden Aminosäure unterscheiden sich strukturell die daraus entstandenen Isothiocyanate (Senföle), die für den scharfen Geschmack der Samen verantwortlich sind. Die Senföle sind, je nach ihrem Siedepunkt, Aroma- und Geschmacksstoffe (z. B. Allylsenföl – schwarzer Senf, Kp: 148–154 °C) oder nur Geschmacksstoffe (z. B. 4-Hydroxybenzylsenföl – weißer Senf). Senföle kommen nur in *Cruciferae* vor, mit Ausnahme des Vorkommens in den botanisch sehr nahe verwandten Kapern, und interessanterweise auch in den Samen der Papayafrucht. In der Regel sind in den Samen neben einer Hauptmenge viele verschiedene Glucosinolate in kleineren Mengen enthalten. Sinigrin ist das bestimmende Glucosinolat im schwarzen Senf, Sinalbin jenes im weißen und Butenylglucosinolat jenes im braunen Senf. Chemisch bestehen die Glucosinolate (Thioglucoside) aus einem Alkylrest, aus einem über Schwefel gebundenem Glucose- und einem über Stickstoff gebundenen Sulfatrest. Bei der Spaltung der Glucosinolate entstehen, neben den schon erwähnten Substanzen, auch immer Glucose und saures Sulfat. Die Bestimmung Letzterer kann zu einem Schnelltest auf Glucosinolate verwendet werden. Senfkörner enthalten auch 30–40 % fettes Öl (ungefähr 50 % der Fettsäuren sind Erucasäure) und sind sehr eiweißreich (20–30 %). Isothiocyanate haben einen negativen Einfluss auf die Funktion der Schilddrüse, sie behindern die Iodaufnahme (Kropfnoxen), haben aber antioxidative Eigenschaften. Es wird ihnen heute eine wichtige Rolle in der Krebsprävention zugeschrieben.

Zur **Herstellung von Senf** werden meist geschälte oder ungeschälte Samen von *Brassica nigra* (schwarzer Senf), *Brassica juncea* (brauner Senf) und *Sinapis alba* (weißer Senf) gemischt und fein zermahlen. Gewürze, wie Estragon, Pfeffer, Nelken, Koriander, Zimt, Ingwer, Paprika u. a. sowie Wasser, Essig, Salz, Öl und eventuell Zucker werden der Maische hinzugefügt und etwa 24 Stunden sich selbst überlassen. In dieser Zeit werden die Isothiocyanate durch die Myrosinase aus den Glucosinolaten gebildet. Danach wird die Maische vermahlen. Die verschiedenen Senfsorten unterscheiden sich hauptsächlich durch das Mischungsverhältnis der verwendeten Senfsamen, durch die Art der Gewürze und durch den Zuckergehalt.

**Schwarzkümmel** (*Nigella sativa, Ranunculaceae*, engl. black cumin) ist in Kleinasien und im Mittelmeerraum heimisch. Das ätherische Öl (0,5– 1,5 %) enthält vorwiegend Carvon, *d*-Limonen (Abb. 10.2), para-Cymol (Abb. 10.17) und Damascenin (Abb. 10.9).

Das fette Öl des Samens (25–40 %) besteht aus etwa 60 % Linolsäure und 20 % Ölsäure, weiters kommen Palmitinsäure, Stearinsäure und Eicosadiensäure in Nebenmengen vor. Der Samen des Schwarzkümmels enthält verschiedene Phytosterine, z. B. β-Sitosterin, Campesterin oder α-Spinasterin, sowie Saponine, z. B. Hederagenin und Melanthin (1,5 %). Für *Nigella sativa* charakteristische Inhaltsstoffe sind Thymochinon (Nigellon, Abb. 10.29) und Thymohydrochinon (Nigellin), die auch als Dimere oder höher polymerisiert vorkommen und bitter schmecken.

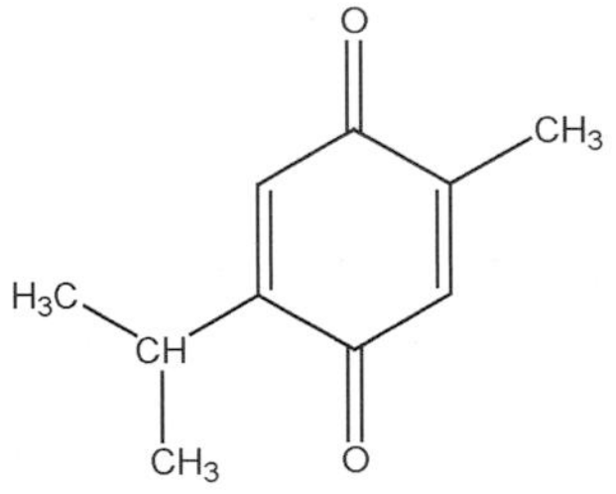

**Abb. 10.29.** Chemische Struktur von Thymochinon

Auch geringe Mengen an Alkaloiden, z. B. Nigellidin, sind enthalten. Schwarzkümmel wird sowohl als Gewürz, als diätetisches Lebensmittel und auch als Heilmittel verwendet. Er ist schon in der Bibel erwähnt, und das Öl wurde im alten Ägypten verwendet. Als Gewürz wird Schwarzkümmel ähnlich wie Kümmel verwendet, als Heilmittel hat er vielfältige Anwendungen (z. B. als Carminativum und Diuretikum) und besitzt antioxidative, antiallergene und cytostatische Wirkungen. In letzter Zeit wurde auch die antiangiogene Wirkung in Hinblick auf eine Krebstherapie untersucht.

## 10.7.7 Pilze

(Siehe Kapitel 12.2.10)

## 10.7.8 Gewürzessenzen

Gewürzessenzen werden aus natürlichen Gewürzen durch Extraktion gewonnen (durch Lösungsmittel, durch Wasserdampfdestillation oder durch Flüssiggasextraktion, meist durch überkritisches Kohlendioxid). Zum Binden der Aromastoffe werden gelbildende Polysaccharide, Wachse oder schwer flüchtige Ester (z. B. Glycerintriacetat) verwendet (Fixateure). Die Würzintensität dieser Extrakte ist viel höher als bei direkter Verwendung der Gewürze, da eine Konzentrierung der Inhaltsstoffe durch die Extraktion stattgefunden hat. Auch eine bessere Standardisierung der Würzintensität durch die Bestimmung des Gehalts der charakteristischen Inhaltsstoffe und die dadurch bedingte bessere Dosierbarkeit sind ein Vorteil der Essenzen. Ein Nachteil ist, dass nicht alle für das Aroma und den Geschmack wichtigen Komponenten in der Essenz im gleichen Verhältnis vorliegen wie im ursprünglichen Gewürz. Dadurch ergeben sich bei Verwendung von Gewürzextrakten etwas andere Sinneseindrücke. Gewürzessenzen werden für Marinaden, Soßen, Käse, Backwaren und Getränke verwendet.

**Gewürzmischungen**: Viele Gewürze kommen in Mischungen in den Handel. Bekannteste Mischung ist Curry (Zusammensetzung siehe bei

Curcuma), daneben gibt es viele Mischungen, die bei der Erzeugung von Wurstwaren, Backwaren und Käse Verwendung finden.

**Ersatz- und Kunstgewürze:** Viele Gewürzinhaltsstoffe können kostengünstig durch chemische Synthese, unabhängig von der Natur, hergestellt werden, z. B. Vanillin, das durch Oxidation von Lignin oder Eugenol relativ einfach und billig herzustellen ist; das synthetische Ethylvanillin (4-Hydroxy-3-ethoxybenzaldehyd), das in der Natur als solches nicht vorkommt, hat sogar die 3- bis 4-fache physiologische Aktivität des Vanillin. Dasselbe gilt für den Zimtaldehyd oder das 4-Hydroxy-3-methoxyacetophenon, das als Kunst-Ingwer dient. In Notzeiten wurde Kunstpfeffer durch Amide niederer Fettsäuren imitiert. Auch das kostbare Moschus-Aroma konnte schon am Ende des 19. Jahrhunderts durch Nitrotoluole (z. B. 2,4,6-Trinitro-3-isopropyltoluol) imitiert werden. Ein Nachteil der Kunstgewürze ist, dass durch eine einzige Verbindung die ganze Aromabreite des Naturproduktes nie ganz wiedergegeben werden kann. Der Zusatz von synthetisierten Inhaltsstoffen muss in Lebensmitteln als naturident bezeichnet werden. Ein anderer Weg, Aroma- und Geschmacksstoffe unabhängig von natürlichen Quellen zu erzeugen, ist der biotechnologische. Dabei werden Inhaltsstoffe aus geeigneten Ausgangsprodukten auf enzymatischem Weg hergestellt. Ein Beispiel ist die Synthese von aliphatischen Methylketonen (Methylheptylketon, Methylpentylketon) mittels Mikroorganismen (z. B. *Penicillium roqueforti*, verantwortlich für das Blauschimmelaroma). Bei Zusatz von biotechnologisch gewonnenen Aromen kann die Bezeichnung natürlich beibehalten werden. Eine andere Möglichkeit ist die Verwendung genmanipulierter Pflanzen, die den gewünschten Inhaltsstoff in höherer Konzentration synthetisieren können. Derzeit wird vorwiegend das synthetische Vanillin in großem Umfang als Gewürz verwendet.

# 11 Tierische Lebensmittel

Tierische Lebensmittel sind in allen Kulturkreisen bisher als wichtige Quellen für Eiweiß, Fett und Mineralstoffe verwendet worden. Besonders das Fleisch von Haustieren, Fischen und jagdbaren Tieren dient diesem Zweck.

## 11.1 Fleisch

Fleisch im Sinne des Fleischbeschaugesetzes sind Teile von warmblütigen Tieren, frisch oder zubereitet, sofern sie sich zum Genuss für den Menschen eignen. Die Schlachttiere werden in Schlachtvieh-Handelsklassen eingestuft. Kriterien dabei sind:

- Rasse
- Ernährungszustand
- Alter
- Schlachtgewicht
- Schlachtausbeute (Verhältnis von Lebendgewicht zu Fleischzusammensetzung).

Die wichtigsten Tiere, die unter das Beschaugesetz fallen, sind **Rind, Kalb, Schwein, Schaf, Ziege** und **Pferd**. Geflügel ist nicht beschaupflichtig. Die Fleischbeschau durch einen Amtstierarzt soll die gesundheitliche Unbedenklichkeit des Schlachtkörpers und des Fleisches sicherstellen. Die erfolgreiche Beschau wird durch einen Stempel auf dem Fleisch angezeigt, danach ist es für den Handel freigegeben. Nicht ganz einwandfreies Fleisch darf in so genannten Freibänken verkauft werden.

### 11.1.1 Zusammensetzung von Fleisch

Fleisch im engeren Sinne ist die quergestreifte Muskulatur der Schlachttiere. Unterschieden wird sie von den Innereien (Leber, Herz, Niere usw.), die vorwiegend eine glatte Muskulatur enthalten. Eine Ausnahme bildet das Herz, das einen großen Anteil an quergestreifter Muskulatur enthält. Die Querstreifung der Muskulatur kann im Polarisationsmikroskop sichtbar gemacht werden. Das vom Fett befreite Fleisch besteht zu **74–79 % aus Wasser**. Der Wassergehalt schwankt je nach Tierart, Alter und Ausmästung. Das Fleisch junger Tiere hat ganz allgemein einen hohen Wassergehalt und einen niedrigen Fettgehalt. Mit zunehmendem Alter wird das Wasser teilweise durch Fett ersetzt. Dies bedeutet auch, dass der Grad der Umwandlung von Futter in Lebendgewicht bei jungen Tieren höher ist (etwa 3 kg Futter pro 1 kg Lebendgewicht) als bei älteren Artgenossen. Daher ist die Mästung auf niedrigere Schlachtgewichte ökonomischer als auf höhere.

Zweiter Hauptbestandteil des Fleisches, etwa **20–25 %**, ist das **Eiweiß**, hauptsächlich bestehend aus Muskeleiweiß, in zweiter Linie aus Bindegewebseiweiß und aus Proteinen mit enzymatischer Aktivität. Bindegewebseiweiß ist für die Struktur von Knorpeln, Sehnen, Zellwänden und als Trägersubstanz für Fett wichtig. Das enzymatisch aktive Eiweiß dient dem Betrieb und der Energieversorgung der Muskeln. Andere im Fleisch in geringer Konzentration vorkommende, stickstoffhaltige Komponenten sind Myoglobin, Albumin, Peptide, Carnitin, Kreatin, Purine, Nucleotide und Harnsäure. Muskel- und Bindegewebsproteine sind in Wasser weitgehend unlöslich, mit Salzlösungen aber extrahierbar, während die anderen stickstoffenthaltenden Inhaltsstoffe in Wasser löslich sind.

**Fett** kann im Fleisch **bis über 30 %** enthalten sein, z. B. im fetten Schweinefleisch und im Fleisch von Mastgänsen.

Das wichtigste **Kohlenhydrat** im Fleisch ist das **Glykogen** (im Durchschnitt 0,05–0,18 %). Relativ hoch ist der Glykogengehalt im Kalb- und im Pferdefleisch (0,3–0,9 %).

### 11.1.1.1 Muskelaufbau

Im Mittelpunkt des ernährungsphysiologischen, bio- und lebensmittelchemischen Interesses stehen die Proteine der quergestreiften Skelett-Muskulatur. Der Muskel besteht überwiegend aus individuellen Fasern, die, zu Bündeln organisiert, die Hauptmasse des Muskels ausmachen. Alle Muskeln sind umgeben von einer dünnen Schicht Bindegewebe, dem Epimysium, das die in einem Muskel enthaltenen Fasern umschließt und zusammenhält. Die einzelnen Faserbündel sind von einer dünnen Bindegewebsmembran umschlossen, die als Perimysium bezeichnet wird. Jede einzelne Faser, die aus einem Bündel von Myofibrillen, den kontraktilen Bestandteilen, besteht, ist durch eine Bindegewebsschicht, dem Endomysium, und dem darunter liegenden Sarkolemm von den anderen Fasern abgegrenzt. Blutgefäße (Sauerstoff- und Nährstoffversorgung bzw. Entsorgung von Abfällen) und Nerven (zur Kontrolle der Erregung) sind neben den Sehnen (Kraftübertragung auf das Skelett) an die einzelnen Muskeln angeschlossen. Der Körper enthält etwa 600 Muskeln, etwa die Hälfte davon ist für das Lebensmittel Fleisch von Interesse. Bei Fettansatz wird das Muskelbindegewebe zum Träger des Fetts.

Die Anzahl der Muskelfasern eines Individuums ist vorwiegend genetisch determiniert. Das Muskelwachstum ist durch Vergrößerung der Anzahl der Myofibrillen und damit des Querschnitts und der Länge der Fasern gegeben. Eine Myofibrille ist 1–10 µm dick und bis zu 12 cm lang.

Jede Muskelfaser bildet eine mehrkernige Muskelzelle. Die Größe der Muskelfaser hängt mit der Zähigkeit des Fleisches zusammen: je größer die Faser, desto zäher das Fleisch. Durch Arbeit werden Länge und Dicke der Fasern vergrößert, daher ist das Fleisch zur Arbeit eingesetzter Tiere auch zäher. Wegen der kleineren Fasern ist das Fleisch von weiblichen Tieren in der Regel zarter.

Die Myofibrillen liegen in einem Zellplasma, dem Sarkoplasma, das subzelluläre Organellen, wie Mitochondrien, und die für den Zellmetabolismus (z. B. Energieversorgung, Sauerstofftransport) notwendigen Proteine enthält.

### 11.1.1.2 Muskelproteine

Muskelproteine sind strukturell immer verschieden von den entsprechenden Blutproteinen, was zur analytischen Unterscheidung verwendet werden kann. Das in den Muskelzellen enthaltene Hämprotein **Myoglobin** ist für den Sauerstofftransport im Muskel und gleichzeitig auch für die Farbe des Fleisches verantwortlich. Es besteht nur aus einer Hämgruppe und einer Proteinkette und ist damit wesentlich einfacher aufgebaut als der Blutfarbstoff Hämoglobin (vier Hämgruppen, je zwei α- und β-Proteinketten pro Molekül). Es gibt weiße, myoglobinarme, schnell erregbare und auch ermüdbare Muskeln und rote, langsam auf Erregung ansprechende, aber ausdauernde Muskeln. Die Menge des im Muskel enthaltenen Myoglobins hängt direkt mit der Farbe des Fleisches zusammen. Ältere und durch Arbeit stark beanspruchte Tiere liefern immer dunkleres Fleisch. Die Fleischfarbe wird auch durch die Art des Futters beeinflusst: Fütterung mit Heu liefert nach der Schlachtung dunkleres Fleisch als bei Fütterung mit Getreide.

Die kontraktilen Bestandteile der Muskelfasern, die Myofibrillen, sind selbst wieder aus dicken **(Myosin)** und dünnen Proteinfilamenten **(Actin)** aufgebaut. Sie liegen in der Längsachse der Muskelzelle (0,01–0,1 mm dick und einige cm lang) und enthalten Actin und Myosin alternierend. Eine Muskelfaser mit einem Durchmesser von 100 μm enthält etwa 1000 Myofibrillen. Daneben kommen in den Myofibrillen auch **Tropomyosin** und die **Troponine** vor, Proteine mit regulatorischen Eigenschaften. Der Wechsel von dünnen und dicken Filamenten ist verantwortlich für das Entstehen der hellen und dunklen Zonen, die man im Polarisationsmikroskop sehen kann. Im entspannten Muskel wiederholen sich helle (I-Zonen, isotrope Zonen, enthalten nur dünne Filamente) und dunkle Zonen (A-Zonen, anisotope Zonen, enthalten nur dicke Filamente) in einem Abstand von 2,5 μm, der sich im kontrahierten Muskel auf etwa 1,7–1,8 μm verringert. Im Überlappungsbereich entstehen enge, dunkel erscheinende Bänder, die als Z-Linien bezeichnet werden. Daneben wird auch eine H- und eine M-Linie gefunden. Der Abstand zwischen zwei Z-Linien wird Sarkomer genannt und stellt die kleinste kontraktile Einheit dar. Myosin und Actin sind hexagonal zueinander angeordnet: 1 Myosin ist umgeben von 6 Actinen und 1 Actin von 3 Myosinen. Eine Muskelzelle ist aus 38 % Myosin, 13–15 % Actin, 15–17 % Sarkolemm und 32 % anderer Proteine zusammengesetzt. Die Myosin-Moleküle haben eine faserförmige Struktur, liegen auf beiden Seiten der M-Linie und haben an jedem Ende Doppelköpfe, die ATPase-Aktivität aufweisen. Myosin hat ein Molekulargewicht (MW) von etwa 500.000 und besteht aus zwei schweren Ketten (MW 200.000) und je zwei Paaren von leichten Ketten (MW 15.000–27.000). Die ATP-spaltende Aktivität ist mit einem Doppelkopf assoziiert. Die ATPase-Aktivität wird aktiviert durch Calcium und inhibiert durch Magnesium.

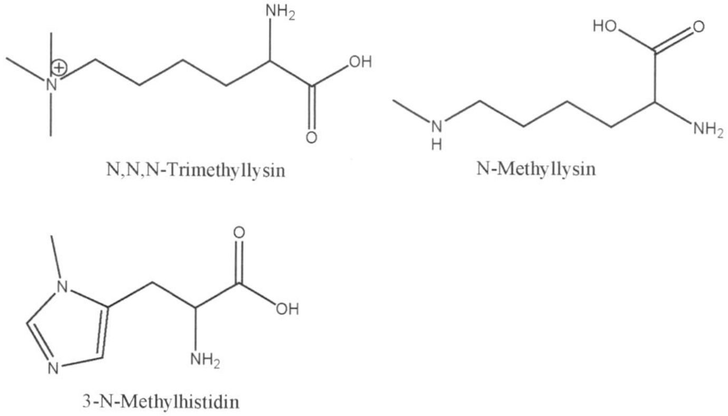

N,N,N-Trimethyllysin            N-Methyllysin

3-N-Methylhistidin

**Abb. 11.1.**    Chemische Struktur methylierter Aminosäuren des Myosins

**Myosin** enthält seltene, am Stickstoff methylierte Aminosäuren, wie **N-Methyllysin, N-Trimethyllysin, 3-Methylhistidin,** deren Nachweis zur Identifizierung von Myosin und damit von Muskelprotein herangezogen werden kann (Abb. 11.1). Kurze Einwirkung von Trypsin spaltet Myosin in leichte und schwere Meromyosin-Moleküle, wobei die Letzteren die Köpfe mit ATPase-Aktivität enthalten.

Die **Actin**-Filamente sind aus vier Proteinketten aufgebaut und bestehen aus zwei (fibrillären) F-Actin-Ketten, die durch Polymerisation von (globulärem) G-Actin gebildet werden, und zwei Tropomyosin-Polymeren.
    **F-Actin** wird während der Muskelentspannung unter dem Einfluss von Magnesium-Ionen aus dem monomeren **(globulären) G-Actin** gebildet (MW etwa 43.000).

**Tropomyosin** (MW 66.000) besteht aus zwei helikalen Untereinheiten und ist mit Actin assoziiert – ein Tropomyosin-Molekül kommt auf etwa sieben G-Actin-Moleküle. Der Troponin-Komplex ist aus **Troponin T, Troponin I** und **Troponin C** zusammengesetzt. Troponin T bindet an Tropomyosin, Troponin I bindet an Actin, und Troponin C bindet Calcium-Ionen. Der Troponin-Komplex hat für die Muskelkontraktion und Entspannung große physiologische Bedeutung. Im entspannten Muskel ist die Calcium-Konzentration bei etwa $10^{-7}$ mol/l und steigt während der Kontraktion um etwa zwei Zehnerpotenzen auf $10^{-5}$ mol/l. Die Muskelkontraktion wird durch die Calcium- und Myosin-katalysierte Spaltung von ATP zu ADP eingeleitet. Durch die freigesetzte Energie kommt es zu den beschriebenen strukturellen Umlagerungen im Actin-Bereich, und dünne und dicke Filamente gleiten übereinander. Es bildet sich, unter teilweiser Depolymerisation von F-Actin, ein Komplex von Actin und Myosin, das **Actomyosin**. Das Ausmaß der Kontraktion ist durch den Grad der Überlappung von dünnen und dicken Filamenten bestimmt und wird über Sehnen, die am Muskel ansetzen, auf die Knochen übertragen. Die Muskelkontraktion kann so lange fortgeführt werden, als ATP und Calcium in ausreichender Konzentration vorhanden sind. ATP wird im lebenden Muskel durch Glykolyse erzeugt und teilweise als Kreatinphosphat gespeichert. Die Entspannung des Muskels erfolgt durch Magnesiumionen, die das Calcium von seinen Bindungsstellen am Myosin verdrängen und die weitere ATP-Spaltung inhibieren. Über die Bedeutung der Muskelkontraktion im Hinblick auf die Schlachtung und die damit verbundene Versteifung der Gliedmaßen des Schlachtkörpers (Totenstarre, **Rigor mortis**) sowie ihren Einfluss auf den Verlauf der Fleischreifung wird in weiterer Folge noch zu sprechen sein.

**Weitere Proteine**, die in geringer Konzentration im Muskel gefunden wurden, sind: α- und β-Actinin, Myomesin, Titin (Connectin), Desmin, Filamin, Nebulin, Synemin u. a. Mit Ausnahme des Titins (6–10 %) sind diese Proteine im Muskel in Konzentrationen unter 5 % vorhanden. Titin, das in den Sarkomeren vorkommt, soll teilweise für die Zähigkeit des Fleisches verantwortlich sein. Der proteolytische Abbau des Titins korreliert mit der Zartheit des Fleisches. α-Actinin ist die Hauptkomponente der Z-Linie, es verankert die gegenüberliegenden dünnen Filamente.

### 11.1.1.3 Bindegewebeproteine

Den mengenmäßig größten Anteil stellt das **Collagen** dar, wahrscheinlich das weitverbreitetste Protein überhaupt (in Säugetieren etwa 25 % aller Proteine, 6 % des Körpergewichts, 10–15 % des gesamten Muskelproteins, aber nur 2 % intramuskulär). Die Muskeln sind durchdrungen von Bindegewebsfasern, die aus den Sehnen und aus dem den Muskel umgebenden Perimysium stammen. Den höchsten Gehalt an Collagen haben die Muskeln der Gliedmaßen, den geringsten die des Rückens. Daher ist auch das Fleisch des Rückens zarter als das der Glieder. Collagen findet im Organismus eine vielfältige Verwendung: z. B. beim Aufbau von Sehnen und Knochen, der Haut, in Membranen und Knorpeln, im Gewebe zur Einlagerung von Triglyceriden, im Auge in Hornhaut und Glaskörper und vielen anderen. Entsprechend den vielen Verwendungen unterscheidet man auch fünf verschiedene Typen von Collagen.

Der häufigste Typ ist das so genannte Typ-I-$[\alpha^1(I)]_2\alpha^2(I)$-Collagen, das in Sehnen, Knochen, Haut, Hornhaut und im Muskel-Epimysium und -Perimysium gefunden wird. Typ-II-$[\alpha^1(II)]_3$-Collagen kommt vorwiegend in Knorpeln und im Glaskörper vor. $\alpha_1$, $\alpha_2$ bezeichnen die im speziellen Collagen enthaltenen Peptidketten. Collagen ist ein in Wasser und Salzlösung fast unlösliches, aber quellbares Glykoprotein. Als Kohlenhydratkomponente sind Glucose und Galaktose gebunden. Im Collagen ist im Durchschnitt jede dritte Aminosäure Glycin. Neben diesem rund 33%igen Gehalt an Glycin kommen größere Mengen an Prolin (12 %), Hydroxyprolin (10 %) und $\delta$-Hydroxylysin (1 %) vor (Abb. 11.2).

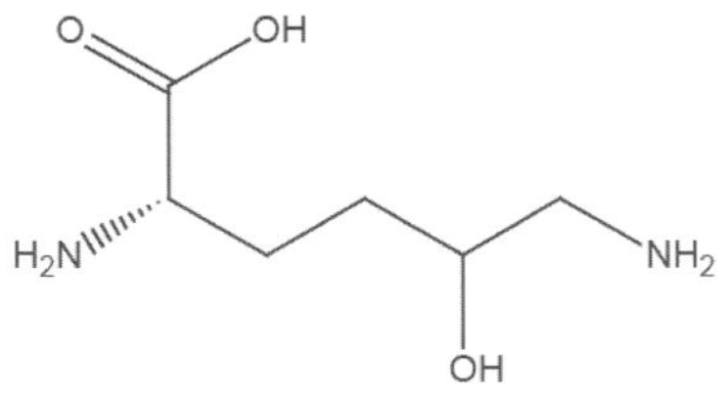

δ-Hydroxylysin 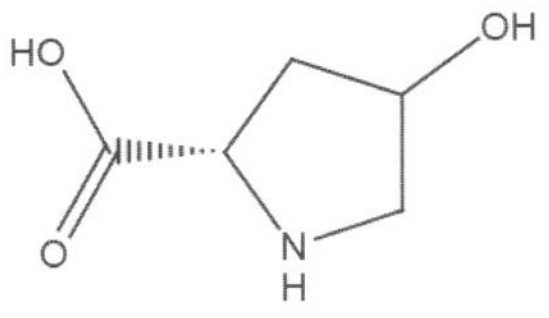                        4-Hydroxyprolin

**Abb. 11.2.**     Chemische Struktur von δ-Hydroxylysin und 4-Hydroxyprolin

Drei Polypeptidketten sind im Collagen ineinander und zu einer **Tripelhelix** (Superhelix) gewickelt. Diese dicht gepackte Struktur macht auch verständlich, warum Aminosäuren mit voluminösen Seitenketten im Collagen nur in geringer Konzentration vorkommen. Grundbaustein des Collagens ist das Tropocollagen, das schon die Tripelhelix enthält und an den nichthelikalen Enden einen höheren Gehalt an Lysin aufweist. Lysin hat für die Vernetzung und damit Reifung des Collagens eine große Bedeutung. Durch Polymerisation des Tropocollagens entstehen Collagenfibrillen und bei paralleler Anordnung durch weitere Polymerisation Collagenfasern. Diese machen einen weiteren Reifungs- und Alterungsprozess durch, wobei eine Vernetzung der Peptidketten des Collagens, meist durch kovalente Bindung, eintritt. Dabei wird die Struktur kompakter und in Wasser weniger quellbar, aber mechanisch stabiler. Es gibt verschiedene Möglichkeiten der kovalenten Vernetzung: z. B. die Bildung von **Disulfidbrücken** durch Oxidation der SH-Gruppen von zwei in verschiedenen Ketten sich befindlichen Cysteinresten zu Disulfidbrücken oder die Umlagerung von Disulfiden innerhalb der Kette zu Disulfiden zwischen den Ketten. Die Quervernetzung mittels Disulfidbrücken wurde vor allem in den Peptiden des Procollagens während der Bildung der Tripelhelix beobachtet, beim reifen Collagen ist sie bedeutungslos, da der Cysteingehalt in diesem Stadium minimal ist. Wie schon erwähnt, hat Lysin für die Vernetzung des Bindegewebes eine große Bedeutung (Abb. 11.3). Lysyloxidase (ein Cu-haltiges Enzym) oxidiert die endständige Aminogruppe des Lysins zu einem Aldehyd, der mit **Lysin** oder **Hydroxylysin** einer anderen Kette eine Aldol- oder Aldimin-Bindung (Allysin) eingeht.

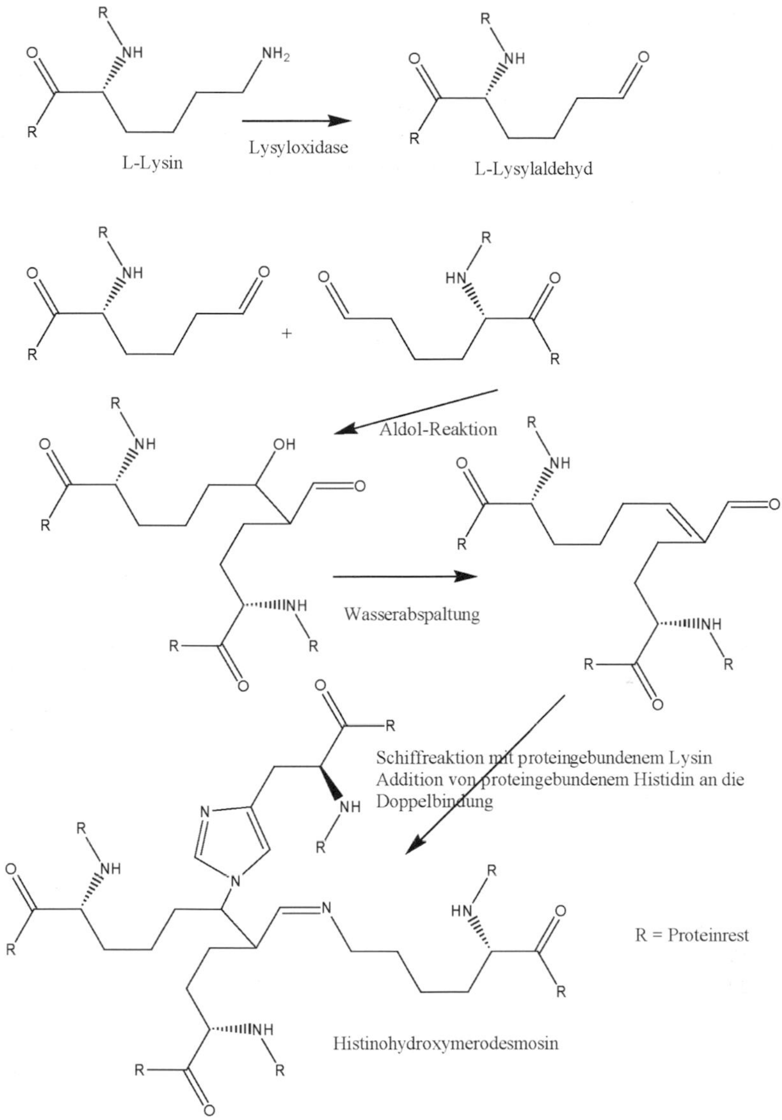

**Abb. 11.3.** Reaktion des Lysins bei der Bindegewebsvernetzung

Diese Art der Quervernetzung kann teilweise durch Reduktion mit Natriumborhydrid oder auch durch Erhitzen aufgehoben werden. Aus vier Lysinresten können sich **Desmosin** und **Isodesmosin** (polyvalente Tetralysylpyridiniumverbindungen) bilden, die zu kovalenten Vernetzungen zwischen den Peptidketten führen (siehe Elastin). Tyrosinreste im Collagen können zu **Dityrosin** oxidiert werden, was irreversibel zu einer kovalenten Bindung zwischen den Ketten führt.

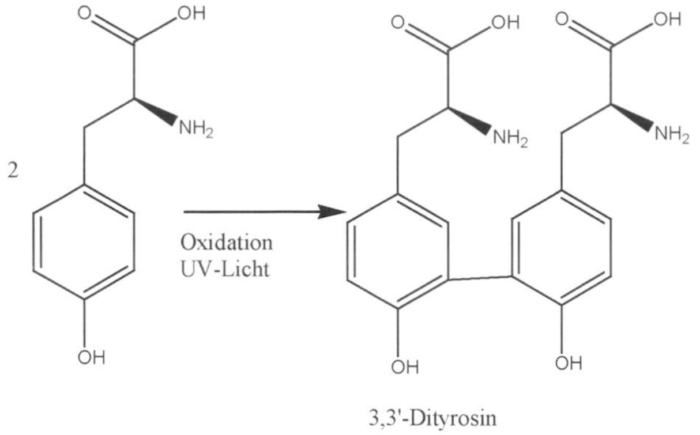

3,3'-Dityrosin

**Abb. 11.4.**　Bildung von Dityrosin durch UV-Strahlung

Die Bildung von Dityrosin tritt auch oft als Folge von UV-Bestrahlung auf (Abb. 11.4). Die Anzahl der Quervernetzungen im Bindegewebe nimmt mit steigendem Alter der Tiere zu. Auch die Anzahl der irreversiblen Quervernetzungen steigt an, die Löslichkeit des Collagens in NaCl-Lösung sinkt, während der Bindegewebsgehalt insgesamt abnimmt. Dadurch wird das Fleisch älterer Tiere zäher. Die Quervernetzung des Bindegewebes ist für seine physiologische Funktion wichtig. Substanzen, die die Quervernetzung inhibieren, sind daher für den Organismus toxisch. Ein Beispiel hierfür stellen **„Lathyrogene"** dar, Pflanzeninhaltsstoffe, die die Lysyloxidase hemmen.

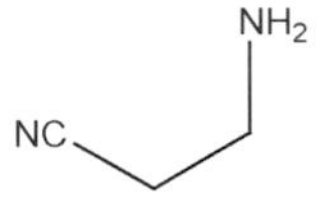

**Abb. 11.5.**　Chemische Struktur von β-Aminopropionitril

Ein sehr bekanntes Lathyrogen ist das β-Aminopropionitril (Abb. 11.5), das in der Kichererbse *(Cicer arietinum)* und in der Futterplatterbse *(Lathyrus cicera)* vorkommt. *Cicer arietinum* ist in den Mittelmeergebieten ein häufig verwendetes Gemüse (Lathyrogene, siehe auch Abb. 12.31).

Beim Erhitzen des Collagens in Wasser kommt es zu einer Abnahme der Länge und zu einem Schrumpfen der Fasern. Die Schrumpfungstemperatur ist verschieden für verschiedene Tierarten: z. B. Fisch-Collagen 45 °C, Säugetier-Collagen 60–65 °C. Bei etwa 80 °C geht das unlösliche Collagen in wasserlösliches Gelatin über. Dabei wird die Tripelhelix zerstört und eine begrenzte Anzahl von Peptidbindungen gelöst, wodurch sich die Kettenlänge verringert. Auch Quervernetzungen brechen auf, große Mengen von Wasser werden in die Struktur eingelagert und ein weitgehend lösliches Protein entsteht. Gelatin hat viele Anwendungen in der Praxis der Lebensmitteltechnologie, siehe Kapitel 16.

Collagen kann auch enzymatisch durch Collagenasen und neutrale Proteasen abgebaut werden. Der Abbau des Collagens im Fleisch trägt zu dessen Zartheit wesentlich bei. Neutrale Proteinasen spalten im nichthelikalen Bereich des Collagens, während Collagenasen im Bereich der Tripelhelix aktiv sind. Als Spaltprodukte entstehen vorwiegend Polypeptid-Bruchstücke und nur geringe Mengen an freien Aminosäuren. Auch im Fleisch vorkommende **Cathepsine**, besonders Cathepsin B, und Kohlenhydratketten-hydrolysierende Enzyme (β-Galaktosidase und β-Glucuronidase) tragen zur Hydrolyse des Collagens bei.

**Elastin** ist ein gummiartiges, unlösliches und nicht quellbares Protein von großer mechanischer Stabilität, wie schon aus dem Namen hervorgeht. Es kommt in geringen Mengen gemischt mit Collagen im Bindegewebe vor und ist Hauptbestandteil der Proteine, die am Aufbau der Blutgefäße, der Lunge und des Darmes beteiligt sind. Auch in elastischen Sehnen ist Elastin enthalten. Im quergestreiften Muskel ist Elastin nur in minimaler Konzentration enthalten. Elastin ist hydrophober und stärker kovalent vernetzt als Collagen. Daher hat es einen höheren Anteil an hydrophoben Aminosäuren, wie Leucin, Isoleucin und Valin, und einen höheren Grad an Quervernetzung durch Desmosin und Isodesmosin, während Hydroxylysin im Elastin nicht gefunden wird und damit für das Entstehen von Querverbindungen ausscheidet.

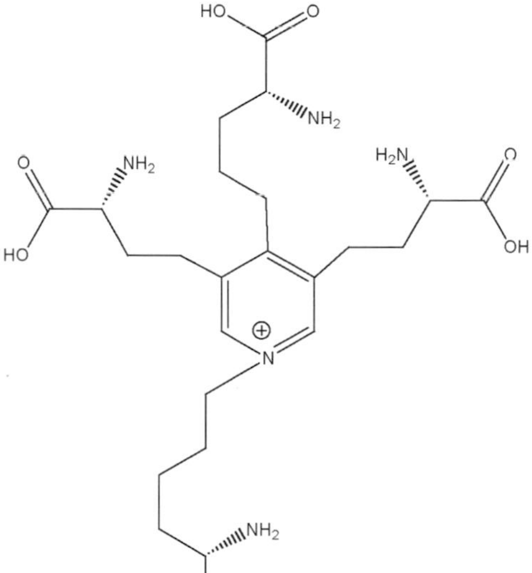

**Abb. 11.6.**    Chemische Struktur von Desmosin

Desmosin (Abb. 11.6) und Isodesmosin entstehen aus Lysinresten, bei denen die endständige Aminogruppe teilweise durch Katalyse des Kupferenzyms Lysinoxidase zum Aldehyd oxidiert wurde. Durch Kondensation zwischen den Aldehyden und der endständigen Aminogruppe eines Lysinrestes bildet sich der Pyridiniumring. Elastin wird durch das körpereigene Enzym Elastase abgebaut, andere proteolytische Enzyme sind weitgehend ohne Wirkung.

**Peptide** und **freie Aminosäuren** sind im frischen Fleisch nur in geringem Ausmaß vorhanden. Ihre Konzentration nimmt während der Fleischreifung zu und beeinflusst den Geschmack des Fleisches.

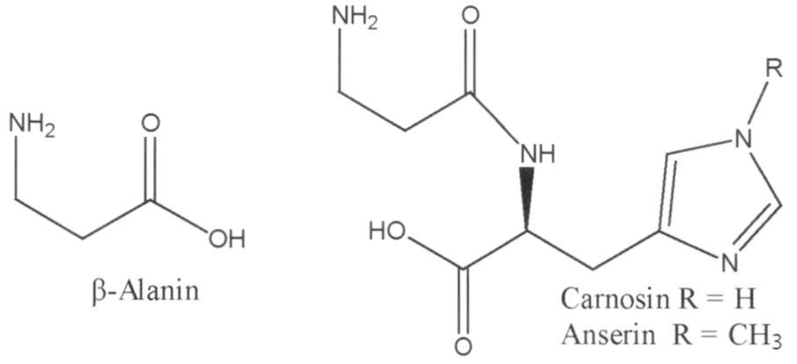

**Abb. 11.7.**     Chemische Struktur von β-Alanin, Carnosin und Anserin

**Carnosin** und **Anserin** sind Dipeptide, die aus den Aminosäuren Histidin und β-Alanin bestehen (Abb. 11.7). Beim Anserin ist die $N_1$-Position am Histidin methyliert. Wegen des Gehalts an der seltenen und leicht oxidierbaren Aminosäure β-Alanin kann man Carnosin und Anserin als wichtige antioxidative Inhaltsstoffe des Fleisches betrachten.

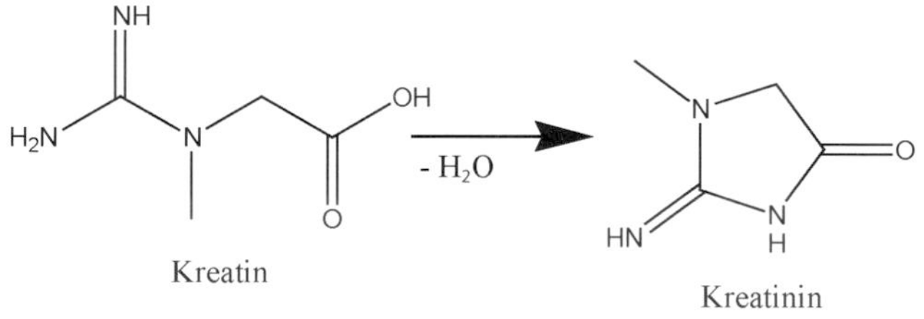

**Abb. 11.8.**     Reaktion von Kreatin zu Kreatinin

**Kreatin** und **Kreatinin** sind im Fleisch in einer Konzentration von 0,05–0,4 % enthalten. Das zyklische Kreatinin entsteht durch Abspaltung von Wasser aus der basischen Aminosäure Kreatin (N-Methyl-guanidinessigsäure = N-Amidinsarcosin, Abb. 11.8). Kreatin kommt vorwiegend als Phosphokreatin als zweites energiereiches Phosphat neben ATP im Muskel vor. Mit Pikrinsäure (2,4,6-Trinitrophenol) gibt Kreatin eine orange Farbreaktion, die zum Nachweis von Kreatin und darüber hinaus von Fleischbestandteilen in erhitzten Lebensmitteln verwendet werden kann.

Supplementation von Kreatin in der Sporternährung wird heute zur Erhöhung der Sprintleistung verwendet.

**Carnitin** (4-Trimethylammonium-2-hydroxybuttersäure) ist für den Transport von langkettigen Fettsäuren (C > 10) in die Mitochondrien des Muskels verantwortlich. Dabei wird die 2-Hydroxygruppe des Carnitins für den Transport mit der Carboxylgruppe der Fettsäure verestert (Struktur siehe Abb. 7.24).

**Purinbasen** und **Nucleotide** sind im Fleisch in einer Konzentration von 0,1–0,25 % enthalten. Es kommen Adenin, Guanin, Hypoxanthin, Adenosin, Guanosin, Harnsäure und 1,3-Dimethylharnsäure vor (Abb. 11.9).

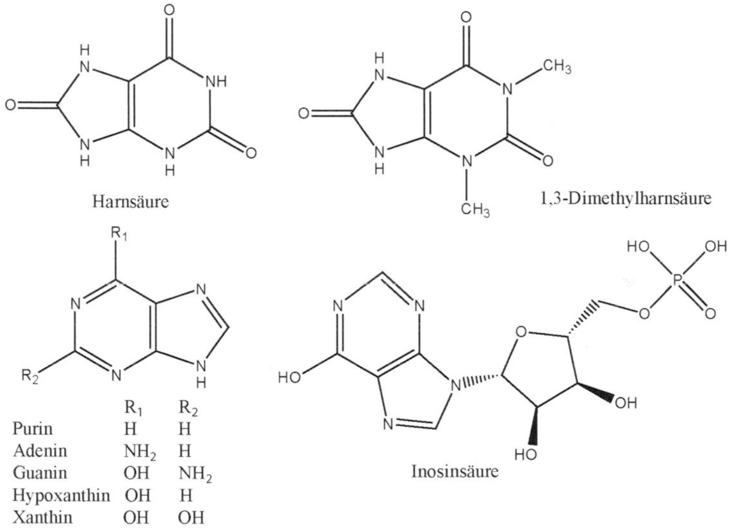

Harnsäure                    1,3-Dimethylharnsäure

| | $R_1$ | $R_2$ |
|---|---|---|
| Purin | H | H |
| Adenin | $NH_2$ | H |
| Guanin | OH | $NH_2$ |
| Hypoxanthin | OH | H |
| Xanthin | OH | OH |

Inosinsäure

**Abb. 11.9.**    Chemische Struktur ausgewählter Purine und Nucleotide

Wildfleisch und Innereien weisen immer einen höheren Puringehalt auf als Muskelfleisch. Inosinsäure, ein Zwischenprodukt des Adenosinabbaus, wirkt als Geschmacksverstärker und ist daher wichtig für den Fleischgeschmack. Inosinsäure wirkt auch appetitanregend und wird in dieser Eigenschaft als Zusatzstoff in Lebensmitteln verwendet.

### 11.1.1.4  Mineralstoffe

Mineralstoffe sind im Ausmaß von 0,8–1,8 % (3,2–7,5 % in der Trockensubstanz) im Fleisch enthalten. Sie bestehen vorwiegend aus NaCl, Phosphaten von Calcium, Magnesium und Kalium, Sulfat, Kieselsäure und Spurenelementen. Mineralstoffe werden aus der Asche bestimmt. Wegen des hohen Phosphatgehaltes ist Fleisch ein säureüberschüssiges Lebensmittel.

#### 11.1.1.5 Vitamine

Fleisch enthält vorwiegend Vitamine des B-Komplexes. Größere Mengen an Thiamin, Nicotinsäureamid, Riboflavin, Pyridoxin und Pantothensäure sind im Muskel enthalten, während fettlösliche Vitamine hauptsächlich in Innereien und tierischen Fetten anzutreffen sind.

### 11.1.2 Post-mortem-Vorgänge

Einige Stunden nach der Schlachtung und der Ausblutung (keine Sauerstoffversorgung der Muskeln mehr) beginnt sich der Körper des Tieres zu versteifen, die Gliedmaßen lassen sich nach einiger Zeit nicht mehr ohne Kraftanstrengung bewegen. Diese so genannte Totenstarre *(Rigor mortis)* dauert ein bis zwei Tage und beginnt sich danach wieder zu lösen. Anschließend beginnt das schlachtfrische, an der Oberfläche feuchte Fleisch abzutrocknen und geht in die Phase der Fleischreifung über. Mit dem Eintritt des Todes beginnt der pH-Wert im Muskel zu sinken und fällt von etwa 7,0 im lebenden Muskel unter pH 6,0, im Normalfall auf etwa 5,5 (5,3–5,7 innerhalb von 24 Stunden) (Abb. 11.10).

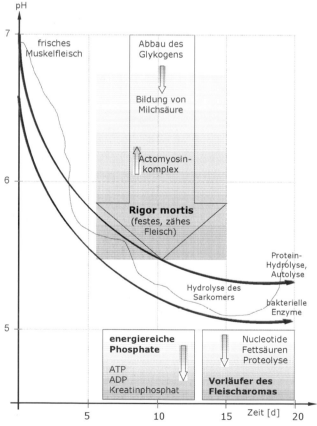

**Abb. 11.10.**   Schematische Darstellung der Fleischreifung

In weißen Muskeln ist der pH-Abfall schneller, besonders schnell erfolgt er in **PSE-Fleisch (pale, soft, exudative)**, wie es manchmal bei Schweinen vorkommt. Der pH-Wert kann in diesem Fall sein Minimum schon nach 1–2 Stunden erreichen. Das Ausmaß des pH-Abfalls ist im Muskel durch dessen Gehalt an Glykogen bestimmt, das weitgehend im Wege der Glykolyse zu Milchsäure abgebaut wird. Das Ausmaß der Milchsäurebildung bestimmt die Größe des pH-Abfalls und schützt gleichzeitig das Fleisch vor mikrobiellem Befall. Er ist daher ein wichtiger Parameter für dessen Haltbarkeit. Da bei der Glykolyse 2 Mol ATP pro Mol Glucose entstehen, kann die Glykolyse auch als Versuch des Organismus gesehen werden, den ATP-Spiegel im jetzt anaeroben System aufrechtzuerhalten. Vor der Schlachtung stark beanspruchte Tiere verfügen nur mehr über wenig Glykogen, das Fleisch dieser Tiere zeigt nur ein geringes Absinken des pH-Wertes. Auch die im Normalfall beobachtete Farbaufhellung des Fleisches unterbleibt. Mit dem Verbrauch des gespeicherten Glykogens kommt auch die ATP-Synthese zeitversetzt vollkommen zum Erliegen, da der Tricarbonsäurezyklus und die nachfolgende Elektronentransportkette (Atmungskette) mangels Sauerstoffs kein ATP mehr liefern können. ATP kann nur mehr durch Glykolyse (solange Glykogen vorhanden ist) und den Verbrauch des gespeicherten Kreatinphosphats nachgeliefert werden. ATP ist aber für die Muskelbewegung von essenzieller Bedeutung, da der Actomyosin-Komplex ohne ATP nicht mehr getrennt werden und der Muskel nicht mehr entspannen kann. Die **Bildung von Actomyosin** ist also im Muskel des Schlachtkörpers im Unterschied zum lebenden Tier **irreversibel**. Makroskopisch erklären sich die versteiften Gliedmaßen durch irreversibel verkürzte Muskeln. Die Reaktion ADP + P = ATP ist nicht mehr reversibel, und ADP wird über AMP durch Desaminierung zu Inosinsäure und in der Folge zur Harnsäure abgegeben. Calciumionen werden aus dem myofibrillären Troponin nicht mehr in das sarkoplasmatische Retikulum abtransportiert. Der Eintritt der Totenstarre ist für die einzelnen Muskeln verschieden. Sie beginnt mit der Kaumuskulatur und setzt sich zu den hinteren Extremitäten fort. Die damit verbundenen biochemischen Abläufe sind, wie alle chemischen Reaktionen, abhängig von der Temperatur des Schlachtkörpers. Zu frühes Kühlen kann den Eintritt der Totenstarre verzögern bis fast vollkommen inhibieren. Sie ist auch von der Tierart abhängig: Bei Schweinen tritt sie viel rascher ein als bei Rindern. Die Zartheit des Fleisches nimmt während der Totenstarre ab, schlachtfrisches Fleisch ist durchwegs zäh. Die *Postmortem*-Veränderungen im Muskelfleisch sind mit dem Eintritt der Totenstarre nicht beendet, sondern setzen sich nach der Auflösung des *Rigor mortis* in der Fleischreifung fort.

### 11.1.3  Fleischreifung

Der pH-Wert des Fleisches sinkt nicht weiter, sondern steigt langsam wieder an. Ab pH 6,4 besteht erhöhte Gefahr für den mikrobiellen Verderb. Die feuchte bis nasse Beschaffenheit des Fleisches verschwindet, weil die Proteine, vor allem der Myofibrillen, wieder quellen und während der Muskelkontraktion der Totenstarre ausgepresstes Wasser wieder aufnehmen. Gleichzeitig mit dem Wassergehalt steigt auch der Gehalt an niedermolekularen Stickstoffverbindungen (nicht mit Trichloressigsäure fällbar) im Fleisch. Es bilden sich aroma- und geschmacksaktive Substanzen, vorwiegend Abbau- und Umwandlungsprodukte von Aminosäuren, die dann in ihrer Gesamtheit den typischen „Flavour" des Fleisches ausmachen, und es wird besser kaubar (zart, tender). Die Fleischreifung ist ein Prozess, der von den wissenschaftlichen Grundlagen her nicht so gut verstanden ist wie der Eintritt des *Rigor mortis*. Es sind dafür vor allem fleischeigene **proteolytische Enzyme** verantwortlich, die im sauren Bereich ihr **pH-Optimum** haben. Die Dauer der Fleischreifung ist ebenfalls abhängig von der **Temperatur** und der Tierart: Rindfleisch reift bei etwa 8 °C in etwa einer Woche, bei Schweinefleisch ist die Dauer der Reifung kürzer. Bei der Fleischreifung kommt es allerdings nicht zu einem Proteinabbau in großem Ausmaß, sondern es werden eher bestimmte Schlüsselproteine der Muskulatur und des Bindegewebes verändert. Besonders auffällig ist, dass die Proteine der Z-Linie der Myofibrillen entweder abgebaut oder herausgelöst werden. Dadurch verlieren vor allem die dünnen Filamente ihre Verankerung und werden wieder beweglich. Auch Quervernetzungen zwischen der Z-Linie und den Myofibrillen werden gelöst. Von diesem Abbau betroffen sind vor allem die Proteine Titin, Desmin und Nebulin. Auch das calciumbindende Troponin T wird zu Polypeptiden mit einem MW von 28.000–32.000 abgebaut. α-Actinin wird nicht abgebaut, sondern aus der Z-Linie freigesetzt. Actin und Myosin, die Hauptproteine des Muskels, bleiben während der Fleischreifung praktisch unverändert.

Die Proteasen mit neutralem und saurem pH-Optimum, die entscheidend an diesen biochemischen Prozessen als Katalysatoren beteiligt sind, sind die Calpaine und die Cathepsine.

**Calpaine** sind Sulfhydrylproteasen (enthalten im aktiven Zentrum eine –SH = Sulfhydrylgruppe), werden durch Calciumionen aktiviert und haben ein pH-Optimum von 7,0. Man unterscheidet zwei verschiedene Typen von Enzymen, je nach der Menge an Calcium, die für die Aktivierung notwendig ist: μ-Calpain, Aktivierung durch Mikromol $Ca^{2+}$, und m-Calpain, Aktivierung durch Millimol $Ca^{2+}$. Calcium katalysiert auch die Autoproteolyse der Calpaine. Calpaine sind im gesamten Muskelgewebe lokalisiert, aber in der Z Linie angereichert, wo Proteine, wie Titin, Desmin, Nebulin und Troponin T, von ihnen abgebaut werden. Dadurch wird α-Actinin freigesetzt. Actin, Myosin und die Bindegewebsproteine werden durch die Calpaine praktisch nicht angegriffen.

**Cathepsine** sind eine Gruppe von lysosomalen Proteasen, die ihr pH-Optimum im sauren Bereich meist zwischen 3,5–6,0 haben. Man kennt heute etwa 20 verschiedene Cathepsine, wovon nur einige für die Fleischreifung relevant sind: Cathepsin B, H, L und D. Die ersten drei sind wie die Calpaine Sulfhydrylproteasen, Cathepsin D enthält eine Aspartylgruppe im aktiven Zentrum. Cathepsine können im Unterschied zu den Calpainen auch Myosin, Actin und Bindegewebsproteine abbauen. Besonders bemerkenswert sind Cathepsin B und L, die einerseits Collagen (B), andererseits Collagen und Elastin (L) neben den Muskelproteinen fragmentieren können. Cathepsine sind schon länger bekannt als die Calpaine, daher schrieb man früher den Cathepsinen die entscheidende Rolle bei der Fleischreifung zu. Nach der Entdeckung der Calpaine hat sich die Gewichtung verschoben: Das Hauptargument für die physiologische Bedeutung der Calpaine ist, dass die Proteine der Z-Bande abgebaut werden, Actin und Myosin aber praktisch nicht und dass das Ausmaß der Freisetzung der Cathepsine aus den Lysosomen ungewiss ist. Für die Cathepsine spricht, dass Bindegewebe teilweise abgebaut wird, was Calpaine alleine nicht können. Möglicherweise kommt es zu einer synergistischen Wirkung zwischen den beiden Gruppen von Proteasen, wobei angenommen wird, dass Calpaine zu Beginn des Reifungsprozesses zwar dominierend sind, die Bedeutung der Cathepsine aber mit längerer Dauer, entsprechend ihrer vermehrten Freisetzung, stark zunimmt. Cathepsine werden durch Stachelwalzen oder Klopfen des Fleisches vermehrt freigesetzt, was zur Verbesserung der Zartheit (Tenderness) führt. Die Zartheit ist eine durch viele Faktoren beeinflusste Eigenschaft (Kaubarkeit, Weichheit, Saftigkeit) und daher schwer durch einen Parameter zu messen oder objektiv festzustellen. Z. B. erfasst die Messung des Widerstandes, der dem Eindringen eines geformten Körpers entgegengesetzt wird, nicht alle Merkmale.

Die Saftigkeit ist auch abhängig vom intermuskulären Fett, der so genannten **„Marmorierung"**. Umgekehrt ist die Marmorierung ein Merkmal guten Fleisches, aber kein Maßstab für dessen Zartheit, für die auch die Art und Beschaffenheit des Bindegewebes eine Rolle spielt.

Fleisch wird während der Fleischreifung nicht nur durch Calpaine und Cathepsine weich und zart, sondern ein ähnliches Ergebnis kann auch durch den Zusatz von pflanzlichen Proteasen, so genannten **Tenderizern**, Zartmachern, erhalten werden. Der Zusatz von pflanzlichen Enzymen zu Fleischprodukten ist in vielen Ländern Europas, z. B. Österreich und Deutschland, verboten, aber in den USA erlaubt. Das Fleisch wird dabei mit dem Enzympräparat eingerieben, besser aber mit Stacheln in das Innere eingeführt. In der Regel werden Mischungen verschiedener pflanzlicher Proteasen verwendet. Pflanzliche Proteasen, die häufig verwendet werden, sind **Papain**, aus der Papaya, **Bromelain** aus der Ananas und **Ficin** aus *Ficus*-Arten (Feigen). Papain zerstört die Wände der Muskelzellen (Sarkolemm), und Ficin hat Kollagenase-Aktivität. Der Zusatz von Ascorbinsäure erhöht die Aktivität der pflanzlichen und tierischen Proteasen. Insgesamt sind die Proteine in auf nicht natürliche Art gereiftem Fleisch wesentlich stärker abgebaut als in durch Eigenenzyme gereiftem Gewebe.

**Fehlerhafte Fleischreifung** ist heute seltener als früher, kommt aber bisweilen immer noch vor. Zu erwähnen wäre die „stickige Fleischreifung", verursacht durch ungenügende Abkühlung des Schlachtkörpers. Bei den im Inneren des Schlachtkörpers vorhandenen höheren Temperaturen kommt es zu keiner normalen Glykolyse, sondern zu anderen Abbaureaktionen (z. B. Bildung von Buttersäure, Schwefelwasserstoff, Porphyrin). Das Fleisch wird dadurch minderwertig und ungenießbar. Daneben kann massiver Abbau von Eiweiß auftreten (**Fäulnis**). Es kommt vermehrt zur Bildung von Aminen, Schwefelwasserstoff und Ammoniak. Die „saure Gärung" tritt vor allem bei stark kohlenhydrathaltigem Fleisch, wie z. B. Leber oder mehlhaltigen Würsten, auf. Es kommt zu Schimmelbefall, vor allem an der Oberfläche. Zur Kennzeichnung des Frischezustandes des Fleisches ist die Messung des pH-Wertes gut geeignet. (Nach 24 Stunden hat normal gereiftes Fleisch etwa pH 5,8–6,0, verdächtiges Fleisch 6,2–6,4, verdorbenes Fleisch über 6,8).

### 11.1.4 Fleischaroma und -geschmack

Fleischaroma und -geschmack sind in den letzten Jahrzehnten intensiv untersucht worden. Dabei wurde gefunden, dass eine Vielzahl an chemischen Substanzen (viele Hundert), ein „chemisches Profil", am Gesamteindruck der Sinne beteiligt sind. Die aromaaktiven Inhaltsstoffe sind nicht nur zwischen den einzelnen Fleischarten verschieden, sie sind weiters abhängig von der Art der Fütterung und vor allem von der Zubereitung (erhitzt oder unerhitzt, Art des Erhitzens, fermentiert, gepökelt, usw.). Auch die verschiedenen Teile des Schlachtkörpers können etwas verschiedenen Flavour aufweisen. Z. B. sind im Bindegewebe aroma- und geschmacksaktive Inhaltsstoffe immer in höherer Konzentration vorhanden als im Muskelgewebe.

Im Laufe der Untersuchungen des Fleischaromas wurden aroma- und geschmacksverstärkende Inhaltsstoffe im Fleisch entdeckt. Es handelt sich um die **Nucleotide Inosinsäure (IMP), Guanosin (GMP)** und **das Mononatriumsalz der Glutaminsäure (MSG)**. Obwohl so viele unterschiedliche chemische Verbindungen für Aroma und Geschmack verantwortlich sind, kommen doch nur bestimmte Gruppen von Inhaltsstoffen für deren Entstehung in Frage: Diese sind im Wesentlichen die Aminosäuren (hier besonders die schwefelhaltigen) und das Fett. Kohlenhydrate haben über die Zerfallsprodukte der Maillard-Reaktion bei erhitztem Fleisch ebenfalls Bedeutung.

**Fette** tragen zum Fleischaroma und Geschmack als Quelle freier Fettsäuren und Aldehyde bei. Vor allem die unverzweigten Säuren und Aldehyde mit einer niedrigen Anzahl von Kohlenstoffatomen stammen aus dem Fettanteil und haben als flüchtige Substanzen Einfluss auf das Aroma. Aldehyde entstehen bei der Oxidation ungesättigter Fettsäuren und können weiter zu Säuren oxidiert oder zu den entsprechenden Alkoholen reduziert werden. Unverzweigte Fettsäuren stellen in Rind- und Schweinefleisch einen größeren Anteil der flüchtigen Aromastoffe, während im Schaffleisch die verzweigten Säuren überwiegen, besonders die 4-Methylnonansäure und die 4-Methyloctansäure. Allgemein findet man, dass unverzweigte Säuren und Aldehyde in unerhitztem und erhitztem Fleisch vorkommen, während verzweigte im erhitzten Lebensmittel überwiegen.

Die wichtigste Quelle der verzweigten Säuren und Aldehyde sind die Aminosäuren, aus denen durch „Strecker"-Abbau (siehe auch Maillard-Reaktion) der um ein Kohlenstoffatom kürzere Aldehyd entsteht. So entstehen Formaldehyd aus Glycin und Acetaldehyd aus Alanin, während aus den verzweigten Aminosäuren, wie z. B. Leucin und Valin, 3-Methylbutanal und 2-Methylpropanal gebildet werden. Die erstere Verbindung wird in Schaf-, Rind- und Schweinefleisch gefunden, während die letztere bislang nur in Schaf- und Rindfleisch nachgewiesen wurde.

**Schwefelhaltige Aminosäuren** nehmen einen zentralen Platz bei der Entstehung des Fleischaromas und Geschmackes ein, wie man überhaupt den Schwefelwasserstoff als einen zentralen Metaboliten der Aromabildung ansehen kann. Viele schwefelhaltige Verbindungen beeinflussen den Geruchs- und Geschmackscharakter des Fleisches in hohem Maß.

Aus **Methionin** bildet sich Methional (3-Mercaptomethylpropanal) als primäres Produkt des Strecker-Abbaus, das sich aber auch unter dem Einfluss von Strahlung (besonders UV und kürzerwellig) bildet. Z. B. wird der Lichtgeschmack der Milch und des Bieres auf Methional-Bildung zurückgeführt.

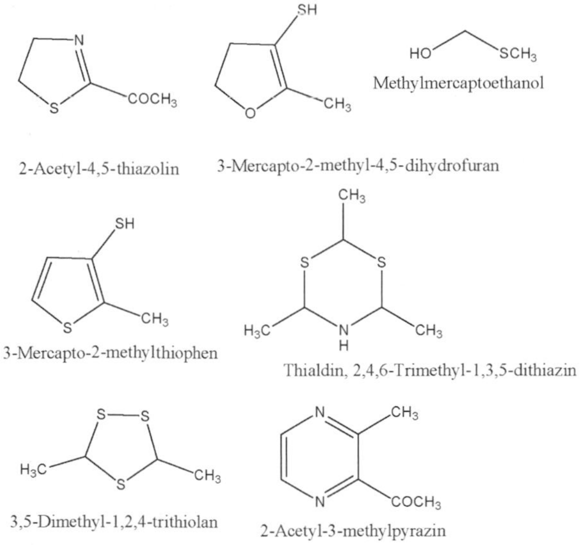

**Abb. 11.11.** Chemische Struktur verschiedener Substanzen des Fleischaromas

Aus dem **Cystein** wird der sehr reaktionsfreudige 2-Mercaptoacetaldehyd durch Strecker-Abbau erzeugt, der dann weiter z. B. in Schwefelwasserstoff und Hydroxyacetaldehyd oder Acetaldehyd zerfallen kann. Durch Dimerisierung von Acetaldehyd, Propionaldehyd oder 3-Ketobutyraldehyd entstehen Furanverbindungen, die nach Reaktion mit Schwefelwasserstoff in Thiophenverbindungen oder nach Einbau von Stickstoff in Thiazolverbindungen übergehen. Furan- und Thiophenverbindungen werden vor allem in erhitztem Fleisch gefunden (z. B. 3-Mercapto-2-methyl-4,5-dihydrofuran, 3-Mercapto-2-methylthiophen). Andere wichtige schwefelhaltige Flavour-Komponenten sind 2-Methylmercaptoethanol, 2-Acetyl-4,5-thiazolin, 3,5-Dimethyl-1,2,4-trithiolan, Thialdin (2,4,6-Trimethyl-1,3,5-dithiazin) (Abb. 11.11).

Die **Pyrazine**, die vor allem in erhitztem Fleisch wichtige Aroma- und Geschmackskomponenten sind, wurden schon im Kapitel 10.5 „Aroma" behandelt. Pyrazine kommen im Rindfleisch in größerer Menge vor als in Schweine- oder Schaffleisch. Die bizyklischen Pyrazine sind wichtige Komponenten im gerösteten oder gegrillten Fleisch. Während 2-Acetyl-3-methylpyrazin selbst nur sehr schwach ein typisches Fleischaroma wiedergibt (Abb. 11.11), erhält man bei gleichzeitiger Gegenwart von geringen Mengen an Schwefelwasserstoff den vollen Aroma-Eindruck. Diese Beispiele zeigen, wie vielfältig die Faktoren sind, die zum praktisch wahrgenommenen Aroma beitragen. Aus einer relativ begrenzten Anzahl von Ausgangssubstanzen entsteht, entsprechend den enzymatischen und technologischen Bedingungen, eine Vielzahl von unterschiedlichen aroma- und geschmacksaktiven Verbindungen, die dann durch gegenseitige Wechselwirkungen den Geruch und Geschmack des Fleisches ergeben.

## 11.1.5 Fleischfarbe

Die Fleischfarbe hat große Bedeutung auf das Kaufverhalten der Konsumenten. Die Fleischfarbe muss daher möglichst der Verbrauchererwartung entsprechen. Wie eingangs erwähnt, ist das Hämprotein **Myoglobin** für die Fleischfarbe bestimmend, während der Blutfarbstoff Hämoglobin im gut ausgebluteten Fleisch (soll etwa 0,1 % nicht übersteigen) als Farbstoff nur eine untergeordnete Rolle spielt. Myoglobin hat ein Molekulargewicht von etwa 18.000, abhängig von der Tierart. Im Unterschied zum etwa dreimal so schweren Hämoglobin ist beim Myoglobin nur eine Hämgruppe mit dem Apoprotein über einen Histidinrest als fünftem Liganden verbunden. Auch beim Hämoglobin sind die Hämgruppen in gleicher Art mit dem Protein verbunden. Myoglobin ist für den Sauerstofftransport in den Muskeln verantwortlich. Um diese Rolle zu erfüllen, muss das hämgebundene Eisen in der zweiwertigen Form vorliegen. Nur in dieser Wertigkeitsstufe bindet es molekularen Sauerstoff und bildet das **hellrote Oxymyoglobin**.

Wenn Fleisch geschnitten wird, bildet sich durch den vermehrten Zutritt von Sauerstoff Oxymyoglobin (Abb. 11.12). Oft wird Fleisch in sauerstoffdichter Verpackung mit Sauerstoff oder Luft begast, um das Fleisch schlachtfrischer aussehen zu lassen. In Anwesenheit von nur geringen Mengen an Sauerstoff autoxidiert ein Teil des Myoglobins zu **Metmyoglobin**, das das Eisen dreiwertig enthält. Als Folge beginnt sich die Farbe des Fleisches von glänzend rot auf braun zu verändern. Metmyoglobin kann im frischen Fleisch durch NADH-abhängige Enzyme oder $Fe^{2+}$-Cytochrome wieder zu Myoglobin reduziert werden, solange Reduktionsäquivalente noch im Muskel vorhanden sind. Myoglobin (Desoxymyoglobin) selbst hat eine violett-rote Farbe und kommt bei sehr niedrigen Sauerstoff-Konzentrationen vor, z. B. tief im Muskel oder in vakuumverpacktem Fleisch. Die einzelnen Formen des Muskelpigments Myoglobin sind also in einem weiten Bereich ineinander reversibel umwandelbar.

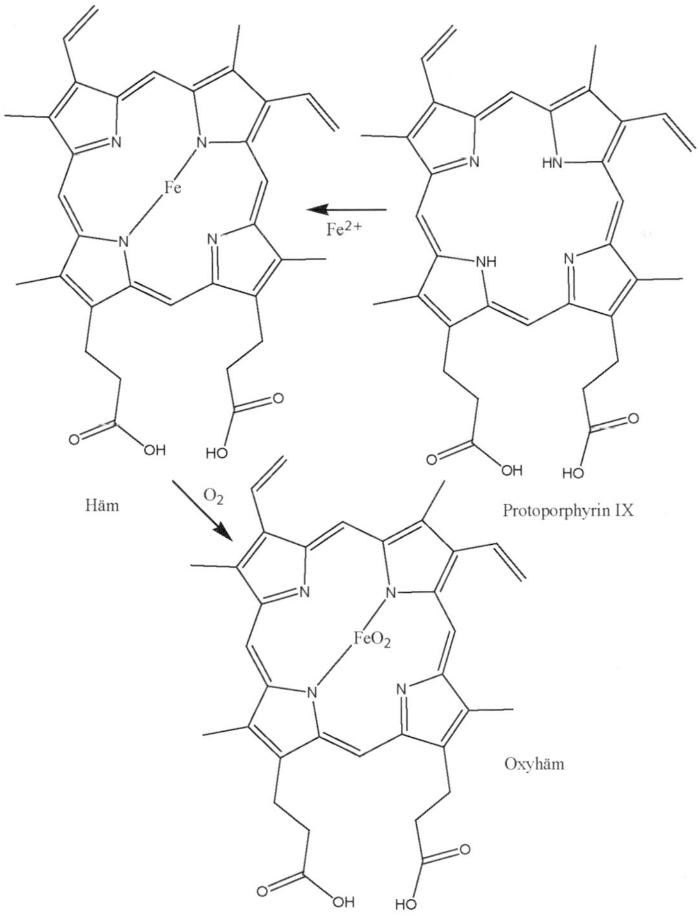

**Abb. 11.12.** Protoporphyrin IX, Häm und Oxyhäm

Ein weiteres rotes, hitzestabiles Pigment des Fleisches ist das **Nitro-somyoglobin**. Es entsteht während der Pökelung des Fleisches durch Reaktion von Stickoxid mit Ferromyoglobin. Weitere Faktoren, die die Fleischfarbe beeinflussen, sind der pH-Wert und die Temperatur. Um 0 °C ist die Sauerstoffsättigung des Fleisches am höchsten und nimmt mit steigender Temperatur ab. Bei höheren Temperaturen (über 60 °C) beginnt das Myoglobin zu denaturieren und damit die Farbe auszu-bleichen, es sei denn, es ist vorher durch Zusatz von Pökelsalz das kochstabile Nitrosomyoglobin gebildet worden. Bei tiefen pH-Werten ist der Sauerstoffverbrauch im Muskel geringer, daher sind die Sauer-stoffkonzentration und damit der Gehalt an Oxymyoglobin höher. Das unerwünschte braune Metmyoglobin besitzt Peroxidase-Aktivität, ka-talysiert also die Reduktion von Wasserstoffperoxid zu Wasser auf Kosten geeigneter Substrate (Wasserstoffdonatoren, phenolische oder andere), die selbst oxidiert werden. Diese Eigenschaft kann auch zum empfindlichen Nachweis geringer Mengen an Myoglobin, z. B. in Elektrophorese-Gelen, verwendet werden.

### 11.1.6    Wasserbindungsvermögen (water holding capacity)

Das Wasserbindungsvermögen ist in der Fleischtechnologie, z. B. bei der Wursterzeugung, ein wichtiger Parameter. Fettarmes Fleisch ent-hält etwa 75 % Wasser. Davon ist der kleinere Teil als Hydrat- oder Strukturwasser direkt an die Proteine des Muskels gebunden (rund 5 %). Die Hauptmenge ist innerhalb oder zwischen den Myofilamen-ten, im Raum zwischen den Myofibrillen oder im extrazellulären Raum verteilt. Das Wasserbindungsvermögen ist durch den pH-Wert, den Salzgehalt (Ionenstärke) und die Länge der Sarkomere beeinflusst. Mit der Schlachtung ändert sich das Wasserbindungsvermögen. Es ist am höchsten bei schlachtfrischem Fleisch, bedingt vor allem durch das noch vorhandene ATP, und nimmt während der Totenstarre ab. In der Zeit der Fleischreifung kommt es zu einer leichten Zunahme, die im Zuge der weiteren Lagerung wieder zurückgeht. Jede Verdichtung des Muskelgewebes führt zu einer Reduktion der Wasserbindung, jede Lockerung hat den gegenteiligen Effekt. Auch das Erhitzen und Ge-frieren des Fleisches bedingt einen Verlust an Wasserbindungsvermö-gen. Um das Wasserbindungsvermögen gelagerten Fleisches zu verbessern, werden vielfach Polyphosphate zur Lockerung des Mus-kelgewebes zugesetzt. Sie erleichtern die Rehydratisierung von z. B. getrocknetem Fleisch. Diese Technologie hat bei der Erzeugung von Würsten große Bedeutung. Ganz allgemein haben Anionen einen grö-ßeren Einfluss auf das Quellvermögen als Kationen. Damit kann auch die positive Wirkung des Chlorids und damit des Kochsalzes auf die Rehydratisierung des Fleisches erklärt werden. Kochsalz wirkt syner-gistisch zu den Polyphosphaten und unterstützt sie bei der Redissoziation des Actomyosin-Komplexes, was dann zu einer Verlängerung der Sarkomere führt.

### 11.1.7  Schlachtabgänge

Als Schlachtabgänge bezeichnet man die Anteile des Schlachttieres, die dem Schlachtkörper entnommen werden. Die Menge der Schlachtabgänge ist von Tierart zu Tierart sehr verschieden. Bei Wiederkäuern sind sie immer größer als bei Schweinen und machen etwa 40–50 % des Lebendgewichtes aus, bei fetten Tieren sind sie geringer. Zu den Schlachtabgängen zählt man die **Innereien** (Herz, Lunge, Nieren, Leber, Milz, Gehirn, Schlund, Därme, Magen, Euter, Zunge u. a.), **Blut, Haut, Füße, Knochen, Knorpel, Hufe, Hörner** u. a. Die Schlachtabgänge sind zum Großteil keine Schlachtabfälle, sondern werden als Lebensmittel oder auch für technische Anwendungen verwendet.

Leber wird direkt konsumiert oder in Form von **Pasteten** (Kochwürsten) genossen, Ähnliches gilt auch für Niere, Milz und Lunge. Auch die Zunge wird, meist gepökelt, oft gegessen.

Die gereinigten Rinder- und Schweinemägen und auch das Herz werden in billigeren **Kochwürsten** verarbeitet, aus Hörnern, Hufen und Haaren können **Eiweißhydrolysate** hergestellt werden.

Die gereinigten Därme werden als **Wursthüllen** verwendet, und aus Knorpeln und Sehnen kann **Gelatine** erzeugt werden, die in der Lebensmitteltechnologie vielfältig einsetzbar ist. Die Knochen der Wirbelsäule und der Rippen werden oft als Suppeneinlage gebraucht, während die langen Röhrenknochen des Rindes für die Erzeugung von **Knochenöl** und **Gelatineleim** (Knochenleim, früher der wichtigste Tischlerleim) verwendet werden. Manche Organe werden in der pharmazeutischen Industrie gebraucht, wie zum Beispiel die Bauchspeicheldrüse (Pankreas) zur Gewinnung von Insulin.

Die Menge des **Blutes** macht im Durchschnitt etwa 5 % des Lebendgewichtes von Stieren, Ochsen, Kühen und Kälbern aus. Bei Schweinen ist die Menge des Blutes etwa 3,3 % und bei Pferden rund 10 %. Das Blut besteht aus Zellen (Blutkörperchen) und aus dem Blutplasma, einer Lösung von Proteinen, Glucose und Salzen, in der Fett emulgiert bzw. an Lipoproteine gebunden ist. Werden die im Plasma enthaltenen Calcium-Ionen nicht durch komplexierende Substanzen (z. B. Citrat, EDTA, Fluorid, Phosphat, Oxalat, u. a.) gebunden, wird das für die Blutgerinnung verantwortliche Fibrin aus dem Fibrinogen freigesetzt und fällt aus. Die nach dem Abtrennen des Fibrins erhaltene Lösung ist das Blutserum. Blutplasma enthält etwa 7 % Eiweiß. Der Hauptanteil dabei sind das Serumalbumin (etwa 56 %), Globuline, die nach ihrer elektrophoretischen Wanderungsgeschwindigkeit in α-, β- und γ-Globuline eingeteilt werden, (etwa 30 %), Fibrinogen und Lipoproteine. Die Verteilung der Serumproteine wird sehr häufig als

Mittel zur Diagnose von Krankheiten in der Medizin verwendet. Die Blutproteine sind grundsätzlich strukturell verschieden von den Fleischproteinen.

Die Blutkörperchen werden grob in Erythrozyten (rote), Leukozyten (weiße) und Thrombozyten (Blutplättchen) eingeteilt.

Die Erythrozyten sind für den Sauerstofftransport verantwortlich, die Leukozyten umfassen eine heterogene Gruppe verschiedener Zellen, die mit den verschiedenen Mechanismen der Immunabwehr des Organismus zu tun haben (z. B. Granulozyten, Neutrophile, Monozyten, B- bzw. T-Lymphozyten u. a.). Die Thrombozyten schließlich sind für die Blutgerinnung zuständig, eine proteolytische Kaskade, an deren Ende die Calcium-katalysierte Umwandlung von Fibrinogen in Fibrin steht. Leukozyten und Thrombozyten enthalten einen Zellkern. Die Erythrozyten entstehen nach Auflösung des Zellkernes aus den Retikulozyten (junge Erythrozyten), besitzen also im reifen Zustand keinen Zellkern mehr und haben je nach Tierart unterschiedliche Durchmesser (z. B. Schwein 6 µm, Ziege 4 µm, Vögel und Fische bis zu 50 µm).

Frisches Schweineblut wird zur Herstellung von Blutwürsten verwendet. Die Verwendung von Rinderblut oder Blut anderer Schlachttiere in Lebensmitteln ist in vielen Ländern aus hygienischen Gründen verboten, da Blut ein hervorragender Nährboden für Mikroorganismen ist. Manche Länder erlauben die Verwendung von sprühgetrocknetem Plasma als Zusatz in Wurstwaren.

### 11.1.8  Fleischkonservierung

Fleisch kann durch

- **Sterilisieren**
- **Gefrieren**
- **Räuchern**
- **Pökeln**
- **Trocknen**

haltbar gemacht werden. Ein Zusatz von Konservierungsmitteln zu Fleisch und Fleischprodukten ist nicht gestattet. Die zulässigen Konservierungsverfahren werden im Kapitel 15 „Konservierung" besprochen.

### 11.1.9  Fleischwaren – Würste

Fleisch kann sehr vielfältig weiterverarbeitet werden. Es kann in großen Stücken durch **Pökeln** und **Räuchern** konserviert werden, z. B. bei

Schinken und Speck, und ist dann über längere Zeit haltbar. Neben den antibiotisch wirkenden Inhaltsstoffen des Salzes und des Rauches ist die **Absenkung der Wasseraktivität** der wichtigste Grund für die längere Haltbarkeit. Wird das Fleisch zerkleinert, so steigt die Gefahr der mikrobiellen Kontamination stark an. Daher muss, gemäß der Vorschrift, z. B. faschiertes Fleisch (Hackfleisch) noch am Tag der Erzeugung verkauft werden. Um die Haltbarkeit von Produkten aus zerkleinertem Fleisch zu erhöhen, müssen daher Verfahren, wie Erhitzen, Trocknen, Pökeln und Räuchern, die Herstellung begleitend immer verwendet werden. Welche Verfahren in welchem Ausmaß dann konkret verwendet werden, hängt vom speziellen Produkt ab.

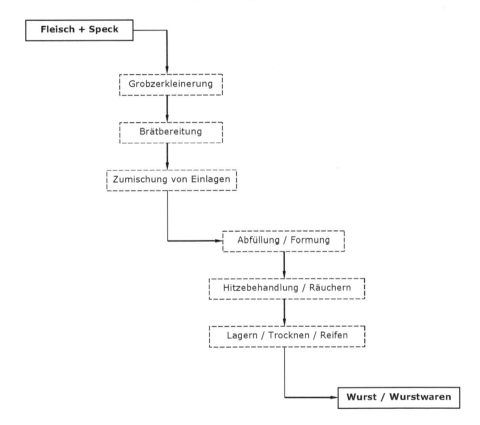

**Abb. 11.13.**   Fließschema der Wurstherstellung

Einen breiten Raum nimmt in der Fleischwirtschaft die Wursterzeugung ein, welche in vielen Ländern etwa 50 % des Fleischkonsums ausmacht (Abb. 11.13). **Definitionsgemäß sind Würste Fleischwaren aus zerkleinertem Skelettmuskel, Fleisch und Fettgewebe** (in der Regel Schweinespeck), **die unter Zusatz von Kochsalz, Gewürzen, diversen**

**Hilfsstoffen und Wasser hergestellt werden.** Bei bestimmten Wurstsorten können auch Innereien, Blut, Salzstoß und Schwarten mit verwendet werden. Die Wurstmasse wird dann in natürliche Därme, künstliche Wursthüllen oder in Behälter, die für die betreffende Wurstsorte charakteristisch sind, abgefüllt. Anschließend wird sie der für die betreffende Wurstsorte charakteristischen Behandlung unterzogen (Erhitzen, Räuchern, Fermentieren, Trocknen). Trotz der großen Vielfalt der im Handel befindlichen Wurstsorten kann man sie in drei große Gruppen zusammenfassen:

- **Brät-, Brüh-, oder Bratwürste,**
- **Kochwürste,**
- **Rohwürste.**

Weitere Unterteilungen sind gegeben durch die Art der verwendeten Fleischteile, die als Ausgangsmaterial dienen, durch die Art der zugegebenen Gewürze und durch die Einlage von Fleisch-, Speck- oder Käsestücken in die Wurstmasse. Wurstwaren werden aus dem Fleisch beschaupflichtiger Tiere (Rind, Schaf, Schwein, Pferd) hergestellt, in der Regel aus Rindfleisch und Schweinefleisch. Die Zugabe von Fleisch anderer beschaupflichtiger Tiere muss deklariert werden. Das Fleisch von Geflügel und damit die Leber von Gänsen und Hühnern ist nicht beschaupflichtig. Das für die Wursterzeugung verwendete Fleisch ist in Klassen eingeteilt: z. B. Rindfleisch Spitzenqualität, Klassen I–III. In den Klassen sind die Fleischteile angeführt, die für die Erzeugung einer bestimmten Wurstsorte verwendet werden dürfen. Sie sind auch durch ihren Fettgehalt und Collagenwert (= Bindegewebsgehalt × 8) charakterisiert.

Unter **Speck** versteht man das unter der Haut liegende Fettgewebe des Schweines. Der so genannte **Salzstoß** sind fettarme Bindegewebsteile (z. B. Sehnen, Muskelhäute u. a.) in gesalzenem Zustand. **Separatorenfleisch** ist maschinell von Knochen abgelöstes Fleisch, meist mit Hilfe von hydraulischen Pressen (Hartseparatoren). Bei manchen Wurstsorten werden unterschiedliche Mengen an Stärke, in der Regel Kartoffelstärke, zugesetzt (z. B. Leberkäse 3–4 %).

**Brät-, Brüh- oder Bratwürste** enthalten den Fleischteig/Brät und Speck. Das Brät wird durch intensive maschinelle Zerkleinerung des Fleisches (Einsatz von Kuttern) unter Zusatz von Wasser, Nitritpökelsalz, Gewürzen und Hilfsstoffen, wie Polyphosphaten, Ascorbinsäure und Saccharose, hergestellt. Die Polyphosphate, hauptsächlich Tri- und Tetraphosphat, dürfen einen Polymerisationsgrad bis 12 aufweisen, der Gehalt an zyklischen Phosphaten muss unter 1 % sein. Der Phosphatzusatz verbessert gemeinsam mit dem Kochsalz die Wasserbindung des Bräts. Bei Verwendung von Nitrit bildet sich das hitzestabile Pigment Nitrosomyoglobin, und die rote Fleischfarbe bleibt auch im erhitzten Produkt erhalten (rotes Brät). Ohne Nitrit, nur mit Kochsalz, wird das Myoglobin beim Erhitzen zerstört, und man erhält das „weiße Brät", das z. B. in den Münchner

Weißwürsten verwendet wird. Die Würste werden durch Brühen bei etwa 70 °C und Heißräuchern schnittfest und haltbar gemacht.

Dabei wirkt das in der Hitze koagulierende Protein als Emulgator für das geschmolzene Fett in der wässrigen Phase. Es entsteht eine makroskopisch homogen aussehende, schnittfeste Wurstmasse. In den meisten Brühwürsten darf nur Rindfleisch verwendet werden. Wichtige Beispiele für Brühwürste sind **Pariser, Frankfurter, Augsburger, Extrawurst** und **Burenwurst**. In der **Mortadella** sind Speckstücke in das Brät eingelegt. Die einzelnen Brätwürste unterscheiden sich durch die Qualität der verwendeten Ausgangsstoffe (Tab. 11.1).

Analytisch wird die Wurstqualität vorwiegend durch den Rohprotein-, Bindegewebs-, Fett- und Wassergehalt definiert.

**Ungarische Debrecziner** werden aus rohem Schweinefleisch, Speck, Pökelsalz und einer geringen Menge Brät hergestellt und kalt geräuchert. Sie werden unerhitzt an den Verbraucher abgegeben, vor dem Verzehr aber erhitzt. **Rohe Bratwürste** sind roh zum Verkauf gelangende Wurstwaren, meist aus Kalb- oder Schweinefleisch unter Zusatz von Nitrit-Pökelsalz und Gewürzen. Zur besseren Bindung wird oft etwas Brät zugesetzt. Sie werden unerhitzt und nicht geräuchert in den Verkehr gebracht, sind daher leicht verderblich und müssen rasch konsumiert werden.

**Tabelle 11.1.** Zusammensetzung ausgewählter Brätwürste

| Wurstsorte | Brät | Wurstmasse |
|---|---|---|
| Frankfurter Würste | 100 Teile Rindfleisch Spitzenqualität 60 Teile Wasser | 75 Teile Brät 25 Teile Speck |
| Burenwurst | 50 Teile Rindfleisch II 50 Teile Rindfleisch III 50 Teile Wasser | 55 Teile Brät 25 Teile Speck 20 Teile Salzstoß sowie 3 % Stärke |

**Kochwürste** werden aus vorgekochten, teils auch gepökelten Ausgangsmaterialien und Gewürzen hergestellt. Anschließend werden sie nochmals einer feuchten Erhitzung und oft auch einer Räucherung unterzogen. Ausgangsmaterialien für Kochwürste sind Fleisch, Fettgewebe, Innereien, Schweineblut, Schwarten, Semmeln und Graupen. Die Ausgangsmaterialien werden in der gewünschten Art maschinell zerkleinert und in Därme oder andere stilgerechte Gefäße abgefüllt. Der Zusammenhalt des Produktes erfolgt entweder durch erstarrtes Fett, wie z. B. in der **Leberwurst** und in vielen streichbaren Pasteten, durch gelatiniertes Collagen (z. B. in Sulzen oder Gabelbissen) oder durch hitzedenaturiertes Bluteiweiß, wie in den **Blutwürsten**. Kochwürste weisen eine geringere Haltbarkeit auf als Brühwürste.

**Rohwürste** werden aus rohem Fleisch (vorwiegend Rind- und Schweinefleisch) und Speck unter Zusatz von Pökelsalz hergestellt. Weiters werden oft Pökelhilfsstoffe, Glucose und Gewürze dazugegeben. Die Wurstmasse wird in Därme oder andere Behältnisse abgefüllt und gelangt unerhitzt in den Verkehr. Man unterscheidet schnittfeste und streichbare Rohwürste.

Schnittfeste Rohwürste werden nach einer Kalträucherung durch ein Fermentations- Reifungs- und Trocknungsverfahren haltbar gemacht. Dabei bildet sich die innere Bindung des Produkts. Mikroorganismen sind für den bei diesen Wurstsorten typischen Geschmack und für deren Aroma verantwortlich. Durch den mikrobiellen Abbau von Glucose entstehen Säuren (z. B. Milchsäure), die ein Absinken des pH-Wertes bewirken. Der pH-Verlauf ähnelt dem der Post-mortem-Vorgänge und ist neben dem Absenken der Wasseraktivität durch Trocknung wichtig für die Haltbarkeit des Produktes. Eine geregelte pH-Absenkung (bis auf etwa 5,4) ist eines der wichtigsten Kriterien bei der Rohwurst-Erzeugung, vor allem bei Beginn des Reifungsprozesses, um die Gefahr von Infektionen zu vermindern. Dieses Ziel wird auch durch Zugabe geeigneter Kulturen von Mikroorganismen (Starterkulturen) erreicht. Starterkulturen sind in der Regel Mischungen von Mikroorganismen (z. B. Lactobacillen, säurebildende Streptokokken, Mikrokokken, Hefen). Ein zweiter Weg ist der Zusatz säurebildender Substanzen, wie Glucono-δ-lacton. Durch Hydrolyse des Lactonringes entsteht freie Gluconsäure, die zu Beginn der Reifung den pH-Wert schneller als durch fermentative Milchsäurebildung absenkt. Allerdings werden dabei nur geringe Mengen an Aroma- und Geschmacksstoffen gebildet. Deswegen ist der Zusatz von Gluconolacton in manchen Ländern, wie z. B. in Österreich, verboten, in Deutschland allerdings erlaubt. Die Reifung erfolgt in der Regel in Reifekammern bei etwa 15 °C bei hoher Luftfeuchtigkeit in einem Zeitraum von etwa drei Monaten. Dabei kommt es zu einem Wasserverlust von etwa 40 %, der für die Haltbarkeit des Produktes ganz entscheidend ist. Heute werden auch Schnellreifungsverfahren angewandt. Der weiße Belag an den Wursthäuten war früher weißer Schimmel, heute wird er in den meisten Fällen durch Behandlung mit Gips oder Titandioxid erzeugt. Bekannteste Beispiele für schnittfeste Rohwürste sind die **ungarische und italienische Salami**.

Streichbare Rohwürste werden aus fein zerkleinertem Fleisch erzeugt, das durch Zusatz von niedrig schmelzendem Fett, z. B. Schmalzöl, streichfähig gemacht wird. Die streichbaren Rohwürste werden kalt geräuchert, jedoch nicht erhitzt, gereift oder getrocknet. Sie sind daher wenig haltbar und zum alsbaldigen Verzehr bestimmt.

### 11.1.10 Grundzüge der Fleischanalytik

Für die Durchführung einer vollständigen Analyse von Fleisch und Fleischwaren sind Untersuchungen aus verschiedenen Fachbereichen notwendig:

• chemische Untersuchungen,

- bakteriologische, parasitologische (ob das Fleisch in hygienisch einwandfreiem Zustand ist) und
- histologische Befunde (Prüfung auf die verwendeten Fleischteile) sind erforderlich.

Im Rahmen dieses Kapitels wird nur auf die chemische Analyse eingegangen (Tab. 11.2). Nach Prüfung von **Geruch, Aussehen** (Fleischfarbe, Verhältnis Oxymyoglobin : Myoglobin : Metmyoglobin) und **Geschmack** des Fleisches kann als weiterer Tauglichkeitstest der **pH-Wert** gemessen werden (soll bei 6,5 oder darunter liegen).

Zur Beurteilung werden dann Quotienten, wie Wasser/Eiweiß, Fett/Eiweiß und (Wasser + Fett)/Eiweiß gebildet, die innerhalb bestimmter, für das Fleischprodukt charakteristischer Grenzwerte, die im Lebensmittelkodex angegeben sind, liegen müssen. Salze werden entweder aus dem wässrigen Extrakt (Chlorid, Nitrit, Nitrat, Polyphosphat) oder aus der Asche (Phosphat, Calcium) bestimmt. Z. B. deutet ein erhöhter Phosphatgehalt auf einen Zusatz von Milcheiweiß hin (Methode nach Thalacker).

**Tabelle 11.2.** Ausgewählte Parameter der chemischen Fleischanalyse

| | |
|---|---|
| Wasser- bzw. Aschegehalt | Wird durch Trocknen bei 105 °C und Glühen bei etwa 550 °C bestimmt. |
| Fettgehalt | Wird aus der getrockneten Probe nach Lösungsmittelextraktion, Abdestillieren des Lösungsmittels und Trocknen ermittelt. |
| Eiweiß (Rohprotein) | Wird in der Regel nach Kjeldahl bestimmt. |
| Bindegewebsprotein | Wird routinemäßig anhand des **4-Hydroxyprolingehaltes** erfasst. Dazu wird Eiweiß mit 5 N Salzsäure hydrolysiert, das die freien Aminosäuren enthaltende Hydrolysat wird in alkalischer Lösung mit Wasserstoffperoxid/Kupfer oder Chloramin T (N-Chloro-4-methylbenzolsufonamid – Natrium – Salz) oxidiert. Dabei wird die 4-Hydroxylgruppe des Hydroxyprolins zur Ketogruppe oxidiert, wodurch die Wasserstoffatome der Methylengruppe in Position 3 des Pyrrolidinringes aktiviert werden. Diese Methylengruppe reagiert mit 4-Dimethylaminobenzaldehyd (Ehrlich-Reagenz) zu einem roten Kondensationsprodukt, das bei 560 nm fotometrisch bestimmt wird. |
| | **% Bindegewebe = Hydroxyprolin × 8 × 100/N × 6,25** |
| | Mit dieser Methode kann der Bindegewebsanteil am Rohprotein ermittelt werden. |
| Collagenfreies Eiweiß | **N × 6,25 – Hydroxyprolin × 8** |

Einen breiten Raum nehmen **immunologische und elektrophoretische Verfahren** in der Fleischanalyse ein. Sie dienen zur Bestimmung der Tierart, von der das gegenständliche Fleisch stammt, zum **Nachweis von**

**Fremdeiweiß** und auch zur Unterscheidung von tiefgefrorenem und frischem Fleisch. Unter Fremdeiweiß versteht man Eiweiß, das nicht Muskeleiweiß, aber tierischer oder pflanzlicher Herkunft ist. Immunologische Verfahren (hier wird die Reaktion mit einem für die Tierart oder das Fremdeiweiß spezifischen Antiserum beobachtet) wurden schon am Ende des 19. Jh. zum Nachweis von Pferdefleisch angewandt. Elektrophoretische Verfahren werden seit der Mitte des 20. Jh. verwendet. Besonders die Ausführungsform der **isoelektrischen Fokussierung** (elektrophoretische Trennung der Proteine entsprechend ihrem isoelektrischen Punkt) wird heute in großem Umfang angewandt. Der Nachteil elektrophoretischer und immunologischer Verfahren ist, dass nur native Proteine erfasst werden, daher in erhitzten Fleischwaren (etwa über 70 °C) diese Methoden nicht verwendet werden können. Die Konzentration an nativen Proteinen ist bei höheren Temperaturen meistens unterhalb der Nachweisgrenze. Eine Renaturierung der Proteine z. B. mit Sodiumdodecylsulfat (SDS) ist meist nur sehr unvollständig möglich. Jede Tierart ist durch ihr charakteristisches Muster von Proteinbanden identifizierbar, ein Zusatz von Fremdeiweiß (z. B. Milcheiweiß oder Sojaeiweiß) ist durch das Auftreten von zusätzlichen Proteinbanden ersichtlich. Beim Tiefgefrieren bzw. beim Auftauen des Produktes werden durch die wachsenden Eiskristalle Zellmembranen zerstört. Dadurch gelangen Proteine, die im nicht gefrorenen Zustand intrazellulär lokalisiert sind, in den extrazellulären Raum und sind dann auch im Fleisch-Presssaft enthalten. Der Nachweis intrazellulär lokalisierter Proteine im Presssaft dient zum Nachweis von Gefrierfleisch. In der Praxis wird hiefür der elektrophoretische Nachweis eines zusätzlichen Isoenzyms der Glutamat-Oxalacetat-Transaminase (GOT) oder der β-Hydroxybutyrat-CoA-Ester-Dehydrogenase verwendet.

Ein Teil der Fleischanalyse ist heute auf den Nachweis von **Rückständen aus der Tiermast** gerichtet. Solche Rückstände können von Arzneimitteln stammen, die zur Behandlung von Tierkrankheiten verwendet wurden. Häufig werden manche Medikamente, besonders **Antibiotika**, prophylaktisch dem Futter zugegeben. Ein willkommener Nebeneffekt sind höhere tägliche Zunahmen und dadurch eine kürzere Gesamtdauer der Mast. Bei Tetracyclinen, z. B. Chlortetracyclin, ist dieser Effekt sehr ausgeprägt. Antibiotika werden entweder unspezifisch durch die Hemmung des Wachstums von Mikroorganismen **(Hemmhoftest)** oder spezifisch nach Extraktion und Konzentrierung meist durch HPLC bestimmt.

Der Zusatz von **Anabolika** zum Futter, um einen verbesserten Muskelaufbau zu gewährleisten, ist in den meisten Ländern verboten, da die Rückstände im Fleisch auch beim Konsumenten hormonelle Wirkung entfalten können (Abb. 11.14). Trotzdem ist nicht auszuschließen, dass solche Substanzen in einigen Fällen praktisch verwendet werden.

Viele dieser Verbindungen werden als Medikamente in der Medizin, aber auch illegal, z. B. als Dopingmittel im Sport, eingesetzt. Strukturell dem Epinephrin (Adrenalin) ähnliche Verbindungen, wie Clenbuterol und Salbutamol, sind β-Sympathomimetika und wirken als Broncholytika. Damit haben sie eine die Herzkranz- und Muskelgefäße erweiternde Wirkung. Als physiologische Folge vermindert sich der Fettanteil zugunsten des Muskelanteils im Fleisch. Androgen oder östrogen wirkende Anabolika beschleunigen den Muskelansatz, vor allem bei jungen Tieren, durch Verminderung der Stickstoff-Ausscheidung. Dadurch wird die Rate der Futterumwandlung um etwa 10 % verbessert. Verwendet werden einerseits die auch natürlich vorkommenden Hormone, wie **Testosteron, Estradiol (Estradiol), Estron (Estron), Progesteron,** und synthetische Derivate davon, wie **Ethinylestradiol (Ethinylöstradiol)**, oder andere synthetische oder halbsynthetische Verbindungen mit östrogener Wirkung. Ein wichtiges Beispiel ist neben anderen das **Diethylstilbestrol** (Diethylstilböstrol), dessen Verwendung z. B. in den USA in der Kälbermast zugelassen ist. Die Substanz wird oral gut aufgenommen, hat aber im Rattentest cancerogene Wirkung und ist auch aus diesem Grund in vielen Ländern verboten. Auch strukturell ähnliche Substanzen (z. B. Hexestrol) zeigen ein ähnliches physiologisches Verhalten. Viele Naturstoffe und synthetische Verbindungen unterschiedlichster chemischer Struktur haben östrogene Wirkung. Ein Beispiel ist das in verschimmeltem Mais vorkommende Zearalenon. Ursache für die Bildung dieser makrozyklischen Substanz ist der Mikroorganismus *Gibberella zeae*. Ein Derivat dieses Mykotoxins – **Zearalenol** – wurde ebenfalls in der Rindermast als Anabolikum verwendet. Die illegal zugesetzten Hormone sind im Fleisch meist nur mehr in Spuren vorhanden. Sie finden sich um zwei bis drei Zehnerpotenzen angereichert im Urin und Kot der Tiere. Bei der Analytik dieser Verbindungen handelt es sich also um den Nachweis von Spuren. Dabei sind geeignete Extraktions- und Anreicherungsverfahren von eminenter Bedeutung. Die angereicherten Substanzen können dann durch **gaschromatografische oder HPLC-Verfahren** meist problemlos identifiziert werden.

## 11.2 Fische, Robben, Krebse, Muscheln

Fische, Robben, Krebse und Muscheln sind als Alternativen zum Fleisch der Landtiere eine wichtige Quelle für durch den menschlichen Organismus leicht abbaubares Eiweiß, aber auch für Fett und Vitamine.

### 11.2.1 Einteilung der Fische

Dem Verzehr von Fischen wurde immer ein hoher Stellenwert in der Ernährung zugemessen (Fasttage mit Fisch am Speisezettel). Die Fische können entsprechend ihrer Umwelt in Süßwasser- und Salzwasserfische (Meeresfische, Seefische) eingeteilt werden. Andere Möglichkeiten der Einteilung für die vielen Arten von Speisefischen beruhen darauf, sie nach ihrer Körperform zu ordnen: Rundfische (z. B. Lachs, Kabeljau, Hering) und Plattfische (z. B. Scholle, Seezunge, Steinbutt) oder nach ihrem Gehalt an Körperfett: Fettfische und Magerfische. Beispiele für die erste Gruppe sind Hering, Aal, Karpfen, für die zweite Gruppe Hecht, Lachs, Kabeljau, Schellfisch und andere *Gadus*-Arten.

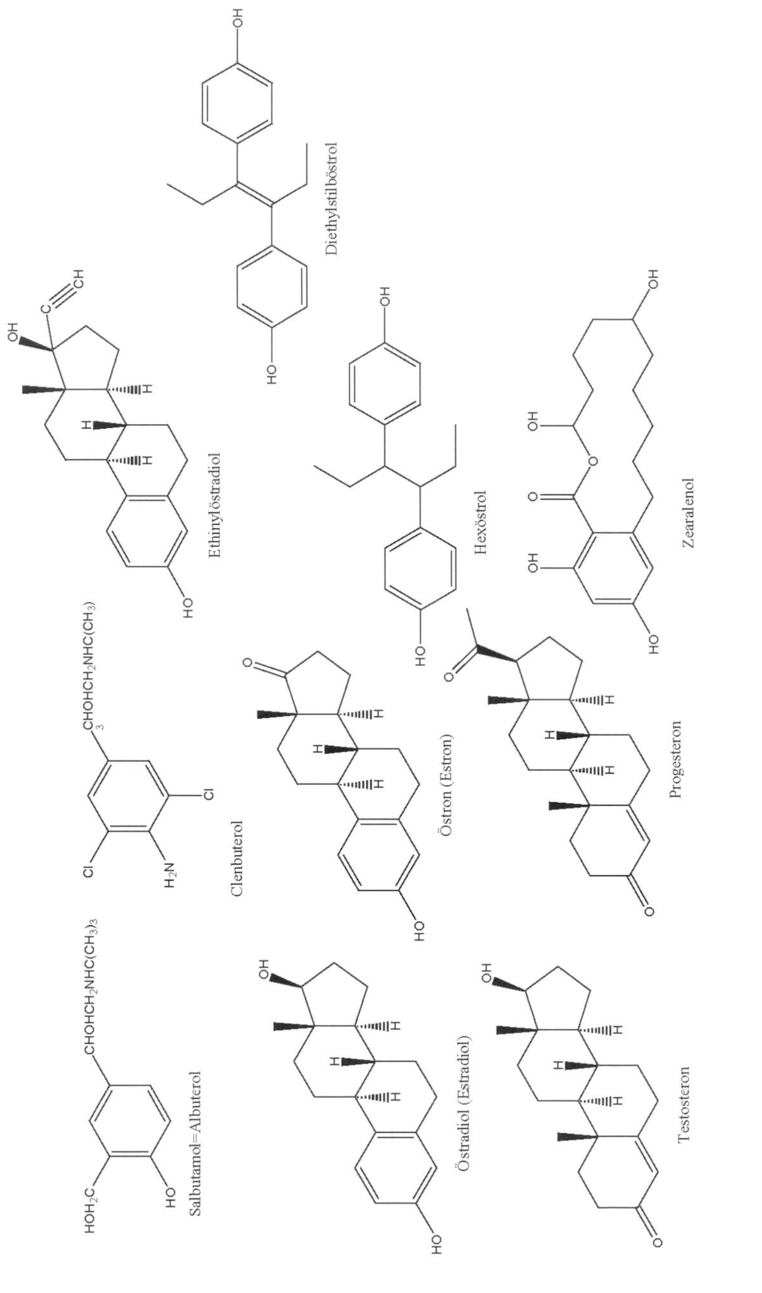

**Abb. 11.14.** Chemische Struktur ausgewählter Anabolika

## 11.2.2 Allgemeines zur Beurteilung der Fischqualität und ernährungsphysiologische Aspekte

Das Muskelgewebe der Fische ist prinzipiell sehr ähnlich dem der Landtiere aufgebaut. Auch bei den Fischen sind die Myofibrillen quergestreift, bestehen also auch aus dünnen und dicken Filamenten. Nach der Tötung des Fisches tritt ein gegenüber den Landtieren geringerer pH-Abfall (bis etwa 6,2) ein, auf den eine kurze Totenstarre folgt. Die Messung des **pH-Wertes** im Muskel erlaubt auch bei Fischen eine Aussage über ihre Genussfähigkeit, die zwischen 6,0 und 6,5 als gegeben angenommen werden kann. Verdorbener Fisch kann einen pH-Wert von 7,0 und darüber aufweisen. Auch der **Brechungsindex der Augenflüssigkeit** sowie die **Rötung der Kiemen** kann zur Beurteilung der Frische herangezogen werden. Die Muskeln der einzelnen Fische enthalten sehr unterschiedliche Mengen an Myoglobin, das auch hier für die Farbe der Muskeln verantwortlich ist. Daher gibt es Fische mit sehr heller Muskulatur (z. B. Dorsch, Scholle) und solche, die durch einen höheren Myoglobingehalt dunkler gefärbt sind (z. B. Hering, Makrele, Thunfisch). Beim Lachs (*Salmo*-Arten) ist die rote Farbe des Muskelgewebes durch Carotinoide verursacht. Das Fleisch des Seelachs, der ein dem Kabeljau verwandter Fisch ist (*Gadus*-Arten), wird künstlich durch Carotinoide gefärbt. Fische enthalten geringere Mengen an Bindegewebe, das sich von dem der Landtiere auch durch seine niedrigere Gelatinisierungs-Denaturierungstemperatur unterscheidet (etwa 45 °C, Landtiere 60 °C). Beim Erhitzen schrumpft es in größerem Ausmaß und ist dadurch auch ein Grund dafür, dass Fisch zarter schmeckt als das Fleisch der Landtiere. Die bindegewebsreichen Knorpel mancher Fische (z. B. Haifische) werden wegen ihres höheren Gehaltes an N-Acetyl-glucosamin und N-Acetyl-galactosamin-haltigen Polysacchariden (z. B. Hyaluronsäure und Chondroitinsulfat) zur Prävention und klinischen Behandlung von Gelenksschäden verwendet.

Als physiologisches Nebenprodukt des Stickstoff-Stoffwechsels enthält Fisch den Metaboliten **Trimethylamin-N-oxid** (Abb. 11.15).

Reduktion

Trimethylamin-N-oxid
N,N-Dimethylmethanaminoxid

Trimethylamin
N,N-Dimethylmethanamin

**Abb. 11.15.**    Reduktion von Trimethylamin-N-oxid

Seefische enthalten wesentlich mehr von dieser Verbindung als Süßwasserfische (40–120 mg/kg und 0–5 mg/kg). Bei der Lagerung wird
Trimethylamin-N-oxid teilweise zu Trimethylamin reduziert, was zum
Ansteigen des pH-Wertes führt und damit den Verderb beschleunigt. Der
Ammoniakgeruch von manchen Fischprodukten stammt aus der partiellen Hydrolyse von im Muskel abgelagertem Harnstoff zu Ammoniak und
Kohlendioxid. Insgesamt ist der Gehalt an Nichtproteinstickstoff (10–
35 %) in Fischen wesentlich höher als bei den Landtieren. Neben Dipepti-
den mit β-Alanin, wie Carnosin und Anserin (siehe Fleisch), ist das Vorkommen an freiem Histidin in Fischprodukten wichtig. Bei mikrobiellem
Befall wird daraus verstärkt durch Decarboxylierung allergenes Histamin
gebildet. Besonders histidinhaltig sind der Thunfisch und die Makrele
(0,6–1,6 % vom Frischgewicht).

Bei Fischen ist die Ausbeute an essbaren Anteilen geringer als bei
Landtieren (etwa 50 %), vom kopflosen Fisch etwa 85–90 %. Die Ernährung mit Fisch wird heute wegen der Zusammensetzung ihres Fettanteils
als physiologisch wertvoll angesehen. Die Fette von Fischen enthalten
durchwegs einen hohen Prozentsatz an mehrfach ungesättigten Fettsäuren (darunter viele $\omega_3$-Fettsäuren), die cholesterinspiegel- und blutdrucksenkende sowie die Viskosität des Blutes erniedrigende Wirkung haben
(Bildung von Eicosanoiden, z. B. Prostaglandinen). Allerdings ist auf der
anderen Seite durch die Licht- und Sauerstoffempfindlichkeit von Fisch-
fetten die Gefahr der Lipidperoxidation und des Fettverderbs besonders
hoch. Wichtige Fettfische, wie z. B. der Hering, aus der Familie der *Clu-
peidae*, enthalten 12–18 % Fett.

### 11.2.3 Toxine

Aus den erwähnten Ursachen ist Fisch einer viel größeren Gefahr an
Infektionen ausgesetzt und dadurch viel weniger lagerfähig als das
Fleisch der Landtiere. Auch Parasiten, vor allem **Nematoden** (Fadenwür-
mer), können schon im frischen Fisch vorhanden sein. Diese Nematoden
sind oft artspezifisch, wechseln aber manchmal ihren Wirt je nach Stadium der Entwicklung. Beim Heringswurm *(Anisakis simplex)* dienen Fisch
und Krebse als Zwischenwirt für die Entwicklung der Larven, die Nematoden erlangen aber erst in Robben (Walen) Geschlechtsreife. Die Larven
können durch Tiefgefrieren, Erhitzen oder Einlegen in Säuren oder Salzlösungen abgetötet werden. Manche Fische nehmen mit ihrer Nahrung
**Toxine** auf, die von Algen oder anderen Einzellern, z. B. Dinoflagellaten,
gebildet werden. Letztere produzieren Toxine, die z. B. von Schalentieren
(Muscheln, Krebsen, Krabben) und unter anderem von tropischen Fischen
aufgenommen werden können und nach ihren Strukturmerkmalen **Polyethertoxine** genannt werden (**Methylokadainsäure, Brevetoxine A, B, C**
aus dem Dinoflagellat *Ptychodiscus brevis*, **Ciguatoxin, Maitotoxin**,
Abb. 11.16, 11.17, 11.18).

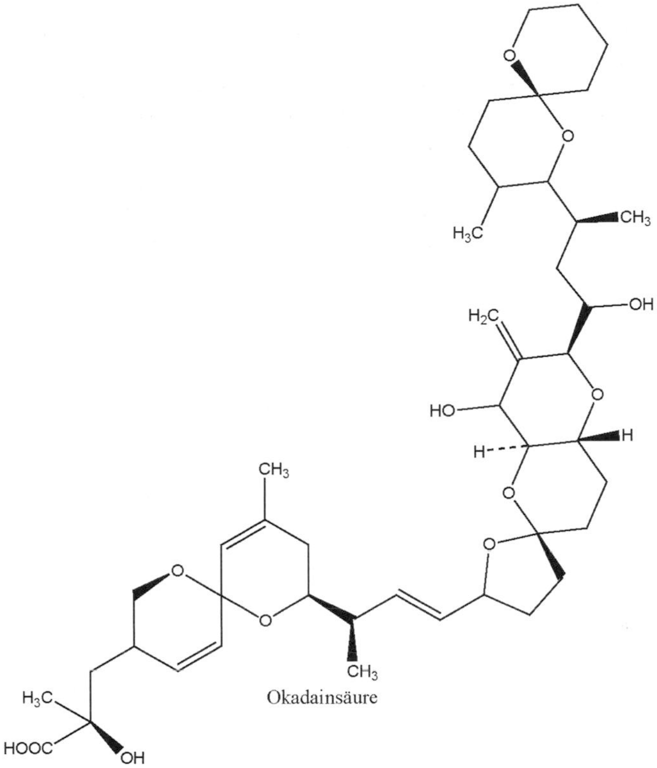

Okadainsäure

**Abb. 11.16.**   Chemische Struktur von Okadainsäure

Gemeinsam ist allen diesen Toxinen, dass sie im Molekül viele Etherbindungen enthalten (Polyethertoxine) und dadurch die Grundlage für die Generierung von Sauerstoffradikalen im Stoffwechsel des Wirtes bieten. Ort und Umstände (oxidativ oder reduktiv) der Bildung des reaktiven Sauerstoffs sind dann durch die Gesamtstruktur des Moleküls (z. B. immunologische Eigenschaften, Redoxpotenzial u. a.) bestimmt. Je nach Redoxpotenzial werden verschiedene Enzyme inhibiert, und es kommt dadurch zu unterschiedlichen Eingriffen dieser Verbindungen in den Stoffwechsel. Dadurch kann auch erklärt werden, dass durch die in ihrer Gesamtstruktur ähnlichen Toxine unterschiedliche physiologische Funktionen angegriffen werden. Zum Beispiel führen mit Dinoflagellaten (*Prorocentrum* sp., *Dinophys* sp.) kontaminierte Schalentiere zu Diarrhö (Inhibierung der Proteinphosphatase $A_2$ durch **Okadainsäure**, welche dadurch physiologische Aktivitäten des Insulins simuliert), während die **Ciguatera-**

**Vergiftung** nach Genuss von Barrakuda, Seebarsch oder Papageifisch, besonders wenn sie innerhalb des Riffs gefangen werden, neben schweren gastrointestinalen Beschwerden zu Cholinesterase-Inhibierung, verbunden mit Atemlähmung, führt. **Maitotoxin** aktiviert Calcium-Kanäle und führt in der Folge zu neurologischen Störungen. Die zuletzt genannten Fische nehmen das strukturell ähnliche Toxin indirekt durch den Verzehr von Algen (z. B. *Plectonema terebrans*) auf. Auch **Brevetoxin** wirkt vorwiegend neurotoxisch, ist fettlöslich und ist ein Na-Kanal-Aktivator, im Unterschied zu dem im Folgenden zu besprechenden Saxitoxin, das wasserlöslich und ein Blocker der Natrium-Kanäle ist.

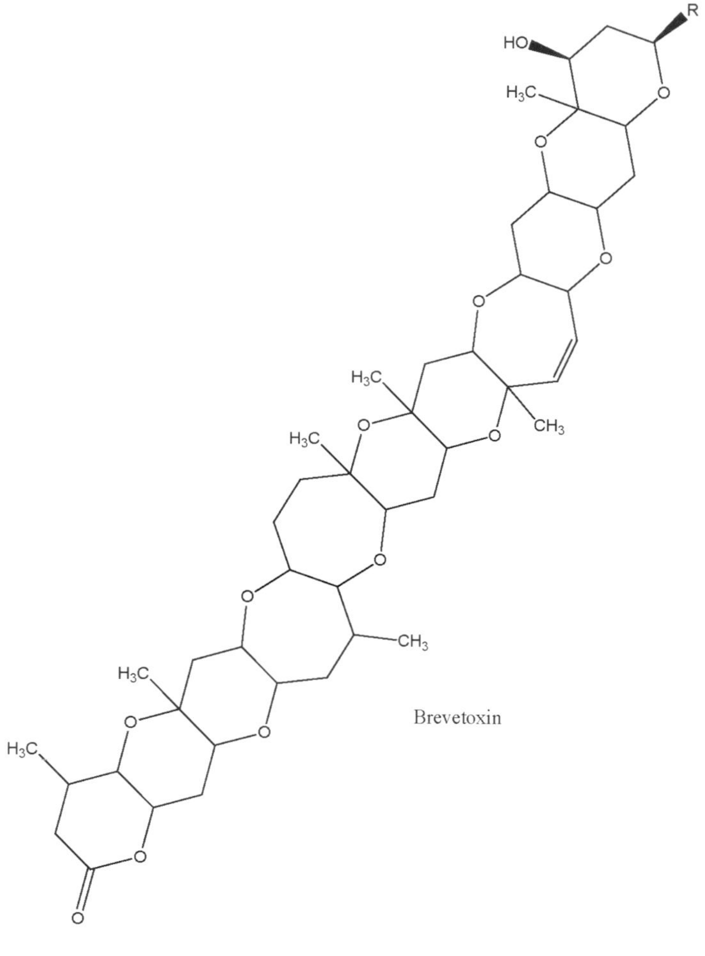

Brevetoxin

**Abb. 11.17.**    Chemische Struktur von Brevetoxin

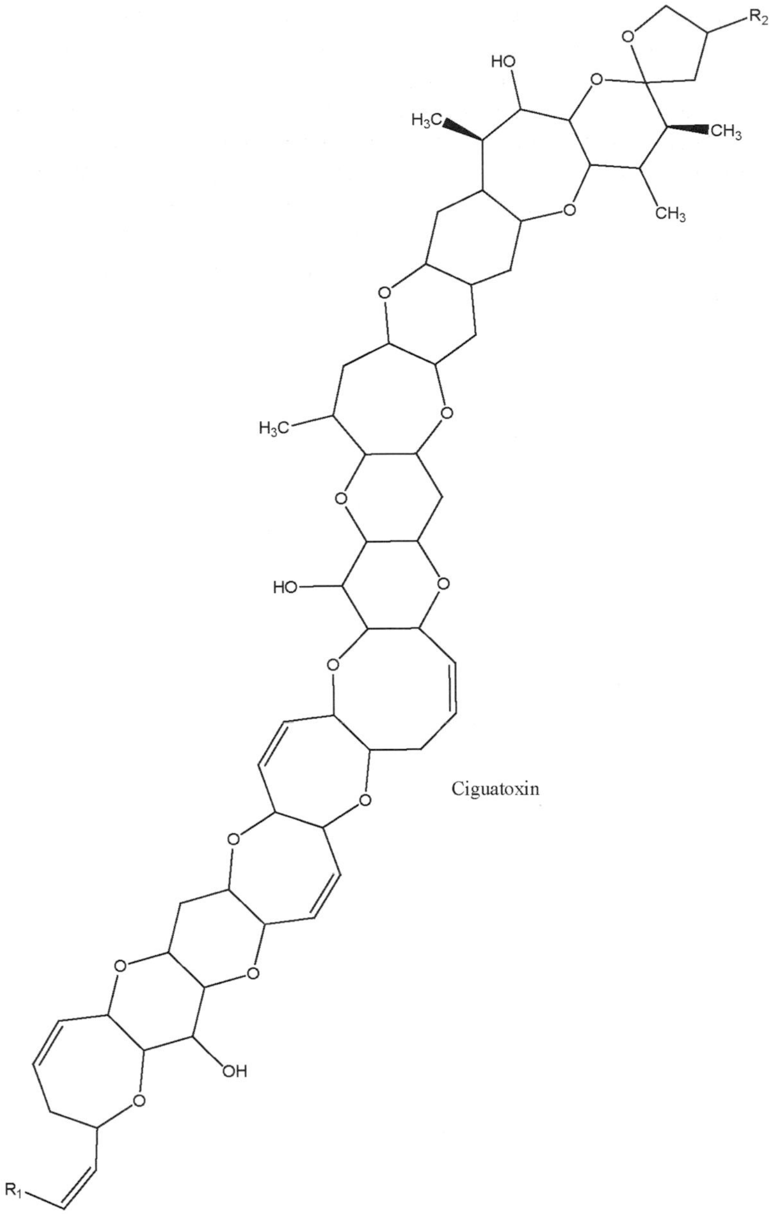


Ciguatoxin

**Abb. 11.18.** Chemische Struktur von Ciguatoxin

**Saxitoxin** ist ein Muschelgift, das auch als paralysierendes Muschelgift bezeichnet wird (Paralytic Shellfish Poison [PSP], zum Unterschied zur Okadainsäure, die hauptverantwortlich für das Diarrethic Shellfish Poison [DSP] ist). Chemisch ist Saxitoxin als stickstoffhaltige, heterozyklische, peptidartige Verbindung strukturell vollkommen verschieden von den Polyethertoxinen (Abb. 11.19). Es ist eine der giftigsten Substanzen, die bekannt sind (LD$_{50}$ bei Mäusen 8 µg/kg) – 0,2 mg können für den Menschen schon tödlich sein. Saxitoxin wird von verschiedenen Dinoflagellaten, z. B. *Alexandrium tamarense* (früher als *Gonyaulax catenella* bezeichnet), *Pyrodinium bahamense*, *Gymnodinium catenatum*, produziert, die dann über die Nahrungskette in die entsprechenden Schalentiere gelangen. Besonders Muscheln und auch Austern reichern dieses Toxin an.

**Domoinsäure** (domoic acid), auch Amnesie verursachendes Toxin genannt (Amnesic Shellfish Poison, ASP), wird von den Organismen verschiedener *Diatomeae* (z. B. *Pseudo-nitzschia australis*) synthetisiert. Das Toxin wurde erstmals 1987 entdeckt, nachdem etwa 100 Menschen in Kanada (Prince Edward Island) nach dem Konsum kontaminierter Muscheln erkrankten. Domoinsäure ist wasserlöslich und hat eine einfache chemische Struktur (2-Carboxy-3-carboxymethylpyrrolidin, Abb. 11.19). Die Struktur und damit die physiologische Wirkung ist ähnlich jener der Kainsäure (kainic acid, 2-Carboxy-3-carboxymethyl-4-isopropylpyrrolidin), einem neurotoxischen Inhaltsstoff der Rotalge *Digenea simplex*, der auch als Acaricid verwendet wird. Domoinsäure aktiviert den Kainat-Glutamat-Rezeptor, was zu einer erhöhten Konzentration an intrazellulärem Calcium in glutamatabhängigen Bereichen des Gehirns (Hippocampus) führt. In der Folge kommt es zu Schäden in diesen Bereichen, was in den typischen Symptomen von ASP (Schwindel, Durchfall, Orientierungslosigkeit, Lethargie, permanenter Verlust des Kurzzeitgedächtnisses) zum Ausdruck kommt. Verstärkte Aufnahme von Domoinsäure mit der Nahrung führte zwischen 1987 und 1998 mehrmals zu Massenvergiftungen bei Pelikanen und Seelöwen.

**Cyanobakterien** (blaugrüne Algen) synthetisieren eine große Anzahl von für Muscheln, Fische und den Menschen toxischen Metaboliten. Cyanobakterien kommen sowohl im Salzwasser als auch im Süßwasser vor. Sie stellen daher eine potenzielle Gefahr für das Trinkwasser dar. Es sind viele Spezies (z. B. *Aphanizomeno* sp., *Microcystis* sp., *Anabaena* sp., *Nodularia* sp., *Nostoc* sp., *Oscillatoria* sp.) bekannt, die entsprechend ihrer Art meist stickstoffhaltige Toxine produzieren. *Aphanizomenon* sp. synthetisiert, wie *Alexandrium* sp., das schon behandelte Neurotoxin **Saxitoxin**. Das ebenfalls neurotoxische Alkaloid **Anatoxin** (auch bekannt unter „Very Fast Death Factor") wird von *Anabaena* sp. gebildet (Abb. 11.19). Der Tod wird durch Lähmung der Atmung herbeigeführt. Andere Arten der Cyanobakterien, wie *Microcystis* sp. und *Nodularia* sp. bilden vor allem lebertoxische, zyklische Heptapeptide, z. B. Microcystin und Nodularin. Diese Peptide sind potente Inhibitoren der Serin/Threonin-Protein-Phosphatasen 1 und 2A. Wie die Okadainsäure binden sie an das aktive Zentrum der Proteinphosphatasen, aber im Gegensatz dazu sind sie hoch spezifisch für die Inhibierung der Proteinphosphatasen der Leber. Dies kann zum Tod durch Leberversagen führen. Tierversuche deuten darauf hin, dass auch das Risiko von Leberkrebs dadurch erhöht ist. Algengifte stellen insgesamt eine bedeutender werdende Quelle von Toxinen in Fischen, Muscheln, aber auch im Trinkwasser dar.

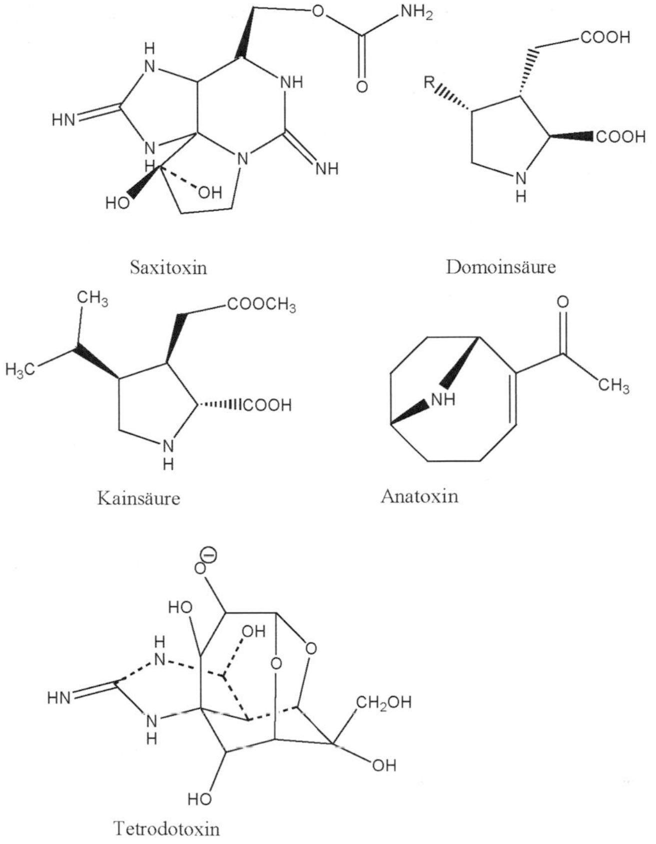

Saxitoxin          Domoinsäure

Kainsäure          Anatoxin

Tetrodotoxin

**Abb. 11.19.**  Chemische Struktur von Toxinen aus Algen, Muscheln und Fischen

**Tetrodotoxin** ist ein anderes potentes Fischgift, ein Neurotoxin, benannt nach der Gattung *Tetraodontiformes* sp. (Pufferfische, gekennzeichnet durch die charakteristische Stellung von vier starken Zähnen), in der es vorwiegend vorkommt (Abb. 11.19). Daneben wird Tetrodotoxin auch in speziellen Meeresalgen (*Jania* sp.), Krabben *(Zosimus aeneus)*, Mollusken, Muscheln (*Nassarius* sp.) und Meeresschnecken aufgefunden. Auch in Landtieren, speziellen amerikanischen Fröschen und Salamandern, ist es nachgewiesen worden. Am bekanntesten ist das Vorkommen des Tetrodotoxins in Igel- und Kugelfischen (*Fugu* sp. und *Spheroides* sp.), die im Pazifik gefangen und als Delikatesse vor allem in Japan konsumiert werden. Das Toxin ist in Galle, Leber und Ovarien dieser Fische angereichert, die vor dem Konsum entfernt werden müssen. Die $LD_{50}$ in Mäusen liegt bei 10 µg/kg, die letale Dosis für den Menschen bewegt sich wahrscheinlich unter 1 mg, es ist daher etwa 10.000-mal giftiger als Cyanid. Die chemische Struktur hat Ähnlichkeiten mit der des Saxitoxins (beide gehören zu der Gruppe der Guanidinium-Toxine, weil sie positiv geladene Guanidinium-Gruppen enthalten). Tetrodotoxin weist im Molekül viele Ether-Brücken auf, die im Saxitoxin fehlen. Wie Saxitoxin hemmt Tetrodotoxin das Einströmen von Natriumionen durch die potenzialregulierten Kanäle (voltage gated sodium channels) in die Nervenzellen. Dabei täuscht Tetrodotoxin ein hydratisiertes Natriumion vor, das dann im Ionenkanal hängen bleibt und diesen blockiert. Dadurch kommt es vorwiegend zu paralytischen Effekten, Muskel- und Atemlähmung, die in vielen Fällen zum Tod führen.

### 11.2.4 Konservierung von Fisch

Die leichte Verderblichkeit der Fischfänge, bedingt durch die hohe Zersetzlichkeit der Fischmuskulatur, hat zur Folge, dass schon sehr lange chemische und physikalische Verfahren zur Konservierung der Fänge verwendet werden. Die Methoden werden ausführlicher im Kapitel 15 „Lebensmittelkonservierung" besprochen und sollen an dieser Stelle, speziell relevant für Fische, nur taxativ aufgezählt werden. Da Fische schon wenige Grade über dem Gefrierpunkt in kurzer Zeit zu verderben beginnen, sind **Kühlverfahren** zur Verbesserung der Haltbarkeit der Fänge von sehr großer Bedeutung. Die sortierten Fische werden dabei mit Eis, dem auch Kochsalz zugesetzt wird, abgekühlt. Daneben werden **Gefrierverfahren** vor allem für die als Lebensmittel verwertbaren Teile der Fische angewendet. Andere Verfahren zur Erhöhung der Haltbarkeit, vor allem von Seefischen, sind das **Salzen**, das **Trocknen**, das **Räuchern** und das **Einlegen in Säuren**. Die so durch Säure konservierten Fische werden auch als Fischmarinaden bezeichnet. Vorwiegend wird Essigsäure, Milchsäure und Kochsalz, manchmal auch zusätzlich Gelatine, zur Herstellung dieser Marinaden verwendet. Fische können auch durch **Einlegen in Speiseöl** haltbar gemacht werden, oft kombiniert mit einem Pasteurisations- oder Sterilisationsverfahren (z. B. Ölsardinen). Das verwendete Speiseöl extrahiert die fischeigenen Öle und wird dadurch selbst in seinen analytischen Kennzahlen verändert.

Fischeier (Rogen), am bekanntesten davon ist der Kaviar, werden durch Salzen (unter 6 %) haltbar gemacht. Der echte Kaviar ist der Rogen von Störarten während Kaviarersatz vorwiegend aus Seehasen durch Salzen, Säuern und Färben gewonnen wird.

## 11.3 Milch und Milchprodukte

**Unter Milch versteht man die aus den Milchdrüsen weiblicher Tiere abgesonderte Flüssigkeit.** Sie enthält alle für die Ernährung der Nachkommen unmittelbar nach der Geburt wichtigen Nahrungsmittelkomponenten.

Die wichtigste Konsummilch ist die Milch der Kuh (*Bos* sp.), daneben ist auch die Milch von Schafen und Ziegen, in neuerer Zeit auch wieder die von Stuten, von einiger Bedeutung als Lebensmittel. Die Milch wird von den Milchdrüsen geschlechtsreifer Tiere nach der Geburt eines Nachkommens für eine gewisse Zeit produziert (Laktationsperiode). Die Laktationsperiode beträgt bei Kühen in der Regel 270 bis 300 Tage. In dieser Zeit geben Kühe etwa 15 bis 20 Liter Milch pro Tag. Fallweise werden auch längere Laktationsperioden ohne erneutes Kalben bei Kühen beobachtet. Die Milch wird aus Bausteinen (Aminosäuren, Fettsäuren, Glucose, Mineralstoffe usw.) in den Milchdrüsen des Euters gebildet, die durch das Blut dorthin transportiert werden. Beim Melkvorgang ist die Ausschüttung des Hypophysenhormons Oxytocin durch die Kuh wichtig, da dadurch die Permeabilität von Membranen in den Drüsen vergrößert wird, sodass höhermolekulare Proteine und auch Fette in die Milch gelangen können. Bedingt durch die zeitverzögerte Oxytocin-Ausschüttung ist die Zusammensetzung der Milch während des gesamten Melkvorganges nicht konstant.

Die **Kolostralmilch**, die erste Milch nach der Geburt des Kalbes, darf nicht in den Handel gebracht werden. Sie hat rötliche Farbe und eine andere Konsistenz und Zusammensetzung (z. B. Gehalt an Colostrinin, einem Gemisch an Peptiden, teilweise mit Kinin-Aktivität) als die Milch der folgenden Melkvorgänge. Colostrinin wurde zur Behandlung der Alzheimerkrankheit vorgeschlagen. Während das Kalb durch Erzeugung eines Unterdrucks im Euter die Milch entnimmt, wird sie vom Melker durch Anwendung eines Überdrucks entnommen. Elektrische Melkmaschinen arbeiten alternierend mit Über- und Unterdruck. Die dabei entstehenden elektrischen Felder können einen höheren Gehalt an verbleibender Restmilch im Euter, der zu Infektionen und nachfolgenden entzündlichen Erkrankungen des Euters führen kann, verursachen. Die Erreger von Krankheiten des Rindes, wie Brucellose (Bang-Krankheit), Mastitis und Tuberkulose, sind in der Milch dieser Tiere vorhanden und werden damit auch auf den Konsumenten übertragen. In neuerer Zeit ist man intensiv bemüht, solche Tiere von der Milchproduktion auszuschließen.

Milch ist ein guter Nährboden für die verschiedensten Mikroorganismen, sie soll daher nach der Entnahme kühl und vor Licht geschützt gelagert werden. Ultraviolettes Licht zerstört das Vitamin $B_2$ (Riboflavin) in der Milch (daher braune Milchflaschen und lichtundurchlässige Verpackungen der Milch) und verursacht in einer anderen fotochemischen Reaktion einen typischen **Lichtgeschmack**. Ursache ist die fotochemische Oxidation der Aminosäure Methionin zum 3-Methylmercaptopropionaldehyd (Methional). Methionin wird dabei oxidativ desaminiert und decarboxyliert (Abb. 11.20).

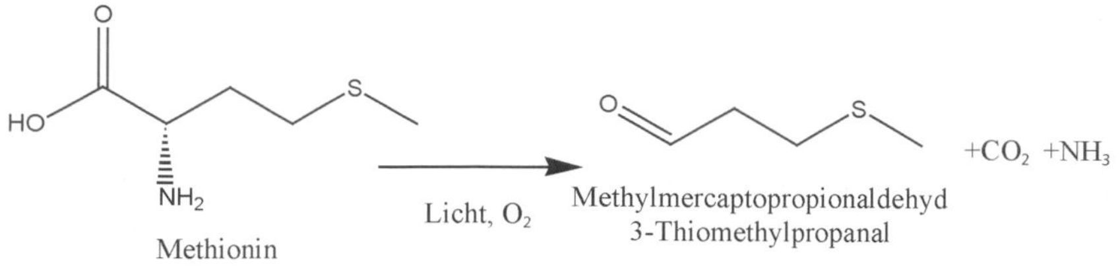

**Abb. 11.20.**   Oxidation von Methionin

Milch ist eine Suspension von Eiweiß und Fettmicellen in protein-, lactose- und salzhaltigem Wasser, die Fettkügelchen (Micellen) sind dabei von einer Membran umschlossen. Wegen der Infektionsgefahr wird die in den Handel gelangende Milch pasteurisiert und homogenisiert. Dabei wird die Membran der Fettkügelchen während der bei der Homogenisierung erfolgenden Verkleinerung beschädigt. Die ernährungsphysiologischen Auswirkungen der Homogenisierung sind umstritten. Der pH-Wert der frischen Milch liegt im neutralen bis schwach sauren Bereich. Die weiß-gelbliche Farbe der Milch ist durch die Reflexion des Lichtes durch die in der Milch enthaltenen Protein- und Fettkolloide (Micellen) bedingt.

## 11.3.1  Zusammensetzung der Milch

Kuhmilch als praktisch bedeutendste Milch enthält:

- 3–5 % Fett (abhängig von Rasse, Futter und Haltung),
- 3–3,5 % Eiweiß, teilweise mit enzymatischer Aktivität,
- 4–5 % Kohlenhydrate, vorwiegend Lactose, und etwa 1 % Mineralstoffe sowie Vitamine, Zitronensäure, Diacetyl, Phospholipide, Mono- und Difettsäureester des Glycerins, Carotinoide, Steroide und niedermolekulare Stickstoffsubstanzen, wie z. B. das Pyrimidinderivat Orotsäure (Abb. 11.21).
- Hauptbestandteil ist Wasser (83–87 %).

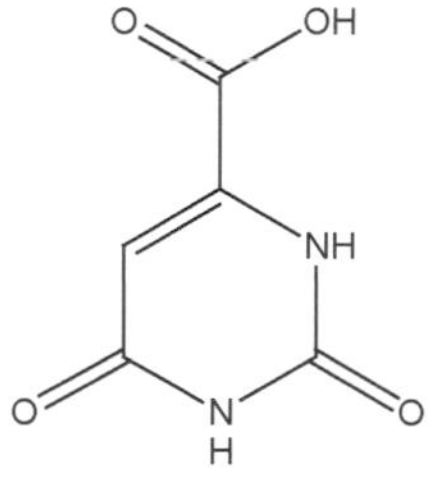

**Abb. 11.21.**   Chemische Struktur der Orotsäure

Die **Proteine** der Milch teilt man in **Molkenproteine** und **Caseine** ein. Die Caseine bilden die Hauptmenge der Milchproteine, etwa 80 %, bezogen auf Milch machen die Caseine etwa 2,7 % aus. Als Caseine werden diejenigen Proteine der Milch bezeichnet, die nach Zugabe von Säure bei einem pH-Wert von 4,6 ausfallen. Die überstehende Flüssigkeit ist die **Molke**, in der neben der Lactose der mengenmäßig kleinere Teil an Eiweiß, **Albumine** und **Globuline**, die Molkenproteine, gelöst enthalten sind. **Lactalbumin** kommt in der Molke zu etwa 0,5 %, **Lactoglobuline** zu etwa 0,1 % vor. Die Bezeichnung der Molkenproteine lehnt sich an die der Blutproteine an und orientiert sich an deren elektrophoretischer Wanderung, z. B. $\alpha$-, $\beta$-Lactoglobuline. Die genetisch determinierten Varianten der $\beta$-Lactoglobuline können zur Identitätsbestimmung der Milch herangezogen werden. Weiters kommen Immunoglobuline sowie mehrere Enzyme in der Molke vor, wie z. B. eine thermisch labile alkalische Phosphatase, Lactoperoxidase, Katalase und das Eisentransportprotein Lactoferrin. Lactoperoxidase und Katalase sind wahrscheinlich für den Selbstschutz der Milch vor mikrobiellem Befall sehr wichtig, Lactoferrin scheint, entsprechend der Literatur, präventiv gegen diverse Krankheitserrreger zu wirken (z. B. *Haemophilus influenzae*).

Die Caseine, die Hauptmenge der Milchproteine, können in vier Gruppen eingeteilt werden:

- $\alpha_{s1}$-**Casein,**
- $\alpha_{s2}$-**Casein,**
- $\beta$-**Casein,**
- $\kappa$-**Casein,**

die etwa im Verhältnis 3 : 0,8 : 3 : 1 vorkommen. Die in alkalischem Puffer gelösten Caseine (z. B. Tris-Glycin pH 8,6) können durch Gel-Elektrophorese getrennt werden. Durch elektrophoretische Untersuchung der Caseine kann nicht nur die Milch verschiedener Tierarten analytisch unterschieden werden, sondern es können auch Aussagen über die Rinderrassen, von denen die Milch stammt, gemacht werden. Die Caseine unterscheiden sich durch ihre Aminosäurezusammensetzung und durch ihr Molekulargewicht.

Charakteristisch für die Caseine und wichtig für ihre Eigenschaften ist das Vorkommen von mit Phosphorsäure veresterten Serinresten (**-O-Serylphosphat**) in den Polypeptidketten. Die einzelnen Caseintypen unterscheiden sich unter anderem auch durch die Anzahl der -O-Serylphosphatreste. Z. B. enthält $\alpha_{s1}$-Casein acht bis neun negativ geladene -O-Serylphosphatgruppen, $\alpha_{s2}$-Casein zehn bis dreizehn, $\beta$-Casein fünf, während $\kappa$-Casein nur eine O-Serylphosphatgruppe, dafür aber ein bis drei Oligosaccharidreste als polaren Anteil pro Molekül enthält. Neben diesen polaren Phosphatgruppen, deren Gegenion immer Calcium ist, kommen in den Caseinen auch Abschnitte, aufgebaut aus hydrophoben (unpolaren) Aminosäuren, vor. Der größte Block an hydrophoben Aminosäuren (etwa

150) werden in den beta Caseinen gefunden. Der Aufbau aus polaren und unpolaren Abschnitten ist wichtig für die Bildung von Micellen durch die Caseine. Die polaren Bereiche sind der wässrigen Phase zugekehrt, während sich die unpolaren Zonen im Inneren befinden, durch hydrophob-hydrophobe Wechselwirkung aneinander haften und so die Micelle stabilisieren. **Caseinmicellen** haben einen mittleren Durchmesser von etwa 120 nm und ein „Molekulargewicht" von etwa 100 Millionen und enthalten auch kolloidales tertiäres Calciumphosphat.

$\alpha_{s2}$-Casein und $\kappa$-Casein enthalten je einen Cysteinrest pro Molekül, der in den anderen Caseinen nicht vorkommt. Nach Oxidation der SH-Gruppe des Cysteins, kann $\kappa$-Casein über eine Disulfidbrücke mit einem gleichen oder anderen Proteinmolekül (z. B. $\beta$-Lactoglobulin) zu einer größeren Einheit verbunden sein. Im $\kappa$-Casein sind die polaren Bereiche C-terminal (etwa ein Drittel des Moleküls) lokalisiert, während der N-terminale Bereich unpolar ist. Die für die Käseherstellung wichtige proteolytische Spaltung des $\kappa$-Caseins durch das **Labenzym (Chymosin)** erfolgt zwischen dem polaren und unpolaren Bereich. Das Bruchstück mit dem unpolaren Anteil, etwa zwei Drittel des ursprünglichen Moleküls, spielt bei der Initiation der Flockung der Caseine eine wichtige Rolle. $\kappa$-Casein ist an der Oberfläche der Caseinmicelle lokalisiert. Da die Caseinmicellen durch Wechselwirkung der vier Caseinarten mit tertiärem Calciumphosphat gebildet werden, ist es nicht erstaunlich, dass sich ihre Struktur und die Löslichkeit der Komponenten mit der Temperatur leicht verändern. So steigt die Löslichkeit der $\beta$-Casein-Komponente im Milchserum mit sinkender Temperatur an, was die Ausbeute an Käse ungünstig beeinflusst, sodass kalte Milch oft vor der Käsebereitung für eine halbe Stunde auf 60 °C erhitzt wird.

Auch bei Erwachsenen werden nach dem Konsum von Milch Bruchstücke der Milchproteine im Magen gefunden, unter anderem das $\kappa$-Caseinoglykopeptid, ein Inhibitor der Blutgerinnung, der aus dem Darm resorbiert wird. Auch das N-terminale Peptid des $\alpha_{s1}$-Caseins und Bruchstücke der Milch-Xanthinoxidase sind im Blut immunologisch nachgewiesen worden. Auch Peptide mit morphinähnlichen Eigenschaften kommen in der Milch vor **(Casomorphine)**. Diese Befunde unterstützen die Theorie, dass der Nahrung entstammende Peptide auch beim Menschen physiologische Wirkungen haben können.

**Milchfett** kommt in der Milch als Fett in Wasser-Emulsion in Form von Fetttröpfchen **(Fettmicellen)** vor. Die Fetttröpfchen sind von einer fragilen Membran umgeben, die aus Glykoproteinen, Cholesterin, polaren Fetten (z. B. Phospholipiden) und Enzymen, vor allem Xanthinoxidase, besteht. Der Durchmesser der Fetttröpfchen liegt zwischen 0,5 und 15 µm und ist daher nicht konstant (90 % haben einen Durchmesser zwischen 1–4 µm). Die Fetttröpfchen können zu traubenförmigen Aggregaten zusammen treten, was makroskopisch zum **Aufrahmen der Milch** führt. Die Membran ist vor allem wichtig für die Trennung des Milchfettes von den Caseinmicellen und vom kolloidalen tertiären Calciumphosphat, verhindert aber nicht das Verschmelzen der Tröpfchen zu den größeren Aggregaten. Weitere Faktoren, die eine Fusion beschleunigen, sind Calcium, Ganglioside (Sphingosin und Glykolipide) und bestimmte Proteine aus dem Cytosol. Das Zerreissen der Membran erleichtert den Abbau von Triglyceriden durch milcheigene oder mikrobielle Lipasen und verringert dadurch die Haltbarkeit der Frischmilch. Auch Absorption von Triglyceriden durch Caseinmicellen und kolloidales tertiäres Calciumphosphat tritt ein, ein Phänomen, das die Fällung des Caseins durch Labenzym bei der Käseproduktion stört. Schon beim Pumpen und auch beim Abkühlen der Milch kann die Membran beschädigt werden. Beim Abkühlen kristallisieren einige Triglyceride vorwiegend gesättigter Fettsäuren auf der Fetttröpfchen-Membran aus, und auch einige Immunoglobuline der Milch schlagen sich darauf nieder.

Das Aufbrechen der Membranen und die damit verbundene **Homogenisierung der Milch** hat in vielen Fällen technologische Vorteile, z. B. beim Abrahmen der Milch, bei der Herstellung von Obers, Eiscreme und Butter. Durch die Homogenisierung nimmt der Durchmesser der Fetttröpfchen ab, dadurch wird das Verhältnis Oberfläche zu Volumen größer. Casein und Molkenproteine werden verstärkt an der vergrößerten Oberfläche absorbiert, was Anlass zur Ausbildung von kolloidalen Strukturen ist, die von nativer Milch unterschiedlich sind.

Die chemische Zusammensetzung des Milchfettes ist komplex und auch zwischen den einzelnen Tierarten sehr verschieden. Im Fett der Kuhmilch sind über 60 verschiedene Fettsäuren nachgewiesen worden, die meisten davon in Konzentrationen weit unter 1 % (Tab. 11.3).

Charakteristisch für das Milchfett ist der hohe Gehalt an Ölsäure (28 %), der etwa gleich große Gehalt an Palmitinsäure und das Vorkommen von Stearinsäure und Myristinsäure in Mengen von jeweils etwa 11 %. Ein weiteres Charakteristikum von Kuhmilch ist ihr Gehalt an Buttersäure (3,5 %) und anderen niederen Fettsäuren ($C_6$–$C_{12}$) in Mengen von 1–4 %. Buttersäure, Capron- und Caprylsäure sind z. B. in menschlicher Milch nicht enthalten. Das Fett der Kuhmilch enthält nur geringe Mengen an mehrfach ungesättigten Fettsäuren, nur jeweils etwa 1,5 % an Linol- und Linolensäure. In jüngster Zeit wird das Vorkommen von einer $C_{18}$-Fettsäure mit zwei zueinander konjugierten Doppelbindungen (CLA, konjugierte Linolsäure, 9,11-Octadecadiensäure) wegen ihrer krebspräventiven Wirkung sehr beachtet. Im Milchfett sind etwa 2–4 % Trans-Fettsäuren enthalten, unter anderem trans-Ölsäure (Elaidinsäure, trans-9-Octadecensäure, 0,3 %) und Vaccensäure (trans-11-Octadecensäure, etwa 1 %), ein Stellungsisomer der Elaidinsäure. Trans-Fettsäuren werden bei der enzymatisch katalysierten Hydrierung (Transhydrogenasen) mehrfach ungesättigter Fettsäuren im Pansen der Kuh durch Mikroorganismen gebildet. Im Milchfett werden auch geringe Mengen an ungeradzahligen Fettsäuren, z. B. Heptadecansäure (0,7 %), und verzweigten Fettsäuren (z. B. 15-Methylhexadecansäure, 0,4 %) gefunden.

**Tabelle 11.3.** Durchschnittliche Zusammensetzung des Milchfettes

| Fettsäure | [%] |
|---|---|
| Ölsäure | 28 |
| Palmitinsäure | 26 |
| Stearinsäure | 11 |
| Myristinsäure | 11 |
| Buttersäure | 3,5 |
| Niedere Fettsäuren ($C_6$–$C_{12}$) | 1–4 |
| Linolsäure | 1,5 |
| Linolensäure | 1,5 |
| 9,11-Octadecadiensäure (konjugierte Linolsäure, CLA) | 0,5 |
| trans-Fettsäuren | 2–4 |
|    z. B. Elaidinsäure, trans-9-Octadecensäure | 0,3 |
|    Vaccensäure, trans-11-Octadecensäure | 1 |
| ungeradzahlige Fettsäuren | |
|    z. B. Heptadecansäure | 0,7 |
| verzweigte Fettsäuren | |
|    z. B. 15-Methylhexadecansäure | 0,4 |

Da Buttersäure in anderen Fetten nicht vorkommt, kann ihr Nachweis zur Identifikation von Milchfett dienen.

**Kohlenhydrate** der Milch: Das Hauptkohlenhydrat der Milch ist die **Lactose**, die zu 4,8 % in der Kuhmilch enthalten ist. Über die physiologischen Wirkungen der Lactose siehe Kapitel 3. Beide Anomere, α- und β-, können aus Molke isoliert und in reiner Form gewonnen werden. Die Löslichkeit von β-Lactose in Wasser ist deutlich höher als die des α-Anomers (etwa 60 %). Bei der Verarbeitung der Milch (Trockenmilch, Kondensmilch) kann die Lactose in geringer Menge zu **Lactulose** (4-O-β-D-Galaktosido-D-fructofuranose) isomerisiert werden. Industriell durch alkalische Isomerisierung aus Lactose hergestellte Lactulose wird in großem Maßstab als Laxativ verwendet. Lactulose ist praktisch nicht metabolisierbar. Die Lactosespaltung wird auch durch bakterielle Lactasen (= β-Glykosidasen) katalysiert. Beispiele für bakterielle Lactaseproduzenten sind *Streptococcus lactis, Lactobacillus bulgaricus, Lactobacillus casei*, als Hefe *Kluyveromyces lactis*, die auch technologisch bei der Joghurt und Käseherstellung verwendet werden. Bei den Schimmelpilzen wäre *Aspergillus niger* als Lactaseproduzent zu nennen. Lactose ist hier das Nährsubstrat für die Mikroorganismen. Durch die Spaltung der Lactose gewinnen Milch und Milchprodukte an Süßigkeit, was z. B. bei der Herstellung von Eiscreme zur Verminderung des Saccharosezusatzes führt. Die Milch enthält in **geringen Mengen Glucose und Oligosaccharide**, die Letzteren wahrscheinlich mit immunologischen Aktivitäten.

**Vitamine** der Milch: Milch enthält unterschiedliche Mengen an allen Vitaminen. Die fettlöslichen Vitamine (A, D, E) sind vorwiegend mit den Lipiden vergesellschaftet und gehen bei der Entrahmung der Milch in den Rahm über. Die wasserlöslichen Vitamine (Gruppe B, C) bleiben zu über 90 % in der Molke. Bei den B-Vitaminen sind mengenmäßig Pantothensäure und Riboflavin vorherrschend, bei den fettlöslichen die Vitamine A und E. Auch größere Mengen an Vitamin C (etwa 20 mg/l) sind in der Milch enthalten.

**Mineralstoffe** der Milch: Alle essenziellen Mineralstoffe und Spurenelemente sind in der Milch enthalten. Vorherrschend sind von den Kationen Kalium und Calcium, daneben Natrium und Magnesium, von den Anionen Phosphat und Citrat, daneben Chlorid. Kalium, Calcium, Natrium, Phosphat und Citrat kommen in Mengen von über 1 g pro Liter vor. Bei der Lagerung der Milch wird Citrat abgebaut, etwa 20 % des Phosphates und des Calciums sind an die Caseinproteine gebunden. Ein großer Teil liegt kolloidal als tertiäres Calciumphosphat vor, und der Rest der Calciumionen ist an Citrat gebunden.

**Fremdstoffe (Xenobiotika)** in der Milch: Viele Stoffe, die mit dem Futter von den Tieren aus der Umwelt aufgenommen werden, können teilweise auch in die Milch sezerniert werden. Dies trifft vor allem für viele Pestizide und auch Arzneimittel, wie z. B. Antibiotika, zu. Viel untersucht und dokumentiert ist das Vorkommen von chlorierten Kohlenwasserstoffen, die als Insektizide verwendet wurden. Das Vorkommen von antibiotisch wirkenden Substanzen in der Milch kann Störungen bei der Entwicklung von Mikroorganismen verursachen, die bei der weiteren Verarbeitung der Milch zum Einsatz kommen. Wenig untersucht ist bislang das Auftreten von sekundären Pflanzeninhaltsstoffen in der Milch.

## 11.3.2 Milchkonservierung

Verschiedene Inhaltsstoffe, wie Lactoperoxidase, Katalase und Lactoferrin, verleihen der Rohmilch einen zeitlich begrenzten Schutz vor mikrobieller Infektion, der bei den langen Wegen zwischen Produzent und Konsument nicht ausreichend ist. Daher wird praktisch die gesamte in den Handel gelangende Milch durch Verfahren, wie **Pasteurisieren, Sterilisieren, Trocknen und Säuern**, haltbar gemacht. Ein Zusatz von Konservierungsmitteln ist gesetzlich nicht zulässig. Damit entfällt heute auch der früher oft übliche Zusatz von Wasserstoffperoxid, der dann durch Katalase wieder entfernt wurde, oder von Nitrat zur Käsereimilch.

## 11.3.3 Milchprodukte

Die aus Rohmilch hergestellten Milchprodukte können in fermentierte und nicht fermentierte Produkte eingeteilt werden. Nicht fermentiert sind die Rohmilch selbst, Vollmilch, Magermilch, Obers (Sahne), Buttermilch, Milchpulver (Trockenmilch), Kondensmilch. Fermentiert sind Sauermilch, Sauerrahm, Tätte (Long Milk), Joghurt, Kefir, Kumys, Käse. Butter kann sowohl aus nicht gesäuertem Rahm als auch aus gesäuertem Rahm hergestellt werden (Abb. 11.22).

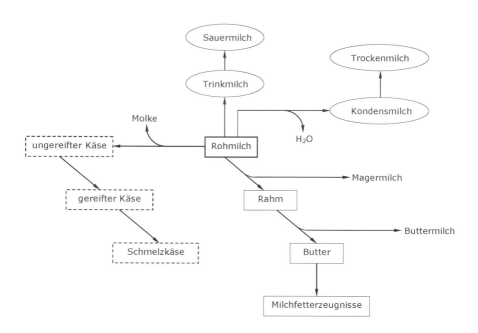

**Abb. 11.22.**    Milchproduktpalette

### 11.3.3.1    Nicht fermentierte Milchprodukte

Mengenmäßig spielt Rohmilch beim heutigen Milchkonsum eine untergeordnete Rolle. Besondere hygienische Vorsichtsmaßnahmen sollten bei der für den Konsum bestimmten Rohmilch immer eingehalten werden. Aus der Rohmilch wird durch Einstellen des Fettgehaltes auf einen bestimmten Prozentsatz, Homogenisierung (Verhinderung des Aufrahmens der Milch durch Zerstörung der Struktur der Fetttröpfchen) und Pasteurisation oder Sterilisation die Milch des Handels hergestellt.

Das Einstellen des Fettgehaltes wird durch Entrahmung mittels Zentrifugen (Entrahmungsseparatoren) und Rückfettung der Milch erreicht. Die Homogenisierung der Milch wird unter hohem Druck (bis 350 bar) und erhöhter Temperatur (bis 75 °C) in Hochdruckhomogenisatoren durchgeführt. Die Pasteurisierung ist zur Haltbarmachung gesetzlich vorgeschrieben. Kurzzeiterhitzung (71–74 °C für 30–40 Sekunden) ist heute das gebräuchlichste Verfahren.

**Magermilch** ist die entrahmte Vollmilch, sie wird durch Pasteurisation haltbar gemacht.

**Buttermilch** fällt bei der Erzeugung der Butter an, sie enthält Lactose, Milchsäure, Mineralstoffe und den Großteil der Milchproteine. Wegen ihres geringen Fettgehaltes (unter 1 %) und damit auch niedrigen Cholesteringehaltes wird sie oft wie ein diätetisches Lebensmittel verwendet. Zur Buttermilch kann Wasser oder Magermilch im gesetzlichen Rahmen zugesetzt werden.

**Obers/Sahne** wird aus Vollmilch durch Abscheidung von Magermilch und damit Konzentrierung des Fettgehaltes erhalten. Kaffeeobers muss mindestens 10 % Fett, Schlagobers mindestens 30 % Fett enthalten.

**Kondensmilch** wird durch Konzentrierung der Milch unter vermindertem Druck erzeugt. Dabei wird die auf einen bestimmten Fettgehalt eingestellte Milch zur Entkeimung und zur Fällung von Lactalbumin zuerst auf mindestens 85 °C für 10–25 Minuten erhitzt. Durch die Ausfällung des Lactalbumins wird die Gefahr des Nachdickens der Milch stark vermindert. Die Konzentrierung der Milch im Verhältnis 2,5–2,7 : 1 wird vorwiegend durch Dünnschichtverdampfer unter vermindertem Druck erreicht. Zusätze von Natriumhydrogencarbonat, Trinatriumcitrat und Dinatriumphosphat sind gestattet und wirken der Caseinaggregation und damit der Gerinnung entgegen. Auch Saccharose wird teilweise zur zusätzlichen Süßung des Produktes zugesetzt. Ein Zusatz von Trockenmilchpulver ist erlaubt (bis 25 %). Es werden Kondensmilchprodukte mit verschiedenem Fettgehalt angeboten.

**Milchtrockenprodukte** werden aus pasteurisierter Vollmilch oder pasteurisierten Milchfraktionen (Magermilch, Molke, Buttermilch, Rahm) durch Verdampfung von Wasser hergestellt. Das Trocknungsverfahren wird so gewählt, dass bei maximaler Löslichkeit des Produktes in Wasser die Bildung von braunen Pigmenten (Maillard-Produkten) nach Möglichkeit vermieden wird. **Sprüh- oder Walzentrocknung** oder Kombinationen davon (mehrstufige Verfahren) können hierfür verwendet werden. Heute wird jedoch die Sprühtrocknung mit nachträglicher **Fließbetttrocknung** bevorzugt.

Bei der Sprühtrocknung wird die meist vorkonzentrierte Milch in Sprühtürmen in 150–180 °C heiße Luft eingespritzt. Das Produkt sinkt auf den Boden des Sprühturmes und wird von dort zu den Vorratsbehältern transportiert. Durch den Entzug der Verdampfungswärme wird das Milchpulver selbst nur auf 60–80 °C erhitzt. Milchpulver wird zur Erzeugung von Milchschokolade, Kindernährmitteln und Milch-Instant-Produkten verwendet. Die Proteinkomponente, die durch Erhitzungsprozesse besonders leicht zerstört wird, ist die Aminosäure Lysin. Deren endständige Aminogruppe gibt mit der Aldehydgruppe von reduzierenden Zuckern, z. B. Lactose, besonders leicht Kondensationsprodukte, aus denen dann durch Folgereaktionen die braunen Maillard-Pigmente entstehen. Die Bestimmung des Lysingehaltes in erhitzten Milchprodukten gibt daher nicht nur Aufschluss über das „verfügbare Lysin", sondern auch über die Qualität des verwendeten Erhitzungs- bzw. Trocknungsverfahrens. Auch Reaktionsprodukte der Lactose mit dem Lysin des Caseins, wie Pyridosin und Furosin, können nach saurer Hydrolyse des Proteins in erhitzten Milcherzeugnissen nachgewiesen werden (Abb. 11.23).

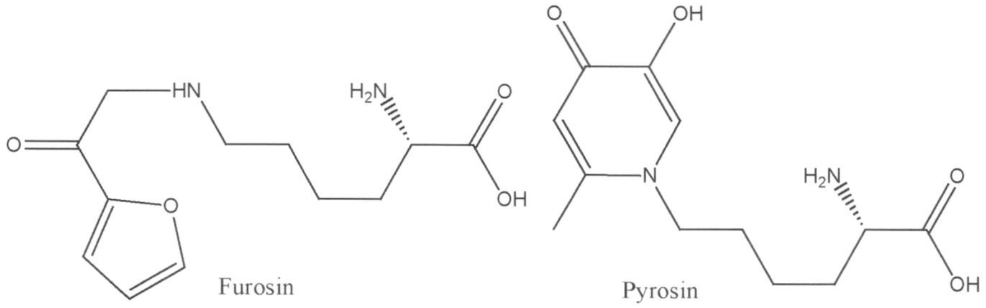

Furosin                                                    Pyrosin

**Abb. 11.23.**   Reaktionsprodukte von Lactose und Lysin

In proteinreichen Milchprodukten entstehen vor allem aus Casein bei thermischer Behandlung und Fehlen von Kohlenhydraten vorwiegend vom Dehydroalanin abgeleitete Aminosäuren, wie z. B. Lysinoalanin (siehe Kapitel 4).

### 11.3.3.2   Fermentierte Milchprodukte

Fermentierte Milchprodukte enthalten durchschnittlich 1 % Milchsäure, daneben Essigsäure und auch Kohlensäure. Die Verhältnisse zwischen diesen Hauptprodukten der Gärung sind weitgehend abhängig von den verwendeten Mikroorganismen. In der Praxis werden vier Gattungen von Mikroorganismen eingesetzt: *Streptococcus* sp., *Lactobacillus* sp., *Pediococcus* sp. und *Leuconostoc* sp. Die Mikroorganismen können L-(+)-Milchsäure, aber auch das D-Isomer oder racemische Milchsäure produzieren. L-(+)-Milchsäure ist das optische Isomer, das auch im tierischen und menschlichen Organismus gebildet wird. Behauptungen über eine angebliche Toxizität des D-Isomers für den Menschen konnten bislang nicht bewiesen werden. Allerdings können größere Mengen an D-(−)-Milchsäure zu einer Anreicherung im Blut und zu einer Hyperacidität des Urins führen.

**Sauermilch** wird in der Regel aus pasteurisierter Vollmilch durch Zugabe verschiedener milchsäurebildender Bakterien (z. B. *Streptococcus lactis, Streptococcus cremoris, Leuconostoc citrovorum*) hergestellt. Daneben ist eine Spontansäuerung möglich. Während der Fermentation wird die Lactose teilweise gespalten, Galaktose zu Glucose über die 6-Phosphate isomerisiert und durch homofermentative Metabolisierung (nach Embden-Meyerhof zur Milchsäure) oder heterofermentativ (nach Embden-Meyerhof: Pentosephosphatzyklus, Fructose-6-Phosphatabbau zu Milchsäure, Essigsäure, Kohlensäure) abgebaut. Die Säurebildung führt zu einem Absinken des pH-Wertes und bei pH 4–5 in der Folge zu einer Koagulation des Caseins, makroskopisch sichtbar durch das Dickwerden der Milch. Neben dem Ausgangsprodukt Vollmilch (mindestens 3,5 % Fett) kann auch fettarme Milch (1,5–1,8 % Fett) bei Deklaration zur Herstellung verwendet werden. Durch die Spaltung der Lactose unter Freisetzung von Glucose und Galaktose gewinnt die Sauermilch an Süßgeschmack, da vor allem die Glucose wesentlich stärker süß schmeckt als die Lactose. Analog wird durch mikrobielle Säuerung von Rahm Sauerrahm hergestellt. *Lactobacillus acidophilus* wird vielfach zur Säuerung von Buttermilch verwendet.

**Joghurt** wird aus vorher erhitzter Vollmilch durch Fermentation mit Gemischen spezieller Milchsäurebakterien, die symbiotisch zusammenleben (z. B. *Streptococcus thermophilus, Lactobacillus bulgaricus, Lactobacillus lactis*), hergestellt. Die Fermentation bei meist über 40 °C führt zur Milchsäurebildung (0,6–1,2 %) und damit verbundener Senkung des pH-Wertes auf etwa 4. Bei diesem niedrigen pH-Wert zersetzt sich der Calcium-Casein-Komplex, die freien Caseinmoleküle aggregieren, die Aggregate flocken als Gallerte aus und bewirken das Dickwerden der Milch.

Joghurt kann bei Deklaration auch aus fettärmeren Milchsorten (0,3–1,5 % Fett) erzeugt werden.

**Kefir** ist ein fermentiertes Milchgetränk, das ursprünglich im Kaukasus beheimatet war. Zu seiner Erzeugung wird Vollmilch mit einer symbiotischen Mischkultur („Kefir-Pilz") beimpft. Wichtig als Komponenten des „Kefir-Pilzes" sind einerseits Hefen (z. B. *Saccharomyces kefir, Torula kefir*) und lactatbildende Mikroorganismen (z. B. *Lactobacillus caucasicus, Leuconostoc* sp., *Streptococcus* sp.). Die Mikroorgamismen des Kefir bauen Lactose heterofermentativ ab, es entstehen als Nebenprodukte geringe Mengen an Alkohol (unter 0,5 %) und Kohlensäure.

**Kumys** ist ein vergorenes Milchgetränk, das ursprünglich aus Zentralasien kommt. Im Ursprungsland wurde es vor allem durch Fermentation von Stuten- oder Ziegenmilch mit Kumyskulturen erzeugt. Heute wird es auch aus Kuhmilch hergestellt. Wie Kefir ist Kumys eine Mischkultur aus Hefen und milchsäurebildenden Bakterien. Ein Unterschied zu Kefir ist der wesentlich höhere Alkoholgehalt des Kumys (bis etwa 3 %).

**Shubat** ist ein fermentiertes Milchgetränk aus Zentralasien, das aus Kamelmilch hergestellt wird.

**Tätte** (long milk) ist ein vergorenes Milchprodukt aus Kuhmilch, das in Norwegen und Schweden beheimatet ist. Die an der Fermentation beteiligten Mikroorganismen (*Streptococcus* sp., *Leuconostoc* sp.) produzieren neben Milchsäure charakteristische fadenziehende Polysaccharid-Gemische (Schleime).

**Käse** wird aus gesäuerter (dick gelegter) Milch durch Abpressen der Molke (des Milchserums) erzeugt. Der so erhaltene Frischkäse (Topfen, Quark) kann als solcher konsumiert oder einem weiteren Reifungs- und Fermentationsprozess unterzogen werden. Die Herstellung von Käse stellt also auch eine Möglichkeit zur Konservierung der Milch dar. Entsprechend seiner Bildung besteht Käse hauptsächlich aus Casein, Fett und Wasser. Während der Fermentation wird Casein und Fett teilweise abgebaut, es entstehen dadurch unter anderem auch typische Aromastoffe. Durch den mit Fermentation und Lagerung gleichzeitig einhergehenden Trocknungsprozess sinkt der Wassergehalt.

Käse kann nach verschiedenen Kriterien eingeteilt werden:

- nach der Art der verwendeten Milch (Kuh, Schaf, Ziege),
- nach den Prozent Fettgehalt in der Trockensubstanz,
- nach der Konsistenz bzw. dem Wassergehalt in Prozenten in der fettfreien Käsemasse (Frischkäse, Weichkäse, Schnittkäse, Hartkäse, Reibkäse),
- nur gesäuerte (reine Lab- oder Säurefällung) oder gesäuerte und fermentierte Käsearten.

Der Fettgehalt in den einzelnen Käsearten kann zwischen 10 % (Magerkäse) und 85 % (Doppelrahmkäse) variieren. Die meisten handelsüblichen Käsesorten enthalten 40–45 % Fett.

Die für die Käseherstellung verwendete Milch (Kesselmilch) muss frei von Stoffen sein, die die Säuerung durch lab- oder säurebildende Mikroorganismen hemmen. Als mögliche Inhibitoren kommen z.B. Rückstände von Antibiotika und anderen Arzneimitteln, Konservierungsmitteln und Detergentien in Frage, die während der technologischen Bearbeitung in die Milch gelangen können. Auch frisch pasteurisierte Milch kann nicht direkt verwendet werden, sondern bedarf einer gewissen Verweilzeit, um für die Käserei geeignet zu sein. Trotzdem ist pasteurisierte Vollmilch aus hygienischen Gründen heute das wichtigste Ausgangsmaterial für die Käseherstellung. Früher wurde die Kesselmilch auch durch Zusatz von Nitrat oder Wasserstoffperoxid, das dann wieder durch Zusatz von Katalase zersetzt wurde, konserviert. Diese Zusätze sind heute nicht mehr gestattet. Aus hygienischen Gründen wird Frischmilch zur Käsebereitung heute nur mehr wenig verwendet, bzw. ist in vielen Ländern die Pasteurisation gesetzlich vorgeschrieben. Zur Einstellung des gewünschten Fettgehaltes kann die Vollmilch mit Rahm oder Magermilch versetzt werden. Mögliche Zusatzstoffe sind Kochsalz, Farbstoffe, wie β-Carotin, Riboflavin, Gewürze, Calciumsalze (Chlorid, Carbonat) oder Natriumhydrogencarbonat.

Aus einer entsprechenden Milch wird **Casein durch Zusatz von Säuren, säurebildenden Bakterien oder Zusatz von Lab ausgefällt**, siehe auch Abschnitt 11.3.1 „Milchproteine". Bei pH-Werten von 4–5 bilden sich aus den Caseinen spontan etwa kugelförmige Aggregate von 20–25 Caseinmolekülen (**Cluster**) mit einem Durchmesser von 12–15 nm. Diese Cluster werden auch als **Submicellen** bezeichnet. Da κ-Casein in der Milch als Oligomer vorliegt (jeweils sechs Moleküle sind über Disulfidbrücken miteinander verbunden), enthält nur jede zweite bis dritte Submicelle κ-Casein. An der Oberfläche der Micelle positionieren sich κ-Casein-haltige Submicellen, mit ihrem hydrophilen Kohlenhydratrest nach außen gerichtet und im wässrigen Milieu verankert. Es entstehen dadurch an der Micellenoberfläche haarförmige Gebilde, die das Aggregieren mit weiteren Micellen behindern. Lab-Enzyme spalten nun das den hydrophilen Kohlenhydratrest tragende Glykopeptid des κ-Caseins ab (zwischen Phenylalanin 105 und Methionin 106), das Spaltprodukt bleibt in der Molke gelöst und der hydrophobe Teil des κ-Caseins bleibt auf der Oberfläche der Micelle zurück. Für die Aggregation zweier Casein-Micellen ist eine freie Oberfläche von etwa 20 gespaltenen κ-Caseinen erforderlich. Erst nach der Abspaltung von 90–95 % der Glykopeptide tritt makroskopisch sichtbar die Koagulation des Caseins ein. Calciumionen vermindern die elektrostatischen Abstoßungskräfte der Casein-Micellen, bilden auch Ionenbrücken zwischen den Proteinmolekülen aus und beschleunigen so die Aggregation der Micellen und damit die Koagulation des Caseins. Die Zeit von der Zugabe des Labenzyms bis zum Zeitpunkt, an dem erste Caseinaggregate sichtbar werden, wird **Gerinnungszeit** genannt. Zu Beginn entstehen wenig verzweigte, kettenförmige Aggregate, die sich durch weiteres Wachstum der Ketten, durch Verzweigungen und Umlagerungen innerhalb einiger Stunden verdichten, makroskopisch sichtbar durch eine zunehmende Festigkeit des Caseingels (**„fraktale Aggregation"**). Dieses dreidimensionale Labgel ist für einige Stunden scheinbar stabil. Durch weitere Vernetzungsreaktionen bilden sich immer dichtere Proteinstrukturen (para-Caseinstrukturen) aus. Dadurch wachsen andererseits die Poren im Gel, es entstehen größere Löcher, aus denen die Molke, das Milchserum, ausläuft und sich damit abscheidet. Das Fett, in Form kleiner Kügelchen emulgiert, wird von den wachsenden para-Casein-Micellen umschlossen und bleibt im Gel erhalten. Die Änderungen im Caseingel können z. B. mit Hilfe eines Rasterelektronenmikroskops verfolgt werden.

Das Caseingel, die Labgallerte, wird mit rotierenden Messern (**Käseharfe**) geschnitten. Je gründlicher dies geschieht, desto mehr Molke fließt aus dem Gel freiwillig aus oder kann, meist bei Temperaturen zwischen 40–50 °C, in geeignete Formen abgepresst werden. Man erhält den frischen Käse (grüner Käse). Auch durch das **Pressen** verdichtet sich das Caseingel weiter, obwohl immer noch größere Hohlräume in der Käsematrix erhalten bleiben. Je härter der Käse später werden soll, umso größer ist auch der in der Pressung angewendete Druck. Während der weiteren Reifung der verschiedenen Käsearten nimmt die Caseinmatrix durch Verschmelzen von Casein-Micellen weiter an Dichte zu. Die Bruchlinien im Käse könne nach Anfärben des Proteins mikroskopisch sichtbar gemacht werden. Zur Reifung werden heute spezielle Kulturen von Mikroorganismen zum „Käsebruch" zugesetzt. Die Käselaibe werden mit trockenem Kochsalz eingerieben oder in etwa 20%ige Kochsalzlösung eingelegt. Die Behandlung dient zur Verfestigung der Käsestruktur, da das Kochsalz osmotisch dem Käse Wasser entzieht. Es bildet sich dabei einerseits die Käserinde, andererseits wird der Käse durch die antibiotischen Eigenschaften des Kochsalzes und durch die Senkung der Wasseraktivität konserviert.

**Frischkäse** sind ungereifte Käse mit hohem Wassergehalt, aber, je nach Herstellungsverfahren, unterschiedlicher Konsistenz (weich: z. B. Quark, Gervais; körnig: z. B. Cottage Cheese, Hüttenkäse, Topfen; oder gallertartig: wie z. B. Mozzarella, plastischer Bruch, erhitzt auf über 60 °C). Sauermilchkäse enthalten 60–73 % Wasser (z. B. Handkäse, Harzer). Weichkäse enthält mehr als 67 % Wasser (z. B. Camembert, Brie, Gorgonzola, Limburger, Romadur). Die ersten drei sind mit Zusatz von Schimmelpilzkulturen gereift, z. B. *Penicillium gorgonzola*, die beiden Letzteren ohne. Schnittkäse haben einen Wassergehalt von weniger als 63 % und mehr als 54 %. Beispiele hierfür sind Edamer, Gouda, Pecorino, Schafkäse, Appenzeller und der Tilsiter Käse. Halbfester Schnittkäse enthält 61–69 % Wasser. Beispiele hierfür sind der Butterkäse, Roquefort und Bierkäse. Roquefort wird aus Schafmilch hergestellt, der Käsebruch wird mit *Penicillium roqueforti* beimpft und wurde ursprünglich in den Höhlen des Berges Combalou gereift. Dabei bilden sich die für das Aroma maßgeblichen Ketone (Methylpentylketon, Methylheptylketon). Hartkäse haben einen Wassergehalt von unter 56 %. Bekannte Käsesorten dieser Art sind der Emmentaler, Bergkäse, Gruyère, Sbrinz, Provolone, Chester, Parmesan (Parmigiano, Grana Padania u. a.). Schmelzkäse (Streichkäse) wird hauptsächlich durch Schmelzen von Hartkäse erzeugt. Bei den Erhitzungstemperaturen von etwa 120 °C werden **„Schmelzsalze"** zugegeben. Diese haben die gemeinsame Eigenschaft, Calcium zu binden oder zu komplexieren. Verwendet werden die Natriumsalze von Polyphosphorsäuren, daneben die der Citronensäure, Weinsäure oder Milchsäure. Mit Hilfe der Schmelzsalze entsteht nach dem Abkühlen eine stabile, streichfähige Eiweiß-in-Fett-Emulsion mit langer Haltbarkeit.

**Butter** ist eine feste Wasser-in-Fett-Emulsion, die aus Rahm oder Milch durch Phasenumkehr (Butterungsprozess) gewonnen wird. Die Phasenumkehr wird entweder durch mikrobielle Säuerung (Rahmreifung) und mechanische Behandlung oder durch mechanische Behandlung des Rahms allein erreicht. Die mechanische Behandlung bewirkt eine weitgehende Vereinigung der in der Milch emulgierten Fettmicellen oder Fetttröpfchen und damit die Verdrängung der wässrigen Phase. Durch die

Säuerung wird dieser Vereinigungsprozess erleichtert. Je nach dem Ausgangsmaterial und Verfahren unterscheidet man daher **Sauerrahm- oder Süßrahmbutter.**

Die beiden Butterarten unterscheiden sich durch den pH-Wert. Sauerrahmbutter hat neben einem höheren Gehalt an Aromastoffen einen pH-Wert von 5,1 und darunter, Süßrahmbutter einen pH-Wert von 6,3 oder darüber. Butter enthält:

- mindestens 80–82 % Fett (Tab. 11.4) und
- höchstens 18–20 % Bestandteile der Buttermilch, davon höchstens 18 % Wasser.

Gesalzene Butter hat meist einen Wassergehalt von unter 16 % und einen höheren Aschegehalt (2 %).

**Tabelle 11.4.** Durchschnittliche Fettsäurezusammensetzung des Butterfettes

| Fettsäure | [g/100 g] |
|---|---|
| *Gesättigte Fettsäuren* | *Gesamt 67,8 %* |
| C 4:0 | 4,0 |
| C 6:0 | 2,3 |
| C 8:0 | 1,4 |
| C 10:0 | 3,2 |
| C 12:0 | 3,6 |
| C 14:0 | 11,4 |
| C 15:0 | 1,1 |
| C 16:0 | 30,9 |
| C 17:0 | 0,05 |
| C 18:0 | 9,3 |
| C 20:0 | 0,1 |
| *Einfach ungesättigte Fettsäuren* | *Gesamt 25,9 %* |
| C 14:1 | 1,2 |
| C 16:1 | 1,5 |
| Ölsäure (c 9–18:1) | 18–33 |
| Elaidinsäure (t 9–18:1) | 4,0 |
| Vaccensäure (t 11–18:1) | 1,0 |
| Eicosensäure (20:1) | 0,1 |
| *Mehrfach ungesättigte Fettsäuren* | *Gesamt 3,4 %* |
| Linolsäure (c 9–c 12–16:2) | 2,6 |
| Konjugierte Linolsäure (c 9–t 11–18:2) (CLA) | 0,4 |
| γ-Linolensäure (c 6–c 9–c 12–18:3) | 0,4 |

Zusammensetzung der ungesalzenen Butter:

- 16 % Wasser,
- 0,04 % Asche,
- 82 % Fett,
- 0,85 % Protein,
- 0,06 % Kohlenhydrate.

Etwa 25 l Milch werden zur Herstellung von 1 kg Butter gebraucht.

Neben den genannten kommen viele andere Fettsäuren in kleinen Mengen vor (verzweigte Fettsäuren, z. B. 14-Methylheptadecansäure, Oxofettsäuren, Furanfettsäuren), insgesamt etwa 3 %. CLA ist durch ihre krebspräventive Wirkung interessant geworden. Weiters enthält Butter eine Vielzahl an Vitaminen, Mineral- und Aromastoffen (Tab. 11.5).

Cholesterin und β-Sitosterin sind in durchschnittlichen Mengen von 215 mg/100 g bzw. 4 mg/100 g in der Butter enthalten.

**Tabelle 11.5** Durchschnittliche Gehalte an Vitaminen, Mineral- und Aromastoffen der Butter

| *Vitamine* | [µg/100 g] |
|---|---|
| Vitamin $B_1$ | 5 |
| Vitamin $B_2$ | 34 |
| Niacin | 42 |
| Pantothensäure | 110 |
| Vitamin $B_6$ | 3 |
| Folsäure | 3 |
| Vitamin $B_{12}$ | 0,17 |
| Vitamin A | 690 |
| Vitamin E | 232 |
| Vitamin K | 7 |
| Vitamin D | 56 IU |
| *Mineralstoffe* | [mg/100 g] |
| Calcium | 24 |
| Phosphat | 24 |
| Kalium | 24 |
| Natrium | 11 |
| Eisen | 0,02 |
| Zink | 0,09 |
| Kupfer | 0,01 |
| Mangan | 0,004 |
| Selen | 0,001 |
| *Aromastoffe* | [µg/100 g] |
| Diacetyl | 60 |
| R-δ-Decalacton | 500 |
| Buttersäure | 400 |
| Flüchtige Phenole (Phenol, Guajacol, Kresole) | in Spuren vorhanden |

## 11.4 Eier

Eier sind Lebensmittel mit sehr langer Tradition. Gewöhnlich werden unter diesem Begriff Eier des Haushuhns (*Gallus domesticus*) verstanden. In diesem Abschnitt wird auf Eier anderer Vogelarten nicht eingegangen. Hühnereier werden in **Gewichtsklassen** von 45–70 g und in **Handelsklassen** nach der Art der Produktion und der Frische eingeteilt.

## 11.4.1 Aufbau des Eies

Innerhalb der Eischale (0,2–0,4 mm dick) sind alle Nährstoffe in flüssigem Zustand enthalten, die der Embryo für seine Entwicklung benötigt. Die Flüssigkeit ist in hohem Ausmaß strukturiert und gliedert sich in zwei große Zonen: Das Eiklar, eine etwa 10%ige Proteinlösung (65 % davon Ovalbumin), in der der Dotter, durch so genannte Hagelschnüre befestigt, schwimmt. Die Keimscheibe (Hahnentritt, Blastodiscus) liegt äquatorial an der Oberfläche des Dotters und ragt in den Dotter hinein. Für die Verwendung des Eies als Lebensmittel ist seine organisierte Struktur wichtig, da der Dotter, der ein gutes Nährmedium für Mikroorganismen darstellt, durch das ihn umgebende Eiklar von einem Kontakt mit den Membranen im Schaleninneren abgehalten wird.

### 11.4.1.1 Eiklar

Eiklar ist nicht nur ein schlechter Nährboden für Mikroorganismen, sondern enthält auch eine beträchtliche Anzahl von Proteinen mit antibiotischen Eigenschaften. Dazu gehören Enzyminhibitoren, Immunoglobuline, vitaminbindende Proteine (z. B. **Avidin**), das Eisen bindende **Ovotransferrin** (Conalbumin) und beträchtliche Mengen an **Lysozym**, das Muramidase-Aktivität hat und damit die Glykoprotein-Struktur von mikrobiellen Zellwänden zerstören kann.

**Ovalbumin**, das mengenmäßig häufigste Protein im Eiklar, kann durch Schütteln des Eies zu höheren molekularen Einheiten aggregieren und damit denaturieren. Es wird auch durch Hitze schon bei 60 °C zu einem als Nahrungsmittel geschätzten weichen Gel denaturiert, das durch Gefrieren aber wieder zerstört wird. Auch für die Bildung von Eischaum ist vor allem das Ovalbumin gemeinsam mit Ovomucin, einem Glykoprotein, und Lysozym verantwortlich. Von den **Ovomucinen** (Ovomucoide) sind mindestens zwei verschiedene molekulare Spezies bekannt, die als α- und β-Ovomucin bezeichnet werden. Das Glykoprotein β-Ovomucin enthält in den Kohlenhydratseitenketten ein Trisaccharid, das aus zwei Molekülen N-Acetyl-glucosamin und einem Molekül Glucose aufgebaut ist. Die N-Acetyl-glucosaminreste sind in der Position 6 teilweise mit Schwefelsäure verestert. Die Ovomucine wirken durch die Sulfatgruppe stark emulgierend und sind daher für den Aggregationsgrad des Ovalbumins und damit für die Struktur des Eies von großer Bedeutung. Die Konzentration des Ovomucins nimmt während der Verflüssigung des Eiklars während der Lagerung ab. Eischaum wird unter anderem auch zur Lockerung von Backwaren, vor allem in der Zuckerbäckerei, verwendet.

### 11.4.1.2 Eidotter

Vom Eiklar leicht abzutrennen ist der Eidotter. Er enthält etwa 52 % Feststoffe in der Lösung gelöst oder emulgiert. Im gesamten Eidotter sind etwa 15–17 % Proteine und 33 % Fette enthalten. Der Eidotter hat einen schalenförmigen Aufbau, im Prinzip vergleichbar dem Aufbau von Zwiebeln, und besteht aus **Dottertröpfchen** und **Granula**. Dottertröpfchen sind vorwiegend aus Lipiden, die Granula aus Proteinen zusammengesetzt. Die Proteine des Dotters sind einerseits hydrophobe Lipoproteine, andererseits sehr hydrophile **Phosphoproteine**. Die Phosphorsäure ist meist mit den Hydroxylgruppen der Serinreste des Proteins verestert. Der Phosphorsäuregehalt im Protein kann bis zu etwa 10 % betragen, z. B. im **Phosvitin**, das etwa 6 % der Feststoffe im Eidotter ausmacht. Auch beim Glykoprotein Phosvitin wurden zwei molekular verschiedene Fraktionen gefunden, α- und β-Phosvitin, die in den Granula des Eidotters vorkommen. Andere Phosphoproteine sind die **Vitelline** (β- und γ-) und das **Vitellenin**. Ebenfalls in den Granula kommt das Lipoprotein Lipovitellin vor (17–18 %), das den HDL-Lipoproteinen des Blutserums ähnelt. Lipovitellin bindet etwa 20 % seiner Trockenmasse an Triglyceriden, 60 % an Phospholipiden (vorwiegend Lecithin) und etwa 5 % an Cholesterin und Cholesterinestern. In den Dottertröpfchen oder dem Plasma des Dotters kommen globuläre, wasserlösliche Proteine, ähnlich den Blutserumproteinen (Livetine), und das Vitellenin vor. Der Lipidanteil im Vitellenin liegt bei 80–90 %.

Die Lipide des Eidotters sind etwa 66 % Triglyceride, 28 % Phospholipide (Lecithine, Kephaline und Sphingomyeline) und etwa 200 mg Cholesterin pro Ei. Für die gelbe Farbe des Eidotters sind Carotinoide verantwortlich, die mit dem Futter aufgenommen werden und deren Struktur je nach Art des verwendeten Futters variieren kann. Eine Hauptkomponente ist das Lutein, daneben β-Carotin, Zeaxanthin und andere. Auch synthetische fettlösliche Farbstoffe können in den Eidotter gelangen.

### 11.4.1.3 Eischale

Die Eischale (etwa 10 % der Gesamtmasse) besteht aus einer Matrix von Proteinen und Mucopolysacchariden, in die Calciumcarbonat mikrokristallin (Calcit, Kalkspat) eingelagert ist. Auch kleine Mengen an Magnesium und Phosphat kommen vor. Die Eischale enthält Poren, die zwar einen Gasaustausch mit der Umgebung ermöglichen (Abgabe von Kohlendioxid und Wasserdampf – Aufnahme von Luft), aber durch ihren Gehalt an Proteinen das Eindringen von Mikroorganismen erschweren. Die Abgabe von Kohlendioxid bewirkt eine Verschiebung des pH-Wertes ins Alkalische während der Lagerung. Bei Eiern aus Käfighaltung sind die Abdrücke der Gitter als im UV-Licht fluoreszierende Zonen erkennbar.

### 11.4.2 Konservierung und Verarbeitung von Eiern

Zur Konservierung können die Poren der Eischale durch Einlegen der Eier in Kalkwasser (gesättigte Lösung von Calciumhydroxid) oder Wasserglas (Natriumsilikat) verschlossen werden. Heute werden Eier auch durch kurzes Tauchen in kochendes Wasser oder heißes Öl oder durch

Kühllagern (0–2 °C, etwa 90 % relative Luftfeuchtigkeit) konserviert. Durch das kurze Erhitzen werden ebenfalls die Poren der Eischale verschlossen, und die Haltbarkeit wird auf 6–8 Monate erhöht (Abb. 11.24).

Ein großer Teil der Eiproduktion wird heute zu **Gefrierei** verarbeitet. Dazu wird der gesamte Inhalt des Eies homogenisiert oder Eiklar und Dotter getrennt und zuerst bei etwa 65 °C pasteurisiert, um die vorhandenen Mikroorganismen (meist Salmonellen) abzutöten oder in ihrer Entwicklung zu hemmen. Die Verweilzeit auf den meist verwendeten Plattenpasteurisatoren ist dabei 2,5–3 Minuten und kann über die Denaturierung der α-Amylase als Maßstab für die Schädigung der Salmonellen ermittelt werden. Zur Vermeidung der Bildung von Bräunungsprodukten (Maillard-Produkte durch Reaktion von Glucose mit Aminosäuren) wird der Gehalt an Glucose durch Zusatz von Glucoseoxidase oder durch Fermentation vermindert. Glucoseoxidase oxidiert die Glucose mit Sauerstoff zum Maillard-inaktiven Gluconolacton. Gleichzeitig wird Sauerstoff zu Wasserstoffperoxid reduziert. Anschließend wird die Flüssigkeit auf −25 °C abgekühlt und bei dieser Temperatur gelagert. Die Haltbarkeit unter diesen Bedingungen beträgt ein Jahr.

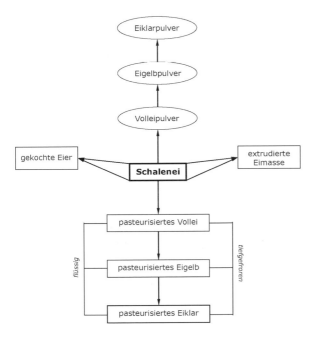

**Abb. 11.24.**   Eiproduktpalette

Ein anderer großer Teil der Eiproduktion wird zu **Trockenei** verarbeitet. Auch hier können entweder Vollei oder Eiklar und Dotter getrennt getrocknet werden. Die homogenisierte Eimasse wird schwach mit Citronen- oder Milchsäure angesäuert und mit Natriumhydrogencarbonat auf pH 7 eingestellt. Die Glucose wird, wie oben angegeben, zur Vermeidung von Bräunungsreaktionen entfernt und anschließend durch Sprühen in Kammern mit heißer Luft (120–230 °C) getrocknet. 1 kg Trockenvollei entspricht etwa 80 Eiern.

Ein wichtiger Test, um Eier auf Verdorbenheit zu prüfen, ist der **Schwimmtest**. Verdorbene Eier schwimmen in 10%iger Kochsalzlösung. Angebrütete Eier können durch Durchleuchtung entdeckt werden **(Lichttest)**.

# 12 Pflanzliche Lebensmittel

## 12.1 Getreide und Getreideprodukte (Zerealien)

Produkte aus Getreide gehören zu den wichtigsten Grundnahrungsmitteln der menschlichen Ernährung. Sie decken in einem hohen Ausmaß den Bedarf des menschlichen Organismus an Kohlenhydraten (etwa 50 %) und Eiweiß (etwa 30 %). Daneben sind sie wichtige Quellen für Vitamine, vor allem der B-Gruppe und Vitamin E, aber auch für Mineralstoffe und Spurenelemente. Botanisch gehören die Getreidearten zu den Gräsern *(Poaceae, Gramineae)*. Aus den diversen Wildformen entwickelten sich im Laufe der Zeit durch Selektion und Mutation die heute verwendeten Kulturformen. Wichtige Brotgetreide sind in Europa Weizen und Roggen, während Gerste, Hafer, Reis, Mais und Hirse zwar als Nahrungsmittel ebenfalls verwendet werden, mengenmäßig aber zurücktreten.

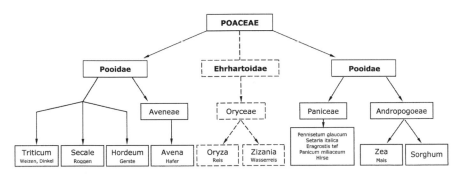

**Abb. 12.1.** Die Verwandtschaft der verschiedenen Getreidearten

    Das Getreidekorn ist eine Schließfrucht (Karyopse), bei der die Fruchtschale fest mit der Samenschale verbunden ist. Die durchschnittliche Korngröße wird durch das Tausendkorngewicht ausgedrückt. Es ist von Getreideart zu Getreideart verschieden, schwankt aber auch innerhalb der Art. Die mehrschichtige Fruchtschale umschließt den Keimling und den Mehlkörper. In ihr liegen bei Weizen und Roggen charakteristische Querzellen, die zur mikroskopischen Identifizierung der Getreidearten herangezogen werden können. Zwischen Schale und Mehlkörper liegt eine ein-

oder mehrfache Schicht von großen wabenförmigen Zellen, die Aleuronschicht genannt wird. Die Aleuronschicht enthält Proteine (Albumine,
Globuline), kein Klebereiweiß, Enzyme, Fett, Mineralstoffe und Vitamine.
Der Mehlkörper ist aus großen dünnwandigen Zellen aufgebaut, die die
Stärkekörner, eingebettet in eine Proteinmatrix, enthalten. In den Stärke-
körnern liegen die Stärkemoleküle, zum Großteil in geordnetem kristalli-
nem Zustand, dicht gepackt vor. Nur ein kleinerer Teil der gesamten
Stärke ist im Stärkekorn amorph. Beim Erwärmen zerplatzen die in Wasser vorher gequollenen Stärkekörner bei einer Temperatur um 60 °C (Ver-
kleisterungstemperatur), gleichzeitig geht die Stärke unter Volums-
vergrößerung vom kristallinen in den amorphen Zustand über (Verkleisterung der Stärke). Größe und Verkleisterungstemperatur der Stärkekörner
sind, neben der Identifizierung durch elektrophoretische Methoden
(Trennung von Proteinen oder Nucleinsäuren), wichtige Parameter zur
Unterscheidung der verschiedenen Getreidestärken. Seitlich an seinem
Nährgewebe, im Scutellum (Schildchen), befindet sich der Keimling. Der
Keimling hat einen hohen Gehalt an Proteinen, Fetten, Vitaminen und
Mineralstoffen. Das reif geerntete Getreide hat einen Wassergehalt von
20–24 % und wird durch Trocknen auf einen Wassergehalt von unter 15 %
haltbar gemacht. Ist der Wassergehalt höher, besteht die Gefahr der
Schimmelbildung, und das Getreide ist dadurch wenig lagerfähig. Umgekehrt werden durch den Stress der Trocknung Peroxidasen und Polyphenoloxidasen des Getreidekorns aktiviert, und dies führt durch Polymerisation phenolischer Inhaltsstoffe zu einer erhöhten Resistenz gegenüber
mikrobiellen Schädlingen während der Lagerung. Die Lagerräume müssen in Abständen desinfiziert werden, meist durch Begasen mit Blausäure. Nicht kontaminiertes Getreide kann unter günstigen Lagerbedingun-
gen 2–3 Jahre aufgehoben werden. Neben dem Befall durch Pilze kann
Getreide auch durch Unkrautsamen verunreinigt sein. Über Getreidefeh-
ler und toxische Metabolite der Pilze und Unkrautsamen siehe Abschnitt
18.2.3 „Mykotoxine".

Die chemische Zusammensetzung der verschiedenen Getreidearten ist
nach Art, Sorte, Erntejahr, Kultur- und Klimabedingungen verschieden.

Bei allen Getreidearten ist der Hauptbestandteil das Reservekohlenhydrat Stärke (etwa 67 %). Reis hat einen höheren (75 %) und Hafer einen
niedrigeren (56 %) Kohlenhydratanteil. Der Proteinanteil liegt in den
meisten Getreiden bei 10–12 %, nur Reis hat einen Proteingehalt von etwa
7 %. Der überwiegende Teil der Getreideproteine sind Vorratsproteine, in
denen der für die Keimung notwendige Stickstoff gelagert ist. Sie haben
keine enzymatischen Aktivitäten. Die Weizenkleberproteine nehmen
durch ihre Fähigkeit, nach Anteigen des Mehls mit Wasser elastische Teige zu bilden, eine Sonderstellung ein. Der Fettgehalt liegt im Durchschnitt
bei 1,5–2 %, Mais und Hafer haben einen höheren Fettanteil bei etwa 4–
5 %, bei Reis ist er niedriger (1 %). Getreidefette haben durchwegs einen
hohen Gehalt an mehrfach ungesättigten Fettsäuren. Der Mineralstoffgehalt bewegt sind bei den meisten Getreidearten zwischen 1,5–2,5 %, bei

Reis ist er niedriger (1 %), bei Hafer und Gerste höher (um 3 %). Getreide-körner haben einen durchschnittlichen Gehalt an 2–3 % Rohfaser (unver-dauliche Anteile), beim Hafer ist der Ballaststoffgehalt höher (4–10 %, abhängig vom Schalengehalt), beim Reis geringer (0,5–1 %). Die Ballast-stoffe bestehen beim Getreide aus Cellulose, β-Dextranen, Hemicellulosen (vorwiegend Arabinoxylane), Fructanen sowie Lignin und anderen phe-nolischen Verbindungen.

### 12.1.1  Inhaltsstoffe des Getreides

Der Hauptinhaltsstoff **Stärke** der Getreidearten enthält, mit Ausnahme einiger spezieller Maisstärken, als Komponenten die Hauptpolysacchari-de Amylose und Amylopektin im Verhältnis 1 : 3. Die Amylosemoleküle der Getreidestärken haben einen durchschnittlichen Polymerisationsgrad von etwa 1500 Glucoseeinheiten. Die verzweigten Amylopektine haben ein wesentlich höheres durchschnittliches Molekulargewicht. Über Stärke im Allgemeinen siehe Abschnitt 3.2.4 im Kapitel 3 „Kohlenhydrate".

**Proteine:** Im Mittelpunkt des Interesses stehen die Proteine des Mehlkör-pers (etwa 80 % der Proteine des Getreidekorns), besonders die Kleber-proteine des Weizens. Ihre besonderen filmbildenden Eigenschaften ha-ben zur Folge, dass in Teigen Gase gut gehalten werden können und dadurch die Herstellung hoher und lockerer Gebäcke möglich wird. Nur aus Weizenmehlen und in vermindertem Ausmaß auch aus Roggenmeh-len kann ein viskoelastischer Teig hergestellt werden, der die genannten Eigenschaften aufweist. Die molekularen Wechselwirkungen, die die Pro-teine des Mehlkörpers während ihrer Reaktion mit Wasser oder verdünn-ten Säuren mit den anderen Inhaltsstoffen des Mehlkörpers eingehen und die zur Ausbildung der für den Kleber typischen Eigenschaften führen, sind auch heute weitgehend unbekannt. Der in Wasser quellbare, aber sonst unlösliche Weizenkleber besteht in seiner Trockensubstanz zu etwa 90 % aus Proteinen (Gluten), 8 % Lipiden und etwa 2 % Kohlenhydraten. Der Kohlenhydratanteil besteht vorwiegend aus wasserlöslichen Hemicel-lulosen (Pentosane), die für die Quellung des Glutens wichtig sind. In gequollenem Zustand enthält der Weizenkleber etwa 66 % Wasser. Die Weizenkleberproteine stellen etwa 80 % der gesamten Proteine des Wei-zens dar. Wie schon oben erwähnt, sind dem Weizen ähnliche Glutene mit elastischen Eigenschaften nur in abgeschwächter Form im Rog-genmehl bei saurem pH-Wert vorhanden, in anderen Getreidearten treten derartige Glutene aber nicht auf.

Durch Fraktionierung mit 70%igem Ethanol können die Kleberprotei-ne in alkohollösliche und alkoholunlösliche Anteile getrennt werden. Al-kohollösliche Proteine werden ganz allgemein als Prolamine bezeichnet, im speziellen Fall des Weizens werden sie „Gliadin" genannt. Die in 70%igem Ethanol unlösliche Fraktion des Klebers ist als „Glutenin" in die Literatur eingegangen. Das in verdünnten Säuren lösliche Glutenin hat eine dem Gliadin ähnliche Aminosäure-Zusammensetzung, aber ein durchschnittlich höheres Molekulargewicht, was der Grund für seine sehr geringe Löslichkeit in Alkohol ist. Gliadin und Glutenin sind Gemische von Proteinen, die durch Gel-Elektrophorese getrennt werden können. Besonders die charakteristischen Proteinmuster, die man bei der elektrophoretischen Trennung der Gliadine erhält, werden zur Identifizierung der Getreidearten und auch deren Sorten, z. B. der Weizensorten, sowie zur Beurteilung der Backfähigkeit der Mehle verwendet. Gruppen von Gliadinen mit ähnlicher elektrophoretischer Wanderungsgeschwindigkeit werden analog den Serumproteinen mit griechischen Buchstaben bezeichnet (α-, β-, γ-, ω-). α-Gliadine wandern am schnellsten, ω-Gliadine am langsamsten. Gliadine sind monomere Proteine mit einem Molekulargewicht von 35.000 bis 75.000. Glutenine sind hochmolekular und polymer, sie können zum Teil durch Reduktion von intermolekularen Disulfidbrücken in niedermolekulare, alkohollösliche Gliadine aufgespalten werden. Die Gliadine können nach ihrem Schwefelgehalt in schwefelreiche und schwefelarme Proteine eingeteilt werden. Zu der ersteren Gruppe zählen die α-, β- und γ-Gliadine, zu der letzteren die ω-Gliadine. Für das Gashaltevermögen des Teiges und damit für die Backfähigkeit sind vor allem die schwefelreichen Gliadine wichtig. Sie enthalten durchschnittlich 1,8–2,5 % Cystein und etwa 1 % Methionin, ω-Gliadine enthalten praktisch keine schwefelhaltigen Aminosäuren (0,1 %). Bei der Teigbereitung können die schwefelreichen Gliadine durch Ausbildung intermolekularer Disulfidbrücken zu höhermolekularen vernetzen, die dann ein verbessertes Gashaltevermögen des Teiges gewährleisten. Die Bildung der intermolekularen Disulfidbrücken wird positiv beeinflusst durch den Zusatz von Ascorbinsäure oder Cystein, negativ durch den Zusatz von Glutathion zum Teig. Glutathion inhibiert die Disulfidbrückenbildung zwischen den monomeren Gliadinen, indem es selbst Disulfidbrücken mit diesen bildet. Es entstehen Teige mit geringer Backfähigkeit.

Wie schon erwähnt, enthalten enzymatisch inaktive Vorratsproteine, wie es die Kleberproteine für den Samen sind, Hauptmengen an Aminosäuren. Im Fall der Kleberproteine ist es das Glutamin, das in Mengen von über 40 % am Aufbau dieser Proteine beteiligt sein kann. Das Vorkommen von Glutamin (Halbamid der Glutaminsäure) statt Glutaminsäure im Klebereiweiß bedeutet eine höhere Stickstoff-Speicherung und eine geringere Wasserlöslichkeit (Gliadin wäre bei entsprechendem Glutaminsäuregehalt wasserlöslich). Der Glutamingehalt von schwefelreichen Gliadinen liegt zwischen 38–42 %, wobei der höchste Glutamingehalt bei den γ-Gliadinen gefunden wird. Der Glutamingehalt von schwefelarmen ω-Gliadinen liegt zwischen 43 und 53 %. Andere in Kleberproteinen in größeren Mengen vorkommende Aminosäuren sind Prolin (15–30 %), Phenylalanin (4–8,5 %), Glycin (1,6–2 %), Leucin (6–7 %), Valin (4–5 %), Isoleucin (3–4 %). Lysin, Methionin und Tryptophan sind nur in geringen Konzentrationen in Kleberproteinen enthalten.

Bei manchen Personen tritt, genetisch bedingt, eine Unverträglichkeit der Gliadinfraktion des Weizenklebers auf. Die damit verbundene

Krankheit wird **Zöliakie** genannt. Sie äußert sich durch eine Atrophie der Schleimhaut des Dünndarms und ist von verminderter Aufnahmefähigkeit der Nahrung begleitet. Die Krankheit wird auch bei Konsum von Roggen, Gerste und eventuell Hafer beobachtet. Zöliakie wurde nicht nach Verzehr von Mais, Reis oder Hirse beobachtet, sodass diese Getreidearten für Zöliakiepatienten eine Ausweichmöglichkeit darstellen.

**Enzyme:** Im Getreidekorn kommen vor allem Enzyme vor, die für den Abbau der Reserveproteine und Kohlenhydrate während der Keimung notwendig sind. Dies sind hauptsächlich die α- und β-Amylasen und verschiedene Proteasen. Die Aktivität dieser Enzyme im Ruhezustand des Samens ist gering, nimmt aber bei der Keimung dramatisch zu. Während der Samenruhe ist die relativ hohe Katalaseaktivität bemerkenswert, bei der Keimung tritt anstelle der Katalase die Aktivität von Peroxidasen. Auch Polyphenoloxidasen wurden gefunden. Im Keimling kommen außerdem Lipasen, Lipoxygenasen und Phospolipasen vor. Lipoxygenasen peroxidieren nicht nur ungesättigte Fettsäuren, sondern auch Carotinoide. Viele Enzyme werden bei Beschädigung des Getreidekorns oder durch Schädlingsbefall aktiviert.

**Mineralstoffe** sind hauptsächlich in den äußeren Schichten des Getreidekorns lokalisiert. Die Schale des Weizenkorns (5,5–8 %) enthält etwa 20-mal so viel Asche als der Mehlkörper (0,28–0,7 %). Der Aschegehalt in Mehlen ist die Grundlage der Mehltypisierung. Die mengenmäßig bedeutendsten Mineralstoffe in Getreiden sind Kalium, Phosphat, Calcium und Magnesium. Daneben kommen die wichtigsten Spurenelemente vor.

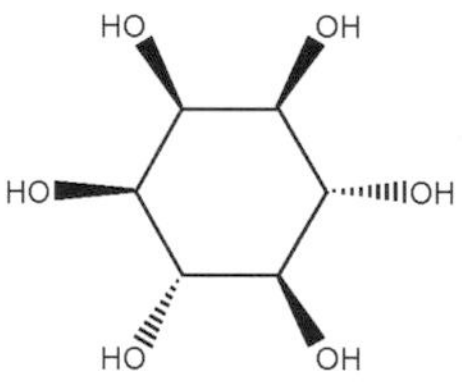

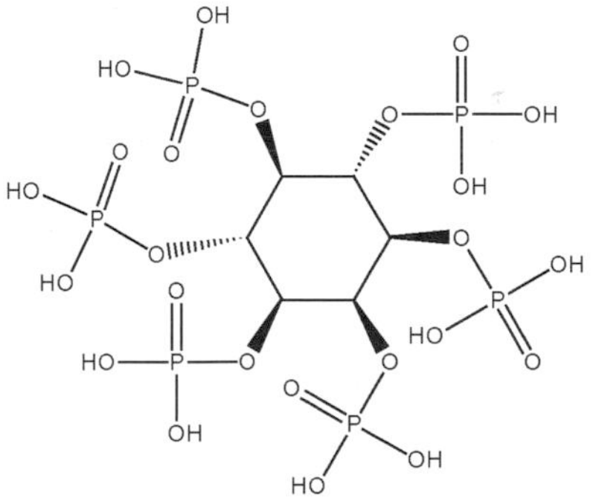

**Abb. 12.2.**    Chemische Struktur von myo-Inosit und Phytin

Die meisten Getreidearten enthalten Phytin (myo-Inosit-Hexaphosphorsäureester), etwa 1–1,8 %, das mit Schwermetallen wie Eisen, aber auch mit anderen Mineralstoffen (Mg, Ca, Zn), schwer lösliche Salze bilden kann und damit deren Resorption erschwert. Umgekehrt wirkt

Phytin (Abb. 12.2) durch seine Schwermetall-komplexierenden Eigenschaften antioxidativ (Inhibierung der Schwermetallionenkatalysierten Lipidperoxidation). Phytin ist nicht nur in Getreidemehlen enthalten, es kommt z. B. auch in Leguminosen-Mehlen vor. Phytin kann durch meist mikrobielle Phytasen in Inosit und Phosphorsäure gespalten werden.

**Vitamine** sind vorwiegend in den äußeren Schichten des Getreidekorns enthalten. Wichtig für die Ernährung sind die Vitamine der B-Gruppe, die in den einzelnen Getreidearten enthalten sind. Daneben kommen vor allem im Keimling Vitamin E (α-Tocopherol) und andere Tocopherole vor, deren Nachweis für die Herkunftsbestimmung von Getreidefetten wichtig sein kann. Carotinoide, darunter auch β-Carotin, sind in allen Getreidearten enthalten. Bekannt sind vor allem Zeaxanthin und Lutein, die gelben Farbstoffe des Maiskorns.

**Lipide:** In den meisten Getreidearten ist 1–2 % Fett enthalten, z. B. Weizen 1,8 %. Der hohe Fettanteil von Mais und Hafer wurde schon erwähnt. Die Getreidefette sind vor allem im Keimling lokalisiert, die dominierende Fettsäure ist in allen Getreidefetten die Linolsäure. Neben Triglyceriden kommen in den Getreidefetten in geringerer Konzentration auch Glykolipide, Phospholipide und eine Reihe unverseifbarer Komponenten vor. Beispiele für Glykolipide sind Mono- oder Diglyceride, bei denen die dritte Hydroxylgruppe des Glycerins mit Galaktose oder Digalaktose glykosidisch verbunden ist. An Phospholipiden sind Lecithin (Phosphatidylcholin) und N-Acyl-phosphatidylethanolamin vorherrschend. Wie schon oben erwähnt, sind auch Carotinoide und Tocopherole in Getreidelipiden enthalten.

## 12.1.2  Getreidearten

Die Getreidearten gehören vorwiegend der Pflanzenfamilie der *Poaceae* (*Gramineae*, Gräser) an. Die stärkereichen Samen dieser Pflanzen bilden die einzelnen Getreidearten. Die einzelnen Getreidearten und auch die dazugehörigen Sorten können durch Gel-Elektrophorese voneinander unterschieden werden.

**Weizen** (*Triticum* sp., engl. wheat), ursprünglich aus dem mittleren Osten stammend, ist heute die wichtigste Getreideart in der westlichen Welt, die in unzähligen Sorten kultiviert wird. Die heutigen Weizensorten können grob in solche mit tetraploidem und solche mit hexaploidem Chromosomensatz eingeteilt werden. Zum ersteren Typ gehören die Hartweizensorten (*Triticum durum*, engl. hard wheat), die bevorzugt zur Herstellung von Teigwaren und von Grieß verwendet werden. Hartweizen hat einen höheren Proteingehalt (10–14 %) als Weichweizen (6–12 %). Teigwaren aus *Triticum durum* sind kochbeständiger als solche aus Weichweizen. Man bezeichnet den tetraploiden Weizen auch als „Emmer". Ein tetraploider Weizen ist auch der, der vor wenigen Jahren, als „**Kamut**" bezeichnet, auf den Markt gebracht wurde. Er soll eine alte Sorte sein, ursprünglich in Ägypten beheimatet, die in den USA weitergezüchtet wurde.

Der hexaploide Weizen (*Triticum aestivum*, Weichweizen, engl. soft wheat) ist das eigentliche Brotgetreide. Die hexaploiden Sorten werden manchmal auch als „Dinkelreihe" bezeichnet. Die Mehle von *Triticum aestivum* sind wegen ihres speziellen Klebers und seines hohen Gashaltevermögens im Allgemeinen backfähig. Speziell amerikanische und kanadische Sorten zeichnen sich durch besonders backfähige Mehle aus, allerdings wurden auch die einheimischen Sorten im Laufe der Zeit durch Züchtung deutlich verbessert. Wenig backfähig sind Sorten mit extrem hohem Ertrag (10 t/Hektar und darüber) und solche mit besonders niedrigem Klebergehalt. Weizenmehl enthält geringe Mengen an Hemicellulosen (Arabinoxylane, 2–3 %), die für die Ausbildung der Klebereigenschaften wichtig sind, sowie Fructane (0,5 %).

**Dinkel** (*Triticum spelta*, Spelzweizen, engl. spelt) ist ein altes Brotgetreide, das, ursprünglich ebenfalls aus dem mittleren Osten stammend, später in der Schweiz, Südwestdeutschland und dem Elsass beheimatet war. Es hat heute wieder größere Bedeutung und wird als Alternative zu *Triticum aestivum* und *Triticum durum* verwendet. Dinkel ist klimatisch anspruchsloser als Weizen und kann daher noch in nördlicheren Gegenden kultiviert werden.

**Roggen** (*Secale cereale*, engl. rye) ist die wichtigste Getreidepflanze der nördlichen Länder, weil sie klimatisch viel weniger anspruchsvoll ist als Weizen. Roggen enthält kein auswaschbares, gummiartiges Kleberprotein wie der Weizen, daher weisen Roggenmehle nur eine geringe Backfähigkeit auf. Die Backfähigkeit der Roggenmehle ist allerdings bei sauren pH-Werten besser, sodass Mikroorganismen des „Sauerteiges" (Mischkulturen von Säurebildnern und Hefen) zur Teigentwicklung bei reinen Roggenbroten verwendet werden. Roggen enthält 2 % an einem Decafructan, das früher zur Unterscheidung von Weizen (0,5 % Fructan) verwendet wurde. Auch größere Mengen an Hemicellulosen (Arabinoxylane) kommen im Roggenmehl vor. In der Regel werden heute Gemische von Weizen- und Roggenmehl zu Brot verbacken. Es gibt diploide, manchmal aber auch tetraploide Roggensorten.

**Gerste** (*Hordeum sativum*, engl. barley) hat einen diploiden Chromosomensatz, kommt aber in verschiedenen Varietäten vor (vorwiegend zweizeilige, und sechszeilige Gerste). Die zweizeilige Gerste wird als Braugerste, die sechszeilige als Futtergerste verwendet. Die Gerste ist klimatisch anspruchslos, ihre Kultivierung ist daher noch in Ländern mit kurzen Sommern möglich. Braugerste soll einen Eiweißgehalt von unter 12 % aufweisen.

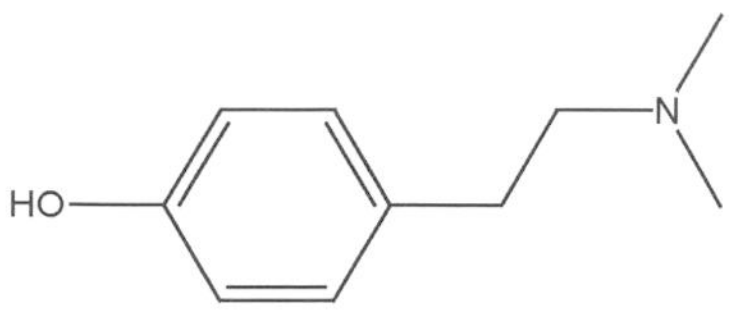

Hordenin
4-(2-Dimethylaminoethyl)-phenol

**Abb. 12.3.**    Chemische Struktur von Hordenin

Keimende Gerste enthält ein Alkaloid, das Hordenin (N,N-Dimethyl-tyramin, Abb. 12.3), das in höherer Konzentration diuretisch und anregend auf das Herz wirkt ($LD_{50}$ 113,5 mg/kg bei Mäusen). Ähnlich wie der Hafer enthält Gerste das β-Glucan Lichenin. Es besteht aus β-1,3- und β-1,4-verbundenen Glucoseeinheiten.

Technologisch wichtig für die Malzbereitung und damit für die Brauerei ist die starke Amylaseaktivität der keimenden Gerste (diastatische Kraft). Malz erhält man durch Amylase-katalysierten Abbau der im Korn enthaltenen Stärke zu Maltose und Stärke-Oligosacchariden (Dextrinen). Malzextrakt gewinnt man durch Extraktion der wasserlöslichen Bestandteile, Trennung von unlöslichen Komponenten und anschließendem Eindicken zu einem Sirup. Gerste diente in nördlichen Ländern als Brotgetreide, heute wird sie oft in Mischmehlen zusammen mit Weizen verbacken. Sie wird in großem Umfang als Futtermittel verwendet. Gerste spielt eine Rolle für die Herstellung von Kindernährmitteln (Graupen, Rollgerste) und Suppeneinlagen. Technologisch von großer Bedeutung ist das Gerstenmalz für die Brauerei und die Bäckerei (Malzmehle, Malzriegel). Auch Kaffeeersatz kann aus Gerstenmalz hergestellt werden.

**Hafer** (*Avena sativa*, engl. oat) wurde in Nordeuropa zusammen mit Gerste als Brotgetreide verwendet. Hafer kann auch noch in Mittelgebirgszonen kultiviert werden. Hafer enthält 5–10 % Fett und hat einen hohen Gehalt an Schleimstoffen, vorwiegend Lichenin. Im Haferkorn sind auch größere Mengen an Lipasen und Lipoxygenasen enthalten. Bei Verletzung des Korns werden diese Enzyme aktiviert und oxidieren Triglyceride, wobei unter anderem oxidierte Linolsäure (9-Hydroxylinolsäure) gebildet wird, die teilweise für den bitteren Geschmack, z. B. des gequetschten Hafers, verantwortlich ist. Die Enzymaktivitäten können beispielsweise durch Dämpfen des Hafers ausgeschaltet werden. Hafer wird heute in großem Umfang als Futtermittel verwendet, wird aber auch zur Herstellung von diätetischen Lebensmitteln, Suppenpräparaten, Flocken und Grieß verwendet. Außerdem dient Hafer auch als Ausgangsmaterial zur Herstellung von Kindernährmitteln.

**Mais** (*Zea mays*, engl. corn, maize), heimisch in Südamerika, hat sich seit der Entdeckung Amerikas über die Welt verbreitet und ist heute neben Reis und Weizen die wichtigste Getreidepflanze der Erde. Mais benötigt zur Reifung der Körner einen feuchten, aber auch heißen Sommer. Die Maissorten haben einen diploiden Chromosomensatz und eine relativ geringe Anzahl von Chromosomen. Dadurch war es möglich, das Maisgenom in großem Umfang züchterisch zu variieren. Es sind besonders viele Maissorten bekannt, die sich nach den Kornmerkmalen, wie etwa Zahn-, Hart- oder Puffmais, und auch nach der Stärkezusammensetzung, wie z. B. „Wachs-Mais", der über 90 % Amylopektin enthält, oder „High-Amylose-Mais", unterscheiden. Mais ist weltweit das wichtigste Ausgangsmaterial für die Stärkeerzeugung. Dabei wird der fettreiche Keimling abgetrennt und zur Gewinnung von Maiskeimöl verwendet. Der Proteingehalt des Mais liegt durchschnittlich bei etwa 10 %, das dem Weizenkleberprotein entsprechende Zein hat keine filmbildenden Eigenschaften, dadurch auch kein Gashaltevermögen. Maismehle sind daher zur Herstellung hoher Backwaren nicht geeignet. Zein hat einen relativ hohen Gehalt an verzweigtkettigen Aminosäuren (Leucin, Isoleucin, Valin) im Vergleich zu anderen Getreideproteinen und einen niedrigen Tryptophan- bzw. Lysingehalt. Zein wird von Personen, die an der Klebereiweißunverträglichkeit, der Zöliakie leiden, vertragen. Die gelbe Farbe des Maismehls ist hauptsächlich durch seinen Carotinoidgehalt (vorwiegend Zeaxanthin und Lutein, etwa 0,6–60 mg/kg, je nach Sorte) bedingt. Daneben kommen noch 3-Deoxyanthocyanidinglucoside vor (Formeln siehe Hirse).

Mais ist in vielen Teilen der Welt ein wichtiges Volksnahrungsmittel (z. B. Polenta, Tortillas) und auch Futtermittel. Maisstärke wird aber auch als Verdickungsmittel, zur Herstellung von Puddingpulver und zur Erzeugung von Klebstoffen sowie zur Ausrüstung von Textilien verwendet.

**Reis** (*Oryza sativa*, engl. rice) wird in tropischen und subtropischen Gegenden kultiviert. Nach der Kulturart unterscheidet man zwischen Nass-Reis und Trocken-Reis. Bei der ersteren Kultivierungsart stehen die Pflanzen bis zur Blüte 10–15 cm im Wasser, anschließend werden die Felder trockengelegt. Der größte Teil der Weltproduktion wird nach dieser Methode gewonnen. Der Trocken-Reis wird auch als Berg-Reis bezeichnet. Reis ist diploid und kommt in vielen Sorten vor, die sich teilweise schon in Form und Farbe der Reiskörner und auch in den Inhaltsstoffen (z. B. Duftreis – „Basmati") sowie den technologischen Eigenschaften unterscheiden. Die von Spelzen umgebenen Reiskörner („Paddy-Reis") werden auf geeigneten Mühlen entspelzt und als so genannter Cargo-Reis transportiert. Der größte Teil dieses Vollreises wird meist in den Verbraucherländern geschliffen und poliert. Dabei werden die Frucht- und die Samenschale (Silberhaut) und die Aleuronschicht abgetrennt, wobei ein Großteil des Vitamingehaltes (vor allem Vitamin $B_1$) verlorengeht. Deswegen ist in jüngster Zeit der Konsum von Vollreis häufiger geworden. Die Körner werden mit Glanzmassen (Gemische von Glucoselösung mit Talk) poliert.

Beschädigte Körner werden abgetrennt und bilden den so genannten Bruchreis, der in verschiedenen technologischen Prozessen (z. B. bei der Bierherstellung oder zur Gewinnung von Reisstärke) verwendet werden kann.

Reis hat, verglichen mit anderen Getreidearten, einen besonders hohen Stärkegehalt (75 %), entsprechend ist der Gehalt an Eiweiß und Fett sehr niedrig (7 bzw. 1 %). Schwarze Reissorten enthalten neben Pelargonidin-, Cyanidin- und Delphinidinglucosiden das Isovitexin, ein seltenes 6-C-Glucosid des Flavons Apigenin (Abb. 12.4).

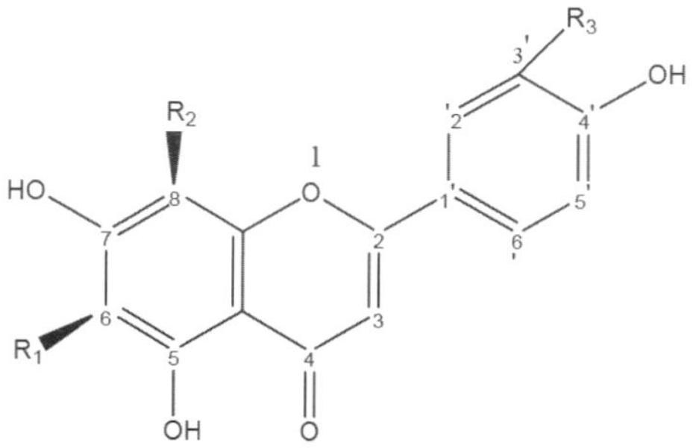

| | R1 | R2 | R3 |
|---|---|---|---|
| Isovitexin = 6-C-β-D-Glucopyranosidoapigenin | C-Glucopyranosido | H | H |
| Vitexin = 8-C-β-D-Glucopyranosidoapigenin | H | C-Glucopyranosido | H |
| Schaftosid = 6-C-β-Glucosido-8-C-L-arabinosido-apigenin | C-Glucopyranosido | C-L-Arabinosido | H |
| Isoorientin = 6-C-Glucosidoluteolin | C-Glucopyranosido | H | OH |
| Orientin = 8-C-Glucosidoluteolin | H | C-Glucopyranosido | OH |

**Abb. 12.4.**    Chemische Struktur von C-Glycosiden der Flavone Apigenin und Luteolin

Schwarze Reiskörner bleiben wesentlich länger keimfähig als weiße. Reis wird auch zur Herstellung von Flocken aus gedämpften und gewalzten Körnern, Puff-Reis durch Quellen der Körner und Dämpfen unter Überdruck sowie von Mehl und Grieß verwendet. Reismehl findet für diätetische Zwecke und in Kindernährmitteln Verwendung.

„Parboiled Reis" wird aus Vollreis durch Quellen in warmem Wasser, Dämpfen unter Überdruck, Trocknen und Polieren gewonnen. Auch alkoholische Getränke, wie Sake (Reiswein), werden aus Reis gewonnen. Reisstärke ist sehr feinkörnig und wird in der Kosmetik zur Herstellung von Pudern sowie bei Textilien für Appreturen verwendet.

**Hirse** (*Sorghum* sp., engl. millet) bezeichnet die Samen einiger Gräser aus verschiedenen botanischen Familien. Hirsen sind auch heute noch wichtige Ausgangsprodukte für die Brotbereitung in Afrika. Sie werden eingeteilt in *Sorghum*-Hirsen und „Echte Hirsen". *Sorghum* sp. (*Poaceae = Gramineae*) werden in Afrika und Asien, aber auch in Amerika und Europa kultiviert. Die 1–1,5 m hohen Pflanzen und deren Samen werden auch als Futtermittel, als Ausgangsmaterial für Fasern und für die Gründüngung verwendet. *Sorghum*-Hirse kommt in verschiedenen Arten vor, die landwirtschaftlich als Körner-, Zucker-, und Besenhirse unterschieden werden. Zuckerhirse enthält einen hohen Anteil an Monosacchariden (18–20 % i. T., hauptsächlich Glucose), daneben Stärke. Die holzigen Pflanzen der Besenhirse werden zur Fasererzeugung verwendet.

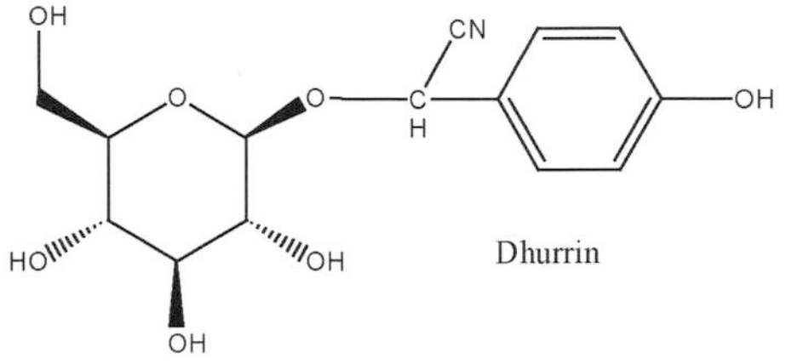

**Abb. 12.5.**   Chemische Struktur von Dhurrin

Die bitteren Sorghumvarietäten enthalten cyanogene Glucoside (vorwiegend Dhurrin = *p*-Hydroxymandelonitril-β-D-glucosid, Abb. 12.5), die bei der Spaltung bis über 200 mg/kg Blausäure freisetzen können.

**Milo**, eine amerikanische Sorghumart, liefert die der Maisstärke ähnliche Milostärke. Körner von *Sorghum* sp. enthalten im Durchschnitt pro 100 g 75 % Kohlenhydrat, 11,3 % Eiweiß und 3,3 % Fett. Das Sorghum-Protein hat einen etwa doppelt so hohen Leucin-Gehalt (1,5 %) als das Maisprotein und dreimal so viel als der Weizenkleber.

Gefärbte Hirsen enthalten 3-Deoxyanthocyanidine als Farbpigmente (z. B. Apigenidin-5-glucosid). „Echte Hirsen" gehören zur Familie der *Paniceae* (z. B. Rispenhirse, oft auch als proso millet bezeichnet – *Panicum miliaceum*, Kolbenhirse – *Setaria italica*, *Pennisetum glaucum* – Perlhirse, *Echinochloa crusgalli* – Japanische Hirse), andere zu den *Chlorideae* (z. B. *Eleusine coracana* – Fingerhirse) und zu den *Festucaceae* (z. B. *Eragrostis tef* – Tef-Hirse oder Zwerghirse). Fingerhirse ist in Afrika die am meisten angebaute Hirseart. Die Vielzahl der als Hirse kultivierten Pflanzen erklärt sich vielleicht durch den Umstand, dass sie unter unterschiedlichsten Klimabedingungen als getreideähnliche Gräser gezogen werden können. Sowohl die grünen Teile der Pflanzen als auch die Körner werden oft als Viehfutter verwendet. Die Körner und daraus gewonnenes Mehl werden auch zur Herstellung von Fladenbrot, Suppeneinlagen, Brei, Bier, Sirup u. a. verwendet. Der Proteingehalt der „echten Hirsen" liegt bei etwa 11 %, sie enthalten jeweils 3 % Fett und Mineralstoffe und ungefähr 70 % Kohlenhydrate, hauptsächlich Stärke. Bemerkenswert ist der hohe Eisen- und Calciumgehalt der Tef-Hirse. Der Eisengehalt ist etwa doppelt so hoch als bei anderen Getreidearten, der Calciumgehalt bis 20-fach höher. *Setaria italica* (Kolbenhirse) enthält im Körnereiweiß bis zu 1,8 % Leucin und 0,7 % Phenylalanin.

**Buchweizen** (*Fagopyrum esculentum, Polygonaceae*, engl. buckwheat) gehört botanisch nicht zu den Gräsern und stammt ursprünglich aus Ostasien, wird heute aber in vielen Ländern kultiviert. Neben der Verwendung als Viehfutter wird ein großer Teil der geschälten Samen für die
menschliche Ernährung z. B. in Form von Frühstückszerealien, Polenta,
Mehlmischungen für Pfannkuchen und Brot verwendet. Buchweizen enthält rund 70 % Stärke, 1,5–3,7 % Fett und 12–13 % Protein. Das Buchwei-
zenprotein hat eine höhere biologische Wertigkeit als z. B. Weizenprotein,
vor allem wegen seines höheren Tryptophan-, Arginin- und Lysingehaltes. Buchweizenmehl kann also auch zur Verbesserung der ernährungsphysiologischen Eigenschaften anderer Getreide verwendet werden.
Buchweizen enthält das Flavonolglykosid Rutin (Quercetin-3-rutinosid),
das stabilisierend auf die Blutgefäße wirkt, sowie den fotodynamisch,
sauerstoffaktivierenden Farbstoff Fagopyrin, ein Dianthronalkaloid (Abb.
12.6).

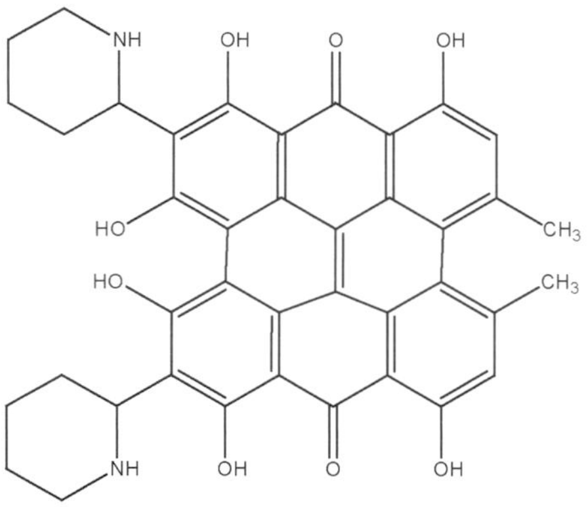

**Abb. 12.6.**    Chemische Struktur von Fagopyrin

**Amarant** (*Amaranthus* spp., *Amaranthaceae*, engl. amaranth) kommt in etwa 75 Arten vor allem in Amerika und Asien vor und ist botanisch den
*Chenopodiaceae* ähnlich. Für die Produktion von Samen als Alternativge-
treide werden vor allem amerikanische Sorten verwendet, während bei
den asiatischen Sorten die Verwendung der Blätter als Gemüse im Vordergrund steht. In vorkolumbianischen Zeiten wurde die Pflanze von den
Azteken zu Nahrungszwecken und bei religiösen Zeremonien im Zusammenhang mit Menschenopfern verwendet. Die Samen des Amarant
enthalten etwa 65 % Kohlenhydrate, 14,5 % Eiweiß, 6,5 % Fett und 3 %
Mineralstoffe. Das Eiweiß hat einen höheren Lysin-, Arginin- und Tryp-
tophangehalt als Weizen. Bemerkenswert ist der hohe Folsäuregehalt des
Amarant (49 mg/100 g). Amarantmehle werden meist gemischt mit Weizen in der Bäckerei zur Erzeugung von Fladen und Tortillas verwendet.

Die Körner werden geröstet oder gepoppt, z. B. als Frühstückszerealien, verwendet.

**Tabelle 12.1.** Proteingehalt und hydrophobe Aminosäuren in Getreidearten und *Leguminosae = Fabaceae*

| Gramm/ 100 g | Wasser | Protein | Leucin | Isoleucin | Valin | Phenyl- alanin |
|---|---|---|---|---|---|---|
| Weichweizen | 12 | 10,7 | 0,76 | 0,40 | 0,5 | 0,5 |
| Hartweizen | 13 | 12,6 | 0,85 | 0,46 | 0,56 | 0,59 |
| Weizenmehl | 10 | 13,7 | 0,93 | 0,51 | 0,62 | 0,65 |
| Roggen | 11 | 14,8 | 0,98 | 0,55 | 0,75 | 0,67 |
| Gerste | 9 | 12,5 | 0,85 | 0,46 | 0,61 | 0,70 |
| Hafer | 8 | 16,9 | 1,28 | 0,69 | 0,93 | 0,90 |
| Mais | 10 | 9,4 | 1,16 | 0,34 | 0,48 | 0,46 |
| Reis weiß | 10 | 6,5 | 0,54 | 0,28 | 0,40 | 0,35 |
| Reis braun | 12 | 7,9 | 0,66 | 0,34 | 0,47 | 0,41 |
| Reiskleie | 6 | 13,3 | 1,02 | 0,57 | 0,88 | 0,64 |
| Sorghum | 9 | 11,3 | 1,49 | 0,43 | 0,56 | 0,55 |
| Hirse | 11 | 11 | 1,40 | 0,47 | 0,58 | 0,58 |
| Buchweizen | 10 | 13,3 | 0,83 | 0,50 | 0,68 | 0,52 |
| Amarant | 10 | 14,5 | 0,88 | 0,58 | 0,68 | 0,54 |
| Quinoa | 9 | 13,1 | 0,79 | 0,47 | 0,59 | 0,54 |
| Mondbohne | 9 | 23,9 | 1,85 | 1,01 | 1,24 | 1,44 |
| Linse | 10 | 25,8 | 2,03 | 1,2 | 1,39 | 1,38 |
| Kichererbse | 11 | 19,3 | 1,37 | 0,83 | 0,81 | 1,03 |
| Sojabohne | 9 | 36,5 | 2,97 | 1,77 | 1,82 | 1,90 |

**Quinoa** (Reismelde, *Chenopodium quinoa, Chenopodiaceae,* engl. quinoa) ist in der Andenregion Südamerikas heimisch. Die Samen der Pflanze dienten schon den Inkas als Brotgetreide und werden heute in vielen Ländern der westlichen Welt als alternatives Brotgetreide und Frühstückszerealie verwendet. Quinoa enthält etwa 14 % Protein, das etwa den doppelten Lysingehalt als Weizen aufweist (durchschnittlich 5 g/100 g Protein). Auch der Methioningehalt ist höher als beim Weizen, dasselbe gilt für den Gehalt an den meisten Spurenelementen. Insgesamt liegt der Aschegehalt bei 3,5 %, der Fettgehalt bei 5 %. Hauptinhaltsstoff ist Stärke, etwa 60 %. Das Mehl aus Quinoa ist nicht backfähig.

## 12.1.3 Verarbeitung des Getreides

Getreidekörner werden mit einem durchschnittlichen Wassergehalt von 20–25 % geerntet und durch Trocknung und Absenken des Wassergehaltes auf 14–15 % haltbar gemacht. Über einem Wassergehalt von 16 % besteht erhöhte Gefahr für mikrobiellen Befall. Dadurch kommt es nicht nur zu Lagerverlusten, sondern auch zu einer Verminderung der Mehl- und Backqualität.

**Mehle:** Wie schon erwähnt, ist das Getreidekorn in Schichten aufgebaut, wobei der Anteil der Frucht- und Samenschale 5 %, der der Aleuronschicht 7–9 %, des Keimlings 3 % und des Mehlkörpers 76 % beträgt. Die äußeren Schichten und der Keimling werden als Kleie zusammengefasst (etwa 17 %).

In der Mühle werden die Getreidekörner gereinigt, Unkrautsamen abgetrennt und zerkleinert. Heute werden in der Praxis Walzenstühle verwendet, die es erlauben, stufenweise den Mehlkörper (Endosperm) von den Frucht- und Samenschalen, von der Aleuronschicht sowie vom Keimling zu trennen. Spelzgetreide (Reis, Hafer, Gerste, Hirse) werden in Schälmühlen verarbeitet, in denen die Körner von den Spelzen und Schalen getrennt werden. Das Ausmaß, in dem die Trennung der Schichten des Getreidekorns vorgenommen wird, bezeichnet man als den Ausmahlungsgrad. Vollkornmehl hat dabei 100 % Ausmahlung, weiße Semmelmehle einen Ausmahlungsgrad von 65–75 %. Der Anteil an Schalen, Aleuronschicht etc. steigt mit steigendem Ausmahlungsgrad. Gleichzeitig steigt der Mineralstoff-, Fett-, Eiweiß- und Vitamingehalt des Mehles, während der Stärkeanteil zurückgeht. Die Typisierung der Mehle erfolgt entsprechend ihrem Aschegehalt, ausgedrückt in der Mehltypenzahl = mg Asche in 100 g Mehltrockensubstanz.

Die Einteilung der Mehle erfolgt nach deren Verwendungszweck zur Herstellung der verschiedenen Brot- und Gebäckarten. Nach der Korngröße werden die Mehle in Schrot (> 500 µm), Grieß (> 200 µm), Dunst (> 120 µm) und Mehl (14--120 µm) eingeteilt. Die Korngröße griffiger Mehle liegt im oberen Bereich, die glatter Mehle im unteren Bereich. Je geringer die Korngröße, desto größer und damit aktiver wird die Oberfläche der Mehle. Die Backfähigkeit eines Mehls wird durch Messung der Wasserbindung, der mechanischen Klebereigenschaften mittels Farinograf und Extensograf sowie durch einen Backversuch überprüft. Unerwünschte Fremdstoffe, z. B. Aromastoffe, binden leichter und fester an die Mehloberfläche und verursachen dadurch untypische Geruchseigenschaften. Bei der Lagerung von Mehlen sollte immer darauf geachtet werden. Andere Mehlfehler sind Milben- und Insektenbefall, Mehlwürmer, mikrobielle Infektionen und Unkrautsamen, die auch toxische Inhaltsstoffe einbringen können, z. B. Mykotoxine, Pyrrolizidin-Alkaloide. Mehl kann bei einem Wassergehalt bis 12 % ein halbes Jahr ohne Beeinträchtigung der Backfähigkeit gelagert werden. Bei zu langer Lagerung nimmt die Backfähigkeit ab.

Mehle wurden früher durch Begasung mit Oxidationsmitteln, wie Chlor, Chlordioxid, Stickstofftrichlorid ($NCl_3$), Nitrosylchlorid und Ozon, gebleicht. Auch Peroxide, wie Peroxidsulfat und Acetonperoxid, Perborate und andere Oxidationsmittel, wie Bromat oder Azodicarbonamid, wurden zu diesem Zweck zugesetzt. Neben der Bleichung kommt es dabei zu einer Verbesserung der Backeigenschaften des Mehls, allerdings wird der Carotinoidgehalt, der Methioningehalt und der Gehalt an einzelnen B-Vitaminen drastisch vermindert. Der Zusatz dieser Mittel ist heute in den meisten Ländern verboten. Heute wird in der Regel Ascorbinsäure zur Verbesserung der Backeigenschaften zugesetzt. Eine andere Möglichkeit ist der Zusatz von Lipoxygenase in Form von kleinen Mengen Sojamehl (Soja enthält eine gut untersuchte 13-Lipoxygenase). Über den chemischen Mechanismus der Wirkung dieser Oxidationsmittel auf den Kleber wird im Abschnitt „Biochemie der Teigbereitung" weiter eingegangen.

**Quellmehle** werden aus Getreidemehlen oder Kartoffelmehl durch Kochen in Wasser und anschließendes Trocknen und Mahlen hergestellt. Quellmehle haben einen Wassergehalt von höchstens 15 %. Durch das Kochen wird die Stärke verkleistert, und die Proteine werden zum größten Teil denaturiert. Quellmehle können 3–6-mal so viel Wasser binden als gewöhnliche Mehle. Sie können Mehlen bis 5 % zur Verbesserung der Wasserbindung und zur Vermeidung von Brotfehlern, wie Reißen und Springen der Krume, zugesetzt werden.

**Malzmehle** und **Malzextrakte** werden aus gemälztem Getreide hergestellt, wobei getreideeigene Amylasen oder zugesetze mikrobielle Amylasen den Stärkeabbau zu Maltose und Dextrinen bewirken. Allenfalls werden auch Hefen, Lecithin und Saccharose zugesetzt. Malzmehle beschleunigen bei einem Zusatz von 1–2 % zum Teig für Brot und Backwaren die Fermentation des Teiges. Darüber hinaus verbessern sie dessen Viskosität und Elastizität. Malzmehle dürfen einen Wassergehalt von höchsten 15 % haben.

**Teigsäuerungsmittel:** Chemische Teigsäuerungsmittel sind Essigsäure, Milchsäure, Citronensäure, Weinsäure und deren Salze. Daneben werden Säuerungsmittel, bestehend aus Quellmehlen, mit Essig- oder Milchsäurebakterien oder Sauerteig verwendet. Der Zusatz von Teigsäuerungsmitteln zu dem bei der Teigbereitung verwendeten Mehl dient dazu, die natürliche Säuerung des Teiges zu beschleunigen oder ganz zu ersetzen.

**Teiglockerungsmittel:** Die Teiglockerung ist notwendig für die Herstellung von Brot, Gebäck und anderen gelockerten Backwaren. Teige ohne Lockerung ergeben dichte Fladen. Für die Lockerung gibt es verschiedene technologische Möglichkeiten:
　　**Hefe:** Verwendet werden obergärige Hefen der Spezies *Saccharomyces cerevisiae*, die im Handel als Presshefe oder Trockenhefe angeboten werden. Eine auf Getreide kultivierte Hefe wird heute öfter als „Naturhefe" angeboten. Die Menge der zugesetzten Hefe hängt von der Art des hergestellten Gebäcks ab und liegt in der Größenordnung von 1–6 %. Die ein-

gesetzten Hefen metabolisieren Glucose, Saccharose und Maltose zu Alkohol und Kohlendioxid als Hauptprodukte, daneben werden Säuren des Citratzyklus und Glycerin gebildet. Der Alkoholgehalt im Teig kann zwischen 0,5–4 % variieren. Kohlendioxid lockert den Teig aus Mehlen mit guten Klebereigenschaften, daher hat die Teiglockerung mit Hefen ihre Hauptanwendung in der Weizenbäckerei und bei der Herstellung von Mischbroten aus Roggen und Weizen. Die Hefe kann entweder direkt dem Teig zugesetzt werden (direkte Gärführung), oder sie wird zuerst in einem Vorteig (Dampfl) vermehrt und erst danach dem Hauptteig zugemischt.

**Sauerteig** enthält ein Gemisch von säurebildenden Bakterien und Hefen. Er eignet sich besonders für die Lockerung von Teigen aus Roggenmehl, da das Wasserbinde- und Gashaltevermögen des Roggen-Klebereiweißes bei sauren pH-Werten (4,0–5,5) stark verbessert ist. Lactobazillen, wie *Lactobacillus plantarum, Lactobacillus brevis, Lactobacillus fermentum,* daneben *Coli aerogenes*, und Essigsäurebakterien sorgen bei Temperaturen um 25 °C für die fermentative Bildung von Säuren, vorwiegend von Citronen- und Essigsäure. Bei Temperaturen um 35 °C wird mehr Milchsäure gebildet. Das Verhältnis Essigsäure : Milchsäure hat einen entscheidenden Einfluss auf den Geschmack des Brotes. Die im Sauerteig vorhandenen Hefen sind vom Typ *Saccharomyces cerevisiae* oder *Saccharomyces minor*. Heute arbeitet man vorwiegend mit planmäßig gezüchteten Hefen und Bakterienkulturen. Die Teiglockerung erfolgt hauptsächlich durch das bei der Fermentation von Kohlenhydrat gebildete Kohlendioxid (Decarboxylierung der Brenztraubensäure), daneben entsteht bei der Sauerteiggärung auch Stickstoff, Wasserstoff und Methan. Sauerteig wird in der Bäckerei in einem meist mehrstufigen Verfahren verwendet, bei dem die vermehrten Mikroorganismen immer größeren Teigmengen zugesetzt werden.

**Backpulver** bewirkt die Teiglockerung durch Kohlendioxid, das durch Säure und Wasser aus Natriumhydrogencarbonat entwickelt wird. Als Säuren werden organische Säuren, wie Weinsäure, Kaliumhydrogentartrat (Weinstein), Adipinsäure und Citronensäure, oder saure Salze anorganischer Säuren, wie primäres Natriumpyrophosphat, primäres Calciumphosphat u. a., verwendet. Um das Backpulver während der Lagerung möglichst wasserfrei zu halten und damit die Lagerverluste zu minimieren, wird ein Trennmittel, z. B. Stärke, zugegeben. Spuren von Wasser würden die $CO_2$-Entwicklung vorzeitig starten und damit seine teiglockernde Aktivität beeinträchtigen. Backpulver wird in großem Umfang in der Feinbäckerei verwendet, z. B. zur Herstellung von Kuchen. Vorteile des Backpulvers sind die schnelle Teigentwicklung. Da keine mikrobielle Fermentation stattfindet, treten auch keine Nährstoffverluste auf. Ein Nachteil ist, dass die durch die Mikroorganismen gebildeten Geschmacksstoffe fehlen.

**Hirschhornsalz** ist ein Gemisch von Diammoniumcarbonat und dem isomeren Ammoniumcarbaminat. In der Hitze des Backofens zerfallen diese Verbindungen in die gasförmigen Produkte Ammoniak, Wasserdampf und Kohlendioxid, die teiglockernd wirken. Hirschhornsalz wird in der Lebkuchenbäckerei verwendet. Einen ähnlichen Zweck hatte früher auch der Zusatz von **Pottasche** (Dikaliumcarbonat), die in Gegenwart von Säuren und bei hohen Temperaturen zu Kaliumsalzen, Kaliumhydroxid und Kohlendioxid zerfällt.

In speziellen Fällen kann die Teiglockerung auch durch Wasserdampf, eingeschlagene Luft, geschlagenes Eiweiß oder Alkoholdampf erfolgen.

**Emulgatoren** werden zur Erzielung einer homogeneren Verteilung des Fettes in der wässrigen Teigphase vor allem in Feinbackwaren eingesetzt. Als Emulgatoren werden hauptsächlich Lecithine (Sojalecithin, Eilecithine), Glycerinmono- und -difettsäureester sowie synthetische Emulgatoren, bei denen eine freie Hydroxylgruppe, z. B. des Glycerinmonofettsäureesters, mit Essig-, Milch-, Weinsäure oder Diacetylweinsäure verestert ist (siehe Kapitel 16 „Zusatzstoffe", Abschnitt 16.5.2 „Emulgatoren"). Die zugesetzten Emulgatoren erfüllen im Prinzip die Rolle der im Haushalt meistens zugesetzten Eier. Emulgatoren verbessern gleichzeitig auch das Gashaltevermögen und ermöglichen so das Entstehen von Backwaren mit größeren Volumina.

**Zusätze zur Verbesserung des Klebers:** Hierbei handelt es sich um Redoxsubstanzen, die zusammen mit dem Sauerstoff der Luft reduzierend und oxidierend auf die Disulfidbrücken der Kleberproteine einwirken. Dadurch kommt es zu einer Rekombination dieser Disulfidbrücken und in der Folge zu einer stärkeren Vernetzung der Kleberproteine, die zu verbesserten Backeigenschaften führt (verbessertes Gashaltevermögen).

**Ascorbinsäure** reduziert Disulfide in den Gliadinen und Glutelinen, es entstehen primär Thiole und Dehydroascorbinsäure bzw. Ascorbatradikal. Zusammen mit Sauerstoff rekombinieren die genannten Oxidationsprodukte der Ascorbinsäure die Thiole wieder zu Disulfiden verschiedener Struktur. Durch diesen Wechsel der Disulfide entstehen andere strukturelle Kombinationen der Kleberproteine mit einer höheren Anzahl von Disulfidverknüpfungen zwischen den Gliadin- und Glutelinketten.

**Cystein** wird als Hydrochlorid Teigen bisweilen zur Verbesserung der Klebereigenschaften zugegeben. Cystein reduziert wie die Ascorbinsäure, zu der Synergismus besteht, Disulfide in den Kleberproteinen zu Thiolen. Durch die Reduktion kommt es primär zu einer Verschlechterung der Klebereigenschaften, die gewünschte Verbesserung tritt erst bei der Reoxidation der Thiole durch aktivierten Sauerstoff ein. Cystein bewirkt auch die Aktivierung des molekularen Sauerstoffs, wobei z. B. Superoxid-Radikal oder Wasserstoffperoxid intermediär gebildet werden. In der Praxis verursacht der Cysteinzusatz eine verkürzte Knetzeit und Teigruhe. Ähnlich wirkt auch der Zusatz von **Cystin**, das das im Weizenmehl vorhandene Glutathion zum Disulfid oxidieren kann und dadurch selbst zu Cystein reduziert wird.

Auch eine Beteiligung des in Weizenmehl vorhandenen 3-Methoxy-hydrochinon-β-D-triglucosids (Cellotriosid) wird diskutiert.

**Proteasen:** Mikrobielle und pflanzliche Proteasen werden bisweilen zum partiellen Abbau des Klebers eingesetzt. In der Praxis werden damit weichere Teige erhalten, gleichzeitig nimmt der Gehalt an freien Aminosäuren zu. Von den pflanzlichen Proteasen wird oft Papain aus *Carica papaya* verwendet. Durch die freien Aminosäuren werden beim Erhitzen verstärkt Maillard-Produkte gebildet.

**Amylasen,** insbesondere α-Amylase und Amyloglucosidase, werden zur Bildung größerer Mengen an durch Hefe verwertbarem Kohlenhydrat in der Bäckerei oft zugesetzt. Dadurch wird eine schnellere Vermehrung der Hefe erreicht.

### 12.1.4  Brot und Backwaren

Brot und Backwaren sind aus Mehl, Wasser und Salz, oft unter Zusatz von Fett, Milch und Gewürzen, sowie in der Regel unter Verwendung von Lockerungsmitteln und anderen Backhilfsmitteln hergestellt. Die Produktion umfasst zwei getrennte Stufen:

* die Teigherstellung (Teigentwicklung, Teiglockerung) und
* das Backen.

Bei der **Teigbereitung** wird das Verhältnis Mehl : Wasser und der anderen Zusätze meist empirisch durch Backversuche bestimmt. Bei der Teigherstellung bindet primär Klebereiweiß das Wasser durch Quellung. Diese Wasserbindung des Klebers wird durch Kochsalz verstärkt. Zugesetztes Fett verfeinert die Porung und die Krume und macht das Gebäck mürbe und die Kruste weicher. Auch Zucker verursacht eine mürbe Krume, gleichzeitig fördert er zusätzlich die Fermentation des Teiges und die Bräunung der Backwaren. Durch Kneten wird der Teig reichlich mit Sauerstoff durchlüftet, gleichzeitig findet eine intensive Durchmischung der Teigbestandteile statt. Während der Teigruhe (etwa 15–60 Minuten bei 25–32 °C) kommt es zu einer weiteren Lockerung durch Fermentation und zu einem Nachquellen des Teiges. Er verliert an Feuchtigkeit, wird trockener und wird zu den entsprechenden Gebäcken geformt, dem Backprozess zugeführt oder durch Einfrieren und nachträgliches Abfüllen in Dosen haltbar gemacht.

Im Backprozess werden die geformten Backwaren in Körben oder auf Blechen und Bändern, die mit Trennölen eingelassen sind, in die vorgeheizten Öfen eingeschossen. In Bäckereien größeren Maßstabs wandert das Gebäck mit einstellbarer Bandgeschwindigkeit durch einen programmierbaren Temperaturgradient. Die höchsten Temperaturen sind immer am Beginn des eigentlichen Backprozesses, um die Form des Teiges schnell zu stabilisieren. Die maximalen Backtemperaturen sind von Gebäck zu Gebäck und von Brotart zu Brotart verschieden und liegen um 220–350 °C. Kekse und Knäckebrot werden wenige Minuten auf über 300 °C, normale Brote auf 220–230 °C, Semmeln auf 200–230 °C und Pumpernickel auf 100–180 °C erhitzt. Trotz der hohen Außentemperaturen bleibt die Temperatur im Inneren des Gebäcks meist unter 100 °C, z. B. in der Brotkrume etwa bei 80 °C. Der Wassergehalt des Brotes liegt bei 40–50 %.

Die **Biochemie der Brotbereitung** beginnt mit der Herstellung des Teiges. Einerseits werden nach der Zugabe von Wasser und der Hydration der Proteine des Mehls die mehleigenen Enzyme, wie Amylasen, Proteasen und Peroxidasen, aktiviert, andererseits werden auch Enzyme der zur Teiglockerung zugegebenen Mikroorganismen wirksam und leiten eine fermentative Umwandlung von Inhaltsstoffen des Mehls ein. Hauptbetroffen davon sind die Kohlenhydrate. Enthaltene Glucose, Saccharose und Maltose werden von den Mikroorganismen primär für die eigene Vermehrung metabolisiert, wobei im Falle der Hefen vorwiegend Alkohol und Kohlendioxid, im Falle des Sauerteigs vorwiegend organische Säuren und Kohlendioxid gebildet werden. Amylasen liefern durch Abbau von Stärkepolysacchariden laufend Maltose nach und fördern dadurch die mikrobielle Vermehrung. Die damit verbundene verstärkte Produktion von $CO_2$, Alkohol und flüchtigen organischen Säuren verbessert die Teiglockerung. Der proteolytische Abbau von Klebereiweiß ist gering, es werden nur kleine Mengen an freien Aminosäuren und biogenen Aminen gebildet. Während der Teigruhe und dem beginnenden Backverfahren verstärken sich die fermentativen Prozesse. Amylasen erreichen ihr Temperatur-Optimum erst bei erhöhten Temperaturen (α-Amylase 65–90 °C, β-Amylase 56–74 °C).

Über 50 °C beginnt die Abtötung der Mikroorganismen und über 60 °C verkleistert die Stärke, geht also von einem quasi kristallinen in einen amorphen Zustand über. Die verkleisterte Stärke nimmt große Mengen Wasser, teilweise auf Kosten des Quellwassers der Proteine, auf. Dieser Vorgang trägt bei den erhöhten Temperaturen zur Denaturierung der Proteine bei. Die Verkleisterung der Stärke, die Denaturierung der Proteine, die Änderung im Quellverhalten der Hauptbestandteile und die hohe Amylaseaktivität sind wichtige Faktoren bei der Ausbildung der Krume. Eingeschlossene Gasblasen verursachen die Porung der Brotkrume. Da die Amylasen noch bis durchschnittlich 70 °C aktiv bleiben, enthalten Brote (z. B. Simonsbrot, Pumpernickel) mit niedriger Ausbacktemperatur größere Mengen an Glucose und Maltose, die zu einem Süßgeschmack des Brotes führen können. Während in der Krume die Temperaturen unter 100 °C bleiben, kommt es bei den hohen Ausbacktemperaturen in der Kruste zu tiefgreifenden Veränderungen der Inhaltsstoffe. Es kommt in großem Umfang zu nicht enzymatischen Bräunungsreaktionen **(Maillard-Reaktion)**, die zur Bildung einer großen Anzahl von Röstprodukten (Melanoidinen) führt, die unter anderem für die Brotfarbe, für das Aroma und für den Brotgeschmack wichtig sind. Im Zuge der später zu besprechenden Maillard-Reaktion werden aus Aminosäuren und Kohlenhydraten geruchs- und geschmacksaktive Verbindungen heterozyklischer Struktur gebildet, wie Furan- und Thiophenderivate, sowie substituierte Pyrazine (Abb. 10.12). Manche dieser Verbindungen, wie das sehr reaktive **Hydroxymethylfurfural** (5-Hydroxymethyl-2-furaldehyd), polymerisieren sehr leicht zu braunen Pigmenten. Ein wichtiger Bestandteil des Backaromas ist das **Maltol** (3-Hydroxy-2-methyl-4-pyron), das aus dehydratisierten Disacchariden, vor allem aus Maltose, bei erhöhten Temperaturen gebildet wird. Zum Brotgeruch tragen auch Verbindungen bei, die aus schwefelhaltigen Aminosäuren und Zuckern bei höheren Temperaturen entstehen. Andere Geschmacksstoffe werden durch die verwendeten Mikroorganismen gebildet. Dazu gehören **Diacetyl** (2,3-Diketobutan, Abb. 10.8) und **Acetoin** (2-Hydroxy-3-ketobutan) und die durch Desaminierung aus den hydrophoben Aminosäuren entstehenden Alkohole **Isobutyl-** und **Isoamylalkohol** (Abb. 10.7) bzw. die entsprechenden Aldehyde, sowie Phenethylalkohol (siehe Kapitel 10 „Aroma", Abb. 10.9).

Während der Lagerung des Brotes treten Änderungen in Kruste und Krume auf. Die wichtigste davon ist die Aufnahme von Wasser in die Kruste. Dadurch kommt es zu einer Verringerung der Krustenhärte, gleichzeitig werden Aromastoffe in die Umgebung und somit auch in die Krume abgegeben. Das so genannte „Altbackenwerden" des Brotes beruht weniger auf dem Verlust von Wasser in der Krume, sondern auf der Retrogradation der Amylose. Dabei treten hauptsächlich niedermolekulare Amylosemoleküle zu größeren Aggregaten zusammen und verursachen dadurch einen großen Teil der Texturänderungen im alten Brot. Durch feuchtes Erhitzen kann die Retrogradation zum Teil wieder rückgängig gemacht werden.

## 12.1.5   Teigwaren

Teigwaren werden in der Regel aus Weizenmehl, mit oder ohne Verwendung von Ei, durch Anteigen mit oder ohne Zusatz von Wasser sowie durch Formen und Trocknen bei gewöhnlicher oder leicht erhöhter Temperatur hergestellt. Es wird keinerlei Fermentations- oder Backverfahren verwendet. Wichtigster Rohstoff für die Herstellung ist kleberreiches Hartweizenmehl oder Grieß. Dadurch entstehen besonders kochfeste Produkte, die das Kochwasser nicht trüben. Daneben wird auch Mehl aus Weichweizen, Dinkel oder aus Reis verwendet. Je nach Zusatz unterscheidet man Eier- oder Wasserteigwaren. Wasserteigwaren werden gewöhnlich Sojalecithin, unter Umständen Milch, Gewürze und Farbstoffe zugesetzt. Die sehr festen Teige werden durch Walzen oder hydraulische Pressen geformt. Schließlich werden die Teigwaren geschnitten oder durch auswechselbare Formköpfe aus Bronze oder Teflon® extrudiert und anschließend zwischen 20–35 °C an der Luft getrocknet. Gewerblich wird meist in Kammern mit hoher Luftfeuchtigkeit bei 40–60 °C dieses Ziel erreicht. Der Wassergehalt der fertigen Teigwaren soll unter 13 % liegen, um ein Verschimmeln des Produktes zu vermeiden und auch die Aktivität teigeigener Enzyme zu minimieren (z. B. die enzymatische Bräunung, katalysiert durch Peroxidasen oder Polyphenoloxidasen, oder das Ausbleichen von β-Carotin durch Lipoxygenasen). Durch Zusatz von Antioxidanzien, wie Ascorbinsäure oder Cystein, kann die Aktivität dieser Enzyme schon während der Herstellung der Teigwaren gehemmt werden.

## 12.2 Gemüse

Unter Gemüse versteht man frische Pflanzenteile, die roh oder gekocht der menschlichen Ernährung dienen und keine Gewürze, kein Obst und keine Zerealien sind. Diese Definition schließt nicht aus, dass manche Pflanzen sowohl als auch in der menschlichen Ernährung verwendet werden: Paprika als Gewürz oder Gemüse, Banane als Obst oder Gemüse. Leguminosen sind im frischen Zustand Gemüse, im getrockneten Zustand stehen sie den Zerealien nahe, auch ist frischer Mais eher ein Gemüse, während die getrockneten Körner ohne Zweifel Zerealien sind. Traditionell werden die Gemüse nach Art und Herkunft der der Humanernährung dienenden Teile eingeteilt. Eine Einteilung nach der botanischen Familie, der das Gemüse entstammt, ist weniger gebräuchlich:

- **Wurzelgemüse:** Kartoffeln, Karotten, Rüben, Sellerie, Topinambur, Bataten, Rettich, Meerrettich (Kren), Petersilie.
- **Blattgemüse:** Kohl, Spinat, Mangold, Kochsalat.
- **Salatgemüse:** Kopfsalat, Endiviensalat, Eisbergsalat, Radicchio, Zichorie, Chinakohl, Brunnenkresse.
- **Stängel- und Sprossgemüse:** Kohlrübe, Spargel, Rhabarber.
- **Blütengemüse:** Karfiol, Artischocke.
- **Leguminosen:** Erbsen, Bohnen, Sojabohnen, Linsen.
- **Fruchtgemüse:** Melone, Gurke, Kürbis, Tomate.
- **Zwiebelgemüse:** Zwiebel, Knoblauch, Schalotten.
- **Gewürzgemüse:** Dill, Petersilie, Schnittlauch.
- **Pilze:** Steinpilz, Champignon, Eierschwamm.
- **Wildgemüse:** Bärlauch, Brennessel, Löwenzahn.

Im Handel wird das Gemüse auch in Qualitätsklassen eingeteilt.

Wie schon aus der Einteilung ersichtlich ist, dient eine große Anzahl von Pflanzenarten aus verschiedensten Pflanzenfamilien zu Gemüsezwecken. Die wichtigsten Pflanzenfamilien für Gemüse sind: *Solanaceae, Chenopodiaceae, Brassicaceae (Cruciferae), Fabaceae (Leguminosen), Cucurbitaceae, Liliaceae, Compositae*. Die Kenntnis der Pfanzenfamilie ist oft hilfreich, weil ähnliche, charakteristische Inhaltsstoffe für eine bestimmte Pflanzenfamilie typisch sind. Z. B. enthalten *Solanaceae* Alkaloide, *Chenopodiaceae* und *Cucurbitaceae* Saponine, *Leguminosen* Alkaloide und Saponine sowie *Brassicaceae* schwefelhaltige Glucosinolate. Manche Gemüsearten werden nur lokal, viele aber weltweit verwendet (z. B. Kohl, Tomate).

### 12.2.1 Zusammensetzung des Gemüses

Die als Gemüse verwendeten Pflanzenteile haben durchwegs einen hohen Wassergehalt, der im Durchschnitt zwischen 80–90 % liegt, aber in Einzelfällen (z. B. Gurke, Kürbis) bis auf über 95 % ansteigen kann. Die allermeisten Gemüsesorten haben daher einen geringen Energiegehalt, bezogen auf das Gewicht. Ausnahmen sind z. B. Kartoffeln und Erbsen. Das Eiweiß (im Durchschnitt 2–5 %, bei Leguminosen bis etwa 30 %) hat in den meisten Fällen keine hohe biologische Wertigkeit. Außerdem kommen in vielen Gemüsesorten eine größere Menge sowohl an freien als auch an nicht proteinogenen Aminosäuren vor. Auch verschiedenste biogene Amine sind enthalten, z. B. Serotonin in Tomaten, N,N-Dimethylhistamin im Spinat.

Der Fettgehalt ist gering, im Durchschnitt 0,1–0,5 %, eine Ausnahme sind einige Leguminosen, z. B. die Sojabohne, die einen Fettgehalt von etwa 25 % aufweist. Der Gehalt an verdaulichem Kohlenhydrat beträgt durchschnittlich 3–6,5 %, Ausnahmen sind z. B. Kartoffeln (20 %) u. a. Bei den meisten Gemüsen sind sie in Form von Stärke, bei anderen als Saccharose oder Invertzucker eingelagert. Nicht verdauliche Kohlenhydrate in Gemüsen sind Cellulose (1–2 %), Pektin und Inulin, z. B. bei den Zwiebelgemüsen, Topinambur und bei Artischocken, sowie Chitin bei Pilzen. Diese unverdaulichen Kohlenhydrate bilden den Hauptteil der ernährungsphysiologisch heute sehr geschätzten Ballaststoffe. 1–2 % Mineralstoffe, die in Gemüsen vorkommen, gehören zu den wichtigsten Quellen für die Mineralstoffversorgung des Menschen. Andere Inhaltsstoffe (Vitamine und Provitamine, phenolische und schwefelhaltige Verbindungen) treten oft mengenmäßig zurück, sind aber ebenfalls wichtige Quellen zur ausreichenden Versorgung des Menschen mit diesen Stoffen. Auch für den antioxidativen Schutz des Organismus sind viele Gemüse wichtig.

Da die als Gemüse verwendeten Pflanzenteile oft vegetative Organe sind, enthalten sie auch höhere Enzymaktivitäten als Samen im Ruhezustand, wie sie z. B. bei den Zerealien vorkommen. Sehr auffällig ist die Aktivität von Peroxidasen und Polyphenoloxidasen, die die Bildung von braunen Pigmenten aus phenolischen Inhaltsstoffen mit Hilfe von Wasserstoffperoxid oder molekularem Sauerstoff katalysieren (enzymatische Bräunungsreaktionen), während im Laufe der Samenruhe die Katalaseaktivität vorherrschend ist. Durch Erhitzen, meist mit Wasserdampf (Blanchieren), werden die Enzyme denaturiert, und damit wird das Entstehen von unerwünschten braunen Pigmenten unterdrückt. Freie Glutaminsäure wird dabei teilweise in 2-Pyrrolidon-5-carbonsäure umgewandelt (Abb. 12.7).

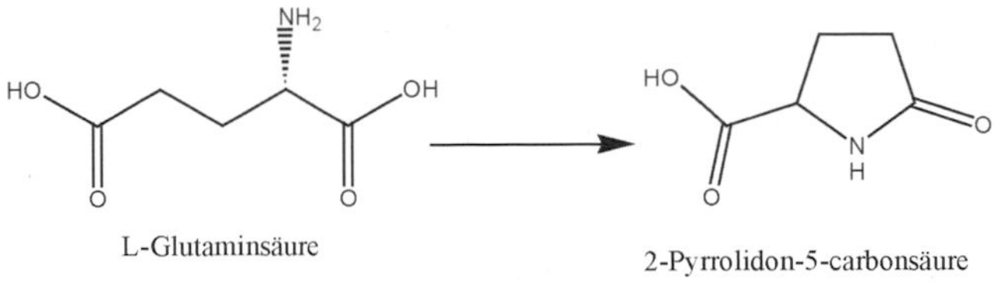

L-Glutaminsäure                2-Pyrrolidon-5-carbonsäure

**Abb. 12.7.**    Umwandlung von Glutaminsäure in 2-Pyrrolidon-5-carbonsäure

Lipoxygenasen sind wichtig für die Aromaausbildung, da durch Oxidation, vor allem mehrfach ungesättigter Fettsäuren, charakteristische Aromastoffe gebildet werden (z. B. Hexenal, Nonenal, Nonadienal, Abb. 10.6).

Da der Hauptbestandteil von Gemüse **Wasser** ist, bedarf es besonderer quellbarer Strukturelemente, um die für eine Gemüsesorte charakteristische Form aufrechtzuerhalten. Diese Strukturelemente sind vor allem die Pektine. Daher sind in Gemüsen auch Pektin-abbauende Enzyme vertreten. Pektin wird bei der Reifung abgebaut, die Tomate oder Gurke z. B. wird dadurch weich und besser genießbar.

**Eiweiß:** Die im Gemüse enthaltenen stickstoffhaltigen Substanzen sind nur zum Teil Proteine. 20–60 % des im Gemüse gebundenen Stickstoffs sind in freien Aminosäuren (proteinogene oder nicht proteinogene), Peptiden, in den Pyrimidin- und Purinbasen der Nucleinsäuren, Porphyrinen, Alkaloiden, Aminen und Amiden gebunden. Die Proteine sind teilweise wasserlöslich und zum Teil wasserunlöslich, mit sehr unterschiedlicher biologischer Wertigkeit. Die Proteinfraktion kann zur elektrophoretischen Bestimmung von Art und Sorte des Gemüses herangezogen werden.

**Kohlenhydrate** sind in Form von Mono-, Di- und Oligosacchariden, Stärke, Fructanen, Pektinen und Cellulose in Gemüsen enthalten. Die enzymatisch vom Menschen nicht spaltbaren Kohlenhydrate bilden den Hauptanteil der Ballaststoffe (Rohfaser).

**Phenole** sind in Gemüsen wie auch im Obst in beträchtlichen Mengen als Farbstoffe, Gerbstoffe und potenzielle Substrate der Peroxidasen und Polyphenoloxidasen vorhanden. Flavonoide und Chlorogensäuren kommen ubiquitär vor. Phenolische Inhaltsstoffe haben in letzter Zeit wegen ihrer antioxidativen Wirkung und ihrer möglichen Bedeutung für die menschliche Gesundheit große Beachtung gefunden.

**Lipide** sind meist mengenmäßig von geringer Bedeutung, Ausnahmen sind einige Leguminosen. Wichtig sind größere Mengen an Carotinoiden, vor allem β-Carotin, in orangem und grünem Gemüse. In letzter Zeit haben auch Phytosterine wegen ihrer cholesterinspiegelsenkenden Wirkung starke Beachtung gefunden.

**Vitamine:** β-Carotin, das Provitamin A, wurde oben schon erwähnt. Vitamin C kommt in größeren Mengen vor allem in den *Brassicaceae*-Gemüsen (Kohl, Kraut, Rettich, Kresse, Karfiol, Broccoli etc.) vor. Daneben ist es auch in Kartoffeln, Tomaten, Paprika und den diversen Salaten in bedeutenden Quantitäten enthalten. Auch viele B-Vitamine kommen in Gemüsen vor.

**Mineralstoffe:** Die in den Gemüsen vorkommenden Mineralstoffe sind sehr bedeutend für die menschliche Mineralstoffversorgung. Neben Obst und Milchprodukten trägt das Gemüse besonders zu der Mineralstoffversorgung des Menschen bei, zumal Brot aus höher ausgemahlenen Mehlen nur mehr einen geringen Beitrag dafür leistet.

## 12.2.2 Wurzelgemüse

**Kartoffel** (*Solanum tuberosum,* engl. potato), beheimatet in Amerika, wird seit dem 16. Jahrhundert auch in Europa kultiviert. Die in der Erde liegenden Stolonen oder Knollen werden zur menschlichen Ernährung verwendet, während die oberirdischen Pflanzenteile und die Früchte wegen ihres Alkaloidgehaltes toxisch sind. Durch Züchtung sind viele Kartoffelsorten entstanden. Grob können sie in feste oder speckige und mehlige oder lockere Kartoffeln unterteilt werden. Die Ersteren enthalten etwas mehr Eiweiß und werden hauptsächlich als Speisekartoffel (Salatkartoffel) verwendet, während die letztere Gruppe mehr Stärke enthält und vorwiegend zur Herstellung von Kartoffelpüree oder als Industriekartoffel und da vor allem zur Stärkeerzeugung dient. Die Stärke ist auch der wichtigste Inhaltsstoff der Kartoffelknolle (18–21 %). Die Stärke ist, wie bei den meisten Knollen- und Wurzelstärken, auch bei der Kartoffel sehr hochmolekular (Amylose durchschnittliches MW etwa 600.000) und daher in rohem Zustand nur teilweise verdaulich. Verkleistert wird sie im Verdauungstrakt weitgehend abgebaut, wobei einige Dextrine (resistente Stärke) bis in den Dickdarm gelangen und dort von der Darmflora zu organischen Säuren, z. B. Buttersäure, metabolisiert werden.

Dies führt zu einer pH-Absenkung im Dickdarm, die eine gewisse Prävention gegen die Entwicklung von Colon-Krebs darstellt. Nach dem Zerkleinern der geschälten Kartoffeln sedimentieren die Stärkekörner, wodurch die Stärke relativ einfach isoliert werden kann. Kartoffel enthält etwa 1 % Rohfaser, hauptsächlich Cellulose.

Kartoffeln enthalten etwa 2 % Stickstoff, davon 50 % Protein, daneben freie Aminosäuren, wie Asparagin, Purinbasen, Nucleinsäuren und Alkaloide. Hauptbestandteil des Kartoffelproteins ist das globuläre Tuberin. Es hat eine hohe biologische Wertigkeit und fällt bei der Stärkeerzeugung in großen Mengen an, wird aber technisch selten zu Nahrungszwecken verwertet.

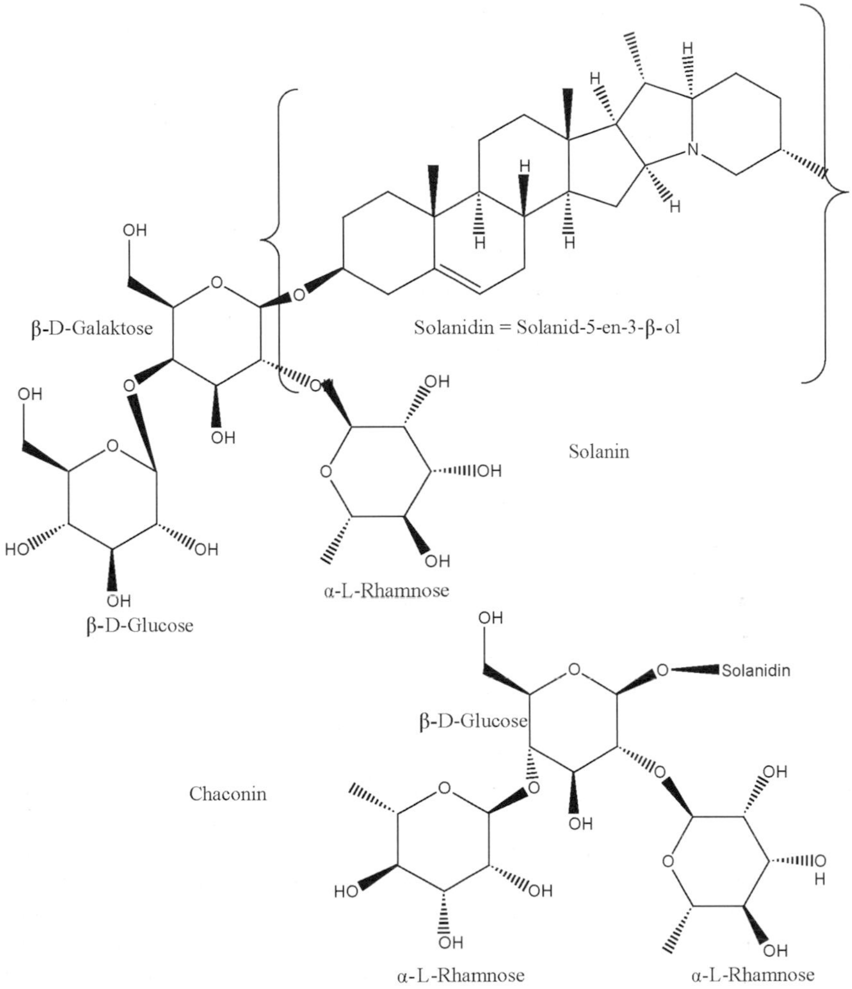

**Abb. 12.8.**    Chemische Struktur von Solanin und Chaconin

Der Gehalt an den toxischen Steroidalkaloiden Solanin und Chaconin ist besonders hoch in den oberirdischen Teilen der Pflanze, die dadurch für den menschlichen Genuss nicht geeignet sind. In den gesunden, gelben Knollen liegt der Alkaloidgehalt bei 1–5 mg/100 g (LD$_{50}$ von Solanin 42 mg i. p. bei Mäusen). Bei Krankheit, bei Belichtung der grünen Knollen, Keimung oder jedweder Art von Stress steigt der Alkaloidgehalt bis zum 20-Fachen und kann damit in toxische Bereiche gelangen. In der Knolle ist der höchste Alkaloidgehalt in der Schale und knapp darunter. Beim Kochen der Kartoffeln geht der überwiegende Teil der Alkaloide (etwa 60 % ins Kochwasser). Chemisch unterscheiden sich Solanin und Chaconin durch den Zuckerrest (Abb. 12.8): ein Trisaccharid, bestehend aus Rhamnose, Galaktose und Glucose (Solanin) oder Glucose und zwei Rhamnoseeinheiten (Chaconin). Beide haben dasselbe Aglykon: Solanidin. Solanin wirkt physiologisch als Cholinesterase-Inhibitor auf das Nervensystem. Das Alkaloid kommt nicht nur in Kartoffeln, sondern als Nebenalkaloid auch in Paprikaarten, in Tomaten und Melanzani, alles *Solanaceae*, vor. Die Glykoalkaloide werden durch HPLC, die Aglykone nach Acetylierung durch HPLC oder Gaschromatografie bestimmt.

Bemerkenswert ist der hohe Ascorbinsäuregehalt der Kartoffel (30 mg/100 g) und der hohe Gehalt an Nicotinsäure (2 mg/100 g). Kartoffeln haben einen geringen Fettgehalt (0,1–0,3 %). Der Mineralstoffgehalt liegt bei etwa 1,5 %. Für das Aroma roher Kartoffeln ist das 2-Methoxy-3-ethylpyrazin, daneben das 2,5-Dimethylpyrazin wichtig (Abb. 10.12), Beispiele für das Vorkommen von Pyrazinen auch in unerhitzten Lebensmitteln.

Ein großer Teil der Kartoffelernte wird zu Kartoffelmehl, Kartoffelchips, Pommes frites, Spirituosen, Stärke, Glucose, Alkohol u. a. weiterverarbeitet.

**Süßkartoffel/Batate** (*Ipomoea batatas, Convolvulaceae*, engl. sweet potato), heimisch in Südamerika und den westindischen Inseln, hat Stärke als mengenmäßig dominierenden Inhaltsstoff. Der Süßgeschmack beruht auf einem höheren Gehalt an Mono- und Oligosacchariden, teilweise verursacht durch eine hohe β-Amylase-Aktivität in der Knolle. Kohlenhydrat-, Protein- und Mineralstoffgehalt sind ähnlich wie bei der Kartoffel. Bemerkenswert sind der hohe β-Carotingehalt, Vitamin-A-Äquivalente (etwa 500 μg Retinoläquivalente/100 g), während der Vitamin-C-Gehalt nur bei etwa 11 mg/100 g liegt. Die Süßkartoffel wächst in subtropischem und tropischem Klima, die weltweite Produktion erreicht etwa die Hälfte der Kartoffelproduktion. Süßkartoffeln sind frisch, als Konserven oder getrocknet als Flocken auf dem Markt. Das Mehl hat Bedeutung in der Süßwarenerzeugung oder auch als Ausgangsprodukt für die Gewinnung von Alkohol und Glucose. Süßkartoffeln haben auch in der Ernährung von Kleinkindern Bedeutung.

**Jamswurzel** (*Dioscorea* spp., *Dioscoreaceae*, engl. yam, afrikan. Nyami) sind kohlenhydratreiche, Rhizome bildende Pflanzen, die vor allem in den tropischen Gebieten der Erde vorkommen. Etwa 600 verschiedene Arten sind bekannt, von denen einige als Nahrungsquellen für den Menschen, meist in den Ursprungsländern, verwendet werden. Beispiele sind *Dioscorea alata, Dioscorea batatas* (chinesischer Jam), *Dioscorea cayennensis*.

In ähnlicher Weise finden die Rhizome von Aronstabgewächsen (*Arum* sp.) als Nahrungsmittel Verwendung und sind auch in ihrer chemischen Zusammensetzung ähnlich: z. B. die Rhizome von *Colocasia esculenta*. *Colocasia esculenta* wird auch als Cocoyam, Taro oder Eddo bezeichnet. Die Pflanzen gedeihen in den Tropen und stellen für die Bevölkerung des tropischen Asiens ein Hauptnahrungsmittel dar. Neben dem hohen Kohlenhydratgehalt (etwa 21 % Stärke) ist der gegenüber der Kartoffel höhere Proteingehalt (2,1 %) von Bedeutung.

**Topinambur** (Helianthus tuberosus, Compositae, engl. Jerusalem artichoke) wird vor allem in Frankreich als Gemüse verwendet. Die Rhizome enthalten das Fructan Inulin als Reservekohlenhydrat (etwa 16 %), das unverdaulich ein Ballaststoff ist. Topinambur wird aus diesem Grund z. B. auch Brot zugesetzt, um dessen Ballaststoffgehalt zu erhöhen. Durch Rösten der Knollen kann, wie auch aus anderen Compositae (Zichorien, Löwenzahnwurzel), ein kaffeeähnliches Aufgussgetränk gewonnen werden. Durch enzymatischen Abbau der Fructane werden Fructose oder süß schmeckende Oligosaccharide erhalten (z. B. Neosugar).

**Rüben** (*Beta vulgaris, Chenopodiaceae*, engl. beet): In der menschlichen Ernährung findet heute praktisch nur mehr die Rote Rübe, gedünstet als Salat, Anwendung. Weiße Rüben, ebenfalls *Beta vulgaris*, werden als Tierfutter oder, gezüchtet auf hohen Zuckergehalt, als Zuckerrübe zur Saccharoseerzeugung verwendet. Botanisch sind die Rüben mit dem Spinat und Mangold, ebenfalls *Chenopodiaceae*, verwandt. Entsprechend werden auch Rübenblätter als Tierfutter verwendet. Rübenblätter enthalten wie auch Spinatblätter beträchtliche Mengen an Oxalsäure (1–3 g/kg). Rüben haben einen Wassergehalt von rund 90 %. Das vorwiegende Kohlenhydrat ist die Saccharose (6–9,5 %), in Zuckerrüben ist der Saccharosegehalt etwa doppelt so hoch.

Rüben enthalten wie alle *Chenopodiaceae* Saponine, hauptsächlich Oleanolsäure (Abb. 12.41). Der Proteingehalt beträgt wie bei den meisten Gemüsen rund 2 %. Hervorzuheben ist der höhere Thiamin- und Eisengehalt der Rübe. Der Farbstoff der roten Rübe ist das Alkaloidglucosid Betanin (Aglykon Betanidin, Struktur siehe Abb. 9.15), das sich biosynthetisch von Phenylalanin und Lysin ableitet. Betanin hat antioxidative Eigenschaften und wurde vielfach zur Krebs-Prävention empfohlen. In dieser Richtung durchgeführte Studien erbrachten aber keine eindeutigen Resultate.

**Karotte** (*Daucus carota, Apiaceae = Umbelliferae*, engl. carrot) ist ein Gemüse, das in den meisten Gebieten der Welt in vielen Varietäten kultiviert wird. Die orange Wurzel wird roh oder gekocht als Nahrungsmittel verwendet. Karottenblätter finden meist keine Anwendung. Der Wassergehalt liegt bei etwa 90 %, 5,5 % sind Kohlenhydrate, vorwiegend Saccharose, der Eiweißgehalt ist 1 %. Bemerkenswert ist der hohe β-Carotingehalt in der gekochten und zerkleinerten Karotte (852 µg Retinoläquivalente/100 g). In der rohen Wurzel ist nur etwa ein Drittel dieser Menge für den Menschen nutzbar. Auch der Gehalt an α-Tocopherol ist mit durchschnittlich 9,5 mg/100 g hoch.

Aus dem Acetonextrakt von Karotten, der auf Mäuse toxisch wirkt, wurden langkettige ungesättigte Polyacetylenverbindungen isoliert: Falcarinol (1,9-Dien-4,6-diyn-3-hydroxyheptadecan), Falcarindiol, Falcarinon (Abb. 12.9). Allerdings sind diese Verbindungen erst in höherer Konzentration wirksam, verursachen dann Störungen im Zentralnervensystem und allergene Reaktionen der Haut. Falcarinol kommt z. B. auch in der Petersilie, in Angelica und im Efeu vor. Auch das psychotrope Phenylpropan Myristicin ist in Karotten enthalten.

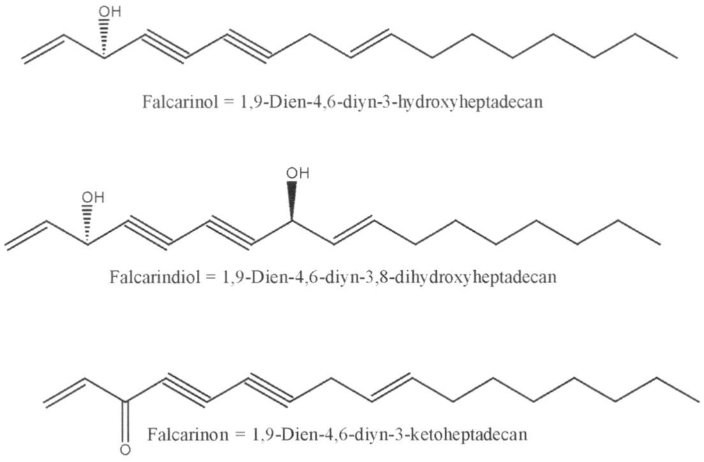

Falcarinol = 1,9-Dien-4,6-diyn-3-hydroxyheptadecan

Falcarindiol = 1,9-Dien-4,6-diyn-3,8-dihydroxyheptadecan

Falcarinon = 1,9-Dien-4,6-diyn-3-ketoheptadecan

**Abb. 12.9.** Chemische Struktur ausgewählter Polyacetylenverbindungen

Karotten können bei der Lagerung bitter werden, die Bildung eines Isocumarins (3-Methyl-6-methoxy-8-hydroxy-3,4-dihydroisocumarin) wird dafür verantwortlich gemacht (Abb. 12.10).

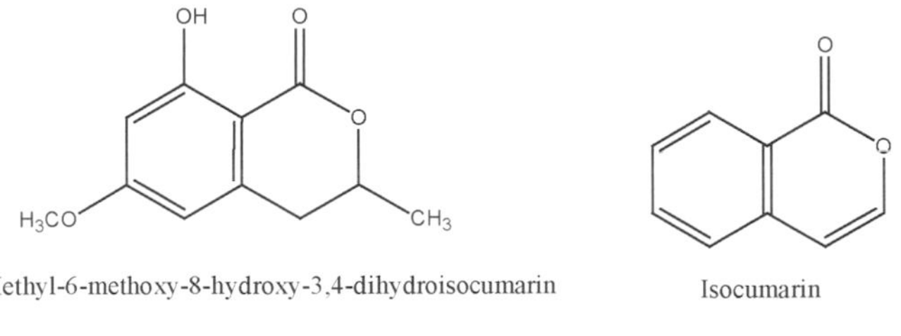

3-Methyl-6-methoxy-8-hydroxy-3,4-dihydroisocumarin

Isocumarin

**Abb. 12.10.** Chemische Struktur von 3-Methyl-6-methoxy-8-hydroxy-3,4-dihydroisocumarin und Isocumarin

**Sellerie** (*Apium graveolens, Apiaceae*, engl. celery): Die Knolle wird roh als Salat oder gekocht als Gemüse verwendet, während die Blätter und die Samen als Gewürze in Gebrauch sind. Aus den Samen wird ein ätherisches Öl gewonnen. Die Inhaltsstoffe der Sellerie sind denen der Petersilie und des Dills ähnlich, beide ebenfalls *Apiaceae*. Hauptbestandteil der Knolle ist Wasser (92 %), 1 % Protein, 3 % Kohlenhydrate, Vitamine und Mineralstoffe in geringen Konzentrationen.

Von Bedeutung sind die phenolischen Inhaltsstoffe, Flavone (Apiin, ein Glykosid des Apigenins, Abb. 10.19), psychotrope Phenylpropane, wie die Apiole (Methylendioxy-dimethoxyallylbenzol, Abb. 10.10) und Myristicin (Methylendioxy-methoxyallylbenzol, Abb. 10.10). Sellerie enthält wie die Petersilie Phthalide, vorwiegend Butylphthalid (Abb. 10.20), das ein wichtiges Antioxidans ist und präventiv gegen Tumorentwicklung wirkt. Wegen der vielen Inhaltsstoffe und deren Synergismen wurde Sellerie in der Volksmedizin viel verwendet: z. B. bei Erkältungen, Nierenerkrankungen, Ischias und Depressionen.

**Schwarzwurzel** (*Scorzonera hispanica, Compositae*, engl. black salsify) wird gekocht in vielen Ländern als Gemüse verwendet. Vorwiegender Inhaltsstoff ist das Fructan Inulin. Ähnlich in der Verwendung und Zusammensetzung ist *Tragopogon porrifolius*, das zubereitet einen an Austern erinnernden Geruch aufweist.

Weitere Wurzeln und Knollen, die zu den Gemüsen zählen, gehören der Pflanzenfamilie der *Brassicaceae* an:

**Meerrettich** oder **Kren** (*Armoracia rusticana, Brassicaceae*, engl. horseradish), heimisch in Osteuropa, wird meist zerkleinert als Beilage zu Fleischspeisen und als Bestandteil von Soßen oder vermischt mit zerkleinerten Äpfeln als „Apfelkren" verwendet. Träger des scharfen Geschmacks sind die für alle *Brassicaceae* als Inhaltsstoffe charakteristischen Senföle (Hauptbestandteil Isothiocyanate). Im Kren dominiert das Allylisothiocyanat (durch enzymatischen Abbau aus Sinigrin entstanden), daneben kommt auch Phenylisothiocyanat und der sehr unbeständige Allylthioharnstoff (Formeln siehe Abb. 12.12) vor. Wie alle *Brassicaceae* hat auch der Meerrettich einen höheren Gehalt an Vitamin C (80 mg/100 g) und einen hohen Gehalt an Folsäure (60 µg/100 g). Die Blätter des Meerrettichs finden technisch zur Erzeugung von „Horse-radish"-Peroxidase Verwendung, die in unzähligen klinischen und biochemischen Tests, z. B. ELISA, als Komponente für $H_2O_2$-mediierte Farbreaktionen gebraucht wird.

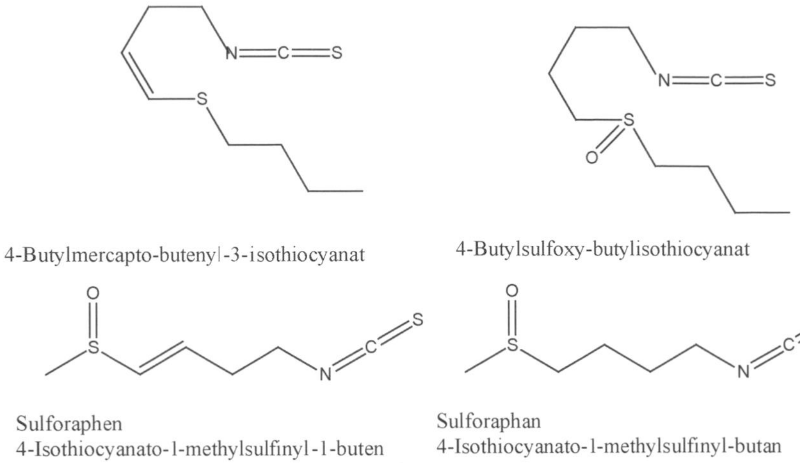

4-Butylmercapto-butenyl-3-isothiocyanat         4-Butylsulfoxy-butylisothiocyanat

Sulforaphen                                     Sulforaphan
4-Isothiocyanato-1-methylsulfinyl-1-buten      4-Isothiocyanato-1-methylsulfinyl-butan

**Abb. 12.11.**    Chemische Struktur ausgewählter Rettichinhaltsstoffe

**Rettich** (*Raphanus sativus, Brassicaceae*, engl. radish): Die Pfahlwurzeln werden meist roh, seltener gekocht konsumiert. In China wurde die Pflanze schon seit Jahrtausenden kultiviert. Eng verwandt sind die Radieschen (*Raphanus sativus* var. *sativus*). In Ägypten wird eine spezielle Rettichsorte kultiviert, von der nur die Blätter gegessen werden, während in Indien eine Sorte angebaut wird (*Raphanus caudatus*), deren Samen als Speise dienen.

Charakteristisch für den scharfen Geschmack des Rettichs ist das Butylsulfidcrotonsenföl (4-Butylmercapto-butenyl-3-isothiocyanat). Für seine antibiotische und harntreibende Wirkung sind das Sulforaphan (4-Isothiocyanato-1-methylsulfinyl-butan) und das Sulforaphen (4-Isothiocyanato-1-methylsulfinyl-1-buten) verantwortlich (Abb. 12.11). Erwähnenswert ist auch hier der hohe Gehalt an Vitamin C (22,8 mg/100 g) und an Folsäure (27 µg/100 g). Auch Phytosterine, die den Cholesterinspiegel senken können, sind in großer Menge (7 mg/100 g) vorhanden.

**Rübsen** (*Brassica rapa, Brassicaceae*, engl. turnip) ist eine Rübe aus der Familie der *Brassicaceae*, die besonders in den angelsächsischen Ländern als Wintergemüse kultiviert wird. Auch die Blätter können als Gemüse dienen, die Samen werden bisweilen zur Speiseölproduktion genutzt. Bemerkenswert ist der hohe Vitamin-K-Gehalt der Blätter (650 µg/100 g) und der hohe Gehalt an Vitamin C.

## 12.2.3 Blattgemüse

Die Blätter der zu dieser Gruppe gehörigen Pflanzen werden in erhitztem Zustand als Gemüse verzehrt. Die Pflanzen, die zu diesem Zweck verwendet werden, gehören einerseits zur Familie der *Brassicaceae* oder *Cruciferae* (verschiedene Kohl- und Krautvarietäten), andererseits zur Familie der *Chenopodiaceae* (Spinat, Mangold). Vertreter beider Pflanzenfamilien werden auch als Wurzelgemüse verwendet. Die Blattgemüsearten haben durchwegs höhere Gehalte an Vitaminen und Mineralstoffen, erklärbar durch die höhere metabolische Aktivität der Blätter. Der Kohlenhydrat- und Proteingehalt der Blätter hängt eng mit der Möglichkeit der Belichtung zusammen. In Krautköpfen z. B. ist die Belichtung der inneren Blätter gering, dementsprechend ist auch der durchschnittliche Gehalt an Kohlenhydraten und Eiweiß geringer als in den Kohlarten.

**Kohl-** und **Krautvarietäten** sind botanisch Kulturformen von *Brassica oleracea* und stammen wahrscheinlich von einer einzigen Wildform ab (*Brassica oleracea* var. *oleracea* var. *oleracea*). Die Varietäten sind untereinander meist verkreuzbar, was die Möglichkeit zur Züchtung von vielen Mischformen bietet. Stabile Kulturformen entwickelten sich daraus als **Grünkohl, Krauskohl** u. a. (*Brassica oleracea* var. *acephala* var. *sabellica*, engl. kale, collards). Collards unterscheidet sich von Kale durch ein stärkeres Hervortreten der Blattspreiten und durch einen lockeren Blattstand. Durch Verkürzung der Internodien der Urform kommt es zur Ausbildung von festen Köpfen (*Brassica oleracea* var. *capitata*, **Kraut, Rotkraut, Wirsingkohl, Rot-** oder **Weißkohl**, engl. cabbage), durch Veränderung der Verzweigung zur Ausbildung der **Kohlsprossen** (*Brassica oleracea* var. *gemmifera*, Rosenkohl, engl. Brussels sprouts).

Durch Deformation des Blütenstandes entstand **Broccoli** (*Brassica oleracea* convar. *botrytis* var. *italica*, Spargelkohl, engl. broccoli). In weiterer Folge wurde daraus der **Karfiol** (*Brassica oleracea* convar. *botrytis* var. *botrytis*, Blumenkohl, engl. cauliflower). Jede dieser Haupttypen kommt wieder in vielen Spielformen vor. Das der *Brassica-rapa*-Gruppe zugehörige Kohlgewächs **Pak Choi** (*Brassica rapa* var. *chinensis*) kann roh oder gekocht gegessen werden und erfreut sich in jüngster Zeit auch in westlichen Ländern zunehmender Beliebtheit. Wegen ihres relativ hohen Kohlenhydratgehaltes in den Blättern können prinzipiell die erwähnten Kohlarten durch Fermentation haltbar gemacht werden. Dabei wird das Kohlenhydrat durch Säurebildner (vorwiegend Milchsäurebakterien) teilweise zu Milchsäure abgebaut, der pH-Wert abgesenkt und damit das Protein vor Abbau (Fäulnis) geschützt. Im Zuge der Fermentation wird der Vitamin-C-Gehalt etwa halbiert. In großem Maßstab wird das Konservierungsverfahren bei Kraut zur Herstellung von Sauerkraut verwendet. Sauerkraut enthält etwa 1,5 % Milchsäure und 0,5 % Essigsäure.

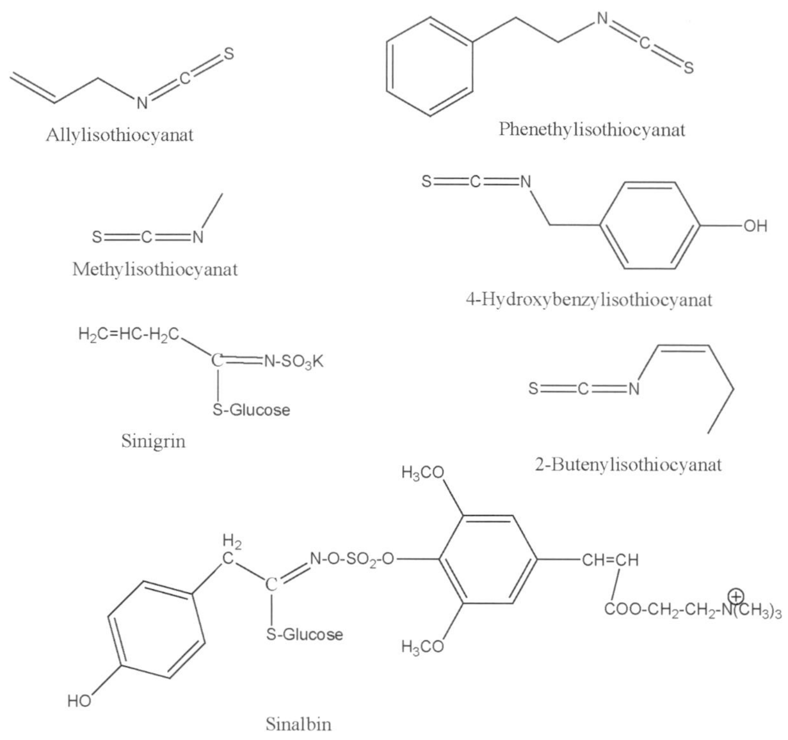

**Abb. 12.12.** Chemische Struktur von Senfölen ausgewählter Kohl- und Kraut-varietäten

Entsprechend ihrer nahen Verwandtschaft sind auch die Inhaltsstoffe der Kohlgemüse sehr ähnlich. Neben einem Wassergehalt von durch-schnittlich 90 % ist ihr Proteingehalt für Gemüse relativ hoch (3–8 %). In einem ähnlichen Bereich bewegt sich der Kohlenhydratgehalt. Sehr hoch ist auch der Gehalt an Carotinoiden, z. B. der an β-Carotin entspricht 1 mg Reti-noläquivalente/100 g, Vitamin K (100–200 µg/100 g), Folsäure (30 µg/100 g) und Vitamin C (60–200 mg/100 g). Collards hat neben Spinat einen sehr hohen Luteingehalt.

Allen Kohlgemüsen sind Gemische von Senfölen als scharf schme-ckende Inhaltsstoffe gemeinsam (bis 6 %), vorwiegend **Allylsenföl, Bute-nylsenföl, Phenylethylsenföl** (Abb. 12.12).

In Kohl und Kraut kommt außerdem das heute aus gesundheitlichen Gründen sehr geschätzte **Indolylmethylsenföl** vor. Durch Abbau von Indolylsenföl zu Indolylmethanol, Diindolylmethan, Indolylmethylnitril u. a. (Abb. 12.13) entstehen Aktivatoren für Entgiftungsenzyme der Leber (DT-Diaphorase, Cytochrom P450), die dann die Eliminierung von Cance-rogenen und anderen toxischen Substanzen verbessern.

Verbindungen, gebildet aus Glucobrassicin (Indolylmethylglucosino-lat) und Ascorbinsäure, so genannte „Ascorbigene" (Struktur siehe Abb. 12.73), wurden im Saft von Kraut gefunden.

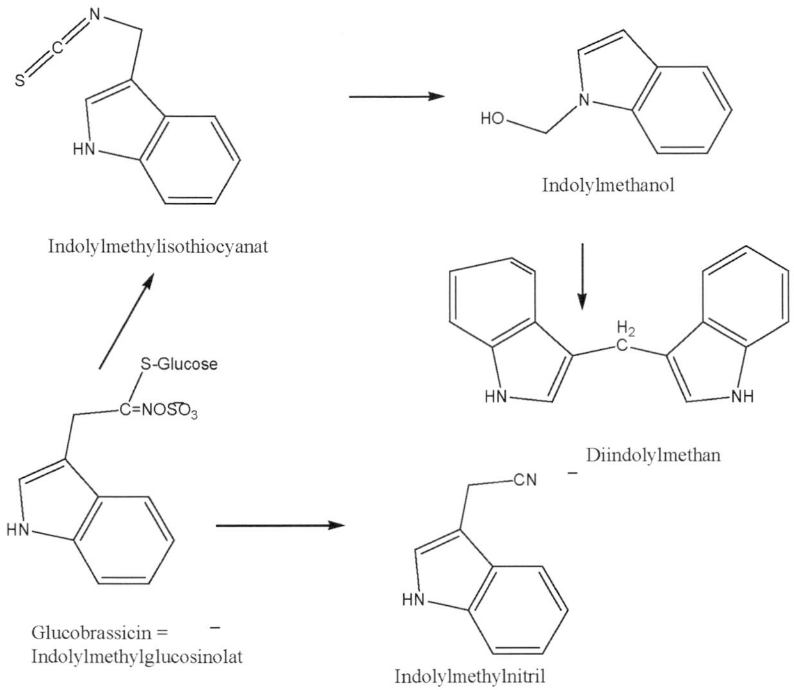

Indolylmethanol

Indolylmethylisothiocyanat

Diindolylmethan

Glucobrassicin =
Indolylmethylglucosinolat

Indolylmethylnitril

**Abb. 12.13.** Chemische Struktur von Indolylmethylsenföl-Abbauprodukten

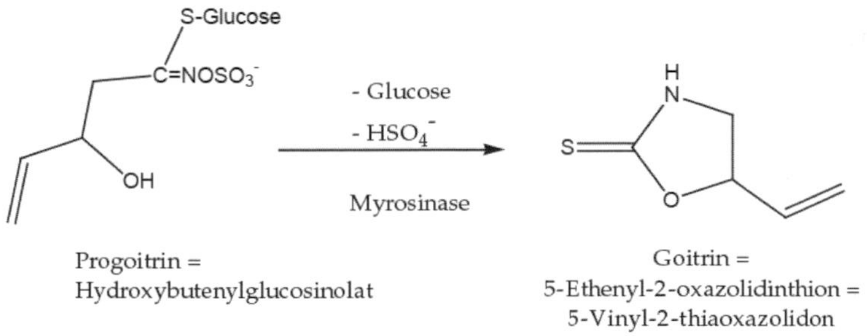

Progoitrin =
Hydroxybutenylglucosinolat

Goitrin =
5-Ethenyl-2-oxazolidinthion =
5-Vinyl-2-thiaoxazolidon

**Abb. 12.14.** Synthese von Goitrin aus Progoitrin

Strumigen im Tierversuch wirkt das aus Hydroxybutenylglucosinolat entstehende Vinylthiaoxazolidon = 5-Ethenyl-2-oxazolidinthion (Abb. 12.14). Das als Nebenprodukt des Abbaus des Indolylmethylglucosinolates (Glucobrassicin) entstehende Indolylmethylnitril und auch Indolyles-sigsäure wurden ebenfalls in Kohl und Kraut gefunden.

Das Flavonol Quercetin, das inhibierend auf Tumorzellen des Dick-darms und positiv inotrop und antioxidativ auf den Kreislauf wirkt, ist in Konzentrationen von 50–100 ppm enthalten. Der rote Farbstoff des Rot-krauts ist ein Gemisch verschiedener Glykoside und Zimtsäureester des Anthocyans Cyanidin. Für das typische Kohlaroma sind vorwiegend flüchtige schwefelhaltige Verbindungen verantwortlich (Dimethylsulfid, Dimethyltrisulfid, Trithion [Abb. 10.11], Phenylethylisothiocyanat [Abb. 12.14]).

Die zur Pflanzenfamilie der *Chenopodiaceae* gehörenden Blattgemüse **Spinat** und **Mangold** enthalten als familientypische Inhaltsstoffe Saponi-ne. Obwohl Saponine generell nicht nur bitter schmecken, sondern auch hämolytische Aktivität haben, sind diese Aktivitäten in Spinat- und Man-goldblättern wenig ausgeprägt. Wahrscheinlich ist die Konzentration an Triterpensaponinen, wie Oleanolsäure, niedrig, während der Gehalt an den verwandten Phytosterinen hoch ist (9 mg/100 g), vorwiegend α-Spinas-terin (Abb. 12.15) und β-Sitosterin.

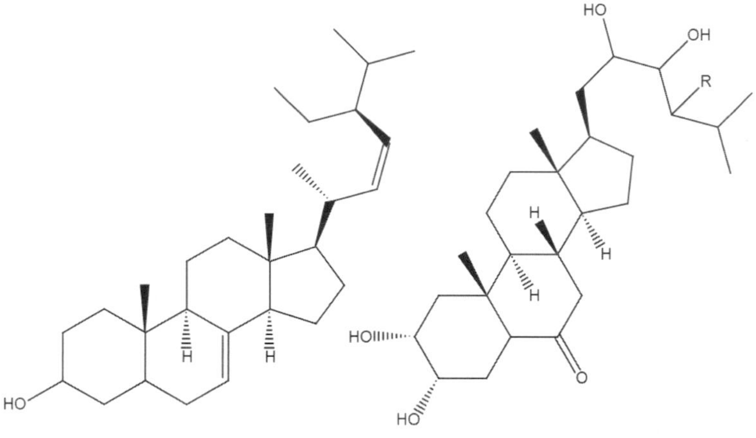

Spinasterol =
Stigmasta-7,22-dien-3-ol

Brassinon =
2,3,22,23-Tetrahydroxy-cholestan-6-on    R = H
24-Ethylbrassinon                        R = $C_2H_5$

**Abb. 12.15.**  Chemische Struktur von Spinasterin und Brassinon

**Spinat** (*Spinacia oleracea, Chenopodiaceae*, engl. spinach): So wie andere Blattgemüsearten werden Spinatblätter gekocht gegessen. Die Blätter ha-ben als metabolisch aktive Pflanzenteile einen hohen Chlorophyllgehalt und auch einen hohen Gehalt an Carotinoiden. Neben β-Carotin (469 μg Retinoläquivalente/100 g), sind Zeaxanthin und Lutein als für den Seh-vorgang wichtige Carotinoide hervorzuheben (sind unter anderem im

gelben Fleck der Netzhaut – „Macula" eingelagert). Von allen pflanzlichen Lebensmitteln dürfte der Spinat den höchsten Luteingehalt aufweisen. Grundsätzlich sind in jedem grünen Blatt mindestens zehn verschiedene Carotinoide enthalten. Sehr hoch ist die Konzentration der Folsäure
in den Spinatblättern (190 µg/100 g), sodass Spinat eine der wichtigsten
Quellen für dieses Vitamin ist. Auch der Vitamin-K-Gehalt ist mit
89 µg/100 g relativ hoch. Vitamin C (28 mg/100 g) und Vitamin E
(1,8 mg/100 g) sind im Durchschnittsbereich. Bemerkenswert ist der hohe
Liponsäuregehalt (3 mg/g Trockenmasse), unter allen pflanzlichen Lebensmitteln der höchste. Der Eisengehalt (etwa 2,7 mg/100 g) ist nicht
übermäßig hoch. Bemerkenswert ist der hohe Mangangehalt (etwa
1 mg/100 g) und die beachtliche Konzentration an Selen (etwa 1 µg/100 g).

Spinatblätter enthalten Flavonoide, z. B. Quercetin (10 mg/100 g) und
Quercetagetin, das in Position 6 des Flavonoidgerüstes eine zusätzliche
Hydroxylgruppe zum Quercetin besitzt (Strukturen siehe Abb. 8.18). Das
Auftreten von Quercetagetin in Spinatblättern ist ein wichtiger Grund,
warum Spinat in den USA zu den Gemüsen mit potenziell krebspräventiven Eigenschaften gezählt wird. Ernährungsphysiologisch nicht günstig
ist der hohe Oxalsäuregehalt der Spinatblätter (120–350 mg/100 g) und
der bei reichlicher Düngung und geringer Lichteinstrahlung hohe Nitrat-
und Nitritgehalt (230–6500 mg $NO_3$/kg, Grenzwert 2000 mg). Die für die
Nitratreduktion notwendige Energie in Form von NAD(P)H ist bei geringer Fotosyntheseleistung nicht vorhanden, sodass Nitrat- und Nitrit-
reduktasen nicht ausreichend mit diesem Co-Substrat versorgt sind und
somit die Reduktion zu Ammoniak nur unvollständig stattfindet. Erwähnenswert ist der hohe Ballaststoffgehalt der Spinatblätter (2,7 %). Der Pro-
tein- und Kohlenhydratgehalt liegt bei rund 3 %.

**Mangold** (*Beta cicla* = *Beta vulgaris* ssp. *vulgaris* var. *vulgaris*, *Chenopodiaceae*, engl. chard oder Swiss chard) kommt in grünen, gelben und roten
Varianten vor. Bei der Zubereitung der Blätter sollte Mangold nur gedämpft werden, da Aroma und Geschmack unter starkem Erhitzen leiden. Die Inhaltsstoffe sind qualitativ ähnlich denen des Spinats, quantitativ betragen sie, mit wenigen Ausnahmen, aber nur etwa 50 % der im
Spinat gefundenen durchschnittlichen Werte. Ausnahmen sind der As-
corbinsäure- und der Selengehalt, der die Werte des Spinats etwa erreicht.

**Neuseeländischer Spinat** (*Tetragonia tetragonioides*, *Aizoaceae*, engl.
New Zealand spinach) ist ein Blattgemüse, das vor allem in Ländern angebaut wird, die für den Spinat zu warm sind. Die Pflanze wird auch
wie Spinat verwendet. *Tetragonia* sp. hat einen höheren Wassergehalt
(94 %) und dementsprechend einen niedrigeren Gehalt an Kohlenhydraten und Proteinen. Bemerkenswert sind der hohe Ascorbinsäuregehalt
(30 mg/100 g), der hohe Selengehalt (0,7 µg/100 g) und die Konzentration
an β-Carotin, (440 µg Retinoläquivalente/100 g).

## 12.2.4   Salatgemüse

Als Salat werden gewöhnlich Pflanzen verwendet, die den Pflanzenfamilien der *Compositae*, der *Valerianaceae* oder der *Brassicaceae* angehören. Die *Compositae*, zu denen die größere Anzahl der gebräuchlichen Salatpflanzen gehört, werden in die *Asteraceae*, zu denen die Kopf-, Pflück- und Bindesalate, und die *Cichorioideae*, zu denen die Zichorie, die Endivie und der Radicchio gehören, weiter unterteilt. Die letztere Gruppe schmeckt, verursacht durch einen hohen Gehalt an Lactucin, durchwegs stärker bitter als die erstere. Wasser ist der Hauptbestandteil aller Salatgemüse (93–96 %). Für den charakteristischen Geschmack sind saure Salze der Citronen- und Apfelsäure hauptsächlich verantwortlich. Salatgemüse der *Compositae* enthalten nur sehr geringe Mengen an verdaulichem Kohlenhydrat (Glucose, Fructose, Saccharose), die Hauptmenge sind unverdauliche Polysaccharide, in erster Linie Fructane, das Reservekohlenhydrat der *Compositae*, und Pektine (insgesamt 1–2 %).

Der Proteingehalt liegt ebenfalls bei 1–2 %. Die Menge der Inhaltsstoffe korreliert auch bei den Salaten umgekehrt zu der Dichte des Blattstandes. Blatt- und Bindesalat enthalten z. B. deutlich mehr an β-Carotin als Eisberg- und Buttersalat. Wie in allen grünen Blättern, sind neben dem Chlorophyll auch in Salatblättern verschiedene Carotinoide enthalten. Höhere Gehalte an Vitamin C und Folsäure sind nur in den Salatgemüsen der *Brassicaceae* vorhanden. Bei geringer Belichtung z. B. während des Winters im Glashaus und reichlicher Stickstoffdüngung reichern auch Salatblätter Nitrat und Nitrit an und haben dann meist einen erhöhten Wassergehalt. Auch Cadmium und Zink können Salatblätter anreichern.

### 12.2.4.1   Salatgemüse der *Asteraceae*

**Schnitt-** oder **Pflücksalat** (*Lactuca sativa* var. *crispa*, engl. mixed salad leaves) bildet stark beblätterte Rosetten, bildet aber keine festen Köpfe.

**Römischer** oder **Bindesalat** (*Lactuca sativa* var. *longifolia*) treibt festere Blätter in einer Rosette als der Pflücksalat und wird daher meist nicht roh, sondern erhitzt (gedämpft) konsumiert.

**Kopfsalat** (*Lactuca sativa* var. *capitata*, engl. lettuce): Die Blätter der Rosette bilden einen oft sehr festen Kopf. Kopfsalat kommt in vielen Variationen mit unterschiedlichen morphologischen Merkmalen vor (unterschiedliche Blattformen, durch Anthocyane rot gefärbte Blätter). Vom Kopfsalat leiten sich durch Kreuzung mit römischem Salat die **Eissalate** oder **Krachsalate** und der **Cosbergsalat** ab.

### 12.2.4.2   Salatgemüse der *Cichorioideae*

Die Salate der *Cichorioideae* schmecken durchwegs stärker bitter als *Lactuca* sp., hervorgerufen durch einen höheren Gehalt an dem Bitterstoff Lactucin.

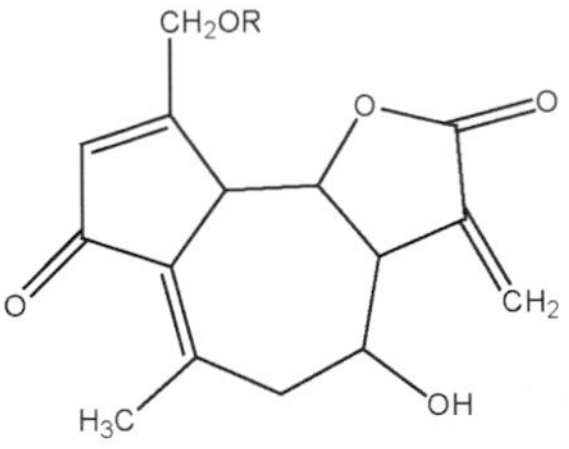

Lactucin: R = H  
Intybin: R = *p*-Hydroxyphenylacetat

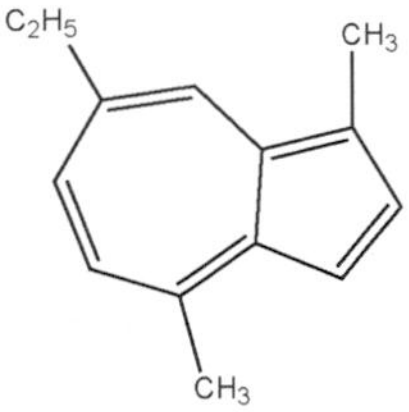

Chamazulen

**Abb. 12.16.**   Chemische Struktur von Salat-Bitterstoffen

Lactucin ist der chemischen Struktur nach ein Derivat des Azulens. Azulene sind isomer zum Naphthalin, haben aber anstatt der beiden Sechserringe einen siebengliedrigen und einen fünfgliedrigen Ring (Abb. 12.16). Der Name Azulen leitet sich von der blauen Farbe der voll aromatischen Verbindung ab (z. B. blaues Chamazulen im ätherischen Öl der Kamille). Biosynthetisch entstehen Azulene aus Sesquiterpenen. Im Gegensatz zu den *Lactuca*-Arten kommt das Lactucin in den *Cichorioideae* vorwiegend verestert an seiner primären alkoholischen Gruppe mit *p*-Hydroxyphenylessigsäure, genannt Intybin, vor. Das Intybin soll eine die Magensaft-Sekretion stimulierende und appetitanregende Wirkung haben.

Ein anderer charakteristischer Inhaltsstoff ist das Cichoriin, ein 7-Glucosid des 6,7-Dihydroxycumarins, der in großer Menge in den Blüten enthalten ist (Abb. 8.12). Auch Cholin wird als Inhaltsstoff gefunden. Botanisch leiten sich die Salatpflanzen der *Cichorioideae* von der Wegwarte *(Cichorium intybus)* ab.

Die Kohlenhydrate der Blätter sind zu über 90 % unverdauliche Fructane. 4 % sind Ballaststoffe bei 4,7 % der gesamten Kohlenhydrate. Der Proteingehalt liegt bei etwa 1,5 %, der Wassergehalt bei über 90 %.

Hauptvertreter dieser Salatgemüse sind die **Endivie** (*Cichorium endivia*, engl. endive), die **Chicorée** (*Cichorium intybus* var. *foliosum*, engl. chicory) und der **Radicchio** (*Cichorium intybus* var. *foliosum*, engl. radicchio), eine durch Anthocyane rot gefärbte Variante. Bemerkenswert ist der hohe Gehalt an Folsäure (109 µg / 100 g) und an Pantothensäure (1,15 mg / 100 g) der Chicorée. Auch β-Carotin und Vitamin E (2,3 mg / 100 g) kommen in größerer Menge vor. Demgegenüber ist die Konzentration an diesen Inhaltsstoffen in Endivie und Radicchio durchschnittlich etwa die Hälfte, mit Ausnahme des Folsäure-Gehaltes in der Endivie (149 µg / 100 g). Die Wurzel (Rübe) der Chicorée enthält etwa 17 % Kohlenhydrate, im Wesentlichen Fructane, und kann geröstet zur Herstellung eines kaffeeähnlichen Getränks oder nach Hydrolyse zur Erzeugung von Fructose eingesetzt werden. Die Rübe kann im Dunkeln angetrieben werden, damit die Sprosse möglichst weiß bleiben, was eine geringere Konzentration an Intybin in den Sprossen zur Folge hat. Der Gehalt an Intybin (Abb. 12.16) ist mit dem Gehalt der Blätter an Chlorophyll korreliert.

### 12.2.4.3 Salatgemüse der *Brassicaceae*

Einige Vertreter dieser Pflanzenfamilie werden als Salat direkt konsumiert oder anderen Salaten zugemischt. Charakteristisch ist der Gehalt an Senfölen in diesen Pflanzen, verantwortlich für den scharfen Geschmack, jedoch in den Blättern oft nicht sehr ausgeprägt, da die Hauptmenge der Senföle generell in den Samen lokalisiert ist. Der Vitamin-C-Gehalt in diesen Pflanzen liegt bei 30–100 mg/100 g. In Europa wird am häufigsten der **Chinakohl** (*Brassica rapa* var. *chinensis,* engl. chinese cabbage, chinesisch pe-tsai) als Salat konsumiert. In Ostasien ist Chinakohl ein uraltes Gemüse, das auch gekocht oder mit Milchsäurebakterien fermentiert und haltbar gemacht als „Kimchi" konsumiert wird. Der Gehalt an Vitamin C beträgt 27 mg/100 g, der an Folsäure 80 µg/100 g. Hauptsenföl ist das Crotonylsenföl (Buten-3-yl-isothiocyanat). In Ostasien (Japan) wird Mizuna (*Brassica japonica*) als Salatgemüse verwendet. Schon seit der Antike wird **Rucola** (*Eruca vesicaria* ssp. *sativa,* engl. rocket, deutsch Ölrauke) als Salat in den Mittelmeerländern verwendet. Früher ein Wildgemüse, wird er in den Ursprungsländern heute kultiviert. Als Senföl wurde das 4-Methylsulfidbutylisothiocyanat in Rucola gefunden. Weitere Salatgemüse der *Brassicaceae* sind die Kressen. Sie werden auch manchmal zur Verbesserung des Geschmacks mit anderen Salatgemüsen kombiniert.

Zu erwähnen sind die **Kapuzinerkresse** (*Tropaeolum majus),* die Benzylisothiocyanat enthält, gebildet durch Myrosinase aus Glucotropäolin, die **Brunnenkresse** (*Nasturtium officinale*) und die **Gartenkresse** (*Lepidium sativum).* Die Erstere enthält Phenylethylisothiocyanat, gebildet aus Gluconasturtiin, die Letztere Benzylsenföl durch Zerfall von Glucotropäolin. Kleine Mengen an Benzylcyanid wurden sowohl in der Kapuzinerkresse als auch in der Gartenkresse gefunden. Wurzelextrakte aus einer südamerikanischen Lepidium-Art (*Lepidium peruvianum,* syn. *Lepidium meyenii =* **Maca**) werden Nahrungsergänzungsmitteln zugesetzt („Peruanischer Ginseng"). Inhaltsstoffe sind Glucotropäolin, Imidazolalkaloide (Lepidilin), ungesättigte Fettsäuren u. a.

Bisweilen wird auch das Löffelkraut (*Cochlearia officinalis*) in Salaten verwendet. Es besitzt einen scharfen kressenartigen Geschmack, hervorgerufen durch 2-Methyl-Propylisothiocyanat und gebildet aus dem Glucosinolat Glucocochlearin.

### 12.2.4.4 Salatgemüse der *Valerianaceae*

Vertreter dieser Gruppe ist der **Feld-** oder **Vogerlsalat** (*Valerianella locusta,* Rapunzel, engl. corn salad), ein Verwandter des Baldrians (*Valeriana officinalis*). Der Vogerlsalat ist eine winterharte, zweijährige Pflanze (blüht erst im zweiten Jahr), deren Blätter roh als Salat konsumiert werden. Bemerkenswert ist der hohe β-Carotin-Gehalt in den Blättern, entsprechend 709 µg Retinoläquivalenten pro 100 g.

### 12.2.5 Stängel- und Sprossgemüse

Stängel- und Sprossgemüse gehören unterschiedlichen botanischen Familien an, dementsprechend sind die Inhaltsstoffe auch sehr verschieden. Hauptvertreter sind der Kohlrabi (*Brassica oleracea* var. *gongylodes*, engl. kohlrabi), der Spargel (*Asparagus officinalis, Liliaceae*, engl. asparagus) und der Rhabarber (*Rheum rhabarbarum, Rheum rhaponticum, Polygonaceae*, engl. rhubarb). Wie bei den meisten Gemüsepflanzen ist auch bei dieser Gruppe der Hauptbestandteil Wasser (90–95 %), das durch eine Matrix aus Cellulose und Pektin in einer bestimmten Form gehalten wird.

**Kohlrabi** ist aus den Wildformen des Kohls durch Verdickung des Haupttriebes entstanden. Sein nächster botanischer Verwandter ist der Markstammkohl (*Brassica oleracea* convar. *acephala* var. *medullosa*). Er kommt in grünen und rotvioletten Varianten, gefärbt durch Anthocyane (vorwiegend Glykoside des Cyanidins), vor. Erhitzt gegessen wird vor allem die Knolle, seltener die inneren Herzblätter. Der Menge nach wichtigstes Senföl ist das in verschiedenen *Brassicaceae* (Kohl, Raps, Kohlrübe, Rübsen) vorkommende **Goitrin** (5-Vinyl-2-thiooxazolidon), das aus Progoitrin (2-Hydroxy-butenyl-4-glucosinolat) mit Hilfe der Myrosinase enzymatisch gebildet wird. Wie alle *Brassicaceae* hat auch der Kohlrabi einen höheren Gehalt an Vitamin C (70 mg/100 g roh und 54 mg/100 g gekocht).

**Spargel** (*Asparagus officinalis, Liliaceae*, engl. asparagus) war schon in der Antike als Gemüse gebräuchlich, allerdings gibt es den gebleichten Spargel erst seit etwa 200 Jahren. Spargel ist eine ausdauernde mehrjährige Pflanze, deren Wurzeln und Rhizome im Boden den Winter überdauern und im Frühjahr bei Bodentemperaturen von 7–8 °C wieder mit dem Triebwachstum beginnen und bei der Bleichspargelproduktion sich gegen den Widerstand der überdeckenden Erde entwickeln. Je größer der Widerstand, desto dicker sind die Spargelstangen. Bei dem unter der Erde bestehenden Lichtmangel wird fast kein Chlorophyll gebildet, und der Spargel behält eine gelblich-weiße Farbe. In neuerer Zeit wird auch mehr Grünspargel produziert. Der Grünspargel wächst oberirdisch und produziert daher Chlorophyll. Seine dünneren Stangen werden vor der Entwicklung der Blätter geschnitten. Der beblätterte Spargel, dann **Asparagus** genannt, wird in der Blumenbinderei verwendet. Spargel enthält sehr aktive Polyphenoloxidasen und Peroxidasen, deren Katalyse der Oxidation von phenolischen Inhaltsstoffen die Ursache für eine Verfärbung der Stangen ist. Der Wassergehalt des Spargels liegt bei etwa 93 %. Wichtige Inhaltsstoffe sind Folsäure (128 µg/100 g), Selen (2,3 µg/100 g), Carotinoide, z. B. Zeaxanthindipalmitinsäureester (Physalin), geringe Mengen an β-Carotin, Vitamin E (2 mg/100 g), Saponine (Sarsasapogenin, Diosgenin, Abb. 12.17).

Die Hauptmengen der Kohlenhydrate (insgesamt 4,5 %) sind Fructane (Inulin und Sinistrin), die für den hohen Rohfasergehalt des Spargels (2,1 %) verantwortlich sind. Spargel enthält auch verschiedene Flavonoide, wie Quercetin, sowie Glykoside des Cyanidins und des Päonidins (Abb. 9.14). Der hohe Gehalt an Asparagin und Glutamin ist für den Spargel charakteristisch. Die Asparaginsäure leitet ihren Namen von Asparagus ab, in dem sie schon 1826 erstmals gefunden wurde.

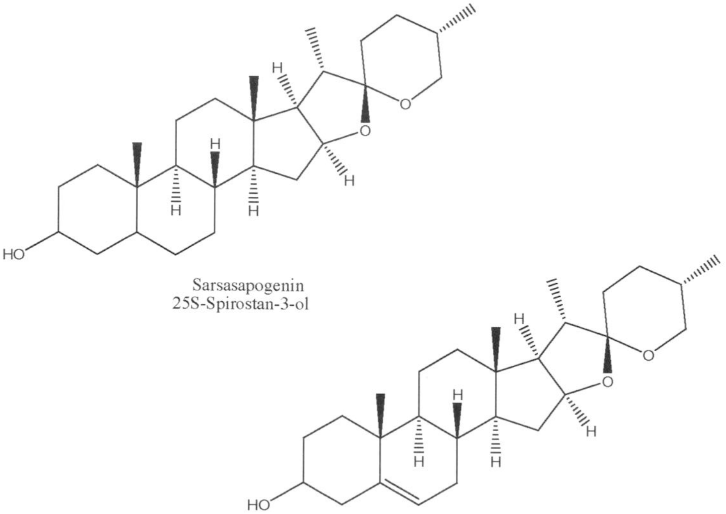

Sarsasapogenin
25S-Spirostan-3-ol

Diosgenin
25S-Spirost-5-en-3-ol

**Abb. 12.17.**    Chemische Struktur von Sarsasapogenin und Diosgenin

**Rhabarber** (*Rheum* sp., *Polygonaceae,* engl. rhubarb) stammt ursprünglich aus Ostasien, wo auch verschiedene Wildformen vorkommen. Er ist eine ausdauernde Pflanze, deren Wurzelstock jährlich eine Anzahl von großen, hochgestielten Blättern treibt, deren Stiele erhitzt konsumiert werden. Da die Konzentration an Fruchtsäuren in den Stielen auch zum Zeitpunkt der Reife allgemein noch hoch ist, werden die zerkleinerten und gekochten Stiele meist mit Zucker zubereitet. Die Blätter sind zum Genuss als Gemüse ungeeignet, da ihre Oxalsäure-Konzentration sehr hoch ist. Die Oxalsäure-Konzentration schwankt nach Sorte, Erntezeitpunkt und Umweltbedingungen. Sie ist z. B. an der Basis der Stiele immer höher als am Ende und liegt bei etwa 0,2–0,6 % in der Frischsubstanz (kann in der Trockensubstanz bis etwa 8 % sein). Oxalsäure entsteht im Stoffwechsel der Pflanze durch Oxidation der Glyoxylsäure und ist damit ein Stoffwechselprodukt des Serin- und Glycinstoffwechsels (Abb. 12.18).

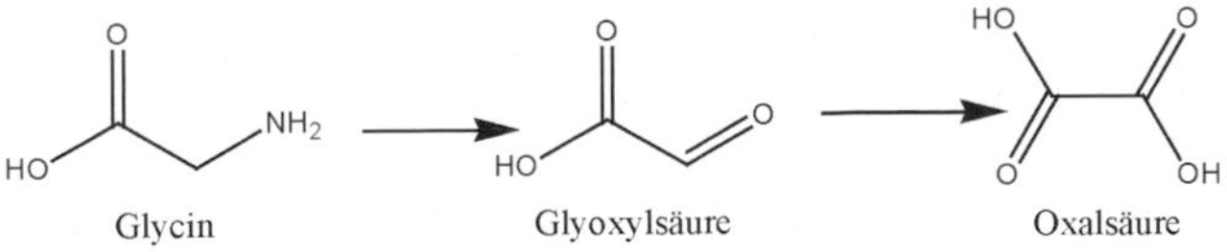

**Abb. 12.18.**   Synthese von Oxalsäure aus Glycin

Die Inhaltsstoffe des Rhabarbers sind nicht besonders auffällig, mit Ausnahme der roten Anthrachinonfarbstoffe, die im Stängel vorkommen. Der wichtigste davon ist das Rhein, daneben wurden Chrysophan-, *Frangula*-Emodin, Dianthrone, Sennosid A und B (Abb. 9.11, 9.12), gefunden (siehe Abschnitt 9.2 „Chinone"). *Frangula*-Emodin und das sehr ähnliche Aloe-Emodin sowie die Sennoside und Rhein wirken abführend und werden auch als Abführmittel angewandt.

## 12.2.6   Blütengemüse

Zu dieser Gruppe zählt man Gemüsepflanzen, deren Blüte als Nahrungsmittel dient. Wichtige Vertreter dieser Gruppe sind:

**Karfiol/Blumenkohl** (*Brassica oleracea* var. *botrytis*, engl. cauliflower): Sein engster botanischer Verwandter ist der Broccoli. Die fleischige Blüte, die etwa 40 % der Pflanze ausmacht, wird erhitzt konsumiert. Wichtigstes Glucosinolat ist das aus der Aminosäure Tryptophan gebildete Indolylmethylglucosinolat (Glucobrassicin), das durch Myrosinase in Indolylmethanol, Indolylacetonitril und andere Substanzen gespalten wird. Über die Rolle des Glucobrassicins und seiner Zerfallsprodukte bei der Krebsprävention und Entgiftung der Leber, siehe „Kohlgemüse". Interessant ist auch der hohe Gehalt an Phytosterinen im Karfiol (18 mg/100 g), die cholesterinspiegelsenkend wirken. Wahrscheinlich kommen auch Brassinolide vor (Abb. 12.19).

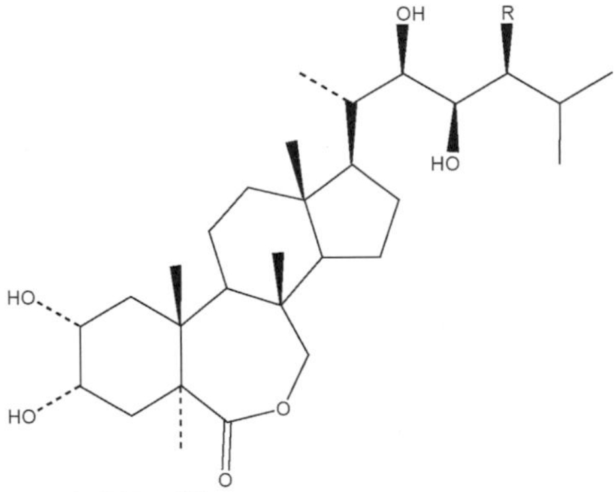

Brassinolid R = CH$_3$
24-Norbrassinolid R = H

**Abb. 12.19.**   Chemische Struktur von Brassinoliden

Auch Gramin (Dimethyltryptamin) wurde in Karfiol nachgewiesen (Abb. 12.20).

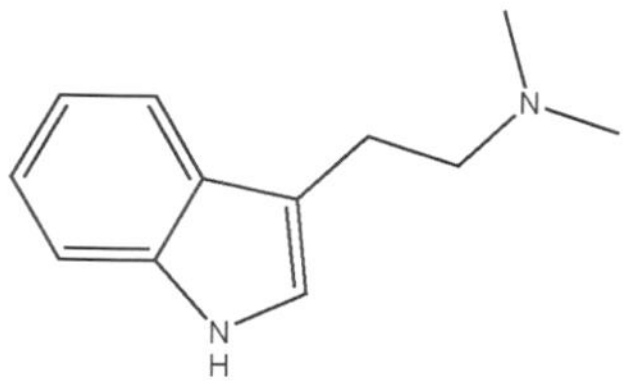

Gramin =
Dimethyltryptamin

**Abb. 12.20.**    Chemische Struktur von Gramin

Die für *Brassicaceae* typischen Inhaltsstoffe Vitamin C und Folsäure kommen im Karfiol im mittleren Bereich vor (46,4 mg/100 g und 57 μg/100 g).

Die **Artischocke** (*Cynara scolymus, Compositae*, engl. globe artichoke) ist ursprünglich beheimatet in Nordafrika und dem Mittelmeerraum. Die eng verwandte **Cardy** (*Cynara cardunculus*, engl. cardoon) wird vor allem in Trockengebieten zu Speisezwecken kultiviert. Die fleischigen Teile des Blütenstandes werden gekocht konsumiert. Die Artischocke (Wassergehalt 85 %) enthält etwa 10 % Kohlenhydrate vorwiegend Fructane, was auch im hohen Rohfasergehalt (5,4 %) zum Ausdruck kommt.

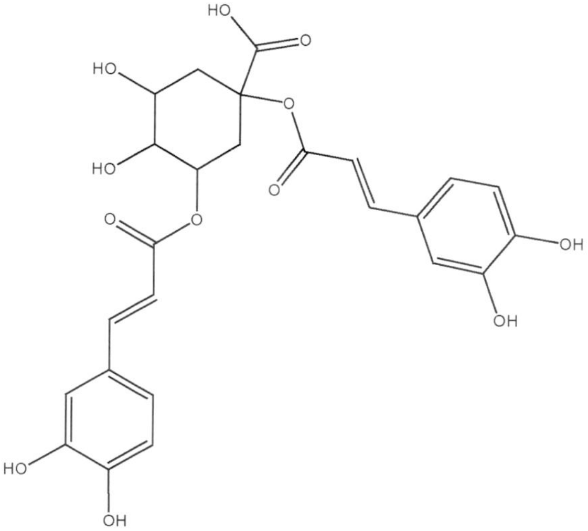

**Abb. 12.21.**    Chemische Struktur von Cynarin

Ein charakteristischer Inhaltsstoff ist das Cynarin (1,5-Dicaffeoyl-chinasäure, Abb. 12.21), der im Blut cholesterinspiegelsenkende Wirkung hat. Cynarin lagert sich beim Erhitzen in das 1,3-Dicaffeoyl-Isomer der Chinasäure um. Cynarin wurde in geringer Konzentration auch in Wurzeln von *Echinacea angustifolia, Compositae,* gefunden.

### 12.2.7 Samen- und Fruchtgemüse

Samengemüse sind vor allem durch die Gruppe der Hülsenfrüchte vertreten, während die Fruchtgemüse den Pflanzenfamilien der *Cucurbitaceae* (Gurke, Kürbis, Melone) und der *Solanaceae* (Tomate, Aubergine) entstammen. Da sich Samen- und Fruchtgemüse schon durch ihren Wassergehalt signifikant voneinander unterscheiden, werden sie im Folgenden getrennt behandelt.

### 12.2.7.1 Fruchtgemüse der *Cucurbitaceae*

Diese haben einen hohen Wassergehalt (95 % und darüber). Entsprechend ist ihr energetischer Inhalt sehr gering (z. B. 13 kcal/100 g bei der Gurke). Das Wasser und die darin gelösten Inhaltsstoffe werden durch das quellbare Polysaccharid Pektin und durch Cellulose in den charakteristischen Ausbildungsformen gehalten, die durch Lipide (Phytosterine) der Schale nach außen abgedichtet sind. Durch Abbau des Pektins mit Hilfe der pflanzeneigenen pektinolytischen Enzyme werden die Früchte weich. Das typische Aroma bildet sich durch Peroxidation und Spaltung der Lipide nach Zutritt von Sauerstoff während der Zerkleinerung. Katalysiert von spezifischen Lipoxygenasen und Hydroperoxidlyasen bilden sich die aromaaktiven Aldehyde vorwiegend aus Linolsäure.

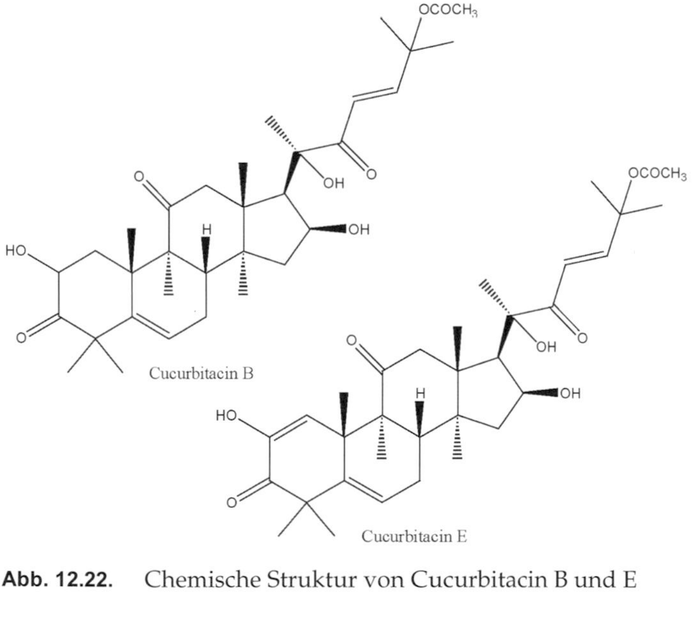

**Abb. 12.22.** Chemische Struktur von Cucurbitacin B und E

Die Bitterstoffe der *Cucurbitaceae* sind Steroidsaponine, die Cucurbitacine (A–I), bisweilen auch Elaterine genannt (Abb. 12.22). Sie haben antineoplastische, purgative und Antigibberellin-Aktivität. Die Cucurbitacine werden aus glykosidischen Vorläufersubstanzen (Precursor) enzymatisch freigesetzt.

**Gurke** (*Cucumis sativus*, engl. cucumber) wird in vielen Sorten kultiviert. In der Regel wird die Gurke (die unreife Frucht) geschält, roh als Salat gegessen oder konserviert in Form von Salz- oder Essiggurken. Der hohe Wassergehalt wirkt erfrischend auf den Organismus. Die Krümmung der Gurke ist ein Qualitätsmerkmal und soll bei Gurken der Klasse I unter 10 mm bei einer Länge der Frucht von 10 cm sein. Der Kohlenhydratgehalt liegt bei 2,8 % und besteht aus Ballaststoffen (Cellulose, Pektin) und Stärke. Protein ist zu 0,6 % enthalten. Bemerkenswert ist der hohe Gehalt der Gurke an Phytosterinen (14 mg/100 g). Das Gurkenaroma ist durch trans-2-Hexenal und trans-2-Nonenal und weitere Aldehyde, Abbauprodukte der Linol- und Linolensäure, gekennzeichnet. Gurkensaft wird seit vielen Jahrhunderten in der Kosmetik verwendet. Eine botanische Spielart ist die Pfeffergurke (*Cucumis anguria*, engl. gherkin).

**Zucchini** (*Cucurbita pepo* convar. *giromontiina*, engl. zucchini) wird im mediterranen Bereich und auch in jüngerer Zeit in Mitteleuropa und USA kultiviert und kommt in mehreren Spielarten vor: grüne, gelbe und grünweiß gesprenkelte Früchte. Zucchini werden in der Regel unreif geerntet und in erhitztem Zustand gegessen. Bei geringerem Wassergehalt als die Gurke (92 %) enthält besonders die Baby-Zucchini mehr an lysin- und argininreichem Protein (Lysingehalt 150 mg/100 g). Bei großen Zucchini geht der Proteingehalt auf etwa die Hälfte zurück.

**Kürbis:** Der deutsche Begriff für dieses Fruchtgemüse umfasst mehrere Gattungen und Arten. Die heute in Europa am häufigsten kultivierten Arten sind botanisch *Cucurbita pepo* und *Cucurbita maxima, Cucurbitaceae*, daneben kommen auch andere Varietäten vor. Der Kürbis stammt ursprünglich aus Südamerika. Der im Altertum und im Mittelalter in Europa kultivierte Kürbis, heute stark in den Hintergrund gedrängt, entspricht dem Flaschenkürbis oder Kalebassen-Kürbis (*Lagenaria siceraria* oder *Lagenaria vulgaris, Cucurbitaceae*, engl. calabash gourd). Dazu kommen aus dem fernen Osten oder Afrika stammende Kürbisarten, wie der Bitterkürbis (*Momordica charantia, Momordica cochinchinensis, Cucurbitaceae*, engl. bitter gourd, balsam pear) mit dem Bitterstoff Cucurbitacin E, der Wachskürbis (*Benincasa hispida*, engl. wax gourd, chinese preserving melon) und die Schwammgurke (*Luffa aegyptiaca, Cucurbitaceae*, engl. dishcloth gourd oder towel gourd). Der englische Ausdruck „gourd" umfasst alle Kürbisgattungen, während mit „pumpkin" und „squash" spezielle Arten von *Cucurbita pepo* bezeichnet werden. Alle Kürbisarten werden erhitzt gegessen. Im Folgenden werden nur die Varietäten von *Cucurbita pepo* und *Cucurbita maxima* besprochen. Die Einteilung der Kürbisarten wird weiter erschwert durch die Unterscheidung zwischen Sommer- und Winterkür-

bis (Tab. 12.2). Die Ersteren werden im Sommer unreif, mit noch harter
Schale, geerntet, die Letzteren werden im Herbst ausgereift gepflückt und
auf dem Feld in der Sonne ein bis zwei Wochen nachgereift. Sie können
dann trocken und kühl für den Winter gelagert, oder es können nach dem
Aufschneiden die reifen Samen gewonnen werden. Die Samen werden
getrocknet und entweder als solche gegessen oder zur Gewinnung von
Kürbiskernöl verwendet. Die meisten Sommerkürbisse sind Varietäten
von *Cucurbita pepo*, die meisten Winterkürbisse Varietäten von *Cucurbita
maxima*, daneben *Cucurbita moschata* und *Cucurbita mixta*, aber nicht ausschließlich.

**Tabelle 12.2.** Durchschnittliche Zusammensetzung von Sommer- und Winterkürbis

|               | Sommerkürbis | Winterkürbis |
|---------------|--------------|--------------|
| Wasser        | 94 %         | 89 %         |
| Protein       | 1,2 %        | 1,5 %        |
| Fett          | 0,2 %        | 0,2 %        |
| Kohlenhydrate | 4,5 %        | 8,8 %        |
| Rohfaser      | 2 %          | 1,5 %        |

Vitamine sind mit Ausnahme eines hohen β-Carotin-Gehaltes (16,5 μg
Vitamin-A-Äquivalente/100 g) in keinen auffälligen Konzentrationen
enthalten. Dasselbe gilt für essenzielle Aminosäuren. Das gefärbte Fruchtfleisch der Kürbisarten enthält Carotinoide, vor allem Zeaxanthin
(Abb. 9.1), Cryptoxanthin (Abb. 9.3) und Flavoxanthin. Der bittere Geschmack mancher Kürbisarten wird durch Saponine (Cucurbitacine A–F,
auch als Elaterine bezeichnet) verursacht.

**Tabelle 12.3.** Durchschnittliche Zusammensetzung von Kürbiskernen

|                |                |
|----------------|----------------|
| Fett           | 45 %           |
| Protein        | 24 %           |
| Kohlenhydrat   | 18 %           |
| Rohfaser       | 3,5 %          |
| Mineralstoffe: |                |
| Selen          | 5,6 μg/100 g   |
| Mangan         | 3,2 mg/100 g   |
| Eisen          | 15 mg/100 g    |
| Phosphor       | 1,1 g/100 g    |
| Phytosterine   | ca. 1 %        |

Kürbiskerne (Tab. 12.3) werden als Phytopharmakum bei Beschwerden der Harnblase und der Prostata angewendet. In der Volksmedizin
werden Kürbiskerne auch als Wurmmittel verwendet (Antihelminthi-
kum). Wichtig für die Gewinnung von Kürbiskernen ist der Steirische
Ölkürbis (*Cucurbita pepo* convar. *citrullina* var. *styriaca*).

**Melone:** Sie stammt aus den tropischen und subtropischen Gebieten Afrikas. Man unterscheidet:

- **Zuckermelonen** (*Cucumis melo, Cucurbitaceae,* engl. musk melon), meist Varietät Kantalupmelone und
- **Wassermelonen** (*Citrullus lanatus* var. *caffer, Cucurbitaceae,* engl. water melon).

Zuckermelonen sind nahe botanische Verwandte der Gurke. Sowohl die Gurke als auch die Melone gehören der Gattung *Cucumis* sp. an. Wegen ihres hohen Wassergehaltes (Zuckermelone 90 %) wirken die Melonen auf den Organismus erfrischend. Zuckermelonen kommen in verschiedenen Varietäten vor, sie haben einen relativ hohen Kohlenhydratgehalt (vorwiegend Monosaccharide) von 6–10 %, 0,6 % Rohfaser und enthalten auch bis zu 45 mg Vitamin C und 1 mg Vitamin-A-Äquivalente/100 g. Die Farbstoffe der Zuckermelone sind vorwiegend Carotinoide: Zeaxanthin (Abb. 9.1), Phytoen und Phytofluen (Abb. 9.4).

Wassermelonen enthalten 7 % Kohlenhydrate, 0,5 % Rohfaser und etwa 10 mg Vitamin C/100 g. Die Aromastoffe sind wie bei der Gurke Aldehyde, die durch die Oxidation mehrfach ungesättigter Fettsäuren gebildet werden.

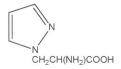

**Abb. 12.23.**    Chemische Struktur von L-β-(Pyrazol-1-yl)-alanin

Aus dem Saft der Wassermelone wurde die seltene Aminosäure L-β-(Pyrazol-1-yl)-alanin isoliert (Abb. 12.23). Ihr Nachweis kann auch zur Unterscheidung von der Zuckermelone dienen.

### 12.2.7.2   Fruchtgemüse der *Solanaceae*

Zu dieser Gruppe zählen als Gemüse verwendete Früchte, wie Tomate, Aubergine und Paprika, die roh oder gekocht verzehrt werden. Die Pflanzen der *Solanaceae* enthalten durchwegs Alkaloide als Inhaltsstoffe, die für die spezielle Frucht charakteristisch sind. Wegen ihres Gehaltes an Alkaloiden werden auch viele *Solanaceae* als Arzneipflanzen verwendet (z. B. Tollkirsche, Stechapfel, Hyoscyamus) oder als Genussmittel, wie der Tabak. Für die genannten Fruchtgemüse ist das Vorkommen von Saccharose im Saft typisch.

**Tomate** (*Solanum lycopersicum* oder *Lycopersicum esculentum,* Paradiesapfel, Liebesapfel, Paradeiser, engl. tomato): Sie ist ursprünglich in Südamerika beheimatet und ist nach der Entdeckung Amerikas nach Europa importiert, kultiviert und weitergezüchtet worden. Sie kommt heute in vielen Sorten mit verschieden geformten Früchten und in verschiedenen Farben vor. Man unterscheidet rote, orange, gelbe und grüne Tomaten. Die wichtigste Kulturform sind die roten Tomaten. Der rote Farbstoff ist **Lycopin** (Abb. 9.4), ein Carotinoid, das keine Iononringe enthält und wegen seiner vielen Doppelbindungen ein sehr wirksames Antioxidans ist. Rote und grüne Tomaten haben einen höheren Gehalt an Vitamin C (26 bzw. 23 mg/100 g) und an Kohlenhydraten (4,6 bzw. 5,1 g/100 g) als die gelben und orangen Varietäten (Vitamin C 9 mg/100 g bzw. 16 mg/100 g, Kohlenhydrate 3,0 und 3,2 g/100 g). Trotz des hohen Lycopingehaltes ist die Konzentration an β-Carotin sehr gering, am höchsten ist sie in roten und grünen Varietäten. Der Wassergehalt liegt zwischen 93 und 95 % und der Kaloriengehalt zwischen 15 und 24 kcal/100 g. Beim Reifen der Tomate steigt der Anteil an löslichen Zuckern auf etwa 2,2 %, das sind etwa 50 % der gesamten Kohlenhydrate in der reifen Frucht. Der Anteil der Stärke beträgt 0,36 %, der Rest sind Pektin und Cellulose. Für den Geschmack der Tomaten ist ihr Gehalt an organischen Säuren wichtig (etwa 0,4 %), das Aroma ist durch Aldehyde geprägt, die bei der Oxidation mehrfach ungesättigter Fettsäuren gebildet werden, z. B. trans-3-Hexenal (Abb. 10.6).

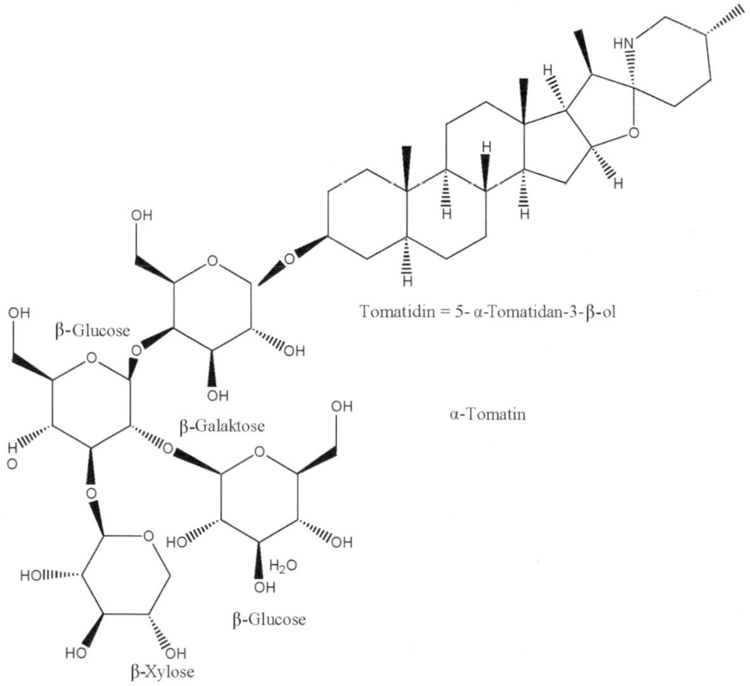

Tomatidin = 5- α-Tomatidan-3-β-ol

β-Glucose

β-Galaktose

α-Tomatin

β-Glucose

β-Xylose

**Abb. 12.24.**    Chemische Struktur von Tomatin

Die reifen Tomaten enthalten geringe Mengen des Steroidalkaloids **Tomatin** (Abb. 12.24), die gesundheitlich unbedenklich sind. Tomatin kommt in höheren Konzentrationen in den Blättern und in der Wurzel der Tomatenpflanze vor. Es besteht aus dem Steroidalkaloid Tomatidin, das mit einem Tetrasaccharid, bestehend aus zwei Glucosemolekülen, und jeweils einem Molekül Galaktose und Xylose, das an der Hydroxylgruppe in Position 3 des Tomatidins β-glykosidisch verbunden ist. Reife Tomaten enthalten geringe Mengen des psychotropen biogenen Amins **Serotonin** (5-Hydroxytryptamin). Neben dem direkten Konsum von roher oder gekochter Tomate spielen aus Tomaten hergestellte Zubereitungen, wie Tomatenpüree, Tomatenmark oder Tomatenketchup, in der Ernährung eine wichtige Rolle. In diesen Zubereitungen sind Schalen und Kerne der Tomate (insgesamt etwa 15 %) abgetrennt und der Saft eingedickt. Tomatenketchup enthält zusätzlich Essig, Salz, Paprika und andere Gewürze.

**Tomatillo** (*Physalis philadelphica*, syn. *Physalis ixocarpa*, *Solanaceae*, engl. husk tomato) ist in Mittelamerika und Mexiko heimisch und wird in den südlichen USA, Südafrika, Indien und Australien kultiviert. Die einjährigen krautigen Pflanzen tragen grüne, gelbe oder violette Früchte, die den Tomaten ähneln, in der Farbe blasser und in der Regel kleiner sind (Durchmesser 2,5–10 cm). Im Unterschied zur Tomate ist die Frucht von einer Hülle umgeben, die bei der Reife gesprengt wird. Der Geschmack der reifen Frucht ist ähnlich dem der Stachelbeere.

Die Früchte enthalten 93 % Wasser, etwa 6 % Kohlenhydrate, davon 4 % Monosaccharide und Saccharose, 2 % Ballaststoffe, jeweils 1 % Protein und Fett. Die Frucht enthält größere Mengen an Magnesium, Phosphorsäure und Kalium. Beachtlich ist der hohe Gehalt an Niacin (1800 mg/kg), der Ascorbinsäuregehalt liegt bei 11 mg/kg, der Vitamin-K-Gehalt bei 10 μg/kg. Die vorwiegende Säure ist die Citronensäure (1,1 %), daneben kleine Mengen an Äpfelsäure und Milchsäure. Für den typischen Geschmack sind vor allem Aldehyde und Alkohole verantwortlich (Hexanol, Hexanal, 3-Hexen-1-ol, Nonanal, 2,4-Decadienal u. a., Abb. 10.6). Die Farbe ist hauptsächlich durch α- und β-Carotin bedingt. Die Frucht enthält Ixocarpalacton A (Abb. 12.25), aus der Naturstoffgruppe der Withanolide, eine Substanz, die krebspräventive Wirkung hat. Withanolide sind natürlich vorkommende Steroidlactone, Inhaltsstoffe vieler Solanaceae, die im Metabolismus durch oxidative Prozesse aus Steroiden gebildet werden. Generell wirken sie tumorpräventiv, entzündungshemmend, antimikrobiell, hepatoprotektiv und sind ein Fraßgift für Insekten. Siehe auch Physalis, Goji-Beere.

Die Tomatillofrucht wird vor allem in der südamerikanischen und mexikanischen Küche als Zutat für Soßen (Salsas) verwendet.

**Aubergine** (*Solanum melongena*, deutsch Eierfrucht, ital. Melanzani, engl. eggplant): Sie stammt ursprünglich aus dem tropischen Indien, wird in großem Umfang in Südostasien kultiviert und übertrifft in diesen Gebieten an Bedeutung die Tomate. Auberginen werden auch in den wärmeren Teilen Europas (z. B. in Deutschland schon im 13. Jahrhundert erwähnt), Amerikas und Afrikas produziert. Geruch, Geschmack und Textur der Aubergine sind ähnlich der des Fleisches. Daher wird die Aubergine manchmal auch als Substitut für Fleisch verwendet. Die Frucht wird meist erhitzt gegessen, da sie roh bitter schmeckt. Zum Unterschied zu den Tomaten sind Auberginen gut lager- und transportfähig.

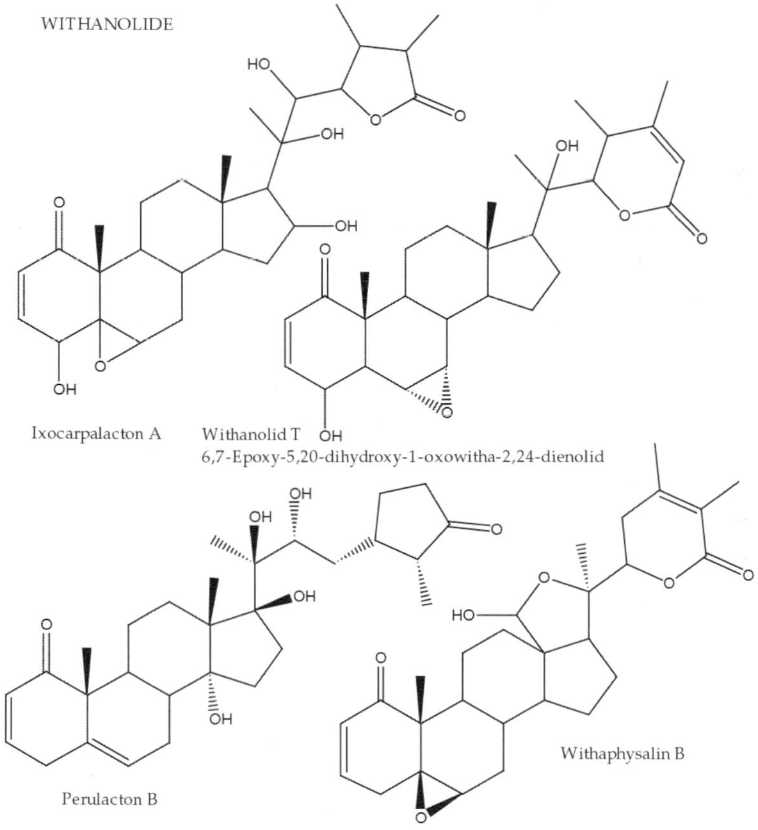

**Abb. 12.25.** Ixocarpalacton A und ausgewählte Withanolide

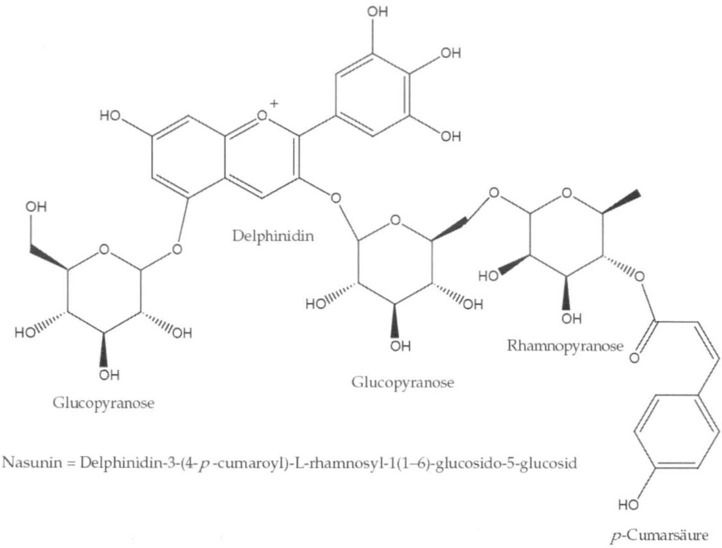

Nasunin = Delphinidin-3-(4-*p*-cumaroyl)-L-rhamnosyl-1(1–6)-glucosido-5-glucosid

**Abb. 12.26.**     Chemische Struktur von Nasunin

Die Früchte sind durch verschiedene Glykoside des Anthocyans Delphinidin dunkelviolett gefärbt. Das vorherrschende Glykosid ist Nasunin (etwa 0,02 %) = Delphinidin-3-(4-*p*-cumaroyl)-L-rhamnosyl-(1–6)-glucosido-5-glucosid.

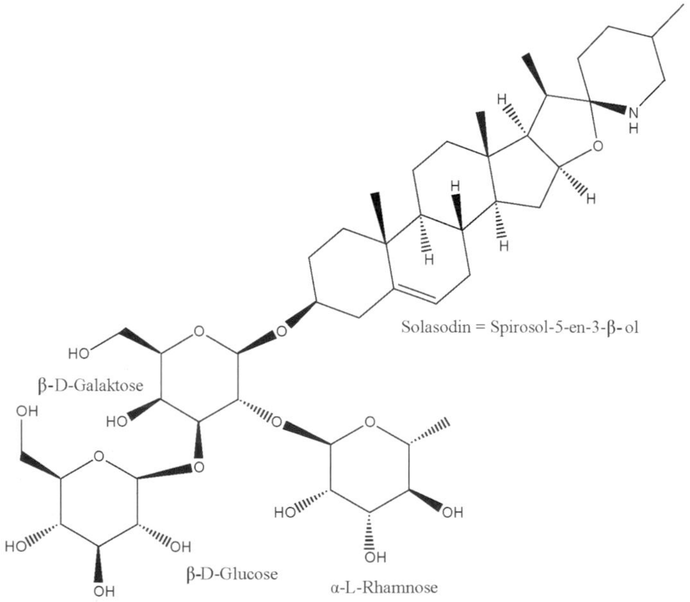

**Abb. 12.27.**     Chemische Struktur von Solasodin

Wie die Tomate enthält auch die Eierfrucht Steroidalkaloide: vor allem **Solasodin** (Abb. 12.27) und in zweiter Linie **Solanin**. Solasodin unterscheidet sich durch eine Doppelbindung und die sterische Isomerie der Ringe E und F vom Tomatin. Die dadurch in Solasodin ermöglichte Wechselwirkung der Ether-Sauerstoff- mit der Stickstoff-Funktion des Moleküls soll für eine teratogene Wirkung der Aubergine verantwortlich sein. Der Hauptbestandteil der Eierfrucht ist Wasser (92 %), 6 % Kohlenhydrate, 1 % Protein und 2,5 % Ballaststoffe. Der Gehalt an Fetten, Vitaminen und Mineralstoffen ist gering.

**Paprika** (*Capsicum annuum*, engl. paprika) wurde schon als Gewürz besprochen. Da die Schärfe des Paprikas, verursacht durch Capsaicin, hauptsächlich in den Samen konzentriert ist, kann das relativ mild schmeckende Fruchtfleisch roh oder gekocht als Gemüse verwendet werden. Das Fruchtfleisch der roten, gelben oder grünen Paprikasorten hat einen hohen Gehalt an Vitamin C (90–180 mg/100 g) und schmeckt oft süß durch seinen hohen Gehalt an Saccharose. Ein wichtiger Aromastoff des Gemüsepaprikas ist das 2-Methoxy-3-isobutylpyrazin (Abb. 10.12).

### 12.2.8  Samengemüse

Sämtliche Hauptvertreter dieser Gruppe stammen aus der Pflanzenfamilie der Leguminosen (Schmetterlingsblütler, *Papilionoideae, Faboideae*) und werden auch oft als Hülsenfrüchte zusammengefasst. Die als Lebensmittel verwendeten Spezies können in die Arten *Vicia* sp. (Wicken) und *Phaseolus* sp. (Bohnen) weiter unterteilt werden. Zur ersteren Gruppe gehören z. B. Erbse, Linse, Kichererbse, Pferdebohne (*Vicia faba major*), zur letzteren fast alle gebräuchlichen Bohnenarten. Die diversen Samen werden meistens durch Trocknen haltbar gemacht und nach dem Quellen in Wasser erhitzt konsumiert. Selten werden sie, wie z. B. Erbsen oder Fisolen, frisch gegessen. Das Erhitzen ist notwendig, um das schlecht verdauliche Leguminoseneiweiß und auch toxisch wirkende Enzyme (z. B. Urease) zu denaturieren und damit besser verträglich zu machen. In den Leguminosen kommen auch Derivate des myo-Inosits vor, wie z. B. Phytin. Manche enthalten Alkaloide, cyanogene Glykoside und nichtproteinogene Aminosäuren (z. B. Canavanin = 2-Amino-4-guanidinooxybuttersäure [Abb. 12.31], vor allem in der Schwertbohne).

Der Wassergehalt liegt bei den frischen Leguminosen zwischen 65 und 80 %. Ein höherer Fettgehalt bedingt in der Regel auch einen geringeren Wassergehalt. Z. B. hat die Erbse bei einem Fettgehalt von 0,4 %, einen Wassergehalt von 79 %, die Sojabohne bei einem Fettgehalt von 6,7 % einen Wassergehalt von 67 %, bezogen auf das Frischgewicht. Durch Trocknen wird der Wassergehalt auf etwa 10 % gesenkt und damit die Ernte konserviert. Andere Konservierungsverfahren, die bei den Hülsenfrüchten verwendet werden, sind Gefrieren und Sterilisieren. Bei den meisten Leguminosen ist Stärke das vorwiegende Kohlenhydrat, wobei der Anteil an „resistenter Stärke" in der Regel höher ist als bei den Getreidestärken.

Ausnahmen sind vor allem die Sojabohne und die Erdnuss, die Galaktose-enthaltende Oligosaccharide vom Typ der Raffinose als vorherrschende Kohlenhydrate enthalten. Die Mehle mancher Leguminosen werden in der Lebensmitteltechnologie auch als Verdickungsmittel eingesetzt: z. B. Johannisbrotkernmehl. Der Rohfasergehalt ist im Wesentlichen durch den Cellulosegehalt gegeben. Daneben kommen Hemicellulosen und Pektine vor.

Die Mehle der Leguminosen sind durchwegs nicht backfähig. Die Backfähigkeit der Getreidemehle kann aber durch Zusatz von Leguminosenmehlen, z. B. Johannisbrotkernmehl, erhöht werden. Der Anteil an Ballaststoffen ist im Vergleich zum Getreide hoch (um 5 %). Die Speicherproteine der Leguminosen können nach ihrer Sedimentationskonstante in zwei Hauptgruppen getrennt werden: Legumine (11 S) und Viciline (7 S, S = Svedberg-Einheiten). Zwei oder mehrere dieser Grundtypen können auch in größeren Aggregaten organisiert sein. Durch den Grad der Aggregation ist die Salzlöslichkeit dieser Proteine bestimmt: Z. B. sind in Sojabohnen 90 % der Proteine salzlösliche Globuline, während es in der Erbse und Saubohne nur 10–20 % sind. Die dominierenden Aminosäuren in diesen Proteinen sind Asparagin und Glutamin, stark vertreten sind auch die basischen Aminosäuren Lysin und Arginin sowie die hydrophoben Aminosäuren Leucin, Isoleucin und Valin. Auf der anderen Seite kommen schwefelhaltige Aminosäuren und Tryptophan nur in geringen Konzentrationen vor. Die Leguminosenproteine sind Glykoproteine und enthalten durchschnittlich etwa 5 % Kohlenhydrat. In den Leguminosen findet man auch metallhaltige Proteine, vorwiegend mit Eisen als Metallion, z. B. Lipoxygenasen und auch so genannte **Leghämoglobine**. Weit verbreitet sind bei den *Papilionoideae* die **Phytohämagglutinine**, zu den Lectinen gehörend, einer Gruppe von Glykoproteinen, die mit humanen oder tierischen Blutgruppensubstanzen spezifisch oder unspezifisch komplexieren und sie auch präzipitieren können. Sie erkennen spezielle Zucker oder in anderen Proteinen eingebaute Zuckerreste und bilden mit ihnen Aggregate. Manche dieser Substanzen stimulieren die DNS-Synthese und haben daher eine mitogene Wirkung. Phytohämagglutinine werden zur Blutgruppenbestimmung in der Praxis verwendet.

Die Samen vieler Leguminosen haben einen hohen Gehalt an Fett (z. B. Sojabohne und Erdnuss 18 % bzw. 46 % in den getrockneten Samen), mehrfach ungesättigte Fettsäuren bilden den Hauptbestandteil der Leguminosenöle. Auch Saponine, Phytosterine (im Durchschnitt um 130 mg/ 100 g) und Phospholipide sind sehr verbreitet. Die Konzentration an Phytin in Leguminosenmehlen ist vergleichbar mit dem Durchschnitt der Getreidemehle (Zerealien 0,5–1,8 %, Leguminosen 0,4–2,1 %). Bei den Vitaminen der Leguminosen stehen B-Vitamine im Vordergrund (Vitamin $B_1$, $B_2$). Generell ist der Niacin-Gehalt hoch 1,5–3 mg/100 g). Die Konzentration an Carotinoiden ist durchwegs gering. Der Mineralstoffgehalt der Leguminosen liegt zwischen 2 und 7 %, wobei Kalium, Phosphat und Calcium den größten Anteil haben. Die meisten Leguminosen enthalten relativ viel Eisen (1–8 mg/100 g), Zink (2 mg/100 g), Mangan (1 mg/ 100 g) und Selen (1–3 µg/100 g).

**Erbse** (*Pisum sativum*, engl. pea): Sie stammt ursprünglich aus dem Mittelmeerraum und hat sich als Kulturpflanze über die ganze Welt verbreitet. Verschiedene Sorten werden kultiviert, darunter Markerbsen und Zuckererbsen. Süß schmeckende Erbsen weisen einen höheren Glucosegehalt und einen niedrigeren Stärkegehalt auf. Erbsenstärke hat einen hohen Amyloseanteil (bis 70 %) und unterscheidet sich dadurch von den meisten natürlichen Stärken, deren Amylosegehalt bei rund 25 % liegt. Der gesamte Kohlenhydratgehalt beträgt 15 %, davon 5,2 % Ballaststoffe, der Proteingehalt liegt bei 5 % und der Fettgehalt bei 0,4 %. Bemerkenswert ist die Konzentration an B-Vitaminen, vor allem Niacin (2 mg/ 100 g), Thiamin (0,27 mg/100 g) und Riboflavin (0,13 mg/100 g). Erbsen enthalten durchschnittlich 40 mg Vitamin C/100 g.

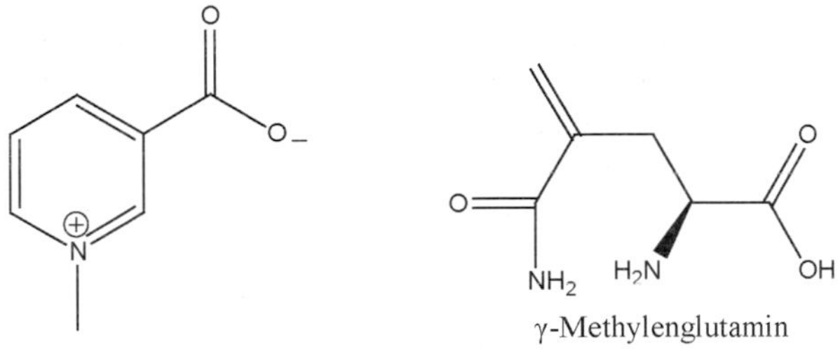

γ-Methylenglutamin

Trigonellin =
3-Carboxy-N-methylpyridinium

**Abb. 12.28.** Chemische Struktur von Trigonellin und γ-Methylenglutamin

Trigonellin (N-Methylnicotinsäurehydroxyd = 3-Carboxy-N-methylpyridiniumhydroxid, Abb. 12.28), eine mögliche Speicherform von Niacin, kommt in der Erbse zu 0,01 % vor.

Eine seltene Aminosäure ist das 4-γ-Methylenglutamin (Abb. 12.28), das in geringer Konzentration in den Samen und Schoten der Erbse nachgewiesen wurde. In infizierten Erbsen wurde Pisatin, biosynthetisch aus Isoflavonen gebildet, nachgewiesen (Abb. 8.15).

**Pferdebohne** (*Vicia faba major*, dicke Bohne, Saubohne, Ackerbohne, Puffbohne, Eselsbohne, engl. broad bean): Sie ist von Zentralasien über Nordafrika nach Europa gekommen und gehörte vor der Kultivierung der Kartoffel und der Gartenbohne zu den wichtigsten pflanzlichen Lieferanten von Nahrungs- und Futtermitteln. Die frische oder getrocknete Bohne wird erhitzt gegessen. Saubohnen enthalten hoch aktive Ureasen. Der Wassergehalt der frischen Bohne liegt bei 80 %, getrocknet bei 11 %. Die frischen Bohnen enthalten 5,6 % Eiweiß, 12 % Kohlenhydrate (vorwiegend Stärke), 0,6 % Fett und etwa 5 % Ballaststoffe. Bei den Mineralstoffen ist ein hoher Eisen-, Mangan- und Selengehalt (1,2 µg/100 g) hervorzuheben.

Der Genuss der Saubohne kann bei genetisch dafür determinierten Personen „**Favismus**" (engl. favism), eine Ernährungskrankheit, verursachen. Die Krankheit ist in den Mittelmeerländern und im Nahen und Mittleren Osten verbreitet und tritt vor allem bei Personen auf, die einen genetisch bedingten Mangel an Glucose-6-phosphat-dehydrogenase aufweisen.

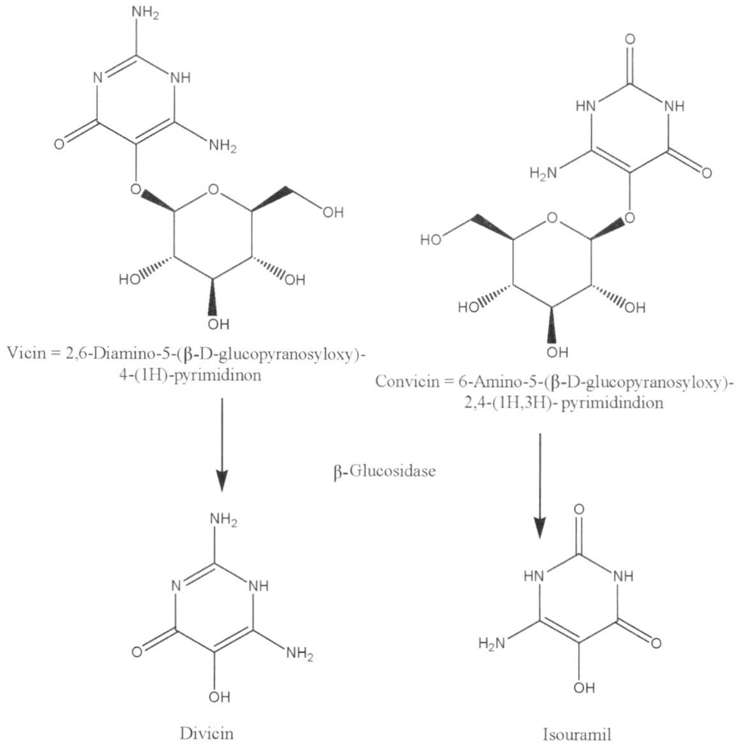

Vicin = 2,6-Diamino-5-(β-D-glucopyranosyloxy)-4-(1H)-pyrimidinon

Convicin = 6-Amino-5-(β-D-glucopyranosyloxy)-2,4-(1H,3H)- pyrimidindion

β-Glucosidase

Divicin

Isouramil

**Abb. 12.29.**     Bildung von Divicin und Isouramil aus Vicin und Convicin

Ursache sind die in der Bohne als β-Glykoside zu 0,5 % enthaltenen Pyrimidinderivate **Vicin** und **Convicin**. Nach Abspaltung des Zuckerrestes durch eine β-Glykosidase entstehen **Divicin** und **Isouramil** (Abb. 12.31), die durch „Redoxcycling" in der Zelle aus molekularem Sauerstoff Superoxid-Radikal und Wasserstoffperoxid produzieren. Dabei werden die durch NADPH oder Glutathion reduzierten Metabolite immer wieder durch Sauerstoff reoxidiert, der sich dadurch zu Superoxid-Radikal und weiter zu $H_2O_2$ reduziert. Betroffen davon sind die roten Blutkörperchen, die auch in größerem Umfang zerstört werden können. Makroskopisch ist die Folge Hämolyse und eine abnormal niedrige Anzahl von roten Blutkörperchen. Personen, die sensitiv für Favismus sind, haben genetisch bedingt eine niedrige Aktivität der Glucose-6-phosphat-dehydrogenase. Da NADPH als Folge nicht in ausreichendem Maß zur

Verfügung steht und damit auch nicht genug reduziertes Glutathion, kann $H_2O_2$ durch die Glutathionperoxidase nur ungenügend durch Reduktion zu Wasser entgiftet werden. Auf der anderen Seite wurde eine erhöhte Resistenz gegenüber Malaria bei Personen beobachtet, die unter Favismus leiden, wahrscheinlich bedingt durch die erhöhte $H_2O_2$-Konzentration.

**Gartenbohne** (*Phaseolus vulgaris*, engl. common bean, green bean für unreife Bohnen, kidney bean für reife und getrocknete Bohnen): Sie stammt ursprünglich aus Süd- und Mittelamerika. *Phaseolus* sp. kommt heute in vielen Arten und unterschiedlich gefärbten Varietäten vor. Sowohl die grünen unreifen Bohnen und auch die ausgereiften und getrockneten Samen werden, nach dem Quellen in Wasser, erhitzt gegessen. Frische grüne Bohnen haben 90 % Wassergehalt, 1,8 % Protein, 7,1 % Kohlenhydrate (hauptsächlich Stärke, der Gehalt an Monosacchariden korreliert mit dem Süßgeschmack), 0,1 % Fett und 3,4 % Ballaststoffe. Der Eisengehalt ist mit etwa 1 mg/100 g hoch. Getrocknete Bohnen haben einen Wassergehalt von 11–12 % und enthalten durchschnittlich 23,6 % Protein, 60 % Kohlenhydrat und 0,8 % Fett. Der Eisengehalt liegt bei 8,2 mg/100 g, der Selengehalt bei 3 µg/100 g. Außerdem sind in 100 g etwa 400 µg Folsäure und 2,1 mg Niacin enthalten. Das heißt, schon mit 100 g Bohnen kann der Tagesbedarf an Folsäure gedeckt werden. Charakteristisch für *Phaseolus vulgaris*-Varietäten ist ihr niedriger Fettgehalt.

**Limabohne** (*Phaseolus limensis*, engl. Lima bean) kommt in Mittel- und Südamerika vor und dient sowohl zur menschlichen Ernährung, aber auch als Tierfutter.

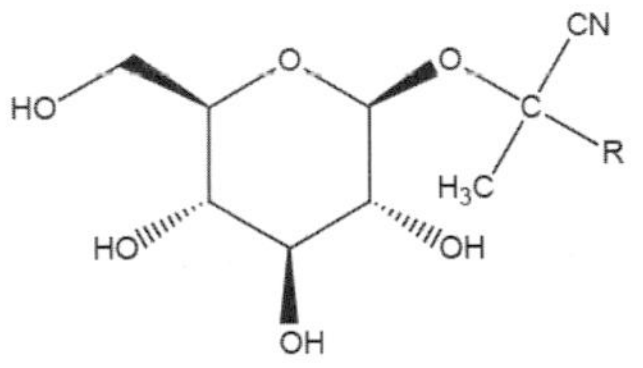

Phaseolunatin = Linamarin =
2-(β-D-Glucopyranosyloxy)-2-methylpropannitril R = CH$_3$
Lotaustralin =
2-(β-D-Glucopyranosyloxy)-2-ethylpropannitril R = C$_2$H$_5$

**Abb. 12.30.** Chemische Struktur von Linamarin (Phaseolunatin) und Lotaustralin

Limabohnen enthalten das cyanogene Glucosid **Linamarin**, oft auch als **Phaseolunatin** (Abb. 12.30) bezeichnet, das auch in Mondbohnen und Leinsamen gefunden wurde. Bei der Hydrolyse des Glucosids, katalysiert durch eine β-Glykosidase, werden Blausäure, Glucose und Aceton gebildet. Der durchschnittliche Gehalt an Blausäure beträgt 60–70 mg/kg, was etwa der tödlichen Dosis für einen Menschen entspricht. Unreife Limabohnen haben einen Wassergehalt von 70 %, 20 % Kohlenhydrate, 7 %

Protein, 0,9 % Fett. Der Ballaststoffgehalt ist 4,9 %. Das Protein enthält
größere Mengen an Arginin und Lysin (jeweils etwa 0,45 g/100 g). Auch
der Selen- und Mangangehalt ist relativ hoch (1,8 µg/100 g und
1,2 mg/100 g). Eine kleinere Varietät der Limabohne ist die **Mondbohne**
(*Phaseolus lunatus*, engl. sieva bean), die fast ausschließlich als Tierfutter
verwendet wird. Die Inhaltsstoffe sind sehr ähnlich denen der Limabohne.

**Mungbohne** (*Phaseolus aureus = Vigna radiata*, engl. mung bean) stammt
aus China und Indien und wird auch dort hauptsächlich kultiviert. Die
Bohnen werden oft angekeimt gegessen und das Mehl wird auch zur Herstellung von Fadennudeln (Vermicelli) verwendet. Die getrockneten Samen enthalten viele wichtige Inhaltsstoffe: 24 % Protein, 63 % Kohlenhydrate, davon 16 % Ballaststoffe, 1,2 % Fett bei einem Wassergehalt von 9 %.
Mungbohnen sind reich an wichtigen Spurenelementen und Vitaminen,
besonders der B-Gruppe: 100 g enthalten 6,7 mg Eisen, 2,7 mg Zink, je
1 mg Kupfer und Mangan, 8,2 µg Selen, 2,6 mg Niacin, 1,9 mg Pantothensäure und 625 µg Folat. Das Protein weist ebenfalls größere Mengen an
Arginin und Lysin auf (etwa je 1,7 g/100 g). Verwandte Spezies sind die
**Urdbohne** (*Phaseolus mungo*) und die **Feuerbohne** (*Phaseolus coccineus*
oder *Phaseolus* multiflorus, engl. scarlet runner bean). Letztere wird in
Europa fast ausschließlich als Zierpflanze verwendet, ist aber in Mittelamerika ein Lebensmittel.

**Linse** (*Lens culinaris = Ervum lens*, engl. lentil) stammt wahrscheinlich aus
Nordafrika und dem mediterranen Bereich und wird auch heute noch
dort in großem Umfang kultiviert. Linsen sind in Amerika und Asien
ebenfalls wichtige Kulturpflanzen. Linsen kommen auch in roten oder
schwarz-grün gesprenkelten Varietäten vor. Reife, getrocknete Linsen
werden erhitzt oder gekeimt gegessen. Getrocknete Linsen enthalten bei
11 % Wassergehalt 57 % Kohlenhydrate (hauptsächlich Stärke), 28 % Protein, 30 % Ballaststoffe, 1 % Fett und 2,7 % Asche. Von den Mineralstoffen
ist ein hoher Gehalt an Eisen (9 mg/100 g), Kupfer (0,9 mg/100 g), Zink
(3,6 mg/100 g), Mangan (1,4 mg/100 g) und Selen (8 µg/100 g) hervorzuheben. Linsen enthalten viele B-Vitamine in größeren Mengen: Niacin 2,6,
Thiamin 0,5, Riboflavin 0,25, Vitamin $B_6$ 0,5, Pantothensäure 1,8, Folat 0,43
(in mg/100 g).
  Das Protein hat wie bei den meisten Leguminosen einen hohen Gehalt
an den basischen Aminosäuren Lysin (2 g/100 g) und Arginin (2,2 g/
100 g).

**Kichererbse** (*Cicer arietinum = Lathyrus cicera*, engl. chick-pea oder gar-
banzo) ist beheimatet in West Asien und dem Mittelmeerraum. Die getrockneten Samen werden nach dem Quellen in Wasser und anschließendem Erhitzen gegessen.
  Kichererbsen und die verwandte **Saatplatterbse** (*Lathyrus sativus*) enthalten 3-Aminopropionitril und γ-Glutaminyl-3-aminopropionitril, die als

**Lathyrogene** bezeichnet werden (Abb. 12.31). Die genannten Verbindungen bewirken Veränderungen in der Bindegewebsstruktur (weniger vernetztes Bindegewebe), was auch Veränderungen im Skelett nach sich zieht (Osteolathyrismus). Die aus 3-Aminopropionitril durch Reduktion potenziell möglichen Metabolite 2,3-Diaminopropionsäure und 2,4-Diaminobuttersäure, konjugiert mit Oxalsäure, wirken auch beim Menschen als Neurotoxine mit Paralyse der Extremitäten und Muskelstarre als möglicher Folge. Die erwähnten Lathyrogene können durch Einweichen der Kichererbsen und Saatplatterbsen über Nacht weitgehend entfernt werden.

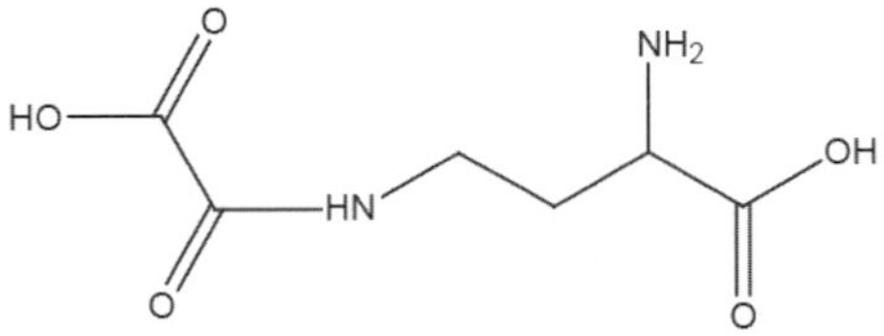

N-Oxalyl-2,4-diaminobuttersäure

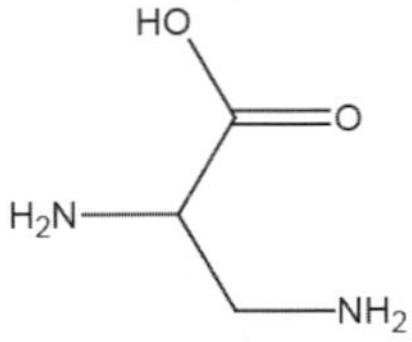

2,3-Diaminopropionsäure 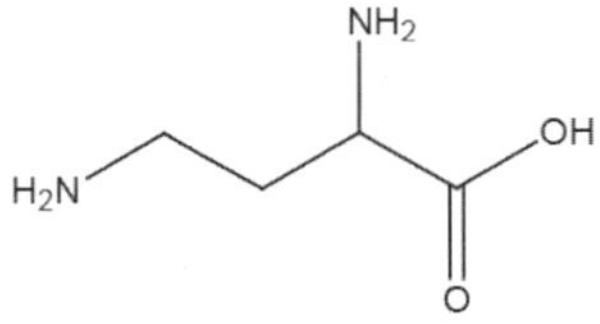        2,4-Diaminobuttersäure

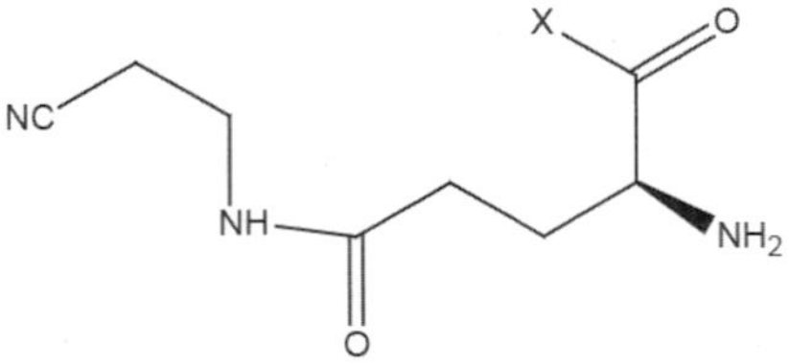

γ-Glutamyl-β-aminopropionitril 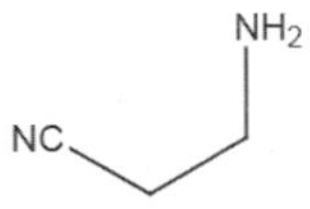        β-Aminopropionitril

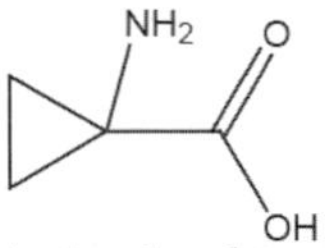

1-Amino-1-carboxycyclopropan 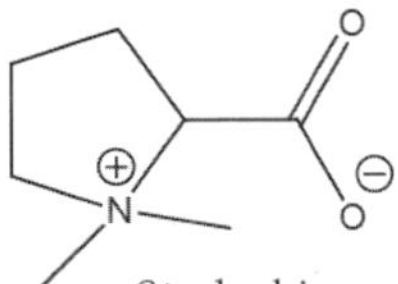        Stachydrin

**Abb. 12.31.**    Chemische Struktur ausgewählter Lathyrogene und nicht proteinogener Aminosäuren

Kichererbsen enthalten bei einem Wassergehalt von 11,5 % etwa 20 % Protein, 60 % Kohlenhydrate, davon 17 % Ballaststoffe bei einem Fettgehalt von 6 %. Sie sind reich an Spurenelementen: 6 mg Eisen/100 g, 3,4 mg Zink/100 g, 2,2 mg Mangan/100 g, 8 µg Selen/100 g. Wie viele Hülsenfrüchte, enthalten sie auch viele Vitamine der B-Gruppe in höheren Konzentrationen, z. B. Folsäure 550 µg/100 g, Pantothensäure 1,6 mg/100 g. Im Eiweiß sind Lysin und Arginin in höheren Konzentrationen (1,3 und 1,8 g/100 g) vertreten, dominierende Aminosäure-Bausteine sind, wie bei den meisten Samenproteinen, Glutaminsäure und Asparaginsäure. 35 mg Phytosterine sind durchschnittlich in 100 g *Cicer arietinum* enthalten. In Kichererbsen sind auch Isoflavonoide wie Biochanin A und Formononetin (Biochanin B) enthalten (Abb. 8.15).

**Schwertbohne** (*Canavalia gladiata* var. *ensiformis*, engl. jack bean) wird vorwiegend als Futterpflanze, aber auch für die Produktion von Lebensmitteln in Gegenden mit warmem Klima kultiviert. Auch als Zierpflanze wird die Schwertbohne verwendet. Sowohl die reifen Samen als auch die unreifen grünen Bohnen werden erhitzt konsumiert. Außerdem werden die Bohnen als Kaffeeersatz in Betracht gezogen.

*Canavalia* sp. enthält die nicht proteinogene Aminosäure Canavanin (L-2-Amino-4-guanidinooxybuttersäure, Abb. 12.32), die strukturelle Ähnlichkeit mit Arginin hat. Canavanin wird auch von vielen argininspezifischen Enzymen mit Arginin verwechselt, was zu Störungen im Stoffwechsel führt. Die Folge ist eine Inhibierung des Wachstums bei vielen Organismen. Bei Affen wurden hämatologische und serologische Abnormitäten beobachtet, die Ähnlichkeit mit den Symptomen von *Lupus erythematodes* haben. Canavanin kommt nicht nur in der Schwertbohne vor, sondern ist auch in anderen Leguminosen (*Fabaceae*) enthalten, z. B. zu 1,5 % in den Samen und Sprossen von Alfalfa, kommt aber auch in geringer Konzentration in manchen *Phaseolus*-Arten und in *Robinia pseudacacia* vor. Ein Abbauprodukt des Canavanins, das L-Canalin (2,4-Diaminobuttersäure), ist in Schwertbohnen enthalten (siehe auch Kichererbsen).

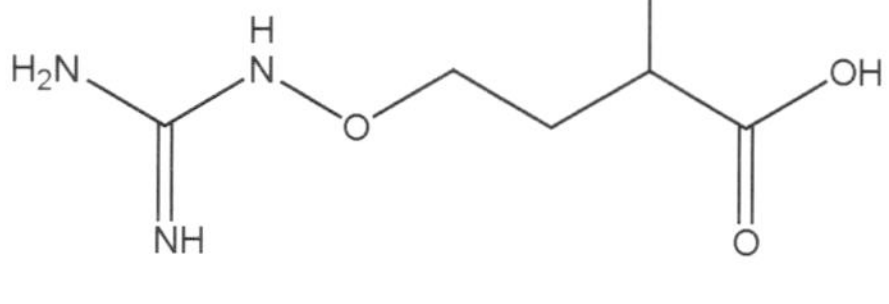

**Abb. 12.32.**   Chemische Struktur von Canavanin

**Sojabohne** (*Glycine max* = *Soja hispida*, engl. soybean) wurde in Asien schon seit Jahrhunderten kultiviert, in westlichen Ländern wurde die Kultur aber erst nach 1920 begonnen. Die Sojabohne kommt in vielen Varietäten vor, makroskopisch ersichtlich an der Form, Größe und Farbe (gelb, schwarz oder auch gesprenkelt) der Samen. Obwohl die Bohnen einiger Varietäten erhitzt, gekeimt oder fermentiert essbar sind, sind heute die hauptsächlichen Anwendungen als Futtermittel, zur Gewinnung von Speiseöl, Proteinkonzentraten und Sojamilch und die Verwendung als Zusatz in vielen Lebensmitteln. Der Gebrauch von Soja in der Tierernährung war lange Zeit durch das Vorkommen eines toxischen Proteins in der Bohne, eines so genannten „Trypsin-Inhibitors", erschwert. Tatsächlich kommen in der Sojabohne mindestens zwei verschiedene Inhibitoren vor, von denen der eine **(Bowman-Birk-Inhibitor)** ein sehr thermostabiles Protein ist, während der andere **(Kunitz-Inhibitor)** thermolabil ist. Trypsin-Inhibitoren kommen auch in anderen Hülsenfrüchten vor, z. B. Erbsen, Linsen, *Phaseolus*-Arten, aber auch in Kartoffeln. Störungen der Ernährung durch diese Inhibitoren sind im Wesentlichen aber nur von der Sojabohne bekannt. Bei Ratten und Hühnern wurde nach Fütterung mit unbehandeltem Sojamehl eine Hyperplasie der Bauchspeicheldrüse beobachtet, die sich bei Behandlung mit Methionin wieder zurückbildete. Der Trypsin-Inhibitor dürfte also auch spezifisch in Redoxvorgänge eingreifen, was durch die im Molekül vorhandenen Disulfidbrücken erklärt werden kann. Durch feuchtes Erhitzen auf über 130 °C, das „Toasten des Sojamehls", kann der Trypsin-Inhibitor thermisch denaturiert und damit die Bekömmlichkeit der Sojabohne stark verbessert werden. Lipoxygenasen der Sojabohne, die die Lipidperoxidation katalysieren, verursachen durch ihre Oxidationsprodukte (z. B. Hexenal, Abb. 10.6) den unerwünschten Bohnengeschmack („beany flavour"). Diese werden ebenfalls denaturiert. Auch durch Fermentation oder Keimung der Bohnen können die ungünstigen Auswirkungen der Inhaltsstoffe minimiert werden. Zugleich wird der durch Saponine verursachte bittere Geschmack gemildert.

Reife, getrocknete Sojabohnen sind eiweiß- und fettreich (zusammen etwa 60 %). Bei einem Wassergehalt von 8,5 % enthalten sie 36,5 % Protein, 30 % Kohlenhydrate, 20 % Fett, 9,3 % Ballaststoffe und 4,9 % Asche. Sojabohnen sind daher auch reich an Mineralstoffen und Spurenelementen sowie Vitaminen (Tab. 12.4).

**Tabelle 12.4.** Durchschnittliche Gehalte an Mineralstoffen, Spurenelementen und Vitaminen in der Sojabohne

| *Mineralstoffe und Spurenelemente* | |
| --- | --- |
| Eisen | 15,7 mg/100 g |
| Zink | 4,9 mg/100 g |
| Kupfer | 1,7 mg/100 g |
| Mangan | 2,5 % |
| Selen | 17,8 µg/100 g |
| *Vitamine* | |
| Thiamin | 0,9 mg/100 g |
| Riboflavin | 0,9 mg/100 g |
| Niacin | 1,6 mg/100 g |
| Pantothensäure | 0,8 mg/100 g |
| Folsäure | 375 µg/100 g |
| Vitamin E | 1,95 mg/100 g |

Das Fett enthält neben den mehrfach ungesättigten Fettsäuren 161 mg/100 g Phytosterine sowie verschiedene Saponine (Abb. 12.33).

Auch das Sojaprotein enthält größere Mengen an den basischen Aminosäuren Lysin (3,0 g/100 g), Arginin (2,8 g/100 g) und Histidin (1,2 g/ 100 g). Wegen seines hohen Seringehaltes (2,5 g/100 g) findet beim Erhitzen des Sojaproteins Dehydroalanin-Bildung und Quervernetzung statt. Es kommt z. B. zur Bildung von Lysinoalanin u. a. (Abb. 4.9).

Phospholipide, wie das **Sojalecithin**, werden als Emulgatoren in der Technologie der Lebensmittel viel verwendet (zu etwa 0,5 % in der Bohne enthalten). Phytin kommt zu etwa 1,5 % in Soja vor. Das Kohlenhydrat der Sojabohne ist praktisch frei von Stärke, obwohl starke amylolytische Enzyme vorkommen. Hauptkomponenten sind Stachyose (1-,6-Galaktosidoraffinose), Raffinose (1-,6-Galaktosidosaccharose), Saccharose und Polysaccharide. Die Konzentrationen sind in den einzelnen Varietäten sehr verschieden. In jüngster Zeit hat man Varietäten mit einem hohen Saccharose- und einem geringen Stachyose- und Raffinosegehalt entwickelt. Dadurch wird die Flatulenz-Wirkung der Bohne herabgesetzt. Stachyose ist in geringen Konzentrationen auch in Linsen (2 %) und Bohnen enthalten, in höheren Konzentrationen in *Lathyrus*-Arten.

Hauptproteine der Sojabohne sind das Glycinin (Legumin-Typ, MW 350.000, 30 %) und das β-Conglycinin (Vicilin-Typ, MW 190.000, 35 %). Daneben kommen α-Conglycinin (MW 8000–25.000, 20 %), Trysin-Inhibitoren sowie dimere und oligomere Legumine (MW 700.000, 10 %) vor. In Soja sind auch Phytohämagglutinine (Lectine) mit einer Spezifität für N-Acetylgalactosamin enthalten. Sojaproteine sind im alkalischen Bereich gut löslich und haben ein Minimum an Löslichkeit zwischen pH 4 und 5. Sie sind bei tieferen pH-Werten wieder gut löslich. Diese Eigenschaften sind für die Extraktion der Proteine wichtig, die in großem Umfang zur Herstellung von Proteinkonzentraten (mindestens 60 % Protein) und Proteinisolaten (mindestens 90 % Protein) aus entfettetem Sojamehl technisch durchgeführt wird.

Sojabohnen wie auch andere Leguminosen enthalten Glykoside von Isoflavonoiden, vorwiegend **Genistin** (0,15 %) und **Daidzin** (0,007 %), die 7-Glucoside von Genistein und Daidzein. Beide Isoflavonoide haben estrogene Wirkung und werden daher auch als Phytoestrogene bezeichnet. Sie sollen präventiv gegen Dickdarm-Krebs wirken. Isoflavonoide werden in der Pflanze aus Flavonoiden durch Verschiebung des B-Ringes von der Position 2 in die Position 3 gebildet. Sie sind pflanzeneigene Abwehrstoffe gegen den Befall von Fremdorganismen. Sie können im pflanzlichen Organismus zu fotodynamisch aktiven und als Estrogen wirksamen Verbindungen, wie z. B. Cumestrol und Pterocarpan (Abb. 8.15), umgewandelt werden. Beide Verbindungen werden auch in anderen Leguminosen gefunden.

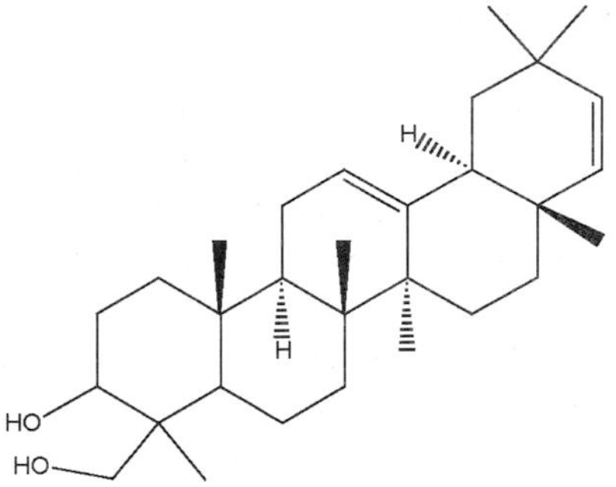

Sojasapogenol C
12,21-Olean-dien-3,24-diol

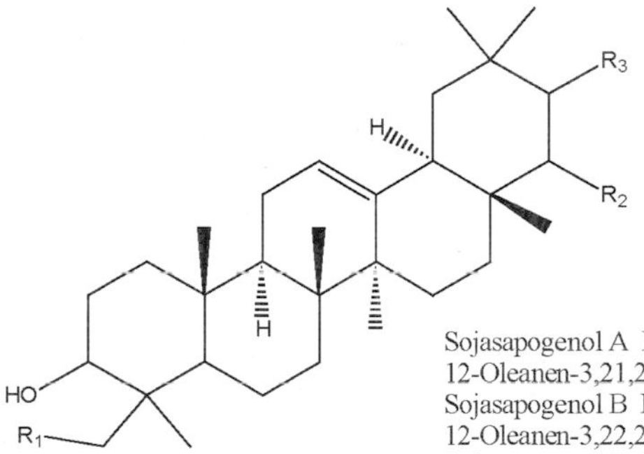

Sojasapogenol A $R_1 = R_2 = R_3 = OH$
12-Oleanen-3,21,22,24-tetrol
Sojasapogenol B $R_1 = R_2 = OH$, $R_3 = H$
12-Oleanen-3,22,24-triol
Sojasapogenol E $R_1 = OH$, $R_2 = O$, $R_3 = H$
12-Oleanen-22-on-3,24-diol

**Abb. 12.33.** Chemische Struktur von Sojasapogenolen

Die Sojabohne ist sehr vielseitig zu verwenden, eine so genannte „Mehrzweckpflanze", und dient daher abgesehen von den bereits genannten Anwendungen als Lebensmittel auch als Ausgangsprodukt für viele technische Anwendungen. Über das Öl der Soja siehe „Pflanzenfette". Das Protein, sowohl Konzentrate als auch Isolate, wird mit Methoden der Kunstfasererzeugung zu „texturierten Proteinen" verarbeitet, die je nach angewandtem Verfahren sehr verschieden organisiert sein können (extruded, spun, expanded, compressed). Texturierte Proteine werden vorwiegend zur Erzeugung von pflanzlichen Fleisch-Analoga (Kunstfleisch) verwendet. Andere Anwendungen von Sojaproteinen ergeben sich durch den Zusatz zu anderen Lebensmitteln, hauptsächlich zum Zwecke der Proteinanreicherung und Ergänzung. Z. B. wird der Lysingehalt von Weizenmehl durch Zumischen von Sojamehl erhöht. Auch zur Schaumbildung, z. B. als Soja-Alternative zu Schlagobers und in der Bäckerei, wird Sojaprotein und Mehl verwendet. Sojamilch wird aus den zerkleinerten Bohnen durch Extraktion mit Wasser gewonnen. Der Eiweißgehalt ist ähnlich der der Kuhmilch (3–4 %). Schon 1912 war von Osborne und Mendel festgestellt worden, dass Sojaprotein ungefähr zwei Drittel der wachstumsfördernden Wirkung von Casein hat. Der Hauptgrund ist der niedrigere Gehalt an Methionin. Sojamilch wird unter anderem bei Kindern mit starker allergischer Reaktion gegen Kuhmilch verwendet.

Die Herstellung von Topfen aus Soja ist traditionell in den Ländern des fernen Ostens. Dieser wird dort als „Tofu" bezeichnet. Die Fällung des Proteins erfolgt entweder durch Calciumsulfat (Gips) oder durch Magnesiumchlorid (Nigari, ursprünglich gewonnen aus Meerwasser). Gemäß der Art der Eiweißfällung ist der Gehalt an Calcium oder Magnesium im Tofu verschieden. Tofu enthält etwa 70 % Wasser, 15 % Protein, 5 % Kohlenhydrate und 9 % Fett. Tofu kann auch fermentiert werden und heißt z. B. dann in Japan „Sufu". Die Fermentation geht im Wesentlichen zulasten des Proteingehalts, der fast halbiert wird. Auch der Gehalt an Vitaminen der B-Gruppe vermindert sich.

Fermentierte Sojaprodukte sind **Tempeh, Natto** und **Miso**. Tempeh ist eine indonesische Speise, bei der Sojabohnen zuerst gekocht und anschließend mit dem Mikroorganismus *Rhizopus oryzae* fermentiert werden. Frisches Tempeh hat einen Proteingehalt von etwa 20 %. Miso besteht aus einem Gemisch von gekochten Sojabohnen und Reis, die mit *Aspergillus oryzae* fermentiert werden. Zuerst wird der Reis inokuliert, und später wird Soja zugemischt. Die Fermentation kann bis zu einem Jahr dauern. Der Proteingehalt liegt dann bei 10–17 %. Miso wird vorwiegend als Gewürz und in Suppen verwendet. Natto wird aus gekochten Sojabohnen und anschließender Fermentation mit *Bacillus subtilis* hergestellt. Es weist höhere Konzentrationen an Tryptophan und Lysin auf als andere Sojaprodukte und wird teilweise als Ersatz für tierisches Protein, z. B. bei Kindern, verwendet. Bei einem Wassergehalt von 55 % enthält es 18 % Protein, in 100 g: 0,22 g Tryptophan, 1,14 g Lysin, 0,21 g Methionin und 0,22 g Cystin.

Technische Anwendungen von Sojabohnen umfassen Klebstoffe, Ausrüstung von Textilien, Herstellung von Textilfasern **„vegetabile Wolle"** und als Emulgator für Anstrichmittel auf Wasserbasis. Im pharmazeutischen Bereich findet Soja als Bestandteil von Nährböden Verwendung, z. B. zur Herstellung von Antibiotika. Die Phytosterine und Saponine dienen als Ausgangsmaterial zur Produktion von Corticosteroiden und anderen Steroidhormonen.

Andere Bohnenarten, wie z. B. die **Catjangbohne** (*Vigna unguiculata* ssp. *cylindrica* oder *Vigna catjang*, engl. catjang bean) oder die **Spargelbohne** (*Vigna unguiculata* ssp. *sesquipedalis* oder *Dolichos sesquipedalis*, engl. asparagus bean) werden in westlichen Ländern nur sehr wenig als Nahrungsmittel verwendet, sie werden aber teilweise für Futtermittel kultiviert. Viele Leguminosen enthalten zum Teil sehr toxische Alkaloide, sodass ihre Verwendung als Lebensmittel oder Futtermittel nicht oder nur sehr eingeschränkt möglich ist. Beispiele sind die **Lupinen** (*Lupinus-*

Arten). Sie enthalten mit Ausnahme der **Süßlupinen** Chinolizidinalkaloide, z. B. Lupinin (Octahydro-2H-chinolizidin-1-methanol) und Spartein (ein tetrazyklisches Alkaloid dieser Gruppe). Die sehr giftige Calabarbohne *(Physostigma venenosum)* enthält den Cholinesteraseinhibitor Physostigmin oder Eserin, ein Indolalkaloid, das auch pharmakologische Bedeutung hat (Abb. 12.34). Die Blätter der Leguminose *Cassia senna* werden als Abführmittel (Laxativ) verwendet. Sie enthalten dem Rhabarber ähnliche Dianthrone (Sennoside, Abb. 9.12) als aktive Inhaltsstoffe.

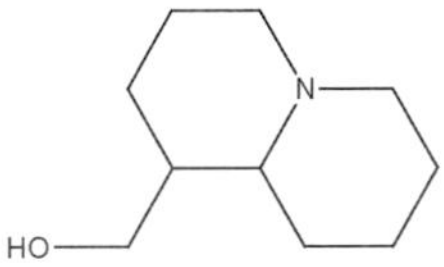

Lupinin =
Octahydro-2H-chinolizidin-1-methanol

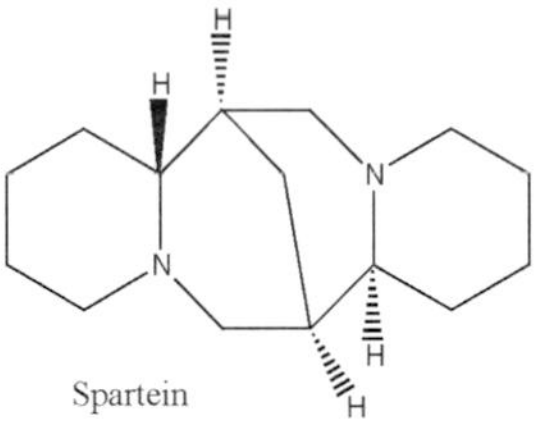

Spartein

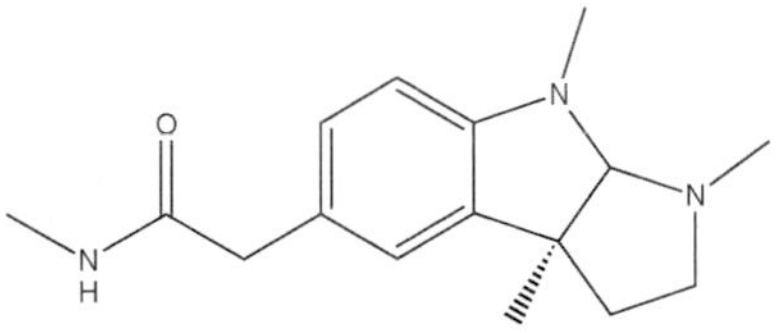

Physostigmin = Eserin

**Abb. 12.34.**    Chemische Struktur ausgewählter Chinolizidin- und Indolalkaloide

## 12.2.9  Zwiebelgemüse

Sämtliche Zwiebelgemüse gehören zur Pflanzenfamilie der *Liliaceae (Amaryllidaceae)*, die weiter in Spargelgewächse *(Asparagoideae)* und Lauchgewächse *(Alliaceae)* unterteilt wird. Zwiebelgemüse gehören ausschließlich zu der letzteren Gruppe, die ursprünglich aus Zentralasien stammt. Die Laubblätter sind oft röhrenförmig geschlossen, in einigen Fällen auch flach, und aus der verdickten Basis der Unterblätter bildet sich die Zwiebel (Bulbe). Sowohl die grünen Blätter als auch die Bulben finden als Nahrungsmittel Verwendung. Als charakteristische Inhaltsstoffe enthalten sie scharf schmeckende und tränenreizende, schwefelhaltige Verbindungen, die zum Großteil Sulfoxide (Sulfinate, Thiosulfinate) sind. Beim Zerkleinern der Zwiebel der *Alliaceae* entstehen aus S-Alkyl-Cysteinsulfoxiden durch die katalytische Wirkung der Alliinase eine Reihe von neuen Sulfoxiden, Sulfiden und Disulfiden, die neben den Oxidationsprodukten der ungesättigten Fettsäuren das Aroma und den Geschmack entscheidend prägen. Wichtig für das Aroma ist z. B. das S-Methylcysteinsulfoxid.

Die wichtigsten Kohlenhydrate (etwa ein Drittel der Frischsubstanz) sind Saccharose und Fructane, bei einem Ballaststoffgehalt von rund 2 %. Der Proteingehalt liegt bei etwa 6 %, der von Fett und Asche liegt bei 0,5 % bzw. 1,5 %. Bemerkenswert ist der hohe Selengehalt der Zwiebelgewächse, meistens 10–15 µg/100 g und der Gehalt an Germanium im Knoblauch. Zwiebelgemüse haben einen mittleren Gehalt an Vitamin C (30 mg/100 g). Sie weisen hohe Konzentrationen an Vitamin $B_6$, dem Coenzym der Alliinase, auf, und sie sind relativ reich an Thiamin (0,2 mg/100 g) und dessen Vorstufen (z. B. Allithiamin), die der menschliche Organismus leicht resorbieren und in Thiamin umwandeln kann. Auch Flavonoide sind reichlich im Zwiebelgemüse enthalten. Es sind nicht nur Cyanidin- und Päonidinglykoside als Farbstoffe in rot gefärbten Varietäten vorhanden, Zwiebel selbst ist, unter den herkömmlichen Nahrungsmitteln, die ergiebigste Quelle für Quercetin.

**Knoblauch** (*Allium sativum*, engl. garlic) wird hauptsächlich im Mittelmeerraum, aber auch nördlich der Alpen kultiviert. Knoblauch wird meist erhitzt, manchmal auch roh oder maceriert eingelegt in Essig oder Öl, oder auch getrocknet in Pulverform zum Würzen von Speisen verwendet. Im Vordergrund des heutigen Interesses an Knoblauch stehen seine vielfach beschriebenen Wirkungen auf die menschliche Gesundheit. Zusammenfassend können folgende, durch Studien belegte Einflüsse, allerdings meistens *in vitro*, aufgezählt werden: Wirkungen auf das Herz-Kreislauf-System (den Cholesterinspiegel senkend, die Thrombozyten-Aggregation hemmend), eine cytostatische Wirkung (hemmt Zell-Proliferation, unterdrückt die mutagene Wirkung z. B. von Benzpyren und Maillard-Produkten und wirkt dadurch auch hemmend auf die Entstehung von Tumoren) und eine antibiotische Wirkung (hemmt die Vermehrung von verschiedenen Mikroorganismen). Knoblauch stärkt auch das Immunsystem durch Hemmung der induzierbaren Stickoxid-(NO)-Synthase.

S-Allyl-L-cysteinsulfoxid (Alliin) und S-Methyl-L-cysteinsulfoxid sind die wichtigsten Vorläufersubstanzen, aus denen die vielen physiologisch wirksamen, schwefelhaltigen Substanzen durch enzymatische Katalyse gebildet werden (Abb. 12.35). Alliin selbst hemmt die Collagen-induzierte Aggregation von humanen Thrombozyten sehr effizient: IC50 = 0,06. Alliinase katalysiert die Abspaltung von Brenztraubensäure aus Alliin, S-Methyl-L-cysteinsulfoxid und S-Allyl-L-cystein. Die entstehenden Schwefel-Radikale stabilisieren sich durch Bildung von Allicin (Thio-2-propenyl-1-sulfinsäure-S-allylester, Diallyl-thiosulfinat), Diallyldisulfid und Allyl-methyl-thiosulfinat. Die beiden zuletzt genannten Verbindungen sind allerdings nicht die Endprodukte der beim Zerkleinern des Knoblauchs fermentativ gebildeten Schwefelverbindungen. Durch Um-

strukturierung des Allicins entstehen Z-Ajoen und E-Ajoen, während sich
Z-10-Devinyl-Ajoen aus Methyl-allyl-thiosulfinat bildet. Die im mazerier-
ten Knoblauch gefundenen Dithiine 3-Vinyl-4H-1,2-dithiin und 2-Vinyl-
4H-1,3-dithiin entstehen vermutlich durch Dimerisierung von Thioacrolein, das wieder aus beiden Thiosulfinaten entstehen kann. Ajoene haben
Antitumor-Aktivität und wirken gegen Fungi (*Aspergillus niger, Candida
albicans* und verschiedene *Fusarien*). Ajoene und Dithiine inhibieren ebenfalls die Aggregation von Thrombozyten. Der tränenreizende Inhaltsstoff
von Knoblauch ist das Thioacrolein (Thiopropenal). Bemerkenswert ist
der hohe Gehalt des Knoblauchs an Selen (15 µg/100 g) und Germanium,
dem Antitumor-Aktivität zugeschrieben wird.

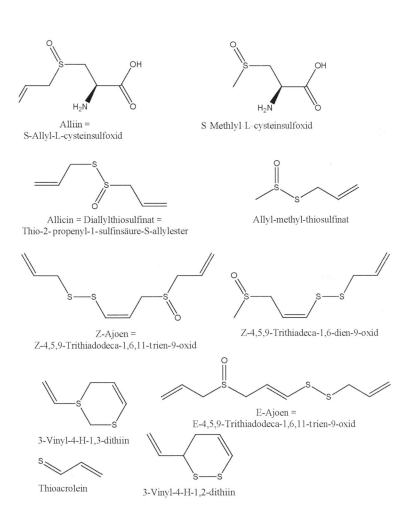

**Abb. 12.35.**    Chemische Struktur ausgewählter Knoblauchinhaltsstoffe

**Zwiebel** (*Allium cepa* var. *cepa*, engl. onion): Die Speisezwiebel stammt ursprünglich aus Mittelasien und hat sich von dort in das Gebiet rund um das Mittelmeer ausgebreitet. Sie ist eine unserer ältesten Kulturpflanzen und wurde schon von den alten Ägyptern erwähnt. In Mitteleuropa wurde sie im Mittelalter gebräuchlich, wo sie die bis dahin verwendete frostharte Winterzwiebel (*Allium fistulosum*, engl. scallion) verdrängte. Zwiebel werden in vielen Varietäten kultiviert, von denen einige in der Schale durch Anthocyane (Cyanidinglucosid und Päonidinarabinosid) rot gefärbt sind. Laminaribiose ist ein Disaccharid bestehend aus zwei $\beta$-1–3-verknüpften Glucoseeinheiten. Ihre Stellung in der Diät des Menschen verdankt die Zwiebel ihrem viele Speisen verbessernden Geschmack. Erst in jüngster Zeit fanden die phenolischen und schwefelhaltigen Inhaltsstoffe und ihre Bedeutung für die Gesundheit stärkere Beachtung. Der größte Zwiebelproduzent ist China, was für die große Bedeutung der Zwiebel in der chinesischen Küche spricht. Zwiebeln werden roh, gekocht oder geröstet konsumiert. Durch trockene Lagerung, Trocknen oder Einfrieren können Zwiebeln über längere Zeit haltbar gemacht werden.

Zwiebeln haben durchschnittlich 90 % Wassergehalt, 9 % Kohlenhydrate, davon 1,8 % Ballaststoffe und 1,2 % Eiweiß. Zwiebeln können bis 7 % Saccharose enthalten, die restlichen Kohlenhydrate sind vorwiegend Fructane. Der Gehalt an Quercetinglykosiden (z. B. Spiraeosid = Quercetin-4'-glucosid) und anderen Phenolen, wie z. B. Protocatechusäure, ist überdurchschnittlich hoch, womit Zwiebeln stark antioxidative Eigenschaften haben. Dadurch können sie die Haltbarkeit von Speisen verlängern. Quercetin hemmt in Kulturen von Darmkrebs-Zellen deren Wachstum. Es ist in den trockenen äußeren Schalen und in den äußeren essbaren Ringen konzentriert. Z. B. liegt der durchschnittliche Quercetingehalt bei 30 mg/100 g, in den äußersten Ringen ist er etwa das Zehnfache. Der hohe Gehalt an phenolischen Verbindungen kann zur Bildung von braunen Pigmenten, katalysiert durch Peroxidase und Polyphenoloxidase, beim Zerkleinern und anschließenden Verarbeiten der Zwiebel führen.

Die aus der Zwiebel isolierten schwefelhaltigen Inhaltsstoffe sind vom Typ her ähnlich, aber strukturell verschieden von denen des Knoblauchs. S-(1)-Propenylcysteinsulfoxid ist hier die wichtigste Vorläufersubstanz, daneben kommt auch das S-Propylcysteinsulfoxid (S-Allylcysteinsulfoxid beim Knoblauch, Allyl = 2-Propenyl) und das S-Methylcysteinsulfoxid vor. Beim Alliinase-katalysierten Abbau bilden sich Propylallyldisulfid, Propylallyltrisulfid und Dimethylthiophenverbindungen (Abb. 12.36).

Letztere sind vor allem in gerösteter Zwiebel enthalten. Allicin konnte bisher in Zwiebeln nicht gefunden werden. Das Aroma von roher Zwiebel wird weitgehend von dem Allylester der Allylthiosulfonsäure bestimmt. Die beim Zerkleinern entstehende tränenreizende Verbindung ist das Sulfoxid des Thiopropanals (Propylester der Thiosulfinsäure). Der Zwiebel wurde in der Antike auch eine Wirkung als Aphrodisiakum nachgesagt, die aber in neuerer Zeit nicht bestätigt wurde. Zwiebeln enthalten geringe Mengen an Diphenylamin (siehe Tee, Abb. 12.97).

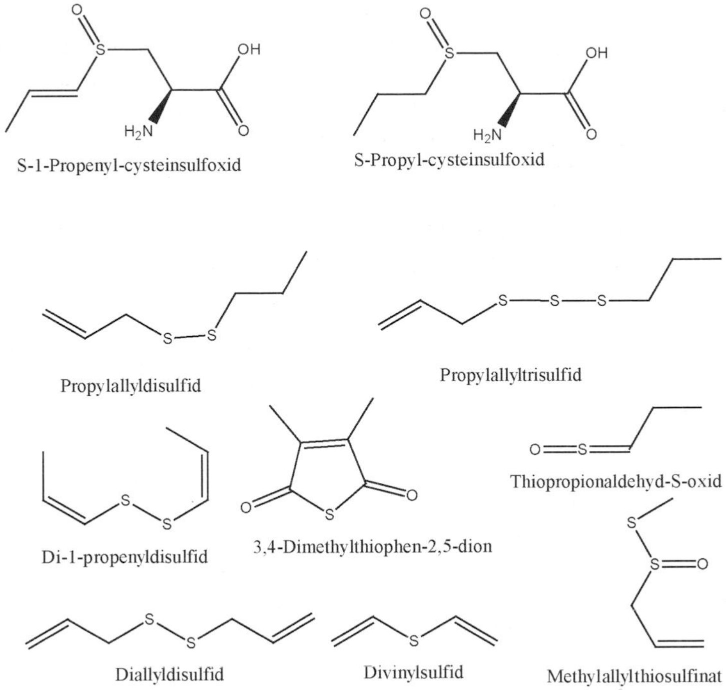

S-1-Propenyl-cysteinsulfoxid

S-Propyl-cysteinsulfoxid

Propylallyldisulfid

Propylallyltrisulfid

Thiopropionaldehyd-S-oxid

Di-1-propenyldisulfid

3,4-Dimethylthiophen-2,5-dion

Diallyldisulfid

Divinylsulfid

Methylallylthiosulfinat

**Abb. 12.36.** Chemische Struktur ausgewählter Zwiebelinhaltsstoffe

**Lauch** (*Allium ampeloprasum* var. *porrum*, Porree, engl. leek) ist als Wildpflanze unbekannt und wurde schon im Altertum im Mittelmeergebiet kultiviert und in der Küche verwendet. Sowohl die grünen Blätter als auch insbesondere die Bulbe werden erhitzt als Gemüse oder als Gewürz gegessen. Porree kann durch Einfrieren konserviert werden. Man unterscheidet Sommer- und Wintervarietäten. Bei einem Wassergehalt von 83 % enthält die Bulbe 14 % Kohlenhydrate, hauptsächlich Fructane, 1-Kestose (Isokestose), Saccharose und Glucose und 1,8 % Ballaststoffe. Der Proteingehalt ist mit 1,5 % gering, dasselbe gilt für das Fett (0,3 %). Auch der Vitamin- und Mineralstoffgehalt ist relativ gering (Vitamin C 12–30 mg/100 g, Vitamin B$_6$ 0,2 mg/100 g, Selen 1,0 µg/100 g). Von den schwefelhaltigen Inhaltsstoffen ist das Diallyldisulfid hervorzuheben, das schwach antibiotische Wirkung aufweist. Allicin ist in Porree ebenfalls vorhanden, aber in geringerer Konzentration als im Knoblauch.

**Schalotte** (*Allium ascalonicum*, *Allium cepa* var. *aggregatum*, engl. shallot) ist eine nahe Verwandte der Speisezwiebel mit kleineren Bulben, die einen milderen Geruch und Geschmack haben. Die Inhaltsstoffe sind ähnlich den anderen *Alliaceae*. Bei einem Wassergehalt von rund 80 % enthält die

Schalotte etwa 17 % Kohlenhydrate und 2,5 % Protein. Der Fettgehalt ist mit 0,1 % äußerst gering. Bei den B-Vitaminen ist ein höherer Gehalt an $B_6$ und Pantothensäure zu erwähnen (0,35 mg/100 g und 0,3 mg/100 g). Schalotten besitzen oft einen hohen Gehalt an Selen (1,2 µg/100 g). Auch die Schalotten produzieren Allicin und andere schwefelhaltige Inhaltsstoffe. Ihre antioxidative Kapazität ist relativ pH-unabhängig, nimmt aber bei höheren Temperaturen ab.

**Schnittlauch** (*Allium schoenoprasum*, engl. chives) stammt vermutlich ebenfalls aus Zentralasien und gelangte von dort in das Gebiet rund um das Mittelmeer, bevor er sich über das nördliche Europa verbreitete. Die grünen Blätter der Pflanze werden meist roh als würzende Beilage zu verschiedenen Speisen verwendet. Schnittlauch hat einen hohen Gehalt an Vitamin C, Provitamin A und verschiedenen B-Vitaminen. Bei einem Wassergehalt von 90 % enthält er 4,4 % Kohlenhydrate (Saccharose, Kestose, Fructane), 2,5 % Ballaststoffanteil, 3,3 % Protein, 0,7 % Fett und 1,0 % Asche. Der Selengehalt liegt bei 0,9 µg/100 g. Schnittlauch hat den höchsten Vitamin-C-Gehalt der gebräuchlichen *Allium*-Arten (58 mg/100 g), relativ hoch ist die Konzentration an Provitamin-A-tauglichen Carotinoiden (Vitamin-A-Äquivalente 1,44 mg/100 g), an Pantothensäure und Vitamin $B_6$ (0,3 und 0,14 mg/100 g). Die schwefelhaltigen Substanzen sind wenig untersucht. Sie sind ähnlich denen, die in den anderen *Allium*-Arten gefunden wurden.

**Chinalauch** (*Allium tuberosum*, engl. Chinese chive) ist in Ostasien heimisch und wird dort ähnlich dem Schnittlauch verwendet.

**Bärlauch, Wilder Knoblauch** (*Allium ursinum*, engl. ramson, bear's garlic, wild garlic) kommt wild auf schattigen und humusreichen Standorten in den Wäldern Europas vor. Im Frühjahr werden die grünen Blätter gekocht als Gemüse verwendet. Das Aroma erinnert an das des Knoblauchs. Er enthält ebenfalls Divinylsulfid, S-Methylcysteinsulfoxid und Methylallylthiosulfinat, auch Allicin wurde in zerkleinerten Bärlauchblättern gefunden. Die Blätter sind reich an Vitamin-A-Vorstufen und Vitamin C. Bärlauch enthält die α-Aminosäure L-Piperidin-2-carbonsäure (Abb. 12.37).

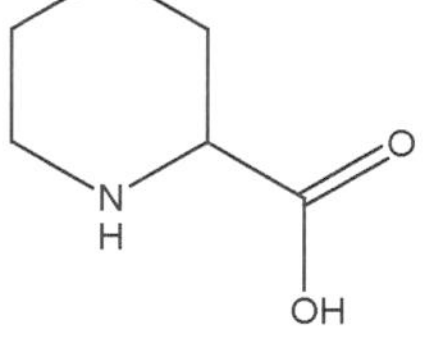

**Abb. 12.37.** Chemische Struktur von L-Piperidin-2-carbonsäure

## 12.2.10 Pilze

Pilze (*Fungi*, engl. mushroom) bestehen, wie auch die meisten anderen Gemüsearten, vorwiegend aus Wasser (90 %). Ansonsten unterscheiden sie sich in ihrer Physiologie und damit auch im Aufbau ihrer Inhaltsstoffe von anderen Pflanzen grundlegend. Als parasitierende Verwesungs- oder Moderpflanzen führen sie keine Fotosynthese durch und bilden daher auch kein Chlorophyll. Die meistens aus der Erde ragenden Fruchtkörper einiger höherer Pilze (bei der Trüffel bleibt der Fruchtkörper im Boden) sind essbar und werden erhitzt konsumiert. Die essbaren Pilze gehören fast ausschließlich zu den Familien der *Polyporaceae* (Unterfamilie *Boletus*) und der *Agaricaceae*. Die Pilze enthalten 3–5 % stickstoffhaltige Substanzen, die in der Regel nur zu etwa 65 % Proteine sind. Der Rest sind zum Teil Peptide, Alkaloide und seltene Aminosäuren, die auch toxisch wirken können. Der Gehalt an biogenen Aminen ist meistens hoch. Starke Aktivitäten von Polyphenoloxidasen, Peroxidasen und Ureasen sind für die meisten Pilze charakteristisch.

Pilze enthalten 4–6 % Kohlenhydrate, aber keine Stärke oder Cellulose, wie sie sonst als Gerüstsubstanz bei allen Pflanzen üblich ist. Statt der Cellulose verwenden die Pilze **Chitin** als Gerüstsubstanz, ein $\beta$-(1–4)-Polymer des 2-N-Acetylglucosamins (Abb. 3.8). Chitin (Abb. 3.19) kommt in der Natur auch als Baustein des Panzers von Insekten und Schalentieren (z. B. Krebse) vor. Heute wird Chitin, bei dem die Acetylgruppen abgespalten wurden (Chitosan, Abb. 3.19), in der Lebensmitteltechnologie als Emulgator und Verdickungsmittel verwendet.

Als lösliches, niedermolekulares Kohlenhydrat ist in Pilzen die ansonsten sehr seltene Trehalose (1-,1'-$\alpha$-D-Glucopyranosyl-$\alpha$-D-glucopyranosid, Abb. 3.9) vorherrschend. Die beiden Glucosemoleküle der Trehalose sind über die beiden glykosidischen Hydroxylgruppen durch Abspaltung von einem Molekül Wasser, $\alpha$-1,1'-verknüpft. Trehalose ist daher nicht reduzierend. Auch Zuckeralkohole, wie z. B. Mannit und Xylit, werden in Pilzen gefunden. Der Fettgehalt der Pilze ist gering, etwa 0,3 % im Durchschnitt. Viele Pilze haben einen hohen unverseifbaren Anteil in ihrer Lipidfraktion. Die unverseifbaren Bestandteile sind zum großen Teil Sterine. Vor allem Ergosterin (Provitamin D 2–7 µg/100 g) kommt in größerer Menge z. B. in Röhrenpilzen (*Boletus*-Arten, *Polyporaceae*), zu denen auch der Steinpilz gehört, vor. Dies ist vor allem der Grund für die bekannte antirachitische Wirkung mancher Pilze. Unter den anderen Vitaminen ist nur Niacin (4,0 mg/100 g) und Pantothensäure (1,5 mg/100 g) in größeren Konzentrationen in Pilzen vorhanden.

Der Aschegehalt der Pilze liegt ungefähr bei 1 %. Erwähnenswert ist der hohe Selengehalt (rund 8 µg/100 g). Obwohl ihr Zinkgehalt nicht allzu hoch ist (0,7 mg/100 g), ist es erstaunlich, dass die Pilze verwandte Elemente, wie Quecksilber und Cadmium, anreichern können, was bei sehr hohem Konsum zu gesundheitsschädlichen Wirkungen führen kann. Weniger verwunderlich ist, dass das toxische Kaliumanalog Caesium, das als radioaktives Zerfallsprodukt (Caesium-137) in der Natur vorhanden ist, ebenfalls angereichert wird. Sein leichteres Analog Kalium (rund 370 mg/100 g) ist das vorherrschende Element in der Pilzasche.

Als Farbstoffe kommen Chinone, Alkaloide und Carotinoide vor. In der Regel resultiert die Gesamtfarbe aus einer Mischung strukturell verschiedener Pigmente. In den Röhrenpilzen der *Polyporus*-Arten ist es die Polyporsäure (2,5-Diphenyl-3,6-dihydroxybenzochinon), die maßgeblich an der Farbgebung beteiligt ist. Beim Eierschwamm (*Cantharellus cibarius, Agaricaceae*) ist das sonst in der Natur sehr seltene Carotinoid Canthaxanthin (auch Farbstoff der Flamingofedern) dominierend (siehe Carotinoide). Die Farbstoffe im roten Hut des Fliegenpilzes sind eine komplexe Mischung aus strukturell unterschiedlichen Pigmenten: den **Musca-Aurinen** (Musca-Aurine I–VII), den Betalainen ähnliche Derivate des Isooxazols (Struktur siehe Abb. 9.15).

Der wichtigste in Kultur gezogene Pilz ist der Champignon (*Agaricus bisporus*), ein Verwandter des Wiesen-Champignons (*Agaricus campestris*). Der Champignon hat einen Wassergehalt von 90 % und enthält 4 % Kohlenhydrate und 3 % stickstoffhaltige Verbindungen. Neben Proteinen ist auch die toxische Hydrazin-Verbindung Agaritin enthalten (Abb. 12.38).

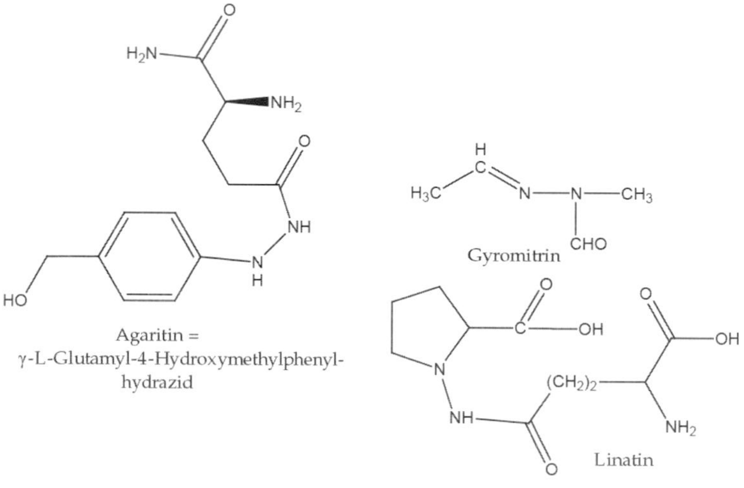

**Abb. 12.38.**    hemische Struktur von Agaritin und Gyromitrin und Linatin

An Vitaminen ist vor allem die Vitamin-D-Aktivität bemerkenswert (1,3–6,3 µg/100 g). Daneben sind Pantothensäure und Niacin in größeren Mengen vorhanden. **Agaritin** ist ein Derivat des 4-Hydroxymethylphenylhydrazins (γ-L-Glutamyl-4-hydroxymethylphenylhydrazid). Eine andere Hydrazinverbindung, **Gyromitrin** (Acetaldehyd-N'-formyl-N-methylhydrazon) wurde aus der Speiselorchel *(Gyromitra esculenta =  Helvella esculenta)* isoliert (Abb. 12.38). Hydrazinverbindungen sind generell toxisch und bisweilen carcinogen, weil sie sehr leicht autoxidieren und damit Anlass zum Entstehen von freien Radikalen geben. Allerdings werden Hydrazinverbindungen beim Erhitzen zum Großteil durch Oxidation zerstört. Ein Zwischenprodukt beim Abbau des Gyromitrins ist das carcinogen wirkende Methylhydrazin, das bei seinem weiteren oxidativen Zerfall Methylradikale freisetzt, die DNS-Basen, vor allem Guanin, methylieren und damit mutagen und in weiterer Folge auch carcinogen wirken.

Daneben werden heute auch auf Bäumen parasitierende Pilze, meist in Japan oder China, in Kultur produziert. Diese Pilze sind in der Regel Weißfäulepilze, d. h., sie metabolisieren das im Holz vorkommende Lignin. Beispiele hierfür sind z. B. der Shiitake *(Lentinus edodes = Lentinula edodes)* und der Reishi *(Ganoderma lucidum)*, beides Pilze aus der Familie der *Polyporaceae*. Diesen Pilzen wird aufgrund ihrer Inhaltsstoffe (Steroidsaponine, Glucane, Di- und Trisulfide) eine das Immunsystem stimulierende, antibiotische und Antitumor-Wirkung zugeschrieben. Die entsprechenden Wildsorten zeichnen sich allerdings oft durch einen feineren Geschmack und ein angenehmeres Aroma gegenüber den Kultursorten aus. Ähnlich wie der **Maitake** *(Grifola frondosa)* werden diese Pilze in China und Japan auch als „Medizinalpilze" verwendet. Neben den genannten Anwendungen soll Maitake auch bei Diabetes und Bluthochdruck erfolgreich verabreicht worden sein. **Cordyzeps** ist ein auf Insekten parasitierender Pilz, der in etwa 400 Arten vorkommt und sehr interessante pharmakologische Eigenschaften hat (z. B. wurde aus einer Spezies das Immunosuppresivum Cyclosporin isoliert). Am bekanntesten ist *Cordyceps sinensis* (engl. caterpillar fungus), der in China und Tibet Bestandteil der traditionellen Medizin ist. Internationale Aufmerksamkeit erregte Cordyzeps durch seine leistungssteigernde Wirkung im Laufsport.

Pilze sind wegen ihrer bei anderen Pflanzen kaum vorkommenden Inhaltsstoffe generell schwierig zu metabolisieren. Manche Pilze wirken dadurch auf den Organismus stark giftig, manchmal mit lebensbedrohenden Folgen. In Europa ist in dieser Hinsicht der gefährlichste Pilz der grüne Knollenblätterpilz *(Amanita phalloides, Agaricaceae)*, daneben der gelbe und der weiße Knollenblätterpilz. Sie enthalten toxische Peptide – **Amanitine** ($\alpha$-, $\beta$-, $\gamma$-, Abb. 12.39) und **Phalloidin**.

Chemisch sind sie bizyklische Peptide, die von den proteolytischen Enzymen der Verdauung nicht oder nur teilweise gespalten werden. Die Peptide oder größere Bruchstücke davon werden resorbiert, gelangen in die Leber, deren Funktion sie langsam zerstören, wahrscheinlich durch lokale Bildung freier Radikale. Die toxischen Inhaltsstoffe des Fliegenpil-

zes *(Amanita muscaria, Agaricaceae)* wurden sehr intensiv untersucht, unter
anderem auch wegen ihrer narkotischen und halluzinogenen Eigenschaften. Allerdings sind für die physiologischen Aktivitäten des Fliegenpilzes
strukturell sehr verschiedene chemische Verbindungen verantwortlich.
Gemeinsam ist ihnen ihr Zielorgan – das Zentralnervensystem.

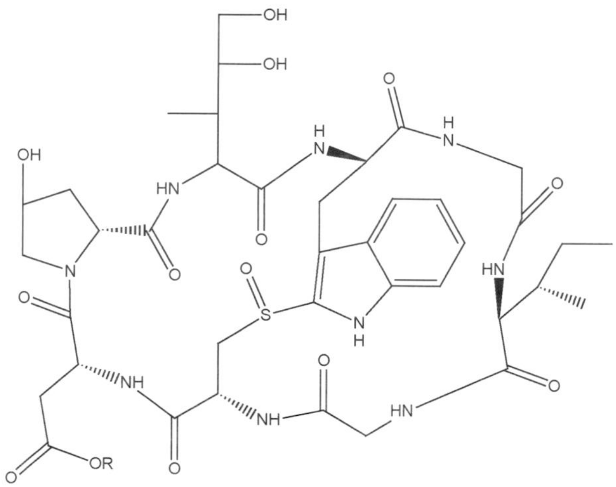

α-Amanitin R = NH$_2$
β-Amanitin R = OH

**Abb. 12.39.**     Chemische Struktur von Amanitin

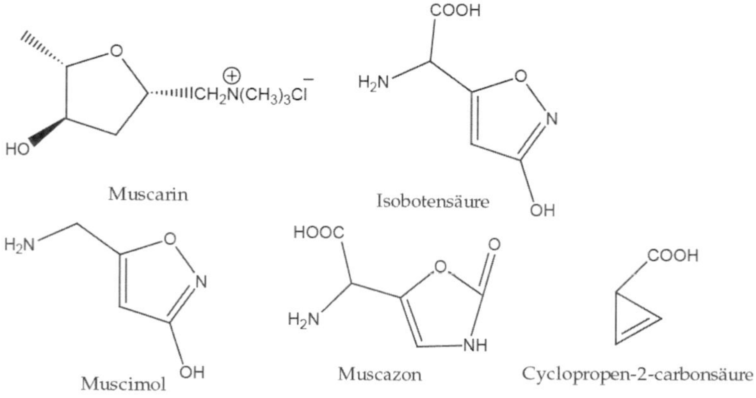

**Abb. 12.40.**     Chemische Struktur ausgewählter Pilzgifte

Das schon lange bekannte **Muscarin**, ein Alkaloid und Derivat des
Tetrahydrofurans    (Tetrahydro-4-hydroxy-N,N,N-5-tetramethyl-2-furan-

methanammonium) wirkt auf das parasympathische Nervensystem und ist in höherer Konzentration toxisch. Allerdings kommen hohe Konzentrationen nur im Risspilz (*Inocybe lateraria = patoullardii*) und anderen *Inocybe*-Arten vor, deren Genuss tödliche Folgen haben kann, aber nicht im Fliegenpilz. Auch die in sehr geringer Konzentration vorkommenden Alkaloide **Atropin** und **Hyoscyamin** oder N,N-Dimethylserotonin **(Bufotenin)** können dafür nicht verantwortlich gemacht werden. Interessanterweise wird Atropin als Gegengift bei Muscarinvergiftungen verwendet. Als halluzinogene Inhaltsstoffe wurden diverse Isoxazolderivate aus dem Fliegenpilz in den letzten Jahrzehnten isoliert. Als physiologisch besonders wirksame Substanzen sind **Ibotensäure** ($\alpha$-Amino-2,3-dihydro-3-oxo-isoxazolyl-5-essigsäure) und **Muscimol** (3-Hydroxy-5-aminomethylisoxazol) und das Oxazolderivat **Muscazon** ($\alpha$-Amino-2-oxo-4-oxazolin-5-essigsäure) isoliert (Abb. 12.40). Interessanterweise sind diese Verbindungen toxisch gegenüber Fliegen, der eigentliche Grund für den Namen Fliegenpilz. Letztere Verbindungen werden auch im giftigen Pantherpilz (*Amanita pantherina*) gefunden.

*Russula eccentrica* ist ein giftiger Pilz (Täubling), der in China und Nordamerika vorkommt. Das Toxin, das als Cyclopropen-2-Carbonsäure (Abb.12.40) identifiziert wurde, verursacht die oft tödliche Rhabdomyolyse, die sich in einem raschen Abbau von Muskelsubstanz äußert. Biochemisch kann man einen Anstieg der Kreatinphosphokinase im Serum feststellen.

## 12.3 Obst

Als Obst werden im weiteren Sinne eine Reihe von schon im rohen Zustand genießbaren Früchten bezeichnet. Traditionell werden die Obstarten nach morphologischen Eigenschaften und nach ihrer Herkunft eingeteilt:

* Kernobst: Apfel, Birne, Quitte.
* Steinobst: Pflaume (Zwetschke), Pfirsich, Marille (Aprikose), Kirsche.
* Beerenobst:
  – Echte Beeren: Stachelbeere, Weintraube, Heidelbeere, Ribisel (Johannisbeere), Preiselbeere, Aronia (Apfelbeere).
  – Beerenähnlich zusammengesetzte Früchte: Himbeere, Brombeere.
  – Falsche Beeren: Erdbeere, Feige.
* Schalenobst: Nüsse, Walnüsse, Haselnüsse, Mandel, etc.
* Kapselfrüchte: Bananen.
* Südfrüchte: Zitrusfrüchte (Zitrone, Orange, Mandarine, Limone, Kumquat, Grapefruit = Pampelmuse, u. a.), andere tropische Früchte.

Die verschiedenen Steinobst- und Kernobst-Sorten gehören zur Pflanzenfamilie der *Rosaceae*.

Ähnlich wie beim Gemüse ist der Hauptbestandteil des Obstes generell Wasser (80–85 %). Mengenmäßig an zweiter Stelle liegen die Kohlen-

hydrate (3–18 %). Physiologisch stellen die Kohlenhydrate eine Energiereserve für die Frucht dar. In manchen Früchten ist die physiologische Rolle
der Kohlenhydrate als Energiereserve durch Fett ersetzt (z. B. Avocado,
Olive). Solche Früchte haben dann einen niedrigen Kohlenhydrat- und
einen hohen Fettgehalt, während es sonst umgekehrt ist. Im reifen Obst
besteht der größte Teil in der Regel aus löslichen Zuckern (Glucose, Fructose und Saccharose), während im unreifen Zustand Stärke, Pektin und
Cellulose in höheren Konzentrationen vorkommen. Eine Ausnahme sind
z. B. Bananen, wo die Umwandlung der Stärke in lösliche Kohlenhydrate
in großem Umfang erst im überreifen Zustand stattfindet. Kern- und
Steinobst enthalten den Zuckeralkohol Sorbit (etwa 0,5–3 %), der in Beerenobst nicht oder nur in äußerst geringen Konzentrationen vorkommt.
Auch in Zitrusfrüchten und Bananen ist kein Sorbit vorhanden. Dadurch
können z. B. Säfte dieser Obstarten analytisch voneinander unterschieden
werden. Der Ballaststoffgehalt bewegt sich im reifen Obst zwischen 2–
4 %.

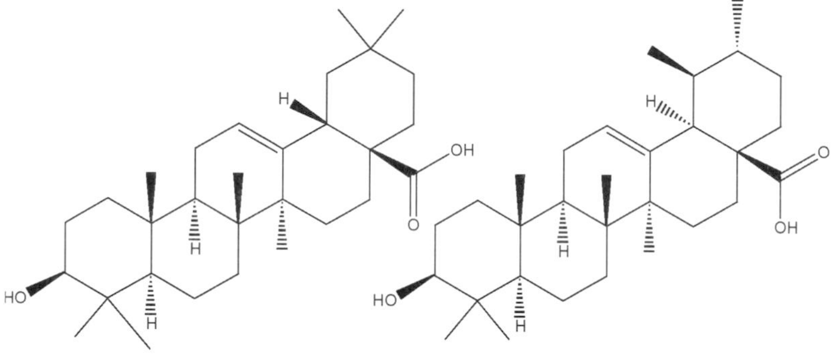

Oleanolsäure =
3-Hydroxy-olean-12-en-28-carbonsäure

Ursolsäure =
3-Hydroxy-urs-12-en-28-carbonsäure

**Abb. 12.41.** Chemische Struktur von Oleanol- und Ursolsäure

Obst enthält geringe Mengen an Protein (0,3–2 %) und Fett (0,1–1 %).
Beerenobst hat durchschnittlich einen höheren Proteingehalt als Kern-
und Steinobst. Stickstoffhaltige „Nicht-Protein-Substanzen" finden sich in
allen Obstsorten. Im Etherextrakt sind nicht nur Triglyceride, sondern
auch Saponine (z. B. Oleanolsäure oder Ursolsäure, Abb. 12.41), aromaaktive Ester, Wachse, Phospholipide und meist geringe Mengen an fettlöslichen Vitaminen enthalten. Der Mineralstoffgehalt liegt zwischen 0,3–1 %.
Die Asche des Obstes reagiert alkalisch, ähnlich wie die Asche der meisten anderen pflanzlichen Lebensmittel, und weist daher einen Überschuss
an Kationen auf (etwa 50 % Kalium und 10 % Natrium). Die zugehörigen
Anionen sind meist organische Säuren, die im Zuge der Veraschung oxidiert werden. Erstaunlich hoch ist der Chloridgehalt von Ananas und
Bananen (bis 10 % der Asche).

Der Vitamingehalt von Obst ist in vielen Fällen quantitativ nicht von großer Bedeutung. Beerenfrüchte und Zitrusfrüchte weisen durchwegs einen höheren Vitamin-C-Gehalt als Kern- und Steinobst auf. Eine große Ausnahme sind Hagebutten, die Vitamin C bis zu Mengen von 1–2 %, im Durchschnitt etwa 300 mg/100 g, enthalten können. Reichliche Mengen an Vitamin C sind vor allem in schwarzen Johannisbeeren (Ribiseln, 120 mg/100 g), Sanddornbeeren (150 mg/100 g) und Erdbeeren (80 mg/100 g) vorhanden. Mittlere Mengen kommen in Zitrusfrüchten (hier am meisten in der Zitrone), in Weintrauben, Himbeeren und anderen Beerenfrüchten vor.

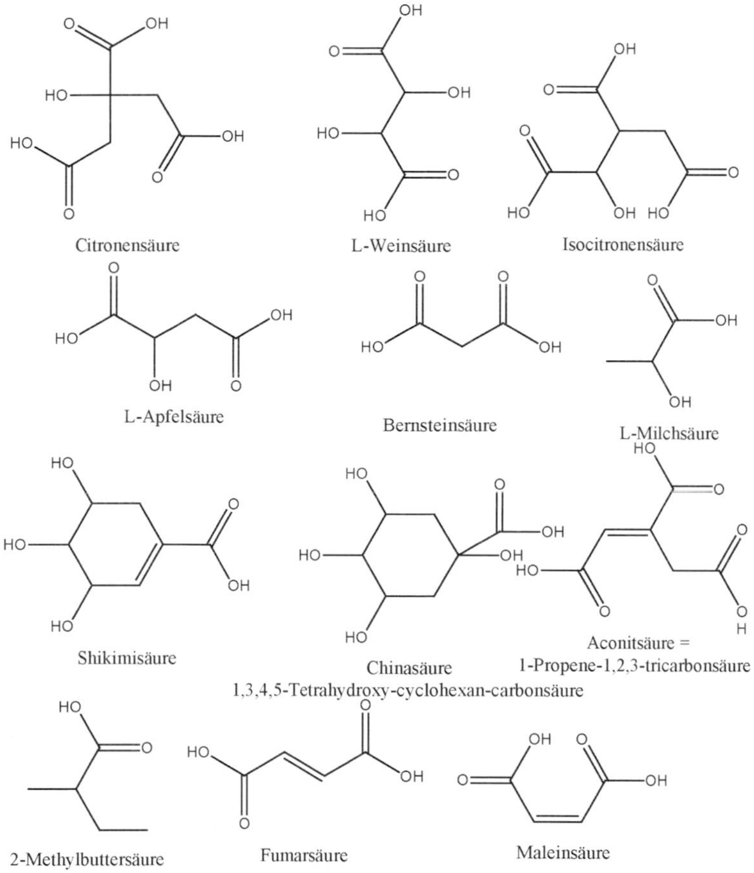

**Abb. 12.42.**	Chemische Struktur ausgewählter organischer Säuren im Obst

Organische Säuren sind als Träger des Geschmacks im Obst von großer Bedeutung. Der Säuregehalt ist abhängig vom Reifezustand der

Früchte und liegt bei reifen Früchten etwa bei 3 %. Unreife Früchte haben oft mehr als den doppelten Gehalt an Säuren. Die vorkommenden Säuren entsprechen vorwiegend den Säuren des Tricarbonsäurezyklus: Citronensäure, Isocitronensäure, Apfelsäure, Bernsteinsäure. Daneben kommen auch Weinsäure und Milchsäure vor (Abb. 12.42). Beim Reifen des Obstes wird der Säuregehalt vorwiegend durch Umwandlung verschiedener Säuren in Glucose vermindert.

In Beerenfrüchten kommen auch Säuren, die Zwischenprodukte der Phenolbiosynthese (Shikimisäureweg) sind (z. B. Shikimisäure, Chinasäure, Kaffeesäure, Ferulasäure, Salicylsäure, Benzoesäure u. a., Formeln siehe Abb. 8.6), in höherer Konzentration vor. Die Kerne von Stein- und Kernobst enthalten durchwegs cyanogene Glykoside (vorwiegend Prunasin und Amygdalin).

Verestert mit aliphatischen Alkoholen meist mittlerer Kettenlänge haben die Säuren Bedeutung vor allem für das Aroma von Kern-, Stein-, Beerenobst und Bananen (z. B. Ethylacetat, Butylacetat, Amylacetat u. a.). Auf das Aroma von Zitrusfrüchten haben Terpene den größeren Einfluss. Der Gesamtsäuregehalt wird durch Titration mit Natronlauge gegen Phenolphthalein bestimmt. Die Konzentrationen der einzelnen Fruchtsäuren können heute mit Hilfe selektiver Enzyme (meist NAD- oder NADP-abhängige Dehydrogenasen) ermittelt werden.

Phenolische Verbindungen im Obst stehen wegen ihrer antioxidativen Eigenschaften gerade in neuerer Zeit im Mittelpunkt des ernährungsphysiologischen Interesses. Durch Radikaleinfang mindern sie die Reaktionsfähigkeit und damit die Toxizität „freier Radikale". Die phenolischen Substanzen werden dabei selbst zu stabileren Verbindungen oxidiert oder polymerisiert. Wichtige Antioxidanzien sind im Obst die Gruppe der Flavonoide, die phenolischen Carbonsäuren und deren mit Zuckern oder Chinasäure konjugierte Produkte (Gerbstoffe oder Chlorogensäuren, Formeln siehe Abb. 8.5).

Viele Farbstoffe im Obst sind Anthocyane, Abb. 9.14, (z. B. Kirsche, Brombeere, Erdbeere, Zwetschke u. a.) und gehören damit zur Gruppe der Flavonoide. Die Anthocyane kommen in der Regel als Glykoside, gebunden an diverse Saccharide, in den Früchten vor. Im Allgemeinen ist nicht ein Anthocyan bestimmter Struktur, sondern sind Gemische verschiedener Anthocyane für die Farbgebung verantwortlich. Daneben sind Carotinoide für die Farbe der Früchte bedeutend, z. B. in Marillen (Aprikosen) und verschiedenen Zitrusfrüchten. Oxidationsprodukte der Carotinoide und auch ungesättigter Fettsäuren tragen ebenfalls zum Obstaroma bei. Chinone und Carotinoide kommen als Farbstoffe in Nüssen vor.

Beim Reifen des Obstes unterscheidet man zumindest zwei Abschnitte: das Reifen in Verbindung mit dem Mutterorganismus (führt zur Pflückreife) und das Nachreifen, getrennt vom Mutterorganismus (führt zur Genussreife und letztlich zum Verderb). Das Reifen der Früchte kann als eine Abfolge von Änderungen in Farbe, Konsistenz des Gewebes, Geruch und Geschmack beschrieben werden. Offensichtliche und allgemeine Phänomene, die die Reifung begleiten, sind der Abbau von Chlorophyll, das Hervortreten anderer Farbpigmente und die Synthese neuer Pigmente. Begleitet werden diese Vorgänge von Änderungen in der Beschaffenheit des Gewebes, des Aromas und des Geschmacks. Durch den Abbau des Chlorophylls verliert die Frucht ihre fotosynthetischen Fähigkeiten, und der Stoffwechsel stellt sich von anaerob auf aerob um. Kohlendioxid wird nicht mehr verbraucht, und Sauerstoff wird nicht mehr produziert, stattdessen finden entgegengesetzte Stoffwechselvorgänge statt: Sauerstoff wird konsumiert und Kohlendioxid produziert. Die Änderung im Sauerstoffverbrauch leitet eine kritische Phase im Leben der Frucht ein: den Übergang von ihrer Wachstumsperiode zur Alterung. Man bezeichnet diesen Lebensabschnitt daher auch als „Klimakterium" der Frucht. Das Klimakterium ist irreversibel, sobald die Frucht in diese kritische Phase eintritt. Es ist hormonell gesteuert. Das wichtigste Phytohormon dabei ist das Ethylen, das vorwiegend aus Methionin im Stoffwechsel der Pflanze gebildet wird.

Ein wichtiges Zwischenprodukt der Biosynthese aus Methionin ist das 1-Amino-1-carboxycyclopropan (ACC) (ACC, Bildung katalysiert durch ACC-Synthase, Abb. 12.43), bei dessen Oxidation, katalysiert durch verschiedene Enzyme (ACC-Oxidase, Peroxidase, Lipoxygenase), Ethylen entsteht, das in diesem Stadium der Fruchtreifung der wichtigste hormonelle Faktor ist. Durch Autokatalyse steigt während der Reifung die Ethylenproduktion exponentiell an. Ethylen dürfte an verschiedene Rezeptoren gebunden werden, die dann die weiteren katabolischen Prozesse in die Wege leiten: Abbau von Chlorophyll, Pektin, Stärke, Säuren, Cellulose, Bildung von Monosacchariden, Farbstoffen, Aroma- und Geschmacksstoffen. Glucose wird teilweise in Fructose umgewandelt, was zu einer Verstärkung des Süßgeschmacks führt.

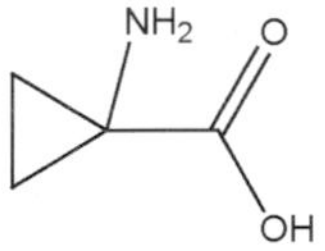

**Abb. 12.43.**    Chemische Struktur von 1-Amino-1-carboxycyclopropan

Neue Proteine und Nucleinsäuren werden aufgebaut und alte abgebaut. Der Reifungsprozess kann auch durch Begasen der Früchte mit Ethylen (schwächer wirksam ist Acetylen) eingeleitet und beschleunigt werden, was in der Praxis z. B. zum Reifen von Bananen verwendet wird. Allerdings ist diese Methode nicht bei allen Früchten wirksam. Wichtigstes Beispiel für so genannte nichtklimakterische Früchte sind die Zitrusfrüchte, bei denen die Ethylenproduktion im Reifestadium nicht autokatalytisch exponentiell zunimmt, sondern sich nur ganz leicht erhöht. Während beim Apfel die interne Ethylenkonzentration während des Klimakteriums von etwa 0,2 ppm auf etwa 1000 ppm ansteigt, verändert sich im gleichen Zeitraum die Ethylenkonzentration bei der Zitrone nur von

0,11 auf 0,17 ppm. Bei Zitrusfrüchten kann der Reifungsprozess nur durch Erhöhung des Sauerstoffdrucks beschleunigt werden. Bei den Früchten mit sichtbarem Klimakterium führt diese Maßnahme zu einer Erhöhung des intermediären Ethylengehalts. Diese Befunde weisen auf eine Koexistenz von ethylenabhängigen und -unabhängigen Stoffwechselwegen in allen Früchten hin. Gleichzeitig mit der Reifung beschleunigt Ethylen auch die Verholzung der ein- und mehrjährigen Triebe, den Abbau des Chlorophylls und den Abfall der Blätter. Grund hierfür ist die autokatalytische Stimulierung der Peroxidaseaktivität durch Ethylen. Antagonistisch zum Ethylen wirken Phytohormone vom Typ der Cytokinine (z. B. $N^6$-Benzyladenin, $N^6$-Furfurylmethyladenin), die Gibberelline und synthetische Substanzen mit ähnlichem Wirkungsspektrum.

### 12.3.1  Lagerung von Obst und Gemüse

Hierfür eignen sich vor allem klimakterische Früchte (z. B. Äpfel, Birnen, Bananen, Pfirsiche, Avocados), also solche, deren Atmung (Sauerstoffverbrauch) nach der Trennung vom Mutterorganismus noch zunimmt. Bei diesen Früchten kommt es während der Lagerung zu einem durch die Biosynthese von Ethylen verursachten **Nachreifprozess**. Nichtklimakterische Früchte (Beeren, Zitrusfrüchte) bleiben praktisch im Stadium der Pflückreife und reifen bei der Lagerung nicht nach. Bei längerer Lagerung stehen bei Letzteren reine Abbauprozesse im Vordergrund.

Bei der Lagerung von Obst soll die Temperatur nur wenige Grad über dem Gefrierpunkt betragen, bei gleichzeitig hoher Luftfeuchtigkeit, um ein Austrocknen der Früchte zu verhindern. Auch der $CO_2$-Gehalt der Luft im Lagerraum soll erhöht bzw. der Sauerstoffgehalt erniedrigt sein, damit die Atmung während der Vorgänge des Klimakteriums verlangsamt und damit der Zeitraum der möglichen Lagerung der Früchte erhöht wird.

### 12.3.2  Kernobst

Die Bäume mit den gleichnamigen Früchten werden in Zonen mit gemäßigtem Klima kultiviert. Meist beginnen die Bäume nach 3 bis 6 Jahren Früchte zu tragen. Botanisch sind alle Kernobstarten Mitglieder der Pflanzenfamilie der *Rosaceae*. Die Früchte werden roh als Tafelobst oder verarbeitet zu Säften, Marmeladen und Kompotten konsumiert. Teilweise (z. B. Äpfel) werden sie vermaischt und zu Essig oder Wein fermentiert, oder die fermentierte Maische wird einer Destillation unterworfen (z. B. Birnen).

**Apfel** (*Malus sylvestris* = *Pirus silvestris*, *Rosaceae*, engl. apple) ist das am meisten konsumierte Obst in Ländern mit gemäßigtem Klima. Ursprünglich stammt der Apfelbaum aus Europa und Südwestasien. Oft wird die

Theorie vertreten, dass der uns bekannte Apfel ein stabiles Hybrid zwischen *Malus sylvestris* und *Malus pumila* ist und daher die Bezeichnung *Malus domestica* charakteristischer wäre. Viele Sorten von Apfelbäumen werden in Europa, Nord- und Südamerika kultiviert. Heute sind nordamerikanische Apfelsorten, wie „Golden Delicious", um nur ein Beispiel zu nennen, auch in Europa weit verbreitet. Eine wichtige Apfelsorte, die ursprünglich aus Südamerika stammt, ist z. B. „Granny Smith", in Mitteleuropa heimisch ist z. B. die Sorte „Gravensteiner". Die einzelnen Apfelsorten variieren sehr stark im Spektrum ihrer Inhaltsstoffe, d. h. es bestehen große quantitative Unterschiede in allen Klassen von Inhaltsstoffen. Z. B. haben manche Apfelsorten (Golden Delicious, Jonathan, Gravensteiner, Morgenduft) einen niedrigen Gehalt an Vitamin C (durchschnittlich etwa 5–8 mg/100 g), während bei anderen Sorten (Boskoop, Berlepsch, Ontario) der Gehalt durchschnittlich um etwa 20–25 mg/100 g liegt. Da es mit anderen Inhaltsstoffen ähnlich ist, können im Allgemeinen nur Richtwerte ohne Rücksicht auf spezielle Sorten angegeben werden. Äpfel enthalten etwa 85 % Wasser, 15 % Kohlenhydrate, 0,2 % Protein, 0,4 % Fett, 2,7 % Ballaststoffe und 0,3 % Asche. Von den gesamten Kohlenhydraten sind etwa 12 % lösliche Zucker, davon rund 50 % Fructose und je 25 % Glucose und Saccharose. Der Rest sind geringe Mengen an Stärke und Cellulose, Hemicellulosen, Pektin, also Kohlenhydrate des als Rohfaser ausgewiesenen Anteils. Der Sorbitgehalt liegt bei 0,5 %. Sorbit ist wahrscheinlich ein inertes Transportvehikel für Kohlenhydrate, die im Zuge der Fotosynthese gebildet und dann in die Früchte transportiert werden. Durch $NAD^+$-abhängige Oxidation im Zielorgan entsteht Fructose. Die Reaktion wird durch Sorbitdehydrogenase katalysiert. Ein alternatives inertes Kohlenhydrat-Transportvehikel für diesen Zweck ist die Saccharose.

Der Gehalt an Vitaminen ist in Äpfeln im Vergleich zu anderen pflanzlichen Lebensmitteln gering. Die Asche enthält Kalium (115 mg/100 g) als Hauptbestandteil, der Calciumgehalt ist niedrig (7 mg/100 g), auch Spurenelemente sind nur in geringen Konzentrationen enthalten.

Phenole, die bei Redoxvorgängen entstehende „freie Radikale" stabilisieren können, sind in mg/kg-Mengen in Äpfeln (Durchschnitt etwa 25 mg/kg) enthalten. Die mengenmäßig wichtigsten Phenole sind dabei **Quercetin** und **Chlorogensäuren**. Auch Proanthocyanidine vom Typ A wurden gefunden (Struktur siehe Abb. 12.48). Neben Tee und Zwiebeln sind Äpfel die wichtigsten Lieferanten für Quercetin, dem eine Schutzfunktion vor Magen- und Darmkrebs sowie Herz-Kreislauf-Krankheiten zugeschrieben wird. Phenolische Verbindungen sind in Sorten, wie Boskoop und Berlepsch, in überdurchschnittlichen Konzentrationen enthalten. Die rote Farbe der Äpfel wird hauptsächlich durch Glykoside des Anthocyans Cyanidin mit Galaktose und Arabinose verursacht.

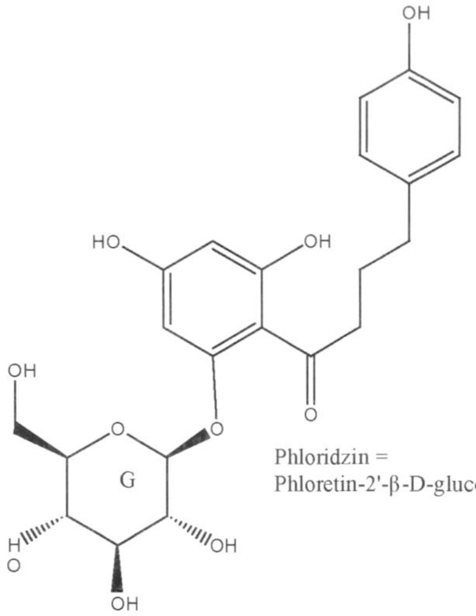

**Abb. 12.44.**   Chemische Struktur von Phloridzin

Der für den Apfel spezifische phenolische Inhaltsstoff **Phloridzin** (Phloretin-2-β-D-glucosid, Abb. 12.44), chemisch ein Dihydrochalcon (3-*p*-Hydroxyphenyl-1-(2,4,6-trihydroxyphenyl)-1-propanon), kommt in allen Teilen des Baumes, in der reifen Frucht aber nur in den Schalen und Kernen, vor. Phloridzin hemmt den Natrium-abhängigen Glucose-Transporter 1, kann dadurch in höherer Konzentration bei Tieren Glykosurie verursachen und wirkt in niedriger Konzentration inhibierend auf das Wachstum von Leber-Tumorzellen. Von den Bäumen wird es in höherer Konzentration bei Krankheitsbefall gebildet. Manche Apfelsorten, wie Granny Smith und Golden Delicious, enthalten größere Mengen an Proanthocyanidinen und Gerbstoffen, vorwiegend in der Schale lokalisiert.

Äpfel werden als Tafelobst roh konsumiert, durch Trocknen konserviert und zu Saft, Kompott oder Marmelade verarbeitet. Auch Apfelwein und Essig wird erzeugt. Das Pektin unreifer Äpfel wurde früher in großem Umfang als Gelier- und Verdickungsmittel verwendet.

**Birne** (*Pyrus communis, Rosaceae*, engl. pear) ist heimisch im westlichen Asien  und wird kultiviert in Zonen gemäßigten Klimas. Die Birne kommt in vielen verschiedenen Sorten vor, die sich wie bei den Äpfeln nach der Zeit der Fruchtreife (Sommerbirnen, Winterbirnen) und in den Inhaltsstoffen unterscheiden. In den „Rohdaten" unterscheiden sich die Inhaltsstoffe der Birnensorten nur wenig von denen der Äpfel. Der Wassergehalt liegt bei 84 %, die gesamten Kohlenhydrate machen etwa 15 % aus. Auch Birnen enthalten keine großen Mengen an Protein und Fett (jeweils durchschnittlich 0,4 %). Die Lipide enthalten 8 mg Phytosterine/100 g. Die Asche (0,3 %) reagiert ebenfalls alkalisch und besteht zum großen Teil aus Kalium (125 mg/100 g), daneben aus geringen Mengen an Calcium und Phosphor

(jeweils etwa 11 mg/100 g). Spurenelemente sind in Birnen nur in sehr kleinen Konzentrationen enthalten. Ähnlich gering ist auch der Vitamingehalt.

Die löslichen Kohlenhydrate, insgesamt etwa 8–12 %, bestehen hauptsächlich aus Fructose (zwei Drittel) und je einem Sechstel Saccharose und
Glucose, wobei meistens die Glucose anteilsmäßig etwas überwiegt.
Durch den höheren Fructosegehalt schmecken Birnen durchwegs süßer
als Äpfel, obwohl der Säuregehalt sehr ähnlich ist. Sorbit kann bis zu 2 %
in Birnen enthalten sein. Die Ballaststoffe machen etwa 2,4 % aus und
bestehen vorwiegend aus Polysacchariden (Cellulose, Pektin, Hemicellulosen). Daneben sind auch phenolische Verbindungen eine Komponente
der Ballaststoffe.

Chlorogensäure (Abb. 8.5) ist der vorherrschende phenolische Bestandteil in Birnen. Der Gehalt schwankt, abhängig von Umweltfaktoren
und entsprechend der Sorte. Besonders reich an Chlorogensäure ist die
„Gute Luise" (rund 50 mg/100 g).

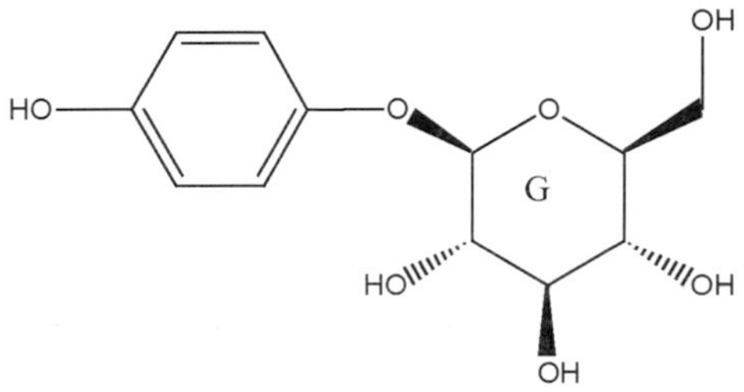

**Abb. 12.45.**   Chemische Struktur von Arbutin

Arbutin (Hydrochinon-β-D-monoglucosid, Abb. 12.45) ist nicht nur in
Birnenblättern (bis 5 mg/100 g), sondern auch in den Früchten (etwa
1 mg) enthalten. Durch Oxidation des Arbutins entstehen schwarze Fle-
cken auf den Früchten und Blättern. Angereichert finden sich die phenoli-
schen Verbindungen immer in den Schalen, die wachsartig von dem Sapo-
nin Oleanolsäure überzogen sind. Flavonoide sind in Birnen in geringerer
Konzentration vertreten als in Äpfeln (z. B. Quercetin 6 mg/100 g).
Hauptursache für die rote Farbe ist das Anthocyan Cyanidin-3-galaktosid.
Die Aromastoffe sind wie bei den Äpfeln vorwiegend Ester aliphatischer
Alkohole (Butylacetat, Hexylacetat, Abb. 10.7), auch freie Alkohole, wie
Butanol oder Hexanol, werden gefunden.

Birnen werden als Tafelobst konsumiert, zu Obstsäften, Kompotten
und Marmeladen verarbeitet oder auch zu Essig vergoren.

**Quitte** (*Cydonia oblonga, Rosaceae*, engl. quince): Der Baum stammt aus
Zentral- und Ostasien und wird schon seit mindestens 2000 Jahren kultiviert. Die Quitte wurde im Altertum als Frucht sehr geschätzt, hat heute
aber, vor allem weil sie roh kaum verzehrbar ist, nur geringe wirtschaftliche Bedeutung. Das Fruchtfleisch ist hart und von saurem Geschmack

(vorwiegend Apfelsäure), reich an Pektin und dient daher zur Gelee-, Marmeladen- und Kompottherstellung. Die Frucht der Quitte besitzt ein intensives Aroma, in dem bisher etwa 150 Komponenten gaschromatografisch festgestellt wurden.

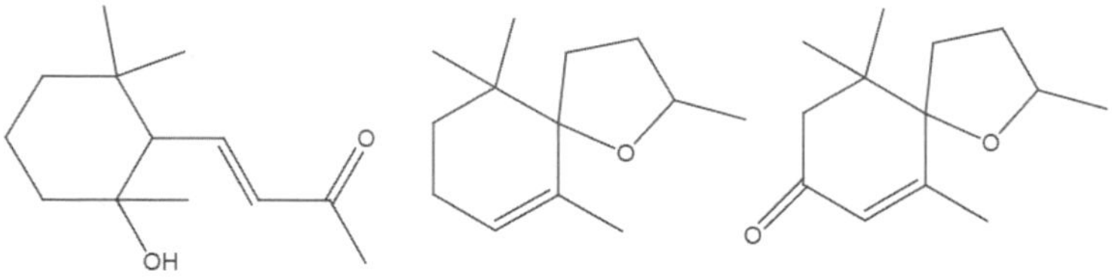

| 3-Hydroxy-β-Ionol | Theaspiran | Theaspiron |

**Abb. 12.46.**   Chemische Struktur von 3-Hydroxy-β-Ionol, Theaspiran und Theaspiron

Es kommen sowohl Ester (z. B. Ethyl-2-methyl-2-butenoat) als auch Terpene (z. B. 3-Hydroxy-β-Ionol, Theaspiron, Abb. 12.46) vor. Die Zusammensetzung des Quittenaromas variiert sehr stark mit der Herkunft der Früchte und ähnelt der der Äpfel und Birnen: 84 % Wasser, 0,4 % Protein, 0,1 % Fett. Die Hauptbestandteile der Kohlenhydrate (insgesamt 15 %) sind Fructose (3,7 %), Glucose (2,5 %), Stärke, geringe Mengen Saccharose und Sorbit. Der Ballaststoffgehalt liegt bei rund 2 %, der Aschegehalt bei 0,4 %. Vitamine sind, wie auch bei anderen Kernobstarten, nur in geringen Konzentrationen vorhanden. Phenolische Inhaltsstoffe der Quitte sind Chlorogensäure, Ester der *p*-Cumarsäure, Ferulasäure sowie Quercetinglykoside.

### 12.3.3   Steinobst

Als Steinobst werden die Früchte der verschiedenen *Prunus*-Arten, wie Marille, Pfirsich, Pflaume und Kirsche, bezeichnet. Botanisch gehören sie ebenfalls der Pflanzenfamilie der *Rosaceae* an. Die Früchte werden entweder roh als Tafelobst oder verarbeitet in Form von Marmeladen, Kompotten, Fruchtsäften, aber auch Spirituosen konsumiert. Wie im Kernobst kommt auch Sorbit in den Früchten des Steinobstes vor.

**Kirsche:** Man unterscheidet Süßkirschen (*Prunus avium, Rosaceae*, engl. sweet cherry) und Sauerkirschen (Weichseln, *Prunus cerasus, Rosaceae*, engl. sour cherry). Botanisch stehen, obwohl insgesamt *Prunus*-Arten, die Kirschen den Pflaumen näher als den Marillen und Pfirsichen, und dies auch hinsichtlich ihrer Inhaltsstoffe. Kirschbäume, die sehr groß werden können, wurden erstmals von den alten Griechen beschrieben. Süßkirschen haben einen Wassergehalt von rund 80 % und enthalten dabei jeweils 1 % Fett und Protein, 16 % Kohlenhydrate und 0,5 % Asche. Weichseln sind wässriger (86 %), enthalten weniger Fett (0,3 %) und Kohlenhydrate (12 %). Der Protein- und Aschegehalt sind etwa gleich wie bei der

Süßkirsche. Sauerkirschen (Weichseln) haben einen geringeren Ballaststoffgehalt (1,6 %) gegenüber den Süßkirschen (2,3 %). Die löslichen Kohlenhydrate bestehen aus Fructose und Glucose, wobei immer etwas mehr Glucose als Fructose vorkommt (etwa 8 % bei den Süßkirschen und 5 % bei den Weichseln, für Fructose liegen die Werte bei 5 und 4 %). Der Saccharosegehalt ist gering (0,1–0,2 %). Sauerkirschen haben einen beträchtlichen Gehalt an Carotinoiden (400 µg β-Carotin entsprechend 70 µg Retinoläquivalenten). Ansonsten ist der Vitamingehalt in Kirschen gering. Die Farbstoffe der Kirschen sind verschiedene 3-Glykoside des Cyanidins: Cyanidinglucosid und Cyanidinrutinosid bei der Süßkirsche, die Weichsel enthält zusätzlich noch 3-Glykoside des Cyanidins mit Sophorose (2-β-D-Glucopyranosyl-D-glucose) und Glucosidorutinose. Vor allem dunkle Kirschensorten enthalten auch geringe Mengen an Päonidin-3-galaktosid. Andere phenolische Verbindungen in Kirschen sind Epicatechin, Neochlorogensäure (5-trans-Caffeoylchinasäure), Ester der *p*-Cumar- und der Ferulasäure. Für das Aroma der Kirschen sind vor allem Aldehyde, wie Benzaldehyd und Hexanal, sowie Alkohole, wie Linalool und Eugenol, maßgeblich.

**Pflaume** (Europäische Pflaume, Zwetschke, *Prunus domestica, Rosaceae*, engl. plum und prune): Kommt in vielen Unterarten und Varietäten vor. Die Herkunft des Pflaumenbaumes ist nicht vollständig geklärt, wahrscheinlich hat er seinen Ursprung im Kaukasus. Die Europäische Pflaume und deren Unterarten sind blau bis violett gefärbt, im Unterschied zu der Japanischen Pflaume *(Prunus salicina)*, deren Varietäten gelb bis karmesinrot sind. Unterarten von *Prunus domestica* sind die **Mirabelle** (*Prunus domestica* ssp. *syriaca*), die **Reneklode** oder Ringlotte (*Prunus domestica* ssp. *italica*) und die Eier- oder Rundpflaume (*Prunus domestica* ssp. *insititia*). Besonders in Nordamerika werden „**Plum**"- und „**Prune**"-Varietäten unterschieden. Die Ersteren eignen sich vorwiegend zum frischen Genuss, während die Letzteren vor allem getrocknet und als Dörrobst konsumiert werden. Das Wort „Prune" bezeichnet sowohl die frische als auch die gedörrte Frucht.

Die Zusammensetzung der verschiedenen Pflaumenarten ist sehr unterschiedlich: Z. B. kann der Kohlenhydratgehalt zwischen 12 und 20 % schwanken. Besonders wenig Kohlenhydrate enthalten Japanische Pflaumen (12 %), während Zwetschken 17–20 % enthalten können. Im Folgenden werden nur Durchschnittswerte für frische Pflaumen angegeben: 85 % Wasser, 0,8 % Protein, 0,6 % Fett, 13 % Kohlenhydrate, 0,4 % Asche und 1,5 % Ballaststoffe. Vitamine und Mineralstoffe sind in auffällig hohen Konzentrationen enthalten. Getrocknete Zwetschken enthalten, bezogen auf 100 g, 2,5 g Wasser, 3,3 g Protein, 91 g Kohlenhydrate, 0,5 g Fett, 2,4 g Asche und 2,2 g Ballaststoffe. Der β-Carotingehalt von gedörrten Zwetschken, ausgedrückt als Vitamin A, liegt bei 23 µg Retinoläquivalenten, entsprechend 105 µg β-Carotin/100 g. Der gesamte Carotinoidgehalt in Japanischen Pflaumen ist wesentlich höher als in der Zwetschke.

Die Kohlenhydrate in Pflaumen bestehen vorwiegend aus Saccharose (meist über 30 %) und Glucose (um 15 %), Fructose und Sorbit sind meist nur in geringeren Konzentrationen enthalten. Die wichtigste Fruchtsäure ist die Apfelsäure. Die Farbstoffe der Pflaumen sind 3-Glykoside des Cyanidins und des Päonidins (3'-O-Methylcyanidin) mit Glucose und Rutinose (6-O-α-L-Rhamnosido-D-glucose). Wesentliche phenolische Inhaltsstoffe sind Neochlorogensäure und Chlorogensäure (Abb. 8.5) sowie Glucose-Ester der $p$-Hydroxybenzoesäure und Epicatechin, insgesamt etwa 1400 mg/kg phenolische Inhaltsstoffe. Hauptkomponenten des Pflaumenaromas sind flüchtige Ester, z. B. der Methylester der Zimtsäure, und γ-Decalacton (Abb. 10.7), Alkohole, z. B. Linalool (Abb. 10.1), sowie Aldehyde und Ketone, z. B. Benzaldehyd, Ionon und Damascenon (Abb. 10.5).

**Pfirsich** (*Prunus persica, Rosaceae*, engl. peach): Eine Subspezies des Pfirsichs ist die **Nektarine** (*Prunus persica* var. *nucipersica*). Der Pfirsich stammt ursprünglich aus China und ist von dort über den mittleren Osten nach Europa gelangt, daher der Name „Persica". Man kann die Pfirsiche auch in solche einteilen, deren Kerne nicht fest mit dem Fruchtfleisch verbunden sind **(freestone)**, und solche, deren Kerne fest am Fruchtfleisch haften **(clingstone)**. Da Pfirsiche im reifen Zustand beim Transport sehr leicht beschädigt werden können, werden sie meist unreif geerntet, bei etwa 7 °C gelagert und später nachgereift. Bei Lagerung unter 4,5 °C können Lagerschäden (katabolische Reaktionen im Gewebe) auftreten, auch als das „**Wolligwerden**" des Pfirsichs bezeichnet.

Im Durchschnitt haben Pfirsiche einen Wassergehalt von 88 % und enthalten 0,7 % Protein, 0,1 % Fett und 0,5 % Asche. Hauptbestandteil neben dem Wasser sind Kohlenhydrate (11 %): Die löslichen Zucker sind vorwiegend Saccharose, meist über 50 %, Glucose, Fructose und geringe Mengen an Sorbit. Der Ballaststoffgehalt liegt bei 2 %. Nektarinen haben einen etwas höheren Kohlenhydratgehalt (12 %), bei einem niedrigeren Gehalt an Ballaststoffen (1,5 %). An Provitaminen sind geringe Mengen an Carotinoiden zu erwähnen, ausgedrückt als etwa 15 µg Retinoläquivalenten/100 g. Es kommen sowohl β-Carotin als auch Lutein, Cryptoxanthin und Violaxanthin vor. Als roter Farbstoff des Pfirsichs und der Nektarine wurde Cyanidin-3-glucosid identifiziert. Andere phenolische Verbindungen im Pfirsich sind Chlorogen- und Neochlorogensäure (Abb. 8.5). Als Aromastoffe des Pfirsichs sind vor allem Ester der Essigsäure, Lactone, z. B. γ-Decalacton (Lactone sind innere Ester von Hydroxycarbonsäuren), Hexanal, Benzaldehyd und andere von Bedeutung.

**Marille, Aprikose** (*Prunus armeniaca, Rosaceae*, engl. apricot): Stammt wahrscheinlich ursprünglich aus China, wo der Marillenbaum schon etwa 200 v. Chr. erwähnt wurde. Um 100 v. Chr. wird sie in Italien erstmals von Plinius erwähnt. Es werden viele Varietäten von *Prunus armeniaca* in Zonen gemäßigten Klimas kultiviert. Die Früchte werden frisch konsumiert oder zu Marmeladen, Kompotten und Trockenfrüchten verarbeitet.

Aus vergorenen Maischen werden, wie bei Zwetschken und anderen Obstarten, Branntweine (Apricot Brandy) destilliert. Aus Marillen- und Pfirsichkernen kann ein Marzipanersatz (**Persipan**) erzeugt werden.

Bei einem Wassergehalt von 86 % sind in den Früchten durchschnittlich 1,4 % Protein, 0,4 % Fett, 11,1 % Kohlenhydrate, 2,4 % Ballaststoffe und 0,75 % Asche enthalten. Marillen enthalten größere Mengen an Carotinoiden, vor allem β-Carotin, entsprechend 136 µg Retinoläquivalenten/100 g. Andere in den Marillenfrüchten vorkommende Carotinoide sind α-Carotin, γ-Carotin und Lycopin. Relativ hoch ist der Gehalt an Phytosterinen (18 mg/100 g). Epicatechin, Quercetin-3-rutinosid, Quercetin-3-glucosid, Chlorogensäure und Neochlorogensäure sind die Hauptvertreter phenolischer Verbindungen. γ- und δ-Decalacton sowie Terpineol, Geraniol, Linalool und 2-Methylbuttersäure sind maßgebliche Komponenten des Marillenaromas. Die Mengenverhältnisse zwischen den einzelnen Verbindungen sind ganz entscheidend für den organoleptischen Eindruck.

### 12.3.4 Beerenobst

Darunter versteht man einerseits die echten Beeren (Weintrauben, Aronia, Johannisbeeren, Stachel-, Heidel- und Preiselbeeren), andererseits beerenähnlich zusammengesetzte Früchte, wie Himbeeren und Brombeeren, und Scheinfrüchte, wie die der Erdbeere. Beerenobst enthält oft wenig Sorbit und durchwegs eine höhere Konzentration an aromatischen Säuren, wie z. B. Benzoesäure, *p*-Hydroxybenzoesäure und Salicylsäure, als das Kern- und Steinobst. Charakteristisch ist auch der in der Regel höhere Ascorbinsäuregehalt des Beerenobstes und der meistens äußerst niedrige Gehalt an Natrium.

**Weintraube** (*Vitis vinifera, Vitaceae*, engl. grape): Die Weintraube ist schon mindestens 5000 Jahre bekannt, so z. B. im Alten Testament und zur Zeit der vierten Dynastie (rund 2500 v. Chr.) in Ägypten. Der Ursprung der Traube liegt wahrscheinlich im Nordiran, im Gebiet rund um das Kaspische Meer. Es gibt etwa 60 Arten von *Vitis* sp., aber 90 % der auf der Welt produzierten Trauben stammen von *Vitis vinifera*, die in zahllosen Varietäten kultiviert wird (z. B. weiße, grüne, rosa und rote Trauben, mit und ohne Kernen). Andere Arten von *Vitis* sp. stammen aus Nordamerika, z. B. *Vitis riparia* und *Vitis labrusca*. Sie bilden kleinere Trauben, sind aber resistent gegen die Reblaus und ertragen tiefere Temperaturen im Winter. Seit etwa 80 Jahren werden Reiser von *Vitis vinifera* auf Unterlagen von amerikanischen Reben gepfropft, um sie resistent gegen Reblausbefall zu machen.

Weintrauben enthalten etwa 81 % Wasser, 0,7 % Protein, 1 % Fett, 18 % Kohlenhydrate, 0,4 % Asche und 1 % Ballaststoffe. Der Vitamin- und Spurenelementgehalt ist gering. Die Kohlenhydrate bestehen zu etwa gleichen Teilen aus Glucose und Fructose (7,6 und 7,8 %), der Saccharosegehalt ist gering (0,1 %). In den Trauben wurde auch Sorbit (etwa 4 mg/100 g) nachgewiesen. Die wichtigsten Säuren sind die

Weinsäure und die Apfelsäure. Physiologisch wird die Weinsäure aus Apfelsäure über die Fumarsäure oder aus Dehydroascorbinsäure durch oxidativen Abbau gebildet. In der Weintraube sind vielfach Kaffee-, $p$-Cumar- und Ferulasäure mit Weinsäure verestert (Caftarsäure). Das Monokaliumsalz der Weinsäure (Kaliumhydrogentartrat) ist in Wasser schwer löslich und fällt bei der Lagerung des Traubensaftes kristallin aus, was zu einer Entsäuerung des Saftes führt. Gallussäure und Vanillinsäure sind für die Weintrauben typische Benzoesäurederivate.

Neben den schon genannten **Hydroxyzimtsäuren** und **Hydroxybenzoesäuren**, die zusätzlich auch als Ester von Chinasäure und Glucose (Chlorogensäuren und Gallotannin-Gerbstoffe) in Weintrauben vorkommen, sind auch eine Reihe von Verbindungen aus der Reihe der **Flavonoide** enthalten: Catechin, Epicatechin und Gerbstoffe auf der Basis oligomerer oder polymerer Proanthocyanidine (unverseifbarer Gerbstoffe) finden sich, wie auch das 3-Glucosid des Quercetins und des Myricetins (5'-Hydroxyquercetin). Weintrauben, vor allem rote, enthalten auch **Stilbene**, hauptsächlich trans-Resveratrol (4,3',5'-Trihydroxystilben, Abb. 8.9) und sein 3'-Glucosid, Piceid. Auch Oligomere des Resveratrols, wie z. B. Viniferin, konnten isoliert werden. Resveratrol hat eine Schutzfunktion der Weintraube gegen Mehltaubefall. Einige Untersuchungen heben die prophylaktische Wirkung des Resveratrols gegen Tumorbildung und Arteriosklerose hervor.

Das Aroma der Weintraube besteht aus vielen Komponenten, höhere aliphatische Alkohole und deren Ester (z. B. Octanol, Hexanol, Linalool) sind in größerer Menge dabei vertreten. Auch 2-Phenylethanol, Benzylalkohol und N-Methylanthranilsäuremethylester- wurden gaschromatografisch gefunden.

Ein Gemisch verschiedener Anthocyane sind die farbgebenden Verbindungen in den verschiedenen roten Traubensorten. Mengenmäßig wichtig sind Glucoside des Malvidins (3',5'-O-Dimethyldelphinidin) und Päonidins (3'-O-Methylcyanin), sie machen oft über 50 % der gesamten **Anthocyane** aus. Besonders das 3-Glucosid und das 3,5-Diglucosid des Malvidins (Önin und Malvin) sind maßgeblich an der Farbe der roten Trauben von *Vitis vinifera* beteiligt. Rote Trauben von *Vitis riparia* und *Vitis labrusca* enthalten Malvin und Önin, bei denen die 3-Glucose mit Hydroxyzimtsäuren verestert ist. Bei *Vitis riparia* findet man Önin mit $p$-Cumarsäure und bei *Vitis labrusca* Malvin mit Kaffeesäure. Diese strukturellen Unterschiede bieten eine Möglichkeit, die Herkunft der Trauben und der daraus gewonnenen Produkte chromatografisch zu unterscheiden. Die reifen Trauben können durch Trocknen konserviert oder zu haltbaren Produkten, wie pasteurisiertem Traubensaft, Essig oder Wein und Weinbrand, verarbeitet werden.

**Erdbeere** (*Fragaria* sp., z. B. *Fragaria ananassa*, *Rosaceae*, engl. strawberry) ist in vielen Teilen der Erde beheimatet und kommt in vielen Wild- und

Kulturformen vor. Die Kulturformen produzieren meistens die größeren Früchte. Die Ananas-Erdbeere dürfte aus der großfruchtigen *Fragaria chiloensis* durch natürliche Hybridisierung mit *Fragaria virginiana* entstanden sein. Die Erdbeere bildet eine Scheinfrucht, auf deren Oberfläche die Samen untergebracht sind. Es ist also nicht wie bei den echten Beeren der Samen vom Fruchtfleisch umgeben. Erdbeeren werden als Tafelobst konsumiert oder zu Marmeladen, Kompotten, Säften oder zu fermentierten und destillierten Produkten verarbeitet (Erdbeerwein, Erdbeerbrandy).

Erdbeeren enthalten durchschnittlich 92 % Wasser, 0,6 % Protein, 0,4 % Fett, 7 % Kohlenhydrate, 2,3 % Ballaststoffe und 0,4 % Asche. Hervorzuheben ist der hohe Gehalt an Vitamin C (57 mg/100 g) und an Phytosterinen (12 mg/100 g). Die löslichen Kohlenhydrate setzen sich aus etwa je 40 % Glucose und Fructose und 20 % Saccharose zusammen. Der Ballaststoffanteil besteht zu etwa einem Drittel aus Pektin und zur Hälfte aus Cellulose. Auch Xylit wurde in Erdbeeren gefunden. Die Fruchtsäuren der Erdbeeren sind hauptsächlich Citronensäure, gefolgt von der Apfelsäure. Von aromatischen Säuren wurden geringe Mengen an Zimtsäure nachgewiesen. Die vorkommenden Hydroxyzimtsäuren, vorwiegend *p*-Cumarsäure, liegen verestert mit Glucose vor. Dasselbe gilt für die *p*-Hydroxybenzoesäure. Weitere phenolische Inhaltsstoffe sind Catechin, Epicatechin und Gallocatechin (Abb. 8.17), Flavonolglykoside (z. B. Quercetin-3-glucosid und 3-Galaktosid) sowie 3-Glucuronsäureester des Quercetins und des Kämpferols. Die rote Farbe der Erdbeeren ist durch Anthocyanglykoside, vor allem des Pelargonidins (vorherrschend ist das Pelargonidin-3-glucosid, daneben das 3-Arabinosid), sowie Cyanidin-3-glucosid bestimmt. Die Aromastoffe der Erdbeere sind vorwiegend Ester aliphatischer Säuren (z. B. Ethyl- und Methylester der 2-Hexensäure, der Hexansäure, der 2-Methylbuttersäure, 2-Hexenylacetat), außerdem Terpenalkohole, wie Linalool und 2,5-Dimethyl-4-methoxy-3-furanon (Abb. 10.7), auch γ-Decalacton (Abb. 10.7) wurde gefunden. Die quantitative Zusammensetzung der aromagebenden Substanzen ist stark von der jeweiligen Sorte bestimmt.

**Himbeere** (*Rubus idaeus, Rosaceae*, engl. raspberry): Über die Herkunft ist wenig bekannt, erst im 16. Jahrhundert wird die Kultur der Himbeere in Europa erwähnt. Heute wird sie in vielen Ländern der Erde mit gemäßigtem Klima kultiviert. Neben den Wildformen gibt es heute viele Varietäten der Himbeere in Kultur, die sich auch in der Farbe unterscheiden können (rot, schwarz, oder gelb). Botanisch ist die Himbeere eng verwandt mit der Brombeere. Wilde und auch kultivierte Himbeeren werden als Tafelobst oder verarbeitet zu Säften, Marmeladen und Spirituosen konsumiert.

Der Wassergehalt von Himbeeren liegt bei 86 %, sie enthalten etwa 1 % Protein, 0,6 % Fett, 12 % Kohlenhydrate, 6,8 % Ballaststoffe und

0,4 % Asche. In Himbeeren kommen auch größere Mengen an Vitamin C (57 mg/100 g) sowie Vitamin E (0,5 mg/100 g) vor. Die löslichen Kohlenhydrate bestehen aus Glucose und Fructose, Saccharose ist in reifen Himbeeren fast nicht vorhanden. Dasselbe gilt für Sorbit. Die vorherrschende Säure ist die Citronensäure. Für das Aroma sind, unter den vielen nachgewiesenen Substanzen, vor allem das so genannte Himbeerketon (4-*p*-Hydroxyphenyl-2-butanon, Formel siehe phenolische Aromastoffe), aber auch **α-** und **β-Ionon** (Abb. 10.5) sowie **Theaspiran** (Abb. 12.46), das auch in der gelben Passionsfrucht enthalten ist, verantwortlich.

Phenolische Inhaltsstoffe sind *p*-Hydroxybenzoesäure, Glucoseester und flavonoide Verbindungen, z. B. Epicatechin, 3-Glykoside und 3-Glucuronsäureester des Quercetins. Die rote Farbe der Beeren wird durch Glykoside des Cyanidins bestimmt, vor allem durch das Cyanidin-3-sophorosid und das Cyanidin-3-glucosid. Himbeeren enthalten auch größere Mengen (bis zu 10 mg/100 g) an Tyramin (4- Hydroxyphenethylamin).

**Brombeere** (*Rubus fruticosus, Rosaceae*, engl. blackberry, dewberry) kommt im gemäßigten Klima auf der ganzen Erde vor. Es gibt viele Wild- und Kulturformen, unterschieden werden z. B. buschförmige (blackberry) und kriechende Pflanzen (dewberry). Unter den Kulturformen kommen auch stachellose Varietäten vor. Die Brombeeren werden meist frisch als Tafelobst konsumiert, daneben werden sie auch zu Marmeladen, Säften und Bränden verarbeitet.

Die chemische Zusammensetzung der Brombeeren ist sehr ähnlich der der Himbeeren, durchwegs wird auch hier ein höherer Gehalt an Ascorbinsäure und Vitamin E festgestellt. An Phenolen enthalten Brombeeren Neochlorogensäure (Abb. 8.5), mit Glucose veresterte *p*-Hydroxybenzoesäure, Epicatechin und Glykoside des Quercetins sowie des Kämpferols. Die dunkelrote Farbe der reifen Früchte wird durch Anthocyanidinglykoside vom Typ des Cyanidins verursacht (Cyanidin-3-rutinosid, Cyanidin-3-glucosid). Als Aromastoffe wurden hauptsächlich höhere Alkohole, z. B. 2-Heptanol, Terpineol (Abb. 10.2), Hexanol und 2-Heptanon, beschrieben.

**Johannisbeere, rot und schwarz** (Ribisel, *Ribes rubrum* und *Ribes nigrum, Saxifragaceae*, engl. currant) haben ihren Ursprung in den alpinen und subalpinen Gebieten der nördlichen Halbkugel. Heute werden Johannisbeeren auch in der südlichen Hemisphäre kultiviert. Neben den roten und schwarzen kommen auch weiße Varietäten vor. Wildformen sind noch in Nordamerika verbreitet (*Ribes americanum*). Johannisbeeren werden roh gegessen oder zu Säften, Weinen oder Marmeladen verarbeitet. Letzteres trifft in besonderem Maß für die schwarzen Johannisbeeren zu. Die getrockneten Blätter werden fermentiert oder unfermentiert als Tee-Ersatz verwendet.

Schwarze Johannisbeeren enthalten bei etwa 82 % Wassergehalt 1,4 % Protein, 0,4 % Fett, 15,4 % Kohlenhydrate, 4 % Ballaststoffe und 0,9 % Asche. Bemerkenswert ist der hohe Gehalt an Vitamin C (180 mg/100 g) und der Gehalt an Vitamin E (1,0 mg/100 g). Bei den roten Johannisbeeren sind durchschnittlich folgende Werte festgestellt worden: 84 % Wasser, 1,4 % Protein, 0,2 % Fett, 13,8 % Kohlenhydrate, 4,3 % Ballaststoffe und 0,7 % Asche. Der Ascorbinsäuregehalt liegt bei 40 mg/100 g, der α-Tocopherolgehalt bei 0,1 mg/100 g. Die löslichen Kohlenhydrate bestehen im Wesentlichen aus Glucose und Fructose (Invertzucker), der Saccharosegehalt ist sehr gering. Die vorwiegende Säure ist in allen Johannisbeerarten die Citronensäure. Über Inhaltsstoffe, die für das Aroma der Johannisbeeren maßgeblich sind, ist wenig bekannt. Einige Terpenalkohole wurden neben Aldehyden und Estern aliphatischer Alkohole isoliert. Für den typischen Geschmack der schwarzen Johannisbeere soll eine schwefelhaltige Verbindung (4-Methoxy-2-methyl-2-butanthiol, Abb. 10.11) verantwortlich sein. Phenolische Inhaltsstoffe sind in den schwarzen Beeren durchwegs in höherer Konzentration anzutreffen als in den roten. Substanzen, die in höherer Konzentration vor allem in den schwarzen Beeren vorkommen, sind Neochlorogensäure, 3-p-Cumaroylchinasäure, Glucoseester der Ferulasäure und der p-Hydroxybenzoesäure. Bei den Flavonolglykosiden kommen Glykoside des Quercetins und des Myricetins (Glucoside und Rutinoside) in größerer Menge vor, besonders in den schwarzen Beerensorten. Die Farbstoffe der Johannisbeeren sind Anthocyanidinglykoside, im Fall der roten Beeren vorwiegend Glykoside des Cyanidins (Rutinosid und Xylorutinosid), insgesamt etwa 15 mg/100 g. In den schwarzen Varietäten, in denen der gesamte Gehalt an Anthocyanen wesentlich höher ist, kommt Delphinidin-3-glucosid zu dem Cyanidin-3-rutinosid und dem 3-Glucosid hinzu.

**Stachelbeere** (*Ribes grossularia, Ribes uva-crispa, Saxifragaceae,* engl. gooseberry) hat ihren Ursprung in den alpinen und subalpinen Regionen der nördlichen Hemisphäre. Stachelbeeren werden heute in vielen grünen und rot-violetten oder gelben Varietäten in vielen Ländern der Erde kultiviert. Die Stachelbeeren werden frisch konsumiert oder zu Kompotten und Marmeladen, oft gemischt mit anderen Früchten (z. B. Kiwi), verarbeitet. Auch Säfte werden erzeugt, während die Verarbeitung zu Weinen sehr selten ist.

Stachelbeeren haben einen Wassergehalt von rund 90 %, der Rest verteilt sich auf 0,9 % Protein, 0,6 % Fett, 10 % Kohlenhydrate, 4 % Ballaststoffe und 0,5 % Asche. Der Vitamin-C-Gehalt liegt bei durchschnittlich 27 mg/100 g, an B-Vitaminen sind Pantothensäure und Niacin in größeren Konzentrationen enthalten. Fructose und Glucose bilden die Hauptmenge der löslichen Kohlenhydrate, zusammen etwa 7 %, der Saccharosegehalt ist gering (1 %). Sorbit ist in geringen Mengen enthalten (0,5 %). Die wichtigsten Säuren sind die Apfelsäure und in zweiter Linie die Citronensäure. Charakteristisch ist für Stachelbeeren ihr relativ hoher Gehalt an Shikimisäure (100 mg/100 g), auch geringe Mengen an Oxalsäure sind enthalten. Hydroxyzimtsäuren und Hydroxybenzoesäuren (vorwiegend *p*-Cumarsäure, Kaffeesäure, *p*-Hydroxybenzoesäure) sind meist neben Neochlorogensäure die Hauptvertreter der einfachen phenolischen Verbindungen. Catechine konnten ebenfalls nachgewiesen werden. Die roten Stachelbeeren enthalten vorwiegend 3-Glykoside des Cyanidins (Rutinosid und Glucosid).

**Heidelbeere** (*Vaccinium myrtillus, Vaccinioideae, Ericaceae*, engl. blueberry) ist heimisch in den alpinen Gebieten der nördlichen Halbkugel, in entsprechend höheren Lagen ist sie auch in den Tropen zu finden. Heidelbeeren kommen in Wild- und Kulturformen vor. Die Wildformen bilden in der Regel niedere Büsche, während die Kulturformen zu höheren Büschen heranwachsen. Viele Subspecies und Varietäten kommen in Natur und Kultur vor. Heidelbeeren werden frisch gegessen oder zu Säften und Marmeladen verarbeitet.

Bei einem Wassergehalt von rund 85 % enthalten Heidelbeeren 0,7 % Protein, 0,4 % Fett, 14 % Kohlenhydrate, 2,7 % Ballaststoffe und 0,2 % Asche. Der Gehalt an Vitamin C liegt nur bei 13 mg/100 g, der an Vitamin E bei 1 mg/100 g. Die löslichen Kohlenhydrate bestehen vorwiegend aus Fructose und Glucose, zusammen etwa 7 %, und etwa 1 % Saccharose. Die am häufigsten vorkommenden Säuren sind Citronensäure, Apfelsäure und Chinasäure. Das komplexe Aroma besteht hauptsächlich aus aliphatischen und alizyklischen Terpenalkoholen (Butanol, 2-Methylbutanol, Hexanol, Terpineol u. a.). Die mengenmäßig bedeutendste phenolische Verbindung ist die Chlorogensäure (um 200 mg/100 g), daneben kommen Ester der Ferula-, *p*-Cumar- und der Kaffeesäure mit Glucose und Chinasäure vor, auch Gallussäure (Abb. 12.47), Salicylsäure und *p*-Hydroxy-benzoesäure wurden gefunden. Weiters sind Flavonolglykoside des Quercetins und des Kämpferols mit Glucose, Rhamnose und Galaktose enthalten. Die Farbstoffe der Heidelbeeren sind ein Gemisch von Anthocyanidinglykosiden, wobei Malvidin-3-glucosid und Delphinidin-3-glucosid sowie das 3-Galaktosid am wichtigsten sind. Daneben kommen auch Glykoside des Petunidins und Cyanidins vor.

**Preiselbeere** (*Vaccinium vitis-idaea, Vaccinium macrocarpum, Vaccinioideae, Ericaceae*, engl. cranberry) ist in den alpinen und subalpinen Regionen der nördlichen Hemisphäre heimisch. Die Preiselbeere ist frisch kaum genießbar, aber getrocknet ist sie Bestandteil von Gewürzmischungen (mit Zimt und Gewürznelke), als Kompott, Marmelade, Beilage zu Fleischgerichten und zu anderen Obst- und Gemüsearten. Durch ihren Gehalt an Benzoesäure (bis 0,2 %), die in der Frucht verestert mit Glucose vorliegt, wirken Preiselbeeren konservierend auf andere Lebensmittel. Die Benzoesäure liegt in der Beere als Vaccinin (Glucose-6-benzoat) vor.

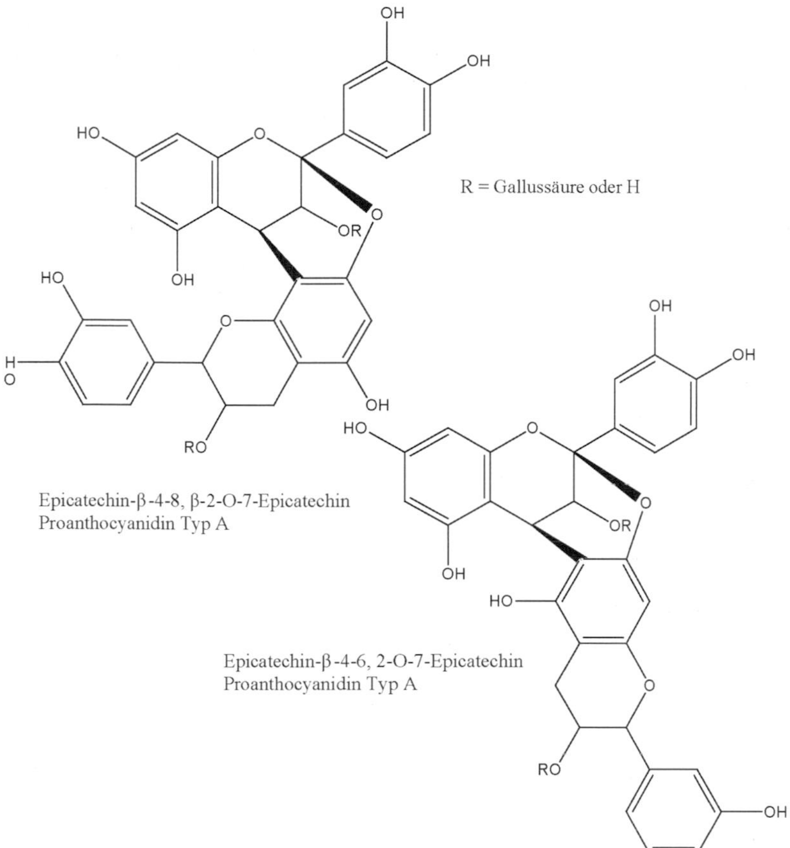

R = Gallussäure oder H

Epicatechin-β-4-8, β-2-O-7-Epicatechin
Proanthocyanidin Typ A

Epicatechin-β-4-6, 2-O-7-Epicatechin
Proanthocyanidin Typ A

**Abb. 12.47.** Chemische Struktur von Proanthocyanidinen vom Typ A

Preiselbeeren enthalten 87 % Wasser, 0,4 % Protein, 0,2 % Fett, 13 % Kohlenhydrate, 4,2% Ballaststoffe und 0,2 % Asche. Der Vitamin-C-Gehalt liegt bei 13 mg/100 g, Vitamin E kommt nur in geringer Konzentration vor. Die Aromastoffe sind ähnlich denen, die bei den Heidelbeeren beschrieben wurden. Die wichtigsten Säuren sind Citronensäure, Apfelsäure und Chinasäure, in der Größenordnung von etwa je 1 %.

In Preiselbeeren wurden größere Mengen an *p*-Cumarsäure, verestert mit Glucose, Proanthocyanidine vom Typ A (Abb.12.47) und Glykoside des Quercetins (200 mg/kg) und des Myricetins gefunden. Die rote Farbe der Beeren ist durch Anthocyanidinglykoside des Cyanins und des Päonidins bestimmt. Dabei ergeben sich Unterschiede zwischen den europäischen und amerikanischen Sorten: In Ersteren sind Glucoside der genannten Anthocyanidine vertreten, in Letzteren Arabinoside und Xyloside. Die phenolischen Verbindungen sind für die antioxidativen Eigenschaften dieser Beeren verantwortlich, auf der anderen Seite aktivieren z. B. die Proanthocyanidine Entgiftungsenzyme der Leber, wie die DT-Diaphorase.

**Moosbeere** (*Vaccinium macrocarpon*, *Ericaceae*, manchmal *Vaccinium oxycoccos*, engl. cranberry): *Vaccinium macrocarpon* ist die amerikanische Preiselbeere, die in Nordamerika auch kultiviert wird und größere wirtschaftliche Bedeutung hat. Die Früchte sind wesentlich größer (15 mm) als die der Preiselbeere (6,5 mm). Die Inhaltsstoffe sind ähnlich der Preiselbeere und wirken durch ihren hohen Gehalt an phenolischen Verbindungen stark antioxidativ. Die Moosbeere wird zur Herstellung von Säften und als Beilage zu verschiedenen Gerichten verwendet.

**Holunder** (*Sambucus nigra* und *Sambucus canadensis*, *Adoxaceae*, engl. elderberry) ist heimisch in Europa, Asien (*nigra*) und Nordamerika (*canadensis*) und kommt hauptsächlich als schwarzer Holunder vor. Der in Europa vorkommende rote Holunder (Traubenholunder, *Sambucus racemosa*) ist wesentlich toxischer als der schwarze. Die schwarzen Beeren werden als Frischobst oder verarbeitet als Säfte konsumiert, vereinzelt werden getrocknete Beeren mit kaltem Wasser angesetzt und nach einigen Minuten der Inkubation zu einem Tee erhitzt. Holundersaft kann auch zum Färben anderer Lebensmittel verwendet werden. Holundersaft wird in der Volksmedizin als Purgans sowie gegen Erkältungen, Ischias und Neuralgien verwendet. Pharmazeutisch werden auch die Blüten und die Rinde des schwarzen Holunders verwendet.

Die Farbstoffe des schwarzen Holunders sind Anthocyanidinglykoside vom Typ des Cyanidins (Sambucin: Cyanidin-3-β-D-rhamnosylglucose, Sambucyanin: Cyanidin-3-β-D-xylosylglucose, Chrysanthemin: Cyanidin-3-β-D-glucose).

Holunderbeeren enthalten etwa 80 % Wasser, 0,7 % Protein, 0,5 % Fett, 18 % Kohlenhydrate, 7 % Ballaststoffe und 0,6 % Asche. Der Gehalt an Ascorbinsäure liegt bei 36 mg/100 g, jener an Vitamin E bei 1 mg/100 g. Weiters sind B-Vitamine, wie Niacin, Pantothensäure und Vitamin $B_6$ in höherer Konzentration vorhanden. Die löslichen Kohlenhydrate bestehen aus Glucose und Fructose. Phenolische Inhaltsstoffe sind vor allem Rutin (Quercetin-3-rutinosid) und Quercitrin (Quercetin-3-rhamnosid), Astragalin (3-Glucosid des Kämpferols).

Die Kerne der Holunderbeeren enthalten die cyanogenen Glykoside Sambunigrin (L-+-Mandelonitril-β-glucosid) und Vicianin. Letzteres besteht aus Mandelonitril, β-glykosidisch verbunden mit Vicianose (6-O-α-L-Arabinopyranosylglucose, Abb. 12.48). Vor allem kommen Sambunigrin und Vicianin in den Holunderblättern vor, die dadurch in größeren Mengen toxisch sind. Beim Kochen der Beeren zersetzen sich die cyanogenen Glykoside. Daher sollten Holunderbeeren nie unerhitzt gegessen werden, da bei größeren Mengen ansonsten vor allem das Auftreten von Magenkrämpfen zu befürchten ist.

Holunderblüten werden oft zur Teebereitung oder zur Herstellung von Sirupen und Likören verwendet. Sie haben auch als schweißtreibendes Mittel pharmazeutische Bedeutung. Linalooloxid (Abb. 10.1) ist ein wichtiger Bestandteil des Holunderblütenaromas, die phenolischen Verbindungen (etwa 0,7 % insgesamt) sind vorwiegend Flavonole, ähnlich den in den Beeren beschriebenen, zusätzlich wären noch das 3-Glucosid des Isorhamnetins (= 3'-O-Methylquercetin, Formel siehe Flavonole) und β-Glucoseester der Hydroxyzimtsäuren zu erwähnen. Holunderblüten enthalten Triterpene, wie Ursolsäure (Abb. 12.41) und α-Amyrin (Abb. 13.10). Cis-3-Hexenol-1 ist eine wichtige Komponente des Aromas der Beeren.

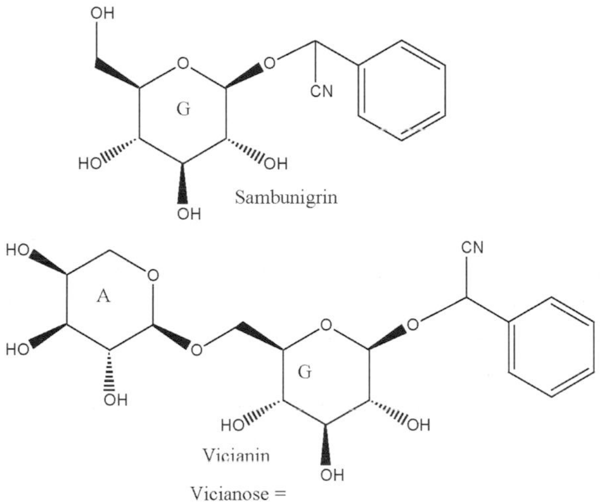

Sambunigrin

Vicianin

Vicianose =
6-O-α-L-Arabinopyranosyl-D-glucopyranose

**Abb. 12.48.** Chemische Struktur von Sambunigrin und Vicianin

**Kiwi** (*Actinidia* sp., engl. kiwifruit) kommt in vielen Varietäten mit sehr unterschiedlichen Größen der Frucht vor. Die Kiwifrucht ist in China heimisch (*Actinidia chinensis*) und wurde deswegen früher als chinesische Stachelbeere bezeichnet. In Europa wurde die Pflanze früher nur als Zierpflanze verwendet, erst Mitte des letzten Jahrhunderts wurde die Kultur als obstliefernde Pflanze auch in Ländern der westlichen Welt begonnen. Die heutige Bezeichnung „Kiwi" stammt aus Neuseeland nach einer dort heimischen Vogelart. Neuseeland (die Kiwipflanze wurde dort schon 1906 eingeführt und nach großen Früchten selektiert) war auch eines der ersten Länder, die die Kiwipflanze in Kultur nahmen. Andere Bezeichnungen sind Ichang-Stachelbeere, Affenpfirsich (monkey peach) oder

Kiwibeere. Heute wird die Kiwifrucht auch in Europa und Nordamerika in großen Mengen produziert. Kiwifrüchte werden frisch oder in Form von Säften konsumiert. Das Öl der Kerne wird auch in der Kosmetik verwendet.

Da man sowohl große als auch nur die Größe von Stachelbeeren erreichende Früchte konsumiert, sind Werte über Inhaltsstoffe mit einer großen Streuung behaftet. Durchschnittlich hat die Frucht 83 % Wassergehalt, 1 % Protein, 0,4 % Fett, 15 % Kohlenhydrate, 3,4 % Ballaststoffe und 0,6 % Asche. Der Vitamin-C-Gehalt liegt durchschnittlich bei 75 mg/100 g, wobei die kleinen Früchte in der Regel Vitamin-C-reicher sind. Es gibt Kiwis mit grünem und gelbem Fruchtfleisch. Ein Gehalt an Chlorophyll ist die Ursache für die Grünfärbung, bei gelben Früchten überwiegen die Carotinoide. Alle Früchte enthalten Carotinoide in unterschiedlichen Konzentrationen, wobei sowohl $\beta$-Carotin als auch Lutein vertreten sind. An phenolischen Inhaltsstoffen sind Flavonoide zu erwähnen. Wichtige Komponenten des Aromas sind Alkohole, wobei cis-2-Pentenol-1 und trans-3-Hexenol-1 zu erwähnen sind.

**Aronia** (Apfelbeere, *Aronia melanocarpa*, *Aronia arbutifolia*, *Rosaceae*, engl. chokeberry): Diese Frucht eines sommergrünen Strauchs stammt aus Nordamerika und wird in Russland, Nord-, Mittel- und Osteuropa kultiviert. Die dunkelviolett bis dunkelroten kleinen Früchte (Durchmesser etwa 10 mm) schmecken kaum süß und haben aufgrund ihres hohen Gehalts an phenolischen Verbindungen (bis 2 % des Frischgewichts) einen herben adstringierenden Geschmack.

Die frische Frucht enthält etwa 75 % Wasser, 17 % lösliche Zucker, 5,5 % Ballaststoffe, 0,7 % Protein, 0,2 % Fett und geringe Mengen an Mineralstoffen (0,4 %). Der Gehalt an Carotinoiden ($\beta$-Carotin, $\beta$-Cryptoxanthin, Violaxanthin, Abb. 9.1, 9.3) liegt im Bereich von 1–2 mg/100 g, ebenso der Tocopherolgehalt. Auch der Gehalt an anderen Vitaminen ist niedrig, z. B. Ascorbinsäure etwa 15 mg/100g.

Die dunkle Farbe der Beeren ist durch Anthocyane und Proanthocyanidine bedingt, vorwiegend 3-Glycoside des Cyanidins (Abb. 9.14), davon etwa 66 % mit Galactose, 21 % mit Arabinose, 10 % mit Xylose und 3,5 % mit Glucose. Weitere Flavonoide sind Glycoside des Quercetins (Abb. 8.18) mit Glucose, Rutinose und Galatose sowie Epicatechin (Abb. 8.17). Weitere phenolische Verbindungen sind Chlorogensäure und Neochlorogensäure (Abb. 8.5).

Aronia enthält das cyanogene Glycosid Amygdalin (Abb. 12.50, etwa 20 mg/100 g), daher ist Benzaldehyd im Aroma enthalten. Andere Aromastoffe sind Acetophenon, 4-Methoxyacetophenon, 2-Phenylethanol (Abb. 10.9).

Die Beeren werden selten frisch, sondern meist in Form von Säften, Marmeladen oder getrocknet in Zubereitungen wie Müsli konsumiert. Auch getrocknete Extrakte werden hergestellt. Aronia-Beeren werden zum Färben anderer Säfte verwendet. Durch den hohen Gehalt an Phenolen werden dem Organismus größere Mengen an antioxidativ wirkenden Stoffen zugeführt.

**Sanddorn** (Weidendorn, Sandbeere, *Hippophaé rhamnoides, Elaeagnaceae,* engl. sea buckthorn, yellow spine, sallow thorn) ist ein in unterschiedlichen Arten vorkommender Strauch. Er wächst bevorzugt auch an Küsten und in sandigem Boden und ist in Asien und Europa heimisch. Verschiedene Teile des Sanddorns, vorwiegend aber die Früchte, werden in China und Russland seit langem auch medizinisch verwendet und sind bekannt durch ihren hohen Gehalt an Vitamin C (0,5–1,4 %).

Bei einem Wassergehalt von etwa 83 % enthalten frische Sanddornbeeren 3,3 % Glucose, 1–2 % Fructose, 0,5 % Saccharose und 1 % Pektin. Der Ballaststoffgehalt liegt bei etwa 1–2 %. Die Beeren haben einen Fettgehalt von 2–5 % (vorwiegend Linolsäure, Linolensäure, Ölsäure, Sitosterin) und einen Proteingehalt von 1,2 %.

Carotinoide (0,015–0,04 %) geben den Beeren ihre gelbrote Farbe. Neben $\alpha$- und $\beta$-Carotin sowie $\beta$-Cryptoxanthin wurden Zeaxanthin, Zeaxanthindipalmitinsäureester (Physalin) und Lycopin gefunden (Abb. 9.3, 9.4).

Die phenolischen Verbindungen in Sanddornbeeren sind vor allem Glycoside des Flavonols Isorhamnetin (Abb. 8.18), 3-Glucosid, 3-Rutinosid, 3-Glucosid-7-Rhamnosid, daneben Quercetin, Kämpferol und Gerbstoffe (1,5 %).

Die wichtigsten organischen Säuren und gleichzeitig für den sauren Geschmack verantwortlich sind Chinasäure, Apfelsäure und Citronensäure. An Zuckeralkoholen sind sind Mannit und Quebrachit (L-2-O-Inositmonomethyläther) enthalten, weiters geringe Mengen an Vitamin B, auch Vitamin $B_{12}$, das in und an den Schalen angereichert und dort mikrobiellen Ursprungs ist. Verschiedene Tocopherole sind in geringen Mengen enthalten.

Sanddornbeeren werden frisch, getrocknet, als Saft oder in Marmeladen verzehrt.

### 12.3.5 Schalenobst

Als Schalenobst bezeichnet man einzelne Samen, die unter einer ungenießbaren verholzten Schale liegen. Zu dieser Gruppe gehören vor allem die verschiedenen Nüsse. Im Unterschied zu Kern-, Stein- und Beerenobst enthalten die als Schalenobst gegessenen Samen durchwegs wenig Wasser, aber viel Fett und Protein, wobei Fett der Hauptbestandteil ist. Der Kohlenhydratgehalt ist ähnlich dem der anderen Obstarten, der Ballaststoffgehalt aber durchwegs niedriger. Viele dieser Samen werden auch als Ausgangsprodukt für die Herstellung von fetten Ölen verwendet. Die Zusammensetzung dieser Öle wird im Kapitel 13 „Pflanzenfette" besprochen. Vorherrschende Fettsäuren sind die Ölsäure und die Linolsäure (jeweils zwischen 15 und 30 %). Schalenobst enthält relativ große Mengen an Mineralstoffen. Erwähnenswert ist z. B. der durchschnittlich hohe Eisen-, Phosphorsäure-, Calcium-, Magnesium-, Kalium- und Mangangehalt vieler Nüsse. Auch der Selengehalt ist fast immer hoch. Der Vitamingehalt beschränkt sich im Wesentlichen auf verschiedene B-Vitamine, z. B. Niacin, Thiamin, Riboflavin, Pantothensäure und Vitamin $B_6$, sowie auf verschiedene Tocopherole. Andere Vitamine sind nur in sehr geringen Mengen vorhanden oder fehlen überhaupt. Die vorkommenden Proteine enthalten viele essenzielle Aminosäuren und große Mengen an Arginin. Nüsse sind nach der Ernte besonders durch mikrobiellen Befall gefährdet und müssen daher vor der Lagerung gut getrocknet werden, um die Kontaminierung durch Mykotoxine möglichst gering zu halten.

**Walnuss** (*Juglans sp., Juglandaceae,* engl. walnut) ist der essbare Kern oder Samen einer der etwa 15 vorkommenden Juglans-Arten. Der weltweit wichtigste Walnussbaum gehört zur Spezies *Juglans regia* (persischer oder englischer Nussbaum). Der Baum ist heimisch in Südosteuropa sowie im Mittleren und Fernen Osten. Vor langer Zeit hatte er wahrscheinlich seinen Ursprung in Persien. Nüsse von *Juglans regia* unterscheiden sich je nach Varietät in der Größe und Dicke der Schale. In der Regel ist die Größe des Kerns umgekehrt proportional zur Dicke der Schale.

Im englischsprachigen Raum wird zwischen den „Englischen" und den „Schwarzen Walnüssen" unterschieden. Letztere stammen von der Spezies *Juglans nigra*, die in Nordamerika zwischen der Ostküste und den großen Seen beheimatet ist. Der Anteil von *Juglans nigra* an den weltweit verzehrten Walnüssen ist gering, er hat meist nur lokale Bedeutung. Walnüsse werden als solche konsumiert oder in Mehlspeisen und anderen Süßwaren verarbeitet. Unreife Nüsse werden zur Herstellung von Nusslikör verwendet.

*Juglans regia* und *Juglans nigra* weisen beträchtliche Unterschiede in ihrer Zusammensetzung auf: Erstere haben einen höheren Fettgehalt (65 %) und einen geringeren Proteingehalt (15 %), bei den Letzteren liegen diese Werte bei 56 % und 24 %. Auch der Mineralstoffgehalt ist bei *Juglans nigra* höher. Der Kohlenhydratgehalt ist bei beiden Arten etwa 12–13 %. Die löslichen Zucker sind praktisch nur Saccharose. Der Ballaststoffanteil liegt bei 5–6 %, der Aschegehalt bei 1,8–2,6 %, wobei bei *Juglans nigra* die höheren Werte gefunden werden. Die Asche enthält große Mengen an Calcium (60–100 mg/100 g), Magnesium (150–200 mg/100 g), Kalium (400–600 mg/100 g) und an Spurenelementen besonders Mangan, Eisen, Zink, Selen, Bor und Kupfer. In Walnüssen sind Vitamine der B-Gruppe besonders reichlich vertreten, vor allem Thiamin (0,2–0,35 mg/100 g), Riboflavin (0,15–0,2 mg/100 g), Niacin (0,7–2,0 mg/100 g), Pantothensäure (0,6 mg/100 g) und $B_6$ (0,5 mg/100 g). Die höheren Werte gelten in der Regel für *Juglans regia*. Hauptvertreter der Tocopherole in den Walnüssen ist das $\gamma$-Tocopherol (21–25 mg/100 g), der Gehalt an $\alpha$-Tocopherol ist nicht allzu hoch (0,7–1,4 mg/100 g). Ascorbinsäure und Vitamin A sind nur in sehr geringen Mengen vorhanden.

Das Eiweiß der Walnüsse enthält viele essenzielle Aminosäuren in größeren Konzentrationen, wobei der mengenmäßige Anteil in *Juglans nigra* durchwegs höher ist als in *Juglans regia*, entsprechend dem höheren Proteingehalt von *Juglans nigra*. Hohe Konzentrationen an Phenylalanin, Methionin, Cystin, Lysin und an den hydrophoben Aminosäuren Leucin, Isoleucin und Valin wie auch Histidin werden gefunden. Sehr hoch ist der Gehalt an Arginin (2,2–3,7 mg/100 g). Juglansin ist ein globuläres Protein in den Kernen von *Juglans regia*.

Neben den Tocopherolen sind wichtige phenolische Inhaltsstoffe der Walnüsse Gerbstoffe, vor allem solche mit Ellagsäure (Strukturen siehe Kapitel 8 „Phenolische Verbindungen", Abb. 8.7). Ellagsäure inhibiert das Wachstum von Krebszellen *in vitro*.

Das 1,4,5-Trihydroxynaphthalin (Hydrojuglon) und sein β-D-5-Glucosid sind in den Schalen unreifer Nüsse enthalten. Durch Sauerstoff, teilweise katalysiert durch die nusseigene Polyphenoloxidase, wird Hydrojuglon zu Juglon (Abb. 9.9, siehe Chinone), dem entsprechenden Chinon, oxidiert. In den Kernen kommen geringe Konzentrationen an β-Carotin (1 ppm) vor, das teilweise für die gelbe Farbe der Nüsse verantwortlich ist.

**Haselnuss** (*Corylus sp., Betulaceae,* engl. filbert, hazelnut) ist heimisch in der nördlichen Hemisphäre und kommt in verschiedenen Arten vor (z. B. *Corylus avellana, Corylus americana, Corylus rostrata, Corylus colurna*). *Corylus avellana* ist die europäische Haselnuss, die auch in Amerika kultiviert wird. In Asien ist *Corylus colurna* heimisch. Seinen Ursprung dürfte der Haselnussstrauch in Asien haben. Die Hauptmenge an Haselnüssen wird heute in der Türkei und in zweiter Linie im Iran erzeugt. Haselnüsse werden als solche oder auch gesalzen konsumiert, sie werden in der Zuckerbäckerei, in der Süßwaren- und Schokoladeerzeugung oder zur Speiseölgewinnung verwendet.

Die chemische Zusammensetzung der Haselnuss ist in vieler Hinsicht ähnlich der der Walnuss. Bei etwa 5 % Wasser enthält sie 15 % Protein, 61 % Fett, 17 % Kohlenhydrate, 9 % Ballaststoffe und und 4,3 % Asche. Saccharose (4,2 %) ist der Hauptbestandteil der löslichen Kohlenhydrate. Neben geringen Mengen an Stärke, Glucose und Fructose sind in der Haselnuss verschiedene Oligosaccharide, wie Raffinose, Stachyose, Melibiose und Manninotriose enthalten. Hoch ist der Gehalt an Calcium, Magnesium und Kalium (114, 163 und 680 mg/100 g), Mangan (6,2 mg/100 g), Zink (2,5 mg/100 g), Kupfer (1,7 mg/100 g). Auch beträchtliche Mengen an Silicium, Nickel u. a. wurden nachgewiesen. Bei den Vitaminen stehen, wie bei der Walnuss, die des B-Komplexes im Vordergrund: Thiamin (0,6 mg/100 g), Riboflavin (0,1 mg/100 g), Niacin (1,8 mg/100 g), Pantothensäure (0,9 mg/100 g) und Vitamin $B_6$ (0,6 mg/100 g). Die Tocopherole der Haselnuss (15 mg/100 g) sind zu 80 % α-Tocopherol, der Rest ist β-Tocopherol. Die Hauptfettsäure im Fett ist die Ölsäure, gefolgt von der Linolsäure.

Das Protein enthält neben viel Arginin (2,2 mg/100 g) viele essenzielle Aminosäuren in relativ hohen Konzentrationen: die hydrophoben Aminosäuren Leucin (1,0 mg/100 g), Isoleucin (0,5 mg/100 g), Valin (0,7 mg/ 100 g), Phenylalanin (0,7 mg/100 g), Lysin (0,4 mg/100 g) und die schwefelhaltigen Aminosäuren Methionin und Cystin (0,2 und 0,3 mg/100 g).

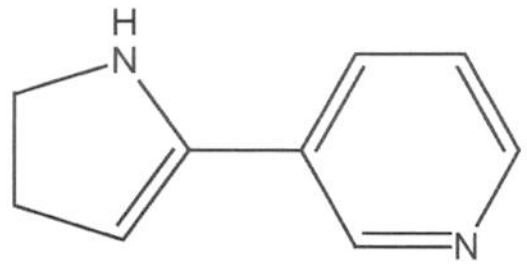

**Abb. 12.49.**    Chemische Struktur von Myosmin

Vor einigen Jahren wurde in Haselnüssen das Tabakalkaloid Myosmin (3-(2-Pyrrolinyl)-pyridin, Abb. 12.49) gefunden.

**Mandel** (*Prunus amygdalus, Prunus dulcis* var. *dulcis, Prunus dulcis* var. *amara, Rosaceae*, engl. almond) ist der Samenkern der Früchte eines Baumes mittlerer Größe, der seinen Ursprung in Westasien und Nordafrika hat und heute in vielen Ländern mit warmem Klima kultiviert wird. Die Frucht, eine Steinfrucht, umschließt mit einer festen Schale den Kern. Die Schale wird mechanisch aufgebrochen, der Kern isoliert und getrocknet. Man unterscheidet süße (*Prunus dulcis* var. *dulcis*) und bittere (*Prunus dulcis* var. *amara*) Mandeln.

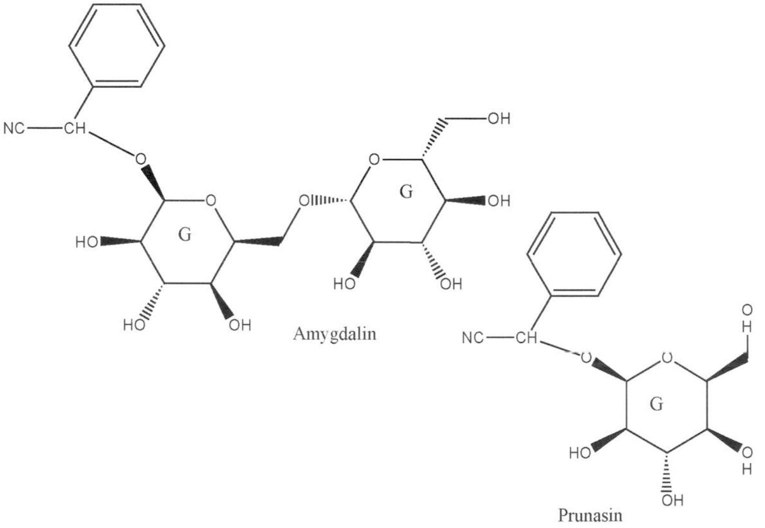

**Abb. 12.50.**    Chemische Struktur von Amygdalin und Prunasin

Bittere Mandeln enthalten bis zu 10.000 ppm (1 %) an dem cyanogenen Glykosid **Amygdalin** (D-Mandelonitril-β-D-gentiobiosid), daneben auch **Prunasin** (D-Mandelonitril-β-D-glucosid, Abb. 12.50). Wichtige Produzenten sind die USA, Italien und Spanien. Mandeln werden als solche geröstet oder gesalzen gegessen. Verarbeitet werden sie in Form von Süßspeisen, wie z. B. Marzipan (eine Zubereitung von geschälten und gemahlenen Mandeln, mit gleichen Teilen Zucker vermischt und erhitzt), Mandelmilch, Brotaufstrichen (z. B. Mandelbutter), zubereitet werden sie mit Gewürzen (z. B. mit Basilikum und Olivenöl, auch Pesto genannt) oder sie werden als Mandellikör (Amaretto) konsumiert.

Bittere Mandeln, die beim Verreiben mit Wasser Blausäure (HCN) freisetzen, werden wegen ihres Aromas in kleinen Mengen Mandelzubereitungen zugesetzt. Bei der Spaltung des Amygdalins oder des Prunasins durch eine β-Glucosidase (Mandelemulsin) entsteht neben Blausäure und Glucose auch Benzaldehyd, der für das charakteristische Bittermandel-Aroma verantwortlich ist. Mandeln werden auch zur Gewinnung von Speiseöl verwendet. Vorherrschende Fettsäure ist die Ölsäure, daneben kommen auch größere Mengen an Linolsäure vor. Mandelöl wird in der Kosmetik viel verwendet. Aus den Pressrückständen der Ölgewinnung werden für die Kosmetik Mandelkleie und Mandelseife hergestellt.

Getrocknete Mandeln *(Prunus dulcis)* enthalten etwa 5 % Wasser, 21 % Protein, 50 % Fett, 20 % Kohlenhydrate, davon 12 % Ballaststoffe und 3 % Asche. Die Proteine des Mandelkerns haben einen hohen Gehalt an essenziellen Aminosäuren (in mg/100 g: Leucin 1,5, Isoleucin 0,7, Valin 0,8, Phenylalanin 1,2, Histidin 0,6, Lysin 0,6, Threonin 0,7, Cystin 0,3, Methionin 0,2). Auch Arginin (2,5 mg/100 g) ist in hohen Konzentrationen enthalten. Die löslichen Kohlenhydrate (5 %) bestehen fast ausschließlich aus Saccharose. Die Zusammensetzung der Mineralstoffe und Spurenelemente ähnelt in vieler Hinsicht der der Wal- und Haselnüsse. Mandeln haben hohe Gehalte an Kalium und Magnesium, während Natrium kaum vorhanden ist, und sie sind reich an Eisen (4,3 mg/100 g), Mangan (2,5 mg/100 g), Zink (3,4 mg/100 g), Selen (4,4 µg/100 g) und Kupfer (1,1 mg/100 g). Auch bei den Mandeln steht der Gehalt an Vitaminen der B-Gruppe mengenmäßig im Vordergrund (in mg/100 g: Thiamin 0,24, Riboflavin 0,8, Niacin 4,0, Pantothensäure 0,5). Vitamin C ist nur in unbedeutenden Mengen enthalten. Der Gehalt an Tocopherolen (27 mg/100 g, 90 % davon α-Tocopherol) ist relativ hoch. Die Lipide enthalten größere Mengen an β-Sitosterin (110 mg/100 g). Mandeln enthalten etwa 1 % ätherisches Öl.

**Pistazie** *(Pistacia vera, Anacardiaceae,* engl. pistachio) ist der Samen der Früchte des Pistazienbaumes, der ursprünglich aus Südwestasien stammt, heute aber im gesamten Mittelmeergebiet und in den USA verbreitet ist und in verschiedenen Varietäten kultiviert wird. Die Samen werden roh, geröstet oder gesalzen gegessen. Verarbeitet werden sie in Süßwaren und Speiseeis konsumiert. *Pistacia vera* liefert auch ein Speiseöl. Aus einer verwandten Spezies, dem Mastixstrauch *(Pistacia lentiscus)*, wird ein Harz

„**Mastix**" gewonnen, das in Ländern des Nahen Ostens oft gekaut wird sowie als Verdickungsmittel und Gerbstoff verwendet wird.

Die Zusammensetzung der Pistazie ist sehr ähnlich der des anderen Schalenobstes. Bei etwa 4 % Wasser enthalten die rohen Nüsse etwa 21 % Protein, 45 % Fett, 28 % Kohlenhydrate, 10 % Ballaststoffe und 3 % Asche. Das Protein enthält essenzielle Aminosäuren und Arginin (2 mg/100 g) in relativ hohen Konzentrationen. Bemerkenswert ist die hohe Konzentration an Lysin (1,2 mg/100 g). Der Hauptbestandteil der löslichen Kohlenhydrate ist die Saccharose (7 %), Glucose und Fructose bilden nur einen geringen Anteil. Der Anteil des Pektins an der Rohfaser beträgt 3,5 %. Bei den Vitaminen stehen die B-Vitamine mengenmäßig im Vordergrund. Vitamin C ist nur in geringem Ausmaß vorhanden. Die Tocopherole sind fast ausschließlich $\gamma$-Tocopherol, $\beta$-Sitosterin (200 mg/100 g, Abb. 13.4) ist der Hauptvertreter der Phytosterine. Pistazien sind reich an Mineralstoffen und Spurenelementen, hervorzuheben ist ihr hoher Gehalt an Kalium (1 g/100 g), 1000-mal mehr als Natrium. Eisen, Zink, Kupfer und Mangan sind ebenfalls reichlich vertreten.

**Cashewnuss** (*Anacardium occidentale, Anacardiaceae*, engl. cashew nut) ist botanisch verwandt mit der Pistazie. Die Pflanze ist heimisch in Brasilien und in der Karibik und wird heute in Teilen Afrikas und Indiens kultiviert. Die Cashewnuss ist eine nierenförmige Nuss, die den Samen von gelben oder roten birnenförmigen Früchten bildet. Die Früchte werden in den Ursprungsländern auch gegessen. Die Schale der Nuss, die den Kern umschließt, besteht aus drei Schichten, von denen die mittlere ein aggressives, auf der Haut blasenziehendes, ätherisches Öl enthält. Beim Rösten der Nuss entweicht dieses Öl, daher sind die Nüsse des Handels in der Regel geröstet und werden in diesem Zustand oder geröstet und gesalzen konsumiert. Eine andere Anwendung ist die Verarbeitung zu „Cashew-Butter", einem Brotaufstrich. Das ätherische Öl der Nussschale wird in den Ursprungsländern bisweilen gewonnen und zur Imprägnierung von Holz als Schutz gegen Termiten verwendet. Es enthält vorwiegend phenolische Verbindungen (Anacardsäure, Anacardol, Cardanol, Abb. 12.51).

Bei diesen Verbindungen ist der Phenol-Grundkörper mit einem langkettigen Alkylrest ($C_{15}$ mit bis zu drei Doppelbindungen) verbunden. Durch die Substitution des Phenols mit langen hydrophoben Kohlenwasserstoffresten wird die Verbindung auch für den Menschen toxischer. Ein bekanntes Beispiel für diesen Verbindungstyp ist die auf der Haut blasenziehende Wirkung des Urushiols, des toxischen Inhaltsstoffes der Blätter des „Giftsumach" (*Rhus toxicodendron*).

Die Cashewnuss hat eine den anderen Nüssen sehr ähnliche Zusammensetzung. Bei einem Wassergehalt von etwa 4 % enthält sie durchschnittlich 16 % Protein, 48 % Fett, 28 % Kohlenhydrate, 4 % Ballaststoffe und 3 % Asche. Das Eiweiß enthält ebenfalls größere Mengen an essenziellen Aminosäuren, die Asche viele Mineralstoffe und Spurenelemente, besonders Magnesium, Kupfer und Zink (in mg/100 g: 255, 2,7, 4,8) sowie Selen (11 µg/100 g). Die vorherrschenden Fettsäuren sind Ölsäure (27 %) und

Linolsäure (8 %). Charakteristisches Tocopherol ist das α-Tocopherol (1,6 mg/100 g). Bei den Vitaminen sind die der B-Gruppe in relevanten Konzentrationen enthalten. Cashewnüsse enthalten neben den genannten viele andere phenolische Verbindungen, z. B. Gallussäure, Catechin und Epicatechin, Naringin und Naringin-7-β-D-glucosid-6''-p-Cumarat.

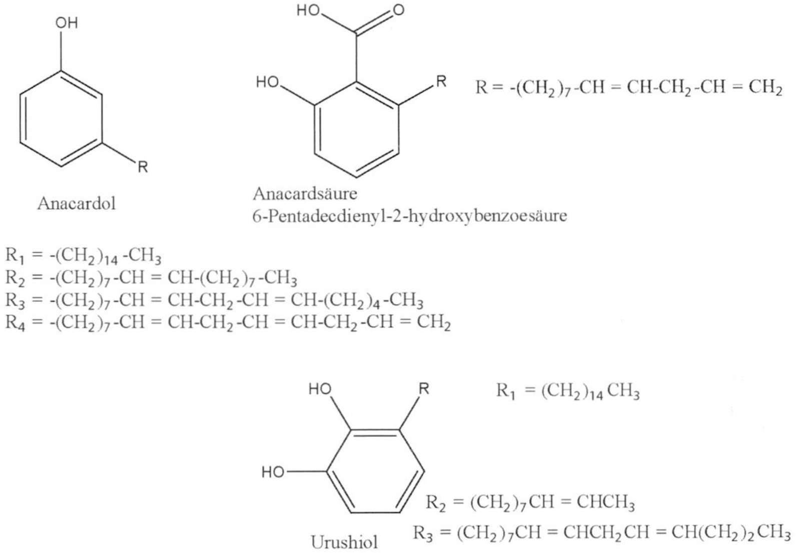

$R = -(CH_2)_7-CH = CH-CH_2-CH = CH_2$

Anacardol

Anacardsäure
6-Pentadecdienyl-2-hydroxybenzoesäure

$R_1 = -(CH_2)_{14}-CH_3$
$R_2 = -(CH_2)_7-CH = CH-(CH_2)_7-CH_3$
$R_3 = -(CH_2)_7-CH = CH-CH_2-CH = CH-(CH_2)_4-CH_3$
$R_4 = -(CH_2)_7-CH = CH-CH_2-CH = CH-CH_2-CH = CH_2$

$R_1 = (CH_2)_{14} CH_3$

$R_2 = (CH_2)_7CH = CHCH_3$

Urushiol   $R_3 = (CH_2)_7CH = CHCH_2CH = CH(CH_2)_2CH_3$

**Abb. 12.51.**   Chemische Struktur der Inhaltsstoffe des Schalenöls der Cashewnuss

**Macadamia** (*Macadamia sp., Proteaceae*, engl. macadamia nut) ist heimisch in Australien und wird daher manchmal als Queenslandnuss bezeichnet. Der immergrüne Baum wächst im subtropischen Klimabereich. Es sind etwa 80 verschiedene Spezies bekannt, kultiviert werden vor allem zwei davon: *Macadamia integrifolia* (glatte Nussschale) und *Macadamia tetraphylla* (rauhe Schale). Die etwa 2,5 cm große Nuss wächst in einer den Trauben ähnlichen Anordnung auf den Bäumen und fällt, wenn sie reif ist, zu Boden. Die reife Nuss verdirbt sehr schnell und muss daher, um sie haltbar zu machen, bis zu einem Wassergehalt unter 3,5 % getrocknet oder, von der Schale befreit, meist in Kokosfett geröstet werden. Die gerösteten Kerne kommen vakuumverpackt in den Handel und werden als Nachtisch (Snack) verwendet. Andere Anwendungen finden die Kerne in der Süßwarenfabrikation, in der Zuckerbäckerei, aber auch als Bestandteil von Saucen für Fleisch- und Fischgerichte.

Auch die Zusammensetzung der Macadamia ist der der anderen Nüsse sehr ähnlich, nur der Proteingehalt ist beträchtlich niedriger: Bei einem Wassergehalt von 1,5 % enthält sie 8 % Eiweiß, 76 % Fett, 14 % Kohlenhydrate, 8,6 % Ballaststoffe und 1 % Asche. Die löslichen Zucker bestehen vorwiegend aus Saccharose (4,5 %), die für den süßen Geschmack der Macadamia hauptverantwortlich ist. Das Protein enthält viele essenzielle Aminosäuren, das Fett ist aus einfach ungesättigten Fettsäuren (Ölsäure 44 % und Palmitoleinsäure 13 %) aufgebaut. Das Eiweiß enthält höhere Konzentrationen an essenziellen Aminosäuren. Die Zusammensetzung der Mineralstoffe und Spurenelemente entspricht der anderer Schalenobstarten. Zu erwähnen ist der hohe Gehalt an Mangan (4,1 mg/100 g). Vitamine sind vor allem solche der B-Gruppe vorhanden, z. B. Thiamin 1,2 mg/100 g.

**Pekannuss** (*Carya illinoensis, Juglandaceae*, engl. pecan nut): Heimisch in Nordamerika, ist die Pekannuss vor allem in den USA von den Carolinas bis nach Arizona und in den südlichen Midwest-Staaten sehr verbreitet. Botanisch steht der Pekannussbaum den Hickoryarten nahe. Die Nüsse können lange Zeit in gefrorenem Zustand gelagert werden. Die Pekannuss wird roh oder geröstet, gesalzen oder ungesalzen meist als Nachtisch oder als Bestandteil von Müslis gegessen oder verarbeitet, vor allem in Süßspeisen und Speiseeis, konsumiert.

Die Zusammensetzung der Nüsse ist denen der anderen Schalenobstarten, mit Ausnahme des geringeren Proteingehaltes, sehr ähnlich: Wassergehalt der getrockneten Nuss 3,5 %, Protein 9 %, Fett 72 %, Kohlenhydrate 14 %, Ballaststoffe 9,5 %, Asche 1,5 %. Das Protein enthält größere Mengen an essenziellen Aminosäuren und Arginin. Das wichtigste lösliche Kohlenhydrat ist die Saccharose (etwa 4 %), Glucose und Fructose kommen nur in sehr geringen Konzentrationen vor. Bei den Mineralstoffen ist der hohe Gehalt an Magnesium (250 mg/100 g) und an Kupfer, Zink und Selen (1,8 mg/100 g bzw. 4,6 mg/100 g und 6 µg/100 g) bemerkenswert. Das Fett enthält hauptsächlich Ölsäure (41 %), an zweiter Stelle der Fettsäuren liegt die Linolsäure (21 %). β-Sitosterin (90 mg/100 g, Abb. 13.4) bildet die Hauptkomponente der Phytosterine. Die vorkommenden Tocopherole sind vorwiegend γ-Tocopherol (25 mg/100 g) und daneben α-Tocopherol (1,4 mg/100 g). In Pekannüssen kommen Vitamine der B-Gruppe in größeren Mengen vor.

An phenolischen Verbindungen sind vor allem Glykoside des Quercetins (Glucosid, Rutinosid) sowie des Quercetin-5-methyläthers (Azaleatin) und des 3,5-Dimethylethers des Quercetins (Caryatin) enthalten.

**Paranuss** (*Bertholletia excelsa, Lecythidaceae*, engl. Brazil nut, para-chestnut, in Brasilien als Tacari bezeichnet) ist der Samen eines Baumes, der im nördlichen Brasilien heimisch ist. Die Samen (die Nüsse des Handels) sind von einer harten Schale umgeben, 18–24 dieser Kerne sind in einer Fruchthülse enthalten. Die reifen Nüsse fallen vom Baum, die Kerne werden daraus entfernt und getrocknet. Die getrockneten Kerne werden meist roh konsumiert.

Die mengenmäßige Zusammensetzung bezüglich der Hauptinhaltsstoffe ist analog zum übrigen Schalenobst. Getrocknete Nüsse haben einen Wassergehalt von 3,3 %, enthalten 14 % Protein, 66 % Fett, 13 % Kohlenhydrate, 5,4 % Ballaststoffe und 3,3 % Asche. Das Protein enthält viele essenzielle Aminosäuren und Arginin in größeren Mengen, auffallend ist der hohe Gehalt an Methionin (etwa 1 mg/100 g). Allerdings verursachen einzelne Proteine der Paranuss allergische Reaktionen bei dafür sensitiven Personen. Über die genauere Zusammensetzung der Kohlenhydrate ist nichts bekannt. Die Asche ist magnesium- und kaliumreich, sie enthält auch größere Mengen an den Spurenelementen Zink, Kupfer und Selen (4,6 mg/100 g, 1,8 mg/100 g, 0,3–50 mg/100 g). Die Paranuss ist die Pflanze, die Selen am höchsten anreichern kann. Das Verhältnis Kalium zu Natrium ist 300 : 1. Bei den Vitaminen stehen die B-Vitamine mengenmäßig im Vordergrund, bemerkenswert ist der relativ hohe Gehalt an Thiamin (1 mg/100 g).

**Pinienkern** (*Pinus sp.*, *Pinaceae*, engl. pine nut, pignolias, pinon): Pinienkerne werden von verschiedenen Kiefernarten gewonnen, abhängig vom Erdteil und dem vorherrschenden Klima. Die Hauptmenge der im Handel erhältlichen Pinienkerne, italienisch Pignoli, wird von *Pinus pinea*, andere von *Pinus edulis*, französisch Pinon, gewonnen. *Pinus pinea* und *Pinus edulis* sind heimisch im südlichen Europa: Spanien, Italien und Südfrankreich. Die Kerne werden aus den reifen Zapfen ausgeschüttelt, geschält, getrocknet und teilweise auch geröstet. Sie werden roh, gesalzen oder geröstet gegessen oder meist gefrorenen Süßspeisen zugemischt, z. B. Speiseeis.

Die chemische Zusammensetzung der Pinienkerne ist je nach Herkunft verschieden. Kerne von *Pinus pinea* sind wesentlich eiweißreicher als die von *Pinus edulis* (24 und 11,5 %). Wie schon bei anderen Schalenobstarten besprochen, enthalten die Proteine größere Mengen an essenziellen Aminosäuren. Entsprechend ist der Fettgehalt bei *Pinus pinea* niedriger als bei *Pinus edulis* (50 und 60 %). Die wichtigsten Fettsäuren bei beiden sind die Ölsäure und die Linolsäure. *Pinus pinea* enthält auch weniger Kohlenhydrate als *Pinus edulis* (14 und 19 %). Die Werte für die Ballaststoffe sind 4,5 und 11 %. Der Aschegehalt beträgt 4,4 % bei *Pinus pinea* und 2,3 % bei *Pinus edulis*. Beide Nüsse enthalten wenig Calcium und Natrium, sind aber reich an Magnesium, Kupfer, Zink und Mangan. An Vitaminen sind vorwiegend solche der B-Gruppe vertreten. Beide Pinienkernarten enthalten geringe Mengen an Salicylsäure (2–6 mg/kg).

**Edelkastanie** (*Castanea* spp, *Fagaceae*, engl. chestnut): Die Edelkastanie ist heimisch in vielen Teilen der Erde mit gemäßigtem Klima. Ihre Samen sind nach Entfernung der Schalen essbar. *Castanea* sp. kommt in vielen Unterarten vor: z. B. *Castanea sativa* (*vulgaris*) in Europa, *Castanea dentata* in Amerika, *Castanea mollissima* in China und *Castanea crenata* in Japan, die auch die wichtigsten Arten für die Kastanienproduktion sind. Die rohen Edelkastanien haben einen Wassergehalt von rund 50 % und werden durch Trocknen auf unter 10 % Wassergehalt haltbar gemacht. Zum Unterschied zu den Nüssen haben die Edelkastanien einen hohen Kohlenhydratgehalt, während ihr Fett- und Proteingehalt niedrig ist. Sie unterscheiden sich daher von den bisher besprochenen „Nüssen" signifikant in ihrer Zusammensetzung. Edelkastanien werden meist gebraten gegessen (Maroni), oder sie sind Bestandteil von Süßspeisen.

Die angegebenen Werte für die Zusammensetzung beziehen sich auf europäische Edelkastanien in getrocknetem Zustand: Wassergehalt 9,45 %, Protein 6,4 %, Fett 4,5 %, Kohlenhydrate 77 %, Ballaststoffe 12 %, Asche 2,4 %. Der Hauptbestandteil der Kohlenhydrate ist Stärke (45–58 %), daneben Saccharose (20 %) und Cellulose (2 %). Das Protein der Edelkastanie weist nur einen geringen Gehalt an essenziellen Aminosäuren auf. Die Asche ist sehr reich an Kalium. Von den Vitaminen kommen nur Vertreter der B-Gruppe und auch nur in bescheidenen Mengen vor. Weiters sind 2–3 % phenolische Gerbstoffe in den Edelkastanien enthalten.

**Erdnuss** (*Arachis hypogaea, Fabaceae* = Leguminosen, engl. peanut, groundnut): Ursprünglich in Brasilien heimisch, werden heute viele Varietäten in vielen Ländern der Erde mit gemäßigt warmem Klima kultiviert. Die einjährige Pflanze (30 bis 60 cm hoch) blüht oberirdisch, die Samen reifen aber unter der Erde. Ein Teil der Ernte wird roh oder geröstet und gesalzen gegessen, ein anderer zur Speisefettherstellung und zur Herstellung von butterähnlichen Brotaufstrichen (Erdnussbutter) oder bei der Herstellung von Süßwaren verwendet. Die Nüsse werden durch Trocknen haltbar gemacht. Die Erdnüsse sind reich an Protein und Fett, enthalten aber auch phenolische Inhaltsstoffe in größerer Menge.

Die Zusammensetzung ist ähnlich der vieler anderer Schalenobstarten. Im Folgenden wird eine durchschnittliche Zusammensetzung angegeben, die nach Herkunft und Varietät Schwankungen unterworfen ist: Wassergehalt 6,5 %, Protein 26 %, Fett 50 %, Kohlenhydrate 7,5 %, Ballaststoffe 8,5 %, Asche 2,3 %. Das Protein enthält essenzielle Aminosäuren und Arginin in höheren Konzentrationen, besonders Valin, Leucin und Isoleucin sowie Lysin und Phenylalanin.

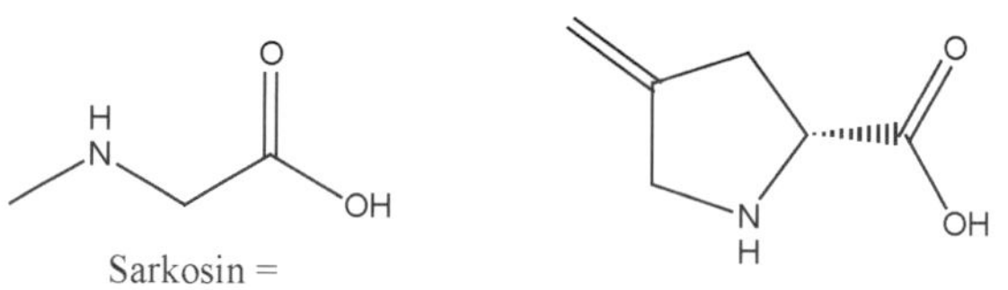

Sarkosin =
N-Methylglycin

4-Methylen-prolin

**Abb. 12.52.**    Chemische Struktur von Sarkosin und 4-Methylen-prolin

Auch seltene Aminosäuren, 4-Methylen-prolin und Sarkosin (N-Methylglycin), kommen vor (Abb. 12.52). Neben löslichen Zuckern sind 2–5 % Cellulose in Erdnüssen enthalten. Im Fett sind die am häufigsten vertretenen Fettsäuren die Ölsäure (24 %) und die α-Linolsäure (16 %), weiters sind 0,5–0,7 % Lecithin und 200 mg/100 g Phytosterine enthalten. Die Asche enthält viele Spurenelemente, vor allem Zink (3,3 mg/100 g), Kupfer und Mangan in höheren Konzentrationen. Bei den Vitaminen hat die B-Gruppe mengenmäßig die größte Bedeutung (z. B. pro 100 g essbaren Anteils 12 mg Nicotinsäure, 1,7 mg Pantothensäure, 200 µg Folsäure). Die phenolischen Inhaltsstoffe umfassen vor allem Hydroxyzimtsäuren (Ferulasäure, *p*-Cumarsäure, *o*-Cumarsäure, Sinapinsäure, Kaffeesäure) und deren Derivat Chlorogensäure. Daneben kommen Hydroxybenzoesäuren, wie Vanillinsäure, Salicylsäure und *p*-Hydroxybenzoesäure, vor.

An Flavonoiden wurde Leukodelphinidin gefunden (Abb. 8.17). Auch Myosmin, ein Nebenalkaloid des Tabaks, wurde aus Erdnüssen isoliert (Struktur siehe Abb. 12.49).

**Erdmandel** (*Cyperus esculentus, Cyperaceae,* engl. tigernut, yellow Nutsedge): Erdmandeln werden aus den Verdickungen der unterirdischen Stolonen (Knollen) der Pflanze gewonnen. *Cyperus esculentus* ist eine ausdauernde Pflanze, wird etwa 60 cm hoch, mit einem ausgedehnten unterirdischen System von Wurzeln und Stolonen. Die Erdmandel ist wahrscheinlich in Nord- und Westafrika heimisch, wurde von den Arabern nach Europa gebracht und wird heute hauptsächlich in afrikanischen Ländern (z. B. Nigeria, Ägypten) und in Spanien kultiviert. Abgesehen von ihrer Nutzung ist die Pflanze ein invasiver Neophyt, der in vielen Gegenden als störendes Unkraut auftritt. Sie reichert Schwermetalle aus dem Boden an, besonders Blei und Cadmium, und wird daher auch zur Phytoremediation von belasteten Böden verwendet.

Die essbaren Knollen werden meist getrocknet. Sie enthalten bei einem 3,75 % Wassergehalt 47 % Kohlenhydrate (30 % Stärke, 9 % Saccharose, 2,5 % reduzierende Zucker), 6,5 % Ballaststoffe, 30 % Fett (70 % Ölsäure, 9 % Linolsäure, 14,5 % Palmitinsäure, β-Sitosterin, Campesterin, Stigmasterin) und 5 % Protein (arginin- und lysinreich). Unter den phenolischen Inhaltsstoffen dominiert vor allem Rutin (Quercetin-3-O-Rutinosid, Abb. 8.18, 3.10), unter den Vitaminen Biotin. Der Aschegehalt beträgt 4,3% (vorwiegend Kalium, Calcium und Magnesium), weiters wurden Spurenelemente (Eisen, Kupfer, Zink) gefunden. Die Erdmandel wird roh, meist aber getrocknet konsumiert, auch Erdmandelmilch ist in Teilen Spaniens fast ein Nationalgetränk: „Horchata de Chufa", eine Zubereitung mit Zucker und Wasser.

## *12.3.6 Südfrüchte*

Die Bezeichnung umfasst eine Gruppe von Obstarten aus verschiedenen botanischen Familien, denen nur die Herkunft aus Gebieten mit subtropischem oder tropischem Klima gemeinsam ist. Zu dieser Gruppe gehören botanisch so unterschiedliche Obstarten wie Zitrusfrüchte, Papaya und Bananen sowie viele andere Arten, die erst in den letzten Jahrzehnten in einer enger gewordenen Welt als Folge verbesserter Transportmöglichkeiten, auf die europäischen Märkte gelangt sind. Viele Südfrüchte werden weltweit in großen Mengen erzeugt, wie vor allem die vielen verschiedenen Arten von Zitrusfrüchten und deren Hybride sowie die Bananen.

**Zitrusfrüchte** (*Citrus* spp, Subsp. *Aurantoideae, Rutaceae*, engl. citrus fruits): Die *Rutaceae* umfassen eine große Anzahl von Bäumen und dornigen Büschen. Die Subfamilie der *Aurantoideae* besteht aus 28 Arten, von denen sechs als echte *Citrus*-Bäume klassifiziert sind, d. h. sie tragen beerenartige Früchte (*Hesperidium*), die ein sehr saftiges Fruchtfleisch besitzen, das, geteilt in Vesikeln, den Raum, der nicht von den Samen eingenommen wird, ausfüllt. Die Namen dieser sechs Arten sind: *Citrus* sp., *Clymania* sp., *Eremocitrus* sp., *Fortunella* sp., *Poncirus* sp., *Microcitrus* sp. Von der ersten dieser sechs Arten stammen die bekannten Zitrusfrüchte des Handels ab: Orange, Mandarine, Tangerine, Zitrone, Limette, Grapefruit, Pomelo, u. a. Das Produktionsvolumen der Zitrusfrüchte folgt dieser Reihenfolge. Orangen werden also mit großem Vorsprung in größter Menge erzeugt. Aus dem Genus *Fortunella* sp. stammt die Kumquat. Zitrusfrüchte werden in vielen Teilen der Welt in subtropischen Klimazonen kultiviert. Eine konsequente Taxonomie der Zitrusfrüchte wird seit etwa 250 Jahren versucht. Wichtigste Zitrusfrüchte in der Ernährung sind die Orange, die Zitrone, die Mandarine und die Grapefruit (Pampelmuse), von denen jede wieder in verschiedenen Varietäten vorkommt, auch Hybride zwischen den einzelnen Vertretern werden kultiviert. Die Schalen der Zitrusfrüchte werden zum Schutz vor Fäulnis in der Regel gewachst oder mit Substanzen, wie Diphenyl, ortho-Phenylphenol und Thiabendazol, konserviert und sind dann zum Genuss nicht mehr geeignet. Zitrusfrüchte mit der Bezeichnung „BIO" haben unbehandelte Schalen.

Der Hauptbestandteil der Zitrusfrüchte ist Wasser (80–90 %), gefolgt von Kohlenhydraten (12 %), Protein (1 %), geringen Mengen an Fett (0,2 %) und Asche (0,6 %). Sie enthalten im Fruchtfleisch durchwegs um die 50 mg/100 g Vitamin C, höhere Werte werden in den Schalen gefunden.

An phenolischen Substanzen sind Flavonoide (Naringin, Hesperidin, Neohesperidin u. a.), Aglykone (Naringenin, Hesperetin u. a., Abb. 8.16), Cumarine (z. B. Bergapten, Abb. 8.13) und Carotinoide besonders reichlich in den Schalen enthalten. Lösliche Zucker sind Saccharose, Glucose und Fructose, als Polysaccharide kommen Pektine und Fructane vor. *Citrus*-Pektin wird als Verdickungsmittel in der Lebensmitteltechnologie in großem Umfang verwendet. Es ist hauptsächlich in den gelben und weißen Schalen enthalten (**Flavedo** und **Albedo**). Vorherrschende Säure ist die Citronensäure (0,5–1 %). Zitrusfrüchte enthalten große Mengen an ätherischen Ölen, die für das Aroma verantwortlichen Substanzen sind hauptsächlich Terpene (70–90 % des ätherischen Öls). Manche *Citrus*-Arten werden nur zur Aromagewinnung kultiviert (z. B. *Citrus bergamia*, Bergamotte, oder *Citrus bigaradia* zur Gewinnung des in der Parfümerie wichtigen Orangenblütenöls, des Neroliöls).

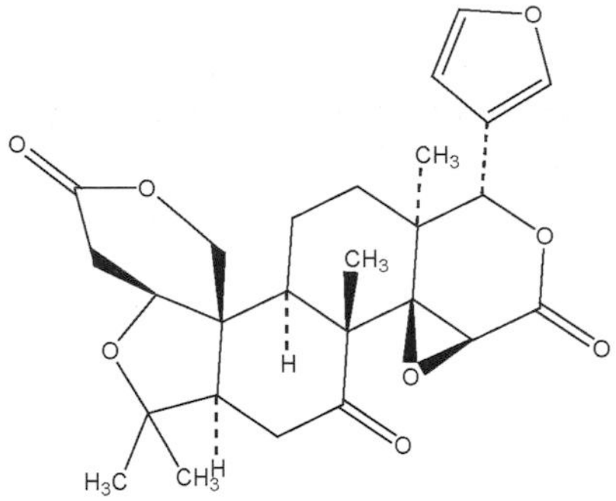

**Abb. 12.53.** Chemische Struktur von Limonin

Bitterstoffe sind Flavonoide wie Naringin oder Triterpene wie Limonin (Abb. 12.53) und andere Limonoide.

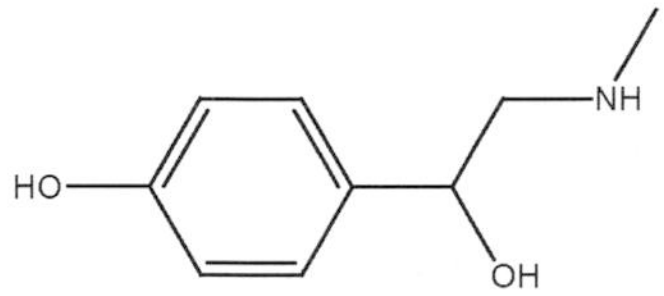

Synephrin
4-Hydroxy-α-(methylaminomethyl)-benzenemethanol
1-(4-Hydroxyphenyl)-2-methylaminoethanol

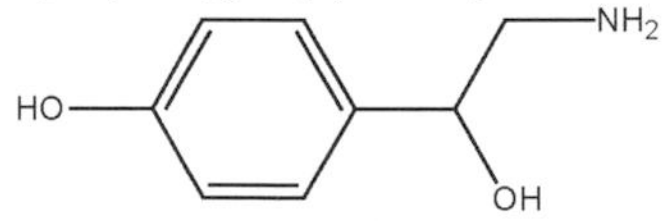

Octopamin
4-Hydroxy-α-(methylamino)-benzenemethanol

**Abb. 12.54.** Chemische Struktur von Synephrin und Octopamin

Auch Alkaloide, abgeleitet vom Phenylalanin, wie Hordenin (1-(4-Hydroxyphenyl)-2-dimethylaminoethan, siehe Gerste), Octopamin (1-(4-Hydroxyphenyl)-2-aminoethanol) und Synephrin (1-(4-Hydroxyphenyl)-2-methylaminoethanol) sind in manchen *Citrus*-Arten enthalten (Abb. 12.54).

Die Chinazolin-Alkaloide 1,2,3,4-Tetrahydro-β-carbolin-3-carbonsäure und sein Methylester werden in geringen Mengen in allen *Citrus*-Säften gefunden (Abb. 12.55).

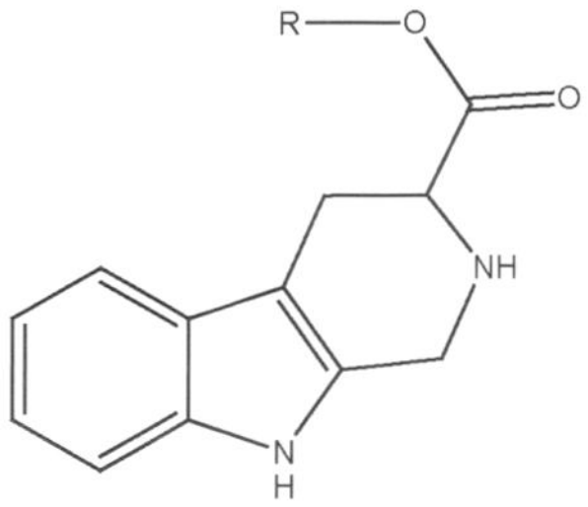

1,2,3,4-Tetrahydro-β-carbolin-3-carbonsäure R = H
1,2,3,4-Tetrahydro-β-carbolin-3-carbonsäuremethylester R = CH$_3$

**Abb. 12.55.** Chemische Struktur von 1,2,3,4-Tetrahydro-β-carbolin-3-carbonsäure und deren Methylderivat

**Orange = Apfelsine** (*Citrus sinensis*, süße Orange, und *Citrus aurantium*, Sauer- oder Bitter-Orange, engl. sweet and sour orange): Von praktischer Bedeutung als Obst ist vor allem *Citrus sinensis*, die Süßorange, die in vielen Varietäten (Washington Navel, Valencia, Moro, Tarocco, Shamouti, Sanguinello, Beledi, Ovale Calebrese u. a.) in den dafür geeigneten Klimazonen kultiviert wird. Die Orangenschale ist mehrschichtig aufgebaut. Unter der Epidermis liegt die gelbe „Flavedo"-Schicht, darunter die weiße „Albedo"-Zone. In der Flavedo-Schicht liegen die Öldrüsen der Schale. Das Fruchtfleisch ist in Segmente geteilt und umschließt eine Kernzone, in der die Samen liegen. Die Flavedo-Schicht hat einen besonders hohen Vitamin-C-Gehalt (175–292 mg/100 g), gefolgt von der Albedo-Schicht (86–194 mg/100 g), während der Gehalt im Fruchtfleisch meist nur wenig über 50 mg/100 g liegt.

Die **Süßorange** (*Citrus sinensis, Rutaceae*) hat im Durchschnitt folgende Zusammensetzung: 87 % Wasser, 0,2 % Fett, 0,7 % Protein, 11,5 % Kohlenhydrate, 2,4 % Ballaststoffe, 0,4 % Asche. Der Vitamin-C-Gehalt ist in den Wintermonaten am höchsten (55 mg/100 g) und im Sommer am geringsten (45 mg/100 g). Der Vitamin-C-Gehalt nimmt während der Lagerung nur geringfügig ab. Andere Vitamine kommen nur in geringen Konzentrationen vor. Die löslichen Kohlenhydrate bestehen etwa zu gleichen Teilen aus Saccharose, Glucose und Fructose. Bis zu etwa 1 % Citronensäure sorgt für den sauren Geschmack.

Carotinoide sind vorwiegend in der Schale lokalisiert und kommen im Fruchtfleisch nur in Konzentrationen von 1–4 mg/100 g vor, darunter β-Carotin, β-Cryptoxanthin, Zeaxanthin, Lutein, Violaxanthin u. a. (Abb. 9.1, 9.2, 9.3). Die Schale enthält als wichtigstes farbgebendes Pigment das Carotinoid β-Citraurin (Abb. 9.5). Das vorherrschende Flavonoid in *Citrus sinensis* ist das Hesperidin (Hesperetin-7-rutinosid), daneben kommt noch Narirutin (Naringenin-7-rutinosid) vor. Im Fruchtfleisch sind Anthocyane die farbgebenden Pigmente. Blutorangenvarietäten, wie z. B. Moro oder Tarocco, enthalten als wichtigste Farbstoffe Cyanin (Cyanidin-3-glucosid), Cyanidin-3,5-diglucosid, Delphinidin-3-glucosid, sowie Hydroxyzimt- und Malonsäureester dieser Anthocyane.

Neben den genannten Flavonoiden kommen vor allem in den Öldrüsen der Schalen auch O-methylierte Flavone vor, die keinen Glykosidrest enthalten und daher stärker lipophil sind. Beim Pressen der Orangen gelangen sie teilweise in den Saft.

Hauptvertreter sind Nobelitin (3',4',5,6,7,8-Hexamethoxyflavon), Sinensetin (3',4',5,6,7-Pentamethoxyflavon), Tetramethyl-O-scutellarein (4',5, 6,7-Tetramethoxyflavon), 3,3',4',5,6,7,8-Heptamethoxyflavonol und Tangeretin (4',5,6,7,8-Pentamethoxyflavon) (Abb. 12.56). Auch Derivate des Cumarins kommen in *Citrus sinensis* vor, wie Aurapten (7-O-Geranylcumarin) und Bergaptol (5-Hydroxyfuranocumarin, Abb. 8.12, 8.13). Andere phenolische Inhaltsstoffe sind *p*-Cumar-, Ferula-, Sinapin- und Kaffeesäure, teilweise verestert mit Glucose oder Glucarsäure. Die Konzentrationen dieser phenolischen Säuren liegen im Bereich von einigen Tausendstel Prozent.

Die Aromastoffe von *Citrus sinensis* sind vorwiegend Terpene, haben daher lipophilen Charakter und sind als solche hauptsächlich in den Schalen lokalisiert. Insgesamt enthält *Citrus sinensis* etwa 1 % ätherisches Öl. Die Schalenöle unterscheiden sich von den ätherischen Ölen des Fruchtfleisches durch ihren stärker hydrophoben Charakter. Während der Terpenkohlenwasserstoff *d*-Limonen den Hauptbestandteil der ätherischen Öle der Flavedo-Schale darstellt, sind im Fruchtfleisch oxidierte Terpene und deren Ester in höherer Konzentration zu finden. Zu erwähnen wären Nerol, dessen Ester mit Essigsäure und Ameisensäure, Linalool, Farnesol (Abb. 10.1), Carvon, γ-Terpinen (Abb. 10.3), Nootkaton (Abb. 12.60) und aliphatische Aldehyde, wie z. B. Heptanal. Auch Alkohole, wie 2-Methylpropanol und 3-Methylbutanol, tragen zum Aroma bei. Wegen des hydrophoben Charakters der Terpene sind sie nur in sehr geringer Konzentration im Orangensaft anzutreffen.

An Alkaloiden wurden geringe Mengen an Synephrin, Hordenin und Octopamin (Abb. 12.54) wie auch die quartäre Aminosäure Stachydrin (N,N-Dimethylprolin, Abb. 12.31) gefunden. Die Blüten enthalten geringe Mengen an Coffein.

METHYLIERTE FLAVONE

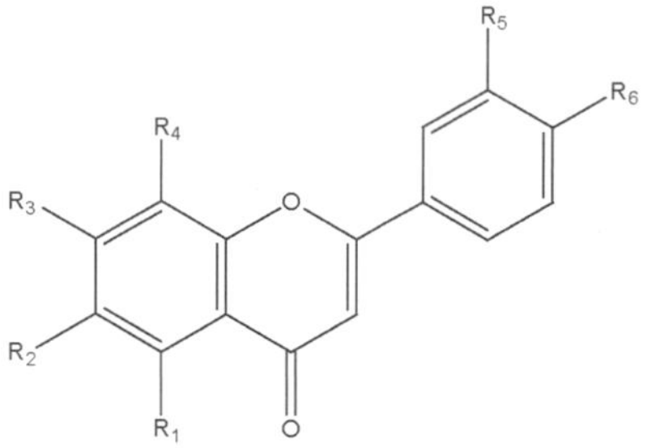

| | $R_1$ | $R_2$ | $R_3$ | $R_4$ | $R_5$ | $R_6$ |
|---|---|---|---|---|---|---|
| Diosmetin = 4'-O-Luteolin | OH | H | OH | H | OH | $OCH_3$ |
| Nobiletin = 3',4',5,6,7,8-Hexamethoxyflavon | $OCH_3$ | $OCH_3$ | $OCH_3$ | $OCH_3$ | $CH_3$ | $OCH_3$ |
| Tetramethyl-O-Scutellarein | $OCH_3$ | $OCH_3$ | $OCH_3$ | H | H | $OCH_3$ |
| Sinensetin = 3',4',5,6,7-Pentamethoxyflavon | $OCH_3$ | $OCH_3$ | $OCH_3$ | H | $OCH_3$ | $OCH_3$ |
| Tangeretin = 4',5,6,7,8-Pentamethoxyflavon | $OCH_3$ | $OCH_3$ | $OCH_3$ | $OCH_3$ | H | $OCH_3$ |

METHYLIERTE FLAVONOLE

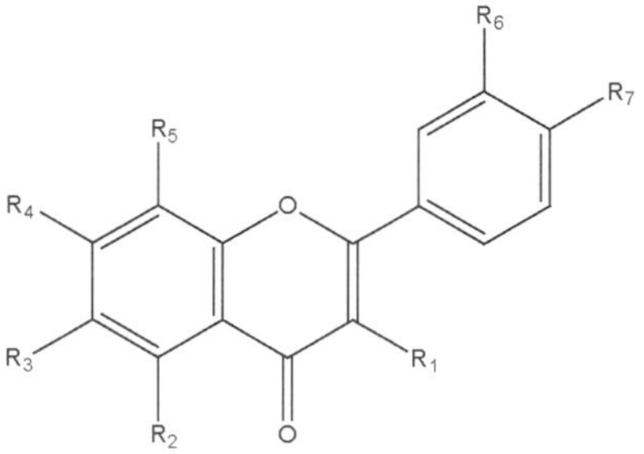

| | $R_1$ | $R_2$ | $R_3$ | $R_4$ | $R_5$ | $R_6$ | $R_7$ |
|---|---|---|---|---|---|---|---|
| Azaleatin = 5-Methoxyflavonol | OH | $OCH_3$ | H | OH | H | OH | OH |
| Auranetin = Pentamethoxyflavonol | $OCH_3$ | H | $OCH_3$ | $OCH_3$ | $OCH_3$ | H | $OCH_3$ |
| Caryatin = 3,5-Dimethoxyflavonol | $OCH_3$ | $OCH_3$ | H | OH | H | OH | OH |
| 3,3',4',5,6,7,8-Heptamethoxyflavonol | $OCH_3$ | $OCH_3$ | $OCH_3$ | $OCH_3$ | $OCH_3$ | $OCH_3$ | $OCH_3$ |

**Abb. 12.56.**    Chemische Struktur O-methylierter Flavonoide aus Schalen von *Citrus* sp.

Die **Sauerorange** oder **Bitterorange, Pomeranze** (*Citrus aurantium* = *Citrus bigaradia, Rutaceae,* engl. sour orange, bitter orange, frz. petitgrain, chin. Zhi Shi) kommt ebenfalls in diversen Varietäten vor. Von praktischer Bedeutung ist *Citrus aurantium* var. *amara* (Sevilla-Orange) für die Gewinnung von Bitterstoffen, die Herstellung von pharmazeutischen Präparaten (Orangenblüten, Orangenschalen und unreife Früchte von *Citrus aurantium*) sowie zur Produktion von Marmelade, die in England besonders beliebt ist. In jüngster Zeit werden Saftkonzentrate von *Citrus aurantium* auch zur Verringerung des Körpergewichtes und in der Sportler-Ernährung verwendet. Grund ist der hohe Gehalt an dem Alkaloid Synephrin (1-(4-Hydroxyphenyl)-2-methylaminoethanol, Abb. 12.55), das adrenergische Wirkung hat und auch als Bronchodilator wirkt. Entsprechende Konzentrate weisen meist einen Gehalt von 4–6 % des Alkaloides auf, auch synthetisch wird es hergestellt. Der bittere Geschmack wird durch Triterpene, so genannte **Limonoide**, nach Verletzung des Fruchtgewebes verursacht. Eine gut charakterisierte Substanz dieser Gruppe ist das Limonin (Abb. 12.54). Eine Vorstufe des Limonins, das 17-β-Glucosid des Limonins, schmeckt noch nicht bitter. Der bittere Geschmack tritt also hauptsächlich in Produkten der Orange auf. Auch der Gehalt an Naringin und Aurantiamarin, einem amorphen Harz, trägt zum bitteren Geschmack bei. Bitterorangen haben einen ähnlichen Gehalt an Ascorbinsäure wie die Süßorangen. Sie enthalten 85–90 % Wasser, 1 % Protein, 10 % Kohlenhydrate, 0,8 % Fett, 3 % Ballaststoffe und 0,5 % Asche.

Mengenmäßig enthalten sie etwa doppelt so viel an Flavonoiden als *Citrus sinensis*. Die wichtigsten Vertreter sind Neoeriocitrin (7-Glykosid des Eriodictyols mit Neohesperidose – 2-O-α-L-Rhamnosido-D-glucose), Neohesperidin (5,7-Dihydroxy-4'-methoxy-dihydroflavon-7-glykosid mit Neohesperidose) und Naringin (4',5,7-Trihydroxy-dihydroflavon-7-glykosid mit Neohesperidose), das teilweise für den bitteren Geschmack verantwortlich ist. Strukturen der Aglykone siehe Abb. 8.16. Mengenmäßig an vierter Stelle liegt das Didymin (Isosakuranetin-7-rutinosid). Auranetin ist ein methyliertes Flavonol (3,4',5,6,7-Pentamethoxyflavonol), das neben Nobiletin und Tetramethylscutellarein in der Frucht vorkommt. Methylierte Flavonoide haben fungistatische Eigenschaften. Auch Rhoifolin (Apigenin-7-Neohesperosid) ist in *Citrus aurantium* enthalten.

6,7-Dimethoxycumarin und Bergapten (5-Methoxy-furanocumarin, Abb. 8.13) sind ebenfalls in der Frucht enthalten. Weitere Cumarine sind Cumarin selbst und 6,8-Dimethoxycumarin (Abb. 8.12).

Bergapten, das in höherer Konzentration auch in der Bergamotte *(Citrus bergamia)* vorkommt (Abb. 8.13), hat im UVA-Bereich des Spektrums fotodynamische Wirkung, sensibilisiert die Haut und wird deswegen als Bräunungsmittel in Sonnenschutzcremen und zur Behandlung von Psoriasis eingesetzt. Auf der anderen Seite kann es auch allergische Reaktionen hervorrufen.

Wichtige Aromastoffe in der Frucht sind die Terpene *d*-Limonen, Geranylacetat, Linaloolylacetat und Nerylacetat, β-Copaen (Abb. 12.73) sowie Pelargonaldehyd (*n*-Nonylaldehyd).

**Zitronen** gehören zu drei Arten von sauer schmeckenden Zitrusfrüchten, verursacht durch eine im Verhältnis zum Zuckergehalt hohe Konzentration an Citronensäure (4–6 g/100 g). Man unterscheidet die eigentliche Zitrone oder Limone (*Citrus limonum = Citrus medica* var. *limonum, Rutaceae,* engl. lemon), die Limette (*Citrus aurantiifolia, Rutaceae,* engl. lime) und die dickschalige Zitronat- oder Zedratzitrone (*Citrus medica, Rutaceae,* engl. citron). Andere Zitronenarten haben keine wirtschaftliche Bedeutung. Mengenmäßig entfallen über 80 % der Produktion auf die Zitrone. Für die Kultur der Zitrone, wie auch der Limette und der Zitronatzitrone, ist warmes frostfreies Klima notwendig. Die Zitrone wird in vielen Varietäten kultiviert, die sich durch Größe und Aussehen unterscheiden, außerdem werden auch Hybride mit Orange, Limette und Mandarine in der Praxis verwendet. Meist können Zitronen das ganze Jahr über geerntet werden. Ursprünglich stammt die Zitrone, wie aus dem Namen *Citrus medica* hervorgeht, aus Persien. Zitronen werden als Beilage zu verschiedenen Gerichten (Fleisch- und Fischgerichten sowie Süßspeisen) und Getränken (Limonaden, Tee, Kaffee) als Quelle von Aroma und Geschmack verwendet, auch Zitronensaft und die ätherischen Öle der Schalen sind wichtige Handelsprodukte. Die Schalen, vor allem der dickwandigen Zitronatzitrone, werden zu kandierten Früchten verarbeitet. Die getrockneten Schalen finden auch in Früchteteemischungen und als Phytopharmakum (erweiternde Wirkung auf Blutgefäße) Verwendung.

Bei einem Wassergehalt von rund 87 % enthält die Zitrone durchschnittlich 1,2 % Protein, 0,3 % Fett, 11 % Kohlenhydrate, 4,7 % Ballaststoffe und 0,4 % Asche. Bemerkenswert ist der Gehalt an Ascorbinsäure von 60–80 mg/100 g. Die löslichen Kohlenhydrate sind vorwiegend Glucose, Fructose und Saccharose. *Citrus limonum* enthält geringe Mengen an β-Carotin und Lutein.

Die in Pflanzen weit verbreiteten Hydroxyzimtsäuren, *p*-Cumarsäure, Ferulasäure, Sinapinsäure und Kaffeesäure sind, zum Teil verestert mit Glucose und Zuckersäuren, in der Größenordnung von einigen Hundertstel Prozent enthalten. Auch Coniferin (Coniferylalkohol-β-D-glucopyranosid) wurde in den Schalen gefunden. An Cumarinderivaten kommen die Furanocumarine Imperatorin (8-Isoamylenoxypsoralen) und Bergapten (5-Methoxypsoralen, Abb. 8.13) vor. Das mengenmäßig wichtigste Falvonoid in der Zitrone ist **Hesperidin** (Hesperetin-7-rutinosid, Abb. 8.16), daneben kommen Eriocitrin (Eriodictyol-7-O-rutinosid) und Diosmin (4'-O-Methylluteolin = Diosmetin-7-O-rutinosid, Abb. 8.19) noch in größeren Mengen vor. Auch geringe Mengen an Salicylsäure wurden gefunden. Die Schalen enthalten verschiedene Methoxyflavonoide sowie Naringin Naringenin-7-O-neohesperidosid), Narirutin (Naringenin-7-O-rutinosid) und Rutin (Quercetin-3-O-rutinosid). Auch C-Glykoside von Flavonoiden, wie Vitexin und Isovitexin (Abb. 12.4), sowie das Flavon Apigenin kommen vor.

Das Zitronenaroma ist aus sehr vielen Substanzen aufgebaut. Die Hauptmenge sind Terpene verschiedener Struktur und nichtisoprenoide Aldehyde und Alkohole. Hauptbestandteil der Terpene ist *d,l*-Limonen, daneben ist Citral (Abb. 10.1), ein Aldehydgemisch, das bei der Oxidation von Geraniol und Nerol entsteht, für das Aroma wichtig. Andere Terpene sind α- und β-Pinen (Abb. 10.3), γ-Terpineol, Sabinen und viele andere, die in kleinen Mengen nachgewiesen wurden. An nicht isoprenoiden Aldehyden wurden unter anderem Dodecanal, Nonanal, Decanal, trans-Hexenal gefunden. Zitronenblätter enthalten das Alkaloid Synephrin, die Blüten Coffein.

Limette und Zitronatzitrone sind in den Inhaltsstoffen qualitativ ähnlich zusammengesetzt, sie unterscheiden sich aber im quantitativen Bereich erheblich. Z. B. enthält die Limette nur etwa ein Fünftel der Citronensäure der Limone.

**Grapefruit = Pampelmuse** (*Citrus paradise, Rutaceae,* engl. grapefruit) ist neben Orange und Mandarine die dritte süße Zitrusfrucht. Sie wächst im subtropischen Klima, der Fruchtbehang ähnelt dem von Trauben (daher der Name) und wird auch in Ländern dieser Klimazone in vielen Varietäten kultiviert. Ihre Herkunft ist noch immer ein Rätsel. Wahrscheinlich ist die heutige Grapefruit ein Hybrid zwischen der auf den Antillen (Jamaika) gefundenen Pampelmuse (*Citrus grandis*) und der Süßorange *(Citrus sinensis).* Ursprünglich dürfte die Pampelmuse aus dem malayischen Raum stammen und von dort nach Südchina gekommen sein. Im 16. Jahrhundert wurde sie von Seefahrern (Kapitän Shaddock) in die Karibik nach Barbados gebracht, wo sie kultiviert wurde und Verbreitung fand. Um 1800 kam sie in die USA, wo sie seit etwa 1880 in Plantagen kultiviert und weiter gezüchtet wurde. Daher sind heute viele Varietäten in Kultur, z. B. Grapefruits mit rosa und weißem Fruchtfleisch. Die Sorte aus der Kreuzung von *Citrus paradisi* und *Citrus grandis* heißt Pomelo. Unter der Bezeichnung **Tangelo** versteht man Früchte aus Hybriden zwischen *Citrus paradisi* und *Citrus reticulata* oder *Citrus reticulata* und *Citrus grandis* (Orlando-Tangelo) oder *Citrus paradisi* und *Citrus sinensis.* Tangelos sind gegen Kälte unempfindlicher als Grapefruits. Tangelos und Grapefruits werden vorwiegend zur Herstellung von Saft verwendet.

Weiße und rosa Grapefruits haben einen Wassergehalt von rund 90 %. Sie enthalten durchschnittlich 0,6 % Protein, 0,1 % Fett, 7,5–8,5 % Kohlenhydrate, 1,1 % Ballaststoffe und 0,3 % Asche. Weiße Grapefruits haben immer einen etwas höheren Kohlenhydratgehalt als die rosa Varietäten. Auch der Vitamin-C-Gehalt (30–40 mg/100 g) ist bei den Ersteren immer etwas höher. Die löslichen Kohlenhydrate bestehen zu etwa gleichen Teilen aus Saccharose, Glucose und Fructose. An Polysacchariden wurden Xylane, Fructane, Arabane und Pektin gefunden. Der Carotinoidgehalt ist in Grapefruits insgesamt gering, er ist immer höher in Varietäten mit gefärbtem Fruchtfleisch. Mengenmäßig vorherrschend ist β-Carotin, aber auch α- und ζ-Carotin, Lycopin, Phytofluen und Cryptoxanthin kommen vor.

Die Grapefruit enthält verschiedene Hydroxyzimtsäuren, wie *p*-Cumarsäure, Ferulasäure und Sinapinsäure in einer Menge von 20–50 ppm. Auch verschiedene Cumarine, wie Umbelliferon, Esculetin (Äsculetin), Scopoletin (Abb. 8.12), Furanocumarine (Abb. 8.13), wie Bergaptol und Bergapten, Bergamottin, 6',7'-Dihydroxybergamottin, 6',7'-Epoxybergamottin u. a. sowie Dimere der letzteren Furanocumarine sind enthalten. Diese Verbindungen kommen in Orangen und Mandarinen nicht vor. In der Grapefruit findet man auch das Pyranocumarin Xanthyletin (Abb. 12.57).

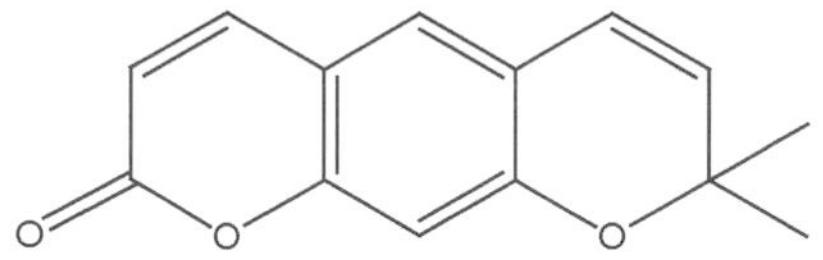

**Abb. 12.57.**    Chemische Struktur von Xanthyletin

Von den Flavonoiden ist das Naringin mengenmäßig bedeutend (245 ppm im Fruchtfleisch, 4500–14000 ppm in der Schale). Es ist gleichzeitig auch hauptverantwortlich für den bitteren Geschmack der Grapefruit (der Limoningehalt ist gering). Daneben wurden auch andere Glykoside des Naringenins, wie Narirutin u. a., Hesperidin, Neohesperidin, Glykoside des Isorhamnetins (3'-O-Methylquercetin) und Isosakuranetins (4'-O-Methylnaringenin), wie Poncirin (Isosakuranetin-7-O-neohesperidosid), und des Eriodictyols (3'-Hydroxynaringenin), wie Eriocitrin (Eryodictyol-7-O-rutinosid) und Neoeriocitrin (Eriodictyol-7-O-neohesperidosid) gefunden.

Der Gehalt an essenziellen Ölen beträgt 0,6–1 %. Die Hauptmenge machen Mono- und Sesquiterpene, deren Oxidationsprodukte sowie unverzweigte Fettalkohole und Aldehyde aus. Mengenmäßig ist das in Zitrusfrüchten weit verbreitete $d$-Limonen am wichtigsten. Für das Grapefruitaroma ist das $p$-1-Menthen-8-thiol charakteristisch, eine in einer Konzentration von $10^{-12}$ noch riechbare Verbindung. Weitere für das Aroma wichtige Terpene sind Linalool und sein Essigsäureester, Neral, Geranial, und die Sesquiterpene Nootkaton, 8,9-Dihydronootkaton, α-Vetivon und α-8,9-Dihydrovetivon (Abb. 12.58).

Auch die Stereoisomere des 2-Methyl-4-propyl-1,3-oxathians („Ohloff-Note" von tropischen Früchten) wurden in Grapefruit nachgewiesen (Abb. 10.11).

**Mandarine** (*Citrus reticulata* = *Citrus nobilis*, *Rutaceae*, engl. mandarin) gehört neben Orangen und Grapefruits zu den süßen Zitrusfrüchten. Die Mandarine stammt ursprünglich aus Südostasien und wird erst seit etwa 1800 im Mittelmeerraum kultiviert. Die Mandarine hat einen höheren Wärmebedarf, aber eine kürzere Reifezeit als die Orange und hat sich in vielen anderen klimatisch geeigneten Teilen der Welt verbreitet. Die Mandarine wird oft auch **Tangerine** genannt. Als **„Tangor"** bezeichnet man die aus dem Hybrid zwischen *Citrus reticulata* und *Citrus sinensis* stammende Frucht. Die Produktion von Mandarinen liegt nach der Orange an zweiter Stelle und macht etwa 15 % der gesamten weltweiten Ernte von Zitrusfrüchten aus. Viele Varietäten von Mandarinen werden kultiviert, davon sind wichtig: Clementine (Mittelmeerraum, Nordafrika, Mittlerer Osten, ursprünglich aus Algerien), Dancy (USA), Satsuma (Japan, Ferner Osten), Poncan (China, Indien, Pakistan). Die Früchte werden roh konsumiert oder zu Säften verarbeitet.

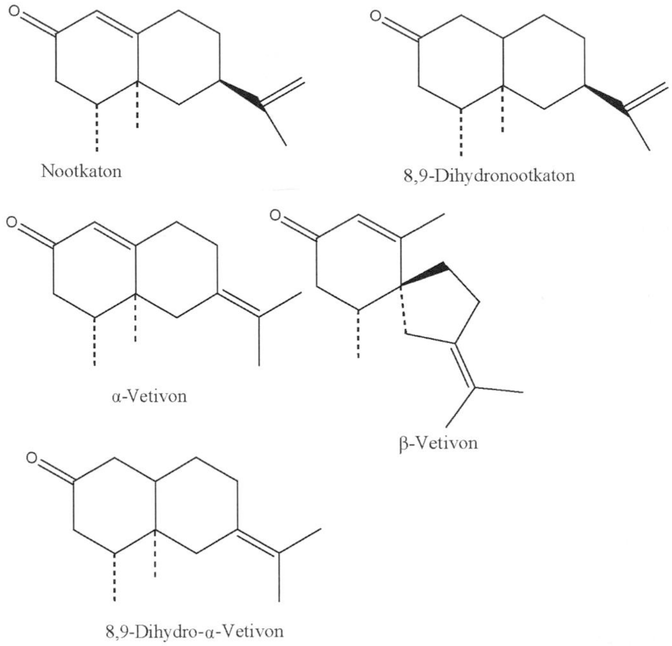

Nootkaton          8,9-Dihydronootkaton

α-Vetivon

β-Vetivon

8,9-Dihydro-α-Vetivon

**Abb. 12.58.** Chemische Struktur ausgewählter Terpene der Grapefruit

Mandarinen enthalten 88 % Wasser, 0,6 % Protein, 0,2 % Fett, 11 % Kohlenhydrate, 2,3 % Ballaststoffe und 0,4 % Asche. Der Vitamin-C-Gehalt liegt bei 30 mg/100 g. Die für den süßen Geschmack der Mandarine maßgeblichen Zucker sind Saccharose (5 %) und je etwa 1,5–2 % Glucose und Fructose. Der Gehalt an Citronensäure ist mit 0,8–1,2 % vergleichsweise niedrig. Der Gehalt an ätherischem Öl liegt bei 1 %. An Carotinoiden wurden geringe Mengen β-Carotin, Reticulaxanthin, Tangeraxanthin und in Schalen β-Citraurin (Abb. 9.5) gefunden.

Wichtigstes Flavonoid ist das Hesperidin (3'-Hydroxy-4'-O-methylnaringenin = Hesperetin-7-rutinosid), daneben kommen etwa zu gleichen Teilen Narirutin und Naringin (etwa je ein Neuntel des Hesperidins) vor. Die Schalen und auch der Saft enthalten die hoch methylierten Flavonoide Nobiletin (3',4',5,6,7-Hexamethoxyflavon) und Tangeretin (3,4',5,6,7-Pentamethoxyflavon, Abb. 12.56).

Das Aroma der Mandarine ist aus vielen Substanzen aufgebaut, vorwiegend Terpenen und unverzweigten, aliphatischen Alkoholen und Aldehyden sowie Oxidationsprodukten der Fettsäuren (*n*-Decanol, *n*-Decanal, Dodecanal u. a.). Mengenmäßig wichtigstes Terpen ist das *d*-Limonen (0,5–1 %), in zweiter Linie sind Myrcen, γ-Terpinen und Sabinen, α- und β-Pinen zu nennen. Oxidierte Terpene in der Frucht sind vor allem Linalool,

Geranial und Neral sowie α-Terpineol, teilweise mit Essigsäure verestert. Bemerkenswert ist das Vorkommen des sehr stark riechenden N-Methyl-anthranilsäuremethylesters. Synephrin, Octopamin, N-Methyltyramin und γ-Aminobuttersäure sind in der Mandarine vorkommende biogene Amine. Auch über das Vorkommen von Feruloylputrescin wurde berichtet.

**Kumquats** (*Fortunella* sp., *Rutaceae*, Zwergorangen, Zwergpomeranzen, Limequats, engl. kumquat): Die immergrünen Sträucher oder Bäume sind eng verwandt mit den Zitruspflanzen, mit denen sie auch gekreuzt werden können. Kumquat kommt in verschiedenen Spezies vor, am häufigsten sind *Fortunella japonica* (runder Kumquat) und *Fortunella margarita* (ovaler Kumquat). Ursprünglich aus Asien stammend, wird Kumquat in vielen Ländern kultiviert. Die orangegelben Früchte werden nicht größer als 3–4 cm, sind frisch oder getrocknet genießbar und werden auch als Marmelade oder in Rum eingelegt konsumiert.

Kumquats enthalten etwa 80 % Wasser, 16 % Kohlenhydrate, davon 9,5 % lösliche Zucker und 6,5 % Ballaststoffe. Der Proteingehalt liegt bei etwa 1,9 %. Wichtigste Carotinoide sind β-Cryptoxanthin (Abb. 9.3), α-Carotin, Lutein und Zeaxanthin (Abb. 9.1). Der Ascorbinsäuregehalt liegt bei 44 mg/100 g. Die wichtigsten phenolischen Inhaltsstoffe sind Flavonoide, Narirutin (Naringenin-7-Rutinosid), Rutin (Quercetin-3-Rutinosid) und Kämpferol. Aromastoffe sind zum einen Terpene, Limonen (Abb. 10.2), α-Pinen (Abb. 10.3) und Sequiterpene, zum anderen aliphatische Ester wie Propionsäureisopropylester.

**Banane** (*Musa paradisiaca sapientum*, *Musaceae*, engl. banana): Die Banane ist die essbare Frucht der Pflanze desselben Namens. Man unterscheidet Bananen, die roh gegessen werden (Obstbananen, engl. common banana), und solche, die vor dem Genuss erhitzt werden (Gemüse-, Mehl-, oder Kochbananen, engl. plantain). Die Obstbanane (*Musa paradisiaca sapientum*, vielleicht ein Hybrid aus *Musa acuminata* und *Musa balbisiana* = Cavendish-Banane) kommt wahrscheinlich ursprünglich aus Südchina. Die Cavendish-Banane ist heute die wichtigste kommerzielle Varietät der Obstbananen. Die Gemüsebanane *(Musa paradisiaca normalis)* stammt ursprünglich aus Indien und wurde schon im Altertum in Afrika kultiviert. Heute ist Südamerika der größte Bananenproduzent. Die einjährige Bananenstaude wächst im tropischen Klimabereich und wird in vielen Varietäten kultiviert. Da die meisten Kulturformen samenlos sind, erfolgt die Vermehrung vorwiegend durch Wurzelschösslinge. Obst- und Kochbananen unterscheiden sich in erster Linie durch die Art der enthaltenen Kohlenhydrate: Obstbananen sind reicher an löslichen Zuckern, Gemüsebananen haben einen hohen Stärkegehalt, ansonsten sind die Inhaltsstoffe ähnlich. Die Bananen werden in den Ursprungsländern unreif geerntet und in den Verbraucherländern, meistens durch Begasung mit Ethylen, gereift. Der Schalenanteil ist etwa ein Drittel des Gesamtgewichtes. Obstbananen werden roh konsumiert, getrocknet und gepulvert zu Kindernährmitteln oder zu Speiseeis gemischt. Auch Fruchtsäfte enthalten bisweilen Bananen. Gemüsebananen werden ähnlich wie Kartoffeln in der Ernährung eingesetzt, in vielen tropischen Ländern sind sie für die ansässige Bevölkerung eine wichtige Nahrungsquelle.

**Tabelle 12.5.** Durchschnittliche Nährstoffzusammensetzung von Obst- und Gemüsebananen

| Inhaltsstoffe | Obstbanane [%] | Gemüsebanane [%] |
|---|---|---|
| Wasser | 75 | 65 |
| Eiweiß | 1 | 1,3 |
| Fett | 0,5 | 0,4 |
| Kohlenhydrate | 23 | 32 |
| Ballaststoffe | 2,4 | 2,3 |
| Asche | 0,8 | 1,2 |

Obstbananen enthalten rund 75 % Wasser, 1 % Eiweiß, 0,5 % Fett, 23 % Kohlenhydrate, 2,4 % Ballaststoffe und 0,8 % Asche (Tab. 12.5). Die löslichen Zucker sind vorwiegend Saccharose (bis 12 %), Fructose (3,5 %) und Glucose (0,45 %). Der Stärkegehalt liegt bei etwa 1 %. Gemüsebananen haben einen Wassergehalt von 65 %, 1,3 % Protein, 0,4 % Fett, 32 % Kohlenhydrate, 2,3 % Ballaststoffe und 1,2 % Asche. Gemüsebananen enthalten bis zu 17 % Stärke, daneben geringe Mengen an Saccharose, Glucose und Fructose. Die Gemüsebanane enthält doppelt so viel Vitamin C (18 mg/100 g) als die Obstbanane, auch der Carotinoidgehalt, ausgedrückt in Vitamin-A-Äquivalenten, ist fast 12-mal so hoch (373 µg/100 g). Die Bananenrohfaser enthält Pektin (0,7–4 %), Fructane und das Trisaccharid Kestose (6-2-β-Fructofuranosid der Saccharose, Abb. 3.13) sowie Cellulose und Hemicellulose. Apfelsäure ist die vorwiegende Säure (bis 370 mg/100 g), daneben Citronensäure, Bernsteinsäure, Chinasäure, Fumarsäure und Oxalsäure.

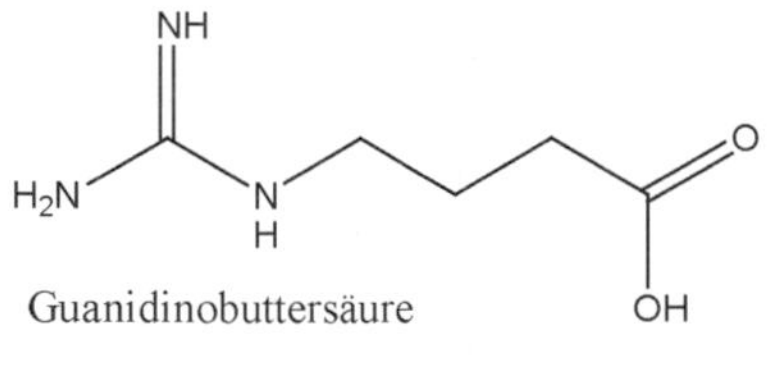

Guanidinobuttersäure

**Abb. 12.59.** Chemische Struktur von Guanidinobuttersäure

Charakteristisch ist das Vorkommen der γ-Guanidinobuttersäure (Abb. 12.59). Auch L-Pipecolinsäure (Piperidin-2-carbonsäure) wurde gefunden.

Bananen enthalten nur geringe Mengen an Carotinoiden. Wichtige phenolische Verbindungen sind Flavonoide, wie Quercetin, Rutin (Quercetin-3-O-rutinosid), Kämpferol, Leucodelphinidin und Leucocyanidin

(Abb. 8.17). Bananen enthalten auch Saponine und Phytosterine (16–60 mg/100 g), hauptsächlich Stigmasterin.

Für das Aroma sind vor allem Essigsäure- und Buttersäureester von aliphatischen Alkoholen, Abbauprodukten von Aminosäuren, verantwortlich: 3-Methylbutylacetat, 3-Methylbutylbutyrat, 2-Methylpropylacetat, Butylacetat, Hexylacetat (Abb. 10.7) u. a. Auch Eugenol, O-Methyleugenol und Elemicin (3,4,5-Trimethoxyallylbenzol) wurden gefunden. Insgesamt wurden etwa 200 aromaaktive Substanzen, vorwiegend Ester, isoliert.

Bananen enthalten im Fruchtfleisch, in größeren Mengen aber in den Schalen, biogene Amine: Serotonin (5-Hydroxytryptamin) und Norepinephrin (2-Amino-1-(3,4-dihydroxyphenyl)-1-hydroxy-2-aminoethan, Abb. 4.8).

**Feige** (*Ficus carica*, *Moraceae*, engl. fig): Der Feigenbaum ist seit prähistorischer Zeit im Mittelmeerraum heimisch. Die Feigen sind die Scheinfrüchte des Baumes, der in vielen Varietäten kultiviert wird. Entsprechend der Erntezeit unterscheidet man Sommer- und Herbstfeigen. Junge Feigen sind durch Chlorophyll grün gefärbt und nehmen mit zunehmender Reife eine gelb bis braune Färbung an. Feigen werden roh oder getrocknet konsumiert. Die Oberfläche getrockneter Feigen wird teilweise mit Wasserdampf behandelt, um die beim Trocknen entstandenen Glucosekristalle zu lösen und eine glatte Oberfläche zu erzeugen (konfektionierte oder etuvierte Feigen, engl. stewed fig). Feigen sind, bedingt durch ihren extrem niedrigen Phosphatgehalt (14 mg/100 g), ein stark basenüberschüssiges Lebensmittel (etwa 100 Milli-Äquivalent).

Rohe Feigen haben einen Wassergehalt von rund 79 %, sie enthalten 0,75 % Protein, 0,3 % Fett, 19 % Kohlenhydrate, 3,3 % Ballaststoffe und 0,7 % Asche. Beim Trocknen sinkt der Wassergehalt bei ungekochten Feigen auf etwa 28 % ab, entsprechend steigt der Kohlenhydratgehalt auf rund 70 % an. Gekochte Feigen enthalten etwa 70 % Wasser. Die löslichen Zucker sind Glucose und Fructose, Saccharose kommt nur in geringen Mengen vor. Die Ballaststoffe bestehen hauptsächlich aus Hemicellulosen und Pektin. Mengenmäßig wichtigste Säure ist die Apfelsäure (bis 3 %), daneben kommen Citronensäure, Fumarsäure, Malonsäure, Chinasäure und Oxalsäure in größeren Mengen vor.

Phenolische Inhaltsstoffe der Feige sind Ferulasäure und die Flavonoide Apigenin (4',5,7-Trihydroxyflavon, Abb. 8.19), Kämpferol und Quercetin (Abb. 8.18). Auch das Flavon-C-Glykosid Schaftosid (6-C-Glucosido-8-C-arabinosidoapigenin, Abb. 12.4) wurde in Feigen gefunden. Feigen enthalten nur sehr geringe Mengen an Carotinoiden (β-Carotin, Lutein, Violaxanthin). Der Gehalt an Phytosterinen liegt im Bereich zwischen 30–150 mg/100 g. Die Feigensamen enthalten etwa 10 % α-Linolensäure. Aus dem Latex wird das, zum Weichmachen von Fleisch (Tenderizer) verwendete, proteolytische Enzym Ficin gewonnen.

**Dattel** (*Phoenix dactylifera, Arecaceae*, engl. date) ist die Steinfrucht der in Asien, Südeuropa, Teilen Amerikas und Afrikas in vielen Varietäten kultivierten Dattelpalme. Die Dattelpalme ist eine der ältesten Kulturpflanzen, ihre Kultur war 3000 v. Chr. schon in Mesopotamien bekannt. Auch heute noch werden die meisten Datteln im Nahen und Mittleren Osten und in Nordafrika produziert, in Ländern mit wenig Regen während der Reifeperiode. Regen und hohe Luftfeuchtigkeit schädigen die reifenden Datteln. Auch die frischen Früchte sind sehr anfällig gegen diverse Schadorganismen (z. B. Milben), sodass sie zur Konservierung getrocknet werden müssen. Datteln werden roh und getrocknet gegessen, sie sind Bestandteil verschiedener Zerealien- und Müsligerichte, bisweilen wird auch Saft aus frischen Datteln gepresst, der z. B. zu Essig oder Wein fermentiert werden kann.

Datteln des Handels haben einen Wassergehalt von 22 %, sie enthalten 1,8 % Protein, 0,5 % Fett, 74 % Kohlenhydrate, 7,5 % Ballaststoffe und 1,6 % Asche. Ascorbinsäure ist in Datteln praktisch nicht vorhanden. Die löslichen Zucker sind etwa zu je 20 % Saccharose, Glucose und Fructose. Stärke ist etwa zu 0,5 % vorhanden, es kommen auch geringe Mengen an Sorbit vor. Die Ballaststoffe bestehen vorwiegend aus Pektin (2 %) und Pentosanen (3–4 %). Auch monomere Zucker, wie Arabinose, Rhamnose, Galaktose und Galakturonsäure, sind enthalten.

Charakteristisch für die Dattel ist das Vorkommen von **methylierten Xylosederivaten** (2,3,4-Trimethylxylose, 2,3-Dimethylxylose- und 2-Methylxylose, Abb. 12.60).

Wichtige Carotinoide der Dattel sind Dehydro-β-carotin, Flavoxanthin, Violaxanthin, Lutein (Abb. 9.1) und Lycopin (Abb. 9.4). β-Carotin kommt nur in sehr geringen Konzentrationen vor.

Phenolische Inhaltsstoffe sind Chlorogensäure, Isochlorogensäure, Caffeoylshikimisäure, und Leucoanthocyanin. Datteln enthalten beträchtliche Mengen an γ-Aminobuttersäure (bis 350 mg/100 g, Abb. 8.5) und die nicht proteinogenen Aminosäuren Pipecolinsäure (Piperidin-2-carbonsäure), 5-Hydroxypipecolinsäure und Baikiain (4-Dehydropipecolinsäure, Abb. 12.60).

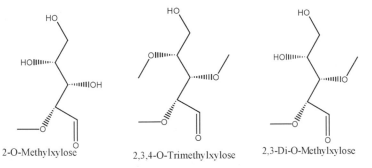

2-O-Methylxylose    2,3,4-O-Trimethylxylose    2,3-Di-O-Methylxylose

**Abb. 12.60.** Chemische Struktur methylierter Xylosederivate

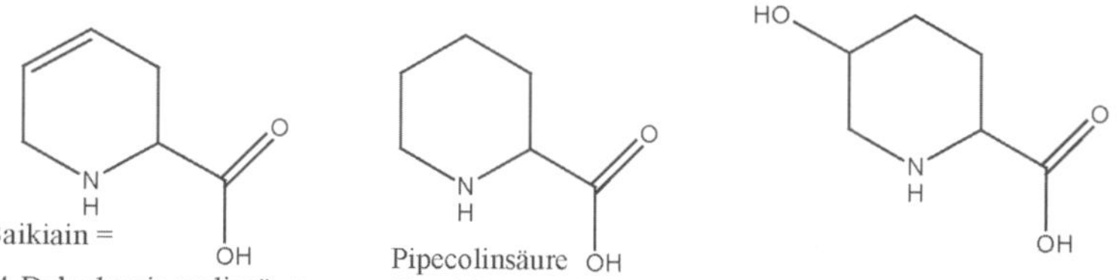

Baikiain =
4-Dehydropipecolinsäure

Pipecolinsäure
Piperidin-2-carbonsäure

5-Hydroxypipecolinsäure

**Abb. 12.61.** Chemische Struktur nichtproteinogener Aminosäuren der Dattel

**Ananas** (*Ananas comosus, Bromeliaceae*, engl. pineapple) stammt ursprünglich aus dem tropischen Amerika und wurde dort schon zu Zeiten der Entdeckung von den Indianern kultiviert. *Ananas comosus* ist die einzige Ananasart, deren Früchte als Obst Verwendung finden. Viele Ananasarten und andere Bromeliengewächse werden wegen ihrer prächtigen Blüten als Zierpflanzen verwendet. *Ananas comosus* wird in vielen Varietäten unter tropischen Klimabedingungen kultiviert. Die Früchte werden entweder roh gegessen, zu Säften und Marmeladen verarbeitet oder durch Sterilisation haltbar gemacht. Reife Früchte sind 2–4 Wochen haltbar.

Ananasfrüchte enthalten etwa 85 % Wasser, 0,4 % Protein, 0,2 % Fett, 13,7 % Kohlenhydrate, 0,4 % Ballaststoffe und 0,4 % Asche. Der Vitamin-C-Gehalt liegt bei 15 mg/100 g. Die Hauptmenge der löslichen Zucker bildet die Saccharose (etwa 6 %), gefolgt von der Fructose (0,6–2,3 %) und der Glucose (0,1–3,2 %). Die Ballaststoffe bestehen aus Pektin (etwa 0,15 %), Pentosanen und Hexosanen (Cellulose und auch Fructanen). Wichtigste Säure ist die Citronensäure (0,3 %), dahinter folgt die Apfelsäure (0,2 %). Oxalsäure (0,05 %), Valeriansäure und andere niedere Fettsäuren sind weitere Säuren, die in der Ananas gefunden wurden. Phenolische Inhaltsstoffe konnten bisher nicht in größerer Menge in der Ananasfrucht nachgewiesen werden.

Die Aromastoffe der Frucht sind vorwiegend Ester von niederen Fettsäuren (Ethyl- und Methylester, auch Thioester kommen vor), innere Ester der Hydroxyfettsäuren (Lactone), Hydroxyfettsäureester verestert mit Essigsäure (Acetoxyverbindungen), niedere Fettalkohole, verestert mit Essigsäure und Ameisensäure, sowie zyklische und aliphatische Ketone. Terpene sind kaum vorhanden. Wichtige Beispiele solcher aromaaktiver Verbindungen in der Ananas sind 2,5-Dimethyl-4-hydroxy-3-(2 I I)-furanon (Abb. 10.13), Diacetyl, Acetoxyaceton, Methylthiopropionat, Ethyl-β-Acetoxyhexanoat, γ-Octalacton, γ-Butyrolacton, um einige der etwa 200 isolierten Verbindungen zu nennen.

Die Ananasfrucht enthält Glutamin sowie größere Mengen der Neurotransmittersubstanzen γ-Aminobuttersäure und Serotonin (rund 30 ppm, Abb. 4.8). Das proteolytische Enzym Bromelain (eine SH-Protease) ist neben seiner technologischen Bedeutung als Tenderizer in jüngster

Zeit wegen seiner antioxidativen und *in vitro* krebspräventiven Aktivität interessant geworden.

**Avocado** (*Persea americana* = *Persea gratissima*, *Lauraceae*, engl. avocado, spanisch abogado, aztekisch ahuacatl) ist die birnenförmige Frucht des Avocadobaumes, der schon etwa 300 v. Chr. in Süd- und Zentralamerika kultiviert wurde. In Europa wurde die Avocadofrucht im 16. Jahrhundert als Folge der Entdeckung Amerikas durch die Spanier bekannt. Auch heute noch wird die Hauptmenge an Avocados in Amerika produziert. Die Frucht enthält neben Wasser hauptsächlich Fett und praktisch keine verdaulichen Kohlenhydrate. Der Avocadobaum ist ein Beispiel für eine Pflanze, die gewonnene, fotosynthetische Energie in Form von Fett und nicht in Form von Kohlenhydrat speichert. In dieser Beziehung ist sie ähnlich der Kokospalme und dem Olivenbaum. Das Fruchtfleisch weist butterähnliche Konsistenz auf. Die Avocadofrucht wird roh gegessen oder zur Ölgewinnung verwendet. Avocadoöl wird als Speiseöl, vor allem aber in der Kosmetik, verwendet. Der Farbstoff der grünen Frucht ist Chlorophyll.

Bei einem durchschnittlichen Wassergehalt von 74 % enthält die Avocadofrucht 2 % Protein, 15 % Fett, 7,4 % Kohlenhydrate, 5 % Ballaststoffe und 1 % Asche. Der Ascorbinsäuregehalt liegt bei 8 mg/100 g. Das Fett, das den Hauptbestandteil der Frucht bildet, enthält, ähnlich wie die Olive, Ölsäure als mengenmäßig wichtigste Fettsäure (9 %, 57 % im Fett) und Linolsäure (2 %, 13 % im Fett). Die Kohlenhydrate sind zum Großteil für die Avocadofrucht charakteristische Aldosen, Ketosen und Zuckeralkohole mit sieben bis neun Kohlenstoffatomen (z. B. D-Mannoheptulose und der korrespondierende Zuckeralkohol Perseitol = D-Glycero-D-galaktoheptitol, D-Glycero-D-galaktooctulose, D-Erythro-L-gluconononulose u. a., Abb. 12.62).

Daneben kommen noch myo-Inosit und Glycerin vor. Wichtigste Säure ist die Weinsäure (0,02 %).

In der Avocadofrucht sind eine Reihe von Carotinoiden enthalten, unter anderem α- und β-Carotin, β-Cryptoxanthin, Lutein und Violaxanthin. An phenolischen Inhaltsstoffen wurden *p*-Cumarsäure, *p*-Cumaroylchinasäure, Kaffeesäure und Chlorogensäure sowie Proanthocyanidine vom Typ A (Abb. 12.47) gefunden. An biogenen Aminen sind Dopamin und Serotonin in geringen Mengen enthalten.

**Olive** (*Olea europea*, *Oleaceae*, engl. olive) ist die Frucht des Ölbaumes, heimisch in der Mittelmeerregion und dort schon seit Tausenden Jahren kultiviert. In klimatisch geeigneten Zonen ist er heute auf der ganzen Welt in vielen Varietäten vertreten, die sich auch durch die Größe der Früchte unterscheiden. Die reifen Oliven werden roh, oft eingelegt in Öl, Kochsalzlösung oder verdünnter Milchsäure als Beilagen zu verschiedenen Gerichten gegessen oder zur Gewinnung des als Speiseöl sehr wichtigen Olivenöls verarbeitet.

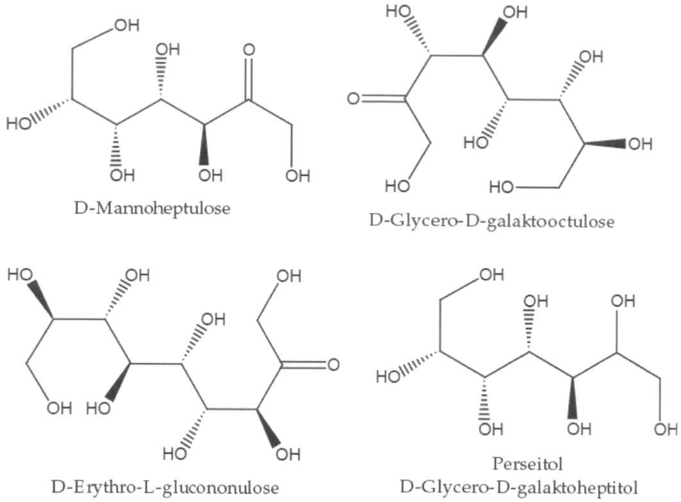

D-Mannoheptulose

D-Glycero-D-galaktooctulose

D-Erythro-L-gluconulose

Perseitol
D-Glycero-D-galaktoheptitol

**Abb. 12.62.**    Chemische Struktur charakteristischer Kohlenhydrate der Avocadofrucht

Die Frucht ist grün durch ihren Gehalt an Chlorophyll. Mit zunehmender Reife nimmt die Frucht eine rotbraune Farbe an. Durch Einlegen in verdünnte Natronlauge (0,5–2 %) und anschließendes Waschen mit Kochsalzlösung wird das Chlorophyll oxidativ zerstört und die Oberfläche schwarzbraun gefärbt. Die Olive ist ein weiteres Beispiel einer Frucht, deren Hauptinhaltsstoff Fett ist.

Bei einem Wassergehalt von etwa 80 % enthält die Olive im Durchschnitt 1 % Protein, 11 % Fett, 6 % Kohlenhydrate, 4 % Ballaststoffe und 3 % Asche. Der Gehalt an Vitamin C ist unbedeutend. Wie bei der Avocadofrucht stellt auch bei der Olive die Ölsäure die Hauptmenge der in den Triglyceriden vorkommenden Fettsäuren (75 %). Daneben kommen noch Palmitinsäure (11 %) und Linolsäure (7,5 %) in größeren Mengen vor. Wichtigstes Tocopherol ist das α-Tocopherol (12 mg/100 g).

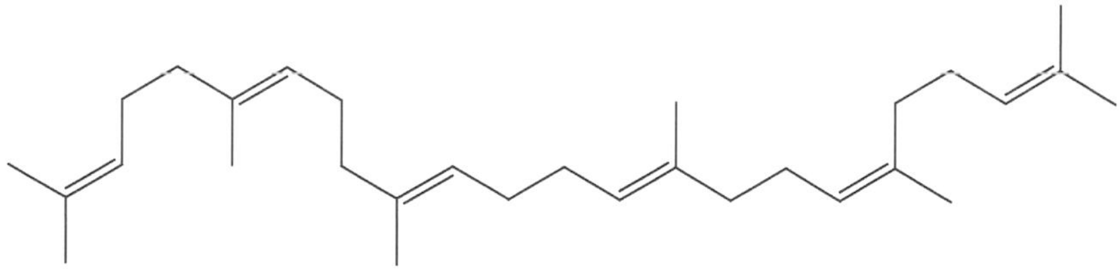

**Abb. 12.63.**    Chemische Struktur von Squalen

Ein charakteristisches Merkmal der Olive ist ihr hoher Gehalt an dem isoprenoiden $C_{30}$-Kohlenwasserstoff Squalen (100–700 mg/100 g, Abb. 12.63), der biosynthetischen Vorläufersubstanz für Saponine und Steroide.

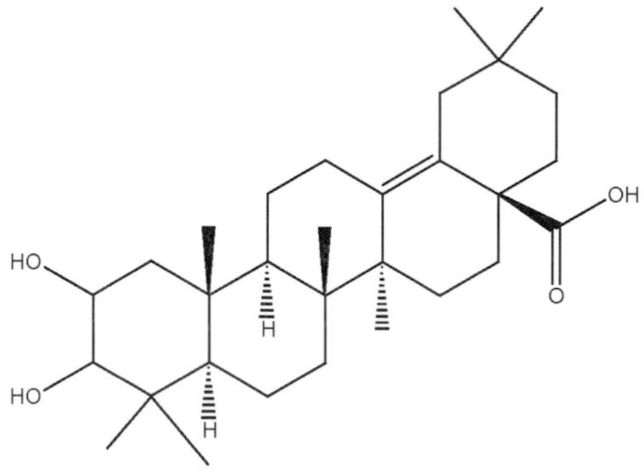

**Abb. 12.64.**   Chemische Struktur von Maslinsäure

Maslinsäure (2,3-Dihydroxy-olean-13-(18)-en-28-carbonsäure, Abb. 12.64) ist ein wichtiges Saponin in der Frucht und den Blättern.

Bei den Kohlenhydraten der Frucht wurden neben Pektin Monosaccharide, wie Glucose, Fructose, Galaktose, Galakturonsäure, und das Pentasaccharid Verbascose (Abb. 3.14) gefunden. Geringe Mengen an β-Carotin (2–8 ppm) wurden in der Olive nachgewiesen. Neben dem schon erwähnten α-Tocopherol enthält die Olive eine Anzahl weiterer wichtiger phenolischer Inhaltsstoffe mit antioxidativen Eigenschaften: Ester der Hydroxyzimtsäuren, wie Kaffeesäure und p-Cumarsäure mit Glucose verestert, Protocatechusäure (3,4-Dihydroxybenzoesäure) und Catechin. Flavonoide sind Luteolin-5-glucosid, Paeonidin-3-glucosid (3'-Methylcyanidin-3-glucosid), Cyanidin-3-glucosid, Cyanidin-3-rutinosid, Cyanidin-3-rhamnosyl-glucosyl-glucosid. In der Schale der Olivenfrucht wurden Quercetin-3-rhamnosid und Quercetin-3-rutinosid gefunden. Für die Olive charakteristisch ist das Vorkommen von 4-Glucosiden und Diglucosiden des 3,4-Dihydroxyphenylethanols.

In der Olive kommen auch Iridoide, Derivate des Pyrans, vor. Zu erwähnen ist Elenolid, ein Iridoid mit positiver Wirkung auf das Immunund das Herz-Kreislauf-System, weiters soll es antibiotische Eigenschaften haben. Elenolid ist in höherer Konzentration in den Olivenblättern enthalten. Im Oleuropein, einem weiteren Inhaltsstoff, kommt 3,4-Dihydroxyphenylethanol verestert mit einem Derivat des Elenolids vor (Abb. 12.65).

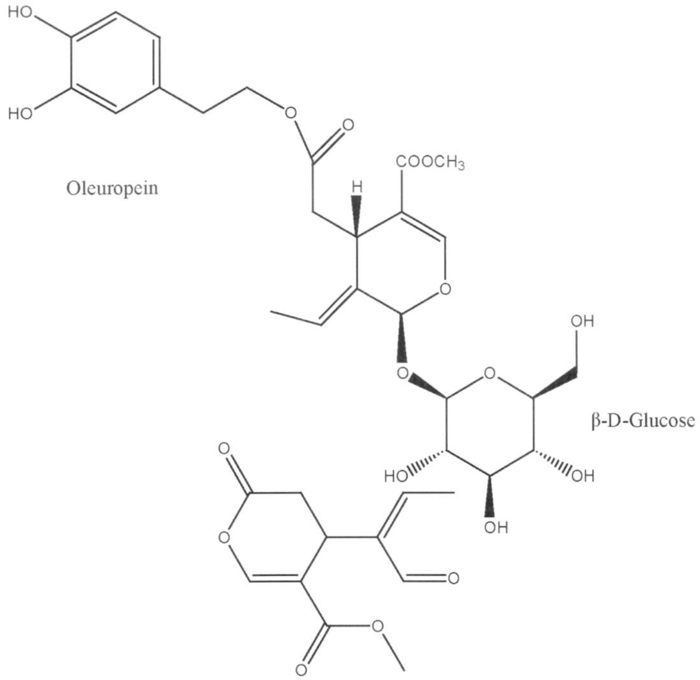

Oleuropein

β-D-Glucose

Elenolid =
4-(1-Formyl-1-propenyl)-3,4-dihydro-2-oxo-2H-pyran-5-carbonsäure-methyl-ester

**Abb. 12.65.**    Chemische Struktur von Oleuropein und Elenolid

**Kokosnuss** (*Cocos nucifera, Arecaceae,* engl. coconut) ist die Steinfrucht der Kokospalme, eines der ökonomisch wichtigsten Bäume des Tropengürtels. Die Kokospalme gedeiht besonders entlang von Meeresküsten, da Salz wichtig für die Keimung und Entwicklung der Steinfrucht ist. Kokosnüsse werden vom Meer über weite Strecken transportiert. Wichtigste Anbaugebiete sind die Inseln im pazifischen und indischen Ozean. Die Früchte enthalten das Kokoswasser und das fettreiche Fruchtfleisch, das getrocknet als **„Kopra"** bezeichnet wird. Kokosmilch wird aus dem zerkleinerten Fruchtfleisch durch Pressen gewonnen und wird als Getränk verwendet. Das frische Fruchtfleisch wird entweder roh gegessen oder in Süßwaren verarbeitet. Kopra ist auch das Ausgangsmaterial zur Gewinnung von Kokosfett, einem sehr wichtigen Speisefett und einem Rohstoff für die Margarineerzeugung. Die entölten Rückstände werden als Tierfutter verwendet. Kokoswasser wird in den Ursprungsländern frisch getrunken. Neuerdings wird das mineralstoffreiche Getränk haltbar gemacht als „Energy Drink", z. B. für Sportler, auf den Markt westlicher Länder gebracht. Kokosmilch kann als Milchsubstitut verwendet werden.

Die frische Kokosnuss enthält etwa 46 % Wasser, 3 % Protein, 34 % Fett, 15 % Kohlenhydrate, 9 % Ballaststoffe und 1 % Asche. Kokoswasser enthält 93 % Wasser, 2 % Fett, 1 % Protein, 3 % Kohlenhydrate und 1 % Asche. Kokosmilch enthält durchschnittlich 52 % Wasser, 27 % Fett, 4 % Protein, 6 % Kohlenhydrate, 1 % Rohfaser und sehr geringe Mengen an Asche.

Das Fett besteht zu über 90 % aus mittleren und kurzkettigen gesättigten Fettsäuren (Fettsäurezusammensetzung siehe Kapitel 5 „Fette", Tab. 5.1). Lösliche Kohlenhydrate sind Fructose (0,2 %), Glucose (2,4 %) und Saccharose (1,4 %), aber auch Galaktose, Galakturonsäure, Sorbit, Inosit und Rhamnose wurden gefunden. Polysaccharide in der Kokosnuss sind Pektin, Mannan und Galaktomannan. Vitamine sind nur in unbedeutenden Mengen enthalten. An Säuren kommen Citronensäure, Apfelsäure, Bernsteinsäure, Chinasäure und Shikimisäure vor. Squalen (Abb. 12.63) ist in größeren, $\gamma$-Aminobuttersäure in geringen Mengen enthalten.


**Granatapfel** (*Punica granatum*, *Puniaceae*, engl. pomegranate) ist die rote Frucht eines im subtropischen Bereich wachsenden Baumes oder Strauches. Der genaue Ursprung ist, wie auch die exakte botanische Zuordnung, Gegenstand von Diskussionen. Der Granatapfel war aber schon den alten Ägyptern bekannt und wird in der Bibel, wie auch in Homers Odyssee, mehrfach erwähnt. Die gerbstoffreiche Frucht wird als solche gegessen oder zu Säften verarbeitet. Der Granatapfelbaum spielt in der indischen und fernöstlichen Medizin eine große Rolle. Nicht nur die Frucht mit Schale und ihren vielen Kernen, sondern auch die Blätter und vor allem die gerbstoffreiche Rinde werden verwendet. Die Wurzelrinde enthält die Hauptmenge der Alkaloide des Granatapfelbaumes.

Die Alkaloide sind Derivate des Piperidins, z. B. Pelletierin (1-(2-Piperidinyl)-propanon) und Pseudopelletierin (9-N-Methyl-3-Granatanon = 9-Methyl-9-azabicyclo-(3,3,1)-nonan-3-on, Abb. 12.66). Pelletierin wird in der Medizin bisweilen als Wurmmittel verwendet.


Der Granatapfel enthält rund 80 % Wasser, 1 % Protein, 0,3 % Fett, 17 % Kohlenhydrate, 0,6 % Ballaststoffe und 0,6 % Asche. Er beinhaltet nur geringe Mengen an Vitamin C und B – Ausnahme ist vielleicht der Gehalt an Pantothensäure (0,6 mg/100 g). Auch Carotinoide sind nur im Bereich von Zehntel Milligramm pro 100 Gramm enthalten. Als lösliche Kohlenhydrate kommen Mannit, Maltose, Fructose und Glucose vor, Polysaccharide im Granatapfel sind Pektin und Inulin, auch geringe Mengen an Stärke sind enthalten.

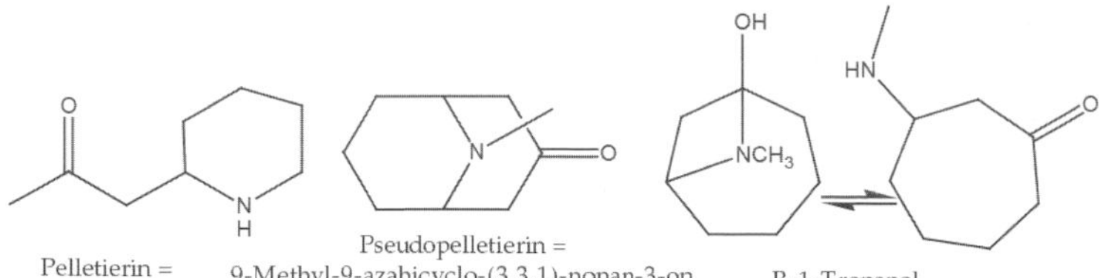

Pelletierin =
2-Acetonyl-piperidin

Pseudopelletierin =
9-Methyl-9-azabicyclo-(3,3,1)-nonan-3-on

R-1-Tropanol

**Abb. 12.66.** Chemische Struktur von Pelletierin, Pseudopelletierin und R-1-Tropanol

Im Fett ist die sehr seltene Punicinsäure, eine sehr seltene $C_{18}$-Fettsäure mit drei zueinander konjugierten Doppelbindungen (cis-, trans-, cis-9,11,13-Octadecatriensäure, Abb. 12.67). Mengenmäßig wichtigste Säure ist die Citronensäure (0,8–1,2 %), weiters wurden Apfelsäure und Oxalsäure gefunden. Der Granatapfel enthält 0,2–1 % phenolische Verbindungen, *p*-Cumarsäure, Chlorogensäure, Neochlorogensäure (Abb. 8.5) sowie Gallussäure und deren Kondensationsprodukte in Tanningerbstoffen, verestert mit Glucose. Darunter finden sich spezielle Gerbstoffe, wie z. B. Punicalin oder Punicalagin, von denen antivirale Aktivitäten, unter anderem auch gegen Aids, berichtet werden.

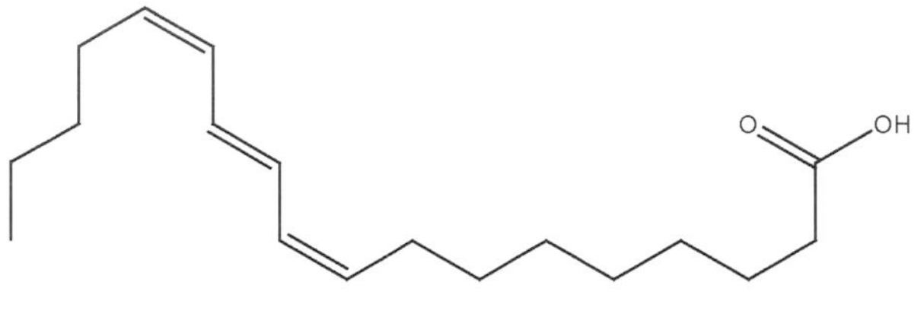

**Abb. 12.67.** Chemische Struktur der Punicinsäure

Die rote Farbe des Granatapfels wird durch die Anthocyanglykoside Cyanidin-3,5-diglucosid, Cyanidin-3-glucosid und Delphinidin-3,5-diglucosid sowie Delphinidin-3-glucosid und Glykoside des Malvidins (3',5'-Dimethyldelphinidin) verursacht. In den Samen des Granatapfels ist das weibliche Sexualhormon Estron in einer Konzentration von etwa 0,002 % enthalten, daneben wurden auch geringe Mengen an Estradiol gefunden.

**Mango** (*Mangifera indica*, *Anacardiaceae*, engl. mango) wird die Frucht des Mangobaumes bezeichnet, der seine Heimat in Südostasien hat und auch heute vorwiegend in diesen Ländern sowie in Indien, Zentral- und Südamerika und Afrika kultiviert wird. Der Mangobaum gedeiht im tropischen Klimabereich und wird in vielen Varietäten kultiviert. Unter anderem kennt man saure und süße Varietäten, die sich durch ihren Gehalt an Fruchtsäuren unterscheiden. Die grüne Farbe der Mangos, die beim Reifen gelb wird, wird durch Chlorophyll, die rote durch Carotinoide verursacht. Anthocyane wurden nicht gefunden. Das Vitamin-A-reiche Fruchtfleisch umgibt den großen Kern der Mangofrucht. Die reife Frucht wird roh gegessen, unreife Früchte werden oft zu Marmeladen oder Gelees verarbeitet. Mango ist manchmal auch ein Bestandteil von Eiscreme.

Bei einem Wassergehalt von durchschnittlich 82 % enthält die Mangofrucht 0,5 % Protein, 0,3 % Fett, 17 % Kohlenhydrate, 2 % Ballaststoffe und 0,5 % Asche. Der Gehalt an β-Carotin, berechnet als Vitamin A, liegt bei 1,32 mg, der von Vitamin C bei 30 mg/100 g, der von Vitamin E bei 1,1 mg/100 g. Die löslichen Kohlenhydrate sind vorwiegend Saccharose (6,7 %), Fructose (2,6 %) und Glucose (1–2 %). Die wichtigsten Säuren sind die Citronensäure und die Apfelsäure, daneben kommen Oxalsäure und Weinsäure vor. Auch Phytin (Abb. 12.1) ist enthalten. Der Kern der Mango enthält hauptsächlich Stärke (bis 70 %). Die Mangofrucht enthält geringe Mengen an Carotinoiden, darunter 0,001 % β-Carotin. Auch Neo-β-Carotin, Violaxanthin und Lutein (Abb. 9.1) wurden gefunden. 0,04 % ätherische Öle sind in der Mangofrucht enthalten. Vorwiegend Terpenkohlenwasserstoffe, Limonen, Ocimen und α-Pinen (Abb. 9.1, 9.2) wurden nachgewiesen, jedoch wurden bisher keine für das Aroma der Mango charakteristischen Substanzen gefunden. Die Frucht enthält ein Harz, das Mangiferin und Mangiferinsäure enthält.

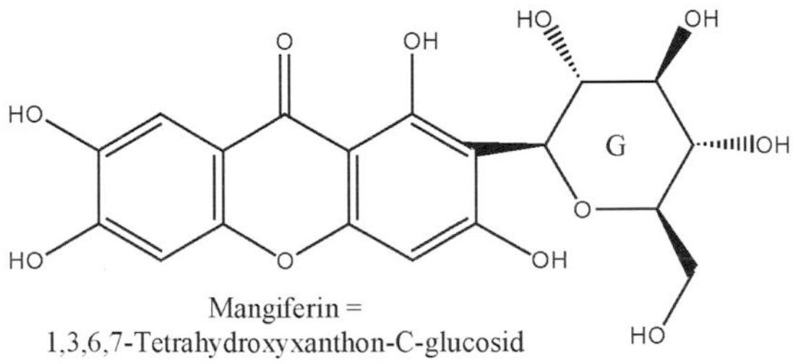

Mangiferin =
1,3,6,7-Tetrahydroxyxanthon-C-glucosid

**Abb. 12.68.** Chemische Struktur von Mangiferin

Mangiferin ist ein C-Glucosid des 1,3,6,7-Tetrahydroxyxanthons (Abb. 12.68), von dem infektionshemmende, antivirale und antidiabetische Aktivitäten berichtet werden. Die gesamte Mango-Pflanze enthält große Mengen an Gallotanninen.

**Papaya** (*Carica papaia*, Melonenbaum, *Caricaceae*, engl. papaya) ist die Frucht des gleichnamigen Baumes. Die Heimat der Papaya ist wahrscheinlich das tropische Amerika, obwohl sie seit etwa 1600 auf den Philippinen kultiviert wird. Die Pflanze ist sehr schnellwüchsig und kann schon innerhalb eines Jahres nach der Aussaat in tropischem Klima Früchte tragen. Verschiedene Varietäten von *Carica papaya* stehen in Kultur. Die kultivierten Papayafrüchte haben eine Form ähnlich der Melone und sind in reifem Zustand orange gefärbt. Aus dem Exsudat des Baumes und aus der Frucht wird das proteolytische Enzym Papain (desgleichen Chymopapain) gewonnen, das in der Lebensmitteltechnologie zum Abbau von Trübungen, z. B. in der Bierbrauerei, und zum Weichmachen von Fleisch (Tenderizer) verwendet wird. Die süßen Früchte werden roh konsumiert oder zu Säften und in Kindernährmitteln verarbeitet. Die Samen der Frucht schmecken nach Senf, da sie wie die *Brassicaceae* Senföle enthalten. Sie sind eines der wenigen Beispiele für das Vorkommen von Senfölen außerhalb der Pflanzenfamilie der *Brassicaceae*. Nur sehr geringe Mengen an Senfölen sind im Fruchtfleisch enthalten.

Die Papayafrucht enthält rund 90 % Wasser, 0,6 % Protein, 0,15 % Fett, 10 % Kohlenhydrate, 1,8 % Ballaststoffe und 0,6 % Asche. Der Vitamin-C-Gehalt liegt bei 62 mg/100 g, der von Vitamin E bei 1,1 mg/100 g. Die vorherrschenden Säuren sind die Apfel- und die Citronensäure. Die löslichen Kohlenhydrate bestehen hauptsächlich aus Saccharose. Die Farbe der Frucht wird durch eine Reihe von Carotinoiden bestimmt: Neben β-Carotin (10–120 ppm) wurden γ-Carotin, ε-Carotin, Lycopin, Phytoen, Phytofluen, Cryptoxanthin, Neoxanthin (Abb. 9.1, 9.3, 9.4) u. a. gefunden.

Die Papayafrucht enthält etwa 0,1 % ätherisches Öl. Es enthält eine Vielzahl von aromaaktiven Substanzen, einerseits nichtzyklische und nichtisoprenoide Alkohole, Aldehyde und Ester, andererseits zyklische und nichtzyklische Mono- und Sesquiterpene. Beispiele für die erste Gruppe sind Amyl- und Isoamylacetat, Ethyl- und Methyloctanoat, Ethylbutyrat, Propylbutyrat, Butylbenzoat, Benzaldehyd, Decanal, Nonanal, γ-Octolacton (Abb. 10.7) u. a. An Terpenen und isoprenoiden Verbindungen sind 3-Methylbutylbenzoat, β- und γ-Phellandren, E- und Z-β-Ocimen, α- und γ-Terpinen, Linalool (Abb. 10.1, 10.2, 10.3), Linalooloxide (Abb. 12.69), Methylgeraniat, Geranylaceton u. a. enthalten.

Senföle sind im Fruchtfleisch nur in geringen Konzentrationen enthalten: Methylthiocyanat, Benzylisothiocyanat, Glucotropäolin und Phenylacetonitril, ein weiteres Abbauprodukt des Glucotropäolins, sowie Carpasemin (N-Benzylthioharnstoff) wurden nachgewiesen. Auch geringe Mengen an Nicotin wurden in der Papaya gefunden.

**Litschi** (*Litchi chinensis, Sapindaceae*, engl. lychee oder litchi) ist die Frucht des gleichnamigen Baumes. Die Heimat der Litschi ist das südliche China, wo der Baum seit Jahrtausenden kultiviert wird. Heute wird der Litschibaum auch in anderen klimatisch geeigneten Ländern kultiviert. Die Frucht wird roh konsumiert oder kann durch Einfrieren oder Trocknen haltbar gemacht werden. Die getrockneten Früchte werden auch als „Litschi-Nüsse" bezeichnet.

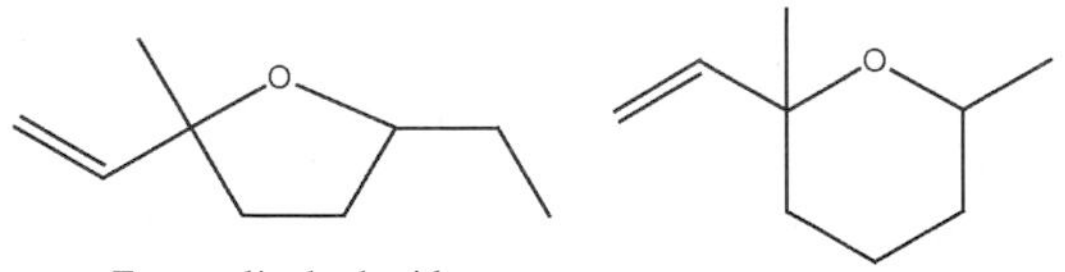

Furano-linalooloxid
2-Methyl-2-ethenyl-5-ethyltetrahydrofuran      Pyrano-linalooloxid
                                               2,6-Dimethyl-2-ethenylhexahydropyran

**Abb. 12.69.** Chemische Struktur von Furano- und Pyrano-linalooloxid

Die rohe Frucht enthält etwa 82 % Wasser, 0,8 % Protein, 16 % Kohlenhydrate, 1,3 % Ballaststoffe und 0,44 % Asche. Die Früchte haben durchwegs einen hohen Gehalt an Vitamin C (70 mg/100 g). Getrocknete Litschis
besitzen Gehalte von 22 % Wasser, 3,8 % Protein, 1,2 % Fett, 70 % Kohlenhydrate, 4,6 % Rohfaser und 2 % Asche. Der Ascorbinsäuregehalt liegt bei
der getrockneten Frucht bei etwa 180 mg/100 g. Die löslichen Kohlenhydrate sind Saccharose, Glucose und Fructose. Als einzige organische Säure
wurde die Apfelsäure nachgewiesen. Die Litschifrucht hat einen hohen
Gehalt an phenolischen Inhaltsstoffen, die durch aktive Polyphenoloxidasen und Peroxidasen in braune Polymerisationsprodukte umgewandelt werden. Auch Dimere, als Proanthocyanidine bezeichnet, entstehen
dabei. Die Litschi enthält die seltene nichtproteinogene Aminosäure Hypoglycin (2-Methylencyclopropylglycin), die hypoglykämische Wirkung
hat.

Diese und eine strukturell ähnliche Aminosäure, 3-Methylencyclopro-
pylalanin (Abb. 12.70), wurden auch in einer anderen *Sapindaceae*, der **Aki**
*(Blighia sapida)*, nachgewiesen. Die Aki-Frucht wird als Nahrungsmittel in
Westafrika verwendet.

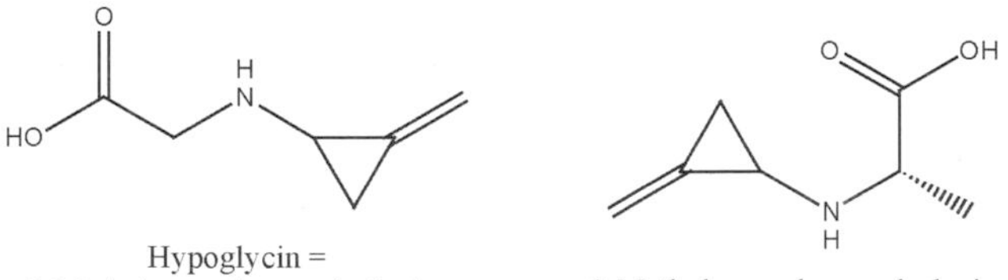

Hypoglycin =
2-Methylen-cyclopropyl-glycin            3-Methylen-cyclopropyl-alanin

**Abb. 12.70.** Chemische Struktur nichtproteinogener Aminosäuren der Litschi

**Kakipflaume** (*Diospyros kaki* und *Diospyros virginiana, Ebenaceae*, engl.
persimmon): *Diospyros*-Arten kommen in vielen Teilen der Erde vor und
haben auch unterschiedliche Ansprüche an das Klima. *Diospyros kaki*
stammt aus dem Fernen Osten (Chinesische Dattelpflaume), während
*Diospyros virginiana* in Nordamerika heimisch ist. Von wirtschaftlichem
Interesse ist *Diospyros kaki*, auch Japanische Persimone, obwohl *Diospyros*

*virginiana* oder amerikanische Kaki einen wesentlich höheren Zucker- und Ascorbinsäuregehalt aufweist und auch noch in den Neu-England-Staaten der USA gedeiht. Die gelb-orange Kakipflaume wird roh oder getrocknet konsumiert. *Diospyros kaki* enthält 80 % Wasser, 0,6 % Protein, 0,2 % Fett, 19 % Kohlenhydrate, 3,6 % Ballaststoffe und 0,3 % Asche. Der Vitamin-C-Gehalt liegt bei 7,5 mg/100 g. Für *Diospyros virginiana* sind die Werte 64,4 % Wasser, 0,8 % Protein, 0,4 % Fett, 33,5 % Kohlenhydrate, 0,9 % Asche und 66 mg Ascorbinsäure/100 g. Die Kohlenhydrate bestehen vorwiegend aus Glucose und Fructose. Der Saccharosegehalt schwankt sehr stark und ist unter anderem von der Reife der Frucht abhängig. Vorwiegende Säure ist die Apfelsäure. Auch lösliche Ballaststoffe werden in der Rohfaser gefunden.

Für die Färbung der Kakipflaume sind Carotinoide und Anthocyane verantwortlich. Ebenso wurden Ester des β-Cryptoxanthins und des Zeaxanthins (Abb. 9.1, 9.3) nachgewiesen. Auch Glykoside des Delphinidins (Abb. 9.14), des Quercetins und des Myricetins (Abb. 8.18) sind in Kakis enthalten. Der bittere Geschmack unreifer Früchte wird auf vorhandene Leucoanthocyane zurückgeführt, die bei reifen Früchten in Farbstoffe und Gerbstoffe umgewandelt sind.

Aromaaktive Verbindungen in der *Diospyros virginiana* sind Terpene, Borneol (Abb. 10.2), Bornylacetat, Nerylacetat, Phenylacetaldehyd und 2-Hexenal. Auch Benzothiazol wurde in der Frucht nachgewiesen.

**Guave** (*Psidium guajava*, *Myrtaceae*, engl. guava, span. guayaba) ist die Frucht des gleichnamigen Baumes. Die Pflanze ist beheimatet im tropischen Amerika und soll von den Inkas und Azteken verwendet worden sein. Heute wird die Guave auch in anderen tropischen Ländern (z. B. Afrika) kultiviert. Eine Zwergform der Guave (*Psidium cattleyanum*, engl. strawberry guava) wurde in Brasilien gefunden. Die stachelbeergroßen Früchte sind sehr süß und genießbar. Die Früchte haben einen sehr hohen Gehalt an Vitamin C, etwa das Zehnfache der Orange. Sie werden roh gegessen oder zu Säften und Gelees verarbeitet. Die Säfte finden auch bei der Speiseeiserzeugung Anwendung.

Bei einem Wassergehalt von 86 % enthält die Guave 0,8 % Protein, 0,6 % Fett, 12 % Kohlenhydrate, 5,4 % Ballaststoffe und 0,6 % Asche. Der Ascorbinsäuregehalt liegt bei 180 mg/100 g, der Gehalt an Vitamin E bei 1,1 mg/100 g. Die löslichen Kohlenhydrate sind vorwiegend Fructose und Saccharose, daneben kommen Xylose, Galaktose, Galakturonsäure und Arabinose vor. Auch geringe Mengen an Phytin (13–100 mg/100 g, Abb. 12.1) sind enthalten. Wichtigste Polysaccharide in der Guave sind Araban und Pektin (300–1600 mg/100 g). In der Frucht wurde auch Ascorbigen, ein Reaktionsprodukt der Ascorbinsäure mit Indolylmethylglucosinolat (Glucobrassicin), gefunden (Abb. 12.71).

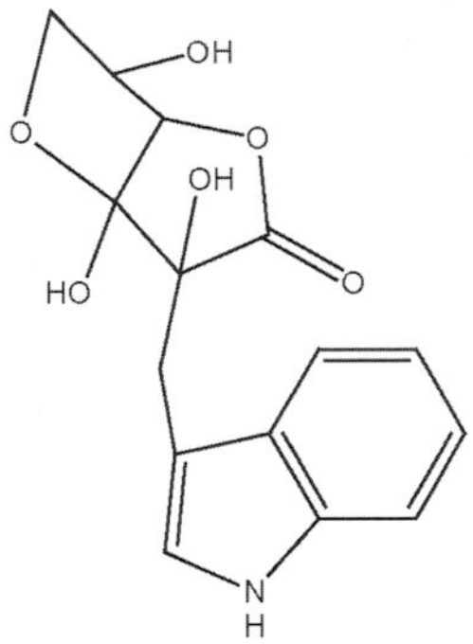

Ascorbigen A

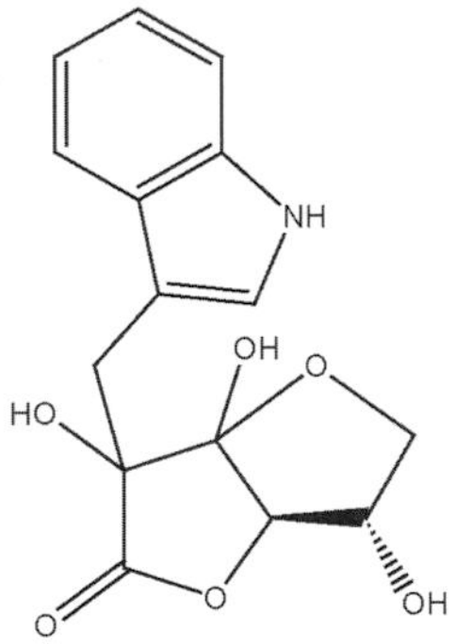

Ascorbigen B

**Abb. 12.71.** Chemische Struktur von Ascorbigen A und B

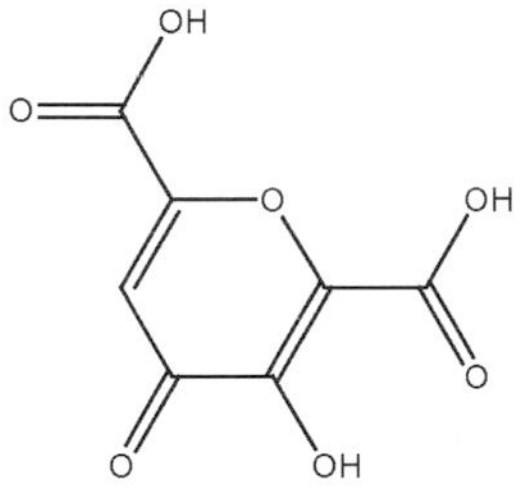

**Abb. 12.72.** Chemische Struktur von Meconsäure

Ascorbigen wurde zuerst im Saft von Kraut entdeckt. Die wichtigste Säure ist die Citronensäure, neben geringen Mengen an Oxalsäure. In der Guave sind nur sehr geringe Mengen an β-Carotin und anderen Carotinoiden enthalten. An phenolischen Verbindungen sind Leucoanthocyanidine, Gallussäure und Hexahydroxydiphenyldicarbonsäure (Dianhydrid Ellagsäure, Abb. 8.7), verestert mit Arabinose, enthalten, weiters kommt das γ-Pyronderivat Meconsäure vor (ist in größeren Mengen ein Bestandteil des Opiums, Abb. 12.72).

Aromastoffe sind einerseits einfache Aldehyde, Ketone und Ester (Butanal, Benzaldehyd, Methylisopropylketon, Aceton, Zimtsäuremethylester) und Mono- sowie Sesquiterpene. Beispiele für Letztere sind Limonen, Citral (Abb. 10.1, 10.2), α- und β-Humulen (= Caryophyllen, Abb. 10.22), α-Selinen (Abb. 10.4) und β-Copaen (Abb. 12.73). Auch Spuren von Benzol sind in der Guave enthalten.

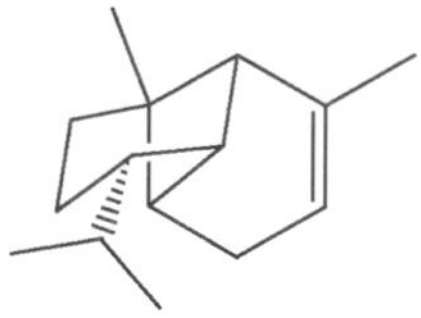

**Abb. 12.73.**   Chemische Struktur von Copaen

**Barbadoskirsche = Acerola** (*Malpighia punicifolia, Malpighiaceae*, engl. acerola): Die Frucht des gleichnamigen Baumes ist bemerkenswert durch ihren extrem hohen Gehalt an Ascorbinsäure. Die Früchte werden, meist in den tropischen Ursprungsländern, roh gegessen oder zu Säften verarbeitet, die über längere Zeit haltbar und damit exportierbar sind. Die reifen Früchte haben einen Wassergehalt von 91 % und enthalten 0,4 % Protein, 0,3 % Fett, 7,7 % Kohlenhydrate, 1,1 % Ballaststoffe und 0,2 % Asche. Der Ascorbinsäuregehalt liegt bei rund 1,7 %.

**Rahmapfel = Cherimoya** (*Annona cherimola, Annonaceae*, engl. cherymoya) ist die Frucht eines gleichnamigen Baumes oder Strauches, der in Südamerika (Ecuador, Kolumbien, Bolivien) heimisch ist. Er gedeiht am besten in subtropischem Klima und wird heute auch in Südeuropa kultiviert. Schon um 1700 wurde die Pflanze in Madeira eingeführt. Die Früchte werden roh gegessen oder zu Säften verarbeitet.

Die Früchte enthalten 73 % Wasser, 1,3 % Protein, 0,4 % Fett, 24 % Kohlenhydrate, 2,4 % Ballaststoffe und 0,8 % Asche. Der Vitamin-C-Gehalt ist etwa 9 mg/100 g. Die Frucht enthält praktisch keine Carotinoide. An phenolischen Verbindungen kommen Proanthocyanidine vor. Die löslichen Zucker bestehen aus Glucose, Saccharose und Fructose.

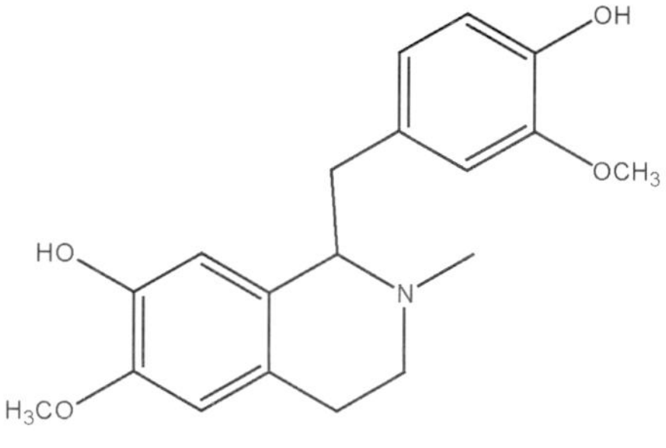

**Abb. 12.74.**   Chemische Struktur von Retikulin

Die Samen enthalten toxische Inhaltsstoffe, einerseits Alkaloide (z. B. (+)-Retikulin, Abb. 12.74, Cherimolin, Lanuginosin), andererseits Acetogenine (Abb. 12.75).

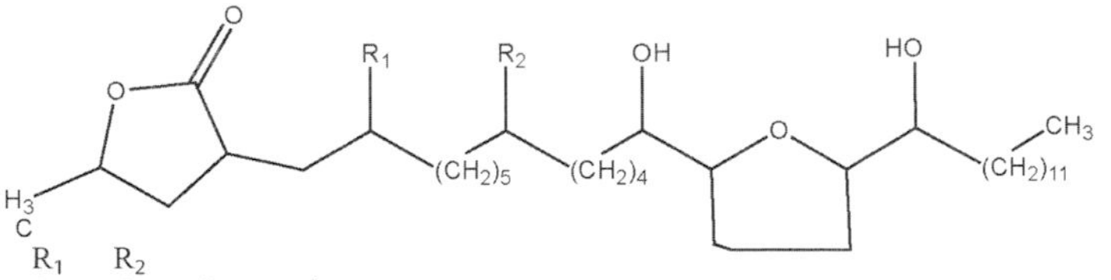

| $R_1$ | $R_2$ | |
|-------|-------|-----------|
| OH | OH | Annonacin |
| OH | =O | Annonacinon |
| OH | H | Murisolin |
| H | OH | Corrosolin |
| H | =O | Corrosolin |

**Abb. 12.75.** Chemische Struktur von Acetogeninen der Cherimoya

Bei der letzteren Gruppe handelt es sich um wachsartige Naturstoffe, die speziell in den *Annonaceae* entdeckt wurden. Sie sind lipophile Substanzen, die 32–34 Kohlenstoff-Atome, darunter ein oder zwei Tetrahydrofuranringe, enthalten. Diese Verbindungen sind sehr cytotoxisch und haben antitumor-, antiparasitische-, immunsuppressive, antimikrobielle und Pestizid-Aktivität. Die Acetogenine inhibieren die NADH-Ubichinon-Dehydrogenase der Mitochondrien und hemmen damit den Komplex I der Atmungskette. Kürzlich wurde auch ein neues Mittel gegen Kopfläuse auf Basis von Cherimoya-Kernen auf den Markt gebracht. Vorsicht, der Extrakt der Kerne, in die Augen gebracht, kann zu Erblindung führen.

**Kaktusfeige** (*Opuntia ficus-indica*, *Cactaceae*, engl. indian fig, prickly pear, nopal) ist die Frucht des echten Feigenkaktus, der in Mexiko beheimatet ist und vor allem in Südamerika, der Karibik und in Südeuropa kultiviert wird. Eine Kulturform der *Opuntia ficus-indica* ist der **Nopal** (*Nopalea cochenillifera*). Das Fruchtfleisch der reifen Früchte weist je nach Varietät eine grünlich-weiße, gelbe oder rote Farbe auf. Die zuckerreiche und geschälte Frucht wird roh gegessen oder zu Säften verarbeitet. Bisweilen werden auch die jungen Sprosse (Nopalitos) als Gemüse konsumiert.

Bei einem Wassergehalt von 85 % enthält die Frucht 1,3 % Eiweiß, 0,4 % Fett, 5,6 % Kohlenhydrate, 2 % Ballaststoffe und 0,2 % Asche. Der Vitamin-C-Gehalt schwankt von Varietät zu Varietät beträchtlich, zwischen 6,5 und 40 mg/100 g werden in der Literatur angegeben. In der Regel haben Früchte mit grün-weißem Fruchtfleisch den höheren Vitamin-C-Gehalt. Auch die Zusammensetzung der löslichen Kohlenhydrate und damit das Glucose-Fructose-Verhältnis variieren sehr stark. In den meisten Fällen stellt Fructose die Hauptmenge der löslichen Kohlenhydrate dar. Kaktusfeigen enthalten größere Mengen an Cellulose (1,3 %) und geringe Mengen an Pektin (0,1 %). Ihr Pektin soll cholesterinspiegelsenkende Wirkung haben. Die mengenmäßig wichtigste Säure ist die Citronensäure, daneben sind Apfelsäure, Oxalsäure, Shikimi- und Chinasäure vorhanden. Die Kaktusblüten enthalten die sonst sehr seltene Piscidinsäure, eine 2-(*p*-Hydroxybenzyl)-Weinsäure (Abb. 12.76), sowie deren Derivate (Monomethylester, Diethylether und Monoethylether).

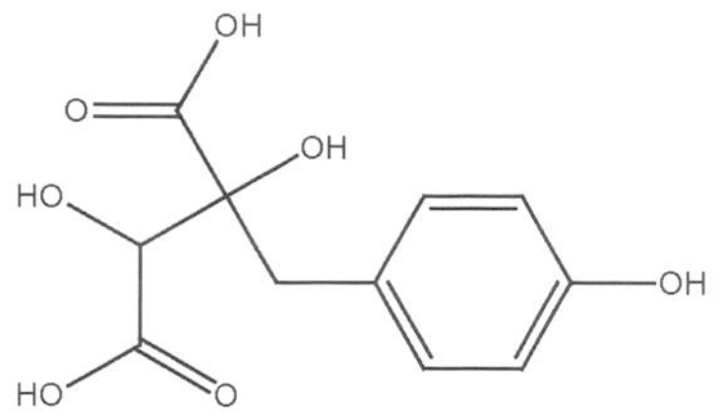

**Abb. 12.76.** Chemische Struktur der Piscidinsäure

Die Farbstoffe der Kakteen allgemein sind Betalaine und entsprechen in ihrer chemischen Struktur dem Farbstoff der roten Rübe (*Beta vulgaris*). Bei den Betalainen unterscheidet man gelbe und rote Pigmente. Die Ersteren heißen Betaxanthine, die Letzteren Betacyane, zu denen auch das Betanin, der Farbstoff der roten Rübe, gehört. Die gelben Farbstoffe der Kaktusfeige sind Indicaxanthin und Vulgaxanthin, die roten sind Betanin (Aglucon-Betanidin) und das diastereomere Isobetanin (Strukturen siehe Abb. 9.15).

Als aromaaktive Verbindungen wurden Nonanol, 2-Nonenal, 2-Nonenol-1, 2,6-Nonadien-1-ol u. a. isoliert. Die ölreichen Samen der *Opuntia ficus-indica* enthalten Proteine mit hohem Cysteingehalt und große Mengen an freien Aminosäuren (etwa 250 mg/100 g).

**Passionsfrucht = Purpurgranadilla = Maracuja** (*Passiflora edulis, Passifloraceae*, engl. passion fruit) ist die Frucht einer Kletterpflanze, die ihre Heimat im tropischen und subtropischen Südamerika hat. Von den etwa 200 bekannten Arten werden die gelben oder roten Früchte von *Passiflora edulis* und *Passiflora quadrangularis* als Obst verwendet. Die Blätter von *Passiflora incarnata* finden in der Pharmazie vorwiegend als Tee mit beruhigender Wirkung und als Spasmolytikum Verwendung. Mehrere Arten sind als Zierpflanzen wegen ihrer prächtigen Blüten in Kultur. Die etwa hühnereigroßen Früchte werden roh gegessen oder zu Säften verarbeitet. Die roten Säfte haben einen höheren Gehalt an Carotinoiden (bis 1,2 %, gelbe etwa 0,06 %) und einen höheren Gehalt an Vitamin C (30 mg gegenüber 18 mg/100 g). Die gelben Früchte von *Passiflora edulis* var. *flavica* sind vor allem wegen ihres Aromas geschätzt. Die rote Frucht von *Passiflora quadrangularis* wird oft auch als „**Granadilla**" bezeichnet.

Die rote Passionsfrucht hat einen Wassergehalt von durchschnittlich 73 %, 2,2 % Protein, 0,7 % Fett, 23 % Kohlenhydrate, 10 % Ballaststoffe und 1 % Asche. Der Saft enthält 85 % Wasser, 0,4 % Protein, 0,05 % Fett, 13,6 % Kohlenhydrate, 0,2 % Ballaststoffe und 0,34 % Asche. Der gelbe Saft enthält 84 % Wasser, 0,7 % Protein, 0,2 % Fett, 14,5 % Kohlenhydrate, 0,2 % Ballaststoffe und 0,8 % Asche. Die löslichen Kohlenhydrate sind

Glucose, Fructose und Saccharose. Von den Polysacchariden sind größere Mengen an Pektin enthalten. Die mengenmäßig wichtigste Säure ist die Citronensäure (2–4 %), daneben kommt Apfelsäure (0,1–0,4 %) vor. β-Carotin ist nur in sehr geringen Mengen vorhanden, jedoch kommt Lutein (Xanthophyll) in den roten Früchten in hohen Konzentrationen vor. An phenolischen Substanzen wurde das Pelargonidin-3-diglucosid (Abb. 9.14) in den Früchten nachgewiesen.

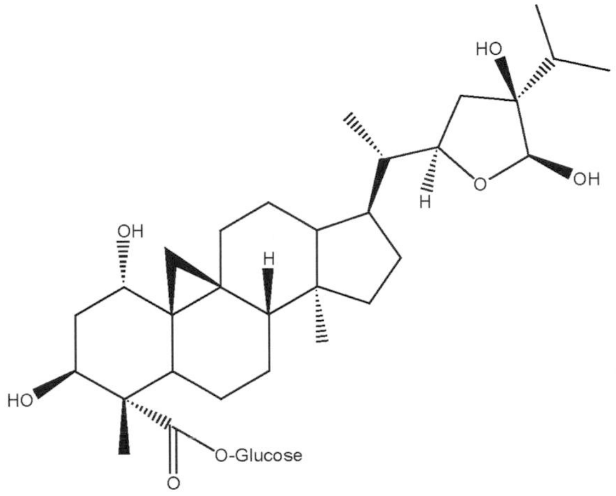

**Abb. 12.77.**    Chemische Struktur von Passiflorin

Flavanoid-C-glykoside, wie z. B. Isovitexin, Isoorientin, Schaftosid (Abb. 12.4), aber auch Flavonol-Glykoside des Quercetin und Kämpferol (Abb. 8.19) wurden vor allem in den Blättern gefunden. Die Blätter enthalten auch das Triterpensteroid Passiflorin (Abb. 12.77).

Die Bezeichnung Passiflorin ist etwas irreführend, da eine Anzahl von Autoren das in der Passionsfrucht vorkommende Indolalkaloid Harman (etwa 0,7 %) als Passiflorin anführen.

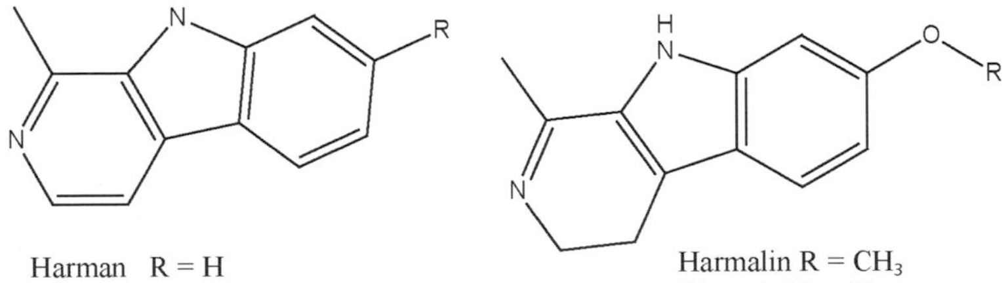

Harman  R = H
Harmin   R = OCH$_3$

Harmalin R = CH$_3$
Harmalol R = H

**Abb. 12.78.**    Chemische Struktur ausgewählter Alkaloide der Passionsfrucht

Während in der Frucht von *Passiflora edulis* Harman praktisch das einzige Alkaloid ist, kommen in *Passiflora incarnata* auch die physiologisch aktiveren Derivate Harmalin, Harmin und Harmalol vor (Abb. 12.78).

Passionsfrüchte enthalten 2–5 mg/100 g an ätherischen Ölen. Wichtige Komponenten in den roten und gelben Früchten sind einfache Ester, wie die Ethylester oder die Hexylester der Butter- und Capronsäure, sowie β-Ionon (Abb. 10.5).

In den roten Früchten wurden weitere Iononderivate, so genannte Megastigmatriene (z. B. 4,6,8-Megastigmatrien) gefunden (Strukturen siehe Abb. 12.83). In den gelben Früchten wurden als Aromastoffe schwefelhaltige Heterozyklen, Oxathiane, speziell Stereoisomere des 2-Methyl-4-propyl-oxathians, gefunden (Abb. 10.11).

**Gojibeere** ist die Frucht der beiden eng verwandten Pflanzen *Lycium barbarum* und *Lycium chinense* (*Solanaceae*, Chinesischer Bocksdorn, engl. wolfberry, chinese boxthorn, chinesisch PinYin). Der verholzte Strauch ist in Ostasien heimisch. Seit Ende des 20. Jahrhunderts wird die Frucht auch in den USA und Europa wegen ihrer positiven Eigenschaften bei der Nahrungsergänzung zunehmend verwendet. Die frischen Früchte sind kaum außerhalb der Ursprungsländer zu finden (China, Mongolei, Tibet). In Europa und USA sind sie getrocknet, ähnlich wie Rosinen, oder als Pulpen und Säfte erhältlich. Die Gojibeere hat traditionell große Bedeutung in der chinesischen Medizin. Die von europäischen Importeuren angepriesenen Heilwirkungen konnten in objektiven Studien bislang nicht bestätigt werden.

In der Trockensubstanz enthalten Gojibeeren etwa 68 % Kohlenhydrate, 12 % Eiweiß, 10 % Fett und 10 % Ballaststoffe. Ein großer Teil der Kohlenhydrate sind Polysaccharide, an Proteine gebundene Hemizellulosen (Arabinogalaktane) sowie Pektin. Neben Proteinen, die einen hohen Gehalt an Hydroxyprolin aufweisen, kommt niedermolekularer Stickstoff als Betain (Tetramethylammoniumchlorid, 1000 ppm) vor. Im Fett ist die Linolsäure (60–70%) dominierend, außerdem kommt etwa 3 % α-Linolensäure vor. Von Steroiden wird haupsächlich das β-Glucosid des β-Sitosterins (= Daucosterin) und Withanolid-T (Abb. 12.25) gefunden. **Withanolide** sind oxidierte Steroide, die in *Solanaceae* verbreitet sind (siehe Tomatillo). Auch Sesquiterpene wie Solavetivon und S-1,2-Dehydro-α-cyperon (Abb. 10.4) sind in Gojibeeren enthalten.

*Lycium chinense* enthält als Carotinoid Zeaxanthin, auch als Physalein (Zeaxanthindipalmitat), daneben β-Carotin, Lutein, β-Cryptoxanthin und Lycopin. An Flavonoiden (etwa 3,7 g/kg) werden vor allem Glycoside des Quercetins (Rutin = Quercetin-3-Rutinosid und Hyperosid = Quercetin-3-Galactosid) gefunden. Weitere phenolische Verbindungen sind Chlorogensäure (1 g/kg), Protocatechusäure (1,8 g/kg, Abb. 8.6), *p*-Cumarsäure und Scopoletin (Abb. 8.12). Neben Vitamin A kommen in den Früchten B-Vitamine, wie Thiamin, Riboflavin und Nicotinsäure vor. Ascorbinsäure liegt vorwiegen als 2-O-(beta-D-glucopyranosyl)-Ascorbinsäure vor (0,5 %).

An Mineralstoffen sind Calcium, Magnesium, Kalium (je etwa 1 g/kg), Phosphat (0,5-4,1 g/kg) sowie etliche Spurenelemente (z. B. Fe, Cu, Mn, Zn, Se) enthalten. Die Alkaloide, die für die „Giftigkeit" der Gojibeeren verantwortlich sein sollen (Hyoscyamin, Atropin etwa 19 ppb und Solasodin), sind in toxikologisch nicht relevanten Konzentrationen enthalten.

Gojibeeren werden vor dem Verzehr gewöhnlich gekocht, sie sind Beilagen zu Reis, Fleischspeisen und Gemüse und werden auch in Getränken verwendet (z. B Gemische mit Tee, Wein, Bier).

**Physalis** (Kap Stachelbeere, engl. physalis, cape gooseberry) ist die Frucht von *Physalis peruviana*, *Solanaceae*. Sie war ursprünglich in Südamerika heimisch und wurde später auch in anderen Ländern kultiviert, z. B. in Südafrika, daher der Name Kap Stachelbeere.

Die orange-gelbe Frucht ist von einer dünnen gelben Hülle umgeben, deshalb wird sie auch als **Lampionsfrucht** bezeichnet. In den Ursprungsländern wird die Frucht getrocknet und ist dann bei trockener Lagerung etwa zwei Wochen haltbar. Physalis enthält bei 82 % Wasser im Durchschnitt 13 % Kohlenhydrate, 2,5 % Protein und 1,1 % Fett. Die Kohlenhydrate der Frucht sind lösliche Zucker, vorwiegend Glukose, Glykoside (von Steroiden, Aromastoffen, Flavonoiden und Withanoliden) und Polysaccharide, wie Pektin. Im Fett ist die Hauptmenge der Fettsäuren Linolsäure.

Aromastoffe, wie 3-Hydroxybuttersäurebutylester und 3-Hydroxyoctansäureethylester, liegen zum Teil als Glykoside gebunden vor und werden erst langsam freigesetzt. Die Farbe der Beere ist hauptsächlich durch Physalin (Zeaxanthindipalmitinsäureester), daneben durch $\beta$-Carotin (unter 0,01%) bedingt. An Flavonoiden wird vor allem Kämpferol gefunden. Physalis enthält Vitamin C (bis 0,3 %), Thiamin und Riboflavin. Weiters können die Beeren bis zu 0,1 % Phytin enthalten. Wichtigste Mineralstoffe sind Kalium, Magnesium und Phosphorsäure sowie geringe Mengen an Eisen und Kupfer als Spurenelemente. Vorherrschende Säuren sind Citronensäure und Weinsäure.

Weitere Inhaltsstoffe sind $\beta$-Sitosterin, Withanolide (z. B. Withaperuvine B, Perulactone, Abb. 12.25), Physaline (oxidierte Withanolide). Die Letzteren sind hauptsächlich in Blatt, Stängel und Wurzel zu finden. Die Wurzel enthält das Tropanalkaloid Physoperuvin = R-1-Tropanol, Abb. 12.66).

Physalis wird in der Zuckerbäckerei, in Kompotten, in Salaten, in Eiscreme, Joghurts, Cocktails und in Spirituosen verwendet.

**Schisandra** (Spaltkörbchen, Chinabeere, engl. shisandra, chinese magnolia vine, chin. Wu Wei Zi) ist die Frucht von *Schisandra chinensis*, *Schisandraceae*, einer in China heimischen Kletterpflanze. Sie wird als Beere der fünf Geschmäcker bezeichnet, da jeder Geschmack (süß, sauer, salzig, bitter, scharf) in ihr vorhanden ist. Die Pflanze wird in der traditionellen chinesischen Medizin vor allem als Mittel gegen Husten, Bronchitis und Asthma verwendet. Durch die Vielzahl ihrer Inhaltsstoffe, vor allem

Lignane (Dibenzocyclooctadienlignane), hat sie potenziell viele Möglichkeiten, in den Metabolismus einzugreifen. Während Schisandrin und Deoxyschisandrin in der ganzen Pflanze vorkommen, sind die in ihrer chemischen Struktur sehr ähnlichen Gomisine vorwiegend in den Früchten
lokalisiert. Lignane haben überwiegend eine antioxidative Wirkung. Im
Unterschied dazu enthalten die Lignane der Schisandra (Abb. 8.9) viele
Methoxylgruppen (Schisandrine) sowie zusätzliche Methylendioxygrup-
pierungen (Gomisine), so dass sich bei diesen Lignanen auch prooxidative
Wirkungen vermuten lassen. Viele der in Schizandra vorkommenden
Lignane wirken tumorpräventiv, schützen die Leber vor Oxidation (Gomisin A) und wirken durch Hemmung der Phagozytose (Gomisin C).
Dabei wird die Produktion von Sauerstoffradikalen im Organismus im-
munmodulierend vermindert. Insgesamt wird Schizandra eine stressmin-
dernde Wirkung zugeschrieben.

Die Frucht enthält etwa 90 % Wasser und in der Trockensubstanz etwa
70 % Kohlenhydrate (13 % Ballaststoffe), 13 % Protein, 11,4 % Fett und
4,6 % Mineralstoffe. Wichtigste Säuren sind Citronensäure, Weinsäure,
Apfelsäure, Fumarsäure und Protocatechusäure. Aromastoffe sind z. B
Citral, Geraniol, Citronellol (Abb. 10.1) und verschiedene Sesquiterpene,
wie z. B. β-Chamigren, α-Ylangen, β-Selinen (Abb. 10.4). An Vitaminen
sind Riboflavin, Niacin, Thiamin, 0,1 % Ascorbinsäure  und β-Carotin
enthalten. Der Aschegehalt beträgt etwa 4,6 %.

Die Früchte kommen frisch, getrocknet oder als Extrakte in den Handel, die als Tees oder in der Kosmetik verwendet verwendet. Schwangeren Frauen wird vom Konsum von Schisandra abgeraten.

**Acaibeere** ist die Frucht der Kohlpalme (*Euterpe oleracea, Palmae*, engl.
acaiberry). Die Palme ist heimisch in Mittel- und Südamerika und wird
wegen der in letzter Zeit stark gestiegenen Nachfrage nach den etwa
2,5 cm großen, dunkelrot gefärbten Früchten auch kultiviert. Die Früchte
hängen in Trauben von hunderten Beeren an der Palme und können
zweimal im Jahr geerntet werden.

In 100 g gefriergetrockneter Beerenmaische sind etwa 50 g Kohlenhydrate (davon 44 g Ballaststoffe), 8 g Protein und 32 g Fett (Ölsäure 56 %,
Palmitinsäure 24 %, Linolsäure 12 %, β-Sitosterin) enthalten. Im Vordergrund des Interesses an Acaibeeren steht ihre Kapazität als Antioxidans,
verursacht durch einen hohen Gehalt an phenolischen Inhaltsstoffen. Für
die dunkelrote Farbe sind Anthocyane vom Cyanidin-Typ verantwortlich:
Cyanidin-3-glucosid und Cyanidin-3-rutinosid, daneben Pelargonidin-3-
glucosid (Abb. 9.14), insgesamt etwa 3 g/kg Anthocyane. Weitere Flavonoide sind Taxifolin (2,3-Dihydroquercetin), die Flavon-C-glukoside Vitexin, Isovitexin, Isoorientin (Abb. 12.4), sowie oligomere Proanthycyanidi-
ne (13 g/kg Gerbstoffe, Abb. 12.47, 12.95). Weitere phenolische Verbindungen sind Ferulasäure, Protocatechusäure, p-Hydroxybenzoesäure,
Gallussäure (Abb. 8.6), Ellagsäure (Abb. 8.7) sowie Spuren von Resveratrol (Abb. 8.10).

An Vitaminen sind Thiamin und die Vitamin A und E enthalten. Bei den Mineralstoffen ist der Eisengehalt von 4 g/kg erwähnenswert. Der gefriergetrocknete Extrakt wirkt stark antioxidativ gegen Peroxidradikale, weniger gegen Peroxinitrit und Hydroylradikal. Der Extrakt wirkt hemmend auf die Cyclooxygenase (COX-1 und COX-2). Die angepriesenen Heilwirkungen der Acaibeere sind bisher nicht durch Studien nachgewiesen.

Der Saft und das Fruchtfleisch der Acaibeere werden in vielen Limonaden, „Smoothies" und Eiscreme verwendet. Traditionell wird Acai in Brasilien in Kürbis mit Tapioka serviert. Als Nahrungsergänzungsmittel kommt Acai in Form von Tabletten, Säften, und Instant-Trinkpulver in den Handel.

## 12.4  Obstprodukte

Obstprodukte werden für spezielle Verwendungen und zum Zweck der Haltbarmachung hergestellt.

**Konfitüren**, **Gelees** und **Marmeladen** werden aus zerkleinerten Früchten, Zucker (Saccharose, Stärkesirup), Pektin und eventuell mit Fruchtsäuren (Citronensäure, Weinsäure) durch Eindicken in offenen Kesseln oder Vakuumverdampfern hergestellt. Gelees werden aus dem Saft oder wässrigen Extrakt von frischen Früchten durch Einkochen mit Pektin und Zucker erhalten. Sie sind gallertartige, oft schnittfeste Zubereitungen, während Konfitüren und Marmeladen streichfähig sind. Vorprodukte zur Erzeugung von Marmeladen sind in der Regel „Obstpulpen", stückig zerkleinerte Früchte, die durch Zusatz von schwefliger Säure für längere Zeit haltbar gemacht werden.

Marmeladen (Konfitüren) enthalten durchschnittlich 30 % Wasser, 60 % Gesamtzucker, 8 % zuckerfreien Extrakt, 66 % wasserlöslichen Extrakt, 0,7 % titrierbare Säure, 0,5 % Pektin und 0,4 % Asche. Die Produkte können durch Zusatz von Konservierungsmitteln haltbar gemacht werden.

**Fruchtsäfte** werden in der Regel durch Pressen der zerkleinerten Früchte mittels geeigneter, meist hydraulischer Pressen hergestellt. Zur Erhöhung der Saftausbeute werden den Maischen oft pektinolytische Enzyme zugesetzt. Durch den Abbau von Pektin wird die Wasserhaltungskapazität verringert. Die trüben Rohsäfte werden meist filtriert und pasteurisiert oder als „naturtrübe Säfte" nach der Pasteurisation in den Handel gebracht.

Als **Fruchtnektare** bezeichnet man Fruchtsäfte, die durch Zusatz von Zuckerwasser, eventuell Ascorbinsäure und Citronensäure, trinkfertig gemacht werden. Teilweise werden ganze Früchte mit Zucker, Wasser, Ascorbinsäure und Citronensäure homogenisiert. Der Trub der Säfte wird oft durch Zusatz von Pektin stabilisiert. Der Fruchtanteil der Nektare liegt meist zwischen 30 und 40 %.

Fruchtsaftkonzentrate werden durch Entfernen von Wasser aus den Rohsäften oder filtrierten Säften gewonnen. Sie sind vor allem in mikrobiologischer Hinsicht wesentlich haltbarer als die Ausgangsprodukte. Die Konzentrierung kann durch Eindampfen, Gefrieren oder auch durch Druckfiltration (Reversionsosmose) erfolgen. Meistens wird das Konzentrat durch Verdampfen von Wasser gewonnen, wobei zu beachten ist, dass die hydrophoben Aromastoffe wasserdampfflüchtig sind und sich im Vorlauf anreichern. Um das Aroma zu erhalten, wird der Vorlauf abgetrennt und nach Abschluss der Eindickung dem Konzentrat wieder zugesetzt. Die Trockensubstanz der Konzentrate liegt bei rund 70 %.

**Obstessig** wird durch Fermentation von Obstmaischen mit Hefen und essigsäurebildenden Bakterien hergestellt, anschließend filtriert und haltbar gemacht. Oft wird der Prozess zweistufig geführt, wobei zuerst durch alkoholische Gärung Obstwein erzeugt und dieser mit Hilfe von Essigsäurebildnern in Obstessig übergeführt wird. In der ersten Stufe werden durch Hefen vergärbare Kohlenhydrate anaerob in Alkohol und Kohlendioxid umgewandelt:

$$C_6H_{12}O_6 \rightarrow 2C_2H_5OH + 2CO_2.$$

In der zweiten Stufe wird das gebildete Ethanol aerob, über Acetaldehyd als Zwischenprodukt, zu Essigsäure oxidiert:

$$C_2H_5OH + O_2 \rightarrow CH_3COOH + H_2O.$$

Im Prinzip kann Essig aus fast allen Obstsorten hergestellt werden. Sehr gebräuchlich sind der Weinessig, der Apfelessig sowie der Birnenessig, während Essig z. B. aus Himbeeren oder Brombeeren sehr selten ist. „Balsamico" ist ein Essig, hergestellt aus gekochtem Traubenmost, der in einem oft mehrjährigen Verfahren erzeugt wird. Das Kochen des Mostes hat den Zweck, den Zuckergehalt zu erhöhen, die darin enthaltenen Keime abzutöten und die für die charakteristische Farbe wichtigen Maillard-Pigmente zu bilden. Anschließend wird unter Zutritt von Sauerstoff fermentiert und das Produkt über meist mehrere Jahre gereift. Die Produktion von „Balsamico" hat eine lange Tradition in Mittelitalien (z. B. Modena, Reggio Emilia).

**Trockenobst:** Zur Verlängerung der Haltbarkeit wird der Wassergehalt bei Temperaturen von 60–70 °C abgesenkt. Vor dem Trocknen werden manche Früchte geschält (z. B. Äpfel, Birnen), eventuell in Lösungen von schwefliger Säure getaucht, um Bräunungsreaktionen zu inhibieren. Andere Möglichkeiten, Bräunungsreaktionen zu verhindern, sind Blanchieren und das Tauchen in verdünnte Säuren. Meistens wird Citronensäure für diesen Zweck verwendet. Der Wassergehalt des getrockneten Obstes liegt in der Regel bei 15 %.

**Einlegen von Obst in konservierende Flüssigkeiten** wird zur Verlängerung der Haltbarkeit angewendet. Als konservierende Flüssigkeiten werden ausschließlich Zuckerlösungen (30 % und darüber) sowie Alkohol (mindestens 15 %) verwendet. Durch die genannten Lösungen wird die Wasseraktivität der Früchte gesenkt, teilweise wird das Wasser in den Früchten durch Zucker oder Alkohol ersetzt. Das Verfahren wird eingehender im Abschnitt 15.2 „Chemische Konservierung" beschrieben.

**Wein** und **Spirituosen** als Obstprodukte werden eingehend im folgenden Abschnitt behandelt.

## 12.5 Pflanzen als Basis für Genussmittel

Als Basis für Genussmittel können Pflanzen in zwei Gruppen gegliedert werden:

- Solche, die Ausgangsmaterialien für die Erzeugung von alkoholischen Getränken sind.
- Solche, die andere auf das Zentralnervensystem wirkende Stoffe, meist Alkaloide, enthalten.

In der zweiten Gruppe werden nur Pflanzen beschrieben, die nicht Ausgangsstoffe für Rauschdrogen liefern.

### 12.5.1 Alkoholische Getränke

Grundlage der Herstellung ist die Tatsache, dass unter **anaeroben** Bedingungen bei Anwesenheit geeigneter Mikroorganismen (in der Praxis fast ausschließlich Hefen), Ethylalkohol aus zuckerreichem Pflanzenmaterial gebildet wird, wobei gleichzeitig 2 Mol ATP entstehen:

$$C_6H_{12}O_6 \rightarrow 2C_2H_5OH + 2CO_2 + 235 \text{ kJ/Mol,}$$
$$ADP + 34{,}5 \text{ kJ/Mol} \rightarrow 2 \text{ ATP.}$$

Die Umwandlung erfolgt in mehreren aufeinander folgenden Reaktionsschritten (Cori-Zyklus, Embden-Meyerhof-Abbau), wobei die Oxidation des Glycerinaldehyd-3-phosphats zu Glycerat-3-phosphat das NADH für die Reduktion des bei der Decarboxylierung der Brenztraubensäure entstandenen Acetaldehyds zu Alkohol liefert. Diese Rezyklierung von $NAD^+$ ist typisch für viele Fermentationen. Als Nebenprodukt der alkoholischen Gärung entsteht immer eine von den Reaktionsbedingungen abhängige Menge an Glycerin:

$$C_6H_{12}O_6 + H_2O \rightarrow C_3H_8O_3 + C_2H_4O + CO_2.$$

Die gebildete Menge an Glycerin ist besonders groß, wenn die Reduktion des gebildeten Acetaldehyds ($C_2H_4O$), z. B. durch schweflige Säure, blockiert ist. In diesem Fall wird anstelle des Acetaldehyds Glycerinaldehyd-3-phosphat zu Glycerin-3-phosphat reduziert. Mit Hilfe einer Phosphatase wird daraus Glycerin freigesetzt. In ähnlicher Weise kann auch durch Reduktion des 1,3-Dihydroxyacetonphosphats Glycerin entstehen. Bei einem normalen Verlauf der Fermentation liegt der Glyceringehalt bei 1–4 %. Normale Hefen vergären bis zu einem Alkoholgehalt von etwa 14 %, entsprechend einem Zuckergehalt von etwa 25 %. Besondere Hefestämme können bis zu einem höheren Alkoholgehalt (18 %) fermentieren und auch noch in sehr konzentrierten Zuckerlösungen ihre Aktivität behalten.

**Aerob** wird Glucose gemäß der Gleichung:

$$C_6H_{12}O_6 \rightarrow 6CO_2 + 6H_2O + 2872 \text{ kJ,}$$
$$38 \text{ Mol ATP/Glucose}$$

abgebaut. 38 Mol ATP pro Glucose werden gebildet, die Energieausbeute ist also 19-mal höher als bei anaerobem Abbau. Neben Glucose werden auch Fructose, Mannose sowie die Disaccharide Maltose und Saccharose nach der Spaltung durch hefeeigene Enzyme, Maltase und Invertase, fermentiert. Galaktose muss erst durch eine Kinase in das 1-Phosphat umgewandelt und dieses durch eine Isomerase in Glucose-1-phosphat übergeführt werden. Mannose wird über ihr 6-Phosphat zu Glucose-6-phosphat enzymatisch isomerisiert. Stärke wird erst nach amylolytischem Abbau zu Maltose durch Hefe fermentiert. Die hierfür notwendigen Amylase-Enzyme stammen in erster Linie aus stärkehaltigen Pflanzen. Wie schon erwähnt, findet man im Gerstenkorn eine besonders hohe amylolytische Aktivität. In zweiter Linie werden Amylasen aus Schimmelpilzen gewonnen. Die β-glucosidische Bindung wird durch gewöhnliche Hefen nicht gespalten. Hierfür sind pflanzliche und vor allem mikrobielle Enzyme notwendig.

Während der Fermentation kohlenhydratreicher Lebensmittel durch Hefe wird auch Protein durch proteolytische Enzyme teilweise hydrolysiert. Die freigesetzten Aminosäuren werden weiter metabolisch umgewandelt. Es kommt zu Decarboxylierungs- und Transaminierungs-Reaktionen, katalysiert durch die entsprechenden Enzyme. Die Produkte der Decarboxylierung der Aminosäuren sind die entsprechenden Amine, so genannte **„biogene Amine"**. Biogene Amine sind in allen fermentierten Lebensmitteln in unterschiedlichen Konzentrationen enthalten. Sie sind nicht flüchtig, daher in destillierten Alkoholika nicht enthalten. Zu den Aktivitäten der biogenen Amine im Stoffwechsel siehe Kapitel 4 „Proteine". Werden die Aminosäuren durch entsprechende Enzyme transaminiert, so entstehen α-Ketosäuren (R-CO-COOH). Durch eine nachfolgende Decarboxylierung werden die um ein Kohlenstoffatom kürzeren Aldehyde gebildet, die dann durch NADH-abhängige Enzyme zu den korrespondierenden Alkoholen reduziert werden. Zum Teil werden sie auch enzymatisch zu homologen Carbonsäuren oxidiert. Aus Carbonsäuren und Alkoholen können Ester als wichtige Aromaträger entstehen. Im Unterschied zu den biogenen Aminen sind die zuletzt angeführten Substanzen flüchtig und finden sich auch zum größeren Teil im Nachlauf von Destillaten wieder. Sie sind Komponenten des so genannten „Fuselöls". Wichtige Vertreter sind Propanol, Isobutanol (Metabolit des Valins),

2- und 3-Methylbutanol (Stoffwechselprodukte des Isoleucins und des Leucins), 1-Pentanol (Amylalkohol), 2-Pentanol (Methyl-propylcarbinol), 3-Pentanol (Diethylcarbinol), 2-Phenylethanol (Phenethylalkohol). Die narkotisierende Wirkung dieser Alkohole nimmt gegenüber der Wirkung des Ethanols mit steigender Kohlenstoffatomanzahl (steigender Hydrophobizität) zu. Alkohole greifen in den Redox- und Radikalstoffwechsel des Zentralnervensystems ein. Da das Zentralnervensystem vorwiegend lipophilen Charakter hat, haben lipophile Alkohole nach dem Entstehen radikalischer Intermediate größere Möglichkeiten, bei Redoxreaktionen vorwiegend als Antioxidanzien, nach dem Entstehen radikalischer Intermediate und deren Reaktion mit molekularem Sauerstoff, aber auch als Prooxidanzien aufzutreten. Mehrwertige Alkohole, z. B. Glycerin, haben wegen ihres hydrophilen Charakters keine vergleichbare Aktivität.

**Methanol** entsteht bei Obstmaischen hauptsächlich durch Hydrolyse der Methylester des Pektins, katalysiert durch Pektinesterasen. Im Vorlauf von Destillaten reichert es sich als leicht flüchtiger Bestandteil an. Methanol ist toxisch, da es im Stoffwechsel leicht durch Alkoholdehydrogenase mit $NAD^+$ oder aber auch mit $H_2O_2$ und Katalase zu Formaldehyd oxidiert wird. Formaldehyd reagiert sehr leicht mit freien Aminogruppen und vernetzt dadurch Proteine, die dabei denaturiert werden. Im Normalfall liegt die tödliche Dosis zwischen 100 und 250 ml, aber es sind auch Todesfälle mit 30 ml beschrieben worden. Akute Symptome der Vergiftung sind Schwindel, Kopfschmerzen, Beeinträchtigung des Sehvermögens sowie temporäre oder permanente Blindheit. Der Tod erfolgt durch Lähmung der Atmung.

Als Rohstoffe für die alkoholische Gärung können alle Pflanzenprodukte mit einem hohen Gehalt an fermentierbaren Kohlenhydraten dienen. Wichtige Beispiele sind zuckerhaltige Früchte und stärkehaltige Samen sowie Rhizome. Der bei einem bestimmten Zuckergehalt nach Vergärung zu erwartende Alkoholgehalt kann entsprechend dem ungefähren Alkoholgehalt (= Zuckergehalt/10 × 6) geschätzt werden.

**Bier** und **Ale** werden aus gemälztem Getreide, vorwiegend Gerstenmalz, Hopfen, Hefe und Wasser hergestellt. Der grundlegende Unterschied zwischen beiden Getränken liegt in der Art der verwendeten Hefe: Bei der Bierherstellung werden untergärige Hefen (Bierhefe, liegt am Boden des Gefäßes), bei der Produktion von Ale wird obergärige Hefe (auch Bäckerhefe, schwimmt an der Oberfläche) eingesetzt.

In einem aufwändigen Verfahren (Abb. 12.79) wird zuerst der durch Hefe vergärbare Rohstoff **Malz** erzeugt. Zur Malzbereitung wird fast ausschließlich möglichst eiweißarme Braugerste verwendet. Neben Gerstenmalz wird auch Weizenmalz und ungemälztes Getreide, so genannte Rohfrucht (z. B. Bruchreis, Mais u. a.) in der Brauerei eingesetzt. Um bei Einsatz von Rohfrucht den Abbau der Stärke zu beschleunigen, werden mikrobielle Amylasen zugesetzt. Zur Herstellung von Malz werden die

Körner in Wasser gequollen, in der Praxis wird dieser Vorgang als „Weichen" bezeichnet. Während des Weichprozesses, bei dem das für die
nachfolgende Keimung notwendige Wasser zugeführt wird, steigt der
Wassergehalt der Körner von etwa 14 % auf etwa 42 % für helles Malz, bis
etwa 47 % für dunkles Malz. Bisweilen wird das Weichwasser alkalisch
gemacht, um phenolische Inhaltsstoffe herauszulösen. Die Aufnahme von
Wasser bewirkt eine Umstellung des Stoffwechsels des Getreidekorns von
einem Ruhezustand, gekennzeichnet durch das Überwiegen von Katalase-
Enzymen, in den aktiveren Zustand der Keimung, bei dem vorwiegend
Peroxidasen als Markerenzyme auftreten. Gleichzeitig steigt die Aktivität
der Amylasen stark an. Die gequollenen Körner werden auf Tennen oder
in Tanks (Kastenmälzerei) oder drehbaren Trommeln gekeimt. Dabei
wird belüftet, um den für die Atmung notwendigen Sauerstoff bereitzu-
stellen und das gebildete Kohlendioxid zu entfernen. Bei einer Temperatur von 20 °C beträgt die Zeit für die Herstellung von hellem Malz 7 Tage,
für die von dunklem Malz 9 Tage. Das fertige Malz enthält größere Mengen an Mono- und Disacchariden und wird auch als Grünmalz bezeichnet. Es ist sehr anfällig gegen mikrobielle Infektionen und wird daher zur
Konservierung getrocknet (gedarrt).

Der Darrprozess dient neben der Verbesserung der Haltbarkeit auch
zur Bildung des charakteristischen Malzaromas und der farbgebenden
Pigmente, im Wesentlichen Produkte der Maillard-Reaktion. Helles Malz
wird bei etwa 80 °C gedarrt, dunkles bei etwa 106 °C. Die Trocknung erfolgt auf übereinandergetürmten Horden, die durch heiße Luft, in seltenen Fällen auch durch Rauch von Laubhölzern, geheizt werden. Durch
das Erwärmen wird die Aktivität, besonders der β-Amylasen, bis etwa
65 °C weiter gesteigert. Der Wassergehalt sinkt unter 10 %. Anschließend
werden die äußerlich unveränderten Körner von Keimen und Wurzeln
gereinigt. Das so erhaltene Malz ist gut lagerfähig und wird in der Lebensmitteltechnologie nicht nur zur Bierherstellung verwendet. Weitere
Anwendungen finden sich in der Bäckerei, bei Kindernährmitteln, als
Bestandteil von Frühstückszerealien, Malzsirup oder nichtalkoholischen
Malzgetränken. Das getrocknete Malz hat 8,2 % Wassergehalt und enthält
10,3 % Protein, 2 % Fett, 78 % Kohlenhydrate, davon 7 % Ballaststoffe und
1,4 % Asche. Der Eisengehalt liegt bei etwa 4,7 mg/100 g, der Phosphat-
und der Mangangehalt bei 300 bzw. 1,2 mg/100 g. Malz enthält viele B-
Vitamine in größeren Mengen, wie Thiamin, Riboflavin, Vitamin $B_6$, Pantothensäure und Niacin (5,6 mg/100 g).

Aus dem Malz wird im Sudhaus der Brauerei die „Würze" hergestellt.
Dazu wird das Malz in Walzenstühlen, meist in mehreren Durchgängen,
geschrotet. Durch Sieben wird das Mahlgut in Spelzen, Grieß und Mehl
getrennt. Feinere Schrotung erhöht zwar die Extraktausbeute, erschwert
aber die nachfolgende Filtration. Zur Bereitung der Würze wird das zerkleinerte Malz im Maischbottich (Maischpfanne) in dem für die jeweilige
Brauerei typischen Wasser dispergiert und auf etwa 65 °C erhitzt – eine
Temperatur, bei der der Stärkeabbau durch α- und β-Amylasen ein Opti-

mum hat. Der Gehalt an durch Wasser aus dem Malz extrahierbaren Zuckern nimmt dabei bis auf etwa 80 % zu. α-Amylasen spalten die Stärkemoleküle in größere Bruchstücke (Dextrine), während β-Amylasen mehr Maltose produzieren. Die Herstellung der Würze und der Zusatz von weiblichen Blüten des Hopfens *(Humulus lupulus, Cannabaceae)* wird insgesamt auch als Maischverfahren bezeichnet. Ziel des Maischens ist es, eine möglichst hohe Ausbeute an wasserlöslichen Extraktstoffen aus dem gedarrten Malz zu erhalten. Für die praktische Durchführung der Maischeherstellung sind verschiedene Verfahren in Verwendung.

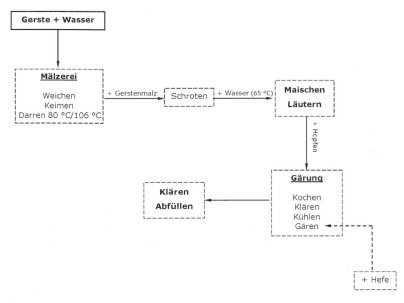

**Abb. 12.79.** Schematische Darstellung der Bierherstellung

Im Läuterbottich, einem Eisen- oder Edelstahlgefäß mit Schlitzen im Boden, der die Treber zurückhält, wird die Würze filtriert. Die Treber sind gleichzeitig das Filtermaterial, auch Filterpressen sind in Verwendung. Die filtrierte Würze wird in der „Würzpfanne" mit Hopfen oder Hopfenextrakt versetzt und etwa 2 Stunden gekocht („Sud"). Die Menge des zugesetzten Hopfens ist proportional dem Bittergeschmack des jeweiligen Bieres (zwischen 120–500 g/hl).

Während des Siedens gehen Inhaltsstoffe des Hopfens (neben den Bitterstoffen hat die Blüte des Hopfens einen hohen Gehalt an Terpenen und Phenolen) in den Sud über. Während des Kochens werden die primären Bitterstoffe (z. B. Humulon) in Sekundärprodukte (z. B. Isohumulon) umgewandelt (Abb. 12.80). Besonders das trans-Isomer des Isohumulons ist neben dem Sesquiterpen α-Humulen (Abb. 10.22) des Hopfens hauptverantworlich für den Bittergeschmack des Bieres.

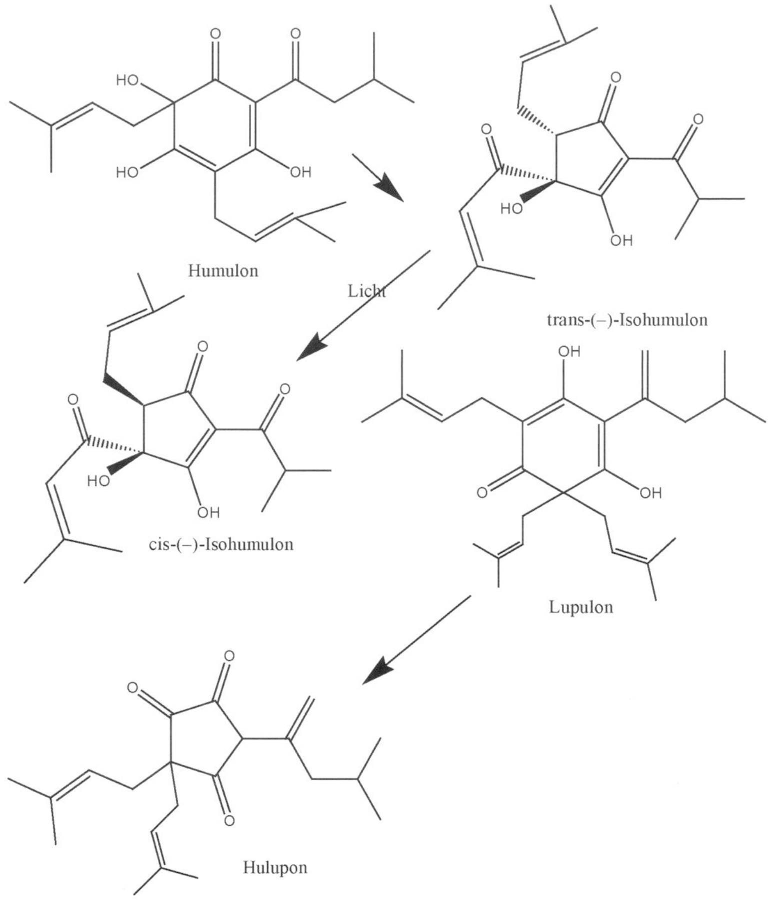

**Abb. 12.80.**    Chemische Struktur der Bitterstoffe des Hopfens

Der Karamel-Bittergeschmack ist durch das beim Darren entstehende Maltol und Isomaltol verursacht. Beim Kochen der Würze werden die Proteine denaturiert und damit die enzymatischen Aktivitäten der Enzyme gestoppt. Dadurch bleibt eine gewünschte Menge an Dextrinen nach der Gärung im Bier erhalten. Die phenolischen Inhaltsstoffe des Hopfens, heute sehr beachtet wegen ihrer antioxidativen Aktivitäten, sind Chalkone, wie z. B. Xanthohumol und Isoxanthohumol (Abb. 12.81), sowie prenylierte Flavonoide, die gesundheitsfördernd und konservierend wirken.

Die Treber des Hopfens werden durch den **„Hopfenseiher"** abgetrennt, und der Sud wird zur teilweisen Abkühlung (60–70 °C) auf Kühlschiffe gepumpt. Anschließend wird mit Hilfe von Platten- oder Berieselungskühlern auf 5 °C gekühlt. Dabei reichert sich die Würze mit Sauerstoff an, was für die spätere Hefevermehrung wichtig ist. Bei dieser Temperatur wird in Gärbottichen mit untergäriger Hefe vergoren. Vorher werden meist kleinere Mengen an Malzextraktstoffen zugesetzt, wodurch auch die Süße des Produktes bestimmt wird. Die Hauptgärung dauert ungefähr 8 bis 10 Tage. Anschließend wird die Hefe abgetrennt und das Bier 1 bis 4 Monate in Tanks bei etwa 2 °C gelagert. In dieser Periode findet eine Nachgärung und damit Reifung statt. Das fertige Bier wird dann über Kieselgur- oder Asbestfilter (Anschwemmfilter) von Hefe und Trubstoffen getrennt und in Fässer oder Flaschen abgefüllt. Für den Schaum des Bieres ist das restliche Eiweiß verantwortlich.

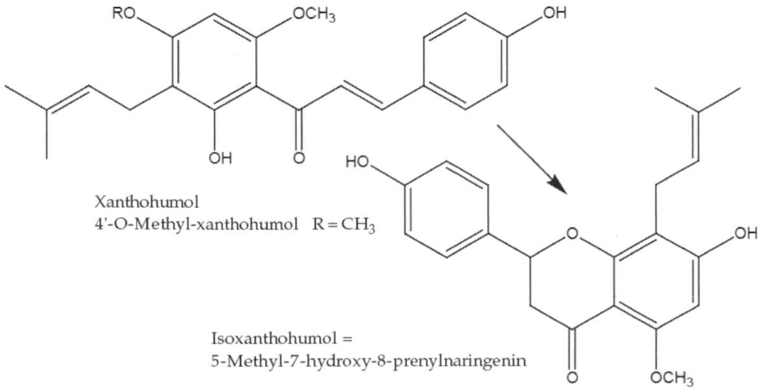

Xanthohumol
4'-O-Methyl-xanthohumol   R = CH$_3$

Isoxanthohumol =
5-Methyl-7-hydroxy-8-prenylnaringenin

**Abb. 12.81.**    Chemische Struktur ausgewählter phenolischer Inhaltsstoffe des Hopfens

In der EU dürfen diverse Zusatzstoffe in der Brauerei verwendet werden: Gibberellinsäure als Wuchsstoff bei der Keimung, Verdickungsmittel wie Gummi arabicum, Propylenglykolalginate, Methylcellulose, Carrageen zur Schaumstabilisierung, Papain und andere pflanzliche Proteasen zum Abbau von Eiweißtrubstoffen, Ascorbin- und Citronensäure als Antioxidanzien und schweflige Säure zur Konservierung. Flaschenbier wird vielfach pasteurisiert.

Normale Biere enthalten etwa 92 % Wasser, 0,3 % Protein, 0 % Fett, 4 % Kohlenhydrate und 0,1 % Asche. Der Alkoholgehalt liegt um 4 %. Er kann über den Extraktgehalt der Würze und die Dauer der Gärung stark variiert werden. In Mitteleuropa richten sich die Bezeichnungen der Biere nach ihrem Gehalt an gelösten Stoffen vor der Gärung (Stammwürzegehalt):

- Schankbiere 7–8 %,
- Vollbiere (Bockbiere) 11–14 %,
- Starkbiere mindestens 16 %.

Biere haben einen sehr niedrigen Gehalt an Schwermetallen, die von den Trebern gebunden werden und so nicht in das fertige Produkt gelangen. Alkoholfreie Biere (Alkoholgehalt bis 0,5 %) werden durch Entfernung des Alkohols mittels Umkehrosmose, Vakuumdestillation oder starke Verlangsamung der alkoholischen Gärung durch niedrige Temperaturen hergestellt. Dunkle Biere werden aus dunklem Malz (bei höheren Temperaturen gedarrtem Malz) hergestellt, bisweilen werden auch helle Biere mit Melasse dunkel gefärbt. Für die Haltbarkeit des Bieres ist sein Gehalt an Kohlensäure wichtig (0,36–0,44 %). Obergärige Biere haben oft einen höheren Gehalt (bis 0,7 %). Geringe Mengen an Milchsäure, Bernsteinsäure, Citronensäure und Apfelsäure kommen im Bier vor, der pH-Wert liegt zwischen 4 und 4,8. 3-Methylbutylacetat ist vorwiegend für das Esteraroma verantwortlich. An flüchtigen Phenolen wäre das 4-Vinylguajacol zu nennen (Abb. 10.9).

**Wein** ist das aus dem Saft der frischen Weintraube (*Vitis vinifera*) durch teilweise oder vollständige Vergärung erhaltene Getränk. Wein, der aus anderen Obstsäften (Mosten) gewonnen wird, muss die Bezeichnung dieser Obstart tragen: z. B. Apfelwein, Ribiselwein. Weinbau hat in vielen Teilen Europas eine lange Tradition, daher sind in den verschiedenen Weinanbaugebieten im Laufe der Zeit viele verschiedene Rebsorten entstanden, aus denen Wein gewonnen wird. Reben können durch Stecklinge vermehrt werden. Nachdem aber der europäische Weinbau zu Beginn des 20. Jahrhunderts durch die aus Amerika importierte Reblaus, einen Wurzelschädling, fast vernichtet war, ging man dazu über, die heimischen Reben auf reblausresistente Unterlagsreben (*Vitis labrusca*, *Vitis riparia*) zu pfropfen. Diese reblausresistenten Unterlagsreben stammen ursprünglich aus Amerika. Durch die Einführung der Unterlagsreben konnte der europäische Weinbau gerettet werden. Nicht veredelte Unterlagsreben, die Trauben tragen, bezeichnet man als „Direktträger". Die Verarbeitung dieser Trauben zu Wein war in vielen Teilen Europas verboten. In jüngster Zeit sind die einschlägigen Bestimmungen allerdings gelockert worden. Für die Reife der Trauben ist ein warmer und trockener Herbst von großer Bedeutung, die mittlere Jahrestemperatur soll nicht wesentlich unter 10 °C liegen.

Die Rebsorten kann man grob in solche, die weiße (grüne), und solche, die rote (violette) Trauben liefern, einteilen. Innerhalb dieser Gruppen gibt es unzählige Varietäten, die sich durch Form und Größe der Trauben, durch Aroma und Geschmack, Verwendungszweck (Kelter- und Tafeltrauben) sowie durch die Zeit der Ernte unterscheiden.

- Wichtige Beispiele für rote Traubensorten: Blauer Portugieser, Blaufränkischer, Blauburgunder, Zweigelt, Barbera, Cabernet-Sauvignon, Merlot, Verdot, Aleatico, Malbec, Pinot noir (blauer Spätburgunder), Trollinger, Nebbiolo (Traube für Barolo-Weine).
- Wichtige Trauben für Weißweine sind: Rhein- und Welschriesling, Chardonnay (Weißburgunder), Malvasier, Traminer und Gewürztraminer, Muskateller, Pinot gris (Ruländer), Pinot blanc, Müller-Thurgau, Sylvaner, grüner Veltliner, Gutedel, Sémillon, Prosecco (Traube vorwiegend für Schaumweine), Furmint (Basis für Tokajerweine), Palomino (Basis für Sherryweine).

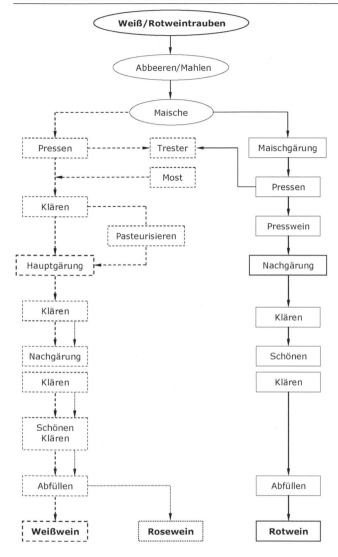

**Abb. 12.82.**   Schema der Weiß- und Rotweinherstellung

Die Weinherstellung (Abb. 12.82) gliedert sich prinzipiell in zwei Schritte: die Bereitung des Mostes und die Vergärung des Mostes. Zuerst wird eine Maische aus zerquetschten Trauben hergestellt, dabei können die Stiele der Trauben in die Maische gelangen oder während des Maischens maschinell entfernt werden. Das händische Rebeln wird heute kaum noch durchgeführt. Bei der Bereitung des Mostes für spätere Qualitätsweine werden in der Regel die Stiele und fehlerhafte Trauben vor dem Einmaischen abgetrennt. Bei der Produktion von Weißweinen wird der flüssige Teil der Maische sofort mittels spezieller Weinpressen abgetrennt und von groben Trubstoffen gereinigt. Dies geschieht durch einfache Sedimentation und Abziehen des Überstandes oder mit Hilfe von Zentrifugen, in denen der Saft filtriert wird. Heute wird der Most fallweise vor der Vergärung pasteurisiert oder auch durch Umkehrosmose (reversed osmosis) bei zu geringem Zuckergehalt konzentriert. Bei Auftreten von Fehlgeschmack, z. B. durch einen hohen Anteil an faulen Trauben, wird er mit Aktivkohle geschönt. Der Most wird meistens vor der Vergärung mit geringen Mengen an schwefliger Säure behandelt, um das Wachstum verschiedener Bakterienarten, z. B. Essigsäurebildner, zu verhindern. Das Wachstum der Hefen wird dadurch nur wenig beeinträchtigt. Bei niedrigem Zuckergehalt des Mostes ist eine Zugabe von reiner Saccharose bis zu einem in guten Jahren erreichbaren Zuckergehalt gestattet (Chaptalisieren). Die durch das Weingesetz festgelegte Höchstmenge ist 5 kg/100 Liter. In Deutschland ist die Mostverbesserung auch durch Zugabe von etwa 30%iger Zuckerlösung erlaubt (Gallisieren). Anstelle von reiner Saccharose kann auch Traubensaftkonzentrat verwendet werden.

Bei der Produktion von Rotwein wird die Maische ohne vorheriges Abtrennen von Schalen und Kernen vergoren. Die roten und blauen Anthocyanfarbstoffe sind vorwiegend in der Schale lokalisiert, wenig wasserlöslich, aber besser löslich in verdünntem Alkohol, und gehen daher erst mit steigendem Alkoholgehalt in den Saft über. Nach etwa drei bis fünf Tagen Fermentation wird der rote Saft abgepresst und einer Nachgärung unterzogen. Werden rote Trauben ohne Maischegärung gekeltert, so entstehen leicht rot gefärbte Weine, so genannte „Roséweine". „Roséweine" von „Direktträgern" werden in Österreich auch „Schilcher" genannt. Auch der rote Most kann analog durch Zuckern verbessert werden.

In der Praxis wird der Zuckergehalt meist durch Messung der Dichte des Mostes bestimmt. Die durch Refraktion (Messung des Brechungsindex des Lichtes), Pyknometer oder Mostspindeln bestimmte Dichte ist ein Merkmal für die Qualität des Mostes. In Deutschland werden für die Angabe der Dichte Öchslegrade verwendet (= die drei Zahlen nach dem Dezimalpunkt, z. B. 1,112 = 112 ° Öchsle. Aus der Dichte kann der Zuckergehalt nach der Gleichung

$$Z = 2{,}5 \times \text{Öchsle} - X$$

Z = % Zucker, X = der Säuregehalt in Gramm/Liter

annähernd ermittelt werden. Der Säuregehalt liegt in der Regel zwischen 2,5 g/l bei Mosten mit hoher Dichte und 3,0 g/l bei solchen mit niedriger Dichte. In Österreich wird meistens die Klosterneuburger Skala bei Mostspindeln verwendet, die es erlaubt, direkt den Zuckergehalt des Mostes anzugeben **(Grade Klosterneuburg)**. In Österreich und Deutschland ist die Dichte des Mostes maßgeblich für die Einstufung des daraus resultierenden Weines in Güteklassen: z. B. Landwein, Tafelwein, Qualitätswein (über 60 ° Öchsle, 14 ° Klosterneuburg), Qualitätswein mit Prädikat (über 73 ° Öchsle, 17 ° Klosterneuburg), Trockenbeerenauslese, Eiswein (über 150 ° Öchsle, 35 ° Klosterneuburg).

Je nach dem Zuckergehalt haben Moste einen Wassergehalt von 75–85 %, sie enthalten etwa 0,1 % Protein, 12–25 % Kohlenhydrate, 0,1 % Ballaststoffe und 0,1 % Asche. Der durchschnittliche Gehalt an Vitamin C liegt bei etwa 16 mg/100 g. Die löslichen Zucker sind vorwiegend Glucose und Fructose. Bei sehr süßen Mosten, z. B. Trockenbeerenauslesen, überwiegt die Fructose. Saccharose ist nur in sehr geringen Konzentrationen enthalten. An Polysacchariden kommen Pentosane und Pektine vor (Pektin ist verantwortlich für den Methanolgehalt). Die wichtigsten Säuren im Most sind die Wein- und die Apfelsäure (1–1,5 %), daneben treten in geringerer Konzentration Citronensäure, Oxalsäure, Bernsteinsäure sowie Chlorogensäure und Isochlorogensäure auf. Zu den phenolischen Inhaltsstoffen und Aromastoffen der Weintraube, die zum Teil auch im Most enthalten sind, siehe Kapitel 8. Die Konzentration der diversen Inhaltsstoffe ist im Saft der verschiedenen Rebsorten sehr unterschiedlich. Z. B. enthalten Sorten wie Rheinriesling, Traminer und Muskateller wesentlich höhere Konzentrationen an aromaaktiven Verbindungen als andere Sorten. Diese finden sich dann auch zumindest teilweise im Wein. Charakteristisch im Most ist eine Vielzahl von Aminen, die während der nachfolgenden Gärung durch Desaminierung in die entsprechenden Alkohole umgewandelt werden. Beispiele sind 2-Phenylethylamin, Ethylamin, Diethyl- und Dimethylamin, Propylamin, Isobutyl- und Isoamylamin sowie Betain (Tetramethylammonium) und Pyrrolidin. An Alkoholen wurden glykosidisch gebunden Benzylalkohol und 2-Phenylethanol gefunden (z. B. Benzyl-(6-O-β-D-apiofuranosyl-β-glucosid) und 2-Phenylethanol-β-glucosid bzw. Rutinosid).

An aromaaktiven Verbindungen sind im Most viele Ionone und deren Derivate, Damascone und Damascenone enthalten (z. B. 3-Oxoionon, α- und β-3-Oxodamascon, Megastigm-5-en-7-yn-3,9-diol, Abb. 12.83, sowie β-Damascenon, Abb. 10.5).

Die für das Aroma wichtigen Terpenalkohole, Geraniol, Nerol und Linalool, wurden, glykosidisch gebunden an Glucose oder andere Zucker, nachgewiesen.

Zu den Anthocyanen der roten Traube – Glykoside des Malvidins, Delphinidins, Petunidins und Päonidins – siehe Abschnitt 9.3 und 9.14.

Die Weingärung erfolgt generell durch untergärige Hefen, spontan durch an der Traubenoberfläche haftende oder im Keller sich befindliche Hefen. Heute wird vielfach eine Gärung durch spezielle Reinzuchthefen nach Pasteurisierung des Mostes bevorzugt. Reinzuchthefen sind meistens vom Typ *Saccharomyces cerevisiae* var. *ellipsoideus* oder *Saccharomyces pastorianus*. Wildhefen sind *Saccharomyces apiculatus* und *Saccharomyces exiguus*. Die Reinzuchthefen vergären auch noch bei höheren Zuckergehalten und sind meistens weniger empfindlich gegen Sulfit. Andere Hefestämme können bei tiefen, wieder andere bei hohen Tem-

peraturen vergären, andere sind widerstandsfähig gegen hohe Gerb-
stoffkonzentrationen im Most. Je nach Temperatur kann die Hauptgärung einige Tage bis etwa drei Wochen dauern. Weiße Moste werden
bei niedrigerer Temperatur (12–14 °C) als rote Maischen (17–21 °C) vergoren. Zwischenprodukte der Weinbereitung sind der Sturm (Sauser) und
der „Staubige". Letzterer ist schon ein, zwar noch trüber, Jungwein. Während der Hauptgärung wird die Hauptmenge des Zuckers in Alkohol
umgewandelt. Das Eiweiß des Mostes wird zum allergrößten Teil denaturiert und scheidet sich, zusammen mit unlöslichen Polysacchariden, Phenolen und Hefe, am Boden des Gärgefäßes ab. Dabei werden auch
Schwermetallsalze mitgerissen, sodass der Wein nur sehr geringe Konzentrationen, z. B. an Kupfer, aufweist. Der Jungwein hat meist einen höheren Säuregehalt als der gelagerte und gereifte Wein, da während der
Gärung zusätzlich Säuren, wie z. B. Apfelsäure, Bernstein- und Fumarsäure, gebildet werden, die bei der Lagerung wieder metabolisiert oder
als unlösliche Salze (Kaliumhydrogentartrat oder Calciummalat) ausfallen.

Der Jungwein wird vom Geläger abgezogen und in geschwefelte La-
gerfässer zur Nachgärung und Reifung gepumpt. Um eine Autolyse der
Hefe zu vermeiden, wird heute sehr bald nach der Hauptgärung mit dem
„Abstich" begonnen. Der Umzug des Weines in Lagerfässer kann unter
Belüftung oder praktisch unter Luftabschluss durchgeführt werden. Dadurch werden verschiedene Farbtöne (anaerob – grün, aerob – gelb, nach
Abspaltung von Zuckerresten aus Flavonoidglykosiden), aber auch unterschiedliche Geschmacksrichtungen des Weines erhalten. Der Umzug des
Weines kann während der Dauer der Lagerung mehrmals wiederholt
werden. Während der Lagerung findet eine Nachgärung statt. Um ein
völliges Vergären des Zuckers zu verhindern und einen Restzuckergehalt
(Restsüße) zu stabilisieren, wird die Gärung durch Zugabe von schwefliger Säure gestoppt (mehr als 150 mg $SO_2$/Liter). Alternativen zum
„Schwefeln" sind ein keimfreies Filtrieren und Abfüllen sowie eine Erhöhung des Kohlendioxiddruckes auf über 8 bar.

Die Zugabe von schwefliger Säure inhibiert die enzymatisch katalysierte Phenoloxidation, die zum so genannten „braunen Bruch" führen
kann. Sie bindet den gebildeten Acetaldehyd als „Bisulfitverbindung"
($CH_3CH(OH)(SO_3-)$) und verhindert so seine weitere Oxidation zur Essigsäure. Die Aldehyd- und Ketogruppen der Zucker addieren nur in sehr
geringem Ausmaß $HSO_3-$. Wärend der Lagerung vermindert sich der Säuregehalt des Weines, ein Teil fällt als Weinstein (Kaliumhydrogentartrat)
aus, ein kleiner Teil verestert sich mit Alkohol und bildet dadurch aromaaktive Substanzen. Größere Mengen an Säure werden durch Versetzen
des Weines mit einer berechneten Menge an Kalk ($CaCO_3$) entfernt. Es
fallen die Calciumsalze der Wein- und Apfelsäure, teilweise auch als
Doppelsalz, aus. Unter biologischer Entsäuerung versteht man die Bildung von Milchsäure aus Apfelsäure durch Decarboxylierung, verursacht
durch bestimmte Bakterien.

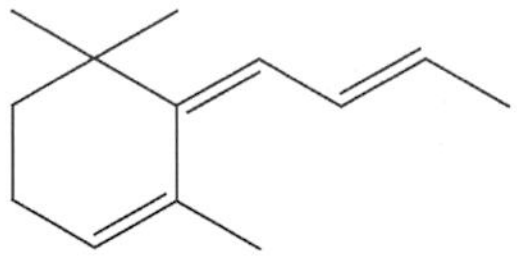

4,6,8-Megastigmatrien

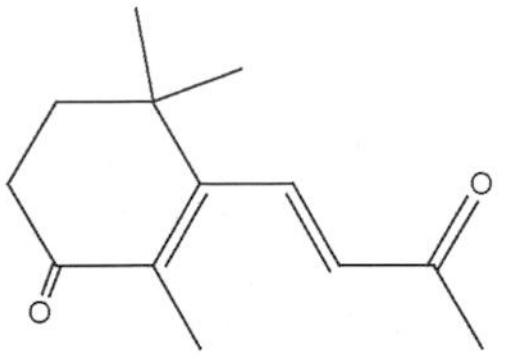

3-Oxo-β-ionone

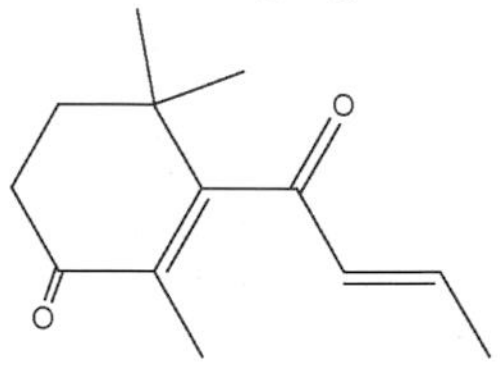

3-Oxo-β-damascon

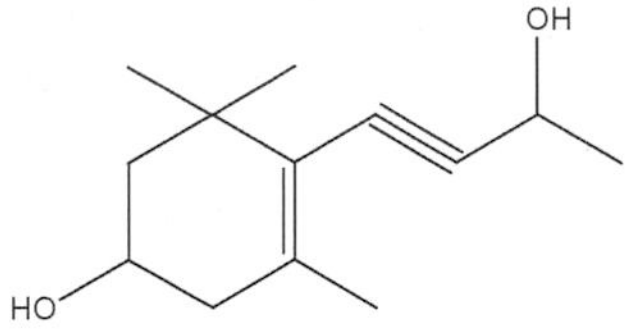

Megastigm-5-en-7-yn-3,9-diol

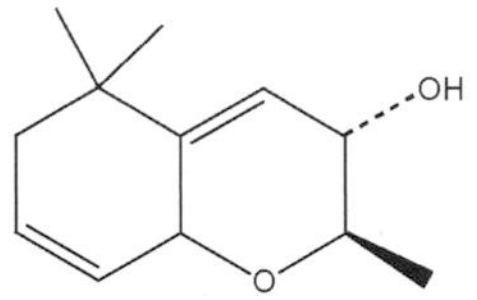

5,9-Epoxy-3,6-megastigmadien-8-ol

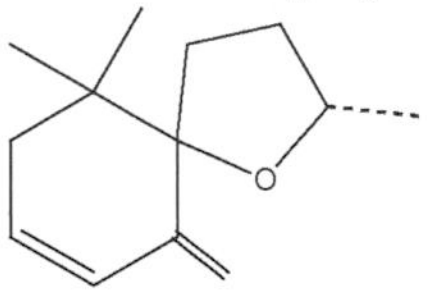

Vitispiran
6,9-Epoxy-3,5(13)-megastigmadien

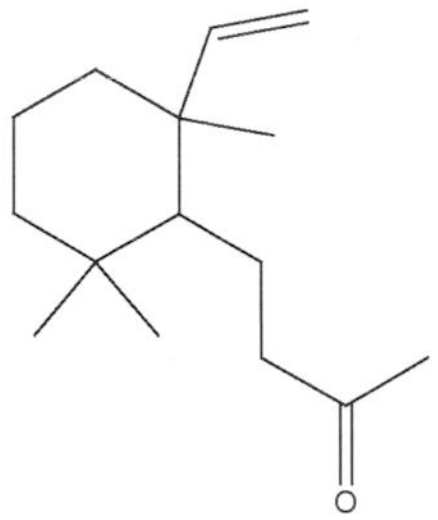

4-(2',2',6'-Trimethyl-6'-vinylcyclohexyl)-2-butanon

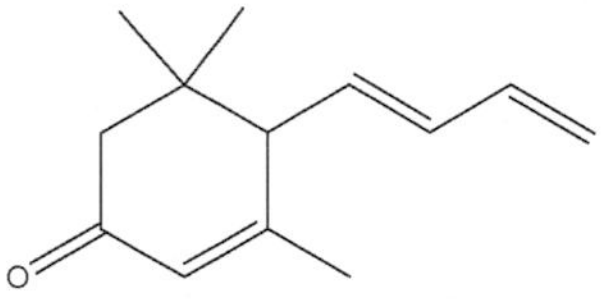

4,7,9-Megastigmatrien-3-on

**Abb. 12.83.** Chemische Struktur ausgewählter aromaaktiver Verbindungen im Most

Nach Abschluss der Nachgärung klärt sich der Wein nach etwa zwei bis drei Monaten von selbst und kann über ein Filter in Flaschen abgefüllt werden. Hartnäckige Trübungen werden durch Behandlung mit Filterhilfen (Silikaten, z. B. Bentonit), bei hohem Eisengehalt durch Behandlung mit einer berechneten Menge an Kaliumferrocyanid ($K_4Fe(CN)_6$) oder durch Zusatz von proteolytischen Enzymen bei Eiweißtrub (früher z. B. Hausenblase) entfernt. Die Behandlung mit Kaliumferrocyanid entfernt Schwermetalle, wie Eisen, Kupfer und Zink, der entstehende Niederschlag reißt vielfach auch andere Trubstoffe mit. Ein Überschuss an Kaliumferrocyanid muss unter allen Umständen vermieden werden, da sich in diesem Fall lösliches Cyanid bilden kann.

Die verschiedenen Weine unterscheiden sich in ihrer Zusammensetzung und in den speziellen Inhaltsstoffen sehr stark durch die Beschaffenheit des Ausgangsmaterials (Traubensorte, Herkunft, Reifegrad, klimatische Bedingungen). Durchschnittlicher weißer Tafelwein hat etwa die folgende Zusammensetzung: 89 % Wasser, 0,1 % Protein, 1 % Kohlenhydrate, 0,2 % Asche und etwa 10 % Ethanol. Bei Ausleseweinen liegt der Alkoholgehalt um 13 %. Der Extraktgehalt liegt bei 20 g/Liter. Rotwein hat etwa die Zusammensetzung: 88 % Wasser, 0,2 % Protein, 1,7 % Kohlenhydrate, 0,3 % Asche, etwa 10 % Ethanol. Weißer Dessertwein, z. B. Portwein, 80 % Wasser, 0,2 % Protein, 4 % Kohlenhydrate, 0,3 % Asche, 15 % Alkohol. Der pH-Wert von Weinen liegt im Bereich von 2,8 bis 3,8, entsprechend 5,5 bis 8,5 g Säure/Liter. Wichtigste Säuren sind die L-Weinsäure und die L-Apfelsäure, so genannte „nicht flüchtige Säuren", wichtigste „flüchtige Säure" ist die Essigsäure. Der Edelfäulepilz *Botrytis cinerea* oxidiert unter anderem Glucose zu Gluconsäure und sorgt dadurch für höhere Konzentrationen dieser Säure im Wein (bis zu 2 g/Liter). Neben Ethanol sind im Wein Propanol, Butanole und Amylalkohole, Heptanol, Nonanole (siehe auch Alkohole im Most) sowie Methanol, allerdings nur in kleinen Mengen (bis 200 mg/Liter), enthalten. In höheren Konzentrationen ist Methanol in Tresterweinen und vor allem in aus Trester hergestellten Branntweinen enthalten (bis zu 2 %). An mehrwertigen Alkoholen werden vor allem Glycerin (bis 10 g/Liter) und geringe Mengen an 2,3-Butylenglykol und Acetoin gefunden. Sorbit ist in sehr geringen Mengen vorhanden, Mannit findet man nur in infizierten und fehlerhaften Weinen. Der Wein enthält nur sehr geringe Mengen an Proteinen, die jeweils charakteristisch für eine bestimmte Sorte sind. Nach Konzentrierung der Proteine, z. B. durch Ultrafiltration, können die Proteine elektrophoretisch getrennt und anhand des erhaltenen Bandenmusters kann die dem Wein zugrundeliegende Traubensorte identifiziert werden. Auch die Schönung des Weines mit Bentonit lässt sich durch das Fehlen einiger Proteinbanden nachweisen. Auch die elektrophoretische Analyse des DNS-Musters kann zur Identifizierung der Traubensorte verwendet werden.

Die oben genannten einwertigen Alkohole tragen zum Aroma der Weine bei. Insgesamt wurden bisher einige Hundert aromaaktive Substanzen in einer Gesamtkonzentration von etwa 1 g/Liter in Weinen gaschromatografisch nachgewiesen. Die Mehrzahl der Substanzen liegt, meist glykosidisch an Kohlenhydrate gebunden, als geruchlose Vorläufer (Precursor) schon im Most vor. Während der Gärung werden die Glykoside teilweise gespalten und die flüchtigen aromaaktiven Substanzen freigesetzt. So entsteht z. B. 2-Phenylethanol, Nerol, Geraniol oder Linalool aus dem entsprechenden Glucosid oder Rutinosid durch Abspaltung der Zuckerreste. Aus den freigesetzten Terpenalkoholen können sich im Wein weitere für das Aroma wichtige Verbindungen bilden, z. B. durch Zyklisierung von Linalool Pyran- oder Furan-Linalooloxid (Abb. 12.71). Andererseits werden freie Alkohole teilweise in Ester umgewandelt und dadurch neue Aromaträger gebildet. Die einzelnen Weine unterscheiden sich stark durch die quantitativen Relationen, in denen einzelne Aromastoffe zueinander vorliegen. Es ist z. B. bekannt, dass Terpenalkohole und deren Ester vermehrt in Weinen vom Typ Muskateller zu finden sind, während z. B. in den meisten Riesling-Weinen einfache Ester, z. B. Ethyl-, Butyl-, Hexylacetat, Hexansäure-, Octansäureethylester, Aldehyde und Alkohole in höheren Konzentrationen sowie Phenole (4-Vinylguajacol, Abb. 10.9, 4-Ethylguajacol) vorkommen. Für Cabernet-Sauvignon und Sauvignon-blanc-Weine ist ein Gehalt der aromaaktiven Substanz 2-Methoxy-3-isobutylpyrazin (Geruchsschwelle 2 ng/l) charakteristisch (Abb. 10.12). Weitere wichtige Aromaträger sind Norisoprenoide, wie Vitispirane (Abb. 12.85) und β-Damascenon (Abb. 10.5). Vitispirane entstehen aus in der Traube vorhandenen Carotinoiden durch oxidativen Abbau. Für Vanillin-Noten sind zum Großteil Lagerfässer aus Eiche verantwortlich. Bei der Lagerung des Weines in Flaschen wird proportional zur Dauer der Lagerung reduktiv 1,1,6-Trimethyl-1,2-dihydronaphthalin gebildet (Abb. 12.84).

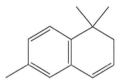

**Abb. 12.84.**    Chemische Struktur von 1,1,6-Trimethyl-1,2-dihydronaphthalin

Phenolische Inhaltsstoffe von Weinen, besonders das vorwiegend in Rotweinen vorkommende Stilben Resveratrol, werden wegen ihres positiven Einflusses auf Herz-Kreislauf-Krankheiten heute sehr viel beachtet und untersucht. Es wurde kürzlich gefunden, dass ein Extrakt von Polyphenolen aus Trauben und Wein der Sorte Cabernet-Sauvignon verschiedener Herkünfte die Biosynthese des gefäßaktiven Peptids Endothelin-1 hemmt. Dabei hemmt der Weinextrakt schon in geringeren Konzentrationen (etwa ein Zehntel des Traubensaftes). Das bekräftigt den experimentellen Befund, dass alkoholische Getränke an sich schon eine positive Wirkung auf das Gefäßsystem ausüben. Endothelin-1 ist für seine stark gefäßverengende Wirkung bekannt, und seine physiologische Überproduktion wird als eine der wichtigsten Ursachen für Gefäßerkrankungen und Arteriosklerose angesehen.

**Dessertweine** haben durchwegs einen hohen Alkohol- und Zuckergehalt, der allein durch Vergärung von frischem Traubenmost nicht zu erzielen ist. Sie werden durch Vergären von Mosten mit hohem Zuckergehalt (Trockenbeerenauslese, Eiswein), durch Zusatz von Traubensaftkonzentraten zu Weinen oder durch Zusatz von Alkohol zu vorgegorenem Most (z. B. Sherrywein) hergestellt. Wichtige Beispiele für Dessertweine sind der Tokajer (die jeweilige Süße wird durch den Zusatz von Mostkonzentrat gesteuert), der Portwein, Malaga, Samos, Marsala, Madeira u. a. Die Dessertweine weisen einen Alkoholgehalt von etwa 15 % und einen Zuckergehalt von 5 % bis etwa 20 % auf. Sie haben durchwegs auch einen höheren Glyceringehalt (0,3–0,7 %).

**Schaumwein – Champagner – Sekt** sind kohlensäurereiche Weine, in denen die Kohlensäure durch Fermentation gebildet wird. In der Regel werden fertige Weißweine aus geeigneten Traubensorten einer zweiten Gärung unterworfen. Dazu wird frischer Wein und eine dem gewünschten Alkohol- und Kohlensäuregehalt entsprechende Menge Zucker (20–25 g/ Liter) zugesetzt. Die zweite Fermentation erfolgt unter dem Eigendruck der gebildeten Kohlensäure (etwa 5 bar bei 20 °C). Die gebildete Kohlensäure wird im Wein gehalten, um die anregende Wirkung kohlensäurehaltiger junger Weine über lange Zeit zu konservieren. Für die Herstellung französischen Champagners als dem bekanntesten Schaumwein werden fast ausschließlich die Traubensorten Chardonnay (Weißburgunder) und Pinot noir (die dunkle Traube, aus der auch Rotweine hergestellt werden, gibt dem Champagner eine rötliche Farbe) verwendet. Die fertigen Weißweine werden in der Regel vermischt mit dem Ziel, ein Produkt möglichst charakteristischer und konstanter Qualität zu erzeugen (Cuvée). Entsprechend dem Restzuckergehalt werden für die zweite Gärung Rohrzucker, gelöst in Wein (Liqueur de Tirage), und eine spezielle Reinzuchthefe zugesetzt. Die zweite Gärung erfolgt in der verkorkten Flasche, bei billigeren Qualitäten auch im geschlossenen Tank, damit die gebildete Kohlensäure (5–6 bar) nicht entweichen kann. Die Flaschen werden mit dem Kork nach unten in einem Gestell täglich um einige Grad gedreht und gerüttelt, damit sich das Geläger im Flaschenhals absetzt. Nach beendeter Sedimentation des Gelägers im Flaschenhals wird der Flaschenhals gekühlt und der Kork vorsichtig geöffnet, wobei das Sediment durch den Überdruck herausgeblasen wird und auch etwas Wein ausfließt. Zucker, gelöst in reifem Wein oder Weindestillat (Liqueur de l'Expedition), wird zugegeben (Dosage), um das Volumen zu ergänzen und dem Produkt die gewünschte Süße zu verleihen. Die Menge des zugegebenen Zuckers entscheidet über die Geschmacksrichtung des Schaumweins: trocken, halbsüß, süß (Brut, Demisec). Die Flasche wird dann wieder verkorkt, durchgemischt und gelagert. In der Regel nimmt die Qualität des Schaumweines mit der Dauer der Lagerung (bis etwa 10 Jahre) zu.

Die kostengünstigere Herstellung von Sekt in druckfesten Stahltanks folgt im Prinzip dem gleichen Modus. Im Tank wird unter etwa 7 bar Kohlensäuredruck vergoren und geklärt. Beim Abfüllen des Inhalts in Flaschen wird der Tank gekühlt, um nicht zu viel an Kohlensäure zu verlieren. Ein Sonderfall ist die Erzeugung von **Asti spumante**, bei der der gefrorene Most portionenweise nach dem Auftauen in Hinblick auf einen gewünschten Zucker-, Alkohol- und Kohlensäure-Gehalt vergoren wird. Bei kohlensäurehaltigen Weinen, wie Vin Mousseux, wird das Kohlendioxid ähnlich wie bei der Erzeugung von Sodawasser in den fertigen Wein eingepresst. Es findet bei diesem Verfahren keine zweite Gärung statt. Die Gasblasen der eingepressten Kohlensäure sind wesentlich größer als die während der Gärung gebildeten.

**Fruchtweine** werden aus dem Saft anderer Obstsorten als Weintrauben hergestellt. Besonders bekannt sind Weine aus Johannisbeeren (Ribisel) und Äpfeln *(Malus sylvestris)*. Die Weine werden durch Fermentation der Presssäfte oder der Maischen, meistens auch unter Zusatz von Zucker, hergestellt. Traditionell wird dem Apfelwein (Cyder, Äppelwoi) zur Haltbarmachung 1–3 % des Saftes der Frucht des Speierlings *(Sorbus domestica)* zugesetzt.

**Met** wird durch Fermentation von Honig-Wasser-Gemischen hergestellt. Er war früher in Nord-, Ost- und Mitteleuropa ein beliebtes Getränk.

**Weinhaltige Getränke** (versetzte Weine) werden aus Wein durch Mischen mit Schaumwein, Alkohol oder Destillaten, Zucker und Gewürzen hergestellt. Entsprechend dem Weingesetz sind sie keine Weine im eigentlichen Sinn, sondern weinhaltige Getränke. Dazu gehören Wermutweine, Kräuterweine, Bowlen und Punsch.

**Wermutweine** sind entsprechend dem Weingesetz kein Wein im eigentlichen Sinne, sondern ein weinhaltiges Getränk. Er wird aus Weinen unter Zusatz von Gewürzen, Alkohol, Zucker und anderen Zutaten (z. B. Farbstoffen, Zuckercouleur, Cochenille, Kermessäure) hergestellt. Man unterscheidet trockene und süße Wermutweine. Der dem Getränk zugrundeliegende Weißwein, meistens werden nur solche bestimmter Traubensorten (z. B. muskatartige) verwendet, wird in Frankreich durch Sonne, Hitze und Kälte zwei Jahre lang gealtert, bevor er Grundstoff für die Wermuterzeugung wird. In Italien unterbleibt meistens die Alterung. Vor allem italienische Wermutweine verwenden neben Wermutgewürz (Wermutblüten), welches das in größeren Mengen toxische Thujon (Abb. 10.2) an den Wein abgibt, eine große Anzahl von anderen Gewürzen. Sie werden heute meist in Form von alkoholischen Extrakten zugeführt. Wichtige Ingredienzien sind Cascarilla, Kretischer Majoran, Salbei, Zimt, Orris-Wurzel, Enzian, Kalmus, Thymian u. a. Der Alkoholgehalt wird durch Zusatz von Weindestillaten oder Alkohol auf etwa 15–20 % gebracht. Man unterscheidet helle und dunkle Wermutweine. Sie werden als appetitanregende und magenstärkende Aperitifs verwendet.

**Punsch** ist ein Getränk, bestehend aus Wein, Rum, Zucker, Zitronensaft, Wasser und Aromen. Er wird vor allem in der kalten Jahreszeit heiß getrunken.

**Bowlen** bestehen aus Wein, Schaumwein oder kohlensäurehaltigem Mineralwasser, Zucker, eventuell Früchten (z. B. Erdbeerbowle) und Gewürzen (z. B. Waldmeisterblüten). Sie werden meist in der wärmeren Jahreszeit getrunken.

**Spirituosen** sind alkoholische Getränke, die einen Alkoholgehalt von über 20 % aufweisen. Sie können grob in Branntweine und Liköre eingeteilt werden.

**Branntweine** werden durch Destillation von Maischen hergestellt. Kohlenhydrathaltiges Pflanzenmaterial wird teilweise unter Zusatz von Wasser eingemaischt und einer alkoholischen Gärung unterzogen. Für die Fermentation werden oft spezielle Hefen verwendet. Als Ausgangsmaterialien für Branntweine sind verschiedenste Früchte, Wurzeln, Rhizome und Samen, Säfte und Melassen, aber auch alkoholische Getränke, wie Wein, in Verwendung. Die wichtigsten enthaltenen Kohlenhydrate sind Glucose und Fructose, Saccharose, Stärke und Fructane (z. B. Inulin). Die Maischverfahren unterscheiden sich hinsichtlich des hauptsächlich vorkommenden Kohlenhydrats. So wird z. B. bei eingemaischtem Getreide (vorwiegendes Kohlenhydrat Stärke) eine Hydrolyse der Stärke durch Amylasen (aktives Malz) oder verdünnte Säuren der alkoholischen Gärung vorgeschaltet. Nach der einige Tage bis einige Wochen dauernden alkoholischen Gärung werden die Maischen in geeigneten Apparaturen destilliert. Ein mehrmaliges Destillationsverfahren (oder einmaliges Rektifikationsverfahren) dient auch zur Herstellung von hochprozentigem Alkohol. Das jeweils angewandte Destillationsverfahren ist auf das verwendete Ausgangsmaterial und das erwartete Produkt abgestimmt. Während man bei der Alkoholherstellung möglichst reinen Alkohol erzeugen und Nebenprodukte durch Verwendung von Destillationssäulen mit mehreren Böden möglichst vollständig abtrennen will, ist man bei der Herstellung von Trinkbranntweinen, so genannten **Edeldestillaten**, daran interessiert, dass spezifische Aromastoffe mit in das Destillat übergehen. Bei der Destillation wird meist zwischen drei Hauptfraktionen unterschieden:

- Vorlauf (enthält niedrig siedende Komponenten wie Methanol und Acetaldehyd),
- Hauptfraktion (enthält die Hauptmenge des Ethanols und verschiedene Ester),
- Nachlauf (enthält höher siedende Komponenten, höhere Alkohole, oft als Fuselöle bezeichnet, flüchtige Säuren, Aldehyde und Ester).

Methanol entsteht in der Maische vorwiegend aus Pektin ($\alpha$-(1–4)-Galakturon, teilweise verestert mit Methanol) durch enzymatische Hydrolyse der Esterbindung (Pektinesterasen). Es ist besonders in Destillaten aus Maischen von Obst in höherer Konzentration enthalten, fehlt aber z. B. fast vollkommen in solchen, die von Getreidemaischen stammen.

**Alkohol** (Sprit): Der für Lebensmittelzwecke verwendete Alkohol wird ausschließlich aus Getreide, Kartoffeln, Zuckerrohr, Melasse, eventuell auch aus Sulfitablaugen der Celluloseerzeugung hergestellt. Zur Vergärung werden meist obergärige Hefen (Brennereihefen) benützt. Durch kontinuierliche Destillation und Rektifikation wird Ethanol erzeugt, welcher einen Gehalt von 96,6 Vol.-% hat (3,4 % Wasser). Alkohol gibt mit

Wasser ein azeotropes Gemisch dieser Zusammensetzung, das wie ein Reinstoff siedet und durch Destillation bei normalem Luftdruck nicht weiter zu trennen ist. Um 100%iges Ethanol zu gewinnen, muss das Restwasser entweder durch Destillation, nach Zusatz von Toluol oder Benzol (bilden azeotrope Gemische mit Wasser), oder durch Trocknen, z. B. über Calciumoxid, und anschließende Destillation entfernt werden. Trinkalkohol unterliegt voll der Alkoholsteuer, daher wird Alkohol für technische Zwecke durch Zusatz von Pyridin, Benzin, Methanol oder anderen Zusätzen vergällt und dadurch billiger. Technisches Ethanol wird vielfach aus Ethylen durch Wasser-Addition erzeugt. Ein Teil des Alkohols, der oft durch Zusatz von Essigsäure für diesen Zweck vergällt ist, wird zur Erzeugung von **Essig** verwendet. Dabei wird der Alkohol nach verschiedenen Verfahren mit Hilfe von essigsäurebildenden Mikroorganismen durch Sauerstoff zu Essigsäure oxidiert. Im Handel wird das Produkt als gefärbte, meist etwa 7%ige Essigsäure als „Reiner Gärungsessig" angeboten.

**Weinbrand:** Darunter versteht man Spirituosen, die durch fraktionierte Destillation von Weinen gewonnen, eventuell mit Wasser verdünnt und vor dem Konsum meist längere Zeit gelagert werden. Weinbrand enthält mindestens 38 Vol.-% Alkohol. Bekanntester Vertreter dieser Gruppe ist der französische **Cognac**®. Cognac® wird ausschließlich aus Trauben der Region dieses Namens in traditionellen Destillationsapparaturen erzeugt. Dadurch ist ein hoher Anteil an Aromastoffen des Weines im Destillat in konzentrierter Form enthalten, was für die Qualität des Produkts von großer Bedeutung ist. Während der Lagerung in Eichenfässern (Limousin, Barrique) reift das Destillat (freie Säuren verestern, Gerbstoffe und andere Inhaltsstoffe des Holzes gehen in das Produkt über, beeinflussen das Aroma und wirken farbgebend, oxidative Prozesse beeinflussen Farbe und Aroma). Cognac® wird durchschnittlich 5–10 Jahre gelagert, bevor er in Flaschen gefüllt auf den Markt kommt. Der Alkoholgehalt des Rohdestillats liegt bei etwa 70 % und sinkt während der Lagerung auf 55–65 Vol.-%. Seinen geschmacklichen Höhepunkt erreicht der Cognac® nach 40–50 Jahren. Der Name Cognac® ist geschützt und ausschließlich Produkten der Region vorbehalten. Ein anderer bekannter französischer Weinbrand ist der **Armagnac**, ein Produkt aus Weinen der gleichnamigen Region. Weinbrände aus verschiedensten Weinen, hergestellt nach der Cognac®-Methode, werden heute in vielen Ländern erzeugt.

**Getreidebranntweine** werden meistens nach einem Maischeverfahren aus geschrotetem und in meist schwefelsaurem Wasser verkleistertem Getreide, dem zum Stärkeabbau Malz zugesetzt wurde, hergestellt. Die entstandene Maische wird mit speziellen Hefestämmen vergoren und im Anschluss destilliert. Auf diesem Weg können auch sehr hochprozentige Destillate erzeugt werden. Für Getreidebranntweine liegt der Mindestalkoholgehalt bei 32 Vol.-%. Ausgangsstoffe sind in der Regel Roggen,

Gerste, Weizen, Hafer, Buchweizen, seltener Mais, Reis, Hirse oder Kartoffeln. Wichtige Vertreter dieser Gruppe sind Whisky (engl. whiskey), Kornbranntwein, Wodka, Bourbon und Gin.

**Schottischer** und **Irischer Whisky** wird aus gekeimter und gedarrter Gerste hergestellt (Malzwhisky), wobei bei Letzterem auch bis zu 75 % nicht gemälzte Körner verschiedener Getreidesorten dem Malz zugesetzt sein können (Körnerwhisky). Der Typ des Körnerwhiskys kommt gelegentlich auch bei schottischen Provenienzen vor. Das Darren des Grünmalzes erfolgt beim Schottischen Herstellungsmodus über einem Torffeuer, beim Irischen dient Kohle als Heizmaterial. Rauchbestandteile des Torfs bleiben im Malz gelöst, während solche der Kohle Geruch und Geschmack kaum beeinflussen.

**Kanadischer Whisky:** Die Ausgangsmaterialien sind neben Gerstenmalz vor allem Mais und Roggen. Das Malz wird meist durch Kochen des Mehls unter Druck (dabei geht die Stärke in Lösung über), Kühlen und Zusatz einer kleinen Menge von Gerstenmalz hergestellt. Ein ähnliches Verfahren dient zur Herstellung von **Bourbon** (American Whiskey), wobei das Ausgangsgetreide fast ausschließlich Mais ist, dessen Stärke durch Zusatz von kleinen Mengen Gerstenmalz amylolytisch abgebaut wird.

Beim schottischen und irischen Whisky wird die aus dem Malz durch Extraktion mit Wasser erhaltene Würze durch Kulturhefen zu Alkohol vergoren. Bei kanadischem Whisky und Bourbon erhält man den Alkohol durch Vergärung der Maische. Die Whisky-Arten unterscheiden sich weiters im Destillationsverfahren, das zur Konzentrierung des Alkohols verwendet wird. Schottischer Whisky wird in der Regel zweimal destilliert, Irischer Whisky dreimal, die anderen Whiskysorten werden nach verschiedenen Destillationsverfahren hergestellt.

Die Lagerung des jungen Whiskys ist bei allen Geschmackstypen ähnlich. In der Regel werden Eichenfässer verwendet. Wichtig dabei ist, dass das Holz genügend porös ist, sodass neben Alkohol auch andere Inhaltsstoffe teilweise während der Lagerung verdampfen können. Bis zu 15 % verliert der junge Whisky während der Lagerung an Volumen. Während der mehrjährigen Lagerung (durchschnittlich je nach Typ 3 bis 7 Jahre) lösen sich die farbgebenden und aromatischen Holzbestandteile in der alkoholischen Flüssigkeit. Zugleich rundet sich das Aroma durch Bildung von Estern und Acetalen (enthaltene Alkohole werden teilweise zu Aldehyden oxidiert). Neben Alkoholen sind für das Aroma Ester aliphatischer Säuren und auch Terpene von Bedeutung. Der Whisky des Handels stellt meistens ein Gemisch vieler Einzelansätze dar (Blended Whisky). Der „Blend" kann aus bis zu 40 Einzeldestillaten bestehen und wird teilweise auch aus verschiedenen Getreidearten gewonnen.

**Kornbranntwein** wird aus vergorenen Maischen verschiedener Getreidearten (Gerste, Roggen, Weizen, Hafer, Buchweizen) durch Destillation hergestellt.

**Gin** ist ein Getränk aus Alkohol, Wasser und einer aromagebenden Komponente, in der Regel Wacholderbeeren. Er wurde Mitte des 17. Jahrhunderts in Holland von einem Professor der Medizin als Heilmittel entdeckt und als „Genevre", dem altfranzösischen Namen für Wacholderbeere, bezeichnet. Neben Wacholderbeeren wurden bisweilen auch Angelikawurzel, Koriander, Kümmel, Lakritze, Anis und Orangenschalen als Gewürz verwendet. Qualitätsgin wird aus gewürzter, gemälzter und fermentierter Gerste durch zweifache Destillation hergestellt. Vor der zweiten Destillation werden Wacholderbeeren und andere Gewürze zugesetzt. Weit verbreitet sind heute die aus Irland und England stammenden Brände.

**Wodka** ist ein farbloses, fast geruchloses Destillat mit einem meist hohen Alkoholgehalt (mindestens 40 %). Die Herstellung von Wodka ist vor allem in Ländern Osteuropas heimisch (Polen, Russland). Verschiedenste kohlenhydrathaltige Ausgangsmaterialien werden für die Herstellung von Wodka verwendet (verschiedene Getreidearten, Karoffeln, Melasse) und auch Alkohol. Grundsätzlich wird Wodka ähnlich wie Whisky oder Gin hergestellt, mit Ausnahme des Destillationsschrittes. Durch Destillation über Rektifikationskolonnen wird in der Regel etwa 95 Vol.-%iger Alkohol erhalten, dabei werden praktisch alle Aromastoffe abgetrennt. Das erhaltene Destillat wird mit reinem Wasser auf 40–50 % Alkohol verdünnt und damit trinkfertig gemacht. Wegen seines neutralen Geschmacks wird Wodka vielfach auch bei der Herstellung von Cocktails, Bowlen u. a. verwendet.

**Rum** wird durch Vergärung von Maischen aus Zuckerrohr oder Zuckerrohrmelasse und anschließender Destillation hergestellt. Traditionell wird Zuckerrohrmelasse als Ausgangsprodukt verwendet. Die Erzeugung ist im Wesentlichen auf zuckerrohranbauende Länder beschränkt. Die Art des erhaltenen Rums ist hauptsächlich durch die verwendeten Destillationsapparaturen (kontinuierliche oder diskontinuierliche Verfahren) bestimmt. Nach Ersterem erhält man neutral schmeckende, säurearme „light categories" von Rum, nach Letzterem mehr Aromastoffe und Säure enthaltende Rumsorten („full bodied", „heavy categories"). Light-Rum wird vorwiegend in Kuba und Puerto Rico erzeugt, in Süd- und Nordamerika getrunken und enthält nach der Destillation 80–90 Vol.-% Alkohol. Die Lagerung in Fässern ist für Rum in vielen Ländern nicht vorgeschrieben (Ausnahmen: England, Neuseeland), in der Regel wird er durch Zusatz von Karamel (Zuckercouleur) braun gefärbt. Trink-Rum wird mit Wasser auf etwa 50 % verdünnt. „Heavy Rum" wird vorwiegend in Jamaika erzeugt und in Kontinentaleuropa konsumiert. Er enthält 70–80 % Alkohol und wird durch Verdünnen auf 50 % trinkfertig gemacht. Durch Lagerung in Eichenfässern erreicht der Rum sein volles Aroma. Rum enthält etwa 80–150 mg/100 g Säuren, vor allem Essigsäure und Ameisensäure, die sich zum Teil während der Lagerung mit Alkohol verestern. Der Estergehalt ist ein wichtiges wertbestimmendes Merkmal für den Rum.

**Arrak** wird ebenfalls aus Zuckerrohrmelasse sowie Reis und zucker-
haltigen Pflanzensäften durch alkoholische Vergärung der Maische und
anschließende Destillation erzeugt. Eine wichtige Ingredienz dabei ist der
süße Saft der Blütenkolben der Kokospalme. Hauptproduktionsgebiet ist
Südostasien (Indien, Indonesien, Thailand, Sri Lanka). Arrak enthält 56–
60 % Alkohol, er wird oft durch Verdünnen mit Wasser auf etwa 38 %
„trinkfertig" gemacht.

**Obstbrände** (Obstbranntweine) werden durch Destillation vergorener
Obstmaischen hergestellt. Als Ausgangsmaterialien können viele Obstar-
ten verwendet werden. Sehr verbreitet sind Brände aus Pflaume =
Zwetschke oder Mirabelle **(Slibowitz)**, Aprikose = Marille (ungarischer
**Barack**®), Kirsche (Kirschwasser), Himbeere **(Framboise)**, Heidelbeere,
Äpfel (**Calvados** wird durch Destillation von Apfelwein hergestellt), Quit-
ten, Birnen **(Williams)**, Trester von ausgepressten Weintrauben **(Grappa)**,
Vogelbeere.

Viele der erwähnten Bezeichnungen sind, ähnlich dem Cognac®, Produkten eines bestimmten Anbaugebietes vorbehalten. Der Alkoholgehalt
liegt im Normalfall bei 40 %. Früchte sind reich an Pektin, daher können
die Destillate von vergorenen Obstmaischen höhere Gehalte an Methanol
(0,1–0,5 %, letale Dosis durchschnittlich 250 ml) aufweisen. Die Kerne der
Steinobst- und Kernobstarten enthalten cyanogene Glucoside (Amygdalin, meistens Prunasin), die bei Verletzung der Kerne zu Blausäure, Glucose und Benzaldehyd hydrolysieren, wobei Blausäure (Kp: 26 °C) und
Benzaldehyd (Kp: 179 °C, aber wasserdampfflüchtig) teilweise in das Destillat übergehen und zum Aroma des Brandes beitragen. In Obstbrannt-
weinen werden bis zu 60 mg/Liter Blausäure (durchschnittliche letale
Dosis für den Menschen: 60 mg) und bis zu 20 mg/Liter Benzaldehyd
gefunden. Der Gehalt beider Substanzen hängt stark von der Menge der
beim Maischen zerbrochenen Kerne ab. Methanol und Blausäure werden
während der Destillation durch Abtrennen des Vorlaufs teilweise entfernt. Bedingt durch die in Früchten durchwegs enthaltenen höheren Alkohole ergibt sich auch ein höherer Gehalt an Fuselöl in den Destillaten.
Teilweise wird es durch Abtrennen des Nachlaufs entfernt. In bestimmten
Konzentrationen sind Fuselöle wichtig für Aroma und Geschmack des
Brandes. Während der Lagerung nehmen der Gehalt an Säuren ab und
der Gehalt an Estern zu. Produkte, die als **„Geist"** bezeichnet sind, z. B.
Himbeergeist, werden meist aus Maischen, denen Alkohol (Feinsprit)
zugesetzt wurde, durch Destillation gewonnen. Der der Maische zugesetzte Alkohol erleichtert die Extraktion von Inhaltsstoffen aus dem Gewebe der Früchte. Die Aromastoffe der Obstbranntweine sind ein komplexes Gemisch aliphatischer Ester und geringerer Mengen an Aldehyden
und Terpenen, vorwiegend durch die spezielle Fruchtmaische bestimmt.

Manche Destillate lassen sich nicht einer bestimmten Gruppe zuord-
nen, Beispiele dazu sind **Enzian** (hergestellt durch Destillation von Maischen aus Enzianwurzeln, mit oder ohne Zusatz von Alkohol zur Maische, sowie **Tequila (Meskal)**, der aus eingemaischten und vergorenen

Herzstücken der blauen Maguey-Agaven *(Agave tequilana)* durch Destillation erzeugt wird. Beim Lagern nimmt er eine goldgelbe Farbe an. Agaven enthalten als vergärbares Kohlenhydrat Fructane, aber keine Stärke. Die Bezeichnung Tequila ist Produkten der mexikanischen Provinz Jalisco vorbehalten.

**Aquavit** ist ein mit Kümmel und eventuell anderen Gewürzkräutern aromatisierter Branntwein.

**Absinth:** Darunter versteht man eine Spirituose, für die der Zusatz von Wermutkraut bei der Herstellung charakteristisch ist. Wegen der Toxizität des Inhaltstoffes Thujon des Wermuts ist der Zusatz gesetzlich geregelt.

**Anisé(e)** ist ein Oberbegriff für Spirituosen mit Anisaroma, der Begriff **Anisette** wird für Liköre mit Anis verwendet. Die Herkunft dieser Spirituosen ist rund um das Mittelmeer angesiedelt. Charakteristisch für diese Spirituosen ist, dass beim Verdünnen des meist braunen klaren Getränks mit Wasser ätherische Öle ausfallen und es dadurch milchig trüb, weißlich wird. Beispiele für solche Spirituosen sind: **Pastis, Pernod, Arrak, Sambuca, Ouzo, Raki** und eventuell **Absinth.**

**Pastis** stammt aus Südfrankreich und enthält 40–45 % Alkohol. Die zugegebenen Kräuter (Anis, Sternanis, Süßholzwurzeln, Fenchelsamen u. a.) werden im Alkohol extrahiert (Mazeration), während dem sehr ähnlichen **Pernod** die Kräuteressenzen nach der Destillation zugegeben werden.

**Ouzo** wird aus Alkohol hergestellt, der aus verschiedenen Maischen (z. B. Traubentrester) durch Destillation erzeugt wird. Alkohol wird in der Folge mit verschiedenen Kräutern und Harzen weiter erhitzt (z. B. Sternanis, Fenchel, Mastix, Koriander u. a.), nach dem Abkühlen mehrere Monate sich selbst überlassen und anschließend, durch Verdünnen mit Wasser auf 40 % Alkohol, trinkfertig gemacht.

**Bittere Branntweine** werden mit bitteren alkoholischen Pflanzenauszügen oder Destillaten hergestellt. Bisweilen werden alkoholische Pflanzenauszüge und Destillate in einem Produkt kombiniert. Auch Zucker, Fruchtsäfte und ätherische Öle können zugesetzt werden. Beispiele sind Angosturabitter, Spanisch Bitter oder Boonekamp®. Die Produkte unterscheiden sich, außer durch die Art der Zusätze und deren Mengenverhältnisse, vor allem durch die angewandten Extraktionsverfahren (z. B. heiß oder kalt, Perkolation).

**Liköre** sind alkoholische Getränke, denen Zucker und/oder Glucosesirup zugesetzt wurde, sie sind also gesüßte Spirituosen. Andere wichtige Zusätze sind Kräuter, Gewürze und aromatische Pflanzenteile, wie z. B. Ingwer, Kümmel, Anis, Orris-Wurzel, Koriander, Angelikawurzel, Pfefferminz, Fenchel, Schalen von Zitrusfrüchten, Mandeln, Süßholz, Angostura-Rinde, Pfirsichkerne u. a, aber auch Eier. Einige heute sehr bekannte Liköre weisen eine Geschichte bis in die Klöster des Mittelalters auf (z. B.

Benediktiner). Andere richtungsweisende Liköre sind **Chartreuse**® (enthält über 200 geheim gehaltene Ingredienzien), **Cointreau**® (enthält Orangenschalen), **Curaçao** (Schalen von Bitterorangen), **Mandellikör, Anisette** (enthält Anis), **Creme de Cacao** (Kakao, Vanille), **Pfirsichlikör** (enthält auch Anis), **Maraschino** (enthält Inhaltsstoffe der Kerne der Maraskakirsche), **Goldwasser** (enthält Anis und Kümmel und kleinste Stücke von Blattgold) und viele andere. Liköre enthalten meist 20–35 % Alkohol.

## 12.5.2 Alkaloidhaltige Genussmittel

Zu dieser Gruppe gehören Aufgussgetränke, Limonaden und konsequenterweise auch Rauchwaren, die Alkaloide mit meist einer den Stoffwechsel beschleunigenden und damit den Grundumsatz erhöhenden Wirkung enthalten und dem Lebensmittelgesetz entsprechen. Zu dieser Gruppe zählen Genussmittel, wie Kaffee, Tee, Kakao, Guarana, Mate, Cola-Getränke und andere coffeinhaltige Limonaden sowie der Tabak.

**Kaffee** (engl. coffee) bezeichnet man den aus geschälten, gerösteten und zermahlenen Kaffeebohnen durch Behandlung mit heißem Wasser hergestellten Extrakt, der gefiltert oder ungefiltert als Getränk verwendet wird. Kaffeebohnen sind die in der Frucht des Kaffeestrauchs (*Coffea* spp, *Rubiaceae*) enthaltenen Samen. Der Kaffeestrauch ist ursprünglich im Bereich des heutigen Äthiopiens beheimatet, kam von dort zuerst nach Arabien und wurde vor allem im Jemen schon früh kultiviert (schon etwa 600 v. Chr.). Von dort verbreitete sich die Verwendung von Kaffee im Osmanischen Reich (seit etwa 1450) und kam über die Türkei ans Mittelmeer und nach Europa. Der Kaffeebaum (4,5–9 m hoch, in den Plantagen wird er zur Erleichterung der Ernte strauchartig gezogen und auf einer Höhe von 2–2,5 m gehalten) gedeiht in feuchtwarmem Klima, vor allem in erhöhten Lagen (um 600 m) des tropischen Klimabereichs. 6–7 Monate nach der Blüte trägt der Strauch reife Früchte, daher ist nur eine Kaffeeernte pro Jahr möglich. Während der Kolonialzeit verbreitete sich die Kultur des Kaffeestrauchs in den geeigneten Klimazonen über die ganze Welt. Seit dem 18. Jahrhundert wird er z. B. in Brasilien kultiviert. In Europa verbreitete sich die Gewohnheit des Kaffeetrinkens erst nach 1850 in großem Umfang. Rechtliche und religiöse Bedenken und der hohe Preis behinderten lange die Verwendung. Um 1900 wurden die ersten löslichen „Instant"-Kaffeesorten entwickelt und seit etwa 1930 durch Sprühtrocknung erzeugt. Um 1910 kam erstmalig coffeinfreier Kaffee (Kaffee Hag®) auf den Markt.

Obwohl etwa 100 Kultursorten von *Coffea* sp. bekannt sind, werden heute nur vier praktisch verwendet: *Coffea arabica, Coffea canephora* var. *robusta*, in geringem Ausmaß *Coffea* var. *uganda* und *Coffea liberica*. Die beiden erstgenannten Sorten liefern über 90 % der gesamten Weltproduktion. Die Reifung der Früchte erstreckt sich meistens über einen Zeitraum von drei Wochen bis zu drei Monaten. Die reifen Früchte (Kaffeekirschen) sind rot bis violett gefärbt (Farbstoff hauptsächlich Cyanidin) und werden vorwiegend händisch geerntet, wobei jeder Strauch wegen des langen Reife-Intervalls mehrmals beerntet werden muss. Im Fruchtfleisch liegen meistens zwei Samen mit ihrer flachen Seite zueinander, die durch Pergament und eine Silberhaut miteinander verbunden sind. In seltenen Fällen ist nur ein einziger rundlicher Samen enthalten (Perlkaffee). Für die Entfernung des Fruchtfleisches und das Herauslösen der Samen (Bohnen) sind Nass- und Trockenverfahren in Verwendung (Abb. 12.85).

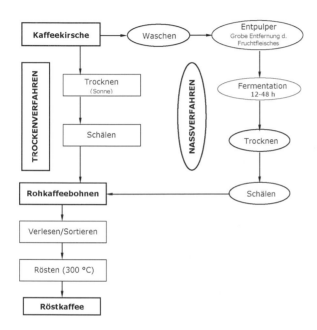

**Abb. 12.85.**    Technologie der Kaffeeverarbeitung

Das kostenintensivere **Nassverfahren** wird meistens für Kaffeesorten höherer Qualität verwendet. Dabei werden die Früchte in Tanks vorbehandelt und danach einem Entpulper zugeführt. Durch ein System von Scheiben und Walzen werden vor allem die äußeren Schichten des Fruchtfleisches entfernt, anschließend werden die Bohnen 12–48 Stunden einer Fermentation unterworfen, um nach Pektinabbau das restliche Fruchtfleisch und einen großen Teil des Pergaments und der Silberhaut nach einem zweiten Waschprozess leichter entfernen zu können. Danach werden die Bohnen durch Heißluft oder an der Sonne getrocknet. Das Fruchtfleisch soll innerhalb von 36 Stunden nach der Ernte entfernt sein, da ansonsten die Gefahr mikrobieller fermentativer Prozesse, die die Qualität mindern, sehr groß ist. Reste des Fruchtfleisches, das Pergament und die Silberhaut werden mit Schälmaschinen entfernt.

Beim Verfahren zur trockenen Entfernung des Fruchtfleisches (Trockenverfahren) werden die Kirschen auf Sonnenterrassen an der Luft getrocknet, und anschließend werden die Bohnen mit Schälmaschinen aus den getrockneten Hüllen freigesetzt. So werden die unverlesenen Rohkaffeebohnen erhalten.

Im Anschluss werden beschädigte, unreife, Stinkerbohnen, u. a. aussortiert, die Qualität visuell und organoleptisch beurteilt, und dann gelagert. Die rohen Bohnen sind gut lagerfähig und gewinnen mit der Dauer der Lagerung an Qualität. Sie haben einen Wassergehalt von 6–10 %, ungefähr ein Drittel ihrer Inhaltsstoffe ist durch Wasser extrahierbar. Hauptbestandteile sind 60–70 % Kohlenhydrate, davon 23 % Ballaststoffe, 10–14 % Proteine, 8–15 % Fett, 4 % Asche und etwa 5–10 % phenolische Inhaltsstoffe, hauptsächlich Chlorogensäure. Der Alkaloidgehalt liegt insgesamt bei etwa 2–3 % und besteht vorwiegend aus Coffein und Trigonellin. Der Gehalt an ätherischen Ölen liegt bei 0,1–0,2 %.

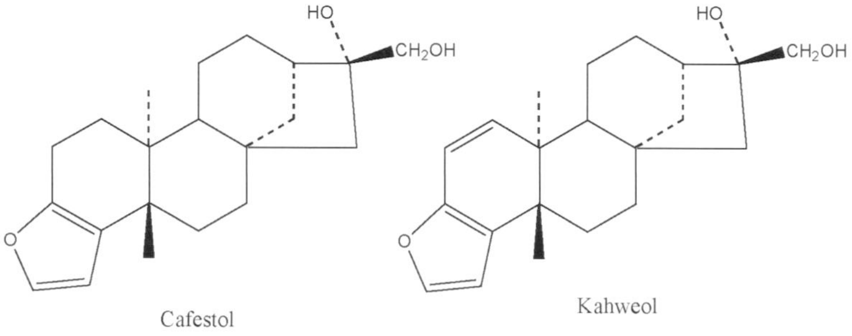

Cafestol                          Kahweol

**Abb. 12.86.** Chemische Strukturen von Cafestol und Kahweol

Die Kohlenhydrate bestehen einerseits aus löslichen Zuckern (Arabinose, Arabinogalaktose, Mannose, Rhamnose, Saccharose – 6 %, Raffinose, Stachyose) und andererseits aus unlöslichen Polysacchariden (Cellulose, Hemicellulose, Mannan, Xylan, Galaktan, Glucogalaktomannan, Pektin und Dextrinen – etwa 1 %). Die Zusammensetzung und der Gehalt an Kohlenhydraten sind ein wichtiger Faktor für das Aroma und den Geschmack des gerösteten Kaffees. Wichtige Säuren sind die Citronen- und die Oxalsäure.

Das Fett der Kaffeebohne hat einen hohen Gehalt an Linolsäure, α-Linolensäure, Palmitinsäure und Ölsäure. Charakteristisch ist auch das Vorkommen verschiedenster Phytosterine, z. B. Lanosterin, Stigmasterin, S-Avenasterol (Obtusifoliol), Campesterol, 24-Methylencycloartenol und viele andere. Wichtig sind die Diterpene Cafestol (= Cafesterol) und Kahweol, die beide antioxidative Wirkung haben (Abb. 12.86).

Studien bestätigen eine protektive Wirkung gegen Dickdarmkrebs. Cafestol wirkt entzündungshemmend, allerdings wurde auch eine LDL-

Cholesterin-steigernde Aktivität festgestellt. Verschiedene Tocopherole kommen in der Kaffeebohne vor. Durch Papierfilter wird der allergrößte Teil der Lipide des Kaffees zurückgehalten und gelangt nicht in das Kaffeegetränk. Bestandteile des ätherischen Öls sind neben den erwähnten Terpenen: Eugenol, Guajacol, verschiedene Alkylphenole (Kresole, 2,3,5-Trimethylphenol, 2- und 4-Ethylphenol, 2-Methoxy-4-vinylphenol, Abb. 12.95), Furfural, Furfurylalkohol und Acetaldehyd.

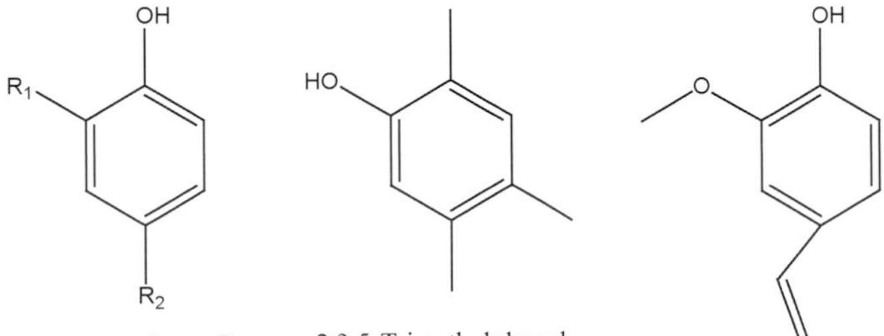

|              | $R_1$    | $R_2$    |
|--------------|----------|----------|
| 2-Ethylphenol | $C_2H_5$ | H        |
| 4-Ethylphenol | H        | $C_2H_5$ |

2,3,5-Trimethylphenol

2-Methoxy-4-Vinylphenol

**Abb. 12.87.** Chemische Struktur ausgewählter Alkylphenole des Kaffees

Neben Proteinen enthält die Kaffeebohne freie Aminosäuren, wie Methionin und Cystein, die für das Röstaroma wichtig sind, sowie Asparagin und Asparaginsäure. Auch biogene Amine, wie Putrescin und Spermidin, sind in den Bohnen enthalten. Alkaloide der Kaffeebohnen sind Purin- und Pyridinalkaloide.

Bei den **Purinalkaloiden** ist Coffein (1,3,7-Trimethyl-2,6-dioxopurin) mengenmäßig am bedeutendsten (0,06–3,2 %). Daneben sind auch kleine Mengen von Theobromin (3,7-Dimethyl-2,6-dioxopurin), Theophyllin (1,3-Dimethyl-2,6-dioxopurin) und Allantoin, ein Purinabbauprodukt, enthalten (Abb. 12.88).

Das wichtigste **Pyridinalkaloid** ist das Trigonellin (3-Carboxy-1-methyl-pyridinium-hydroxid, 0,3–1,3 %), auch 0,01 % Nicotinsäure (Pyridin-3-carbonsäure) kommen vor.

Kaffeebohnen haben einen hohen Gehalt an Chlorogensäure (5–10 %), daneben werden Isochlorogensäure, 3,4-Dicaffeoylchinasäure, 3,5-Dicaffeoylchinasäure, Kaffeesäure, *p*-Cumarsäure, Scopoletin und Tannine gefunden. Die Chlorogensäuren und anderen phenolischen Inhaltsstoffe haben wesentlichen Anteil an der Ausbildung von Aroma- und Geschmacksstoffen des Röstkaffees. N-Nonacosan ist der vorherrschende Kohlenwasserstoff im Rohkaffee.

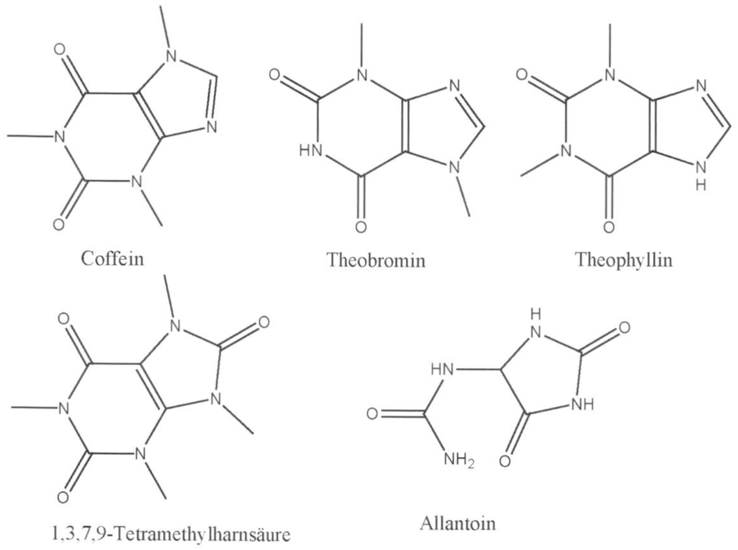

Coffein                    Theobromin                    Theophyllin

1,3,7,9-Tetramethylharnsäure                    Allantoin

**Abb. 12.88.**    Chemische Struktur ausgewählter Purinalkaloide der Kaffeebohne

**Röstkaffee:** Das Erhitzen der Rohkaffeebohnen auf Temperaturen bis zu 300 °C bezeichnet man als „Rösten". Für den Röstprozess müssen die Bohnen gründlich gereinigt sein, um das Entstehen von Fehlaroma möglichst zu unterbinden. Je höher die Rösttemperatur, desto kürzer ist die Röstdauer. Die Röstung wird heute meist kontinuierlich in perforierten, gasbeheizten, rotierenden Zylindern oder Schalen durchgeführt. Die Röstdauer hängt von der Rotationsgeschwindigkeit des Zylinders und vom Wassergehalt der rohen Bohnen ab. Durch den Strom von heißer Luft oder anderen Gasen werden die Bohnen hochgewirbelt. Moderne Anlagen beinhalten auch katalytische Nachverbrennungseinrichtungen für die Abgase und Entstaubungsanlagen. Nach dem Rösten werden die Bohnen sofort abgekühlt. Der Grad der Röstung richtet sich nach der vorwiegenden Geschmacksrichtung in den einzelnen Ländern. Z. B. werden in den USA die Bohnen hell geröstet, während südliche Länder dunkel geröstete Bohnen bevorzugen. In Mitteleuropa wird ein Mittelweg beschritten. Durch den Röstvorgang verlieren die Kaffeebohnen etwa 18 % ihres Gewichts, gleichzeitig nimmt ihr Volumen zu und damit ihre spezifische Masse ab. Rohe Bohnen sinken im Wasser zu Boden, geröstete schwimmen an der Oberfläche. Die Volumszunahme ist durch das rasche Verdampfen des Wassers bedingt: Je höher die Rösttemperatur, desto größer ist das Volumen der Kaffeebohne.

Durch den Röstprozess findet eine tiefgreifende Veränderung in der Zusammensetzung der Inhaltsstoffe der Bohne statt. Kohlenhydrate werden teilweise dehydratisiert, Proteine denaturiert und thermisch abgebaut, gleichzeitig bilden sich aus beiden Komponenten und aus den Chlorogensäuren Kondensate (Maillard- und andere Produkte nichtenzymatischer Bräunungsreaktionen) unterschiedlichster Struktur. Auch Aldehyde, Ketone, Diketone und Furane und organische Säuren (Ameisensäure, Essigsäure, Brenztraubensäure, Milchsäure, Wein- und Citronensäure, Citraconsäure = 2-Methylmaleinsäure, Malein- und Fumarsäure) werden gebildet. Methionin pyrolysiert bei Temperaturen um 200 °C. Wichtige Abbauprodukte sind Schwefelwasserstoff, Methylmercaptan und Dimethylsulfid, die sich mit anderen Abbauprodukten zu den verschiedensten schwefelhaltigen, aromaaktiven Verbindungen (z. B. α-Furfurylmercaptan, Oxathiabicyclooctan, Strukturen siehe Abb. 10.11) umsetzen können. Daneben werden auch Pyrazine gebildet (z. B. 2-Methoxy-3-Isobutylpyrazin, Abb. 10.12).

Trigonellin wird zu etwa 50 % in Nicotinsäure umgewandelt, daneben entstehen Methylpyridine und andere Substanzen. Coffein wird aus seinem Komplex mit Kaliumionen und Chlorogensäure freigesetzt, ein geringer Teil geht durch Sublimation verloren. Durch den Röstvorgang entstehen viele Substanzen, die in den rohen Kaffeebohnen als solche nicht enthalten, die aber zum Teil für das typische Röstaroma verantwortlich sind. Beispiele sind Isopren, Methylformiat, Acetylpropionyl = (2,3-Diketopentan) und Diacetyl. Durch die Dehydratisierung des Kohlenhydrats, der Chlorogensäuren (Dehydrochlorogensäuren) und durch thermischen Proteinabbau entstehen Bitterstoffe, die neben dem Coffein für den bitteren Geschmack des Kaffeegetränks verantwortlich sind. Durch Dehydratisierung von Kohlenhydrat entsteht z. B. Maltol (Abb. 16.17). Beim Proteinabbau bilden sich Diketopiperazine (Abb. 12.89), die ebenfalls bitter schmecken.

Bisher wurden mehr als 500 verschiedene Aromastoffe aus Kaffee isoliert, von denen kein Einzelner allein das Kaffeearoma manifestiert.

Die Lipide der Kaffeebohnen werden durch den Röstprozess am wenigsten verändert, sie bilden im Röstprodukt neben Polysacchariden den Hauptbestandteil (15 %), Kahweol wird teilweise abgebaut. Aus N-Nonacosan und höheren Terpenen sowie aus Steroiden können sich polyzyklische Kohlenwasserstoffe bilden: Z. B. wurden geringe Mengen an Chrysen (Benzanthracen) und Pyren im Röstkaffee nachgewiesen. Chlorogensäure wird teilweise zu Phenolen (u. a. Brenzcatechin und Hydrochinon) abgebaut. Höhere Phenolgehalte weisen vor allem kurz geröstete Bohnen auf. Die durchschnittliche Zusammensetzung von Röstkaffee besteht aus 13,5 % Fett, 8 % Protein, 17 % Ballaststoffe, 0,2 % lösliche Zucker, 1,3 % Coffein, 4 % Chlorogensäure, 0,35 % Trigonellin, 0,02 % Nicotinsäure, 4 % Asche und 2,5 % Wasser. Der Rest sind nichtcharakterisierte Produkte, vorwiegend entstanden durch nichtenzymatische Bräunungsreaktionen.

Der Röstkaffee des Handels ist in der Regel ein Gemisch verschiedener Sorten (aromatische Sorten werden mit weniger aromatischen vermischt). Im Unterschied zu den rohen und reifen Bohnen sind geröstete Kaffeebohnen vor allem, wenn sie gemahlen sind, nicht über längere Zeit haltbar. Die Lipide werden bei ungehindertem Sauerstoffzutritt schon in wenigen Wochen oxidativ geschädigt. Daher wird der Kaffee heute oft vakuumverpackt und hat dann eine Haltbarkeit von 6–8 Monaten. In arabischen Ländern wird der Kaffee häufig mit Kardamom gewürzt. Kaffeepulver wird auch bei der Herstellung von Likören verwendet.

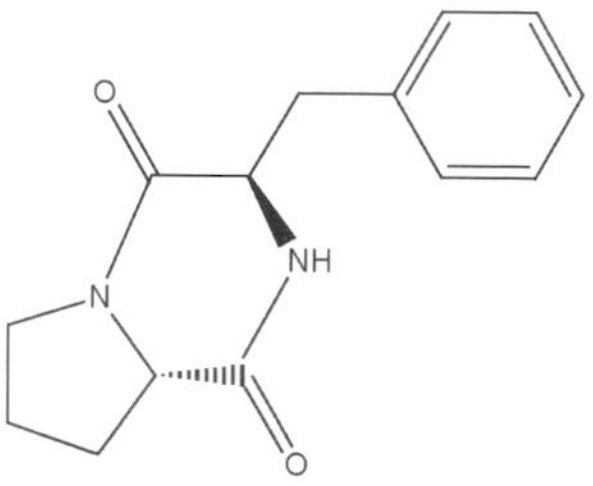

Cyclo-prolin-phenylalanin 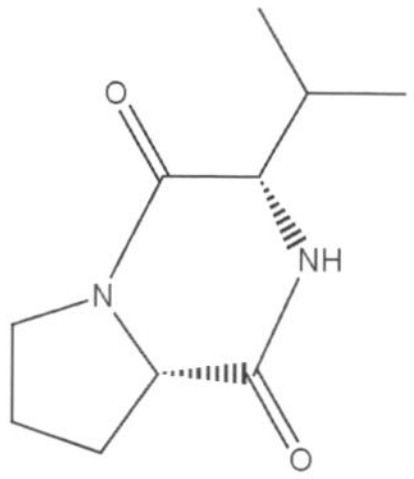          Cyclo-prolin-valin

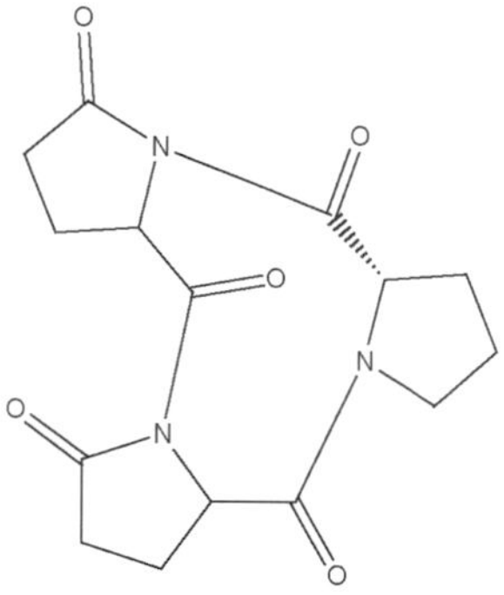

Cycloprolin-bis-diketopyrrolidin

**Abb. 12.89.** Chemische Strukturen ausgewählter Diketopiperazine der gerösteten Kaffeebohne

**Kaffeegetränk** wird nach Extraktion des Kaffeepulvers mit heißem Wasser oder Wasserdampf mit oder ohne Filtration des unlöslichen Anteils (Kaffeesatz) gewonnen. Die Filtration kann mit oder ohne Anwendung von Druck erfolgen. Im ersteren Fall spricht man von **„Espresso"**, im letzteren von **Filterkaffee**. In der Türkei, Griechenland und vielen orientalischen Ländern wird das Kaffeepulver mit kaltem Wasser angesetzt, anschließend zum Sieden erhitzt und nach dem Ziehen und Absetzen getrunken – **„Türkischer** oder **Griechischer Kaffee"**. Zur Herstellung des Kaffeegetränks werden etwa 4–5 g gemahlener Kaffee pro 100 ml Wasser verwendet. Die durchschnittliche Zusammensetzung von „Espresso" ist 97,8 % Wasser, 0,01 % Protein, 0,18 % Fett, 1,5 % Kohlenhydrate und 0,23 % Asche. In 100 g sind weiters enthalten: 0,2 mg Vitamin C, 0,18 mg

Riboflavin, 5,2 mg Nicotinsäure, 212 mg Coffein. Im filtrierten Kaffeeaufguss sind in 100 g durchschnittlich 99,3 g Wasser, 0,1 g Protein, 0,4 g Kohlenhydrate, 0,1 g Asche, 0,22 mg Nicotinsäure und 58 mg Coffein enthalten. Das Fett bleibt im Kaffeesatz gebunden und kann daraus durch Extraktion gewonnen werden. Für den Geschmack des Kaffeegetränks ist auch sein pH-Wert von Bedeutung, der nahe bei 5,0 liegen soll. Ein hoher pH-Wert lässt den Kaffee wässrig, ein niedriger sauer schmecken.

**Instant-Kaffee** (löslicher Kaffee) wird aus geröstetem Kaffee durch Extraktion mit Heißwasser (etwa 165 °C) bei einem Druck bis etwa 20 bar und anschließendem Trocknen gewonnen. Zur Erzielung einer guten Qualität wird meistens ein zweistufiges Verfahren verwendet: In der ersten Stufe wird ein aromareicher Extrakt durch Durchströmen des gemahlenen Kaffees mit mäßig heißem Wasser gewonnen, in der zweiten Stufe wird mit Heißwasser nochmals extrahiert, der Extrakt filtriert und konzentriert. Anschließend wird dieser Extrakt mit dem der Stufe 1 vermischt und aromaschonend getrocknet (Gefrier- oder Sprühtrocknung). Die Extraktion wird im Gegenstromverfahren durchgeführt, bei dem das frische Extraktionsmittel zuerst immer auf das schon ausgelaugte Material trifft. Instant-Kaffee hat eine durchschnittliche Zusammensetzung von 3 % Wasser, 12 % Protein, 0,5 % Fett, 41 % Kohlenhydrate, 8,8 % Asche, 1,7 mg Mangan, 4,4 mg Eisen, 12,6 µg Selen. Der Nicotinsäuregehalt liegt bei 28 mg/100 g, weiters sind 3100 mg Coffein in 100 g enthalten.

**Entcoffeinierter Kaffee** wird aus in Wasser gequollenen Kaffeebohnen (Wassergehalt bis zu 30 %) durch Extraktion des Coffeins mit organischen Lösungsmitteln (Methylenchlorid, Essigsäureethylester) und anschließende Entfernung des Lösungsmittels durch Behandlung der Bohnen mit Wasserdampf und Trocknung im Vakuum hergestellt. Heute wird auch überkritische Kohlensäure als Extraktionsmittel (Solid Phase Extraction, SPE) verwendet. Die entcoffeinierten und getrockneten Bohnen können auch zur Herstellung von Instant-Produkten verwendet werden. Das erste technische Verfahren wurde von der „Kaffeehandelsgesellschaft" aus Bremen entwickelt, daher kam auch der Namen „Kaffee Hag" für entcoffeinierten Kaffee in Gebrauch. Ziel war es, ein Kaffeegetränk für Leute zu entwickeln, die entweder Coffein schlecht vertragen oder es nicht wollen. Coffeinfreies Instant-Kaffeepulver hat die folgende durchschnittliche Zusammensetzung: Wassergehalt 3,2 %, Protein 11,6 %, Kohlenhydrate 42,6 %, Fett 0,2 %, Asche 9,0 %. In 100 g sind 12 µg Selen, 1,1 mg Mangan, 3,8 mg Eisen, 28 mg Nicotinsäure und 122 mg Coffein enthalten.

**Kaffee-Ersatzstoffe** sind Pflanzenteile, die nach einem Röstprozess durch Aufguss mit heißem Wasser ein kaffeeähnliches Getränk liefern. Es werden vorwiegend Pflanzen verwendet, die einen hohen Gehalt an Stärke oder Fructanen haben. Ähnlich, wie aus den Kohlenhydraten der Kaffeebohne, bildet sich bei einem Röstverfahren Röstbitter und Röstaroma. Natürlich enthalten die durch Aufguss mit heißem Wasser erhaltenen

Getränke kein Coffein. Als Ausgangsmaterialien für Kaffeeersatzstoffe werden einerseits verschiedene Getreidearten (Gerste, Roggen, Weizen, Dinkel, Sorghum) und daraus hergestelltes Malz verwendet. Andererseits sind fructanhaltige Pflanzenteile, wie Wurzeln von *Compositae*, beliebte Ausgangsprodukte (Zichorie, Topinambur, Löwenzahnwurzel). Eine dritte Gruppe von Kaffee-Ersatzstoffen wird aus zuckerreichen Früchten gewonnen (Feige, Dattel), aber auch Johannisbrot oder Eicheln, die einen hohen Gerbstoffgehalt aufweisen, werden verwendet.

Die wichtigsten Produkte sind der Malzkaffee und der Zichorienkaffee. Malzkaffee wird durch Rösten von Gerstenmalz hergestellt. Teilweise wird das Röstprodukt mit Wasserdampf nachbehandelt. Die durchschnittliche Zusammensetzung des gemahlenen Produkts liegt bei 5 % Wasser, 5,5 % Protein, 81 % Kohlenhydrate, 9 % Fett, 5,3 % Asche. Aus der zerkleinerten Wurzel der Zichorie (*Cichorium intybus*) wird durch Rösten und manchmal auch durch Behandlung des Röstgutes mit Wasserdampf das Produkt erzeugt, aus dem nach Aufbrühen mit heißem Wasser das kaffeeähnliche Getränk hergestellt wird. Die Zusammensetzung des Pulvers ist durchschittlich 13 % Wasser, 7 % Protein, 2 % Fett, 70 % Kohlenhydrate und 4,5 % Asche. Auch Gemische aus Kaffee, Zichorie und Früchten, wie Feigen, sind als Ausgangsstoffe für kaffeeähnliche Getränke vor allem in den Südstatten der USA in Gebrauch.

Als **Tee** (engl. tea) wird ein Getränk bezeichnet, das aus den Blättern und Knospen des Teestrauches (*Thea sinensis* = *Camellia sinensis* var. *sinensis* und *Camellia sinensis* var. *assamica* sowie deren Hybride) nach Fermentation, eventuellem Rösten, Trocknen und Extraktion mit kochendem Wasser gewonnen wird. Der Teestrauch (Wildformen bilden 6–9 m hohe Bäume) ist eine immergrüne tropische Pflanze, die aber auch subtropische Klimaverhältnisse toleriert. Gute Teequalitäten werden bei der Kultur in höheren Lagen erhalten. Wegen der leichteren Ernte wird er in Plantagen durch entsprechenden Schnitt in einer Höhe bis 1,5 m gehalten. Die durchschnittliche Nutzungsdauer eines Strauches liegt etwa bei 25 Jahren. Ursprünglich heimisch im nördlichen Indien (Assam), wurde *Thea sinensis* schon mindestens 300 v. Chr. in China und Japan kultiviert. In China soll auch zuerst die Anwendung als Teegetränk in Gebrauch gekommen sein. Heute wird der Teestrauch neben China und Indien in vielen Ländern mit geeignetem Klima kultiviert (Sri-Lanka, Indonesien, Russland, Türkei, Bangladesch, Nepal, Iran, Kenia, Malawi, Argentinien, u. a.). Die Blätter werden meist mit der Hand gepflückt. Der Pflücker weiß aus Erfahrung, wieviele Blätter und Knospen von einem Strauch entfernt werden können. Die beste Teequalität liefert die Knospe (Pekoe) und das der Knospe zunächst stehende, teilweise geöffnete Blatt. Je älter die Blätter, desto härter werden sie durch Einlagerung von Lignin und Gerbstoffen, und desto adstringierender schmeckt dann das Teegetränk. Bei grobem Pflücken können auch jüngere Zweige mit geerntet werden. Die Qualität der Blätter ist von der Jahreszeit abhängig, nach der Winterpause liefert die Pflanze die qualitativ besten Blätter. In den meisten Regionen kann

8–9 Monate hindurch etwa alle 8 Tage geerntet werden. Der Kult, der das Teegetränk umgibt, erinnert an den des Weines: Sorte, Region, Art der Ernte und spezielle Technologie der Behandlung der Blätter nach der Ernte finden darin ihren Niederschlag.

In der Technologie der Teebereitung können drei Hauptwege unterschieden werden: fermentiert **(Schwarztee)**, teilweise fermentiert **(Oolong-Tee)** und unfermentiert **(Grüntee)** (Abb. 12.90).

**Schwarztee:** Bei der Herstellung wird den frisch gepflückten Blättern zuerst etwa 50 % ihres Wassers entzogen. Dazu werden sie auf Gestellen (Chungs) in Welkhäusern 18 bis 24 Stunden gelagert oder in Trommeln mit warmer Luft getrocknet. Der Feuchtigkeitsverlust erzeugt Stress in den Blättern, die mit der Aktivierung von oxidativ wirkenden Enzymen antworten (Polyphenoloxidasen und Peroxidasen). Dabei ändert sich die Struktur der Blätter, sodass sie ohne größere Beschädigung „gerollt" werden können. Die Rollen (meistens aus Messing) brechen Zellen auf, sodass die Grenze zwischen extrazellulär und intrazellulär verschwindet. Es kann händisch oder maschinell gerollt werden. Die Blätter werden dabei aber nicht zerrissen, sie verdrehen und verwerfen sich nur zu der für Tee charakteristischen Struktur. Durch Beseitigung der Zellbarrieren wird die Fermentation schnell in Gang gesetzt. Extrazelluläre Enzyme können nun mit intrazellulär lokalisierten Substraten in Reaktion treten und umgekehrt. Die Fermentation wird in warmen Räumen (etwa 30 °C) mit hoher Luftfeuchtigkeit durchgeführt, die Blätter sind dabei in Schichten von 5–10 cm gelagert. An der Fermentation sind sowohl teeeigene als auch mikrobielle Enzyme (Bakterien, Hefen) beteiligt. Eine besondere Rolle kommt dabei jenen Enzymen zu, die oxidative Prozesse katalysieren, die für die Farbgebung und die Bildung des Aromas von entscheidender Bedeutung sind. Die Fermentation wird so lange fortgesetzt, bis die Entwicklung von Farbe, Aroma und Geschmack ihren Höhepunkt errreicht hat. Während der Fermentation werden durch Abbau von Kohlenhydraten Säuren gebildet, die dem Produkt einen säuerlichen Geschmack verleihen. Durch die Oxidation von Flavonoiden und Gerbstoffen bilden sich die Farbpigmente des schwarzen Tees. Vor der Fermentation ist das farbgebende Pigment Chlorophyll, daher grün, nach der Fermentation rötlich gelb, Chlorophyll wurde oxidativ abgebaut. Die Dauer und die Art der Fermentation bestimmen die für ein bestimmtes Teegetränk charakteristischen Eigenschaften. Stärker fermentierter Tee ist dunkler in der Farbe und milder im Geschmack, wenig fermentierter Tee ist heller und schmeckt mehr adstringierend, bedingt durch den höheren Gerbstoffgehalt.

Die Fermentation wird durch Anwendung von Wärme, in Form von heißer Luft (Trocknungs- oder Röstprozess), beendet. Die Bedingungen der Trocknung sind von Region zu Region verschieden: Es kann an der Sonne oder mit knapp 100 °C heißer Luft in Trommeln getrocknet werden. Dabei wird der Wassergehalt auf etwa 3 % abgesenkt, und die Teefarbe entwickelt sich infolge weiterer Phenolpolymerisation gegen schwarz. Vor der Verpackung wird der Tee sortiert, Verunreinigungen, Stängel und missfarbene Blätter werden ausgelesen, und die Qualität wird beurteilt. Z. B. wird schwarzer Tee in abnehmender Qualität klassifiziert als:

- „Broken Orange Pekoe",
- „Orange Pekoe",
- „Pekoe",
- „Pekoe Souchong",
- „Pekoe Fannings",
- „Dust".

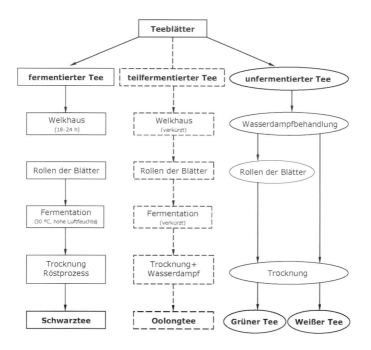

**Abb. 12.90.**     Haupttechnologien der Teebereitung

Fannings und Dust sind Aussiebungen von Schwarztee. Pekoe, chinesisch „weißes Haar", bezieht sich auf die jüngsten Blätter, die mit einem weißen Flaum bedeckt sind. Teilweise wird der Schwarztee aromatisiert, z. B. mit Jasminblüten- oder Bergamottöl. „Broken Teas" liefern wegen ihrer größeren Oberfläche eine größere Ausbeute an Extrakt. Zu ihrer Herstellung wird meist das so genannte CTC-Verfahren (Crushing, Tearing, Curling) angewandt, ein maschinelles Verfahren, das die Welkhäuser entbehrlich macht.

Die chemische Zusammensetzung von Schwarztee ist bestimmt durch die Inhaltsstoffe der Teeblätter und Knospen, die allerdings sehr stark nach Herkunft, Art der Fermentation und Trocknung variieren. Hauptbestandteile sind Gerbstoffe (etwa 20 % von Flavonoiden abgeleitete Gerbstoffe), 15 % Proteine, 2–3 % Coffein, bis 10 % andere stickstoffhaltige Substanzen, darunter auch weitere Alkaloide, etwa 20 % Polysaccharide, vor allem Cellulose und Pektin (der Stärkegehalt beträgt nur etwa 0,5 %), bis 6 % Lignin, 4 % lösliche Zucker und rund 5 % Asche. Erwähnenswert ist auch der hohe Gehalt an Fluorid im Tee (bis 14 mg/100 g). Nach dem Gewicht sind ungefähr 40 % der Bestandteile in heißem Wasser löslich.

**Grüntee** (nicht fermentierter Tee): Ursprünglich fast ausschließlich in China, Japan und Indonesien verwendet, hat sich der Konsum von Grüntee auch in westlichen Ländern immer mehr verbreitet. Bei der Herstellung von Grüntee werden die frischen Blätter ohne Welken mit Wasserdampf behandelt. Dadurch werden Enzyme inaktiviert, und damit wird die Fermentation inhibiert; Chlorophyll wird dabei nichtoxidativ abgebaut und bleibt als Farbe erhalten. Durch die Wasserdampfbehandlung werden die Blätter biegsam und geschmeidig und können, wie bei der Herstellung von Schwarztee, gerollt werden. Anschließend wird an der Sonne oder über dem Feuer getrocknet, z. B. wird grüner Tee in Indonesien bis 200 °C erhitzt. Die Trocknung verhindert den nachträglichen Befall durch Mikroorganismen und macht den Tee lagerfähig. Teilweise werden die Blätter spezieller Sorten von Teesträuchern zur Herstellung von Grüntee verwendet: z. B. Hyson, Imperial-Hyson mit besonders großen Blättern. Gunpowder oder Pearl Tee besteht aus kleinen, runden und gerollten Blättern. Auch der Grüntee wird manchmal mit Blüten von Jasmin, Rosen oder Orangen aromatisiert. Grüntee schmeckt adstringierender als Schwarztee. Eine Variante des Grüntees, bei der die Blätter nicht gerollt werden, wird manchmal als **„Weißer Tee"** bezeichnet.

**Oolongtee** (teilfermentierter Tee) wird prinzipiell wie Schwarztee hergestellt. Der Unterschied ist ein abgekürztes Welken und eine verkürzte Fermentation, die durch Trocknung und anschließende Behandlung mit Wasserdampf inhibiert wird.

**Ziegeltee** wird aus älteren Blättern, eventuell mit Stielen und dünnen Zweigen vermischt, hergestellt. Dieses Ausgangsprodukt wird mit Wasserdampf behandelt und erhitzt. In der Folge wird es einer Fermentation mit speziellen Mikroorganismen unterworfen. Ein weiterer Verfahrensschritt ist das Vermischen mit Pasten, hergestellt aus Reis. Anschließend wird wieder gedämpft und die entstandene Masse in Ziegelform gepresst. Ziegeltee wird in Europa nicht verwendet.

**Inhaltsstoffe von Teeblatt und Blattknospe:** Die mengenmäßige Verteilung der Inhaltsstoffe ist zwar von Sorte zu Sorte verschieden, charakteristisch ist aber die Art der vorkommenden Verbindungen. Aus Teeblättern wurden bisher Hunderte von chemischen Substanzen isoliert, die sich in die folgenden Gruppen gliedern lassen:

**Phenolische Inhaltsstoffe:** Größtenteils den Flavonoiden zugehörige Verbindungen, Chlorogensäuren und auch einfache Phenole, teilweise, wie die Gallussäure, mit Flavonoiden verestert. Insgesamt etwa 30 % des Blattes.

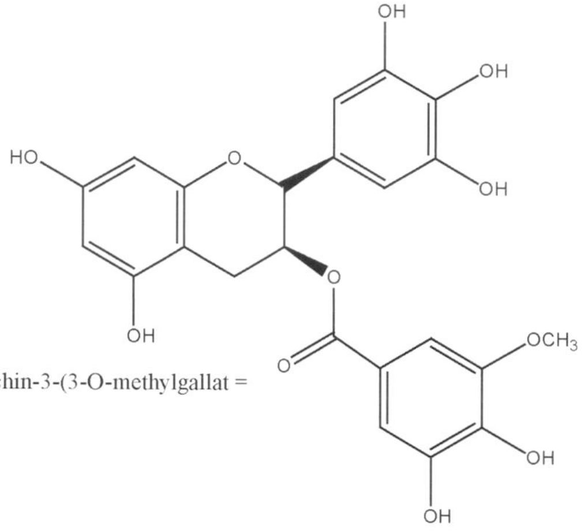

Epigallocatechin-3-(3-O-methylgallat = Strictinin

**Abb. 12.91.**    Chemische Struktur von Strictinin im Teeblatt

Unter den Flavonoiden sind im Teeblatt (–)-Epicatechin (0,1–2,1 %), (–)-Epigallocatechin (0,1–3,1 %), (+)-Catechin (bis 1,3 %) und (+)-Gallocatechin (etwa 1,3 %) vorherrschend (Abb. 12.99 und 8.17). Alle genannten Catechine und Epicatechine kommen auch verestert mit Gallussäure, meist an der Hydroxylgruppe in Position 3, vor (z. B. d-Epicatechin-3-O-gallat 0,5–3 %, l-Epigallocatechin-3-O-gallat 0,7–0,9 %, d,l-Gallocatechin-3-O-gallat 0,2 %). Epicatechin kann ebenso mit zwei Gallussäuren verestert sein (z. B. Epicatechin-3,5-O-digallat), aber auch Ester mit anderen Säuren, wie Kaffeesäure, Zimtsäure, p-Cumarsäure, 3-O-Methylgallussäure, 4-O-Methylgallussäure, werden in Teecatechinen gefunden (z. B. Epigallocatechin-3-O-p-Cumarat, l-Epigallocatechin-3-(3-O-methyl)gallat). Letzteres, auch Strictinin genannt (Abb. 12.91), wirkt durch Hemmung der Immunglobulin-E-Produktion antiallergisch. Ebenso werden „C-Ester", wie z. B. 8-C-Ascorbyl-epicatechin-3-O-gallat, in Teeblättern und -knospen gefunden.

Auch Produkte der oxidativen Dimerisierung zwischen den einzelnen Catechinen und Epicatechinen und den entsprechenden Gallocatechinen sind in frischen, vor allem aber in fermentierten Teeblättern sehr verbreitet. Beispiele hierfür sind die Theasinensine (A–G), die mit Gallussäure, zumindest teilweise, verestert sind, Epicatechin-3-O-gallat-4-β-6-epigallocatechin-3-O-gallat, Catechin-4-α-8-epigallocatechin und Epicatechin-4-β-8-epigallocatechingallat (Abb. 12.94). Andere Flavonoide in Teeblättern sind Flavonole, wie Myricetin, Quercetin (etwa 1 %), Kämpferol und viele von diesen Substanzen abgeleitete Glykoside, wie Rutin (0,1 %), Hyperosid (Quercetin-3-O-galaktosid), Quercitrin (Quercetin-3-O-rhamnosid), Quercimeritrin (Quercetin-7-O-glucosid), Astragalin (Kämpferol-3-O-glucosid), Nicotiflorin (Kämpferol-3-O-rutinosid), Myricetin-3-O-galaktosid und Glucosid enthalten. Auch C-Glykoside, wie Vitexin (Apigenin-8-C-(2"-O-rhamnosid)-glucosid), Isovitexin (Apigenin-5-C-glucosid, Abb. 12.4) und 6,8-Di-C-β-arabinopyranosylapigenin kommen in Teeblättern vor. Außerdem wurden Apigenin, Tricetin (2'-Hydroxyluteolin) und Naringenin-fructosylglucosid gefunden.

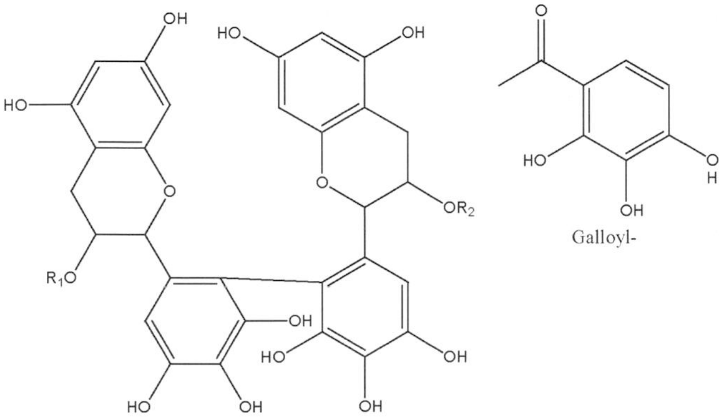

Theasinensin A = 3-O-Galloylgalloepicatechin-2'-2'-epigallocatechingallat $R_1 = R_2 =$ Galloyl
Theasinensin D = Atropisomer
Theasinensin B = Epigallocatechin-2'-2'-epigallocatechin-3-O-gallat $R_1 =$ H $R_2 =$ Galloyl
Theasinensin C = Epigallocatechin-2'-2'-epigallocatechin $R_1 = R_2 =$ H
Theasinensin E = Atropisomer

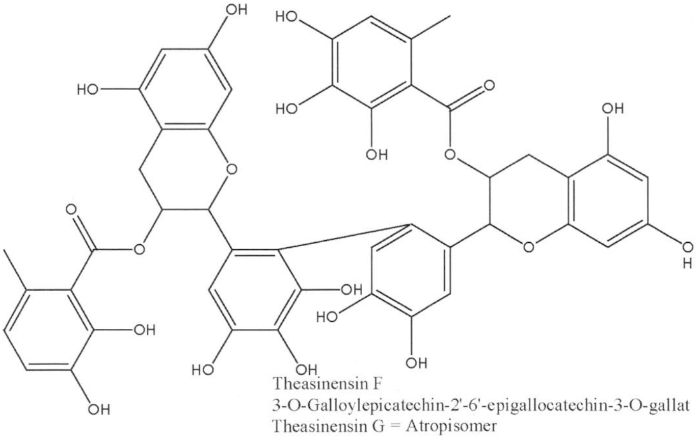

Theasinensin F
3-O-Galloylepicatechin-2'-6'-epigallocatechin-3-O-gallat
Theasinensin G = Atropisomer

**Abb. 12.92.** Chemische Struktur ausgewählter Theasinensine (dimere Flavanole)

Besonders in fermentierten Teeblättern sind auch dimere Flavanole zu finden (z. B. Oolonghomobisflavane $A_{11}$ und $B_7$, Abb. 12.93). Dimerisierte und an den B-Ringen kondensierte und zu einem Tropolonring erweiterte Catechine und Epicatechine sind wichtige Farbpigmente im Schwarztee und haben über die Aktivierung der Lipidperoxidation auch Einfluss auf die Bildung von aromaaktiven Substanzen. Diese bilden sich während der Fermentierung.

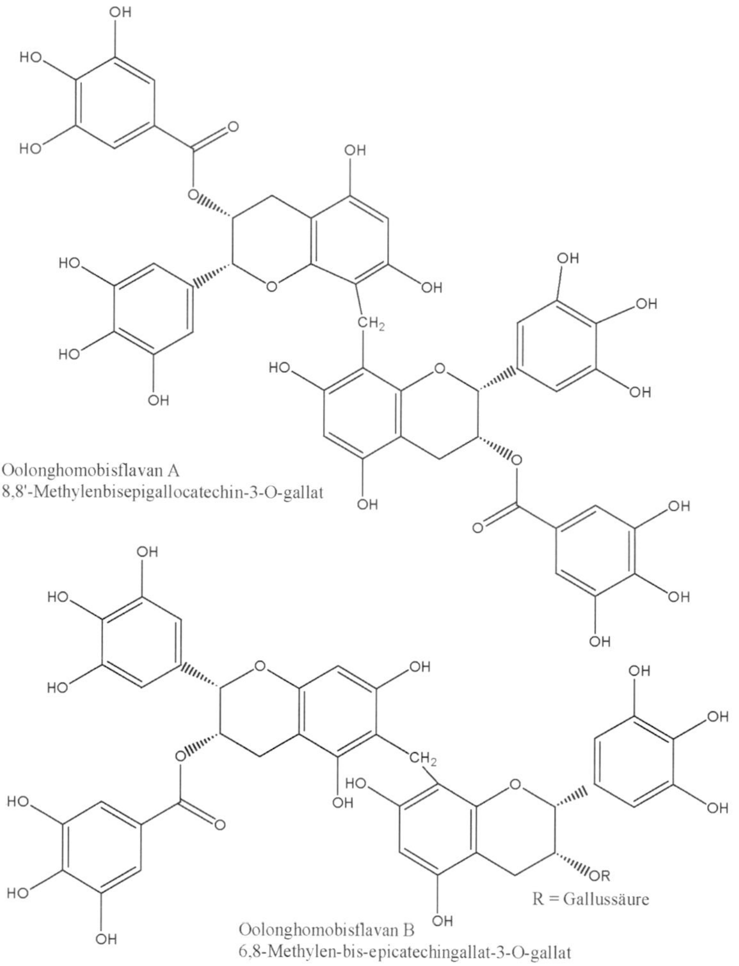

Oolonghomobisflavan A
8,8'-Methylenbisepigallocatechin-3-O-gallat

R = Gallussäure

Oolonghomobisflavan B
6,8-Methylen-bis-epicatechingallat-3-O-gallat

**Abb. 12.93.**    Chemische Struktur ausgewählter Oolonghomobisflavane fermentierter Teeblätter

Ein wichtiges Beispiel dafür ist das Theaflavin (1–1,4 %) und dessen Ester mit Gallussäure sowie entsprechende Epitheaflavine (Abb. 12.94). Theaflavin inhibiert die Oxidation der DNS durch Sauerstoffradikale.

Durch Dimerisierung von Catechinen und Gallocatechinen entstehen die als Teepigmente wichtigen Thearubigene.

Andere den Flavonoiden zugehörige Inhaltsstoffe der Teeblätter sind die Proanthocyanidine. Formal sind sie Dimere und Trimere der entsprechenden Catechine.

Durch die strukturell verschiedenen Ausgangsmonomere, die verschiedenen Möglichkeiten zu deren Verknüpfung in den Dimeren und Trimeren und den Grad der Veresterung mit Gallussäure entsteht eine Vielfalt von chemischen Verbindungen.

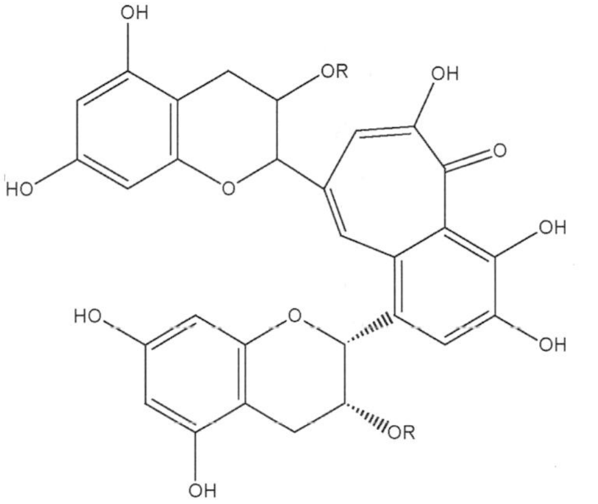

Theaflavin R = H
Theaflavindigallussäureester: R = Gallussäure

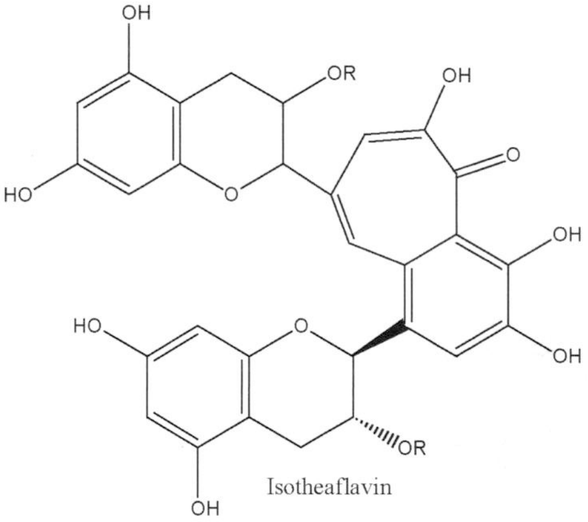

Isotheaflavin

**Abb. 12.94.** Chemische Struktur von Theaflavin und Isotheaflavin

Beispiele sind Proanthocyanidin-$B_2$-3'-O-gallat, Procyanidin-$B_2$-3,3'-O-digallat (jeweils etwa 0,02 %), Procyanidin-$B_5$-3,3'-O-digallat (0,015 %) und das Trimer Procyanidin $C_1$. Auch Proanthocyanidine, die sich von Gallocatechinen ableiten, sind in Teeblättern enthalten, z. B. Prodelphinidin-$B_2$-3'-O-gallat (0,02 %) und Prodelphinidin-$B_4$-3-O-gallat (0,006 %) (Abb. 12.95, 12.96).

Die Verknüpfung der Monomere erfolgt in den genannten Beispielen immer zwischen den Positionen 4 und 8 der Ringgerüste der Flavonoide. Proanthocyanidine wirken antioxidativ und haben darüber hinaus verschiedenste physiologische Wirkungen, z. B. LDL-Cholesterinspiegel-senkend.

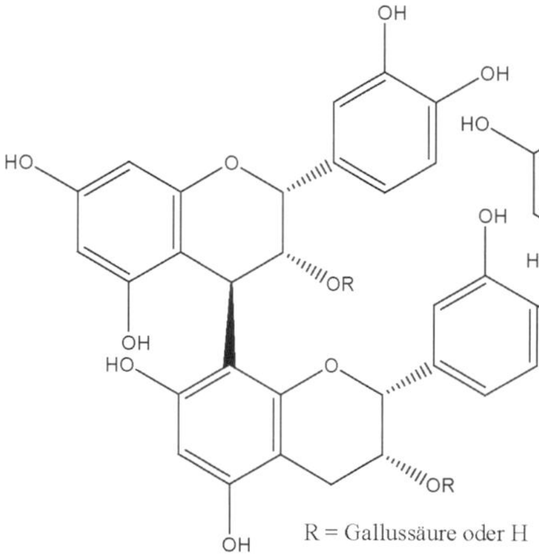

Epicatechin-4-β-8-epicatechin
Proanthocyanidin Typ $B_2$

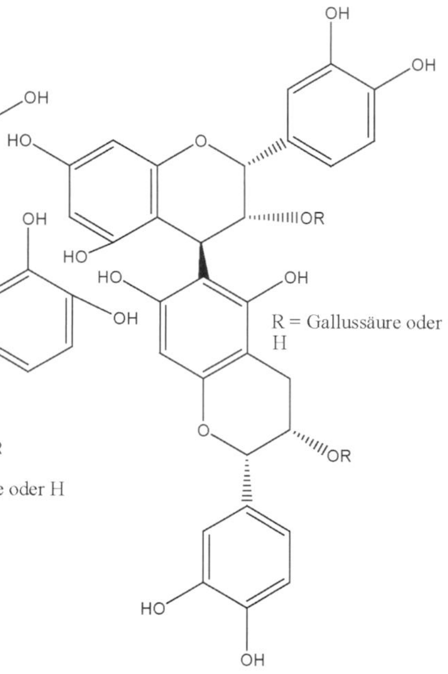

Epicatechin-4-β-6-epicatechin
Proanthocyanidin Typ $B_5$

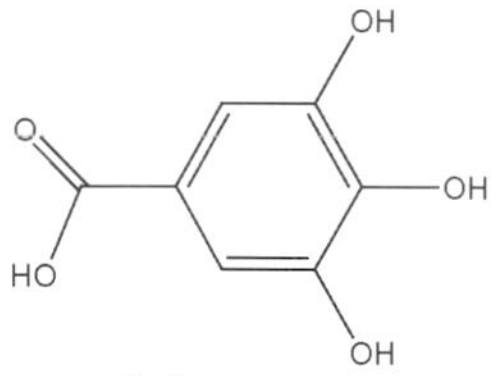

Gallussäure

**Abb. 12.95.**    Chemische Struktur ausgewählter Proanthocyanidine des Teeblattes (I)

**Phenolische Verbindungen, außer den Flavonoiden,** kommen in Teeblättern nur in geringerer Konzentration vor. Viele sind wichtig als Komponenten des Teearomas und der Teegerbstoffe (Tannine). Beispiele für Letztere sind 1-O-Galloyl-4,6-hexahydroxydiphenoyl-β-glucose und 1,4,6-Tri-O-galloyl-β-glucose. Weiters kommen verschiedene Derivate der Chinasäure vor, wie Chlorogensäure, Neochlorogensäure und *p*-Cumaroylchinasäure (Strukturen siehe Kapitel 8 „Phenolische Verbindungen").

Charakteristisch für Teeblätter ist ihr Gehalt an **Hydroxyphenolen,** wie Oxyhydrochinon und Phloroglucin, auch Benzochinon und Kresole wurden gefunden. Wichtige Phenole, die für das Teearoma maßgeblich sind, werden nachfolgend beschrieben. Die enthaltenen Phenolsäuren wurden bei den Säuren erwähnt.

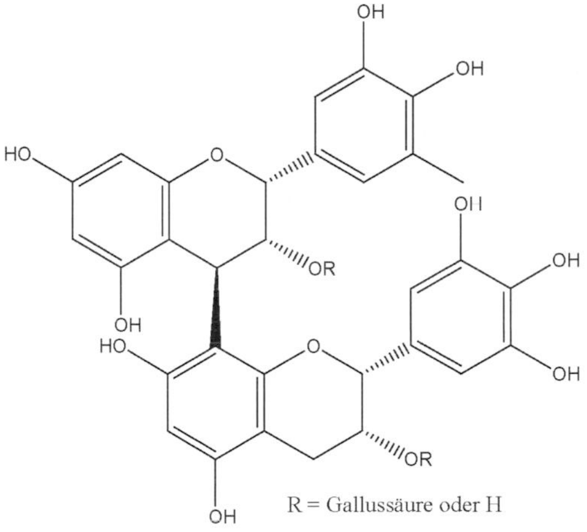

R = Gallussäure oder H

Epigallocatechin-(4-β-8)-epigallocatechin
Prodelphinidin Typ $B_2$

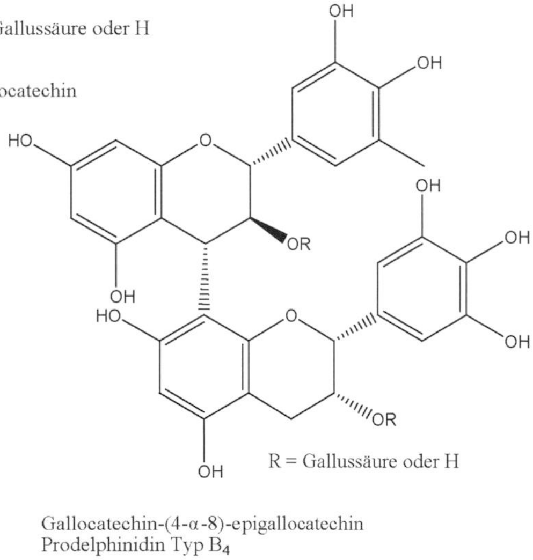

R = Gallussäure oder H

Gallocatechin-(4-α-8)-epigallocatechin
Prodelphinidin Typ $B_4$

**Abb. 12.96.** Chemische Struktur ausgewählter Proanthocyanidine des Teeblattes (II)

**Alkaloide:** Neben dem Hauptalkaloid Coffein ist eine große Anzahl von anderen Purinderivaten, aber auch Alkaloiden verschiedener Struktur, wie alkylierte Pyrazine, Pyridine und Chinoline, Pyrrole, Thiazole, Benzthiazole und solche mit Vitamincharakter, wie Thiamin, Nicotinsäure und Riboflavin, in Teeblättern enthalten (insgesamt etwa 12 %).

Vorherrschendes Purinalkaloid ist das Coffein (1,3,7-Trimethyl-2,6-dioxo-purin, Blatt 0,38–9,3 %, Spross 3,8–4,8 %). In geringerer Konzentration sind auch Theobromin (1,7-Dimethyl-2,6-dioxopurin, 0,005–0,11 %), Theophyllin (1,3-Dimethyl-2,6-dioxopurin, 0,0003 %), 1,3,7,9-Tetramethylharnsäure (0,3 %, Abb. 12.93), Adenin und Xanthin (2,6-Dioxopurin) enthalten. Die methylierten Oxopurine wirken sowohl auf das Zentralnervensystem als auch auf das Herz-Kreislauf-System. Auf Ersteres wirkt Coffein am stärksten und Theophyllin am schwächsten, beim Herz-Kreislauf-System ist es umgekehrt. Theobromin hat auf beide Systeme eine mittlere Aktivität. Alle Methylxanthine haben diuretische Wirkung, das heißt, sie bewirken eine verstärkte Erzeugung von Harn durch die Nieren. Diese Aktivität ist beim Theophyllin am stärksten ausgeprägt.

Alkylierte Pyrazine sind in Teeblättern in vielen strukturellen Varianten enthalten. Beispiele sind Methylpyrazin, 2-Methyl-6-ethylpyrazin, 2,6-Dimethylpyrazin, 2,3-Dimethylpyrazin, 2,5-Dimethylpyrazin, Trimethylpyrazin und Ethylpyrazin (Abb. 10.12). Desgleichen sind alkylierte Chinoline vorhanden (z. B. 2-Methylchinolin, 6-Methylchinolin, 2,3-Dimethylchinolin, 2,4-Dimethylchinolin, 2,6-Dimethylchinolin, 4-N-Butylchinolin und 3-N-Propylchinolin). Auch eine Vielfalt an alkylierten Pyridinen wird in Teeblättern gefunden (z. B. 4-Methylpyridin, 2-Methyl-pyridin, 3-Methylpyridin, 4-Vinylpyridin, 2,5-Dimethylpyridin, 2,6-Dimethylpyridin, 2-Acetylpyridin, 2-Ethylpyridin und 3-Methoxypyridin). Andere in den Blättern enthaltene Alkaloide sind alkylierte Thiazole, z. B. 5-Methylthiazol, 2,4,5-Trimethylthiazol, 2,5-Dimethylthiazol, 2,5-Dimethyl-4-Ethylthiazol sowie 2-Methylbenzthiazol (Abb. 10.11). Auch 2-Acetyl-pyrrol sowie Benzooxazol, 5-Methylcytosin und Indol wurden gefunden.

**Proteine und Aminosäuren** (insgesamt etwa 17 %): Neben Proteinen und freien Aminosäuren beinhalten Teeblätter für den Tee charakteristische N-alkylierte Amide (z. B. 5-N-Ethylglutamin, syn. Theanin 0,5 %, N-Ethylacetamid und N-Ethylpropionamid). Interessant ist auch das Vorkommen von S-Methylmethionin (bis 0,02 %). Geringe Mengen an aromatischen Aminen, wie N,N-Dimethylbenzylamin, Anilin, Methylanilin und Diphenylamin (130–1170 ppm), sind ebenfalls enthalten. Die letztere Verbindung, die in ähnlicher Konzentration auch in Zwiebeln vorhanden ist, wirkt nephrotoxisch (nephrotoxische Dosis/Tag 35 mg) und antidiabetisch. Auch das toxische Guanidinderivat Galegin (N-Isopentenylguanidin) ist im Blatt gefunden worden (Abb. 12.97).

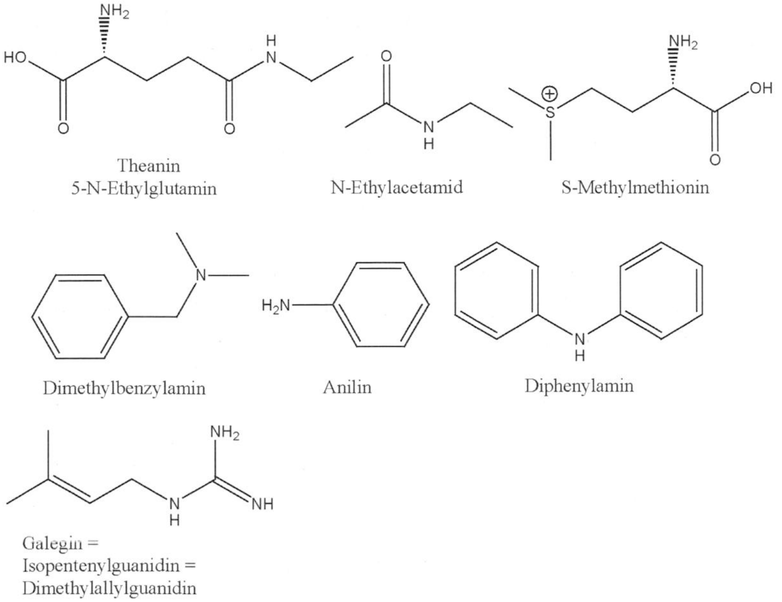

Theanin
5-N-Ethylglutamin   N-Ethylacetamid   S-Methylmethionin

Dimethylbenzylamin   Anilin   Diphenylamin

Galegin =
Isopentenylguanidin =
Dimethylallylguanidin

**Abb. 12.97.** Chemische Struktur von Aminen und Amiden im Teeblatt

**Kohlenhydrate:** Etwa 20 % sind vorwiegend als Ballaststoffe einzustufen. Stärke und Dextrine sind nur zu etwa 1 % enthalten. Das mengenmäßig wichtigste Polysaccharid ist Pektin (6,5–12 %), daneben Cellulose. Sowohl freier myo-Inosit als auch glykosidisch mit Zuckern verbundener Inosit (z. B. 2-O-β-D-Arabinopyranosyl-myo-inosit) wurden nachgewiesen. Ein Teil der Zucker ist an Flavonoide, Steroide und Saponine gebunden.

**Lipide** sind zu 2–16 % im Teeblatt enthalten, allerdings kommen Triglyceride nur in geringen Mengen vor (1–2,5 %).

Über 20 verschiedene Steroide und Saponine wurden in Teeblättern bisher nachgewiesen. Darunter finden sich einerseits ubiquitär vorkommende, wie δ-7-Stigmasterol, Spinasterol, Dehydroergosterol (syn. Brassicasterol), Avenasterol (Abb. 13.4), aber auch die aus den Blättern der *Brassicaceae* bekannten Brassinolide (z. B. Brassinon, 28-nor-Brassinolid, 24-Ethylbrassinon und Spinasterol, Abb. 12.15).

Die im Teeblatt vorkommenden Carotinoide sind β-Carotin (etwa 0,005 %), Lutein, Zeaxanthin, Violaxanthin, Lycopin, Phytoen, Cryptoxanthin, Phytofluen. Durch oxidativen Abbau der Carotinoide werden viele für das Teearoma wichtige Substanzen gebildet, wie z. B. β-Ionon

(Blatt: 0,003 %, Spross: 0,2 %), α-Ionon (Spross: 0,05 %) und Derivate der Ionone, wie beispielsweise das 2,6,6-Trimethylcyclohexyliden-1-acetolacton, das ein Hauptaromaträger des schwarzen Tees ist. Ein anderes Derivat ist Loliolid, das als ein Repellent für Ameisen beschrieben wird (Abb. 12.98).

Weitere lipophile Inhaltsstoffe im Teeblatt sind Terpene, wovon vor allem die Monoterpene neben den Phenolen, Aldehyden, Estern und Schwefelverbindungen für das **Teearoma** wichtig sind. Beispiele sind Linalool (Blatt: bis 0,2 %, Spross: bis 0,5 %), cis-Linalooloxid (Blatt: 0,02 %, Spross: 0,2 %), Geraniol (Blatt: 0,2 %), Nerol, Nerolidol (Spross 0,1 %), cis-Jasmon, cis-Jasmonsäuremethylester, α- und β-Damascenon, α-Terpineol (Spross: 0,07 %), β-Cyclocitral (Blatt: 0,08 %), Carvacrol, Thymol und andere. Der Gesamtgehalt an ätherischen Ölen kann bis zu etwa 1 % betragen. Siehe auch Kapitel 10 „Gewürze".

Auch langkettige aliphatische Kohlenwasserstoffe und deren Alkoholderivate sind in geringer Konzentration in Teeblättern enthalten (N-1-Dotriacontanol, N-1-Triacontanol, N-Hexadecan).

Andere, auch für das Aroma des Tees wichtige Substanzen sind gesättigte und ungesättigte aliphatische Alkohole, Aldehyde und Säuren, die teilweise Methylgruppen als Seitenketten tragen. Die oft mehrfach ungesättigten Verbindungen, mit sechs bis zwölf Kohlenstoffatomen, sind für Teeblätter charakteristisch. Beispiele sind Hepta-trans-2,4-dien-1-al (Spross: 0,6 %), Nona-trans-2,4-dien-1-al, 4-Ethyl-7,11-dimethyl-dodeca-trans-2,6,10-trien-1-al und 3,7-Dimethyl-octa-1,5,7-trien-3-ol. Neben diesen für Teeblätter charakteristischen Verbindungen sind viele weitere aliphatische und aromatische Alkohole, Ketone, Ester und Aldehyde enthalten, die auch in anderen Pflanzen gefunden werden. Beispiele hierfür sind: Aceton, Methylethylketon, Hexylmethylketon, Acetophenon, 2,4-Dimethylacetophenon, 2,4-Dimethylpropiophenon, Benzylethylketon, 2-Acetylfuran, Propionaldehyd, Isobutyraldehyd, Capronaldehyd, Isovaleraldehyd, trans-3-Hexenal (Blätteraldehyd), trans-2-Nonenal, Salicylaldehyd, Benzaldehyd, *p*-Methoxybenzaldehyd, Vanillin, Eugenol, Guajacol, Ethylacetat, Ethylphenylacetat, Hexylphenylacetat, Isoamylacetat, Methylsalicylat, Benzylacetat, Benzylbutyrat, trans-3-Hexenol (Blätteralkohol), Pentanol, *n*-Octanol, *n*-Nonanol (Spross: 0,05 %), Benzylalkohol, Furfurylalkohol und andere (Abb. 12.98).

Die wichtigsten **Säuren** im Teeblatt sind die Oxalsäure (0,2–1 %), Apfelsäure, Propion- und Buttersäure sowie Gallussäure, 3-O-Methylgallussäure, Phenylessigsäure (0,2–0,3 %), Chinasäure, Chlorogensäuren und *p*-Cumaroylchinasäure, Kaffeesäure, Zimtsäure, Digallussäure. Gallussäure und Digallussäure sind in großem Umfang mit Glucose (Tanninen) oder mit Flavonoiden, im Teeblatt hauptsächlich mit Epicatechinen, Epigallocatechinen und Catechinen, verestert.

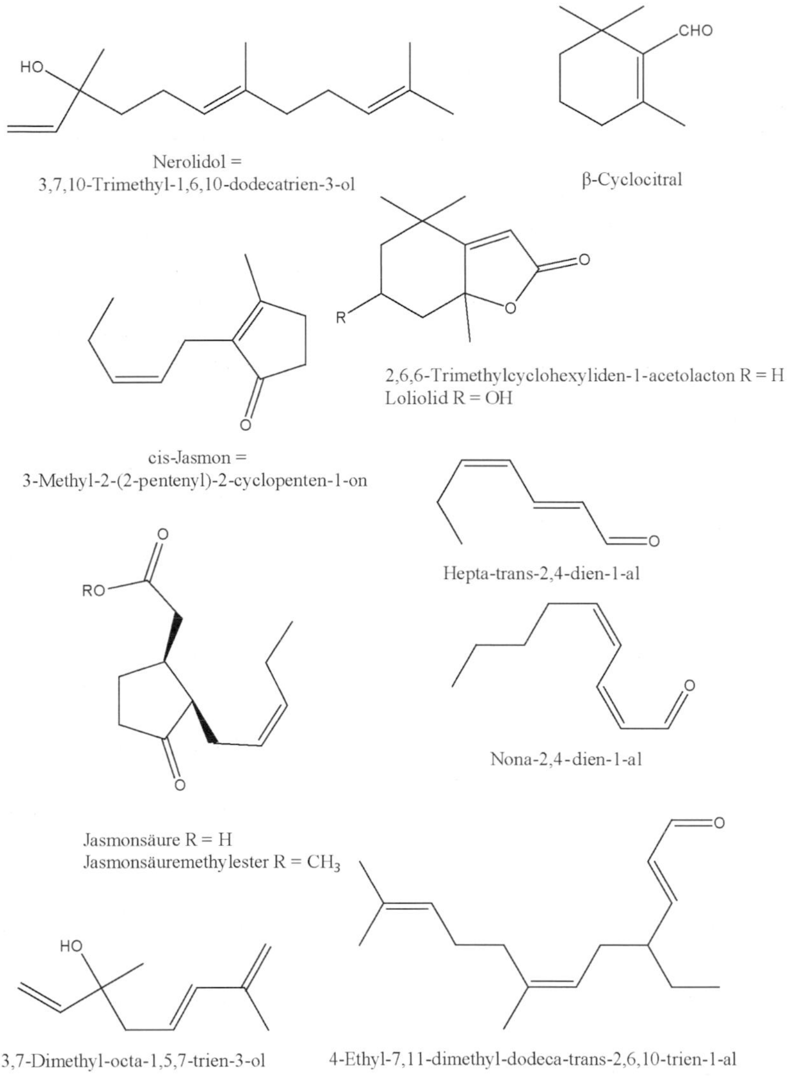

**Abb. 12.98.**     Chemische Struktur ausgewählter Aromastoffe des Teeblattes

Mineralstoffe sind in Teeblättern zu etwa 3 % enthalten (Aschegehalt etwa 5 %). Bemerkenswert ist neben dem hohem Kalium- und Phosphatgehalt eine erhöhte Konzentration an Aluminium (bis 0,1 %) und, sortenweise verschieden, auch an Fluorid.

**Instanttee** (löslicher Tee) wird aus filtriertem Teeaufguss nach Konzentrierung, meistens durch Sprühtrocknung, hergestellt. Oft wird das Teearoma vor Beginn der Konzentrierung abgeschieden und während der Sprühtrocknung wieder zugegeben. Bei der Trocknung bildet sich ein Komplex aus Coffein und phenolischen Verbindungen, der sich nur in heißem Wasser wieder auflöst.

**Mate oder Paraguaytee** wird aus den getrockneten und gebrochenen Blättern von *Ilex paraguariensis (Aquifoliaceae)* hergestellt. Die Pflanze, eine Art der Stechpalme, ist in Südamerika heimisch. Durch das Brechen der Blätter (auch Blattstiele und junge Triebe werden verwendet) werden Polyphenoloxidasen und Peroxidasen aktiviert, welche die Bildung von für Geruch und Geschmack des Teegetränks wichtigen Substanzen katalysieren. Durch den nachfolgenden Trocknungsprozess (meist über offenem Feuer oder auf geheizten Böden) werden diese Enzyme denaturiert. Das getrocknete Produkt wird meistens fein vermahlen, und aus dem Pulver wird durch Aufgießen mit heißem Wasser das Getränk hergestellt. In den Ursprungsländern wird Mate häufig aus ausgehöhlten Kürbissen getrunken (Bitter-Mate), oft wird das Getränk aber mit Zucker gesüßt. Mate hat eine appetitanregende Wirkung.

Die Blätter enthalten die Purinalkaloide Coffein (0,2–2 %), teilweise an Chlorogensäuren gebunden, Theobromin (0,1–0,5 %) und Theophyllin (etwa 0,05 %). Auch das Pyridinalkaloid Trigonellin ist enthalten. Weitere wichtige Bestandteile sind Chlorogensäure und Neo-Chlorogensäure, insgesamt etwa 2 %. Weitere phenolische Inhaltsstoffe sind 2,5-Xylenol, Vanillin und Rutin. Die Saponine β-Amyrin (Abb. 13.10) und Ursolsäure (Abb. 12.41) sowie Resinsäure und andere von Terpenen abgeleitete Harze (rund 5 %) wurden ebenfalls nachgewiesen. Der Gehalt an ätherischem Öl liegt bei ca. 0,3 %, der Aschegehalt bei etwa 4 %.

**Guarana** ist das am meisten stimulierende coffeinhaltige Getränk (Coffeingehalt 2–6 %). Coffein (Guaranin) kommt in Guarana in einer Form vor, in der es seine physiologische Wirkung besonders gut entfalten kann. Es wird aus den Samen von *Paullinia sorbilis* oder *Paullinia cupana (Sapindaceae)* hergestellt. Die Pflanzen sind in Brasilien heimisch, kommen aber in weiten Teilen des tropischen Südamerikas vor. Die Samen werden an der Sonne getrocknet, leicht geröstet und dann gemahlen. Das Pulver wird mit Wasser versetzt, um einen dicken Brei zu erhalten (Guaranapaste), der zum Trocknen oft in Formen gefüllt wird. Die getrocknete Guaranapaste, meist in Stangen im Handel, wird zur Herstellung des Getränks pulverisiert, und das Pulver wird mit heißem oder kaltem Wasser aufgegossen. Das leicht bitter schmeckende Getränk wird meist gesüßt konsumiert und heute auch vielfach im Sport zur Leistungssteigerung verwendet. Es wird ihm eine antithrombotische Wirkung zugeschrieben, und es hemmt die Nucleosidphosphodiesterase und so den Abbau von zyklischen Nucleotiden (z. B. cAMP).

Inhaltsstoffe sind die Purinalkaloide Coffein (2,5–7,6 %), Theobromin (0,03 %), Theophyllin (0,06 %), Tetramethylxanthin (Abb. 12.90), Xanthin, Hypoxanthin, Adenin und Guanin. Der Fettgehalt liegt bei 3 %, im Fett kommen auch langkettige Fettsäuren vor, die mit Nitrilen verestert sind (z. B. mit 2,4-Dihydroxy-3-methylenbutyronitril, Abb. 12.99), und das Saponin Timbonin.

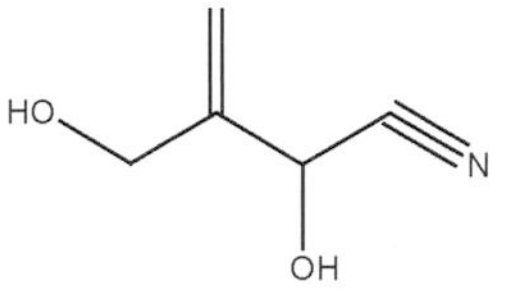

**Abb. 12.99.** Chemische Struktur von 2,4-Dihydroxy-3-methylenbutyronitril

Phenolische Inhaltsstoffe sind vor allem (+)-Catechin (6 %) und (–)-Epicatechin (4 %), die für die Bindung des Coffeins hauptverantwortlich sind. Der Proteingehalt im Samen liegt bei etwa 10 %. Auch die quaternäre Ammoniumbase Cholin kommt in Guarana vor. Die Samen enthalten 5–6 % Stärke, der Aschegehalt liegt bei 1,4 %. In Guarana wurden keine Gallotannine nachgewiesen.

Ein ähnliches Getränk ist **Yoco**, das in Südamerika aus der Rinde von *Paullinia yoco (Sapindaceae)* hergestellt wird. Der Coffeingehalt der Rinde ist etwa 2,5 %.

**Kola**, auch als **Kolanuss** *(Cola vera)* bezeichnet, ist der coffeinhaltige Samen verschiedener Bäume aus der Familie der *Sterculiaceae.* Vor allem die Keimlinge der Samen von *Cola nitida* (große Nüsse) und *Cola acuminata* (kleine Nüsse) werden verwendet. Die Pflanzen sind im tropischen Westafrika heimisch und werden dort wie auch in Südamerika kultiviert. Traditionell werden die Keimlinge gekaut und dienen nicht zur Herstellung von Getränken. Die alkoholischen und wässrigen Extrakte der Samen werden heute in konzentrierter oder getrockneter Form, teilweise befreit von Gerbstoffen, in großem Umfang zur Aromatisierung von nichtalkoholischen Getränken (Cola-Getränken – der Großteil des darin enthaltenen Coffeins wird als synthetisches Coffein zugesetzt, Coca-Cola® wird zusätzlich noch mit einem cocainfreien Extrakt aus Cocablättern aromatisiert), Likören, Colawein, Wermut und von Schokolade und anderen Kakaoprodukten verwendet.

Kolanüsse enthalten fast alle Inhaltsstoffe von Tee, Kaffee und Kakao, dies trifft besonders auf die Purinalkaloide Coffein (1–2,5 %) und Theobromin (1 %) zu. Hauptbestandteil der Kolanuss sind Kohlenhydrate (bis 50 %), darunter bis 33 % Stärke. Der Ballaststoffgehalt liegt bei etwa 2–3 %, der Fettgehalt beträgt ca. 0,5–3 %. Phenolische Inhaltsstoffe sind (+)-

Catechin (0,3–0,4 %), (–)-Epicatechin, Proanthocyanidine Typ A (Abb. 12.47), rote Pigmente, als Kolarot bezeichnet (enthalten Cyanidin), und Phlobaphene (sind rotviolett bis braun gefärbte Pigmente, die durch Kondensation von Aminen oder Aminosäuren mit oxidierten phenolischen Verbindungen gebildet werden). Andere phenolische Inhaltsstoffe der Kolanuss sind Colatein, Colatin und Colanin.

**Kakao** (*Theobroma cacao, Sterculiaceae*, engl. cacao) wird aus den Samen (Kakaobohnen) des Kakaobaumes gewonnen. Der Kakaobaum ist heimisch im tropischen Amerika, wird aber heute auch in anderen Erdteilen mit ähnlichem Klima kultiviert (Afrika, Asien). Neben Südamerika ist der Hauptproduzent Westafrika (Ghana, Elfenbeinküste, Togo, Kamerun, u. a.). Kakao wurde schon viele Jahrhunderte vor Columbus von den Einwohnern Amerikas verwendet. Deren Zubereitungsform als Brei aus gerösteten Bohnen, mit Mais vermengt und mit Paprika, Vanille oder Zimt gewürzt, traf allerdings nicht den Geschmack der Europäer. Die Erfindung der Zubereitung mit Zucker öffnete dem Kakao den europäischen Markt.

Der Kakaobaum kann 6–9 m hoch werden, er ist empfindlich gegen pralle Sonne und wird daher durch andere Bäume in der Plantage beschattet und vor Wind geschützt. Ab dem vierten Jahr trägt der Baum Früchte, vom Aussehen ähnlich den Melonen oder Gurken. Eingebettet in das Fruchtfleisch enthält jede Frucht 20–50 Samen, die Kakaobohnen. Die Blüten und Früchte wachsen direkt aus dem Stamm oder den größeren Ästen des Baumes. Verschiedene Varietäten von Bäumen werden in Plantagen kultiviert, die wirtschaftlich wichtigsten sind *Forastero, Criollo* und *Trinitaro.* Die Letztere ist eine Kreuzung zwischen den beiden Ersteren. Die Varietäten unterscheiden sich durch Aussehen und Form der Früchte sowie durch Farbe und Aroma der Bohnen. *Criollo* zeichnet sich durch sein stechendes Aroma aus und liefert als Ausgangsmaterial feine Schokoladen. Allerdings ist sie anspruchsvoller in der Kultivierung und liefert nicht so hohe Erträge als die beiden anderen genannten Varietäten. *Calabacillo* ist eine Varietät mit kleinen runden Früchten, die auch noch unter ungünstigen Klima- und Bodenverhältnissen gedeiht.

Die Früchte können 5–6 Monate nach der Blüte reif geerntet werden (Abb. 12.100). Die Bohnen werden händisch aus der Frucht herausgelöst und meist in Körben, Kästen oder nur in losen Haufen, die zwecks Belüftung oft mehrmals umgesetzt werden, einer 5–6 Tage dauernden Fermentation (Rotte) unterzogen. Die Fermentation der Bohnen ist für die Gewinnung eines lagerfähigen Produkts, aber auch für die Ausformung von Qualitätsmerkmalen, wie Farbe, Aroma und Geschmack, von entscheidender Bedeutung. Auch das noch anhaftende Fruchtfleisch kann nach der Fermentation leichter entfernt werden. Während dieses Fermentationsprozesses werden Catechine und andere phenolische Inhaltsstoffe sowie Proteine teilweise oxidiert. Die Oxidationsprodukte reagieren in der Folge untereinander und vergrößern dadurch die Vielfalt der Inhaltsstoffe. Der Gehalt an Gerbstoffen verringert sich dabei um über 50 % (von

13–20 % auf 5–8 %). Damit verringert sich auch der adstringierende, stark bittere Geschmack der rohen Bohnen, zugleich werden unerwünschte Aromakomponenten abgebaut und neue gebildet. An der Fermentation sind Polyphenoloxidasen, Peroxidasen und hydrolytische Enzyme, wie z. B. Amylasen und Enzyme, die für die Bildung von Essigsäure, Milchsäure und Citronensäure verantwortlich sind, sowie Proteasen beteiligt. Die nicht mehr keimfähigen fermentierten Bohnen werden, mit oder ohne vorherige Waschung, auf einen Wassergehalt von etwa 6 % getrocknet. Das Trocknen der Bohnen (meistens von *Criollo*-Bäumen) an der Sonne ist eine Alternative zur Fermentation, die fast nur in Ecuador durchgeführt wird (Arriba-, Machala-Kakao). Auf diesem Weg können qualitativ besonders hochwertige Ausgangsprodukte für die Schokoladeproduktion mit hohem Flavonoid- und Aromagehalt gewonnen werden.

Die weitere Verarbeitung umfasst **Reinigungsschritte** (Bürstenwalzen, Aspirateure, Magnetbänder) sowie das visuelle Aussortieren fehlerhafter Bohnen und eventuell das Sortieren nach Größe. Taugliche Bohnen sollen gleichmäßig braun gefärbt sein, ihr Körper (Kotyledone) soll leicht in Bruchstücke zerfallen. Der nächste Schritt in der Verarbeitung ist das **Rösten**. Dabei werden die Bohnen auf Temperaturen von etwa 120 °C erhitzt, so lange bis Aroma und Geschmack optimal ausgebaut sind. Beim Rösten von Kakao werden Temperaturen von 150 °C selten erreicht, sie liegen wesentlich tiefer (120–150 °C, 20–40 Minuten) als bei der Röstung von Kaffee. Das Rösten erfolgt heute vielfach zweistufig: Die vorgetrockneten Bohnen werden gebrochen, die Schalen und Wurzelhärchen durch Gebläse oder spezielle Zentrifugen entfernt und anschließend die gebrochenen Kotyledonen (cocoa nibs) fertig geröstet. Durch die Röstung wird der Polyphenolgehalt um weitere 10–40 % abgesenkt. Der Zusatz von Wasser oder Alkalien während des Röstens verringert den Polyphenolgehalt dramatisch, da die entstehenden Phenolate durch Sauerstoff sehr leicht oxidiert werden.

Durch eine Folge von **Mahlvorgängen** mit geheizten Walzen werden die Kotyledonen in **Kakaomasse (chocolate liquor)** umgewandelt (Teilchengröße etwa 20–30 µm). Kakaomasse (enthält mindestens 50 % Fett und einen restlichen Schalenanteil von etwa 2,2 %) ist das wichtigste Ausgangsmaterial für die Herstellung von Schokolade. Zur Herstellung von Schokolade wird die Kakaomasse durch Zusatz von Zucker, Kakaobutter und Milchpulver, im Fall von Milchschokolade, im Melangeur (einer Art Zerkleinerungsmaschine) gemischt und in Walzenmahlwerken auf die gewünschte Feinheit vermahlen. In den Conchen (Reibmaschinen) wird die Masse bei erhöhter Temperatur (60–85 °C) intensiv verrührt. Dabei wird der Geschmack durch Entfernen niedriger Säuren, wie Essigsäure, harmonischer. Ein aufwendiger Abkühlungs- und Kristallisationsprozess beendet die Herstellung der Schokolade. Die möglichst homogene Kristallisation der Kakaobutter ist dabei ein wichtiges Qualitätsmerkmal. Koch- und Speiseschokolade enthalten 33–60 % Kakaomasse, bis 15 % Kakaobutter und 40–60 % Zucker. Milchschokolade enthält 10–35 % Kakaomasse,

9–25 % Trockenmilch, 12–25 % Kakaobutter und 30–60 % Zucker. Der Polyphenol-(Flavonoid-)Gehalt ist am höchsten in Edelbitterschokoladen und am geringsten in Milchschokoladen. 5 g Edelbitterschokolade enthalten etwa so viele Polyphenole wie 50 ml Rotwein oder 200 ml grüner Tee.

Kakaobutter wird durch Pressung der Nibs (bei etwa 80 °C) und Abfiltrieren der Feststoffe mittels hydraulischer Pressen erzeugt. Kakaobutter ist ein hartes, gelbliches, nach Kakao riechendes Fett (Fp 33,3–34,4 °C), das u. a. als Rohstoff bei der Schokoladenerzeugung verwendet wird. Die Kakaobutter wird eingehender im Kapitel 13 „Pflanzenfette" beschrieben.

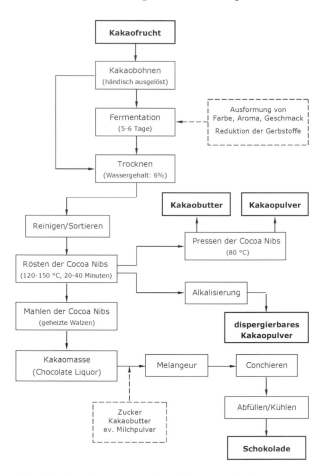

**Abb. 12.100.**   Technologie der Kakaoverarbeitung

Der gemahlene Rückstand der Pressung (Presskuchen, Presscake) ist das **Kakaopulver**. Kakaopulver kann auch durch Pressung der alkalisch gemachten Cocoa Nibs hergestellt werden (Holländisches Verfahren, van Houten 1828). Das Verfahren ermöglicht ein Kakaopulver mit geringerem Fettgehalt (etwa 10 %). Die verschiedenen Sorten von Kakaopulver unterscheiden sich durch ihren Restgehalt an Kakaobutter (10–22 %). Kakaopulver mit hohem Fettgehalt wird für Trinkkakao, solches mit niedrigem für Anwendungen in der Zuckerbäckerei und für Pudding verwendet.

**Inhaltsstoffe der Kakaobohne:** Bei den **Alkaloiden** überwiegt im Kakao mengenmäßig das Theobromin (3,7-Dimethylxanthin, 1–3,5 %, Abb. 12.90). Es wirkt stärker harntreibend als Coffein und als Relaxans für die glatte Muskulatur der Bronchien. Der Gehalt an Coffein beträgt 0,05–1,3 %, der an Theophyllin 0,3–0,5 %. Theophyllin hat eine starke vasodilatatorische Aktivität. Die Purine sind zusammen mit den phenolischen Verbindungen in eigenen Speicherzellen angereichert.

Bemerkenswert sind die Isochinolinalkaloide Salsolinol (1-Methyl-6,7-dihydroxy-tetrahydroisochinolin) und Salsolin (1-Methyl-6-methoxy-7-hydroxy-tetrahydroisochinolin), die nicht nur anregende Wirkung haben, sondern auch das Süchtigwerden auf Schokolade begünstigen sollen (Abb. 12.101). Vor allem Salsolinol hemmt die Bildung des zyklischen AMP, des ACTH und der Endorphine im Gehirn. Es bildet sich physiologisch aus Dopamin und Acetaldehyd oder Brenztraubensäure und ist in Schokolade in einer Konzentration von 2,5 mg/100 g enthalten. Andere vorkommende Alkaloide sind Trigonellin (Abb. 12.28), die Vitamine Nicotinsäure und Nicotinsäureamid und sehr geringe Mengen an Riboflavin und Pyridoxin.

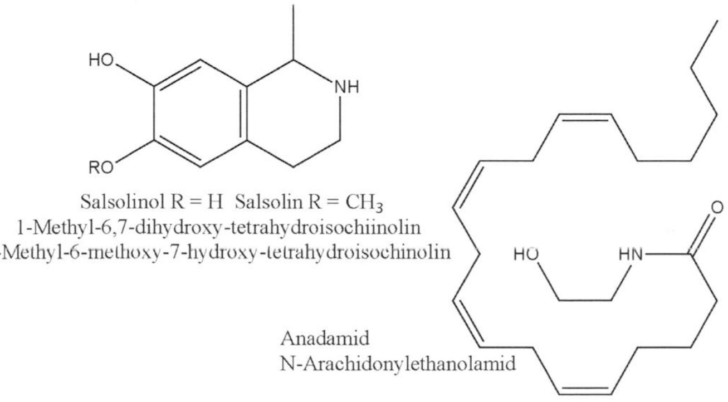

Salsolinol R = H   Salsolin R = $CH_3$
1-Methyl-6,7-dihydroxy-tetrahydroisochiinolin
1-Methyl-6-methoxy-7-hydroxy-tetrahydroisochinolin

Anadamid
N-Arachidonylethanolamid

**Abb. 12.101.** Chemische Struktur von Salsolinol, Salsolin und Anadamid

Der **Proteingehalt** der Kakaobohnen liegt bei 12–18 %. Das Protein hat einen hohen Gehalt an hydrophoben Aminosäuren – Leucin, Isoleucin, Valin, jeweils etwa 0,5 %. Auch Serin, Alanin und Glutaminsäure, je etwa 1 %, sind proteingebunden in der Kakaobohne enthalten. Freie Aminosäuren und Amine, vor allem Dopamin, sind nur in geringer Konzentration vertreten. Enzymatisch aktive Proteine haben Lipase-, Protease-, Amylase- sowie Katalase-, Ascorbinsäureoxidase-, Polyphenoloxidase- und Phytase-Aktivität.

Der Anteil an **Kohlenhydraten** liegt zwischen 35 und 44 %, davon 6–9 % Ballaststoffe, 0,3 % Glucose, Xylose, Mesoinosit und 6 % Stärke. Zu den in Kakaobohnen enthaltenen Oligosacchariden zählen vorwiegend Galaktose, Melibiose (6-α-D-Galaktosidoglucose), Stachyose und Verbascose (Abb. 3.12, 3.14), aber auch Manninotriose, ein Spaltprodukt der Stachyose (die Fructose aus der Saccharose ist abgespalten), wurde gefunden. Neben Stärke kommen die Polysaccharide Pektin, Cellulose und Mannan vor.

**Lipide** sind der Hauptbestandteil der Kakaokerne (37–58 %). Das Kakaofett wird in Kapitel 13 „Pflanzenfette" ausführlicher besprochen. Es besteht vorwiegend aus den Triglyceriden Oleodipalmitin (7,5–9 %), Oleopalmitostearin, Palmitodiolein und Stearodiolein. Durch die Zusammensetzung aus wenigen Triglyceriden hat das Fett einen relativ scharfen Schmelzpunkt, was bei der Produktion von Schokolade von großer Bedeutung ist. Ergosterin ist ebenfalls im Kakao enthalten. Das Fett enthält auch Phospholipide (etwa 0,1 %), wie Phosphatidylcholin (Lecithin) und Lysophosphatidylcholin. In letzter Zeit wurden in kleinen Mengen Lipide in Kakao und Schokolade gefunden, so genannte Anadamide (Abb. 12.109), die Cannabis-ähnliche Aktivität haben. Sie binden im Gehirn an die gleichen Rezeptoren wie Tetrahydrocannabinol. Chemisch sind die Anadamide Amid-Derivate von ungesättigten Fettsäuren. Das Wichtigste davon ist das N-Arachidonylethanolamid, daneben kommen auch Ethanolamide anderer Fettsäuren (z. B. der Linolsäure und der Palmitinsäure) vor. Eine ähnliche physiologische Aktivität hat auch der 2-Arachidonsäureester des Glycerins.

**Phenolische Inhaltsstoffe** sind mengenmäßig vorwiegend Flavonoide, wichtig als Antioxidanzien, Gerbstoffe und Farbstoffe des Kakaos. Im Einzelnen sind (+)-Catechin (3–3,5 %), (–)-Epicatechin (3 %) und (–)-Epigallocatechin sowie Glykoside des Cyanidins (3-β-L-Arabinosid und 3-β-D-Galaktosid, 0,4–0,5 %) und Leukocyanidine (1,4–3,5 %, Abb. 8.17) sowie polymere Derivate davon, wie Phlobaphene und Gerbstoffe, enthalten. Die Flavonoid-Inhaltsstoffe tragen zum bitteren Geschmack des Kakaos bei.

Weitere phenolische Inhaltsstoffe sind Cumarine, wie Cumarin selbst (0,002 %), Esculetin (6,7-Dihydroxycumarin, Abb. 8.12) sowie Phenolcarbonsäuren, Kaffeesäure, Ferulasäure, Syringasäure, Vanillinsäure (3-Methoxy-4-hydroxybenzoesäure), o-Hydroxyphenyl-essigsäure, Protocatechusäure und p-Hydroxybenzoesäure sowie Dopamin.

Als **Organische Säuren** finden sich im Kakao Citronensäure (0,4–0,8 %), Essigsäure (0,15– 0,7 %), Oxalsäure (0,16–0,5%) sowie Ameisensäure, Ascorbinsäure (0,003 %), Maleinsäure, Milchsäure, Weinsäure und Valeriansäure. Der Aschegehalt liegt bei 3 %.

**Aromastoffe** sind vor allem aliphatische Ester, wie Propylacetat, Amylacetat, Amylbutyrat und Isobutylacetat, Alkohole wie Linalool, Amylalkohol und Furfurylalkohol und das Keton Methylheptenon.

**Tabak** (*Nicotiana tabacum*, *Nicotiana rustica*, *Solanaceae*, engl. tobacco): Die Pflanze ist heimisch in Mittelamerika und in der Karibik. Praktisch wurde mit der Entdeckung Amerikas durch Columbus das Rauchen der getrockneten Blätter von *Nicotiana* sp. weltweit bekannt und in der Folge auch eingeführt. Seither wird die Pflanze in vielen Ländern kultiviert. Wegen ihrer großen wirtschaftlichen Bedeutung und ihrer verschiedenen physiologischen Aktivitäten sind die Inhaltsstoffe des Tabaks besonders intensiv untersucht worden. Der Genus *Nicotiana* umfasst etwa 50 Unterarten, die größte Menge des Handelstabaks stammt von *Nicotiana tabacum*, daneben spielt *Nicotiana rustica* vor allem in östlichen Ländern eine Rolle (z. B. russischer Machorka). *Orient-Burley* und *Virginia-Tabak* sind die Hauptsorten, die sich von *Nicotiana tabacum* ableiten. *Nicotiana tabacum* ist eine tetraploide Kulturpflanze von Wildformen, die bislang niemals gefunden wurden. Durch elektrophoretische Untersuchungen konnten die jeweils diploiden Unterarten *Nicotiana sylvestris* und *Nicotiana tomentosiformis* als wahrscheinliche Ahnen bestimmt werden. Durch Kreuzung dieser Unterarten ohne Reduktionsteilung erzeugten die Ureinwohner Amerikas das stabile und wieder vermehrungsfähige Hybrid *Nicotiana tabaccum*.

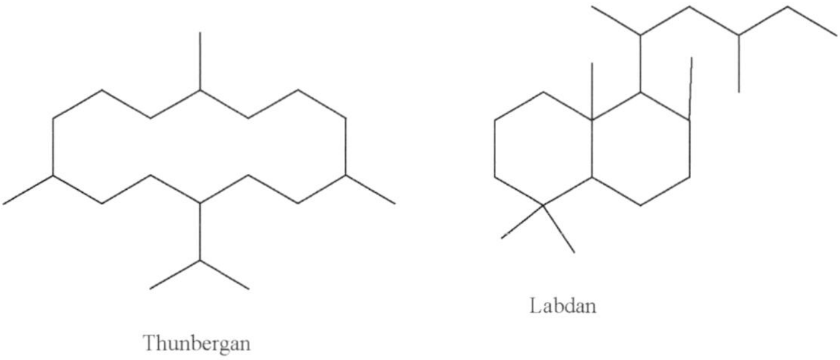

Labdan

Thunbergan

**Abb. 12.102.** Chemische Struktur von Thunbergan und Labdan

Auch die Untersuchung der Diterpene der angenommenen Elternpflanzen unterstützt diese Hypothese. *Nicotiana tomentosiformis* bildet Diterpene der Labdan-Art, während *Nicotiana sylvestris* makrozyklische Diterpene der Thunbergan-Art synthetisiert. Varietäten von *Nicotiana tabacum* synthetisieren entweder Thunbergane oder Labdane oder beide (Abb. 12.102). Beide Arten von Diterpenen werden z. B. in griechischem und türkischem Tabak gefunden, während *Burley-Tabak* nur Thunbergane enthält. Die Tabakvarietäten unterscheiden sich auch stark durch ihren Nicotingehalt (1–4 %). Tabak wird in gemäßigtem bis subtropischem Klima kultiviert. Die Pflanzen werden nach 8–12 Blättern geköpft, um die Blütenbildung zu verhindern, und die Geiztriebe werden entfernt. Die Blätter werden von unten beginnend (Sandblatt) nach oben geerntet. Meist sind drei Ernten notwendig. Die Blätter werden vielfach entrippt.

Zusätzlich zu den genetischen Faktoren und den Wachstumsbedingungen ist die Behandlung der Tabakblätter nach der Ernte ausschlaggebend für die spätere Verwendung (Zigarettentabak, Pfeifentabak etc.) und die Qualität des Endprodukts. Man unterscheidet nach Trocknung und Fermentierung **zwei Hauptarten von Tabak** (Abb. 12.103):

* **Saurer Tabak** ist wenig fermentiert, enthält wasserdampfflüchtige Säuren, Amine und Nicotin sind als Salze gebunden.
* **Alkalischer Tabak** ist stark fermentiert, die meisten sauren Komponenten sind abgebaut, Amine und Nicotin liegen nicht mehr als Salze vor, sondern sind als freie Basen wasserdampfflüchtig. Das Destillat reagiert daher alkalisch.

Saure Tabake werden für die Herstellung von Zigaretten, alkalische für Pfeifentabak und Zigarren verwendet. Die verwendeten **Fermentierungsverfahren** unterscheiden sich unter anderem auch durch die Art der Wärmezufuhr: Bei den **Naturverfahren**, ohne zusätzliche Wärmezufuhr, werden die Blätter (Wassergehalt 20–30 %) in Haufen gestapelt. Während der Fermentation erwärmt sich der Haufen auf 40–60 °C. Die Temperatur wird durch Umsetzen der Haufen reguliert. Das Verfahren wird für Süd- und Mittelamerikanische Pfeifentabake verwendet. Die fermentierten Blätter enthalten keine Monosaccharide mehr und haben einen niedrigen Gehalt an Polysacchariden.

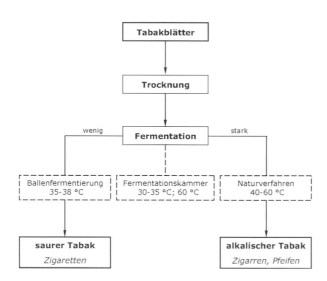

**Abb. 12.103.** Technologie der Tabakverarbeitung

Bei der **Ballenfermentierung** werden Blätter mit einem Feuchtigkeitsgehalt von 14–16 % in Ballen bei etwa 35–38 °C fermentiert. Auf diese Weise werden saure Zigarettentabake erhalten. Zur Qualitätssteigerung werden die so fermentierten Tabake 2–3 Jahre gelagert. Bei der **Kammerfermentierung** werden die luftgetrockneten Tabakblätter in Kammern unter kontrollierten Bedingungen 2–3 Wochen fermentiert. Die Anfangstemperatur von 30–35 °C steigt innerhalb dieser Zeit auf etwa 60 °C.

Eine andere Möglichkeit der Fermentierung ist die unter Zufuhr von extern produzierter Wärme. Sie wird ebenfalls in klimatisierten Kammern durchgeführt. Es sind verschiedene Verfahrensvarianten im Einsatz: z. B. **„Flue-Cured"** (die Trocknung erfolgt mit geheizter Luft und kontrollierter Luftfeuchtigkeit, bei Temperaturen zwischen etwa 50–60 °C), **„Redrying"** (die Blätter werden bei 80 °C getrocknet, gekühlt, wieder angefeuchtet und anschließend bei etwa 40 °C fermentiert).

Unter **„Aging"** versteht man einen Alterungsprozess, der vor allem bei Zigarettentabak (Virginia-Tabak) verwendet wird. Dieser Alterungsprozess läuft im fertig fermentierten, geschnittenen und verpackten Produkt ab. Auf diesem Weg werden hochwertige Zigarettentabake erhalten. Die chemische Zusammensetzung des fermentierten Tabaks ist je nach Verfahren sehr verschieden.

Der fermentierte Tabak wird oft zusätzlich mit so genannten „Saucen" versetzt. Sie enthalten Saccharose, Melasse, Honig, Wein, Lakritze, Frucht- und Gewürzextrakte, Kaliumnitrat, Ammoniumnitrat, Glycerin, Diethylenglykol (zur Feuchthaltung), oder es werden Aromatisierungsmittel, wie z. B. Vanillin, zugesetzt.

**Inhaltsstoffe der Tabakblätter: Alkaloide:** Etwa 20 verschiedene Alkaloide sind in Tabakblättern enthalten. Das wichtigste Alkaloid ist das Nicotin (2–8 %). Der Nicotingehalt der Tabakblätter steigt von den unteren zu den oberen an (Abb. 12.104). Nicotin wird durch die intakte Haut resorbiert. Es wirkt stimulierend auf das Zentralnervensystem und erhöht den Blutdruck, die Herzschlagfrequenz und den Adrenalinspiegel. Im Gehirn bewirkt Nicotin den Anstieg des Gehalts an Dopamin und anderer Neurotransmitter, was zur Steigerung des gesamten Wohlbefindens beiträgt. Nicotin wirkt auch beruhigend, ist aber auf der anderen Seite ein starkes Nervengift; etwa 40 mg können für einen Menschen tödlich sein. Die Aufnahme niedriger Dosen führt zu Erbrechen und Krämpfen. Wiederkauende Tiere vertragen im Verhältnis viel höhere Dosen, da ihr Stoffwechsel Nicotin schnell abbaut. Auch viele Mikroorganismen, vor allem Bakterien (z. B. *Arthrobacter oxidans*), bauen Nicotin oxidativ ab, was dazu führt, dass der Nicotingehalt in fermentierten Blättern wesentlich niedriger ist, als in frischen. Beim Abbau entstehen hydroxylierte Pyridine, die Ausgangssubstanzen für die Bildung von blauen Pigmenten sind. Wegen seiner Toxizität kann Nicotin auch in der Schädlingsbekämpfung verwendet werden. Zudem schädigt Nicotin ungeborene Nachkommen (teratogene Wirkung) und führt z. B. bei mit Tabak gefütterten Schweinen zu Missbildungen des Skeletts, vor allem in der Wirbelsäule. Nicotinkonsum führt auf Dauer zu Abhängigkeit und in weiterer Folge zu einem erhöhten Risiko für Krebs-, Herz-Kreislauf- und andere Erkrankungen.

Nornicotin, ebenfalls im Tabak und in anderen *Solanaceae* vorkommend, dem die Methylgruppe am Pyrrolidinring fehlt, besitzt nur etwa ein Drittel der Toxizität des Nicotins. Es ist ein Stoffwechselprodukt des

Nicotins. Myosmin enthält eine Doppelbindung und keine Methylgruppe im Pyrrolidinring, Nicotyrin unterscheidet sich vom Nicotin durch zwei Doppelbindungen im Pyrrolring. Oxidationsprodukte des Nicotins im Tabak sind Cotinin (2-Ketonicotin), Nicotin-N-oxid und 6'-Hydroxynicotin (Oxynicotin). Nicotellin (2,4-Dipyridylpyridin) entsteht durch Verknüpfung von drei Pyridinringen. Auch das 2,3'-Dipyridyl ist im Tabak vorhanden, sein Gehalt steigt mit zunehmender Fermentation (Abb. 12.104). Die zuletzt genannten Alkaloide sind alle viel weniger akut toxisch als Nicotin.

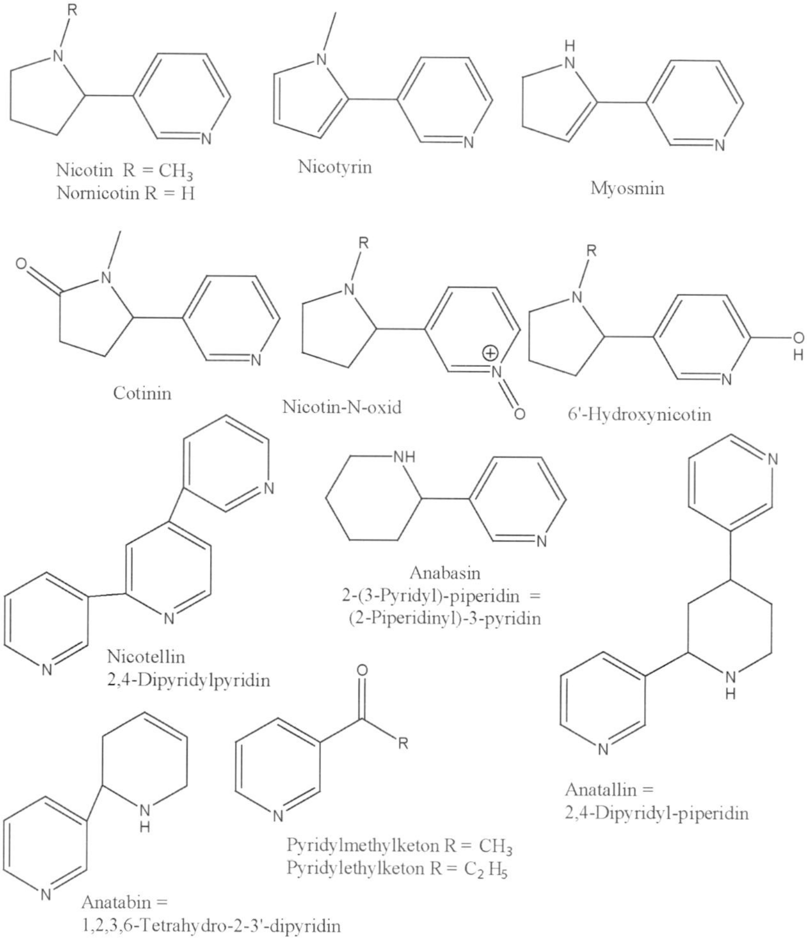

**Abb. 12.104.** Chemische Struktur ausgewählter Alkaloide der Tabakblätter

Eine andere Reihe von Tabakalkaloiden leitet sich vom Anabasin ab (Nicotimin, 2-Piperidinyl-3-pyridin). Anabasin ist in geringer Konzentration in *Nicotiana tabacum* enthalten und ist z. B. das Hauptalkaloid von

*Nicotiana glauca.* Die akute Toxizität ist ähnlich der des Nornicotins. Merkmale einer Vergiftung sind gesteigerte Speichelproduktion, gestörtes Seh- und Hörvermögen sowie Krämpfe. Es wird auch als Insektizid verwendet. Das N-Methylderivat N-Methylanabasin kommt ebenfalls in *Nicotiana tabacum* in sehr geringer Konzentration vor, es ist toxischer als Anabasin. Anatabin (1,2,3,6-Tetrahydro-2,3'-dipyridyl) ist das mengenmäßig bedeutendste Nebenalkaloid des Tabaks, auch sein N-Methylderivat kommt vor. Anatallin (2,4-Dipyridylpiperidin) wurde ebenfalls im Tabak gefunden. Andere Alkaloide, die wahrscheinlich durch oxidativen Abbau von Nicotin und Anabasin entstehen, sind Nicotinsäure, 3-Pyridylethylketon und 3-Pyridylmethylketon. Viele dieser Alkaloide sind auch im Zigarettenrauch enthalten (Abb. 12.104). Andere Alkaloide leiten sind vom Pyrrol und Pyrazin ab. Insgesamt nimmt der Alkaloidgehalt bei der Trocknung und Fermentierung um etwa 40 % ab.

Fermentierte Tabakblätter enthalten 2–4 % Gesamtstickstoff. Davon liegt der größte Teil als Protein vor, ein kleiner Teil ist in den Alkaloiden gebunden, ein weiterer Anteil erstreckt sich auf verschiedene primäre, sekundäre und tertiäre, meist aliphatische Amine. Beispiele sind *n*-Propylamin, *n*-Butylamin, *n*-Amylamin, N-Methylethylamin, N-Methylisoamylamin, N-Methyl-*n*-butylamin, Diethylamin, Di-*n*-propylamin, Di-*n*-butylamin, Dicaffeoylspermidin, Betain, γ-Aminobuttersäure und viele andere (siehe auch biogene Amine – Abschnitt 12.5.1). Die sekundären Amine sind der Hauptgrund für die Bildung von cancerogenen Nitrosaminen bei der Verbrennung des Tabaks. Bei der Verbrennung werden aus den im Tabak reichlich vorhandenen Nitraten Nitrite und Stickoxide gebildet, die mit sekundären Aminen zu Nitrosaminen reagieren (Abb. 12.105).

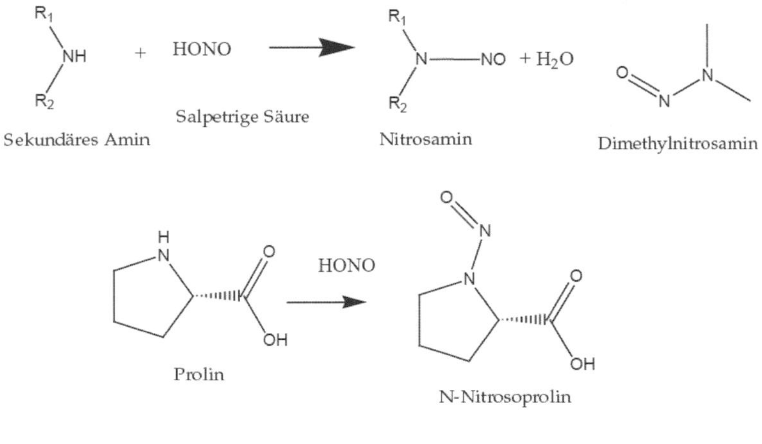

**Abb. 12.105.** Synthese von Nitrosaminen aus sekundären Aminosäuren und salpetriger Säure

Wichtige **Enzyme** im Tabakblatt sind Peroxidasen, Katalase, Amylasen, Invertase, Proteasen und β-Glykosidasen.

**Kohlenhydrate** sind zu 25–50 % in Tabakblättern enthalten. Sie setzen sich aus löslichen Zuckern (vorwiegend Saccharose, bis 7 %) und Polysacchariden (Stärke 1–2 %, Dextrin, Cellulose, Pektin) zusammen. Auch Oligosaccharide, wie Raffinose und Stachyose (Abb. 3.12), wurden nachgewiesen. Sehr geringe Mengen an Monosacchariden und Zuckeralkoholen, z. B. Sorbit und Inosit, sind ebenfalls im Tabakblatt enthalten. Die Stärke liefert bei der Fermentierung lösliche Zucker, wie Maltose, Glucose, Fructose und Pentosen. Pektin ist für die Wasserhaltung im Blatt von Bedeutung und beeinflusst stark die Geschmeidigkeit und Elastizität des Blattes.

Die **phenolischen Inhaltsstoffe** des Tabaks können nach Flavonoiden und anderen phenolischen Komponenten unterschieden werden. Wichtigste Flavanoide im Blatt sind Flavonole und deren Glykoside. Beispiele sind Rutin (Quercetin-3-rutinosid, 1 %), das 7-Glucosid, Quercitrin (Quercetin-3-rhamnosid), Isoquercitrin (Quercetin-3-glucosid), Nicotiflorin (Kämpferol-3-rutinosid-7-glucosid), Astragalin (Kämpferol-3-glucosid) und Kämpferol. Die Flavonoide und deren Oxidationsprodukte beeinflussen Farbe und Geschmack des Tabaks.

Bei den anderen phenolischen Inhaltsstoffen sind Chlorogensäure (Abb. 8.5), Lignin, Hydroxyzimtsäuren, Cumarine (Abb. 8.12), aromatische Amine und Phenole, die für das Aroma wichtig sind, von Bedeutung. Von den Hydroxyzimtsäuren sind die Kaffee- und die *p*-Cumarsäure, aber auch die Melilotsäure (*o*-Hydroxyzimtsäure-β-O-glucosid), aus der sich nach Abspaltung der Glucose bei saurem pH-Wert Cumarin bildet, enthalten. Aber auch Benzoesäure und Terephthalsäure (Benzol-1,4-dicarbonsäure) kommen in den Tabakblättern vor. Bemerkenswert bezüglich gesundheitlicher Aspekte des Tabaks sind die vielen **aromatischen Amine**, die im Blatt enthalten sind und die, jedes für sich, ein erhöhtes Krebsrisiko darstellen. Beispiele sind Anilin-Derivate, wie *o*-Ethylanilin, 2,3-Dimethylanilin, 2,5-Dimethylanilin, 3,4-Dimethylanilin, 2,4,6-Trimethylanilin, *o*-Toluidin (2-Methylanilin), *m*-Anisidin (3-Methoxyanilin). Aromatische Amine gehen bei der Oxidation leicht über instabile radikalische Zwischenprodukte in Chinone und polymere Kondensationsprodukte über. Auf der anderen Seite sind Amine, die auf das Zentralnervensystem wirken, wie 2-Phenylethylamin, enthalten.

Cumarine im Tabakblatt sind Scopoletin (6-Methoxy-7-hydroxy-cumarin) und sein β-Glucosid Scopolin sowie Esculetin (6,7-Dihydroxycumarin) (Abb. 8.12).

Phenol und Brenzcatechin (Catechol) selbst sowie die verschiedensten Alkyl-, Methoxy- und Methoxy-alkylderivate dieser Phenole sind nur in geringer Konzentration im Tabak enthalten. Beispiele sind 2,4,5-Trimethylphenol, 2,3-Dimethoxyphenol, 3,5-Dimethoxyphenol, 4-Methylcatechol, *p*-Allylcatechol, Guajacol (*o*-Methoxyphenol), *m*-Kresol, 4-Vinylguajacol, 4-Methylguajacol, 4-Propylguajacol, Eugenol und Isoeugenol (3-Hydroxy-4-methoxy-1-allylbenzol, Abb. 10.9, 10.10).

An **aromatischen Aldehyden und Ketonen** wurden Salicylaldehyd, Phenylacetaldehyd, Acetophenon und *m*-Hydroxyacetophenon nachgewiesen. Alle diese Verbindungen sind Komponenten des Tabakaromas.

**Carotinoide** sind Inhaltsstoffe aller grünen Blätter. Vier davon sind in jedem grünen Blatt enthalten: β-Carotin, Lutein, Neoxanthin und Violaxanthin (Abb. 9.1, 9.2). Im Tabakblatt kommen darüber hinaus noch Flavoxanthin und Neo-β-carotin vor. Der Gehalt des Blattes an Carotinoiden hängt neben Genetik und Standort vom Reifezustand, der Alterung und der Fermentierung ab. Die zuletzt genannten Prozesse vermindern den Carotinoidgehalt stark (von etwa 2000 ppm auf etwa 100 ppm). Beim Altern entsteht Antheraxanthin, und der Gehalt an Carotinoidepoxiden nimmt zu. In weiterer Folge kommt es zu oxidativen Spaltungen der Kohlenstoffkette, ähnlich wie man sie von der Lipidperoxidation her kennt.

Die Bruchstücke sind oxidierte und alkylierte Derivate der Ionone, z. B. 4-(2',2',6'-Trimethyl-6'-vinyl-cyclohexyl)-2-butanon, 4,7,9-Megastigmatrien-3-on, 3-Hydroxy-β-ionon-5,6-epoxid (Abb. 12.106). Über hundert Abbauprodukte der Carotinoide wurden bisher isoliert und charakterisiert. Es besteht eine reziproke Beziehung zwischen dem Carotinoidgehalt des Blattes und dem Tabakaroma. Je stärker der Carotinoidabbau, desto aromatischer ist der Tabak. Dies hat auch zu Vorschlägen geführt, die Blattfarbe als Qualitätsmerkmal heranzuziehen.

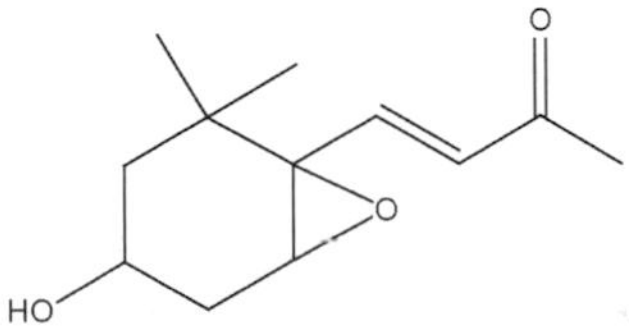

3-Hydroxy-β-ionon-5,6-epoxid

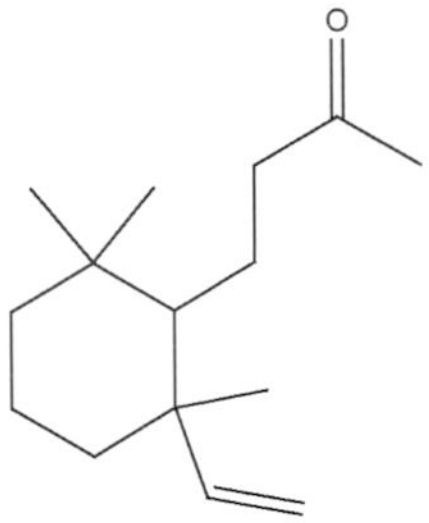

4,7,9-Megastigmatrien-3-on

4-(2',2',6'-Trimethyl-6'-vinyl-cyclohexyl)-2-butanon

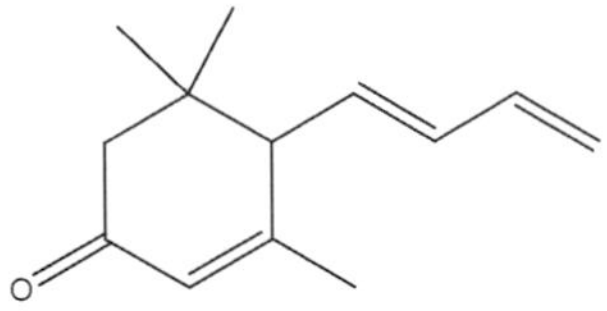

**Abb. 12.106.** Chemische Struktur alkylierter Iononderivate des Tabakblattes

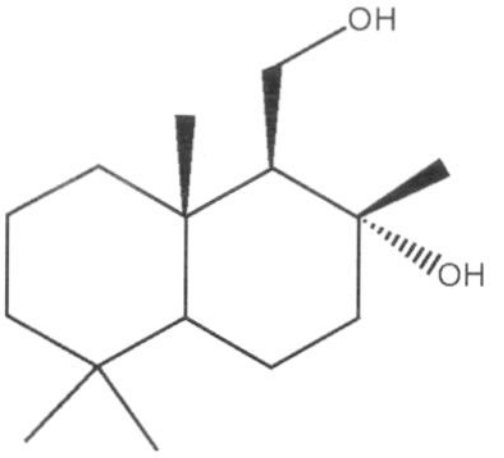

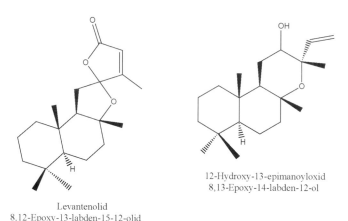

8,11-Driman-diol 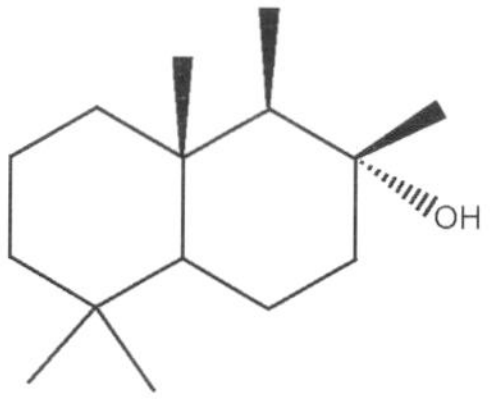        8-Drimanol

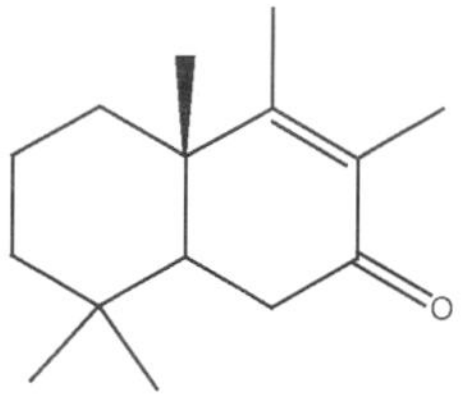

8-Drimen-7-on

**Abb. 12.107.** Chemische Struktur ausgewählter Drimane des Tabakblattes

Andere **terpenoide Verbindungen** im Tabakblatt sind die Monoterpene 1,8-Cineol, Linalool, Borneol (Abb. 10.1, 10.2), die Sesquiterpene β-Caryophyllenoxid (Abb. 10.22) und Drimane (Abb. 12.107), wahrscheinlich Abbauprodukte der Labdane und der Thunbergane (Abb. 12.102). Von den Labdanen leiten sich auch die Levantenolide und Diterpenlactone, z. B. α-2-Levantenolid ab (Abb. 12.108).

12-Hydroxy-13-epimanoyloxid
8,13-Epoxy-14-labden-12-ol

Levantenolid
8,12-Epoxy-13-labden-15-12-olid

**Abb. 12.108.** Chemische Struktur ausgewählter Diterpene des Tabakblattes

Im Tabakblatt sind 0,1–0,5 % **Phytosterine** enthalten. Hauptvertreter sind β- und γ-Sitosterin, Ergosterin sowie Cycloartenol (Abb. 13.3, 13,4). Ein aus neun Isopreneinheiten zusammengesetzter Nonaprenylalkohol im Tabakblatt ist Solanesol (0,3–0,4 %). Verestert mit Fettsäuren, wie Palmitinsäure, bildet er wachsartige Substanzen im Blatt. Solanesol und andere langkettige Kohlenwasserstoffverbindungen, wie Heptacosan, Nonacosan, Tritriacontan, sind u. a. die Hauptursache für das Vorhandensein von cancerogenen, polyzyklischen Kohlenwasserstoffen im Tabakrauch. Durch die leichtere Verbrennung von Wasserstoff kommt es zu einer Anreicherung von Kohlenstoff im Rückstand, der zur Bildung von polyzyklischen aromatischen Kohlenwasserstoffen führt. Um das Übertreten dieser Verbindungen in den Organismus nach Möglichkeit zu vermeiden, werden heute Zigaretten mit Filtermundstücken versehen (Filtermaterialien: Papier, Cellulose, Celluloseacetat, Aktivkohle, Silikate). Die beste Filterwirkung hat die Wasserpfeife. Das Entfernen der Kohlenwasserstoffe durch Extraktion der Tabakblätter kann den Teergehalt in Zigaretten um bis zu 50 % senken.

Neben den erwähnten Substanzen sind im Tabak auch geringe Mengen an aliphatischen Ketonen (z. B. 4-Methylpentan-2-on, 2-Nonanon, 2-Decanon, 5-Methylhexen-2-on, Abb. 10.8), Furanderivate (4-Acetyl-5-methylfuran) und 5-Methylfurfural enthalten. Auch Ethanol und Acetaldehyd kommen vor.

Die mengenmäßig wichtigste **Säure** im Tabakblatt ist die Citronensäure (Spuren bis 12 %). Daneben kommen Glycerinsäure, Essig- und Oxalsäure sowie die Säuren des Citronensäurezyklus und des Shikimisäurewegs vor. Auch Isobuttersäure und Ameisensäure wurden vor allem im Tabakrauch gefunden.

Die Tabakasche enthält immer geringe Mengen an Arsen (meist 3–11 µg/g, in Ausnahmen auch höher bis 35 µg/g).

Tabakrauch besteht aus winzigen Flüssigkeitströpfchen, die in den Verbrennungsgasen verteilt sind. In der Glühzone der Tabakwaren (Zigarette und Pfeife etwa 600 °C, Zigarre etwa 900 °C) wird ein Teil der Inhaltsstoffe zu Wasser und Kohlendioxid oxidiert, der andere ist bei diesen Temperaturen flüchtig und gelangt zusammen mit flüchtigen thermischen Abbauprodukten (Pyrolyseprodukten), Stickoxiden und Sauerstoffradikalen in den Rauch. Auch unter den Pyrolyseprodukten sind viele freie Radikale, die sich im Laufe der Zeit zu stabilen Verbindungen neu gruppieren. Über 3000 chemische Verbindungen wurden bisher aus dem Rauch isoliert. Nur etwa ein Drittel des Rauches wird vom Raucher aufgenommen (Hauptstromrauch), der Rest gelangt in die Umgebung (Nebenstromrauch). Im Rauch von Zigaretten finden sich 60–70 % des Nicotins, mit steigender Verbrennungstemperatur nimmt der Gehalt an Nicotin ab. Nicotin wird aus dem Rauch leicht resorbiert, der Prozentsatz hängt mit der Art des Rauchens zusammen (Inhalieren). Neben Nicotin sind Hunderte andere stickstoffhaltige Substanzen im Rauch enthalten (z. B. Nitrile, Pyrazine, Indol und Derivate sowie Blausäure (150–300 µg/filterlose Zigarette), Nitrosamine, Nitroverbindungen, Peroxinitrite, Peroxinitrate, Methylthionitrit, Nitrite und Nitrate. Durch die Reaktion von bei der Verbrennung gebildetem Wasserstoffperoxid mit Stickoxiden wird das sehr toxische Hydroxylradikal gebildet. Die aus Solanesol und anderen langkettigen Kohlenwasserstoffen durch thermische Dehydrierung erzeugten polyzyklischen Kohlenwasserstoffe werden durch den Filter großteils absorbiert. Viele phenolische Inhaltsstoffe können unzersetzt im Rauch gefunden werden (z. B. Eugenol, Guajacol, Catechol, Methoxyphenole, Scopoletin) und bilden das Aroma des Rauches.

### 12.5.3  Zucker und Honig

Saccharose (Abb. 3.9) ist der wichtigste Süßstoff in Lebensmitteln und Rohstoff für die Herstellung der verschiedensten Süßwaren. Sie hat in diesem Bereich den Honig als Süßstoff fast vollständig ersetzt. Saccharose kommt vor allem in Früchten und Samen, z. B. in Nüssen, Zuckermais, Zuckerhirse, in Rhizomen und Säften von Pflanzen (z. B. Zuckerahorn) vor. Die technische Gewinnung beschränkt sich praktisch auf Zuckerrohr (60 %) und Zuckerrübe (40 %).

**Zuckerrohr** (*Saccharum officinarum*, *Poaceae* = *Gramineae*, engl. sugar cane) gedeiht in tropischem Klima und wird dort bis zu 4,5 m hoch. Die Stängel des Grases sind bis zu 5 cm dick. Den höchsten Zuckergehalt haben die Internodien der Stängel, während an den Nodien die Pflanze immer wieder neu austreiben kann. Die Heimat der Pflanze ist wahrscheinlich Indien, wo schon in den frühesten Zeiten des Altertums Zucker gewonnen wurde. Auch heute noch ist Indien das Land, in dem das meiste Zuckerrohr produziert wird. Von dort verbreitete es sich nach China und Afrika. Zucker wurde nach Europa schon etwa 500 v. Chr. exportiert. In Ägypten wurde das Zuckerrohr wahrscheinlich schon 800 v. Chr. kultiviert. In Amerika fand das Zuckerrohr erst nach 1500 Eingang. *Saccharum officinarum* wird in vielen Varietäten kultiviert und durch Stecklinge vermehrt. Wenn im Stadium der Reife das Wachstum nachlässt, speichert die Pflanze die durch Fotosynthese gewonnene Energie in Form von Saccharose. Bei der Ernte werden die Stängel nahe am Boden abgeschnitten und die grünen Spitzen und Blätter möglichst vollständig entfernt. Es gibt heute auch Möglichkeiten der maschinellen Ernte. Der Saft der Stängel enthält 10–17 % Saccharose, 1–2,5 % Glucose und 1–3 % Polysaccharide.

Nach dem Waschen wird das Zuckerrohr in kleinere Stücke geschnitten und durch mehrere Walzenmühlen, teilweise unter Zusatz von wenig Wasser (5–20 %), ausgepresst. Über 90 % der Saccharose können so aus dem Rohr gewonnen werden. Der Rückstand (Bargasse) dient in der Regel der Energiegewinnung. Der so gewonnene Saft ist grau bis grün gefärbt und trüb und muss zur Gewinnung kristallisierter Saccharose geklärt und von Begleitstoffen gereinigt werden. Die dazu heute verwendete Technologie hat Ähnlichkeit mit der in der Rübenzuckerindustrie verwendeten. Während früher Asche zur Saftreinigung verwendet wurde, ist heute Kalkmilch das Hauptmittel für diesen Zweck. Zur Konservierung des Saftes wird Schwefeldioxid eingeleitet. Letzteres unterstützt auch die Calciumionen bei der Ausfällung von Eiweiß und damit bei der Klärung des Saftes. Organische Säuren werden durch die Kalkmilch nicht nur neutralisiert, sondern auch in schwer lösliche Salze umgewandelt. Schwer lösliche Calcium-Verbindungen entstehen auch aus Glucose in alkalischem Milieu. Um einer Spaltung der Saccharose (Inversion) vorzubeugen, darf der pH-Wert nicht sauer sein. Die unlöslichen Calciumverbindungen können durch Dekantieren oder Filtrieren entfernt werden, teilweise mit Hilfe von Filtrierhilfsstoffen. Letzten Endes wird der Überschuss an Calciumionen durch Zusatz von Phosphorsäure oder Phosphaten ausgefällt.

Der geklärte und filtrierte Saft wird unter vermindertem Druck zu einer dicken Masse (Massecuite) konzentriert, aus der Saccharose auskristallisiert. Die Kristalle sind in dem nicht kristallisierten Teil der Masse (Melasse) suspendiert und werden durch Zentrifugen vom größten Teil der anhaftenden Rohmelasse abgetrennt. Der so erhaltene Rohzucker ist braun gefärbt und hat eine Reinheit von 96–97 %. Aus der stufenweise konzentrierten Rohmelasse kann in der Folge noch weiter kristallisierter Rohzucker gewonnen werden. Die als Rückstand erhaltene Melasse kann noch 50 % Saccharose enthalten, die aber wegen der gleichzeitig vorhandenen und konzentrierten Begleitstoffe (Invertzucker, Raffinose [Abb. 3.12], Dextrane, Pektin, Aconitsäure, Salze) nicht mehr kristallisiert. Rohzuckermelasse enthält Theanderose (Abb. 3.14) und unterscheidet sich dadurch von Rübenzuckermelasse. Melasse wird z. B. als Rohstoff für die Rum- und Alkoholerzeugung, als Backhilfsmittel, als Mittel zur Feuchtigkeitshaltung (Humectant) oder als Substrat in der Biotechnologie verwendet.

Der Rohzucker wird mit Saccharosesirup vermischt, um die anhaftenden Melassereste abzulösen. Die Mischung (oft als Magma bezeichnet) wird durch Zentrifugation getrennt, und die Kristalle werden mit Wasserdampf behandelt und sind danach fast weiß. Zur weiteren Reinigung (Raffination) wird wieder in Zuckersirup gelöst, Kalk zugesetzt, Calcium mit Phosphorsäure gefällt und die Lösung über Tierkohle filtriert. Anschließend wird konzentriert, und sich bildende Kristalle werden abzentrifugiert. Der so erhaltene Zucker (Raffinadezucker) hat einen Reinheitsgrad von praktisch 100 % Saccharose. Rohzuckermelasse enthält bei 26 % Wassergehalt 68 % Kohlenhydrate, 0,1 % Fett und 3,3 % Asche. Sie hat eine hohen Gehalt an Pantothensäure und Nicotinsäure sowie Kupfer und Selen.

**Zuckerrübe** (*Beta vulgaris*, *Chenopodiaceae*, engl. sugar beet): Die Zuckerrübe ist eine zweijährige Pflanze, die im ersten Jahr eine Leitwurzel und eine Rosette von Blättern treibt. Am Ende des ersten Jahres werden die Rüben für die Zuckerproduktion geerntet. Die heute kultivierten Zuckerrüben sind meist nichtfertile triploide Pflanzen mit einem Zuckergehalt zwischen 15 und 20 %. Der Saccharosegehalt der Rübenwurzel wurde von dem Chemiker Marggraf schon 1747 entdeckt. Achard (1802) fand einen technisch möglichen Weg, Saccharose aus der Rübe zu gewinnen, der bis in die Gegenwart ständig verbessert wurde. Der Zuckergehalt der Rübe ist zu Beginn der kalten Jahreszeit am höchsten, daher werden die Rüben zu dieser Zeit geerntet und müssen, um Zuckerverluste nach der Ernte zu vermeiden, möglichst schnell verarbeitet werden (Zuckerkampagne). Die gewaschenen Rüben werden zerkleinert, die Schnitzel zum Aufschluss der Zellen mit heißem Wasser kurz vorgebrüht (etwa 70 °C) und dann mit heißem Wasser derselben Temperatur extrahiert. Das Extraktionswasser soll sehr hart sein (30–60° DH) und einen schwach sauren pH-Wert (5,6–

5,8) aufweisen. Härte und pH-Wert können durch Zusatz von Calciumchlorid und Calciumsulfat eingestellt werden. Die Extraktion der Schnitzel, auch Diffusion genannt, erfolgt meist in hohen Türmen im Gegenstromverfahren. Um die Entwicklung von thermophilen Bakterien hintanzuhalten, muss in Abständen Desinfektionsmittel, meist Formaldehyd, zugegeben werden. Der Restzuckergehalt der extrahierten Rübenschnitzel liegt bei etwa 0,2 %. Die getrockneten, fallweise mit Melasse angereicherten Schnitzel werden als Viehfutter verwendet.

Der Rohsaft wird filtriert, oft zur Verbesserung der Zuckerausbeute mit Ionenaustauschern entsalzt und zur weiteren Reinigung stufenweise mit Kalkmilch versetzt. Dabei werden Proteine, verschiedene Polysaccharide, wie z. B. Pektin, sowie Dicarbonsäuren, wie Oxalsäure, Citronensäure und anorganische Säuren, wie Phosphate und Sulfate, ausgefällt. Zugleich wird der pH-Wert auf etwa 11–12 angehoben und damit eine Inversion der Saccharose verhindert. Um das überschüssige Calcium zu entfernen und die Bildung von Calciumsaccharat (eine Verbindung von einem Molekül Saccharose mit 3 Calciumionen) zu verhindern, wird in zwei Stufen Kohlendioxid eingeleitet (Carbonisierung), dabei wird der pH-Wert auf etwa 9 abgesenkt. Der ausgefallene Schlamm wird oft unter Zusatz von Hilfsmitteln filtriert und der so erhaltene Rohsaft anschließend stufenweise thermisch konzentriert und nochmals filtriert. Der so erhaltene Dicksaft wird nochmals dekantiert oder filtriert. Er enthält 55–65 % Saccharose und etwa 5 % „Nichtzuckerstoffe". Der so genannte „**Reinheitsquotient**" gibt den Saccharoseanteil in der Trockensubstanz an, er liegt zwischen 89 und 92 %. Zur Kristallisation wird der gereinigte Dicksaft unter vermindertem Druck (0,2 bar) bei etwa 125 °C weiter konzentriert, und die Kristallisation wird mit Hilfe von Saccharosekristallen (Impfkristallen) eingeleitet. Die Kristallisation erfolgt in mehreren Stufen. Dabei ist auf eine gleichmäßige Größe der Kristalle zu achten. Die Kristalle werden mittels Zentrifuge von der Melasse getrennt und mit Wasserdampf in der Zentrifuge von anhaftender Melasse gereinigt. Ohne Behandlung mit Wasserdampf erhält man den braunen Rohzucker. Die weitere Reinigung zur Erzeugung von „Raffinade" ist bei der Zuckergewinnung aus Zuckerrohr beschrieben.

Melasse aus Zuckerrüben unterscheidet sich von Rohrzuckermelasse hauptsächlich durch einen höheren Gehalt an Stickstoffverbindungen und dem Trisaccharid Raffinose (Abb. 3.12), das während des Produktionsverfahrens entsteht. Vor allem stellte früher ein hoher Gehalt an Betain (Trimethylammoniumglycinhydroxid) ein Hindernis für den menschlichen Konsum dar. Durch die Verwendung von Ionenaustauschern bei der Reinigung des Dünnsaftes kann der größte Teil des Betains entfernt werden. Mit dieser Einschränkung ist Rübenmelasse wie die Rohrzuckermelasse verwendbar, z. B. zur Herstellung von Alkohol und Bäckerhefe. Der Zuckergehalt der Melassen wird in der Regel durch Messung der optischen Drehung polarimetrisch bestimmt, wobei der Gehalt an Saccharose, Invertzucker und an Raffinose festgestellt werden kann.

Die verschiedenen Zuckersorten unterscheiden sich durch die Form (Würfelzucker, Kristallzucker, Staubzucker, Hagelzucker) und den Gehalt an reiner Saccharose (Rohzucker 96 %, Weißzucker 98,8 %, Raffinadezucker 100 %). Ein steigender Anteil der Zuckerproduktion wird heute für Anwendungen im Nicht-Süßstoffbereich verwendet, z. B. zur Herstellung von nichtionischen Reinigungsmitteln, Emulgatoren und unverdaulichen Fetten.

**Honig** ist eine viskose, sehr süß schmeckende, hygroskopische Flüssigkeit, die die Bienen *(Apis mellifera)* und neuerdings auch andere importierte Arten (z. B. *Apis dorsata, Apis mellifera cerana)* in ihrem Körper vorwiegend aus dem Nektar von Blüten, zum geringen Teil aus süßen Früchten und Honigtau herstellen. Die Bienen lagern den Honig in Waben aus Wachs verschlossen ab. Aus den geöffneten Waben fließt der Honig von selbst aus (50–70 %) oder wird durch Zentrifugation (Schleudern) oder Auspressen der Waben gewonnen.

Honig war in früherer Zeit der wichtigste Süßstoff. Er diente auch zur Herstellung von Honigwein (Met). Honig ist über Jahre hinweg gut lagerfähig. Während des Lagerns, vor allem bei niedrigem Wassergehalt und tiefen Temperaturen, kann der Honig auch kristallisieren (zuerst kristallisiert dabei die Glucose aus). Der Honig enthält die Inhaltsstoffe der von den Bienen eingesammelten Blütennektare, teilweise im Stoffwechsel der Biene modifiziert und ergänzt durch Komponenten, die aus der Biene stammen. Der eingesammelte Nektar wird in der Honigblase der Biene zuerst gespeichert und mit Enzymen, Säuren, Vitaminen und Mineralstoffen versetzt. Durch die Enzyme wird vor allem Saccharose gespalten (Invertase oder Saccharase) und Glucose teilweise in Fructose umgewandelt (Glucoseisomerase). Auch Amylase, Inulinase, Maltase, saure Phosphatase, Katalase und Glucoseoxidase werden sezerniert. Letztere katalysiert die Oxidation der Glucose zur Gluconsäure durch molekularen Sauerstoff, der dadurch selbst zu Wasserstoffperoxid reduziert wird. Durch die Entstehung von Wasserstoffperoxid (früher im Honig auch als Inhibin bezeichnet) konserviert sich der Honig selbst.

Amylase- und Glucoseoxidaseaktivität im Honig werden zur Bestimmung der Qualität herangezogen. Diese Enzyme werden nämlich bei Erhitzung und längerer Lagerung (z. B. Halbwertszeit von Amylase bei 25 °C vier Jahre) denaturiert. Als weiterer Indikator dient Hydroxymethylfurfural, welches bei Lagerung und Erhitzung des Honigs gebildet wird.

Im Stock wird der Nektar weiter konzentriert, bei einem Wassergehalt von weniger als 20 % wird in der Regel die Wabe verschlossen. Die einzelnen Honigarten werden vor allem nach der botanischen Herkunft, geographisch nach Ländern, Jahreszeit des Eintrags, und nach der Art der Gewinnung unterschieden.

Honig hat einen Wassergehalt von etwa 17 %, der Kohlenhydratanteil liegt bei 82,3 %, Protein 0,3 %, Asche 0,2 %. Der Aschegehalt ist variabel und in der Regel im dunklen Honig höher. Die Kohlenhydrate setzen sich durchschnittlich aus 38,2 % Fructose, 31,3 % Glucose, 1,3 % Saccharose,

7,3 % reduzierenden Disacchariden (vorwiegend Maltose) und 1,5 % anderen Disacchariden und Oligosacchariden zusammen. Bisher wurden rund 20 verschiedene Kohlenhydrate im Honig gefunden (z. B. Isomaltose, Maltulose, Trehalose [Abb. 3.9], Melezitose, Kestose [Abb. 3.13], Maltotriose, Isomaltotriose, Panose, Theanderose [Abb. 3.14], u. a.). Bei zu hohem Melezitosegehalt wird der Honig als Bienenfutter ungeeignet.

Der Vitamingehalt von Honig ist sehr gering, die Asche besteht vorwiegend aus Kaliumsalzen. Stickstoffverbindungen sind vorwiegend Proteine, in geringen Mengen wurden auch bis zu 21 freie Aminosäuren nachgewiesen. Der Säuregehalt des Honigs liegt unter 0,5 %, die mengenmäßig wichtigste Säure ist die Gluconsäure, die im Gleichgewicht mit dem $\delta$-Gluconolacton vorliegt. Andere Säuren sind Ameisensäure, Oxalsäure, Essigsäure, Weinsäure, Glycerin-2,3-diphosphorsäure und die Säuren des Tricarbonsäurezyklus. Die Säuren tragen zum Geschmack des Honigs bei. Die Farbe des Honigs ist stark variabel, von heller Bernsteinfarbe bis dunkelbraun. Die Farbe soll mit dem Stickstoffgehalt des Honigs korreliert sein. Im Honig kommen viele Arten von Mikroorganismen, vor allem aber Hefen, vor, die die Haltbarkeit des Honigs beeinträchtigen können.

**Toxischer Honig:** Dabei werden von den Bienen Nektare und Honigtau mit toxischen Inhaltsstoffen eingesammelt, die dann in den Honig übergehen. Bekanntestes Beispiel ist der Honig aus den Blüten von Rhododendron und Azaleen-Arten (*Ericaceae*), die toxische Diterpene enthalten (Grayanotoxine, Andromedotoxin, Abb. 12.109), schon in der Antike als „**Pontischer Honig**" bekannt.

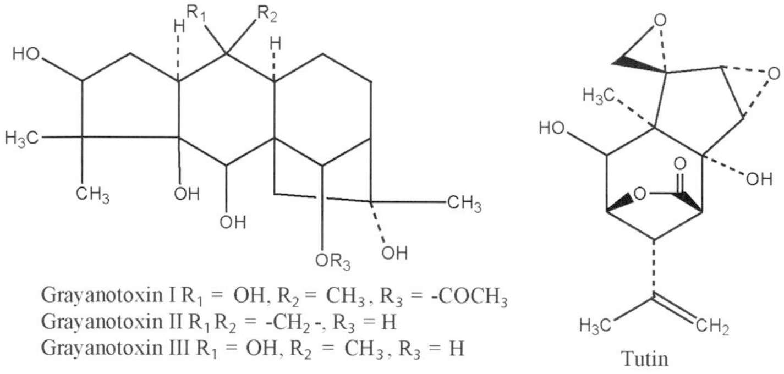

Grayanotoxin I $R_1$ = OH, $R_2$ = $CH_3$, $R_3$ = -$COCH_3$
Grayanotoxin II $R_1 R_2$ = -$CH_2$-, $R_3$ = H
Grayanotoxin III $R_1$ = OH, $R_2$ = $CH_3$, $R_3$ = H

Tutin

**Abb. 12.109.** Chemische Struktur von Grayanotoxin und Tutin

Grayanotoxin hat blutdrucksenkende Wirkung und kann zu Bewusstlosigkeit und im Extremfall auch zum Tod führen. Aus Neuseeland ist Honig mit dem toxischen Inhaltsstoff Tutin aus *Coriaria arborea* bekannt geworden (Abb. 12.109). Aber auch aus den Blüten alkaloidproduzierender Pflanzen gelangen toxische Inhaltsstoffe in unterschiedlichen Konzentrationen in den Honig. So gehen z. B. Alkaloide aus Tabak, Tollkirsche,

Eibe, Goldregen, Jakobskraut (*Senecio jacobaea*) u. a. in den Honig über. Die Mengen sind allerdings in der Regel nicht so bedeutend, dass eine gesundheitliche Beeinträchtigung durch den Konsum zu erwarten ist.

Außer Honig produzieren Bienen **Wachs,** aus dem die Waben gebaut werden, in denen Honig und andere Futterstoffe, wie Pollen, gespeichert sind und die Entwicklung der Larven erfolgt. Das gelb gefärbte Bienenwachs enthält langkettige geradzahlige Fettsäuren ($C_{24}$ bis $C_{36}$), die mit geradzahligen langkettigen Alkoholen, meist gleicher Kettenlänge, verestert sind; dazu kommen etwa 20 % ungeradzahlige Kohlenwasserstoffe ($C_{21}$ bis $C_{33}$). Zusätzlich enthält es etwa 6 % Propolisbestandteile. Bienenwachs wird zur Herstellung von Kerzen, Anstrichen und vielfach in der Kosmetik verwendet.

**Propolis** wird von den Bienen aus Harzen, die sich an der Oberfläche von Knospen befinden oder von verletzten Bäumen ausgeschieden werden, gewonnen und wird als Klebe- und Dichtmittel in den Waben verwendet. Aus dem grün bis braun gefärbten Propolis wurden bisher mehr als hundert chemische Substanzen isoliert. Neben komplexen Polysacchariden (Pflanzengummi) sind Flavonoide und andere phenolische Verbindungen sowie Terpene und Bienenwachs enthalten. Propolis hemmt die Cyclooxygenase und hat vor allem antivirale und antibakterielle Wirkung. Es findet auch Anwendung in der Kosmetik.

Das Futter der Maden der Bienenköniginnen **„Gelée royale"** (Weiselfuttersaft) hat einen hohen Gehalt an Vitaminen der B-Gruppe. So ist der Gehalt an Pantothensäure (65–200 mg/100 g) etwa sechsmal so hoch wie der von Leber. Frisches Gelée royale enthält 66 % Wasser, 13 % Protein mit allen essenziellen Aminosäuren, 4,5 % Fett und 14,5 % Kohlenhydrate. Auch die seltene trans-10-Hydroxy-2-decensäure wurde als Komponente gefunden, sie wirkt bei Mäusen präventiv gegen Leukämie. Gelee Royal hat cholesterinspiegelsenkende Aktivität, die präventive Wirkung gegen verschiedene Arten von Krebs bedarf noch weiterer Untersuchungen. Gelée royale ist in Form von „Aktivkapseln" auf dem Markt, da es gegen Müdigkeit wirkt, und wird als Zusatz in der Kosmetik verwendet.

**Kunsthonig** ist ein Gemisch von teilweise invertierter Saccharose und ein mit oder ohne Zusatz von Stärkesirup hergestelltes, aromatisiertes, honigähnliches Erzeugnis. Die Saccharose wird meist durch Säuren, seltener durch Invertase, hydrolysiert. Zugesetzter Stärkesirup erschwert die Kristallisation. Bei der Inversion entsteht eine gewisse Menge an Hydroxymethylfurfural, das auch für die Farbe des Kunsthonigs (Invertzuckercreme) verantwortlich ist. Der Kunsthonig darf höchstens 22 % Wasser enthalten.

**Stärkesirup** (engl. starch syrup) wird durch saure oder enzymatische Hydrolyse von Stärken verschiedener Provenienz erzeugt. Als Säuren werden verdünnte Mineralsäuren, wie Salzsäure und Schwefelsäure, als Enzyme α- und β-Amylasen, Amyloglucosidasen, Maltasen und Pullulanasen eingesetzt. Die enzymatische Hydrolyse verläuft schonender, es werden weniger braun gefärbte Abbauprodukte und Reversionsprodukte als bei der Säurehydrolyse gebildet. Je nach gewähltem Verfahren und Dauer der Hydrolyse entstehen Stärkesirupe mit unterschiedlichem Verzuckerungsgrad (Gehalt an Maltose und Glucose) und damit unterschiedlicher Süßigkeit. Neben den genannten Zuckern enthält Stärkesirup Isomaltose, Panose (O-α-D-Glucopyranosyl-(1–6)-maltose, Abb. 3.14) und Maltooligosaccharide (z. B. Maltotriose, Maltotetraose) sowie Dextrine. Stark verzuckerter Stärkesirup wird auch als Stärkezucker bezeichnet. Er kann als Ausgangsmaterial zur Herstellung von kristallisierter Glucose verwendet werden. Stärkesirup wird vor allem in der Süßwaren-Erzeugung verwendet.

**Trockenstärkesirup** wird durch Sprühtrocknung von Stärkesirup gewonnen. Er wird auch in der Fleischwarenproduktion zum Abdecken des bitteren Salpetergeschmacks sowie als Substrat für die enzymatische Säuerung verwendet.

**Glucose-Fructose-Sirup** (engl. high fructose syrup – HFS) wird vor allem in den USA als Alternative zu Saccharose verwendet. Der Sirup wird meist durch saure oder enzymatische Hydrolyse von Maisstärke oder anderer Stärkearten sowie aus Saccharose und teilweiser enzymatischer Isomerisierung der gebildeten Glucose zu Fructose hergestellt. Das für die Isomerisierung notwendige Enzym D-Xylose-ketol-isomerase kann aus verschiedenen Mikroorganismen gewonnen werden, sehr gebräuchlich ist das aus *Streptomyces rubiginosus*. Es wird meist in immobilisiertem Zustand im Verfahren eingesetzt. Das Enzym liefert einen Sirup, der in der Trockensubstanz maximal 42 % Fructose und 58 % Glucose enthält und damit nicht so süß wie eine gleich konzentierte Saccharoselösung schmeckt. Mittels preiswerter chromatografischer Verfahren kann der Fructosegehalt auf über 90 % angehoben werden. Vielfach wird in der Praxis ein Sirup mit einem Fructosegehalt von 55 % i.T. verwendet. Produkte mit hohem Fructosegehalt können auch als Rohmaterial für die Herstellung von kristallisierter Fructose dienen.

In jüngster Zeit wird HFS auch aus Fructosanen gewonnen. HFS, hergestellt aus den inneren Blättern (Herz) der *Agave tequilana*, wird in steigendem Maß als Süßstoff verwendet. HFS wird vorwiegend zum Süßen von kohlensäurehaltigen Getränken und Obstkonserven verwendet. In Mitteleuropa ist der Einsatz gesetzlich begrenzt.

**Ahornsirup** (Zuckerahorn, *Acer saccharum*, engl. maple tree, maple syrup) wird vor allem in Nordamerika aus dem Frühjahrssaft des Zuckerahorns hergestellt. Vor dem Austrieb, am Ende des Winters, werden die Stämme angebohrt, und etwa 1 bis 5 % Saccharose enthaltender Saft wird abgelassen. Ahornsirup wurde schon von den Indianern Nordamerikas gewonnen. Der Saft wird durch Einkochen zu einem Sirup konzentriert. Der Sirup enthält 67 bis 88 % Saccharose (98 % i.T.), daneben geringe Mengen an anderen Mono- und Oligosacchariden, Aminen, Aminosäuren, Peptiden und Proteinen. Die Ahornsirupkrankheit (Leucinose) ist eine seltene Erbkrankheit, bei der die verzweigten Aminosäuren Leucin, Isoleucin und Valin nur unvollständig bis zur Stufe der Ketosäuren abgebaut werden können. Im Blut findet man einen bis zum Zehnfachen erhöhten Gehalt an $\alpha$-Ketosäuren. Die physiologische Folge sind Störungen im Zentralnervensystem, die, wenn sie unbehandelt bleiben, auch zum Tod durch Lähmung des für die Atmung zuständigen Zentrums führen können.

**Dattelzucker** wird aus dem Saft bestimmter Arten von Dattelpalmen gewonnen, **Palmzucker** aus dem Saft der Kokospalme. Beide Säfte bestehen hauptsächlich aus Saccharose.

## 12.5.4 Süßwaren

Süßwaren ist der Oberbegriff, der außer den Zuckerwaren, z. B. Bonbons, Nugat, Marzipan, Lakritze, Kaugummi u. a, auch die Schokoladenerzeugnisse, Speiseeis sowie Dauerbackwaren und Kunsthonig umfasst. Wegen der besonderen Herkunft des Kakaos werden Schokoladeprodukte gesondert unter dem Eintrag Kakao beschrieben.

**Zuckerwaren** (engl. confections) haben eine sehr lange Tradition und werden schon in altägyptischen Papyri etwa 2000 v. Chr. erwähnt. In dieser Zeit wurde Honig als Süßstoff verwendet. Das englische Wort „candy" leitet sich vom arabischen Wort „qand" für Zucker ab. Im Deutschen finden sich vor allem die französischen Wörter „Bonbon" und „Karamelle" sowie die deutsche Bezeichnung „Zuckerl" für Zuckerwaren.

Zuckerwaren enthalten neben Saccharose Komponenten anderer Lebensmittel, wie z. B. Honig, Invertzucker, Stärkesirup (vor allem aus Maisstärke), Dextrine, Maltose, Glucose und Fructose, Glucose-Fructose-Sirup, Malzextrakt, Milch und Milchbestandteile, wie z. B. Lactose, Hühnereiweiß, Fette, Kakao und Schokolade, Früchte und Marmelade, Samen, wie Hasel- und andere Nüsse, Citronensäure, Gelier- und Verdickungsmittel, Farbstoffe, Geruchs- und Geschmacksstoffe.

Nach Herstellungsart und Konsistenz unterscheidet man:

- **Bonbons** (Hartkaramellen, engl. hard candies),
- **Toffees** (Weichkaramellen, Fondant, Marzipan, Nugat, engl. soft candies),
- **Gelee-Zuckerwaren** (engl. jellies).

Obwohl die verwendeten Rohstoffe bei allen Zuckerwaren sehr ähnlich sind, ergibt sich eine Vielfalt an Produkten durch unterschiedliche quantitative Relationen der einzelnen Komponenten, wie Wasser-, Kohlenhydrat- und Fettgehalt, unterschiedliche Farben, Aromen und Geschmacksstoffe sowie verschiedenste Ausformungen der einzelnen Produkte. Entsprechend den Richtlinien der U.S. National Confectioners

Association können z. B. Hartkaramellen in vier verschiedene Gruppen eingeteilt werden:

- Clear Hard Candy (Saccharose, Invertzucker, Maltose, Lactose, Glucose, Fructose, Citronen- oder Weinsäure, Aroma- und Farbstoffe),
- Pulled Hard Candy (enthält bei ähnlichen Ingredienzien mehr Feuchtigkeit, durch Kneten der Masse wird Luft eingeschlagen, und die Kristallisation von Kohlenhydraten wird eingeleitet),
- Grained Hard Candy (hat bei ähnlichen Bestandteilen einen noch höheren Feuchtigkeitsgehalt, winzige Zuckerkristalle bilden sich beim Abkühlen und machen die Körnung aus),
- Filled Hard Candy (ein Produkt, bei dem der Mantel um die Füllung aus einer der erwähnten Hard-Candy-Arten gemacht wird. Die Füllung kann aus Marmelade, Früchten, Nüssen u. a. bestehen).

**Hartkaramellen** werden aus den erwähnten Rohstoffen, gelöst in Wasser, durch schonende Konzentrierung bis auf den gewünschten Wassergehalt erzeugt. Meist werden Vakuumverdampfer, auch mit rotierenden Gefäßen, bei Temperaturen von 110–140 °C verwendet. Säuren und Aromastoffe werden in der Regel erst während des Abkühlens zugesetzt. Die warme Masse wird mit Hilfe von Präge- oder Gießmaschinen auf Bonbons verarbeitet. Hartkaramellen haben eine durchschnittliche Zusammensetzung von 1,3 % Wasser, 0,2 % Fett, 98 % Kohlenhydrate (davon etwa 63 % Zucker) und 0,5 % Asche. Zu den Hartkaramellen zählen saure Zuckerln, Kanditen, Drops, Lollies, Rocks und Krachmandeln (geröstete Mandeln mit Hartkaramellmasse überzogen). Ähnliche Produkte werden auch mit anderen Nüssen, wie z. B. Haselnüssen, hergestellt.

**Weichkaramellen oder Toffees** haben einen höheren Wassergehalt als Hartkaramellen, außerdem enthalten sie in der Regel Fett, eventuell Milch. Teilweise ist bei der Produktion auch der Einsatz von Emulgatoren und Verdickungsmitteln notwendig. Die Produktionsmethode ist ähnlich der der Hartkaramellen; aus der Zuckerlösung entsteht in Gegenwart von Fett eine Emulsion, die im Vakuum auf einen Wassergehalt von etwa 6 % konzentriert wird. Das Fett wirkt als Gleitmittel und verhindert das Kleben der Süßigkeit an den Zähnen. Die warme Masse wird in Tafeln gegossen, die oft weiter bearbeitet werden. Toffees wurden ursprünglich aus eingedickten Lösungen von Saccharose und Glucose, Aromastoffen und Farbstoffen in England hergestellt. Die eng verwandte **Karamelle** wurde ursprünglich in Amerika durch Verkochen von Saccharose und Glucose zu einem Sirup erzeugt. Je nach Verfahren und sonstigen Ingredienzien entstehen Produkte unterschiedlicher Konsistenz. Generell wird die Konsistenz durch den Fettzusatz und den höheren Wassergehalt weicher als bei den Hartkaramellen. Durch das Einarbeiten von Luft in Ziehmaschinen wird vor allem die Elastizität der Masse verbessert. Zugesetzter Staubzucker initiiert die Kristallisation der Saccharose, dadurch erhält das Produkt eine bröckelige Konsistenz.

**Fondantmasse** ist grundlegend eine Zubereitung aus Saccharose oder Glucose oder auch anderen Zuckern mit Stärkesirup und Wasser. Außerdem können Aromastoffe, Farbstoffe und Säuren zugesetzt werden. Die Ausgangsmaterialien werden in Wasser gelöst, auf vorher festgelegte Temperaturen erhitzt und in geeigneten Verdampfern eingedickt. Beim Abkühlen kommt es zu einer partiellen Kristallisation der Saccharose. Die Kristalle bleiben umgeben von einer gesättigten Zuckerlösung. Die physikalischen Eigenschaften der Masse hängen von den gewählten Ausgangsmaterialien, deren Verhältnis, von der Erhitzungstemperatur und Dauer, vom Eindickungsgrad sowie von der zeitlichen Abkühlungskurve ab. Der Wassergehalt der Fondantmasse soll 12 % nicht übersteigen. Fondantmasse hat als Überzugsmasse bei der Fabrikation von Zuckerwaren eine große Anwendung. Modifiziert kann die Fondantmasse durch Zusatz von Fett, Milch oder Butter werden.

**Nugat** (Nougat) ist eine weiche bis schnittfeste Mischung aus geschälten, gerösteten und getrockneten Haselnusskernen oder gerösteten Süßmandeln mit Saccharose mit einem Wassergehalt von maximal 2 %. Der Zuckergehalt der fertigen Nugatmasse darf 50 % nicht übersteigen. Der Fettgehalt liegt bei Haselnussnugat bei mindestens 30 % (bei Mandelnugat bei mindestens 28 %). In der Regel werden auch Kakaoprodukte zugesetzt (Kakaopulver, Kakaokerne, Kakaobutter, Kakaomasse, Milchschokolade) sowie geringe Mengen an Lecithin. Die Bestandteile werden sehr fein zerkleinert, gemischt und erhitzt. Nugatcreme enthält mindestens 10 % zerkleinerte Haselnusskerne.

**Weißer Nugat** wird aus geschälten Hasel- oder Walnüssen oder geschälten Mandeln und Saccharose, Stärkesirup, Milchpulver, Obers, Eiweiß, Gelatine sowie Aroma- und Geschmacksstoffen durch Vermahlen und Erhitzen hergestellt. Man unterscheidet „Sahnenugat" mit einem Milchfettgehalt von 5,5 % und „Milchnugat" mit einem Milchfettgehalt von 3,2 %. Der Mindestgehalt an Haselnüssen ist 35 %, der Höchstgehalt an Zucker 63 %. Als Geschmacksstoffe werden oft Vanillin oder Ethylvanillin, Honig, Kaffee oder Kakaoerzeugnisse verwendet.

**Türkischer Honig** (Honignugat, Nugat Montélimar) wird aus denselben Ingredienzien wie weißer Nugat plus etwa 5 % Bienenhonig und ganzen Nüssen oder Früchten hergestellt.

Sehr ähnliche Zusammensetzung haben auch **„Marshmallows"**, Schaumzuckerwaren von zäher elastischer Konsistenz, die vor allem in England und den USA heute sehr gebräuchlich sind. Ursprünglich wurden Marshmallows in Frankreich aus Eibischwurzeln *(Althaea officinalis, Malvaceae)*, Zucker und Eiweiß erzeugt, heute wird die Eibischwurzel, die komplexe Kohlenhydrate (Schleime, Pektin, Arabinogalaktan, Galakturonorhamnan), Protein und Fett (charakteristisch ist der Gehalt an Sterculia- und Malvaliasäure) enthält, meist durch Gelatine ersetzt.

**Marzipan** (engl. marchpane) wird aus Marzipanrohmasse durch Mischen mit der gleichen Menge an Saccharose erzeugt. Marzipanrohmasse besteht aus geschälten Mandeln, die zusammen mit Saccharoselösung fein zerkleinert und erhitzt werden. Saccharose kann teilweise durch Stärkesirup und auch Sorbit ersetzt werden. Letzterer dient zur Feuchthaltung des Marzipans. Durch Erhitzen, meist in Vakuumkochern, werden die Mandeln angeröstet, und der Wassergehalt wird auf mindestens 17 % gesenkt. Man erhält nach dem Erhitzen eine weiche, knet- und formbare Masse. Der Zuckergehalt der Marzipanrohmasse darf höchstens 35 %, der Gehalt an Mandelöl mindestens 28 % betragen. Der Gehalt an Benzaldehyd ist mit 300 mg/kg, jener an Blausäure mit 25 mg/kg begrenzt. Marzipan kann mit Benzoesäure oder Sorbinsäure konserviert und mit zugelassenen Farbstoffen künstlich gefärbt werden.

**Persipan** ist eine dem Marzipan ähnliche Zubereitung, die Marillenkerne oder Pfirsichkerne anstelle der Mandeln enthält. Auch analoge Zubereitungen mit Cashew- oder Erdnüssen sind in Gebrauch.

**Krokant** (engl. fudge) wird aus zerkleinerten Nüssen, Fruchtbestandteilen und erhitztem Zucker (karamellisiert) durch Erhitzen und Zerkleinern hergestellt. Der Masse kann auch Stärkesirup, Marzipan, Nugat, Milch und Butter zugesetzt werden, um den Charakter einer Creme hervortreten zu lassen. Krokant wird meist zum Füllen anderer Zuckerwaren verwendet.

**Dragees** bestehen aus einem Kern, der in rotierenden Kesseln mit Zuckerlösung befeuchtet und anschließend mit feinem Zucker oder mit Schokolade ummantelt wird. Der Prozess wird bis zu einer gewünschten Schichtdicke fortgeführt.

**Komprimate** bestehen aus Glucosepulver, aromatisiertem Staubzucker, Bindemitteln (Gelatine, Stärke, Pflanzengummi) und Gleitmitteln (z. B. Magnesiumstearat), die unter Druck in Tablettenform gepresst werden.

**Lakritze** (Süßholz, engl. licorice oder liquorice) enthält mindestens 5 % Saft der Wurzeln des Süßholzbaumes *(Glycyrrhiza glabra, Fabaceae = Faboideae)*, verkleistertes Mehl, Saccharose, Stärkesirup und Gelatine. Die Bestandteile werden zusammen erhitzt und konzentriert. Danach wird meist in Formen erkalten gelassen und nachgetrocknet. Lakritze wird auch zur Aromatisierung von pharmazeutischen Erzeugnissen verwendet und ist ein Bestandteil von Hustenbonbons, da sie schleimlösend und entzündungshemmend wirkt. Heute ist Lakritze wegen ihres Gehalts an antioxidativ wirkenden Flavonoiden geschätzt (u. a. süß schmeckende Saponine – z. B. Glycyrrhizinsäure, Abb. 16.14).

**Geleeartikel, Gummibonbons** werden aus Saccharose, Stärkesirup, eventuell Feuchthaltemitteln (z. B. Sorbit, Glycerin), Säuren (z. B. Weinsäure,

Citronensäure), Aroma- und Farbstoffen und zugelassenen Gelier- oder Verdickungsmitteln, z. B. Stärke, Pektin, Tragacanth, Gelatine, Agar-Agar, u. a.) hergestellt. Bei Verwendung von Agar-Agar (Abb. 16.27, 16.28) erhält man besonders klare Gelees. Mit Pektin (Abb. 16,23) entstehen weiche Gelees. Wird die Bezeichnung „echt" am Etikett verwendet, so müssen mindestens 40 % Pflanzengummi im Produkt enthalten sein.

**Kaugummi** enthält 15–35 % wasserunlöslichen Gummi pflanzlicher Herkunft (masticatory substances), gewonnen aus Vertretern der Pflanzenfamilien der *Sapotaceae, Apocynaceae, Euphorbiaceae, Moraceae* oder synthetischer Provenienz (thermoplastische Kunststoffe) sowie Harzen (z. B. Mastix aus *Pistacia lentiscus, Anacardiaceae*). Allgemein haben diese Stoffe die Eigenschaft, dass sie im Mund unter dem Einfluss von Speichel und Wärme quellen und eine gummiartige Konsistenz annehmen. Weiters sind Saccharose, Stärkesirup, zugelassene Weichmacher und künstliche oder natürliche Aromen (meistens Pfefferminz, engl. spearmint) enthalten. Heute werden auch Kaugummisorten mit künstlichen Süßstoffen erzeugt. Die gewählte Gummisorte wird zerkleinert, auf etwa 60 °C erwärmt und mit den anderen Ingredienzien versehen. Danach wird der entstandene Teig geknetet und in die gewünschte Form gewalzt oder extrudiert. Kaugummi enthält 2,6 % Wasser und etwa 97 % lösliche Kohlenhydrate.

**Speiseeis** (engl. frozen desserts, ice cream) ist eine Zubereitung, die im Normalfall hauptsächlich aus gefrorener Milch (60 %), Milchprodukten und Saccharose bzw. Glucose oder Stärkesirup besteht. Das Milchfett kann teilweise oder ganz durch Pflanzenfett oder Butter ersetzt sein. Weitere mögliche Bestandteile sind Eier, Eidotter und Eiprodukte, Zuckeraustauschstoffe, Früchte und Nüsse, Obstprodukte (Säfte, Weine, Liköre), Kakao- und Kaffeeprodukte, Gewürze, Aromen und Essenzen, Fruchtsäuren, Verdickungsmittel und Stabilisatoren (Alginate, Stärke, Tragacanth, Agar-Agar, Pektin, Carboxymethylcellulose, Xanthan, Gelatine), Farbstoffe, Emulgatoren (Lecithin) und Luft. Die heute wichtigste Sorte von Speiseeis ist das Obers- oder Rahmeis (ice cream), gefolgt von Vollmilchspeiseeis und Magermilchspeiseeis (engl. sherbet). Besonders bei Letzteren ist der Zusatz von Stabilisatoren wichtig. Seit etwa 20 Jahren findet auch Speiseeis auf Joghurtbasis größere Verbreitung.

Die ausgewählten Komponenten des Speiseeises werden gemischt, homogenisiert und pasteurisiert (z. B. 85 °C, 20 sec.). Während des Homogenisierens werden Fettglobuli aufgebrochen, und das freigesetzte Fett wird teilweise an Proteine und Stabilisatoren gebunden. Nach Abkühlung auf 2–3 °C wird das Gemisch einige Stunden zur Abrundung des Geschmacks bei gleichzeitigem Rühren gelagert (Aging). Das „Aging" gibt dem Fett Zeit zu kristallisieren und den Milchproteinen und Verdickungsmitteln die Möglichkeit, Wasser zu binden, um eine geeignete Konsistenz zu erhalten. Auch Aroma- und Farbstoffe können entweder zu diesem Zeitpunkt oder während des Gefrierens zugesetzt werden. Während des Gefrierens wird die Temperatur bei gleichzeitigem Rühren auf etwa – 5 bis – 7 °C abgesenkt. Ziel des Gefrierverfahrens ist es, möglichst kleine Eiskristalle zu erhalten, die im Mund noch als cremig wahrgenommen werden. Die Bildung großer Eiskristalle (> 10 µm) wird geschmacklich als „sandig" empfunden und wird vor allem durch die verwendeten Stabilisatoren und die vorhandenen Proteine behindert. Gleichzeitig wird Luft eingerührt, die sich einerseits bei den tiefen Temperaturen gut löst, andererseits in der viskosen Masse als Luftbläschen emulgiert bleibt und zusammen mit Proteinen eine Auflockerung der Konsistenz bewirkt. Nach dem Gefrieren wird Speiseeis in der Regel „gehärtet", d. h. möglichst schnell auf etwa – 20 °C abgekühlt. Durch die steifere Konsistenz kann Speiseeis besser paketiert und gelagert werden. In Speiseeis koexistieren damit die drei Phasen: fest, flüssig und gasförmig. Es ist ein guter Nährboden für Mikroorganismen und verlangt daher in Herstellung und Vertrieb hohe hygienische Standards.

Speiseeis aus Obers (Sahne), Obers-Eiscreme, enthält 15 % Milchfett, Milch-Eiscreme 10 % Milchfett. Vollmilcheis enthält 60 % Vollmilch, Magermilcheis 60 % entrahmte Milch. Pflanzenfetteis enthält 3 % Pflanzenfette und 8 % fettfreie Milchtrockensubstanz. Vanilleeiscreme hat einen durchschnittlichen Wassergehalt von 61 %, 3,5 % Protein, 11 % Fett, 23,6 % Kohlenhydrate, darunter 17,6 % Zucker und 0,9 % Asche. Sherbet enthält durchschnittlich 66 % Wasser, 2 % Fett, 30,4 % Kohlenhydrate, darunter 24,3 % Zucker und 0,4 % Asche.

# 13 Pflanzenfette

Pflanzenfette unterscheiden sich vor allem bezüglich der vorkommenden Steroide von tierischen Fetten. Diese Unterscheidung ist historisch begründet. Man weiß heute, dass die für Tiere als charakteristisch angesehenen Steroide Cholesterin und Ergosterin auch in Pflanzen, allerdings seltener und meist in geringerer Konzentration, vorkommen. In Pflanzen bilden verschiedene Phytosterine, wie z. B. Stigmasterin und Sitosterine, die Hauptmenge an Steroiden. Eine wichtige Ausnahme sind Sonnenblumensamen, die nach einigen Autoren bis 0,15 % Cholesterin enthalten können. Weizenkörner weisen durchschnittlich einen geringen Gehalt an Ergosterin auf (12 ppm = 0,0012 %) (Tab. 13.1).

**Tabelle 13.1.** Phytosterine in Pflanzenfetten

| Phytosterin mg/100 g | β-Sito-sterin | Stigma-sterin | Campe-sterin | $\Delta^7$-Stigma-sterin | $\Delta^5$-Avena-sterin | Brassica-sterin |
|---|---|---|---|---|---|---|
| Olivenöl | 205 | | 4 | | 8 | |
| Palmöl | 19 | 6 | 6 | | | |
| Palmkernfett | 57 | 10 | 8 | | | |
| Kokosfett | 66 | 15 | 7 | | | |
| Baumwollsaat | 292 | | 19 | | 8 | |
| Maiskeimöl | 678 | 58 | 202 | | | |
| Erdnussöl | 173 | 23 | 30 | | 25 | |
| Sonnenblumen | 60 | 8 | 9 | | | |
| Soja | 142 | 48 | 56 | 9 | 5 | |
| Rapsöl | 310 | | 217 | | | 68 |
| Kakaobutter | 105 | 25 | 18 | | | |
| Sesamöl | 490 | 52 | 164 | 9 | 50 | |
| Walnussöl | 88 | 1,5 | 11 | | | |
| Mandelöl | 220 | 4 | 5 | | | |

Traditionell werden die Pflanzenfette nach dem

- Pflanzenorgan, aus dem sie gewonnen werden,
- ihrer Konsistenz und
- der dominierenden Fettsäure

eingeteilt. Da die meisten Pflanzenfette aus Samen gewonnen werden, kommt hier der zweite und dritte Einteilungsparameter oft zum Einsatz.

Neben den Samenfetten kommen Fruchtfleischfette vor. Es gibt auch einige Pflanzen, die anstelle von Kohlenhydraten Fett als Energieträger in den Früchten speichern.

## 13.1 Fruchtfleischfette

**Olivenöl** ist seit dem Altertum das wichtigste Speiseöl in den Ländern rund um das Mittelmeer. Zu dieser Zeit wurde es auch als Grundlage für Salben und Reinigungsmittel sowie für Heizung und Beleuchtung verwendet. Die Früchte von *Olea europaea (Oleaceae)* und deren Inhaltsstoffe wurden schon im Abschnitt 12.3.6 beschrieben. Das Fruchtfleisch der Olive enthält 16–25 % Öl.

Die gewaschenen Früchte werden zerkleinert und eventuell vom Kern abgelöst, und die Maische wird in Körben oder Säcken hydraulisch ausgepresst. Bisweilen wird das **frei ablaufende Öl** getrennt gewonnen. Auf diese **Kaltpressung** folgt in der Regel eine **Warmpressung** bei etwa 40 °C und unter Umständen darauf folgend auch eine **Extraktion** des Presskuchens mit Lösungsmittel (z. B. Hexan).

Das frei ablaufende und das kalt gepresste Öl liefern das direkt zum Konsum geeignete Öl (extra vergine, extra vierge). Das warm gepresste und das extrahierte Öl sind zur direkten Verwendung als Speiseöl nicht geeignet und müssen raffiniert werden. Die Qualität der Öle kann durch Sensorik, den Gehalt an freien Fettsäuren und durch das Verhältnis der Extinktionen bei den Wellenlängen R = 234/270 bestimmt werden. Das native Olivenöl extra (extra vergine) hat einen Gehalt an freien Fettsäuren von unter 1 % und einen Quotienten R von 10–13. Mit abnehmender Qualität nimmt der Quotient ab (raffinierte Öle 2,5–3,5) und der Gehalt an freien Fettsäuren zu. Letzterer ist allerdings bei raffinierten Ölen wieder extrem niedrig (0,2), da die freien Fettsäuren im Laufe der Raffination entfernt werden. Weitere qualitätsbestimmende Faktoren sind die Sorte und der Reifezustand der Frucht sowie deren Lage.

Olivenöl hat eine grünlich-gelbe bis goldgelbe Farbe und erstarrt bei minus 5–9 °C. Die wichtigsten Fettsäuren im Olivenöl sind Ölsäure (75–85 %), Palmitinsäure (10 %) und Linolsäure (4–7 %). Charakteristisch für Olivenöl sind auch hohe Gehalte an Squalen (140–700 mg/100 g) und α-Tocopherol (15–18 mg/100 g). Der Gehalt an Oleuropein wurde bei der Besprechung der Oliven als Obst schon erwähnt. Im Öl findet sich vorwiegend die Komponente 2-(3,4-Dihydroxyphenyl)-ethanol-1. Der Konsum von Olivenöl soll die Menge an Docosahexaensäure, gebunden in Phosphatidylethanolaminen, in Herz und Leber um das 2- bis 3-Fache steigern können, während die Bildung von Thromboxanen vermindert wird.

**Palmöl** wird aus dem Fruchtfleisch der Früchte der Ölpalme (*Elaeis guineensis* oder *Elaeis oleifera = Elaeis melanococca, Arecaceae*) gewonnen. Die erstere Palme ist heimisch in Westafrika, die letztere im Amazonasgebiet Südamerikas. Ölpalmen benötigen tropisches Klima und werden heute rund um den Erdball in Plantagen kultiviert. Hauptproduzenten sind Westafrika (Nigeria) und Asien (Malaysia). Palmöl wird durch Pressen und Zentrifugieren des zerkleinerten Fruchtfleisches erhalten. Das rohe Öl kann durch das darin enthaltene β-Carotin (50–70 mg/100 g) orange bis rot gefärbt sein, an der Luft bleicht die Farbe infolge von Oxidation schnell aus. Das rohe Öl hat eine schmalzartige Konsistenz (Fp 30 °C) und ist, verursacht durch eine hohe Lipase-Aktivität, leicht verderblich.

Palmöl wird in der Regel raffiniert, mit Antioxidanzien stabilisiert und dann für die Produktion von Margarine, als Brat- und Frittierfett oder zur Seifenherstellung verwendet. Das Fruchtfleisch enthält 35–45 % Fett, Hauptfettsäuren sind Ölsäure (37 %), Palmitinsäure (43 %) und Linolsäure (9 %). Hoch ist der Gehalt an Tocopherolen: Neben α-Tocopherol (20 mg/100 g), kommen α-, β- und vor allem γ-Tocotrienole (22–36 mg/100 g) im Palmöl vor. Charakteristisch für Palmöl ist das in höheren Konzentrationen (7–9 mg/100 g) enthaltene und physiologisch besonders wirksame δ-Tocotrienol. Der Gehalt an Tocotrienolen könnte mitunter für die präventive Wirkung des Palmöls gegen das Entstehen von Brustkrebs verantwortlich sein.

**Stillingiatalg** (Chinesischer Talg aus den Früchten von *Stillingia sebifera* = *Sapium sebiferum, Euphorbiaceae*): An der Oberfläche des im Fruchtfleisch eingebetteten Samens befindet sich eine Talgschicht (Fp 43–47 °C), deren Triglyceride vorwiegend Palmitinsäure enthalten. Stillingiatalg ist ein Beispiel für einen Talg pflanzlicher Herkunft. Aus den Samen kann ein trocknendes Öl gewonnen werden. Stillingiatalg wird auch in der Pharmazie (Homöopathie) verwendet.

**Avocadoöl** wird aus dem Fruchtfleisch von *Persea americana* durch Pressen erhalten. Die Zusammensetzung der Avocadofrucht wurde schon im Abschnitt 12.3.6 beschrieben. Die Fruchtfleischtrockenmasse enthält etwa 75 % Fett. Vorherrschende Fettsäure im Öl ist die Ölsäure (65 %), daneben kommen Palmitinsäure (13 %) und Linolsäure (11 %) vor. Avocadoöl wird hauptsächlich in der Kosmetik verwendet.

## 13.2 Samenfette

In Samen ist ein Großteil der Energie in Form von Fett gespeichert. Samen stellen daher generell Ausgangsprodukte für die Gewinnung von Fetten dar. Die Einteilung erfolgt nach der Konsistenz der Fette und nach den in ihnen vorkommenden Fettsäuren.

### 13.2.1 Feste und halbfeste Samenfette (laurin- und myristinsäurereiche Pflanzenfette)

**Kokosfett** wird aus dem Kernfleisch der Kokosnuss gewonnen. Das Kernfleisch der Kokosnuss (35 % Fett, 60–70 % in der Trockensubstanz) kann auch als solches konsumiert werden und gehört in dieser Hinsicht zur

Gruppe des Schalenobstes. Stammpflanze ist die Kokospalme (*Cocos nucifera, Arecaceae*), die im tropischen Klima, bevorzugt in der Nähe von Meeresküsten, gedeiht. Die genaue Heimat der Kokospalme ist nicht bekannt, am wahrscheinlichsten sind Südafrika oder Madagaskar. Die Steinfrüchte können durch Meeresströmungen in viele Teile der Welt vertragen werden, in einem für die Keimung des Samens geeigneten Klima können wieder neue Palmen entstehen. Daher kommt es, dass Kokospalmen an den Küsten des gesamten Tropengürtels gefunden werden. Es sind viele Varietäten dieser Palme bekannt, die auch in Plantagen kultiviert werden. Das Fett wird durch Auskochen mit Wasser und Abschöpfen des Fettes oder durch Pressen des getrockneten Kernfleisches (Kopra) bei Temperaturen von 70–80 °C gewonnen. Die Zusammensetzung der Kopra beträgt durchschnittlich 65 % Fett, 7 % Protein, 23 % Kohlenhydrate, 1,5 % Asche und 3,5 % Wasser. Der Presskuchen wird als Viehfutter verwendet. Das helle und süß schmeckende, frisch gepresste Öl ist wegen seines Lipase-Gehaltes wenig haltbar. Es kommt schnell zu einer starken Steigerung des Gehaltes an freien Fettsäuren, verbunden mit einem scharfen und ranzigen Geschmack. Unter anderem entstehen auch Methylketone (Ketonranzigkeit). Es wird daher in der Regel raffiniert. Kokosfett hat einen Fp von 23–28 °C. Durch fraktionierte Kristallisation können das höher schmelzende Kokossterin und durch Hydrieren ein Fett mit 32 °C Schmelzpunkt erhalten werden.

Mengenmäßig gehört Kokosfett zu den bedeutendsten Speisefetten (Weltproduktion über 30 Millionen Tonnen). Es ist ein wichtiges Back- und Frittierfett und ein bedeutender Grundstoff für die Margarineproduktion. Wegen seiner relativ hohen Schmelzwärme wird es häufig bei der Herstellung von Süß- und Backwaren verwendet. Als Grundstoff für stark schäumende Seifen (Shampoos) ist es auch für die Kosmetik von Bedeutung.

Kokosfett besteht vor allem aus gesättigten Fettsäuren mittlerer Kettenlänge: 45–48 % Laurinsäure, 17–20 % Myristinsäure. Weiters kommen jeweils 5–8 % Capryl- und Caprinsäure sowie 2–5 % Stearinsäure vor. Ungesättigte Fettsäuren sind durch einen geringen Ölsäuregehalt (4–8 %) repräsentiert. Insgesamt enthält Kokosfett 92 % gesättigte Fettsäuren. Dadurch ist einerseits die Stabilität gegen Oxidation und andererseits durch das praktische Fehlen langkettiger Fettsäuren der niedrige Schmelzpunkt erklärt.

**Palmkernfett** wird aus den Samen der Ölpalme (*Elaeis guineensis* und *Elaeis oleifera*) durch Pressen oder Extrahieren bei erhöhter Temperatur erhalten. Das frische Öl ist hell, wird aber unter dem katalytischen Einfluss sameneigener Lipasen leicht ranzig. Einerseits werden Fettsäuren freigesetzt, andererseits werden die freien Fettsäuren zu den β-Ketosäuren oxidiert und decarboxyliert ($RCOCH_2COOH \rightarrow RCOCH_3 + CO_2$). Es entstehen die vom Aroma des Gorgonzola her bekannten Methylketone. Palmkernfett hat ähnliche Eigenschaften wie Kokosfett und kann auch ähnlich verwendet werden. Der Schmelzpunkt liegt bei 24–30 °C. Die mengenmäßig wichtigste Fettsäure ist die Laurinsäure (46–48 %), gefolgt von Myristinsäure (15 %), Ölsäure (16 %) und der Palmitinsäure (7 %).

**Babassufett** ist dem Palmkernfett ähnlich und wird aus den Kernen der Nüsse der Babassupalme (*Orbignya phalerata*, syn. *Orbignya speciosa, Orbignya oleifera = Attalea speciosa, Arecaceae*) erhalten. Die Palme ist in Süd- und Mittelamerika heimisch und wird im nordöstlichen Brasilien kultiviert. Das Fett hat einen Schmelzpunkt von 22–26 °C und kann wie Kokosfett verwendet werden. Es ist stabiler als Kokosfett, hat aber keine große wirtschaftliche Bedeutung (etwa 0,2 % der gesamten pflanzlichen Fettproduktion). Babassufett enthält 45 % Laurinsäure, 16 % Myristinsäure und 14 % Ölsäure.

### 13.2.2 Butterähnliche Pflanzenfette (palmitin- und stearinsäurereiche Samenfette)

Die Fette dieser Gruppe enthalten nur eine geringe Anzahl an unterschiedlichen Triglyceriden. Daraus ergeben sich ein relativ einheitlicher Aufbau, ein enges Schmelzintervall und somit enge Grenzen der Plastizität dieser Fette. Sie werden auch als butterähnliche Pflanzenfette bezeichnet, da Palmitinsäure, Stearinsäure und Ölsäure die Hauptmenge der Fettsäuren, ähnlich wie in der Butter, darstellen.

**Kakaobutter** ist zu etwa 50 % Bestandteil der Samen (Kakaobohnen) von *Theobroma cacao (Sterculiaceae)*. Über die Pflanze und deren Inhaltsstoffe siehe Abschnitt 12.5.2 „Alkaloidhaltige Genussmittel". Kakaobutter ist ein gelbes, bei normaler Temperatur hartes, nach Kakao schmeckendes Fett, das zwischen 32 und 34 °C schmilzt. Sie wird durch Pressen der gewaschenen und zerkleinerten Bohnen bei erhöhter Temperatur gewonnen. Hauptanwendung ist die Erzeugung von Schokolade, daneben wird Kakaobutter auch in der Kosmetik (Salben, Lippenstifte) und in der Pharmazie (Zäpfchen, Suppositorien) verwendet.

Etwa 80 % der vorkommenden Triglyceride sind Palmitooleostearin (57 %, POS) und Oleodistearin (22 %, SOS). Die Triglyceride haben eine einer Stimmgabel ähnliche Struktur mit Ölsäure am Atom $C_2$ des Glycerins. Jedes dieser Triglyceride hat einen charakteristischen Schmelzpunkt, aber wenn sie gemeinsam in Schokolade enthalten sind, kann die Gesamtstruktur in einer von vier polymorphen Formen kristallisieren, jede davon wieder mit einem charakteristischen Schmelzpunkt (z. B. α: 21–24 °C, β': 27–29 °C, β: 34–35 °C). In welcher dieser polymorphen Formen die Schokolade dann kristallisiert, hängt von den Kristallisationsbedingungen ab (Temperatur, Geschwindigkeit und Art der Impfkristalle). Die meist gewünschte, stabile β-Form wird durch langsames, die instabile α-Form durch rasches Abkühlen der Schokoladenmasse erhalten. Hauptfettsäuren sind Palmitinsäure (18 %), Stearinsäure (35 %) und Ölsäure (37 %).

**Borneotalg = Illipe-Butter = Tengkawang-Fett** und die nachfolgenden Fette dieser Gruppe werden auch als **Kakaobutteraustauschfette** bezeichnet. In manchen Ländern darf ein Teil der Kakaobutter durch diese Fette ersetzt werden. In den Ursprungsländern werden die Fette als Haushaltsfette verwendet. Borneotalg wird vorwiegend aus den Samen von *Shorea macrophylla, Shorea stenoptera (Dipterocarpaceae)* durch Pressen bei erhöhter Temperatur gewonnen (Fp 28–37 °C). Hauptfettsäuren sind Palmitinsäure (18 %), Stearinsäure (43 %) und Ölsäure (37 %).

**Mowrahbutter** (indisch = Indische Illipe-Butter) wird aus den Samen von *Madhuca longifolia, Madhuca latifolia = Illipe latifolia = Bassia latifolia (Sapotaceae)* durch Pressen erhalten. Das Fett kann ähnlich wie Borneotalg angewendet werden. In Indien wird es als Speisefett und als Heilmittel verwendet. Die durchschnittliche Fettsäurezusammensetzung ergibt folgendes Muster: 24 % Palmitinsäure, 19 % Stearinsäure, 43 % Ölsäure und 13 % Linolsäure. Der Schmelzpunkt liegt bei 23–29 °C.

**Sheabutter** (Beurre de Karité) ist das Fett der Samen von *Vitellaria parodoxa = Butyrospermum parkii = Bassia parkii (Sapotaceae)*. Der Baum ist heimisch im tropischen Westafrika. Die im Fruchtfleisch eingebetteten Samen werden ähnlich wie die Kakaobohnen abgetrennt und gereinigt. Aus den zerkleinerten Samen wird das Fett durch Auskochen oder Abpressen erhalten. Der Schmelzpunkt des Fettes liegt bei 23–40 °C, die Hauptfettsäuren sind Palmitinsäure (6 %), Stearinsäure (40 %), Ölsäure (50 %) und Linolsäure (4 %).

## 13.3  Pflanzensamenöle

### 13.3.1  Palmitinsäurereiche Pflanzenöle

**Baumwollsaatöl** (engl. cottonseed oil) wird aus den Samen von *Gossypium* ssp,. (*Malvaceae*) gewonnen. Die einjährige Pflanze wächst in subtropischem Klima und braucht eine Wachstumsperiode von mindestens 6 Monaten, feuchten Boden und wenig Regen, wenn die Fruchtkapseln geöffnet sind. Baumwolle hat primär wegen der Qualität ihrer Cellulose große wirtschaftliche Bedeutung erlangt, erst mit fortschreitender Technisierung der Baumwollernte (maschinelle Entkernung seit etwa 1800) wurde auch eine Verwendung für die zuerst unerwünschten Samen gefunden. Die Baumwollpflanze kommt weltweit in den geeigneten Klimazonen auch in Wildformen vor, viele Kulturformen und Varietäten haben sich im Laufe der Zeit gebildet. Zu den wichtigsten Kulturformen werden *Gossypium barbadense, Gossypium hirsutum, Gossypium herbaceum, Gossypium acuminatum* gezählt.

Die von anhängenden Fasern gereinigten und geschälten Samen werden zerkleinert, mit Wasserdampf erhitzt, getrocknet, mechanisch gepresst, meistens aber mit Lösungsmittel (Hexan) extrahiert. Das rohe Öl ist rot oder dunkel gefärbt, schmeckt bitter und kratzig, ist zum direkten Konsum ungeeignet und wird daher raffiniert.

Hauptgrund für die Farbe ist die Anwesenheit des roten Pigmentes Gossypol, ein phenolisches Bisnaphthalinderivat (Abb. 13.1), das auf den

Menschen und auf Tiere toxisch wirkt (LD$_{50}$ 2,57 g/kg; Ratte). Gossypol vermindert die Sauerstoffbindung des Blutes und verursacht bei Versuchstieren Lungenödeme, Kurzatmigkeit und Paralyse. Die Trester der Baumwollsaatölgewinnung müssen frei von Gossypol sein, wenn sie als eiweißreiches Futtermittel dienen sollen. Durch Erhitzen der Trester kann dies, zumindest teilweise, erreicht werden. Gossypol ist heute in China als Antifertilitätspille für den Mann in Verwendung. Auch gegen promyeloische Leukämie wurde es bereits erfolgreich eingesetzt.

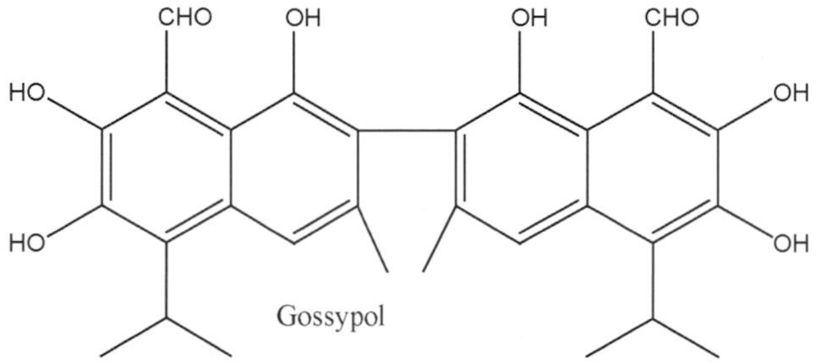

**Abb. 13.1.**    Chemische Struktur von Gossypol

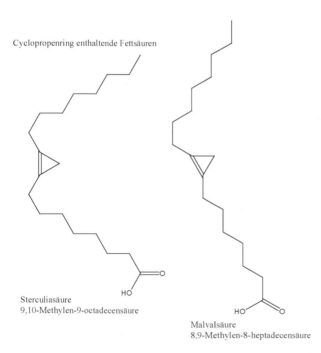

**Abb. 13.2.**    Chemische Struktur der Cyclopropenfettsäuren des Baumwollsaatöls

Das raffinierte Öl wird vor allem in den USA als Ausgangsmaterial zur Herstellung von Backfett verwendet. Es kann nach dem Ausfrieren der hochschmelzenden Triglyceride (Winterisierung) als Salatöl verwendet werden. Gehärtet ist es ein wichtiger Rohstoff in der Margarineerzeugung. Baumwollsaatöl enthält etwa 50 % Linolsäure, 20 % Ölsäure und 25 % Palmitinsäure.

Außerdem sind die seltenen Cyclopropenfettsäuren Malvalsäure (= Malvaliasäure) und Sterculiasäure zu insgesamt etwa 1 % enthalten. Sterculiasäure macht etwa 70 % der Fettsäuren in den Samen des Stinkbaumes *Sterculia foetida* aus. Sterculiasäure kann im Stoffwechsel über die 2-Hydroxysterculsäure in Malvalsäure umgewandelt werden (Abb. 13.2). Physiologisch sind die Cyclopropenfettsäuren interessant, weil sie die Umwandlung (Desaturierung) der Stearinsäure zur Ölsäure hemmen können. Bei der Fettraffination werden Cyclopropenfettsäuren weitgehend zerstört. Die „Halphenreaktion", die zum Nachweis von Baumwollsaatöl verwendet wird, beruht auf einer Reaktion der Cyclopropenfettsäuren mit Schwefel, Schwefelkohlenstoff und Amylalkohol, die zu einer Rotfärbung führt.

**Kapoköl**, ein grünlich-gelbes Öl aus den Samen des Kapokbaumes *(Ceiba pentandra, Bombacaceae)*, wird vor allem durch Extraktion und anschließende Raffination gewonnen. Kapoköl ist in seiner Zusammensetzung dem Baumwollsaatöl ähnlich. Es enthält durchschnittlich 13 % Cyclopropenfettsäuren, vorwiegend Malvalsäure.

Der Kapokbaum (Wollbaum) ist in Mittel- und Südamerika heimisch und auch wegen der aus den Fruchtkapseln gewinnbaren Cellulosefasern eine wichtige Nutzpflanze. Kapoköl kann wie Baumwollsaatöl verwendet werden und ist ein wichtiger Rohstoff für die Seifenproduktion. Die Rückstände der Fettgewinnung werden als Futter für Rinder verwendet.

**Maiskeimöl** (*Zea mays, Poaceae = Gramineae,* engl. corn oil) ist zu 40–50 % im Keimling des Maiskornes enthalten. Es fällt als Nebenprodukt der Produktion von Maisstärke und Maismehl an, bei der der fettreiche Keimling abgetrennt wird. Das Öl wird durch Pressen bei erhöhter Temperatur oder durch Lösungsmittelextraktion gewonnen. Das extrahierte Öl muss anschließend raffiniert werden. Maiskeimöl wird als Speiseöl, für Mayonnaisen oder nach Härtung als Fett für Margarine oder zur Herstellung von Streichfetten, die Gemische von Maiskeimölmargarine (60 %) mit Butter (40 %) sind, verwendet. Solche Fette sind nicht nur in den USA, sondern auch in der EU zugelassen.

Die wichtigsten Fettsäuren im Maiskeimöl sind die Linolsäure (58 %), die Ölsäure (25 %) und die Palmitinsäure (11 %). Charakteristisch für das Öl ist sein hoher Gehalt an γ-Tocopherol (bis 75 mg/100 g), daneben ist auch α-Tocopherol (bis 25 mg/100 g) enthalten.

**Weizenkeimöl** wird aus den in Weizenkörnern (*Triticum* ssp, *Poaceae = Gramineae*) enthaltenen Keimlingen (etwa 2 % des Korngewichtes) meistens durch Extraktion mit Lösungsmitteln oder durch Pressen gewonnen.

Die Keimlinge werden vom Mehlkörper im Zuge des Mahlprozesses abgetrennt. Wegen seines hohen Gehaltes an α-Tocopherol (bis 120 mg/ 100 g) sowie β- und γ-Tocopherol (bis 40 mg/100 g bzw. 50 mg/100 g) und γ-Tocotrienol (16 mg/100 g) kommt dem Weizenkeimöl eine diätetische Bedeutung zu. Die wichtigsten Fettsäuren sind Linolsäure (55 %), Ölsäure (20 %) und Palmitinsäure (17 %). Der Gehalt an Getreideölen in Backwaren beeinflusst die Kennzahlen der Backfette.

**Reiskeimöl** wird durch Lösungsmittelextraktion oder Pressen von Reiskleie (von *Oryza sativa, Poaceae = Gramineae*) gewonnen und in reisproduzierenden Ländern u. a. als Speiseöl (Salatöl) verwendet. Es macht etwa 12 % der Reiskleie aus, enthält hauptsächlich Linolsäure, aber auch größere Mengen an Linolensäure.

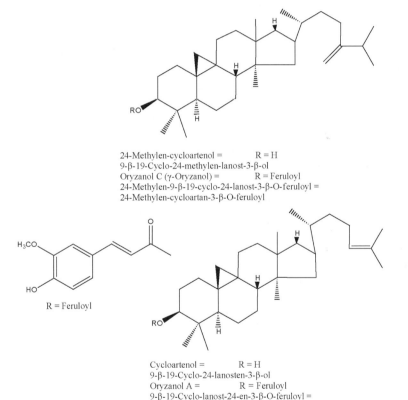

24-Methylen-cycloartenol =          R = H
9-β-19-Cyclo-24-methylen-lanost-3-β-ol
Oryzanol C (γ-Oryzanol) =          R = Feruloyl
24-Methylen-9-β-19-cyclo-24-lanost-3-β-O-feruloyl =
24-Methylen-cycloartan-3-β-O-feruloyl

R = Feruloyl

Cycloartenol =          R = H
9-β-19-Cyclo-24-lanosten-3-β-ol
Oryzanol A =          R = Feruloyl
9-β-19-Cyclo-lanost-24-en-3-β-O-feruloyl =
Cycloart-24-en-3-β-O-feruloyl

**Abb. 13.3.**     Chemische Struktur von Oryzanolen

Wie im Palmöl kommen im Reiskeimöl größere Mengen an Tocotrienolen vor: 24 mg/100 g α-Tocotrienol und 25 mg/100 g γ-Tocotrienol. Besonders Tocotrienol-haltig ist die Spezies *Oryza japonica*, sie enthält alle bekannten Tocotrienole. Neben ihrer tumorpräventiven Wirkung greifen Tocotrienole auch in die Cholesterinbiosynthese ein. Sie hemmen zu etwa 80 % die 3-Hydroxy-3-methylglutaryl-Coenzym-A-Reduktase (HMG-CoA-Reduktase). Charakteristisch für das Reiskeimöl ist γ-Oryzanol (Ferulasäureester des 24-Methylencycloartenols, Abb. 13.3). Neben seiner antioxidativen Aktivität wirkt γ-Oryzanol ähnlich wie ein Steroidanabolikum – es fördert den Muskelaufbau, den Fettabbau und wird deswegen auch im Sport verwendet.

**Haferöl** wird durch Pressen oder Lösungsmittelextraktion aus zerkleinertem Haferkorn (Samen von *Avena sativa*, *Poaceae* = *Gramineae*) erhalten. Im Gegensatz zu anderen Getreidefetten, die im Keimling konzentriert sind, ist das Haferfett im ganzen Korn verteilt. Es ist, wie auch andere Getreideöle, durch seinen Gehalt an Tocopherolen und Tocotrienolen für die Ernährung interessant geworden. Haferöl enthält jeweils etwa 18 mg/100 g α-Tocopherol und α-Tocotrienol. Nur geringe Mengen an den entsprechenden γ-Isomeren wurden gefunden. Die Fettsäurezusammensetzung ist ähnlich den anderen Getreideölen (16 % Palmitinsäure, 45 % Ölsäure, 37 % Linolsäure). Auch konjugierte Linolsäure (CLA) wurde im Haferöl gefunden. Zudem enthält Haferöl viele Phytosterine (Avenasterine, Brassicasterin, β-Sitosterin, Abb. 13.4).

**Gerstenkeimöl** wird aus der Kleie oder dem Keimling von *Hordeum sativum* gewonnen, vorwiegend durch Lösungsmittelextraktion. Bemerkenswert ist der hohe Gehalt an α- (35 mg100 g), β- (5 mg/100 g) und γ-Tocopherol (5 mg/100 g) sowie α- (67 mg/100 g), β- (12 mg/100 g) und γ-Tocotrienol (12 mg/100 g). Die Fettsäurezusammensetzung des Gerstenkeimöls ist ähnlich dem Weizenkeimöl (57 % Linolsäure, 27 % Ölsäure, 14 % Palmitinsäure).

**Roggenöl** wird durch Pressen oder Extraktion mit Hexan aus der Kleie oder dem Keimling von *Secale cereale* gewonnen und enthält vorwiegend α-Tocopherol und α-Tocotrienol. Die wichtigsten Fettsäuren sind Palmitinsäure (25 %), Ölsäure (18 %) und Linolsäure (48 %). Roggenöl hat einen hohen Gehalt an β-Sitosterin.

**Kürbiskernöl** (engl. pumpkinseed oil) wird aus den Samen von *Cucurbita* sp., vor allem aus dem Ölkürbis (*Cucurbita pepo* var. *oleifera* var. *styriaca*) durch Kalt- oder Heißpressung erhalten. Vor der Pressung werden die Samen teilweise geröstet oder geschält. Das kalt gepresste Öl ist durch Chlorophyll grün gefärbt, im Durchlicht erscheint es rot. Bei höheren Temperaturen zersetzt sich ein Teil des grünen Pigmentes, und das Öl hat dann eine braungrüne Farbe. Kürbiskernöl wird nicht raffiniert. Es wird als Speiseöl, vor allem aber als Salatöl, verwendet. Zu den wichtigsten im Kürbiskernöl enthaltenen Fettsäuren zählen Linolsäure (54 %), Ölsäure (24 %) und Palmitinsäure (16 %). Mit einem Gehalt von ca. 34 mg/100 g ist γ-Tocopherol das vorwiegend im Kürbiskernöl enthaltene Tocopherol.

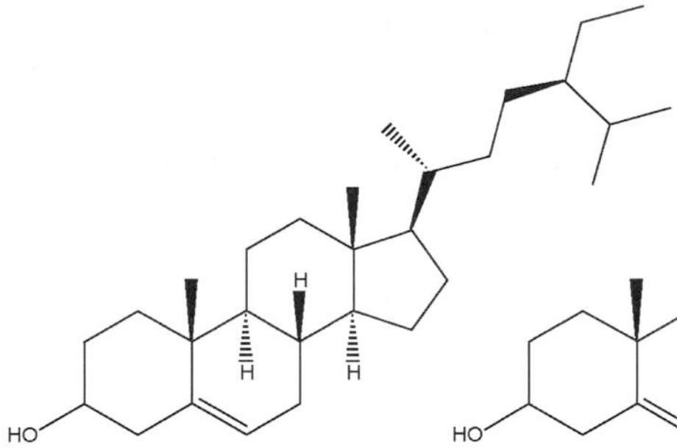

β-Sitosterin =
Stigmast-5-en-3-ol =
24-Ethylcholesterin

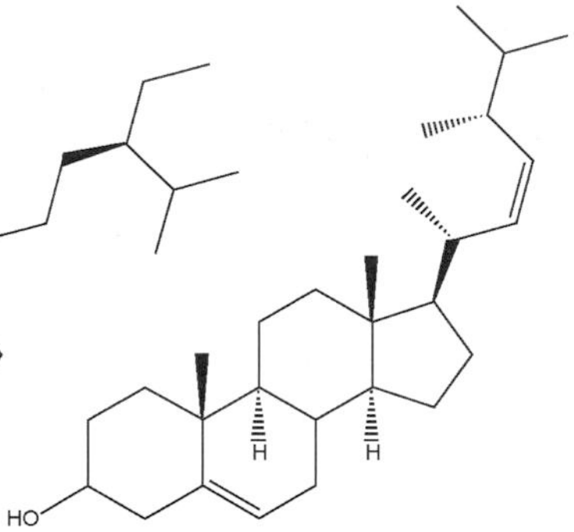

Brassicasterol =
7,8-Dihydroergosterol =
Ergosta-5,22-dien-3-ol =
24-Methylcholesta-5,22-dien-3-ol

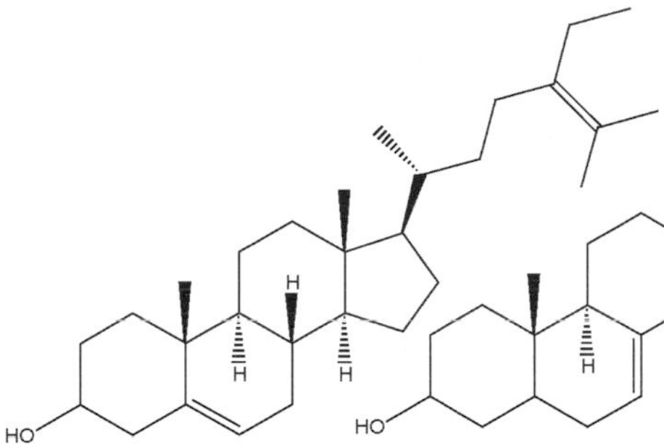

$\Delta^5$-Avenasterol =
Stigmasta-5,24-dien-3-ol

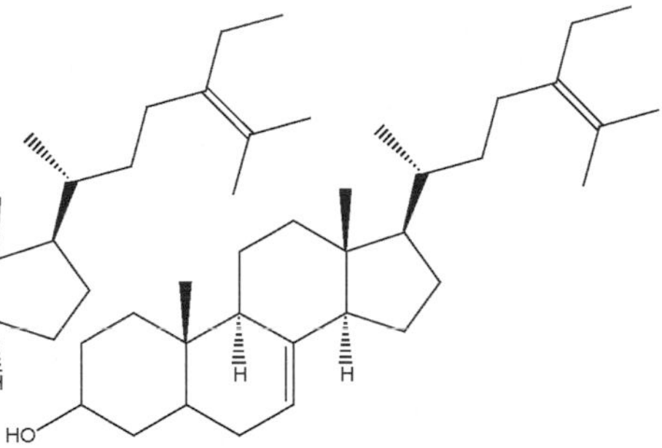

$\Delta^7$-Avenasterol =
Stigmasta-7,24-dien-3-ol

**Abb. 13.4.** Chemische Struktur von Phytosterinen des Haferöls

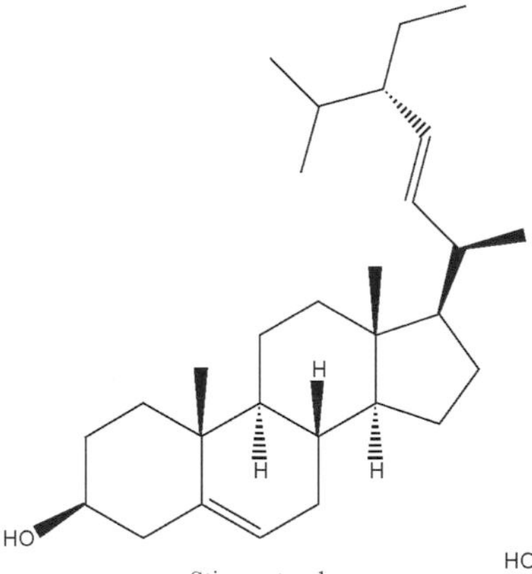

Stigmasterol =
Stigmast-5,22-dien-3-β-ol

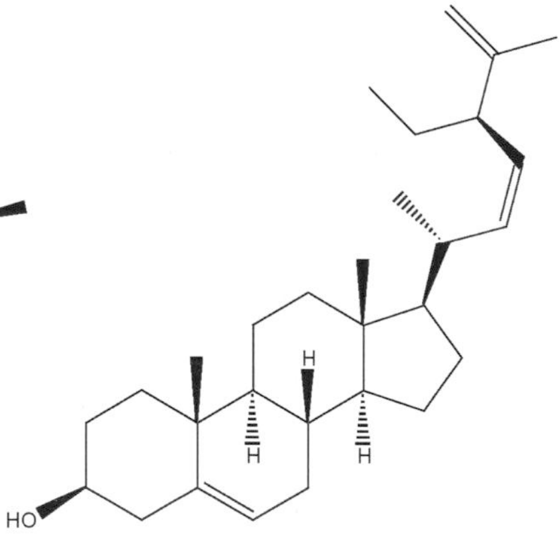

Stigmast-5,22,25-trien-3-β-ol

**Abb. 13.5.** Chemische Struktur von Phytosterinen des Kürbiskernöls

Weiters enthält das Öl etwa 1 % Phytosterine, überwiegend Abkömmlinge des Stigmasterins (Stigmast-5,22-dien-3-β-ol und Stigmast-5,22,25-
trien-3-β-ol, Abb. 13.5). Dem Kürbiskernöl wird eine präventive und kurative Wirkung bei Blasenschwäche und Prostatavergrößerung zugeschrieben.

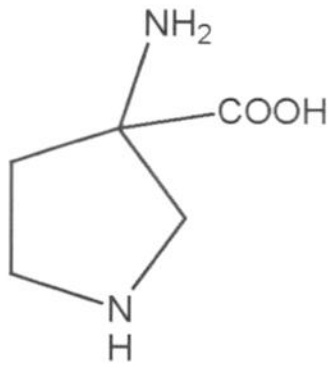

**Abb. 13.6.**    Chemische Struktur von Cucurbitin (3-Amino-3-carboxypyrrolidin)

Kürbiskerne enthalten eine seltene Aminosäure „Cucurbitin" (3-Ami-
no-3-carboxy-pyrrolidin, Abb. 13.6), die für die antihelminthische Wirkung der Kürbiskerne verantwortlich sein soll.

**Mandelöl** (engl. almond oil) ist zu etwa 50 % in den Kernen von *Prunus
amygdalus, Prunus dulcis* var. *dulcis* und *Prunus dulcis* var. *amara (Rosaceae)*,
Süß- und Bittermandeln, enthalten. Für die Ölgewinnung wird fast ausschließlich die süße Mandel verwendet, da Bittermandelöl immer Reste an
Blausäure enthalten kann. Bittere Mandeln dienen primär zur Gewinnung
eines ätherischen Öls als Mandelaroma (hauptsächlich Benzaldehyd)
durch Wasserdampfdestillation. Allerdings können die Rückstände der
Destillation gefahrlos zu Speiseöl verarbeitet werden, da in ihnen praktisch keine Blausäure mehr enthalten ist. Mandeln und ihre Inhaltsstoffe
wurden schon im Abschnitt 12.3.5 „Schalenobst" beschrieben. Das Öl
wird einerseits als Speiseöl, vorwiegend aber in der Kosmetik und auch in
der Pharmazie verwendet. Mandelöl war schon in der Antike das bevorzugte Öl zur Herstellung von Cremen. Die wichtigsten Fettsäuren sind
Ölsäure (70 %), Linolsäure (17 %) und Palmitinsäure (6,5 %). α-Tocopherol
(40 mg/100 g) und Phytosterine (270 mg/100 g) sind ebenfalls in größeren
Mengen im Mandelöl enthalten.

**Arganöl**   (engl. argan oil) wird aus den Früchten des Arganbaumes *(Argania spinosa, Sapotaceae)* gewonnen. Die Früchte enthalten meist drei Kerne mit harter Schale, in der sich ein weiterer Kern befindet, aus dem das
Öl durch Pressen und Extraktion gewonnen wird. Der Arganbaum
wächst auf einem eng begrenzten Landstrich im südwestlichen Marokko
und in Mauretanien in semiariden Gebieten. Das Öl hat bei der dortigen
Bevölkerung eine uralte Tradition als Speiseöl, als Bestandteil von Kosmetika und als Medizin. In den letzten Jahren wurde es auch von der westlichen Zivilisation als Speiseöl und für kosmetische Zwecke entdeckt.

Das Arganöl enthält 46–48 % Ölsäure, 31–35 % Linolsäure, 12–14 %
Palmitinsäure und 5–6 % Stearinsäure. Es kommen praktisch keine ω-3-

Fettsäuren vor, enthaltene Steroide sind Schottenol (48 %, Abb. 13.11) und Spinasterol (40 %, Abb. 12.15). Interessant bei diesem Öl ist, dass fast ausschließlich Steroide mit einer Doppelbindung zwischen C7 und C8 vorkommen und die meist vorkommenden Steroide mit Doppelbindung zwischen C5 und C6 nicht enthalten sind. Arganöl enthält Saponine (Lupeol), Squalen (320 mg/kg) und Tocopherol (600 mg/kg, meist γ-Tocopherol), weitere phenolische Verbindungen sind Kaffeesäure, Ferulasäure und Vanillinsäure.

Arganöl ist selten und bleibt daher ein eher exklusives und teures Öl. Es wird sowohl als Speiseöl als auch in der Kosmetik verwendet. Neuere Untersuchungen über antiproliferative und antidiabetische Wirkungen des Öls brachten bislang keine robusten Ergebnisse.

**Haselnussöl** (engl. hazelnut oil): Der Kern der Haselnuss enthält etwa 60 % fettes Öl. Die Haselnuss *(Corylus sp., Betulaceae)* und ihre Inhaltsstoffe wurden schon im Abschnitt 12.3.5 „Schalenobst" beschrieben. Das Öl wird meist durch Pressen der geschälten und getrockneten Kerne gewonnen. Die vorherrschende Fettsäure ist die Ölsäure (78 %), daneben kommen auch Linolsäure (10 %) und Palmitinsäure (5 %) in erwähnenswerten Mengen vor. Weiters sind im Haselnussöl α-Tocopherol (50 mg/100 g) und Phytosterine (120 mg/100 g) enthalten.

**Erdnussöl** (engl. peanut oil) kommt zu 40–50 % in *Arachis hypogaea (Fabaceae)* vor. Daraus wird das Öl durch Pressen oder Extraktion gewonnen. Das meist raffinierte Öl kann als Speiseöl, Frittierfett oder nach Hydrierung als Margarinegrundstoff verwendet werden. Auch für die Erzeugung von Seifen ist das Öl von Bedeutung. Erdnussöl ist gegen Oxidation relativ beständig. Charakteristisch ist sein Gehalt an langkettigen, gesättigten Fettsäuren (C:20, C:22, C:24). Die Fettsäurezusammensetzung des Erdnussöls sieht folgendermaßen aus: Ölsäure (45 %), Linolsäure (23 %), Palmitinsäure (10 %), Stearinsäure (2 %), Arachinsäure (1,5 %), Behensäure (3 %) und Cerotinsäure (1,0 %). Im Erdnussöl sind 200 mg/100 g Phytosterine, vorwiegend Stigmasterin (Abb. 13.5), und 45 mg/100 g Tocopherole, fast ausschließlich α-Tocopherol, enthalten.

### 13.3.2 Palmitinsäurearme, öl- und linolsäurereiche Pflanzenöle

In dieser Gruppe von flüssigen Samenfetten, gewinnbar aus den verschiedensten botanischen Familien, ist Linolsäure die vorherrschende Fettsäure. Der Anteil an gesättigten Fettsäuren ist in diesen Ölen sehr gering, entsprechend sind sie in der Regel sehr empfindlich gegenüber Sauerstoff. In der Ernährung haben diese Fette als Quelle für essenzielle Fettsäuren große Bedeutung erlangt.

**Safloröl** (engl. safflower oil) ist in den Samen der Färberdistel *(Carthamus tinctorius, Asteraceae = Compositae)* zu etwa 20–60 % enthalten. Der rotgelbe

Blütenfarbstoff Carthamin (Abb. 13.7) wird auch als Lebensmittelfarbe verwendet.

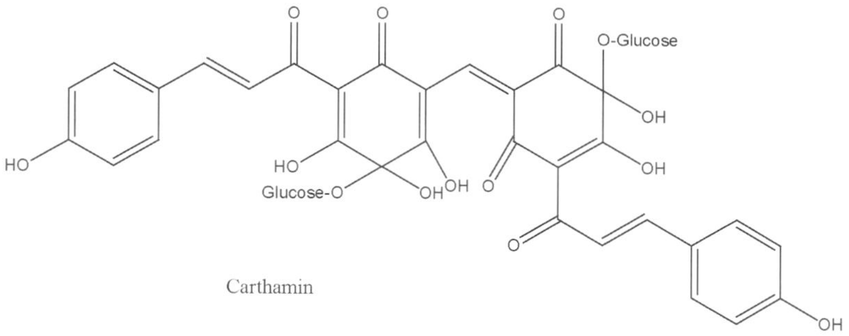

Carthamin

**Abb. 13.7.**    Chemische Struktur von Carthamin

Die Pflanze ist in Indien heimisch, wird aber heute in vielen Ländern mit trockenem und heißem Klima kultiviert. Das Öl wird durch Pressen oder Lösungsmittelextraktion erhalten. Das extrahierte Öl muss raffiniert werden. Anschließend kann das Öl als diätetisches Speiseöl, in hydrierter Form auch als Rohstoff für die Margarineproduktion, oder für die Herstellung von Backfetten verwendet werden. Die wichtigsten Fettsäuren des SaflORöls sind Linolsäure (78 %), Ölsäure (13 %) und Palmitinsäure (6 %), außerdem kommen α- (40 mg/100 g), γ- (17 mg/100 g) und δ-Tocopherol (24 mg/100 g) im Öl vor. Wegen seines hohen Linolsäuregehaltes hat das Saflöröl seit etwa 1950 seitens der Ernährungsphysiologie starke Beachtung gefunden.

**Sesamöl** (engl. sesam oil) wird aus den Samen von *Sesamum indicum (Pedaliaceae)* (Fettgehalt etwa 50 %) meist durch Pressen der Samen erhalten. Die einjährige Pflanze ist im mittleren Asien heimisch und war schon den alten Ägyptern und Assyrern bekannt. Heiß gepresstes oder extrahiertes Sesamöl muss raffiniert werden, während kalt gepresstes Öl nach Filtration als Salat- oder Backöl verwendet werden kann. Sesamöl wird auch als Rohstoff in der Margarineerzeugung eingesetzt. Die mengenmäßig wichtigsten Fettsäuren des Sesamöls sind: Linolsäure (44 %), Ölsäure (40 %) und Palmitinsäure (9 %). Das Öl ist hellgelb, fast geruchlos und infolge seines hohen Gehaltes an Antioxidanzien – Tocopherolen (γ-Tocopherol 34 mg/100 g) und Lignanen (etwa 30 mg/100 g) – sehr beständig gegenüber Oxidation. Der empfindliche Nachweis von Sesamöl (Baudouinbzw. Villavecchia-Test) beruht auf der Reaktion der phenolischen Inhaltsstoffe mit Furfural und HCl. In Anwesenheit von Sesamöl entsteht eine rote Färbung. Wegen der leichten und spezifischen Nachweisbarkeit wurde der Zusatz des Öls zur Markierung von Margarine in vielen Ländern vorgeschrieben.

Die vorkommenden Lignane (dimere Phenylpropane) sind Sesamolin und Sesamin (Abb. 13.8). Durch hydrolytischen Abbau des Sesamolins entsteht Sesamol (3,4-Methylendioxyphenol), das ebenfalls im Sesamöl enthalten ist. Die Methylendioxygruppierung in den genannten Lignanen kann allerdings auch prooxidativ wirken, was man an ihrer Wirkung als Allergen und Insektizid erkennen kann. Es wirkt synergistisch mit Pyrethroiden und wurde früher auch gegen Kopfläuse eingesetzt. Der Lignangehalt wird mit einer Schutzfunktion des Sesamöls vor Tumorbildung in Zusammenhang gebracht. Synergistische Wechselwirkungen bestehen auch zu den Tocopherolen. Aus den erwähnten Gründen und wegen ihres Geschmacks werden Sesamkörner oft als Komponenten von Backwaren und in Müslis verwendet.

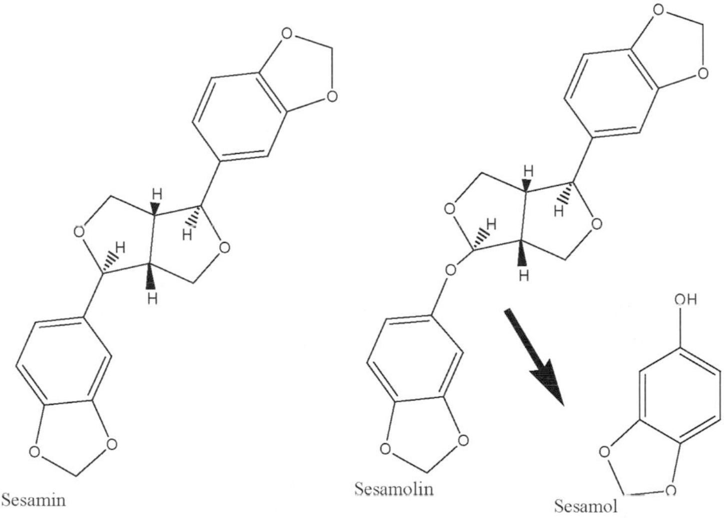

Sesamin        Sesamolin        Sesamol

**Abb. 13.8.**     Chemische Struktur der Lignane des Sesamöls

**Sonnenblumenöl** (engl. sunflower seed oil) ist zu etwa 47 % in den Samen von *Helianthus annuus (Asteraceae = Compositae)* enthalten. Die einjährige Pflanze ist wahrscheinlich ursprünglich in Nordamerika heimisch, die größten Mengen an Öl werden heute aber in Europa (vor allem Russland), Asien und Südamerika produziert. Für einen hohen Ölgehalt der Samen ist ein heißer Sommer notwendig. Sonnenblumen werden in vielen Varietäten kultiviert. Entsprechend kann auch die Fettsäurezusammensetzung des Öls stark variieren. Es sind Sonnenblumenöle mit über 60 % Linolsäure und solche mit über 70 % Ölsäure auf dem Markt. Das Öl wird durch Pressen oder Extraktion der meist ungeschälten oder teilweise geschälten Samen gewonnen. Das heiß gepresste oder extrahierte Öl wird vor der Verwendung als Speiseöl raffiniert. Das hydrierte Öl wird als Rohstoff für Margarine oder für Backfette verwendet. Das Eiweiß der

Press- bzw. Extraktionsrückstände hat einen hohen Gehalt an schwefelhaltigen Aminosäuren und Tryptophan.

Zu den wichtigsten Fettsäuren des Sonnenblumenöls zählen Linolsäure (durchschnittlich 50 %; 25–65 %) und Ölsäure (durchschnittlich 40 %; 25–75 %).

Sonnenblumenöl enthält viele verschiedene Phytosterine und Saponine (insgesamt etwa 100 mg/100 g). Hauptsächliche Sterine: Stigmasterine und Derivate (z. B. 24-Ethylcholesterin, 24-Methylchlolesterin, 24-Ethylidencholesterin, u. a.) sowie β-Sitosterin und Campesterol (Abb. 13.9).

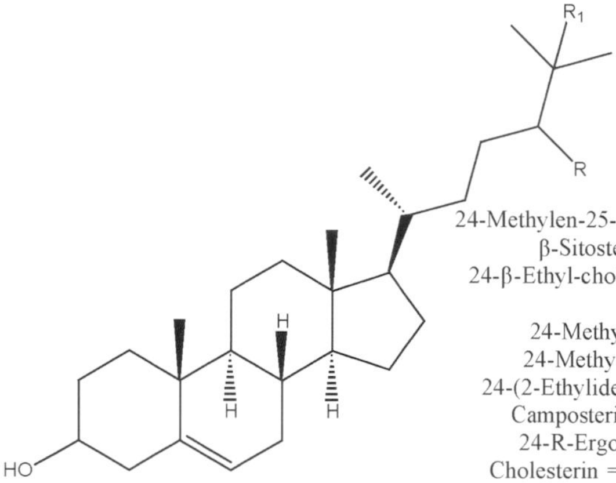

24-Methylen-25-methylcholesterin R = $CH_2$ $R_1$ = $CH_3$
β-Sitosterin = 24-β-Ethylcholesterin =
24-β-Ethyl-cholest-5-en-3-ol = Stigmast-5-en-3-ol
R = $C_2H_5$ $R_1$ = H
24-Methylencholesterin R = $CH_2$ $R_1$ = H
24-Methylcholesterin       R = $CH_3$ $R_1$ = H
24-(2-Ethyliden)-cholesterin R = $CH$ = $CH_2$ $R_1$ = H
Camposterin = 24-Methyl-cholest-5-en-3-ol =
24-R-Ergost-5-en-3-ol       R = $CH_3$ $R_1$ = H
Cholesterin = 24-R-Cholest-5-en-3-ol R = $R_1$ = H

**Abb. 13.9.**    Chemische Struktur von Cholesterinderivaten und Campesterin

Auch Saponine, wie β- und α-Amyrin (Abb. 13.10), sowie Steroidsaponine, wie Cycloartenol (Abb. 13.3, 5.15), wurden nachgewiesen. Ein Gehalt an Cholesterin konnte nicht bestätigt werden. Sonnenblumenöl enthält gesättigte Kohlenwasserstoffe, wie *n*-Eicosan, Tricontan, Tetracosan u. a., sowie Squalen. Von den Tocopherolen kann im Sonnenblumenöl vor allem α-Tocopherol (60 mg/100 g) gefunden werden. Bei der Extraktion des Öls werden aus den Samenschalen Wachse herausgelöst, die im Öl auch nach der Raffination eine Trübung hervorrufen (z. B. Cerylcerotat).

**Mohnöl** (engl. poppy seed oil) wird durch Pressen oder Extraktion aus den getrockneten Samen von *Papaver somniferum (Papaveraceae)* gewonnen. Die Samen enthalten etwa 50 % Fett und praktisch keine Opium-Alkaloide. Das kalt gepresste Öl wird als Speiseöl oder als Rohstoff für die Margarineproduktion verwendet. Das heiß gepresste Öl ist zu Speisezwecken ungeeignet. Mohnöl ist ein schwach trocknendes Öl und wurde als Binder in Farben für die Ölmalerei bevorzugt angewandt. Mohnsamen selbst finden wegen ihres Geruchs und Geschmacks sowie aus dekorativen Gründen vielfach Anwendung in diversen Backwaren. Die wichtigsten Fettsäuren im Mohnöl sind Linolsäure (62 %), Ölsäure (20 %), und Palmitinsäure (11 %). Insgesamt sind etwa 20 mg/100 g Tocopherole, vor allem α-Tocopherol, enthalten. Auch beträchtliche Mengen an Phytosterinen (270 mg/100 g) und Saponinen, vor allem β-Sitosterin (Abb. 13.4) und Cyclolaudenol (Abb. 13.11), kommen im Mohnöl vor. Mohnöl enthält beträchtliche Mengen an Lecithin (5 %).

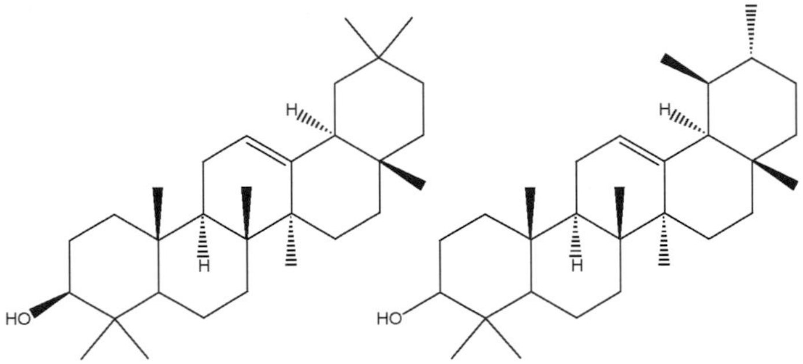

β-Amyrin
Olean-12-en-3-β-ol

α-Amyrin =
3-Hydroxy-urs-12-en

**Abb. 13.10.** Chemische Struktur von Amyrin

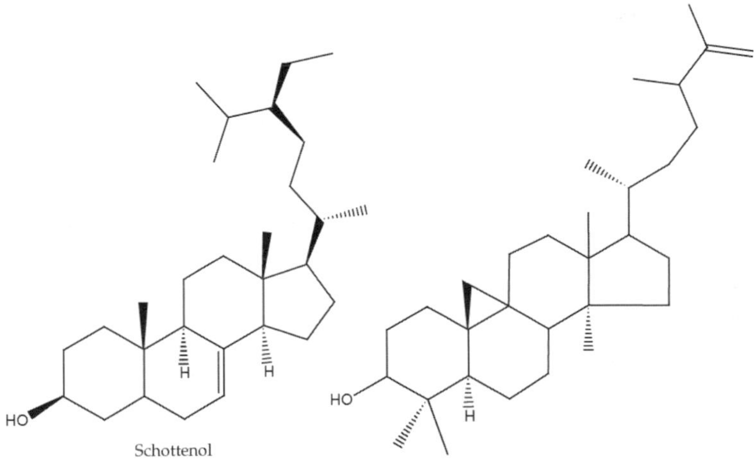

Schottenol
Stigmast-7-en-3-β-ol

Cycloaudenol
9-β-19-Cyclo-24-methyl-25-lanosten-3-β-ol

**Abb. 13.11.** Chemische Struktur von Schottenol und Cyclolaudenol

**Traubenkernöl** (engl. grape seed oil) ist zu etwa 50 % in den getrockneten Kernen der Beerenfrüchte von *Vitis vinifera (Vitaceae)* enthalten. Die Traubenkerne werden aus den Trestern der Traubenmostgewinnung erhalten. Das Öl wird durch Pressung oder Extraktion gewonnen. Es eignet sich als Speiseöl, aber auch zur Herstellung von Emulsionen, wie z. B. Mayonnaisen. Die Fettsäuren des Traubenkernöls setzen sich zu etwa 70 % aus Linolsäure, 16 % Ölsäure und 7 % Palmitinsäure zusammen. Die vorkommenden Phytosterine (180 mg/100 g) sind vorwiegend Ergosterin und α-Sitosterin. Auch α-Tocopherol kommt im Traubenkernöl vor.

### 13.3.3 α-Linolensäure-haltige Samenfette

α-Linolensäure enthaltende Samenfette sind besonders empfindlich gegenüber Sauerstoff und neigen daher, entsprechend ihrem Linolensäuregehalt, auch zur Polymerisation **(trocknende Öle)**. Für die Stabilität dieser Fette ist ein Schutz durch Antioxidanzien besonders nötig. α-Linolensäure ist nicht nur in Samen enthalten, sondern ist allgemein eine wichtige Komponente der Fette von grünen Blättern und wird damit auch mit vielen Gemüsen aufgenommen. In grünen Blättern steigt der Linolensäuregehalt mit sinkender Außentemperatur. Physiologisch dürfte α-Linolensäure mit dem Kälteschutz der Pflanze in Zusammenhang stehen.

**Walnussöl** (engl. walnut oil) aus den gelagerten und getrockneten, von der Schale befreiten Kernen von *Juglans regia (Juglandaceae)* (Fettgehalt 40–70 %). Das trocknende Öl wird vorwiegend durch kalte Pressung gewonnen. Es war in den Alpenländern immer ein beliebtes Speiseöl, auch heute wird es noch als Salatöl verwendet. Vorwiegende Fettsäuren sind Linolsäure (53 %), Ölsäure (22 %), α-Linolensäure (10 %) und Palmitinsäure (7 %). Nüsse von amerikanischen *Juglandaceae*, wie *Juglans cinerea*, haben einen etwa doppelt so hohen Gehalt an α-Linolensäure wie *Juglans regia*. Der Gehalt an α-Tocopherol ist unbedeutend, an Phytosterinen kommen etwa 180 mg/100 g Walnussöl vor.

**Sojaöl** (engl. soybean oil) kommt zu 15–25 % in den getrockneten Samen von *Soja hispida (Fabaceae)* vor. Die Sojabohne und ihre Inhaltsstoffe wurden schon im Abschnitt 12.2.8 „Samengemüse" besprochen.

Das Öl wird durch Pressung, meistens aber durch Lösungsmittelextraktion, gewonnen. Das trocknende, dunkel gefärbte Rohöl wird filtriert und gebleicht, meistens aber raffiniert. Die proteinreichen Rückstände der Fettgewinnung werden als Futtermittel verwendet. Hydrierte Öle sind ein wichtiger Rohstoff für die Margarineerzeugung. Sojaöl enthält 1,5–2,5 % Phospholipide (vorwiegend Lecithine), die dafür verantwortlich sind, dass das Öl leicht Emulsionen mit Wasser bildet. Es ist daher für die Herstellung von Mayonnaise und Salatsaucen besonders geeignet. Lecithine werden durch Alkali-Behandlung während der Raffination zum großen Teil abgetrennt und aus dem Raffinationsschlamm in großem Maßstab wieder isoliert. Ähnliches gilt auch für die enthaltenen Tocopherole. Ein Qualitätsmerkmal für Sojaöl ist sein Gehalt an Chlorophyll bzw. Phäophytin (magnesiumfreies Chlorophyll), da diese Stoffe während der Raffination ganz oder teilweise zerstört werden.

Die wichtigsten Fettsäuren im Sojaöl sind mit 50–55 % Linolsäure, 23 % Ölsäure, 7 % α-Linolensäure, 10 % Palmitinsäure und 4 % Stearinsäure. Sojaöl enthält etwa 50 mg/100 g Tocopherole, vorwiegend γ- und δ-Tocopherol. Im Sojaöl sind Phytosterine (170 mg/100 g), vorwiegend Stigmasterin (Abb. 13.5), β-Sitosterin (Abb. 13.4), Dihydro-β-Sitosterin, γ-Sitosterin, Ergosterin und Campesterin, enthalten. Weiters kommen größere Mengen an Aglyconen diverser Sojasaponine vor.

**Leinöl** (engl. flax oil, line seed oil) wird durch Kaltpressung oder Lösungsmittelextraktion aus den Samen von *Linum usitatissimum (Linaceae)* gewonnen. Die Leinsamen haben einen Fettgehalt von etwa 40 %. *Linum usitatissimum* kann in allen gemäßigten und subtropischen Klimazonen kultiviert werden. Die Pflanze liefert Fasern (Leinen) und die ölhaltigen Samen.

Obwohl Leinsamen cyanogene Glucoside (Linamarin, Lotaustralin, Abb. 12.30) sowie das hydrazinhaltige Dipeptid Linatin (leitet sich vom 1-Aminoprolin ab [Abb. 12.38], das durch eine Peptidbindung mit Glutaminsäure verbunden ist) enthalten, werden sie heute wegen ihrer Lignan-Inhaltsstoffe (vor allem Secolariciresinol, Abb. 8.8) in der Ernährung sehr geschätzt (Komponenten von Brot, Backwaren, Müsli, u. a.). Lignane sind physiologisch wichtige Inhaltsstoffe, ähnlich wie im Sesamöl, mit stark antioxidativer Aktivität. Sie wirken präventiv gegen Tumorbildung und positiv auf Nieren- und Herz-Kreislauf-Krankheiten. Einige dieser Lignane sind Phytoestrogene und Vorstufen der Lignane Enterodiol und Enterolacton (Abb. 8.8) im menschlichen und tierischen Organismus. Die Lignane im Leinsamen liegen allerdings, im Gegensatz zum Sesamöl, vorwiegend als Glucoside vor und sind daher nur in beschränktem Umfang im Leinöl enthalten. Die wichtigsten Lignane in Leinsamen sind Secolariciresinol-diglucosid, Lariciresinol und Matairesinol (Abb. 8.8). Auch Coniferylalkohol wurde in Leinsamen nachgewiesen.

Leinöl ist wegen seines in der Regel hohen Linolensäuregehaltes sehr sauerstoffsensitiv, polymerisiert leicht und ist daher ein trocknendes Öl. Nur das kalt gepresste und nicht raffinierte Öl ist als Speiseöl (Salatöl) geeignet. Das extrahierte und raffinierte Öl wird für technische Zwecke verwendet (Firnis, Binder für Lacke, Linoleum-Bodenbeläge). Die wichtigsten Fettsäuren sind 58 % α-Linolensäure, 14 % Linolsäure, 18 % Ölsäure und 3,5 % Palmitinsäure. Von den Tocopherolen überwiegt γ-Tocopherol (50 mg/100 g). Die wichtigsten Phytosterine, die im Leinöl enthalten sind, sind Cycloartenol, 24-Methylencycloartenol (Abb. 13.3), Campesterol, Stigmasterol und β-Sitosterol (Abb. 13.4, 13.5, 13.9).

Beim Verzehr von Leinsamen können bis zu 60 mg/100 g Blausäure gebildet werden. Fälle von Vergiftungen sind allerdings nicht bekannt. Linatin ist ein Vitamin-B$_6$-Antagonist und vor allem für Hühner toxisch.

**Rapsöl** (auch Rüböl oder Colzaöl genannt, engl. rapeseed oil) ist zu etwa 40 % in den Samen von *Brassica napus (Brassicaceae)* enthalten. Die einjährige Pflanze gedeiht im gemäßigten Klima und gehört damit zu den wenigen Pflanzenspezies, die nicht ein wärmeres Klima für eine hohe Ölproduktion benötigen. Man unterscheidet Sommerraps (*Brassica napus* var. *annua*) und Winterraps (*Brasica napus* var. *oleifera*). Ähnlich wie aus den Samen von *Brassica napus* kann auch aus den Samen von *Brassica rapa* (Rübsen) oder *Brassica campestris* (Feldkohl) ein dem Rapsöl in der Zusammensetzung fast identisches Öl gewonnen werden. Charakteristisch für alle Öle aus *Brassicaceae* ist ihr hoher Gehalt an Erucasäure (C22:1) und ihr Gehalt an Senfölen. Auch ein Gehalt an Eicosensäure (C20:1) ist typisch für Öle aus *Brassicaceae*. Diese Inhaltsstoffe standen in der Zeit nach dem Zweiten Weltkrieg der Verwendung von Ölen aus *Brassicaceae* sehr im Wege, da man entdeckt hatte, dass Erucasäure im Stoffwechsel nur langsam metabolisiert wird und es dadurch zu Ablagerungen von Fetten in Herz, Leber und Niere bei Versuchstieren kommt. Allerdings tritt im Laufe der Zeit ein gewisser Gewöhnungseffekt ein. Senföle zeigen bei Versuchstieren eine Inhibierung der Bildung von Schilddrüsenhormonen (Hemmung der Iodperoxidase in der Schilddrüse). Dass heute eine mehr positive Betrachtungsweise der Senföle im Vordergrund steht, wurde bei der Besprechung der Gemüse aus *Brassicaceae* (Abschnitt 12.2.3 „Blattgemüse") schon erwähnt.

Rapsöl ist heute wieder ein wichtiges Speiseöl geworden. Grund hierfür ist die Entdeckung von Varietäten, die einen niedrigen Gehalt an Erucasäure (unter 1 %) und auch sehr geringe Senfölmengen enthalten. Es konnten zu Beginn der 70er-Jahre daraus so genannte Doppelnull-Sorten (praktisch frei von Senfölen und Erucasäure) gezüchtet werden.

Rapsöl wird durch Pressen oder Extraktion der Samen gewonnen. Das Rohöl ist oft wegen seines Gehalts an Chlorophyllen oder Phäophytinen grünlich gefärbt. Es ist wegen seines α-Linolensäuregehaltes sauerstoffempfindlich und trocknend. Rapsöl wird oft nach der Extraktion raffiniert. Die raffinierten Öle sind frei von Chlorophyll und Phäophytin, da die Farbstoffe beim Bleichen des Öls entfernt werden. Rapsöl wird heute in großem Umfang als Speiseöl und nach Hydrierung als Grundstoff für die Margarineproduktion verwendet. Weiters findet Rapsöl auch Anwendung bei der Produktion von Seifen. Ein neuerer technischer Verwendungszweck von Rapsöl ist jener als alternativer Rohstoff für den Treibstoff von Dieselmotoren – „Biodiesel". Dazu werden die Triglyceride mit Methanol und einem Katalysator zu den Methylestern der Fettsäuren des Rapses umgeestert. Die Methylester sind im Motor rückstandsfreier zu verbrennen als die Triglyceride, da Glycerin beim Erhitzen über Acrolein als Zwischenprodukt polymere Rückstände liefert.

Die Fettsäurezusammensetzung des Rapsöls aus alten Sorten liegt bei 50 % Erucasäure, 20 % Ölsäure, 15 % Linolsäure, 8 % Linolensäure und 4 % Eicosensäure. Rapsöl aus neuen Sorten, manchmal auch als Canola bezeichnet, enthält durchschnittlich 56 % Ölsäure, 20 % Linolsäure, 9,3 % α-Linolensäure, 4 % Palmitinsäure, 2 % Stearinsäure, 0,7 % Arachinsäure und 0,6 % Erucasäure. Im Rapsöl sind auch α- und γ-Tocopherole enthalten (20 und 50 mg/100 g). Unter den vorkommenden Phytosterinen überwiegen v. a. β-Sitosterin, Stigmasterin, Campesterin und Brassicasterin (7,8-Dihydroergosterin, Abb. 13.4, 13.5, 13.9). Bemerkenswert beim Rapsöl ist der niedrige Gehalt an gesättigten Fettsäuren (unter 10 %).

**Hanföl** (engl. hemp seed oil oder hemp oil) wird aus den ähnlich wie bei einer Nuss von einer Schale umschlossenen Samen des Hanfs *(Cannabis sativa, Cannabaceae)* durch Pressen oder Lösungsmittelextraktion erhalten (Fettgehalt etwa 35 %). Ähnlich dem Flachs ist auch der Hanf eine alte Faserpflanze.

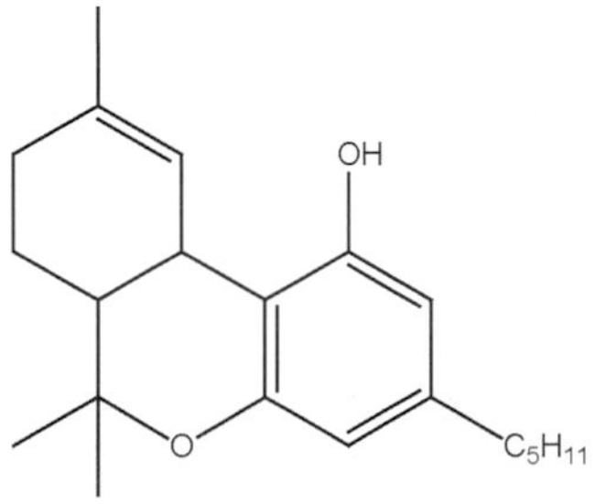

**Abb. 13.12.**   Chemische Struktur von Tetrahydrocannabinol

Die psychoaktiven Inhaltsstoffe des Hanfs (besonders Tetrahydrocannabinol – THC, Abb. 13.12) sind vor allem im Harz der weiblichen Blüte enthalten und sollten im Öl nicht vorkommen. Bei Schädlingsbefall ist eine Kontamination des Öls mit THC nicht mehr auszuschließen. Deshalb wird immer wieder von Beispielen des Konsums THC-haltiger Öle berichtet. Hanföl wirkt entzündungshemmend, präventiv gegen Tumorbildung, beeinflusst positiv das Herz-Kreislauf-System und soll das Wachstum von Haaren und Nägeln stimulieren.

Die Fettsäurezusammensetzung des Hanföls beträgt 57 % Linolsäure, 28 % α-Linolensäure, 1,7–2,4 % γ-Linolensäure und weniger als 1 % Stearidonsäure (6,9,12,15-Octadecatetraensäure). Im Hanföl sind nur sehr geringe Mengen an gesättigten Fettsäuren enthalten.

Die im Hanföl enthaltene γ-Linolensäure ist ein Vorläufer der physiologisch wertvollen Prostaglandine der „Einser-Reihe". Sie wird zwar vom Organismus selbst gebildet, oft aber in ungenügenden Mengen.

**Perillaöl** wird durch Pressen oder Extraktion aus den Samen von *Perilla frutescens (Lamiaceae,* engl. perilla oil) erhalten. Die einjährige Pflanze kommt in Ost- und Südostasien vor und wird dort als Gewürzpflanze verwendet – „Beefsteak-Kraut". Aus der Pflanze wird ätherisches Öl gewonnen (Hauptbestandteile Perill-Aldehyd, Limonen und Caryophyllen). Das duftende fette Öl der Samen enthält 58 % α-Linolensäure, 18,5 % Ölsäure, 15,5 % Linolsäure, 6 % Palmitinsäure und 1,4 % Stearinsäure. Durch seinen hohen Gehalt an Omega-Fettsäure stellt Perilla-Öl eine Alternative zu Leinöl und Fischölen dar. Die Pflanze ist für manche Tiere wegen ihres Gehalts an Perillaketon toxisch.

### 13.3.4 Erucasäure-haltige Samenfette

**Senföl** (engl. mustard oil) wird durch Pressen oder Extraktion von Senfsamen, vor allem der *Brassicaceae Brassica nigra, Brassica juncea* und *Sinapis alba*, erhalten. Senföl ist auch im Speisesenf enthalten. Das Senföl schmeckt infolge seines Gehaltes an schwefelhaltigen Inhaltsstoffen (Isothiocyanate, Rhodanide) nach Senf und kann daher auch zum Würzen verwendet werden, ansonsten ist es in begrenztem Ausmaß als Speiseöl in Gebrauch. Durch Raffination können die schwefelhaltigen Verbindungen zum größten Teil eliminiert werden. Das Öl kann nach Hydrierung zur Produktion von Margarine dienen. Die Fettsäurezusammensetzung ist sehr ähnlich jener des Rapsöls: 41 % Erucasäure, 15 % Linolsäure, 12 % Ölsäure, 6 % α-Linolensäure, 6 % Eicosensäure, 4 % Palmitinsäure, 1 % Stearinsäure. Das wichtigste Tocopherol im Senföl ist das δ-Isomer.

Bei den Phytosterinen ist das Vorkommen von 24-Methylen-25-methyl-cholesterin bemerkenswert (Abb. 13.9). Auch beim Senföl ist der Anteil an gesättigten Fettsäuren sehr gering.

**Krambeöl** (engl. crambe seed oil) wird durch Pressen oder Extraktion aus den Samen (etwa 40 % Fett) von *Crambe abyssinica (Brassicaceae)* gewonnen. Die Pflanze stammt ursprünglich aus Ostafrika (Äthiopien) und wurde dort als Gemüse und als Rohstoff für Speiseöl verwendet. Heute wird *Crambe abyssinica* in vielen Ländern Europas, Asiens und Amerikas kultiviert. Es wird aber wegen seines hohen Erucasäuregehaltes meist nicht als Speiseöl, sondern für technische und manchmal auch pharmazeutische Zwecke verwendet. Gegenüber dem erucasäurereichen Rapsöl hat es den Vorteil, dass sein α-Linolensäuregehalt sehr niedrig und es dadurch wesentlich haltbarer ist. Technisch wird das Öl als Schmiermittel verwendet. Die Methylester der Fettsäuren werden wie die des Rapsöls als Treibstoffe für Dieselmotoren eingesetzt. Erucasäureamid ist ein wichtiges Gleitmittel bei der Erzeugung von Plastikfolien. Erucasäure und ihr trans-Isomer Brassidinsäure können als Rohstoffe bei der Nylonerzeugung verwendet werden. Die eiweißreichen Pressrückstände können nach Verminderung des Glucosinolatgehaltes als Tierfutter dienen.

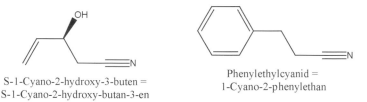

S-1-Cyano-2-hydroxy-3-buten =
S-1-Cyano-2-hydroxy-butan-3-en

Phenylethylcyanid =
1-Cyano-2-phenylethan

**Abb. 13.13.**    Chemische Struktur von Cyaniden aus *Crambe abyssinica*

Sie enthalten auch S-1-Cyano-2-hydroxy-3-buten, das toxisch gegen Stubenfliegen wirkt. Das R-Isomer kommt im Raps vor und hat keine insektizide Aktivität. Ein anderer fliegentoxischer Inhaltsstoff – Phenylethylcyanid – ist nur im nicht entfetteten Krambemehl enthalten (Abb. 13.13).

Die Fettsäurezusammensetzung von Krambeöl ist 55 % Erucasäure, 17 % Ölsäure, 5 % α-Linolsäure, 4 % Eicosensäure, 2 % Palmitinsäure und 1,6 % Nervonsäure (15-Tetracosensäure).

**Lunariaöl** (engl. lunaria oil) wird aus den Samen von *Lunaria annua (Brassicaceae)*, einer zweijährigen Pflanze, durch Pressen oder Extraktion erhalten. Das Öl hat einen besonders hohen Gehalt an Erucasäure (über 60 %) und Nervonsäure (15-Tetracosensäure). Der Einsatz des Öls wird bei demyelinierenden Erkrankungen des Zentralnervensystems, wie Multiple Sklerose (MS) und Adrenoleukodystrophie (ALD), in Betracht gezogen. Diese Krankheiten sind mit einem Verlust von langkettigen Fettsäuren (Bestandteil von Nervenscheidewänden) im Zentralnervensystem verbunden.

**Leindotteröl** (engl. camelina oil, gold of pleasure oil) wird aus den Samen (etwa 35 % Fett) von *Camelina sativa (Brassicaceae)* durch Pressen oder Extrahieren erhalten. Leindotter ist in Europa heimisch und schon in der Antike als Ölpflanze genutzt worden. Es wird heute in begrenztem Umfang kultiviert und vorwiegend in der Kosmetik und zu technischen Zwecken eingesetzt.

Die Fettsäurezusammensetzung ist 35 % α-Linolensäure, 20 % Linolsäure, 20 % Ölsäure, 2 % Erucasäure, 15 % Eicosensäure und 3 % Palmitinsäure. Das Öl enthält etwa 60 mg/100 g Tocopherole, vorwiegend γ-Tocopherol, und Tocotrienole (etwa 1 mg/100 g).

## 13.3.5 γ-Linolensäure-haltige Pflanzenöle

γ-Linolensäure-haltige Pflanzenöle werden aus sehr verschiedenen botanischen Familien gewonnen. Die nicht essenzielle γ-Linolensäure hat als Vorläufer von Prostaglandinen der Reihe PGE1 große physiologische Bedeutung, sodass sie oft, meist aus natürlichen Quellen, supplementiert wird. Dies geschieht mitunter auch deswegen, weil etwa 20 % der Menschen γ-Linolensäure nur unvollständig in die entsprechenden Prostaglandine umwandeln können. PGE1 schützt vor den physiologisch ungünstigen Wirkungen der Prostaglandine des Typs PGE2, deren Vorläufer die Arachidonsäure ist. Darüber hinaus hat sie eine günstige Wirkung bei der Behandlung von Ekzemen, Herz-Kreislauf-Krankheiten, Asthma, Arthritis und des premenstrualen Syndroms (PMS). Gleichzeitig stärkt sie die Immunabwehr.

Oftmals ist in Linolensäure-haltigen Ölen gleichzeitig auch Stearidonsäure (6,9,12,15-Octadecatetraensäure, Abb. 5.4) enthalten, welche die 5-Lipoxygenase inhibiert. Die dadurch verursachte teilweise Hemmung

(etwa 50 %) der Leukotrienbildung äußert sich in einem entzündungshemmenden Effekt.

**Nachtkerzenöl** (engl. evening primrose oil) ist ein Öl mit einem hohen
Gehalt an essenziellen Fettsäuren. Es kommt in den Samen (etwa 30 %
Fett) von *Oenothera biennis (Onagraceae)* vor und wird daraus durch Ex-
traktion mit überkritischem Kohlendioxid (SCFE) oder Pressung erhalten.
Die Pflanze ist in Nordamerika heimisch, hat sich aber später über ganz
Europa verbreitet. Nachtkerzenöl ist als Quelle für γ-Linolensäure be-
kannt geworden. Die Fettsäurezusammensetzung ist durchschnittlich
72 % Linolsäure, 10 % γ-Linolensäure, jeweils etwa 5 % Ölsäure und Pal-
mitinsäure und 2 % Stearidonsäure (6,9,12,15-Octadecatetraensäure,
Abb. 5.4). Das Öl enthält geringe Mengen an α- und γ-Tocopherol sowie
Phytosterine, hauptsächlich β-Sitosterin (0,5%). Samen von *Oenothera
biennis* haben einen hohen Gehalt an Tryptophan (16.000 ppm),

**Borretschöl** (engl. borage oil) wird aus den Samen (etwa 40 % Fett) von
*Borago officinalis (Boraginaceae)* durch schonende Extraktion (SCFE) oder
Pressung gewonnen. Das Gurkenkraut *Borago officinalis* ist in Europa heimisch. Die Pflanze enthält Pyrrolizidin-Alkaloide, vorwiegend Supinin
und das Aglykon Supinidin (Abb. 13.14) und auch das cyanogene Glucosid Dhurrin (Abb. 12.4).

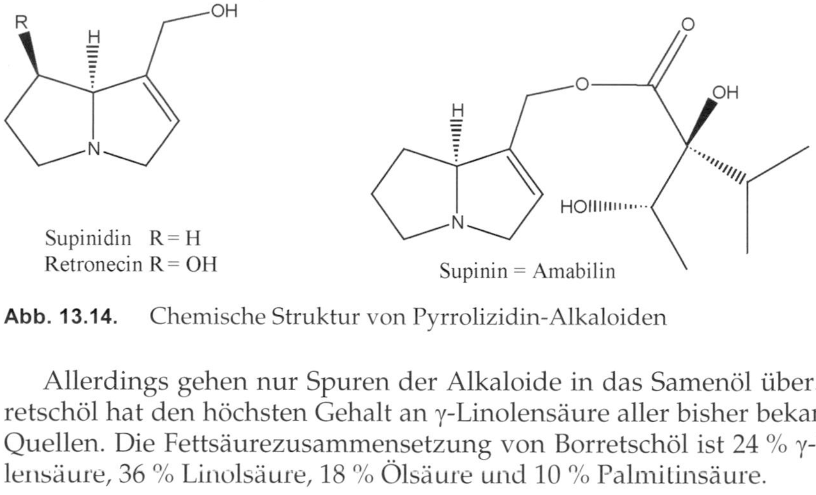

Supinidin  R = H
Retronecin R = OH

Supinin = Amabilin

**Abb. 13.14.**   Chemische Struktur von Pyrrolizidin-Alkaloiden

Allerdings gehen nur Spuren der Alkaloide in das Samenöl über. Borretschöl hat den höchsten Gehalt an γ-Linolensäure aller bisher bekannten
Quellen. Die Fettsäurezusammensetzung von Borretschöl ist 24 % γ-Linolensäure, 36 % Linolsäure, 18 % Ölsäure und 10 % Palmitinsäure.

**Samenöl aus schwarzen Johannisbeeren** (engl. black currant seed oil)
wird aus den Samen (25 % Fett) von *Ribes nigrum (Saxifragaceae)* durch
kalte Pressung oder Extraktion (SCFE) erhalten. Das Öl enthält vorwiegend mehrfach ungesättigte Fettsäuren. Fettsäurezusammensetzung: 17 %
γ-Linolensäure, 50 % Linolsäure, 13 % α-Linolensäure, 10 % Ölsäure, 7 %
Palmitinsäure und 2 % Stearidonsäure.

**Echiumöl** (engl. echium oil) ist in den Samen von *Echium plantagineum (Boraginaceae)*, auch Natternkopf genannt, enthalten. Das Öl wird meist durch Extraktion mit überkritischem Kohlendioxid (supercritical phase extraction, SCFE) gewonnen. Zusätzlich zu seinem Gehalt an γ-Linolensäure kommt in *Echium*-Samen auch Stearidonsäure (6,9,12,15-Octadecatetraensäure) in größeren Mengen vor, wie sie sonst in ähnlichen Konzentrationen nur in Fischölen gefunden wird. Das Öl kann geringe Mengen an Pyrrolizidin-Alkaloidenn enthalten (Derivate des Retronecins). Die Fettsäure-Zusammensetzung von Echiumöl besteht aus 28 % α-Linolensäure, 18 % Linolsäure, 17 % Ölsäure, 12 % γ-Linolensäure, 12 % Stearidonsäure (Abb. 5.4), 7 % Palmitinsäure und 4 % Stearinsäure. Öle ähnlicher Zusammensetzung sind auch in anderen *Echium*-Spezies enthalten.

**Sägepalmenöl** (engl. saw palmetto oil): Das Samenöl aus *Serenoa repens (Arecaceae)* ist ebenfalls eine pflanzliche Quelle für γ-Linolensäure.

## 13.4 Nicht-Speiseöle

Die in diesem Abschnitt angeführten Öle werden zu kosmetischen, pharmazeutischen oder zu rein technischen Zwecken produziert.

**Ricinusöl** (engl. castor oil) wird meist durch kalte Pressung oder Lösungsmittel-extraktion der getrockneten und teilweise geschälten Samen von *Ricinus communis (Euphorbiaceae)* erhalten. Der Baum ist heimisch in tropischen und subtropischen Klimazonen, einige Varietäten gedeihen auch in gemäßigten Zonen. Das Öl ist fadenziehend, aber nicht trocknend und im Gegensatz zu anderen Fetten in Alkohol und Eisessig löslich. Der Grund hierfür ist, dass die Ricinolsäure eine Hydroxyfettsäure (R-12-Hydroxyölsäure, Abb. 13.15) ist, die über 80 % der im Ricinusöl vorkommenden Fettsäuren ausmacht.

Ricinussamen enthalten das Alkaloid Ricinin (1,2-Dihydro-1-methyl-2-oxo-3-nitrilo-4-methoxypyridin, Abb. 13.16), Ricin (ein toxisches Lectin) sowie extrem toxische Proteine (Toxalbumine, $LD_{50}$ bei Hunden 0,0006 mg/kg), die in den Pressrückständen angereichert sind. Das Einatmen des Staubes trockener Presskuchen kann tödlich sein. Ricinin kann Störungen im Magen-Darm-Trakt sowie Nierenschäden und Kreislaufkollaps verursachen.

Das Öl wird als Abführmittel in der Medizin, außerdem in der Kosmetik und zur Herstellung von Waschmitteln verwendet. Beim Erhitzen (250 °C) spaltet die Ricinolsäure Wasser ab, es entsteht eine zweite Doppelbindung im Fettsäure-Molekül, das dadurch instabil wird und polymerisiert. Die so erhaltenen hochviskosen Öle werden als Hydraulik- und Schmieröle in technischen Bereichen verwendet.

Die durchschnittliche Fettsäurezusammensetzung des Ricinusöls ist 85 % Ricinolsäure, 7 % Ölsäure, 3 % Linolsäure und 2 % Palmitinsäure.

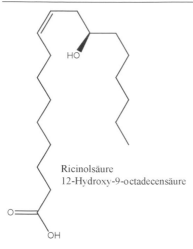

Ricinolsäure
12-Hydroxy-9-octadecensäure

**Abb. 13.15.**    Chemische Struktur der Ricinolsäure

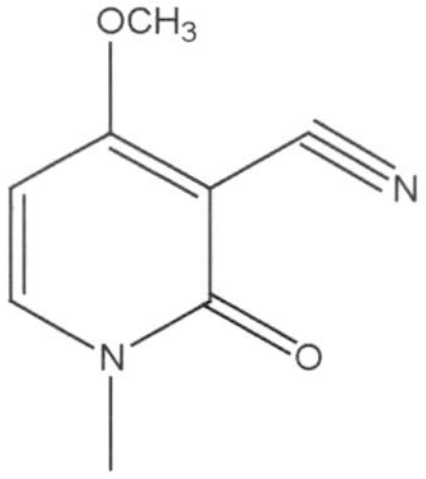

**Abb. 13.16.**    Chemische Struktur von Ricinin

**Crotonöl** (engl. croton seed oil) wird aus den Samen von *Croton tiglium* (*Euphorbiaceae*), einem in Südostasien heimischen Baum, durch Pressen gewonnen. Wie die Samen von *Ricinus* sp. enthalten sie das Lectin Ricin. Das Öl wurde, ähnlich wie Ricinusöl, als starkes Abführmittel verwendet, ist aber für den Organismus wesentlich toxischer. Es verursacht auch schmerzhafte Reizungen der Haut und wirkt durch die im Öl enthaltenen Phorbolester cancerogen. Phorboldiester sind sehr potente Cocarcinogene und werden in der experimentellen Krebsforschung zur Zelldifferenzierung verwendet. Strukturell stehen die Phorbolester den Cyclopropanbenzazulenen nahe, biosynthetisch leiten sie sich, wie auch andere Azulene, von Diterpenen ab.

Die vorkommenden Phorbole (Abb. 13.17) sind mit verschiedenen Säuren verestert (z. B. Tiglinsäure, cis-2-Methyl-2-butensäure). Crotonöl wirkt als Insektizid und ist sehr toxisch gegenüber Fischen. Das Öl enthält vorwiegend Linolsäure sowie Glycerinester von meist niederen gesättigten Fettsäuren ($C_1$, $C_2$, $C_4$, $C_5$, $C_{12}$, $C_{14}$) und Tiglinsäure.

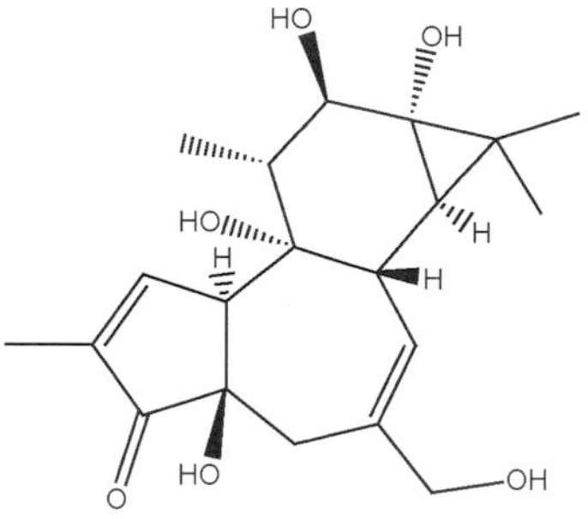

**Abb. 13.17.** Chemische Struktur von Phorbol

**Tungöl** (chinesisches Holzöl, engl. tung oil) ist ein stark trocknendes Öl, das vorwiegend durch Pressen aus den Samen von *Aleurites cordata (Euphorbiaceae)* gewonnen wird. Der Baum ist in China und Japan heimisch und wird heute in anderen Ländern, z. B. USA, kultiviert. Das Öl ist sehr oxidationsempfindlich und wird vor allem als Binder für Farben und zur wasserfesten Imprägnierung von Holz und Papier und auch im Schiffbau verwendet. Als Speiseöl ist Tungöl nicht geeignet, da es nach dem Konsum Durchfall und Erbrechen auslösen kann. Mit einem Anteil von ca. 80 % ist Elaeostearinsäure (cis-9,11,13-Octadecatriensäure, Abb. 5.5) die wichtigste Fettsäure dieses Öls.

**Niemöl** (Margosaöl, engl. neem oil, margosa oil) wird aus den Samen (10–30 % Fett) von *Azadirachta indica (Meliaceae)* gepresst. Der Niembaum ist in Südasien heimisch, und das Kernöl wird dort seit vielen Jahrhunderten als allgemeines Heilmittel gegen verschiedenste Krankheiten sowie gegen Schädlinge (vor allem als Insektizid) verwendet. Vor einigen Jahren wurde die letztere Wirkung auch für die westliche Welt entdeckt, und Niemöl als umweltfreundliches Insektizid kam in Gebrauch. Das Öl hat einen bitteren Geschmack (etwa 2 % Bitterstoffe) und riecht nach Knoblauch.

Träger des bitteren Geschmacks sind Triterpene (z. B. Nimbin), für die antibiotischen Wirkungen sind vor allem die Triterpene Azadirachtin (A–H), Azadiradion, Salannin und deren Derivate verantwortlich (Abb. 13.18). Die wichtigste Fettsäure im Öl ist die Ölsäure (über 50 %), gefolgt von Stearinsäure (17 %), Palmitinsäure (15 %) und Linolsäure (10 %).

**Jojobaöl** (engl. jojoba oil) wird durch Pressen aus den Samen (50 % Fett) von *Simmondsia chinensis = Simmondsia californica (Buxaceae)* gewonnen.

*Simmondsia* sp. ist ein immergrüner Baum, der in den Wüsten Südkaliforniens und des nördlichen Mexikos natürlich vorkommt (Sonora-Wüste). Jojobaöl ist wahrscheinlich das einzige Pflanzenfett, das kein Glycerin enthält. Das flüssige Fett hat die Struktur eines Wachses, das heißt, es besteht aus langkettigen Fettsäuren, die mit langkettigen Alkoholen verestert sind. Dadurch ergibt sich ein unverseifbarer Anteil des Fettes von fast 50 %. In seiner Zusammensetzung ähnelt es dem Walrat, einem Fett, das aus der Kopfhöhle und dem Speck des Pottwales gewonnen wird und das vor allem in der Kosmetik als Emulgator in großem Umfang eingesetzt wurde. Aus diesem Grund findet Jojobaöl heute vorwiegend in der Kosmetik Verwendung. In Mexiko dient es auch als Speisefett (Salatöl und Frittierfett) und in den USA ist es in einer Konzentration von etwa 1 % als Pestizid zugelassen (Mehltau bei Trauben und Weiße Fliege). In technischen Bereichen kann es als Schmiermittel angewendet werden.

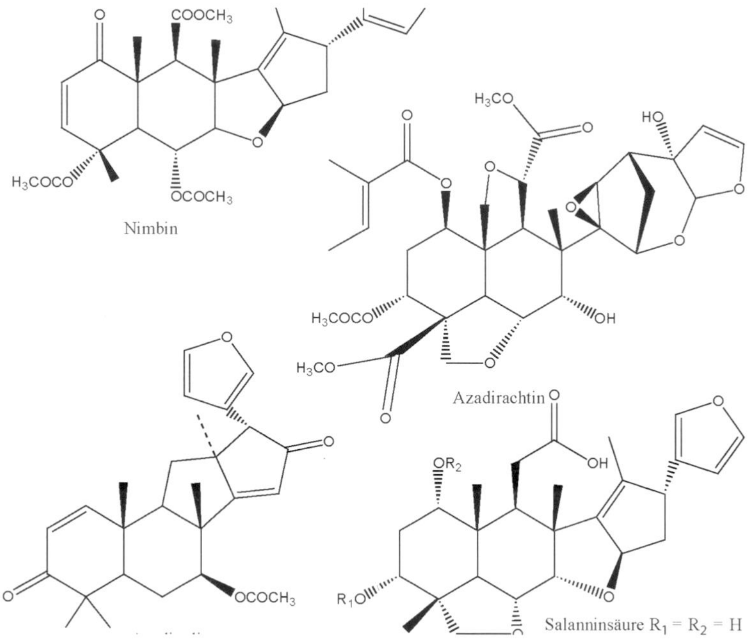

**Abb. 13.18.**    Chemische Struktur von Inhaltsstoffen des Niemöls

Das entfettete Mehl, das aus den Samen erhalten wird, enthält Inhaltsstoffe, z. B. Simmondsin (Abb. 13.19), die das Hungergefühl unterdrücken können. Simmondsin ist ein Cyclohexanderivat (2-Cyanomethylen-3-hydroxy-4,5-dimethoxycyclohexan-β-glucosid). Diese Inhaltsstoffe wurden früher als toxisch angesehen, weil beim Einsatz des Mehls als Futtermittel der Appetit der Tiere dramatisch zurückging.

Jojobaöl enthält 35 % Eicosensäure, 7 % Erucasäure (Docosensäure), 6 % Ölsäure, 1 % Tetracosensäure, 23 % Eicosenol, 21 % Docosenol und 4 % Tetracosenol.

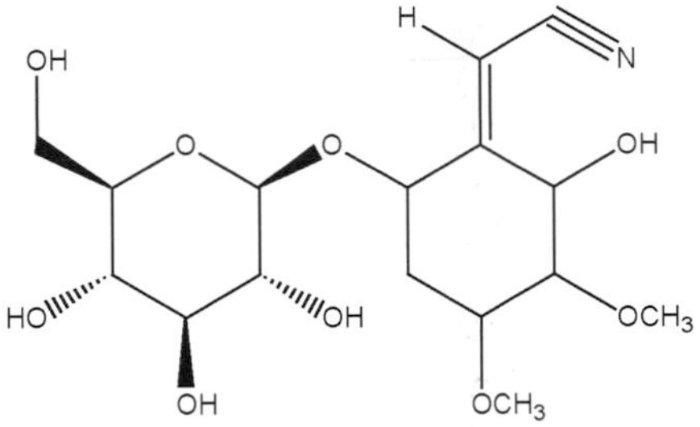

**Abb. 13.19.**   Chemische Struktur von Simmondsin

# 14 Tierfette und -öle

Tierfette und -öle werden eingeteilt in Milchfette und Körperfette der Landtiere sowie in die Körperfette der Seetiere. Das in der Ernährung wichtigste
Milchfett, das des Rindes, wurde schon im Abschnitt 11.3 „Milch und
Milchprodukte" beschrieben. Die Körperfette der Landtiere haben durchwegs einen höheren Gehalt an gesättigten Fettsäuren und damit einen höheren Schmelzpunkt als die Körperfette von Tieren, die im Wasser leben.
Ein physiologischer Grund hierfür könnte sein, dass die Landtiere stärker
der Strahlung, vor allem im UV-Bereich, ausgesetzt sind als die im Wasser
lebenden. Eine Sonderstellung nehmen Geflügelfette ein, die durchwegs
einen höheren Gehalt an Linolsäure aufweisen. Für Pferdefett ist das Vorkommen von α-Linolensäure (11 %) charakteristisch, deren Bestimmung
früher zum Nachweis von Pferdefleisch in Rindfleisch verwendet wurde.

## 14.1 Körperfette der Landtiere

Körperfette der Landtiere enthalten durchwegs Palmitin-, Stearin- und
Ölsäure als mengenmäßig wichtigste Fettsäuren und nur geringe Mengen
an Linolsäure. Vor allem die Schlachtkörper von Schwein und Rind liefern Fett, das zu Speisezwecken verwendet wird. Die Verwendung von
Fetten des Schafes ist sehr eingeschränkt, da der Schmelzpunkt des Fettes
sehr hoch ist (44–55 °C).

**Rindertalg** (engl. beef tallow) wird aus den fettreichen Gewebeteilen des
Rindes (*Bos taurus* oder *Bos indicus*) durch Ausschmelzen bei etwa 65 °C
mittels Wasserdampf gewonnen. Feiner Speisetalg (Premier Jus) wird
durch Ausschmelzen mit kochsalzhaltigem Wasser bei 50–55 °C erhalten.
Das Ausgangsprodukt soll möglichst frei von anhaftenden Fleischteilen
sein. Der Rohtalg ist ein hartes, bröckeliges und gelbliches Fett, das wegen
seines hohen Schmelzpunktes (40–50 °C) als Speisefett wenig geeignet ist.
Durch fraktioniertes Schmelzen und Kristallisieren kann der Rohtalg in
Anteile mit unterschiedlichen Schmelzpunkten zerlegt werden. Die wichtigsten sind:

- Oleomargarin (Fp 28–35 °C), welches wegen seiner dem Butterfett sehr ähnlichen Fettsäurezusammensetzung der erste Rohstoff für die Erzeugung von Margarine war, und
- Presstalg (Fp 50–56 °C), welcher für die Seifen- oder Kerzenherstellung oder in der Kosmetik verwendet wird.
- Eine spezielle Anwendung ist die Erzeugung der gewerblich verwendeten Margarinesorte „Ziehmargarine" (als Fettkomponente z. B. geeignet zur Herstellung von Blätterteig).

Die Fettsäurezusammensetzung im Rindertalg beträgt durchschnittlich 36 % Ölsäure, 25 % Palmitinsäure, 19 % Stearinsäure, 4 % Palmitoleinsäure, 4 % Myristinsäure, 3 % Linolsäure und geringe Mengen an Laurin-, Eicosen- und α-Linolensäure (Abb. 14.1). Vor allem im Leberfett kommt das Stellungsisomer der Ölsäure, die Vaccensäure ($\Delta^{11}$), vor.

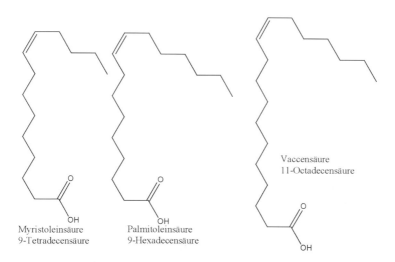

**Abb. 14.1.**     Chemische Struktur ausgewählter Fettsäuren in Landtieren und Fischen

Im Rindertalg können, abhängig von der Fettkomponente des Futters, bis zu 10 % trans-Fettsäuren auftreten. Mehrfach ungesättigte Fettsäuren im Futter werden im Pansen enzymatisch (Transhydrogenasen) zum größten Teil zu Ölsäure hydriert. Dabei kommt es auch zur Bildung von trans-Isomeren der Ölsäure (Isoölsäure = Elaidinsäure). Rindertalg enthält Cholesterin (110 mg/100 g), α-Tocopherol (2,7 mg/100 g), Carotinoide und geringe Mengen an fettlöslichen Vitaminen.

**Schweineschmalz** (engl. lard) wird aus den fettreichen Gewebeteilen des Hausschweins (*Sus scrofa domestica*) durch Ausschmelzen mit heißem Wasser oder Wasserdampf oder durch trockenes Erhitzen gewonnen. Man unterscheidet das niedrig schmelzende Bauchwandfett und das höher schmelzende Rückenfett. Das Fettgewebe am Rücken des Schweines wird meist als Speck bezeichnet und findet breite Anwendung in der Produktion von Würsten und anderen Fleischwaren. Schweineschmalz hat einen Schmelzpunkt von 28–40 °C und wird als Fett sowohl gewerblich (Backfett, Margarine, Seifenproduktion) als auch im Haushalt verwendet. Je nach Art der verwendeten Fettgewebe und nach Gewinnungsart werden beim Schweinefett die folgenden Qualitäten bzw. Handelsklassen unterschieden:

- **Neutralschmalz** (engl. neutral lard) ist die beste Qualität und wird aus Bauchwandfett durch Ausschmelzen mit Wasser bei 40–50 °C hergestellt,
- **Liesenschmalz** (engl. choice lard) wird hergestellt aus Gemischen von Rückenfett und Bauchwandfett und mit Wasserdampf ausgeschmolzen,
- **Dampfschmalz** (engl. steam lard) wird aus Rückenfett mit Wasserdampf ausgeschmolzen,
- **Butcher's Lard** wird durch trockenes Ausschmelzen erzeugt.

Zu den wichtigsten Fettsäuren zählen Ölsäure (41 %), Palmitinsäure (24 %), Stearinsäure (14 %) und Linolsäure (10 %). Weiters kommen geringe Mengen an Palmitoleinsäure, Linolensäure, Arachidonsäure (0,5 %) und Eicosensäure vor. Schweineschmalz enthält weniger Triglyceride, die nur gesättigte Fettsäuren enthalten, als Rindertalg, daher ist auch sein durchschnittlicher Schmelzpunkt niedriger. Es enthält 1,2 mg/100 g Tocopherole und 95 mg/100 g Cholesterin.

**Geflügelfett** stammt in der Praxis hauptsächlich von Hühnern und Gänsen. Besonders Gänsefett wird als Spezialität, meist verarbeitet, konsumiert. Geflügelfette haben durchwegs einen niedrigeren Schmelzpunkt als die oben besprochenen Fette: Hühnerfett 30–32 °C, Gänsefett 32–34 °C. Mengenmäßig spielen Geflügelfette in Haushalt und Gewerbe derzeit keine Rolle. Die Fettsäurezusammensetzung des Hühnerfettes beträgt 42 % Ölsäure, 20 % Linolsäure, 18 % Palmitinsäure und 5 % Stearinsäure, weiters kommen geringe Mengen an Palmitoleinsäure, α-Linolen- und Arachidonsäure vor. Der Cholesteringehalt liegt bei etwa 150 mg/100 g.

Im Gänsefett liegen die Werte bei 54 % Ölsäure, 21 % Palmitinsäure, 10 % Linolsäure, 6 % Stearinsäure und geringen Mengen an Palmitoleinsäure und α-Linolensäure. Der Cholesteringehalt bewegt sich im Bereich um etwa 100 mg/100 g.

## 14.2 Körperfette der Seetiere

Körperfette der Seetiere werden auch als Trane bezeichnet. Sie enthalten vorwiegend ungesättigte Fettsäuren und nur geringe Mengen an Stearinsäure. Ernährungsphysiologisch werden heute die in Fischölen enthaltenen mehrfach ungesättigten Fettsäuren (20 bis 22 C-Atome) wegen ihrer positiven Wirkung auf das Herz-Kreislauf-System geschätzt (Eicosanoidbildung). Auch geringe Mengen (etwa 1 %) an „Methyl"-verzweigten Fettsäuren, z. B. 14-Methylhexadecansäure, sowie größere Mengen an Erucasäure (bis 20 %) kommen in Fetten von Seetieren vor. Sie enthalten meist größere Konzentrationen an unverseifbaren Fetten, darunter auch Ergosterin, das mit Brom eine grüne Färbung gibt und zum Nachweis von Seetierölen verwendet wird (Reaktion nach Tortelli-Jaffe). Praktische Bedeutung als Rohstoffquelle für Fette haben heute nur mehr die Fischöle, da Wale und Robben weitgehend geschützt sind und damit als Quelle von Fett nicht mehr zur Verfügung stehen. Wegen ihres Gehaltes an mehrfach ungesättigten Fettsäuren, sind Öle von Seetieren sehr sauerstoffempfindlich und rasch verderblich. Sie werden daher vor ihrer Verwendung als Brat- oder Backfett mit Wasserstoff hydriert (gehärtet), bis ihr Schmelzpunkt etwa 32 °C beträgt.

**Fischöle** werden meist aus Menhaden (*Brevoortia tyrannus*, engl. menhaden), Hering (*Clupea harengus*, engl. herring), Sardine (*Sardinops caerulea*, engl. sardine), Sprotte (*Clupea sprattus*, engl. sprat) oder aus Abfällen der Fischverarbeitung durch Ausschmelzen mit Wasserdampf oder heißem Wasser oder durch Extraktion gewonnen. Fischöle enthalten Fettsäuren, die als Ausgangsstoffe für die Biosynthese von Eicosanoiden, vor allem PG2 und PG3, dienen können, sowie Stearidonsäure (2–3 %, Abb. 5.4), die ein Inhibitor für die 5-Lipoxygenase ist und damit über die Hemmung der Leukotrienbildung auch entzündungshemmend wirkt (siehe auch Echiumöl – Abschnitt 13.3.4). Weiters weisen Fischöle hohe Konzentrationen an Cholesterin auf (500–800 mg/100 g).

Die wichtigsten Fettsäuren im Körperfett des Herings sind 20 % Erucasäure, 14 % Eicosensäure, 12 % Ölsäure, 12 % Palmitinsäure, 10 % Palmitoleinsäure, 6 % Eicosapentaensäure, 4 % Docosahexaensäure, 1 % Stearinsäure, 1 % Linolsäure, 0,8 % α-Linolensäure und 0,6 % Docosapentaensäure. Der Cholesteringehalt liegt bei 760 mg/100 g.

Die wichtigsten Fettsäuren im Menhadenfett sind 15 % Palmitinsäure, 14 % Ölsäure, 13 % Eicosapentaensäure, 10 % Palmitoleinsäure, 8,5 % Docosahexaensäure, 5 % Docosapentaensäure, 4 % Stearinsäure, 3 % Stearidonsäure, 2 % Linolsäure, 1,5 % Linolensäure, 1 % Eicosatetraensäure (Arachidonsäure) und 1 % Eicosensäure. Der Cholesteringehalt liegt bei 500 mg/100 g.

**Leberöle** von Fischen und Walen sind in der Ernährung vor allem als Quellen der Vitamine A und D geschätzt (Lebertran). Ausgangsmaterial für die Gewinnung der Leberöle sind heute hauptsächlich Fische der *Gadus-* und Schellfisch-Arten: Schellfisch (*Melanogrammus aeglefinus*, engl. haddock), Kabeljau (*Gadus morrhua*, engl. cod), Heilbutt (*Hippoglossus hippoglossus*, engl. halibut) sowie verschiedene Haifischarten. Als Beispiel ist die Zusammensetzung von Kabeljau-Leberöl angegeben: 21 % Ölsäure, 11 % Docosahexaensäure, 11 % Palmitinsäure, 10 % Eicosensäure, 8 % Palmitoleinsäure, 7 % Erucasäure, 7 % Eicosapentaensäure, 3,6 % Myristinsäure, 3 % Stearinsäure, 1 % Linolsäure, 1 % Linolensäure, 1 % Stearidonsäure und 1 % Eicosapentaensäure. Kabeljau-Leberöl enthält in 100 g 30.000 µg Vitamin A, 250 µg Vitamin D und 570 mg Cholesterin.

## 14.3 Technisch veränderte Fette

Technisch veränderte Fette werden in großem Umfang in der Ernährung eingesetzt. In diesem Abschnitt sollen nur diejenigen Fettendprodukte beschrieben werden, mit denen der Konsument im praktischen Leben direkt zu tun hat, sowie technische Verfahren, die der Herstellung von Ausgangsmaterialien für diese Fette dienen (z. B. Hydrierung, Umesterung und Raffination, siehe Abschnitt 5.4 „Technologische Gewinnung von Fetten").

**Margarine** ist, ähnlich der Butter, eine Wasser-in-Öl-Emulsion. Dabei kommt es durch eine teilweise Kristallisation des Fettes und durch die Wirkung der verwendeten Emulgatoren zu einer Erhöhung der Viskosität des Ausgangsfettes, und es entsteht eine stabile, meist auch streichbare Emulsion. Margarine wurde aufgrund eines von Napoleon III. initiierten Staatspreises für ein butterähnliches Fett vom Chemiker Hippolyte Mège-Mouriés 1869 erfunden. Er beobachtete, dass die Fettsäurezusammensetzung des Butterfetts und des Rindertalgs einander ähnlich sind. Durch Fraktionieren des Rindertalgs konnte Oleomargarin, der für eine Emulsion in Wasser geeignete Anteil des Talgs, isoliert werden. Damit war Margarine erfunden. Da die für die Margarineproduktion nicht geeigneten Anteile des Talgs ebenfalls verwertet werden sollten, wurden sie zu Seife verarbeitet. Obwohl heute Margarine fast nicht mehr aus Oleomargarin hergestellt wird, hat sich die Kombination von Margarineproduktion und Waschmittelerzeugung bis in die Gegenwart in der einschlägigen Industrie erhalten. Die namensgebende Margarinsäure hat sich später als ein Gemisch von Palmitin- und Stearinsäure entpuppt.

Heute sind die wichtigsten Fette für die Margarine-Herstellung: Baumwollsaatöl, Sonnenblumenöl, Sojaöl, Erdnussöl, Rapsöl, Maiskeimöl, Kokosfett, Distelöl sowie Seetieröle, Rindertalg und Schweineschmalz. Die oft raffinierten Ausgangsfette müssen zum Teil zur Erhöhung ihres Schmelzpunktes katalytisch hydriert werden. Auf das Problem der Bildung von „trans"-Fettsäuren wurde schon hingewiesen. Der Grad der Hydrierung wird mittels der Iodzahl bestimmt. Als wässrige Phase wird Trinkwasser oder fermentierte Magermilch, gesalzen oder ungesalzen, verwendet – **Wassermargarine** – **Milchmargarine**. Die Unterscheidung kann durch elektrophoretischen Nachweis der Caseine erfolgen. Die wichtigsten Emulgatoren für die Margarine-Herstellung sind heute Mono- und Di-Fettsäureester des Glycerins (etwa 0,5 %), Sojalecithin (etwa 0,25 %) sowie Eigelb. Für die Herstellung von Margarine werden in der Regel geeignete Gemische verschiedener Fette verwendet. Die wässrige Phase wird im Fett emulgiert, wobei durch Kneten und Walzen der Masse eine möglichst homogene Verteilung der beiden Phasen untereinander erreicht werden soll. Dabei wird auch die Ausbildung von großen Fettkristallen unterbunden, sodass das Produkt dann einen cremigen Charakter hat. Gefärbt wird Margarine mit β-Carotin, Bixin oder dem Extrakt von Vogelbeeren (*Sorbus aucuparia*). Margarine kann mit Sorbinsäure bei Bedarf konserviert werden. Das ω-Lacton der Sorbinsäure, mit ähnlicher antibiotischer Wirkung wie Sorbinsäure, ist auch ein Inhaltsstoff von *Sorbus aucuparia*. Weitere Zusatzstoffe in der Margarine sind Diacetyl und Acetoin als Aromastoffe, Lactose, Stärkesirup, Wein- oder Citronensäure, Essigsäure, Milchsäure, eventuell Fettsäurelactone und Vitamine (A, D, E). Auch pflanzliche Steroide, wie β-Sitosterin, werden wegen ihrer Cholesterinspiegel-senkenden Wirkung manchen Margarinesorten zugesetzt. Der Vitamin-E-Gehalt wird meist an den Linolsäuregehalt des Produkts angepasst. Margarine musste früher, um von der Butter unterscheidbar zu sein, durch Zusätze (Sesamöl, Stärke, Titandioxid) markiert werden. Der Gehalt an Milchfett war auf höchstens 1 % beschränkt. Im Rahmen der EU-Gesetze und in den USA dürfen bei entsprechender Deklaration auch Gemische von Butter und Margarine (z. B. 40 : 60) im Handel angeboten werden.

Je nach Verwendungszweck und Qualitätsansprüchen gibt es viele Arten von Margarine im Handel:

- Standardmargarine (mindestens 50 % Pflanzenfett),
- Pflanzenmargarine (ausschließlich Pflanzenöle),
- „Light" = Halbfettmargarine,
- Margarinesorten, die gewerblichen Zwecken vorbehalten sind:
  ○ Backmargarine (überwiegend Triglyceride im mittleren Schmelzpunktbereich),
  ○ Ziehmargarine (hochschmelzende Triglyceride in Öl),
  ○ Crememargarine (ist weich und hat einen hohen Anteil an Kokosfett),
  ○ Schmelzmargarine (enthält keine wässrige Phase und ist analog zum Butterschmalz).

Margarine enthält durchschnittlich etwa 80 % Fett, 17 % Wasser, 0,6 % Protein, 0,5 % Lactose, 1–2 % Mineralstoffe (Tab. 14.1).

**Tabelle 14.1.** Durchschnittliche Zusammensetzung von Hart- und Weichmargarine

|  | Hartmargarine *aus hydriertem Maisöl und Sojaöl* | Weichmargarine *aus hydriertem Baumwollsaatöl, hydriertem Erdnuss-öl und Safloröl* |
|---|---|---|
| Fett (%) | 78,77 | 80,4 |
| Fettsäurezusammensetzung (%) | 14 | 13,4 |
| Gesättigt | 37,2 | 14 |
| Einfach ungesättigt | 37,2 | 49,5 |
| Mehrfach ungesättigt | 8 | 8,3 |
| Palmitinsäure | 6 | 5 |
| Stearinsäure | 37,2 (17,5 % cis; 19,7 % trans) | 14 |
| Ölsäure | 20,9 (0,7 % trans) | 49,5 |
| Linolsäure | 2,2 | – |
| Linolensäure |  |  |
| Wasser (%) | 17,17 | 16,2 |
| Protein (%) | 0,18 | 0,8 |
| Kohlenhydrate (%) | 1,94 | 0,5 |
| Asche (%) | 1,94 | 2 |
| Phytosterine (mg/100 g) |  | 200 |
| β-Sitosterin | 117 |  |
| Campesterin | 41 |  |
| Stigmasterin | 28 |  |
| Vitamin A (µg/100 g) | – | 1000 |
| α-Tocopherol (mg/100 g) | – | 7 |

**Shortening** ist eine englische Bezeichnung für Fette, die grundsätzlich Emulsionen hochschmelzender kristalliner Triglyceride in Öl sind. Sie werden vor allem als Fette in der Bäckerei, bisweilen auch als Brat- und Kochfette verwendet. Sie verkürzen die kontinuierliche Struktur der Kleberproteine im Teig zu kleineren, von Fett umhüllten Einheiten und machen dadurch das Gebäck mürber. Von da stammt der englische Name. Ursprünglich wurden Shortenings als Substitute für Schweineschmalz entwickelt. Heute werden sie auch als thermisch stabile Frittierfette, in der Feinbäckerei, der Süßwarenerzeugung und auch im Haushalt angewendet.

Die Zusammensetzung von Shortenings kann, entsprechend der Anwendung, in weiten Bereichen variiert werden (Tab. 14.2). Nicht nur die Konsistenz, sondern auch die mechanischen Eigenschaften der Fette sind durch geänderte Mischungsverhältnisse manipulierbar.

**Tabelle 14.2.** Durchschnittliche Fettsäurezusammensetzung ausgewählter Shortenings

|                                   | Shortening 1* | Shortening 2** |
|-----------------------------------|:-------------:|:--------------:|
| Gesättigte Fettsäuren (%)         | 45            | 25             |
| Einfach ungesättigte Fettsäuren (%) | 38,5        | 42             |
| Mehrfach ungesättigte Fettsäuren (%) | 8,8        | 27             |
| Palmitinsäure (%)                 | 24,5          | 14             |
| Ölsäure (%)                       | 24,2          | 42             |
| Stearinsäure (%)                  | 17            | 11             |
| Linolsäure (%)                    | 8,3           | 25             |
| Linolensäure (%)                  | 0,5           | 1,5            |
| Palmitoleinsäure (%)              | 4,3           | –              |
| Phytosterine (mg/100 g)           | –             | 150            |

\* Shortening aus Rindertalg und Baumwollsaatöl, das sich als Frittierfett eignet
\*\* Shortening für den Haushalt, zusammengesetzt aus hydriertem Sojaöl und Palmöl

**Mayonnaise** enthält Eidotter als Emulgator und Essig als wässriger Phase. Bei der Herstellung wird Öl vorsichtig einem Gemisch von Eidotter, Essig, Salz und Gewürzen unter gleichzeitigem Rühren zugegeben. Mayonnaisen werden in der Regel mit Sorbinsäure oder Benzoesäure konserviert. Als fette Phase wird meist Soja-, Sesam- oder auch Traubenkernöl verwendet. Mayonnaise enthält mindestens 80 % Fett.

**Salatsoßen** (engl. salad dressings) sind ähnlich der Mayonnaise aufgebaute Öl-in-Wasser-Emulsionen, nur liegt der Fettanteil bei etwa 50 %. Teilweise wird auch Stärke zum Verdicken der wässrigen Phase zugesetzt.

Beispiel der Zusammensetzung einer Mayonnaise mit Sojaöl: 80 % Fett, 15 % Wasser, 1,1 % Protein, 2,7 % Kohlenhydrat, 1,5 % Asche, α-Tocopherol 1,5 mg/100 g, γ-Tocopherol 8,2 mg/100 g, δ-Tocopherol 1,5 mg/ 100 g, Steroide: Cholesterin 60 mg/100 g, Phytosterine 220 mg/100 g. Weiters sind geringe Mengen an B-Vitaminen (Pantothensäure und Vitamin $B_6$) enthalten.

Die Fettsäurezusammensetzung beträgt 12 % gesättigte, 23 % einfach ungesättigte und 41 % mehrfach ungesättigte Fettsäuren (37 % Linolsäure, 22,5 % Ölsäure, 8,5 % Palmitinsäure, 4 % Linolensäure und 3 % Stearinsäure).

Beispiel der Zusammensetzung einer Salatsoße mit Sesamöl: 45 % Fett, 3 % Protein, 9 % Kohlenhydrate, 4 % Asche, α-Tocopherol 5 mg/100 g, Phytosterine 113 mg/100 g. Die Fettsäurezusammensetzung beträgt 23 % Linolsäure, 12 % Ölsäure, 4 % Palmitinsäure, 2 % Linolensäure und 2 % Stearinsäure.

**Trennöle** (engl. antistick lubricants, release agents) sollen das Anhaften von Backwaren in Formen und auf Unterlagen verhindern. Heute werden zu diesem Zweck vor allem Pflanzenöle mit hohem Rauchpunkt verwendet, in denen Wachse in unterschiedlichen Konzentrationen emulgiert sind. Auch weiße Mineralöle und Silikonöle sowie Polyethylenglykole, acetylierte Mono-Glyceride und Stearinsäure werden zu diesem Zweck benützt. Trennöle werden vor allem in der Bäckerei, der Süßwarenerzeugung, aber auch beim Erhitzen von Fleischwaren verwendet.

**Fett-„Light"-Produkte** und **Fettersatzstoffe** (engl. fat replacers) haben in den so genannten „entwickelten" Ländern wegen des Problems von Übergewicht der Bevölkerung eine steigende Bedeutung erlangt. Heute sind eine Reihe von Produkten auf dem Markt, die entweder die vom Nahrungsfett stammende Energie möglichst ohne Einbuße von Geschmack verringern sollen oder selbst praktisch unverdauliche Lipide sind. Diese Zielsetzungen werden dadurch erreicht, dass hochenergetisches Fett durch technologisch verändertes, im Mund geschmacklich möglichst ähnliche Kohlenhydrate oder Proteine oder geeignet aufbereitetes Fett ganz oder teilweise ersetzt wird. In den USA sind derzeit etwa 5000 derartige Produkte auf dem Markt.

Kohlenhydrate als Fettersatzstoffe sind hydrolysierte Stärken, mikrokristalline Cellulose, Pektin, Chitosan, Xanthan und andere Verdickungsmittel. Andere basieren auf der Anwendung von Zuckeralkoholen. Durch den Verdickungseffekt dieser Produkte entsteht der sensorische Eindruck von Fett im Mund. Allerdings sind viele dieser Produkte nicht hitzestabil und können daher beim Braten oder Frittieren nicht verwendet werden.

Auch Proteine können in geeigneter Teilchenstruktur den sensorischen Eindruck von Fett im Mund hervorrufen. Beispiele sind Produkte, hergestellt aus mikrozerkleinerten Magermilch-, Molken- und Eiproteinen. Diese Produkte haben dann eine cremeartige Konsistenz und täuschen im Mund Fett vor.

Fette mit niedrigerem Energieinhalt können aus Triglyceriden mit niederen oder sehr langkettigen Fettsäuren hergestellt werden. Die Fettsäuren solcher Triglyceride werden nur unvollständig resorbiert, sodass die aufgenommene Energiemenge geringer ist. Eine andere Strategie ist der Einsatz von Mono- und Diglyceriden, die ansonsten nur als Emulgatoren verwendet werden, als niederkalorische Fettsubstitute.

Letztendlich werden anstelle von Glycerin verschiedene Zucker und Zuckeralkohole mit Fettsäuren verestert. Für diese Art von Fetten fehlen dem Organismus passende Verdauungsenzyme, die solche Verbindungen in Zucker und freie Fettsäuren aufspalten könnten. Sie werden daher praktisch unverdaut aus dem Darm ausgeschieden. Das bekannteste Beispiel dieser Art von Fettersatzstoffen ist „Olestra" (enthält Saccharose-Fettsäureester), das in den USA seit 1996 zugelassen ist. Da solche Fettersatzstoffe die Aufnahme von fettlöslichen Vitaminen beeinträchtigen könnten, wird „Olestra" vitaminisiert.

# 15 Lebensmittelkonservierung

Die Haltbarmachung von Lebensmitteln über einen längeren Zeitraum hinaus hat eine lange Tradition. Vor allem pflanzliche Lebensmittel, Ähnliches gilt auch für Futtermittel, sind zum Zeitpunkt der Ernte im Überfluss vorhanden. Da die Ernte meistens ein einmaliges Ereignis im Jahr ist, die Produkte der Ernte aber nur eine meist sehr begrenzte Haltbarkeit haben, lag es in der Natur der Sache, Verfahren zur Verlängerung der Genusstauglichkeit von Lebensmitteln zu finden. Mit dem Entstehen der Industrie und der damit zusammenhängenden Entwicklung von Großstädten im 19. Jahrhundert ging eine räumliche Entkopplung der Produzenten und Konsumenten von Lebensmitteln einher. Dadurch wurden Transportwege und Zeiträume für die Verteilung stark verlängert, entsprechend wurde die Notwendigkeit für eine verlängerte Haltbarkeit von Lebensmitteln immer dringender. Daher wurden gerade in dieser Periode neue Verfahren der Lebensmittelkonservierung entwickelt und Substanzen gefunden, die den mikrobiellen und oxidativen Verderb der Lebensmittel verlangsamen. Traditionell werden die Methoden der Lebensmittel-Konservierung in physikalische und chemische Verfahren eingeteilt. Diese Trennung ist eher willkürlich, weil chemische und physikalische Prozesse meist parallel ablaufen.

## 15.1 Physikalische Konservierungsverfahren

Zu den physikalischen Verfahren zählt man:

- Kühl- und Gefrierverfahren,
- Erhitzungsverfahren (Sterilisieren und Pasteurisieren),
- Trocknen,
- Entkeimung durch Filtration,
- Entkeimung durch Bestrahlung oder Ultraschall,
- Inhibierung des Eindringens von Mikroben durch Aufbringen von Schutzschichten oder Abdichten natürlicher Umhüllungen.

### 15.1.1 Konservierung durch Kühlverfahren

Kühlverfahren wurden früher vor allem zum Kühlen von Fleisch, Milch und Getränken wie auch von Bier verwendet. Sie arbeiten in einem Temperaturbereich oberhalb des Gefrierpunktes des Zellsaftes (Cytoplasma), also zwischen 0 und 6 °C. Die optimale Lagertemperatur ist für jedes Lebensmittel verschieden und muss daher im Einzelfall empirisch ermittelt werden. Bei den erniedrigten Temperaturen kommt es zu einer Verlangsamung der Reaktionen des Stoffwechsels sowohl im gelagerten Produkt als auch in dem von Lagerschädlingen, die bei den herrschenden Bedingungen nicht abgetötet werden. Als Faustregel kann man annehmen, dass sich die Geschwindigkeit einer chemischen Reaktion pro 10 °C Temperaturunterschied verdoppelt oder halbiert. Allerdings werden die Geschwindigkeiten aller metabolischen Reaktionen nicht im gleichen Ausmaß reduziert. Die Temperaturabhängigkeit der Geschwindigkeitskonstanten der einzelnen Reaktionen ist jeweils verschieden. Dadurch kann es vorkommen, dass sich bestimmte Produkte des Stoffwechsels im gekühlten Lebensmittel akkumulieren, weil die nachfolgende Reaktion sich stärker verlangsamt hat. Ein bekanntes Beispiel hierfür ist der süße Geschmack gefrorener Kartoffeln (Anhäufung niedermolekularer, süß schmeckender Stärkeabbauprodukte). In vielen Fällen sind die Stoffwechselimbalancen, die durch das Kühlen verursacht werden, reversibel.

Eine andere Antwort der Organismen auf Temperaturabsenkung ist das Auftreten von Stressreaktionen (z. B. enzymatische Bräunungsreaktionen, wobei auch Aroma- und Geschmacksstoffe gebunden werden können).

Um Qualitätsverluste zu vermeiden, wird beim Kühlen größerer Mengen die Dauer der Abkühlung auf die gewünschte Temperatur verkürzt. Dies geschieht in von stark bewegter, kalter Luft durchströmten Abkühlungstunneln oder durch Kühlen mit Eiswasser bzw. zerkleinertem Eis. Die erstere Methode wird beim schnellen Abkühlen von Fleisch, Obst und Gemüse, die letztere zur schnellen Konservierung von Fischfängen verwendet. Um eine zu starke Austrocknung des Lebensmittels zu verhindern, wird die Luftfeuchtigkeit in den Lagerräumen meist über 90 % gehalten. Um die Atmung der gelagerten Produkte zu vermindern, werden die Lagerräume teilweise mit Schutzgasen, wie $CO_2$ oder $N_2$, gefüllt. Lagerschäden, hervorgerufen durch zu niedrige Lagertemperatur, sind z. B. die Bräunung des Fruchtfleisches bei Birnen und Äpfeln oder das „Wolligwerden" von Pfirsichen.

**Gefrieren** (engl. freeze preserving) von Lebensmitteln ist durch die Entwicklung von Kältemaschinen am Ende des 19. Jahrhunderts allgemein anwendbar geworden. Bis dahin war die bei Gefrierverfahren erreichbare Temperatur von der Zusammensetzung von Eis-Salz-Gemischen abhängig. Intensiver wurden Gefrierverfahren und ihre Eignung zur Konservierung von Lebensmitteln seit etwa 1930 untersucht. Es zeigte sich, dass in vielen Fällen tiefgefroren gelagerte Lebensmittel nach dem Auftauen frischen Produkten in der Qualität sehr nahe kommen.

Generell wird bei allen Gefrierverfahren die Temperatur unterhalb des Gefrierpunktes des Cytoplasmas gesenkt (−0,5 bis −3 °C, abhängig von der Konzentration der gelösten Substanzen, vorwiegend der Salzkonzentration). Reines Eis kristallisiert in verschiedenen Modifikationen aus, abhängig von der Geschwindigkeit des Einfrierens. Dadurch konzentrieren sich die gelösten Stoffe in der verbleibenden flüssigen Phase und senken deren Gefrierpunkt ab. Es kommt dadurch einerseits zu Veränderungen in der spezifischen Wärme als auch in der thermischen Leitfähigkeit des Lebensmittels. Eis hat nur ein Viertel der Wärmeleitfähigkeit von flüssigem Wasser. In den meisten Fällen sind bei –8 °C die flüssigen Zellbestandteile gefroren. Um das Entstehen von großen Eiskristallen (vor allem zwischen 0 und –6 °C) zu verhindern, ist eine schnelle Temperaturabsenkung notwendig. Gleichzeitig werden dadurch die Angriffsmöglichkeiten von Mikroorganismen und Parasiten verringert. Durch Zerreißen von Zellmembranen beschädigen wachsende Eiskristalle die Struktur der Organismen. Die Kompartmentierung von Inhaltsstoffen wird dadurch aufgehoben, intrazellulär lokalisierte Enzyme kommen mit extrazellulären Substraten in Kontakt und umgekehrt. Dieser Umstand kann in vielen Fällen zum analytischen Nachweis gefrorener Lebensmittel verwendet werden (z. B. können intrazellulär lokalisierte Isoenzyme in wieder aufgetauten Produkten im Press-Saft elektrophoretisch nachgewiesen werden). Auf der anderen Seite ist in Lebensmitteln mit zerstörter oder beschädigter Zellstruktur die Befallswahrscheinlichkeit durch Mikroorganismen wesentlich höher, daher sind sie wesentlich leichter verderblich als frische Produkte. Tiefgefrorene Lebensmittel müssen daher tiefgefroren an den Endverbraucher gelangen. Wenn sie zwischendurch auftauen, gelten sie als verdorben und dürfen nicht wieder eingefroren werden.

Rascher Wasserentzug kann oxidativen Stress im Gewebe auslösen, der sich in irreversiblen braunen Verfärbungen manifestiert. Um diese unerwünschten Effekte zu vermeiden, wird das Gefriergut vor dem Absenken der Temperatur verpackt. In pflanzlichen Lebensmitteln wird vor dem Einfrieren unerwünschten enzymatischen Bräunungsreaktionen durch Blanchieren des Gutes, meist mit über 100 °C heißem Wasserdampf, entgegengewirkt. Durch diesen Vorgang werden enzymatische Katalysatoren, die für Verfärbungen (Polyphenoloxidasen und Peroxidasen) im Lebensmittel verantwortlich sind, denaturiert. Die Lagertemperatur der verschiedenen tiefgefrorenen Lebensmittel liegt um –20 °C.

Die wichtigsten heute verwendeten Gefrierverfahren sind:

- Einfrieren in bewegter, kalter Luft (–20 bis –40 °C),
- Eintauchen in oder Berieseln mit Kühlflüssigkeiten (meist Eis-Kochsalz, Eis-Calciumchlorid oder Ethanol-Natriumchlorid-Eis 15:15:70),
- Eintauchen in oder Berieseln mit flüssigem Stickstoff, früher auch mit flüssigem Freon (Dichlor-difluormethan),
- Kontaktgefrierverfahren (genau abgepacktes Gut wird zwischen gekühlten Metallplatten auf die gewünschte Temperatur abgekühlt),
- festes Kohlendioxid (Trockeneis).

Der technologische Unterschied zwischen den Verfahren liegt in der Geschwindigkeit, mit der die gewünschte Lagertemperatur erreicht werden kann. Dabei ist das Gefrieren in bewegter Luft langsamer als die Immersions- oder Tauchverfahren. Zum Vergleich: Rindfleisch wird in bewegter Luft in 180 Minuten auf −20 °C gekühlt, in flüssigem Stickstoff werden nach 8 Minuten bereits −50 °C erreicht. Wie schon erwähnt, liegt der Vorteil des schnellen Einfrierens in der Schonung der Struktur, in der Erhaltung des Aromas und auch des Vitamingehaltes. Der Nachteil ist, dass der Großteil der vorhandenen Mikroorganismen ebenfalls erhalten bleibt, die nach dem Auftauen ihre Aktivität wieder fortsetzen können. Die Haltbarkeit der eingefroren gelagerten Lebensmittel hängt von der Lagertemperatur ab. Z. B. ist eingefrorenes Beefsteak bei −18 °C über ein Jahr, bei −30 °C über zwei Jahre haltbar. Bei den gleichen Temperaturen ist auch eine ähnliche Haltbarkeit für viele Gemüsesorten (z. B. Karotten, Erbsen, Spinat) zu erwarten, vorausgesetzt, dass die Kühlkette nicht unterbrochen wird. Vor dem Verbrauch sollen tiefgefrorene Lebensmittel möglichst rasch wieder auf die gewünschte Temperatur der Zubereitung gebracht werden. Die Qualität der Gefrierkonserven wird auch durch den Auftauprozess mitbestimmt. Neben dem Erhitzen auf konventionelle Art hat sich in den letzten Jahren die Verwendung von elektromagnetischer Strahlung (Mikrowelle) zu diesem Zweck eingebürgert. Letztere ermöglicht die Zufuhr von Wärme ohne Ausbildung von Temperaturgradienten von außen nach innen, da die Mikrowellen das ganze Lebensmittel durchdringen.

Zusammenfassend sind Gefrierkonserven eine besonders schonende, der Qualität des frischen Lebensmittels sehr nahe kommende Methode zur Verlängerung der Genusstauglichkeit von Lebensmitteln.

### 15.1.2 Konservierung durch Erhitzen (Sterilisieren und Pasteurisieren)

Zweck dieser Verfahren ist es, Mikroorganismen im Lebensmittel abzutöten (Sterilisieren) oder zumindest ihre Vermehrung zu inhibieren (Pasteurisieren).

Historisch sind Verfahren zur Verlängerung der Genusstauglichkeit von Lebensmitteln durch Zufuhr von Wärme sehr alt. Sie werden aber auch heute in abgewandelter Ausführung in großem Umfang verwendet. Durch Temperaturerhöhung über 50 °C werden Proteine der Zellen denaturiert und damit auch Enzyme inaktiviert. Mikroorganismen werden je nach angewandter Temperatur in ihrer Vermehrung inhibiert oder abgetötet. Die Verminderung der Keimzahl bei einer bestimmten Temperatur wird durch die Absterbenskonstante ($k$) ausgedrückt, die eine logarithmische Funktion der Zellzahlen vor ($Z_0$) und nach ($Z_t$) der Behandlungszeit ($t$) ist ($k = 1/t \times \log Z_0/Z_t$).

Die Hitzeempfindlichkeit von Mikroorganismen ist sehr verschieden. Thermophile Bakterien können noch bei sehr hohen Temperaturen existieren, sie leben u. a. in heißen Quellen und Geysiren, können aber beispielsweise auch in Zuckerfabriken vorkommen. Das Toxin von *Clostridium botulinum* und der Trypsininhibitor von Sojabohnen sind Beispiele für toxische Proteine, die bei 100 °C noch nicht denaturiert sind und daher ihre Toxizität auch bei 100 °C behalten. Um Sporen von *Clostridium botulinum* sicher zu inaktivieren, werden Fleischkonserven bei 123 °C für eine Stunde erhitzt.

Sterilisieren und Pasteurisieren unterscheiden sich durch den zur Konservierung angewandten Temperaturbereich:

> Pasteurisieren – im Temperaturbereich unter 100 °C,
>
> Sterilisieren – im Temperaturbereich über 100 °C.

Daher sind für die Durchführung einer Sterilisation über 100 °C Apparaturen (Autoklaven) notwendig, die bei höherem Druck mechanisch stabil sind. Je nach Füllgut wird meist zwischen 15 Minuten und einer Stunde sterilisiert. Dabei werden Proteine denaturiert, Fette und Kohlenhydrate bleiben weitgehend unverändert. Der Gehalt an Vitaminen nimmt generell ab, die einzelnen Vitamine werden durch die Temperaturbehandlung unterschiedlich beeinflusst. Sterilisierte Produkte sind oft jahrelang haltbar.

**Pasteurisieren** (heute meist um 71–74 °C für 30–40 Sekunden oder Ultrahocherhitzung, z. B. eine Sekunde auf 135–150 °C, früher meist bei 63 °C für 30 Minuten) inhibiert nur die Vermehrung von Mikroorganismen, daher ist die Haltbarkeit der Produkte begrenzt. Allerdings unterscheidet sich Aroma und Geschmack weniger von frischen Erzeugnissen. Pasteurisieren wird meist mit Plattenerhitzern, die thermisch gut regulierbar sind, durchgeführt.

**Tyndallisieren** bedeutet eine fraktionierte Sterilisation bei etwa 100 °C. Die Methode beruht auf der Erfahrung, dass Sporen, die ein Erhitzen auf 100 °C überlebt haben, innerhalb von 49 Stunden auskeimen. Daher wird das Erhitzen jeweils nach 24 Stunden zweimal wiederholt – die gekeimten Sporen werden abgetötet. Tyndallisieren wird angewandt, wenn kein Autoklav zum Sterilisieren vorhanden ist.

**Blanchieren** bezeichnet man ein kurzzeitiges Erhitzen (etwa 10 Minuten) mit Dampf oder heißem Wasser auf 100 °C oder auch darunter. Ein Vorteil der Methode ist die Verminderung der mikrobiellen Keime, die Inhibierung der enzymatischen Bräunungsreaktion und die teilweise Entgasung des Produktes. Vor dem Abfüllen in geeignete Behältnisse soll deren Inhalt möglichst frei von Luft sein, um die Korrosion und die Bombage von Dosen zu vermeiden. Blanchieren wird sowohl für Tiefkühl- als auch für sterilisierte, pasteurisierte und getrocknete Produkte verwendet.

**Sterilisieren:** Dazu werden, wie schon erwähnt, Autoklaven in verschiedenen Ausführungsformen (kontinuierlich oder diskontinuierlich, rotierend oder nicht rotierend) verwendet. Als Wärmequelle dient Wasserdampf, anschließend werden die sterilisierten Produkte in speziellen Systemen gekühlt.

Als Materialien für Behältnisse von sterilisierten Lebensmitteln werden Weißblechdosen, lackierte (vernierte) Blechdosen, Aluminiumdosen, Glasgefäße und Kunststoffdosen verwendet. Weißblech ist ein mit Zinn beschichtetes Eisenblech (meist elektrolytisch verzinnt). Das Blech wird zu einem Zylinder gerollt, der längsseitig mit bleihaltigem Zinnlot gelötet und dann auf die passende Länge geschnitten wird. Die Deckel werden durch Umbörteln des Blechs in geeigneten Maschinen luftdicht eingesetzt. In Dosen mit einwandfreiem Inhalt sitzen die Deckel konkav im Zylinder. Entsteht ein Überdruck in der Dose, sind die Deckel konvex vorgewölbt und man spricht von „Bombage". Ursachen von Bombagen sind: Korrosion des Metalls mit gleichzeitiger Entwicklung von Wasserstoff, Gasentwicklung in der Dose (meist Kohlendioxid) als Folge mikrobieller Infektion des Inhalts, Gefrieren des Doseninhalts und Volumsvergrößerung durch Eisbildung (Frostbombage) und Bombage durch zu hohen Luftgehalt der Dose (Scheinbombage). Gesundheitsgefährlich ist vor allem die mikrobielle Bombage, der Doseninhalt ist als verdorben anzusehen. Korrosion entsteht vor allem bei Doseninhalten mit stark saurem pH-Wert. Obwohl Zinn ($E_0 = -0,14$ V, $E_0 = $ Normalpotenzial) ein edleres Metall ist als Eisen ($E_0 = -0,44$ V), reagiert es mit Säuren unter Bildung von Wasserstoff. Die Korrosion beginnt an fehlerhaften Stellen der Zinnschicht und setzt sich in die Tiefe fort. Ist die Schicht punktförmig durchbrochen, kommt es mit dem darunter liegenden Eisen zur Ausbildung von Lokalelementen und damit zu einer Beschleunigung der Korrosion. Im Laufe der Zeit können so große Schwermetallmengen gelöst sein, dass der Doseninhalt genussuntauglich wird, auch kann Blei aus dem Lot herausgelöst werden. Unterstützt wird die Korrosion durch Sauerstoff und Schwermetallionen komplexierende Säuren, wie Citronensäure, Phosphorsäure oder Oxalsäure. Ein hoher Gehalt an Eisenionen verursacht einen bitteren Geschmack des Inhalts. Als Grenzwert für die Genusstauglichkeit wird ein Zinngehalt von 100 mg/kg, in den USA 300 mg/kg angegeben.

Die oft bei Weißblechdosen zu beobachtende Marmorierung und Braunfärbung der Innenwand wird durch Reaktion von Schwefelverbindungen mit dem Metall verursacht und ist harmlos.

Lackierte (vernierte) Metalldosen sind gegen Lebensmittel mit saurem pH-Wert, sofern sie fehlerfrei lackiert sind, unempfindlich. Ein Problem mit vernierten Dosen kann entstehen, wenn im Polymer immer vorhandene Monomere in höherer Konzentration vom Lebensmittel aufgenommen werden. Da diese Monomere in der Regel in Fett, aber nicht in Wasser löslich sind, sind fettreiche Lebensmittel diesbezüglich besonders gefährdet. So wurden in letzter Zeit Befunde bekannt, dass monomere Bestandteile von Epoxyharzen (Bisphenol A = 4,4'-(1-Methylethyliden)-bisphenol und 2,3-Epoxypropanol) in hoher, schon gesundheitsschädlicher Konzentration in Ölsardinen nachgewiesen wurden (Abb. 15.1).

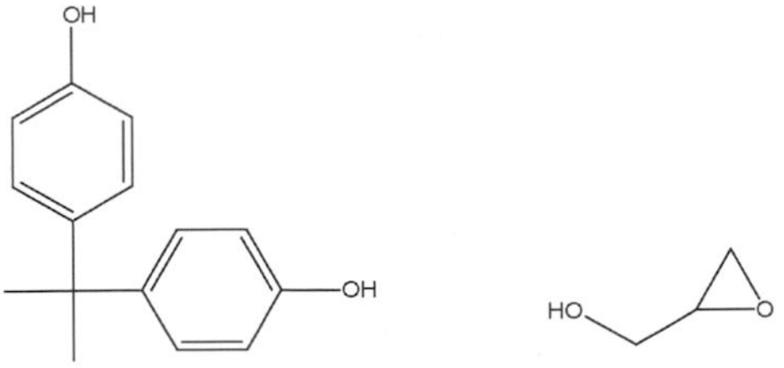

Bisphenol A
4,4'-(1-Methylethyliden)-bisphenol

2,3-Epoxypropanol
2,3-Epoxy-propan-1-ol

**Abb. 15.1.**    Chemische Struktur von Monomeren der Epoxyharze

Glasgefäße sind inert gegen jede Art von Lebensmitteln, haben aber den Nachteil, dass sie zerbrechlich sind und ein hohes Transportgewicht haben. Sie werden heute meist mit beschichteten Schraubdeckeln aus Metall oder Kronenkorken verschlossen.

Aluminiumdosen werden in großem Umfang sowohl als Behältnisse für Getränke als auch in Form von Tuben für verschiedenste Lebensmittel und Kosmetika verwendet. Aluminium ist an sich ein sehr unedles Metall ($E_0 = -1{,}66$ V), dessen Oberfläche sehr leicht mit Sauerstoff reagiert. Im Unterschied zu Eisen bildet sich bei Aluminium ein zusammenhängender Film von Aluminiumoxid, der das darunterliegende Metall vor weiterer Korrosion schützt. Diese Oxidschicht kann durch anodische oder chemische Oxidation verstärkt werden (Eloxal®). Trotzdem wird Aluminium von Säuren generell angegriffen und entsprechend der Stärke der Säure (pK-Wert) und deren Konzentration aufgelöst. Eine Sonderstellung nimmt die Phosphorsäure ein, die in schwachen Säuren unlösliches Aluminiumphosphat bildet.

Kunststoffflaschen bzw. -dosen werden in großem Umfang als Behältnisse für Getränke, vor allem Mineralwasser, verwendet. Wie oben ausgeführt, eignen sich Kunststoffbehältnisse vorwiegend für wasserreiche und fettarme Lebensmittel, da restliche Monomere, Weichmacher und Antioxidanzien, die im Kunststoff vorhanden sind, vorwiegend in Fett löslich sind.

## 15.1.3 Konservierung durch Trocknen

**Trocknen** (engl. drying) ist ein sehr häufig verwendetes Verfahren, um die Haltbarkeit von Lebensmitteln zu verlängern. Es bestand z. B. immer die Notwendigkeit, Getreide nach der Ernte durch Verringern des Wassergehaltes auf unter 14 % vor dem Verschimmeln zu schützen und damit für lange Zeit, unter Umständen für viele Jahre, haltbar zu machen. Durch Verringerung des Wassergehaltes werden die Lebensbedingungen für Mikroorganismen stark verschlechtert. Die meisten Mikroorganismen benötigen für ihre Vermehrung eine Wasseraktivität von > 0,7. Schimmelpilze haben dabei den geringsten, Bakterien den höchsten Wasserbedarf. Beim Trocknen werden die Mikroorganismen unter

Anwendung von niedrigen Temperaturen nicht vernichtet, sondern nur in ihrer Vermehrung gehemmt. Nach Aufnahme von Wasser durch das Lebensmittel, entfalten auch die Mikroorganismen ihre Aktivitäten neu. Der mit dem Wasserentzug verbundene Stress für das Lebensmittel bewirkt, dass Enzyme, wie Polyphenoloxidasen und Peroxidasen, aktiviert werden, andere Enzyme aber im Lauf der Trocknung ihre Aktivität verlieren. Es kommt, vor allem bei pflanzlichen Lebensmitteln, zu enzymatischen und zu nichtenzymatischen Bräunungsreaktionen (Maillard-Reaktion). Die Ersteren werden vor allem durch Blanchieren, die Letzteren mittels schwefliger Säure (Sulfit) inhibiert. Sulfit addiert sich an die C=O-Doppelbindung von freien Aldehyden, es entstehen so genannte Bisulfitverbindungen, die mit freien Aminogruppen nicht mehr reagieren. Die Behandlung mit Sulfit zerstört vorhandenes Vitamin $B_1$.

Derzeit werden Trocknungsverfahren zur Konservierung von vielen tierischen und pflanzlichen Lebensmitteln verwendet (Obst und Gemüse, Milch und Milchprodukte, Eier, Fisch, Fleisch und Fleischprodukte). Die Trocknung hat zum Ziel, den Wasserentzug in solcher Art und Weise durchzuführen, dass die Eigenschaften des frischen Lebensmittels nach dem Quellen in Wasser möglichst vollständig wiederhergestellt sind. Dieses Ziel wird in der Regel nie vollständig erreicht, es ist aber notwendig, dass die Oberfläche des Trockengutes nie zu stark austrocknet, da es sonst zu Verhornungen kommt. Die angewandten technologischen Verfahren werden der erwarteten Qualität des Produktes angepasst. Dies betrifft vor allem die im Verfahren verwendete Trocknungstemperatur. In der Praxis werden verschiedene mechanische Trocknungsverfahren verwendet:

- Trocknen in von erwärmten Gasen durchströmten Tunneln,
- Trocknen von flüssigen Lebensmitteln zwischen gegenläufig drehenden, heißen Walzen – auf den Walzen bildet sich ein dünner Film, aus dem die Flüssigkeit in wenigen Minuten verdampft,
- in Etagen angeordnete durchlöcherte Horden, auf denen das zu trocknende Gut gelagert ist, werden von erwärmten Gasen durchströmt, oder es werden Vakuum-Rotationsverdampfer oder Wirbelschichtverfahren zum Trocknen verwendet.

**Sprühtrocknung** (engl. spray drying): Dabei wird das flüssige Trocknungsgut, durch Düsen fein verteilt, in kleinen Tröpfchen in heiße Kammern (Trockentürme) eingespritzt. Trocknungsmittel ist heiße Luft (150–200 °C). Die Flüssigkeit der Tröpfchen verdampft in wenigen Sekunden, dabei kühlt sich der feste Rückstand ab und erreicht selbst kaum eine Temperatur von 100 °C. Der Rückstand wird vom Boden der Kammer abgezogen und mit kalter Luft gekühlt. Die Trocknungsbedingungen lassen sich bei der Sprühtrocknung besonders genau einstellen. Verwendet wird das Verfahren vorwiegend zur Herstellung von Trockenmilch, Instant-Kaffee, Eipulver, Gelatine, Tee- und Malzextrakt.

**Gefriertrocknung** (engl. freeze drying) ist ein besonders die Inhaltsstoffe im frischen Lebensmittel schonendes Verfahren. Nachteilig sind die hohen Verfahrenskosten (eine Kalorie Kälte ist etwa doppelt so teuer als eine Kalorie Wärme). Das zu trocknende Gut wird meist rotierend im Vakuum oder direkt eingefroren und auf eine Temperatur zwischen meist −20 und −30 °C gebracht. Bei diesen tiefen Temperaturen wird das gefrorene Wasser im Vakuum (0,05–0,5 mm Quecksilbersäule) absublimiert, ohne den flüssigen Zustand zu erreichen (entlang der Phasengrenze fest-/gasförmig). Die notwendige Sublimationswärme wird meistens durch eine interne, gut regulierbare Elektroheizung zugeführt. Gegen Ende der Trocknung steigt die Temperatur auf etwa 30 °C an. Gefriertrocknung wird vor allem für die Trocknung von Lebensmitteln im höheren Preisniveau verwendet (z. B. Kaffee).

**Konzentrierung durch Gefrieren** (engl. freeze concentrating) ist ein Verfahren, bei dem Eiskristalle, die sich beim langsamen Abkühlen einer Lösung abscheiden, abgetrennt werden. Dadurch können z. B. Fruchtsäfte auf etwa 35–50 % konzentriert werden. Beim Abkühlen einer Lösung kristallisiert zuerst das reine Lösungsmittel aus, dadurch konzentriert sich die Lösung. Die Grenze der Eindickung ist dort gegeben, wo durch die große Steigerung der Viskosität in der konzentrierten Lösung die Eiskristalle nicht mehr durch Filtration oder Zentrifugation abgetrennt werden können.

### 15.1.4 Entkeimung durch Filtration

**Entkeimungsfiltration** ist eine Methode zur mechanischen Entfernung von Mikroorganismen. Dichte Filter, so genannte EK-Filter aus Asbest oder Cellulose, sind nach einer gewissen Quellzeit für die verschiedenen Mikroorganismen nicht mehr durchdringbar. Wegen der Dichte der Entkeimungsfilter muss unter erhöhtem Druck filtriert werden. Große Moleküle, so auch Enzyme, können das EK-Filter penetrieren, sodass im Filtrat enzymatisch katalysierte Reaktionen, z. B. Reifungsprozesse, noch stattfinden können. Die Methode ermöglicht bei verschiedenen flüssigen Lebensmitteln (Fruchtsäfte, Essig, Wein) steriles Abfüllen.

**Ultrafiltration** ermöglicht, durch geeignete Filter gelöste Substanzen nach ihrem Molekulargewicht zu trennen. In der Praxis eingesetzte Filter trennen hochmolekulare Substanzen, je verwendetem Filter z. B. über 10.000 oder 100.000 Dalton Molekulargewicht, von niedermolekularen unterhalb dieser Grenzen. Filtriert wird unter erhöhtem Druck durch Celluloseacetat, Kunststoff (z. B. Polycarbonat) oder auch anorganische Filter. Enzymatisch katalysierte Reaktionen können im Filtrat nicht mehr stattfinden. Die Methode wird heute in großem Umfang zur Reinigung von Trinkwasser verwendet und ist auch im technischen Maßstab wichtig für die Reinigung von Proteinen.

## 15.1.5 Konservierung durch Strahlung

Die Wirkung von Strahlen auf ein Lebensmittel wird durch die Wellenlänge der Strahlung und damit durch ihren Energieinhalt bestimmt. Besonders ultraviolette und γ-Strahlung werden bei der Konservierung von Lebensmitteln eingesetzt. Mikrowellen werden in der Regel zur Erwärmung von Lebensmitteln im Haushalt, nicht aber zur Sterilisation im technischen Maßstab angewandt.

**Bestrahlung mit ultraviolettem Licht** wirkt vor allem im Wellenlängenbereich um 250 bis 280 nm keimtötend. Der Grund hierfür ist, dass in diesem Bereich die Basen der Nucleinsäuren ihr Extinktionsmaximum haben, damit Strahlungsenergie aufnehmen und die Mutationsrate erhöht ist. Ein anderer Mechanismus der Schädigung führt über die UV-induzierte Bildung von Ozon bei Anwesenheit von geeigneten Sensibilisatoren (z. B. Riboflavin und seinen Coenzymderivaten FAD und FMN) auch zur Bildung von Singulett-Sauerstoff. Diese energiereichen Formen des molekularen Sauerstoffs schädigen Proteine und Nucleinsäuren der Mikroorganismen, in gleicher Weise wird aber auch das Lebensmittel angegriffen. Allerdings ist die Eindringtiefe der ultravioletten Strahlung gering, sodass die Einwirkungen, aber auch die konservierenden Aktivitäten, meistens nur oberflächlich sind. Außerdem können bei indirekter Bestrahlung die Wirkungen der UV-Strahlen weiter vermindert werden. Die bei der Bestrahlung gebildeten reaktiven Formen des molekularen Sauerstoffs initiieren Lipidperoxidation und oxidieren sensitive Aminosäuren, auch solche, die in Proteinen gebunden sind.

Besonders davon betroffen sind Methionin (Bildung von **Methional** = 3-Methylmercaptopropionaldehyd = Methional – Lichtgeschmack), Lysin, Tyrosin und Tryptophan. Auch Carotinoide und diverse Vitamine (z. B. A, B$_2$) werden oxidativ zerstört.

UV-Licht wird vor allem zur Entkeimung von Raumluft in gewerblichen Betrieben (Molkerei, fleischverarbeitendes Gewerbe, Trinkwasser u. a.), in Lagerräumen, Stallungen und zur Entkeimung von Geräten etc. verwendet. UV-Licht hat auch eine beschleunigende Wirkung auf die Reifung von Fleisch und Käse.

**Bestrahlung mit γ-Strahlen** ist eine Methode zur Konservierung von Lebensmitteln, die in einigen Länder der EU und den USA zugelassen ist. Als Strahlungsquelle werden in der Regel die Isotope Kobalt 60 (1,17 und 1,33 MeV) und Cäsium-137 (0,66 MeV) verwendet. Die aufgenommene Strahlendosis wird heute in Gray (abgekürzt Gy = 1 Joule/kg) angegeben, früher war für diesen Zweck die Einheit Rad (1 rd = 0,01 Gy) üblich. Die Wellenlänge der γ-Strahlung liegt im Bereich von 1 pm. Die Mikroorganismen sind gegenüber der Strahlung unterschiedlich empfindlich: Sehr sensitiv sind Bakterien, gefolgt von Schimmelpilzen, Hefen und Viren. Sehr resistent sind Sporen, während Insekten generell nur geringe Strahlendosen vertragen. In der Regel ist zur Keimzahlverminderung eine Dosis von 2 Gy, zur Strahlenpasteurisation eine Dosis von 5–10 Gy und zur Strahlensterilisation, bei der auch Sporen vernichtet werden sollen, eine Dosis von 20–50 Gy notwendig. Viren halten oft bis zu 300 Gy aus.

Die Methode eignet sich vor allem zur Konservierung von wasserarmen Lebensmitteln, da die eingestrahlte Energie ausreicht, Wasser in OH-Radikale und Wasserstoff zu spalten. Durch Reaktion dieser Spaltprodukte untereinander und mit Sauerstoff entstehen u. a. Wasserstoffperoxid und Superoxid-Radikale. Das OH-Radikal, ein sehr starkes Oxidationsmittel, sowie die anderen Spaltprodukte reagieren teilweise mit Inhaltsstoffen des Lebensmittels weiter, sodass es zu starken Änderungen in der stofflichen Zusammensetzung des Lebensmittels kommen kann.

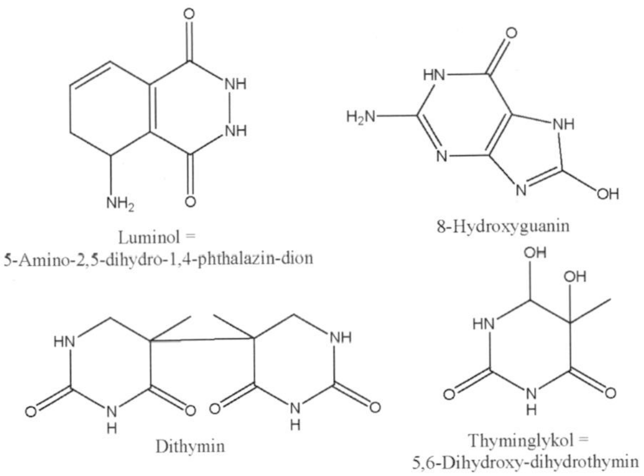

Abb. 15.2. Luminol und Abbauprodukte von Nucleinsäuren, die durch Bestrahlung von Lebensmitteln mit ionisierenden Strahlen entstehen

Luminol ist ein Reagens, mit dem sehr empfindlich Fluoreszenz nachgewiesen werden kann. Mit ionisierender Strahlung konservierte Lebensmittel weisen eine höhere Luminol-Fluoreszenz und eine höhere Konzentration an 8-Hydroxyguanin auf. 8-Hydroxyguanin ist ein für die Oxidation von Nucleinsäuren charakteristischer Metabolit, er entsteht auch bei der Begasung mit Ozon. Andere für die Oxidation von Nucleinsäuren typische Verbindungen sind Thyminglykol und dimere Thyminverbindungen (Abb. 15.2).

Ionisierende Strahlung wird in einigen Ländern für die Konservierung von Gewürzen, Fleischprodukten, Kartoffeln und Getreide verwendet.

**Bestrahlung mit Mikrowellen** ist eine Methode, bei der elektromagnetische Strahlung zur Energieübertragung (hauptsächlich Wärmeenergie) zur Lebensmittelkonservierung verwendet wird. Mikrowellen haben eine Frequenz im Gigahertz-Bereich und damit eine Wellenlänge ($\lambda = c/f$) in der Größenordnung von 100 cm. Mikrowellen erzeugen durch Wechselwirkung mit Materie vorwiegend Wärme, aktivieren aber auch molekularen Triplett-Sauerstoff zu Singulett-Sauerstoff. Mikrowellen können, entsprechend ihrer großen Wellenlänge Materie tief penetrieren und ermöglichen damit eine praktisch gradientenfreie Erhitzung des durchstrahlten Gutes. Mikrowellen sind toxisch für lebende Organismen, daher dürfen Mikrowellenherde keine Strahlung in die Umgebung außerhalb des Herdes abgeben. Mikrowellen werden derzeit vorwiegend zum Erhitzen von Lebensmitteln im Haushalt verwendet. In Hinkunft wird die Methode wahrscheinlich auch vermehrt zur Sterilisation im technischen Maßstab verwendet werden. Über toxische Wirkungen und Veränderungen in der Zusammensetzung der Inhaltsstoffe liegen derzeit teils sehr widersprüchliche Ergebnisse vor. Die theoretisch zu erwartende verstärkte Lipidperoxidation (Singulett-Sauerstoff-Bildung) konnte in der Praxis bisher nicht bestätigt werden.

**Ultraschall** wirkt durch Zersprengen der Zellwände von Mikroorganismen in vielen Fällen keimtötend. Die Anwendung eines darauf basierenden Konservierungsverfahrens in der Praxis ist gering. Ultraschall regt ebenfalls zur Bildung freier Radikale an (vor allem Hydroxylradikal). Die Chemie der Einwirkung von Schall auf Organismen ähnelt in den Folgen der Aktivität von Strahlen.

### 15.1.6 Konservierung mittels Schutzschichten

Für die Konservierung mittels Schutzschichten geeignete Lebensmittel können mit Schichten belegt werden, die das Eindringen von Mikroorganismen erschweren bzw. unmöglich machen. Beispiele sind das Verstopfen der Poren von Eischalen durch Einlegen in Kalk- oder Wasserglas-(Natriumsilikat-)-Lösung oder das Wachsen (Paraffinieren) von Käse.

## 15.2 Chemische Konservierungsverfahren

Chemische Konservierungsverfahren unterscheiden sich von den physikalischen dadurch, dass zugesetzte oder durch Fermentation erzeugte chemische Verbindungen maßgeblich zur Verlängerung der Haltbarkeit beitragen. In den Auswirkungen auf das Lebensmittel sind chemische und physikalische Verfahren oft ähnlich, die Wege dahin sind aber verschieden. Ein Beispiel dafür ist der Zusatz von Kochsalz, der eine Verminderung des beweglichen Wassers im Lebensmittel, also ein Trocknen bewirkt.

**Salzen** (engl. salting) ist eine Methode zur Verlängerung der Haltbarkeit von Lebensmitteln mit sehr langer Tradition. Die Lebensmittel werden in 15–25%ige Kochsalzlösung eingelegt, mit festem Kochsalz eingerieben oder mit festem Kochsalz homogenisiert. Die Dauer der Salzeinwirkung kann von Stunden bis zu einigen Monaten, je nach Verfahren, betragen. Die Löslichkeit von Kochsalz in Wasser bei 25 °C ist maximal 35,7 %. Wie schon oben erwähnt, entziehen konzentrierte Salzlösungen, wie festes Kochsalz, dem Lebensmittel Wasser und senken so die Wasseraktivität.

Das den Zellen entzogene Wasser kann unter Umständen durch Pressen oder Zentrifugieren weiter entfernt werden (z. B. bei homogenisierten und gesalzenen Fischen). Darüber hinaus wirken hohe Natriumkonzentrationen toxisch auf Mikroorganismen. Bei Ratten wurde eine $LD_{50}$ von 3,75 g Kochsalz/kg Körpergewicht festgestellt. Ein Teil der enthaltenen Proteine löst sich in verdünnten Salzlösungen, wird aber durch höhere Konzentrationen meist in denaturierter Form wieder ausgefällt. Einlegen in konzentrierte Salzlösungen bewirkt meist eine Denaturierung der Proteine an der Oberfläche (z. B. Bildung der Rinde von Käse) und im Hauptbereich der Kochsalzpenetration. Insgesamt kommt es zu Änderungen in der qualitativen und quantitativen Zusammensetzung gegenüber dem frischen Lebensmittel, und damit ändern sich auch die organoleptischen Eigenschaften des gesalzenen Produkts. Salzen wird zum Haltbarmachen von tierischen (Fleisch, Fisch, Käse), aber auch von pflanzlichen Lebensmitteln (z. B. Salzgurken oder Oliven) verwendet.

**Pökeln** (engl. curing) nennt man eine hauptsächlich bei Fleisch und Fisch angewandte Methode, bei der dem verwendeten Kochsalz Natriumnitrat (1–2 %) oder Natriumnitrit (0,5–0,6 %) zugemischt ist. Entsprechend unterscheidet man Nitrat- und Nitritpökelsalz. Im Fleischgewebe wird Nitrat langsam zu Nitrit und letztendlich zu Stickoxid reduziert. Dabei sind mikrobielle Enzyme und Myoglobin wichtige Katalysatoren. Nitrit ist in höheren Konzentrationen toxisch ($LD_{50}$ bei der Ratte 180 mg/kg), während Nitrat nur eine geringe akute Toxizität (beim Kaninchen etwa 2 g Nitrat/kg) aufweist.

Mit der Verwendung von Pökelsalz sollen drei Ziele erreicht werden:

1) Stabilisierung der roten Fleischfarbe bei höheren Temperaturen (Bildung von kochstabilem Nitrosomyoglobin),
2) Inhibierung der mikrobiellen Entwicklung, besonders von *Clostridium botulinum* und
3) Ausbildung und Erhaltung eines charakteristischen Fleischgeschmacks.

Als Pökelhilfsstoffe werden oft Saccharose, Ascorbinsäure und der gewünschten Geschmacksrichtung entsprechende Gewürze verwendet. Saccharose soll vor allem den bitteren Geschmack des Salpeters mildern. Die Verwendung von Ascorbinsäure schafft ein reduktives Milieu im Produkt, das die Bildung von Metmyoglobin und die Entstehung von Nitrosaminen behindert.

Methodisch unterscheidet man:

- Trockenpökelung – dabei werden die Fleischstücke meist mit Nitratpökelsalz bestreut oder mit Nitritpökelsalz durchmischt.
- Nasspökelung – hier werden die Fleischwaren in eine etwa 20%ige Lösung von Nitritpökelsalz eingelegt.
- Schnellpökelung, bei der die Pökelsalzlösung in tiefere Schichten injiziert wird.

Entsprechend der Dauer und der verwendeten Salzkonzentration wird dem gepökelten Produkt eine größere Menge an Wasser entzogen (bis zu 50 %). Verluste an Inhaltsstoffen entstehen durch Lösen von Fleischanteilen in der Pökellake, Vitamine werden meist zerstört.

Wie schon oben erwähnt, wird Nitrat im Muskelgewebe zu Nitrit reduziert und dieses über freie salpetrige Säure in Stickoxid (NO) umgewandelt. Letzteres reagiert einerseits mit dem zweiwertigen Eisen des Myoglobins zu dem kochfesten, roten Pigment Nitrosomyoglobin, andererseits können aber durch Reaktion der salpetrigen Säure mit sekundären Aminen cancerogene Nitrosamine gebildet werden.

Wichtigstes sekundäres Amin im Fleisch ist die Aminosäure Prolin, die beim Erhitzen mit salpetriger Säure das Nitrosamin N-Nitrosopyrrolidin-2-carbonsäure ergibt. Entscheidend für die Menge an gebildetem Nitrosamin ist die Erhitzungstemperatur – hoch erhitztes, gebratenes Fleisch enthält mehr Nitrosamine als z. B. gekochtes. Die Nitrosaminbildung war vor 30 Jahren in manchen Ländern der Grund für ein Verbot der Verwendung von Pökelsalz. Heute kann Pökelsalz generell wieder verwendet werden, man sieht in der Stickoxidbildung und seiner blutdrucksenkenden Wirkung auch einen gesundheitlichen Vorteil. Die Mengen des durch Fleischkonsum aufgenommenen Nitrats (verursacht Bildung von Methämoglobin) ist gering. Der größte Teil des vom Organismus aufgenommenen Nitrats stammt heute aus pflanzlichen Lebensmitteln.

**Räuchern** (engl. smoking) ist eine Methode, die Wasseraktivität im Lebensmittel durch Begasen mit kaltem oder heißem Rauch zu senken. Räuchern wird bei vorher gepökeltem Fleisch und Fleischwaren sowie bei Fisch und auch bei Käse angewandt. Archäologische Befunde deuten darauf hin, dass Räuchern zur Haltbarmachung von Lebensmitteln schon in urgeschichtlichen Zeiten verwendet worden ist. Zur Erzeugung des Rauches werden fast ausschließlich Späne oder Sägemehl verschiedener Laubhölzer (z. B. Erle, Buche, Eiche), vermischt mit geeigneten Gewürzen (im Temperaturbereich zwischen 400 bis 600 °C), verschwelt bzw. verbrannt. Niedere Schweltemperaturen ergeben einen niedrigen Gehalt des Rauches an polyzyklischen Kohlenwasserstoffen. Teilweise wird Wasserdampf dem Rauch zusätzlich zugeführt. Nadelhölzer (Fichte, Föhre) sind zum Räuchern weniger geeignet, da das darin enthaltene Harz dem Lebensmittel, abhängig von der Methode der Raucherzeugung, einen terpentinartigen Fehlgeschmack verleihen kann.

In geeigneten Kammern (Türmen) werden dann die Lebensmittel der Einwirkung des Rauches (Aerosol aus Abgasen der Verbrennung und Wassertröpfchen, die feste und flüssige Substanzen mit sich führen) ausgesetzt. Man unterscheidet:

- Kalträucherung bis 25 °C,
- Warmräucherung bis 50 °C,
- Heißräucherung über 50 °C.

Die letztere Art wird z. B. bei der Erzeugung von Wurstwaren verwendet, während größere Fleischstücke kalt oder warm geräuchert werden. Die Einwirkung von Rauch bewirkt einerseits eine Trocknung des Lebensmittels (Wasserverlust 10–40 %), andererseits dringen Inhaltsstoffe des Rauches in das Produkt ein, die zum Teil antibiotische, antioxidative, sowie Aroma und Geschmack beeinflussende Wirkung haben. Fallweise wird heute nur vorgefertigtes Raucharoma Fleischwaren zugesetzt, dabei entfallen viele der vorstehend genannten Wirkungen des Rauches.

Entsprechend den Hauptinhaltsstoffen des Holzes, Cellulose und Lignin, entstehen durch Pyrolyse Rauchbestandteile, die für diese Precursor charakteristisch sind. Beim pyrolytischen Zerfall der Cellulose entstehen vorwiegend aliphatische Carbonylverbindungen sowie heterozyklische Verbindungen mit Sauerstoff im Ring. Beim thermischen Abbau von Lignin bilden sich niedermolekulare phenolische Substanzen. Cancerogene polyzyklische, aromatische Kohlenwasserstoffe können durch thermische Dehydrierung sowohl aus den beiden Hauptkomponenten, vor allem aber aus den im Holz vorkommenden Lipiden, im Besonderen den Wachsen, entstehen.

Die Rauchkomponenten kondensieren an der Oberfläche oder werden durch Adsorption oder Absorption dort gebunden. Dieser Vorgang ist stark von der Beschaffenheit der Oberfläche abhängig. An der Oberfläche findet auch eine Fraktionierung der Komponenten statt: Manche werden festgehalten, andere dringen in das Innere des Lebensmittels mehr oder weniger tief ein. Z. B. haben die meisten polyzyklischen aromatischen Kohlenwasserstoffe sowie Ruß nur eine geringe Eindringtiefe. Auch chemische Reaktionen (z. B. Polymerisation von Phenolen mit Aldehyden) kommen vor.

Durch das Räuchern kommt es zu charakteristischen Veränderungen des Geschmacks und des Aromas sowie des Aussehens des Lebensmittels, verbunden mit einer längeren Haltbarkeit.

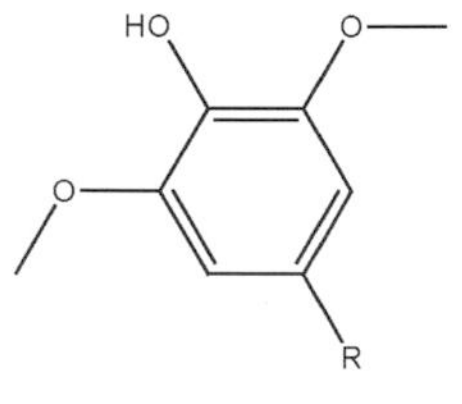

**Abb. 15.3.** Chemische Struktur von Syringol (R = H) und 4-Methylsyringol (R = CH₃)

Für Räuchergeschmack und Aroma sind u. a. phenolische Verbindungen (z. B. o-, p-, m-Kresole, Syringol und 4-Methylsyringol (Abb. 15.3), Guajacol, Vanillin), Furanderivate (z. B. 2-Acetylfuran, 2-Propionylfuran), Dimethylcyclopentenolon, Cyclopentenon, Cyclopentendion, Pyrrolderivate sowie flüchtige aliphatische Aldehyde, Alkohole und Säuren verantwortlich (siehe auch Abb. 10.6, 10.8, 10.11). Insgesamt sind im Rauch über 500 „Flavour"-aktive Substanzen enthalten. Die Räucherfarbe entsteht durch Reaktionen zwischen Aldehyden des Rauches und Aminen bzw. Aminosäuren (Maillard-Reaktion und deren Folgeprodukte), Polymerisation von Furfural sowie durch Reaktion phenolischer Verbindungen mit Formaldehyd. Bei stark geräucherten Produkten spielen auch Teerprodukte und Ruß für die Farbe eine große Rolle. Antibiotisch wirken Säuren, wie Ameisensäure, Essigsäure, Propionsäure, phenolische Verbindungen und Formaldehyd. Phenolische Substanzen (z. B. Catechol) wirken zugleich auch antioxidativ.

**Säuern** (engl. acidification): Viele Arten meist unerwünschter Mikroorganismen können sich in einem pH-Bereich von 3,5–4 nicht mehr entwickeln. Dazu zählen auch die meisten Erreger von Fäulnis (massiver Abbau von Eiweiß). Die zur Absenkung des pH-Wertes notwendige Säure kann entweder durch anaerobe Fermentation von Kohlenhydrat enzymatisch produziert oder in Form meist organischer Säuren zugesetzt werden. Säurebildende Mikroorganismen (Laktobazillen, Streptokokken, u. a.) werden häufig in Form reiner Stämme dem oft vorher gesalzenen Lebensmittel zur enzymatischen Säureproduktion zugegeben. Milchsäure ist die durch anaeroben Abbau von Kohlenhydrat am meisten gebildete Säure. Je nach verwendeter Bakterienkultur können das rechtsdrehende oder das linksdrehende oder auch beide optische Isomere (Racemat) der Milchsäure entstehen. Für den menschlichen und tierischen Organismus ist die weitere metabolische Verwertung des L-(+)-Isomers (rechtsdrehende Milchsäure) einfacher als die des linksdrehenden Antipoden, da der enzymatische Apparat dafür vorhanden ist. Allerdings wurde in der Kaninchenleber ein Enzym, eine Racemase, gefunden, die die beiden optischen Isomere ineinander umwandeln kann. Durch die Fermentation kommt es zu starken Änderungen in der stofflichen Zusammensetzung des Lebensmittels. Speicherkohlenhydrate werden abgebaut, neue Aroma- und Geschmacksstoffe werden gebildet. Aminosäuren werden teilweise decarboxyliert, dadurch steigt der Gehalt an biogenen Aminen. Ein neuer, für das gesäuerte Lebensmittel typischer Geschmack und ein entsprechendes Aroma entstehen. Enzymatische Säuerung wird bei Lebensmitteln, wie Sauerkraut, Brot, saure Milch, Joghurt, Käse, Rohwürsten und anderen Fleisch- und Milchprodukten, sowie bei der Silage verwendet.

Beim Konservieren der oft zuvor gesalzenen Lebensmittel durch Zusatz von Säuren sind vorwiegend organische Säuren (Essigsäure, Citronensäure, Milchsäure) in Verwendung. In Säuren eingelegte Fische werden auch Marinaden bezeichnet. Durch den Zusatz von Säuren werden Inhaltsstoffe aus dem Lebensmittel extrahiert, umgekehrt diffundiert die zugesetzte Säure in das eingelegte Gut und aktiviert oder inaktiviert Enzyme des Lebensmittels. Dadurch kommt es auch hier zu charakteristischen Veränderungen von Aroma und Geschmack. Das Einlegen in Säuren wird auch bei Gemüse (z. B. Essiggurken, Pilze, Oliven) verwendet.

**Alkoholzusatz** ist eine Konservierungsart, die auf einer Senkung der Wasseraktivität im Lebensmittel beruht. Der zugesetzte Alkohol hat das Bestreben, sich mit Wasser zu verdünnen, und entzieht dadurch dem Lebensmittel Wasser. Gleichzeitig dringt auch Alkohol in das Lebensmittel ein. Durch den Wasserentzug und den erhöhten Alkoholgehalt im Lebensmittel kommt es zu einer teilweisen Denaturierung von Proteinen. Allerdings wirkt Alkohol erst ab einer Konzentration von 15 % konservierend. Diese Art der Konservierung wird in der Regel nur bei Früchten angewandt. Durch Fermentation kohlenhydratreicher Lebensmittel erzeugter Alkohol stabilisiert zusammen mit den gleichzeitig gebildeten Säuren ebenfalls Lebensmittel, sofern der Alkoholgehalt genügend hoch ist (z. B. Wein).

**Zuckern** senkt ebenfalls die Wasseraktivität im Lebensmittel und behindert so die Vermehrung von Mikroorganismen. Als Zucker wird fast ausschließlich Saccharose verwendet. Die Menge des zur Konservierung notwendigen Zuckers richtet sich nach dem Wassergehalt des Lebensmittels und kann über 50 % betragen. In großem Umfang wird das Zuckern bei der Herstellung von Konfitüren, Marmeladen und kandierten Früchten verwendet.

**Fettzusatz** verstärkt die natürlichen Barrieren gegen das Eindringen von Mikroorganismen in das Lebensmittel. Allerdings sollte das Lebensmittel selbst keinen zu hohen Wasser- oder zu niedrigen Fettgehalt aufweisen. Besonders bei Raumtemperatur flüssige Fette sind für diesen Zweck geeignet. Die Methode wird zur Konservierung von Fischen, Fleischwaren und fettreichen Gemüsen, wie Oliven oder Kapern, verwendet.

**Konservierende Inhaltsstoffe** als Zusatz von Lebensmitteln können zu deren Haltbarmachung beitragen. Solche Lebensmittel wurden im Text schon mehrfach erwähnt. Beispiele sind Gewürze, Obst oder Gemüse mit antioxidativen oder antibiotisch wirkenden, phenolischen oder schwefelhaltigen Inhaltsstoffen. Siehe auch das Vorkommen von Salicylsäure und Benzoesäure im Beerenobst, Abschnitt 12.3.4.

# 16 Lebensmittelzusatzstoffe

Lebensmittelzusatzstoffe (engl. food additives) sind meist reine chemische Substanzen, manchmal auch Gemische mit definierter Zusammensetzung, die verschiedenen, meist verarbeiteten, Lebensmitteln aus unterschiedlichen Gründen zugesetzt werden. Wesentliche Ziele, die mit dem Zusatz bestimmter Substanzen erreicht werden sollen, sind:

- eine verlängerte Haltbarkeit des Lebensmittels (Konservierungsmittel und Antioxidanzien),
- Veränderung des Aussehens (Zusatz von Farbstoffen oder Farbverstärkern),
- Veränderung der Textur und Konsistenz (Zusatz von Verdickungsmitteln und Emulgatoren),
- Veränderung von Aroma und Geschmack (Zusatz von aroma- und geschmackswirksamen Stoffen),
- appetitanregende und aromaverstärkende Stoffe,
- Stoffe, die technologische Erleichterungen im Ablauf der Herstellung und bei der Vermarktung des Lebensmittels ermöglichen (Trenn-, Antiklump-, Antischaum-, Feuchthalte- und Bleichmittel, Enzyme),
- Stoffe zur Verbesserung des Nährwertes (Zusatz von meist essenziellen Nährstoffen).

(Substanzen, die unbeabsichtigt in das Lebensmittel gelangen, sei es bei der landwirtschaftlichen Produktion oder während der technologischen Verarbeitung, werden an anderer Stelle besprochen.)

Heute dürfen in den meisten Ländern nur solche Zusatzstoffe verwendet werden, die in den betreffenden Verordnungen genannt sind (Positivlisten). Die Anwendung anderer als in dieser Liste enthaltener Zusatzstoffe ist nicht gestattet. In der Europäischen Union ist die Verwendung von Zusatzstoffen durch eine von den Mitgliedern beschlossene Liste (E-Nummern) geregelt. Daneben sind auch INS-Nummern (International Numbering System) in den USA und anderen Ländern in Verwendung.

Die gesundheitliche Sicherheit und Unbedenklichkeit von Zusatzstoffen ist heute eine Voraussetzung für deren Zulassung. Es liegt nahe, dass die Anforderungen an die Sicherheit von Substanzen, die man täglich aufnehmen kann, höher sein müssen als an die von Arzneimitteln, die nur im Fall der Krankheit konsumiert werden. Die beste Sicherheit würden die Erfahrungen liefern, die man bei der praktischen Verwendung eines Zusatzstoffes über viele Jahrzehnte sammeln kann. Ein solches Verfahren ist aber in der Praxis unrealistisch. Daher wurden im Laufe der Zeit Tests entwickelt, die das gesundheitliche Risiko, das mit dem Zusatz von neuen Substanzen immer verbunden ist, minimieren sollen. Die Tests werden heute nicht nur mit Versuchstieren, sondern auch mit Hilfe von Zellkulturen, verbunden mit molekularbiologischen sowie biochemischen Methoden, durchgeführt. Unter anderem werden die **akute Toxizität** ($LD_{50}$, früher meist das einzige Beurteilungskriterium), die **subchronische Toxizität** (90 Tage) und die **chronische Toxizität** (bis zu zwei Jahren) meist an verschiedenen Versuchstieren untersucht. Des Weiteren wird auf Cancerogenität, Mutagenität und Klastogenität (Vorkommen von Chromosomen-Strangbrüchen) vorwiegend mittels Zellkulturen und dafür geeigneter Mikroorganismen (z. B. Ames-Test) geprüft. Auch die potenzielle Teratogenität wird anhand geeigneter Versuchstiere ermittelt. Aus solchen Untersuchungen wird eine Konzentration der zugesetzten Substanz eruiert, bei der keine toxischen Wirkungen im Tierexperiment mehr festgestellt werden können (no observable effect level, abgek. **NOEL**). Ein Bruchteil dieser Konzentration, meist 1 %, ist dann die Konzentration, die täglich, ohne dass nachteilige gesundheitliche Folgen zu befürchten sind, aufgenommen werden kann (acceptable daily intake, abgek. **ADI**), ausgedrückt in mg zugesetzter Substanz/kg Körpergewicht. ADI-Werte sind z. B. für Ameisensäure 0–3, Benzoesäure 0–5, Sorbinsäure 0–25, Schwefeldioxid 0–0,07. Allerdings beinhalten die ADI-Werte keine Aussage über die Konzentration des Zusatzstoffes im Lebensmittel, die notwendig ist, um die gewünschte Aktivität zu erhalten. In den USA werden als sicher anerkannte Substanzen in einer eigenen Liste angeführt und als **GRAS** bezeichnet (GRAS = generally recognized as safe). Herausgeber ist die FDA (Food and Drug Administration). In dieser Liste werden etwa 700 Substanzen, z. B. Kohlendioxid, Citronensäure oder Ascorbinsäure, Propionsäure usw., angeführt. Weitgehend unerforschtes Neuland sind die Wechselwirkungen zwischen einzelnen Zusatzstoffen untereinander und den Inhaltsstoffen eines speziellen Lebensmittels, die zu Synergismen und Antagonismen in der Wirkung führen könnten. In den meisten Fällen vermindert die Gegenwart von antioxidativ wirkenden Inhaltsstoffen die Toxizität. Insgesamt haben die heute für die Zulassung eines Zusatzstoffes vorgeschriebenen Tests zu einem generell verminderten Risiko bei der Anwendung durch den Verbraucher geführt.

## 16.1 Zusatzstoffe zur Verlängerung der Haltbarkeit

Zusatzstoffe zur Verlängerung der Haltbarkeit sind chemische Substanzen, die in geringer Konzentration das Wachstum von Mikroorganismen inhibieren (Konservierungsmittel) oder den Abbau von Inhaltsstoffen durch Einwirkung von molekularem Sauerstoff hemmen können (Antioxidanzien). Diese Unterscheidung entspricht mehr der Konvention und der Tradition als wissenschaftlichen Erfahrungen. Manche Substanzen, wie z. B. schweflige Säure oder die Benzoesäuren, vereinigen in sich beide Aktivitäten.

### 16.1.1 Konservierungsmittel

Konservierungsmittel (engl. preservatives) wirken schon in geringer Konzentration antibiotisch. Im Unterschied zu medizinisch verwendeten Antibiotika, die in Lebensmitteln generell nicht benützt werden dürfen, entwickeln Mikroorganismen gegen Konservierungsmittel praktisch keine Resistenz. Dadurch ist es möglich, als wirksam und mit der Gesundheit verträglich erkannte Substanzen über sehr lange Zeiträume zu verwenden. Z. B. ist Benzoesäure schon seit etwa 1870 in Verwendung.

Sehr viele der Konservierungmittel sind schwache oder mittelstarke organische Säuren. Nur die undissoziierte Säure hat antibiotische Wirkung. Da der undissoziierte Anteil abhängig vom pH-Wert des Lebensmittels ist, kann eine bestimmte Menge des Konservierungsmittels in Medien mit verschiedenem pH-Wert auch verschiedene antibiotische Aktivität aufweisen. In der Regel werden mittelstarke Säuren, wie schweflige Säure und Ameisensäure, nur zur Konservierung von stark sauren Lebensmitteln (Obst, Gemüse) verwendet, während z. B. $p$-Hydroxybenzoesäureester (eine sehr schwache Phenolsäure) noch im schwach sauren Milieu wirksam ist. Es besteht dabei ein Zusammenhang zwischen der Wasserstoffionenkonzentration ($H^+$), der Dissoziationskonstante (K) und dem Dissoziationsgrad ($\alpha$) in Form der Gleichung:

$$\alpha = H^+/(H^+ + K).$$

Auch die Wirksamkeit der Konservierungsmittel gegen die einzelnen Hauptgruppen von Mikroorganismen ist unterschiedlich. So wirkt Sorbinsäure beispielsweise gut gegen Schimmelpilze und Hefen, aber nur schwach gegen Bakterien. Umgekehrt hemmt Sulfit stark das Wachstum von Bakterien, wirkt aber nur schwach gegen Hefen und Schimmelpilze. Benzoesäure hingegen ist gegen jede Art von Mikroorganismen gut wirksam. Aus den unterschiedlichen Aktivitäten gegen die verschiedenen Gruppen von Mikroorganismen ergeben sich auch Möglichkeiten für Synergismen, die zu einer Verminderung der Menge der insgesamt notwendigen Konservierungsmittel führen können. Über die Art und Weise, wie Konservierungsmittel in den Stoffwechsel von Mikroorganismen eingreifen, ist nur wenig bekannt. Sofern experimentelle Befunde darüber vorliegen, wird darüber speziell bei der Beschreibung des einzelnen Konservierungsstoffes berichtet.

Die folgenden Konservierungsmittel können in der Europäischen Union zur Haltbarmachung angewendet werden: **Propionsäure, Sorbinsäure, schweflige Säure, Benzoesäure, $p$-Hydroxybenzoesäure** sowie deren **Natrium-, Kalium-** und meistens auch **Calcium-Salze** (Abb. 16.1).

Die zulässigen Höchstmengen in einem bestimmten Lebensmittel sind in den einschlägigen nationalen Konservierungsstoffverordnungen angegeben. Desgleichen sind dort auch die Reinheitskriterien festgeschrieben, die ein Konservierungsstoff aufweisen muss. Ungeachtet der zulässigen Höchstmenge muss die gewünschte Haltbarkeit mit einem Minimum an zugesetzten Stoffen erreicht werden.

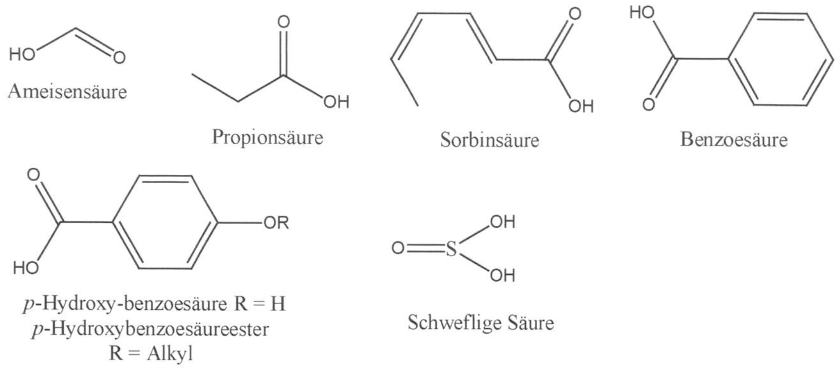

**Abb. 16.1.**     Chemische Struktur ausgewählter Konservierungsmittel

**Propionsäure E 280–E 283** (engl. propionic acid) wird in Form ihrer Na-, K- und Ca-Salze verwendet. Sie ist vorwiegend gegen Schimmelpilze und Hefen, aber auch gegen einige Bakterienstämme *(Bacillus subtilis, Bacillus mesentericus)* aktiv. Propionsäure ist eine wesentlich schwächere Säure als Ameisensäure, ihr wirksamer Einsatz ist daher auch noch bei höheren pH-Werten möglich. Als ungeradzahlige Fettsäure ist sie im Stoffwechsel metabolisch schwieriger abzubauen als geradzahlige Fettsäuren (Carboxylierung zur Bernsteinsäure ist vor dem Abbau notwendig). Wegen möglicher gesundheitlicher Risiken (Cancerogenität bei hohen Dosen im Tierversuch, Dysplasien bei Ratte und Hund) war Propionsäure einige Jahre verboten. Seit 1995 ist sie wieder zugelassen, da die Tumorgenität der Dysplasien nicht erhärtet werden konnte. Im Stoffwechsel steigert Propionsäure einerseits die Abbaurate der Glucose zu Brenztraubensäure, verlangsamt aber den Abbau von gebildeter Milchsäure. Im Tierversuch wirkt sie steigernd auf den Insulinspiegel.

Natürlich kommt sie in einigen Käsesorten (z. B. Emmentaler) vor. Der Zusatz von Propionsäure erzeugt in der Regel keinen Fehlgeschmack im konservierten Lebensmittel und wird gegen Schimmelbefall und als Calciumpropionat gegen Wasserverlust in Schnittbrot angewandt. Propionsäure (LD$_{50}$ 4,3 g/kg) ist wie die Ameisensäure wasserdampfflüchtig, was zum Abtrennen aus Lebensmittel im Zuge der analytischen Bestimmung verwendet wird.

**Sorbinsäure E 200, E 202** (engl. sorbic acid) = 2,4-Hexadiensäure, eine Fettsäure mit zwei zueinander konjugierten Doppelbindungen, ist heute eines der am häufigsten verwendeten Konservierungsmittel und das, obwohl sie erst seit etwa 50 Jahren in Gebrauch ist. Natürlich kommt der innere Ester (Lakton) der 5-Hydroxy-2-hexensäure, auch Parasorbinsäure genannt, in der Vogelbeere *(Sorbus aucuparia)* vor. Auch Sorbinsäure ist nur in der undissoziierten Form wirksam, die Dissoziationskonstante ist ähnlich der der Propionsäure ($1{,}7 \times 10^{-5}$). Sie wirkt am besten gegen Schimmelpilze und Hefen, schwach auch gegen Bakterien. Die Wirkung ist besonders gut gegen katalasepositive Mikroorganismen, da Sorbinsäure wichtige Enzyme des Redoxstoffwechsels (z. B. Enolase, Fumarase) und damit die Energiegewinnung aus Acetat inhibiert. Metabolisch wird sie wie eine Fettsäure abgebaut. Bei gleichzeitiger Anwesenheit von Nitrit können sich mutagen wirksame Substanzen bilden (z. B. 1,4-Dinitro-2-methylpyrrol). Die Bildung mutagener Substanzen wird durch Ascorbinsäure und Cystein inhibiert.

Sorbinsäure eignet sich besonders gut zur Konservierung von biphasischen Lebensmitteln wie Mayonnaise, Margarine, Gabelbissen, Senf usw., da sie sich sowohl in der Lipidphase als auch in der wässrigen Phase löst. Darüber hinaus wird sie zur Konservierung von Marmeladen, Süßwaren und Säften, Aromen und Essenzen, Fisch- und Milchprodukten verwendet. Sorbinsäure ($LD_{50}$ 10,5 g/kg) beeinflusst schon in geringer Konzentration den Geschmack von Lebensmitteln. Sie wird in Konzentrationen von 0,02–2 g/kg angewandt.

**Benzoesäure E 210–E 213** (engl. benzoic acid) wird seit über hundert Jahren in Form der Säure, der Kalium-, Natrium- und Calciumsalze häufig als Konservierungsmittel eingesetzt. Resistenzerscheinungen wurden in dieser Zeit kaum beobachtet. Natürlich kommt Benzoesäure vor allem in Beerenobst, z. B. Preiselbeeren als Glucoseester (Vaccinin), vor. Benzoesäure ist gegen Bakterien, Schimmelpilze und Hefen wirksam. Sie inhibiert den Transport von Metaboliten durch die Zellwand und hemmt vor allem Flavoenzyme und damit in weiterer Folge die Verwertung von Sauerstoff in der Elektronentransportkette, wahrscheinlich durch Aromat-Aromat-Interaktion (Wechselwirkung der jeweiligen Orbitale der π-Elektronen). Weniger ausgeprägt ist die Interaktion der Benzoesäure mit Hämproteinen, wie Peroxidase und Katalase. Entsprechend wird der Energiestoffwechsel der Mikroorganismen (z. B. ATP-Bildung) inhibiert. Ausgeschieden wird Benzoesäure vorwiegend als Hippursäure (Konjugat mit Glycin) (Abb. 16.2).

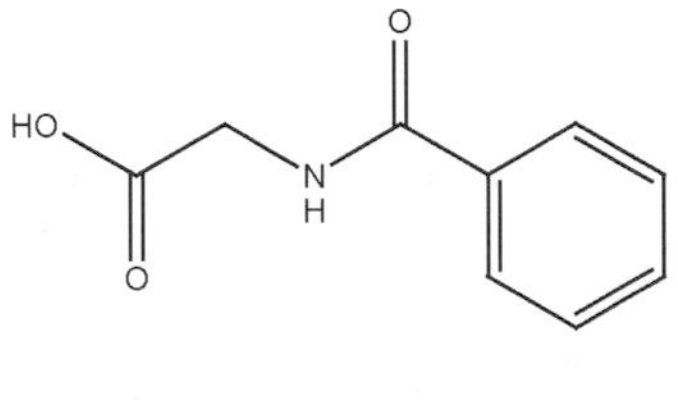

**Abb. 16.2.**     Chemische Struktur der Hippursäure

Die akute Toxizität ist gering ($LD_{50}$ bei der Ratte 1,7–3,7 g/kg), besonders toxisch ist Benzoesäure aber für Katzen (0,3–0,6 g können tödlich sein). Beim Menschen werden Gramm-Mengen an Benzoesäure über mehrere Tage hindurch gut vertragen. Schleimhäute und besonders die Augen sind auch beim Menschen gegen Benzoesäure sehr empfindlich.

Benzoesäure wird zur Konservierung von Obst- und Gemüseprodukten, Mayonnaisen, Marmeladen, Getränken, Süßwaren, Aromen und Essenzen in einer Menge von 0,02–1,5 g/kg verwendet. Bei Mengen über 1 g/kg kann es zur Beeinflussung des Geschmacks kommen. Benzoesäure ist wenig löslich in kaltem Wasser, aber wasserdampfflüchtig und leicht löslich in organischen Lösungsmitteln.

**Ester der *p*-Hydroxybenzoesäure und deren Natriumsalz E 214–E 219** (engl. *p*-hydroxybenzoic acid, parabene) haben als Säurefunktion nur die schwach dissoziierte phenolische Hydroxylgruppe. Die Substanzen wirken daher noch bei hohem pH-Wert (6–8,5) antimikrobiell. Die *p*-Hydroxybenzoesäureester sind vorwiegend gegen Schimmelpilze, in zweiter Linie aber auch gegen Bakterien und Hefen wirksam. Die antimikrobielle Wirkung nimmt mit der Anzahl der Kohlenstoffatome im Alkoholrest des Esters zu. *p*-Hydroxybenzoesäure wird in vielen Pflanzen (z. B. *Saxifragaceae*, Johannisbeeren, Himbeeren, Catalpa, Salix u. a.) und in Mikroorganismen als Metabolit (meist als Ester der Glucose) gefunden. *p*-Hydroxybenzoesäure sowie deren Ester wirken wie die Benzoesäure hemmend auf den Energiestoffwechsel von Mikroorganismen und inhibieren damit auch deren Wachstum. Ihre Toxizität ist ähnlich jener der Benzoesäure. Sie wird zum Großteil unverändert ausgeschieden.

*p*-Hydroxybenzoesäureester werden in großem Umfang in der Kosmetik als Konservierungsmittel eingesetzt. In Lebensmitteln werden sie zur Konservierung von Fischprodukten, Gabelbissen, Süßwaren, Konfitüren, Senf, Mayonnaise etc. in Konzentrationen von 0,5–1,3 g/kg eingesetzt. *p*-Hydroxybenzoesäure und deren Ester haben schon in geringen Konzentrationen Einfluss auf den Geschmack. Sie ist in Wasser schlecht, in Ether gut, aber nicht in Petrolether löslich.

**Schweflige Säure E 220–E 228** (engl. sulfite, sulphite, sulfurous acid) wird seit vielen Hundert Jahren zum Konservieren (Schwefeln) von Wein verwendet. Die große Zahl von „E-Nummern" weist darauf hin, dass schweflige Säure in Form von vielen verschiedenen Verbindungen Lebensmitteln zugesetzt werden kann (Schwefeldioxid, Natrium-, Kalium-, Calciumhydrogensulfit, Natriumsulfit, Natrium- und Kaliummetabisulfit oder Disulfit). Freie schweflige Säure ist eine etwa 6%ige Lösung von Schwefeldioxid in Wasser, die mit Wasser als mittelstarke Säure ($HSO_3^-$ + $H^+$ ⇌ $H_2O$ + $SO_2$) reagiert. Schweflige Säure inhibiert vorwiegend das Wachstum von Bakterien und ist gegen Schimmelpilze und Hefen wenig aktiv. Da schweflige Säure zu Sulfat oxidiert werden kann (Sulfit + $H_2O$ → Sulfat + $2H^+$), im Stoffwechsel katalysiert durch die Sulfitoxidase (Sulfit

+ $O_2$ + $H_2O$ → Sulfat + $H_2O_2$), wirkt sie außerdem als Antioxidans ($E_0'$ = − 0,4 V) und kann z. B. Carotinoide und Ascorbinsäure in Lebensmitteln stabilisieren. Thiamin wird durch schweflige Säure zerstört, die Bindung zwischen dem Pyrimidin- und dem Thiazolring wird dabei gespalten. Auch viele Flavoenzyme (Oxidasen, Dehydrogenasen) und Peroxidasen werden durch Sulfit irreversibel reduziert und damit inhibiert. Die akute Toxizität $LD_{50}$ liegt bei 60–70 mg/kg. Besonders Menschen mit niedrigem Magensäuregehalt sind empfindlich gegenüber Sulfit (Durchfall, Kopfschmerz). Bei gleichzeitiger Gegenwart von Ascorbinsäure und Nitrit können sich toxische Produkte bilden, ein Grund, warum Sulfit für die Konservierung von Fleisch- und Fischprodukten nicht zugelassen ist.

In der Lebensmitteltechnologie ist Sulfit als Inhibitor der oft unerwünschten Maillard-Reaktion von Bedeutung, durch Inhibierung von Polyphenoloxidasen und Peroxidasen werden auch enzymatische Bräunungsreaktionen gehemmt. Schweflige Säure eignet sich als mittelstarke Säure zur Konservierung von sauren Lebensmitteln, z. B. Obst- und Gemüseprodukten. Die verwendete Menge variiert zwischen 0,025 und 0,3 g/kg. Sulfite sind gut wasserlöslich.

## 16.1.2 Konservierungsmittel zur Oberflächenkonservierung

Konservierungsmittel zur Oberflächenkonservierung sind chemische Verbindungen, die eingesetzt werden, um den Schimmelbefall an der Oberfläche von Lebensmitteln zu unterbinden. Die Oberflächen werden dadurch ungenießbar, und es wird vom Konsumenten erwartet, dass er die so behandelten Oberflächen vor dem Verzehr abtrennt und wegwirft. Umgekehrt dürfen die auf der Oberfläche aufgetragenen Substanzen im konsumierbaren Anteil des Lebensmittels nicht mehr nachweisbar sein, oder die Konzentrationen müssen unterhalb festgesetzter Grenzwerte liegen.

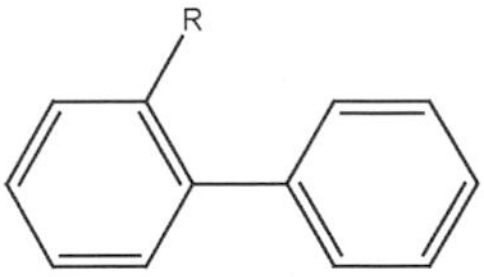

Diphenyl R = H
o-Phenylphenol R = OH

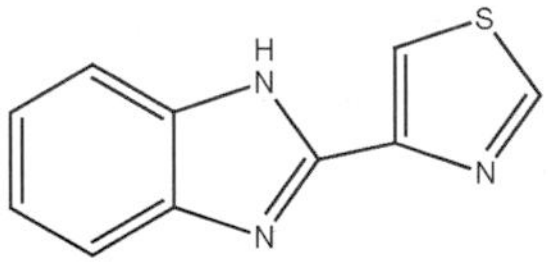

Thiabendazol

**Abb. 16.3.** Chemische Struktur ausgewählter Oberflächenkonservierungsmittel

**Diphenyl oder Biphenyl E 230** (engl. diphenyl) hat zwar eine geringe akute Toxizität ($LD_{50}$ Ratte: 3,2 g/kg, Katze: 0,5 g/kg), aber ist chronisch sehr toxisch. Eine Schädigung des Zentralnervensystems, Paralyse und Krämpfe sowie eine Verminderung der Wurfgrößen wurden bei Versuchstieren beobachtet. Verwendet wird die Substanz als Fungistatikum zur Konservierung der Schalen von Zitrusfrüchten (0,07 g/kg). Diphenyl ist in organischen Lösungsmitteln löslich (Abb. 16.3).

*o*-**Phenylphenol E 231–E 232** (engl. ortho-phenylphenol) und sein Natriumsalz sind zur Konservierung der Schalen von Zitrusfrüchten zugelassen. Für diesen Zweck wird die Substanz meist in einer Konzentration von etwa 0,012 g/kg aufgetragen. *o*-Phenylphenol wird nicht nur in der Lebensmittel-, sondern auch in der Kunststofftechnologie als Pestizid eingesetzt. Die Toxizität ist ähnlich der des Phenols ($LD_{50}$ Katze: 0,5 g/kg, Ratte: 2,5 g/kg). Höhere Konzentrationen an *o*-Phenylphenol führen zu Schwindel, Paralyse und Kreislaufkollaps. Die Verbindung löst sich in Laugen und organischen Lösungsmitteln (Abb. 16.3).

### 16.1.3  *Konservierungsmittel in der Europäischen Union (EU)*

Folgende Konservierungsmittel können zusätzlich in den Mitgliedsländern der Europäischen Union verwendet werden, sofern eine Harmonisierung mit den nationalen Bestimmungen erfolgt ist.

**Nisin E 234** (engl. nisin) ist ein Sammelbegriff für strukturell verwandte, antibiotisch wirkende Peptide, die von säurebildenden Bakterien vor allem in Milchprodukten, aber auch im humanen Darm synthetisiert werden. Hauptproduzent von Nisin ist *Streptococcus lactis (Lactococcus lactis)*, es ist auch in *Bacillus subtilis* enthalten. Da Nisin nur gegen eine begrenzte Anzahl von grampositiven Bakterien wirksam ist (z. B. solche, die Buttersäure produzieren, und einige Clostridien), wird es von den üblichen Antibiotika unterschieden und als Bakteriozin bezeichnet.

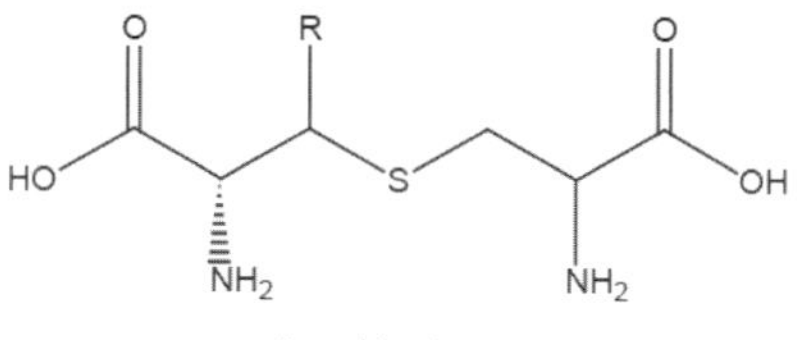

Lanthionin =
S-(2-Amino-2-carboxyethyl)-cystein R = H
β-Methyl-l-anthionin R = CH$_3$

**Abb. 16.4.**    Chemische Struktur nicht proteinogener Aminosäuren der Bakteriozine

Bakteriozine sind auch gekennzeichnet durch ihren Gehalt an seltenen, nicht proteinogenen Aminosäuren (bei Nisin ein Viertel der 32 Aminosäuren), wie Lanthionin, β-Methyllanthionin (Abb. 16.4), Dehydroalanin und β-Methyl-dehydroalanin (Abb. 4.9). Die ersteren beiden Aminosäuren sind für die Ausbildung der meisten Thioetherbrücken im Molekül verantwortlich, das kein Tryptophan enthält. Nisin erzeugt Löcher in der Zellwand von Bakterien. Es wird derzeit versucht, die Anwendungsbreite von Nisin, unter anderem mit Mitteln der Gentechnik, zu verbessern. Ein Nachteil von Nisin ist, dass es nur bei saurem pH-Wert (unterhalb 4) und bei Temperaturen von über 20 °C antibiotisch wirksam ist. Umgekehrt ist es empfindlich gegen Erhitzen und gegen proteolytische Enzyme des Speichels und des Verdauungstraktes. Es ist stabil gegen Labenzym und wird daher in der Käserei verwendet. Eine andere Anwendung ist die Konservierung von Puddingpulver aus Tapiokastärke. Nisin wirkt nicht gegen Schimmelpilze und Hefen. Gesundheitliche Risiken, verursacht durch Nisin, sind nicht bekannt.

**Natamycin E 235** (engl. natamycin), auch Pimaricin oder Tennecetin bezeichnet, wirkt gegen Schimmelpilze und Hefen, nicht aber gegen Bakterien. Es wurde zuerst aus dem Bodenbakterium *Streptomyces natalensis* in Südafrika isoliert. Von der chemischen Struktur her ist es ein Makrolid-Polyen-Antibiotikum. Strukturell sehr ähnlich sind Nystatin und Amphotericin B. Als reaktive Strukturelemente finden sich ein gespannter Dreierring (analog dem Ethylenoxid) und ein sauerstoffhaltiger Sechserring im Molekül. Natamycin reagiert mit der Zellwand von Schimmelpilzen und Hefen und verändert dadurch ihre Eigenschaften. Natamycin wird vorwiegend zur Oberflächenkonservierung von Käse und Fleischwaren verwendet, wird aber auch in der Medizin zur äußeren Behandlung von Augeninfektionen eingesetzt.

**Hexamethylentetramin E 239** (engl. hexamethylenetetramine, methenamine), auch als Urotropin oder 1,3,5,7-Tetraazaadamantan bezeichnet, ist eine kristalline, sublimierbare, chemische Verbindung, die sich aus Formaldehyd und Ammoniak spontan bildet (Abb. 16.5).

In saurem Milieu zerfällt Hexamethylentetramin langsam wieder zu Formaldehyd und Ammoniak. Formaldehyd reagiert vernetzend mit Aminogruppen, denaturiert dadurch Proteine und wirkt deswegen antibiotisch. Formaldehyd selbst wird vor allem als Desinfektionsmittel verwendet. Der Name Urotropin weist darauf hin, dass die Substanz früher als Medikament bei der Behandlung von Infektionen der Harnwege verwendet wurde.

Die Verbindung war in Österreich zur Konservierung von Fischen und Fischprodukten bis in die 80er-Jahre zugelassen, wurde dann aber wegen der Toxizität von Formaldehyd verboten. Hexamethylentetramin hellt die Farbe des Fischmuskelgewebes auf und härtet gleichzeitig die Fischhaut. In der Europäischen Union ist Hexamethylentetramin für die Konservierung von italienischem Provolone-Käse zugelassen.

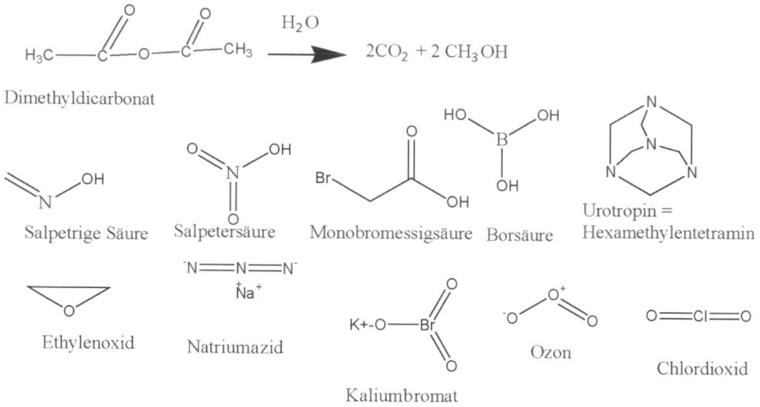

**Abb. 16.5.**    Chemische Struktur ausgewählter chemischer Konservierungsmittel

**Borsäure E 284** und **Borax E 285** (engl. boric acid, sodiumtetraborate) wirken toxisch auf Insekten und Mikroorganismen. Deswegen hat Borsäure eine lange Tradition als Desinfektionsmittel, sowohl im medizinischen als auch im technischen Bereich. Perborate waren lange Zeit die wichtigsten Bleichmittel in Waschmitteln. Auch in Lebensmitteln wurde Borsäure als Konservierungsmittel in größerem Maßstab eingesetzt. Toxikologische Befunde, die die akuten und chronischen Gefahren aufzeigten, welche von Borsäure ausgehen, und das Auftreten einiger Todesfälle bei Kindern führten in den 80er-Jahren in Österreich zu einem Verbot von allen Formen der Borsäure ($LD_{50}$ bei Kindern etwa 5 g). Bei Erwachsenen verursachen größere Mengen an Borsäure häufig Durchfall, etwa 20 g sind tödlich. Etwa 5 g Borsäure ist in 100 ml kaltem Wasser oder Alkohol löslich (Abb. 16.5). In der EU ist Borsäure zur Konservierung von russischem Kaviar (Malossol) zugelassen.

**Dimethyldicarbonat E 242** (engl. dimethyldicarbonate), auch Dimethylpyrocarbonat bezeichnet, und andere Ester der Dikohlensäure (Pyrokohlensäure) haben die Eigenschaft, durch Wasser innerhalb weniger Stunden nach Zugabe zum entsprechenden Alkohol und Kohlendioxid zersetzt zu werden (Abb. 16.5). Der Nachteil, der zum Verbot vor allem des Diethylpyrokohlensäureesters führte, ist der Umstand, dass bei gleichzeitiger Gegenwart von Ammoniak auch geringe Mengen an Carbaminsäureestern gebildet werden und vor allem der Carbaminsäureethylester als cancerogene Substanz bekannt ist. Ein Carbaminsäuremethylester ist in dieser Hinsicht sehr viel weniger gefährlich. Dikohlensäureester reagieren mit den Basen der Nucleinsäuren, wobei es zu Spaltungen der heterozyklischen Ringe kommt und damit zum Abtöten von Keimen. Besonders Hefen und Schimmelpilze sind gegen diese Substanzen sehr empfindlich. Dimethyldicarbonat ist in Alkohol und Aceton löslich. Die Anwendung der Pyrokohlensäureester erlaubt somit ein keimfreies Abfüllen von Getränken. Dimethyldicarbonat ist in der EU für diese Anwendungen zugelassen.

**Natriumdiacetat E 262** (engl. sodium diacetate) ist ein 1:1-Komplex von Essigsäure und Natriumacetat, der rein als weißes Pulver vorliegt. Natriumdiacetat ist wasserlöslich und hemmt das Wachstum von Bakterien und Schimmelpilzen. Besonders bekannt ist auch die Inhibierung des Wachstums von *Listeria* sp. Es wird zur Konservierung von Gebäck und Brot verwendet. In den USA wird Natriumdiacetat auch zum Schutz vor mikrobieller Infektion von Geflügel und Fleisch eingesetzt. Unter derselben E-Nummer sind noch Natriumacetat, weiters **Essigsäure E 260, Kaliumacetat E 261** und **Calciumacetat E 263** als Konservierungsstoffe zugelassen. Toxische Wirkungen sind bei der üblichen eingesetzten Dosierung nicht bekannt.

**Milchsäure E 270** (engl. lactic acid) wird allein oder in Kombination mit Acetaten und Diacetat zur Inhibierung des Wachstums von Schimmelpilzen und Bakterien (z. B. *Clostridium botulinum*) verwendet. Milchsäure ist ein natürlicher Metabolit in vielen Lebensmitteln. Auch das **Natriumsalz E 325, Kaliumsalz E 326** und **Calciumsalz E 327 der Milchsäure** können zu Konservierungszwecken verwendet werden.

**Natriumnitrit E 250** (engl. sodium nitrite), **Kaliumnitrit E 249** (engl. potassium nitrite), **Natriumnitrat E 251** (engl. sodium nitrate), **Kaliumnitrat E 252** (engl. potassium nitrate) wurden schon in Abschnitt 15.2 unter dem Punkt „Pökeln" besprochen. Der Zusatz der oben genannten Verbindungen ist in der EU auch für weitere Lebensmittel, z. B. Fische und Gemüsedauerwaren, gestattet.

**Lysozym E 1105** (engl. lysozyme) katalysiert den Abbau der Polysaccharid-komponente der Peptidoglykanschicht der Zellwand von Bakterien. Lysozym kommt natürlich in Tieren vor und ist ein Teil von deren Abwehr gegen Bakterien. Es ist z. B. in Tränen und Speichel, in größeren Mengen auch im Eiweiß, enthalten.

A. Fleming hatte Jahre, bevor er das Penicillin entdeckte, Lysozym als antibakteriell wirkenden Stoff gefunden. Durch die partielle Hydrolyse der Zellwand wird das Bakterium osmotisch instabil und zerplatzt (lysiert). Diese bakteriostatischen Eigenschaften des Lysozyms werden zur Konservierung von Lebensmitteln, speziell von Käse, meist zusammen mit Natamycin, verwendet.

### 16.1.4 Nicht zugelassene Konservierungsmittel

Konservierungsmittel, die aus verschiedenen Gründen heute nicht mehr verwendet werden bzw. in der Europäischen Union nicht zugelassen sind:

**Ameisensäure** (engl. formic acid, Abb. 16.1) und deren Natrium- und Kaliumsalze wirken vor allem gegen Hefen und Bakterien antibiotisch, sind aber weniger effektiv gegen Schimmelpilze. Als mittelstarke Säure liegt die Ameisensäure nur in stark sauren Lebensmitteln wie Obst und Gemüse in ausreichender Menge in der undissoziierten Form vor, die für die physiologische Aktivität verantwortlich ist. Ameisensäure wurde daher zur Konservierung von Obst- und Gemüseprodukten eingesetzt. Reine Ameisensäure führt bei Hautkontakt zur Blasenbildung. Die $LD_{50}$ (oral) bei Mäusen liegt bei 1,1 g/kg. Sie ist wasserdampfflüchtig und kann dadurch auch aus Lebensmitteln sowohl aus technologischen als auch aus analytischen Gründen abgetrennt und angereichert werden. Da die Notwendigkeit des Einsatzes von Ameisensäure zur Lebensmittelkonservierung nicht zwingend erforderlich ist, wurde die Zulassung der Ameisensäure und ihrer Salze im Rahmen der EU mit Oktober 1998 aufgehoben.

**Salicylsäure** = ortho-Hydroxybenzoesäure (engl. salicylic acid) ist ein ubiquitär vorkommender Pflanzeninhaltsstoff. Ester der Salicylsäure sind z. B. in wintergrünen Blättern und in der Rinde von Birken (Salicylsäuremethylester, Inhaltsstoff des Wintergrünöls) enthalten. Salicylsäuremethylester wird häufig in der Parfümerie verwendet. Die Substanz ist toxisch ($LD_{50}$ Ratte: 0,9 g/kg). Auch im Beerenobst kommt Salicylsäure in bemerkenswerten Konzentrationen vor. Salicylsäure und deren Derivate (z. B. Salicylsäureester, Salicylaldehyd) spielen in der Pflanzenentwicklung eine hormonelle Rolle (z. B. für die Induktion von Blüten).

In Lebensmitteln wurde die Salicylsäure früher als Konservierungsmittel (z. B. für Marmeladen) oft verwendet. Salicylsäure wirkt schwächer antibiotisch als die Benzoesäure und reagiert mit OH-Radikalen zu Hydroxyderivaten, wodurch sie auch antioxidativ wirkt ($LD_{50}$ Kaninchen: 1,3 g/kg). Salicylsäure wirkt keratinolytisch und kann Schäden an Schleimhäuten (Magengeschwüre) verursachen. Die verträglichere Acetylsalicylsäure hat ein großes medizinisches Anwendungsspektrum (nonsteroidal antiinflammatory drug) und wird in großem Umfang als Medikament eingesetzt. Der Leitlinie folgend, dass medizinisch angewandte Substanzen nicht gleichzeitig in Lebensmitteln verwendet werden sollen, wurde die Anwendung der Salicylsäure in Lebensmitteln verboten.

**Thiabendazol E 233** (engl. thiabendazole) (Zulassung in der EU 1998 aufgehoben) wird wegen seiner fungistatischen Eigenschaften bei Zitrusfrüchten und Bananen angewandt. Dabei kann es sowohl in der Kultur der Pflanzen, da es durch Wurzeln und Blätter aufgenommen wird, als auch zur Imprägnierung der Früchte verwendet werden. Die $LD_{50}$ liegt in Mäusen, Ratten und Kaninchen bei 3,6, 3,1 und 3,8 g/kg. Thiabendazol wird bei Zitrusfrüchten in Konzentrationen von 0,006 g/kg, bei Bananen mit Schale von 0,003 g/kg angewendet. Der Rückstand in Bananen ohne Schale darf maximal 0,00004 g/kg betragen. Medizinisch wird Thiabendazol als Wurmmittel verwendet. Thiabendazol ist in Wasser und Alkohol schwer löslich, besser löst es sich in verdünnten Säuren. Leicht löslich ist es in Dimethylformamid (Abb. 16.3).

**Monobromessigsäure** (engl. bromoacetic acid) wurde als Inhibitor der alkoholischen Gärung vor allem zur Stabilisierung von süßem Wein verwendet. Monobromessigsäure (Abb. 16.5) inaktiviert Enzyme des glykolytischen Abbaus durch Reaktion mit deren Thiol-(SH)-Gruppen. Danach zerfällt Bromessigsäure im Produkt relativ rasch, sodass der Nachweis des Zusatzes meist nur über einen erhöhten Gehalt an anorganischem Bromid durchgeführt werden kann. Der Zusatz von Bromessigsäure wurde aus toxikologischen Gründen untersagt.

**Fluorid** = Natriumfluorid (engl. sodium fluoride) ist ein potentes Konservierungsmittel, das nicht nur gegen Mikroorganismen, sondern auch gegen Insekten wirkt. Fluorid kommt natürlich vor allem in Vollkorngetreide, Tee, Fisch, Meerwasser und im Trinkwasser vor. Die Anreicherung von Fluorid im Trinkwasser zwecks Kariesverhütung wurde schon behandelt. Fluorid hemmt enzymatische Bräunungsreaktionen und wurde deshalb (z. B. bei Obstkonserven) im hundertstel-molaren Konzentrationsbereich in einigen Ländern in der Lebensmittelproduktion eingesetzt. Da technologisch notwendige und bereits toxisch wirkende Konzentrationen von Fluorid eng zusammen liegen ($LD_{50}$ Ratte: 0,18 g/kg), wurde die Anwendung von Fluorid in Lebensmitteln untersagt.

**Wasserstoffperoxid** (engl. hydrogen peroxide) wird medizinisch in verdünnter Lösung als Desinfektionsmittel verwendet. In Lebensmitteln ist die Verwendung als Konservierungsmittel heute nicht mehr gestattet, da sie zu starken Änderungen in Aroma und Geschmack führt. Wasserstoffperoxid wird bei Fischmarinaden fallweise als Bleichmittel eingesetzt. Früher wurde es zur Verbesserung der Backfähigkeit bei der Teigbereitung und zur Konservierung der Milch verwendet, im letzteren Fall wurde der Überschuss an Wasserstoffperoxid mittels zugesetzter Katalase zu Sauerstoff und Wasser abgebaut. Auch Derivate des Wasserstoffperoxids, wie z. B. Diammoniumperoxydisulfat, waren zur Verbesserung der Backfähigkeit in Verwendung.

**Ethylenoxid** (engl. ethylene oxide) ist wegen der starken Deformation des Valenzwinkels des Kohlenstoffs (von 109° auf 60°) sehr reaktionsfähig. Daher lagert sich Ethylenoxid unter Öffnung des Ringes sehr leicht an polare Gruppen, wie –OH oder –NH$_2$, an. Dadurch wirkt es vor allem auf Proteine denaturierend und somit keimtötend. Ethylenoxid ist bei Normaltemperatur gasförmig (Kp 10,7 °C) und in der Handhabung sehr gefährlich: Einerseits kann es explosionsartig zerfallen, andererseits ist es durch seine alkylierenden Eigenschaften sehr toxisch für exponierte Schleimhäute und die Augen ($LD_{50}$ 300 mg/kg). Die Explosionsgefahr kann durch Zumischung von Kohlendioxid herabgesetzt werden. Ethylenoxid wird heute als Desinfektionsmittel z. B. für Geräte und Verbandsmaterial sowie als Ausgangsmaterial für die Synthese von Emulgatoren, z. B. Tween(s), verwendet.

**Natriumazid** (engl. sodium azide) wirkt in einer Konzentration von 10 bis 20 ppm stark hemmend auf das Wachstum von Hefen. Es wurde illegal als Gärungsinhibitor in Fruchtsäften und Limonaden eingesetzt. Das in Wasser und Alkohol gut lösliche Natriumazid wird bei technischen Produkten bisweilen als Konservierungsmittel verwendet.

**Kaliumbromat** (engl. potassium bromate) wurde zur Verbesserung des Gashaltevermögens früher oftmals dem Brotteig zugesetzt. Die Verbindung ist in Wasser gut löslich. Wegen seiner als Oxidationsmittel toxischen Eigenschaften (Nierenschäden, Methämoglobinbildung, Durchfall) wird Kaliumbromat heute nicht mehr verwendet.

**Ozon** (engl. ozone) ist ein starkes Oxidationsmittel und damit toxisch ($LD_{50}$ 2–8 mg/kg). Ozon ist in höherer Konzentration ein explosives Gas. Es wird zwar zur Konservierung von Lebensmitteln nicht verwendet, kann aber zur Konservierung von Trinkwasser und als Desinfektionsmittel (z. B. in Schwimmbädern) verwendet werden.

**Chlor** (engl. Chlorine), **Chlordioxid** (engl. Chlorine dioxide), **Natriumhypochlorit** (engl. sodium hypochlorite) sind ebenfalls sehr starke Oxidationsmittel. Chlordioxid ist ein explosives Gas. Alle drei genannten Verbindungen werden wegen ihrer akuten Toxizität ($LD_{50}$ von Chlor in Mäusen: 137 mg/kg) und der möglichen Bildung von cancerogenen chlorierten Kohlenwasserstoffen in Lebensmitteln nicht angewendet. Chlor und Chlordioxid werden aber in großem Umfang zur Konservierung von Trinkwasser und Brauchwasser und technisch als Bleichmittel genutzt. Chlordioxid und Stickstoffchloride wurden früher zur Verbesserung der Backfähigkeit von Mehlen eingesetzt.

## 16.1.5 Antioxidanzien

Antioxidanzien verbessern die chemische Stabilität und damit die Haltbarkeit von Lebensmitteln gegenüber der Einwirkung von Sauerstoff und anderen Oxidationsmitteln. Antioxidanzien sind in jedem Lebewesen von Natur aus enthalten (z. B. Glutathion). Wenn diese Antioxidanzien aber z. B. im Laufe von technologischen Verfahren abgetrennt oder zerstört werden, müssen sie im fertigen Produkt wieder zugesetzt werden, um einem vorzeitigen oxidativen Verderb vorzubeugen. In diesem Abschnitt werden nur antioxidativ wirkende Stoffe angeführt, die für den oben genannten Zweck eingesetzt werden.

Die antioxidative Aktivität einer speziellen Substanz ist durch ihr Redoxpotenzial, durch ihre Polarität (hydrophil oder lipophil) sowie durch die Besonderheit ihrer chemischen Struktur charakterisiert. Wie schon im Abschnitt 5.3 „Lipidperoxidation" ausgeführt, katalysieren Schwermetallionen mit variabler Wertigkeit den oxidativen Verderb. Auch viele Metallenzyme (z. B. Lipoxygenasen) wirken analog. Manche als „Antioxidanzien" eingesetzte Verbindungen binden Metallionen in katalytisch inaktiven Komplexen (z. B. EDTA). Eine direkte Reduktion von molekularem Sauerstoff durch eine antioxidativ wirkende Substanz kann, abhängig vom Redoxpotenzial und von den Konzentrationsverhältnissen, zur Bildung von Sauerstoffradikalen und Wasserstoffperoxid führen. Damit wird die antioxidative Wirkung in eine prooxidative umgewandelt, ungefähr vergleichbar mit der Wirkung von Fettperoxiden. Antioxidanzien werden in Fetten oder fettreichen Lebensmitteln als Zusatzstoffe angewendet. Die chemisch sehr vielfältigen Verbindungen, die in Tieren, aber vor allem in Pflanzen als Antioxidanzien wirken, sind bei den diversen Spezies besprochen worden.

Die **Tocopherole** (engl. tocopherols), **tocopherolreicher Extrakt E 306**, **α-Tocopherol E 307**, **γ-Tocopherol E 308**, **δ-Tocopherol E 309** (Abb. 7.4) sind lipophile phenolische Substanzen mit einem Redoxpotenzial zwischen + 0,2 und + 0,3 Volt.

Die Tocopherole unterscheiden sich strukturell durch die Anzahl und Stellung der Methylgruppen im aromatischen Ring (Abb. 7.4). Da in der Phytol-Seitenkette drei Kohlenstoffatome optisch aktiv sind, gibt es viele optische Isomere. Bei der Oxidation der Tocopherole bilden sich Semichinonradikale, Chinone und „C"-Radikale, die durch Abspaltung von Wasserstoff aus den Methylgruppen entstehen, sowie deren Folgeprodukte. In höherer Konzentration (über 220 bis 500 mg/kg) wirken Tocopherole meist prooxidativ. Der antioxidative Schutz ist durch γ- und δ-Tocopherol besser gewährleistet als durch α-Tocopherol, dem eigentlichen Vitamin E (Antifertilitätsfunktion bei der Ratte, siehe Abschnitt 7.1.3).

**L-Ascorbinsäure-6-palmitat** (engl. ascorbyl palmitate)/**L-Ascorbinsäure-6-stearat** (engl. ascorbyl stearate) **E 304**: Ascorbinsäure selbst ist nur in Wasser löslich, durch die Veresterung mit langkettigen Fettsäuren am $C_6$ wird das sonst wasserlösliche Redoxsystem auch in Lipiden löslich (Abb. 16.6). Für wässrige Systeme sind **L-Ascorbinsäure E 300**, deren **Natriumsalz E 301** und **Calciumsalz E 302**, sowie **Erythrobinsäure E 315** (= D-Ascorbinsäure) und deren **Natriumsalz E 316** als Antioxidanzien zugelassen. Ascorbinsäure hat bei pH 7 ein Redoxpotenzial von 0,06 Volt, kann also z. B. oxidierte Tocopherole wieder reduzieren. Auch im physiologischen System ist L-Ascorbinsäure das wichtigste Reduktionsmittel für oxidiertes Tocopherol.

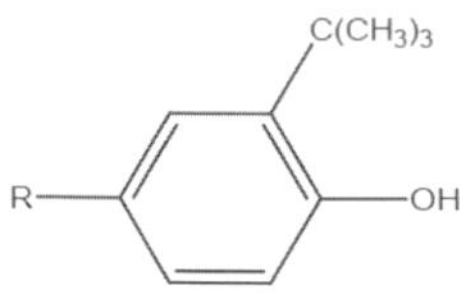

t-Butylhydroxytoluol     R = CH₃
t-Butylhydrochinon       R = OH
t-Butylhydroxyanisol     R = OCH₃

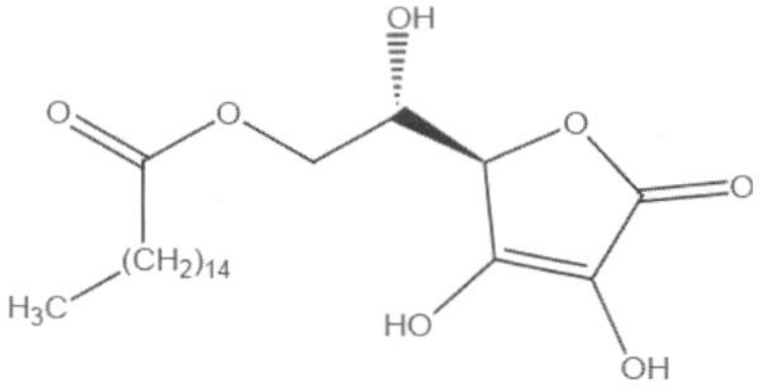

Ascorbinsäure-6-palmitinsäureester =
Ascorbylpalmitat

**Abb. 16.6.**    Chemische Struktur von Ascorbylpalmitat, *t*-Butylhydroxytoluol, *t*-Butylhydrochinon und *t*-Butylhydroxyanisol

**Tertiär-Butylhydroxyanisol E 320** (engl. butylated hydroxyanisol) = 2- oder 3-Tertiärbutyl-4-hydroxy-anisol wird sehr leicht zum entsprechenden Semichinon oder Chinon oxidiert und wirkt daher als Antioxidans (z. B. für Fette, Abb. 16.6). Methoxybenzol wird als Anisol bezeichnet. *t*-Butylhydroxyanisol hat eine $LD_{50}$ von 2 g/kg. Toxische Nebenwirkungen sind nur im Tierversuch bekannt. Es gibt in der Literatur sowohl Berichte über eine tumorpräventive (Induktion von Glutathiontransferase) als auch über eine tumorfördernde Wirkung (bei gleichzeitiger Gegenwart von potenten Carcinogenen, z. B. Phorbolestern) der Substanz. Dieser Umstand ist ein Beispiel dafür, wie wichtig die Randbedingungen für die physiologische Aktivität einer chemischen Verbindung sind.

*t*-Butylhydroxyanisol ist in Fetten und den meisten organischen Lösungsmitteln löslich.

### 16.1.5.1    Zusätzlich in der Europäischen Union zugelassene Antioxidanzien

**Tertiär-Butylhydroxytoluol E 321** (engl. butylated hydroxytoluene) = 2,6-Ditertiärbutyl-4-methylphenol wird oft gemeinsam mit *t*-Butylhydroxyanisol als Antioxidans in Fetten verwendet (Abb. 16.6). *t*-Butylhydroxytoluol bildet bei der Oxidation neben Phenoxyradikalen auch Methylradikale an der Methylgruppe 4. Als Beweis dafür wurden Stilbene, gebildet durch Kopplung zweier Methylradikale, als Reaktionsprodukte gefunden. Durch Reaktion mit molekularem Sauerstoff bildet *t*-Butylhydroxytoluol Peroxide, die in Gegenwart von Reduktionsmitteln (z. B. NADH) die DNS spalten und damit mutagen wirken können. Die Substanz wird auch zum antioxidativen Schutz von Plastikfolien eingesetzt. Der $LD_{50}$-Wert liegt in Mäusen und Ratten bei 1 g/kg.

**Tertiär-Butylhydrochinon E 319** (engl. tertiary butylhydroquinone) ist in der EU zur Stabilisierung von Fetten und fetthaltigen Lebensmitteln zugelassen. Über nachteilige Folgen des Zusatzes ist wenig bekannt.

**Ester der Gallussäure** (engl. gallic acid esters): **Propylgallat E 310, Octylgallat E 311, Dodecylgallat E 312.** Gallussäure und deren Ester (Abb. 16.7)

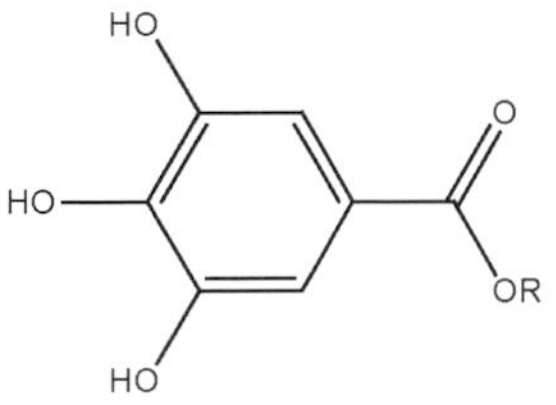

Gallussäureester
R = Propyl, Octyl, Dodecyl, u. a.

**Abb. 16.7.**    Chemische Struktur von Gallussäureestern

komplexieren vor allem dreiwertiges Eisen. Mit steigender Länge der Kohlenstoffkette nimmt die Löslichkeit in Fetten zu und in Wasser ab. Damit nimmt auch die Gefahr einer intermediären Bildung von Wasserstoffperoxid ab. Dimerisierung und Polymerisation der Gallussäureester sind die überwiegenden Reaktionsprodukte der Oxidation. Gallussäure und deren Ester mit Glucose sind weit verbreitete Pflanzeninhaltsstoffe (Gerbstoffe, Tannine). Im Stoffwechsel werden die Ester gespalten, und Gallussäure wird vorwiegend als 4-O-Methylgallat ausgeschieden. Die $LD_{50}$ der zugelassenen Ester liegt bei etwa 4 g/kg (Ratten, Mäuse).

### 16.1.5.2   Nicht zugelassene Antioxidanzien

In diese Gruppe fallen eine große Menge an antioxidativ wirkenden Pflanzenextrakten, die als solche auch Fetten zugesetzt werden können. Die für die antioxidative Wirkung verantwortlichen Inhaltsstoffe dürfen allerdings als Reinstoffe nicht verwendet werden. Prominente Beispiele sind Rosmarin-, Salbei- und zahlreiche andere Gewürzextrakte. Die für die Wirkung des Rosmarins vorwiegend verantwortlichen Inhaltsstoffe Carnosol und Carnosolsäure dürfen jedoch in reiner Form nicht als Antioxidanzien Fetten zugesetzt werden. Ähnliches gilt für antioxidativ wirkende Aminosäuren und Peptide, wie z. B. Prolin, Methionin, Cystein und Glutathion.

**Nordihydroguajaretsäure** (engl. nordihydroguaiaretic acid) = NDGA = 2,3-bis-3,4-Dihydroxybenzylbutan ist ein Lignan, das früher häufig Fetten als Antioxidans zugesetzt wurde und auch dafür zugelassen war (Abb. 16.8).

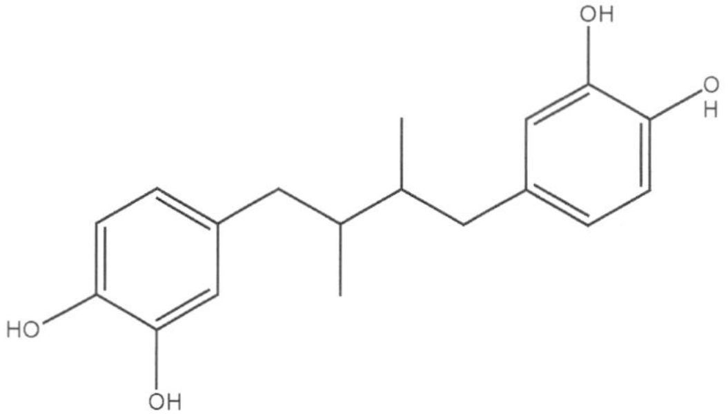

**Abb. 16.8.** Chemische Struktur der Nordihydroguajaretsäure

Hauptgründe für die Rücknahme der Zulassung waren die potenzielle allergieauslösende und lebertoxische Aktivität der Substanz. NDGA kommt in der Natur als Inhaltsstoff in einigen *Zygophyllaceae* vor (*Larrea divaricata, Larrea tridentata, Guajacum officinale*). Es ist ein unspezifischer Inhibitor der Lipoxygenasen. Als solcher beinflusst er auch den Eicosanoid-Stoffwechsel. NDGA hemmt u. a. die Typ-I-Transkriptase von HIV und damit die Replikation des Virus und hat damit eine gewisse Schutzfunktion vor HIV-Infektionen. Heute wird NDGA meist in Form von Tees (Chaparral-Tee) wegen seiner kurativen Wirkung bei neurologischen Erkrankungen (z. B. Alzheimer), bei Herz-Kreislauf- und rheumatischen Beschwerden sowie wegen seiner tumorpräventiven Wirkung verwendet.

Die Methyl- und Ethylester der Gallussäure sind in der EU nicht zugelassen, da sie über semichinoide Strukturen sehr leicht eine prooxidative Wirkung verursachen können.

## 16.2 Süßstoffe

Süßstoffe induzieren durch eine Abfolge von biochemischen Reaktionen in den entsprechenden Geschmackszellen bzw. durch Nervenreizleitung den Geschmackseindruck „süß" im Gehirn. Obwohl dieser Stoffwechselvorgang noch nicht in allen Einzelheiten geklärt ist, zeichnet sich folgendes Reaktionsschema ab: Nach der Bindung des Zuckers oder des Süßstoffs an das entsprechende Rezeptorprotein kommt es zu einer Aktivierung des G-Proteins (Guanosintriphosphat-bindenden Proteins) Gustducin. Dies bewirkt in weiterer Folge die Aktivierung von Enzymen, die die Synthese als auch den Abbau von zyklischen Phosphaten katalysieren (cAMP, cGMP, Adenylyl-Cyclase, Phosphodiesterase, Phospholipase C). Als Resultat der verschiedenen intrazellulären Reaktionen kommt es zu einer Depolarisierung der Geschmackszelle, verbunden mit einem Abtransport von Kaliumionen und einem starken Anstieg der intrazellulären Calciumionen. Der beschriebene Mechanismus gleicht in mehreren Stufen dem, den man auch von Geruchseindrücken her kennt. Auch in der Biochemie des Geruchssinns spielen zyklische Phosphate sowie Calciumionen eine entscheidende Rolle. Strukturell ist der Süßgeschmack an zumindest zwei polare Gruppen in räumlicher Nähe gebunden. Das können sowohl Hydroxyl- als auch Aminogruppen sein. Zwar sind nach wie vor natürlich vorkommende Mono- und Disaccharide die hauptsächlichen Süßstoffe (sie werden in der Regel nicht als Zusatzstoffe betrachtet), die vermehrte Anwendung von neuen Süßstoffen (Zuckeraustauschstoffen) in Lebensmitteln hängt vor allem mit der kalorischen Überversorgung der Bevölkerung in den Industrienationen zusammen.

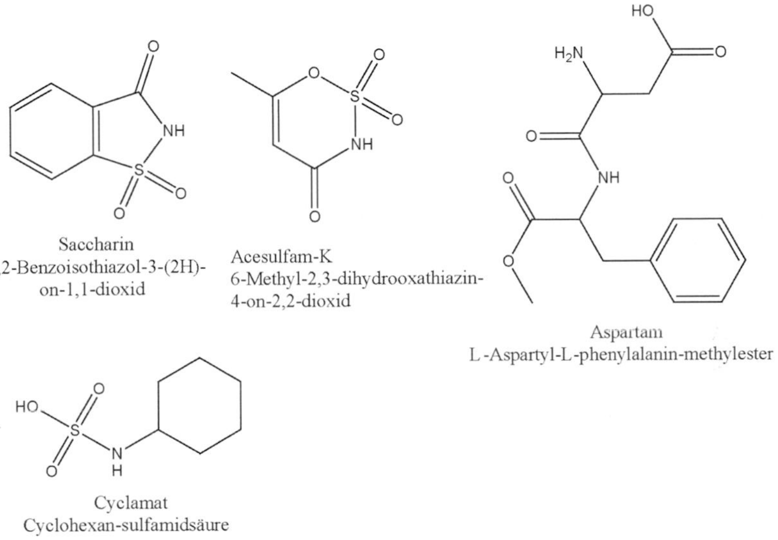

Saccharin
1,2-Benzoisothiazol-3-(2H)-
on-1,1-dioxid

Acesulfam-K
6-Methyl-2,3-dihydrooxathiazin-
4-on-2,2-dioxid

Aspartam
L-Aspartyl-L-phenylalanin-methylester

Cyclamat
Cyclohexan-sulfamidsäure

**Abb. 16.9.**   Chemische Struktur ausgewählter Süßstoffe

**Saccharin E 954** (engl. saccharin) = 1,2-Benzoisothiazol-3-(2H)-on-1,1-dioxid sowie dessen Natrium-, Kalium- und Calciumsalze sind, schon 1878 zufällig entdeckt, seit über hundert Jahren als Süßstoff in Verwendung. Es schmeckt etwa 500-mal süßer als Saccharose, allerdings hat es einen bitteren Nebengeschmack, der durch Kombination mit anderen Süßstoffen zumindest teilweise eliminiert werden kann. Die Substanz, die in Ether leicht löslich ist, löst sich nur schwer in Wasser, daher werden in der Praxis meist die besser löslichen Salze verwendet (der Wasserstoff der Imido-Gruppe reagiert sauer und kann durch Kationen ersetzt werden). Beim Erhitzen wird der Isothiazolinring hydrolysiert, wodurch die Süßwirkung der Substanz verloren geht. Saccharin wird im Stoffwechsel nicht metabolisiert, sondern fast zu 100 % unverändert wieder ausgeschieden. In sehr hoher Dosierung (entsprechend etwa 800 Liter saccharingesüßter Limonade pro Tag) verursacht es bei Ratten Blasenkrebs. Dies führte 1977 in den USA zu einem teilweisen Verbot des Süßstoffes. Seit 1997 kann Saccharin wieder ohne jede Beschränkung auch in den USA verwendet werden.

Saccharin wird zum Süßen von niederkalorischen Getränken, Kaugummi, Backwaren, Kompotten und Konfitüren verwendet. Auch in Vitaminpräparaten, Kosmetika und Arzneimitteln kommt es vor. Insgesamt ist Saccharin auch heute noch der am meisten verwendete künstliche Süßstoff (Abb. 16.9).

**Acesulfam-K E 950** (engl. acesulfame-K) = 6-Methyl-2,3-dihydrooxathiazin-4-on-2,2-dioxid-Kalium-Salz ist ein relativ neuer Süßstoff. Er wurde erst in den späten 60er-Jahren des vorigen Jahrhunderts entdeckt. 1988 wurde er von der FDA zuerst für die Anwendung in Kaugummi, 1994 in der EU für verschiedenste Lebensmittel (Getränke, Backwaren, Süßwaren, Schokolade, Eiscreme u. a.) zugelassen. Acesulfam-K hat bezüglich der Sulfimid-Gruppierung gewisse strukturelle Ähnlichkeit mit Saccharin. Es ist etwa 120-mal süßer als Saccharose, in Wasser wesentlich besser löslich als Saccharin und auch gegen Hydrolyse durch kochendes Wasser und sauren pH-Wert beständiger (Abb. 16.9). Im Stoffwechsel wird der Oxathiazin-Ring geöffnet, es entsteht Acetoacetamid-N-sulfonsäure, die dann weiter zu physiologisch nichttoxischen Substanzen abgebaut werden kann. Trotzdem werden weitere toxikologische Untersuchungen mit Acesulfam-K durchgeführt. Es sollte bis zu einer abschließenden Beurteilung mit Vorsicht angewendet werden.

**Aspartam E 951** (engl. aspartame) = Nutra Sweet = L-Aspartyl-L-phenylalanin-methylester (Abb. 16.9) ist derzeit als Süßstoff weltweit in großem Umfang im Einsatz. Es wurde zufällig Mitte der 1960er-Jahre entdeckt, als ein Chemiker, der an einem Präparat gegen Magengeschwüre arbeitete, sich die Finger ableckte. Aspartam schmeckt etwa 160–180-mal süßer als Saccharose, wobei die Empfindung „süß" etwas zeitlich verzögert eintritt. Aspartam wird im Stoffwechsel gespalten und metabolisiert, sein Energieinhalt ist etwa 4 kcal/g. Neben seiner Wirkung als Süßstoff soll es auch als Geschmacksverstärker wirken. Aspartam ist in kaltem Wasser schwer löslich (3 g/100 ml), es ist am stabilsten im pH-Bereich zwischen 4 und 5. Bei höherem und niedrigerem pH-Wert ist die Beständigkeit von Aspartam, vor allem bei erhöhter Temperatur, verringert. Bei höherem pH-Wert zyklisiert es zu dem entsprechenden Diketopiperazin. Bei niedrigem pH-Wert findet verstärkt Hydrolyse des Methylesters, in zweiter Linie auch der Peptidbindung, statt. Der pH-Wert der meisten Limonaden liegt zwischen pH 2 und 3. Aspartam ist empfindlich gegen Licht. Vor allem bei gleichzeitiger Anwesenheit von Sensibilisatoren, wie z. B. Riboflavin, nimmt der Aspartamgehalt in der Lösung schnell ab.

Toxikologisch ist das nach Spaltung des Moleküls freigesetzte Phenylalanin für an Phenylketonurie erkrankte Personen bedenklich. Bei Gesunden wurden auch bei hohen Dosen an Aspartam keine neurophysiologischen Störungen gefunden. Auch der aus dem freigesetzten Methanol im Stoffwechsel gebildete Formaldehyd ist mengenmäßig zu gering, um Schäden zu verursachen. Eine erhöhte Inzidenz an Gehirntumoren konnte nicht festgestellt werden.

**Cyclamat E 952** (engl. cyclamate) = Cyclohexan-sulfamidsäure (Natrium- und Calcium-Salze) hat im Unterschied zu Saccharin einen reinen Süßgeschmack (35-mal süßer als Saccharose). Es wird oft auch in Kombination mit Acesulfam-K und Saccharin verwendet (Abb. 16.9). Cyclamat und sein Natrium- und Calcium-Salz können in der EU zum Süßen von nicht-alkoholischen Getränken, zuckerfreien Süßwaren, Obstkonserven sowie Milcherzeugnissen verwendet werden.

Da Cyclamat in hohen Konzentrationen bei Ratten Blasenkrebs verursachen kann (besonders in Kombination mit Saccharin), wurde ihm schon 1970 in den USA die Zulassung entzogen. Außerdem kann die Substanz im Stoffwechsel in das wesentlich toxischere Cyclohexylamin ($LD_{50}$ Ratte: 0,7 g/kg) und Sulfat gespalten werden. Cyclohexylamin wirkt im Rattenversuch u. a. auf das Zentralnervensystem toxisch, weiters wurde auch ein Wachstumsstillstand bei den Tieren beobachtet. Wegen dieser Befunde ist Cyclamat derzeit in mehreren Ländern nicht oder nur zu diätetischen Zwecken zugelassen.

### 16.2.1 In der EU zugelassene Süßstoffe

**Neohesperidindihydrochalcon E 959** (engl. neohesperidine DC) = Neohesperidin DC (Abb. 16.10) ist 600-mal süßer als Zucker. Bei höherer Konzentration hat es einen mentholartigen Beigeschmack. Die Empfindung süß tritt etwas verzögert ein.

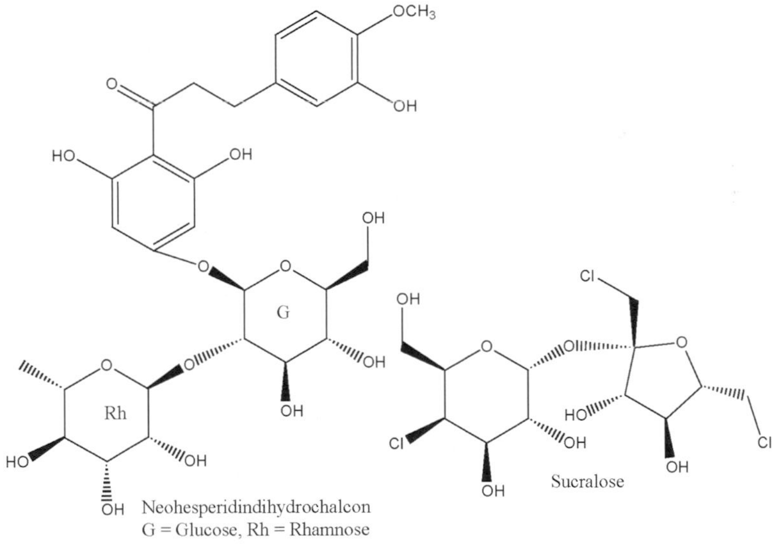

Neohesperidindihydrochalcon
G = Glucose, Rh = Rhamnose

Sucralose

**Abb. 16.10.** Chemische Struktur von Neohesperidindihydrochalcon und Sucralose

Der Süßstoff wird aus Neohesperidin gewonnen, das in größeren Konzentrationen in den Schalen von Zitrusfrüchten vorkommt (Grapefruit, Bitterorange). In einer für die Süßwirkung erforderlichen Konzentration von etwa 10 % hat die Substanz die Aktivität eines Geschmacksverstärkers. In der EU ist Neohesperidin DC zum Süßen von nichtalkoholischen Getränken, Süßwaren und Kaugummi zugelassen. Ähnlich süß schmeckt das Naringindihydrochalcon.

**Sucralose E 955** (engl. sucralose) = 4,1',6'-Trichloro-4,1',6'-trideoxygalaktosaccharose (Abb. 16.10) ist ein nichtnutritiver, künstlicher Süßstoff (durchschnittlich 600-mal süßer als Saccharose), der in Kanada, Mexiko und Australien, seit Kurzem in den USA und seit 2004 auch in der EU als Süßstoff zugelassen ist. Sucralose wird in einem mehrstufigen Verfahren aus Saccharose hergestellt. Dabei kommt es während der Chlorierung zu einer Inversion der Konfiguration am $C_4$ der Glucose, sodass eine chlorierte Galaktose als Komponente des Disaccharids entsteht. Auch Raffinose als Ausgangsprodukt oder enzymatische Verfahren werden zur Herstellung verwendet. Toxikologische Bedenken gegen die Verwendung von Sucralose (Substanz mit organisch gebundenen Chloratomen) haben sich bisher in Studien nicht hinreichend untermauern lassen. Das Molekül wird im Darm nicht resorbiert und zum größten Teil unverändert wieder ausgeschieden. Ein kleiner Anteil wird in 1,6-Dichlorfructose umgewandelt. Sucralose ist thermisch und in einem großen pH-Bereich stabil und hat einen der Saccharose ähnlichen Süßgeschmack. Bei hohen Temperaturen spaltet das Molekül Salzsäure ab. Sucralose hat einen sehr großen Anwendungsbereich in verschiedensten Lebensmitteln.

**Xylit E 967** (engl. xylitol, Abb. 3.4) ist ein so genannter Zuckeraustauschstoff, der etwa die gleiche Süßkraft wie Saccharose aufweist. Xylit wird durch Reduktion von Xylose gewonnen. Xylose (Abb. 3.1) wird durch Hydrolyse von Xylanen, wie sie z. B. in Holz vorkommen, erzeugt. Xylit ist ein natürlicher Metabolit des Glucosestoffwechsels (Pentosephosphatzyklus). Der normale Xylitspiegel im Blut liegt zwischen 0,03 und 0,06 mg/100 ml Blut. Auch in vielen Gemüse- und Obstarten, besonders in Beerenfrüchten, kommt der Zuckeralkohol in geringen Mengen vor. Xylit wird viel langsamer resorbiert als Glucose, zum Teil wieder unverändert im Harn ausgeschieden, zum Teil in Glucose umgewandelt und als Glykogen deponiert. Die Darmbakterien metabolisieren Xylit und andere Zuckeralkohole sehr rasch, was Durchfall zur Folge haben kann. Zuckeralkohole wie Xylit und Sorbit wirken hemmend auf das Entstehen von Karies. Im Rattenversuch wirkt Xylit positiv auf die Knochendichte von Tieren, denen die Eierstöcke entfernt wurden. Xylit wird zum Süßen von Limonaden, Süßwaren, Kaugummi u. a. verwendet. Bisher sind keine toxikologisch bedenklichen Befunde erhalten worden. Xylit wurde seit langer Zeit als Zuckeraustauschstoff für Diabetiker in Russland verwendet.

**Isomalt E 953** (engl. isomalt) = Palatinit® ist ein Zuckeraustauschstoff, der aus Saccharose durch enzymkatalysierte Isomerisierung (α-Glucosyl-Transferase = Saccharose-Isomerase, EC 5.4.99.11) zur Palatinose (6-O-α-D-Glucopyranosylfructofuranose) mit anschließender Reduktion (Hydrierung) zum Zuckeralkohol (Palatinit®) hergestellt wird (Abb. 16.11).

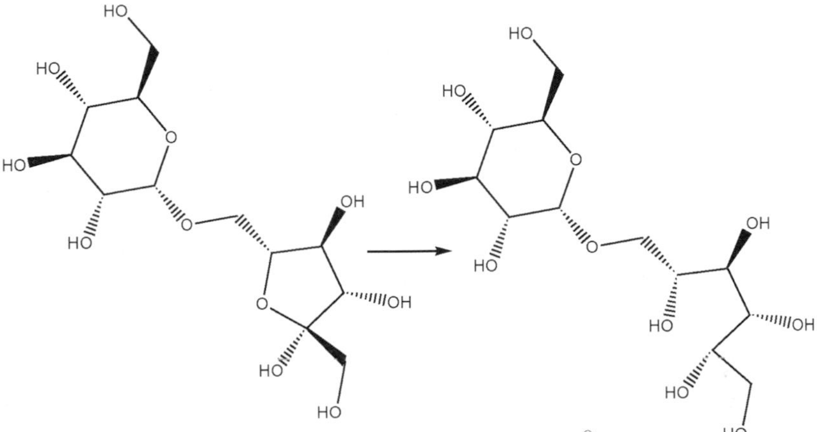

Palatinose
6-O-α-D-Glucopyranosyl-D-fructofuranose

Palatinit®
6-O-α-D-Glucopyranosyl-sorbit

**Abb. 16.11.**    Synthese von Isomalt (Palatinit®)

Isomalt hemmt das Entstehen von Karies, da es durch die Verursacher-Mikroorganismen nicht abgebaut werden kann. Nachdem nur das halbe Molekül (Glucoseanteil) kalorisch verwertbar ist, liegt der Energiebeitrag bei nur rund der Hälfte (2 kcal/g) von jenem der Saccharose. Isomalt wird aus dem Dünndarm nur langsam resorbiert und nimmt dadurch mehr Wasser in den Dickdarm mit, wo es durch Mikroorganismen zum größten Teil metabolisiert wird. Dadurch kann es, wie bei anderen Zuckeralkoholen auch, zu Durchfällen kommen. Isomalt wird als Süßstoff in Limonaden, Süßwaren und Konditorwaren angewendet.

**Maltit E 965** (engl. maltitol) wird durch Reduktion (Hydrierung) von Produkten der Stärkehydrolyse hergestellt. Die Zusammensetzung ist je nach den Hydrolysebedingungen variabel, der Gehalt an Maltit (4-O-α-D-Glucopyranosyl-D-sorbit) kann zwischen 50 und fast 90 % schwanken. Weitere Komponenten sind Sorbit und reduzierte Malto-Oligosaccharide. Maltit kann sowohl in fester Form als auch als Sirup angewendet werden.

Er wird, wie alle Zuckeralkohole, im Darm langsam resorbiert, durch den damit verbundenen verstärkten Wassertransport kann es zu Durchfällen kommen. Die Süßkraft beträgt etwa 90 % der Saccharose, der kalorische Energiebeitrag liegt bei 2–3 kcal/g. Maltit wird zum Süßen von Limonaden, Schokolade und anderen Süßwaren sowie für Konditorwaren verwendet.

**Lactit E 966** (engl. lactitol) ist ein Zuckeraustauschstoff, der durch Reduktion (Hydrierung) des Glucoseteils der Lactose hergestellt wird. Lactit ist ein Zuckeralkohol, der im Dünndarm nicht gespalten und nicht resorbiert wird. Durch die Mikroorganismen des Dickdarms wird Lactit metabolisiert, wobei vorwiegend Säuren, Kohlendioxid und geringe Mengen an Wasserstoff gebildet werden. Wie die anderen Zuckeralkohole hat auch der Lactit eine laxative Wirkung. Er weist bei halbem Brennwert (2 kcal/g) eines vollständig metabolisierbaren Zuckers einen reinen Süßgeschmack auf (etwa 40 % der Süßkraft der Saccharose). Verwendet wird Lactit für Limonaden, Süßwaren, Schokolade, Speiseeis, Kaugummi und, da er temperaturbeständig ist, auch für Backwaren. Lactit wird häufig in Kombination mit Saccharin oder Acesulfam-K angewendet. Wie andere Zuckeralkohole kann er als Zuckeraustauschstoff bei Diabetikern verwendet werden und hemmt ebenso die Entwicklung von Karies.

**Sorbit E 420** (engl. sorbitol, Abb. 3.4) ist ein Zuckeraustauschstoff, der durch Reduktion von Glucose mit Wasserstoff erzeugt wird. Natürlich kommt Sorbit vor allem in Kernobst vor. Sorbit wird in Lebensmitteln wegen seiner hygroskopischen Eigenschaften auch als Feuchthaltemittel, als Ausgangssubstanz zur Herstellung von Emulgatoren (Sorbitan, Tween, Span, Abb. 16.40) und bei der Erzeugung von „Polydextrose" verwendet. Physiologisch hemmt er die Entstehung von Karies und hat laxative Wirkung. Für Diabetiker ist Sorbit weniger geeignet, da metabolisch Fructose gebildet wird, die mit dem Glucoseabbau interferiert. In der Praxis wird Sorbit oft als 70%iger Sirup verwendet, der kleinere Mengen an Mannit enthält. Der Brennwert liegt bei etwa 2 kcal/g.

**Mannit E 421** (engl. mannitol) kann ähnlich wie Sorbit als Zuckeraustauschstoff verwendet werden (70 % der Süßkraft von Saccharose, Brennwert etwa 1,7 kcal/g). Der Zuckeralkohol kommt natürlich in Exsudaten von verschiedenen Pflanzen vor: z. B. Manna-Esche (*Fraxinus ornus, Fraxinus rotundifolia*), Tamarisken-Manna und in Meeresunkräutern. Das biblische Manna stammt wahrscheinlich von der Manna-Flechte (*Lecanora esculenta*). Technisch wird der Mannit durch Reduktion von Fructose, besser von Mannose, mit Wasserstoff gewonnen. Dabei wird gleichzeitig auch Sorbit gebildet. Mannit kristallisiert leicht und ist im Unterschied zu Sorbit nicht hygroskopisch. Mannit ist ein effizienter Quencher von Singulett-Sauerstoff und allgemein ein Scavenger von freien Radikalen. Der Zuckeralkohol wird sehr langsam resorbiert und zu über 90 % im Harn wieder ausgeschieden. Durch die damit verbundenen osmotischen Veränderungen wird der Transport von Natrium in die Zellen inhibiert.

**Erythrit E 968** (Sukrin, engl. erythritol, Abb. 3.4) ist in der EU als Süßstoff zugelassen. Erythrit ist optisch inaktiv, obwohl zwei optisch aktive Kohlenstoffatome im Molekül vorkommen, deren Drehsinn sich aber gegenseitig kompensiert. Solche optisch inaktive Isomere werden als „meso"-Isomere optisch aktiver Substanzen bezeichnet (z. B. meso-Weinsäure). Erythrit kann auch durch Reduktion der Carboxylgruppen der meso-Weinsäure hergestellt werden. Meist werden zur Herstellung mikrobielle Verfahren (*Aspergillus* sp.) verwendet, die von Glucose oder Saccharose ausgehen.

Erythrit ist als Süßstoff (etwa doppelt so süß wie Saccharose) besser verträglich als andere Zuckeralkohole, da er im Magen-Darm-Trakt zum Großteil resorbiert und durch die Niere ausgeschieden wird. Dadurch bleibt wenig für den Metabolismus der Darmbakterien übrig. Erythrit kommt vorwiegend in Flechten, Algen, Pilzen, aber auch in höheren Pflanzen vor (z. B. Birne, Melone). Erythrit wirkt gefäßerweiternd. Es liefert weniger als 0,2 kcal/kg Energie.

**Thaumatin E 957** (engl. thaumatin) = Katemfe ist ein Gemisch süß schmeckender Proteine (vorwiegend Thaumatin I und II) und von Inhaltsstoffen der Früchte der westafrikanischen Pflanze *Thaumatococcus daniellii (Marantaceae)*. Die Thaumatine sind in einem Membransack *(Arillus)* an der Oberfläche der Kerne konzentriert, aus dem sie isoliert werden. Thaumatin II (235 Aminosäuren) ist wahrscheinlich die Vorstufe von Thaumatin I (207 Aminosäuren, Molekulargewicht 22.000). Die Proteine enthalten jeweils 8 Disulfidbrücken. Wird nur eine gespalten, geht die Süßkraft verloren. Als Protein ist Thaumatin thermisch nicht stabil, der Süßgeschmack geht beim Erhitzen verloren. Die Struktur des Proteins ist homolog der Hühnerproteinase und dem Amylaseinhibitor. In den Ursprungsländern hat das Süßen mit den Kernschalen der Katemfe-Frucht eine lange Tradition.

Die Empfindung „süß" tritt verzögert ein und hat einen Nachgeschmack, ähnlich wie Lakritze. Thaumatin schmeckt etwa 2000-mal süßer als Saccharose und wird oft in Kombination mit anderen Süßstoffen für Süßwaren, Kaugummi u. a. verwendet. Es verstärkt auch die Intensität von Aromen. Wie andere Proteine, wird es im Stoffwechsel metabolisiert. Toxische Eigenschaften von Thaumatin sind nicht bekannt, immunologisch konnte keine Bildung von Antikörpern festgestellt werden. Wegen des hohen Preises von Thaumatin wird versucht, das Protein durch Gentransfer in Mikroorganismen zu erzeugen.

**Neotam E 961** (N-3,3-Dimethylbutyl-L-aspartyl-L-phenylalaninmethylester, engl. neotame) ist das N-3,3-Dimethylbutylderivat des Aspartams (Abb. 16.14). Es schmeckt etwa 8000-mal süßer als Saccharose. Die Substanz wurde 2002 in den USA und 2009 in der EU als Süßstoff in verschiedenen Lebensmitteln (Getränken, Süßwaren, Backwaren, Kaugummi) zugelassen. Die gesundheitliche Unbedenklichkeit konnte laut FDA durch Studien erwiesen werden. Trotzdem sind in der Literatur ähnliche Einwände wie gegen Aspartam zu finden.

**Polydextrose E 1200** (engl. polydextrose) ist ein synthetisches Polysaccharid (Molmasse etwa 2,2 KD), das aus Glucose und Sorbit (9 : 1) in Gegenwart von Citronensäure durch Erhitzen hergestellt wird. Das wasserlösliche Pulver wird als Zuckeraustauschstoff (1 kcal/g) in Süßwaren, Backwaren und als Füllstoff – vor allem, weil es dem Produkt „Körper" gibt (bulking agent) – verwendet. Polydextrose ist hygroskopisch und wirkt daher auch als Feuchthaltemittel (Humectant). Polydextrose kann durch Wasserstoff reduziert werden. Die resultierenden Produkte enthalten einen höheren Anteil an Sorbit und werden meist unter dem Namen „Litesse®" vermarktet.

## 16.2.2   In der EU nicht zugelassene Süßstoffe

Bei den nachfolgend angeführten Süßstoffen handelt es sich um synthetische oder aus Pflanzen isolierte Substanzen, die zwar in der EU nicht, aber in diversen anderen Ländern zugelassen sind.

**Steviosid INS 960** (engl. stevioside, Abb. 16.12 ist ein süß schmeckendes Diterpenglykosid (250–300-mal süßer als Saccharose), das aus der im tropischen Südamerika (Paraguay) beheimateten Pflanze *Stevia rebaudiana* (*Asteraceae = Compositae*) gewonnen wird. In den Ursprungsländern hat Steviosid eine lange Tradition. Meist wird der eingedickte oder getrocknete süße Extrakt der Blätter (über 90 % Steviosid) als Süßstoff verwendet. Die Blätter enthalten unterschiedliche Mengen verschiedener Glycoside des Aglycons Steviol (Steviosid, Rebaudioside A–F, Dulcosid A). Die einzelnen Glycoside sind unterschiedlich süß und haben meist einen bitteren Nebengeschmack. Den reinsten und stärksten Süßgeschmack liefert das Rebaudiosid A. Steviosid ist in den Ländern Südamerikas, in China und Japan sowie anderen Ländern Asiens als Süßstoff zugelassen. Das Aglycon Steviol ($LD_{50}$ Mäuse und Ratten: 15 g/kg; Hamster: 6 g/kg) hat eine höhere akute Toxizität als Steviosid, das in einer Konzentration von 15 g/kg von den genannten Tierarten noch vertragen wird. In den USA wird es als „Dietary Supplement" verkauft. Neben seiner Verwendung als Süßstoff findet es in Japan und China auch als Aromaverstärker in Tee Verwendung. Zudem wird es als Süßstoff in Kosmetika (z. B. Zahnpasta) eingesetzt. Steviosid hat in reinem Zustand einen reinen Süßgeschmack, weniger gereinigt einen Lakritze-ähnlichen Nachgeschmack und ist praktisch nicht verdaulich. Es hemmt das Entstehen von Karies und wird in den Ländern, in denen es zugelassen ist, auch als Süßstoff für Diabetiker verwendet.

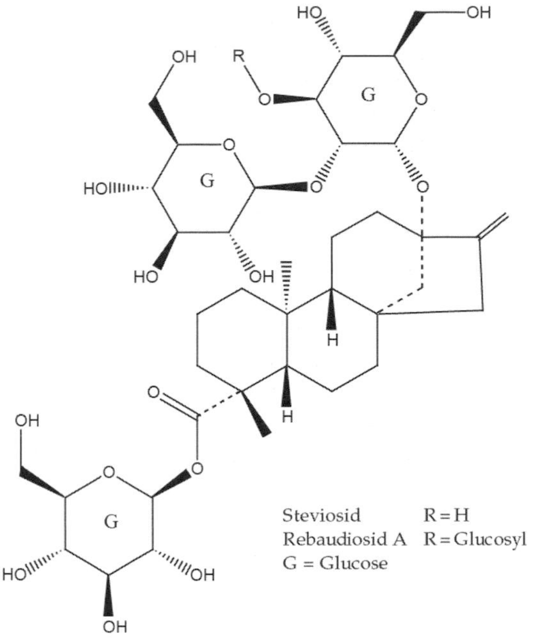

Steviosid     R = H
Rebaudiosid A    R = Glucosyl
G = Glucose

**Abb. 16.12.**    Chemische Struktur von Steviosid und Rebaudiosid A

Steviosid enthält drei Glucoseeinheiten glykosidisch gebunden (Glucose und Sophorose, Abb. 3.9) und ist daher in Wasser ausreichend löslich und auch beim Erhitzen stabil. In Rebaudiosid A ist die Sophorose in Position 3 mit einer weiteren Glucose substituiert.

**Monellin** (engl. monellin) ist ein süß schmeckendes Protein, bestehend aus zwei miteinander nicht kovalent verbundenen Peptidketten (Molekulargewicht insgesamt 11.500) und strukturell ähnlich dem proteinolytischen Enzym Cystatin. Monellin kommt im Fruchtfleisch der westafrikanischen Pflanze *Dioscoreophyllum cumminsii (Menispermaceae)* vor. Der Süßstoff (2000-mal süßer als Saccharose) ist beim Erhitzen nicht stabil, da sich die Peptidketten trennen und damit die Süßwirkung verloren geht. Durch „Genetical Engineering" gelingt es heute, die Peptidketten kovalent zu verbinden und damit den Süßgeschmack zu stabilisieren. (Monellin kann heute bereits in der Hefe *Candida utilis* erzeugt werden.) Der Süßgeschmack setzt verzögert ein und klingt langsam ab. Monellin wird nicht in großem Umfang als Süßstoff verwendet. Andere süß schmeckende Pflanzenproteine sind **Brazzein** aus *Pentadiplandra brazzeana (Pentadiplandraceae)* (tropisches Afrika, 6,4 KD, Monomer, strukturelle Unterschiede zu Monellin und Thaumatin) und **Mabinlin** aus *Capparis masaikai (Capperaceae)* (China, Yunnan, 12,4 kD Heterodimer).

**Glycyrrhizin INS 958** (engl. glycyrrhiza, licorice, liquorice) = Süßholz = Lakritze ist ein Triterpenglykosid (Saponin), das im Holz von *Glycyrrhiza*

*glabra (Faboideae)* vorkommt (Abb. 16.13). *Glycyrrhiza glabra* ist eine Staude, die im Mittelmeergebiet heimisch ist und vor allem auch in Asien kultiviert wird. Glycyrrhizin wird hauptsächlich aus den geschälten Wurzeln oder Stolonen (2–15 % Saponine) gewonnen.

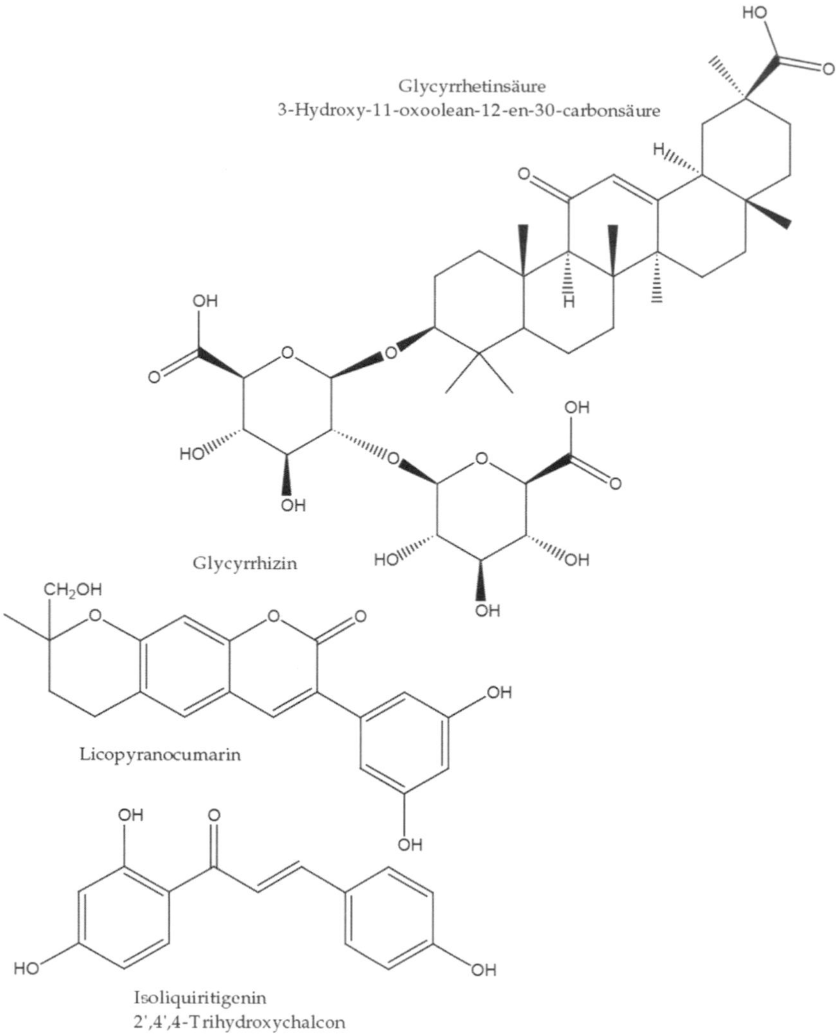

Glycyrrhetinsäure
3-Hydroxy-11-oxoolean-12-en-30-carbonsäure

Glycyrrhizin

Licopyranocumarin

Isoliquiritigenin
2',4',4-Trihydroxychalcon

**Abb. 16.13.** Chemische Struktur von Glycyrrhizin, Licopyranocumarin und Isoliquiritigenin

Glycyrrhizin besteht aus Glycyrrhizinsäure, mit der in Position 3 ein Disaccharid, bestehend aus zwei Glucuronsäureresten ($\beta$(1–2) miteinander verbunden), β-glykosidisch verbunden ist. Nur das Triterpenglykosid hat süßen Geschmack (etwa 50-mal süßer als Saccharose), die Spaltprodukte schmecken nicht mehr süß. Lakritze sind die geschälten oder ungeschälten Wurzeln oder Stolone von *Glycyrrhiza glabra*. Neben dem Glycyrrhizin sind in Lakritze Flavonoide (Liquiritin = Liquiritigenin-4'-β-glucosid, Liquiritigenin = 7,4'-Dihydoxyflavanon, Abb. 8.16), Isoliquiritin, ein vom Liquiritin abgeleitetes Chalcon, 3-Hydroxy-glabrol, ein diprenyliertes Dihydroflavanol, sowie Licopyranocumarin als antioxidativ wirkende Inhaltsstoffe enthalten. Isoliquiritigenin wirkt krebspräventiv und hemmend auf die Biosynthese von Prostaglandin E2 und NO. Lakritze hat als Heilmittel eine lange Tradition, vor allem als Expektorans bei Husten und bei der Behandlung von Magengeschwüren. Es besitzt mineralcorticoide Wirkung und wirkt der Ausscheidung von Natrium und Kalium sowie Wasser entgegen. Aufgrund dieser Eigenschaften wird es manchmal in der Ernährung von Sportlern supplementiert.

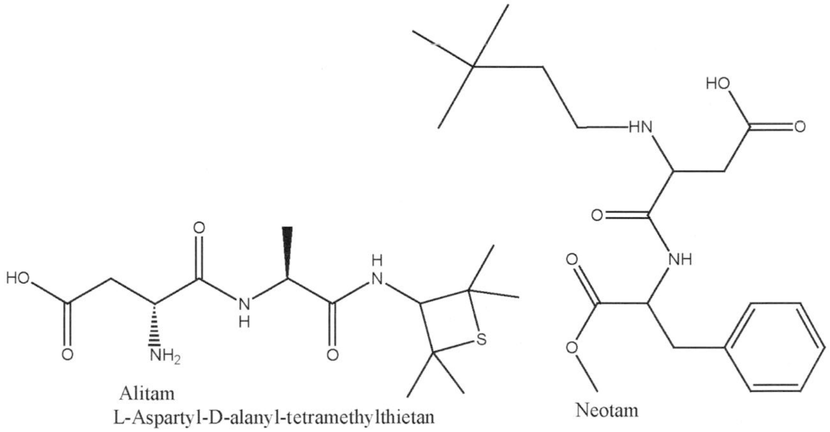

Alitam
L-Aspartyl-D-alanyl-tetramethylthietan

Neotam

**Abb. 16.14.** Chemische Struktur von Alitam und Neotam

**Alitam INS 956** (engl. alitame) = L-Aspartyl-D-alanyl-tetramethylthiethan ist ebenfalls ein synthetischer Süßstoff (2000-mal süßer als Saccharose) basierend auf einer Dipeptidstruktur (Abb. 16.14). Die Substanz ist bei pH 2–4 doppelt so beständig als Aspartam. Gelegentlich kommt es bei Zugabe von Alitam zu alkoholfreien Getränken zu Fehlgeschmack (Off-Flavor). Dies kann in vielen Fällen durch Zugaben von EDTA korrigiert werden. Wahrscheinlich interferieren enthaltene Schwermetallionen mit dem Schwefelatom des Moleküls. Alitam verstärkt die Süßkraft von Saccharin.

Es ist in Australien, Mexiko und China zur Verwendung in Lebensmitteln zugelassen.

**Fructo-Oligosaccharide** (engl. fructooligosaccharides) = FOS = Neosugar® sind süß schmeckende, daher niedermolekulare Fructane (am Fructoseteil der Saccharose sind weitere Fructoseeinheiten β(1–2) oder β(2–6) anpolymerisiert, ähnlich der Isokestose und der Kestose). Da die β-glykosidische Bindung im tierischen Organismus nur sehr unvollständig gespalten werden kann, sind Fructo-Oligosaccharide weitgehend unverdaulich. Allerdings haben sie einen günstigen Einfluss auf die Zusammensetzung der Darmflora. Fructo-Oligosaccharide werden durch Hydrolyse aus Fructanen oder synthetisch aus Saccharose mittels *Aspergillus niger* und anderer Fructosyltransferasen enthaltender Mikroorganismen aus Saccharose gewonnen. Fructo-Oligosaccharide haben nur etwa ein Drittel der Süßkraft von Saccharose. Sie werden vor allem in Japan als Zuckeraustauschstoffe verwendet. Sie sind auch für den Konsum durch Diabetiker geeignet, da sie den Blutglucosespiegel praktisch nicht beeinflussen.

**D-Tagatose** (engl. tagatose) = D-Lyxo-hexulose (Abb. 3.2) ist eine 2-Ketose, ein 4-Diastereomer der Fructose. Sie kommt in der Natur nur gebunden in pflanzlichen Polysacchariden vor *(Sterculia setigera)*. Tagatose schmeckt fast so süß wie Saccharose, wird aber nur sehr unvollständig resorbiert und hat einen glykämischen Index von 3 (Glucose = 100). Aus diesem Umstand ergibt sich ihre Eignung als Zuckeraustauschstoff, der in den USA und anderen Ländern, nicht aber in der EU, zugelassen ist. Tagatose wird analog der Fructose, nur wesentlich langsamer, metabolisiert. Sie wird in Getränken als Süßstoff und als Aromaverstärker eingesetzt, ist auch bei saurem pH-Wert stabil und kann mit anderen Süßstoffen, z. B. Aspartam, kombiniert werden.

Tagatose wird technisch in einem Zweistufen-Prozess aus Lactose hergestellt (1. Spaltung in Glucose und Galaktose, 2. Isomerisierung der Galaktose zu Tagatose, katalysiert durch Calciumionen). Alternativ dazu werden auch enzymatische Verfahren verwendet: z. B. Spaltung durch β-Galaktosidase (Lactase) und Umwandlung der Galaktose in Tagatose. Letzteres kann durch direkte Isomerisierung (katalysiert durch L-Arabinose-Isomerase) oder nach Reduktion der Galaktose durch Aldose-Reduktase zum Galaktit und darauf folgende Oxidation, katalysiert durch Galaktit-Dehydrogenase bzw. Sorbit-Dehydrogenase zur Tagatose erfolgen.

**Perillartin** (engl. perillartin, Abb. 10.28) ist ein synthetischer Süßstoff, der aus Perilla-Aldehyd und Hydroxylamin hergestellt wird. Das gebildete Aldoxim des Perilla-Aldehyds hat vier Stereoisomere (zwei optische und zwei cis-trans-Isomere). Der Süßstoff ist ein 1 : 1-Racemat des trans-(E)-

Aldoxims, schmeckt etwa 2000-mal süßer als Saccharose, hat einen bitteren Beigeschmack und wird vorwiegend in Japan verwendet.

## 16.3 Geschmacksmodifikatoren

Geschmacksmodifikatoren sind Zusatzstoffe, die den Geschmack modifizieren können. Die auf diesem Gebiet bekannten Verbindungen sind Inhaltsstoffe von verschiedenen Pflanzen, chemisch teilweise Proteine (taste modifying proteins, TMP) und teilweise Saponine. Sie sind in den Ländern, in denen die entsprechenden Pflanzen vorkommen, seit langer Zeit zur Verbesserung des Geschmacks von Speisen in Gebrauch. Manche können sauren Geschmack in süßen umwandeln, andere bitteren unterdrücken und wieder andere den Süßgeschmack ausschalten. In neuerer Zeit sind solche Stoffe verstärkt in das Blickfeld der Praxis der westlichen Zivilisation gerückt. Letzten Endes gehören auch die schon beschriebenen Süßproteine Thaumatin und Monellin in diese Gruppe. Obwohl diese Proteine in biochemisch eindeutiger Weise mit den Geschmacksrezeptoren in Wechselwirkung treten, sind sie doch in ihrer Aminosäuresequenz sehr verschieden. Eine Gemeinsamkeit ist ihr isoelektrischer Punkt, der bei den bisher bekannten Proteinen im alkalischen Bereich liegt. Ziel diverser Studien ist es, die Gewinnung und Stabilität solcher Proteine mit Hilfe von „genetical engineering" zu verbessern.

**Miraculin** (engl. miraculin) ist ein homotetrameres Protein (22,4 KD), das den sauren in einen süßen Geschmackseindruck umwandeln kann. Miraculin kann entweder sauren Lebensmitteln, wie z. B. Zitronensaft, zugegeben werden, der dann wie gesüßter Saft schmeckt, oder man kann auch den Mund mit Miraculin-Lösung spülen, bevor man das saure Lebensmittel konsumiert. Der Effekt ist etwa derselbe. Miraculin wird aus den unbeschädigten, reifen Früchten von *Synsepalum dulcificum = Richadella dulcifica (Sapotaceae)*, einem westafrikanischen Strauch, gewonnen. Ein Protein, strukturell und in seinen physiologischen Wirkungen ähnlich dem Miraculin, wurde kürzlich aus von Nematoden befallenen Tomatenwurzeln isoliert.

Ähnliche Wirkung hat auch **Curculin**, ein homodimeres Protein (27,8 kD), das aus den Früchten von *Curculigo latifolia (Hypoxidaceae)*, vorkommend in Malaysia, isoliert werden kann.

**Gymnemin**® (engl. gymnemic acid, gurmar) = Gymnemasäure = Gymnemagenin = Gurmar ist enthalten in den Blättern von *Gymnema silvestre (Asclepiadaceae)*, einer Pflanze, die in Indien und in Afrika vorkommt. Gymnemin ist ein Gemisch von Saponinglykosiden, die die physiologische Eigenschaft einer temporären Auslöschung des Süßgeschmacks und die Verringerung der Resorptionsrate von Glucose und anderen Kohlenhydraten im Darm haben. Diese Wirkung der Blätter ist schon seit Jahrhunderten bekannt. Bisher wurden sechs strukturell ähnliche Saponinglykoside mit dieser Eigenschaft aus den Blättern isoliert und deren chemische Strukturen aufgeklärt (Gymnemasäuren I–VI).

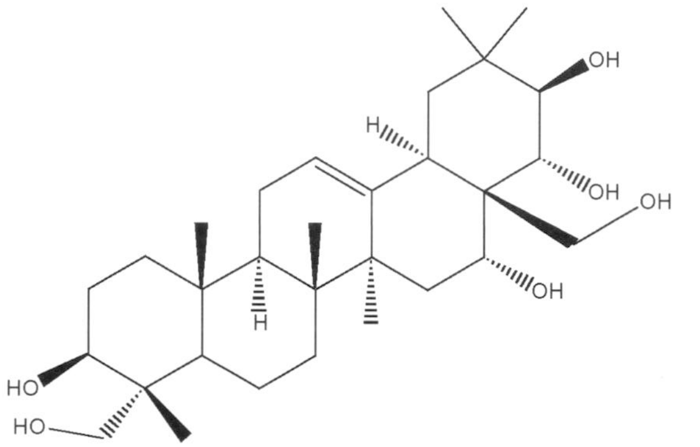

Gymnemagenin
12-Oleanen-3,16,21,22,23,28-hexol

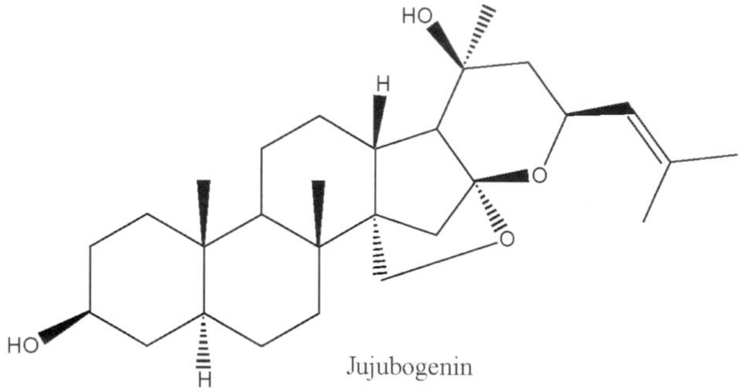

Jujubogenin

**Abb. 16.15.**    Chemische Struktur von Gymnemagenin und Jujubogenin

Interessant ist, dass das diesen Substanzen gemeinsame Aglykon Gymnemagenin vier benachbarte Hydroxylgruppen im Saponingerüst enthält (Ringe D, E) (Abb. 16.15). Die Gymnemasäuren sind für die Verringerung der Glucoseresorption verantwortlich. Ein anderes Saponinglykosid aus *Gymnema* sp. – Gymneestrogenin – hat estrogene Aktivität. Auch γ-Aminobuttersäure ist in den Blättern enthalten. Für die Auslöschung des Süßgeschmacks ist Gurmarin, ein ebenfalls in den Blättern enthaltenes Peptid, verantwortlich. Gurmarin besteht aus 35 Aminosäuren, enthält drei Disulfidbrücken und einen hydrophoben Cluster, von dem man annimmt, dass er an den Süßrezeptor bindet und den Süßgeschmack auslöscht. Extrakte aus *Gymnema silvestre* werden in manchen Ländern für die Behandlung von Diabetes I und II verwendet, um die Begierde nach Süßem zu unterdrücken. Nebenwirkungen sind eine verstärkte Glykosylierung von Proteinen, Beeinträchtigung der gesamten Geschmacksempfindung, verstärkte Hypoglykämie, und außerdem ist die Sicherheit für schwangere Frauen und stillende Mütter nicht erwiesen. Präparate, die zur Gewichtsreduktion eingesetzt werden, sind anders dosiert und sollten bei Diabetes nicht verwendet werden. Gymnemin ist in Japan als Zusatzstoff zugelassen und wird vorwiegend in Diäten zur Gewichtsreduktion angewendet.

**Ziziphin** (engl. ziziphin) ist eine Substanz, die sehr spezifisch den Süßgeschmack unterdrücken kann, und wird aus den Blättern von *Ziziphus jujuba (Rhamnaceae)*, auch als „Chinesische Dattel" bezeichnet, isoliert. Der Baum kommt im tropischen Asien und Afrika vor. Chemisch ist der Unterdrücker des Süßgeschmacks wieder ein Saponinglykosid: 3-O-(4-O-α-L-Rhamnopyranosyl-α-L-arabinosyl)-20-O-(2,3-di-O-acetyl)-α-L-rhamnopyranosyl-jujubogenin (Abb. 16.15).

## 16.4 Geschmacksverstärker

Geschmacksverstärker (engl. flavour enhancer, appetizer) sind Substanzen, die mehr oder minder spezifisch die verschiedenen Geschmacksnoten verstärken können. Sie selbst haben dabei meist keinen oder nur einen geringen Eigengeschmack. Solche Verbindungen werden heute in großem Umfang vor allem bei der Zubereitung von Speisen und Fertiggerichten verwendet.

Manche, wie z. B. Maltol, entstehen im Laufe des Erhitzens von Kohlenhydraten durch Karamelisierung, andere sind Inhaltsstoffe in der Natur vorkommender Organismen, wie z. B. Natriumglutamat, das in der Alge *Laminaria japonica* zusammen mit 5'-Nucleotiden vorkommt. Diese Alge wurde in Japan schon sehr lange Zeit zum Würzen von Speisen verwendet („Umami"). Ribonucleotide, wie Inosinmonophosphat, sind in geringen Mengen vor allem in Fleisch und Fisch immer enthalten. Geschmacksverstärker, als reine Chemikalien zu Lebensmitteln zugesetzt, können in zu hohen Konzentrationen unerwünschte Nebenwirkungen verursachen (Kopf-, Glieder- und Magenschmerzen treten bei sensiblen Personen häufig auf).

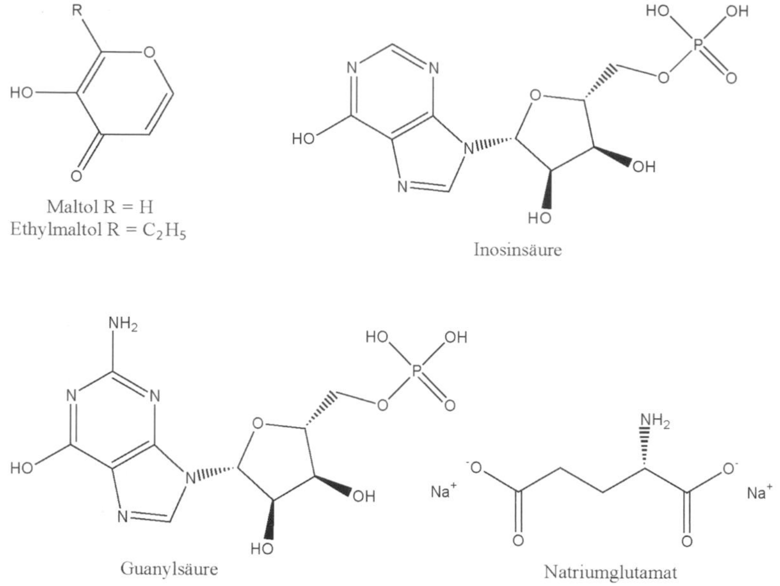

Maltol R = H
Ethylmaltol R = $C_2H_5$

Inosinsäure

Guanylsäure

Natriumglutamat

**Abb. 16.16.**  Chemische Struktur ausgewählter Geschmacksverstärker

## 16.4.1 In der EU als Geschmacksverstärker zugelassene Substanzen

**Kochsalz** (engl. sodium chloride) = Natriumchlorid wirkt neben seiner Haupteigenschaft, Träger des salzigen Geschmacks zu sein, auch als Verstärker von Aromen und Geschmack. Kochsalz ist in allen tierischen Lebensmitteln in höheren Konzentrationen enthalten. In Pflanzen kommt es in geringerer Menge vor, da in Pflanzen Kaliumsalze die wichtigsten Elektrolyte zur Aufrechterhaltung des osmotischen Drucks sind. Außer Süßwaren, Obstprodukten und Getränken wird Kochsalz den meisten Lebensmitteln zugesetzt. Es gilt nicht als Zusatzstoff.

**Glutaminsäure E 620, Mononatriumglutamat E 621, Monokaliumglutamat E 622, Calciumdiglutamat E 623, Monoammoniumglutamat E 624, Magnesiumdiglutamat E 625** (engl. glutamic acid) verstärken den Geschmack salziger Speisen (Abb. 16.16). Insbesondere das Aroma und der Geschmack von Fleischspeisen werden durch Glutaminsäure sowie ihre Salze intensiviert. Dieser Effekt dürfte mit der neurologischen Wirkung der Glutaminsäure über das Gleichgewicht mit γ-Aminobuttersäure, dem Produkt ihrer Decarboxylierung, in Beziehung stehen. Mononatriumglutamat wird in einer Konzentration von 0,1–0,5 % angewendet. Größere Mengen an freier Glutaminsäure (etwa 1,2 %) kommen natürlicherweise auch in Sojasauce vor, die vor allem in der asiatischen Küche zum Würzen verschiedener Speisen verwendet wird. Höhere Konzentrationen an Glutamat verursachen bei sensiblen Menschen das so genannte Chinarestaurant-Syndrom (Kopf-, Glieder- und Magenschmerzen, Taubheitsgefühl im Nacken), das reversibel ist und meist innerhalb von wenigen Stunden wieder abklingt.

**Inosinsäure E 630, Dinatriuminosinat E 631, Dikaliuminosinat E 632, Calciuminosinat E 633** (engl. inosinic acid and inosinates) kommen natürlich in tierischen Lebensmitteln in geringer, in Mikroorganismen (vor allem Hefen) in höherer Konzentration vor (Abb. 16.16). Inosinsäure ist ein Metabolit beim Abbau von ATP. ATP wird bei der Muskelbewegung vorerst reversibel zu ADP abgebaut. Wird aber eine bestimmte Grenzkonzentration an ADP unterschritten, erfolgt ein irreversibler Abbau, der über AMP und Inosinsäure zum Endprodukt des Purinstoffwechsels der Harnsäure führt. Bei dafür empfindlichen Personen kann dadurch die Gefahr des Auftretens von Gicht erhöht werden. Inosinsäure sowie andere 5'-Nucleotide, wie die in diesem Abschnitt angeführten, verstärken wesentlich den Geschmack (etwa 10-fach, verglichen mit Mononatriumglutamat) und werden in Konzentrationen von 0,01–0,05 % verwendet. Glutamat und 5'-Nucleotide wirken synergistisch.

**Guanylsäure E 626, Dinatriumguanylat E 627, Dikaliumguanylat E 628, Calciumguanylat E 629** (engl. guanylic acids) werden analog zur Inosinsäure verwendet.

Dasselbe gilt für die in der Europäischen Union zugelassenen **5'-Ribonucleotide E 634, E 635**, vorwiegend ein Gemisch von Inosin-, Guanyl- und Adenosinsäure, sowie deren Dinatrium-, Kalium- und Calciumsalze, vermischt mit Pyrimidinnucleotiden. Hergestellt wird der Zusatzstoff durch Hydrolyse von Ribonucleinsäuren. Die Nucleotide sind allgemein gut wasserlöslich und thermisch bis etwa 100 °C stabil.

### 16.4.2 In der EU nicht zugelassene, aber im INS-Nummern-Verzeichnis (International Numbering System) vertretene Geschmacksverstärker

**Maltol INS 636** (engl. maltol) = 3-Hydroxy-2-methyl-pyran-4-on ist ein von Zuckern abgeleiteter Geschmacksverstärker (Abb. 16.16). Maltol wird beim Erhitzen von Zuckern gebildet (Geschmacksstoff im Brot, gemeinsam mit Isomaltol, 3-Hydroxy-2-acetylfuran, in Karamel und im gerösteten Malz). Natürlich kommt Maltol in der Rinde von jungen Lärchen, Föhrennadeln und in Zichorie vor. Wegen der Etherbrücke im Ring hat Maltol prooxidative Eigenschaften und wirkt in höherer Konzentration toxisch (ADI: 1 mg/kg). Es kann zu Veränderungen im Blutbild und zur

Störung von Nervenfunktionen kommen. In einigen Stämmen von Salmonellen wirkt es mutagen. Maltol steigert in Konzentrationen bis 10 mg/kg vor allem den Süßgeschmack zuckerreicher Lebensmittel (z. B. in Marmeladen, Süßwaren, Speiseeis und Milchprodukten). Weiters kann Maltol auch den Bittergeschmack unterdrücken. In der Parfümerie wird Maltol anstelle von Cumarin als Aromastoff verwendet.

**Ethylmaltol INS 637** (engl. ethyl maltol) = 3-Hydroxy-2-ethyl-pyran-4-on ist ein synthetisch hergestellter Geschmacksverstärker, der in der Natur nicht vorkommt. Es hat durch seinen stärker hydrophoben Charakter eine durchschnittlich etwa 5-mal stärkere Aktivität als Geschmacksverstärker wie Maltol. Die toxikologischen Eigenschaften sind ähnlich wie bei Maltol (ADI: 2 mg/kg, $LD_{50}$ 780 mg/kg).

### 16.4.3 Bitterstoffe

Bitterstoffe verursachen bei Kontakt mit den entsprechenden Geschmackspapillen teils erwünscht, teils unerwünscht den Geschmackseindruck „bitter". Wie schon erwähnt, unterscheiden sich Bitterstoffe in ihrer chemischen Struktur von den Süßstoffen durch ein Mehr an hydrophoben Gruppen oder ein Weniger an polaren Gruppen im Molekül. Um überhaupt geschmacksbeeinflussend zu wirken, muss die Verbindung aber zumindest eine polare Gruppe enthalten. Beispiele für ein solches Wechselspiel polarer und unpolarer Gruppen im Molekül und deren Auswirkung auf Aroma und Geschmack sind in der Natur zahlreich vorhanden, auch bisher nicht geklärte Ausnahmen von diesem Schema kommen vor. Am deutlichsten werden die erwähnten Zusammenhänge bei Kohlenhydraten und Aminosäuren. Zucker schmecken generell süß, werden aber alle freien Hydroxylgruppen acetyliert, so schmecken die gebildeten Pentaacetate von α- und β-D-Glucose und D-Mannose bitter. Auch bei den Aminosäuren schmecken hydrophile süß, wie z. B. Glycin (griech. glycos = süß), während hydrophobe, wie Leucin, Isoleucin und Valin, einen bitteren Geschmack aufweisen. Bei Peptiden besteht ein ähnlicher Zusammenhang zwischen Geschmack und Primärstruktur, allerdings wird die Gesamtaktivität des Moleküls von der sich im konkreten Fall ergebenden räumlichen Struktur überlagert (z. B. Aspartam, Neotam). Verschiedene Bitterstoffe werden in Form reiner chemischer Verbindungen, meist aber in Form von Pflanzen oder Pflanzenextrakten, deren Inhaltsstoffe sie sind, Lebensmitteln zugesetzt, meist Limonaden und alkoholischen Getränken, wie Bier, Likör und Wermutwein. Der Bittergeschmack kann durch chemische Substanzen, wie Phospholipide oder Maltol, in vielen Fällen aufgehoben werden. Ähnlich wie bei den Zuckern gibt es auch bei den Bitterstoffen eine Skala, auf der die Unterschiede im Grad der Bitterkeit verglichen werden, bezogen auf Chinin (Abb. 16.19) als Standard (= 100). Coffein hätte dann z. B. den Wert 8, Theobromin den Wert 5.

Der am bittersten schmeckende Pflanzeninhaltsstoff ist Amarogentin, ein Iridoid-Bitterstoff, isoliert aus *Swertia chirata (Gentianaceae)*. Die Substanz schmeckt noch in einer Verdünnung von 1 : 60.000.000 bitter. Ein Abbauprodukt, Gentiopikrin, ist der wichtigste Bitterstoff des gelben Enzians *Gentiana lutea (Gentianaceae)* (Abb. 16.17).

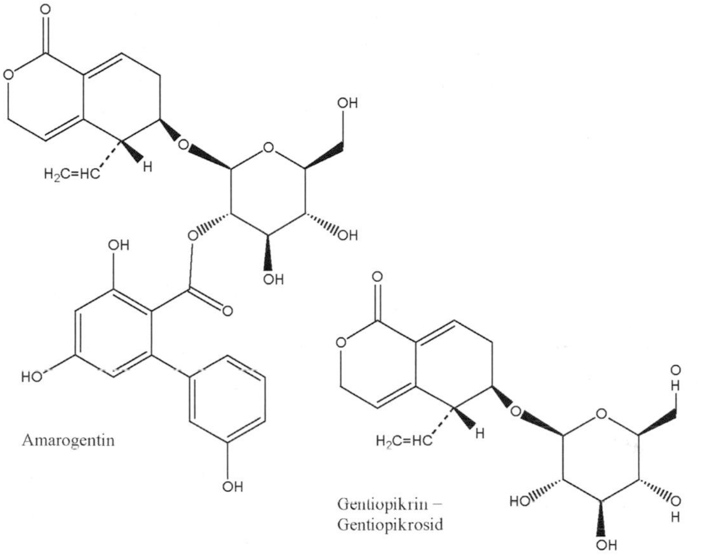

**Abb. 16.17.** Chemische Struktur von Amarogentin und Gentiopikrin

Absinthin ist vor allem für den bitteren Geschmack des Wermuts *(Artemisia absinthium)* verantwortlich (Abb. 16.18).

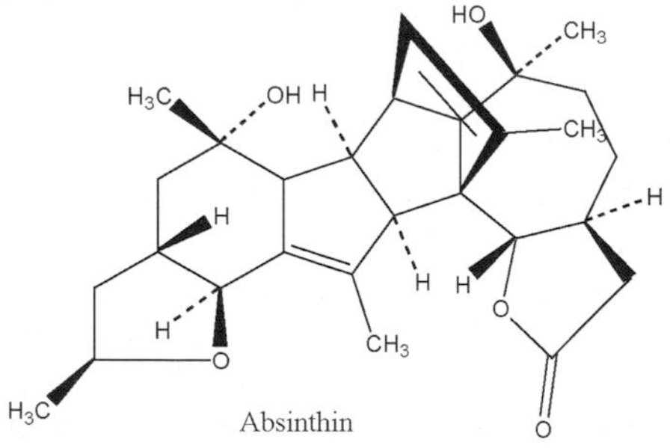

**Abb. 16.18.** Chemische Struktur von Absinthin

Bitterstoffe sind häufig in pharmazeutisch wichtigen Pflanzen enthalten („Bittere Medizin"), z. B. Saponine, Terpene, Alkaloide, Flavonoidylglykoside. Die meisten Bitterstoffe sind im Zusammenhang mit den Pflanzen besprochen worden, in denen sie vorkommen. Bitterstoffe regen in vielen Fällen den Appetit an. Nachstehend einige wichtige Beispiele von Bitterstoffen.

**Chinin** (engl. quinine) = 6'-Methoxycinchonan-9-ol (Abb. 16.19) ist das wichtigste Alkaloid der Chinarinde. Es ist zu etwa 8 % in der Rinde des Chinarindenbaumes *Cinchona officinalis (Rubiaceae)* enthalten.

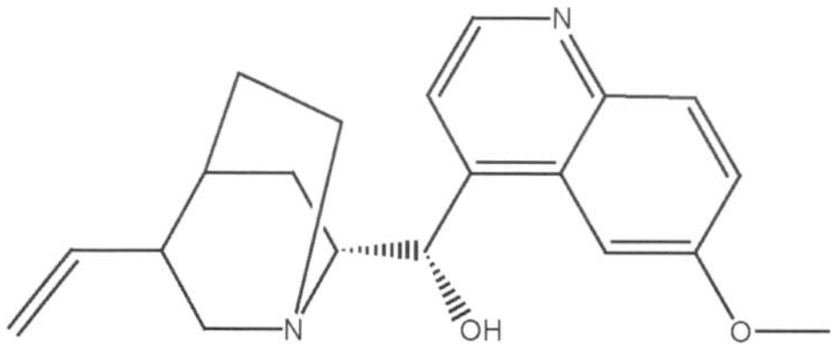

**Abb. 16.19.**   Chemische Struktur von Chinin

Chinin wird als Citrat, Sulfat oder Chlorid speziellen Limonaden (Tonicwater) als Bitterstoff zugegeben. Der Zusatz ist mit höchstens 85 mg/l begrenzt. In der Medizin findet es als fiebersenkendes Mittel, vor allem aber als Mittel gegen Malaria, Anwendung.

**Coffein** (engl. caffeine) = 1,3,7-Trimethyl-2,6-dioxopurin = 1,3,7-Trimethylxanthin: Das Purinalkaloid ist Inhaltsstoff vieler, vorwiegend in tropischen Ländern heimischer Pflanzen unterschiedlicher, nicht miteinander verwandter Familien. Die höchste Konzentration an Coffein (bis 6 %) enthalten Samen von *Paullinia*-Arten (z. B. *Paullinia cupana, Guarana*). Coffein und coffeinhaltige Pflanzen werden auch als Bestandteil von Erfrischungsgetränken verwendet. Biochemisch hemmt Coffein die Phosphodiesterase, aktiviert dadurch die Adenylatcyclase und erhöht damit die Zellkonzentration an cAMP. Die makroskopisch beobachtbaren physiologischen Wirkungen des Coffeins als zentrales Stimulans sind Konsequenzen dieses Vorganges. Coffein wirkt vor allem auf das Zentralnervensystem, während Theophyllin und Theobromin stärker die peripheren Organe stimulieren.

**Hopfenbitterstoffe** (siehe Bier, Abschnitt 12.5.1).

**Quassinbitterstoff** (engl. quassin) ist im Holz von *Quassia amara (Simaroubaceae)*, heimisch in Surinam, oder in *Picrasma excelsa (Simaroubaceae)*, heimisch in Jamaika, bis zu einer Konzentration von etwa 0,2 % enthalten (Abb. 16.20). Die Bitterstoffe (Quassinoide) sind vorwiegend Terpene, Hauptkomponente ist Quassin.

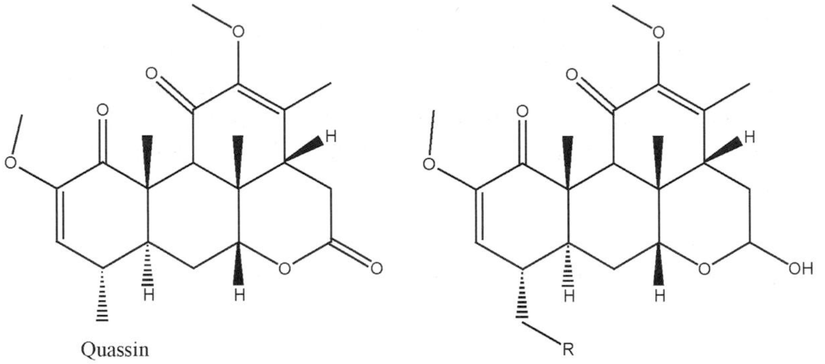

Quassin

Neoquassin R = H
18-Hydroxyquassin R = OH

**Abb. 16.20.**    Chemische Struktur von Quassin und Neoquassin

Daneben kommen Neoquassin und 8-Hydroxyquassin vor. Auch β-Carbolin-Alkaloide sind im Bitterholz enthalten. Quassin schmeckt noch in einer Verdünnung von 1 : 17.000.000 bitter, wirkt appetitanregend und fördert die Verdauung. Es wird in bitteren alkoholischen Getränken und in Süßwaren verwendet. In der biologischen Landwirtschaft wird es bisweilen als Insektizid angewandt.

**Santonin** (engl. santonin) ist ein aus den noch nicht geöffneten Blüten von *Artemisia maritima (Asteraceae)* gewonnenes Sesquiterpen mit bitterem Geschmack (Abb. 16.21).

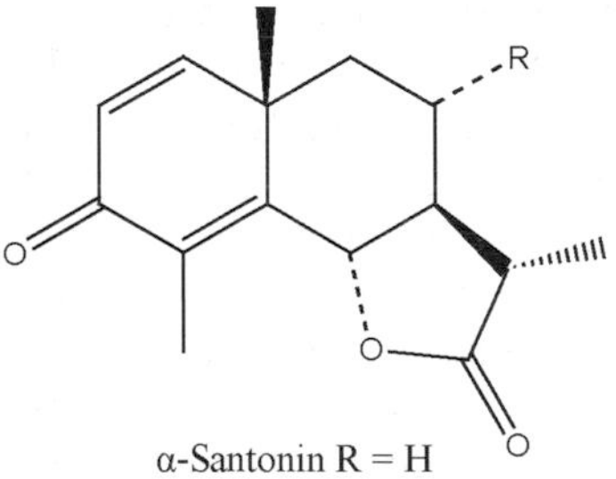

α-Santonin R = H
Artemisin R = OH

**Abb. 16.21.**    Grundstruktur von Santonin und Artemisin

Die Pflanze ist in Turkestan und dem südlichen Ural heimisch. Die Substanz geht im UV-Licht in terpenoide Abbauprodukte über. Santonin wirkt in höherer Konzentration toxisch, wird aber in einer Konzentration von 0,1 mg/l als Bitterstoff in alkoholischen Getränken verwendet. Medizinisch wurde es früher als Wurmmittel eingesetzt.

**Naringin** und ähnliche Bitterflavonoide sowie **Limonoide** wurden bereits bei den Zitrusfrüchten in Abschnitt 12.3.6 besprochen.

## 16.5 Verdickungsmittel und Emulgatoren

### 16.5.1 Verdickungsmittel

Verdickungsmittel haben die Fähigkeit, im wässrigen Milieu große Mengen an Wasser in ihre Struktur aufzunehmen. Die gequollenen molekularen Strukturen enthalten dann meist über 95 % Wasser. Durch die Bindung der Wassermoleküle in großen supramolekularen Strukturen sinkt deren freie Beweglichkeit, und die Viskosität der Lösung nimmt zu. In vielen Fällen bilden sich steife Gele. Die Bindung zwischen Wasser und den verdickenden Agenzien erfolgt über Wasserstoffbrücken. Auch hydrophob-hydrophobe Wechselwirkungen zwischen den Molekülketten sind für die eindickende Wirkung wichtig. Ionische Bindungen zwischen Carboxylgruppen und ein- oder zweiwertigen Kationen sind einerseits für die pH-Abhängigkeit der Gelbildung verantwortlich, andererseits bilden die zweiwertigen Ionen Salzbrücken zwischen Carboxylgruppen, durch die einzelne Ketten miteinander elektrostatisch verbunden werden. Substanzen, die in geringer Konzentration die Viskosität und damit die Konsistenz einer Lösung erhöhen können, müssen grundsätzlich imstande sein, Wasserstoffbrückenbindungen mit Wasser einzugehen. Viele, vor allem pflanzliche, Polysaccharide erfüllen die strukturellen Voraussetzungen, die für die Bindung von großen Mengen Wasser in einer supramolekularen Struktur notwendig sind. Von großer Bedeutung ist dabei das durchschnittliche Molekulargewicht des Polymeren. Kommen Carboxylgruppen im Polysaccharid vor, wird die Gelbildung stark pH-abhängig. Neben den Kohlenhydraten gibt es auch Proteine, die für die Gelbildung notwendige strukturelle Eigenschaften aufweisen (z. B. Gelatine). Verdickungsmittel, in trockenem Zustand pulverförmig, vergrößern in kaltem oder warmem Wasser ihr Volumen stark. Sie sind meist vom tierischen Organismus in größerem Umfang metabolisch nicht verwertbar. Technologisch wirken sie viskositätserhöhend, als Bindemittel zwischen verschiedenen Komponenten, als Stabilisator von Emulsionen und Suspensionen, als „Modifier" und Inhibitor von Kristallisationen und als Hilfsmittel zur Bildung von Gelen. Verdickungsmittel werden vielen Lebensmitteln zugesetzt. Beispiele sind Soßen und Cremen, Süßwaren, Obst- und Milchprodukte, Fertiggerichte und Tiefkühlwaren.

**Pektin E 440** (engl. pectin) ist in Pflanzen ubiquitär verbreitet. Durch seine Fähigkeit, Wasser zu binden, verhindert es das schnelle Austrocknen von Pflanzenteilen und ist zusammen mit Cellulose zur Formhaltung wasserreicher Früchte sehr wichtig. Pektin wird durch Extraktion mit heißem Wasser vorwiegend aus Zitrusfrüchten (Schalen), bisweilen auch aus unreifen Äpfeln (oder Apfeltrester), und anschließender Fällung mit Alkohol hergestellt.

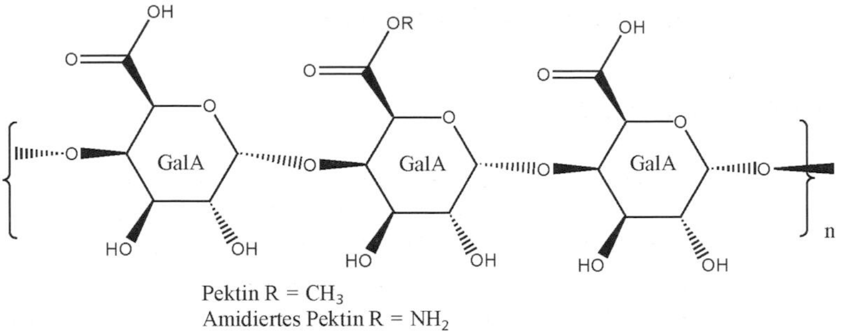

Pektin R = CH$_3$
Amidiertes Pektin R = NH$_2$

**Abb. 16.22.** Chemische Struktureinheit von Pektin

Chemisch besteht Pektin zum größten Teil aus α-D-(1–4)-Galakturonan, in dem die Carboxylgruppen teilweise mit Methanol verestert sind (Abb. 16.22). In Teilen des Polysaccharids ist L-Rhamnose in höherer Konzentration vorhanden. Begleitet wird das Galakturonan in geringer Menge von zwei weiteren Polysacchariden, einem Galaktan und einem aus α-(1–5)-L-Arabinofuranoseeinheiten aufgebauten Araban. Pektine mit einem Veresterungsgrad von weniger als 50 % werden als „Low-Methoxyl"-(LM)-Pektine, solche, bei denen der Veresterungsgrad über 50 % liegt, werden als „High-Methoxyl"-(HM)-Pektine bezeichnet. HM-Pektine benötigen zur Gelbildung mehr Zucker (über 55 % lösliche Feststoffe), gelieren aber rascher als LM-Pektine. Der Grad der Methylierung kann durch Verseifung unter milden Bedingungen variiert werden. Neben der Art des Pektins wird die Gelbildung auch durch folgende Faktoren beeinflusst: Temperatur, Zuckergehalt, pH-Wert, Calcium-Gehalt.

LM-Pektine benötigen zur Gelbildung einen Zusatz von Calciumionen, da die Ausbildung von Salzbrücken in diesem Fall ganz entscheidend ist. Pektine mit einem hohen Veresterungsgrad bilden Gele bei höheren Temperaturen als LM-Pektine. Bei einem pH-Wert von 3 ist Pektin am stabilsten. Sowohl bei sehr saurem pH-Wert als auch im alkalischen Bereich kommt es zum teilweisen Abbau des Polysaccharids. Die Menge des für die Gelierung notwendigen Pektinzusatzes liegt meist um 0,4–0,5 %.

Amidiertes Pektin (engl. amidated pectin) wird aus HM-Pektin durch Behandlung mit wasserfreiem Ammoniak erhalten. Es kommt zu einer teilweisen Verseifung der Methylester, wobei Methanol und die entsprechenden Säureamide entstehen.

HM-Pektin wird vorwiegend zur Herstellung von Süßwaren, Konfitüren, Gelees und Marmeladen, aber auch zur Stabilisierung von Sauermilch verwendet (verhindert die Aggregation der Casein-Moleküle). LM-Pektine werden zur Stabilisierung von Früchten, Joghurt, Fruchtsäften und -konzentraten verwendet. Amidiertes Pektin wird in ähnlicher Weise verwendet. Pharmazeutische Anwendungen von Pektinen betreffen in erster Linie die Behandlung von Durchfällen und die Stabilisierung von Arzneimittelzubereitungen. Außerdem hat Pektin auch cholesterinspiegelsenkende Wirkung. Technische Anwendungen betreffen Weichmacher, essbare Filme und Papier-Substitute.

**Alginsäure E 400, Natriumalginat E 401, Kaliumalginat E 402, Ammoniumalginat E 403, Calciumalginat E 404, Propylenglykolalginat E 405** (engl. alginic acid, alginates) werden aus Braunalgen *(Phaeophyceae)* gewonnen. Speziell dienen *Macrocystis pyrifera, Laminaria sp., Ascophyllum nodosum* und andere als Ausgangsmaterial. Zusätzlich kommen Alginate auch in der Zellwand von Bakterien, z. B. *Pseudomonas aeruginosa,* vor. Bakterielle Alginate sind teilweise acetyliert. Die Polysaccharide werden mit verdünnter Natronlauge extrahiert und dann durch Alkohol als Alginat oder durch Säuren als Alginsäure gefällt und getrocknet. Ähnlich wie Pektin sind die Monomere der Alginsäure Uronsäuren: $\beta$-D-Mannuronsäure und ihr $C_5$-Epimer $\alpha$-L-Guluronsäure.

Je nach Herkunft können Alginate ein Gemisch von zwei Homopolysacchariden sein, eines bestehend aus $\beta(1\text{–}4)$-verknüpften D-Mannuronsäuren, das andere aus $\alpha(1\text{–}4)$-verbundenen L-Guluronsäuren, oder beide Monomere sind Bestandteile eines Polysaccharids. Allerdings variiert das Verhältnis D-Mannuronsäure zu L-Guluronsäure in einem weiten Bereich (Abb. 16.23). Der Zusatz von Calciumionen verändert die Eigenschaften von Alginsäure-Gelen. Alginate bilden schwer lösliche Verbindungen mit Schwermetallionen, sodass schon vorgeschlagen wurde, sie zur Anreicherung von Kupfer zu verwenden. Sie sind problemlos in kaltem Wasser löslich und gelieren auch kalt. Sie inhibieren das Wachstum von Eiskristallen, was u. a. wichtig bei der Herstellung von Speiseeis und bei tief gefrorenen Lebensmitteln ist. Alginate werden in einer Konzentration von bis zu 0,5 % eingesetzt.

Alginate haben in Lebensmitteln ein breites Anwendungsspektrum. Neben Speiseeis und tiefgefrorenen Brotteigen werden Alginate in Backwaren, Süßwaren, Schokolade, Getränken, Milchprodukten, Dressings, Puddings usw. verwendet. Im technischen Bereich finden sie Anwendung bei der Herstellung von Papier. Medizinisch werden Alginate zur Unterstützung der Wundheilung eingesetzt.

Weiter modifiziert werden die Alginate durch partielle Veresterung der Carboxylgruppen, z. B. mit Propylenglykol zu Propan-1,2-diolalginat. Der Ester wird durch Reaktion von Alginsäure mit Propylenoxid hergestellt. Durch die Veresterung entstehen weichere Gele. Eine wichtige Anwendung von Propan-1,2-diolalginat ist die Stabilisierung des Schaums von Bieren.

**Carrageen E 407** (engl. carrageenan) ist ein Sammelbegriff für strukturell verschiedene Polysaccharide, die in verschiedenen Rotalgen *(Rhodophyceae)* vorkommen. Die je nach Rotalgenart strukturell verschiedenen linearen Polysaccharide bestehen vorwiegend aus D-Galaktose und D-3,6-Anhydrogalaktoseg-Monomeren (Abb. 16.24). Bis 25.000 Monomere sind alternierend durch $\alpha(1\text{–}3)$- und $\beta(1\text{–}4)$-Bindungen miteinander verbunden.

Viele Zuckereinheiten sind mit Schwefelsäure verestert (3,6-Anhydro-galaktose in Position 2, Galaktose in Position 4).

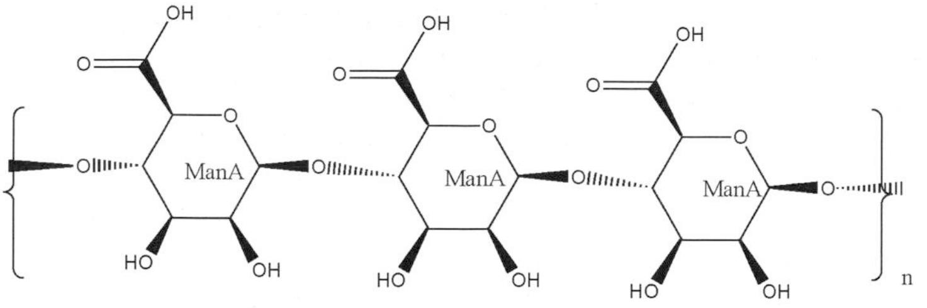

D-β(1–4)-Mannuronan
Bestandteil der Alginate

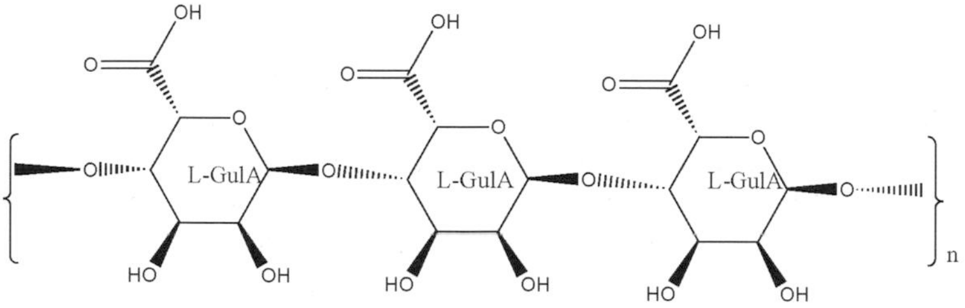

L-α(1–4)-Guluronan
Bestandteil der Alginate

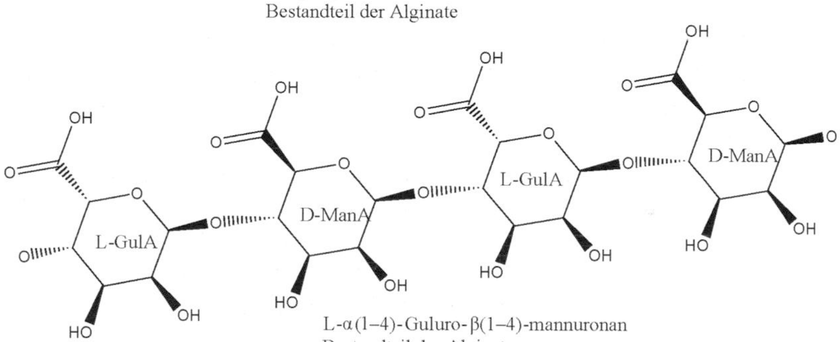

L-α(1–4)-Guluro-β(1–4)-mannuronan
Bestandteil der Alginate

**Abb. 16.23.** Chemische Struktureinheit von Alginaten

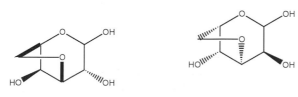

3,6-Anhydro-D-galaktopyranose        3,6-Anhydro-L-galaktopyranose

**Abb. 16.24.** Chemische Struktur von Carrageenbausteinen

Die 3,6-Anhydrogalaktose bildet sich erst bei der alkalischen Aufarbeitung der Algen durch Eliminierung von Schwefelsäure aus im nativen Polysaccharid vorkommenden Galaktose-6-Sulfaten. Die einzelnen exemplarischen Strukturen der Polysaccharide sind mit griechischen Buchstaben bezeichnet (ι-, κ-, λ-, μ-Carrageen, Abb. 16.25). Sie unterscheiden sich durch die Anzahl der Ladungen pro Disaccharideinheit und durch die Häufigkeit der 3,6-Anhydrogalaktose im Polysaccharid.

ι-Carrageen besteht vorwiegend aus der Struktureinheit (1–3-)-β-D-Galaktopyranose-4-sulfat-(1–4-)-α-D-3,6-anhydrogalaktopyranose-2-sulfat. Es wird aus der in den Philippinen vorkommenden Rotalge *Eucheuma denticulatum = Eucheuma spinosum* durch Extraktion mit Alkalien gewonnen. Die durchschnittliche Ladung pro Disaccharid ist 1,49 (theoretisch 2,0), und der Gehalt an 3,6-Anhydrogalaktose ist 0,59 (theoretisch 1,0). Das Molekül liegt als rechtsläufige Doppelhelix vor. Es bildet mit Wasser in Gegenwart von Calciumionen klare, elastische Gele.

κ-Carrageen weist mit Ausnahme des 4-Sulfats in der Galaktopyranose dieselbe durchschnittliche Disaccharideinheit wie ι-Carrageen auf. Der Unterschied liegt in der Ladungsverteilung 1,03 (theoretisch 1,0) und im Gehalt an 3,6-Anhydrogalaktose 0,82 (theoretisch 1,0). κ-Carrageen wird aus *Eucheuma cottonii = Kappaphycus alvarezii*, einer tropischen Rotalge, durch alkalische Extraktion erhalten. Die Vorläufersubstanz ist wahrscheinlich μ-Carrageen. κ-Carrageen ist in Gegenwart von Kaliumionen in Wasser unlöslich. Es formt in Wasser harte, spröde Gele.

λ-Carrageen- hat als Struktureinheit 1,3-β-D-Galaktopyranose-4-sulfat-(1–4)-α-D-galaktopyranose-2,6-disulfat. Während der alkalischen Extraktion wird die Sulfatgruppe in Position 6 nur in sehr geringem Umfang eliminiert, sodass λ-Carrageen nur einen geringen Gehalt an 3,6-Anhydrogalaktose aufweist (0,16, theoretisch 0,0). Die Ladungsverteilung pro Disaccharideinheit ist 2,1 (theoretisch 3,0). Gewonnen wird λ-Carrageen aus der Rotalge *Gigartina pistillata = Chondrus crispus*. Durch alkalische Eliminierung entsteht in geringem Umfang θ-Carrageen. λ-Carrageen ist in Gegenwart von Kaliumionen wasserlöslich. Es erhöht sehr stark die Viskosität von Lösungen, bildet aber keine Gele. Allgemein steigt die Löslichkeit in Wasser mit der Anzahl der Sulfatreste im Molekül und sinkt mit der Anzahl der 3,6-Anhydrogalaktosereste. μ-Carrageen besteht aus Galaktose-4-sulfat, Galaktose-6-sulfat und 3,6-Anhydrogalaktose.

Carrageene werden zur Verdickung, zur Suspensions- und zur Gelbildung in Lebensmitteln verwendet. Die Gele sind bei Anwesenheit geeigneter Gegenionen (Kalium, Calcium) thermoreversibel und bilden sich neu beim Abkühlen. Der Zusatz von Johannisbrotkernmehl macht die an sich festen und spröden Gele weicher. κ-Carrageen kann die Micellen von κ-Casein stabilisieren und verhindert dadurch die Abtrennung der Molke. Auch Kakao-Bestandteile werden so in Trinkschokolade stabilisiert.

Carrageen kann durch seine sauren Sulfatreste bei dafür sensitiven Personen die Bildung von Magengeschwüren fördern, auf der anderen Seite wird berichtet, dass Polymere mit niedrigem Molekulargewicht von κ-, ι- und λ-Carrageen antivirale Wirkung auch gegen Herpes- und HI-Viren haben.

Carrageen kommt in Fleisch- und Fischkonserven, Ketchup, Soßen, Puddingpulver, Süßwaren, Cremes, Kaffeeweißer, Käse und Halbfettmargarine zum Einsatz.

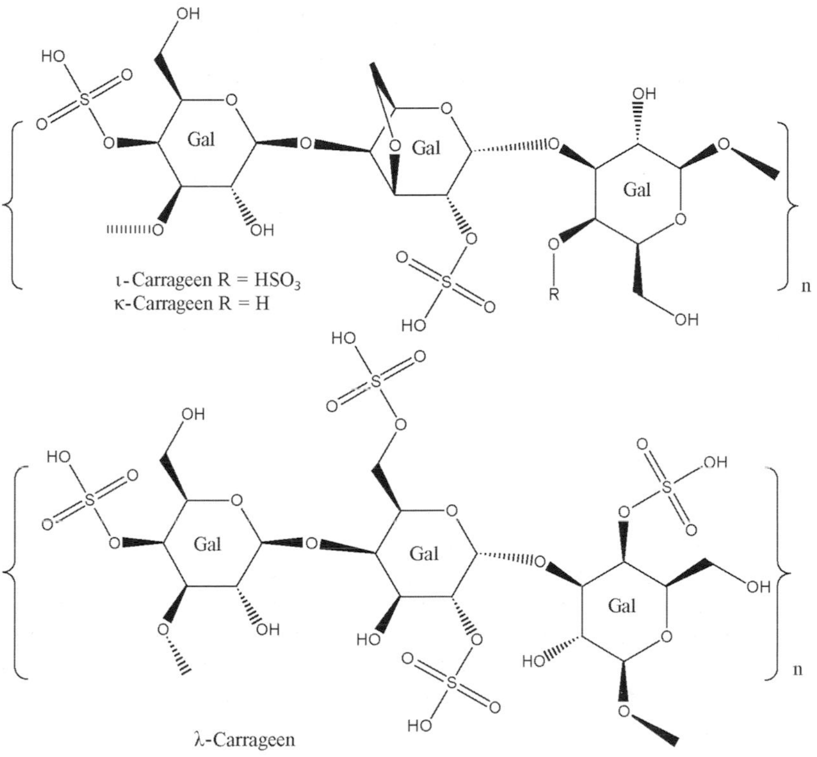

**Abb. 16.25.** Chemische Struktureinheit von Carrageenen

**Eucheuma-Seetang E 407a** (engl. eucheuma seaweed): Darunter versteht man tropische Rotalgen, aus denen Polysaccharide ähnlicher Struktur, wie vorstehend beschrieben, isoliert werden. Die gereinigten Polysaccharide werden ähnlich wie Carrageene verwendet.

**Agar E 406** (engl. agar) ist ein Bestandteil verschiedener Arten von Rotalgen (*Gelidium sp., Gracilaria sp., Pterocladia sp.,* u. a.), deren Heimat die Meere Ostasiens sind. Die Verwendung dieser Algen als Zusatz zu Speisen hat vor allem in China eine tausendjährige Tradition. Die Agar-Polysaccharide sind neben Cellulose Hauptbestandteil der Zellwand dieser Algen. Sie können in drei Gruppen vom Typ neutrale Agarose, ionische Agarose und Agaropektin eingeteilt werden (Abb. 16.26).

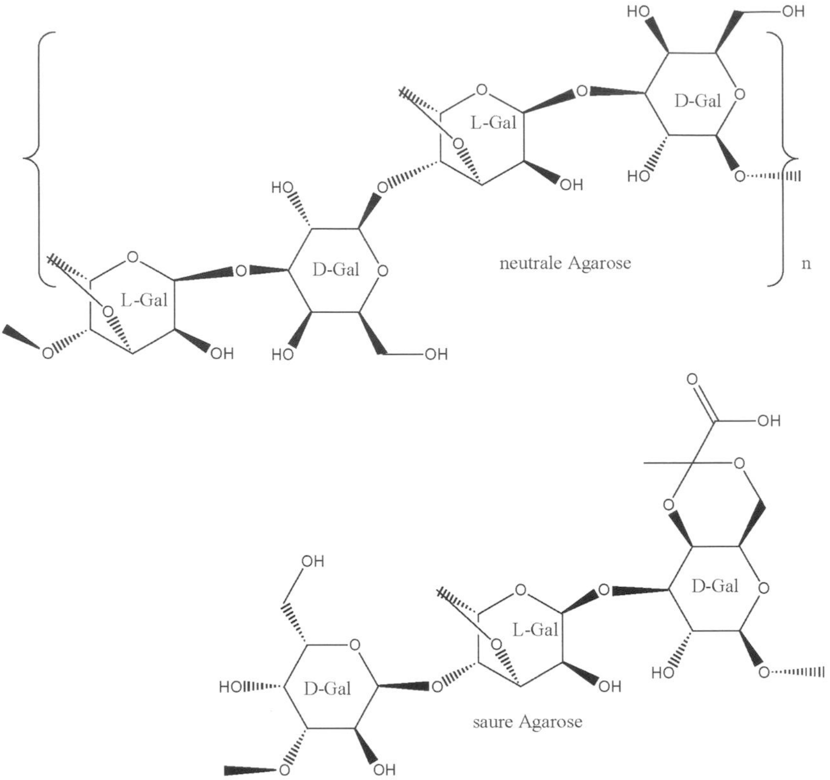

**Abb. 16.26.**   Chemische Struktureinheit von neutraler und saurer Agarose

Neutrale Agarose (durchschnittlich etwa 70 %) ist strukturell einfacher aufgebaut und praktisch ein 5-Diastereoisomer von κ- oder ι-Carrageen (repetitive Struktureinheit: (1–4)-3,6-Anhydro-α-L-galaktopyranosyl-(1–3)-β-D-galaktopyranose; zur Erinnerung: in Carrageenen gehören Anhydrogalaktose und Galaktose der sterischen Reihe „D" an). Schwefelsäureester kommen in Agarose nicht vor. In ionischer Agarose sind meist geringe Mengen an Brenztraubensäure als Ketal zwischen $C_4$ und $C_6$ der D-Galaktose gebunden (4,6-O-1-Carboxyethyliden-D-galaktose, Abb. 16.27).

Durch die gebundene Brenztraubensäure erhält die Agarose eine schwache negative Ladung. Agarose bildet linksgängige Doppelhelices aus, deren Durchmesser geringer ist als der der Carrageene (1,90 nm gegenüber 2,46 nm bei κ-Carrageen).

Agaropektin (durchschnittlich 30 %) hat eine komplexere Struktur als Agarose: Ein Teil der Galaktosereste ist mit Schwefelsäure verestert (durchschnittlich 1–5 %). Der Sulfatgehalt des Agaropektins ist damit wesentlich geringer als der der Carrageene. Daneben sind 4,6-Carboxyethyliden-D-galaktopyranose und geringe Mengen an D-Glucuronsäure im Polysaccharid gebunden. Durch den Sulfatgehalt ist Agaropektin stark negativ geladen.

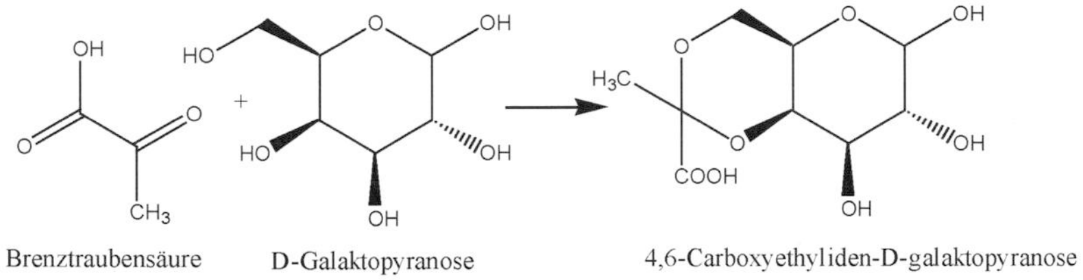

Brenztraubensäure          D-Galaktopyranose                 4,6-Carboxyethyliden-D-galaktopyranose

**Abb. 16.27.** Chemische Struktur der 4,6-O-1-Carboxyethyliden-D-galaktopyranose

Agar hat die unique Eigenschaft, in etwa 95 °C heißem Wasser löslich zu sein und bei Temperaturen von 30–50 °C Gele zu bilden, die reversibel wieder aufgeschmolzen werden können. Agar wird meist in Konzentrationen von 1–2 % verwendet. Hochmolekularer Agar ist praktisch unverdaulich, niedermolekulare Galaktose-Oligomere können aufgespalten und damit teilweise resorbiert werden.

In Lebensmitteln wird Agar in Süßwaren, Konfitüren, Marmeladen, Gelees und Schmelzkäse verwendet. Zudem wird er in der Lebensmitteltechnologie zur Beseitigung von Trübungen in Bier, Obstwein und ähnlichen Getränken eingesetzt. Auch in der Kosmetik und Pharmazie gibt es zahlreiche Anwendungen für Agar. In der Mikrobiologie hat Agar große Bedeutung als Träger von Nährböden (Robert Koch 1882), in der Immunologie als Trägermaterial für Immundiffusion und Immunelektrophorese, außerdem werden Agarose-Gele für Gel-Elektrophoresen hochmolekularer Substanzen (z. B. Auftrennung von Nucleinsäuren) verwendet. In der Technik wird Agar bei der Produktion von Seidengewebe und zusammen mit Grafitpulver als Schmiermittel verwendet, das bei hohen Temperaturen eingesetzt werden kann.

**Konjakmehl E 425** = Konjak-Emulgator = Konjak-Gummi = Konjak-Glucomannan (engl. konjak, jap. konyaku) wird aus den Rhizomen von *Amorphophallus sp., (Araceae)*, heimisch in Ostasien gewonnen. Konjak-Knollen sind in Ostasien, besonders in China und Japan, schon seit mehr als tausend Jahren als Lebensmittel in Verwendung, z. B. Teigwaren aus Konjakmehl. Neben einer Hauptmenge Wasser enthalten die Knollen als zweite Hauptmenge Glucomannan-Polysaccharide und geringere Mengen an Stärke. Die in Wasser löslichen Glucomannane sind verantwortlich für die verdickende, emulgierende und Gel-bildende Eigenschaft von Konjak. In den Glucomannanen (oft über 90 % der Trockensubstanz) sind Glucose- und Mannoseeinheiten durch β(1–4)-Bindungen verbunden (Abb. 16.28).

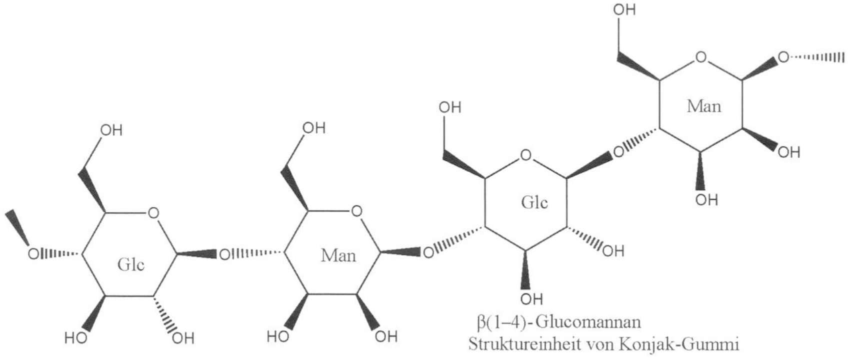

**Abb. 16.28.**    Chemische Struktureinheit von Konjak-Gummi

Das molekulare Verhältnis Glucose : Mannose in den Polysacchariden ist etwa 1 : 1,6, das Molekulargewicht zwischen 200.000 und 2.000.000 Dalton. Die Glucomannane sind unverzweigt, jeder 9.–19. Zuckerrest trägt eine Acetylgruppe. Die Gel-Bildung ist thermisch irreversibel. Die Acetylgruppen können mit Alkali schonend verseift werden, wodurch man thermoreversible Gele erhält. Die Konjak-Gele nehmen etwa das 50-Fache ihres Gewichtes an Wasser auf. Sie wirken gegenüber Stärke, Carrageen und Johannisbrotkernmehl synergistisch, sind noch bei niedrigen pH-Werten stabil und unterdrücken die Bildung von Eiskristallen.

Konjak-Glucomannane haben cholesterinspiegelsenkende Wirkung und inhibieren partiell die Resorption von Glucose. Verwendet wird Konjak in Back- und Teigwaren, in der Zuckerbäckerei, als Binder und Emulgator in der vegetarischen Küche sowie in nichtalkoholischen Getränken. Kürzlich wurde Konjak-Gelees (Mini Cups) in der EU die Zulassung entzogen, nachdem Todesfälle durch Erstickung bei Kindern und älteren Menschen, vor allem in Ländern der Dritten Welt, nach Verzehr dieser Gelees bekannt wurden.

**Johannisbrotkernmehl E 410** (engl. locust bean gum, carob flour) wird aus den süß schmeckenden Samen des im Mittelmeerraum heimischen Johannisbrotbaumes (Karobenbaum, *Ceratonia siliqua, Fabaceae = Leguminosae*) isoliert. Die Samen enthalten im getrockneten Endosperm etwa 90 % des als Emulgator, Verdickungsmittel, Binder und Stabilisator in Lebens- und Arzneimitteln verwendeten Polysaccharids.

Chemisch besteht das Polysaccharid aus β(1–4)-verknüpften D-Mannoseresten, die in unregelmäßigen Abständen durch α(1–6)-gebundene D-Galactosereste verzweigt sind (Abb. 16.29). Das Verhältnis Galactose : Mannose beträgt etwa 0,3, das durchschnittliche Molekulargewicht ca. 300.000. Als verzweigtes Polysaccharid bildet das enthaltene Galaktomannan nur schwer Gele, da die Seitenketten die Gelbildung inhibieren. Die Stabilität der Gele ist umgekehrt proportional zur Anzahl der gebundenen Galactoseeinheiten und kann z. B. durch enzymatische Abspaltung (α-Galaktosidasen) von Galaktoseresten verbessert werden. Das Polysaccharid kann durch Quellung große Mengen an Wasser binden. Synergistisch unterstützt es die Gel-Bildung von Carrageen, Agar, Xanthan, Konjak und Alginaten.

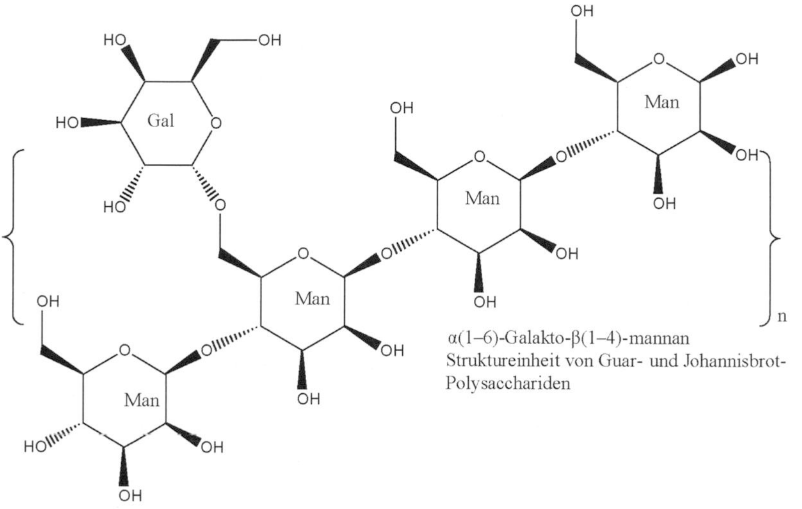

α(1–6)-Galakto-β(1–4)-mannan
Struktureinheit von Guar- und Johannisbrot-Polysacchariden

**Abb. 16.29.** Chemische Struktureinheit von Guar- und Johannisbrotkernmehl

Johannisbrotkernmehl wird in Fertigmehlen, Back- und Süßwaren, aber auch in Fleisch- und Milchprodukten, Soßen, Dressings, diätetischen Lebensmitteln, als Verdickungsmittel, Emulgator oder Stabilisator verwendet. In Backwaren für Zöliakie-Patienten dient es oft als Klebersubstitut, um kleberfreie Mehle backfähig zu machen. Weiters ist Johannisbrotkernmehl auch für die Herstellung fettarmer oder fettfreier Schokoladen geeignet.

**Guarkernmehl E 412** = Guar-Gummi = Guaran (engl. guar gum) wird aus dem Endosperm der Samen der in Indien und Pakistan heimischen, in den USA kultivierten Guar-Pflanze *Cyamopsis tetragonoloba (Fabaceae = Leguminosae)* gewonnen. Das Guarkernmehl besteht zu etwa 75 % aus einem Galaktomannan, daneben sind etwa 7 % Protein enthalten. Das Galaktomannan ist in seiner chemischen Struktur jenem, das aus Johannisbrotkernmehl erhalten wird (β(1–4)-verbundene Mannoseeinheiten, α(1–6) mit Galaktoseresten verzweigt), sehr ähnlich (Abb. 16.29). Allerdings sind die α(1–6)-gebundenen Galaktoseeinheiten im Guarkernmehl wesentlich zahlreicher (Verhältnis Galaktose : Mannose 0,6). Daher erhöht Guarkernmehl die Viskosität wässriger Lösungen schon bei geringem Zusatz sehr stark. Die Tendenz zur Gel-Bildung ist wegen der zahlreicheren Verzweigungen weniger ausgeprägt als bei Johannisbrotkernmehl. In

Backwaren inhibiert es ähnlich dem Johannisbrotkernmehl die Retrogradation der Amylose und damit das Altbackenwerden.

Die Anwendungen des Guarkernmehls sind ähnlich denen des Johannisbrotkernmehls: Soßen, Suppen, Speiseeis, kalorienarme und diätetische Lebensmittel.

**Tarakernmehl E 417** = Tara-Gummi (engl. tara gum) ist in den Samen von *Caesalpinia spinosa (Fabaceae = Leguminosae)* enthalten. Der kleine Baum oder Strauch ist im tropischen Südamerika heimisch. Für die Viskositätserhöhung in Lösungen ist ein Polysaccharid vom Typ der Galaktomannane verantwortlich. Die chemische Struktur weist einen höheren Grad an $\alpha$(1–6)-D-Galaktose Substitution auf als das aus Johannisbrotkernmehl isolierte, aber einen geringeren als das Galaktomannan aus Guarkernen (Verhältnis Mannose : Galaktose 3 : 1). Die Anwendungen des Tarakernmehls gleichen denen von Guar- und Johannisbrotkernmehl.

**Mesquite-Gummi**, gewonnen aus dem Endosperm der Samen von *Prosopis juliflora (Fabaceae)* (Verhältnis Mannose : Galaktose 5 : 4), und **Bockshorn-Gummi**, erhalten aus den Samen von *Trigonella foenum-graecum* (Verhältnis Mannose : Galaktose 1 : 1), haben einen höheren Galaktose-Substitutionsgrad als das Galaktomannan aus Guarkernen.

**Karayagummi E 416** (engl. karaya gum) ist das getrocknete Exsudat von *Sterculia urens (Sterculiaceae)*, einem Baum, der in Indien heimisch ist. Karayagummi wurde ursprünglich als Substitut für Traganth eingeführt. Das im Exsudat enthaltene Polysaccharid ist in Wasser nicht löslich, bindet aber beim Quellen in kaltem Wasser große Wassermengen. Die chemische Strukur des Polysaccharids besteht aus einem Netzwerk von durch Seitenketten untereinander vernetzten Polysaccharidketten, die aus den Monomeren D-Galaktose, D-Galakturonsäure, L-Rhamnose und D-Glucuronsäure, in unterschiedlichen Sequenzen kombiniert, zusammengesetzt sind. Dabei sind die Galakturonsäurereste acetyliert. Das Molekulargewicht kann bis zu 9,5 MD betragen. Während des Quellens wird ein Teil der Acetylgruppen abgespalten.

Karayagummi wird in Lebensmitteln bei Kaugummi, Backwaren, Käse und Fleischprodukten verwendet. Technisch wird er als Klebstoff eingesetzt.

**Tragacanth E 413** = Traganth (engl. tragacanth) ist ein Exsudat, das von verschiedenen *Astragalus*-Arten aus Ästen und Stämmen sezerniert wird. Wichtigster Lieferant ist *Astragalus gummifer (Fabaceae = Leguminosae)*. *Astragalus* sp. ist im Iran, der Türkei und im südlichen Griechenland heimisch. Das getrocknete Exsudat Traganth besteht aus zwei Polysacchariden, von denen das eine, Tragantin (Tragacanthin) (30 %), in kaltem Wasser löslich ist, während das andere, Bassorin (70 %), unter denselben Bedingungen unlöslich ist, aber hydratisiert und quillt. Beide sind anionische Polysaccharide, in denen Uronsäuren enthalten sind. Das durchschnittliche Molekulargewicht beträgt 840.000 Dalton.

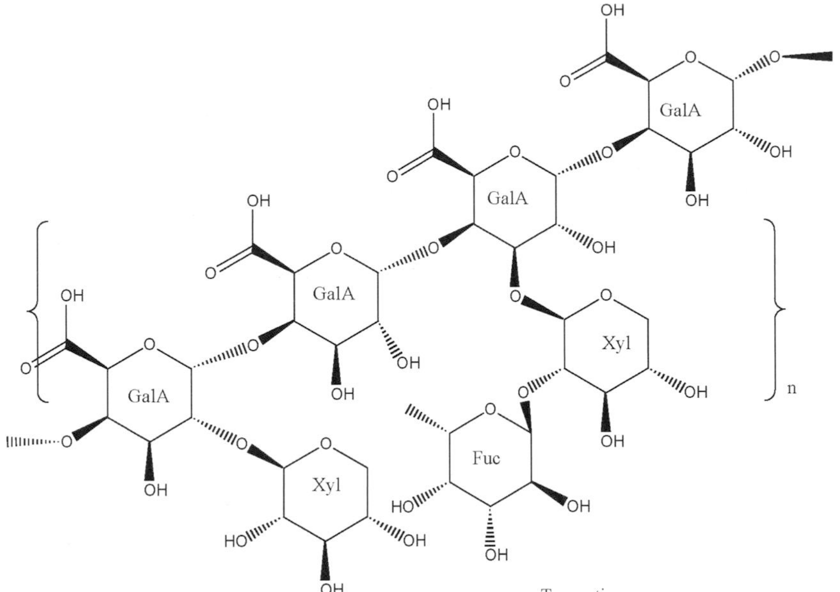

**Abb. 16.30.** Chemische Struktureinheit von Tragantin

Tragantin ist ein verzweigtes Polysaccharid, das aus einer Kette von $\alpha(1-4)$-verknüpften D-Galakturonsäuren besteht, die mit Xylose $\beta(1-3)$-verzweigt ist. An die Xylose sind oft noch andere Zuckerreste, wie Fucose (6-Deoxygalaktose) und Galaktose, meist (2–1)-gebunden (Abb. 16.30). Insgesamt setzt sich Tragantin aus 43 % D-Galakturonsäure, 40 % D-Xylose, 10 % L-Fucose und 4 % Galaktose zusammen.

Bassorin besteht aus 75 % L-Arabinose, 12 % Galaktose, 6 % L-Rhamnose (6-Desoxymannose) und 3 % Galakturonsäuremethylester.

Tragacanth ist bis etwa pH 2 säurestabil, wirkt sowohl als Emulgator und Stabilisator von Emulsionen als auch als Geliermittel und wird meist in Konzentrationen von 0,5 bis 1 % angewendet. Er verhindert unter anderem auch das Auskristallisieren von Zuckern.

Tragacanth kommt in Fertiggerichten, Dressings, Mayonnaise, Soßen, Suppen, Konditoreierzeugnissen, Speiseeis, Käse und kalorienarmen Lebensmitteln zum Einsatz.

**Gummi arabicum E 414** (engl. acacia gum, gum arabic) ist ein Exsudat, das aus Stämmen und Ästen verschiedener tropischer Akazienarten zu Beginn des Winters abfließt und an der Luft fest wird. Das in Form von erstarrten Tropfen anfallende Harz ist je nach Baumart farblos bis rot. Die Farbe korreliert mit dem Gehalt an Gerbstoffen im Harz. Gummi arabicum quillt in Wasser und löst sich anschließend langsam auf. Die beste Qualität des Gummis ist das „Kordofan" oder arabisch „Hashabi"-Harz, das aus dem Sudan stammt. Hauptlieferant von Gummi arabicum ist *Acacia senegal (Fabaceae = Leguminosae)*, früher auch als *Acacia nilotica* bezeichnet. Es gibt von *Acacia senegal* Varietäten, die rotes Harz, und solche, die weißes Harz liefern. Neben dem Sudan sind Senegal, Marokko, Indien und Australien wichtige Produzenten von Akaziengummi aus verschiedenen Akazienarten.

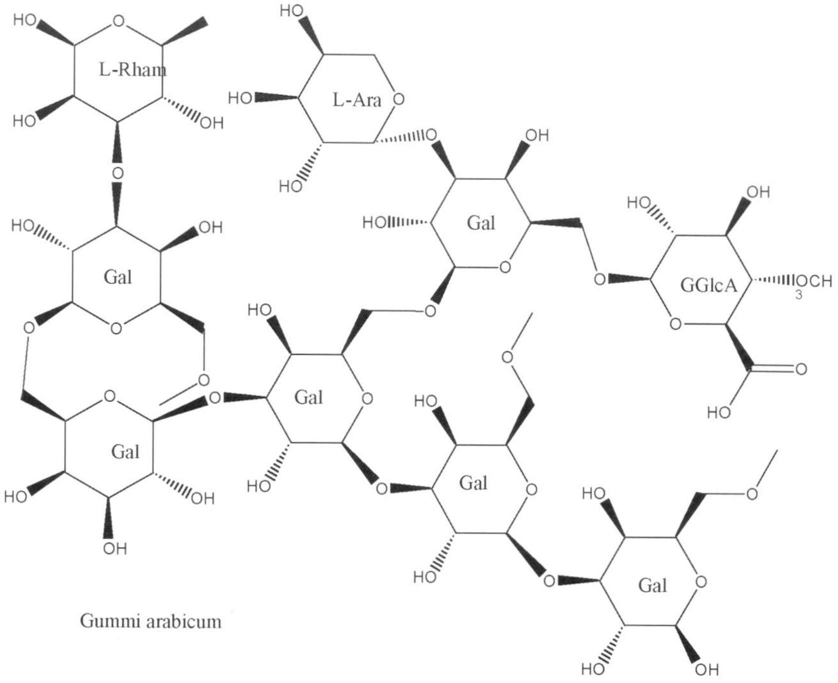

**Abb. 16.31.**    Chemische Struktureinheit von Gummi arabicum

Chemisch besteht Gummi arabicum aus verzweigten Polysacchariden. Bestandteile sind D-Galaktose, L-Arabinose, L-Rhamnose, D-Glucuronsäure (Abb. 16.31). Das Rückgrat der Struktur bildet ein lineares Polymer aus $\beta(1-3)$-verknüpften D-Galaktopyranose-Einheiten, mit dem über $\beta(1-6)$-Bindungen Seitenketten verbunden sind. Die Seitenketten können sich über $\beta(1-6)$- oder $\beta(1-3)$-Bindungen weiter verzweigen, sodass Polymere mit einem Molekulargewicht zwischen 260.000 und über 1 Million Dalton entstehen. In den Seitenketten kommen Zucker, wie L-Rhamnose, L-Arabinose, D-Galaktose, D-Glucuronsäure und 4-Methoxy-D-glucuronsäure, vor. Am Ende der Seitenketten steht meistens L-Rhamnose oder L-Arabinose. Die Gegenionen der Glucuronsäuren im Polysaccharid sind Calcium, Magnesium und Kalium. Gummi arabicum reagiert in der Regel schwach sauer. Das Polysaccharid inhibiert die Kristallisation von Zucker und die Bildung großer Eiskristalle. Das Gummi bindet viele Alkaloide, sodass es bei Vergiftungen als Gegengift wirken kann. Die Handelsware enthält 12–17 % Wasser, 3–4 % Mineralstoffe und variable Mengen von Gerbstoffen.

Gummi arabicum wird in Lebensmitteln als Emulgator, Stabilisator und als Verdickungsmittel verwendet. Beispiele für dessen Anwendung sind die Bereitung von Gelees, Süßwaren, Gummibonbons, Speiseeis und Eiweißschäumen, die Stabilisierung von Trubstoffen sowie die Fixierung von Aromastoffen. Auch die Größe der Perlen bei Schaumweinen soll durch Gummi arabicum regulierbar sein. Technisch wird es als Klebstoff, Stabilisator und Bindemittel in Farben sowie bei der Ausrüstung von Textilien, besonders Seide, eingesetzt.

Bekannt ist allerdings auch die allergene Wirkung von Gummi arabicum. Es verursacht Ausschläge bei dafür sensitiven Personen. Besonders trifft dies für den Gummi-arabicum-Staub zu, der auch zu asthmaartigen Anfällen führen kann.

**Xanthan E 415** (engl. xanthan gum) ist ein hochmolekulares Heteropolysaccharid, das biotechnologisch mit Hilfe von *Xanthomonas campestris* gewonnen wird. Aus der Kulturlösung wird Xanthan durch Fällung mit Isopropanol und Kaliumchlorid erhalten. Xanthan ist ein verzweigtes Polysaccharid (Abb. 16.32).

Die chemische Struktur besteht aus einer Kette von β(1–4)-verbundenen D-Glucose-Einheiten, ähnlich der Cellulose, von denen jede zweite mit einem Trisaccharid α(3–1)-verzweigt ist. Das Trisaccharid besteht aus α-D-6-Acetyl-mannose-(4–1-)-β-D-glucuronsäure-(4–1-)-β-D-3,6-carboxyethyliden-mannose. Durch die 3,6-Ketalisierung der endständigen Mannose mit Brenztraubensäure wird eine weitere Säurefunktion eingeführt, während die Acetylierung das Molekül hydrophober macht. Gegenionen der Carboxylgruppen sind Calcium, Kalium und Natrium. Xanthan ist einerseits ein guter Emulgator, auf der anderen Seite haben Xanthan-Gele eine gute thermische Stabilität.

Xanthan wird in Tiefkühlwaren, in Fisch-, Fleisch- und Gemüsekonserven, in Backwaren, Limonaden, Speiseeis, Fettemulsionen, Suppen, Soßen, Dressings, Mayonnaise, Milchprodukten und Zahnpasta verwendet. Es ist auch eine Komponente einiger pharmazeutischer Präparate. Technische Anwendung findet es in Klebstoffen, Reinigungsmitteln und als Schmiermittel für Erdbohrungen.

**Gellan E 418** (engl. gellan gum) ist ein weiteres hochmolekulares, gummiartiges Polysaccharid, das aus dem Mikroorganismus *Sphingomonas elodea* = *Pseudomonas elodea* = *Auromonas elodea* gewonnen wird, der ein teilweise acyliertes Polysaccharid liefert. Gellan-Gele sind sehr transparent, thermostabil und je nach Konzentration weich, elastisch bis fest und spröde. Zur Gel-Bildung ist Calcium notwendig.

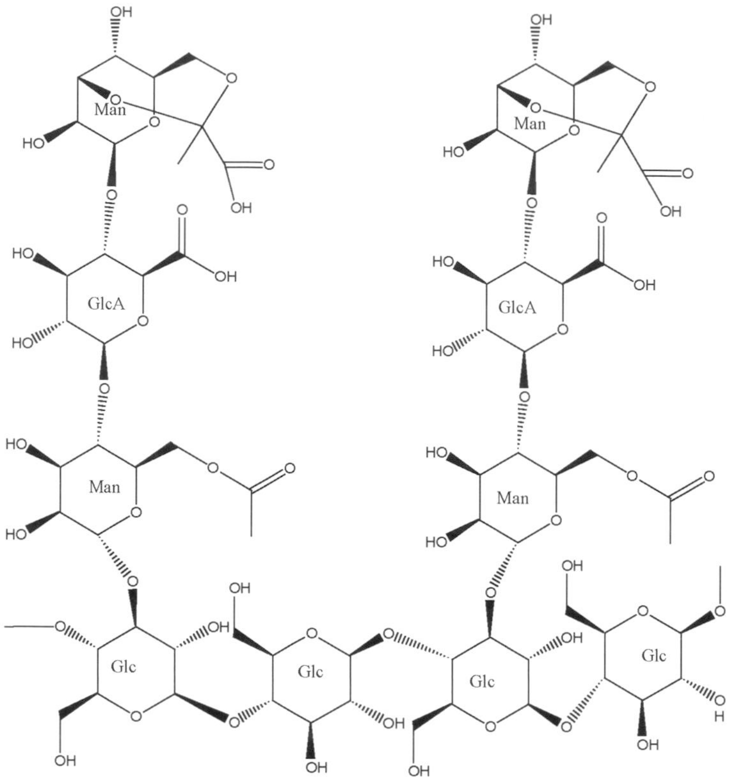

**Abb. 16.32.**    Chemische Struktur von Xanthan

Das Polysaccharid ist linear, seine chemische Struktur besteht aus einem sich wiederholenden Tetrasaccharid, das aus zwei Glucosemolekülen sowie Glucuronsäure und Rhamnose besteht (-3-β-D-Glucopyranosyl-(1–4)-β-D-glucuronopyranosyl-(1–4)-β-D-glucopyranosyl-(1–4)-α-L-rhamnopyranosyl-1-) (Abb. 16.33). Im Fall des von *Sphingomonas elodea* produzierten Polysaccharids ist die in Position 3 gebundene Glucoseeinheit mit L-Glycerinsäure in Position 2 und mit Essigsäure in Position 6 verestert. Das durchschnittliche Molekulargewicht der Polysaccharide liegt um 1 Million Dalton.

Gellan wird in Konzentrationen zwischen 0,05–0,4 % zugesetzt. Verwendet wird es in Backwarenfüllungen, Soßen, Getränken und Süßwaren.

**Methylcellulose E 461** = Tylose (engl. methyl cellulose) wird durch Methylierung mittels Methylchlorid und Alkalihydroxid aus Cellulose hergestellt. Gewöhnlich enthält Methylcellulose 29 % Methylgruppen und hat einen durchschnittlichen Substitutionsgrad von 1,8 pro Glucoseeinheit. Tatsächlich variiert die Anzahl der Methylgruppen pro Glucose zwischen 1 und 3. Die Methylgruppen finden sich am häufigsten am $C_6$ und am $C_2$ der Glucoseeinheit. Der durchschnittliche Polymerisationsgrad der Methylcellulosen liegt zwischen 100 und 200. Methylcellulosen sind in kaltem Wasser löslich und erhöhen dessen Viskosität. Beim Erhitzen tritt reversible Gel-Bildung ein, und bei längerem Kochen fallen Methylcelluloseaggregate wieder aus. Hochmethylierte Cellulosen lösen sich auch in organischen Lösungsmitteln, entsprechend nimmt ihre Wasserlöslichkeit ab. Methylcellulose ist unverdaulich und wirkt in höheren Konzentrationen laxativ (über 5 g). Sie wird in Konzentrationen von etwa 2 % angewendet.

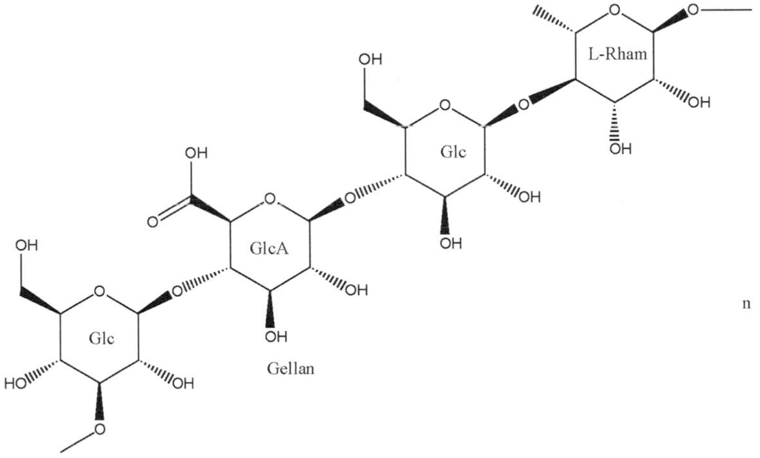

**Abb. 16.33.** Chemische Struktureinheit von Gellan

In Lebensmitteln wird sie in Backwaren, Überzugsmassen (Panaden), Soßen, Ketchup, Desserts, Speiseeis, Schäumen, Tabak und kohlensäurehaltigen Getränken verwendet. Auch in der Kosmetik und Pharmazie hat Methylcellulose viele Anwendungsbereiche. Technische Anwendungen finden sich in Klebstoffen und in Baumaterialien.

**Carboxymethylcellulose E 466** (engl. carboxymethyl cellulose) wird aus Cellulose durch Reaktion mit Chloressigsäure in Gegenwart von Natriumhydroxid hergestellt und ist ein ionisches Etherderivat der Cellulose (Cellulose-O-CH$_2$-COOH). Der Grad der Substitution ist variabel. Das Natriumsalz wird als Verdickungsmittel, Überzugsmasse und Stabilisator von Emulsionen im pH-Bereich zwischen 2 und 10 auch in Lebensmitteln verwendet. Im Unterschied zu Methylcellulose ist Carboxymethylcellulose in kaltem und heißem Wasser gleich gut löslich. Die physiologischen

Eigenschaften sind ähnlich den von Methylcellulose, meist werden 1%ige Lösungen verwendet.

Auch die Anwendungsbereiche in Lebensmitteln, in der Kosmetik und der Pharmazie sind analog zu denen der Methylcellulose. Technisch wird Carboxymethylcellulose in Farben, Drucktinten, Textilien und als Schutzkolloid angewendet.

Auch **vernetzte Carboxymethylcellulosen E 468** (engl. crosslinked carboxymethyl cellulose) können für ähnliche Anwendungen in Lebensmitteln verwendet werden. Desgleichen findet **enzymatisch abgebaute Carboxymethylcellulose E 469** (engl. enzymatically hydrolysed carboxymethyl cellulose) Anwendung. Letztere ist teilweise verdaulich.

**Hydroxypropylcellulose E 463** (engl. hydroxypropyl cellulose) ist ein nichtionischer, wasserlöslicher Ether der Cellulose (Cellulose-O-CH$_2$-CHOH-CH$_3$). Das Derivat wird aus Cellulose durch Reaktion mit Propylenoxid hergestellt. Die Anzahl der Hydroxypropylreste im Molekül ist variabel. Die Verbindung ist in kaltem Wasser löslich, fällt aber bei 40–45 °C aus. Sie ist auch in vielen polaren organischen Lösungsmitteln löslich. Hydroxypropylcellulose wird als Stabilisator, Emulgator, Verdickungsmittel und Überzugsmasse in Lebensmitteln (z. B. Speiseeis, Teige) sowie in der Kosmetik und in pharmazeutischen Präparaten verwendet.

**Hydroxypropylmethylcellulose E 464** (engl. hydroxypropylmethyl cellulose) wird aus alkalischer Cellulose durch Reaktion mit Methylchlorid und Propylenoxid synthetisiert. Die polymere Substanz ist in kaltem Wasser langsam und in vielen polaren organischen Lösungsmitteln (z. B. Alkohol) löslich. In heißem Wasser ist Hydroxypropylmethylcellulose unlöslich bzw. fällt aus kochendem Wasser aus. Sie ist besser wasserlöslich als Methylcellulose. Wie die anderen Cellulosepolymeren ist sie für den menschlichen Organismus unverdaulich.

In der EU ist Hydroxypropylmethylcellulose für Lebensmittel allgemein zugelassen. Sie wird als Verdickungsmittel, Emulgator und Überzugsmittel verwendet. Anwendungen finden sich bei Speiseeis, Panaden, Süßwaren, Soßen und kohlensäurehaltigen Getränken.

**Ethylmethylcellulose E 465** (engl. ethylmethyl cellulose) ist hydrophober als Methylcellulose und andere Celluloseetherderivate. Sie wird aus alkalischer Cellulose durch Reaktion mit Ethyl- und Methylchlorid hergestellt. Das Cellulosederivat (Molekulargewicht 30.000–40.000) ist in kaltem, aber nicht in heißem Wasser, jedoch in Alkohol (schwach) löslich. Sie kann daher auch als Verdickungsmittel in alkoholischen Getränken (z. B. Likören, Bier, versetzten Weinen) verwendet werden. Ethylmethylcellulose bildet selbst Schäume und wird als Stabilisator von Schäumen, in Kartoffelprodukten und in diätetischen Lebensmitteln angewendet.

**Cellulosepulver, mikrokristalline Cellulose E 460** (engl. cellulose, microcrystalline cellulose): Cellulose ist Bestandteil der Zellwand von Pflanzen. Ihre chemische Struktur, Herstellung, technischen Anwendungen und physiologischen Wirkungen wurden bereits im Abschnitt 3.2.4 im Kapitel 3 „Kohlenhydrate" behandelt. Cellulose ist in Wasser nicht löslich und wird Lebensmitteln als Füllstoff zugesetzt.

Mikrokristalline Cellulose wird durch Abbau nichtkristalliner Bereiche (30–50 % des Moleküls) durch Salzsäure aus Cellulose gewonnen. Der Polymerisationsgrad des mikrokristallinen Abbauproduktes liegt durchschnittlich bei 250 Glucoseeinheiten. Obwohl das Cellulosederivat nicht wasserlöslich ist, bildet es in wässrigen Systemen eine kolloidale Dispersion und stabilisiert sowohl hydrophile als auch lipophile Inhaltsstoffe. Mikrokristalline Cellulose wird in Lebensmitteln als Stabilisator von Emulsionen und als Füllstoff verwendet. Anwendungen sind z. B. „Light-Produkte", in denen sie als Fettersatzstoff fungiert, bei Back- und Süßwaren, Speiseeis sowie bei Fleisch- und Milchprodukten.

**Stärke** und **modifizierte Stärken** (engl. starch and modified starch): Die Stärkepolysaccharide, und hier besonders die Amylopektinfraktion, erhöhen im hydratisierten (verkleisterten) Zustand stark die Viskosität von Lösungen. Dadurch wirken sie auch emulgierend und können Suspensionen stabilisieren. Ähnlich wie bei den Cellulosederivaten wurden auch bei der Stärke modifizierte Polysaccharide entwickelt, die den verschiedenen technologischen Anforderungen der Praxis besser entsprechen als die nativen Stärken. Über die nativen Stärken und deren von ihrer Herkunft abhängigen Unterschiede in ihrer Polymerverteilung siehe Kapitel 3.2.4. Stärke als Zusatzstoff unterliegt keinerlei gesetzlichen Beschränkungen, da sie ein natürlich vorkommendes Lebensmittel ist. Durch feuchtes oder trockenes Erhitzen auf etwa 200 °C werden bei gleichzeitigem Zusatz von geringen Mengen an Säure (z. B. 0,15 % HCl) **Weißdextrine** oder **Röstdextrine** INS 1400 erhalten. Die auf diese Weise modifizierten Stärken sind in kaltem Wasser löslich und werden als Verdickungsmittel (z. B. in Quellmehlen) oder als Füllstoffe verwendet.

**Oxidierte Stärke E 1404** (engl. oxidized starch) wird durch Einwirkung von alkalischer Hypochloritlösung (etwa 5 %) auf Stärke unterhalb der Verkleisterungstemperatur erzeugt. Hydroxylgruppen, vor allem in Position 6 und 2 einzelner Glucosereste werden oxidiert. Bei der Oxidation am $C_6$ bilden sich Uronsäuren, bei der am $C_2$ Ketogruppen. Die Entstehung der Letzteren ist oft der Ausgangspunkt für eine Spaltung des Polysaccharids durch trans-Elimination. Nach der Spaltung bildet sich im abgespaltenen Teil eine neue reduzierende Gruppe, im verbleibenden Teil ein Zuckerrest mit einer Doppelbindung. Oxidierte Stärken zeigen weniger Tendenz zur Retrogradation und werden als Verdickungsmittel und Überzugsmittel eingesetzt. Sie sind teilweise schon in kaltem Wasser löslich. Die Lösungen haben einen hohen Grad an Transparenz und neigen weniger zum Gelieren als native Stärken. Auch **Essigsäureester von oxidierten Stärken E 1451** sind in der EU als Verdickungsmittel zugelassen.

**Acetylierte oxidierte Stärke E 1451** (engl. acetylated oxidized starch) wird durch Acetylierung von oxidierter Stärke mit Acetanhydrid hergestellt. Verwendet wird sie vor allem wegen ihrer filmbildenden Eigenschaften.

**Veresterte Stärken** sind weitere Beispiele für modifizierte Stärken, die in Lebensmitteln als Zusatzstoffe verwendet werden. Folgende Gruppen von Stärkederivaten finden Verwendung:

- Einfache Ester (Monostärkeacetat, -phosphat, -xanthogenat, -citrat).
- Ester mit bi- oder polyvalenten Säuren, die zusätzlich zur Vernetzung der Polysaccharidketten führen. Beispiele hierfür sind Vernetzungen mit Phosphat, Succinat, Adipat und Epichlorhydrin. Die Vernetzung erhöht die Verkleisterungstemperatur der Stärken und verringert ihr Quellvermögen in Wasser. Gele werden dadurch stabilisiert.
- Vernetzte Monoester (acetylierte oder phosphorylierte Distärkephosphate).

*Monostärkephosphat* **E 1410** (engl. monostarch phosphate) wird durch Reaktion von Stärke mit ortho-Phosphorsäure oder Alkali-Diphosphaten oder Polyphosphaten hergestellt. Der Grad der Phosphorylierung ist variabel. Auch das Amylopektin in nativen Stärken enthält einzelne Phosphatgruppen. Monostärkephosphat ist in heißem Wasser löslich und wird als Gelier- und Verdickungsmittel, sowie als Stabilisator verwendet.

*Distärkephosphat* **E 1412** (engl. distarch phosphate) ist eine mit alkalischem Trimetaphosphat oder Phosphoroxychlorid vernetzte Stärke.

Durch Zugabe von Natriumtripolyphosphat bei hohen Temperaturen können gleichzeitig einige Hydroxylgruppen der Stärke mit Phosphorsäure monovalent verestert werden. Man erhält *phosphatiertes Distärkephosphat* **E 1413** (engl. phosphated distarch phosphate), das in größerem Umfang in Lebensmitteln verwendet wird. Der Phosphatgehalt der Produkte liegt selten über 0,4 % und schwankt je nach Grad der Veresterung und Vernetzung. Die vernetzten Distärkephosphate sind thermisch und gegenüber Säuren stabiler als die unvernetzten Ester. Sie werden vorwiegend zur Erhaltung der Struktur bei Gefrierkonserven und bei Suppenpulver eingesetzt.

*Acetylierte Stärke* **E 1420** (engl. acetylated starch, monostarch acetate) wird aus Stärke durch Reaktion mit aktivierter Essigsäure erhalten. Aktivierte Essigsäure kann in Form von Essigsäureanhydrid (E 1420) verwendet werden. Durch die Acetylierung werden etwa 2,5 % Acetylgruppen in die Stärke eingeführt. Acetylierte Stärke ist in heißem Wasser löslich und erhöht die Viskosität von Lösungen in stärkerem Ausmaß als native Stärke. Die Verkleisterungstemperatur ist niedrig und die Transparenz der Kleister besser als bei nativen Stärken. Acetylierte Stärken werden als Gelier- und Verdickungsmittel in Lebensmitteln verwendet. Sie sind zumindest teilweise verdaulich, da die Acetylgruppen im Magen-Darm-Trakt großteils abgespalten werden können.

*Acetyliertes Distärkephosphat* **E 1414** (engl. acetylated distarch phosphate): Acetylierte Stärke wird bei der Herstellung meist mit Phosphoroxychlorid (0,1 %) vernetzt. Es wird dadurch das Quellvermögen in Wasser konstanter und die Stabilität von Gelen verbessert. Verwendet wird es in Tiefkühlprodukten, Backwaren, Käse und Schmelzkäse sowie in Desserts.

*Acetyliertes Distärkeadipat* **E 1422** (engl. acetylated distarch adipate): Benachbarte Hydroxylgruppen verschiedener Polysaccharidketten in der Stärke werden durch Reaktion mit Adipinsäureanhydrid bei erhöhter Temperatur vernetzt. Darauf erfolgt die Acetylierung mit Acetanhydrid. Das Anwendungsgebiet deckt sich weitgehend mit dem des acetylierten Distärkephosphats.

*Stärkenatriumoctenylsuccinat* **E 1450** (engl. starch sodiumoctenyl succinate) wird aus Stärke durch Reaktion mit Octenylsuccinanhydrid = Octenylbernsteinsäureanhydrid erhalten. Durch die Reaktion kommt es zu einer Vernetzung der Polysaccharidketten, verbunden mit einer Hydrophobierung und verursacht durch den eingeführten Octenylrest. Bei der Bildung der Stärkester entstehen durch Spaltung des Anhydrids freie Carboxylgruppen und damit anionische Stärken. Das Produkt quillt in kaltem Wasser und löst sich in heißem Wasser. Es wird als Verdickungsmittel, Stabilisator, Binder von Aromen und als Emulgator angewendet.

**Stärkeether** sind teilweise in der EU zur Anwendung in Lebensmitteln zugelassen. Während die Verwendung z. B. von Hydroxyethylstärken und Carboxymethylstärken in Lebensmitteln nicht erlaubt ist, ist die Verwendung von Hydroxypropylstärken und Hydroxypropyldistärkephosphat durchaus gestattet. Auch acetylierte Stärke, die durch Glycerin vernetzt ist (INS 1423) – bei der Vernetzung werden Etherbrücken gebildet –, darf in der EU nicht in Lebensmitteln verwendet werden. Das Gleiche gilt für Hydroxypropylstärke, die mit Epichlorhydrin plus Glycerin vernetzt ist (INS 1443).

*Hydroxypropylstärke* **E 1440** (engl. hydroxypropyl starch) wird aus Stärke durch Reaktion mit Propylenoxid hergestellt. Die so erhaltenen Stärkederivate sind thermisch sehr stabil, gefrier- und auftaubeständig. Sie finden in Fertiggerichten, Suppen, Soßen und verschiedenen Desserts Anwendung.

*Hydroxypropyldistärkephosphat* **E 1442** (engl. hydroxypropyl distarch phosphate) ist eine Hydroxypropylstärke, die mit Phosphoroxychlorid vernetzt ist. Als vernetzte Stärke ist sie Gel-bildend und sehr scherfest.

**Polyvinylpyrrolidon E 1201, Polyvinylpolypyrollidon E 1202** (engl. povidone, polyvinylpyrrolidone) ist ein synthetisches Polymer, das durch Polymerisation von Vinylpyrrolidon hergestellt wird (Abb. 16.34).

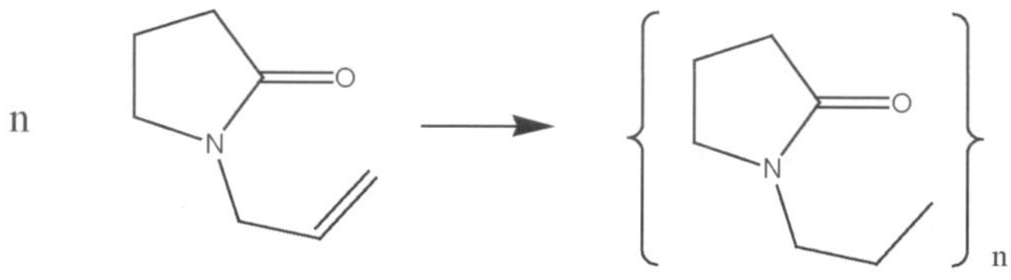

Vinylpyrrolidon =
1-Ethenyl-2-pyrrolidinon

Polyvinylpyrrolidon

**Abb. 16.34.**   Chemische Struktureinheit von Polyvinylpyrrolidon

Es werden Produkte mit unterschiedlichem durchschnittlichem Molgewicht hergestellt. Polyvinylpyrrolidon wurde ursprünglich als Blutplasmaexpander im medizinischen Bereich verwendet. Polymere mit einem Molgewicht von bis zu 11.500 können nach parenteraler Verabreichung durch die menschliche Niere ausgeschieden werden. Polymere mit höherem Molekulargewicht reichern sich im Organismus an. Das oral aufgenommene Polymer wird nicht resorbiert. Polyvinylpyrrolidon (MW 40.000) wird in der pflanzlichen Biochemie zur Absorption von phenolischen Trubstoffen (vorwiegend Gerbstoffen) verwendet. In Lebensmitteln findet es (v. a. E 1201) eine analoge Anwendung zum Ausfällen von Trubstoffen bei Getränken, wie Bier, Wein und Fruchtsäften. In dieser Hinsicht reagiert es ähnlich wie Gelatine, Bentonit (E 558), Silikate und Aluminiumsilikate. Auch als Emulgator, zur Stabilisierung von Dispersionen und Emulsionen sowie als Träger von Geschmacksstoffen wird es verwendet. Die Anwendung von E 1202 liegt in der Stabilisierung und Fixierung von Farbstoffen und Wirkstoffen in diätetischen Lebensmitteln. Des Weiteren wird Polyvinylpyrrolidon auch als Verdickungsmittel eingesetzt.

**Polydextrose E 1200** (engl. polydextrose) ist auch als Verdickungsmittel einsetzbar. Sie wurde bei den Süßstoffen in Abschnitt 16.2.1 behandelt.

Verdickungsmittel, die keiner Zulassung bedürfen, sind selbst Lebensmittel. In diese Kategorie fallen Proteine, wie **Gelatine, Casein** und Derivate sowie **Stärke**. Die genannten Lebensmittelinhaltsstoffe wurden in den betreffenden Abschnitten beschrieben. Besonders Gelatine wird in Fleisch- und Fischprodukten sowie in Süßwaren häufig verwendet.

### 16.5.2  Weitere Verdickungsmittel und Emulgatoren, die in der EU keine Zulassung haben

**Furcellaran** = Dänischer Agar (engl. furcellaran) wird aus der auch in der Nordsee vorkommenden Rotalge *Furcellaria fastigiata* isoliert. Das Polysaccharid enthält D-Galaktose, 3,6-Anhydrogalaktose, Galaktose-2-sulfat, Galaktose-4-sulfat und Galaktose-6-sulfat. Furcellaran hat strukturelle Ähnlichkeit mit κ-Carrageen, allerdings enthält es weniger Sulfatgruppen im Molekül. Die Anwendungen sind ähnlich denen der Carrageene.

**Ghatti-Gummi ISN 419** (engl. ghatti gum) ist ein Exsudat aus *Anogeissus latifolia (Combretaceae)*, einer in Indien heimischen Pflanze. Die chemische Struktur des anionischen Polysaccharids ist komplex. Nach hydrolytischer Spaltung erhält man als Bausteine L-Arabinose, D-Galaktose, D-Mannose, D-Xylose und D-Glucuronsäure im Verhältnis 10 : 6 : 2 : 1 : 2. Unter 1 % an L-Rhamnose wurde ebenfalls nachgewiesen. Das sehr hochmolekulare Polysaccharid hydratisiert sich in kaltem Wasser und bildet durchscheinende Gele. Es hat auch sehr gute emulgierende Eigenschaften, die in Getränken verwendet werden. Der Gummi wird auch als Fixateur von Aromen oder bei der Herstellung von fettlöslichen Vitaminen in Pulverform verwendet. In der EU ist Ghatti-Gummi zur Verwendung in Lebensmitteln nicht zugelassen. Technisch wird der Gummi als Klebstoff, aber auch als „mud conditioner" bei Erdölbohrungen verwendet.

**Dünnkochende Stärken INS 1401** (engl. thin boiling starch) werden durch Behandlung der intakten Stärkekörner mit verdünnten Säuren (z. B. 0,5–7 % HCl) unterhalb der Verkleisterungstemperatur erzeugt. Man erhält Stärken, die sich in heißem Wasser lösen und beim Erkalten gute gel- und filmbildende Eigenschaften haben. Auf diese Weise wird auch die für Stärkegel-Elektrophorese geeignete Stärke gewonnen.

**Gebleichte Stärke INS 1403** (engl. bleached starch) ist eine mit relativ geringen Konzentrationen an Wasserstoffperoxid, Hypochlorit oder Persulfat oxidierte Stärke. Sie wird vorwiegend in farblich hell aussehenden Lebensmitteln verwendet.

**Dextran** (engl. dextran) ist ein mikrobielles, wenig verzweigtes Homopolysaccharid ($\alpha$-1,6-Glucan), das von mehreren Bakterienarten (z. B. *Leuconostoc mesenteroides*, *Lactobacillus*) in die Kulturflüssigkeit sezerniert wird. Die Verzweigungen durch Glucoseeinheiten sind meist in Position 3, können aber auch in Position 4 oder 2 mit der Hauptkette verbunden sein (Abb. 16.35).

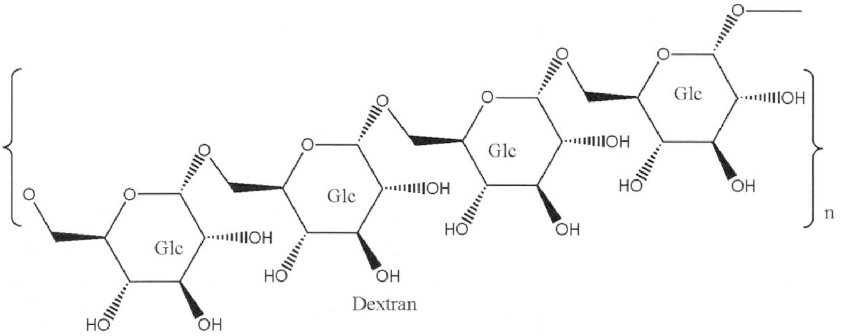

**Abb. 16.35.** Chemische Struktureinheit von Dextran

In Lebensmitteln werden Dextrane bisher nur selten verwendet, das Hauptanwendungsgebiet liegt im medizinischen Bereich (Plasmaexpander). Chemisch ähnlich sind **Alternane**, die in den USA versuchsweise in Lebensmitteln eingesetzt werden. In der EU ist der Zusatz von Dextranen zu Lebensmitteln nicht zugelassen.

**Scleroglucan** (engl. scleroglucan) ist ein verzweigtes Homopolysaccharid, bestehend aus $\beta(1-3)$-verknüpften Glucopyranoseeinheiten in der Hauptkette, von denen jede dritte eine $\beta(1-6)$-verknüpfte Glucopyranose als Seitenkette trägt (Abb. 16.36).

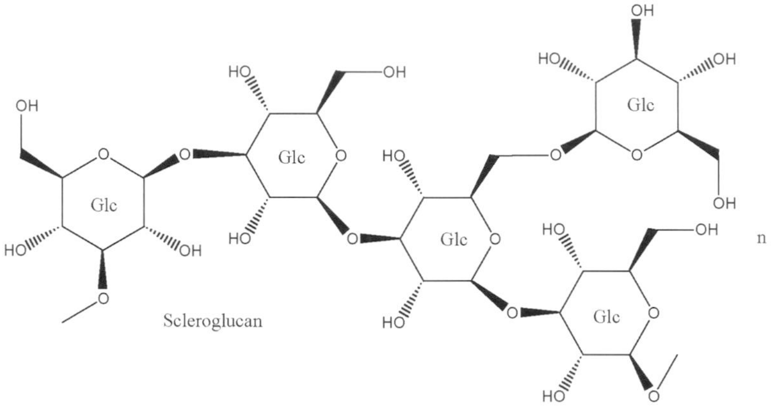

**Abb. 16.36.**    Chemische Struktureinheit von Scleroglucan

Das durchschnittliche Molekulargewicht liegt bei 540.000. Scleroglucan wird von *Sclerotium* sp. in nitrathaltigem Kulturmedium produziert. Es ist gut wasserlöslich, liegt in Lösungen als Tripelhelix vor und hat verdickende Eigenschaften. In der EU ist Scleroglucan in Lebensmitteln nicht zugelassen. Es wird vorwiegend in der Kosmetik und für technische Zwecke verwendet (Schmiermittel bei Erdbohrungen, Emulgator für Asphalt, Wasserfarben, Drucktinten und Klebstoffe).

**Chitosan** (engl. chitosan, franz. chitosane) ist ein deacetyliertes Chitin ($\beta$-1,4-N-Acetylglucosamin). Chitin ist die Gerüstsubstanz von Insekten, Pilzen und Krustentieren und wird vor allem aus Letzteren gewonnen. Das gereinigte Chitin wird dann durch Behandlung mit Alkalien deacetyliert und in weiterer Folge mit Salzsäure in $\beta$-1,4-Glucosamin-hydrochlorid = Chitosan umgewandelt (Abb. 16.37).

Chitosan wird im Darm resorbiert und im Stoffwechsel zum Großteil abgebaut. Es ist ein kationischer Polyelektrolyt, der die Resorption von Lipiden, wie Cholesterin, sowie phenolischen Inhaltsstoffen, wie Farbstoffen und Schwermetallen, die komplexiert werden, beeinflusst. Technisch wird Chitosan als Flockungsmittel in Getränken (z. B. Bier), aber auch bei der Klärung von Schwimmbädern und Abwasser verwendet. Die Rolle von Chitosan bei der Inhibierung der Resorption von Fetten im Allgemeinen und damit der Senkung der Kalorienaufnahme konnte bisher nicht eindeutig durch Studien belegt werden. Bei Versuchstieren wurde festgestellt, dass Chitosan im Darm mit Fetten, fettlöslichen Vitaminen und Mineralstoffen Gele und Komplexe bildet und so die Resorption dieser Stoffe inhibiert. Die Bildung von Gelen wird durch die Anwesenheit von Ascorbinsäure gefördert. Nachteilig wirkt Chitosan allerdings auf die Resorption fettlöslicher Vitamine. Auch die antibiotische Wirkung von Chitosan (gegen Bakterien und Hefen) ist durchaus zweischneidig zu sehen. Chitosan bildet mit Pektin und Alginat essbare Filme, die für Kapseln und andere Verpackungen verwendet werden können.

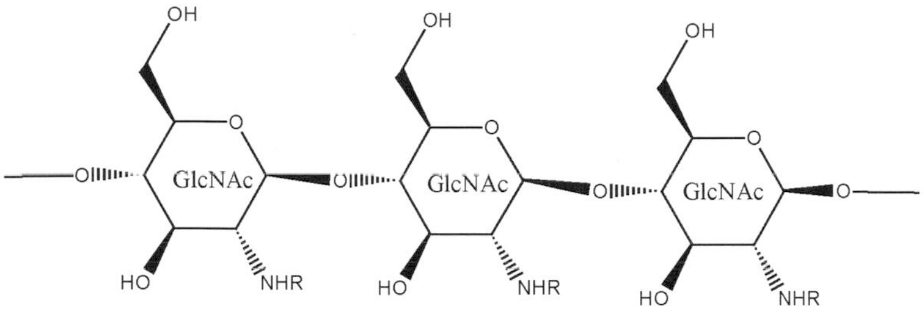

Chitin R = -COCH$_3$
Chitosan R = H

**Abb. 16.37.** Chemische Struktureinheit von Chitosan

**Tamarindenkernmehl** (engl. tamarind seed meal) ist ein Verdickungsmittel, das aus den Samen von *Tamarindus indica (Fabaceae = Leguminosae)* gewonnen wird. Im Samen ist ein verzweigtes Heteropolysaccharid (Xyloglucan) enthalten, das hauptsächlich für die Viskositätserhöhung und Gel-Bildung in Lösungen verantwortlich ist. Die chemische Struktur bildet eine Hauptkette aus β(1–4)-verknüpften Glucoseeinheiten, von denen viele in Position 6 mit Kohlenhydrat-Seitenketten verknüpft sind. Mit der Hauptkette meist α(1–6)-verknüpft sind D-Xylose und L-Arbinose. D-Xylose kann dann noch in Position 2 β-glykosidisch mit D-Galaktose verbunden sein.

Tamarindenkernmehl wird ähnlich wie Pektin in Marmeladen verwendet, darüber hinaus kann es als Stabilisator in Speiseeis und Mayonnaise verwendet werden. Auch als Futtermittel findet es in den Ursprungsländern Anwendung.

**Flohsamen** = Strauchwegerich = Psyllium = Heusamen (engl. fleawort seed, plantago seed): Die Samen von *Plantago afra = Plantago psyllium (Plantaginaceae)*, einer im Mittelmeerraum heimischen Pflanze, enthalten in ihren äußeren Hüllen ein stark quellendes Polysaccharid, das aus D-Xylose, D-Galakturonsäure, L-Arabinose und L-Rhamnose zusammengesetzt ist. Das in den Flohsamen enthaltene Fett wird leicht ranzig, sodass Flohsamenmehl leicht verderblich ist.

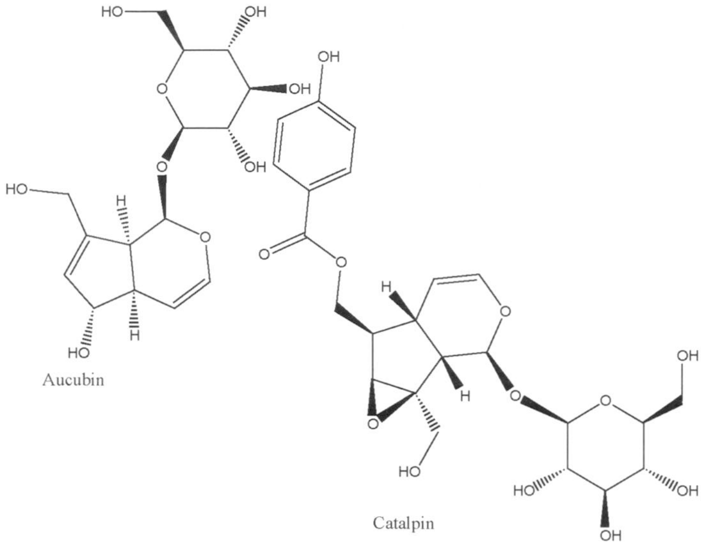

**Abb. 16.38.**    Chemische Struktur von Aucubin und Catalpin

Die Samen enthalten auch das Iridoid Aucubin (Abb. 16.38). Flohsamen wurden seit langer Zeit als Laxans in der Pharmazie verwendet. Erst in jüngster Zeit ist ihre cholesterinspiegelsenkende Wirkung und damit ihre positive Rolle bei der Prävention von Herz-Kreislauf-Erkrankungen durch Studien belegt worden. Die Wirkung ist ähnlich der der β-Glucane aus Hafer. Dies hat in den USA zur Zulassung der Verwendung von Flohsamen in Backwaren und als „Funktionsnahrung" geführt.

## 16.5.3  Emulgatoren

Emulgatoren ermöglichen das stabile Vermischen von hydrophilen und hydrophoben flüssigen Phasen. Es entstehen „Emulsionen", das sind homogene Dispersionen, von wässrigen Lösungen in Fett (Öl) oder Fett in Wasser (W/O- und O/W-Emulsionen). Dementsprechend unterscheidet man W/O- und O/W-Emulgatoren.

Chemisch sind Emulgatoren Moleküle, die sowohl hydrophile als auch hydrophobe (polare und unpolare) Gruppen in einem Molekül vereinigen. Polare Gruppen können sich in der hydrophilen, unpolare Gruppen in der hydrophoben Phase verankern und so als Mediator zwischen den an sich nicht mischbaren Phasen fungieren. Dadurch verhindern sie auch die Ausbildung von makroskopisch sichtbaren Grenzflächen. Man versucht, die Eigenschaften eines Emulgators durch den so genannten „HLB-Wert" (Hydrophil-lipophil-Balance) zu quantifizieren. Der HLB-Wert eines Emulgators ist durch das Stärkeverhältnis von hydrophilen und hydrophoben = lipophilen Gruppen im Molekül gegeben. Der HLB-Wert ist auf Ölsäure (1,0) bezogen, die HLB-Werte anderer Emulgatoren werden relativ dazu auf einer Skala 1–20 angegeben. Emulgatoren mit niedrigen HLB-Werten sind stark lipophil, solche mit hohen stark hydrophil. W/O-Emulgatoren haben HLB-Werte, die im Bereich 3–6 liegen, bei O/W-Emulgatoren liegt dieser Wert im Bereich 8–18. Im Zwischenbereich sind diverse Feuchthaltemittel zu finden. Allerdings können nicht alle Eigenschaften eines Emulgators durch den HLB-Wert erfasst werden. Manche Emulgatoren haben selbst polymorphes Kristallisationsverhalten und dadurch auch die Fähigkeit, das polymorphe Kristallisationsverhalten von Fetten zu einer bestimmten Kristallisationsform hin zu beeinflussen und zu stabilisieren. Diese Eigenschaften bestimmter Emulgatoren werden vor allem bei der Schokoladenerzeugung genutzt.

Natürlich vorkommende Emulgatoren sind z. B. Phospholipide, Mono- und Diester von Fettsäuren, Steroide, Gallensäuren, wie Glykocholsäuren und Taurocholsäuren (Abb. 16.39), Proteine, Saponine, Gerbstoffe, Flavonoide und auch als Verdickungsmittel wirkende Polysaccharide in geringeren Konzentrationen.

Erste synthetische Emulgatoren waren wahrscheinlich die Seifen, die Alkali- und Erdalkalisalze der Fettsäuren. Inzwischen gibt es viele synthetische Stoffe, die als Emulgatoren in Lebensmitteln, Kosmetika und im technischen Bereich verwendet werden.

**Lecithine E 322** (engl. lecithins) sind natürlich vorkommende und auch physiologisch wichtige Emulgatoren (Abb. 16.39). Die einzelnen Lecithine unterscheiden sich durch die Art der Fettsäuren, die mit Glycerin verestert sind. Dementsprechend gibt es eine große Anzahl von strukturell verschiedenen Lecithinen (z. B. verestert mit ungesättigten Fettsäuren, verestert mit gesättigten Fettsäuren, etc.). Lecithine mit einem hohen Gehalt an ungesättigten Fettsäuren haben einen niedrigeren Schmelzpunkt als solche mit gesättigten.

Lecithine werden in großem Umfang Lebensmitteln zugesetzt. Vor allem in Süßwaren, Schokolade, Backwaren, Instant-Produkten und Margarine finden sie eine breite Anwendung. Sie werden auch dem Futter von Fischen zugemischt. Technische Anwendungen für Lecithine gibt es in der Lackindustrie und in der Elektronik bei der Erzeugung von Magnetbändern und Disks.

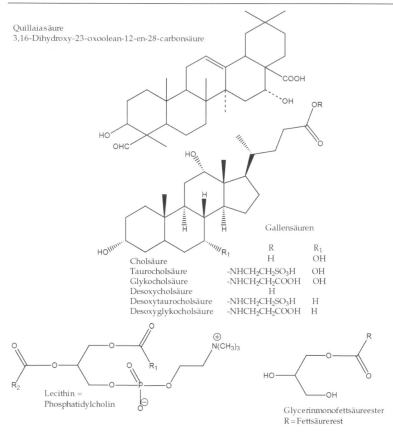

Quillaiasäure
3,16-Dihydroxy-23-oxoolean-12-en-28-carbonsäure

|  | R | R$_1$ |
|---|---|---|
| Cholsäure | H | OH |
| Taurocholsäure | -NHCH$_2$CH$_2$SO$_3$H | OH |
| Glykocholsäure | -NHCH$_2$CH$_2$COOH | OH |
| Desoxycholsäure | H | |
| Desoxytaurocholsäure | -NHCH$_2$CH$_2$SO$_3$H | H |
| Desoxyglykocholsäure | -NHCH$_2$CH$_2$COOH | H |

Gallensäuren

Lecithin =
Phosphatidylcholin

Glycerinmonofettsäureester
R = Fettsäurerest

**Abb. 16.39.**     Chemische Struktur natürlich vorkommender Emulgatoren

**Mono- und Diglyceride von Fettsäuren E 471** (engl. mono- and digly-cerides of fatty acids) sind nichtionische Emulgatoren. Die Moleküle bestehen aus einem hydrophilen (freie Hydroxylgruppen des Glycerins) und aus einem hydrophoben (Kohlenwasserstoffrest der Fettsäure) Bestandteil. Reine Gylcerinmonofettsäureester können durch Destillation im Hochvakuum hergestellt werden. Durch Sprühtrocknung auf Trägern werden sie oft zur Verwendung aktiviert. Durch ihren nichtionischen Charakter und ihr natürliches Vorkommen als Abbauprodukte der Fette dürften sie in der Ernährung besser verträglich sein als die ionischen Emulgatoren. Monoglyceride von Fettsäuren verlangsamen die Retrogradation der Amylose in Backwaren und tragen dadurch zu deren Frischhaltung bei. Durch teilweise Veresterung mit Essigsäure kann die Anzahl der polaren Gruppen vermindert werden.

**Essigsäureester von Mono- und Diglyceriden von Fettsäuren E 472a:** Verwendet werden sie vorwiegend in Margarine, Backwaren, Teigwaren, Süßwaren, Speiseeis, Kartoffelprodukten und in der Kosmetik.

**Quillajaextrakt E 999** (*Quillaja saponaria molina, Quillajaceae, Fabales*, engl. Quillaja extract) ist der verdünnt alkoholische Teil- und getrocknete Extrakt aus der inneren Rinde des Seifenrindenbaums. Der Baum kommt in Teilen von Südamerika und Asien vor. Die Rinde enthält etwa 10 % Quillaja-Saponin (Aglycon Quillaja-Säure, Abb. 16. 39), das für die starke Schaumbildung wässriger Extrakte verantwortlich ist. Quillaja wird als Schaumbildner und Stabilisator von Schäumen, als Feuchthaltemittel und in der Kosmetik als Seife verwendet.

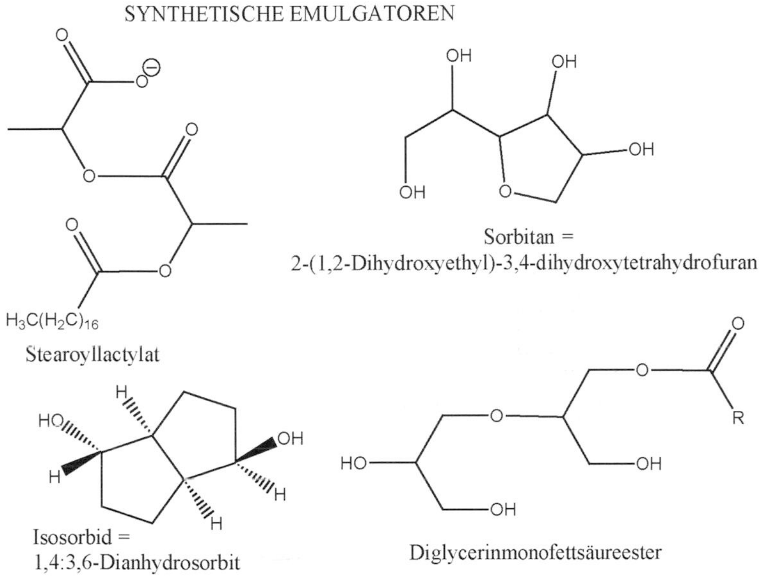

SYNTHETISCHE EMULGATOREN

Sorbitan =
2-(1,2-Dihydroxyethyl)-3,4-dihydroxytetrahydrofuran

$H_3C(H_2C)_{16}$

Stearoyllactylat

Isosorbid =
1,4:3,6-Dianhydrosorbit

Diglycerinmonofettsäureester

**Abb. 16.40.** Chemische Struktur synthetischer Emulgatoren

**Teil- und vollsynthetische Emulgatoren** werden in großem Umfang bei der Herstellung von Lebensmitteln verwendet, da sie eine genauere Justierung der HLW-Werte erlauben und dadurch „maßgeschneidert" für spezielle Anwendungen sind (Abb. 16.40).

**Milchsäureester E 472 b, Citronensäureester E 472 c und Weinsäureester E 472 d von Mono- und Diglyceriden von Fettsäuren** (engl. lactic, citric and tartaric acid esters of mono- and diglycerides of fatty acids) sind anionische Emulgatoren mit einer gesteigerten hydrophilen Charakteristik. Innerhalb dieser Gruppe ist die Polarität von den Milchsäureestern (eine Carboxylgruppe) bis zu Citronensäureestern (drei Carboxylgruppen) erhöht. Die polare Funktion dieser Gruppe von Emulgatoren kann weiter durch Acetylierung freier Hydroxylgruppen modifiziert werden (z. B. mono- und diacetylierte Weinsäure, verestert mit Mono- und Diglyceriden von Fettsäuren: E 472 e–f). Anwendungen finden diese Arten von Emulgatoren in Brot und Backwaren sowie in Würsten (Citronensäureester).

**Polyglycerinester von Speisefettsäuren E 475** (engl. polyglycerol esters of fatty acids, Abb. 16.40) sind hydrophiler als die Monoglyceride von Fettsäuren. Sie werden durch Erhitzen von Glycerin in Gegenwart von Katalysatoren und darauf folgende Umesterung mit Fetten hergestellt. Durch die Kondensation der Glycerin-Moleküle unter Wasserabspaltung entstehen Etherbrücken, was erwarten lässt, dass die Emulgatoren physiologisch nicht ganz unbedenklich sind. Sie werden vorwiegend in Backwaren und nicht-hefegetriebenen Teigen verwendet. Im Magen-Darm-Trakt sind sie nur teilweise lipolytisch spaltbar.

**Polyglycerin-Polyricinoleat E 476** (engl. polyglycerol polyricinoleate) ist ein Emulgator, der aus kondensierten Glycerinen (hauptsächlich Diglycerin) und kondensierten Hydroxyfettsäuren (Ricinolsäure) durch Veresterung erzeugt wird. Das Molekül enthält viele Etherbrücken und ist dadurch sehr hydrophil. Verwendet wird der Emulgator in Schokolade (hilft bei der einheitlichen Kristallisation der Kakaobutter), Süßwaren auf Kakaobasis, fettarmen Brotaufstrichen und Salatsoßen.

**Zuckerester von Speisefettsäuren E 473 und Zuckerglyceride E 474** (engl. sucrose esters of fatty acids and sucroglycerides): Beide Emulgatoren sind Ester der Saccharose mit Fettsäuren. Der Unterschied liegt im Herstellungsverfahren. E 473 ist eine Saccharose, die mit 1–3 Fettsäureestern verestert ist (meist durch Umesterung mit Fettsäuremethylestern), während E 474 durch Umesterung von Triglyceriden mit Saccharose gewonnen wird. Dabei entstehen Saccharose-Fettsäureester und Mono- bzw. Diglyceride von Fettsäuren. Das entstandene Gemisch wird ohne weitere Trennung als Emulgator verwendet. Saccharoseester sind hydrophile, nichtionische Emulgatoren, gleichzeitig auch Coemulgatoren der Mono- und Diglyceride. Sie werden in Brotteigen, in der Feinbäckerei und in der Schokoladenerzeugung verwendet (senken die Viskosität von Schokoladenmasse).

**Sucroseacetatisobutyrat E 444** (engl. sucrose acetate isobutyrate) ist ein Emulgator, der zur Fixierung von Aromastoffen in Limonaden verwendet werden kann.

**Natriumstearoyl-2-lactylat E 481** und **Calciumstearoyl-2-lactylat E 482** (engl. sodium and calcium stearoyllactylate, Abb. 16.40) sind anionische Emulgatoren, die hydrophiler sind als die Fettsäureester der Milchsäure. Sie werden aus Dimilchsäure (Milchsäurelactat) durch Veresterung mit Stearinsäure hergestellt. Diese Emulgatoren werden vorwiegend in der Bäckerei, in Süßwaren, Kartoffelpüree und in Tiefgefrierwaren eingesetzt.

**Stearyltartrat E 483** = Weinsäureester des Stearinalkohols (engl. stearyl tartrate) ist ein anionischer Emulgator, der in seiner Polarität den Stearoyllactylaten ähnlich ist. Er wird fast ausschließlich in Desserts zugesetzt.

**Propylenglykolester von Speisefettsäuren E 477** = Propan-1,2-diol-fettsäureester (engl. propane-1,2-diol-esters of fatty acids): Meist sind beide

Hydroxylgruppen des Propan-1,2-diols mit Fettsäuren verestert. Dadurch entstehen sehr lipophile Emulgatoren (hydrophobe, HLB 1,5–3). Sie verbessern das Gashaltevermögen von Schäumen und werden vorwiegend in Backwaren, Kuchenmischungen, Speiseeis, Desserts und Cremen verwendet.

**Thermooxidiertes Sojaöl mit Mono- und Diglyceriden von Fettsäuren E 479 b** (engl. thermally oxidized soya bean oil interacted with mono- and diglycerides of fatty acids): Der Emulgator ist ein komplexes Produkt aus 10 % thermisch oxidiertem Sojaöl (erhitzt mit Luft auf 190–200 °C) und 90 % Mono- und Diglyceriden von Speisefetten. Beide Komponenten werden zusammen im Vakuum auf 130 °C erhitzt und damit desodoriert. Dieser Emulgator wird nur in Margarine verwendet.

**Sorbitan-Fettsäureester** („Spans") sind eine große Gruppe von synthetischen Emulgatoren mit einer breiten Palette von Anwendungen. Ausgangsprodukt für die Herstellung ist der Sorbit, der in Gegenwart von Säuren intramolekular Wasser abspaltet und in zyklische Derivate (Sorbitane) übergeht. Dabei entsteht meistens 2-(1,2-Dihydroxyethyl)-3,4-dihydroxytetrahydrofuran (Abb. 16.40), ein Derivat des Tetrahydrofurans, mit einer Etherbrücke zwischen dem $C_1$ und dem $C_4$ des Sorbits (etwa 85 %). Ein anderes stereoisomeres Kondensationsprodukt des Sorbits entsteht durch Ringschluss zwischen $C_3$ und $C_6$. Durch Abspaltung von zwei Molekülen Wasser aus dem Sorbit bildet sich durch zweifachen Ringschluss Isosorbid (Abb. 16.40). Durch Veresterung des Sorbitans mit einem oder mehreren Molekülen Fettsäure bilden sich Sorbitan-Fettsäureester, die als Emulgatoren in Lebensmitteln (z. B. E 491–E 495), Kosmetika und im technischen Bereich breite Verwendung finden. Die meisten Sorbitanester sind bei Raumtemperatur fest und in Wasser entweder löslich oder dispergierbar.

*Sorbitanmonostearat* **E 491** (engl. sorbitan monostearate) hat einen HLB-Wert von 4,7 und wird in Limonaden zur Dispersion von Aromen, in Trockenhefe und Kaffeeweißer (coffee creamer) verwendet.

*Sorbitantristearat* **E 492** (engl. sorbitan tristearate) hat einen HLB-Wert von 2,1 und eignet sich zur Herstellung von W/O-Emulsionen. Anwendung findet es in Süßwaren, Fertigglasuren, Schokolade und Margarine zur Beeinflussung der Fettkristallisation.

*Sorbitanmonolaurat* **E 493** (engl. sorbitan monolaurate) hat einen HLB-Wert von 8,6, schmilzt unter 25 °C und eignet sich für O/W-Emulsionen. Es wird in Soßen, Marinaden, Gelees und Konfitüren angewendet.

*Sorbitanmonooleat* **E 494** (engl. sorbitan monooleate) hat einen HLB-Wert von 4,3, schmilzt unter 25 °C und eignet sich für O/W-Emulsionen. Es wird für Soßen, Dressings und Marinaden verwendet.

*Sorbitanmonopalmitat* **E 495** (engl. sorbitan monopalmitate) hat einen HLB-Wert von 6,7 und eignet sich für O/W-Emulsionen. Anwendungsgebiete finden sich bei Speiseeis, Desserts und Kaugummi.

**Polyoxyethylen-sorbitan-Fettsäureester** („Tween", Polysorbate) sind synthetische Emulgatoren, die für spezielle Zwecke auch in Lebensmitteln verwendet werden. Anwendungen für diese Produkte finden sich vor allem in der Kosmetik und in der Pharmazie sowie bei verschiedensten technischen Artikeln. Polysorbate werden durch Copolymerisation von Sorbit mit Fettsäuren und anschließender Reaktion mit Ethylenoxid hergestellt. Es entstehen Produkte mit vielen Etherbrücken (auf ein Molekül Sorbit kommen durchschnittlich 20 Moleküle Ethylenoxid). Gewichtsmäßig enthalten die Polysorbate 50–70 % gebundenes Ethylenoxid). Die endständigen Hydroxylgruppen sind mit Fettsäuren verestert. Durch die vielen Sauerstofffunktionen im Molekül sind die Tweens hydrophiler als die vergleichbaren Spans (z. B. Sorbitanmonostearat: HLB 4,7, Polyoxyethylen-sorbitan-monostearat: HLB 9,6). Die Polysorbate sind bei Raumtemperatur meist flüssig, der Schmelzpunkt sinkt mit steigender Polyoxyethylenkettenlänge. Sie sind löslich in Wasser und Alkohol, unlöslich in unpolaren Lösungsmitteln, können aber Letztere dispergieren. Sie werden zum Emulgieren von Aromastoffen und zur Beeinflussung der Fettkristallstruktur in Margarine und Schokolade eingesetzt. Auch das Spritzen von erhitzter Margarine kann durch den Zusatz von Polysorbaten verhindert werden. Weitere Anwendungsbereiche in Lebensmitteln sind die Konditionierung von Teigen, der Einsatz in feinen Backwaren, kalorienarmen Lebensmitteln, Suppen und Soßen, in Milch- und Obers-Analogen (z. B. Kaffeeweißer), in Süßwaren, Speiseeis und Kaugummi.

Polysorbate sind generell unverdaulich, verändern aber die Emulsionseigenschaften des Darmes, sodass Nährstoffe entweder verstärkt resorbiert oder deren Resorption inhibiert wird.

*Polyoxyethylen-sorbitan-monolaureat* E 432 = *Polysorbat 20* (engl. polyoxyethylene sorbitan monolaurate) hat einen HLB-Wert von 16,7 und ist eine Flüssigkeit, die sich für O/W-Emulsionen eignet. Durch Lipasen kann Laurinsäure teilweise im Darm abgespalten werden.

*Polxyethylen-sorbitan-monooleat* E 433 = *Polysorbat 80* (engl. Polyoxyethylene sorbitan monooleate) hat einen HLB-Wert von 15,0, ist eine Flüssigkeit, ist wasserlöslich und eignet sich für O/W-Emulsionen.

*Polyoxyethylen-sorbitan-monopalmitat* E 434 = *Polysorbat 40* (engl. polyoxyethylene sorbitan monopalmitate) hat einen HLB-Wert von 15,6, ist eine Flüssigkeit, ist wasserlöslich und eignet sich für O/W-Emulsionen.

*Polyoxyethylen-sorbitan-monostearat* E 435 = *Polysorbat 60* (engl. polyoxyethylene sorbitan monostearate) hat einen HLB-Wert von 14,9, ist eine Flüssigkeit, ist wasserlöslich und eignet sich für O/W-Emulsionen.

*Polyoxyethylen-sorbitan-tristearat* E 436 = *Polysorbat 65* (engl. Polyoxyethylene sorbitan tristearate) hat einen HLB-Wert von 10,5, ist löslich in Alkohol und Fetten, dispergierbar in Wasser, Fp 30–35 °C, und eignet sich für W/O-Emulsionen.

## 16.6 Lebensmittelfarbstoffe

Die Farbe von Lebensmitteln bestimmt entscheidend deren Attraktivität. „Wir essen auch mit unseren Augen." Lebensmittelfarben werden heute auch synthetisch hergestellt, ein wichtiges Beispiel hierfür sind die Carotinoide. Mit zugesetzten Farbstoffen werden viele Zubereitungen gefärbt. Beispiele sind Süßwaren, alkoholische und nichtalkoholische Getränke, Speiseeis, Fischprodukte, Getreideprodukte und Feinbackwaren. Teilweise soll durch das Färben ein durch die Verarbeitung bedingter Farbverlust des Lebensmittels ausgeglichen werden. Einige Farbstoffe dienen zum Färben der natürlichen oder künstlichen Verpackung des Lebensmittels und dürfen nicht mit dem essbaren Inhalt in Berührung kommen. Beispiele hierfür sind gefärbte Eier, Wursthäute oder gefärbte Verpackungen von Käse. Für das Färben werden farbige Lebensmittel, aus Pflanzen oder Tieren isolierte Farbstoffe (Farbstoffextrakte) sowie mineralische oder synthetische Farbstoffe verwendet. Viele der natürlich in Pflanzen vorkommenden Farbstoffe müssen bestimmten physikalischen und chemischen Reinheitskriterien genügen, die in den entsprechenden Gesetzen dafür vorgeschrieben sind. In der Praxis werden sie zwecks leichterer Anwendbarkeit mit Kohlenhydraten, Lipiden, Alkohol, Salzen oder Säuren, Alkalien und Verdickungsmitteln verschnitten. Die natürlich vorkommenden Farbstoffe wurden systematisch im Kapitel 9 behandelt. In diesem Abschnitt werden nur Farbstoffe vorgestellt, die als Zusatzstoffe in Lebensmitteln verwendet werden. In der EU sind die zugelassenen Farbstoffe unter den Nummern E 100–E 180 registriert.

### 16.6.1 Natürlich in Tieren und Pflanzen vorkommende Farbstoffe

Die nachfolgend angeführten Farbstoffe sind in der EU zum Färben von Lebensmitteln zugelassen. Manche dieser Farbstoffe können auch synthetisch hergestellt werden.

**Curcumin = Kurkumin E 100** (engl. curcumin) ist ein gelber phenolischer Farbstoff und kommt natürlich in *Curcuma longa* (*Zingiberaceae*) vor. Curcumin kann auch synthetisch hergestellt werden. Die Gewürzpflanze und ihr Inhaltsstoff wurden in Abschnitt 10.7.1 „Rhizomgewürze" beschrieben. Der Farbstoff ist gut in Lipiden, aber nur wenig in Wasser löslich. Er kann zum Färben von Salatsoßen, Getränken, Süßwaren, Obst- und Gemüsekonserven sowie Senf verwendet werden.

**Riboflavin = Vitamin $B_2$ E 101** (Lactoflavin, Abb. 7.11, engl. riboflavine) und **Riboflavin-5'-phosphat** kommen natürlich in der Milch vor. Riboflavin-5'-phosphat (syn. Flavinmononucleotid) ist in fast allen tierischen und pflanzlichen Organismen als Coenzym enthalten. Riboflavin-5'-phosphat ist besser wasserlöslich als Riboflavin. Der gelbe Farbstoff kann auch synthetisch erzeugt werden. Besonders Riboflavin, aber auch Riboflavin-5'-

phosphat sind empfindlich gegenüber Licht. Bei Bestrahlung mit UV-Licht aktiviert vor allem Riboflavin Sauerstoff zu Singulett-Sauerstoff und Superoxid-Radikal und katalysiert damit die Lipidperoxidation, die Oxidation von Aminosäuren (vor allem von Methionin), den Abbau von Nucleinsäuren und die Polymerisation von Monomeren bei Kunststoffen. Riboflavin selbst und sein Phosphat werden dabei zu Lumichrom und Lumiflavin abgebaut. Riboflavin wurde in Abschnitt 7.2.4 ausführlich beschrieben. In Lebensmitteln wird es zum Färben von Mayonnaise, Suppen, Speiseeis, Süßwaren und Puddingpulver verwendet.

**Carotinoide E 160 a–f, E 161 b, g** (engl. carotenoids): Ihre chemische Struktur und ihre Eigenschaften wurden bereits in Abschnitt 9.1 beschrieben. Die Farben der Carotinoide reichen von gelb über orange bis rot. Auch physiologische Abbauprodukte der Carotinoide, wie z. B. Annatto, Bixin und Norbixin, sind als Farbstoffe in Verwendung. Die Carotinoide werden selbst leicht oxidiert und wirken daher antioxidativ.

*Carotine, β-Carotin, Carotin-Mischungen* E 160 a (engl. carotenes, β-carotene, mixed carotene) sind löslich in Fett und unpolaren Lösungsmitteln, wenig löslich in Alkohol und unlöslich in Wasser. Wichtigstes Carotin ist das β-Carotin, das auch synthetisch erzeugt werden kann. Sehr vielfältig ist die Verwendung der Carotine in Getränken, Obstprodukten, Kartoffelprodukten, Backwaren, Margarine und Süßwaren.

*Annatto, Bixin, Norbixin = Orlean* E 160 b (engl. Annatto, bixin, norbixin, Abb. 9.5) kommen in der Samenschale des Ruku- oder Orleanbaumes *Bixa orellana (Bixaceae)* vor (etwa 5 % im Samen). Bixin ist der Monomethylester einer $C_{25}$-Carotin-Dicarbonsäure, in Norbixin ist der Methylester gespalten. Annatto ist die orange Paste, die man nach Einweichen der zermahlenen Samen in Wasser und nach teilweiser Verdampfung des Wassers erhält. In der Samenschale liegt das instabile cis-Bixin vor, das sich in Gegenwart von geringen Mengen an Iod in das stabile trans-Bixin umlagert. Die Farbstoffe sind in Fett und unpolaren Lösungsmitteln löslich. Sie werden vorwiegend zum Färben von Fetten, Mayonnaise und Margarine verwendet. In den karibischen Ursprungsländern wird Annatto auch als Aphrodisiakum und als Heilmittel gegen verschiedenste Krankheiten angewendet.

*Capsanthin, Capsorubin, Paprikaextrakt* E 160 c (engl. capsanthin, capsorubin, paprika extract) wird als carotinoidhaltiger Extrakt aus dem Fruchtfleisch von *Capsicum* sp., *(Solanaceae)* als roter bzw. orange-gelber Farbstoff diversen Lebensmitteln zugesetzt. Der Extrakt enthält fünf Carotinoide in größeren Mengen: Capsanthin, Capsorubin (Abb. 9.3, beide typisch für den Paprika), β-Carotin, Violaxanthin (Abb. 9.1) und β-Cryptoxanthin (Abb. 9.3). Heute werden sowohl wasserlösliche (enthalten die Carotinoide in emulgierter Form) als auch fettlösliche Extrakte produziert. Paprikaextrakt hat eine gute Farbstabilität, Capsanthin und Capsorubin haben antibiotische Wirkung und verbessern auch die Haltbarkeit der gefärbten Lebensmittel. Paprikaextrakt wird in Soßen, Marinaden, Backwaren, Snacks, Käse und Würsten verwendet.

*Lycopin* **E 160 d** (engl. lycopene, Abb. 9.4) ist das rote Pigment der Tomate *Lycopersicum esculentum (Solanaceae)* (etwa 20 mg/kg Tomaten), kommt aber auch in vielen anderen Früchten vor (rote Grapefruit, Marille, Wassermelone u. a.). Es ist das am weitesten verbreitete Carotinoid im menschlichen Organismus. Lycopin, das nur in Fetten und unpolaren Lösungsmitteln löslich, in Alkohol lediglich gering löslich und in Wasser unlöslich ist, wird auch synthetisch hergestellt. Entsprechend seinen chemischen Eigenschaften wird es zum Färben von Mayonnaise, Soßen und Dressings etc., verwendet.

*β-Apo-8'-carotinal = Apocarotenal* **E 160 e** (engl. β-apo-8'-carotenal) (Abb. 9.5), *β-Apo-8'-carotinsäure-ethylester* **E 160 f** (engl. β-apo-8'-carotenic acid ethyl ester) sind $C_{30}$-Abbauprodukte von β-Carotin. Natürlich kommt β-Apo-8'-carotinal z. B. in der Passionsfrucht und in Zitrusfrüchten sowie Gräsern vor. β-Apo-8'-carotinal fungiert auch als ein Provitamin A. Beide Carotinoidderivate sind orange gefärbt und werden heute auch synthetisch hergestellt. Eingesetzt werden sie in Getränken Süßwaren, Soßen und Cremen sowie zum Färben von Fetten und in Margarine.

*Lutein = Xanthophyll* **E 161 b** (engl. lutein, xanthophyll) (Abb. 9.1) kommt natürlich vor allem in Spinat, Brennnessel, Algen, allgemein in grünen Pflanzen, Eidotter, im gelben Fleck der Netzhaut (Makula) und in der Leber vor. Chemisch ist es ein Dihydroxyderivat des α-Carotins, seine Farbe ist gelb. Es ist löslich in Fetten und den meisten organischen Lösungsmitteln. Lutein findet als Farbstoff in nichtkohlensäurehaltigen Getränken, diätetischen Lebensmitteln, Energie-Riegeln usw. Verwendung.

*Canthaxanthin = 4,4'-Dioxo-β-carotin* **E 161 g** (engl. canthaxanthin) (Abb. 9.1) ist natürlich im Eierschwamm, Phytoplankton, in Krustentieren und in Flamingofedern enthalten. Es ist ein Ketoderivat des β-Carotins von orange-roter Farbe. Zum Färben wird es meistens in Öldispersionen, stabilisiert mit Ascorbinsäure, verwendet. Es ist löslich in Fetten und organischen Lösungsmittel (z. B. Chloroform). In der Lebensmittelindustrie wird Canthaxanthin zum Färben von Seelachs, Getränken und verarbeiteten Tomaten verwendet.

*Astaxanthin* (engl. astaxanthin) (Abb. 9.1) ist das Dihydroxyderivat des Canthaxanthins (3,3'-Dihydroxy-4,4'-dioxo-β-carotin). Es kommt natürlich in Hefen, Schwämmen, Algen und Krustentieren vor. Astaxanthin ist vermutlich eine physiologische Vorläufersubstanz des Astacins (3,3',4,4'-Tetraoxo-β-carotin), das verbreitet in Fischen und Muscheln gefunden wird. Es ist in Pyridin löslich. Zum Färben von Lebensmitteln ist Astaxanthin in der EU nicht zugelassen, es wird aber als Zusatz zu Tierfutter und Fischfutter verwendet, um z. B. die Farbintensität des Fleisches von Zuchtlachs oder die Farbe des Eidotters zu intensivieren.

**Chlorophylle, Chlorophylline E 140** (engl. chlorophyll, chlorophyllin) (Abb. 9.16): Chlorophyll ist das grüne Pigment der Pflanzen und wird meist aus Spinat, Brennnesseln oder Algen gewonnen, wobei eine Trennung in Chlorophyll a und b nicht nötig ist. Chlorophyll ist in Fetten, Methylenchlorid, Chloroform und Alkohol löslich, aber unlöslich in Wasser.

Chlorophyllin entsteht aus Chlorophyll durch alkalische Verseifung der Estergruppen. Dabei werden der Phythol- und Methanol-Ester gespalten und zwei freie Carboxylatgruppen gebildet, wodurch Chlorophyllin auch in Wasser löslich wird. Chlorophyll aktiviert mit Licht Sauerstoff und wird deshalb in der Kosmetik nicht nur als Farbstoff, sondern auch als Desodorant verwendet. In Lebensmitteln werden Chlorophyll und Chlorophyllin vorwiegend zum Färben von Süßwaren, Spirituosen, Fetten und Teigwaren verwendet.

Wird Magnesium, das Zentralatom im Chlorinring, durch Kupfer ersetzt (z. B. durch Behandlung mit Kupferhydroxid), entstehen farbbeständige **Kupfer-Chlorophylline E 141**, die ebenfalls als Farbstoffe in Lebensmitteln verwendet werden. Die fotodynamische Aktivität ist bei Kupfer-Chlorophyllinen nur mehr sehr gering.

**Betanin = Beetenrot E 162** (engl. betanin, beetroot red) (Abb. 9.15) ist der Farbstoff der roten Rübe *Beta vulgaris (Chenopodiaceae)*, aus der er auch gewonnen wird. Betanin ist löslich in Wasser und Alkohol, aber unlöslich in apolaren Lösungsmitteln. Betanin ist temperatur- und pH-stabil, wirkt antioxidativ und ist daher gegen Sauerstoff empfindlich. Es wird zum Färben von Getränken, Konfitüren, Speiseeis, Süßwaren, Gemüsekonserven und Würsten verwendet. Betalainfarbstoffe kommen auch in *Amaranthus*-Arten vor.

**Anthocyane E 163** (engl. anthocyanins) (Abb. 9.14) sind in der Natur als Farbstoffe von Blüten und Früchten sehr weit verbreitet. Anthocyane, die zum Färben von Lebensmitteln verwendet werden, werden aus den Schalen von intensiv rot gefärbten Trauben gewonnen. Sie sind löslich in Alkohol und Wasser und sind empfindlich gegenüber Änderungen im pH-Wert. Anthocyane werden als Farbstoffe vor allem in Obstprodukten (Marmeladen) und Getränken eingesetzt.

**Karminsäure = Cochenille E 120** (engl. carminic acid, carmines, cochineal) (Abb. 9.12) kommt in bestimmten Insekten (Läusen) der Art *Dactylopius coccus* oder *Coccus cacti (Hemioptera)* vor und wird daraus gewonnen. Chemisch ist Karminsäure = ein α-7-C-Glucosid eines 1-Methyl-3,5,6,8-tetrahydroxy-2-carboxy-anthrachinons (9,10). Der rote Farbstoff ist in Wasser und Alkohol löslich. In Säuren wird der Farbton gelb bis violett.

Mit Aluminiumionen bildet Karminsäure den Farblack Karmin. In Lebensmitteln wird sie in Getränken, Wermutweinen (versetzten Weinen) und Marmeladen verwendet.

**Monascus** (engl. monascus) sind Schimmelpilze, die je nach Stamm rote *(Monascus purpureus)* und gelbe *(Monascus anka)* Farbpigmente synthetisieren (Abb. 16.41).

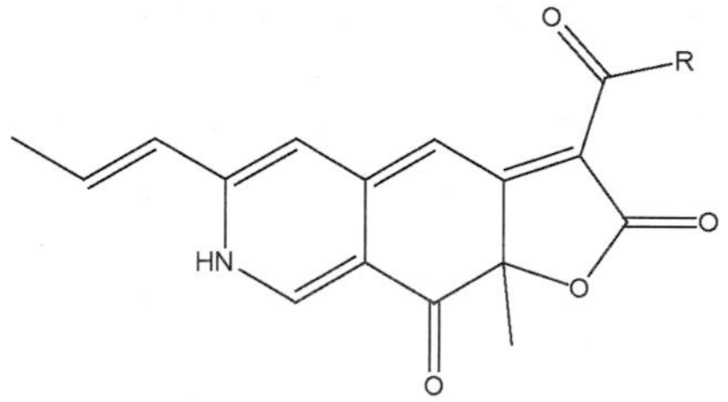

Monascorubramin R = $C_7H_{15}$ violett
Rubropunctamin R = $C_5H_{11}$ rot

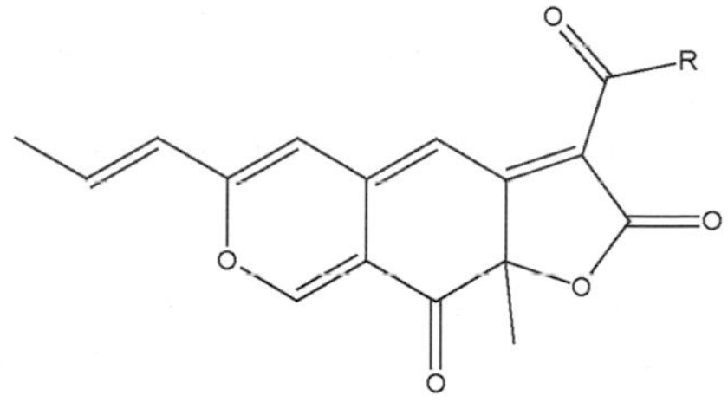

Rubropunctatin R = $C_5H_{11}$ orange
Monascorubrin R = $C_7H_{15}$ orange

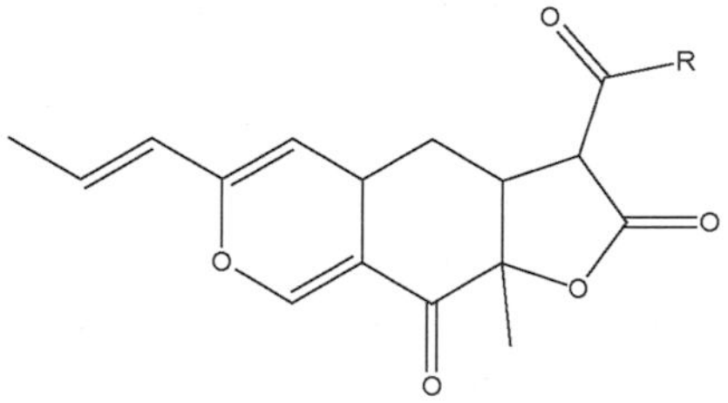

Monascin R = $C_5H_{11}$ gelb
Ankaflavin R = $C_7H_{15}$ gelb

**Abb. 16.41.** Chemische Struktur der Monascus-Farbpigmente

Das Färben mit *Monascus* sp. ist zwar in der EU nicht zugelassen, hat aber in China und Japan eine jahrhundertelange Tradition. Meistens wird der Pilz auf Reis gezüchtet, wobei in den ersten Tagen der Fermentation die Farbpigmente gebildet werden.

Einige dieser Pigmente sind durch ihre chemische Struktur charakterisiert worden: z. B. Monascorubramin ist ein violett gefärbtes Alkaloid,

Monascorubrin ist orange-rot, Monascin ist gelb, Xanthomonasin A + B sind gelb und Ankaflavin ist gelb. Die ersten drei Pigmente wurden aus *Monascus purpureus*, die Letzteren aus *Monascus anka* isoliert. Chemisch sind die Pigmente zyklische Ether mit Doppelbindungen in den Ringen *(kondensierte Pyrane)* und daher wahrscheinlich auch sauerstoffaktivierend, was einerseits eine allergene Wirkung bei sensitiven Personen, andererseits aber auch eine antibiotische Wirkung dieser Substanzen vermuten lässt. Die Struktur ähnelt dem Mykotoxin Citrinin (Abb. 18.3), das auch in *Monascus* sp. nachgewiesen wurde. Die Anwendungen vor allem von roten Monascus-Pigmenten in Lebensmitteln ist vielfältig: alkoholische und nichtalkoholische Getränke (z. B. roter Reiswein), Teigwaren, Kuchen, Fleischprodukte (red chicken), Süßwaren, Glasuren, Soßen.

## 16.6.2 Synthetische Farbstoffe

Obwohl die Tendenz beim Färben von Lebensmitteln derzeit zu den natürlichen Farbstoffen geht, sind heute noch viele synthetische Farbstoffe zum Färben von Lebensmitteln zugelassen und werden auch verwendet (Abb. 16.42, Abb. 16.43, Abb. 16.44). Synthetische Farbstoffe sind einheitliche chemische Verbindungen, haben daher stabile Färbequalitäten und haben meist eine höhere Farbintensität als Naturfarben, außerdem sind sie meist billiger. Sie wurden vielfach bereits am Ende des 19. Jahrhunderts als Lebensmittelfarben eingesetzt. Inzwischen sind bei manchen dieser Farbstoffe toxische Eigenschaften nachgewiesen worden, sodass sie zum Färben von Lebensmitteln nicht mehr zugelassen sind. Ein oft angeführtes Beispiel ist das Buttergelb (*p*-Dimethylaminoazobenzol), das wegen seiner Cancerogenität schon zu Beginn des 20. Jahrhunderts zum Färben von Margarine nicht mehr verwendet werden durfte. Durch das Einführen von polaren Gruppen in die Farbstoffmoleküle (z. B. Sulfonsäuregruppen) werden die Substanzen wasserlöslich.

Chemisch gehört die überwiegende Anzahl der verwendeten synthetischen Farbstoffe zu den Azofarbstoffen (charakteristisches Strukturelement die Azogruppe –N=N–).

Daneben werden auch Triphenylmethanfarbstoffe (z. B. Grün S, Patentblau V, Abb. 16.45, Brillantblau FCF), Phthaleinfarbstoffe (z. B. Erythrosin, Abb. 16.46), Chinolinfarbstoffe (z. B. Chinolingelb, Abb. 16.44) und Indigoderivate (z. B. Indigotin, Abb. 16.44) verwendet.

Außerdem sind auch durch die Herstellungsart definierte Färbemittel, wie z. B. Karamell, Zuckercouleur oder Tierkohle, in Gebrauch. Synthetische Farbstoffe wurden primär zum Färben von Textilien entwickelt und können daher von natürlichen grob durch das Färben eines Wollfadens unterschieden werden: Erstere ziehen aus einer Lösung direkt auf Wolle auf und sind nicht mehr auswaschbar. Ansonsten können die einzelnen Farbstoffe durch HPLC analytisch unterschieden werden. Synthetische Farbstoffe werden hauptsächlich zum Färben von Süßwaren, Speiseeis, Puddingpulver, Desserts und in der Kosmetik verwendet.

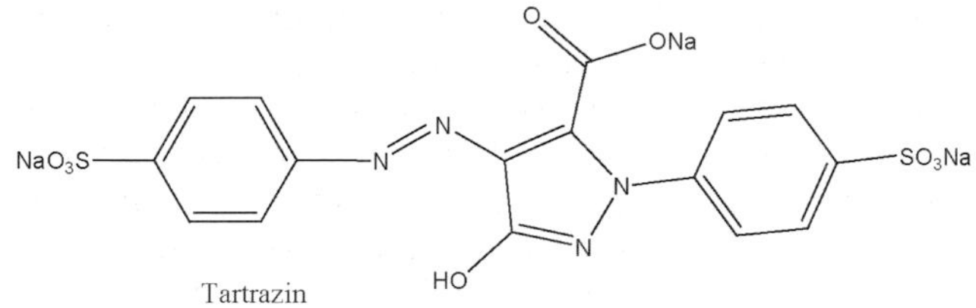


Tartrazin

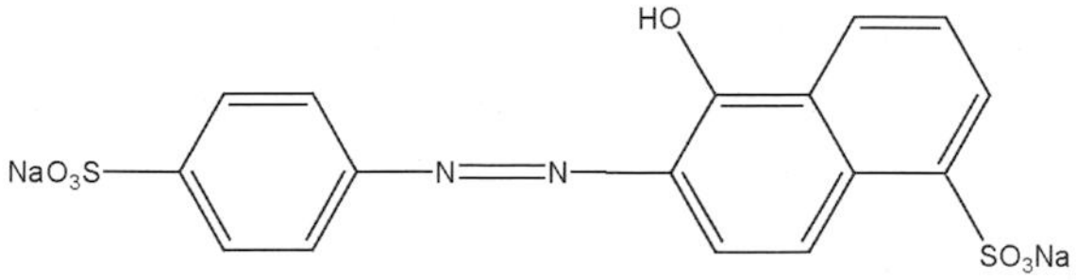


Gelborange S

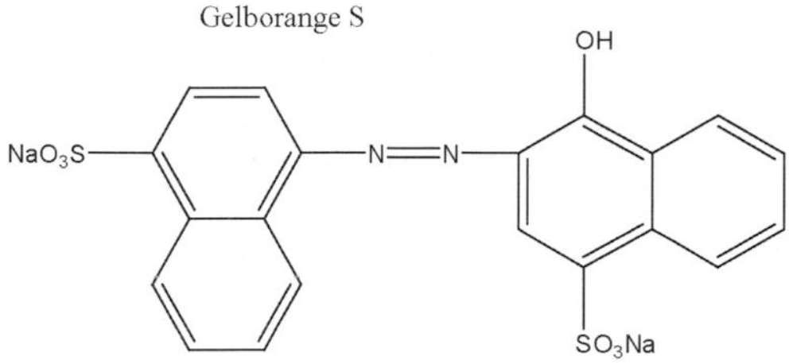


Azorubin

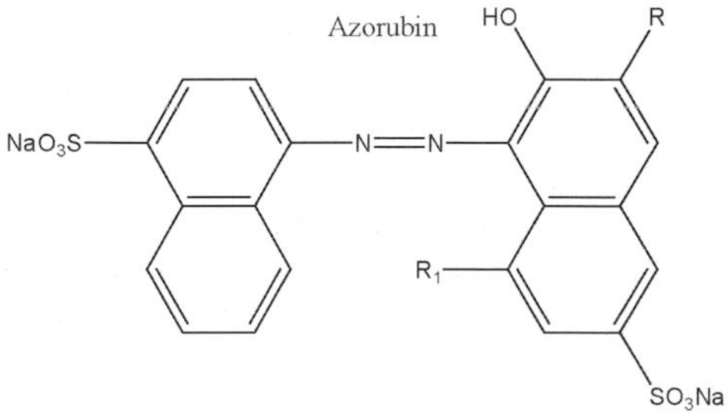


Amaranth R = $SO_3Na$ $R_1$ = H
Ponceau 4 R R = H $R_1$ = $SO_3Na$

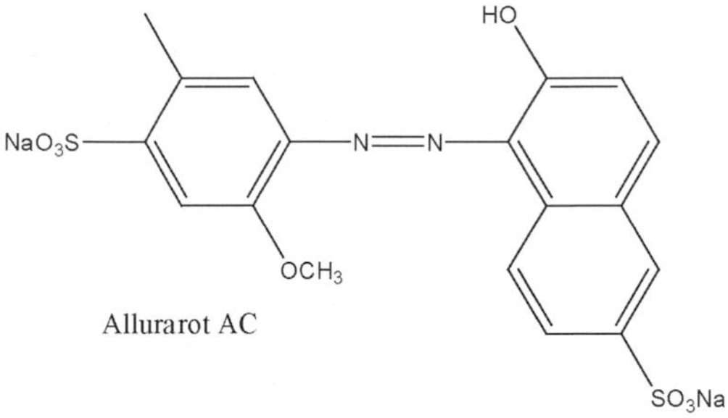


Allurarot AC

**Abb. 16.42.** Chemische Struktur ausgewählter synthetischer Farbstoffe (I)

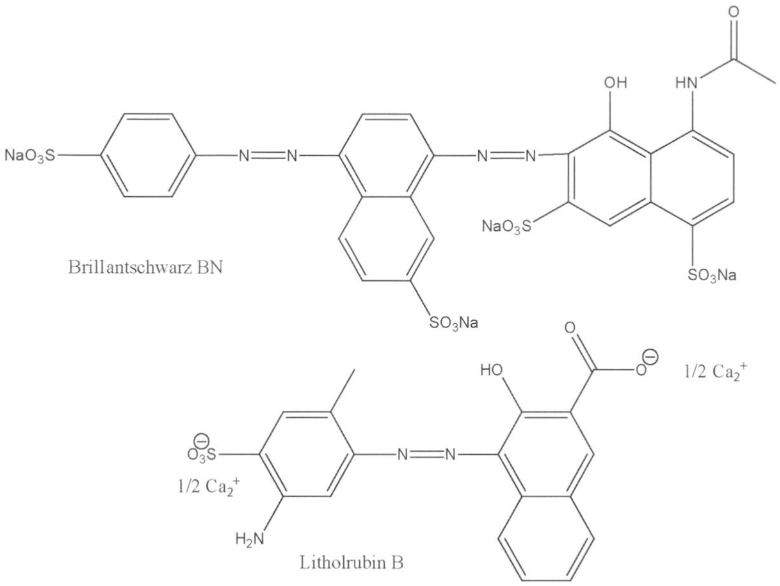

**Abb. 16.43.**   Chemische Struktur ausgewählter synthetischer Farbstoffe (II)

**Tartrazin E 102** (engl. tartrazine) (Abb. 16.42) ist ein gelber, wasserlöslicher Azofarbstoff, der in Getränken, Brausepulver, Puddingpulver, Speiseeis, Süßwaren und in der Kosmetik verwendet werden kann. Tartrazin kann bei einem geringen Prozentsatz sensitiver Personen Allergien (Urtikaria, Nesselsucht) auslösen. Für denselben Personenkreis ist in der Regel auch Acetylsalicylsäure ein Allergen.

**Chinolingelb E 104** (engl. quinoline yellow) (Abb. 16.44) ist ein wasserlöslicher Chinolinfarbstoff, der zum Färben von Puddingpulver, Zuckerwaren, Speiseeis, Brauselimonaden und anderen Getränken verwendet wird.

**Gelborange S = Sunsetgelb FCF E 110** (engl. orange yellow S, sunset yellow FCF) (Abb. 16.42) ist ein orange-gelber, wasserlöslicher Azofarbstoff, der für Orangetöne in Limonaden, Zuckerwaren, Speiseeis und zusammen mit Ponceau 4 R (E 124) zum Färben von Krabben verwendet wird.

**Azorubin = Carmoisin E 122** (engl. azorubine, carmoisine) (Abb. 16.42) ist ein roter, wasserlöslicher Azofarbstoff, der in Süßwaren, Speiseeis, Puddingpulver und Desserts angewendet wird.

**Amaranth E 123** (engl. amaranth) (Abb. 16.42) ist ein rotbrauner, wasserlöslicher Azofarbstoff, der in Desserts, Süßwaren, Getränken und Puddingpulver verwendet wird. In den USA ist Amaranth wegen vermutlicher Cancerogenität seit 1976 verboten. Die EU findet die diesbezüglichen amerikanischen Untersuchungen nicht stichhaltig und fehlerhaft.

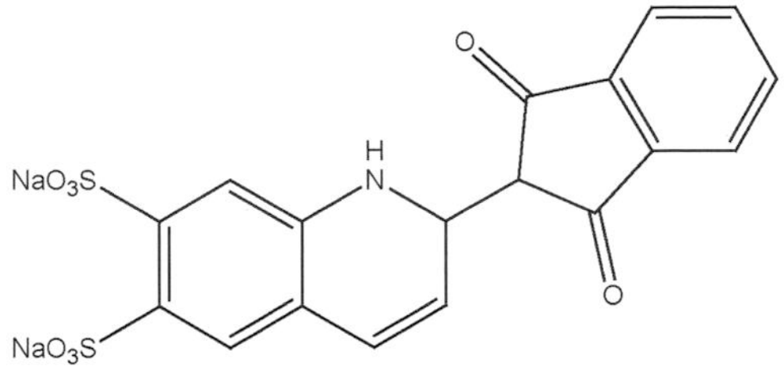


Chinolingelb

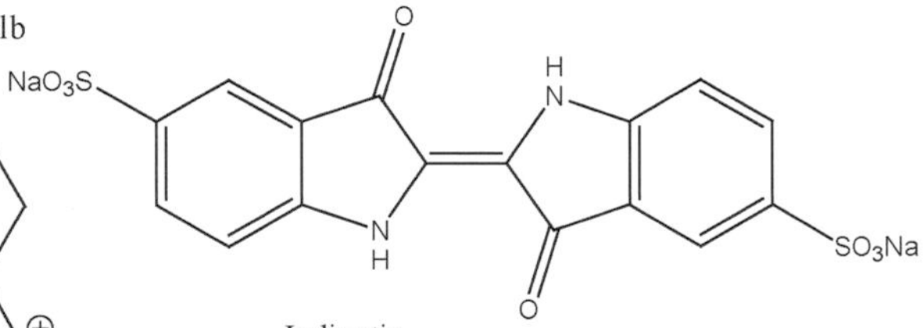


Indigotin

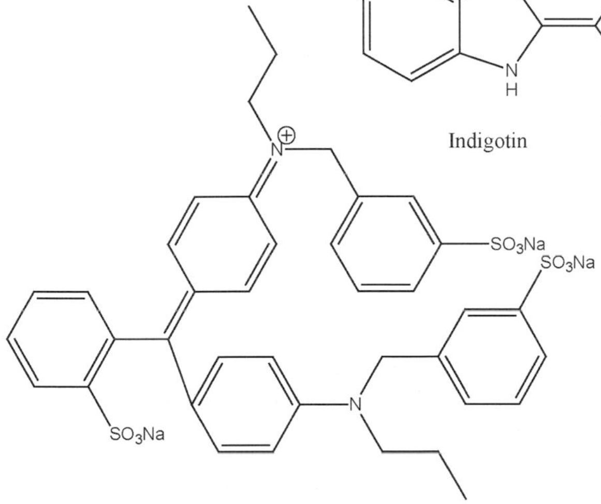


Brillantblau FCF

**Abb. 16.44.** Chemische Struktur ausgewählter synthetischer Farbstoffe (III)

**Ponceau 4 R = Cochenillerot A E 124** (engl. ponceau 4 R, cochineal red A) (Abb. 16.42) ist ein roter, wasserlöslicher Azofarbstoff, der in Süßwaren, Speiseeis, Fruchtkonserven und Puddingpulver verwendet wird. Zusammen mit Gelborange S dient er auch zum Färben von Krabben oder Seelachs. Weiters findet Ponceau 4 R Anwendung in der Kosmetik und in Arzneimitteln.

**Erythrosin E 127** (engl. erythrosine) (Abb. 16.46) ist ein roter, als Natriumsalz wasserlöslicher Phthaleinfarbstoff, der in schwach saurem Milieu als unlösliche Erythrosinsäure ausfällt. Der Farbstoff ist empfindlich gegenüber Licht, wirkt fotodynamisch und produziert Singulett-Sauerstoff. Er wird in Fruchtkonserven, vor allem zum Färben von Kirschen, eingesetzt und kommt auch in der Kosmetik zum Einsatz.

**Allurarot AC E 129** (engl. allura red AC) (Abb. 16.42) ist ein roter Azofarbstoff, löslich in Wasser und in Alkohol. Es wird zum Färben von Getränken, Süßwaren und Desserts sowie von Kosmetika und Arzneimitteln
verwendet.

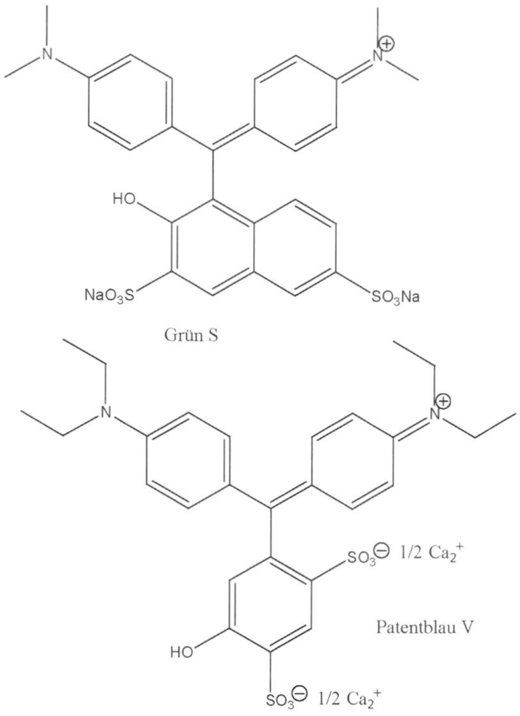

**Abb. 16.45.**    Chemische Struktur von Grün S und Patentblau V

**Patentblau V E 131** (engl. patent blue V) (Abb. 16.45) ist ein wasserlöslicher Triphenylmethanfarbstoff, der als Calciumsalz eingesetzt wird. Reduktives Milieu kann die Farbe von Triphenylmethanfarbstoffen bleichen.
Der Farbstoff wird zum Färben von Getränken, Süßwaren und Desserts
verwendet.

**Indigotin = Indigokarmin E 132** (engl. indigotine, indigo carmine)
(Abb. 16.47) ist ein blauer, wasserlöslicher, synthetisch hergestellter Farbstoff (Disulfonsäurederivat des Indigofarbstoffes) aus der Gruppe der
auch natürlich vorkommenden Indigofarbstoffe.

   In verschiedenen Pflanzen (z. B. *Indigoferae, Fabaceae, Brassicaceae*)
kommt eine Vorstufe des Indigofarbstoffes Indican (3-β-Glucosidoindol,

biosynthetisch aus Tryptophan entstanden) vor, aus der durch Abspaltung des Glucoserestes und Oxidation der dimere Indigofarbstoff hergestellt wird (Abb. 16.47). Heute wird Indigo in großem Umfang synthetisch hergestellt und vorwiegend zum Färben von Textilien verwendet. In Lebensmitteln ist das wasserlösliche Indigoderivat Indigotin zum Färben von Getränken, Likören, Speiseeis und Süßwaren zugelassen.

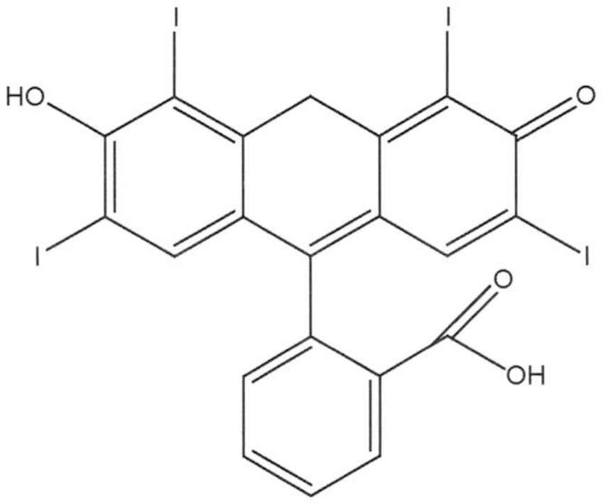

**Abb. 16.46.**    Chemische Struktur von Erythrosin

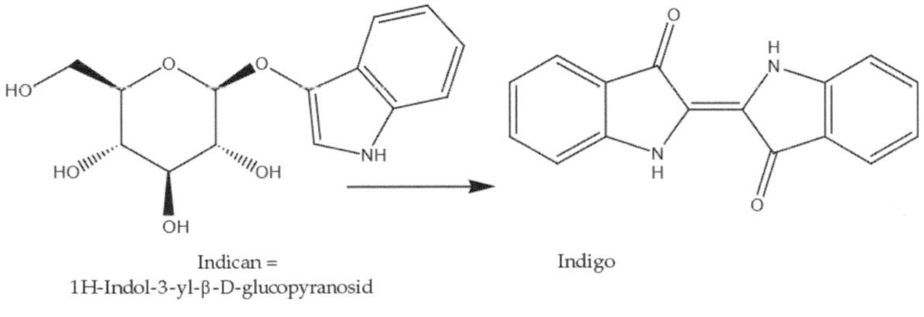

Indican =
1H-Indol-3-yl-β-D-glucopyranosid                    Indigo

**Abb. 16.47.** Synthese von Indigo aus Indican

**Brillantblau FCF E 133** (engl. brilliant blue FCF) (Abb. 16.44) ist ein in Wasser und Alkohol löslicher, grünlich-blauer Triphenylmethanfarbstoff, der in Getränken, Süßwaren und in Kosmetika sowie Arzneimitteln angewendet wird. Der Farbstoff ist sauerstoffaktivierend und wirkt daher auch antibiotisch. Weiters wird Brillantblau FCF als Stempelfarbe für Fleischstempel eingesetzt.

**Grün S = Brillantsäuregrün BS E 142** (engl. green S) (Abb. 16.45) ist ein grüner Triphenylmethanfarbstoff, der in Wasser und Alkohol löslich ist. Wie das verwandte Malachitgrün ist der Farbstoff sauerstoffaktivierend, wirkt antibiotisch (Wundbehandlung) und ist daher empfindlich gegen Licht. Er wird in Süßwaren und in der Kosmetik (Seifen, Waschmittel) verwendet.

**Brillantschwarz BN E 151** (engl. brilliant black BN) (Abb. 16.43) ist ein durch seine Sulfonsäuregruppen wasserlöslicher Azofarbstoff, der zum Färben von Fischrogen (unechter Kaviar) und in Süßwaren verwendet wird. Anwendungen finden sich auch in der dekorativen Kosmetik.

**Braun FK E 154** (engl. brown FK) ist ein Gemisch von Azofarbstoffen, die sich durch Diazotierung und Kupplung aus 1,3-Diaminobenzol und 2,4-Diaminotoluol bilden. Es entstehen Mono-, Bis- und Triazofarbstoffe. Braun FK wird fast ausschließlich zum Färben von Zubereitungen von Heringen (Kippers) in England verwendet. Der Farbstoff ist in vielen Ländern, darunter Österreich, Deutschland und den USA, verboten.

**Braun HT = Schokoladenbraun HT E 155** (engl. brown HT) ist ein wasserlöslicher Azofarbstoff, der zum Färben von Süßwaren verwendet werden kann. Er ist in vielen Ländern, darunter Österreich, Deutschland und den USA, nicht zugelassen.

**Litholrubin B E 180** (engl. latolrubine, litholrubine B) (Abb. 16.43) ist ein in heißem Wasser löslicher Azofarbstoff, der in der EU ausschließlich zum Färben von Käserinden und in Kosmetika zugelassen ist.

**Pflanzenkohle = Carbo medicinalis vegetabilis E 153** (engl. vegetable carbon) wird durch Verkohlen von Holz, Cellulose, Schalen der Kokosnuss u. Ä. hergestellt. Kohle, gewonnen aus Erdölprodukten, darf nicht verwendet werden. In Lebensmitteln wird Pflanzenkohle für Süßwaren, Käse- und Wurstumhüllungen sowie bei Morbier-Käse verwendet. Breite Anwendungen findet sie in der dekorativen Kosmetik und in Arzneimitteln. In den USA darf Pflanzenkohle in Lebensmitteln nicht verwendet werden.

**Zuckercouleur** (Zuckerkulör) oder **Karamell** wird durch Erhitzen von konzentrierten Zuckerlösungen meist in Gegenwart von Beschleunigern (in die Reaktionsprodukte eingehende Katalysatoren) oder durch Schmelzen von Saccharose oder Glucose erhalten. Neben den genannten Zuckern sind Glucosesirup und Invertzuckersirup weitere Ausgangsprodukte. Als Katalysatoren dienen Säuren oder Basen sowie Sulfit. Sulfit hat einen inhibierenden und regulierenden Einfluss auf die Bildung der braunen Pigmente, gleichzeitig verbessert es deren Löslichkeit in Wasser. Beim

Erhitzen der Zucker entstehen, unter Abspaltung von Wasser, in Wasser lösliche, braun gefärbte, hochmolekulare Kondensationsprodukte unterschiedlicher chemischer Zusammensetzung und Struktur. Die Art der entstehenden braunen Pigmente wird stark von der Art der verwendeten Katalysatoren, vom Wassergehalt, vom pH-Wert und von den gesamten Reaktionsbedingungen beeinflusst. Bisweilen wird zwischen Karamell, hergestellt durch bloßes Erhitzen von Zucker auf 150–200 °C, und Zuckercouleur, hergestellt durch Erhitzen von Zucker unter gleichzeitigem Zusatz von Beschleunigern, unterschieden. Für Details siehe Kapitel 17. Das Färben mit Zuckercouleur muss in Lebensmitteln nicht kenntlich gemacht werden und unterliegt keinen mengenmäßigen Beschränkungen. Hauptanwendungsgebiete sind alkoholische und nichtalkoholische Getränke. Wegen der Vielfalt der beim Herstellungsprozess entstehenden chemischen Substanzen bestehen gesundheitliche Bedenken gegen den Einsatz von Zuckercouleur, die sich einerseits als nicht besonders gravierend darstellen, andererseits aber nie vollständig auszuräumen sein werden.

*Kaustische Couleur = einfache Zuckercouleur* **E 150 a** (engl. plain caramel) wird aus den Ausgangsprodukten unter Zusatz von Alkalien oder Säuren durch Erhitzen erhalten. Die gebildeten braunen Pigmente sind löslich in Wasser und stabil in Alkohol. Anwendung findet die kaustische Couleur zum Färben von Spirituosen und Süßwaren. Auch in der Kosmetik und in Arzneimitteln kann kaustische Zuckercouleur eingesetzt werden.

*Kaustische Sulfit-Couleur = Sulfitlaugen-Zuckercouleur* **E 150 b** (engl. caustic sulphite caramel) wird aus den Zuckern durch Erhitzen mit Säuren oder Alkalien und schwefliger Säure oder ihren Salzen hergestellt. Die wasserlöslichen braunen Pigmente werden zum Färben von Spirituosen (z. B. Whisky, Rum, Weinbrand) verwendet. Kosmetik- und Arzneimittelherstellung sind ebenfalls Einsatzgebiete von kaustischer Sulfit-Couleur.

*Ammoniak-Zuckercouleur* **E 150 c** (engl. ammonia caramel) wird aus Kohlenhydraten durch Zusatz von Ammoniak bzw. Ammoniumsalzen und fallweisen Zusatz von Säuren oder Alkalien durch Erhitzen hergestellt. Gefärbt werden damit Bier, Suppen und Soßen. Auch in der Kosmetik und in Arzneimitteln wird es verwendet.

*Ammoniaksulfit-Zuckercouleur* **E 150 d** (engl. sulphite ammonia caramel) wird aus den Zuckern durch Erhitzen mit Ammoniak, dessen Salzen, Alkalien oder Säuren und schwefliger Säure bzw. deren Salzen erhalten. Die braunen Pigmente sind wasserlöslich und stabil in Säuren. Es wird zum Färben von nichtalkoholischen, kohlensäurehaltigen Getränken sowie zum Färben von Essig und anderen sauren Lebensmitteln verwendet. Anwendungen finden sich auch in Kosmetika und Arzneimitteln.

**Mineralische Farbstoffe** finden zur Färbung der Oberfläche und zur Verzierung von Süßwaren Anwendung. Viele dieser mineralischen Pigmente werden auch bei der Produktion von Kosmetika und Arzneimitteln eingesetzt. Mineralische Farbstoffe sind wasserunlösliche Pigmente. Die Oxide finden unterschiedlichste Anwendungen im technischen Bereich (z. B. Farben in der Keramik, in Anstrichmitteln). Die verschiedenen Farben der diversen Eisenoxide bildeten schon in der Antike die Grundlage der griechischen Vasenmalerei.

*Calciumcarbonate* **E 170** (engl. calcium carbonates) werden zum Färben von Dragees und in kosmetischen Artikeln (z. B. Zahnpaste) als weißes Pigment verwendet.

*Titandioxid* **E 171** (engl. titan dioxide), ein weißes Pigment, kommt in drei verschiedenen Kristallformen vor: Rutil, Anatas und Brookit. Die technisch wichtigste und häufigste Form ist der Rutil. Anatas hat unter dem Einfluss von ultraviolettem Licht sauerstoffaktivierende Eigenschaften, die z. B. zur fotodynamischen Reinigung von Abwasser genutzt werden. Titandioxid ist zur Verwendung in Lebensmitteln allgemein zugelassen. Meistens wird es zum Färben von Dragees, Kaugummi sowie von Überzügen, Dekorationen und in der Kosmetik verwendet. Im technischen Bereich ist es heute das am meisten verwendete Weißpigment.

*Eisenoxide und Eisenhydroxide* **E 172** (engl. iron oxides and iron hydroxides) haben die Farben gelb ($FeOOH \times H_2O$), rot ($Fe_2O_3$), braun ($Fe_2O_3$) und schwarz ($Fe_3O_4 = FeO \times Fe_2O_3$). Sie werden vorwiegend zum Färben von Dragees sowie Dekorationen und Überzügen verwendet. Auch in der Kosmetik werden sie in großem Umfang eingesetzt.

*Aluminium* **E 173** (engl. aluminum) findet bei Überzügen und Dekorationen von Süßwaren sowie bei der Dekoration von Backwaren und in der Verpackung Verwendung.

*Silber* **E 174** (engl. silver) wird in Überzügen und zur Oberflächenbehandlung von Süßwaren verwendet. Silberionen oder kolloidales Silber wirken antibiotisch und wurden früher zur Konservierung von Trinkwasser eingesetzt. In höherer Konzentration sind Silberionen toxisch, vor allem für die Haut (Agyrose).

*Gold* **E 175** (engl. gold) wird zum Verzieren von Süßwaren und in Likören (z. B. Danziger Goldwasser) verwendet.

**Säuren und deren Salze** werden in großem Umfang als Zusatzstoffe in Lebensmitteln verwendet. Obwohl die meisten dieser Säuren in Lebensmitteln natürlich vorkommen und der Mensch mit ihnen in andauerndem Kontakt ist, muss der Zusatz in vielen Fällen deklariert werden. Säuren sind Träger des sauren Geschmacks, gleichzeitig wirken sie generell antibiotisch. Die saure Geschmacksempfindung korreliert mit dem pH-Wert der Lösung. Diese Beziehung gilt vor allem bei den anorganischen Säuren streng. Zusätzlich wirken sich bei den organischen Säuren auch weitere Strukturelemente der Säuren auf die Geschmacksempfindung aus. Z. B. schmeckt eine Lösung von Apfelsäure saurer als eine von Weinsäure gleicher Konzentration. Apfelsäure schmeckt grasig und unreif sauer, während Citronensäure fruchtig sauer schmeckt. Der saure Geschmack von Adipinsäure hält über eine längere Zeit an als der anderer Säuren. Vor allem die kurzkettigen organischen Säuren wirken antibiotisch. Viele der angewendeten Säuren sind Produkte von fermentativen Prozessen und bilden sich physiologisch im Verlauf des Tricarbonsäurezyklus. Die Salze der schwachen und mittelstarken organischen und anorganischen Säuren wirken als Puffersubstanzen bzw. Säureregulatoren, in vielen Fällen auch als Stabilisatoren. Viele Säuren bilden Chelatkomplexe und oft schwer lösliche Salze mit Erdalkali- und Schwermetallionen (Weinsäure, Citronensäure, Phosphorsäure, Polyphosphate). Organische Säuren können oft zweckmäßig mit geeigneten Enzymen (Dehydrogenasen) quantitativ bestimmt werden.

Die folgenden Säuren bzw. deren Salze werden häufig Lebensmitteln zugesetzt: Milchsäure (E 270), Apfelsäure (E 296), Citronensäure (E 330), Weinsäure (E 334), Phosphorsäure (E 338), Adipinsäure (E 355), Fumarsäure (E 297), Bernsteinsäure (E 363), Gluconsäure (E 574) und deren Salze (E 576 bis E 579), sowie ihr innerer Ester Glucono-δ-lacton (E 575). Auch polymere Säuren, wie Metaweinsäure (E 353), Diphosphate (E 450), Triphosphate (E 451) und Polyphosphate (E 452), Silikate (E 551, E 552, E 553 a, E 553 b) und Aluminiumsilikate (E 554 bis E 556, E 558) werden in speziellen Anwendungen eingesetzt. Säuren finden vor allem in nichtalkoholischen Getränken, Süßwaren, Speiseeis, Kaugummi, Obst- und Gemüseprodukten, bei der Zubereitung von Obst und Gemüse und als Hilfsstoffe bei der Herstellung von Backwaren Verwendung. Metaweinsäure verzögert das Ausfallen von Weinstein (Kaliumhydrogentartrat) und das Auftreten von Trübungen in Wein und Traubensäften. Die eiweißlösende und dispergierende Wirkung von Poly- und Oligophosphaten wurde schon in Kapitel 11.1 beschrieben. Saure Natriumaluminiumphosphate (E 541, tatsächlich sind es Polyphosphate, z. B. $NaAl_3H_{14}(PO_4)_8$, u. a.) sind als Teiglockerungs- und Dispergiermittel, Säureregulator und Ionenaustauscher zugelassen. Sie sind in Wasser und Essigsäure unlöslich, jedoch löslich in Salzsäure.

Silikate, wie Talk (Magnesiumsilikate), werden als Trennmittel, zur Inhibierung des Zusammenbackens von pulverförmigen Lebensmitteln, zur Oberflächenbehandlung von Würsten, in Hart- und Schmelzkäse sowie als Füllstoff in Kaugummi eingesetzt. Aluminiumsilikate, wie Bentonit (E 558), werden als Flockungsmittel zum Fällen von Trübungen in Getränken verwendet. Silikate werden auch dem Trink- und Brauchwasser, vor allem aber dem Warmwasser, als Korrosionsschutzmittel zugesetzt.

δ-Gluconolacton (E 575) wird in Lösung langsam hydrolysiert und geht in Gluconsäure über, es kann daher als langsam wirkende Säure (Säuredepot) eingesetzt werden. Es wird in einigen Ländern bei der Rohwurst- und Sauermilcherzeugung verwendet.

Salzsäure (E 507) und Schwefelsäure (E 513) werden zur Hydrolyse von Proteinen und Polysacchariden, aber auch als Säureregulatoren eingesetzt.

**Basen und deren Salze** mit Kohlensäure werden in Lebensmitteln als Zusatzstoffe in Backwaren (z. B. Laugenbäckerei und als Teiglockerungsmittel), in Getränkepulvern, in Süßwaren, bei der Erzeugung von Kakaoprodukten (Kakaopulver, Bitterschokolade), in Milchprodukten sowie als Beschleuniger der Maillard-Reaktion und als Ersatzstoffe für Kochsalz eingesetzt.

Die folgenden Basen bzw. Carbonate werden in der Praxis der Lebensmittelerzeugung verwendet: Natriumcarbonate (E 500), Kaliumcarbonate (E 501), Ammoniumcarbonate (E 503) und Magnesiumcarbonate (E 504), Natriumhydroxid (E 524), Kaliumhydroxid (E 525), Calciumhydroxid (E 526), Ammoniumhydroxid (E 527) und Magnesiumhydroxid (E 528), weiters Calciumoxid (E 529) und Magnesiumoxid (E 530). Calciumchlorid (E 509) wird wegen seiner Eigenschaft, Pektin zu fällen, zum Härten von Obst und Gemüse verwendet.

**Schutz- und Treibgase** dienen einerseits dem Schutz vor oxidativer Schädigung empfindlicher Lebensmittel, andererseits als Treibgase zur Herstellung von Schäumen (Gas-flüssig-Emulsionen, Aerosolen). In der EU sind Argon (E 938), Helium (E 939), Stickstoff (E 941), Distickstoffmonoxid (E 942) (Lachgas), Kohlendioxid (E 290) und Sauerstoff (E 948) für solche Anwendungen zugelassen. Kohlendioxid wird in Lagerräumen zur Verminderung der Atmungsverluste von gelagertem Obst oder anderen Lebensmitteln eingesetzt. Lachgas wirkt stärker narkotisierend als Kohlendioxid und wird als Treibgas z. B. für Schlagobers (Sahne) angewendet.

**Wachse** dienen meistens als Schutzüberzüge in Lebensmitteln – z. B. bei Käse, Obst, Süßwaren und als Kaumasse in Kaugummi. In der EU sind natürlich vorkommende Wachse, wie Bienenwachs (E 901), Candelillawachs (E 902), Carnaubawachs (E 903), Schellack (E 904), und synthetische oder halbsynthetische Wachse, wie Polyethylenwachsoxidate (E 914), Montansäureester (E 912) und davon abgeleitetes „mikrokristallines

Wachs" (E 905), zugelassen. Wachse sind löslich in organischen Lösungsmitteln, wie Chloroform, unlöslich in Wasser, wenig löslich in kaltem und löslich in heißem Alkohol.

*Bienenwachs* **E 901** (engl. beeswax) ist ein Stoffwechselprodukt verschiedener Bienenarten. Bienenwachs ist von Natur aus gelb. Weißes Bienenwachs wird durch chemische Bleichung oder durch Lichteinwirkung aus dem gelben Wachs erhalten. Chemisch ist es ein Gemisch von Fettsäureestern, bestehend aus geradzahligen langkettigen Alkoholen ($C_{24}$–$C_{60}$), verestert mit geradzahligen Fettsäuren ($C_{24}$–$C_{34}$), freien Fettsäuren und Alkoholen sowie einer variablen Menge an Kohlenwasserstoffen (durchschnittlich etwa 20 %) mit ungerader Kohlenstoffanzahl ($C_{21}$–$C_{35}$). Auch Ester mit Hydroxypalmitinsäure kommen vor. Beispiele für Ester im Bienenwachs sind Myricylcerotat und Myricylpalmitat (Myricyl = Mellisyl = Triacontan = $C_{30}$). Es wird als Trennmittel in Süßwaren, als Kaumasse in Kaugummi, als Träger für Farb- und Aromastoffe sowie als Überzugsmittel für Obst und Schokolade verwendet. Breite Anwendung findet Bienenwachs in der Kosmetik.

*Candelillawachs* **E 902** (engl. candelilla wax) kommt in allen oberirdischen Teilen von *Euphorbia cerifera*, syn. *Pedilanthus aphyllus*, syn. *Euphorbia antisyphilitica (Euphorbiaceae)* vor. Die Pflanze ist in Mexiko heimisch. Chemisch besteht das Wachs etwa zur Hälfte aus ungeradzahligen Kohlenwasserstoffen (vorwiegend Nonacosan $C_{29}H_{60}$ und Hentriacontan $C_{31}H_{64}$), etwa zu 30 % aus Fettsäureestern und etwa zu 12–14 % aus freien Alkoholen und Steroiden sowie etwa zu 6–8 % aus freien Fettsäuren. Das Wachs enthält etwa 6 % β-Sitosterin. Die Löslichkeit ist ähnlich dem von Bienenwachs. Die Anwendungen in Lebensmitteln sind wie die von Bienenwachs. In der Kosmetik wird es vor allem bei der Herstellung von Lippenstiften verwendet. Für das Wachs gibt es auch viele technische Anwendungen, z. B. in Tinten und Möbelpolituren.

*Carnaubawachs* **E 903** (engl. carnauba wax) ist das Exsudat der Blätter der Carnaubapalme, *Copernicia prunifera (Palmae)*. Das Wachs findet sich als trockene pulverförmige Masse an der Oberfläche der jungen Blätter. Chemisch besteht das Carnaubawachs zu über 80 % aus Fettsäureestern, z. B. Mellisylcerotat. Ein Hauptbestandteil sind Ester von gesättigten und ungesättigten Fettsäuren mit einer Kettenlänge von $C_{12}$ (etwa 40 %). Die Letzteren sind wahrscheinlich für die Härte des Carnaubawachses verantwortlich. Auch freie Fettsäuren sind enthalten. Es wird in Lebensmitteln ähnlich wie Candelillawachs verwendet. Anwendungen finden sich auch in der Technik und in der Kosmetik.

*Schellack* **E 904** (engl. shellac) ist ein Sekret der weiblichen Lackschildlaus *Laccifer = Tachardia lacca (Homoptera)*, die den Schellack aus Inhaltsstoffen der Blätter verschiedener tropischer Bäume produzieren (*Schleichera trijuga, Zizyphus jujuba, Acacia arabica*, u. a.). Die Zusammensetzung und damit die Qualität des Schellacks ist bestimmt durch die Art der Wirtsbäume und den Zeitpunkt der Ernte. Die beste Qualität kommt von *Schleichera trijuga*, indisch „kusumb". Der Hauptproduzent von Schellack ist Indien.

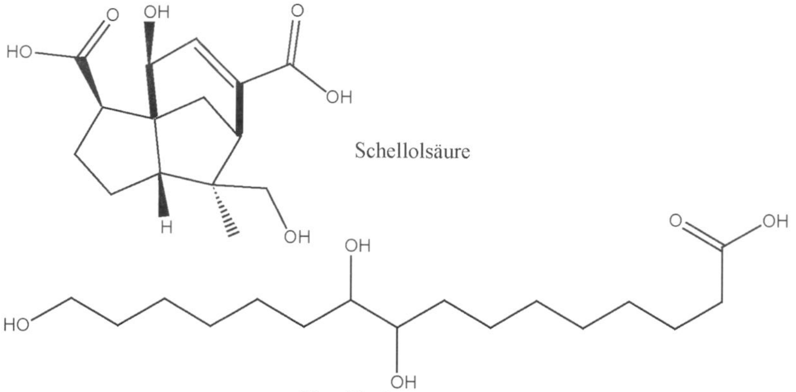

Schellolsäure

Aleuritinsäure =
9,10,16-Trihydroxypalmitinsäure =
9,10,16-Trihydroxyhexadecansäure

**Abb. 16.48.** Chemische Struktur von Schellol- und Aleuritinsäure

Chemisch ist Schellack ein Harz mit einem Anteil an Wachsverbindungen. Es ist unlöslich in Wasser- und Fettlösungsmitteln, löslich in heißem Alkohol, teilweise löslich (80 %) in kaltem Alkohol. Schonende Hydrolyse des Schellacks ergibt ein komplexes Gemisch von terpenoiden und lipoiden Hydroxysäuren, die im Harz miteinander verestert sind. Hauptbestandteil für Erstere ist Schellolsäure, für Letztere Aleuritinsäure (9,10,16-Trihydroxypalmitinsäure, Abb. 16.48). Der Wachsanteil des Schellacks (6 %) besteht zu etwa 80 % aus Ceryllignocerat und Cerylcerotinat.

Schellack wird in Lebensmitteln als Glanzmittel und für Überzüge von Obst- und Süßwaren verwendet. In der Kosmetik wird er in Haarfixiermitteln und Nagellacken eingesetzt. Technisch hat Schellack eine breite Anwendung in Lacken, Polituren, Tinten, Schallplatten und Lederwaren.

***Montansäureester* E 912** (engl. montanic acid esters, montan wax) sind ein Bitumen, das aus Braunkohle durch Extraktion gewonnen wird. Zur besseren Anwendung und zur Bleichung kann das Bitumen auch mit Chromsäure oxidiert werden. Montansäure, ein Hauptbestandteil des Bitumens ist die C28:0-gesättigte Fettsäure (Montansäure = Octacosansäure). Montansäureester sind in Fettlösemitteln löslich, unlöslich in Wasser und unvollständig löslich in heißem Alkohol. Bei Lebensmitteln werden sie zur Oberflächenbehandlung von Zitrusfrüchten verwendet. Technische Anwendungsgebiete sind Anstrichmittel und Polituren.

*Mikrokristallines Wachs* **E 905** (engl. microcrystalline wax) wird durch Raffination aus Montansäureestern hergestellt. Anwendungen finden sich als Kaumasse in Kaugummi sowie als Überzüge für Käse und Wursthüllen.

*Polyethylenwachsoxidat* **E 914** (engl. oxidized polyethylene wax) ist ein synthetisch aus Polyethylen hergestelltes Wachs. Dieses wird bei Lebensmitteln zum Wachsen von Zitrus- und anderen Früchten und zum Wachsen von Käse sowie in Kaugummi verwendet.

## 16.6.3   Sonstige Zusatzstoffe

**Calciumdinatriumethylendiamintetraacetat = Calcium-dinatrium-EDTA = Komplexon®  E 385** (engl. calcium-disodium-ethylene-diaminetetraacetic acid) bildet Komplexe mit zwei- und dreiwertigen Kationen (Abb. 16.49).

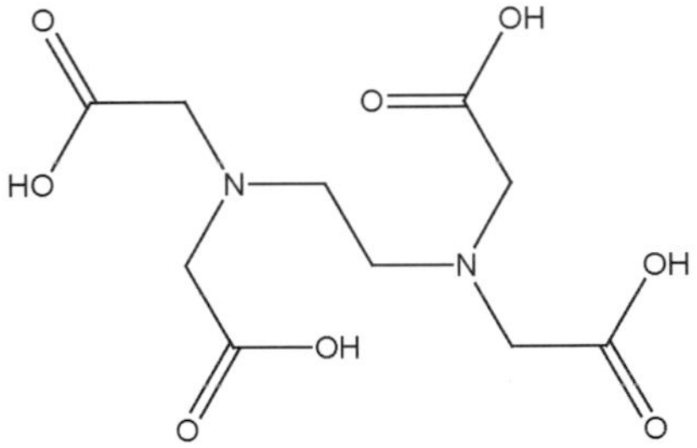

**Abb. 16.49.**   Chemische Struktur von EDTA

In Lebensmitteln kann es in der EU zur Komplexierung von Schwermetallionen eingesetzt werden. Dadurch wird die von diesen Ionen ausgehende Katalysator-Wirkung für Oxidationsreaktionen (Bräunungsreaktionen) unterbunden. Außerdem führt die Komplexierung von Ionen in manchen Mikroorganismen zu Mangelerscheinungen und damit zu einer antibiotischen Wirkung. In diesem Punkt setzt die Kritik an der Verwendung von EDTA in Lebensmitteln an, da es auch im menschlichen Organismus zu einer Bindung von mehrwertigen Ionen kommt. In der EU kann E 385 zur Stabilisierung von Fettemulsionen und als Farbstabilisator in Obst- und Gemüsekonserven angewendet werden. Insbesondere dient es zur farblichen Stabilisierung von Kartoffelprodukten (z. B. Pommes frites).

**Zinn-II-oxid E 512** (engl. stannous oxide) ist ein starkes Reduktionsmittel und ist in der EU in einer Konzentration bis zu 25 ppm zur Inhibierung des oxidativen Ausbleichens oder der Bildung von Farben zugelassen. Es wird z. B. bei Spargelkonserven verwendet.

**β-Cyclodextrin = Schardinger-Dextrin E 459** (engl. β-Cyclodextrine) ist eine Cycloamylose, bestehend aus sieben Glucoseeinheiten. α- und γ-

Cyclodextrin sind Cycloamylosen mit jeweils sechs oder acht Glucoseein-heiten im Ring, α(1–4)-glucosidisch verbunden. Sie werden durch Fermen-tation von Stärke mit *Bacillus macerans (Paenibacillus macerans)* herge-stellt. Cyclodextrine sind in Wasser löslich und bilden mit lipophilen Substanzen Einschlussverbindungen (Clathrate). Daher kann β-Cyclo-dextrin aroma- und geschmacksaktive Substanzen, aber z. B. auch Choles-terin, in wässriger Lösung komplexieren. In Lebensmitteln wird β-Cyclodextrin zur Einkapselung von Aromen und zur Entbitterung von Säften verwendet.

**Dimethylpolysiloxan E 900** (engl. dimethylpolysiloxane) ist ein bivalen-tes lineares Silikon, das das Entstehen von Schäumen hemmt (Abb. 16.50). Es wird bei der Herstellung von Obsterzeugnissen, Fetten und Süßwaren verwendet.

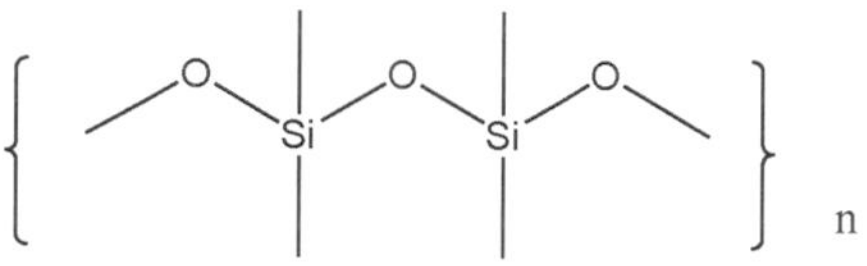

**Abb. 16.50.**   Chemische Struktur von Dimethylpolysiloxan

**Cystein E 920** (engl. cysteine) ist eine schwefelhaltige Aminosäure, die neben Ascorbinsäure als Zusatzstoff in der Weizenbäckerei angewendet wird. Cystein verbessert die Klebereigenschaften von Weizenmehl, vor allem erhöht es die Elastizität des Klebers und das Gashaltevermögen des Teiges. Darüber hinaus wirkt es geschmacksverstärkend in Suppen, Soßen und Würzen.

**Harnstoff = Carbamid E 927 b** (engl. urea, carbamide) wirkt im Mund durch Abspaltung von Ammoniak als Säureregulator. Dadurch verhin-dert Harnstoff zumindest teilweise die Säurebildung im Mund und somit auch das Entstehen von Karies. Nachteilig wirkt sich die Hemmung der Vermehrung von Fibroblasten durch Ammoniak aus. Harnstoff wird als Zusatzstoff hauptsächlich in Kaugummi verwendet.

# 17 Nichtenzymatische Bräunungsreaktionen

Bei nichtenzymatischen Bräunungsreaktionen sind für die Entstehung von braunen Pigmenten keine Enzyme verantwortlich. Trotzdem können die Ursachen für Bräunungen in Lebensmitteln, selbst bei Ausschluss von Enzymen, vielfältig sein:

- Oxidationreaktionen bei Fetten (dabei bilden sich auch Aldehyde),
- Einwirkung von Säuren und Basen auf Kohlenhydrate,
- Reaktion von Aminen und Aminosäuren mit Aldehyden.

Letztere, nach ihrem Entdecker „**Maillard-Reaktion**" genannt, hat als Ursache für meist unerwünschte Bräunungen in Lebensmitteln besondere Beachtung gefunden. Seit ihrer ersten Beschreibung vor etwa 90 Jahren sind zahlreiche Untersuchungen über Reaktionsbedingungen, Mechanismus und Produkte der Maillard-Reaktion durchgeführt worden, dennoch besteht aufgrund der großen Variationsmöglichkeiten immer noch keine endgültige Klarheit über diese Reaktion. Nicht nur bei erhöhter Temperatur, sondern auch unter physiologischen Bedingungen können Reaktionen von der Art der Maillard-Reaktion ablaufen.

Produkte der nichtenzymatischen Bräunungsreaktion beeinflussen in einem hohen Ausmaß Geruch und Geschmack von Lebensmitteln. Außerdem können auch Substanzen entstehen, die zumindest im Tierversuch toxisch wirken. Inwieweit diese Verbindungen den menschlichen Organismus schädigen können, ist in den allermeisten Fällen unbekannt.

Die Maillard-Reaktion wird eingeleitet durch eine Kondensation eines primären Amins mit einem Aldehyd unter Abspaltung von Wasser (Abb. 17.1). Die Reaktion kann schon unter sehr schonenden Bedingungen ablaufen und wird durch eine niedrige Wasseraktivität begünstigt. Die einzelnen Aminogruppen in Aminen und Aminosäuren sind unterschiedlich reaktiv, wobei in der Regel primäre Amine und endständige Aminogruppen in Aminosäuren und Proteinen von der Art des Lysins leichter Maillard-Produkte geben als die $\alpha$-ständigen Aminoguppen der Aminosäuren.

Auch die Reaktionspartner (Aldehyde), welche in der Regel verschiedene Zucker (Glucose, Fructose, Maltose, Lactose) sind, sind verschieden reaktiv. Interessanterweise reagiert Fructose bis zu fünfmal schneller in der Maillard-Reaktion als die Glucose. Wahrscheinlich ist die offenkettige

Form der Fructose für ihre besondere Reaktionsfreudigkeit verantwortlich. Darüber hinaus sind die durch die Struktur der Zucker bedingten Reaktionen für die Mannigfaltigkeit der Maillard-Produkte verantwortlich. Immerhin geben Zucker und verwandte Substanzen, wie z. B. Ascorbinsäure, auch ohne Beteiligung von Aminen Bräunungsreaktionen, allerdings unter härteren Reaktionsbedingungen. Wegen der Vielfältigkeit der bei der Maillard-Reaktion in Lebensmitteln entstehenden Substanzen wurde der Mechanismus der Reaktion an einfacheren Modellen, bestehend aus einer Aminosäure und einem Mono- oder Disaccharid, untersucht. Selbst unter diesen vereinfachten Bedingungen ist die Vielfältigkeit der entstehenden Produkte noch immer sehr groß. Viele dieser im Laufe der Maillard-Reaktion meist während der Zubereitung der Speisen gebildeten Substanzen sind verantwortlich für deren Aroma und Geschmack. Manche wirken zumindest *in vitro* toxisch (z. B. mutagen).

Selbst in einem physiologischen System laufen Maillard-Reaktionen nach einem sehr ähnlichen Reaktionsschema ab. Maillard-Produkte werden auch im Verlauf vieler Krankheiten gebildet (Diabetes, Katarakt, Herz-Kreislauf-Krankheiten, rheumatische Erkrankungen und Krebs). Selbst das Älterwerden ist von der Bildung von Maillard-Produkten begleitet (z. B. Lipofuscine).

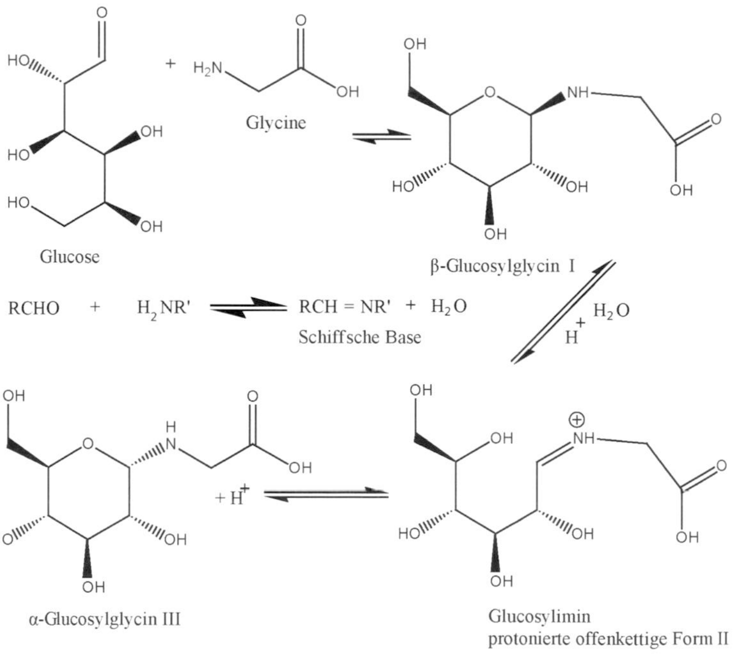

**Abb. 17.1.**     Reaktionsschema der Initiation der Maillard-Reaktion

Die Initiation der Maillard-Reaktion ist, wie schon oben erwähnt, eine (1 : 1)-Kondensation eines primären oder sekundären Amins mit einer Aldose oder auch einer Ketose. Zuerst dürfte eine Anlagerung des Amins an die Carbonylgruppe der offenkettigen Form stattfinden, sehr schnell gefolgt von einer Wasserabspaltung und einer Zyklisierung zum $\alpha$- oder $\beta$-1-Desoxy-1-amino-1-glykosid. Die $\alpha$- und $\beta$-Form des 1-Aminoglykosids befinden sich, im Falle von primären Aminen, wegen der Möglichkeit der Glykosylamin-Glykosylimin-Tautomerie durch Mutarotation im Gleichgewicht. Diese primären Kondensationsprodukte, auch „Schiffsche Basen" genannt, sind farblos und können reversibel unter Anlagerung von Wasser wieder in die Ausgangsprodukte zerfallen. In diesem Stadium kann die Reaktion auch durch Sulfit unter Bildung von Bisulfitverbindungen gehemmt werden.

Die gebildeten 1-Desoxy-1-amino-1-glykoside lagern sich im pH-Bereich zwischen 4–7 relativ leicht in 1-Desoxy-1-amino-2-glykoside um (Umlagerung einer 1-Amino-Aldose in die 1-Amino-2-Ketose). Diese Reaktion wird als **„Amadori-Umlagerung"** (Abb. 17.2) bezeichnet und ist für Aminozucker das, was für nur sauerstoffhaltige Zucker die „Lobry de Bruyn-van Ekenstein-Umlagerung" einer Aldose in eine Ketose oder umgekehrt ist. Auch diese Reaktion ist noch reversibel und durch Sulfit hemmbar. Bei den Reaktionsprodukten handelt es sich noch um farblose Verbindungen. Durch die Farbreaktion mit Acetylaceton und $p$-Dimethylaminobenzaldehyd (Elson-Morgan-Reaktion auf Aminozucker, Extinktionsmaximum 565 nm) kann die Bildung von Amadori-Verbindungen nachgewiesen werden.

Der Zerfall der Amadori-Verbindungen, durch Protonierung von N- oder O-Atomen initiiert, leitet irreversibel die Bildung von rötlich-gelben, später braunen Pigmenten ein. Es bilden sich Verbindungen, die im UV-Bereich ein Extinktionsmaximum aufweisen (277–285 nm). Das Reduktionspotenzial im sauren Bereich wird zunehmend negativ. Durch saure Hydrolyse kann der Zucker aus dem Komplex nicht mehr regeneriert werden. Die dafür verantwortlichen Reaktionen sind: weitere Dehydratisierung des Zuckeranteils mit nachfolgender Bildung von 3-Deoxyglykosonen, 1-Deoxyglykosonen und 3,4-Deoxyglykosonen sowie Zyklisierungen der Verbindungen zu Furanen, z. B. Furfural, Hydroxymethylfurfural, 2-(Hydroxyacetyl)furan, oder Pyranderivaten, z. B. Maltol (Abb. 17.2, Abb. 17.3).

Weiters bilden sich $\alpha$-Dicarbonylverbindungen, Reduktone und durch weitere Kondensation mit Aminen orange Pigmente, die wieder die Farbe des Lebensmittels beeinflussen. Glykosone können in Hydroxypyranone und unter Abspaltung von Kohlendioxid in Hydroxyfuranone übergehen. Die letzteren Verbindungen komplexieren leicht Eisenionen und katalysieren als Eisenkomplexe den oxidativen Abbau von Nucleinsäuren, besonders der DNS. $\alpha$-Dicarbonylverbindungen, Hydroxyfuranone und Hydroxypyranone sind u. a. auch verantwortlich für die Entstehung von „freien Radikalen" im Verlauf der Maillard-Reaktion, wodurch Sauerstoff aktiviert werden kann und damit zu einem Faktor der nichtenzymatischen Bräunungsreaktion wird. Z. B. entsteht aus der aus Glucose und Lysin entstandenen Amadori-Verbindung durch das Hydroxylradikal N-ε-Carboxymethyllysin.

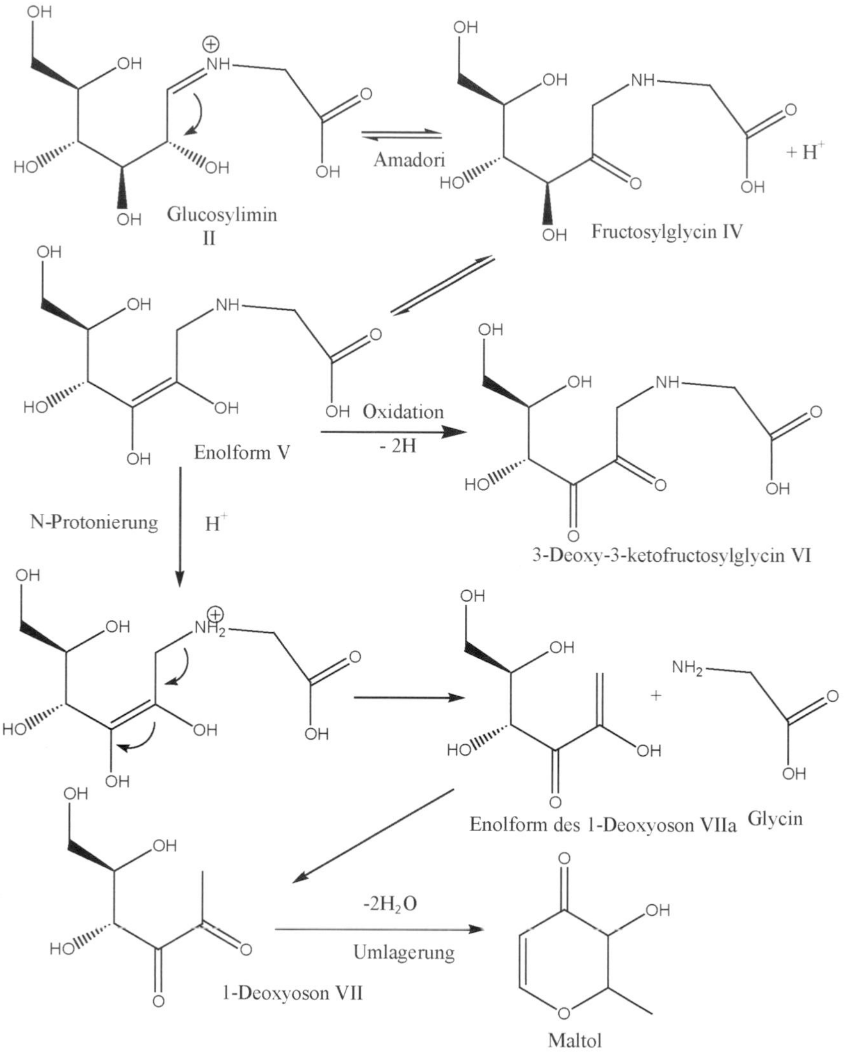

**Abb. 17.2.**　　Reaktionsschema der Amadori-Umlagerung mit N-Protonierung

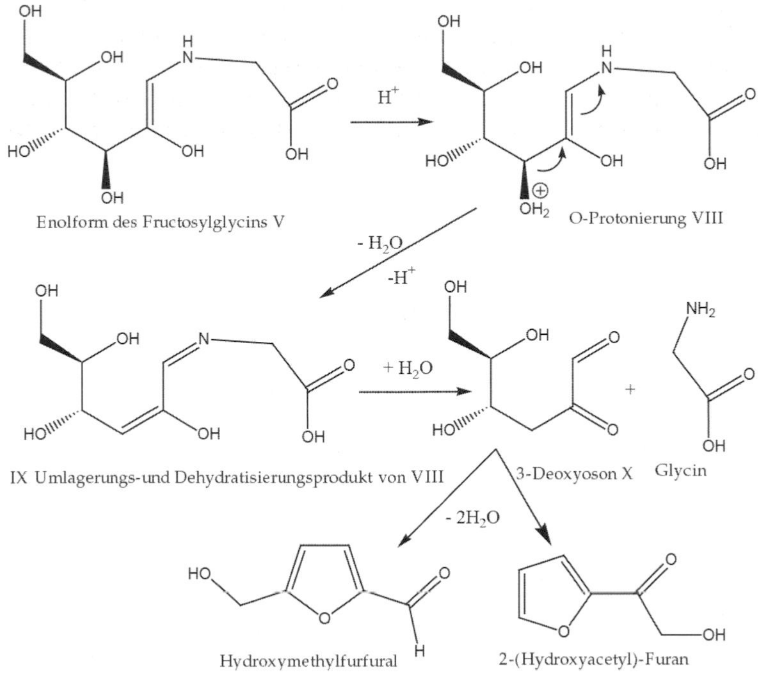

**Abb. 17.3.** Reaktionsschema der Amadori-Umlagerung mit 3-O-Protonierung

Im Endstadium der Maillard-Reaktion kommt es zur Polymerisation von Furfural und Hydroxymethylfurfural, auch ungesättigte Kohlenhydrate können zu polymeren Produkten verharzen. Immer wird auch die Abspaltung von Kohlendioxid aus den Reaktionsprodukten beobachtet. In der Folge kommt es zur Bildung von braunen bis dunkelbraunen Pigmenten.

Die aus den Amadori-Produkten gebildeten Dicarbonylverbindungen, z. B. 1- und 3-Deoxyglucosone, fungieren als Reaktionspartner von Aminosäuren in einem „**Strecker-Abbau**" (Abb. 17.4). Diese schon 1862 erstmals beschriebene Reaktion ist eine Redoxreaktion zwischen Aminosäuren und α-Dicarbonylverbindungen. Dabei wird die Aminosäure oxidativ decarboxyliert und desaminiert. Es entstehen so genannte „Strecker-Aldehyde" (z. B. Acetaldehyd, Isobutyraldehyd, 2-Phenylacetaldehyd), die das Aroma des Lebensmittels stark beeinflussen. Die Dicarbonylverbindung wird gleichzeitig reduziert und oft auch aminiert.

Aus den Dicarbonylverbindungen entstehen Aminoketone, die durch Dimerisierung, unter Abspaltung von zwei Molekülen Wasser zu substituierten Pyrazinen, wichtige Substanzen für Aroma und Geschmack, führen (Abb. 17.5). Auch substituierte Pyrrole können als Folgeprodukte des Strecker-Abbaus gebildet werden. Das während der Maillard-Reaktion entstehende Kohlendioxid entstammt zum größten Teil dem Strecker-Abbau.

STRECKER-ABBAU

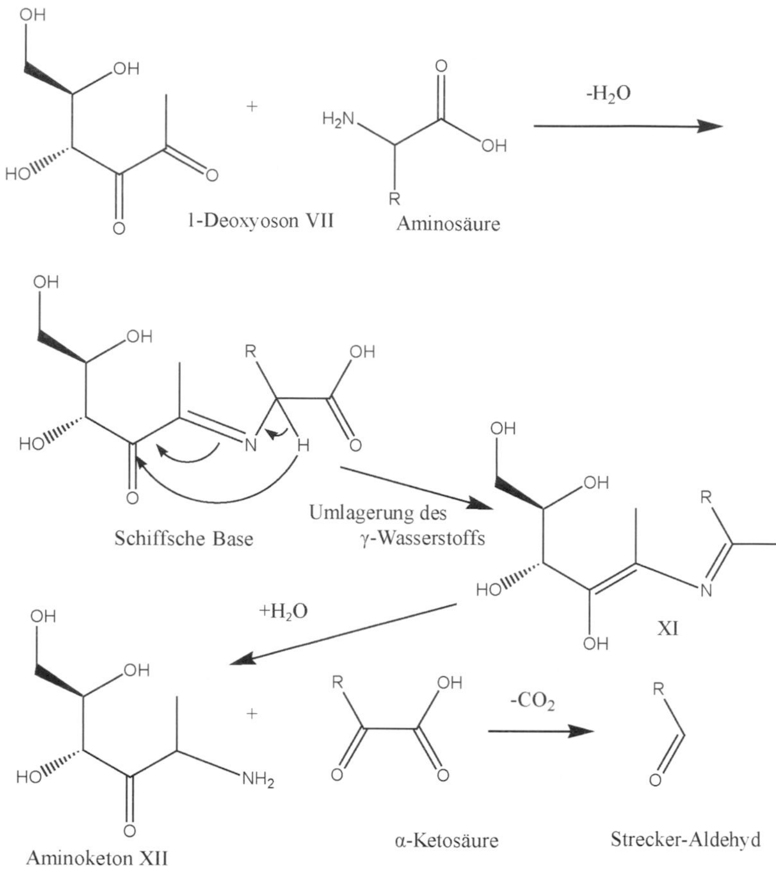

Der Strecker-Abbau, der bei hohen Temperaturen stattfindet, liefert durch Reaktion von α-Diketonen mit Aminosäuren Aminoketone und Aldehyde, die beide Komponenten des „Maillard-Aroma" sind. Aminoketone können weiter zu Pyrazinen reagieren.

**Abb. 17.4.**     Reaktionsschema des Strecker-Abbaus

Die Melanoidine weisen in der Regel ein negatives Redoxpotential auf und wirken daher antioxidativ. Organoleptisch kann Röstaroma und Karamellgeschmack festgestellt werden. Die Melanoidine können nicht mehr durch Sulfit entfärbt werden.

Vielleicht das bekannteste und sehr gut dokumentierte Beispiel für einen Strecker-Abbau ist die zum Nachweis und zur Bestimmung von Aminosäuren verwendete „Ninhydrin-Reaktion" (Aminosäure plus Triketohydrinden-Hydrat = Ninhydrin reagieren unter Abspaltung von $CO_2$ durch Kondensation zu einem rotvioletten Farbstoff).

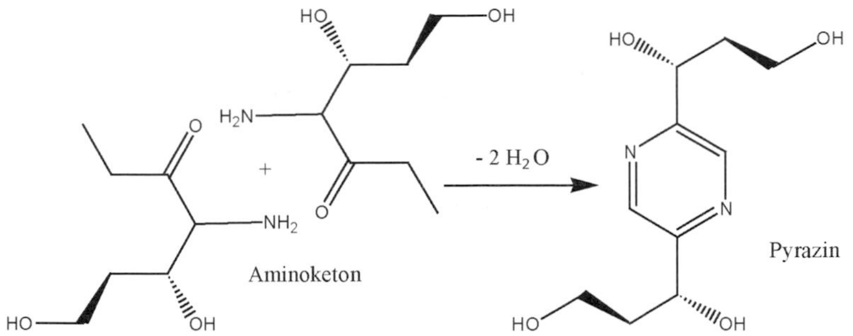

Beispiel einer Bildung von Pyrazin: 2 Aminoketon-Moleküle reagieren unter Abspaltung von 2 mol Wasser zu Derivaten des Pyrazins

**Abb. 17.5.** Reaktionsschema der Pyrazinbildung

Im Endstadium der Maillard-Reaktion bilden sich rotbraun oder dunkelbraun gefärbte, lösliche oder auch kolloidale Melanoidine unterschiedlichen Molekulargewichts und Stickstoffgehalts (AGE = advanced glycation endproducts). Auch fluoreszierende Pigmente werden gefunden.

Pentosidin ist ein wichtiges Fluorophor, das vor allem in tierischem Gewebe nachgewiesen wurde (Abb. 17.6). Pentosidin wird aus glykosyliertem Lysin durch Reaktion mit Arginin gebildet. Auch die Reaktion von Ascorbinsäure mit Lysin und Arginin führt zu einer Bildung von Pentosidin. Pentosidin kann nicht nur in tierischen Lebensmitteln, sondern auch in lebenden Organismen als Folge von Krankheiten nachgewiesen werden.

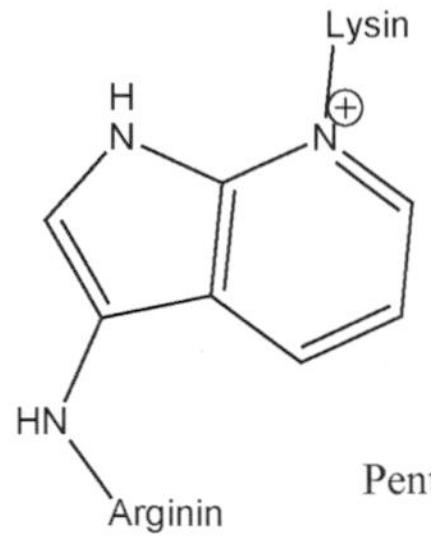

**Abb. 17.6.** Chemische Struktur von Pentosidin

Ein anderes AGE, das aus Lysin oder Lysinhältigen Proteinen gebildet werden kann, ist ε-N-Carboxymethyllysin (Abb. 17.7).

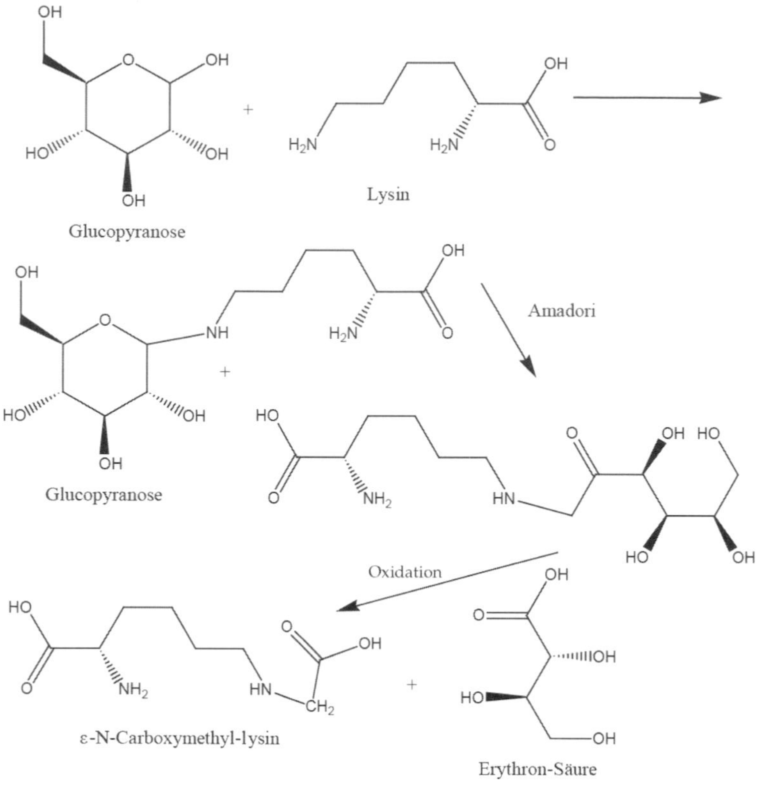

**Abb. 17.7.**     Bildung von ε-N-Carboxymethyllysin

ε-N-Carboxymethyllysin wurde auch im Bindegewebe des lebenden Organismus, vor allem bei Zuckerkranken, nachgewiesen und mit verminderter Elastizität des Bindegewebes und daraus resultierenden Krankheiten in Verbindung gebracht.

Ein anderer Metabolit, der im Zuge der Maillard-Reaktion entstehen kann, ist Acrylamid (Abb. 17.8).

Das Auftreten von Acrylamid in Lebensmitteln hat weltweite Aufmerksamkeit erregt. Acrylamid hat eine reaktive Doppelbindung, an die sich polare Gruppen wie –OH, –NH₂, –SH von Proteinen, Kohlenhydraten, Nucleinsäuren möglicherweise addieren können. Die so veränderten Moleküle können toxische Wirkungen haben. Eine andere Quelle für Acrylamid in Lebensmitteln ist die Depolymerisation von Polyacrylamid, das in der Umwelt in Form von Flockungsmitteln bei der Abwasserreinigung als Bestandteil von Herbiziden (z. B. Glyphosat) verwendet wird. Über die Toxizität von Acrylamid für den Menschen liegen bislang Studien mit unterschiedlichen Ergebnissen und widersprüchliche Erfahrungen vor.

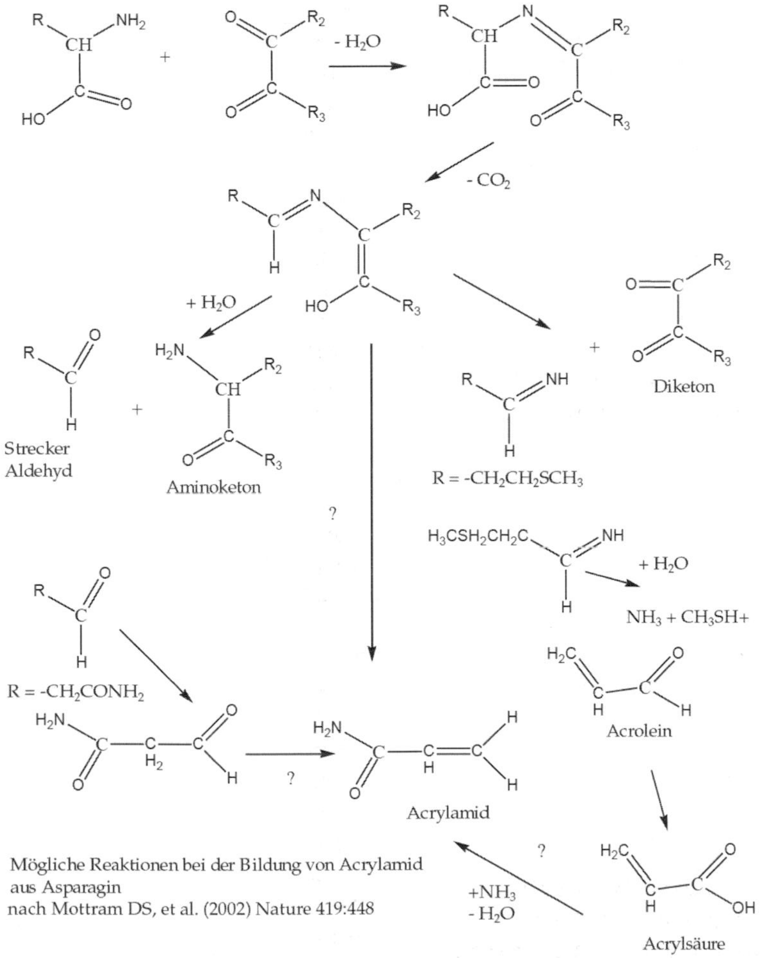

Mögliche Reaktionen bei der Bildung von Acrylamid
aus Asparagin
nach Mottram DS, et al. (2002) Nature 419:448

**Abb. 17.8.** Bildung von Acrylamid aus Asparagin oder Methionin

Die Folgen der Maillard-Reaktion können wie folgt zusammengefasst werden:

- Bildung von Melanoidinen unterschiedlicher Struktur, Molekulargewicht und Stickstoffgehalt.
- Bildung von flüchtigen Substanzen, die das Aroma von erhitzten Lebensmitteln maßgeblich beeinflussen.

- Bildung von Geschmacksstoffen, wobei oft der bittere Geschmack von dehydratisiertem Kohlenhydrat überwiegt.
- Bildung von reduzierenden Substanzen, die dem Lebensmittel antioxidativen Schutz vor Verderb gewährleisten.
- Bildung von mutagenen Verbindungen, die in Form von Schwermetallkomplexen DNS spalten können.
- Aminosäuren, vor allem auch essenzielle Aminosäuren wie Lysin, gehen verloren.

# 18 Toxische Inhaltsstoffe in Lebensmitteln

Toxische Inhaltsstoffe können aus verschiedenen Ursachen in Lebensmitteln vorhanden sein:

- als von Natur aus vorkommende, arteigene und daher genetisch bedingte Inhaltsstoffe,
- durch Schadorganismen im Lebensmittel erzeugt,
- durch Verwendung von Hilfsstoffen in der landwirtschaftlichen Produktion,
- durch Verwendung von Hilfsstoffen in der technologischen Verarbeitung,
- durch die Art des Zubereitungsverfahrens bedingt.

Die Toxizität einer Substanz ist für einen bestimmten Organismus eine relative Größe, multifaktoriell bestimmt und wird daher durch Wahrscheinlichkeiten ausgedrückt (z. B. $LD_{50}$ = Dosis, bei der 50 % der Versuchstiere sterben; weitere Toxizitätskriterien siehe Kapitel 16). Wichtige Faktoren, die die toxische Wirkung einer Substanz beeinflussen, sind die genetisch und ökologisch bedingte Ausstattung des Organismus mit Entgiftungssystemen. Da der Wirkung einer toxischen Substanz in den meisten Fällen das Auslösen von Oxidationsprozessen im Organismus zugrunde liegt, haben bei der Entgiftung antioxidative Systeme (Superoxiddismutase, Katalase, DT-Diaphorase, Glutathion-S-Transferase, Antioxidanzien, die der Organismus entweder selbst produziert oder die durch die Nahrung zugeführt werden) einen hohen Stellenwert. Gleichzeitig wehrt sich der kontaminierte Organismus auch oxidativ durch Aktivierung von Cytochrom P450 in der Leber, das die meist lipophilen toxischen Substanzen durch Einführung von Hydroxylgruppen hydrophiler und damit durch die Niere besser ausscheidbar macht. Teilweise werden die hydroxylierten Verbindungen zur weiteren Verbesserung der Wasserlöslichkeit mit Glucuronsäure, Glutathion oder Sulfat verbunden.

## 18.1 Natürlich in Tieren und Pflanzen vorkommende Toxine

Bei natürlich in Tieren und Pflanzen vorkommenden toxischen Stoffen handelt es sich um Alkaloide, cyanogene Glykoside, toxische Peptide, wie

z. B. Pilzgifte, Lectine, Lathyrogene, toxische Terpene und andere, die bei
den betreffenden Organismen, wenn sie als Lebensmittel verwendet werden, schon beschrieben wurden.

## 18.2  Toxische Stoffe durch Schadorganismen in Lebensmitteln

Bei toxischen Stoffen, die durch Schadorganismen im Lebensmittel erzeugt werden, handelt es sich um Toxine in Fischen und Muscheln, Bakterientoxine, Prione, die BSE verursachen können, sowie Pilztoxine, wie
z. B. die Toxine von Mutterkorn- und Schimmelpilzen. Verdorbene oder
auch fermentierte Lebensmittel enthalten in der Regel eine höhere Konzentration an „biogenen Aminen", das sind Decarboxylierungsprodukte
der entsprechenden Aminosäuren, die bei sensitiven Personen zu Stoff-
wechselstörungen und allergischen Reaktionen führen können.

### 18.2.1  Toxine in Fischen und Muscheln

Toxine in Fischen und Muscheln gelangen durch die Aufnahme verschiedener Spezies von Algen und Bakterien in die betreffenden Tiere. Die
chemische Struktur dieser Verbindungen und deren physiologische Wirkungen wurden im Abschnitt 11.2.3 behandelt.

### 18.2.2  Bakterientoxine

Bakterien sind für eine sehr große Anzahl von Lebensmittelvergiftungen
verantwortlich. Die für die Giftwirkung verantwortlichen molekularen
Spezies werden in Exotoxine, ausgeschieden von lebenden grampositiven,
und Endotoxine, freigesetzte Komponenten der Zellwand toter gramnega-
tiver Bakterien, weiter unterteilt. Diese traditionelle Einteilung ist heute
unscharf geworden, da sehr viele Zwischenstadien gefunden wurden. Der
Begriff **„Toxin"** ist heute Proteinen vorbehalten, während man unter
„Endotoxinen", die in der Bakterienzellwand enthaltenen Lipopolysaccharide versteht. Bakterien gelangen oft durch mangelhafte hygienische
Bedingungen in das Lebensmittel.

   **Exotoxine** (z. B. aus *Clostridium botulinum* oder *Clostridium perfringens*,
*Staphylococcus* sp., u. a.) sind in der Regel Proteine, lokalisiert im Cytoplasma. Sie sind meist resistent gegenüber Säuren und teilweise auch
gegenüber höheren Temperaturen. Das Toxin besteht in den meisten Fällen aus mehreren Proteinen unterschiedlicher Struktur, manche davon
auch mit enzymatischen Aktivitäten.

**Endotoxine** (z. B. aus *Salmonella* sp. oder *Escherichia* sp.) bestehen chemisch vorwiegend aus Lipopolysacchariden mit einem Molekulargewicht von etwa 10.000. Auf molekularer Ebene setzt sich das Lipopolysaccharid aus drei strukturell verschiedenen Regionen zusammen: Die erste ist ein hydrophober Lipidteil (Lipid A, ein phosphoryliertes N-Acetylglucosamin-Dimer, ist mit durchschnittlich sechs gesättigten Fettsäure-Molekülen verbunden). Die zweite, ein Core-(R)-Polysaccharid, ist verbunden mit der Position 6 eines N-Acetylglucosamins und besteht aus einer Kette von 6 Monosacchariden, darunter 2 sehr seltenen: Heptose und KDO = 2-Keto-3-deoxyoctonsäure. Die Struktur von Lipid A und dem Core-Polysaccharid zeigt geringe Variation in den Endotoxinen einer bestimmten Bakterienspezies, z. B. Salmonellen. Die dritte Region der Lipopolysaccharide (O-Seitenkette, O-Antigen) ist eine Polysaccharidkette aus sich wiederholenden Einheiten eines Oligosaccharids, jeweils bestehend aus 3–5 Monosacchariden. Bis zu etwa 40 Wiederholungen des Oligosaccharids sind möglich. Die serologische Vielfalt z. B. der Salmonellen (etwa 1000 unterscheidbare Spezies sind bekannt) und von *Escherichia coli* ist hauptsächlich durch die Struktur der O-Seitenkette bedingt. Unter anderem stimulieren Lipopolysaccharide die Stickoxidsynthese durch Aktivierung der NO-Synthase.

*Clostridium botulinum* ist ein anaerob wachsendes und sporenbildendes Bakterium. Es kommt ubiquitär in Böden und an der Oberfläche von Früchten vor. Trotzdem kommt es zu relativ wenigen Vergiftungen, da in der Regel das Immunsystem die aufgenommenen Sporen vernichtet. Die Sporen keimen im anaeroben Milieu. Zur Bildung der Toxine sind intakte Organismen notwendig. Die Keimung der sehr hitzeresistenten Sporen unter anaeroben Bedingungen ist der Grund dafür, dass Fleischkonserven bei 123 °C eine Stunde lang sterilisiert werden müssen, um einer Infektion durch diesen hochtoxischen Mikroorganismus vorzubeugen. Etwa 90 % der Botulismus-Erkrankungen sind eine Folge fehlerhaft hergestellter Konserven, etwa 5 % werden kontaminiertem Honig zugeschrieben. Die Bakterienstämme A, B, E, F produzieren für den Menschen neurologisch hochwirksame Exotoxine. Botulinumtoxine gehören zu den physiologisch aktivsten Verbindungen überhaupt und wirken oft schon in Mengen von 0,1 µg. Während des Wachstums produziert *Clostridium botulinum* mindestens sieben verschiedene Toxine, darunter Neurotoxine, Enterotoxine und Hämotoxine. Die Neurotoxine stehen dabei im Mittelpunkt des Interesses. Sie sind Proteine, die aus zwei Peptidketten bestehen und insgesamt ein Molekulargewicht von etwa 150.000 haben. Biochemisch inhibieren sie nach proteolytischer Aktivierung die Ausschüttung von Acetylcholin, oder sie blockieren die Rezeptoren der Nerven-Endungen und verursachen dadurch Lähmungen der Reizleitung der Nerven zu deren Zielorganen.

Trotz ihrer hohen Toxizität werden Botulinumtoxine heute in der Medizin, z. B. zur Linderung von Schmerzen, oder in der Kosmetik (Lähmung von Nerven im Gesicht zur Beseitigung von Falten, Verhinderung von übermäßigem Schwitzen durch Lähmung von Schweißdrüsen) eingesetzt.

*Staphylococcus aureus* gehört zur Bakterienfamilie der *Micrococcaceae*, bildet goldgelbe Kolonien auf Agar-Platten (daher der Name) und ist katalasepositiv. Dadurch kann er von Streptokokken unterschieden werden. Staphylokokken kommen vorwiegend als Kontamination in tierischen Lebensmitteln vor und verursachen Intoxikationen, die sich meist durch Erbrechen, Durchfall, Schmerzen im Magen-Darm-Trakt und Furunkeln auf der Haut bemerkbar machen. Aber auch Endokarditis, Pneumonie und andere schwere Krankheiten können durch das Bakterium verursacht werden. *Staphylococcus aureus* scheidet, neben den eigentlichen Toxinen, eine Vielzahl von Proteinen aus, die sich gegenseitig bei der Invasion fremden Gewebes unterstützen. Man kann neben Proteinen und Enzymen, die die Immunabwehr des Organismus schwächen sollen, zwei Hauptgruppen von eigentlich toxischen Proteinen unterscheiden:

- solche, die Membranen lysieren (Hämolysin, Leukotoxin, Leukocidin) und
- solche, die das Gewebe schädigen und die Symptome hervorrufen (SE A-G, TSST, ET).

Außerdem produziert *Staphylococcus aureus* Resistenzfaktoren gegen Antibiotika.

*Bacillus thuringiensis* ist ein im Boden vorkommendes, sporenbildendes Bakterium und produziert Endo- und Exotoxine, die wegen ihrer Giftigkeit gegenüber Insekten als Insektizide in der biologischen Landwirtschaft verwendet werden. Sie kommen vor allem in verschiedenen Subspezies (z. B. *Bacillus thuringiensis* var. *kurstaki*, *Bacillus thuringiensis* var. *tenebrionis*) vor. Außerdem wird das für die Produktion eines Endotoxins verantwortliche Gen (Cry III A) oft in Kulturpflanzen (z. B. Kartoffel, Baumwolle, Mais, Tomate) einkloniert, um sie gegen Schadinsekten resistent zu machen. Die genetische Information für das Endotoxin, ein kristallines Protein, ist in Plasmiden des Bacillus enthalten. Nach proteolytischer Aktivierung greift er den Darm von Insektenlarven an und bewirkt nach einiger Zeit deren Absterben. Die Einklonierung des Toxins von *Bacillus thuringiensis* zur Resistenz gegen Schadinsekten in genetisch modifizierten Organismen ist in den USA und vielen anderen Ländern zugelassen.

Ein Problem, das mit der Verwendung von *Bacillus thuringiensis* auftaucht, ist dessen nahe Verwandtschaft zu *Bacillus cereus*, einem bekannten Lebensmittelvergifter, und *Bacillus anthracis*, dem Erreger des Milzbrandes. Der wesentliche genetische Unterschied zwischen diesen Organismen besteht in ihrem Gehalt an Plasmiden, die zwischen den Organismen relativ leicht austauschbar sind. Auch wurden in allen kommerziellen Varietäten von *Bacillus thuringiensis* Enterotoxine gefunden.

*Clostridium perfringens* ist ein thermoresistentes, sporenbildendes, anaerobes Bakterium und kann in geringen Konzentrationen im Darm von Menschen und Tieren auch natürlich vorkommen. Höhere Konzentrationen führen zu Durchfall und Krämpfen im Magen-Darm-Trakt. Es sind die Stämme A bis F bekannt, die jeweils verschiedene Protein-Exotoxine bilden und danach auch serologisch identifiziert werden können. Typ A ist der Gasbranderreger beim Menschen und kommt auch bei Lebensmittelvergiftungen vor, Typ B–E sind pathogen für Tiere, und F ist der Erreger des Darmbrandes beim Menschen. Die Toxine bestehen jeweils aus mehreren Proteinen. Z. B. ist Toxin A ($\alpha$-Toxin) eine Phospholipase C (Lecithinase), die Zellmembranen angreift, $\kappa$-Toxin hat Gelatinase- und $\lambda$-Toxin Peptidase-Aktivität. Darüber hinaus enthalten die Stämme A–E fallweise ein Enterotoxin. Die Ursache für Infektionen mit *Clostridium perfringens* sind kontaminierte tierische Lebensmittel. Die Beschwerden beim Menschen sind meist innerhalb von 24 Stunden vorüber, bei Tieren enden solche oft mit dem Tod.

*Bacillus cereus* ist ein sporenbildendes, grampositives Bakterium, das hauptsächlich in pflanzlichen, aber auch in tierischen Lebensmitteln gefunden werden kann. Es kann in Getreide (roh, getrocknet oder verarbeitet), Gemüsen, Tieren, Fleisch und in der Umwelt (Wasser, Luft, Boden) auftreten. Häufiger ist die Infektion nach Reisgerichten. *Bacillus cereus* verursacht Durchfall, Erbrechen und Schmerzen im Magen-Darm-Trakt, ähnlich wie *Staphylococcus aureus*. In seltenen Fällen können auch ernste Infektionen der Augen (Endophthalmie) auftreten. Die Dauer der üblichen Beschwerden liegt meistens unter 24 Stunden. Die Ursache dafür sind toxische, thermoresistente Proteine. Näher untersucht sind zwei Toxine, wovon das eine Durchfall (Diarrhö) und das andere Erbrechen (Emesis) verursacht. Beide sind Exotoxine und werden im intakten Bakterium gebildet. Erbrechen erfolgt nach einer kurzen Inkubationszeit von etwa vier Stunden, Diarrhö nach einer längeren Periode von 18 Stunden. *Bacillus cereus* produziert viele Enzyme, die für die Infektion unerlässlich sind. Wichtigste Proteine für das Auslösen der Diarrhö sind wahrscheinlich ein Enterotoxin und ein Hämolysin. Das Erbrechen wird wahrscheinlich durch Enzyme des Bacillus ausgelöst, die die Inhaltsstoffe des Wirtsorganismus zu Substanzen modifizieren, die das Erbrechen auslösen.

**Salmonellen** sind gramnegative Bakterien aus der Familie der *Enterobacteriaceae*, teilweise mit Flagellaten. Sie bilden keine Sporen. Sie kommen in über 1000 Serotypen vor, die sich an den Antigenen „O" (Bestandteil des

Lipopolysaccharids), „VI" (Kapsel) und „H" (Flagella) unterscheiden. Infizierte tierische Lebensmittel sind die Hauptquelle für Salmonellen in der Nahrung, aber auch Konditor- und Süßwaren können bisweilen davon betroffen sein. Infektionen durch *Salmonella* sp. sind die häufigste Ursache von Lebensmittelvergiftungen (etwa 27 %). Weitere Quellen von Infektionen sind mit Faeces kontaminiertes Wasser, Boden und Haustiere. Die Bakterien überleben in großer Zahl die sauren Bedingungen des Magens und greifen die Zellen der Darmschleimhaut an. Die Endotoxine, die beim Absterben der Bakterien freigesetzt werden, verursachen vor allem Durchfall und damit verbundene Dehydration des Organismus, Fieber, Krämpfe im Unterleib, Erbrechen, Schwindel und Kopfschmerzen. Die Beschwerden sind von unterschiedlicher Intensität, abhängig von der Art der Spezies. Z. B. verursacht *Salmonella typhi*, der Erreger des Typhus, besonders starke Beschwerden. Die häufigste Spezies in Lebensmitteln ist *Salmonella enteritidis*. Nach einer Inkubationsperiode von 8 bis 48 Stunden dauert eine normale Salmonellose meist 2 bis 5 Tage. Die Endotoxine sind meist resistent gegenüber höheren Temperaturen, allerdings sind die Salmonellen selbst wenig hitzestabil. Endotoxine sind Bestandteil der äußeren Membran der gramnegativen Bakterien und haben zwar selbst keine enzymatische Aktivität, wirken aber aktivierend oder inhibierend auf Enzyme und besitzen sehr wohl immunologische Aktivität.

*Escherichia coli* gehören zur Familie der *Enterobacteriaceae*, sind gramnegativ und normale Bewohner des menschlichen Darms. Im Darm sind sie anaerob, außerhalb des Darms aerob. Schon wenige Stunden nach der Geburt findet eine Besiedelung des Darms durch Colibakterien statt. Sie unterstützen den Organismus bei der Verdauung der Nahrung und produzieren z. B. auch Vitamin K. Allerdings gibt es Stämme von *Escherichia coli*, die pathogen wirken und die bisweilen durch damit kontaminierte Lebensmittel oder Wasser aufgenommen werden. Auch Infektionen durch Schmutz oder Kot sind möglich. Die pathogenen Stämme produzieren Endotoxine und verursachen verschiedene Arten der Diarrhö. Sie sind die häufigste Ursache für Infektionen der Harnwege (z. B. Blasenentzündung, Pyelonephritis). Bei Neugeborenen können sie die Ursache für eine auftretende Meningitis sein. Eine Behandlung mit Antibiotika ist problematisch, da die Endotoxine erst von den abgestorbenen Bakterien freigesetzt werden und dadurch die Gefahr der Auslösung eines Schocks besteht. Die pathogenen Colibakterien bilden mehrere hochmolekulare Eiweißtoxine (MW um 100.000), von denen das als LT bezeichnete hitzelabil ist. LT ist strukturell dem Cholera-Toxin sehr ähnlich. Das temperaturstabile Toxin (ST) hat ein Molekulargewicht von etwa 2000, stimuliert die Produktion von cGMP in den Zellen, erniedrigt dadurch die Biosynthese von cAMP und stört durch enorme Wasseraufnahme in den Zellen den Mineralstoffhaushalt. Daneben produzieren pathogene Colibakterien eine Reihe von niedermolekularen Eiweißverbindungen (z. B. Adhäsine) und Lipopolysaccharide (Endotoxine).

*Shigella* **sp.**, ein Bakterium aus der Familie der *Enterobacteriaceae*, ist fakultativ anaerob oder aerob, gramnegativ und kommt auch im Darm vor. Pathogen ist vor allem *Shigella dysenteriae*. Die Symptome und der Verlauf der dadurch verursachten Darmfunktionsstörung sind dem Befall durch enterotoxigene Colibakterien ähnlich. Über die Struktur und die biochemischen Eigenschaften der Toxine ist wenig bekannt.

*Listeria* **sp.** ist ein grampositives Bakterium und kommt in vielen, in der Regel harmlosen, Spezies vor. Pathogen ist *Listeria monocytogenes*, das besonders bei Personen mit schwacher Immunabwehr und bei Schwangeren eine als Listeriose bekannte Krankheit auslösen kann. Die Symptome sind ähnlich einer Grippe, begleitet von Durchfall, Schwindel und Erbrechen. Die Sterberate liegt bei 30 %. Ein Ausbruch von Listeriose mit mehreren Todesfällen wurde in den 1980er-Jahren in der Schweiz durch den Konsum von Rohmilchkäse verursacht. Listerien wurden aber auch auf Gemüse gefunden. Ungewöhnlich ist, dass *Listeria monocytogenes* als grampositives Bakterium Endotoxine bildet. Drei biochemische Komponenten bilden die Grundlage für eine erfolgreiche Infektion: Phospholipase, Lipopolysaccharid und Hämolysin. Diese zusammen mit der Immunabwehr des befallenen Organismus, mit der Befallsdichte und der speziellen Virulenz des Stammes bestimmen den Verlauf der Intoxikation.

*Campylobacter jejuni* kommt vorwiegend in tierischen Lebensmitteln, wie Hühnerfleisch, vor. Das Bakterium aus der Familie der *Spirillaceae* ist gramnegativ und bildet Endotoxine und ein Enterotoxin. Das Enterotoxin stimuliert die Adenylatcyclase und verursacht somit eine drastische Erhöhung des intrazellulären cAMP-Spiegels. Dadurch strömt Wasser in die Zellen, der Mineralstoffhaushalt wird gestört, und es entsteht Diarrhö. Der Krankheitsverlauf ist in der Regel harmlos, Komplikationen sind das Reiter-Syndrom, das Guillain-Barré-Syndrom und reaktive Arthritis.

*Yersinia enterocolitica* ist ein gramnegatives Bakterium aus der Familie der *Enterobacteriaceae*. Es bildet verschiedene Endotoxine, darunter eines ähnlich dem ST-Toxin von *Escherichia coli*, die Diarrhö, Fieber, blutigen Stuhl und eventuell Arthritis verursachen. *Yersinia enterocolitica* kommt vor allem in tierischen Lebensmitteln vor.

### 18.2.3 Mykotoxine

Mykotoxine (engl. mycotoxins) sind toxische Stoffwechselprodukte der Pilze. Im engeren Sinn versteht man darunter toxische Inhaltsstoffe von Schimmelpilzen. Die durch die Aufnahme hervorgerufenen Krankheiten werden als Mykotoxikosen bezeichnet. Sie bleiben meist klinisch unerkannt, außer ihr Auftreten ist epidemisch.

Die Substanzen, die für die gesundheitsschädigende Wirkung verantwortlich sind, sind zum Unterschied zu den Bakterientoxinen keine Proteine oder Polysaccharide, sondern niedermolekulare, thermostabile Verbindungen. In den meisten Fällen handelt es sich um heterozyklische Verbindungen mit als Ether gebundenen Sauerstoffatomen im Ringsystem (reduzierte Furan- und Pyranderivate). Über den Mechanismus der Schädigung ist im Einzelnen wenig bekannt. Das Vorkommen von ethergebundenem Sauerstoff macht nach Aktivierung im Stoffwechsel einen radikalischen Mechanismus wahrscheinlich, in dessen Abfolge Sauerstoffradikale und Lipidperoxide wichtige Zwischenprodukte sind. Auch eine mykotoxinabhängige Oxidation von Thiolgruppen zu Thiylradikalen wird diskutiert. Entsprechend können Mykotoxine zumindest teilweise durch geeignete Antioxidanzien entgiftet werden. Erhitzen der Lebensmittel zerstört die meisten Mykotoxine nicht. Die in der Praxis am häufigsten auftretenden Mykotoxine in Lebensmitteln stammen aus der Infektion mit Schimmelpilzen aus drei großen Familien: *Aspergillus* **sp.,** *Fusarium* **sp.** und *Penicillium* **sp.**

**Aflatoxine** sind Stoffwechselprodukte von *Aspergillus flavus* (daher der Name) und *Aspergillus parasiticus*. Aflatoxine haben, zumindest im Tierversuch, eine hohe akute Toxizität. Sehr empfindlich sind junge Enten und Regenbogenforellen, die als Versuchstiere zum Testen der Toxizität oft verwendet werden. Die Toxizität der Aflatoxine macht sich vor allem in der Leber bemerkbar, in der sie offensichtlich aktiviert werden. Je nach Dosis kommt es in den Versuchstieren zu akuten Leberschäden (Hämorrhagien) oder zu chronischen Schäden, wie Zirrhose und Leberkrebs. Darüber hinaus wirken Aflatoxine immunsuppressiv, mutagen, teratogen und carcinogen. Am stärksten carcinogen wird das Aflatoxin $M_1$ eingestuft, das auch beim Menschen Krebs verursachen soll. Ein schlechter Ernährungszustand verstärkt die Toxizität der Aflatoxine.

Die Aflatoxine produzierenden *Aspergillus* spp. wachsen auf Maisarten, Nüssen, besonders Erdnüssen, und werden auch in Baumwollsamenmehl und Paprika-Gewürz gefunden. Zink steigert, Kupfer vermindert die Bildung von Aflatoxinen in Erdnüssen. Bisher wurden 13 verschiedene Aflatoxin-Metaboliten und ein Reduktionsprodukt, Aflatoxicol, aus verschimmelten Lebensmitteln isoliert. Bei Aflatoxinen handelt es sich um fluoreszierende Substanzen, die nach der Farbe ihres emittierten Fluoreszenzlichtes weiter unterteilt werden können: B (blau), G (grün) und M (violett). Auch der Nachweis wird meistens über ihre charakteristische Fluoreszenz geführt. Eine weitere Unterteilung erfolgt nach ihrem Rf-Wert in der Dünnschichtchromatografie (1, 2, etc.). Aflatoxine des Typs „2" sind 8,9-Dihydroderivate des Typs „1". Sie sind durchwegs weniger toxisch als Aflatoxine des Typs „1". Der Aflatoxin-B-Typ kommt in *Asper-*

*gillus flavus* vor, während der Aflatoxin-G-Typ in *Aspergillus parasiticus* vorkommt. Aflatoxine des M-Typs werden aus $B_1$ und seinem 8,9-Dihydroderivat $B_2$ durch Oxidation im tierischen Stoffwechsel gebildet.

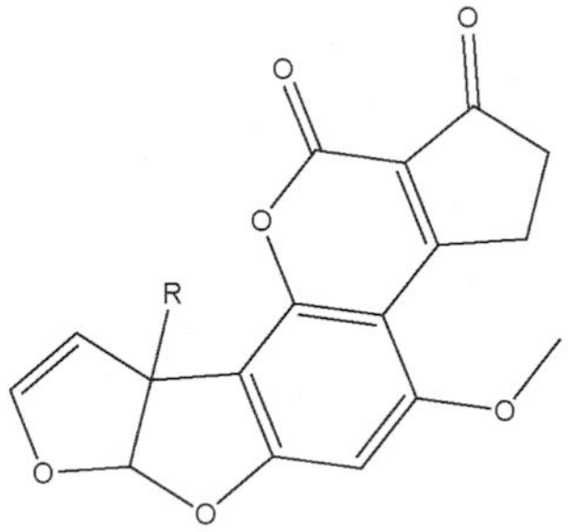

Aflatoxin $B_1$　R = H
Aflatoxin $M_1$　R = OH

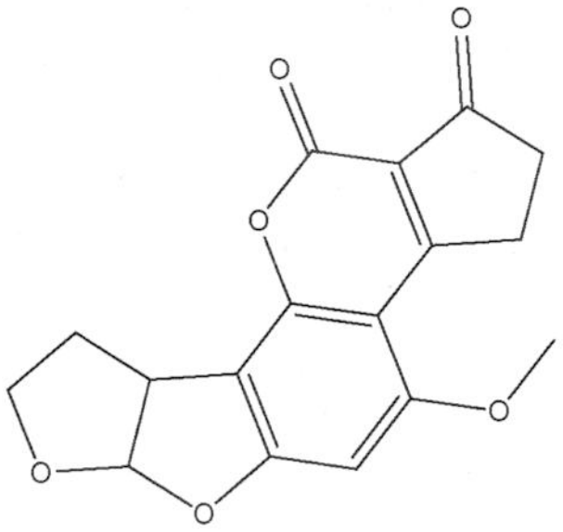

Aflatoxin $B_2$

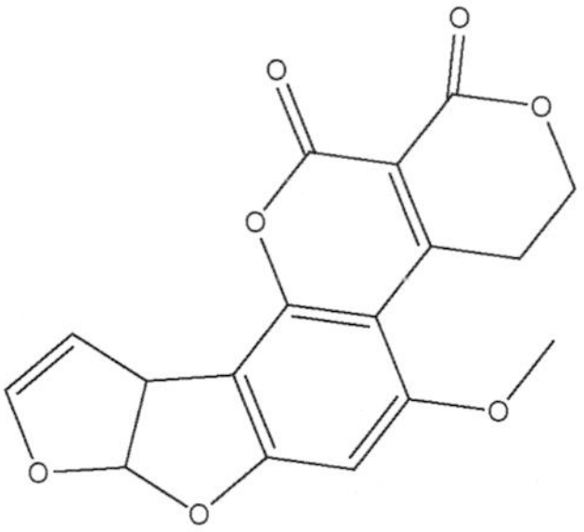

Aflatoxin $G_1$

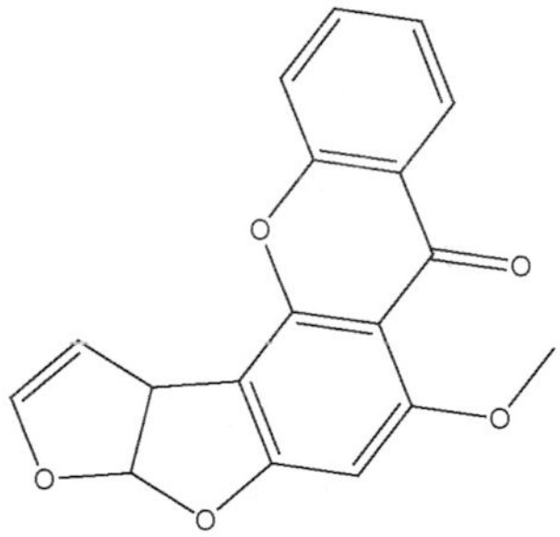

Sterigmatocystin

**Abb. 18.1.**　　Chemische Struktur ausgewählter Aflatoxine

Chemisch sind die Aflatoxine Abkömmlinge der Furanocumarine (Abb. 18.1). Letztere, alle den Sauerstoff aktivierende Inhaltsstoffe, sind z. B. in manchen *Citrus*-Arten (z. B. Bergamotte) und in *Apiaceae* (z. B. Sellerie und Petersilie) enthalten. Zusätzlich zu dem in diesen Pflanzeninhaltsstoffen vorkommenden Furanocumaringerüst enthalten die Aflatoxine einen Furanring und einen weiteren Cyclopentan- oder Pyranring im Molekül. Die Substanzen des M-Typs unterscheiden sich von $B_1$ und $B_2$ durch die Substitution einer Hydroxylgruppe in Position 4. Biochemisch sind sie Inhibitoren der DNS-Biosynthese.

Die Entfernung von Aflatoxinen aus Lebensmitteln ist schwierig. Es gibt praktisch keine Verfahren, die es erlauben, Aflatoxine ohne Beeinträchtigung charakteristischer Eigenschaften des Lebensmittels zu entfernen. Die Begasung mit Schwefeldioxid und bei flüssigen Lebensmitteln die Filtration über Aluminiumoxidsäulen hat sich zur Entfernung der Toxine bewährt.

**Sterigmatocystin** hat eine den Aflatoxinen sehr ähnliche chemische Struktur und wurde als Stoffwechselprodukt von *Aspergillus versicolor* und *Aspergillus nidulans* aus verschimmeltem Mais und Weizen isoliert. Es ist weniger akut toxisch als die Aflatoxine, kann aber bei Tieren Leberkrebs verursachen. Das Mykotoxin ist ein Inhibitor der DNS-Biosynthese.

**Ochratoxine** sind Stoffwechselprodukte von *Aspergillus ochraceus, Aspergillus melleus, Penicillium viridicatum, Penicillium verrucosum*. Die Pilze, ursprünglich in Mais entdeckt, können auf feuchtem Getreide, Baumwollsamen, Nüssen, Kaffee- und Kakaobohnen vorkommen. Die Ochratoxine werden bei der Verarbeitung kaum geschädigt und sind daher auch in verarbeiteten Lebensmitteln enthalten. Sie verursachen unter Umständen Leberschäden (Leberverfettung) und können auch Ursache für Erkrankungen der Niere sein (endemische Nierenerkrankung). Am häufigsten ist Ochratoxin A ($LD_{50}$ in Ratten 22 mg/kg) (Abb. 18.2).

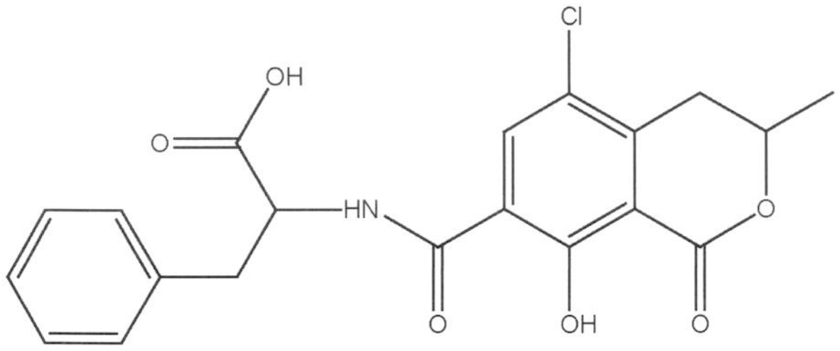

**Abb. 18.2.**    Chemische Struktur von Ochratoxin A

Chemisch ist Ochratoxin A ein Phenylalaninderivat einer chlorsubstituierten Dihydroisocumarincarbonsäure. Ochratoxin B enthält kein Chlor, hat aber sonst die gleiche Struktur und ist weniger toxisch. Biochemisch sind Ochratoxine Inhibitoren der Proteinbiosynthese auf der Stufe der Transfer-Ribonucleinsäuren, im Besonderen der Phenylalanin-t-RNS.

**Citrinin** ist ein gelb gefärbter Metabolit von *Aspergillus niveus* und *Penicillium citrinum* und wurde vorwiegend auf Reis gefunden, der dadurch gelb gefärbt wird. Citrinin verändert die Permeabilität von Mitochondrien und stört deren Funktion. In Zusammenhang mit dem Eisenstoffwechsel kann es zur Schädigung der Nieren führen, mit Ochratoxin ist es Verursacher der „Balkan-Nephropathie". Chemisch hat Citrinin eine chinoide Struktur und greift damit in den Redoxstoffwechsel der Zelle ein. Es hemmt z. B. die Glutathion-Reduktase und Transferase. Es kann wahrscheinlich im Stoffwechsel reduziert werden und bildet bei der Reoxidation Sauerstoffradikale. Dadurch wirkt es klastogen, d. h. es kann Strangbrüche von Chromosomen induzieren. Außerdem kann es als Redoxsystem in die Elektronen-Transferkette der Mitochondrien eingreifen und damit den Ablauf der Atmung stören.

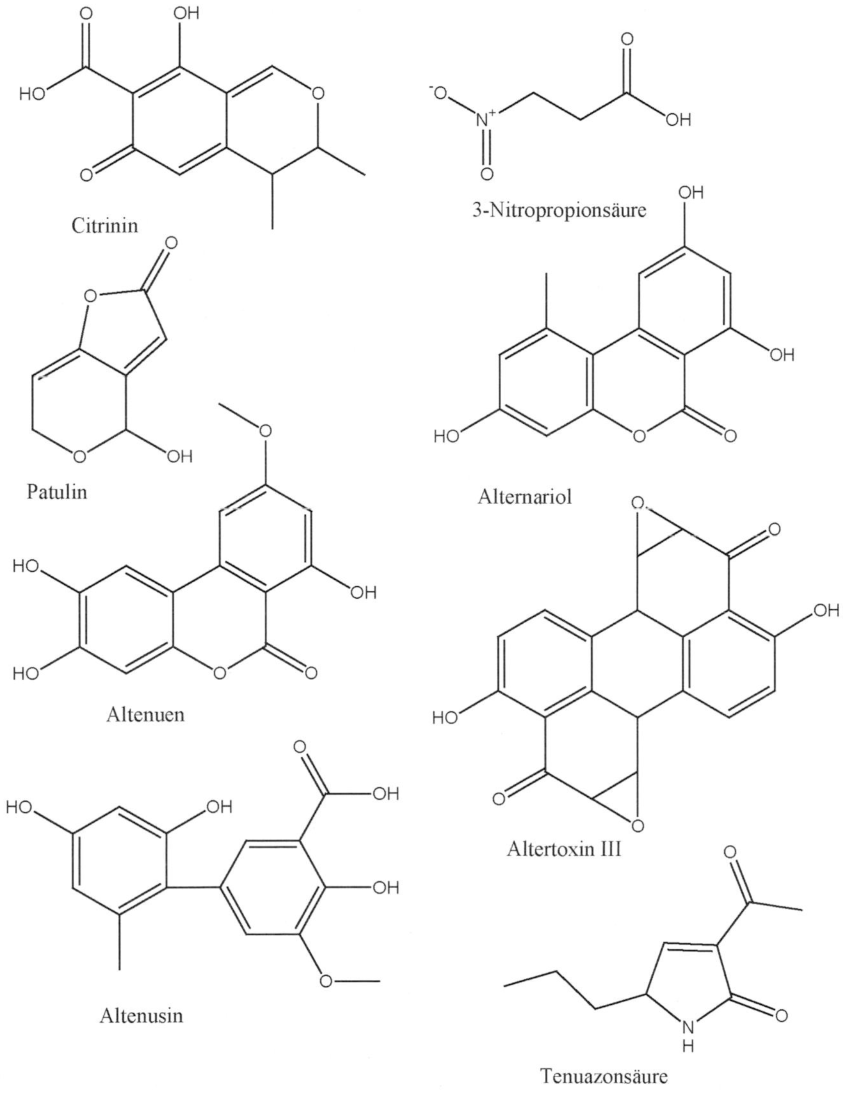

**Abb. 18.3.** Chemische Struktur ausgewählter Schimmelpilztoxine (I)

**3-Nitropropionsäure** ist ein Stoffwechselprodukt einiger *Aspergillus*-Arten. Besonders in Stämmen von *Aspergillus oryzae* und *Aspergillus flavus* sowie in *Penicillium melinii* wurde dieser Metabolit gefunden. Vor allem Reis kann damit kontaminiert sein.

3-Nitropropionsäure (Abb. 18.3) ist neurotoxisch und führt im Tierversuch zu Störungen der Koordination der Bewegung der Gliedmaßen, zur Lähmung der Atmung und letzten Endes zum Tod. Interessanterweise wurde Nitropropionsäure, verestert mit Glucose, und das β-Glucosid des 3-Nitropropanols (Miserotoxin) auch in *Astragalus*-Arten, z. B. in *Astragalus miser (Fabiaceae)* und *Astragalus convallarius*, aber nicht in *Astragalus gummifer*, der als Verdickungsmittel verwendet wird, nachgewiesen.

**Patulin** ist ein toxischer Metabolit (LD$_{50}$ 5 mg/kg bei Mäusen) einiger *Aspergillus*- und *Penicillium*-Arten (*Aspergillus clavatus*, *Aspergillus terreus*, *Aspergillus claviforme*, *Penicillium patulum*, *Penicillium roqueforti*, *Penicillium verrucosum*, *Penicillium griseofulvum*, *Penicillium expansum*, u. a., sowie in *Byssochlamis* sp.). Patulin wird vor allem in faulem Obst, aber auch in Getreide und Käse gefunden. Aus faulen Äpfeln kann es auch in den Apfelsaft gelangen, da die Substanz gut in Wasser löslich ist. Patulin wirkt vorwiegend cytotoxisch, als Carcinogen und leberschädigend. Chemisch ist es ein Kondensationsprodukt aus einem ungesättigten Hydroxypyran- und einem Furanon-(Lacton-)Ring (Abb. 18.3). Die toxische Wirkung geht wahrscheinlich von Oxidationsprodukten aus, die im Stoffwechsel des Wirtsorganismus gebildet werden. Antioxidanzien, wie z. B. Cystein, können die Toxizität von Patulin aufheben. Einschlägige Beispiele sind von Käsen bekannt. Pasteurisation von Säften reduziert deren Patulingehalt nur geringfügig, dagegen kann Schwefelung oder Fermentation den Gehalt vermindern. Die WHO schlägt einen Grenzwert für Patulin von 0,05 mg/kg vor, der „maximum tolerable daily intake" ist 0,4 µg/kg Körpergewicht.

**Alternaria-Toxine** sind eine Gruppe von Substanzen unterschiedlicher chemischer Struktur und Toxizität, die von *Alternaria*-Pilzen, z. B. *Alternaria tenuis*, gebildet werden. *Alternaria*-Pilze gehören zur Familie der *Deuteromycota*. Sie kommen auf beschädigtem und fauligem Obst, besonders auf Äpfeln, vor. Außerdem werden die Sporen in der Luft, aber auch im Hausstaub, gefunden. Die Pilze gedeihen v. a. nach Wasserschäden auf feuchten Mauern, Teppichen und Tapeten. Die Sporen wirken allergen, die Stoffwechselprodukte teratogen, cytotoxisch (Lunge, Leber) und mutagen. Chemisch sind die toxischen Metaboliten sehr heterogen: Derivate des Benzocumarins (Alternariol, Methylalternariol, Altenuen, Altertoxin III), Diphenylderivate (Altenusin), Dianthrachinone (Alterporriol B, Abb. 18.3, Abb. 18.4) und Pyrrolderivate, wie Tenuazonsäure. Letztere ist ein Inhibitor der Proteinbiosynthese. Altertoxin III enthält im Molekül zwei als Epoxide gebundene Sauerstoffatome und wirkt daher bei Öffnung der Ringe alkylierend und in Folge mutagen und cancerogen.

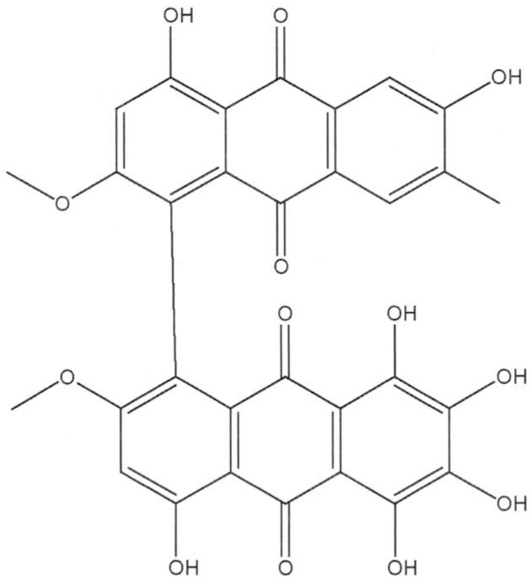

**Abb. 18.4.**    Chemische Struktur von Alterporriol B

*Fusarium*-**Toxine** können nach ihrer chemischen Struktur in mehrere Gruppen unterteilt werden: Lactone der Resorcylsäure (Zearalenon), Trichothecane, Fumonisine, Cyclobutanderivate (Moniliformin), Peptidalkaloide (Beauvericin) und Pyridinalkaloide (Fusarsäure). Sie kommen vorwiegend auf den verschiedenen Getreidearten, weniger auf Obst und Gemüse, vor. Die verschiedenen *Fusarium*-Spezies synthetisieren meist nicht nur ein bestimmtes Toxin, sondern eine Mischung verschiedener toxischer Metaboliten.

**Zearalenon** (engl. zearalenone) ist ein Stoffwechselprodukt verschiedener *Fusarium*-Arten *(Fusarium graminearum = Gibberella zeae, Fusarium roseum, Fusarium culmorum, Fusarium crookwellense)*. Es wurde zuerst auf Mais entdeckt und später auch in anderen Getreidearten und deren Verarbeitungsprodukten, z. B. in Milch, Fleisch und im Bier, gefunden. Neben seiner cytotoxischen weist Zearalenon eine starke uterotrophe Wirkung vor allem bei Schweinen auf. Mittelfristig verursacht es Sterilität bei Schweinen und Schafen. Es hat estrogene Aktivität und wird illegal als Anabolikum in der Schweinemast eingesetzt. Vor allem das Derivat Zeranol (Abb. 11.14), ein Hydrierungsprodukt, wird für diesen Zweck verwendet.

Chemisch ist Zearalenon ein Lacton einer alkylierten Resorcinsäure (Abb. 18.5). Es ist praktisch unlöslich in Wasser, löslich in Alkohol und organischen Lösungsmitteln und fluoresziert grün in UV-Licht (Anregung 316 nm, Emission 450 nm).

**Trichothecane** werden von vielen *Fusarium*-Arten synthetisiert (*Fusarium nivale, Fusarium oxysporum, Fusarium graminearum, Fusarium roseum, Fusarium culmorum, Fusarium tricinctum, Fusarium solani, Fusarium poae, Fusarium sporotrichioides*, u. a.). Chemisch sind sie eine spezielle Art von Sesquiterpenen, das Grundgerüst besteht also aus drei Isoprenresten, insgesamt also 15 Kohlenstoffatomen. Die einzelnen Trichothecan-Strukturen unterscheiden sich durch die Anzahl der Hydroxylgruppen sowie durch den Grad und die Art von deren Veresterung. Charakteristisch für die Trichothecane ist ein dreigliedriges, aus zwei Kohlenstoffatomen und einem Sauerstoffatom bestehendes, ringförmiges Epoxid. Der Dreierring ist ähnlich dem Ethylenoxid leicht spaltbar und dadurch sehr reaktionsfähig gegenüber polaren Gruppen. Er ist durch seine chemischen Eigenschaften in hohem Ausmaß für die cytotoxischen Aktivitäten dieser Substanzen verantwortlich.

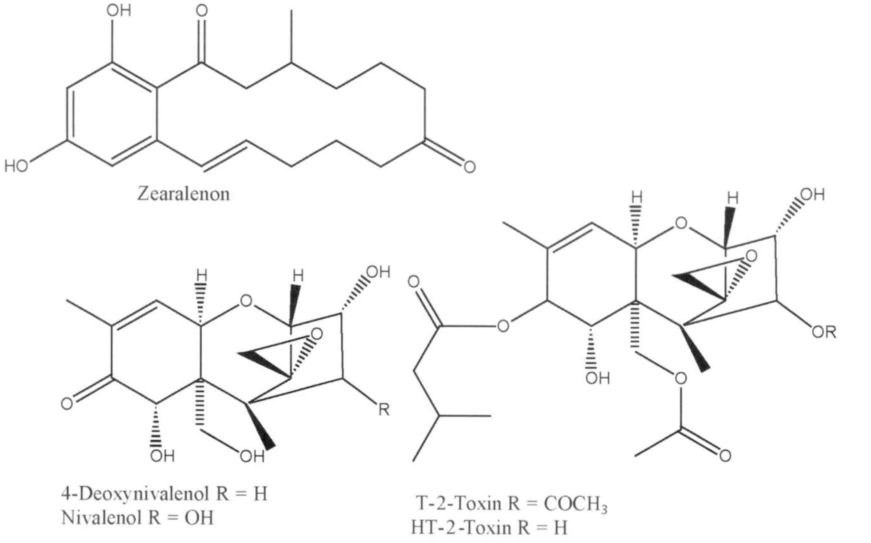

Zearalenon

4-Deoxynivalenol R = H
Nivalenol R = OH

T-2-Toxin R = COCH$_3$
HT-2-Toxin R = H

**Abb. 18.5.**     Chemische Struktur ausgewählter Schimmelpilztoxine (II)

Am bekanntesten ist das Auslösen einer alimentären Aleukie (= Agranulozytose), die in wenigen Tagen zum Tod führen kann, da die Biosynthese der für die Immunabwehr notwendigen Granulozyten (Neutrophile) inhibiert wird. So eine Aleukie trat 1942 in Russland epidemisch auf und forderte viele Todesfälle.

Andere Trichothecane wirken hämorrhagisch. Auch von Erbrechen als Folge der oralen Aufnahme von Trichothecanen (Vomitoxin) wird berichtet. Alle Trichothecane stehen wegen ihrer alkylierenden Eigenschaften im

Verdacht, potenzielle Cancerogene zu sein. Auf der anderen Seite wurden Trichothecane wegen ihrer cytotoxischen Wirkung zur Behandlung von Carcinomen eingesetzt. Auch Tierversuche und klinische Studien wurden in dieser Hinsicht durchgeführt.

**4-Deoxynivalenol** (DON, Vomitoxin, Desoxynivalenol) kommt in verschiedenen *Fusarium*-Spezies vor und wurde aus *Fusarium graminearum* und *Fusarium roseum* isoliert ($LD_{50}$ in Mäusen 70 mg/kg). Es verursacht bei Schweinen Erbrechen und Appetitlosigkeit. Als Grenzwert wurde in der EU 0,001 mg/kg festgesetzt (Abb. 18.5).

**Nivalenol** kommt in verschiedenen *Fusarium*-Spezies *(Fusarium culmorum, Fusarium graminearum, Fusarium nivale)* vor und wurde aus *Fusarium nivale* isoliert. Nivalenol wirkt hämorrhagisch, verursacht Blasenbildung, Nekrosen von Geweben, Erbrechen, Durchfall und Schwindel. Der $LD_{50}$-Wert liegt in Mäusen bei 20 mg/kg oral und 0,9 g/kg i. p. Es hemmt die Biosynthese von Nucleinsäuren und Proteinen. Beim Menschen gibt es derzeit keine Daten über die Toxizität von Nivalenol (Abb. 18.5).

**T-2-Toxin** ist ein Derivat des 8-Dihydronivalenols (4,15-Diacetyl-8-isovaleroyl-7-deoxy-dihydronivalenol-8). Es kommt in verschiedenen *Fusarium*-Stämmen *(Fusarium sporotrichioides, Fusarium poae, Fusarium equiseti)* vor und wurde aus *Fusarium tricinctum* isoliert. Der $LD_{50}$-Wert liegt in weiblichen Mäusen bei 4 mg/kg oral. Das T-2-Toxin wirkt vor allem bei Schweinen hämorrhagisch, verursacht Blasenbildung, Durchfall, Schwindel und Nekrosen in Geweben. Es hemmt die Protein- und Nucleinsäure-Biosynthese. Daten über eine toxische Wirkung beim Menschen sind bisher nicht bekannt geworden (Abb. 18.5).

**HT-2-Toxin** hat in 4-Stellung keine Acetylgruppe und wird auch im Stoffwechsel aus T-2-Toxin durch Abspaltung der Acetylgruppe in 4-Stellung gebildet (Abb. 18.5). Sein Vorkommen und seine toxikologischen Eigenschaften sind ähnlich denen des T-2-Toxins.

**Fumonisin B1** (syn. Macrofusin) ist das toxikologisch und chemisch am besten charakterisierte *Fusarium*-Toxin aus der Reihe der Fumonisine. Es kommt vor allem in *Fusarium moniliforme*, einem der häufigsten *Fusarium*-Pilze auf Mais, vor. Je nach dem Stamm der als Versuchstiere verwendeten Ratten wirkt es cancerogen bei männlichen oder weiblichen Tieren. Bei männlichen Ratten entstehen bevorzugt Neoplasien in der Niere, bei weiblichen in der Leber. Besonders empfindlich sind Schweine und Pferde. Fumonisin verursacht Störungen im Sphingolipid-Stoffwechsel. Chemisch ist Fumonisin B1 ein Ester eines disubstituierten 1,2-Dihydroxyethans mit je einem Molekül 1,2,3-Tricarboxypropan (1,2,3-Propantricarbonsäure-1,1') und mit 1-(12-Amino-4,9,11-trihydroxy-1-methyltridecyl) und 2-(1-Methylpentyl) substituiert (Abb. 18.6). Wegen seiner Aminogruppe könnte man Fumonisin B1 auch zu den Alkaloiden zählen.

**Beauvericin** ist ein ringförmiges Peptidalkaloid (Cyclohexadepsipeptid), das in diversen *Fusarium*-Stämmen, besonders aber in *Fusarium sacchari* var. *subglutinans*, vorkommt. *Fusarium sacchari* var. *subglutinans* ist in Europa der auf Mais am häufigsten anzutreffende *Fusarium*-Stamm. Beauvericin ist sehr toxisch gegenüber Insekten, Mäusen und menschlichen Zellen. Es steigert die Permeabilität von Zellmembranen für Natrium-Ionen, hat also die gegenläufige Wirkung des Muschelgifts Saxitoxin, das die Natriumkanäle blockiert. Chemisch ist Beauvericin ein zyklisches Trimer des N-Methyl-N-(2-D-hydroxyisovaleroyl)-L-phenylalanins. Ein anderes Beispiel für ein Depsipeptid in Fusarien ist Enniatin B (Monomer N-Methyl-N-(2-D-hydroxyisovaleroyl)valin) (Abb. 18.7).

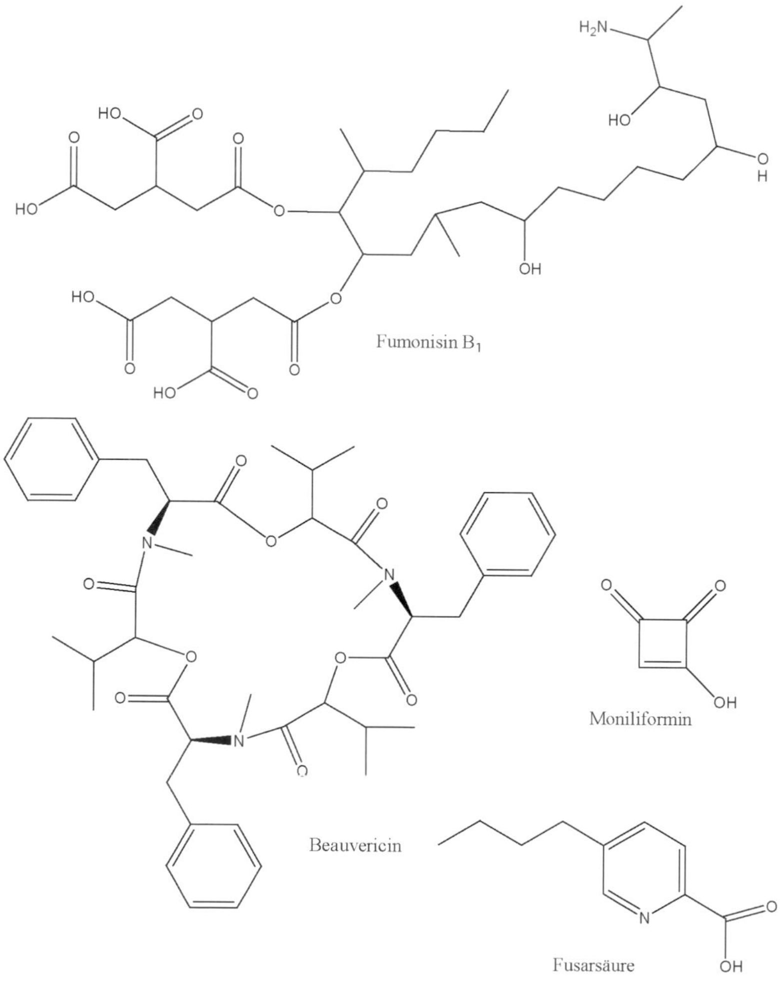

Fumonisin B$_1$

Moniliformin

Beauvericin

Fusarsäure

**Abb. 18.6.**      Chemische Struktur ausgewählter Schimmelpilztoxine (III)

**Moniliformin** ist ein Stoffwechselprodukt verschiedener *Fusarium*-Pilze (z. B. *Fusarium fujikuroi, Fusarium moniliforme*). Die Moniliformin-produzierenden Fusarien werden vorwiegend auf Mais angetroffen. Der $LD_{50}$-Wert liegt in Ratten bei 21 mg/kg. Besonders empfindlich gegenüber Moniliformin sind Hühner. Das Toxin verursacht Schädigungen der Funktion des Herzmuskels, wahrscheinlich durch Inhibierung der Pyruvat- und der α-Ketoglutarat-Dehydrogenase. Eine Cancerogenität der Substanz konnte bisher nicht nachgewiesen werden. Chemisch ist Moniliformin ein Cyclobutan-Derivat (1,2,3-Triketocyclobutan, Abb. 18.6). Praktisch liegt es in Lösung als Enol vor und ist negativ geladen.

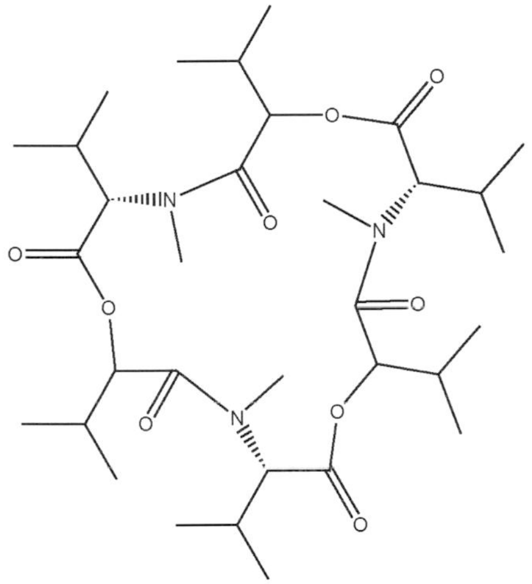

Enniatin B

**Abb. 18.7.**     Chemische Struktur von Enniatin B

**Fusarsäure** (5-Butyl-2-pyridincarbonsäure) kommt in verschiedenen *Fusarium*-Stämmen (z. B. *Fusarium fujikuroi*) vor. Der Metabolit wurde primär aus *Fusarium heterosporium* isoliert. Der $LD_{50}$-Wert liegt in Mäusen oral verabreicht bei 230 mg/kg. Biochemisch hemmt die Substanz die Dopamin-β-hydroxylase und damit das Enzym, das für die Synthese des Neurotransmitters Norepinephrin = Nore notwendig ist. Außerdem wirkt sie hypotensiv. Fusarsäure verstärkt die Wirkung von Deoxynivalenol. Besonders empfindlich sind Schweine und Geflügel. Biogene Amine, wie Putrescin und Spermidin, vermindern die toxische Wirkung von Fusarsäure (Abb. 18.6).

### 18.2.4  Gifte höherer Pilze

Gifte höherer Pilze wurden mit einer Ausnahme im Abschnitt 12.2.10 „Pilze" beschrieben. Hier sollen nur im Zusammenhang mit den toxischen Inhaltsstoffen die auf Gräsern, besonders Getreide, parasitierenden

**Mutterkornpilze** *(Claviceps sp., Clavicipitaceae)*, heimisch in Europa, beschrieben werden. Von den Getreidearten befällt *Claviceps* sp. besonders Roggen und dann in abnehmender Häufigkeit Weizen und alle anderen *Triticum*-Arten sowie Gerste. Auf Hafer wächst *Claviceps* sp. sehr selten. Der Pilz überwintert in Form eines Dauermycels (Sklerotium, Ergot) und wird mit dem Saatgut durch Sporen wieder auf die neue Ernte übertragen. Die Sporen entwickeln sich bevorzugt in Roggenblüten. Die sehr giftigen Inhaltsstoffe des Pilzes sind Indolalkaloide, also Alkaloide, die, ausgehend von der Aminosäure Tryptophan, biosynthetisch gebildet werden. Im Fall der Mutterkornalkaloide (Ergotalkaloide) wird aus Tryptophan und Mevalonsäure Lysergsäure, die für diese Alkaloide charakteristische Substanz, hergestellt (Abb. 18.8). In der EU wird Getreide nur als genusstauglich anerkannt, wenn der Mutterkorngehalt 0,05 % nicht übersteigt.

Mutterkorn enthält auch die schwefelhaltige, antioxidativ wirkende Aminosäure „Ergothionein". Ergothionein wurde auch bei Tieren und beim Menschen nachgewiesen. Teilweise wird *Claviceps purpurea* zur Gewinnung der pharmazeutisch wichtigen Alkaloide (Ergotalkaloide) auf Roggen kultiviert. Die Gefahr von Vergiftungen durch Mutterkornkontaminiertes Getreide hat sich in den letzten Jahrzehnten stark vermindert. Grund hierfür sind die Beizung und Reinigung des Saatgutes, die Reinigung des Getreides vor der Vermahlung und die Schädlingsbekämpfung während der Vegetationsperiode.

Die Mutterkornalkaloide sind komplexe Mischungen von Derivaten der Lysergsäure. Man kann sie in vier Gruppen einteilen:

- Lysergsäure,
- Lysergsäureamide,
- Clavin-Alkaloide,
- Ergotpeptidalkaloide.

Die Peptidalkaloide sind Lysergsäure-Tripeptide, die immer Prolin enthalten. Sie können weiter unterteilt werden in solche, die α-Hydroxyalanin (Ergotamin-Gruppe), und solche, die α-Hydroxyvalin enthalten (Ergotoxin-Gruppe). Der rötliche Farbstoff des Mutterkorns ist das Ergoflavin. Die Verbindungen wirken auf das Zentralnerven- und das Gefäßsystem. Ergotamin wirkt gefäßverengend und uteruskontrahierend, das Tartrat wird als Analgetikum in der Migränetherapie verwendet. Die durchschnittliche $LD_{50}$ der Alkaloide liegt bei Mäusen zwischen 1,5 und 100 mg/kg. Mutterkornvergiftungen äußern sich in Erbrechen, Durchfall, Durst, Tachykardie, Verwirrung, Krämpfen und Koma.

## 18.3 Toxische Stoffe aus der landwirtschaftlichen Produktion

Es sind dies toxische Stoffe in Lebensmitteln, die aus der Verwendung von Hilfsstoffen in der landwirtschaftlichen Produktion stammen. Hierbei handelt es sich um Substanzen, die in der Landwirtschaft zur Steigerung des Ertrages oder zur Verminderung des Risikos der Herstellung marktkonformer Produkte verwendet werden. Vielfach werden die eingesetzten Substanzen im Stoffwechsel des Tiers oder der Pflanze zumindest teilweise abgebaut oder ausgeschieden, sodass das Produkt, wenn es beim Konsumenten anlangt, nur mehr geringe Konzentrationen der verwendeten Substanzen enthält. Diese Restmengen werden auch als **„Rückstände"** bezeichnet. Die lang andauernde Aufnahme solcher geringer Konzentrationen kann aber beim Konsumenten toxische Wirkungen haben. Um diese für die Gesundheit schädlichen Effekte zu minimieren, wurden für sehr viele dieser Substanzen, analog zu den Zusatzstoffen, Grenzkonzentrationen festgelegt, unterhalb derer selbst bei täglicher Aufnahme keine Beeinträchtigung der Gesundheit zu erwarten ist.

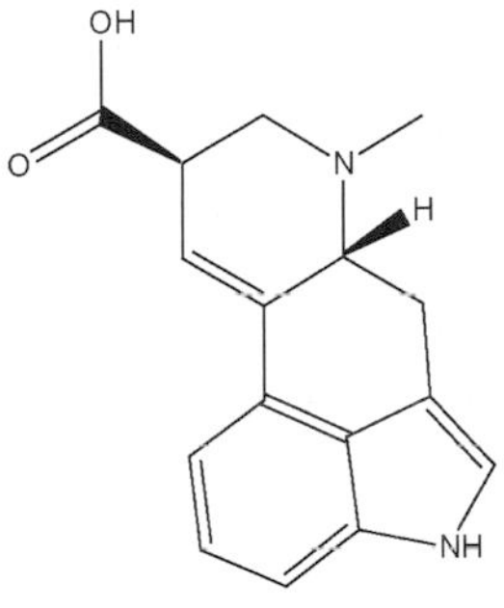

Lysergsäure

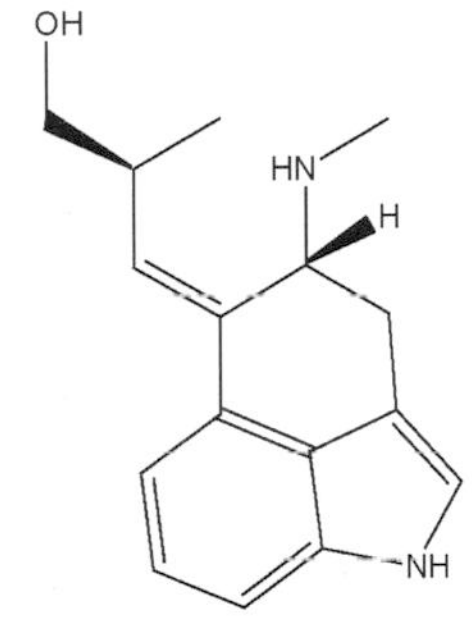

Chanoclavin

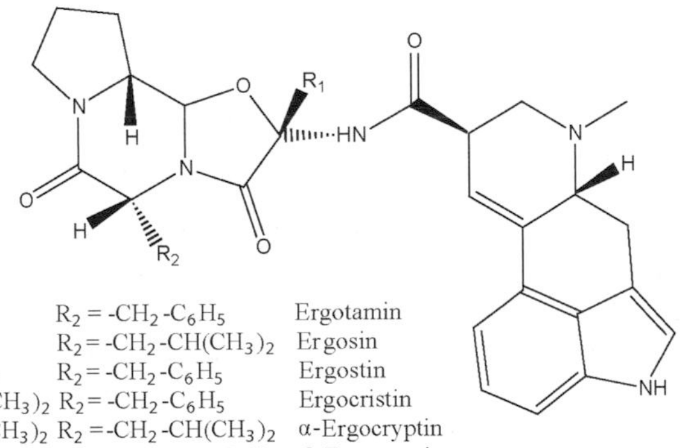

$R_1 = $ -CH$_3$          $R_2 = $ -CH$_2$-C$_6$H$_5$          Ergotamin
$R_1 = $ -CH$_3$          $R_2 = $ -CH$_2$-CH(CH$_3$)$_2$     Ergosin
$R_1 = $ -C$_2$H$_5$      $R_2 = $ -CH$_2$-C$_6$H$_5$          Ergostin
$R_1 = $ -CH(CH$_3$)$_2$  $R_2 = $ -CH$_2$-C$_6$H$_5$          Ergocristin
$R_1 = $ -CH(CH$_3$)$_2$  $R_2 = $ -CH$_2$-CH(CH$_3$)$_2$     α-Ergocryptin
$R_1 = $ -CH(CH$_3$)$_2$  $R_2 = $ -CH(CH$_3$)-C$_2$H$_5$     β-Ergocryptin
$R_1 = $ -CH(CH$_3$)$_2$  $R_2 = $ -CH(CH$_3$)$_2$            Ergocornin

**Abb. 18.8.**     Chemische Struktur von Ergotalkaloiden

## 18.3.1  *Pestizide*

Pestizide sind chemische Verbindungen, die toxisch auf Tiere, Pflanzen und Mikroorganismen wirken, welche die landwirtschaftliche Produktion negativ beeinflussen. Leider ist eine so spezifische Wirkung in der Praxis in den meisten Fällen nicht zu erreichen. Viele nützliche Organismen werden in der Regel gleichzeitig vernichtet, und für den Konsumenten bleibt letztlich immer ein gewisses Restrisiko bestehen. Umgekehrt stellen z. B. die toxischen Metaboliten von Mikroorganismen ebenfalls eine Gesundheitsgefährdung des Konsumenten dar, sodass in diesen Fällen die Verwendung von Pestiziden oft als das kleinere Übel erscheint.

Die wichtigsten Gruppen von Pestiziden sind:

- Insektizide (gegen Insekten),
- Akarizide (gegen Spinnen und Milben),
- Fungizide (gegen Pilze),
- Herbizide (gegen Unkräuter),
- Rodentizide (gegen Nagetiere),
- Molluskizide (gegen Schnecken),
- Nematizide (gegen Würmer).

Während früher nur die Effizienz der eingesetzten Substanzen gegen die verschiedenen „Schädlinge" bei möglichst geringer akuter Toxizität ($LD_{50}$) im Mittelpunkt des Interesses stand, müssen heute Parameter, wie biologische Abbaubarkeit, das Schicksal der Substanzen im Metabolismus und der daraus entstehenden langfristigen Risiken, wie chronische Toxizität, Teratogenität und Cancerogenität, untersucht werden. Die Detektion und Quantifizierung von Pestizidrückständen in Lebensmitteln hat sich zu einer wichtigen Sparte der Lebensmitteluntersuchung entwickelt. Für die gebräuchlichen Pestizide wurden Grenzwerte für Rückstände in Lebensmitteln eingeführt. Von den vielen Pestiziden, die seit dem Ende des Zweiten Weltkrieges in der Landwirtschaft verwendet wurden, ist heute ein großer Teil wieder verboten worden, weil sie die Anforderungen bezüglich gesundheitlicher Risiken und biologischer Abbaubarkeit nicht erfüllten. Um die aufgebrachte Pestizidmenge im verkehrsfähigen Lebensmittel zu vermindern, sind Fristen vorgeschrieben, die zwischen der letzten Pestizidbehandlung und der Ernte einzuhalten sind.

### 18.3.1.1 Insektizide

Insektizide wirken oft auf die Nervenreizleitung (Cholinesterase-Inhibitoren) und haben dadurch häufig auch für den Menschen eine hohe akute Toxizität. Nach ihrer chemischen Struktur unterscheidet man drei große Gruppen von Insektiziden (Abb. 18.9):

- Phosphorsäure- und Thiophosphorsäureester,
- chlorierte Kohlenwasserstoffe,
- Carbaryle.

Davon werden heute allgemein, trotz ihrer hohen akuten Toxizität, die **Ester der Phosphorsäure und Thiophosphorsäure** in der Anwendung bevorzugt. Der Grund dafür ist ihre schnelle biologische Abbaubarkeit.

Dadurch verschwindet die akute toxische Wirkung rasch, es entstehen wenig Rückstände, und die Gefahr chronisch toxischer Wirkungen ist gering. Parathion wird im Stoffwechsel vieler Organismen mittels Paraoxonase (siehe auch Abschnitt 5.5) zu dem akut toxischeren Paraoxon abgebaut.

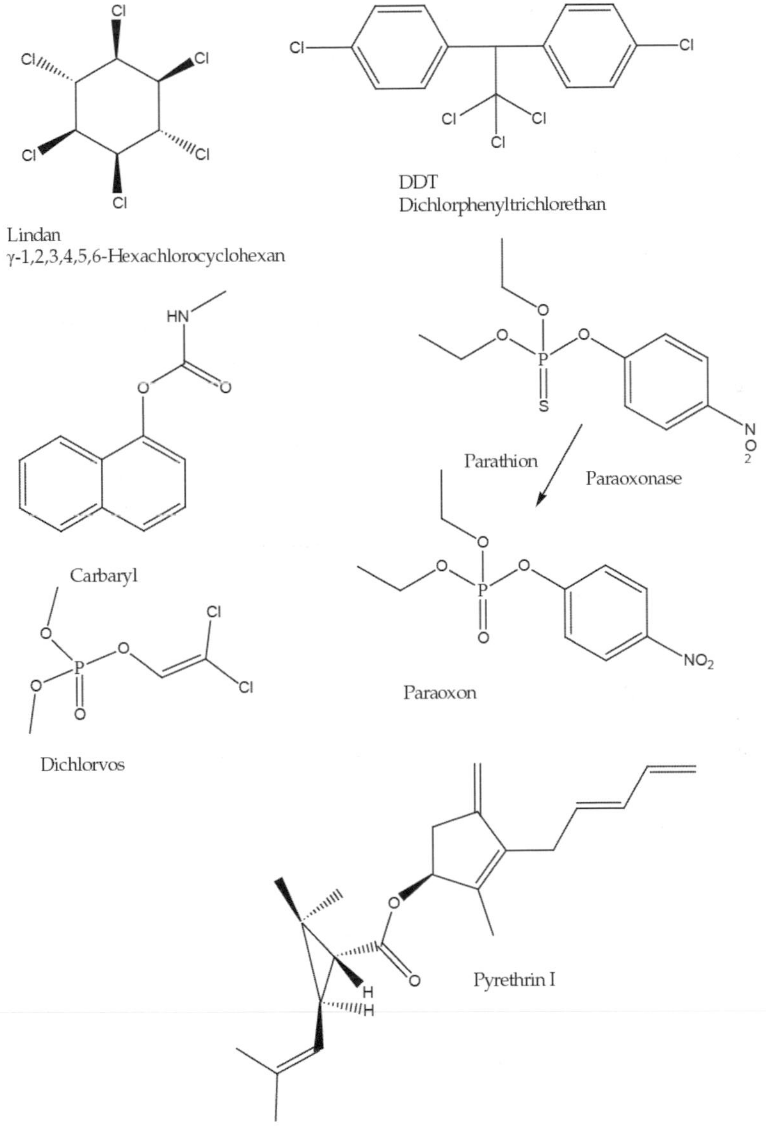

Lindan
γ-1,2,3,4,5,6-Hexachlorocyclohexan

DDT
Dichlorphenyltrichlorethan

Carbaryl

Parathion

Paraoxonase

Paraoxon

Dichlorvos

Pyrethrin I

**Abb. 18.9.**    Chemische Struktur von ausgewählten Insektiziden

**Chlorierte Kohlenwasserstoffe** haben zwar durchwegs eine geringe akute Toxizität, bedingt aber durch ihren sehr langsamen physiologischen Abbau kommt es zur Anreicherung von Rückständen, die im Laufe der Zeit beim Konsumenten chronisch toxisch, z. B. lebertoxisch, oder cancerogen wirken. Auch ist die thermische Beseitigung von chlorierten Kohlenwasserstoffen wegen der damit verbundenen Bildung von chlorierten Dibenzodioxinen (Dioxinen) im Abgas problematisch. Für deren Beseitigung bedarf es spezieller Verfahren in speziellen Anlagen.

**Carbaryle** sind besser biologisch abbaubar als chlorierte Kohlenwasserstoffe, und ihre akute Toxizität ist viel geringer als die der phosphorsäurehaltigen Insektizide. Trotzdem sind Carbaryle als Insektizide generell nicht mehr zugelassen, da sich bei deren Abbau im Organismus cancerogene Intermediärprodukte (Derivate der Carbaminsäure) bilden können. Ein starkes Cancerogen ist z. B. N-Nitroso-carbaryl, das bei gleichzeitiger Anwesenheit von Nitriten gebildet wird.

**Pyrethrine** sind Inhaltsstoffe mit insektizider Wirkung, die ursprünglich in *Compositae*, wie *Chrysanthemum cinerariifolium*, *Pyrethrum cinerariifolium* und *Chrysanthemum coccineum*, heimisch in Dalmatien, gefunden wurden. Die Pflanzen selbst werden schon jahrhundertelang von der dortigen Bevölkerung zum Schutz der Vorräte verwendet. Ähnliche Substanzen werden heute auch synthetisch hergestellt. Charakteristischer Bestandteil aller Pyrethrine ist ein reaktiver Cyclopropancarbonsäurering, der mit einem Hydroxy-dihydrofuranon verestert ist. Auf beiden Seiten dieser Ringe befinden sich hydrophobe Reste, die die Toxizität der Substanzen erhöhen. Die Pyrethrine haben eine geringe akute Toxizität ($LD_{50}$ 1,2 g/kg Ratte), können aber allergische Reaktionen der Haut, Störungen im Zentralnervensystem (Kopfschmerzen, Tinnitus) und Erbrechen auslösen. Pyrethrine sind biologisch gut abbaubar.

## 18.3.1.2 Fungizide

Fungizide wirken toxisch gegen Schimmelpilze, manchmal auch gegen Spinnen. Gegenüber Insekten und dem Menschen haben sie im Allgemeinen nur eine geringe akute Toxizität. Das klassische Fungizid ist der elementare Schwefel, der seit der Verschleppung der echten Mehltaupilze von Amerika nach Europa vor etwa 100 Jahren als Fungizid im Weinbau verwendet wird. Auch der selbst sehr toxische Schwefelkohlenstoff, der zu Beginn des 20. Jahrhunderts zur Bekämpfung der Reblaus eingesetzt wurde, kann als Vorläufersubstanz für die heute verwendeten Fungizide angesehen werden.

Durch Addition von Aminen an eine (C=S)-Doppelbindung des Schwefelkohlenstoffs entstehen Dithiocarbamate, deren Derivate derzeit zu den am häufigsten verwendeten Fungiziden gehören (z. B. Thiram, Maneb, Zineb, Abb. 18.10). Die beiden Letzteren sind Kombinationen der Dithiocarbamate mit Schwermetallionen (Mangan, Zink). Metallionen, z. B. Kupfer, in der Kupferkalkbrühe wurden schon sehr frühzeitig zur Bekämpfung von Fungi im Obst- und Weinbau (unechte Mehltaupilze, z. B. *Peronosporales*) verwendet. Andere eingesetzte Fungizide sind Schwefelderivate des Phthalimids (z. B. Captan) oder Derivate von Nitrophenolen (Dinocap, Karathane). Mit Ausnahme der Nitrophenole sind die Fungizide biologisch gut abbaubar.

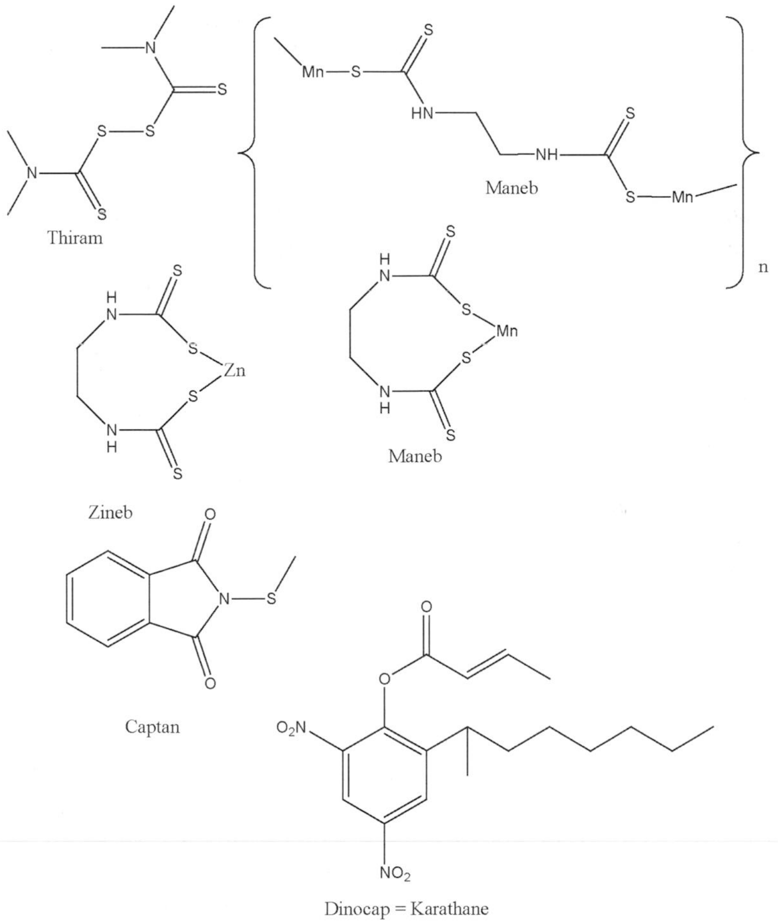

**Abb. 18.10.**    Chemische Struktur von ausgewählten Fungiziden

### 18.3.1.3 Herbizide

Herbizide inhibieren das Wachstum von Pflanzen. Man unterscheidet Totalherbizide und solche mit selektiver Wirkung gegen bestimmte Unkräuter (Abb. 18.11).

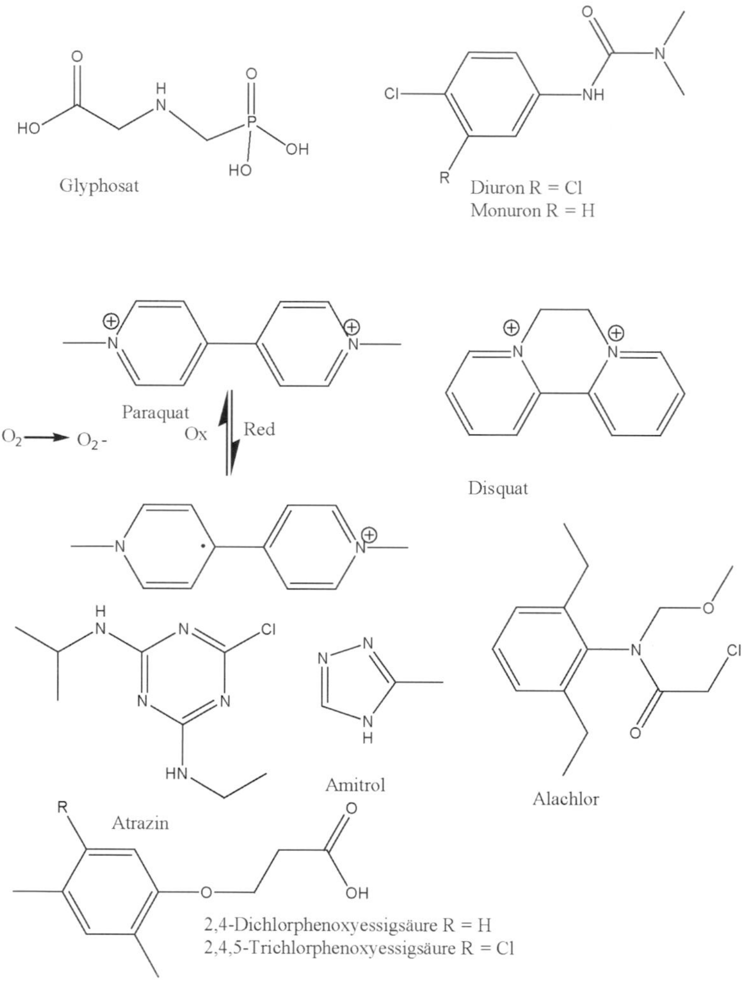

**Abb. 18.11.** Chemische Struktur ausgewählter Herbizide

Zu den Totalherbiziden zählt z. B. Natriumchlorat (Eisenbahnersalz), lange Zeit zum Freihalten der Eisenbahngleise von Unkräutern eingesetzt. Ebenso ist Kalkstickstoff (Calciumcyanamid, $CaCN_2$) eine Verbindung, aus der während ihrer Hydrolyse im Boden Ammoniak und Kohlendioxid, antibiotisch wirkende Intermediate, gebildet werden, die praktisch zu einer Desinfektion des Bodens·führen. Auch an sich selektiv wirkende Herbizide haben bei hoher Konzentration die Wirkung eines Totalherbizids. Eine Sonderstellung nimmt Glyphosat (Round up, N-Phosphonomethylglycin) ein. Die Substanz inhibiert ein Enzym des Shikimisäurewegs (5-Enol-pyruvoylshikimat-3-phosphat-Synthase, EPSPSase). 3-Enol-pyruvoylshikimisäure-5-phosphat, ein Metabolit auf dem Weg der Biosynthese phenolischer Verbindungen, kann nicht mehr gebildet werden. Die Folge ist ein Absterben der Pflanzen. Durch Genetical Engineering sind bestimmte Kulturpflanzen (z. B. Sojabohnen) gegen Glyphosat resistent geworden. Glyphosat und ähnliche Phosphonsäurederivate werden durch bestimmte Bodenbakterien (z. B. Flavobakterien) abgebaut.

Selektiv wirkende Herbizide sind entweder Inhibitoren der Fotosynthese oder als Wuchsstoffe wirkende Substanzen, die durch Initiierung eines abnormen Wachstums metabolische Ungleichgewichte im Stoffwechsel der Pflanze erzeugen, die in der Folge zum Absterben der Pflanze führen. Inhibitoren der Fotosynthese sind vor allem Redoxsysteme, die sich in die Elektronentransportkette einklinken können und damit den mit der Fotosynthese verbundenen Elektronenfluss verändern, was ebenfalls ein Absterben der Pflanze bedingt. In diese Kategorie fallen die Phenylharnstoff-Derivate (z. B. Diuron, Monuron), Dipyridyle (Paraquat, Disquat), Triazine (z. B. Atrazin), Anilin-Derivate (z. B. Alachlor) und Triazole (z. B. Amitrol). Am besten scheint die Wirkungsweise von Paraquat (1,1'-Dimethyl-4,4'-dipyridylium, Methylviologen) im Fotosynthesestoffwechsel dokumentiert zu sein. Die Substanz wird durch Ferredoxin, ein Protein mit hohem Cysteingehalt, zum Semichinon reduziert. Bei der Reoxidation mit molekularem Sauerstoff entstehen zelltoxische Radikale, die ein Absterben der Zelle durch massive Lipidperoxidation bewirken. Im Normalfall reduziert Ferredoxin NADP zu NADPH, das zur Reduktion des Kohlendioxids während der Fotosynthese notwendig ist. Aus ähnlichem Grund ist Paraquat auch toxisch für tierische Zellen, besonders für die der Lunge, Niere und Leber. Starke Schädigungen des Gewebes führen auch bei Tieren und Menschen zum Tod durch Anoxie oder Zirrhose.

Wuchsstoffe sind vor allem die chlorierten Derivate der Phenoxyessigsäuren (z. B. 2,4-Dichlorphenoxyessigsäure, 2,4,6-Trichlorphenoxyessigsäure) und anderen Phenoxycarbonsäuren. Sie wirken gegen breitblättrige Unkräuter, nicht gegen Gräser. Die synthetischen Wuchsstoffe reichern sich in den Zellen der Pflanze an, da der Transport in das extrazelluläre Milieu nicht stattfindet. Die hohe intrazelluläre Konzentration der Wuchsstoffe führt letzten Endes zum Zelltod. Aus den den Phenoxyessigsäuren zugrunde liegenden ortho-chlorierten Phenolen können sich beim Abbau chlorierte Dibenzodioxine (Dioxine) bilden, die als Ether die Peroxidbildung katalysieren und daher auch beim Menschen teratogen und cancerogen wirken. Zusammenfassend kann gesagt werden, dass die Herbizide trotz meist geringer akuter Toxizität auch für den Menschen gefährlich sind, da sie in dessen Redox- und Radikalstoffwechsel eingreifen.

# 19 Neue Aspekte der Lebensmittelchemie

Stetige technologische Neuerungen haben auch im Lebensmittelsektor ihre Spuren hinterlassen. Nahrungsmittel können heute viel gezielter verändert werden, als das noch vor wenigen Jahrzehnten der Fall war.

## 19.1 Funktionelle Lebensmittel

Angesichts ihrer nahezu uneingeschränkten Verfügbarkeit in den reichen Industriestaaten werden Nahrungsmittel nicht mehr länger nur als Energie- und Nährstofflieferanten gewertet, sondern vermehrt nach ihrem zusätzlichen gesundheitlichen Nutzen. Die Idee einer Heilwirkung der Nahrung ist nicht neu, besondere Eigenschaften pflanzlicher Produkte werden zum Teil schon seit Jahrhunderten zu Heilzwecken eingesetzt. Moderne Technologien ermöglichen jedoch nicht nur tiefere Einblicke in die Effekte von Nahrungsbestandteilen (besonders jenen, die keine Nährstoffe sind) auf Körperfunktionen, sondern auch den gezielten Einsatz solcher Inhaltsstoffe in Lebensmitteln, die in zunehmendem Maße als funktionelle Lebensmittel vermarktet werden.

### 19.1.1 Das Konzept der funktionellen Lebensmittel, rechtliche Aspekte

Grundsätzlich enthalten viele Lebensmittel von Natur aus funktionelle Inhaltsstoffe, besonders jene pflanzlichen Ursprungs, wie Obst und Gemüse, Vollkorngetreide und Hülsenfrüchte, aber auch viele tierische. Funktionelle Lebensmittel sollen allerdings bestimmte gesundheitliche Wirkungen haben, die ausreichend wissenschaftlich belegt sein müssen, um entsprechende gesundheitsbezogene Angaben, so genannte health claims, machen zu dürfen.

In der Europäischen Union werden in der Verordnung EG No. 1924/2006 über nährwert- und gesundheitsbezogene Angaben auf Lebensmitteln zwei Arten von gesundheitsbezogenen Angaben unterschieden:
- Hinweise auf eine Verbesserung bzw. Steigerung einer oder mehrerer Körperfunktionen
- Hinweise auf die Reduzierung eines Krankheitsrisikos

Daraus ergibt sich, dass die Zielgruppe für funktionelle Lebensmittel in erster Linie gesunde Konsumenten sind. Es handelt sich nicht um diätetische Produkte für Menschen mit bestimmten Erkrankungen und dadurch bedingten speziellen Ernährungsbedürfnissen.

Die Anfänge der funktionellen Lebensmittel gehen auf die in den 1980er-Jahren in Japan entwickelten Foods Of Specified Health Use (FOSHU) zurück, für die gesundheitsbezogene Angaben vom Gesundheitsministerium zugelassen wurden, solange ausreichende wissenschaftliche Beweise für die Wirkung vorlagen. Inzwischen haben sie sich auch in anderen Ländern durchgesetzt und finden steigenden Absatz.

Aufgrund der Vielfalt von funktionellen Lebensmitteln und der Tatsache, dass im Prinzip alle Nahrungsinhaltsstoffe biologische Effekte haben, ist eine einheitliche chemische Charakterisierung nicht möglich. Allen gemeinsam ist jedoch, dass die ihnen nachgesagten Wirkungen vor allem an isolierten Zellen oder Tieren beobachtet wurden, beim Menschen außerhalb kontrollierter klinischer Bedingungen dagegen oft nur schwer nachzuweisen sind. Im Folgenden sollen einige der häufigsten eingesetzten Produkte und Verbindungen vorgestellt werden.

## 19.1.2   Beispiele funktioneller Lebensmittel

### 19.1.2.1   Probiotika

Probiotika sind eine Gruppe von weit verbreiteten funktionellen Lebensmittelinhaltsstoffen, bei denen es sich um lebende Mikroorganismen handelt. Die meisten gehören zur Familie der Lactobacillen, und Milchprodukte stellen auch das häufigste Vehikel dar.

Eine ihrer wichtigsten postulierten Wirkungen ist die Stimulierung bzw. Modulation der Immunfunktion, in deren Folge es zu einer verbesserten Abwehr von Krankheitserregern kommt. Vereinzelt konnte auch eine Verminderung von allergischen Reaktionen oder chronisch entzündlichen Erkrankungen unter Probiotikaaufnahme erzielt werden. Da Lactobacillen ein natürlicher Bestandteil der Darmflora sind, kann ihre Aufnahme deren Zusammensetzung positiv beeinflussen, indem sie potenziell schädliche Keime verdrängen. Darüber hinaus unterstützen sie auch die Aufrechterhaltung der Schleimhautbarriere durch Stimulierung der Sekretion von Mucinen und anderer antibakterieller Faktoren sowie der Festigung der *tight junctions* zwischen den Mucosazellen.

Der Darm beherbergt aber auch ein umfangreiches Immunsystem, dessen Zellen in direktem Kontakt mit kommensalen und aus der Nahrung stammenden Mikroorganismen treten. Eine Stimulierung dieser Zellen durch Probiotika kann an das Immunsystem des übrigen Körpers weitervermittelt werden, zum einen über lösliche Botenstoffe wie die Cytokine und Chemokine, zum anderen über direkten Kontakt mit den angeregten Zellen und ihren Oberflächenmarkern. Eine besondere Rolle bei dieser Übertragung und der Steuerung der folgenden Immunantwort kommt den dendritischen Zellen zu.

Die bessere Überlebensfähigkeit probiotischer Mikroorganismen im Magen-Darm-Trakt wird häufig als Argument für deren Überlegenheit gegenüber konventionellen Stämmen angeführt. Tatsächlich wurden aber auch lebende konventionelle Keime im Stuhl von Konsumenten nachgewiesen, und die Überlebensrate beträgt bei probiotischen Kulturen nur etwa 20–40 %. Dazu kommt, dass schon bloße Zellwandbestandteile oder Nucleinsäurefragmente von Milchsäurebakterien eine Immunantwort auslösen können. Des Weiteren können konventionelle Milchsäurebakterien Abwehrfunktionen anregen, wofür der seit langem bekannte gesundheitsfördernde Effekt von fermentierten Milchprodukten spricht. Zwischen verschiedenen Stämmen bestehen allerdings durchaus Unterschiede in Hinblick auf ihre immunmodulierende Wirkung. Das macht einen therapeutischen Einsatz spezieller probiotischer Kulturen bei bestimmten immunologisch bedingten Erkrankungen denkbar. Trotz einer Reihe vielversprechender Ergebnisse, die diesen Ansatz unterstützen, ist die wissenschaftliche Grundlage jedoch noch nicht ausreichend.

### 19.1.2.2 Mit Phytosterinen angereicherte Lebensmittel

Auf die Stoffklasse der Phytosterine und ihre Eigenschaften wurde bereits in den vorigen Kapiteln eingegangen. Als funktionelle Lebensmittelinhaltsstoffe sind sie aufgrund ihrer Eigenschaft von Interesse, die Absorption von Cholesterin aus der Nahrung zu hemmen. Hierzu bilden sie mit diesem Komplexe, die nicht aufgenommen, sondern über den Stuhl ausgeschieden werden. Auch eine Verdrängung von Cholesterin aus den Micellen im Darm oder an den Cholesterintransportern ist denkbar. Zu ihrer Wirksamkeit existiert inzwischen eine gute klinische Datengrundlage, die auch entsprechende gesundheitsbezogene Angaben rechtfertigt. Aus diversen Studien wurde eine optimale Aufnahmemenge von 2 g pro Tag abgeleitet. Während niedrigere Dosen eine entsprechend schwächere Wirkung zeigen, haben Mengen über 3 g keinen zusätzlichen Nutzen. Wie erwähnt, sind Phytosterine in vielen pflanzlichen Lebensmitteln enthalten. Selbst mit einer stark pflanzenbetonten Kost, wie z. B. bei Vegetariern, wird die genannte wirksame Menge aber kaum über die Nahrung erreicht. Daher werden Lebensmittel mit Phytosterinen angereichert, um spezielle funktionelle Produkte zu erhalten, die eine Senkung des Cholesterinspiegels im Blut unterstützen. Aufgrund des lipophilen Charakters der Phytosterine bieten sich dafür besonders fetthaltige Lebensmittel an, allen voran Margarine und Salatdressings. Daneben ermöglichen Emulgierung oder Veresterung aber auch den Einsatz in Produkten mit höherem Wassergehalt, wie z. B. Milch und Joghurt oder Brot.

### 19.1.2.3 Mit ω-3-Fettsäuren angereicherte Lebensmittel

Erstmals wurden gesundheitsfördernde Effekte von langkettigen, mehrfach ungesättigten ω-3-Fettsäuren in den 1950er-Jahren beobachtet, bei denen die erste Doppelbindung, wie bereits geschildert, zwischen dem vom Methylende aus dritten und vierten Kohlenstoffatom liegt. Populationen mit einer höheren Aufnahme wiesen eine niedrigere Rate an Herz-Kreislauf-Erkrankungen auf. In Interventionsstudien wurde infolge Supplementation mit ω-3-Fettsäuren eine Senkung der Plasmatriglyzeridkonzentrationen erreicht, die bei Menschen mit leicht erhöhten Werten stärker ausgeprägt war. Auch eine Verbesserung der Cholesterinwerte im Sinne einer Senkung der LDL- und einer Erhöhung der HDL-Fraktion wurde beschrieben, obwohl die Ergebnisse widersprüchlich sind. Neueren Ergebnissen zufolge könnte der Einfluss auf die Größe der Lipoproteinpartikel eine wesentliche Rolle spielen.

In Form der fünffach ungesättigten Eicosapentaensäure (C20:5) sind ω-3-Fettsäuren Ausgangsstoff für die Synthese von Eicosanoiden, die im Körper als Botenstoffe fungieren. Von besonderer Bedeutung ist ihr Einfluss auf die Immunantwort sowie die Blutgerinnung und Gefäßkontraktion. Im Gegensatz zu den aus der ω-6-Fettsäure Arachidonsäure gebildeten Eicosanoiden sind jene aus Eicosapentaensäure weniger entzündungsfördernd und vasokonstriktorisch, was mit zu ihren günstigen Wirkungen auf das Herz-Kreislauf-System beiträgt. Da für die Eicosanoidsynthese aus beiden Fettsäuren dieselben Enzyme verantwortlich sind, kommt es bei höherer Zufuhr von ω-3-Fettsäuren und deren Anreicherung in den Phospholipiden der Zellmembranen zu einer Konkurrenz mit der Arachidonsäure und zu einer vermehrten Bildung von schwächer wirksamen Mediatoren, was zu einer geringeren Entzündungsneigung führt. Dementsprechend zeigen Studien auch positive Wirkungen einer erhöhten ω-3-Fettsäurezufuhr auf immunologisch bedingte Erkrankungen wie rheumatoide Arthritis, Asthma oder entzündliche Darmerkrankungen.

Die ergiebigste Quelle für langkettige Omage-3-Fettsäuren sind fette Seefische, vor allem in Kaltwasser lebende, in geringerem Ausmaß auch andere Meerestiere und Süßwasserfische. Manche Pflanzensamen und vor allem die daraus hergestellten Öle enthalten zwar höhere Gehalte pro Gewichtseinheit, diese liegen jedoch als α-Linolensäure (C18:3) vor, die erst nach Kettenverlängerung und Desaturierung zu den längerkettigen Formen biologisch aktiv ist. Diese Umwandlung erfolgt im menschlichen Körper nur in ziemlich geringem Ausmaß.

In Hinblick auf den in vielen Ländern geringen Fischverzehr werden neben isolierten Fischölen in Kapselform vermehrt funktionelle Lebensmittel angeboten, die mit langkettigen ω-3-Fettsäuren angereichert wurden. Bei Eiern wird dies durch Verfütterung von ω-3-Fettsäure-haltigem Futter an Legehennen erreicht. Weitere Beispiele sind Mayonnaise, Salatsoßen, Brot, Milch und Milchprodukte oder Snackprodukte sowie Babynahrung. Natürlich vorkommende ω-3-Fettsäuren liegen in Fischfett vorwiegend als Triglyceride vor. Für die Anreicherung werden darüber hinaus Ethylester verwendet, deren Gewinnung kostengünstiger ist. Allerdings liegen widersprüchliche Ergebnisse hinsichtlich ihrer Bioverfügbarkeit vor.

### 19.1.3 Sinnhaftigkeit funktioneller Lebensmittel

Für die Wirksamkeit der genannten und einer Reihe anderer funktioneller Lebensmittelinhaltsstoffe mangelt es nicht an wissenschaftlicher Evidenz. Ein großer Teil von ihnen kommt allerdings natürlich in vielen Lebensmitteln vor, sodass sich die Frage nach der Notwendigkeit spezieller funktioneller Lebensmittel stellt.

Ein wesentlicher Grund für den Erfolg vieler funktioneller Lebensmittel liegt sicher zum einen in der modernen Lebensweise, die wenig Zeit für aufwändige Zubereitung lässt und somit die Verwendung von oft nährstoffarmen Fertiggerichten fördert. Funktionelle Lebensmittel liefern gesundheitsfördernde Substanzen in einer Form, die den Anforderungen der Verbraucher entgegenkommt. Darüber hinaus wird den Konsumenten suggeriert, dass ihre Ernährungsweise nicht optimal ist und früher oder später zu Mängeln und Erkrankungen führen kann. Hier wäre eine Verbesserung des Ernährungsverhaltens allerdings die bessere Option, da funktionelle Lebensmittel durchaus auch negative Merkmale aufweisen können, wie einen hohen Zucker- oder Fettgehalt sowie einen hohen Verarbeitungsgrad. Dazu kommen die im Allgemeinen höheren Preise im Vergleich zu herkömmlichen Produkten.

Dagegen können funktionelle Lebensmittel zur Zufuhr von Inhaltsstoffen beitragen, die nur in einigen schwer verfügbaren und damit wenig konsumierten Lebensmitteln vorkommen. Andererseits können diese Substanzen in vielen Fällen durch andere mit vergleichbarer Wirkung ersetzt werden.

## 19.2 Lebensmittelanreicherung

Unter Lebensmittelanreicherung versteht man den Zusatz von Nährstoffen und bioaktiven Nichtnährstoffen zu verarbeiteten Lebensmitteln, unabhängig davon, ob sie natürlich in diesen enthalten sind oder nicht. Dies wird u. a. durch die synthetische Gewinnung von Makro- und Mikronährstoffen ermöglicht.

### 19.2.1 Gründe für die Anreicherung von Lebensmitteln

Es gibt eine Reihe von Gründen für die Lebensmittelanreicherung, die Verbesserung der Nährstoffversorgung ist ein wichtiger Bereich. Dies hat besonders in ärmeren Ländern Bedeutung, in denen die Ernährung weitgehend auf wenigen Grundnahrungsmitteln basiert. Tatsächlich tragen Mikronährstoffmängel weltweit nach wie vor wesentlich zu Gesundheits- und Entwicklungsstörungen und Krankheiten bei. Iod, Eisen und Vitamin A sind jene Mikronährstoffe, die am häufigsten in unzureichenden Mengen zugeführt werden, daneben liegt vermehrtes Augenmerk auf Folsäure, Zink und Calcium. Dabei sind Mängel nicht auf Entwicklungsländer beschränkt, sondern betreffen häufig auch in Industriestaaten einige oder mehrere Bevölkerungsgruppen. Eine einseitige, auf stark verarbeiteten Produkten beruhende Ernährung ist hierbei ein begünstigender Faktor.

Ein weiteres Ziel einer Anreicherung von Lebensmitteln mit Nährstoffen ist die Wiederherstellung des Ausgangsgehalts nach technisch bedingten Verlusten. Zu diesen kann es einerseits im Zuge der Verarbeitung kommen, z. B. bei Schäl-, Wasch- oder Erhitzungs- und Trocknungsprozessen, andererseits durch längere Lagerung. So werden z. B. in vielen Ländern Vitamin $B_1$, $B_2$, Niacin sowie Eisen routinemäßig dem Weißmehl zugesetzt. In diesem Fall wird ein reiner Ersatz der verlorenen Nährstoffe angestrebt und somit nur solche zugesetzt, die bereits natürlich im Lebensmittel vorkommen. Auch die Menge wird so gewählt, dass im Endprodukt der ursprüngliche Gehalt erreicht wird. Eine Anreicherung wird darüber hinaus bei Ersatzprodukten durchgeführt, um diese an das Nährstoffmuster des Vergleichsprodukts anzupassen. Diesem Zweck dient die Anreicherung von Formelnahrungsprodukten für Säuglinge.

Vor allem in Industriestaaten ist in den letzten Jahren ein Trend zu funktionellen Lebensmitteln aufgekommen, die einen über den reinen Nährwert hinausgehenden Nutzen aufweisen. Dies kann durch eine Anreicherung mit bioaktiven Inhaltsstoffen erzielt werden, die in diesem Fall keinem Mangel vorbeugen, sondern Körperfunktionen verbessern oder zum Schutz vor bestimmten Erkrankungen beitragen sollen. Als Beispiele sind ω-3-Fettsäuren, Phytosterine, aber auch manche Nährstoffe wie Calcium oder Folsäure zu nennen. Die Anreicherung aus diesem Grund kann sowohl bei Lebensmitteln erfolgen, welche die betreffenden Nährstoffe nicht von Natur aus enthalten, als auch bei natürlichen Quellen, bei denen ein höherer Gehalt erwünscht ist.

## 19.2.2 Technologische Aspekte, Wahl der Matrix

Vor allem in Entwicklungsländern werden im Allgemeinen kostengünstige Grundnahrungsmittel angereichert, um eine möglichst große Reichweite zu erzielen. Dies ist besonders dann von Bedeutung, wenn der Mangel weite Teile der Bevölkerung betrifft und eine monotone Ernährungsweise mit einigen wenigen Lebensmitteln vorherrscht. Voraussetzung für eine effiziente Umsetzung ist allerdings eine zentrale Verarbeitung des betreffenden Nahrungsmittels.

Bei der Auswahl der chemischen Form des zugesetzten Nährstoffs müssen Faktoren, wie dessen Bioverfügbarkeit und Stabilität, sowie eventuelle negative Effekte auf die Lebensmittelmatrix, wie Geschmacksbeeinträchtigungen, Verminderung der Haltbarkeit und Änderungen der Farbe, berücksichtigt werden. Dies kann gegebenenfalls durch technologische Hilfsmittel gewährleistet werden, wie durch den Zusatz von Antioxidanzien oder die Verkapselung der zugesetzten Komponenten. Die zugesetzte Menge muss ausreichend sein, um einen Effekt zu gewährleisten, andererseits müssen Überdosierungen und eventuelle toxische Auswirkungen vermieden werden.

Im Folgenden sollen diese Aspekte anhand dreier Beispiele besprochen werden.

### 19.2.2.1 Eisen

Aufgrund der weltweiten Häufigkeit von Eisenmangel ist die Anreicherung von Lebensmitteln mit diesem Spurenelement recht häufig. Als Vehikel wird weltweit in den meisten Fällen Weizen- oder Maismehl verwendet, des Weiteren von diesen abgeleitete Produkte oder Frühstückszerealien. In manchen Ländern Asiens werden Soßen, z. B. Fisch- oder Sojasoße, als häufig konsumierte Menükomponenten verwendet. Für die Anreicherung kommt eine Reihe von Eisenverbindungen in Frage, darunter anorganische und organische Salze sowie elementares Eisen, die nach ihrer Löslichkeit eingeteilt werden. Wasserlösliche Verbindungen wie Eisensulfat, -gluconat und NaFeEDTA zeichnen sich durch die beste Bioverfügbarkeit aus, haben aber auch die stärksten negativen Auswirkungen auf andere Lebensmittelinhaltsstoffe, deren Oxidation sie fördern. Dadurch kann es bei entsprechendem Fettgehalt zu Ranzigkeit kommen. In verdünnten Säuren lösliche Verbindungen wie Eisenfumarat und -succinat sind weniger reaktiv und werden bei ausreichender Säuresekretion im Magen gut resorbiert. Die niedrigste Verfügbarkeit haben in Wasser nicht und in Säure nur schlecht lösliche Eisenverbindungen, die gleichzeitig aber die Lebensmittelqualität weniger beeinträchtigen. Dies kann auch durch Verkapselung verhindert werden, die Produktionskosten liegen aber deutlich höher.

Als zugesetzte Menge wird bei Mehl je nach verwendeter Eisenverbindung und Matrix 20–40 mg/kg empfohlen.

Grundsätzlich stellt die niedrige Bioverfügbarkeit vieler der eingesetzten Verbindungen eine der Hauptschwierigkeiten dar. Im menschlichen Dünndarm wird bevorzugt Hämeisen absorbiert, Nicht-Hämeisen nur in Form zweiwertiger Eisenionen. Dreiwertige Eisenionen müssen dagegen erst reduziert werden, was durch Vitamin C und organische Säuren gefördert wird. Die Bindung an absorptionshemmende Substanzen wie Phytate oder Tannine, die in vielen pflanzlichen Lebensmitteln enthalten sind, kann durch Chelierung des Eisens mit Glycin oder Natrium-Ethylendiamintetraacetat (NaFeEDTA) verhindert werden. NaFeEDTA vermindert auch die Fettoxidation. Beide verursachen allerdings höhere Kosten.

Toxikologische Aspekte müssen ebenfalls berücksichtigt werden, denn eine exzessive Eisenzufuhr hat gesundheitsschädliche Auswirkungen. Unter Berücksichtigung der anderen Eisenquellen in der Nahrung kann eine hohe Anreicherung von Grundnahrungsmitteln zu einer überhöhten Zufuhr bei manchen Personengruppen führen. Daraus kann u. a. vermehrter oxidativer Stress resultieren.

In Europa wurde aufgrund unzureichender Daten bislang keine tolerierbare obere Zufuhrgrenze definiert. In den USA gilt ein Wert von 45 mg/Tag. Bei älteren Personen gibt es Hinweise auf eine erhöhte Eisenspeicherung bei einer täglichen Aufnahme von 30 mg oder mehr Nicht-

Hämeisen aus Supplementen. Die gesundheitlichen Auswirkungen sind allerdings unklar.

### 19.2.2.2    Iod

Das Hauptvehikel für die Lebensmittelanreicherung mit Iod stellt Kochsalz dar. Salziodierung wird weltweit angewandt und hat in vielen Ländern, darunter Deutschland, Österreich und die Schweiz, eine lange Tradition. In einigen Staaten, darunter auch Österreich, ist sie sogar gesetzlich vorgeschrieben.

Iodat ($IO_3^-$) und Iodid ($I^-$) sind die beiden eingesetzten chemischen Formen, jeweils als Kalium-, in geringerem Maße auch als Natrium- und Calciumsalz. Ersteres stellt aufgrund seiner größeren Stabilität gegen Oxidation und der geringeren Wasserlöslichkeit trotz seines höheren Preises die bevorzugte Form dar, vor allem in feuchtheißen Gegenden, da es zu geringeren Verlusten bei der Lagerung der angereicherten Lebensmittel kommt. Dennoch werden in manchen europäischen Ländern und den USA auch Iodide weiterhin verwendet.

Salz eignet sich insofern als Vehikel, als es von allen Menschen und in weitgehend konstanten Mengen über das ganze Jahr verwendet wird. Die Gewinnung erfolgt in der Regel zentral, was den geregelten Zusatz von Iod erleichtert. Die Iodierung hat keine negativen Auswirkungen auf Geschmack, Geruch oder Farbe des Salzes.

In Anlehnung an die Empfehlungen der Weltgesundheitsorganisation werden Gehalte von 15–40 mg Iod pro kg Kochsalz angestrebt.

Grundsätzlich kann über die Zugabe von iodiertem Salz der Gehalt jedes industriell hergestellten Lebensmittels erhöht werden, was zum Teil auch bereits erfolgt.

Neben Salz eignen sich auch andere Lebensmittel zur Iodierung. Mögliche Vehikel mit genügend großer Reichweite sind Brot, Trinkwasser und Milch. Letztere trägt durch den Iodzusatz im Futter der Kühe bereits nennenswert zur Versorgung bei.

Im Allgemeinen stellt eine Salziodierung kein Gesundheitsrisiko dar. Vereinzelt kann es jedoch zu Schilddrüsenüberfunktionen kommen, besonders bei prädisponierten Personen oder bei längerem Bestehen eines ausgeprägten Mangels. Für Erwachsene nennt die Europäische Behörde für Lebensmittelsicherheit (EFSA) eine tolerierbare obere Zufuhrgrenze von 600 µg/Tag. Für Regionen mit lang bestehendem Iodmangel wird dagegen von der WHO und der Französischen Behörde für Lebensmittelsicherheit (AFSSA) ein Wert von 500 µg täglich als obere Grenze empfohlen, um eine Schilddrüsenüberfunktion zu vermeiden. Eine Kontrolle des Iodgehalts im Salz sowie eine regelmäßige Überwachung des Status der Bevölkerung sind in jedem Fall notwendig.

### 19.2.2.3    Folsäure

Folsäure (Pteroylglutaminsäure) hat sich in den letzten Jahren zunehmend als kritischer Nährstoff herausgestellt, dessen Zufuhr in vielen Bevölkerungsgruppen in fast allen Ländern als unzureichend klassifiziert wurde. Besonders betroffen sind dabei Frauen mit Kinderwunsch und Schwangere, die einen erhöhten Bedarf haben. Es bestehen erwiesene Zusammenhänge zwischen einer schlechten Versorgung der werdenden Mutter mit Folsäure und Missbildungen des Neugeborenen wie Neuralrohrdefekten. Außerdem gibt es auch Hinweise auf positive Effekte der Folsäure auf die kognitiven Fähigkeiten.

Gute natürliche Quellen für Folsäure sind grüne Blattgemüse, Hülsenfrüchte, Zitrusfrüchte und Leber. Der hohe Bedarf in der Schwangerschaft ist jedoch mit der durchschnittlichen Kost schwer zu decken, so dass häufig Supplementierung empfohlen wird. Eine Anreicherung von Grundnahrungsmitteln wie vor allem Mehl und Brot bietet sich zur prophylaktischen Versorgung von Frauen mit Kinderwunsch an, da die Entwicklung des Neuralrohrs in einem sehr frühen Schwangerschaftsstadium stattfindet. In einigen Ländern, darunter die USA und Kanada, ist die Anreicherung von Getreide bzw. Weißmehl seit Ende der 1990er-Jahre gesetzlich vorgeschrieben. In Europa findet eine Anreicherung auf freiwilliger Basis statt, nur in Großbritannien und Irland wurde eine verpflichtende Zugabe zu Mehl bzw. Brot in Erwägung gezogen, in Irland 2009 aber aufgrund verbesserter Statuswerte nicht für nötig gehalten.

Während etwa die Hälfte des in der Nahrung enthaltenen Folats als Polyglutamate vorliegt, wird für die Anreicherung ausschließlich Monoglutamat verwendet. Dieses stellt die im Dünndarm absorbierte Form dar, die zusätzlichen Glutamylreste müssen zuvor abgespalten werden, was die Bioverfügbarkeit von Polyglutamaten vermindert. Allerdings dürfte diese neueren Ergebnissen zufolge etwa 80 % betragen und damit höher liegen als bislang angenommen.

Für synthetische Folsäure gilt eine empfohlene obere Zufuhrmenge von 1 mg/Tag. Obwohl Folsäure im Prinzip keine toxischen Auswirkungen hat, ergibt sich bei hohen Zufuhrmengen das Risiko einer Verschleierung eines Vitamin-$B_{12}$-Mangels, da der Stoffwechsel beider Vitamine eng verknüpft ist, weshalb die Zufuhrgrenze festgelegt wurde. Neuerdings gibt es jedoch Hinweise auf ein möglicherweise erhöhtes Krebsrisiko durch eine exzessive Folsäureaufnahme. Genauere Einblicke fehlen hier jedoch noch.

### 19.2.3  Auswirkungen

Die Anreicherung von Lebensmitteln mit Nährstoffen stellt grundsätzlich ein geeignetes Mittel dar, um Unterversorgungen und Mangelzustände zu beseitigen. Eine Verringerung von Mangelerscheinungen wie Anämie im Fall von Eisenunterversorgung oder Kropfbildung durch unzureichende Iodzufuhr infolge Mehlanreicherung mit Eisen bzw. Salziodierung konnte wiederholt gezeigt werden.

Andererseits findet in Industriestaaten oft eine Anreicherung mit Nährstoffen statt, an denen keine nachweisliche Unterversorgung herrscht. Auch wird die Anreicherung mitunter benutzt, um den Konsum stark verarbeiteter Lebensmittel zu fördern, die an sich einen geringen Gesundheitswert haben.

Mögliche Risiken einer Anreicherung von Lebensmitteln mit Nährstoffen müssen erwogen werden. Dabei stellen in Abhängigkeit vom zugesetzten Nährstoff besonders Überdosierungen eine Gefahr dar, da eine Zufuhr ja auch über nicht angereicherte Lebensmittel erfolgt. Dies ist vor allem bei der Anreicherung von Grundnahrungsmitteln für die Allgemeinbevölkerung von Bedeutung.

Zur Risikobewertung wird die obere tolerierbare Zufuhrmenge (upper safe level of intake, UL) des jeweiligen Nährstoffs herangezogen, welcher aus den verfügbaren Daten zu möglichen schädlichen Auswirkungen abgeleitet wird. Der Abstand zwischen diesem Wert und der täglich empfohlenen Aufnahmemenge erlaubt eine Einteilung gemäß Tabelle 19.1. Die Anreicherung mit Nährstoffen mit einem hohen Sicherheitsrisiko erfordert eine gesetzliche Regulierung.

**Tabelle 19.1.** Beurteilung des Risikos einer Überdosierung von Mikronährstoffen

| Risiko einer Überdosierung | Sicherheitsspanne zwischen empfohlener Aufnahme und UL | Nährstoffe |
|---|---|---|
| niedrig | kein UL definiert, da selbst bei hoher Zufuhr ($\geq 100\times$ Empfehlung) keine toxischen Effekte beobachtet wurden | Vitamin $B_1$, Vitamin $B_2$, Vitamin $B_{12}$, Pantothensäure, Biotin, Cr |
| mittel | mittel (UL entspricht dem 5- bis 100-Fachen des empfohlenen Wertes) | Vitamin E, Vitamin C, Vitamin $B_6$ |
| hoch | gering (UL < 5-Faches der Empfehlung) | Vitamin A, Vitamin D, Niacin, synthetische Folsäure, Fe, I, Zn, Se, Cu, F, Mn, Ca, Mg, P |

## 19.3    Gentechnisch veränderte Lebensmittel

Die genetische Veränderung von Organismen, aus denen Lebensmittel produziert werden, ist keine neue Errungenschaft. Seitdem der Mensch Landwirtschaft betreibt, wurden Pflanzensorten und Tierarten immer wieder nach bestimmten Merkmalen selektiert. Dafür standen allerdings lange Zeit nur die klassischen Methoden der Zuchtauswahl zur Verfügung. Erst das Wissen um die molekularbiologischen Hintergründe der Kodierung und Vererbung von Eigenschaften ermöglichte die gezielte Manipulation oder Übertragung einzelner Gene sogar zwischen verschiedenen Arten. In den letzten Jahren ist eine Reihe von gentechnisch veränderten Organismen, vor allem Pflanzen und Mikroorganismen, entwickelt worden, von denen einige bereits zur Anwendung zugelassen wurden. In Zusammenhang mit Ersteren wird oft von *Grüner Gentechnologie* gesprochen. Die gentechnische Veränderung von tierischen Organismen war dagegen bislang weniger erfolgreich. Zum einen ist die Ausprägung von Merkmalen selten auf ein einzelnes Gen zurückzuführen, das man manipulieren könnte, zum anderen gestaltet sich auch der Gentransfer schwierig. Aus diesem Grund ist eine Entwicklung gentechnisch veränderter Nutztiere für die Landwirtschaft in nächster Zeit nicht zu erwarten. Lediglich bei Fischen konnte ein schnelleres Wachstum erzielt werden, die Zulassung solcher Tiere in den USA und Kanada steht aber noch aus. Im pharmazeutischen Bereich gibt es dagegen Ansätze, gentechnisch veränderte Tiere als Arzneistoff- und Organlieferanten einzusetzen. Gentechnisch verändertes Material kann jedoch über Futtermittel in tierische Lebensmittel gelangen.

## 19.3.1 Hintergründe

Wie die konventionelle Zucht verfolgt auch die genetische Veränderung von Pflanzen das Ziel möglichst hoher Erträge bei gleichzeitig guter Qualität des Ernteguts, was durch Verstärkung vorhandener bzw. Einführung neuer Eigenschaften erreicht wird.

Die vorherrschenden traditionellen Zuchtmethoden haben einige Nachteile:

• Merkmale können nur zwischen miteinander kreuzbaren Individuen ausgetauscht werden, was die Auswahl erheblich einschränkt. Das betreffende Gen muss somit schon von der betreffenden Art getragen werden.
• Mit den erwünschten werden oft auch unerwünschte Charakteristika verstärkt.

In der Praxis wird bei den angestrebten Eigenschaften oft zwischen so genannten Input und Output traits unterschieden. Bei „Input traits" handelt es sich um Merkmale, die den Anbau betreffen und vor allem dem Erzeuger Vorteile bringen. Dazu gehören Toleranzen gegenüber Trockenheit, Kälte, Hitze oder Nässe, Resistenzen gegen Schädlinge und Krankheitserreger und verbesserte Nährstoffnutzung.

Demgegenüber kommen Manipulationen von „Output traits" verstärkt dem Verbraucher zugute, da sie auf Produkteigenschaften wie Gehalt und Zusammensetzung an Nähr- und anderen Inhaltsstoffen, Geschmacksmerkmale oder Lagerfähigkeit abzielen. In diese Kategorie fällt auch die Einführung gänzlich neuer Inhaltsstoffe, u. a. auch pharmakologisch wirksamer Substanzen, welche die Pflanze von Natur aus nicht enthält. Da die kodierenden Gene nicht enthalten sind, ist dies nur mittels Gentechnologie möglich, die sich somit auch für die Erzeugung funktioneller Lebensmittel anbietet. Eine Erhöhung des Gehalts kritischer Nährstoffe in günstigen Grundnahrungsmitteln ist vor allem für Drittweltländer von Interesse. So wurde bereits eine Reissorte mit erhöhtem Gehalt an Provitamin A und Eisen im Endosperm unter dem Namen Golden Rice entwickelt. Ähnliche Ansätze gibt es auch für Folsäure und Zink.

## 19.3.2    Methoden des Gentransfers

Für den Transfer eines veränderten oder Fremdgens in einen Zielorganismus stehen mehrere Methoden zur Verfügung. Die drei häufigsten sollen im Folgenden kurz beschrieben werden.

### 19.3.2.1    Übertragung durch Agrobacterium tumefaciens

*Agrobacterium tumefaciens* ist ein Pflanzenpathogen, das bei zweikeimblättrigen (dikotyledonen) Pflanzen Tumore auslöst, indem es über eine Wunde ein spezielles Fragment seiner eigenen DNA in den Zielorganismus einbringt. Diese so genannte t-DNA (= Transfer-DNA ) liegt auf einem Plasmid vor. Dieser Vorgang kann für die kontrollierte Übertragung von Genen genutzt werden, wenn die Bakteriengene in der t-DNA gegen die zu übertragenden ausgetauscht werden. Da die zu übertragenden Gene zunächst in das bakterielle Plasmid eingeschleust werden müssen, wird diese Methode auch als indirekter Gentransfer bezeichnet. Die Plasmide werden vervielfältigt und in *Agrobacterium tumefaciens*-Zellen eingebracht, die dann mit den zu infizierenden Pflanzenteilen kultiviert werden. So genannte Markergene, die ebenfalls übertragen werden, erlauben die Identifizierung von erfolgreich manipulierten Zellen, aus denen in der Folge transformierte Pflanzen entwickelt werden können.

Die Übertragung durch *Agrobacterium tumefaciens* ist weit verbreitet, bei einkeimblättrigen Pflanzen wie den Getreidearten jedoch schwieriger durchführbar. Grund dafür ist die bei Monokotyledonen weitgehend fehlende Ausschüttung des Phenolderivats Acetosyringon (3,5-Dimethoxy-4-hydroxyacetophenon) und verwandter Botenstoffe durch verletzte Pflanzenzellen, welche die Expression der für die Infektion durch *Agrobacterium tumefaciens* notwendigen Vir-Proteine induzieren. Bei Einkeimblättrigen ist daher eine Zugabe von Acetosyringon ins Kulturmedium nötig.

Ähnlich können auch Viren als Vektoren verwendet werden.

### 19.3.2.2    Biolistischer Gentransfer

Demgegenüber stehen die direkten Methoden des Gentransfers. Eine Möglichkeit besteht darin, veränderte oder Fremdgene auf metallische, meist aus Gold oder Wolfram bestehende Mikro- oder neuerdings auch Nanopartikel aufzubringen, die dann mittels eines Schussapparats (Genkanone) in die Zielgewebe bzw. -zellen geschossen werden. Dies wird auch als biolistischer Gentransfer bezeichnet. Durch die hohe Geschwindigkeit, den Druck und ihre Dichte können die Projektile die Zellwände und -membranen durchdringen. Damit kann die DNA direkt in den Zellkern, aber auch in Mitochondrien eingebracht werden. Allerdings ist der

Einbau der transferierten Gene nicht besonders stabil. Die Wahrscheinlichkeit einer dauerhaften Integration ist relativ gering.

### 19.3.2.3 Transformation von Protoplasten

Dabei werden die Zellwände von isolierten Pflanzen- oder Mikroorganismenzellen enzymatisch aufgelöst, um Protoplasten zu erhalten, in welche die DNA direkt eingebracht wird. Dies ist durch das Fehlen der Zellwand leichter möglich, allerdings sind Hilfsmittel nötig. So erhöht Polyethylenglykol die Durchlässigkeit der Zellmembran. Dies wird auch durch Elektroporation erreicht, also durch die Aussetzung der Zellen gegenüber einem starken elektromagnetischen Feld. Außerdem kann DNA in Liposome verpackt werden, die von der Membran unter dem Einfluss von Polyethylenglykol über Endocytose aufgenommen werden. Nach Übertragung der Gene werden die Protoplasten unter Einwirkung von Phytohormonen zu vollständigen Pflanzen regeneriert. Dieser Schritt ist allerdings nur bei einigen Pflanzen durchführbar, was die Anwendbarkeit dieser Technik einschränkt.

### 19.3.2.4 Markergene

Die neuen Gene werden nur in einen mehr oder weniger geringen Prozentsatz der Zielzellen dauerhaft integriert. Um diese Zellen auszumachen, werden neben den merkmalgebenden Genen so genannte Markergene mit übertragen. Häufig zum Einsatz kommen Gene, die eine Resistenz gegen Antibiotika oder Herbizide vermitteln, so dass unter deren Einsatz nur die transformierten Zellen überleben. Ist die Herbizidresistenz bei Pflanzen das Ziel der Genmanipulation, erübrigt sich die Verwendung eines eigenen Markers. Aufgrund des Risikos einer Weitergabe von Antibiotikaresistenzgenen an Mikroorganismen wird allerdings versucht, deren Anwendung als Marker einzuschränken. Alternativen stellen Gene dar, welche die Verwertung bestimmter Nährstoffe oder die Bindung von Schwermetallen ermöglichen oder den Zellen eine Fluoreszenz verleihen.

Schließlich besteht auch die Möglichkeit, Markergene nachträglich wieder aus den Zellen zu entfernen, was bislang jedoch noch schwierig ist.

### 19.3.3 Gentechnisch veränderte Lebensmittel auf dem Markt

Genetisch veränderte Organismen (GVO) haben inzwischen ihren Weg auf den Lebensmittelmarkt gefunden. Weltweit wurden sie 2009 auf 134 Millionen Hektar angebaut, die häufigsten gentechnisch veränderten Pflanzenarten sind Soja, Mais und Raps. Bei Soja waren 2009 77 % der weltweit bebauten Flächen mit gentechnisch veränderten Sorten bepflanzt, bei Mais und Raps waren es 26 bzw. 21 %. In den USA liegen die Zahlen noch höher mit 91 % bei Soja und 85 % bei Mais. Lebensmittel, die

GVO enthalten, unterliegen in den USA keiner Kennzeichnungspflicht. Demgegenüber wurden GVO in der Europäischen Union 2009 in nur sechs Ländern (Spanien, Portugal, der Tschechischen Republik, der Slowakei, Polen und Rumänien) kommerziell angepflanzt, nachdem Deutschland den Anbau Ende 2008 ausgesetzt hat. In der EU gibt es eine wesentlich strengere Regulierung für Anbau und Verwendung von GVO. Zulassungen gelten jeweils immer nur für zehn Jahre und müssen danach neu beantragt werden.

Lebensmittel, Lebensmittelzutaten, Zusatzstoffe und Aromen aus GVO müssen in der EU nach Verordnung EG Nr. 1829/2003 zugelassen und gekennzeichnet werden. Letzteres ist selbst dann erforderlich, wenn GVO, aus denen Lebens- und Futtermittel hergestellt wurden, im Endprodukt nicht mehr nachweisbar sind. Es müssen auch Angaben zu gegenüber dem konventionellen Lebensmittel oder Zusatzstoff veränderten Eigenschaften gemacht werden. Ausgenommen sind Lebensmittel, die nicht aus, sondern mit Hilfe von GVO erzeugt wurden, wie Produkte von Tieren, die gentechnisch verändertes Futter erhalten haben. Die GVO dürfen jedoch im Endprodukt nicht enthalten sein. Eine Reihe von Studien konnte keine veränderten Gene in Gewebe und Milch von mit GV-Pflanzen gefütterten Tieren entdecken, nicht veränderte Fremd-DNA aus Pflanzen konnte aber vereinzelt nachgewiesen werden. Dies schließt zwar auch einen Transfer von GV-DNA nicht aus, daraus ergibt sich jedoch kein höheres Risiko im Vergleich zu herkömmlichem übertragenem Genmaterial.

Die Freisetzung und damit auch das Inverkehrbringen von GVO ist in der Richtlinie 2001/18 EG geregelt, in der es eine Schutzklausel gibt, die es Mitgliedstaaten ermöglicht, die Verwendung eines bereits zugelassenen GVO einzuschränken oder zu verbieten, wenn sich neue Hinweise auf eine Gefährdung der Gesundheit oder der Umwelt ergeben. Darauf stützt sich das Ende 2008 erlassene Verbot in Deutschland.

Reine GVO als solche, z. B. Beispiel in der Form von Obst und Gemüse, sind bislang in Europa nicht auf dem Markt, wohl aber daraus gewonnene Lebensmittel, wie Öl, Stärke, Mehl, Zucker und Sirup. Hier ist besonders Soja als Rohstoff zu nennen, das zu einem Großteil aus Drittländern wie den USA importiert wird, wo der überwiegende Teil des Anbaus aus GVO besteht und diese nicht von konventionellen Produkten getrennt werden. In Ländern mit besonders hohem Widerstand gegen Gentechnik, wie Österreich oder Deutschland, weichen Hersteller aber oft auf andere, GVO-freie Rohstoffe aus, um eine Kennzeichnung zu vermeiden, von der sie Umsatzeinbußen erwarten.

### 19.3.4  Nachweis gentechnisch veränderter Lebensmittel

Da vom Hersteller unbeabsichtigte Kontaminationen nicht immer vermeidbar sind, werden GVO-Beimischungen bis zu einem Schwellenwert von 0,9 % des jeweiligen Inhaltsstoffs ohne Kennzeichnung toleriert, wenn es sich um in der EU zugelassene GVO handelt. Nicht zugelassene GVO dürfen im Allgemeinen nicht enthalten sein. In der EU werden GVO nur zugelassen, wenn ein geeignetes Verfahren zu ihrem Nachweis entwickelt werden kann. In der Regel geschieht dies über Gensonden, die zu dem eingeführten Gen komplementär sind, an dieses binden und die Vervielfältigung des Zielgenabschnitts mittels Polymerasekettenreaktion (PCR) ermöglichen. Der Nachweis einer gentechnischen Veränderung basiert auf bestimmten Elementen, die in den meisten GVO als Regulatorsequenzen zum Einsatz kommen, wie der Promoter CaMV 35s aus dem Blumenkohlmosaikvirus oder der Terminator NOS aus dem Nopalinsynthasegen von *Agrobacterium tumefaciens* sowie das häufig als Marker eingesetzte Kanamycin-Resistenzgen. Der Nachweis eines speziellen GVO sowie die Quantifizierung als Basis der Kennzeichnung sind jedoch nur anhand spezifischer Genabschnitte möglich, beruhend auf den Angaben des Entwicklers des GVO, die für die Zulassung verpflichtend sind.

Des Weiteren können auch die von den eingeführten Genen kodierten Proteine nachgewiesen werden, wofür Immunoassays wie der Enzyme linked immuno assay (ELISA) oder der Western blot verwendet werden, sowie andere durch die Manipulation verursachte Merkmale, wie ein verändertes Fettsäuremuster. Diese beiden Ansätze liefern jedoch weit weniger zuverlässige Ergebnisse und sind in verarbeiteten Lebensmitteln oft nicht möglich, da die Zielsubstanzen degeneriert wurden.

Eine Schwierigkeit bei allen Methoden ergibt sich aus den oft sehr geringen Mengen an enthaltener DNA oder Protein, besonders wenn der GVO nur in Spuren enthalten ist, wie es bei vielen Zusatzstoffen der Fall ist.

### 19.3.5 Mögliche Risiken gentechnisch veränderter Lebensmittel

GVO werden von der Öffentlichkeit teilweise sehr kritisch betrachtet, vor allem in Europa, wo eine Reihe potenzieller Risiken für die Gesundheit und die Umwelt angeführt wird. Die infolge der genetischen Veränderung neu gebildeten Proteine stellen potenzielle Allergene dar, die empfindliche Personen gefährden können. Neu eingeführte Merkmale könnten außerdem toxische Effekte mit sich bringen oder zu unerwünschten Veränderungen führen, wie einem Verlust wichtiger Nähr- und Inhaltsstoffe. Tatsächlich durchlaufen Lebensmittel aus GVO vor ihrer Zulassung strenge Kontrollen, bei denen u. a. die angeführten Aspekte analytisch und in Tierversuchen überprüft werden. Grundsätzlich gilt, dass das neuartige Lebensmittel genauso sicher sein muss wie ein konventionelles Vergleichsprodukt. Die Analyse der Zusammensetzung erlaubt Rückschlüsse auf mögliche unerwünschte Effekte, die eine Zulassung ausschließen würden. Anhand der Molekülstruktur können potenzielle Allergene erkannt und dann in weiteren Tests untersucht werden hinsichtlich ihrer Fähigkeit, Reaktionen bei sensitiven Personen auszulösen. Zudem birgt auch die traditionelle Züchtung das Risiko der Bildung neuer Allergene in einem Lebensmittel.

Als weiteres Risiko wird eine mögliche Weitergabe von Merkmalen an Mikroorganismen und Pflanzen in der Umwelt im Sinne eines horizontalen Gentransfers genannt. Dadurch könnten die als Marker verwendeten Gene für Antibiotikaresistenzen auf mögliche pathogene Keime übertragen werden. In letzter Zeit werden jedoch tendenziell andere Marker verwendet bzw. ganz darauf verzichtet.

Eine Kontamination nicht gentechnisch veränderter Pflanzen durch Pollenübertragung stellt eine Gefährdung vor allem für die biologische Landwirtschaft dar. Dies wird durch Einhaltung von Sicherheitsabständen zwischen Feldern mit gentechnisch veränderten und herkömmlichen Pflanzen zu verhindern versucht. Obwohl positive Ergebnisse berichtet wurden, kann es doch vereinzelt zu weiteren Flugstrecken des Pollens und zu Kontaminationen kommen.

Wie die meisten modernen Technologien, bringt auch die Gentechnologie Vor- und Nachteile mit sich, die im Einzelfall gegeneinander abgewogen werden müssen.

## 19.4 Nanotechnologie im Lebensmittelbereich

### 19.4.1 Einleitung und Definition

Die Nanotechnologie befasst sich mit Strukturen, die eine Größe von bis zu 100 nm aufweisen. Solche Partikel sind nicht ausschließlich Schöpfungen moderner Technologien, sondern kommen in vielerlei Form natürlich vor, auch in Lebensmitteln. Insofern ist der menschliche Organismus ihnen stetig ausgesetzt. Einfache Triglyceride, viele Proteine und Kohlenhydrate weisen Größen im Nanometerbereich auf. Neue Techniken ermöglichen allerdings die Erschaffung bislang unbekannter Nanomaterialien mit neuartigen Eigenschaften und Anwendungsfeldern.

### 19.4.2 Natürliche Nanostrukturen in Lebensmitteln

Nanostrukturen sind natürliche Bestandteile vieler Lebensmittel mit Einfluss auf deren Eigenschaften wie Aussehen, Konsistenz und Geschmack. Zu nennen sind hier kolloidale Strukturen wie jene der Milch. Protein- und Fettpartikel sind in einem wässrigen Medium verteilt. Die Caseinfraktionen liegen als Micellen mit einem Durchmesser von etwa 100 nm vor. Neben den größeren Fettkügelchen sind sie für die weiße Färbung der Milch verantwortlich. Bei der Homogenisierung entstehen rund 100 nm große Fettkugeln. Auch Stärkekörnchen bestehen aus Ketten, deren Größe im Nanometerbereich liegt, und bilden beim Gelieren netzartige Nanostrukturen. Im Größenbereich von 10 bis 150 nm liegen auch Viren.

### 19.4.3 Technologische Aspekte

Wesentlichen Einfluss auf die Eigenschaften von Nanostrukturen hat ihre im Vergleich zu größeren Elementen deutlich vergrößerte Oberfläche. Dadurch erhöht sich das Verhältnis von Oberfläche zu Innenvolumen, und mehr Moleküle bzw. Atome befinden sich an der Oberfläche, was die Reaktivität ebenfalls erhöht. Da die Eigenschaften und der Energiezustand eines Materials stark von seiner Oberfläche geprägt werden, ergeben sich veränderte Merkmale von Nano- gegenüber Makrostrukturen, die jedoch oft unvorhersehbar ausfallen, sich also nicht von jenen größerer Strukturen ableiten lassen. Ein Grund dafür ist, dass sich im Nanobereich verstärkt Quanteneffekte auswirken.

Wenn Partikel in Nanodimensionen vorliegen, ist ihre Anzahl pro Gewichtseinheit um ein Vielfaches höher als in derselben Menge größerer Strukturen.

Durch ihre geringe Größe können Nanopartikel außerdem leicht durch Zellmembranen dringen, was sie zu geeigneten Trägerstoffen für funktionelle Inhaltsstoffe wie Vitamine und Spurenelemente macht, die Lebensmitteln zugesetzt oder als Supplemente aufgenommen werden.

#### 19.4.3.1 Herstellung synthetischer Nanostrukturen

Grundsätzlich gibt es zwei Verfahren zur Erzeugung von Nanostrukturen: Nanopartikel können in einem so genannten „Top-Down"-Ansatz aus größeren Strukturen durch mechanische Zerkleinerungsprozesse wie Mahlen oder Schneiden generiert werden. Im Gegensatz dazu beruhen die chemischen „Bottom-Up"-Verfahren auf der Selbstorganisation, entweder unter Einwirkung eines Katalysators oder spontan, von Strukturen aus kleineren Einheiten bzw. Atomen. Dies geschieht durch Emulsionsbildung sowie Kristallisationsvorgänge oder Sol-Gel-Prozesse, bei denen es infolge dreidimensionaler Vernetzungen von gelösten Partikeln zur Gel-Bildung kommt.

### 19.4.4 Einsatz der Nanotechnologie im Lebensmittelbereich

Lebensmittelzusatzstoffe mit Nanokomponenten sind bereits im Einsatz, wie z. B. in Nanokristallen verpackte Carotenoide wie $\beta$-Carotin, Lycopin und Lutein, die als Farbstoffe für Getränke und zur Anreicherung mit Vorstufen von Vitamin A verwendet werden. Spurenelemente wie Silicium und Selen werden ebenfalls in nanopartikulärer Form eingesetzt, sei es als Nahrungsergänzungsmittel oder als Hilfsstoffe wie Siliciumdioxid als Rieselhilfe und Verdickungsmittel, Titanoxide als Farbstoffe und Aufheller. In den letzten Jahren ist es vermehrt zu einem Einsatz von Silber im Nanogrößenbereich gekommen. Silber wird schon länger wegen seiner antimikrobiellen Eigenschaften verwendet, die bei Partikeln in Nanodimensionen noch stärker ausgeprägt sind. Neben Anwendungen im medizinischen Bereich, für Reinigungsmittel und Kosmetika finden sich auch

solche im Lebensmittelbereich z. B. als Beschichtungen für Lebensmittel-
behälter, aber auch als Nahrungsergänzungsmittel. Aufgrund der größeren Oberfläche werden aus Silber-Nanopartikeln mehr bakterizide Silberionen abgegeben. Außerdem interagieren kleinere Partikel stärker mit
Bakterien und dringen leichter in diese ein, wo sie dann stetig Silberionen
abgeben. Eine direkte Zugabe zu Lebensmitteln findet bisher nicht statt,
es gibt aber einen koreanischen Patentantrag für eine Methode zur Herstellung eines antibakteriellen Weizenmehls unter Verwendung von Na-
nosilber.

Auch für Aromen stellen Nanopartikel ein attraktives Vehikel dar, da
sich aufgrund der großen Oberflächen eine höhere Geschmacksintensität
ergibt.

### 19.4.4.1 Carriersysteme: Nanoverkapselung von Lebensmittelinhalts- und -zusatzstoffen

Während auf Nanotechnologie beruhende Carriersysteme vor allem im
medizinischen und pharmazeutischen Bereich zum Einsatz kommen, bieten sie sich auch für Lebensmittelinhaltsstoffe wie Fettsäuren, Vitamine,
Mineralstoffe und bioaktive Sekundärstoffe, aber auch für Zusatzstoffe
und Aromaten an. Diese sind in der Regel empfindlich gegenüber Um-
welteinflüssen wie UV-Strahlung, Sauerstoff, pH-Wert-Schwankungen
und Feuchtigkeit, wovor eine Verkapselung Schutz bietet. Auch ein Abbau durch die Verdauungsenzyme kann hinausgezögert werden, was
z. B. für probiotische Bakterien von Vorteil ist. Andererseits werden negative Wirkungen der zugesetzten Substanzen auf das Lebensmittel, wie
Geschmacksbeeinträchtigungen    durch    Fischölbeigaben,    vermieden.
Durch Verkapselung lassen sich Flüssigkeiten in eine trockene Form wie
z. B. ein Pulver bringen, was ihre Anwendbarkeit erleichtert. Indem die
Freisetzung der verkapselten Stoffe durch Änderungen von Temperatur,
pH-Wert oder mechanische Effekte ausgelöst wird, können diese gezielt
an ihren Wirkungs- oder Aufnahmeort transportiert werden. Aufgrund
ihrer einzigartigen Eigenschaften verbessern Nanostrukturen die Verfügbarkeit von zugesetzten Nährstoffen und erhöhen ihre Stabilität und
Haltbarkeit. Zudem erleichtern sie die Einbringung fettlöslicher Substanzen wie Carotenoide in wässrige Matrizes.

Materialien für die Kapselmatrix sind oft natürliche Lebensmittelkomponenten wie Casein, Stärke und Nicht-Stärke-Polysaccharide, Fette
und Wachse. Viele dieser Verbindungen haben aufgrund ambiphiler Eigenschaften die Fähigkeit, unter bestimmten Bedingungen dreidimensionale Nanostrukturen zu bilden, was bei ihrer Synthese verwendet werden
kann. Häufig eingesetzte Strukturen sind Liposome und Micellen. Erstere
bestehen aus Phospholipiden und weisen einen den Doppelschichten von
Membranen ähnlichen Aufbau auf, mit einem hydrophoben Kern und
polaren Außenbereichen, was sie zu geeigneten Carriern für fettlösliche
Substanzen in wässrigen Matrizes macht. Im Gegensatz dazu bilden Mi-

cellen keine Doppelschicht, sondern nur eine hydrophile Außenschicht mit einem hydrophoben Inneren.

### 19.4.4.2  Nanoemulsionen

Emulsionen eignen sich besonders als Träger lipophiler funktioneller Inhaltsstoffe, wie fettlöslicher Vitamine, Carotinoide, ungesättigter Fettsäuren oder Phytosterine, in wässrigen Matrizes. Das Vorhandensein von lipophilen, hydrophilen und ambiphilen Zonen im selben Medium ermöglicht es, mehrere Komponenten mit diesen verschiedenen Eigenschaften in ein Lebensmittel zu integrieren.

Generell zeigen Emulsionen aus Nanopartikeln eine höhere Stabilität. Durch die kleineren Partikel ist zudem eine Reduktion des Fettgehalts möglich, bei gleichzeitiger Erhaltung der Cremigkeit des vollfetten Produkts. Dies kann auch durch multiple Wasser-in-Öl-in-Wasser-Emulsionen erreicht werden, bei denen die dispersen Fetttropfen mit Wasser gefüllt werden, wodurch sich die Gesamtmenge an Fett verringert. Da die eingelagerten Wassertropfen in Nanometergröße geschmacklich nicht negativ wahrgenommen werden, wird die Emulsion als genauso cremig wie ein fetteres Produkt empfunden. Es kommt nicht zu Geschmacksbeeinträchtigungen.

Eine weitere Eigenschaft von Nanoemulsionen ist, dass es aufgrund der geringen Größe der gelösten Partikel kaum zu einer Lichtstreuung kommt, so dass klare Lösungen entstehen. Das ist vor allem für Produkte interessant, bei denen Trübungen unerwünscht sind, wie z. B. Limonaden oder mit funktionellen Inhaltsstoffen angereichertes Mineralwasser.

Eine Besonderheit stellen auch Multilayer-Emulsionen dar, bei denen die Tropfen der dispersen Fraktion zusätzlich von einer oder mehreren Schichten eines Emulgatorengemisches umgeben sind. Die Beschichtung erfolgt durch den Einsatz geladener Emulgatoren. Über die Auswahl der Schichten kann eine noch höhere Stabilität der Emulsion erreicht und die Freisetzung des Tropfeninhalts kontrolliert werden.

### 19.4.4.3  Nanomaterialien in Lebensmittelverpackungen

Das wichtigste Anwendungsgebiet für Nanomaterialien im Lebensmittelbereich liegt im Bereich der Verpackungen. Die einzigartigen Eigenschaften der Nanokomponenten eröffnen ganz neue Möglichkeiten, wie z. B. die Herstellung sensorischer Verpackungsmaterialien, die auf Sauerstoff, UV-Licht oder Reifegase mit Farbänderungen reagieren. Dadurch können undichte Stellen in der Verpackung erkannt oder der Reifegrad verpackter Früchte und Gemüse angezeigt werden. Auch ist es möglich, dünnere und leichtere Folien und Kunststoffe zu erzeugen, die dennoch eine hohe Widerstandsfähigkeit und Dichtigkeit aufweisen. Umwelteinflüsse wie Sauerstoff, UV-Strahlen und Feuchtigkeit können besser abgehalten werden. Die Haltbarkeit kohlensäurehaltiger Getränke wird in mit nanoparti-

kulärem amorphem Kohlenstoff beschichteten Polyethylenflaschen verbessert, da die Abgabe von $CO_2$ aus dem Inneren vermindert wird.

### 19.4.5 Mögliche Risiken

Aufgrund ihrer geringen Größe gelangen Nanopartikel und -strukturen
leichter in Zellen. In Tierversuchen konnten verabreichte anorganische
Silber- und Titandioxid-Nanopartikel in einer Reihe von Organen nachgewiesen werden. Obwohl die Lunge und die Haut als wichtigste Ein-
trittspforten betrachtet werden, können Nanopartikel auch über den
Gastrointestinaltrakt in den Körper gelangen. Von dieser Route ausgehende toxikologische Auswirkungen sind allerdings noch recht wenig
untersucht.

Ein grundsätzliches Gefahrenpotenzial ergibt sich aus der deutlich höheren Reaktivität von Nanomaterialien im Vergleich zu größeren Strukturen. So kommt es zu Interaktionen mit Proteinen, Nucleinsäuren und
Zellmembranen. Besonders unter Einfluss von UV-Strahlung und metalli-
schen Katalysatoren begünstigen Nanopartikel die Bildung prooxidativer
Moleküle an ihrer Oberfläche, wodurch es zu oxidativem Stress und in
der Folge zu Störungen der Mitochondrienfunktion und der zellulären
Signalübertragung kommen kann. Die Aufnahme von Nanopartikeln
durch Makrophagen löst die Produktion freier Radikaler aus, die Entzün-
dungsreaktionen bewirken können.

Bestimmte Nanostrukturen können mechanische Schädigungen im
Zellinneren hervorrufen. Dies wurde für nadelartige Fasern gezeigt, die
ähnlich wie Asbestfasern wirken.

Ein Problem ergibt sich aus der Tatsache, dass die Bewertungen mancher in Nanodimensionen eingesetzter Strukturen und Elemente auf dem
Wissen über die Eigenschaften größerer Partikel beruhen, während Untersuchungen zu den Nanomaterialien fehlen. Aufgrund des Fehlens aus-
sagekräftiger Studienergebnisse rät das deutsche Bundesinstitut für Risikobewertung vom Einsatz nanopartikulären Silbers in Lebensmitteln ab.

Die Nanotechnologie bietet auch im Lebensmittelbereich eine Reihe
von vielversprechenden Einsatzmöglichkeiten. Grundsätzlich kommen
Nanostrukturen als natürliche Lebensmittelkomponenten vor, synthetische Komponenten führen nicht unbedingt zu einem erhöhten Risiko für
den Verbraucher. Eine sorgfältige Prüfung der Eigenschaften und möglicher toxischer Effekte neuartiger Nanomaterialien für den Lebensmittelbereich ist aber definitiv erforderlich.

# Weiterführende und ergänzende Literatur

Abuja PM, et al. (1998) Antioxidant and prooxidant activities of elderberry (*Sambucus nigra*) extract in low-density lipoprotein oxidation. J Agric Food Chem 46:4091

Aebi H, et al. (Hrsg) (1978) Kosmetika, Riechstoffe und Lebensmittelzusatzstoffe. Thieme, Stuttgart

Ager DJ, et al. (1998) Commercial synthetic nonnutritive sweeteners. Angew Chem Int Ed 37:1802

Ahmed FE (2002) Detection of genetically modified organisms in food. Trends Biotechnol 20:215

Alfin-Slater RB, et al. (edo.) (1979) Human nutrition. Plenum Press, New York London

Allen L., et al. (2006) Guidelines on food fortification with micronutrients. WHO Press, Geneva

Ames BN, Gold LS (1990) Chemical carcinogenesis: Too many rodent carcinogens. Proc Natl Acad Sci USA 87:7772

Ames BN, et al. (1990a) Dietary pesticides (99.99% all natural). Proc Natl Acad Sci USA 87:7777

Ames BN, et al. (1990b) Nature's chemicals and synthetic chemicals: Comparative toxicology. Proc Natl Acad Sci USA 87:7782

Andersson M., et al. (2010) Epidemiology of iodine deficiency: salt iodisation and iodine status. Best Practice Res Clin Endocrinol Metab 24:1

Andriambeloson E, et al. (1997) Nitric oxide production and endothelium-dependent vasorelaxation induced by wine polyphenols in rat aorta. Br J Pharmacology 120:1053

Anjaneyulu ASR, et al. (1998) Withanolides, biologically active natural steroidal lactones: a review. In: Atta-ur-Rahman (ed) Studies in natural products chemistry, Vol. 20. Elsevier Science, London Amsterdam New York

Arafat SM, et al. (2009) Chufa tubers (*cyperus esculentus*) as a new source of food. World Applied Sciences J 7:151

Araki N, et al. (1992) Immunochemical evidence for the presence of advanced glycation end products in human lens proteins and its positive correlation with aging. J Biol Chem 267:10211

Augustin MA, et al. (2009) Nano- and micro-structured assemblies for encapsulation of food ingredients. Chem Soc Rev 38:902

Bakkali F, et al. (2008) Biological effects of essential oils – a review. Food Chem Tox 46:446

Baltes W (2007) Lebensmittelchemie, 6. Aufl. Springer, Berlin Heidelberg New York

Barman TE (1969) Enzyme handbook. Springer, Berlin Heidelberg New York

Barton DHR, Nakanishi K (eds) (1999) Comprehensive natural products chemistry. Elsevier, London Amsterdam New York

Belitz HD, Grosch W, Schieberle P (2001) Lehrbuch der Lebensmittelchemie, 5. Aufl. Springer, Berlin Heidelberg New York

Bergmark E (1997) Hemoglobin adducts of acrylamide and acrylonitrile in laboratory workers, smokers, and nonsmokers. Chem Res Toxicol 10:78

Bernardi B, et al. (2003) Isolation and biochemical characterisation of a basic myrosinase from ripe crambe abyssinica seeds, highly specific for epi-progoitrin. J Agric Food Chem 51:2737

Beveridge T, et al. (2002) Processing effects on the composition of sea buckthorn juice from hippophae rhamnoides L. CV. indian summer. J Agric Food Chem 50:113

Bezkorovainy A (2001) Probiotics: determinants of survival in the gut. Am J Clin Nutr 73:399S

Biesalski HK, Grimm P (2007) Taschenatlas der Ernährung, 3. Aufl. Thieme, Stuttgart

Birt JEEC, et al. (1998) Stable acetaldehyde-protein adducts as biomarkers of alcohol exposure. Chem Res Toxicol 11:136

Bourne LC, Rice-Evans C (1998) Bioavailability of ferulic acid. Biochem Biophys Res Commun 253:222

Brandle JE, et al. (1998) Stevia rebaudiana: Its agricultural, biological and chemical properties. Canad J Plant Sci 78:527

Breslow JL (1993) Transgenic mouse models of lipoprotein metabolism and atherosclerosis. Proc Natl Acad Sci USA 90:8314

Brown AJ, et al. (2009) Oxysterols: Sources, cellular storage and metabolism, and new insights into their roles in cholesterol homeostasis. Mol Aspects Med 30:111

Brufau G, et al. (2008) Phytosterols: Physiologic and metabolic aspects related to cholesterol-lowering properties. Nutr Res 28:217

Bryant MS, et al. (1988) Hemoglobin adducts of aromatic amines: Associations with smoking status and type of tobacco. Proc Natl Acad Sci USA 85:9788

Buddecke E (1999) Pathobiochemie, 2. Aufl. Walter de Gruyter, Berlin New York

Buddecke E (1994) Grundriss der Biochemie, 9. Aufl. Walter de Gruyter, Berlin New York

Buettner GR (1993) The pecking order of free radicals and antioxidants: Lipid peroxidation, α-tocopherol and ascorbate. Arch Biochem Biophys 300:535

Bushman JL (1998) Green tea and cancer in humans: A review of the literature. Nutr Cancer 31:151

Buzea C, et al. (2007) Nanomaterials and nanoparticles: Sources and toxicity. Biointerphases 2:MR17

Caballero B, et al. (eds) (2005) Encyclopedia of human nutrition, 2nd edn. Academic Press, London New York

Cai YZ, et al. (1998) Colorant properties and stability of Amaranthus betacyanin pigments. J Agric Food Chem 46:4491

Caspary WF (2009) Gluten – Vorkommen und Toxizität bei Zöliakie. Ernährung & Medizin 24:56

Charrout Z, et al. (2008) Argan oil: occurence, composition and impact on human health. European J of Lipid Science and Technology 110:623

Cherki M, et al. (2006) Argan oil: Which benefits on cardiovascular diseases? Pharm Res 54:1

Choi JK, et al. (2006) Ixocarpalactone A isolated from the Mexican tomatillo shows potent antiproliferative and apoptotic activity in colon cancer cells. FEBS J 273:5714

Christie WW (2010) Plasma lipoproteins. The AOCS Lipid Library

Chung HY, et al. (1998) Peroxynitrite scavenging activity of green tea tannin. J Agric Food Chem 46:4484

Clinton SK (1998) Lycopene: Chemistry, biology, and implications for human health and disease. Nutr Rev 56:35

Clive J (2009) Global status of commercialized biotech/gm crops. ISAAA Brief 41

Cononlly JD, Hill RA (1991) Dictionary of terpenoids. Chapman and Hall, London

Connolly JD, Hill RA (2005) Triterpenoids. Nat Prod Report 22:487

Considine DM, Considine GD (1982) Foods and food production encyclopedia. Van Nostrand Reinhold, New York

Cordell GA, et al. (1989) Dictionary of alkaloids. Chapman and Hall, London

Corder R, et al. (2001) Endothelin-1 synthesis reduced by red wine. Nature 414:863

Cui B, et al. (2003) Imidazole alkaloids from *Lepidium meyenii*. J Nat Prod 66:1101

Czerny M, et al. (1999) Sensory study on the character impact odorants of roasted arabica coffee. J Agric Food Chem 47:695

Das S, et al. (2000) Cancer modulation by glucosinolates: A review. Curr Sci 79:1665

Dashwood RH (1997) Chlorophylls as anticarcinogens. Int J Oncol 10:721

Decker EA (1997) Phenolics: Prooxidants or antioxidants? Nutr Rev 55:396

Dehio C, et al. (1994) *Agrobacterium* und *Rhizobium* – Bodenbakterien als Pflanzeningenieure. In: Hausmann K, Kremer BP (Hrsg) Extremophile: Mikroorganismen in ausgefallenen Lebensräumen. VCH, Weinheim New York

Di Tomaso E, et al. (1996) Brain cannabinoids in chocolate. Nature 382:677

Dongowski G (1996) Untersuchungen an Polysaccharid-, Pektin- und Ballaststoff-Fraktionen von Sanddornbeeren. Z Lebensmittel Untersuchung Forschung A 203:302

Donner H, et al. (1997) Separation and characterization of simple and malonylated anthocyanins in red onions. Food Res Int 30:637

Donovan JL, et al. (1998) Phenolic composition and antioxidant activity of prunes and prune juice (*Prunus domestica*). J Agric Food Chem 46:1247

Dragsted LO, et al. (1993) Cancer-protective factors in fruits and vegetables: Biochemical and biological background. Pharmacol Toxicol 72(Suppl. 1):116

Durrington PN, et al. (2001) Paraoxonases and atherosclerosis. Arteriosclerosis, Thrombosis and Vascular Biology 21:473

Eisenbrand G, Schreier P (Hrsg) (2006) RÖMPP Lexikon Lebensmittelchemie, 2. Aufl. Thieme, Stuttgart

Elmadfa I, Bosse W (1985) Vitamin E. Wissenschaftliche Verlagsgesellschaft, Stuttgart

Elmadfa I, Burger P (1999) Antinutrive Inhaltsstoffe. In: Elmadfa I, Walter P (Hrsg) Natürlich vorkommende toxische Stoffe in Lebensmitteln. AMC-Verlag, Bingen

Elmadfa I, König J (Hrsg) (2002) Nährstoffanreicherung von Lebensmitteln. Wissenschaftliche Verlagsgesellschaft, Stuttgart

Elmadfa I, Leitzmann C (2004) Die Ernährung des Menschen, 4. Aufl. Ulmer, Stuttgart

Elmadfa I, Wagner KH (2010) Fat and nutrition. In: Boskou D, Elmadfa I (eds) Frying of food, 2nd ed. Technomic Publishing, Lancaster PN

Elstner EF (1990) Der Sauerstoff. B. I. Wissenschaftsverlag, Mannheim Wien Zürich

Englyst KN, Englyst HN (2005) Carbohydrate bioavailability. Br J Nutr 94:1

Europäische Union (2006) Nährwert- und gesundheitsbezogene Angaben über Lebensmittel. Verordnung Nr. 1924/2006 des Europäischen Parlaments und des Rates

FAO/WHO (2010) Expert meeting on the application of nanotechnologies in the food and agricultural sectors: Potential safety implications. Meeting Report, Rome

Fauré M, et al. (1990) Antioxidant activities of lignans and flavonoids. Phytochemistry 29:3773

Flachowsky G, et al. (2007) Studies on feeds from genetically modified plants (GMP) – Contributions to nutritional and safety assessment. Anim Feed Sci Technol 133:2

Fernandes G, et al. (1995) Dietary lipids and calorie restriction affect mammary tumor incidence and gene expression in mouse mammary tumor virus. Proc Natl Acad Sci USA 92:6494

Flesch M, et al. (1998) Effects of red and white wine on endothelium-dependent vasorelaxation of rat aorta and homan coronary arteries. Am J Physiol 275:H1183

Ford RA (1998) The safety of nitromusks in fragrances – A review. Dtsch Lebensm-Rundsch 94:192

Furia TE (1980) CRC handbook of food additives, 2nd edn. CRC Press, Boca Raton

Gallori S, et al. (2004) Polyphenolic constituents of fruit pulp of *Euterpe oleracea* Mart. (Açai palm) Chromatographia 59:739

Glassman AH, Koob GF (1996) Psychoactive smoke. Nature 379:677

Gorham J (1995) The biochemistry of the stilbenoids. Chapman and Hall, London

Gower JD (1988) A role for dietary lipids and antioxidants in the activation of carcinogens. Free Rad Biol Med 5:95

Graf E, et al. (1987) Phytic acid. A natural antioxidant. J Biol Chem 262:11647

Greßler S, et al. (2008) Nanopartikel und nanostrukturierte Materialien in der Lebensmittelindustrie. Nano Trust Dossier 004/2008. Online: epub.oeaw.ac.at/ita/nanotrust-dossiers/dossier004.pdf

Gupta N, et al. (2009) Paraoxonases: Structure, gene polymorphism and role in coronary artery disease. Ind J med Res 130:361

Halliwell B, Gutteridge JMC (2007) Free radicals in biology and medicine, 4th edn. Oxford University Press, Oxford

Harborne JB, Baxter H. (eds) (1999) The handbook of natural flavonoids. Wiley, New York

Harpel PC, et al. (1992) Homocysteine and other sulfhydryl compounds enhance the binding of lipoprotein(a) to fibrin: A potential chemical link between thrombosis, atherogenesis, and sulfhydryl compound metabolism. Proc Natl Acad Sci USA 89:10193

Heiss EH, et al. (2007) Chronic treatment with resveratrol induces redox stress- and ataxia telangiectasia-mutated (ATM)-dependent senescence in P53-positive cancer cells. J Biol Chem 282:26759

Henn T, Stehle P (1998) Total phenolics and antioxidant activity of commercial wines, teas and fruit juices. Ernährungs-Umschau 45:308

Herraiz T (1998) Occurrence of 1,2,3,4-tetrahydro-β-carboline-3-carboxylic acid and 1-methyl-1,2,3,4-β-carboline-3-carboxylic acid in fruit juices, purees and jams. J Agric Food Chem 46:3484

Herrmann K (1978) Hydroxyzimtsäuren und Hydroxybenzoesäuren enthaltende Naturstoffe in Pflanzen. In: Herz W, et al. (eds.) Fortschr Chem Org Naturst 35:73. Springer, Wien New York

Herrmann K (2001) Inhaltsstoffe von Obst und Gemüse. Ulmer, Stuttgart

Hill RA, et al. (1991) Dictionary of steroids. Chapman and Hall, London

Hirose M, et al. (1990) Effects of dietary perilla oil, soybean oil and safflower oil on 7,12-dimethybenz(a)anthracene (DMBA) and 1,2-dimethylhydrazine-induced mammary gland and colon carcinogenesis in female SD rats. Carcinogenesis 11:731

Hogervorst JGF, et al. (2010) Lung cancer risk in relation to dietary acrylamide intake. J Natl Cancer Inst 101(9):651

Honma Y, et al. (1998) Induction of differentiation of myelogenous leukemia cells by humulone, a bitter in the hop. Leukemia Research 22:605

Hornstra G, et al. (1998) Functional food science and the cardiovascular system. Br J Nutr 80(Suppl. 1):S113

Hostettmann K, Lea PJ (eds) (1987) Biologically active natural products. Clarendon Press, Oxford

Hur SJ, et al. (2007) Formation of cholesterol oxidation products (COPS) in animal products. Food Control 18:939

Izquierdo-Pulido M, et al. (1996) Biogenic amines in European beers. J Agric Food Chem 44:3159

Jakubowski H (2008) The pathophysiological hypothesis of homocysteine thiolacton-mediated vascular disease. J Physiol Parmacol 59(Suppl 9):155

Jesus EFO, et al. (1999) An ESR study on identification of gamma-irradiated kiwi, papaya and tomato using fruit pulp. Int J Food Sc Tech 34:173

Joe B, Lokesh BR (1997) Effect of curcumin and capsaicin on arachidonic acid metabolism and lysosomal enzyme secretion by rat peritoneal macrophages. Lipids 32:1173

Karrer W, et al. (1985) Konstitution und Vorkommen der organischen Pflanzenstoffe (exkl. Alkaloide). Birkhäuser, Basel Boston

Kawaii S, et al. (1999) Quantitation of flavonoid constituents in Citrus fruits. J Agric Food Chem 47:3565

Kim Y (2007) Folic acid fortification and supplementation – good for some but not so good for others. Nutr Rev 65:504

Knasmüller S, et al. (2008) Use of conventional and -omics based methods for health claims of dietary antioxidants: a critical overview. Br J Nutr 99(E-Suppl I):ES3

Koichi T, et al. (2002) Overcoming of barriers to transformation in monocot plants. J Plant Biotechnol 4:135

Koide SS (1998) Chitin–Chitosan: Properties, benefits and risks. Nutr Res 18:1091

König A, et al. (2004) Assessment of the safety of foods derived from genetically modified (GM) crops. Food Chem Toxicol 42:1047

Kono Y, et al. (1997) Antioxidant activity of polyphenolics in diets: Rate constants of reactions of chlorogenic acid and caffeic acid with reactive species of oxygen and nitrogen. Biochim Biophys Acta – Gen Subj 1335:335

Korol DL, Gold PE (1998) Glucose, memory, and aging. Am J Clin Nutr 67:764S

Kovacs EMR, et al. (1998) Effect of caffeinated drinks on substrate metabolism, caffeine excretion, and performance. J Appl Physiol 85:709

Kreitner M, et al. (2001) Haematoporphyrin- and sodium chlorophyllin-induced phototoxicity towards bacteria and yeast – A new approach for safe foods. Food Control 12:529

Krug HF, et al. (1988) Mechanism of inhibition of cyclo-oxygenase in human blood platelets by carbamate insecticides. Biochem J 250:103

Kubin A, et al. (2005) Hypericin – The facts about a controversial agent. Curr Pharm Des 11:233

Kuhnert P (2004) Zusatzstoffe kompakt. Behr's Verlag, Hamburg

Kumar A, et al. (1998) Curcumin (diferuloylmethane) inhibition of tumor necrosis factor (TNF)-mediated adhesion of monocytes to endothelial cells by suppression of cell surface expression of adhesion molecules and of nuclear factor-c B activation. Biochem Pharm 55:775

Lange Y, Steck TL (1994) Cholesterol homeostasis. Modulation by amphiphiles. J Biol Chem 269:29371

Li XM, et al. (2007) Effect of the *Lycium barbarum* polysaccharides on age-related oxidative stress in aged mice. J Ethnopharmacol 111:504

Linseisen J, Wolfram G (1998) Absorption of cholesterol oxidation products from ordinary foodstuff in humans. Ann Nutr Metab 42:221

Lück E, Kuhnert P (Hrsg) (1998) Lexikon Lebensmittelzusatzstoffe, 2. Aufl. Behr's Verlag, Hamburg

Ma L, Dolphin D (1999) The metabolites of dietary chlorophylls. Phytochem 50:195 (Review article no. 137)

Macheix JJ, et al. (1990) Fruit phenolics. CRC Press

Masumoto S, et al. (2009) Dietary phloridzin reduces blood glucose levels and reverses Sglt1 expression in the small intestine in streptozotocin-induced diabetic mice. J Agric Food Chem 57:4651

Matsuura M, et al. (2009) Identification of the toxic trigger in mushroom poisoning. Nat Chem Biol 5:465

McClements DJ, et al. (2007) Emulsion-based delivery systems for lipophilic bioactive components. J Food Sci 72:R109

Meister A (1965) Biochemistry of the amino acids, 2nd edn. Academic Press, New York

Mensink RP, Katan MB (1990) Effect of dietary trans fatty acids on high-density and low-density lipoprotein cholesterol levels in healthy subjects. N Engl J Med 323:439

Merck & Co., Inc. (2001) The Merck Index, 13th edn.

Merrill AH Jr, et al. (2001) Sphingolipid metabolism: Roles in signal transduction and disruption by fumonisins. Environ Health Perspect 109(Suppl. 2): 283

Metzler DE (2001) Biochemistry: The chemical reactions of living cells, 2nd edn. Academic Press, New York

Minocha A, et al. (2009) Probiotics for preventive health. Nutr Clin Pract 24:227

Montrucchio G, et al. (2000) Role of platelet activating factor in cardiovascular pathophysiology. Physiol Rev 80:1669

Morel du Boil PG (1997) Theanderose distinguishing cane and beet sugars. Int Sugar J 99:102

Mottram DS, et al. (2002) Acrylamide is formed in the Maillard reaction. Nature 419:448

Muermann B, Kuhnert P (1991) Handbuch Lebensmittelzusatzstoffe. Behr's Verlag, Hamburg

Mourier A, et al. (1997) Combined effects of caloric restriction and branched-chain amino acid supplementation on body composition and exercise performance in elite wrestlers. Int J Sports Med 18:47

Murray RDH (1978) Naturally occurring plant coumarins (I). In: Herz W, et al. (eds) Fortschr Chem Org Naturst 35:199. Springer, Wien New York

Murray RDH (2002) The naturally occurring coumarins (II). In: Herz W, et al. (eds) Fortschr Chem Org Naturst 83:1. Springer, Wien New York

Nagai R, et al. (1997) Hydroxyl radical mediates N-epsilon-(carboxymethyl)lysine formation from Amadori product. Biochem Biophys Res Com 234:167

Narita I, et al. (1995) L-Arginine may mediate the therapeutic effects of low protein diets. Proc Natl Acad Sci USA 92:4552

Nel A, et al. (2006) Toxic potential of materials at the nanolevel. Science 311:622

Nicoli MC, et al. (1997) Antioxidant properties of coffee brews in relation to the roasting degree. Lebensmittel-Wissenschaft und -Technologie 30:292

Noll C, et al. (2009) Resveratrol supplementation worsen the dysregulation of genes involved in hepatic lipid homeostasis observed in hyperhomocysteinemic mice. Food Chem Toxicol 47:230

Ohloff G (1978) Recent developments in the field of naturally occurring aroma components. In: Herz W, et al. (eds) Fortschr Chem Org Naturst 35:431, Springer, Wien New York

Ohloff G (1990) Riechstoffe und Geruchssinn: Die molekulare Welt der Düfte. Springer, Berlin Heidelberg New York

Oliver CN, et al. (1987) Age-related changes in oxidized proteins. J Biol Chem 262:5488

Ortega RM, et al. (2006) Improvement of cholesterol levels and reduction of cardiovascular risk via the consumption of phytosterols. Br J Nutr 96:S89

Palozza P (1998) Prooxidant actions of carotenoids in biological systems. Nutr Rev 56:257

Peck WH, Tubman SC (2010) Changing carbon isotope ratio of atmospheric carbon dioxide: implications for food authentication. J Agric Food Chem 58:2364

Peng L, et al. (2007) The study of starch nano-unit chains in the gelatinization process. Carbohydr Polym 68:360

Pernice R, et al. (2009) Effect of sulforaphane on glutathione-adduct formation and on glutathione-S-transferase-dependent detoxification of acrylamide in Caco-2 cells. Mol Nutr Food Res 53:1540

Petruzzelli S, et al. (1997) Plasma 3-nitrotyrosine in cigarette smokers. Am J Respir Crit Care Med 156:1902

Pfeiffer S, et al. (1994) Gaseous nitric oxide stimulates guanosine-3',5'-cyclic monophosphate (cGMP) formation in spruce needles. Phytochem 36:259

Piacente S, et al. (2002) Investigation of tuber constituents of maca- (Lepidium meyenii). J Agric Food Chem 50:5621

Pichorner H, et al. (1992) Plant peroxidase has a thiol oxidase function. Phytochem 31:3371

Pichorner H, et al. (1993) tBOOH acts as a suicide substrate for catalase. Arch Biochem Biophys 300:258

Pigman W (1957) The carbohydrates: Chemistry, biochemistry, physiology. Academic Press, New York

Pigman W, Horton D (1972) The carbohydrates: Chemistry and biochemistry, 2nd edn. Academic Press, New York

Piironen V, et al. (2000) Plant sterols: Biosynthesis, biological function and their importance to human nutrition. J Sci Food Agric 80:939

Pirisi FM, et al. (1997) Phenolic compounds in virgin olive oils I. Low-wavelength quantitative determination of complex phenols by high-performance liquid chromatography under isocratic elution. J Chromatogr A 768:207

Pischetsrieder M, et al. (1998) Formation of an aminoreductone during the Maillard reaction of lactose with N-α-acetyllysine or proteins. J Agric Food Chem 46:928

Poli G, et al. (2009) Cholesterol oxidation products in the vascular remodeling due to atherosclerosis. Mol Asp Med 30:180

Potter GA, et al. (2006) Salvestrols – Natural products with tumour selective activity. J Orthomol Med 21:34

Praznik W, et al. (2004) Fructans: Occurrence and application in food. In: Tomasik P (ed) Chemical and functional properties of food saccharides, chap. 13, pp. 197–216. CRC, Boca Raton

Prestera T (1993) Chemical and molecular regulation of enzymes that detoxify carcinogens. Proc Natl Acad Sci USA 90:2965

Pryor WA (1997) Cigarette smoke radicals and the role of free radicals in chemical carcinogenicity. Environ Health Perspect 105(Suppl. 4):875

Puddey IB, Croft K (1997) Alcoholic beverages and lipid peroxidation: Relevance to cardiovascular disease. Addict Biol 2:269

Qi PX (2007) Studies of casein micelle structure: The past and the present. Lait 87:363

Raab C, et al. (2008) Herstellungsverfahren von Nanopartikeln und Nanomaterialien. Nano Trust Dossier Nr. 006/2008. Online: epub.oeaw.ac.at/ita/nano-trust-dossier006.pdf

Rajagopalan KV, Johnson JL (1992) The pterin molybdenum cofactors. J Biol Chem 267:10199

Reinke LA, et al. (1997) Mechanisms for metabolism of ethanol to 1-hydroxyethyl radicals in rat liver microsomes. Arch Biochem Biophys 348:9

Richter M, et al. (1999) Quercetin-induced apoptosis in colorectal tumor cells: Possible role of EGF receptor signaling. Nutr Cancer 34:88

Riediger ND, et al. (2009) A systemic review of the roles of n-3 fatty acids in health and disease. J Am Diet Assoc 109:668

Robinson DS (1987) Food – Biochemistry and nutritional value. Longman, London

Rodrigues RB, et al. (2006) Total oxidant scavenging capacity of *Euterpe oleracea* (Açai) seeds and identification of their polyphenolic compounds. J Agric Food Chem 54:4162

Róg T, et al. (2009) Ordering effects of cholesterol and its analogues. Biochim Biophys Acta 1788:97

Ronnett GV, et al. (1991) Odorant-sensitive adenylate cyclase: Rapid, potent activation and desensitization in primary olfactory neuronal cultures. Proc Natl Acad Sci USA 88:2366

Rouseff RL, et al. (1987) Quantitative survey of narirutin, naringin, hesperidin and neohesperidin in citrus. J Agric Food Chem 35:1027

Samane S, et al. (2006) Insulin-sensitizing and anti-proliferative effects of *Argania spinosa* seed extracts. Evid Based Compl Alt Med 3:317

Sanbongi C, et al. (1998) Antioxidative polyphenols isolated from *Theobroma cacao*. J Agric Food Chem 46:454

Saucier C, et al. (1997) (+)-Catechin–acetaldehyde condensation products in relation to wine-ageing. Phytochem 46:229

Schleicher ED, et al. (1997) Increased accumulation of the glycoxidation product N-(carboxymethyl)lysine in human tissues in diabetes and aging. J Clin Invest 99:457

Schormüller J (1974) Lehrbuch der Lebensmittelchemie, 2. Aufl. Springer, Berlin Heidelberg New York

Schwedt G (2001) Taschenatlas der Lebensmittelchemie, 2. Aufl. Wiley-VCH, Weinheim

Scientific Commitee on Food: Scientific Panel on Dietetic Products, Nutrition and Allergies (2010) Tolerable upper intake levels for vitamins and minerals. European Food Safety Authority (EFSA). Online: http://www.efsa.europa.eu

Seidemann J (2007) Arganöl. Z Phytother 28:272

Sell DR, et al. (1996) Longevity and the genetic determination of collagen glycoxidation kinetics in mammalian senescence. Proc Natl Acad Sci USA 93:485

Sherman PM, et al. (2009) Unraveling mechanisms of action of probiotics. Nutr Clin Pract 24:10

Simkó M, et al. (2008) Einfluss von Nanopartikeln auf zelluläre Funktionen. Nano Trust-Dossier 007/2008. Online: epub.oeaw.ac.at/ita/nanotrust-dossiers/dossier007.pdf

Snyder SH, et al. (1988) Molecular mechanism of olfaction. J Biol Chem 263:13971

Soffritti M, et al. (2006) First experimental demonstration of the multipotential carcinogenic effects of aspartame administered in the feed to Sprague-Dawley rats. Env Health Persp 114:379

Stahl W, Sies H (1996) Lycopene: A biologically important carotenoid for humans? Arch Biochem Biophys 336:1

Starrat AN, et al. (2002) Rebaudioside F, a diterpene glycoside from *Stevia rebudiana*. Phytochemistry 59:367

Strigl AW, et al. (1995) Qualitative und quantitative Analyse der Anthocyane in schwarzen Apfelbeeren *(Aronia melanocarpa)* mittels TLC, HPLC und UV/VIS. Spektrophotometrie. Z. Lebensm Unters Forsch 201:266

Suryawan A, et al. (1998) A molecular model of human branched-chain amino acid metabolism. Am J Clin Nutr 68:72

Szewczuk LM, et al. (2005) Viniferin formation by COX-1: Evidence for radical intermediates during co-oxidation of resveratrol. J Nat Prod 68:36

Takahashi T, et al. (2004) Isoliquiritigenin, a flavonoid from licorice, reduces prostaglandin $E_2$ and nitric oxide, causes apoptosis and suppresses aberrant crypt foci development. Cancer Sci 95:448

Tareke E, et al. (2002) Analysis of acrylamide, a carcinogen formed in heated foodstuffs. J Agric Food Chem 50:4998

Thakur BR, et al. (1997) Chemistry and uses of pectin: A review. Crit Rev Food Sci Nutr 37:47

Tringali C (2001) Bioactive compounds from natural sources. Taylor & Francis, London

Urgert R, Katan MB (1997) The cholesterol-raising factor from coffee beans. Ann Rev Nutr 17:305

Upadhyay RK (ed) (2002) Advances in microbial toxin research and its biotechnological exploitation. Kluwers Academic/Plenum Publishers

Ulberth F, Rössler D (1998) Comparison of solid-phase extraction methods for the cleanup of cholesterol oxidation products. J Agric Food Chem 46:2634

Valkonen M, Kuusi T (1998) Passive smoking induces atherogenic changes in low-density lipoprotein. Circulation 97:2012

Van den Eede G, et al. (2004) The relevance of gene transfer to the safety of food and feed derived from genetically modified (GM) plants. Food Chem Toxicol 42:1127

Vega-Villa KR, et al. (2008) Clinical toxicities of nanocarrier systems. Adv Drug Deliv Rev 60:929

Veitch NC (2007) Isoflavonoids of the *Leguminosae*. Nat Prod Rep 24:417

Vejux A, et al. (2008) Side effects of oxysterols: Cytotoxicity, oxidation, inflammation, and phospholipidosis. B J Med Biol Res 41:545

Vinson JA, et al. (1998) Phenol antioxidant quantity and quality in foods: Vegetables. J Agric Food Chem 46:3630

Vinson JA, Dabbagh YA (1998) Tea phenols: Antioxidative effectiveness of teas, tea components, tea fractions and their binding with lipoproteins. Nutr Res 18:1067

Visioli F, Galli C (2002) Biological properties of olive oil phytochemicals. Crit Rev Food Sci Nutr 42:209

Wagner KH, Elmadfa I (2003) Biological relevance of terpenoids. Overview focusing on mono-, di-, and tetraterpenes. Ann Nutr Metab 47:95

Wagner KH, et al. (2004) γ-Tocopherol – The underestimated vitamin? Ann Nutr Metab 48:169

Waller GR, Yamasaki K (1996) Saponins used in food and agriculture. Springer, New York Berlin Heidelberg

Wang JP, et al. (1994) Inhibition by gomisin C (a lignan from *Schizandra chinensis*) of the respiratory burst of rat neutrophils. Br J Pharmacol 113:945

Weller P, Breithaupt DE (2003) Identification and quantification of zeaxanthin esters in plants using liquid chromatography-mass spectrophotometry. J Agric Food Chem 51:7044

Wenzel E, Somoza V (2005) Metabolism and bioavailability of trans-resveratrol. Mol Nutr Food Res 49:472

West MB, et al. (2006) Protein glutathiolation by nitric oxide: An intracellular mechanism regulating redox protein modification. FASEB J 20:1715

Weiss G (2002) Acrylamide in Food: Uncharted territory. Science 297:27

Wiesner J v (1962) Die Rohstoffe des Pflanzenreichs, 5. Aufl. In: Regel Cv (Hrsg). v. Regel. Cramer, Weinheim

Weverling-Rijnsburger AWE, et al. (1997) Total cholesterol and risk of mortality in the oldest old. Lancet 350:1119

Winkels RM, et al. (2007) Bioavailability of food folates is 80% of that of folic acid. Am J Clin Nutr 85:465

Wu SJ, et al. (2004) Antioxidant activites of some common ingredients of traditional chinese medicine, *Angelica sinensis, Lycium barbarum, Poria cocos*. Phytother Res 18:1008

Wyllie S, Liehr JG (1997) Release of iron from ferritin storage by redox cycling of stilbene and steroid estrogen metabolites: A mechanism of induction of free radical damage by estrogen. Arch Biochem Biophys 346:180

Yagi K (1997) Pathophysiology of lipid peroxides and related free radicals. Int. Symp., Inuyama, November 1996. Karger, Basel

Yamashita A, et al. (1997) Acyltransferases and transacylases involved in fatty acid remodeling of phospholipids and metabolism of bioactive lipids in mammalian cells. J Biochem 122:1

Yin H, et al. (1995) Designing safer chemicals: Predicting the rates of metabolism of halogenated alkanes. Proc Natl Acad Sci 92:11076

Yoshie Y, Ohshima H (1997) Synergistic induction of DNA strand breakage by cigarette tar and nitric oxide. Carcinogenesis 18:1359

Young VR, El-Khoury AE (1995) Can amino acid requirements for nutritional maintenance in adult humans be approximated from the amino acid composition of body-mixed proteins? Proc Natl Acad Sci USA 92:300

Youngman LD, et al. (1992) Protein oxidation associated with aging is reduced by dietary restriction of protein or calories. Proc Natl Acad Sci USA 89:9112

Yu MS, et al. (2005) Neuroprotective effects of anti-aging oriental medicine *Lycium barbarum* against β-amyloid peptide neurotoxicity. Exp Gerontol 40:716

Zhang Y, et al. (1992) A major inducer of anticarcinogenic protective enzymes from broccoli: Isolation and elucidation of structure. Proc Natl Acad Sci USA 89:2399

## Verwendete Datenbanken

USDA National Nutrient Database for Standard Reference
http://www.ars.usda.gov/nutrientdata

Dr. Duke's Phytochemical and Ethnobotanical Databases
http://www.ars-grin.gov/duke

Food Additives in the European Union E-Number List
Compiled by Dr. David Jukes. Last updated: 15 April 2010
http://www.rdg.ac.uk/foodlaw/additive.htm

Gernot Katzers Gewürzseiten
http://www.uni-graz.at/~katzer/germ/

http://www.transgen.de/home/ (Stand Frühjahr 2010)

http://www.folicacid.ie/press/press–20090311.html (Stand Frühjahr 2010)

# Stichwortverzeichnis

Abietinsäure 93
Absinth 262, 499
Absinthin 262, 645
Acaibeere 476, 477
Acceptable daily intake (ADI) 610, 643, 644
Acerola 468
Acesulfam-K 628, 629, 632
Acetaldehyd 161, 182, 255, 295, 296, 407, 476, 488, 494, 503, 527, 537, 703
Acetaldehyd, Hydroxy- 296
Acetaldehyd, 2-Mercapto- 296
Acetaldehyd, 2-Phenyl- 703
Acetoacetamid-N-sulfonsäure 628
Acetogenine 468, 469
Acetohydroxysynthase 161
Acetoin 356, 490, 586
Aceton 391, 467, 520, 618
Aceton, 1,3-Dihydroxy- 477
Aceton-Geranyl 464
Acetonperoxid 350
Acetophenon 166, 278, 520, 535
Acetophenon, 2,4-Dimethyl- 520
Acetophenon, 4-Hydroxy-3-methoxy- 278
Acetophenon, $m$-Hydroxy- 535
Acetosyringon 736, 746
Acetoxyaceton 456
Acetylcholin 188, 711
Acetylen 413
2-Acetylfuran 518, 603
N-Acetyl-galactosamin 309
N-Acetylglucosamin 405, 670, 711

N-Acetyl-glucosamin 309
2-Acetyl-3-methylpyrazin 253, 296
4-Acetyl-5-methylfuran 537
Acetylpropionyl =Diketopentan-2,3 505
2-Acetylpyrazin 253
2-Acetylpyridin 518
2-Acetylpyrrol 518
3,6-Anhydrogalaktose 650, 652, 668
Acetylsalicylsäure 686
2-Acetyl-4,5-thiazolin 294
α-Actinin 283, 292
Aconitsäure 539
Acrolein 570
Acrylamid 706
Actin 281, 282
F-Actin 282, 283
G-Actin 282
Actomyosin 299
Adenin 289, 518, 523
Adenin, $N^6$-Benzyl- 414
Adenin, $N^6$-Furfurylmethyl- 414
Adenosin 165, 289
Adenosintriphosphat 121
Adipinsäure 352, 693
Aflatoxin 716
Aflatoxin $M_1$ 716
Agar 50, 549, 653, 655, 657, 669, 712
Agar-Agar 549
Agaritin 406
Agaropektin 653, 655
Agarose, neutral 654
*Agrobacterium tumefaciens* 746
Ahornsirup 544

E-Ajoen 401
Z-Ajoen 401
Akarizide 728
Aki 465
Alachlor 733
Alanin, L-β-(Pyrazol-1-yl)- 382
Alanin-Cyclopropyl-3-Methylen 465
Albumin 67, 280
Albumin, Lact- 319, 325
Aldimin 284
Aldose 638, 705
Aldose-Reduktase 638
Ale 258, 479
Aleuritinsäure 696
Alginsäuren = Alginate 50, 549, 650
Alitam 637
Alkaloide 64, 350, 358, 360, 361, 382,
    387, 398, 405, 406, 409, 443, 444,
    461, 468, 477, 500, 503, 511, 518,
    527, 531, 532, 533, 542, 566, 574,
    646, 660, 709, 726
Alkaloide, Chinolizidin- 399
Alkaloide, Ergot- 726
Alkaloide, Glyko- 362
Alkaloide, Indol- 726
Alkaloide, Steroid- 179, 387
Alkaloide-Purin 523
Alkaloide-Pyridin 503
Alkohol = Ethanol 26, 31, 67, 92, 93,
    139, 145, 193, 203, 237, 327, 339,
    352, 355, 362, 476, 477, 486, 488,
    490, 491, 492, 493, 494, 495, 496,
    497, 498, 499, 500, 520, 540, 575,
    607, 618, 621, 622, 637, 648, 650,
    664, 678, 679, 680, 681, 682, 688,
    689, 690, 691, 695, 696, 721
Alkoholdehydrogenase 125, 479
Alkoxyradikal 99
Allantoin 503
Allasch 273
Allergene 736, 750
Allicine 400, 402, 403, 404
Alliin 400
Alliinase 399, 400
Allithiamin 160, 400
p-Allylcatechol 538

Allylisothiocyanat 260, 365
Allylthioharnstofff 365
Altenuen 720
Altenusin 720
Alternaria-Toxine 226
Alternariol 720
Alterporriol B 720
Altertoxin 720
Aluminium 136, 137, 521, 597, 683,
    692
Aluminiumoxid = Bauxit 103, 136,
    597
Alzheimerkrankheit 137, 317, 626
Amadori Umlagerung 701
Amanitin 407
Amaranth 348, 686
Amarogentin 645
Ameisensäure 445, 458, 497, 505,
    528, 537, 542, 606, 610, 611, 612,
    620
Amine, biogene 478, 725
1-Amino-1-carboxycyclopropan
    (ACC) 413
p-Aminobenzoesäure 177
Aminoketone 703
δ-Aminolävulinsäure 171
Aminopeptidase 57
β-Aminopropionitril 286
Aminopropionitril-beta 392
Aminosäuren 1, 12, 24, 27, 57, 59,
    60, 61, 62, 63, 64, 65, 67, 68, 69, 71,
    72, 73, 74, 75, 76, 77, 107, 123, 129,
    137, 161, 166, 169, 170, 173, 178,
    236, 241, 252, 253, 254, 275, 282,
    284, 287, 288, 292, 294, 295, 305,
    317, 319, 326, 335, 340, 345, 354,
    355, 356, 358, 359, 360, 381, 387,
    388, 392, 396, 405, 432, 433, 434,
    435, 436, 438, 439, 440, 454, 455,
    470, 478, 503, 518, 524, 527, 542,
    543, 545, 566, 600, 606, 616, 625,
    633, 641, 644, 680, 699, 703, 704,
    708, 710
Aminosäuren, essentiell 62
L-Aminosäureoxidase 233

Aminosäuren, Decarboxylierung 64, 170
Aminosäuren, α-, β-, γ- 60
Aminosäuresequenz 69, 609
Aminozucker 701
Amitrol 733
Ammoniak 75, 178, 182, 192, 250, 294, 310, 353, 617, 618, 649, 691, 698, 732
Ammoniumsulfat, Fällung 66, 69
Amygdalin 39, 412, 435, 498
Amylacetat = n-Pentylacetat 412, 528
Amylalkohole 490
Amylaseinhibitor 637
α-Amylasen 480
β-Amylasen 480
Amylasen 38, 45, 46, 341, 351, 355, 478, 479, 494, 525, 538, 543
n-Amylamin = Pentylamin 533
Amylopektin 45, 339, 345
Amylose 43, 44, 45, 339, 345, 356, 360, 658, 674
Amylose, Cyclo- 697
Anabasin 532
Anabolika 307
Anacardsäure 436
Anadamid 528
Anämie 124, 125, 171, 183
Ananas 219, 293, 410, 455
Anatabin 533
Anatallin 533
Anatoxin 314
Anethol 250, 262, 271, 273
Angostura 499
Anhydrovitamin A 149
Anilin 518, 534, 733
Anilin, 2,3-Dimethyl- 534
Anilin, 2,5-Dimethyl- 534
Anilin, 3,4-Dimethyl- 534
Anilin, 3-Methoxy- = m-Anisidin 534
Anilin, 2,4,6-Trimethyl- 534
Anis 257, 271, 497, 499, 500, 624
Anisaldehyd 271
m-Anisidin 532

Anisol 624
Ankaflavin 684
Annatto 680
Anomere 25, 322
Anserin 290, 312
Antheraxanthin 219, 535
Anthocyam, 3-Deoxy- 347
Anthocyan 412, 417
Anthocyane 430
Anthocyanidin, 3-Deoxy- 345
Anthrachinon 230
Anthranilsäure 240, 250
Anthranilsäuremethylester, N-Methyl 452
Anthranilsäuremethylester, N-Methyl- 422
Antioxidanzien 20, 105, 152, 184, 189, 191, 198, 216, 218, 263, 357, 412, 479, 483, 528, 553, 564, 597, 609, 610, 622, 623, 625, 709, 716, 720
Apatit 119 120, 121, 139, 140, 158
Apatit, Hydroxyl- 121
Apfel 29, 409, 413, 415, 416, 464
Apfelsäure 372, 412, 418, 420, 422, 423, 425, 426, 427, 431, 453, 454, 456, 461, 462, 463, 465, 466, 469, 471, 484, 487, 488, 490, 520, 693
Apfelsäure-Malat 24
Apfelwein 416, 493, 498
Apigenidin 347
Apigenin 346, 448, 454, 513
Apiin 264, 365
Apiol 263
Apiosid 230
Apoenzym 10, 68, 159
Apolipoproteine 108
Appetizer 641
Aprikosen = Marillen 275, 412, 420
Aquavit 499
Araban 466, 649
Arabinose 48, 415, 455, 466, 467, 502, 638, 660
L-Arabinose 659, 660, 669, 672
Arabinosid 423, 528
Arbutin 417

Arganöl 562, 563
Arginase 126, 128
Argon 694
*Arillus* 275, 633
Aromastoffe 92, 99, 102, 161, 191,
    239, 241, 243, 249, 252, 255, 256,
    277, 295, 328, 350, 356, 359, 382,
    417, 420, 423, 424, 427, 445, 447,
    456, 467, 472, 476, 487, 491, 494,
    497, 498, 505, 528, 546, 547, 586,
    695
Aromastoffe, Fixateur 256, 669
Aromastoffe, schwefelhältig 472
Aronia 409, 421, 430
Arrak 498, 499
Arsen 133, 140, 141, 537
Arsenat 130, 140
Arsenik 140
Arsenit 140
Arteriosklerose 138
Artischocke 42, 43, 49, 196, 357, 378
Asche 117, 257, 289, 305, 341, 350,
    392, 395, 400, 404, 410, 415, 416,
    418, 419, 420, 421, 423, 424, 425,
    426, 427, 428, 430, 432, 433, 435,
    436, 437, 439, 439, 440, 442, 444,
    447, 448, 449, 451, 453, 454, 455,
    456, 457, 458, 461, 463, 464, 465,
    466, 468, 469, 470, 475, 480, 483,
    487, 490, 502, 505, 506, 507, 508,
    511, 538, 539, 541, 546, 550, 554,
    588
Ascorbigen 466, 467
Ascorbinsäure 28, 122, 123, 125,
    134, 153, 155, 183, 184, 185, 186,
    187, 188, 189, 191, 271, 293, 302,
    340, 351, 353, 357, 371, 424, 428,
    432, 447, 448, 455, 466, 468, 475,
    528, 603, 610, 613, 615, 623, 671,
    681, 698, 700, 705
Ascorbinsäureoxidase 124, 187, 527
Aspartam 628, 634, 637, 638
Astaxanthin 218, 681
Asti spumante 492
Astragalin 428, 513, 534
Äthylenoxid 678

ATPase 118, 282
Atrazin 733
Atropin 409
Aubergine = Melanzani 385
Aucubin 672
Auranetin 447
Aurantiamarin 447
Aurapten = 7-Geranyloxycumarin
    203
Aurapten = 7-O-Geranylcumarin
    445
Auroxanthin 219, 220
Avenasterine 560
Avidin 175, 333
Avocado 15, 410, 457
Avocadoöl 457, 553
Azadiradion 577
Azaleatin 438
Azorubin 686
Azulen 373, 576

Babassufett 555
*Bacillus cereus* 713
Backpulver 352
Backwaren 224, 268, 270, 273, 275,
    277, 278, 333, 345, 351, 353, 354,
    554, 559, 565, 566, 569, 588, 628,
    632, 634, 650, 657, 658, 661, 663,
    667, 672, 673, 674, 675, 676, 677,
    678, 680, 681, 692, 693, 694
Baikiain 455
Bakterien 12, 20, 70, 132, 139, 182,
    326, 327, 329, 352, 476, 488, 509,
    531, 540, 594, 597, 600, 611, 613,
    614, 616, 615, 619, 620, 650, 671,
    710, 713, 714, 715
Bakterien, Essigsäure- 352
*Bakterien, Listeria* 715
Bakterien, Milchsäure- 327, 351, 367
Bakterien, Salmonellen 711, 714
*Bakterien, Shigella* 715
Bakterien, *Staphylococcus aureus* 713
Bakterien, Thermophil 594
Bakterientoxine 710
Bakteriocin 615

Ballaststoffe 111, 257, 339, 359, 360, 382, 387, 389, 391, 392, 394, 395, 403, 415, 419, 421, 425, 426, 427, 428, 430, 433, 435, 436, 437, 438, 439, 440, 441, 444, 447, 448, 449, 451, 452, 453, 454, 455, 456, 457, 458, 461, 463, 464, 465, 466, 468, 469, 470, 472, 474, 480, 487, 502, 505, 528
Banane 219, 357, 452
Barack® 498
Bargasse 538
Bärlauch 357, 404
Basilikum 435
Bassorin 658, 659
Baudouin-Test 564
Baumwollsaatöl 558, 585, 587, 588
Bauxit 136
Beauvericin 721, 724
Bcifuß 263
Bentonit 489, 490, 668, 694
Benzaldehyd 249, 255, 419, 420, 435, 464, 467, 498, 520, 548, 562
Benzochinon, 2,6-Dimethoxy- 227
Benzocumarin 720
Benzoesäure 266, 412, 421, 426, 534, 548, 588, 607, 610, 611, 613, 614, 620
Benzoesäure, p-Hydroxy- 421, 423, 424, 425, 426, 441, 611, 612
Benzoesäure-3-Methylbutylester 464
Benzoesäureester, p-Hydroxy- 611, 614
Benzoesäure-p-Hydroxy 420, 424, 528
Benzol, 1,3-Diamino- 690
Benzpyren 197, 400
Benzylacetat 520
Benzylalkohol 422, 487, 520
Benzylbenzoat = Benzoesäurebenzylester 265
Benzylbutyrat 520
Benzylcyanid 374
Benzylethylketon 520
Benzylisothiocyanat 374, 464

Bergamottöl 510
Bergapten = 5-Methoxypsoralen 264, 273, 442, 447, 448, 449
Bergaptol 445, 449
Beriberi-Krankheit 159
Bernsteinsäure = Succinat 186, 412, 461, 484, 487, 612, 693
Betacyane 236
Betain 487, 533, 540
Betalain 236
Betanidin 363, 470
Betanin 236, 363, 470, 682
Betanin, Iso 470
Bienenwachs 92, 543, 694, 695
Bier 38, 128, 347, 482, 483, 484, 591, 644, 646, 655, 664, 668, 671, 691, 721
Bindegewebsprotein 106, 146
Biopterin 177
Biotin = Vitamin H 126, 175
Birne 29, 409, 416
Bisabolen 247, 271
Bisphenol A 596
Bitterorange = Sauerorange 630
Bitterstoffe 93, 380, 443, 481, 505, 577, 644, 646
Bixin 224, 586, 680
Blanchieren 187, 214, 358, 476, 595, 598
Blätteraldehyd 99, 247, 520
Blätteralkohol 520
Blausäure 163, 240, 338, 347, 391, 435, 498, 537, 548, 562, 569
Blei 120, 121, 133, 139, 140, 596
Blut 57, 68, 95, 109, 110, 118, 119, 122, 124, 129, 131, 133, 135, 136, 140, 178, 179, 223, 233, 258, 299, 300, 302, 317, 320, 326, 379, 445, 545, 630, 638
Blutgerinnung 119, 151, 154, 156, 158, 204, 228, 299, 300, 320
Blutgruppensubstanzen 388
Blutplasma 185, 299, 668
Blutserum 224, 299
Bohnenkraut 261
Bonbons = Hartkaramellen 545

Boonekamp 4991
Boretschöl 574
Borneol 245, 261, 268, 269, 275, 466, 536
Borneotalg 556
Bornylacetat 466
Borsäure 54, 258, 618
Bourbon 496
Bourbon-Vanille 274
Bowle 493
Bradford-Methode 77
Branntwein 499
Branntwein, Korn 496
Brassicasterin = 7,8-Dihydroergosterin 560, 570
Brassicasterol = Dehydroergosterol 519
Brassidinsäure = trans-Erucasäure 572
Brassinolid 519
Brassinon, 24-Ethyl- 519
Brät 302, 303
Braun FK 690
Brevetoxine A, B, C, 310
Broccoli 158, 188, 360, 367, 377
Brombeere 409, 412, 423
Bromcyan 162, 166
Bromelain 293, 456
Brot = Backwaren 2, 45, 111, 199, 253, 255, 264, 273, 343, 348, 350, 351, 356, 360, 363, 569, 606, 619, 643, 675
Brot, Schnitt- 612
Bruchreis 346
Buchweizen 129, 233, 348, 496
Butanal 467
Butanol 45, 417, 426
Butanol, 2-Methyl- 426
Butanol, 3-Methyl- = Isoamylalkohol 445, 479
Butanol, N- 45
Butanon 424, 535
Butenylglucosinolat 276

Butter 156, 161, 221, 321, 324, 325, 331, 440, 457, 472, 547, 548, 549, 555, 558, 585, 586
Buttergelb 684
Buttersäure 46, 64, 101, 247, 294, 321, 322, 332, 360, 521, 616
Buttersäure, 2,4-Diamino- 393
Buttersäure, 2-Methyl- 421, 423
Buttersäure, Iso 537
Butylacetat 412, 417, 454
Butylacetat, 3-Methyl- 484
Butylenglykol 490
Butylidenphthalid 265
t-Butylhydroxitoluol 624
Butylmercaptan 240
n-Butylamin 537
Butylphthalid 264, 365
Butyraldehyd, 3-Keto- 296
Butyraldehyd, Iso- 520, 703
Butyrat-3-Hydroxy-CoA-Ester Dehydrogenase 306

δ-Cadinen 266
Cadmium 120, 121, 133, 138, 372, 405
Caeruloplasmin 68, 124, 187
Caesium 406
Caesium-137 406
Cafestol 502
Calabarbohne 399
Calciferole 149, 150
Calcitonin 119
Calcitriol 119
Calcium 29, 37, 66, 117, 119, 120, 121, 122, 129, 139, 140, 142, 151, 176, 239, 282, 289, 291, 292, 299, 300, 305, 312, 314, 319, 321, 323, 327, 329, 330, 341, 388, 398, 416, 432, 433, 439, 538, 539, 540, 611, 626, 638, 649, 650, 652, 660, 661, 676, 692, 694, 697
Calciumcarbonate 692
Calciumchlorid 540, 593, 694
Calciumcyanamid 733
Calciumphosphat, primär 352
Calciumphosphat, tertiär 119, 151, 320, 321, 323

Calcium-Salze 623, 627, 629
μ-Calpain 292
δ-3-Caren 275
ζ-Carotin 449
λ-Carrageen 652
κ-Carrageen 652, 654, 668
ι-Carrageen 652
μ-Carrageen 652
Calvados 498
Campesterin = Campesterol 569
Campesterol = Campesterin 502,
    566, 569
Camphen 245, 273, 275
Campher 255
Canavanin 61, 387, 394
Candelillawachs 694, 695
Candy 545, 546
Canthaxanthin 218, 406, 681
Capronaldehyd 520
Capronsäure = N-Hesansäure 101,
    472
Capsaicin 257, 270, 271, 387
Capsaicin, Dihydro- 271
Capsanthin 221, 271
Capsorubin 271
Captan 731
Carbaminsäure Ester 618
Carbaryl 730
Carbaryl, N-Nitroso- 730
Carboanhydratase 125
β-Carbolin-Alkaloide 649
4,6- Carboxyethyliden-D-
    galaktopyranose 654
Carboxymethylcellulose 663, 664
ε-N-Carboxymethyllysin 706
2-Carboxy-3-
    carboxymethylpyrrolidin 314
Carboxypeptidase 57, 125
Cardanol 436
Cardiolipin 90
Caren 269
Carminsäure 231
Carnaubawachs 694, 695
Carnitin 61, 110 186, 190, 280, 289
Carnosin 288, 310
Carnosol 263, 625

Carnosolsäure 263, 625
Carotenole 216
β-Carotin 218
Carotin, beta- 471
Carotinoidperoxide 218
Carotinoide 15, 93, 104, 144, 148,
    168, 173, 215, 216, 218, 222, 224,
    247, 309, 318, 334, 341, 342, 370,
    372, 375, 381, 382, 406, 412, 421,
    430, 442, 445, 455, 461, 463, 466,
    468, 519, 535, 582, 600, 615, 679,
    680
Carpasemin 464
Carrageen 50, 650, 652, 657
Carr-Price-Reaktion 149
Carthamin 210, 564
Carvacrol 245, 261, 265, 269
Carveol 273
Carveol, Dihydro- 273
Carvon 244, 261, 264, 269, 273, 276,
    445
Caryatin 438
Caryophyllen 264, 266, 267, 269,
    270, 467
$\alpha_{s1}$-Casein 319, 320
$\alpha_{s2}$-Casein 319, 320
β-Casein 319
κ-Casein 319, 320, 329, 652
Casein 70, 76, 319, 321, 326, 327, 328,
    329, 398, 649
Caseingel 329
Cäsium 600
Cäsium-137 600
Catechin = Flavanol 422, 423, 437,
    459, 512, 523, 524, 528
Catechol = Brenzcatechin 534, 537,
    606
Catjangbohne 398
Cayennepfeffer 257
Cellobiose 39
Cellulose 13, 35, 43, 45, 47, 48, 50,
    274, 339, 358, 359, 360, 375, 379,
    380, 383, 405, 410, 413, 415, 417,
    423, 440, 469, 502, 511, 519, 528,
    534, 537, 556, 589, 599, 605, 648,
    653, 661, 662, 663, 664, 665, 690

Celluloseacetat 537, 5991
Ceramid 90
Cercosporin 232
Cerebroside 91
*Cestrum diurnum* 152
Chaconin 361, 362
Chalcon, Dihydro- 416
Chalkon 637
Chamazulen 373
Champignon 357, 406
Cheilose 168
Chemical Score 74
Cherimoya 469
Chicorée 373
Chili 271
Chimaphilin 228
Chinakohl 357, 374
Chinalauch 404
Chinasäure 195, 379, 412, 422, 426,
    427, 431, 453, 454, 461, 469, 517,
    520
Chinasäure, 3-*p*-Cumaroyl- 425
Chinasäure-3,4-Dicaffeoyl 503
Chinasäure, 3,5-Dicaffeoyl- 503
Chinesarestaurant-Syndrom 172
Chinin 644, 646
Chinolin 518
Chinolin, 4-N-Butyl- 518
Chinolin, 2,3-Dimethyl- 518
Chinolin, 2,4-Dimethyl- 518
Chinolin, 2-Methyl- 518
Chinolin, 6-Methyl- 518
Chinolin, 3-N-Propyl- 518
Chinolingelb 686
Chinon 189, 225, 433, 624
Chita 228
Chitin 35, 358, 405, 670
Chitosan 35, 50, 405, 589, 670
Chlor 114, 140, 176, 350, 622, 718,
    730
Chloramin T 305
Chloratnatrium 732
Chlordioxid 622
Chlorid 117, 118, 121, 122, 305, 323,
    328, 646

Chlorierte Kohlenwasserstoffe 730
Chlorogensäure 195, 417, 418, 420,
    421, 424, 425, 426, 441, 455, 457,
    462, 487, 502, 503, 505, 517, 522,
    534
Chlorogensäure, Iso 455, 487, 503
Chlorogensäure, Neo 419, 420
Chlorophyll 93, 110, 216, 236, 237,
    372, 374, 375, 405, 412, 417, 430,
    454, 457, 458, 463, 509, 511, 560,
    568, 570, 682
Chlorophyllin 237, 682
Chlortetracyclin 182, 306
Cholecalciferol 150
Cholecalciferol, 1,25-Dihydroxy-
    152
Cholesterin 88, 93, 94, 95, 104, 107,
    110, 111, 115, 126, 149, 320, 332,
    334, 359, 366, 503, 551, 566, 572,
    582, 583, 584, 585, 588, 670, 698
Cholesterin, 24-Ethyl- =
    Stigmasterin 566
Cholesterin Oxidase 115
Cholesterin Peroxid 111
Cholesterin, 7-Dehydro- 95, 149
Cholin 89, 90, 92, 188, 373, 523
Cholinesterase 312, 362, 728
Chondroitinsulfat 27, 35, 133, 309
Chrom 117, 126, 129, 130
Chromat 129
Chrysanthemin = Cyanidin-3-
    Glucosid 428
Chrysen 505
Chrysophan 377
Chylomikronen 109, 110, 150
Chymosin 320
Chymotrypsin 57
Cichoriin 373
Ciguatoxin 310
1,8-Cineol = Eucalyptol 245, 261,
    262, 268, 269, 270, 536
Citraconsäure = 2-
    Methylmaleinsäure 505
Citral 243, 263, 448, 467
Citrinin 684, 718
Citronellol 244, 235, 275

Citronensäure 100, 124, 330, 352, 412, 423, 424, 425, 426, 427, 431, 442, 444, 447, 449, 451, 453, 454, 456, 461, 462, 463, 464, 467, 469, 471, 475, 476, 483, 484, 487, 505, 525, 528, 537, 540, 545, 549, 586, 596, 606, 610, 634, 693

Citronensäureester 675

Citropten = Limettin = 6,7-Dimethoxy-Cumarin 204

Clenbuterol 306

Cobalamin 182

Cobalt 117, 128, 178, 180, 182, 600

Cobaltporphyrin 128

Coenzym-A 560

Coenzyme 10, 120, 121, 144, 159, 162, 164, 165, 166, 167, 168, 169, 170, 171

Coffein 445, 448, 500, 502, 503, 505, 507, 508, 511, 518, 522, 523, 527, 644, 646

Cognac® 495, 498

Cohn-Fraktionierung 69

Colamin 89, 108

Collagen 67, 69, 76, 146, 151, 186, 283, 284, 285, 286, 287, 293, 303

Collagenfibrillen 284

Collagenwert 302

Colostrinin 317

Conglycinin 396

Coniferin 4480

Coniferylalkohol 448, 569

Convicin 390

Coomassie 77

Cotinin 532

Coumarin, 6,7-Dihydroxy- 528

Crambe Öl 573

Crocetin 39, 224

Crocin 39, 224, 267

Crotonöl 576

α-Cryptoxanthin 221

β-Cryptoxanthin 221, 445

Cryptoxanthin 381, 420, 449, 457, 464, 519, 680

Cucurbitacin B 379

Cucurbitacin E 379, 380

Cucurbitacine 380, 381

Cucurbitin 562

Cumarin 250, 257, 266, 447, 528, 534

Cumarin, 6,7-Dihydroxy- 204, 373, 534

Cumarin, 6,8-Dimethoxy- 447

Cumarine 203

p-Cumarsäure 234, 422, 426, 427, 448

Cumestrol 206, 396

Cumin-Aldehyd = para-Isopropylbenzaldehyd 273

Cumin-Alkohol 273

Curculin 639

Curcuma 257, 258, 278, 679

Curcumin 258, 679

Curry-Gewürz 266, 268, 273

Cutin 92

Cyanessigsäureethylester 159

Cyanidin 233, 346, 370, 400, 415, 417, 420, 423, 424, 428, 445, 459, 462, 501, 524

Cyanidin-3,5-diglucosid 445, 462

Cyanidin-3-galaktosid 417

Cyanidin-3-glucosid 423, 424, 445

Cyanidin-3-glucosid = Chrysanthemin 459, 462

Cyanidin-3-rhamnosyl-glucosyl-glucosid 459

Cyanidin-3-rutinosid 424, 425, 459

Cyanin 445

S-1-Cyano-2-hydroxy-3-buten 573

Cyanobakterien 314

Cyanocobalamin 181

Cyclamat 629

Cycloartenol 536, 566, 569

Cycloartenol, 24-Methylen- 502, 560, 569

Cyclobutan 725

Cyclolaudenol 567

Cyclooxigenase = COX 123

Cyclopentendion 605

Cyclopentenolon, Dimethyl- 605

Cyclopentenon 605

Cyclopropenfettsäuren 558

Cynarin 196, 379

Cystathionin-β-Synthase 171
Cystatin 635
Cysteamin 173
Cystein 62, 69, 71, 124, 129, 132, 171,
    184, 296, 340, 353, 357, 503, 613,
    625, 698, 720
Cysteinsulfoxid, S-Allyl = Alliin 402
Cysteinsulfoxid, S-Methyl- 402
Cysteinsulfoxid, S-Propyl- 402
Cystin 63, 398, 433, 434, 435
Cytochrom 100, 151, 709
Cytochrom b 189
Cytochrom c 189
Cytochrom P450 213, 218, 260, 368,
    709
Cytochrom-P450-Monooxygenase
    151
Cytochrom-P450-Reduktase 168
Cytokinin 414

β-Damascenon 487, 491
Daidzein 396
Damascenin 276
Damascenon 247, 420, 520
Dattel 455, 465, 508, 641
Dauerbackwaren 545
Decanal 273, 448, 451, 464
Decarboxylase 161, 175
Dehydrierung = Desaturation 222,
    537, 605
Dehydroalanin 71, 326, 396, 617
S-1,2-Dehydro-alpha-cyperon 472
Dehydroaminosäuren 71
Dehydroascorbinsäure 153, 184,
    185, 187, 188, 353, 422
Dehydro-β-carotin 455
Dehydrogenasen 55, 68, 164, 167,
    412, 615, 693
Delphinidin 233, 386, 425, 426, 445,
    462
Delphinidin-3,5-diglucosid 462
Delphinidin-3-glucosid 425, 426,
    462
Delphinidin, Leuko- 453
Deoxyribonuclease 129
Dermatansulfat 134

Desmin 283, 292
Desmosin 285, 287
Desmosin, Iso 287
Desoxyzucker 35, 48
Dextran 669
Dextrine 45, 360, 481, 519, 544, 545
Dhurrin 347, 574
Diacetat, Natrium- 619
Diacetyl = 2,3-Diketobutan 161,
    274, 318, 356, 456, 505, 586, 723
Diallyldisulfid 400
Dialyse-Dementia 137
Diaminobenzidin-2,2' 133
Dianthrone = Dianthrachinone 231,
    720
Diaphorase 163, 168, 260, 368, 428,
    709
Diastereomere 24
Dicaffeoylspermidin 533
Dichlorphenolindophenol 188
2,4-Dichlorphenoxyessigsäure 733
Dicumarol 158, 204
Didymin = Isosakuranetin-7-
    rutinosid 447
Diethylamin 533
Diethylenglycol 531
Digallussäure 197, 520
Dihydrofolsäure 177
Dihydroliponsäure 163
2,4-Dihydroxy-3-
    methylenbutyronitril 523
3',4'-Dihydroxiphenylalanin =
    DOPA 235
8,9-Dihydronootkaton 450
3,4-Dihydroxyphenylethanol 459
2,3-Diketo-Gulonsäure 185
Diketopiperazin 628
2,3-Dimethoxyphenol 534
3,5-Dimethoxy-4-
    hydroxyacetophenon 746
3,5-Dimethoxyphenol 534
2,5-Dimethyl-4-hydroxy-3-(2H)-
    furanon 456
Dimethylaminobenzaldehyd 305,
    701

Dimethyldicarbonat 618
2,4-Dinitrophenylhydrazin 188
2,5-Dimethyl-4-Ethylthiazol 518
Dimethylpolysiloxan 698
2,4-Dimethylpropiophenon 520
2,3-Dimethylpyrazin 518
2,5-Dimethylpyrazin 362, 518
2,5-Dimethylpyridin 518
Dimethylquecksilber 139
N,N-Dimethylserotonin = Bufotenin 409
Dimethylsulfid 370, 505
Dimethyltrisulfid 370
2,5-Dimethylthiazol 518
Dill 257, 260, 264, 357
Dinaphthochinon 231
Di-n-butylamin 533
Dinkel 343, 356, 508
Dinocap = Karathane 731
Dinoflagellat 310
Di-n-propylamin 533
Diosgenin 375
Diosmetin-7-O-rutinosid 448
Diosmin 448
Dioxine = Dibenzodioxine 730
Dioxygenase 144, 216
Diphenyl 406, 442, 615
Diphenylamin 518
Diphenylcarbazid 130
2,3'-Dipyridyl 534, 535
Disaccharide 21, 35, 36, 39, 234, 478, 542, 627
Disquat 733
Distickstoffmonoxid = Lachgas 694
Disulfidbrücken 284, 329, 340, 353, 395, 633, 641
Disulfid, Diallyl- 403
Disulfide 70, 163, 353
Diterpene 147, 502, 529, 542
Dithiocarbamat 125, 126
Dityrosin 285, 286
Diuron 733
Divinylsulfid 404
Docosahexaensäure 552, 584, 585
Docosapentaensäure 584
Dodecanal 448, 451

Domoinsäure 314
DOPA = 3,4-Dihydroxiphenylalanin 61
Dopamin 64, 186, 191, 457, 527, 528, 531
Dopamin-β-Hydroxylase 186
Dosen, Kunststoff- 596
Dosen, Aluminium- 596, 597
Dost 261
Doxorubicin 230
Drimane 536
DT-Diaphorase 709
Dunst 350

Ebselen 133
Echiumöl 575, 584
EDTA = Ethylendiaminoretra-essigsäure 299
EDTA = Ethylendiamintetraacetat 124, 697
Ehrlich-Reagenz 305
Ei, Gefrier- 335
Ei, Trocken- 335
Eibischwurzel 547
Eicosapentaensäure 88, 584, 585
Eicosenol 579
Eicosensäure 570, 572, 579, 583, 584, 585
Eidotter 162, 219, 221, 333, 334, 549, 588, 681, 682
Eier 175, 332, 334, 336, 353, 356, 499, 549, 598, 679
Eierschwamm 357, 406, 681
Eiklar 333, 335
Eischale 333, 334, 335
Eischaum 333
Eisen 10, 29, 52, 99, 100, 117, 123, 124, 125, 127, 129, 137, 138, 156, 167, 174, 176, 186, 187, 189, 213, 296, 297, 319, 333, 341, 347, 388, 389, 392, 394, 432, 435, 436, 481, 489, 507, 596, 597, 604, 625, 701, 718
Eisenfumarat 741
Eisenionen 156, 701
Eisenoxid 692

Elaeostearinsäure 577
Elaidinsäure = Isoölsäure 322, 582
Eläostearinsäure 86
Elastase 288
Elastin 12, 186, 285, 287, 288, 293
Elaterine 380, 381
Elektrophorese 77, 298, 319, 340,
    342, 669
Elemicin 275, 454
Elenolid 459
ELISA 175
Ellagsäure 197, 433, 467
Elsinochrom 232
Elson-Morgan-Reaktion 701
Emodin 230, 377
Emulgatoren 29, 47, 101, 107, 121,
    188, 353, 396, 541, 546, 549, 585,
    586, 589, 609, 622, 672, 673, 674,
    675, 676, 677, 678
Emulsion 320, 330, 546, 585
Endomysium 280
Endorphin 527
Endothelin-1 491
Enniatin B 724
Enolase 136, 613
Enterodiol 198, 569
Enterolacton 198, 569
Entkeimungsfiltration 599
Enzephalomalazie 152
Enzian 493
Enzyme 3, 4, 10, 11, 12, 14, 19, 20,
    21, 26, 29, 38, 47, 51, 54, 57, 68, 70,
    75, 80, 98, 118, 119, 120, 121, 123,
    124, 125, 127, 128, 129, 131, 132,
    134, 137, 138, 139, 140, 141, 160,
    164, 165, 166, 167, 169, 174, 175,
    177, 179, 181, 184, 186, 213, 214,
    247, 268, 274, 287, 288, 292, 297,
    311, 319, 329, 338, 341, 344, 355,
    357, 358, 359, 379, 387, 396, 412,
    413, 475, 478, 482, 509, 511, 522,
    525, 534, 541, 543, 593, 594, 598,
    599, 603, 606, 609, 613, 617, 621,
    699, 713, 714
Epicatechin 419, 420, 421, 422, 423,
    424, 437, 512, 523, 524, 528
Epichlorhydrin 666, 667

Epigallocatechin 512, 528
Epigallocatechin-3-(3-O-methyl)-
    gallat = Strictinin 512
Epigallocatechin-3-O-gallat 512
Epigallocatechin-3-O-p-Cumarat
    512
Epimysium 280, 283
Epinephrin = Adrenalin 31, 109,
    306, 454
Epithiosulfid 275
2,3-Epoxypropanol 596
Erbse 387, 388, 389
Erdbeere 409, 412, 421, 423
Erdmandel 441
Erdnuss 563
Erdnussöl 563
Ergoflavin 726
Ergosterin 405, 528, 536, 551, 568,
    569, 584
Ergotamin 726
Ergothionein 726
Ergotoxin 726
Ergotpeptidalkaloide 726
Eriocitrin = Eriodictyol-7-O-
    rutinosid 448, 450
Ersatzgewürze 278
Erucasäure 276, 570, 572, 573, 579,
    584, 585
Erucasäureamid 572
Erythrit 633
D-Erythro-L-Gluconononulose 457
Erythropoetin 128
*Escherichia coli* 132
Essig 258, 262, 268, 271, 273, 276,
    351, 353, 384, 400, 414, 416, 417,
    422, 455, 476, 537, 588, 689, 692
Essigsäure 81, 163, 172, 188, 316,
    326, 327, 351, 352, 367, 409, 420,
    452, 454, 456, 476, 488, 490, 495,
    497, 505, 525, 528, 542, 586, 606,
    619, 662, 666, 674, 693
Estradiol 307, 462
Estragol = Methylchavicol 261, 262,
    273
Estragon 262, 276

Estrogen 195, 396
Estron 307, 462
Ethanol, Methylmercapto-2- 296
Ethanolamin 89, 182
Ethanolamin, N-Acyl-phosphatidyl-
342
Ethinylestradiol = Ethinylestradiol
307
Ethylacetat 520
N-Ethylacetamid 518
4-Ethyl-7,11-dimethyl-dodeca-
trans-2,6,10-trien-1-al 520
Ethylen 413, 414, 452
Ethylendiamintetraacetat = EDTA
623, 697
Ethylendiamintetraessigsäure =
EDTA 637
Ethylenglykol 182
Ethylenoxid 617, 621
Ethylmaltol 644
Ethylmethylcellulose 664
Ethylphenylacetat 520
N-Ethylpropionamid 518
2-Ethylpyridin 518
Ethylvanillin 278
Euchuma Seetang 653
Eudesmol 245
Eugenol 240, 249, 255, 262, 265, 267,
270, 275, 278, 419, 454, 503, 520,
534, 537
Eugenolacetat 267
Eugenol-O-Methyl 454

Fagopyrin 233, 348
Falcarindiol 364
Falcarinol 264, 364
Farbstoffe 679, 692
Farnesol 244, 445
Favismus 390, 391
Feige 409, 454, 508
Fenchel 257, 272, 499
Fenchon 273
Ferredoxin 733
Ferritin 123, 124, 187
Ferulasäure 193, 214, 412, 418, 419,
422, 425, 441, 448, 449, 454, 528

Fette, Analytik 112, 114
Fette, Fische 584
Fette, Energieinhalt 106, 358, 589,
600, 628
Fette, Hydrierung 102
Fette, Pflanzen- 551
Fette, Raffination 104
Fette, Umesterung 102
Fettgewebe 106, 131, 139, 219, 301,
302, 303, 583
Fettsäuren, essenziell 100, 107
Fettsäuren, ungesättigt 84, 115, 554
Fettsäure, trans- 111
Feuchthaltemittel = Humectant 29,
632, 634, 673
Feuerbohne 392
Fibrin 199, 300
Fibrinogen 299, 300
Ficin 293, 454
Filamin 283
Fische 139, 300, 307, 309, 310, 312,
314, 315, 316, 585, 606, 619
Fischleberöle 152
Fischöle 104, 584
Fisolen 387
Fixateur 256, 669
Flavanon 206, 209
Flavin-adenin-dinucleotid (FAD)
166
Flavinmononucleotid FMN) 166
Flavoenzyme 68, 167, 168, 613, 615,
617
Flavobakterien 733
Flavon 448, 454
Flavonoide 193, 195, 207, 210, 212,
213, 215, 237, 259, 264, 359, 371,
376, 400, 412, 417, 422, 430, 442,
447, 451, 453, 454, 459, 482, 512,
516, 519, 528, 534, 543, 637, 673
Flavonoid-Glykoside 39
Flavonol 260, 370, 447, 471
Flavor 239
Flavoxanthin 381, 455, 535
Fleisch 4, 64, 74, 95, 120, 122, 125,
126, 130, 133, 148, 152, 162, 166,
252, 253, 254, 258, 261, 268, 270,
271, 273, 279, 280, 281, 283, 286,

287, 288, 289, 290, 291, 292, 293,
294, 295, 296, 298, 300, 301, 302,
303, 304, 305, 306, 307, 309, 310,
385, 397, 437, 448, 454, 464, 591,
598, 600, 603, 604, 606, 615, 619,
641, 657, 661, 665, 668, 713, 721
Fleischbeschau 279
Fleischfarbe 281, 296, 298, 302, 305,
603
Fleischkonserven 653
Fleischreifung 287, 288 290, 292,
293, 294, 298
Fleischwaren 8, 187, 261, 268, 301,
304, 306, 583, 589, 603, 604, 607,
617
Fliegenpilz 163, 236, 409
Flohsamen = Psyllium 672
Fluorid 121, 135, 136, 621
Fluorid, Flusssäure- 135, 136, 299,
511, 522
Fluorose 136
Foeniculin 273
Folinreaktion 77
Folinsäure 177, 180
Folsäure 176, 177, 178, 179, 180, 365,
366, 368, 371, 372, 373, 374, 375,
378, 391, 394, 441
Fondant 545
Foods Of Specified Health Use
(FOSHU) 736
Formaldehyd 171, 295, 479, 540, 606,
617, 628
Formatdehydrogenase 133
Fotodermatose 206
Fruchtnektare 475
Fruchtsäfte 452, 475, 499, 599
Fruchtsaftkonzentrate 476
Fructan 43, 49, 343, 363, 365, 508
Fructo-Oligosaccharide 638
Fructose = Lävulose 25, 26, 29, 31,
34, 36, 37, 41, 49, 52, 53, 54, 111,
274, 327, 372, 373, 410, 413, 415,
417, 419, 420, 421, 423, 424, 425,
426, 428, 433, 436, 438, 442, 444,
448, 449, 452, 453, 454, 455, 456,
459, 461, 463, 465, 466, 468, 469,

471, 478, 487, 528, 534, 541, 544,
545, 546, 632, 638, 699
Fructose-6-Phosphatabbau 326
L-Fucose 659
Fumarase 613
Fumarsäure 422, 453, 454, 488, 505,
693
Fumigatin 228
Fumonisin B1 723
Fungizide 728, 730, 731
Funktionelle Lebensmittel 735, 739
Furan 254, 296, 356, 490, 505, 716,
717
Furanocumarine 204, 205, 263, 273,
445, 448, 449, 717
Furanon 423, 456, 720
Furanose 25, 54
Furcellaran 668
2-Furansäure 185
Furfural 185, 503, 564, 606, 701, 703
Furfural, 5-Hydroxymethyl- 541, 543
Furfurylalkohol 503, 520, 528
Furosin 326
Fusarien Toxin T2 723
*Fusarium*-Toxine 721
Fusarsäure 721, 725
Fusarubin 229

Galactose-4-Sulfat 652
Galactose-6-sulfat 652
Galacturonsäure 455
Galaktan 502, 649
Galaktit 28, 29, 638
Galaktomannan 461, 656, 657, 658
Galaktosamin 35, 309
Galaktose 28, 31, 33, 34, 35, 37, 43,
48, 55, 89, 91, 184, 284, 327, 342,
384, 388, 415, 426, 455, 459, 461,
466, 478, 528, 630, 638, 650, 651,
652, 654, 655, 656, 657, 658, 659,
660, 668, 669, 671
D-Galaktose 35, 652, 656, 660, 662,
670, 671, 673
Galaktose-Intoleranzen 34
Galaktose-2-sulfat 668
Galaktose-4-sulfat 668
Galaktose-6-sulfat 652, 668

Galakturonsäure 27, 50, 459, 461, 466
D-Galacturonsäure 658
D-Galakturonsäure 659, 672
Galangin 259, 260
Galegin = Isopentenylguanidin 518
Galgant 257, 259, 260
Gallensäuren 95, 101, 107, 110, 673
Gallocatechin 423, 512
Gallotannin 422
Gallussäure 193, 197, 214, 422, 426, 437, 462, 467, 512, 514, 515, 521, 625
Gallussäureester 197, 625
Ganglioside 91, 321
Gap-Junctions 218
Gartenbohne 389
Gastrin 137
Geflügelfett 583
Gefrieren 298, 300, 333, 387, 476, 550, 594, 596
Gefriertrocknung 599
Gelatinase 713
Gelatine 299, 316, 547, 548, 549, 598, 648, 668
Gelee 418, 545
Gelée royale 543
Gellan 661, 662
Gemüse 110, 111, 120, 126, 127, 130, 131, 136, 137, 143, 183, 187, 204, 209, 254, 263, 264, 271, 275, 286, 348, 357, 358, 359, 360, 363, 365, 366, 367, 368, 374, 375, 376, 382, 387, 403, 404, 409, 452, 469, 570, 572, 592, 598, 606, 607, 611, 620, 630, 693, 694, 715, 721
Gemüse-Konserven 661, 679, 682, 697
Gen Cry III A 712
Genetik 5, 535
Genetisch veränderte Organismen (GVO) 747
Geninteraktion 5
Genistein 396
Gentechnisch veränderte Lebensmittel 744, 747

Gentiobiose 39, 224
Gentiopikrin = Gentiopikrosid 645
Gentransfer 633, 745, 746
Genussmittel 382
Geranial 450
Geraniol 243, 263, 275, 421, 448, 487, 490, 520
Geranylacetat 447
Geranylaceton 464
Geranylsäure Methylester 464
Gerbstoffe 191, 193, 197, 210, 266, 359, 412, 422, 433, 440, 462, 466, 495, 511, 528, 625, 673
Germanium 142, 400, 401
Gerste 40, 50, 337, 339, 341, 344, 350, 443, 496, 497, 508, 726
Gerstenkeimöl 560
Gerstenmalz 344, 479, 496, 508
Geruchsschwellenwert 239, 240
Geschmacksverstärker 289, 628, 641, 643, 644
Gesundheitsschädlichkeit 8
Getreide, -produkte 49, 67, 112, 117, 122, 131, 133, 166, 171, 176, 254, 281, 337, 338, 339, 347, 348, 351, 388, 489, 494, 495, 597, 601, 713, 718, 720, 725, 726
Gewürz-Essenzen 277
Gewürze 120, 256, 257, 276, 277, 302, 304, 328, 356, 357, 365, 384, 497, 499, 549, 603, 607
Gewürznelke 255, 258, 264, 266, 267, 426
Ghatti-Gummi 669
Gibberellinsäure 93, 483
6-Gingerol 257
Gips 304, 398
Gliadin 67, 339, 353
Globuline 66, 67, 299, 319, 338, 388
Glucagon 31
Glucan 43, 344, 669
Glucobrassicin 370, 377, 466
Glucocapparin = Methylglucosinolat 268
Glucocochlearin 374
Glucogalaktomannan 502

Glucomannan 655
Gluconasturtiin 374
Gluconeogenese 33, 147
Gluconsäure 304, 490, 541, 542, 693, 694
D-Glucuronsäure 655, 658, 660, 669
Glucosamin, N-Acetyl- 35
Glucose 13, 14, 25, 26, 28, 29, 30, 31, 34, 35, 36, 37, 38, 39, 42, 43, 45, 46, 47, 48, 52, 53, 54, 55, 91, 129, 131, 135, 143, 161, 184, 197, 266, 271, 274, 276, 284, 291, 299, 304, 317, 322, 326, 333, 335, 336, 347, 352, 355, 362, 372, 390, 391, 403, 410, 412, 413, 415, 416, 417, 418, 419, 420, 421, 422, 423, 424, 425, 426, 427, 428 433, 435, 436, 438, 442, 444, 445, 447, 448, 449, 451, 453, 454, 455, 456, 459, 461, 462, 463, 465, 466, 468, 469, 471, 478, 487, 490, 494, 498, 517, 521, 528, 534, 538, 541, 544, 545, 546, 547, 549, 612, 614, 625, 630, 632, 634, 635, 638, 639, 644, 655, 656, 661, 663, 690, 699, 702, 720
Glucose-Isomerase 541
Glucose Oxidase 55, 335, 532
Glucose-6-phosphat-dehydrogenase 390
Glucosetoleranzfaktor 129
Glucose-Transportprotein 4 (GLUT4) 187
Glucosinolate = Thioglucoside 135, 358
Glucotropäolin 374
Glucuronsäure 27, 35, 48, 148, 213, 661, 662, 709
Glutamatdehydrogenase 138
Glutamat-Oxalacetat Transaminase (GOT) 306
Glutathion 19, 100, 129, 130, 132, 184, 340, 353, 390, 625, 709
Glutathionperoxidase 100, 129, 132, 133, 153, 391
Glutathionreduktase 168
Glutathiontransferase 624

Gluten 339
Glutenin 339
Glycerat-3-phosphat 477
Glycerin 28, 79, 80, 89, 91, 92, 101, 102, 107, 108, 352, 353, 457, 477, 479, 490, 531, 542, 548, 570, 578, 589, 667, 673, 676
Glycerin-3-phosphat 477
Glycerinaldehyd 21, 24, 477
Glycerinaldehyd-3-phosphat 477
Glycerinsäure 537
L-Glycerinsäure 662
Glycerintriacetat 277
Glycerintrimyristat 275
D-Glycero-D-galaktooctulose 457
Glycinin 396
Glycinreduktase 133
Glycogensynthase 47, 131
Glycyrrhizin 636
Glycyrrhizinsäure 548
Glykogen 30, 43, 46, 131, 630
Glykogenphosphorylase 131, 171
Glykolipide 342
Glykopeptide 329
Glykoproteine 68, 388
Glykoside 26, 39, 64, 195, 198, 203, 213, 235, 370, 375, 376, 386, 387, 390, 396, 412, 415, 419, 420, 424, 425, 426, 427, 428, 438, 448, 450, 462, 466, 471, 487, 490, 513, 528, 534, 701
C-Glycoside 448
Glykoside, cyanogene 709
Glykosone, 1-Deoxy- 701
Glykosone, 3,4-Deoxy- 701
Glykosone, 3-Deoxy- 701
Glyolipide 321
Glyoxylsäure 376
Glyphosat 732
Goitrin 375
Goji-Beere 384, 472
Gold 692
Gomisine 200, 474
Gossypol 556
Gramin = Dimethyltryptamin 378
Graminin 49
Granadilla 470

Granatapfel 461, 462
Grapefruit = Pampelmuse 203, 409, 442, 449, 450, 630, 681
Grappa 498
GRAS 610
Grayanotoxin 542
Grenzwerte 307, 730
Grieß 342, 344, 346, 350, 356, 480
Grün S 690
Grüntee 511
Guajacol 332, 503, 520, 534, 537, 605
Guajacol, 4-Methyl- 534
Guajacol, 4-Propyl- 534
Guajacol, 4-Vinyl- 534
Guanidinium-Toxine 316
Guanin 291, 409, 523
Guanosin 289, 294
Guanylsäure 643
Guarana 500, 522, 523, 646
Guarkernmehl = Guar-Gummi 657
Guave 466, 467
L-Gulono-γ-lactonoxidase 184
Guluronsäure 650
L-Guluronsäure 650
Gummi arabicum 28, 659, 660, 661
Gurke 16, 357, 358, 359, 379, 380, 382
Gurmarin 641
Gymneestrogenin 640
Gymnemagenin 639, 640
Gymnemin® 639, 641
Gyromitrin 407

Hafer 50, 129, 162, 337, 338, 341, 342, 344, 350, 496, 672, 726
Haferöl 560
Hagebutten 187, 411
Halbacetal 254
Halphenreaktion 558
Hämochromatose 128
Hämoglobin 68, 123, 180, 281, 296
Hämosiderose 124
Hämoxygenase 138
Hämproteine 30, 68, 99, 100, 123, 137
Hanföl 571
Harmalin 472

Harmalol 472
Harman 471, 472
Harmin 472
Harnsäure 76, 127, 185, 280, 289, 291, 643
Harnsäure-Tetramethyl 518
Harnstoff 62, 69, 76, 310, 698
Haselnuss 433, 441, 563
Haselnussöl 563
Hefen 122, 218, 304, 327, 343, 351, 352, 355, 476, 477, 479, 486, 487, 494, 509, 542, 600, 611, 612, 613, 614, 617, 618, 620, 622, 643, 671, 681
Hefen, Reinzucht 487
Heidelbeere 409, 498
Helium 694
Hemicellulose 502
Hemmhof-Test 306
Henna 228
Heparin 27
Heptanal 445
2-Heptanol 424
Heptanole 490
2-Heptanon 249, 424
Heptose 711
Herbizide 728, 733
Hesperetin 442, 445, 448, 451
Hesperidin 39, 210, 442, 445, 448, 450, 451
Hesperidin, Neo- 442, 447
Heteropolysaccharide 14, 43, 48
Hexachlorcyclohexan 176
Hexahydroxydiphenyldicarbonsäure 467
Hexamethylentetramin = Urotropin 617
Hexanal = Hexylaldehyd 421, 422
Hexanol 417, 422, 424, 426
2-Hexenal 466
Hexenal 113, 247, 359, 383, 395, 448, 520
Hexenal-2 380
2-Hexenylacetat 423
Hexensäure-2 423, 613
Hexestrol 307

Hexylacetat 417, 454
Hexylmethylketon 520
Hexylphenylacetat 520
High-Density-Lipoprotein (HDL)
  108
Himbeere 197, 411, 421, 423, 424,
  476, 614
Himbeerketon – p-Hydroxy-
  phenyl-2-Butanon 424
Hippursäure 613
Hirschhornsalz 353
Hirse 337, 341, 345, 347, 350, 496
Histamin 64, 310
HIV-Viren 151
HLB-Wert = Hydrophil-lipophil-
  Balance 673
Holunder 428
Homocystein 171, 178, 179, 182
Homogentisinsäure 186
Homopolysaccharide 14, 43, 50
Homoserin 171, 178
Honig 30, 31, 37, 493, 531, 538, 541,
  543, 543, 545, 547, 711
Honig, türkischer 547
Hopfen 268, 479, 481
Hordenin 342, 444, 445
Humectant = Feuchthaltemittel 539,
  634
Hyaluronsäure 27, 35, 133, 309
Hydrazin 406
Hydrazin, Methyl- 407
Hydroperoxid-Lyasen 247
3-Hydroxy-2-acetylfuran 643
2-(Hydroxyacetyl)furan 701
4-Hydroxybenzaldehyd 274
3-Hydroxy-butyrat-dehydrogenase
  139
Hydroxydihydrofuranon 730
8-Hydroxyguanin 601
9-Hydroxylinolsäure 344
Hydroxymethylfurfural 701, 703
4-Hydroxynonenal 100
4-Hydroxyprolin 186, 305
5-Hydroxypipecolisäure 455
Hydroxysäuren 24, 696
Hypericin 233

Hypochlorit 669
Hypoglycin 465
Hypoxanthin 289, 523

Illipe-Butter (indisch =
  Mohwrahbutter) 556
Immunoglobulin 512
Impact Character Components 240
Imperatorin = 8-Isoamylenoxy-
  psoralen 448
Indican 688
Indicaxanthin 470
Indigo 688, 689
Indigotin 689
Indolyl-Di-Methan 368
Indolylessigsäure 370
Indolylmethanol 368, 377
Indolylmethyl-Glucosinolat –
  Glucobrassicin 377, 466
Ingwer 257, 258, 259, 260, 276, 278,
  499
Inosinsäure 289, 291, 294, 643
Inosit 29, 30, 89, 175, 176, 341, 342,
  457, 461, 519, 534
Insektizid 577
Insulin 31, 110, 119, 126, 129, 131,
  154, 187, 299
Intrinsic Factor 186
Intybin 373, 374
Inulin 49, 358, 363, 365, 376, 461, 494
Inulinase 49, 541
Inversion 37, 538, 540, 543, 630
Invertase 37, 41, 53, 55, 478, 534,
  541, 543
Invertzucker 37, 358, 425, 539, 540,
  545, 546
Iod 14, 44, 47, 51, 52, 104, 112, 114,
  117, 134, 135, 136, 138, 175, 680
Iodperoxidase 135, 570
Iodthyronindeiodase 132
α-Ionon 224, 247
β-Ionon 224, 247, 520
Ionon 216, 420, 424, 472, 535
Iridoid 459, 645, 672
Irish Moss 50

Isoamylacetat = 3-
  Methylbutylacetat 464, 520
Isobotensäure 409
Isochlorogensäure 195, 455, 487, 503
Isocitronensäure 412
Isodesmosin 285, 287
Isoflavonoide 193, 207, 209, 396
Isokestose 41, 403
Isomalt 631
Isomaltol 482, 643
Isomaltose 39, 542, 544
Isomaltose-Intoleranz 39
Isomyristicin 275
Isoorientin 471
Isopentenylpyrophosphat 92
Isopren 92, 144, 149, 216, 505
Isopropanol 661
3-Isopropyl-2-methoxypyrazin 252
Isosorbid 675
Isothiocyanat-Phenyl 365
Isotope, radioaktiv 142
Isovaleriansäure = 3-
  Methylbuttersäure 240
Isovitexin 346, 448, 471, 513
Isoxanthohumol 482
Ixocarpalacton 384

Jasmon 520
Joghurt 324, 327, 549, 606, 649
Johannisbeere = Ribisel 188, 421,
  424, 425, 493, 614
Johannisbeeren, schwarz 421
Johannisbrotkernmehl 50, 652, 656,
  657, 658
Johanniskraut 233
Jojobaöl 578
Juglansin 433
Juglon 230, 433
Jujubogenin 641

Kaffee 49, 137, 166, 200, 253, 254,
  268, 363, 373, 422, 448, 500, 505,
  506, 507, 508, 523, 525, 534, 547,
  598, 599, 718
Kaffeegetränk 506

Kaffeesäure 191, 192, 193, 214, 234,
  412, 422, 426, 441, 445, 448, 457,
  459, 503, 512, 521, 528
Kahweol 502, 505
Kakao 523, 524, 525, 526, 528, 545,
  549, 555, 652
Kakaobutter 525, 526, 527, 547, 555,
  556, 676
Kakaomasse 525, 547
Kakipflaume 465
Kakao-Pulver 526, 547, 694
Kaktusfeige 470
Kalium 51, 117, 118, 135, 239, 289,
  323, 341, 388, 406, 410, 415, 413,
  422, 432, 433, 435, 436, 439, 440,
  522, 611, 613, 626, 628, 637, 652,
  660, 661
Kaliumbromat 622
Kaliumcarbonate 694
Kaliumferricyanid 52, 162
Kaliumferrocyanid 489
Kaliumhydrogensulfit 614
Kaliumnitrat 531
Kaliumsalze 619, 627, 643
Kalkstickstoff 732
Kalmus 257, 493
Kämpferol 259, 431, 453, 452, 471,
  513, 534
Kämpferol-3-glucosid = Astagalin
  534
Kämpferol-Monomethyläther -
  Kämpferid 259
Kaper 268
Kapok Öl 558
Kapuzinerkresse 374
Karamell 482, 497, 545, 546, 643, 691
Karayagummi 658
Kardamom 257, 258, 268, 506
Karfiol 357, 360, 377, 378
Karotte 268, 363
Kartoffel 111, 179, 252, 273, 357, 358,
  360, 362, 363, 389, 453, 496, 592,
  712
Käse 2, 20, 95, 148, 247, 270, 271,
  277, 278, 320, 324, 328, 329, 330,
  600, 602, 603, 604, 606, 617, 619,

653, 658, 659, 667, 679, 681, 690,
694, 697, 720
Kastanien 439, 440
Katalase 100, 123, 129, 319, 323, 328,
341, 479, 480, 527, 534, 541, 613,
621, 709, 712
Kathepsin 287, 293
Kaugummi 266, 545, 549, 628, 630,
632, 633, 634, 658, 677, 678, 692,
693, 694, 695, 697, 698
Kaviar 316, 618, 690
Kefir 324, 327
Keratansulfat 134
Keratinisierung 146
Kermessäure 231, 493
Kermessäure-7-C-Glucosid =
Karminsäure 682
Kestose 41, 403, 404, 453
Ketal 654
2-Keto-3-deoxyoctonsäure (KDO)
711
Ketonranzigkeit 102, 554
Ketose 26, 638, 701
Kheshan-Krankheit 131
Kichererbse 286, 387
Kimchi 374
Kinasen 54, 119, 121
Kinin 317
Kirsche 29, 409, 412, 418, 498, 500
Kiwi 425, 429
Kjeldahl-Methode 75, 76, 305
Kleie 350, 560
Klimakterium 413
Knäckebrot 355
Knoblauch 49, 64, 133, 142, 160, 257,
357, 400, 401, 402, 403, 577
Knollenblätterpilz 163, 407
Kochsalz 1, 135, 298, 301, 302, 316,
328, 330, 354, 582, 593, 602, 603,
642, 694
Kohl 158, 188, 273, 357, 358, 360,
367, 368, 370, 375
Kohle, Pflanzen- 692
Kohle, Tier- 541

Kohlenhydrate 13, 14, 15, 21, 24, 30,
51, 52, 53, 54, 70, 104, 106, 110,
111, 121, 173, 195, 254, 274, 294,
318, 339, 341, 347, 348, 355, 358,
359, 363, 373, 376, 378, 382, 383,
387, 388, 392, 394, 398, 400, 402,
403, 404, 405, 406, 410, 415, 416,
417, 418, 419, 421, 423, 425, 426,
428, 430, 433, 435, 436, 439, 440,
444, 448, 449, 451, 452, 453, 454,
457, 458, 459, 461, 463, 464, 465,
466, 468, 469, 470, 476, 480, 483,
487, 490, 494, 502, 504, 506, 508,
519, 523, 528, 534, 541, 543, 546,
547, 549, 550, 554, 589, 595, 665,
699, 703
Kohlensäure 122, 326, 327, 484, 492,
493, 507, 544, 663, 664, 681, 691
Kohlrabi 375
Kokosfett 111, 114, 256, 437, 460,
554, 555, 585, 586
Kokosmilch 460, 461
Kokoswasser 460, 461
Kollagenase 293
Kompott 416, 426
Konjak 655, 656, 657
Konservierungsmittel 5, 19, 81, 328,
609, 610, 611, 613, 614, 618, 620,
621, 622
Kopra 460, 554
Koriander 273, 275, 497, 499
Korsakow-Wernicke-Syndrom 161
Kraut 261, 360, 367, 368, 370, 467
Kreatin 61, 76, 280, 288
Kreatinin 288
Kreatinphosphat 121, 283
m-Kresol 255, 534
Kristallin-Proteine 185
Krokant 548
Kryolith 137
Kühlverfahren 144, 316
Kümmel 257, 258, 273, 277, 497, 499,
500
Kumquat 409, 442, 452
Kumys 324, 327
Kunstgewürze 278

Kunsthonig 543, 545
Kupfer 10, 51, 52, 68, 103, 117, 124,
  125, 127, 186, 187, 211, 237, 256,
  305, 392, 432, 433, 435, 436, 438,
  439, 441, 488, 489, 539, 650, 682,
  716, 730
Kürbis 16, 219, 221, 357, 358, 379,
  380
Kwashiorkor 72

Labdan 529
Laccase 124
Lachgas = Distickstoffmonoxid 694
Lactase 37, 638
Lactit 632
*Lactobacillen* 736
Lactoferrin 124, 319, 323
Lactoglobuline 319
Lactone 252, 721
Lactoperoxidase 319
Lactosämie 37
Lactose 33, 36, 37, 318, 322, 325, 326,
  327, 545, 546, 586, 587, 632, 638,
  699
Lactucin 372, 373
Lactulose 322
Lakritze 531, 544, 548, 633, 634, 635,
  637
Laktationsperiode 317
Lanosterin 502
Lanthionin 71, 617
Lapachol 228
Lariciresinol 96, 569
Lathyrogene 286, 393, 710
Lävulose 26, 31
Lawson 228
Lebensmittelgesetz 8, 500
Lebensmittelzusatzstoffe 215
Lecithin 89, 107, 121, 334, 342, 351,
  440, 528, 547, 549, 567
Lecithin, Cholesterinacyltransferase
  108
Lectin 575, 576
Legumin 396
Leindotteröl 573
Leinöl 95, 114, 569

Leinsamen 199, 391, 569
Leucocyanidin 454
Leukodelphinidin 441
Leukotriene 87, 88, 107
Leukozyten 147
Leukozyten, polymorph 88, 186,
  203, 300
Lichenin 50, 344
Liebstöckel 203, 264, 265
Lignan 200, 627
Lignin 47, 48, 191, 193, 250, 255, 278,
  339, 508, 511, 534, 605
Limabohne 392
Limette 442, 447, 449
Limonaden 122, 448, 500, 622, 628,
  630, 631, 632, 644, 646, 661, 676,
  677, 686
Limonen 244, 261, 264, 266, 268, 269,
  271, 273, 276, 445, 447, 448, 450,
  451, 463, 467
Limonin 443, 447
Limonoide 93, 443, 447
Linalool 244, 261, 263, 269, 273, 275,
  419, 420, 421, 422, 423, 445, 450,
  451, 464, 487, 490, 520, 528, 536
Linamarin = Phaseolunatin 391, 569
Lindan 176
Linse 185, 387
Lipase 101, 107, 527, 554
Lipase, Milch- 101
Lipasen 553
Lipase, Pankreas- 107
Lipase, Phospho- 715
Lipide 13, 14, 15, 19, 79, 96, 101, 107,
  121, 145, 153, 168, 334, 339, 379,
  416, 435, 503, 505, 506, 519, 528,
  589
Lipidhormone 87
Lipidperoxidation 96, 98, 99, 100,
  113, 124, 125, 137, 138, 140, 145,
  153, 155, 185, 202, 213, 233, 273,
  310, 395, 514, 535, 600, 602, 623,
  680, 733
Lipoide 79
Liponsäure 160, 162, 163, 178
Lipopolysaccharide 710

Lipoprotein 68, 334
Lipoproteinlipase 109
Liposome 14
Lipovitellin 334
Lipoxygenase 88, 351, 413
5-Lipoxygenase 88, 573, 584
*Listeria* sp. 619
*Litschi* 464, 465
Loliolid 520
Lorbeer 261
Lotaustralin 569
L-Pipecolinsäure = Piperidin-2-
   carbonsäure 453, 455
L-Rhamnose 649, 658, 659, 660, 669,
   672
Lumichrom 167, 680
Lumiflavin 167, 680
Luminol 601
Lumisterin 149
Lupinen 398
Lupinin 399
Lutein = Xanthophyll 218, 219, 221,
   334, 342, 345, 370, 420, 430, 445,
   448, 454, 455, 457, 463, 471, 520,
   535, 681
Luteolin 459
Luteolin-5-glucosid 459
Luteoxanthin 219
Lycopin 222, 267, 383, 421, 431, 449,
   455, 464, 519
Lysergsäure 726
Lysinoalanin 71, 326, 396
Lysolecithin 107
Lysozym 333, 619
Lysyloxidase 129, 284

Maca 374
Magnesium 66, 117, 119, 120, 121,
   136, 150, 282, 283, 289, 323, 334,
   341, 398, 432, 433, 435, 436, 438,
   439, 660
Maillard-Reaktion 64, 185, 253, 294,
   356, 606, 615, 694, 699, 701, 703,
   707

Mais 45, 165, 166, 307, 337, 338, 341,
   342, 345, 357, 479, 496, 524, 712,
   718, 721, 723, 724, 725
Maitotoxin 310, 312
Majoran 257, 261, 493
Makula 218, 219, 681
Malachitgrün 690
Maleinsäure 528
Malondialdehyd 100, 113
Malonsäure 81, 454
Maltase 38, 478, 541
Maltit 631
Maltol 356, 482, 505, 641, 643, 644,
   701
Maltose 36, 38, 39, 46, 344, 351, 352,
   355, 461, 478, 481, 534, 542, 544,
   545, 546, 699
Maltotetraose 544
Maltotriose 542, 544
Malvalsäure = Malvaliasäure 547,
   558
Malvidin 233, 426
Malvidin-3,5-diglucosid = Malvin
   234
Malvidin-3-glucosid = Önin 426
Malz 38, 344, 479, 480, 484, 494, 495,
   496, 508, 643
Malz-Extrakt 344, 545, 598
Mandarine 409, 442, 448, 449, 450,
   451, 452
Mandeln 39, 434, 435, 499, 546, 547,
   548, 562
Mandelöl 435, 548, 562
Mandelonitril 428, 435
Maneb 731
Mangan 10, 68, 118, 126, 127, 389,
   392, 394, 432, 433, 435, 436, 438,
   439, 441, 507, 730
Mangiferin 463
Mango 462, 463
Mangold 357, 363, 367, 371
Mannan 461, 528
Manninotriose 433, 528
Mannit 28, 405, 461, 490, 632
Mannoheptulose-D 457

Mannose 28, 34, 48, 55, 478, 502, 632, 644, 656, 658, 661
D-Mannose 669
Mannuronsäure 27, 50
D-Mannuronsäure 650
Marasmus 72
Margarine 104, 111, 224, 553, 558, 564, 565, 572, 582, 583, 585, 586, 587, 673, 674, 677, 678, 680, 681, 684
Margarine, Zieh- 586
Marillen = Aprikosen 412, 418, 421, 681
Marine Derived Tocopherol = MDT 153
Markergene 746, 747
Marmelade 416, 426, 446, 545, 546
Marzipan 435, 545, 548
Maslinsäure 459
Massecuite 539
Mastix 436, 499, 549
Matairesinol 200, 569
Mate 500, 522
Mayonnaise 568, 588, 613, 659, 664, 671, 680, 681
Meconsäure 467
Meerrettich = Kren 257, 357, 365
Megastigmatrien-4,6,8 472
Mehle 340, 343, 350, 351, 388, 657
Mehle, Ausmahlung 162, 350
Mehle, Typisierung 350
Mehlkörper = Endosperm 337, 341, 350, 559
Melanin 191, 203
Melanzani = Aubergine 362, 385
Melasse 53, 484, 494, 497, 531, 539, 540
Melezitose 42, 542
Melibiose 53, 433, 528
Melilotsäure 534
Melone 16, 219, 357, 379, 382, 464
Menadion 156, 157, 158
p-1-Menthen-8-thiol 450
Menthol 243, 255, 629
Menthon 243, 269
Meromyosin 282

Met 188, 193, 520, 541
Metallproteine 68
Methämoglobin 604
Methanol 102, 115, 224, 399, 479, 490, 494, 495, 468, 570, 628, 649, 682
Methansynthese 182
Methional = 3-Mercaptomethyl-propanal 295
Methional = 3-Methylmercaptopro-pionaldehyd 317, 600
Methionin-Synthase 182
Methotrexat 180
p-Methoxybenzaldehyd 520
2-Methoxy-3-ethylpyrazin 362
4-Methoxy-D-glucuronsäure 660
3-Methoxypyridin 518
2-Methoxyzimtaldehyd 265
2-Methylbenzthiazol 518
3-Methylbutanal = Isoamylaldehyd 295
3-Methylbutylacetat 454
3-Methylbutylbutyrat 454
4-Methylcatechol 534
Methylcellulose 662
4-Methylenprolin 440
3-O-Methylgallussäure 512, 521
4-O-Methylgallussäure 512
2-Methylmaleinsäure = Citraconsäure 505
3-Methylmercaptopropionaldehyd = Methional 600
4-Methylnonansäure 295
4-Methyloctansäure 295
4-Methylpentan-2-on 537
2-Methylpropanal 295
2-Methylpropanol 445
2-Methyl-4-propyl-1,3-oxathian 450
2-Methylpyridin 518
3-Methylpyridin 518
4-Methylpyridin 518
4-Methylsulfidbutylisothiocyanat 374
4-Methylsyringol 605
5-Methylthiazol 518
Methylcobalamin 182

N-Methylethylamin 533
Methylethylketon 520
Methylgruppen 153, 182, 199, 623, 663
Methylheptylketon 102, 249, 256, 278, 330
N-Methylisoamylamin 533
Methylisopropylketon 467
Methylisothiocyanat 268
N-Methyllysin 282
Methylketone 102, 249, 554
Methylmalonsäure 183
Methylmercaptan 505
S-Methylmethionin 518
N-Methyl-n-butylamin 533
Methylquecksilber 139
Mevalonsäure 173, 726
Microcystin 314
Mikrowelle 594
Milch 1, 8, 19, 37, 67, 70, 71, 91, 111, 117, 120, 135, 148, 166, 171, 295, 316, 318, 319, 320, 321, 322, 323, 324, 325, 327, 328, 329, 330, 353, 354, 356, 461, 545, 546, 547, 548, 549, 550, 581, 591, 598, 606, 621, 649, 678, 679, 721
Milchfett 320
Milchprodukte 322, 324, 326, 581, 598, 648
Milchproteine 319, 320, 325, 329
Milchsäurebakterien 374
Milo 347
Mimosin 61
Mineralstoffe, Spurenelemente 111, 117, 123, 323, 337, 341, 415, 417, 435, 436, 438, 440
Miraculin 639
Miso 398
Mizuna 376
Mohnöl 566, 567
Molke 37, 319, 322, 323, 325, 328, 329, 652
Molluskizide 728
Molybdän 117, 127, 128, 167, 177
Molybdopterin 127, 177
Monascin 684

Monascolin 684
Monascorubramin 683
Monascus 683, 684
Mondbohne 392
Monellin 635, 639
Moniliformin 721, 725
Monoaminoxidase 233
Monobromessigsäure 621
Mononatriumglutamat 642
Mononucleose 147
Monooxygenase 150, 186
Monosaccharide 1, 13, 21, 25, 55, 234, 382, 459, 530
Monoterpene 269, 520, 536
Monozyten 147, 186
Montansäureester 694, 696
Monuron 733
Moosbeere 428
Moschus 240, 278
Most 486, 487, 488, 490, 491, 492
Mukopolysaccharide 35
Mungbohne 392
Muramidase-Aktivität 333
Muscarin 408
Muscazon 409
Muscimol 409
Muskatblüte 258
Muskatnuss 275
Muskelproteine 12, 281
Mutarotation 25, 701
Mutterkornpilze 725
Mykotoxine 4, 20, 205, 338, 350, 432, 716
Myofibrillen 280, 281, 292, 298, 309
Myoglobin 68, 99, 123, 280, 281, 296, 297, 302, 305, 309, 603
Myoglobin, Nitroso- 298, 604
Myoglobin, Oxy- 296
Myomesin 283
Myosin 281, 282, 283, 292, 293
Myosmin 434, 441, 532
Myricetin 211, 513
Myricetin-3-O-galactosid 513
Myristicin 252, 263, 275, 364, 365
Myrosinase 188, 268, 275, 276, 374, 375, 377

Myrtenol 245

Nachtkerzenöl 574
Nairutin 445
Nanotechnologie 750, 751, 753, 755
Naphthochinon 156, 229
Naringenin 442, 445, 513
Naringin 210, 437, 442, 443, 447, 448, 450, 451
Natamycin 619
Natrium 117, 118, 122, 162, 305, 312, 316, 323, 410, 416, 421, 435, 436, 439, 603, 611, 612, 633, 637, 661, 693, 723
Natriumazid 622
Natriumcarbonate 694
Natriumglutamat 641
Natriumhydrogensulfit 614
Natriumhypochlorit 622
Natrium-Kanäle 312
Natriumsalze 619, 620, 623, 627
Natrium-Salze 629
Natto 398
Nebulin 283, 292
Nektarine 420
Nematizide 729
Neoeriocitrin 447, 450
Neohesperidin 442, 447, 629, 630
Neohesperidose 35, 447
Neokestose 42
Neopterin 177
Neoquassin 647
Neosugar® 31, 363, 639
Neoxanthin 464, 535
Neral 450, 452
Nerol 244, 445, 448, 487, 490, 520
Nerolidol 520
Nervonsäure 573
Nerylacetat 447, 466
Neurotoxin 314, 315
Neutrophile 186, 203, 722
Nickel 10, 103, 118, 128, 129, 138, 433
Nicotellin 532
Nicotin 464, 530, 531, 532, 533, 537
Nicotin, Nor- 531

Nicotinsäure 129, 362, 503, 505, 507, 518, 527, 533
Nicotinsäureamid 527
Nicotyrin 532
Niemöl 577
Nigari 398
Nimbin 577
Ninhydrin 75, 708
Nisin 616
Nitrat 75, 305, 323, 328, 371, 375, 603, 604, 670
Nitratpökelsalz 603
Nitrit 75, 187, 302, 303, 305, 372, 603, 604, 613, 615
Nitritpökelsalz 603
3-Nitropropanol 720
3-Nitropropionsäure 720
Nitrosamin 604
Nitrosomyoglobin 302, 603
N-Nitrosopyrrolidin-2-carbonsäure 603
Nitrosylchlorid 350
Nitrotoluol 278
Nitrotyrosin 77
Nivalenol 723
Nobiletin 447, 451
Nodularin 314
Nonacosan 536, 695
n-Nonacosan 503, 505
Nonanal = n-Nonylaldehyd - Pelargonaldehyd 448, 464
n-Nonanol 4, 72, 520
2-Nonanon 249, 537
2-Nonenal 380, 470, 520
Nonenal 103, 113, 359, 470, 520
2-Nonenol 470
Nootkaton 445, 450
Nopal 469
Noradrenalin = Norepinephrin 186, 725
Norbixin 680
Nordihydroguajaretsäure 199
Norepinephrin = Noradrenalin 725
Nucleinsäuren 65, 131
Nucleosidphosphodiesterase 523
Nucleotide 643

Nugat 545, 547, 548
Nüsse 120, 127, 409, 431, 432, 433,
    436, 437, 438, 439, 440, 464, 523,
    545, 549, 555, 568

Obst 1, 36, 126, 130, 136, 143, 162,
    183, 187, 204, 209, 252, 357, 359,
    360, 363, 410, 411, 412, 414, 426,
    429, 444, 456, 470, 494, 552, 592,
    598, 607, 611, 614, 615, 620, 648,
    679, 693, 694, 695, 696, 697, 720,
    721, 731
Obstprodukte 477, 549
Obstwein 476, 655
Obstkonserven 544, 621, 629
Ochratoxine 718
Ocimen 261, 262, 463, 464
n-Octanol 520
Octanol 422
Octopamin 443, 445, 452
Okadainsäure 311, 313, 314
Öle 16, 80, 84, 104, 105, 114, 127,
    156, 257, 264, 316, 431, 445, 448,
    463, 499, 552, 568, 570, 571, 575,
    584
Oleanolsäure 363, 370, 417
Oleomargarin 582, 585
Olestra 589
Oleuropein 459, 552
Oligosaccharide 43, 322, 388, 528,
    534
Olive 15, 410, 457, 458, 459, 552
Olivenöl 93, 96, 114, 233, 435, 552
Önin 422
Opsin 146
Orange 219, 220, 409, 442, 444, 446,
    448, 449, 450, 466, 510, 686, 687
Orangenschalen 446, 497, 500
Origanum 261
Orotsäure 318
Ortho-Hydroxyzimtaldehyd 203
Oryzanole 560
Osteocalcin 158
Osteodystrophie 136
Osteolathyrismus 393
Osteoporose 158, 171

Ouzo 499
Ovalbumin 333
Ovomucin 333
Ovotransferrin = Conalbumin 333
Oxalacetat 173, 175, 306
Oxalsäure 120, 134, 185, 363, 376,
    393 426, 453, 452, 456, 462, 463,
    467, 449, 487, 502, 521, 528, 537,
    540, 542, 596
Oxazole 254
Oxidasen 55, 167, 615
Oxitocin 317
Oxymyoglobin 296, 305
Oxytocin 88
Ozon 69, 98, 140, 350, 600, 601, 622

Paeonidin 459
Paeonidin-3-Glucosid 459
Palatinit® 631
Palatinose 631
Palmitoleinsäure 438, 582, 583, 584,
    585
Palmkernfett 111, 115, 554, 555
Palmöl 156, 223, 553, 559, 588
Panose 542, 544
Pantherpilz 409
Pantothensäure 172, 173, 174, 290,
    323, 392, 394, 404, 405, 406, 425,
    428, 432, 433, 435, 441, 461, 480,
    539, 543, 588
Päophytin 570
Papain 293, 354, 464, 483
Papain, Chymo- 464
Papaya 219, 221, 293, 441, 463, 464,
    490
Paprika 188, 219, 221, 252, 257, 270,
    271, 276, 357, 360, 382, 384, 387,
    524, 680, 716
Paprikaextrakt 680
Paracetamol 204
Paranuss 438
Paraoxonase 108, 729
Paraquat 733
Parasorbinsäure = 5-Hydroxy-2-
    hexensäure 613
Parathyreotropes Hormon 119

Passiflorin 471
Passionsfrucht 424, 470, 471, 681
Pasteurisieren 323, 591, 594, 595
Patulin 720
Pektin 358, 359, 375, 379, 380, 383, 410, 418, 475, 648, 649, 650
Pektin, amidiert 649
Pelargonaldehyd 447
Pelargonidin 233, 346, 423, 471
Pelargonidin-3-glucosid 423
Pellagra 165, 171, 173
Pelletierin 461
Penicillamin = β,β'-Dimethylcystein 125
Pentosephosphatzyklus 161, 630
Pentosidin 705
Pepsin 57, 76
Peptidalkaloide 721, 726
Peptidbindung 63, 65, 68, 75, 177, 181, 628
Peptide 65, 71, 76, 186, 280, 314, 320, 405, 407, 616, 625, 709
Peptide, Hepta- 314
Peptidoglycanschicht 619
Perilla-aldoxim 273
Perillaalkohol 273
Perillaketon 572
Perill-Aldehyd 273
Perillaöl 571
Perillartin 638
Perimysium 280, 283
Pernod 271
Peroxidase 19, 55, 100, 115, 134, 163, 175, 213, 298 365, 402, 413, 613
Peroxidase, Lacto- 325
Peroxide 19, 101, 113, 132, 247, 350, 621, 624
Peroxidisulfat 350
Peroxidradikal 98
Perseitol 457
Persipan 421, 548
PER-Test 73, 74
Pervanadat 131
Perylenchinon 233
Pestizide 79, 323, 728
Pesto 435

Petersilie 205, 252, 257, 260, 263, 264, 357, 364, 365, 717
Petunidin 233
Pfeffer 130, 187, 257, 258, 268, 270, 276
Pfefferminz 549
Pferdebohne 387
Pfirsich 409, 414, 418, 420
Pflaume = Zwetschke 419
Phalloidin 407
Phaseolunatin = Linamarin 391
Phellonsäure 92
Phenolcarbonsäuren 213, 528
Phenolische Inhaltsstoffe 275, 418, 424, 425, 428, 454, 455, 456, 523, 524, 528
Phenolische Verbindungen 52, 191, 213, 252, 412, 415, 433, 517
Phenolsäuren 517
Phenylacetaldehyd 466, 535, 703
Phenyläthanol 490
2-Phenylethanol 487
Phenyläthylamin 486, 534
Phenylbrenztraubensäure 186
Phenylessigsäure 521
Phenylethylcyanid 573
Phenylethylisothiocyanat 374
Phenylethylsothiocyanat 260
Phlein 49
Phlobaphen 524, 528
Phloridzin 416
Phorbolester 576
Phosphatase 319, 477, 541
Phosphatidylethanolamin = Kephalin 89, 121
Phosphatidylinosit 176
Phosphodiesterase 626, 646
Phosphoenolpyruvat-Carboxykinase 147
Phosphoglucomutase 129
Phospholipase 715
Phospholipase C 626, 713
Phospholipide 15, 79, 88, 92, 102, 104, 107, 108, 188, 318, 334, 342, 388, 396, 410, 528, 568, 644, 673
Phosphoroxychlorid 666, 667

Phosphorsäure 68, 90, 121, 122, 187, 319, 334, 342, 432, 539, 596, 597, 666, 693, 728, 730
Phosphorsäureester 107, 121, 176
Phosphorsäure-Phosphat 88, 104, 105, 108, 121
Phosphorylase 47
Phosphorylierung 29, 31, 68, 121, 131, 164, 169, 666
Phosvitin 334
Photolyase 168
Phthalide 264, 265, 365
Physalin = Zeaxanthindipalmitin- säureester 375, 472, 473
Physalis 219, 384, 473
Physoperuvin 473
Physostigmin = Eserin 399
Phytansäure 110, 237
Phytase 527
Phytin 29, 126, 176, 341, 387, 388, 463, 466
Phytin – Inosit-Hexa- Phosphorsäureester 396
Phytoalexine 201
Phytoen 222, 382, 464, 519
Phytoestrogene 195, 206, 396, 569
Phytofluen 382, 449, 464, 519
Phytohämagglutinin 396, 388
Phytohormon 93, 413
Phytol 93, 237, 623
Phytosterine 94, 110, 115, 276, 359, 366, 379, 388, 394, 396, 398, 416, 436, 438, 440, 454, 502, 536, 551, 560, 562, 563, 566, 568, 569, 570, 574, 588
Piceid 202, 422
Picrocrocin 266
Pilze 39, 50, 257, 338, 405, 407, 606, 715, 718, 720, 725
Piment 257, 270
α-Pinen 244, 261, 262, 269, 273, 275, 448, 452, 463
β-Pinen 244, 255, 262, 269, 273, 275, 448
Pinen 451
Pinienkern 439

Pinit 30
Piperidin 235, 269, 404, 453, 455
Piperilyn 270
Piperin 257, 269
Piperinsäure 269, 270
Piperlongumin 270
Piperonal 274
Pisatin 389
Piscidinsäure 470
Plasmalogen 91
Platelet-activating Factor 108
Plumbagin 228
Plutonium 141
Pökeln 300, 301, 619
Pökelsalz 398, 303, 304, 603, 604
Pökelsalz, Nitrit- 302
Polyacetylene 264
Poly-ADP-Ribose 165
Poly-ADP-Ribose-Synthase 165
Polydextrose 634, 668
Polyethertoxine 310, 311
Polyglycerinester 676
Polyketide 193
Polyketidstoffwechsel 193
Polymerase 126
Polyneuritis 159
Polyphenoloxidase 124, 213, 402, 433, 527
Polyphosphate 122, 298, 302, 693
Polyporsäure 226, 406
Polysaccharide 1, 21, 26, 30, 43, 49, 50, 277, 372, 396, 442, 461, 466, 511, 528, 538, 540, 648, 650, 652, 653, 655, 658, 662, 665, 673
Polyvinylpyrrolidon 668
Pomelo 442
Ponceau 4 R 686, 687
Poncirin 450
Porphyrin 181
Porphyropsin 146
Porree 257, 403
Preiselbeere 223, 409, 415, 457
Proanthocyanidine 415, 427, 430, 457, 468, 516, 524
Probiotika 736
Procain 166

Procollagen 186
Proconvertin 158
Prodelphinidin B2 516
Prodelphinidin B4 516
Progesteron 307
Progoitrin 375
Prokollagen 186
Prolamin 66, 67, 339
4-Prolinhydroxylase 186
Prooxidanzien 155, 479
Propanol 478, 490
Propionaldehyde 182, 296, 520
Propionsäure 81, 175, 182, 606, 610, 611, 612, 613
2-Propionylfuran 605
Propolis 543
Propylacetat 528
Propylallyldisulfid 402
n-Propylamin 533
1,2-Propylenglykol 182
Propylenoxid 659, 664, 667
Prostaglandine 87, 88, 107, 109, 571, 573
Prostethische Gruppe 68
Protease 11, 456, 527
Proteine 1, 9, 10, 12, 13, 15, 16, 18, 20, 57, 60, 61, 62, 63, 65, 66, 67, 68, 69, 70, 71, 72, 73, 74, 76, 100, 105, 106, 111, 119, 120, 121, 123, 125, 139, 151, 158, 159, 163, 170, 173, 185, 187, 218, 280, 281, 283, 287, 292, 293, 298, 306, 317, 319, 321, 333, 338, 339, 340, 351, 355, 359, 388, 396, 405, 413, 432, 435, 439, 470, 479, 482, 490, 502, 504, 511, 518, 524, 527, 540, 542, 549, 575, 589, 594, 595, 600, 603, 617, 621, 633, 639, 648, 668, 673, 710, 711, 713, 716
Proteine, Struktur 165, 167
Proteine, texturiert 397
Proteinkinase C 140
Protein-Phosphatasen 314
Proteinstruktur 69
Prothrombin 158
Protocatechusäure 197, 402, 459, 528

Provitamin A 93, 218, 221, 224, 360, 404, 681
Provitamin D 149, 405
Provitamine 144, 149, 152, 358
Prunasin 412, 435, 498
Pseudohypericin 233
Pseudopelletierin 461
Psoralen 273
Psoriasis 206, 447
Pterin 177
Pterocarpan 396
Puff-Reis 346
Pulegol 245
Pumpernickel 355
Punicalagin 462
Punicalin 462
Punicinsäure 462
Punsch 493
Purin 503, 518
Purinalkaloide 522
Putrescin 503, 725
Putrescin-Feruloyl 452
Pyran-Ring 490, 716
Pyranocumarin 449
Pyranose 25, 54
Pyrazin 254, 533
Pyrethrine 730
Pyridin 164, 169, 434, 495, 503, 532, 681
Pyridinalkaloide 721
3-Pyridylmethylketon 531
Pyridosin 326
Pyridoxal 169
Pyridoxalphosphat 134, 169, 170, 171, 178
Pyridoxamin 169
Pyridoxaminphosphat 169, 170, 171
Pyridoxin 169, 170, 171, 172, 290, 527
Pyridoxolol 171
Pyridylethylketon 533
Pyrrol 254, 533
Pyrrolidin 270, 487, 562
Pyrrolizidin-Alkaloide 350, 574, 575, 709

Pyruvat = Brenztraubensäure 31, 135, 160, 161, 189, 352, 400, 477, 505, 527, 612, 654, 661
Pyruvatcarboxylase 126
Pyruvatdehydrogenase 161, 163

Quassin 646, 647
Quecksilber 120, 121, 133, 138, 139, 405
Quellmehl 351
Quercetagetin 211, 371
Quercetin 348, 370, 371, 376, 400, 402, 415, 417, 421, 423, 428, 438, 448, 453, 454, 459, 471, 513, 534
Quercetin-3-glucosid = Isoquercitrin 421, 423, 534
Quercetin-3-O-galactosid 513
Quercetin-3-rhamnosid = Quercitrin 428, 459, 534
Quercetin-3-rutinosid = Rutin 348, 428, 448, 459, 534
Quercetin-7-O-glucosid = Quercimeritrin 513
Quercetinase 211
Quercit 30
Quillajaextrakt 675
Quinoa 349
Quitte 409, 417, 448

Racemat 606
Rachitis 149
Radicchio 373
Radioimmunoassay 180
Raffinose 31, 33, 40, 43, 53, 388, 396, 433, 502, 534, 539, 540, 630
Raps 135, 375, 570, 572, 573
Rapsöl = Colzaöl = Rüböl 102, 111, 570, 572, 585
Räuchern 250, 300, 301, 302, 316, 604, 605
Rebaudiosid A 635
Refsum-Krankheit 110, 237
Reis 125, 159, 267, 337, 338, 341, 345, 346, 350, 356, 398, 496, 498, 511, 683, 718, 720

Reis, parboiled 346
Reis-Bruch 479
Reishi 407
Reiskeimöl 559, 560, 566
Reiskleie 559
Reisstärke 346
Reiswein = Sake 346, 684
Resinsäure 522
Resveratrol 194, 202, 203, 422, 491
Reticulaxanthin 451
Retinal 144, 146, 216
Retinoide 145, 147, 148
Retinol 145, 146
Rettich 360
Reversed Osmosis 486
Reversionsosmose 476
Rhabarber 229, 357, 375, 399
Rhein 229, 377, 484
Rhodopsin 146
Riboflavin 166, 168, 169, 290, 317, 323, 328, 389, 392, 432, 433, 435, 480, 507, 518, 527, 600, 628, 679
Ribonucleotidreduktase 202
Ricin 575, 576
Ricinin 575
Ricinolsäure 575, 676
Ricinusöl 575, 576
Rindertalg 582, 583, 585, 588
Rodentizide 728
Roggen 49, 50, 125, 129, 337, 339, 341, 343, 352, 495, 496, 508, 726
Roggenöl 560
Rosmarin 625
Röstdextrine 665
Rüben 36, 357, 363, 539
Rübsen 366, 375, 570
Rucola 374
Rum 493, 497, 539, 691
Rutin = Quercetin-3-rutinosid 39, 262, 348, 428, 448, 453, 513, 522, 534
Rutinose 35, 234, 420
Rutinosid 348, 421, 425, 426, 428, 438, 445, 447, 448, 450, 451, 453, 459, 487, 490, 513, 534

Saatplatterbse 392
Sabinen 244, 261, 262, 268, 269, 273, 275, 448, 451
Saccharin 27, 628, 629, 632, 637
Saccharose 26, 29, 31, 36, 37, 41, 48, 49, 53, 55, 111, 271, 274, 302, 325, 351, 355, 358, 363, 372, 382, 387, 396, 400, 402, 403, 404, 410, 415, 417, 418, 420, 423, 424, 426, 432, 433, 435, 436, 438, 440, 442, 444, 448, 449, 451, 453, 454, 455, 456, 461, 463, 464, 465, 466, 468, 471, 475, 478, 486, 487, 494, 502, 531, 534, 538, 539, 540, 541, 543, 544, 545, 546, 547, 548, 549, 589, 603, 607, 627, 628, 629, 630, 631, 632, 633, 634, 635, 637, 638, 676, 690
Saccharose-Fettsäureester 589
Saccharose-Intoleranz 37
Safloröl = Distelöl 564, 587
Safran 224, 257, 266, 267
Safranal 266
Safrol 252, 265, 266, 271, 273, 275
Sake = Reiswein 346
Salannin 577
Salat, Eisberg- 357
Salat, Endivien- 175, 357, 373
Salat, Kopf- 357, 372
Salat, Vogerl- 374
Salbei 493, 625
Salbutamol 306
Salicylaldehyd 113, 195, 249, 520, 535, 620
Salicylsäure 195, 197, 250, 266, 412, 421, 426, 439, 441, 448, 607, 620
Salicylsäure, Acetyl- 620
Salicylsäuremethylester 620
Salmonellen 335, 644, 712
Salsolin 527
Salsosinol 527
Salzbrücken 66, 70, 71, 119, 648, 649
Salzsäure 69, 75, 76, 112, 122, 305, 543, 630, 665, 670, 693
Salzstoß 302, 303
Sambubiose 234
Sambucin 428

Sambucyanin 428
Sambunigrin 428
Sanddorn 431
Sanddornbeeren 411
Santonin 647
Saponine 93, 95, 276, 358, 363, 370, 375, 381, 388, 395, 396, 398, 410, 454, 459, 5191, 522, 548, 566, 636, 639, 646, 673
Sarkolemm 280, 282, 293
Sarkomer 281
Sarkosin 187, 440
Sarsapogenin 375
Säuern 2, 316, 323
Sauerorange = Bitterorange 446
Sauerstoff 4, 14, 16, 17, 18, 19, 20, 55, 63, 84, 85, 96, 100, 101, 113, 115, 126, 127, 130, 133, 144, 148, 155, 157, 163, 165, 167, 168, 184, 186, 187, 191, 203, 206, 211, 213, 216, 219, 224, 228, 232, 233, 234, 236, 240, 252, 254, 264, 266, 280, 291, 296, 335, 348, 353, 354, 358, 379, 387, 390, 413, 433, 476, 479, 480, 482, 495, 506, 525, 541, 563, 568, 569, 596, 597, 600, 601, 602, 605, 610, 613, 617, 621, 622, 624, 680, 682, 684, 687, 689, 690, 692, 694, 701, 702, 716, 717, 722, 733
Sauerstoff-Radikale 266
Sauerteig 351, 352
Säuren, organisch 411, 528, 538, 693
Saxitoxin 312, 313, 314, 316
Schabzigerklee 265
Schaftosid 454, 471
Schalotte 404
Schellack 231, 694, 695, 696
Schellolsäure 696
Schimmelpilze 205, 597, 611, 612, 613, 614, 617, 618, 620, 683, 730
Schisandra 200, 473, 474
Schisandrin 474
Schnittlauch 260, 357, 404
Schokolade 274, 523, 525, 527, 528, 545, 548, 555, 628, 632, 650, 673, 676, 677, 678, 695

Schokolade-Herstellung 525
Schokolade-Trink 652
Schrot 350
Schwarzkümmel 277
Schwarztee 509
Schwarzwurzel 365
Schwefel 17, 103, 127, 160, 240, 252,
    254, 276, 399, 400, 505, 558, 730,
    731
Schwefeldioxid 538, 717
Schwefelkohlenstoff 558, 730
Schwefelsäure 51, 52, 75, 104, 333,
    543, 651, 652, 654, 694
Schwefelwasserstoff 17, 294, 295,
    296, 505
Schweflige Säure 611, 614, 615
Schweineschmalz 152, 583, 585, 587
Schwermetallionen 96, 99, 133, 185,
    191, 202, 210, 235, 247, 342, 596,
    623, 637, 650, 693, 697, 731
Schwertbohne 389, 394
Scleroglucan 670
Scopoletin 195, 449, 503, 534, 537
Scopolin 534
Secolariciresinol 199
Sedanolid 264
Selen 117, 131, 132, 133, 138, 140,
    153, 371, 375, 389, 392, 394, 401,
    403, 404, 432, 435, 436, 438, 439,
    507, 539
Selen, Dimethyl- 133
Selenocystein 132, 135
Selenoproteine 132
Sellerie 205, 264, 265, 357, 365, 717
Semichinon 624, 733
Semmel 355
Senf 252, 262, 268, 276, 464, 572, 613,
    614, 679
Senfsamen 276, 572
Sennoside 230, 377, 399
Sensitizer 98
Serinhydroxymethyltransferase 178
Serin-Transhydroxymethylase 171
Serotonin 64, 358, 384, 454, 456, 457
Sesamin 200, 564
Sesamol 565

Sesamöl 95, 111, 200, 564, 565, 569,
    586, 588
Sesamolin 200, 564
Sesquiterpene 92, 241, 264, 269, 450,
    467
Sheabutter 556
Shiitake 407
Shikimisäure 271, 412, 426, 461
Shikimisäure, Caffeoyl- 455
Shikimisäureweg 191, 250, 412
Shortening 588
Shubat 327
Signaltransduktion 119, 120, 121,
    176
Silber 103, 692
Silicium 141
Silicium-Silikat 117, 433
Silicomolybdat 122
Silikonöl 589
Simmondsin 578
Sinalbin 276
Sinapinsäure 441, 448, 449
Sinensetin 445
Singulett-Sauerstoff 30, 224, 232,
    236, 600, 602, 632, 680, 687
Sinigrin 276, 365
Sitosterine 551
Skleroprotein 67
Skorbut 143, 183, 186
Slibowitz 498
Sojabohne 40, 43, 232, 358, 387, 388,
    389, 394, 396, 397, 568
Sojalecithin 353, 356, 396, 586
Sojamilch 395, 397
Sojaöl 568, 585, 588
Sojaprotein 396, 397
Sojasaponine 569
Sojasauce 643
Solanesol 536, 537
Solanidin 362
Solanin 361, 362, 387
Solasodin 387
Solavetivon 472
Solid Phase Extraction (SFE) 507
Somatropin 119
Sonnenblumenöl 111, 114, 566, 585

Sophorose 234, 419, 635
Sorbinsäure 548, 586, 588, 610, 611, 613
Sorbit 28, 29, 410, 415, 417, 418, 420, 421, 424, 425, 455, 461, 490, 534, 548, 630, 631, 632, 634, 638, 677, 678
Sorbitan 677, 678
Sorbit-Dehydrogenase 29, 638
Sorghum 346, 347, 508
Spargel 49, 188, 357, 375, 376
Spargelbohne 398
Spartein 399
Speck 301, 302, 303, 304, 578, 583
Speicherprotein 12
Speiseeis 274, 435, 438, 439, 452, 545, 549, 550, 632, 644, 650, 658, 659, 661, 663, 664, 665, 671, 674, 677, 678, 679, 680, 682, 684, 686, 687, 689, 693
Speisefette 86, 102
Speiselorchel 407
Spermidin 503, 725
Sphingomyelin 90
Sphingosin 89, 90, 171, 321
Spinat 158, 188, 219, 357, 358, 363, 367, 368, 370, 371, 594, 681, 682
Spinulosin 228
Spirituosen 266, 268, 270, 271, 273, 274, 363, 418, 423, 495, 499, 682, 691
Squalen 93, 115, 459, 461, 552, 566
Stachelbeere 409, 429
Stachydrin 445
Stachyose 31, 33, 43, 396, 433, 502, 528, 534
Staphylococcus aureus 712
Stärke 11, 13, 14, 30, 38, 43, 44, 45, 46, 47, 54, 111, 135, 302, 303, 338, 339, 344, 347, 348, 349, 351, 352, 355, 358, 359, 360, 362, 363, 380, 383, 387, 389, 391, 392, 396, 405, 410, 413, 415, 419, 433, 440, 453, 455, 461, 463, 478, 479, 494, 496, 499, 507, 519, 523, 528, 534, 548,
549, 586, 588, 597, 655, 656, 665, 666, 667, 669, 798
Stärke, acetyliert 666
Stärke, Retrogradation 45, 356, 658, 665, 674
Stärke, Verkleisterung 46, 338, 355
Stärkeether 667
Stärkesirup 43, 475, 543, 544, 545, 547, 548, 549, 586
Stärkezucker 544
Stearidonsäure 571, 573, 574, 575, 584, 585
Stearoyllactylat 676
Stearyltartrat 676
Steinpilz 357, 405
Stemphylium 232
Sterculiasäure 558
Sterilisieren 300, 323, 387, 591, 594, 595
Sternanis 271, 499
Steroide 15, 79, 93, 95, 104, 110, 115, 149, 150, 173, 318, 459, 519, 551, 586, 588, 673
Steroidhormone 127, 151
Steroidsaponine 380, 407, 566
Steviol 634
Steviosid 93, 634, 635
Stickoxid 98, 603
Stickoxid – Endothel-Relaxing Factor 211, 604
Stickoxid-Synthase 140, 258
Stickstoff 62, 63, 72, 73, 75, 76, 101, 142, 143, 160, 177, 228, 233, 235, 241, 252, 276, 280, 282, 296, 307, 314, 338, 352, 359, 360, 387, 406, 410, 511, 537, 593, 594, 694
Stickstoffbilanz 72, 73
Stickstoff-Trichlorid 350
Stigmasterol 519, 569
Stilben 202, 491
Strecker-Abbau 295, 296, 703, 704
Strictinin = Epigallocatechin-3-O-(3-O-methyl)-gallat 512
Strontium-90 142
Strukturpolysaccharide 14
Strukturproteine 12

Sturm = Sauser 488
Suberin 79, 92
Succinat = Bernsteinsäure 666
Succinat-Dehydrogenase 167
Sucralose 630
Südfrüchte 441
Sufu 398
Sulfanilsäure 166
Sulfid, Dimethyl- 370, 505
Sulfinat 399, 401
Sulfit = Schweflige Säure 122, 134,
    160, 214, 252, 487, 598, 611, 614,
    615, 690, 701, 704
Sulfitoxidase 614
Sulfonamid 176
Sulforaphan 366
Sulforaphen 366
Sulfoxid 399, 402
Superoxiddismutase 125, 126, 709
Superoxid-Radikal 163, 680
Supinin 574
Süßkartoffel 362
Süssklee-Krankheit 158
Süßorange 444
Süßstoffe 634
Süßwaren 545, 714
Synemin 283
Synephrin 443, 445, 446, 448, 452
Syringasäure 528
Syringol 605

Tabak 247, 382, 500, 529, 530, 531,
    532, 533, 534, 535, 537, 542, 663
Tabakrauch 536, 537
Tacari 438
Tachysterin 149
Tagatose 638
Tamarindenkernmehl 671
Tamoxifen 1991
Tangelo 449
Tangeraxanthin 451
Tangeretin 445, 451
Tangerine 442, 450
Tangor 450
Tara-Gummi 658
Tätte 324, 327

Taurocholsäure 107
t-DNA = Transfer-DNA 746
Teart 127, 686
Tee 136, 137, 158, 200, 228, 415, 428,
    448, 470, 500, 509, 510, 511, 518,
    522, 523, 526, 598, 626, 634
Tee, Oolong 511
Tee, Ziegel- 511
Teigwaren 342, 356, 655, 656, 674,
    682, 684
Tempeh 398
Tenderizer 293, 454, 456, 464
Tengkawang-Fett 555
Tenuazonsäure 720
Tequila 499
Teratogenität 610, 728
Terpene 92, 115, 173, 241, 243, 250,
    257, 259, 261, 263, 265, 273, 412,
    418, 442, 445, 447, 448, 450, 451,
    456, 466, 496, 520, 543, 646, 710
Testosteron 307
Tetanie 119
Tetrahydrofolsäure 171, 177, 178,
    179, 182
Tetrahydrofolsäure, Formyl- 178,
    180
Tetrahydrofolsäure, Methyl- 178,
    182
Tetrahydrofolsäure, Methylen- 178
Tetramethylxanthin 523
Tetraterpen 93, 216
Tetrodotoxin 315
Thaumatin 633, 635, 639
Theaflavin 514
Theanderose 40, 42, 539, 542
Theanin = 5-N-Ethylglutamin 518
Thearubigen 515
Theasinensine 512
Theaspiron 418
Theobromin 503, 518, 522, 523, 527,
    644, 646
Theophyllin 503, 518, 522, 523, 527,
    646
Thiabendazol 442, 620
Thialdin = 2,4,6-Trimethyl-1,3,5-
    dithiazin 296

Thiamin 160, 161, 162, 290, 363, 389,
  392, 400, 432, 433, 435, 438, 439,
  480, 518, 615
Thiaminase 160
Thiaminpyrophosphat 160
Thiazol 254, 518
Thioacrolein 401
Thiobarbitursäure 100, 113
Thiochrom 162
Thioctansäure = Liponsäure 162
Thioglucoside = Glucosinolate 275
Thiophen 296
Thiophosphorsäureester 728
Thiopropionsäuremethylester 456
Thioredoxinreduktase 132
Thiosulfinat 400
Thiram 731
Threonsäure 185
Thromboxan 87, 107
Thrombozyten 180, 213, 258, 300,
  400
Thujon 244, 262, 263, 493, 499
Thunbergan 529
Thymian 130, 257, 261, 493
Thymochinon 228, 276
Thymohydrochinon 276
Thymol 45, 228, 245, 261, 520
Thymolmethylether 261
Thyreoglobulin 134
Thyreostatika 135
Thyroglobulin 134
Thyroid-Binding-Globulin 134
Thyroxin 132, 134, 135
Tierkohle 105, 684
Tiglinsäure 576
Timbonin 523
Titandioxid 692
Titin = Connectin 283, 292
Tocochinon 153, 154
Tocomonoenol 153
α-Tocopherol 218
Tocopherole 342, 363, 432, 433, 435,
  436, 437, 458, 459, 552, 553, 558,
  559, 560, 562, 563, 564, 566, 567,

  568, 569, 572, 573, 574, 582, 588,
  623
Tocotrienol 559, 560
Tofu 398
Tomate 219, 222, 223, 357, 358, 359,
  379, 382, 383, 384, 385, 387, 681,
  712
Tomaten-Ketchup 384
Tomatenwurzel 639
Tomatidin 384
Tomatillo 384, 472
Tomatin 384
Topfen = Quark 328, 330, 398
Topinambur 42, 49, 357, 358, 363,
  508
Totenstarre = Rigor mortis 283, 290,
  292, 298, 309
Toxalbumin 575
Tragacanth 549, 659
Traganth = Tragacanth 658, 659
Tragantin = Tragacanthin 658, 659
Transacylase 108
Transcarboxylase 175
Transferrin 68, 123, 137, 187
trans-Asaron 259
Trans-Fettsäuren 103, 321
Transhydrogenase 103
Transketolase 161
Traubenkernöl 568, 588
Trehalose 36, 39, 405, 542
Trennöle 589
Tricarbonsäurezyklus 161, 173,
  291, 412, 542, 693
Tricetin 513
Trichothecane 722
Triglyceride 22, 28, 79, 80, 101, 102,
  106, 107, 108, 111, 112, 115, 321,
  334, 344, 410, 519, 553, 555, 558,
  570, 583, 586, 587, 589
Trigonellin 166, 389, 502, 503, 505,
  522, 527
Triiodthyronin 132, 134, 135
Trimethylamin 309, 310
Trimethylamin-N-oxid 310

2,6,6-Trimethylcyclohexyliden-1-
    acetolacton 520
N-Trimethyllysin 282
2,4,5-Trimethylphenol 534
2,4,5-Trimethylthiazol 518
2,3,4-Trimethylxylose 455
Triplettsauerstoff 19, 98, 216
Trisulfide 407
Triterpene 93, 429, 443, 447, 577
Trocknen 2, 230, 256, 258, 262, 275,
    300, 301, 302, 305, 316, 323, 338,
    346, 351, 356, 387, 402, 416, 422,
    439, 440, 454, 464, 476, 495, 507,
    508, 522, 525, 591, 597, 598, 602
Trocknen, Gefrier- 599
Trolox 155
Tropocollagen 284
Tropomyosin 281, 282
Troponin 282, 291, 292
Trypsin 57, 282, 395
Trypsin-Inhibitor 395
Tryptophan-Fluoreszenz 69
Tuberin 360
Tungöl 86
Tutin 542
Tyndallisieren 597
Tyramin = 4-Hydroxyphenethylamin
    424
Tyramin, N-Methyl- 452
Tyrosinase 124, 125, 128, 191, 203

Ubichinon 155, 185, 189, 226, 469
Ubichinon-NADH-Dehydrogenase
    469
Ubichinon Radikal 189
Ubihydrochinon 189
Ultrafiltration 490
Ultraschall 591, 602
Umami 641
Umbelliferon = 7-Hydroxycoumarin
    203, 449
Uratoxidase 124
Urdbohne 392
Urease 127, 387
Uronsäuren 27, 48, 650, 658, 665

Ursolsäure 410, 429, 522

Vaccensäure 321, 582
Vaccinin 427, 613
Valeriansäure 247, 456, 528
Vanadat 130, 131
Vanadium 112, 130, 131
Vanille 240, 257, 500, 524
Vanille-Alkohol 274
Vanillin 193, 240, 249, 255, 257, 274,
    278, 491, 520, 522, 531, 547, 605
Vanillin, Äthyl- 547
Vanillinsäure 422, 441, 528
Vasopressin 118
Verbascose 31, 33, 43, 459, 528
Verdickungsmittel 14, 27, 33, 34, 45,
    50, 345, 388, 405, 416, 436, 483,
    545, 549, 589, 648, 656, 657, 661,
    663, 664, 665, 666, 667 668, 671,
    673, 720
Verfälschung 3, 8
Vermicelli 392
Vicianin 428
Vicianose 428
Vicilin 396
Vicin 390
Villavecchia-Test 564
Viniferin 194, 422
4-Vinylguajacol 484
Vinylpyrazin 254
4-Vinylpyridin 518
Violaxanthin 219, 221, 420, 445, 454,
    455, 457, 463, 519, 535, 680
Viren 147, 151, 187, 600, 653
Vitamin A 144, 146, 147, 148, 151,
    216, 221, 362, 371, 382, 404, 419,
    420, 421, 432, 453, 463, 585
Vitamin $B_6$ 171
Vitamin $B_{12}$ 128, 178 180, 182, 184,
    185
Vitamin D 119, 121, 147, 149, 151,
    152, 168, 406, 585
Vitamin $D_3$ 95
Vitamin K 126, 144, 151, 156, 157,
    158, 159, 204, 228, 366, 371, 714

Vitamin $Q_{10}$ 189
Vitellenin 334
Vitexin 448, 513
Vitispirane 491
Vogelbeere 28, 498, 613
Vomitoxin 722, 723
Vulgaxanthin 236, 470

Wachs, Biene 543
Wachse 15, 79, 92, 410, 566, 589, 695
Walnuss 432, 568
Walnussöl 568
Walrat 92, 578
Warfarin 158
Wasabi 260
Wasseraktivität 17, 18, 100, 301, 304,
    330, 477, 602, 604, 607, 699
Wasserstoffperoxid 19, 55, 126, 127,
    130, 131, 132, 134, 163, 168, 185,
    213, 298, 353, 390, 537, 541, 601,
    621, 623, 625, 669
Wein 414, 422, 455, 472, 484, 487,
    488, 489, 490, 491, 492, 493, 494,
    531, 599, 607, 614, 621, 668, 693
Wein, rot 202, 234, 486, 490, 526
Wein, versetzt 493
Weinbrand 422, 495, 691
Wein-Frucht 493
Weinsäure 330, 351, 352, 353, 412,
    422, 457, 463, 470, 475, 488, 490,
    505, 528, 542, 546, 548, 586, 675,
    693
Weinsäureester 676
Weinstein 352, 693
Weinstein – Weinsäure
    Monokaliumsalz 488
Weintraube 409, 421, 422, 484, 487
Weissblech 137, 596
Weissblechdosen 596
Weißdextrine 665
Weizen 29, 49, 50, 152, 337, 339, 342,
    343, 344, 345, 348, 349, 352, 496,
    508, 718, 726
Weizen, hart 342
Weizen, weich 342, 343, 356
Weizenkeimöl 156, 560

Weizenkleber 67, 339, 347
Weizenmalz 479
Weizenmehl 343, 353, 354, 356, 397,
    698
Wermut 262, 523, 645
Wermutwein 493
Whisky 8, 496, 497, 691
Winterisierung 558
Withanolide 384, 472, 473
Withanolid-T 472
Würste 95, 294, 301, 303
Würste, Brat- 303
Würste, Koch- 303
Würste, roh fest 20, 302, 30
Würste, roh streichbar 304

Xanthan 549, 589, 657, 661
Xanthin 127, 518, 523
Xanthindehydrogenase 127, 167
Xanthinoxidase 57, 127, 168, 320
Xanthogenat 666
Xanthohumol 482
Xanthomonasin 684
Xanthophyll = Lutein 219, 471
Xanthopterin 178
Xanthurensäure 172
Xanthylethin 449
Xerophthalmie 146
Xylan 502
2,5-Xylenol 522
Xylit 29, 48, 405, 423, 630
Xyloglucan 671
Xylose 29, 48, 185, 384, 466, 528, 544,
    630, 659, 672
D-Xylose 669, 671
D-Xylose-ketol-isomerase 544

Yoco 523
Ysop 263

Zearalenol 307
Zearalenon 307, 721
Zeaxanthin 219, 221, 267, 334, 342,
    345, 370, 381, 382, 445, 519
Zeaxanthindipalmitinsäureester =
    Physalin 431

Zein 345
Zeranol 721
Zichorie 175, 204, 372, 508, 643
Ziehmargarine 582
Zimt 240, 257, 258, 265, 276, 426,
    493, 524
Zimtaldehyd 240, 249, 255, 265, 278
Zimtalkohol 265
Zimtblätteröl 266
Zimtsäure 192, 250, 266, 420, 423,
    512, 520
Zimtsäureester 370
Zimtsäuremethylester 467
zinc finger 126
Zineb 731
Zingiberen 257
Zingiberenon 257
Zink 117, 120, 125, 126, 138, 141,
    221, 372, 389, 392, 394, 432, 433,
    435, 436, 438, 439, 440, 489, 716,
    731
Zinn 118,137, 138, 140, 596
Zitronatzitrone = Zedratzitrone 447
Zitrone = Limone 409, 411, 413, 442,
    447, 448
Zitronensäure 214, 318
Zitrusfrüchte 35, 441, 442
Ziziphin 641
Zöliakie 341, 345, 657
Zoosterine 94

Zucchini 380
Zucker 14, 18, 21, 22, 24, 26, 29, 31,
    37, 51, 52, 53, 54, 55, 91, 123, 161,
    271, 276, 347, 354, 376, 388, 415,
    420, 432, 435, 437, 442, 451, 453,
    454, 455, 456, 466, 468, 469, 475,
    477, 479, 486, 487, 488, 492, 493,
    498, 599, 505, 511, 519, 522, 524,
    525, 534, 539, 545, 546, 547, 548,
    550, 589, 607, 629, 644, 649, 660,
    691, 699, 700, 701
Zuckerahorn 538, 544
Zuckeralkohole 21, 28, 29, 30, 405,
    457, 589, 630, 632
Zuckeraustauschstoffe 29, 549, 638
Zuckercouleur 493, 497, 684, 691
Zuckerglyceride 676
Zuckerhirse 347, 538
Zuckermais 538
Zuckern 607
Zuckerrohr 36, 494, 497, 538, 540
Zuckerrohrmelasse 497, 498
Zuckerrübe 37, 363, 538, 539
Zuckersäuren 21, 26, 27, 51, 448
Zwetschke = Pflaume 409, 412, 419,
    498
Zwiebel 49, 64, 254, 257, 357, 399,
    400, 402, 415
Zwiebelgemüse 265, 399, 400

# Über die Autoren

### o. Univ.-Prof. Dr. Ibrahim Elmadfa

Nach dem Studium der Ernährungswissenschaften (Gießen, Deutschland, 1968), Lebensmittelwissenschaften (Assiut, Ägypten, 1966), Promotion und Habilitation (Gießen 1970, 1975), Universitäts-Professor für Humanernährung 1980–1990 in Gießen und seit 1990 Professor und Vorstand des Instituts für Ernährungswissenschaften der Universität Wien. Präsident der International Union of Nutritional Sciences (IUNS) und der Österreichischen Gesellschaft für Ernährung (ÖGE). Wissenschaftlicher Berater in nationalen und internationalen Gremien (Codex Alimentarius Austriacus, Nationale Ernährungskommission, WHO/FAO), Herausgeber des Österreichischen Ernährungsberichts 1998, 2003 und 2008 und des European Nutrition and Health Report 2004 und 2009.
Verfasser der Lehrbücher „Ernährung des Menschen", „Ernährungslehre", „Lebensmittelchemie und Ernährung" sowie weiterer Fachbücher und Nährwerttabellen.

## em. a.o. Univ.-Prof. Dr. Robert Ebermann

1934 geboren in Wien, 1952–1960 Studium der Chemie/Physik an der Universität Wien (Dissertation: „Neue Wege zum Aufbau von Zwischenprodukten der Oxynaphtochinon Synthese"), 1961–1963 Aufenthalt in den USA (Univ. Connecticut, Ohio State University); 1963 Univ.-Ass. am Institut für Chemie der Universität für Bodenkultur, 1968 Befugniserteilung als Zivilingenieur für Technische Chemie.

1976 Habilitation für organische Chemie an der Universität für Bodenkultur (Habilitationschrift: „Biochemische Genetik und Leistungsmerkmale bei Schweinen"). 1983 Ernennung zum a.o.Univ.-Prof., seit 1999 im Ruhestand; bis 2010 Tätigkeit am Institut für Emährungswissenschaften der Universtität Wien.

Vorlesungen über Lebensmittelchemie, Naturstoffchemie und Freie Radikale in Biologischen Systemen und Umwelt; Untersuchungen über Radikalstoffwechsel in Pflanzen, Umwelt und in vitro (Thiole, Phenole und der damit in Zusammenhang stehenden Enzyme, Peroxidase, Superoxiddismutase) Photodynamische Krebstherapie mit Pflanzeninhaltsstoffen (Chlorophyll, Hypericin) mit Krankenhaus Lainz, Untersuchungen über Cardiogenen Schock (Hämofiltration und die Ursachen ihrer Wirkung) an der Universität Wien.